Excel 2013 im Controlling

von
Stephan Nelles

Liebe Leserin, lieber Leser,

ein Controller muss sich mit Excel auskennen. Das Programm ist das Werkzeug schlechthin, wenn es um Kalkulationen, um Analyse und Reporting geht. Es stellt eine immens große Funktionsvielfalt für den Controller-Alltag zur Verfügung. Wer kann da schon behaupten, dass er die vielen Funktionen so gut kennt, dass er immer den besten Weg findet, um zum Ziel zu gelangen? Dieses Buch möchte Ihnen diesen Weg zeigen. Es richtet sich an Controller, die Excel 2013, 2010 oder 2007 einsetzen und die möglichst schnell und effizient zum Ziel gelangen möchten. Es zeigt Ihnen umfassend, praxisnah und zielorientiert alle Funktionen, die Excel für das Controlling bietet. Import, Analyse, Bereinigung, Formeln und Funktionen, Reporting, Diagramme, PowerPivot und Datenbankfunktionen: Hier finden Sie immer die für Sie beste Lösung. Große Kapitel widmen sich auch der strategischen Planung, dem operativen Geschäft, den entscheidenden Kennzahlen sowie der Unternehmenssteuerung. Mit diesem Buch machen Sie Excel zu Ihrem Werkzeug für ein besseres Controlling.

Als Beispiele hat unser Autor Stephan Nelles bewusst Fälle ausgewählt, die ihm als Berater mittelständischer und großer Unternehmen am häufigsten in der Praxis begegnen. Die Wahrscheinlichkeit ist also groß, dass Sie vieles davon nur geringfügig an Ihre eigenen Anforderungen anpassen müssen und es dann sofort einsetzen können. Deshalb finden Sie alle Beispiele aus dem Buch zum Herunterladen auf *http://www.vierfarben.de/3497*.

Dieses Buch wurde mit großer Sorgfalt geschrieben, geprüft und hergestellt. Sollte dennoch einmal etwas nicht so funktionieren, wie Sie es sich vorstellen, freue ich mich, wenn Sie sich mit mir in Verbindung setzen. Ihre Fragen und Anmerkungen, aber natürlich auch Ihre Kritik sind uns jederzeit herzlich willkommen!

Viel Erfolg mit Excel wünscht Ihnen nun

Ihr Jan Watermann
Lektorat Vierfarben

jan.watermann@vierfarben.de
www.facebook.de/vierfarben

Auf einen Blick

Sie haben Fragen, Wünsche oder Anregungen zum Buch?
Gerne sind wir für Sie da:

Anmerkungen zum Inhalt des Buches: jan.watermann@vierfarben.de
Bestellungen und Reklamationen: service@vierfarben.de
Rezensions- und Schulungsexemplare: sophie.herzberg@vierfarben.de

An diesem Buch haben viele mitgewirkt, insbesondere:

Lektorat Jan Watermann
Korrektorat Petra Biedermann, Reken
Herstellung Melanie Zinsler
Einbandgestaltung Eva Schmücker
Coverentwurf Daniel Kratzke
Typographie und Layout Vera Brauner
Satz SatzPro, Krefeld
Druck Beltz Bad Langensalza GmbH, Bad Langensalza

Gesetzt wurde dieses Buch aus der ITC Charter (10,25 pt/14 pt) in Adobe FrameMaker.
Und gedruckt wurde es auf chlorfrei gebleichtem Offsetpapier (80 g/m²).
Hergestellt in Deutschland.

Bibliografische Information der Deutschen Nationalbibliothek
Die Deutsche Nationalbibliothek verzeichnet diese Publikation in der Deutschen National-
bibliografie; detaillierte bibliografische Daten sind im Internet über http://dnb.d-nb.de abrufbar.

ISBN 978-3-8421-0112-8

1. Auflage 2014
© Vierfarben, Bonn 2014
Vierfarben ist ein Verlag der Galileo Press GmbH
Rheinwerkallee 4, D-53227 Bonn
www.vierfarben.de

Der Verlagsname Vierfarben spielt an auf den Vierfarbdruck, eine Technik zur Erstellung farbiger
Bücher. Der Name steht für die Kunst, die Dinge einfach zu machen, um aus dem Einfachen das
Ganze lebendig zur Anschauung zu bringen.

Inhalt

13   Reporting mit Diagrammen und Tabellen <span></span> 779

Geleitwort des Fachgutachters zur Vorauflage

Es sind manchmal nicht die umfangreichen und schwierigen Formeln und Funktionen, die einen beim Einsatz von Excel staunen lassen, sondern oft die kleinen Dinge, wie die folgende Anekdote zeigt: Vor ein paar Jahren nahm ich an einem Gespräch der Geschäftsführung zur Abstimmung der Daten für eine Aufsichtsratssitzung im Controlling teil. Wir diskutierten darüber, welche Inhalte und Kennzahlen zu einem bestimmten Thema gezeigt werden sollten, wofür natürlich auch die Teilsummen relevant waren. Als es um ein bestimmtes Ergebnis ging, wurde in alter Manier der Taschenrechner aktiviert, und alle begannen zu tippen. Währenddessen markierte ich in Excel die jeweiligen Werte mit Maus und Steuerungstaste, las das Ergebnis in der Statuszeile ab und wartete auf die Ergebnisse der Taschenrechner-Aktivisten: Fünf Leute hatten gerechnet – vier verschiedene Ergebnisse kamen dabei heraus. Nachdem ich den Bildschirm herumgedreht und einen Schwall kleiner Gehässigkeiten über mich hatte ergehen lassen, zeigte sich, dass der eine oder andere meiner Controller-Kollegen diese Funktionalität von Excel einfach nicht gekannt hatte.

In dieser Form bietet Excel eine Vielzahl kleiner Arbeitserleichterungen, die sich in der Summe aber mehr als auszahlen. Für viele Fragestellungen im Controlling ist Excel allerdings auch schlicht unverzichtbar. Dies reicht von einfachen Berechnungen bis hin zu umfangreichen Modellen wie einer Unternehmenskonsolidierung oder auch komplexen Aggregationen für Buchungsbelege inklusive VBA-Programmierung, vollständigen Planungsmodellen mit Steuerberechnungen und anschließendem Reporting sowie Planungsberichten in Word. Zudem dient Excel oft als Schnittstelle, da Quelldaten häufig aus ERP-Systemen stammen und nach der Verarbeitung in anderen Systemen weitergenutzt werden müssen.

Um es kurz zu machen: Es gibt im Controlling fast nichts, was nicht mit Excel betrieben wird. Hätte jemand vor 25 Jahren die Zukunft von Tabellenkalkulationsprogrammen vorhergesagt, dann hätte er bei der Prognose wohl hoffnungslos danebengelegen. Der Siegeszug von Excel bleibt aus meiner Sicht auch ungebrochen, da mit der neuen Version Excel 2010 einige Funktionalitäten hinzukommen, die das Controllerleben noch weiter erleichtern werden, wie z. B. Sparklines oder neue Funktionen wie SUMMEWENNS() oder ZÄHLENWENNS(). Zudem widmet sich Microsoft mit Excel 2010 verstärkt dem Thema OLAP und nähert sich damit immer weiter den Spezialistensystemen in diesem Bereich an, so dass Excel im Bereich Business Intelligence immer stärker wird.

Mit Excel 2010 hat Microsoft aber auch auf die Kritik der Anwender reagiert, die sich mit Excel 2007 durch die neue und unveränderbare Menüführung nicht hatten anfreunden können, und hat viele Aspekte stark verbessert. Ich halte die neue Excel-Version jedenfalls für deutlich gelungener und habe mich daher besonders gefreut, als das Angebot kam, dieses Nachschlagewerk für Controller zu Excel 2010 in fachlicher Hinsicht zu betreuen.

Als ich mit meinem Gutachten anfing, habe ich mich zunächst einmal gefragt, was ein gutes Excel-Buch für Controller denn auszeichnen sollte. Die Antwort lautete, dass es natürlich korrekt sein und alle häufigen Fragestellungen behandeln muss. Es muss aber auch praxistauglich sein, denn welcher Controller hat schon Zeit, sich lange mit theoretischen Ausführungen aufzuhalten.

Nachdem ich das erste Kapitel gelesen hatte, war klar, dass Stephan Nelles, der Autor dieses Buchs, sich offenbar ähnliche Gedanken gemacht hatte. Er hat alle wichtigen Themen zusammengetragen, die im Controlling-Alltag eine Rolle spielen. Dazu gehören natürlich Dinge wie Liquiditäts- oder Absatzplanung, die Gestaltung des BAB in Excel, Deckungsbeitrags- und Prozesskostenrechnung und viele mehr, wobei er alles an geeigneten Beispielen erklärt. Aber auch grundlegendere Dinge wie der Import und die Strukturierung von Daten spricht er an, weil sich diese auf alle folgenden Vorgänge auswirken und Sie mit guten Entscheidungen daher viel gewinnen können.

Ansonsten gibt es in dem Buch noch eine ganze Reihe von Tricks, die zwar nicht unbedingt controllingspezifisch, aber trotzdem so nützlich sind, dass Sie sie als Controller unbedingt kennen sollten. Ich muss zugeben, dass auch ich beim Lesen noch ein paar Kniffe gelernt habe, die ich bislang noch nicht kannte – man lernt halt nie aus. Gut gefallen haben mir auch die Zusammenfassungen am Ende einiger Kapitel, in denen man die wichtigsten Informationen noch einmal schnell nachschlagen kann.

Lange Rede, kurzer Sinn: Stephan Nelles ist ein wirklich gutes Buch – gewissermaßen vom Controller für Controller – gelungen, in dem Sie konkrete Antworten auf alle wichtigen Fragestellungen in Ihrem Berufsalltag finden werden. Ich hoffe, dass es Ihnen gute Dienste leisten wird, und freue mich, wenn ich dabei einen kleinen Beitrag leisten konnte.

MFCI/Franken-Controlling, Essen
Wolfgang Franken
w.franken@franken-controlling.de

Vorwort

Unterhalte ich mich mit Nicht-Controllern darüber, dass ich Excel-Seminare für Controller durchführe, Firmen in diesem Bereich berate und für große Unternehmen dynamische Reportingtools entwickle, stoße ich zumeist auf eine gewisse Überraschung: »Haben die denn kein SAP?«, heißt es dann rasch.

Das gleiche Gesprächsthema bei Controllern angeschnitten, führt meist zu erhöhtem Interesse und lebhaften Diskussionen. Die werden zumeist eingeleitet mit einem Satz wie: »Als ERP-System haben wir XY, aber ohne Excel würden wir fast keinen Report hinbekommen.«

Wie unterschiedlich die Wahrnehmungen manchmal in ein und demselben Unternehmen sein können! Was für den einen das Nonplusultra ist, stellt für den anderen gerade einmal das Datensprungbrett dar, um überhaupt in die höheren Sphären der Datenanalyse zu gelangen. Und die höchsten Sprünge werden immer noch mit der Unterstützung von Excel gemacht.

Wohin geht die Reise mit Excel?

Zwar verfügen die meisten Unternehmen heute über ERP-Systeme, doch sind diese häufig zu unflexibel, wenn es um die Erstellung von Analysen und Reports geht. Das wichtigste Werkzeug für Ad-hoc-Auswertungen und turnusmäßig wiederkehrende Reports ist somit Excel. Immer größere Datenmengen werden dabei mit Excel bearbeitet. Durch die Erweiterung der Tabellenblätter in Excel 2007 auf mehr als eine Million Zeilen und mehr als 16.000 Spalten wurde dem bereits Rechnung getragen.

Allerdings fällt es nicht schwer, eine Prognose für die zukünftige Anwendung des Tabellenkalkulationsprogramms zu wagen, wenn man die neuen Funktionen und Add-ins von Excel betrachtet. Die Tendenz zu immer größeren Datenbeständen, zur Weiterverarbeitung von Daten aus verteilten DB-Systemen und deren Verdichtung in Reports, die dem Management als wesentliche Entscheidungsgrundlage zur Verfügung gestellt werden, ist offensichtlich.

Das Add-in *PowerPivot* ist in der Lage, alle nur denkbaren Datenformate und Datenmengen aus verteilten Systemen anzuzapfen, diese miteinander zu verknüpfen, zu filtern und zu berechnen, um die Ergebnisse an ein Excel-Tabellenblatt zu übergeben. Neue Funktionen in Pivottabellen und neue Tools an der Oberfläche des Tabellenkalkulationsprogramms vereinfachen die Datenanalyse. Deren Resultate lassen sich auf einige Werte eindampfen. Mit einer per bedingter Formatierung erstellten Ampelformatierung und dem einen oder anderen Diagramm in Form einer Sparkline machen Sie schließlich das Management Ihres Unternehmens glücklich, bevor Sie den Report mit ein paar Mausklicks auf den SharePoint-Server ins Intranet schicken.

Mal ehrlich – das kennen Sie doch auch!

Mit Excel sind Sie als Controller oder Mitarbeiter im Finanzwesen sicherlich noch niemals so nah an Ihrer Idealvorstellung eines Kalkulationsprogramms gewesen, wenn es im Hinblick auf die bereitgestellte Funktionalität um den Zugriff, die Verarbeitung und Aufbereitung von großen Datenmengen geht.

Doch wie sieht es mit den organisatorisch-personellen Rahmenbedingungen in den Unternehmen aus? Nach meiner Erfahrung ungefähr so:

1. **Der Zeitdruck**
   Durch die ständig steigende Komplexität sowohl der Aufgaben als auch der Datenstrukturen im Umfeld des Controllings finden sämtliche Tätigkeiten des Controllers unter einem zunehmenden Zeitdruck statt. Da das Management häufig strategische Maßstäbe bei der Anschaffung von Softwarelösungen anlegt und operative Aspekte vernachlässigt oder das Controlling nur unzureichend in Entscheidungen einbindet, herrscht im Management selten ein tieferes Verständnis für den bisweilen recht hohen Zeitbedarf bei der Umsetzung von Datenanalysen: »Wir haben doch diese tolle Software! Das geht doch sicher ganz flott!«

2. **Unsystematisch erworbenes Wissen in Excel**
   Die Kenntnisse des – wie bereits oben erwähnt – wichtigsten Werkzeugs bei der Durchführung von Ad-hoc-Analysen sind nach wie vor lückenhaft. Und dies ist nicht abwertend gemeint. Es hat einerseits mit den zeitlichen Engpässen des Controllers zu tun, der es sich reiflich überlegen muss, ob und wann er eine mehrtägige Fortbildungsveranstaltung besucht. Andererseits herrscht auch eine gewisse Skepsis vor, die die Effizienz des Besuchs eines offenen Seminars im Zusammenhang mit den individuellen Aufgabenstellungen in Zweifel zieht.

   Das Resultat ist in den meisten Fällen ein fundiertes Patchwork-Wissen. Hier schaut man einer Kollegin/einem Kollegen über die Schulter, dort holt man sich Informationen aus der Hilfe, ergänzt dies mit dem Know-how aus dem einen oder anderen

Fachbuch oder dem Internet und versucht damit, den Anforderungen des beruflichen Alltags zu begegnen.

Es gibt in Excel eine Funktion, die geradezu emblematisch für diese Gemengelage steht: SVERWEIS(). Jeder Controller kennt sie und setzt sie häufig exzessiv ein. Sie funktioniert auch – meistens. Doch der Preis dafür ist häufig hoch: Die Funktion besteht aus nahezu ins Dschungelhafte wachsenden Verknüpfungen zwischen Tabellenblättern und Arbeitsmappen, bei denen niemand mehr mit Gewissheit sagen kann, ob sie denn auch korrekt rechnen. Es ist keine Seltenheit, bei der genauen Analyse solcher Konstrukte auf sechsstellige Beträge zu stoßen, die irgendwo schlichtweg »vergessen« wurden.

3. **Gewachsene und geflickte Excel-Lösungen**
Die Folge der schier unentwirrbaren Verweisschleifen und Verknüpfungen ist ein spürbares Unbehagen der Beteiligten, wenn es darangeht, bestehende Lösungen zu erweitern oder an geänderte Aufgabenstellungen anzupassen. Denn für fast alle Kalkulationsmodelle in Excel gilt:

- Eine brauchbare Dokumentation existiert nicht.

- Mitarbeiter, die federführend an der Entwicklung der Lösung beteiligt waren, sind entweder gerade im Urlaub, haben das Unternehmen schon lange verlassen oder sind selbst zeitlich dermaßen eingespannt, dass sie kaum in der Lage sind, den oder die Anwender zu unterstützen.

- Der Controller ist kein VBA-Programmierer und deshalb kaum in der Lage, Standardprozesse zu analysieren und in einen strukturierten Programmcode zu übersetzen.

Was liegt unter solchen Bedingungen näher, als mit den existierenden Lösungen – gegebenenfalls mit einem Quäntchen Groll und Unbehagen – weiterzuarbeiten, sie im Bedarfsfall hier und dort ein wenig zu ergänzen und zu optimieren? Und so kann ein enorm effizientes Werkzeug wie Excel zu einer echten Spaß- und Effizienzbremse werden.

Es geht auch anders!

Um dieser Effizienzfalle zu entkommen, gibt es jedoch Strategien. Dieses Buch verfolgt die Zielsetzung, konkreten Aufgabenstellungen aus dem umfangreichen Arbeitsfeld des Controllings mit adäquaten Excel-Tools zu Leibe zu rücken. Dazu müssen Sie nicht die ganzen Funktionsbereiche oder -gruppen kennen, stattdessen sollten Sie eine überschaubare Anzahl von Funktionen systematisch anwenden lernen. Eine solche systematische Arbeitsweise möchten die folgenden 14 Kapitel viel eher vermitteln als die Anwendung der unfassbaren Fülle an Formeln und Funktionen von Excel. Sie investieren am Anfang ein wenig Zeit, die Sie aber im Laufe des Umgangs mit Excel um ein Vielfaches zurückerhalten. Bei systematischen Reports oder Ad-hoc-Analysen geht am Anfang nichts auf Knopfdruck oder rasend schnell. Dieser Gedanke wird lediglich im Management irrtümlicherweise kultiviert.

In diesem Buch geht es ums System

Dieses Buch gibt Ihnen am Anfang einen Einblick in die Neuerungen von Excel 2013. Danach wendet es sich dem Importieren und Bereinigen zu, um sich anschließend der Überlegung zu widmen, wie Sie ständig wiederkehrenden Aufgaben mit der Entwicklung von Daten- oder Kalkulationsmodellen entgegentreten können.

Obwohl ich in den folgenden Kapiteln einen Fundus wichtiger Kalkulationsfunktionen für das Controlling, etwa Auswertungstools wie Pivottabellen und PowerPivot, ausführlich beschreiben werde, wird der Pfad der Modellierung bis zum Ende nicht mehr verlassen werden – auch nicht in der zweiten Hälfte des Buchs, wenn es vorrangig um die Anwendung von Excel im strategischen und operativen Controlling geht.

Der Aufbau von Kalkulationsmodellen ist ein mächtiges Werkzeug, mit dem Sie im Laufe seiner Nutzung viel mehr Zeit sparen können, als Sie am Beginn in seine Entwicklung stecken müssen. Häufig ist es mächtiger und für den anwendenden Controller erreichbarer als die vielbeschworene Makroprogrammierung zur Automatisierung von Arbeitsprozessen. Doch natürlich ist auch diesem Thema ein umfangreiches Kapitel gewidmet. Zahlreiche Beispiele, mit denen ich in diesem Buch arbeite, veranschaulichen die Möglichkeiten, die eigene Effizienz im Umgang mit Excel zu verbessern. Bei mehr als 150 ausgearbeiteten Beispieldateien werden Sie sicherlich auch einige Kalkulationsmodelle finden, die Sie direkt nutzen oder aber an die eigenen Erfordernisse anpassen können. Sie finden sie allesamt auf der Webseite *www.vierfarben/3497*.

Täglich 10 Minuten bei der Arbeit mit Excel sparen

Wenn es Ihnen gelingt, in Ihrer täglichen Arbeit mit Excel nur 10 Minuten zu sparen, dann gewinnen Sie im Laufe des Jahres gleich ein paar Arbeitstage, die Sie für andere Aufgaben nutzen können.

Darum geht es in diesem Buch.

Stephan Nelles

1 Neuerungen in Excel 2013

Drei bedeutsame Entwicklungen bestimmen das IT-Umfeld, in dem Excel 2013 bestehen muss: Die Auswertung immer umfangreicherer externer Datenquellen, die an Bedeutung zunehmenden Onlineplattformen (Data Clouds) und eine weite Verbreitung von Tablet-Computern. Auf den folgenden Seiten lesen Sie, zu welchen für Controlling und Finanzwesen relevanten Änderungen dies in der neuen Excel-Version führt.

Lassen Sie uns mit einem kleinen Ratespiel beginnen: Was verbindet die Benutzeroberflächen der letzten vier Excel-Versionen miteinander? Nun, Ihnen fällt da rein gar nichts ein!? Bevor Sie nun eilig alte Installationsmedien suchen und zu einem wilden *Version Hopping* ansetzen, gebe ich Ihnen die Antwort: Der Backstage-Bereich, der früher mal ehrfürchtig **Datei**-Menü hieß, wurde in allen Versionen, so auch in Excel 2013, jeweils grundlegend überarbeitet und verändert.

Es scheint einen gewissen Wettbewerb der Entwicklungsteams zu geben, ausgerechnet in diesem Teil des Programms, in dem der Benutzer so wichtige Funktionen wie Speichern, Öffnen und Drucken ausführt, immer wieder neue Schleichwege zu den Funktionen anzulegen. Aber keine Sorge! Excel 2013 hat sich zwar auch an der Benutzeroberfläche verändert. Doch von einigen Ausnahmen wie Backstage und dem Diagramm-Assistenten abgesehen, müssen Sie sich diesmal nicht wichtige Kenntnisse völlig neu aneignen, wie es bei 2007 noch der Fall war.

Neuerungen beschränken sich in Excel 2013 auch nicht auf geänderte Menüstrukturen und die Umbenennung bereits bekannter Funktionen. Gerade für die Nutzer großer Datenmengen hält die neue Version so umfangreiche und bedeutsame Veränderungen bereit, dass es sich lohnt, diese systematischer unter die Lupe zu nehmen. Beginnen wir also unseren ersten Rundgang im virtuellen Raum Ihres neuen Arbeitswerkzeuges.

1.1 Neuer Look, kaum verändertes Menüband

Alle bisherigen Excel-Versionen waren von Optik und Design darauf ausgelegt, auf einem PC oder Notebook zu laufen. Dazu dachten sich die Entwickler wohl einen großen Bildschirm, auf dem der Benutzer seine Daten sichtete und die Funktionen des Programms ausführte. In der Folge boten Menüs und Dialogboxen zahlreiche 3D-Effekte.

Schalter, die vortäuschten, gedrückt oder eben nicht gedrückt zu sein. Menüpunkte, die hervortraten, wenn man sie mit der Maus ansteuerte. Sauber mit Rahmen und Linien getrennte Funktionsgruppen. Mit dieser Kaffeeautomatenoptik ist es in Excel 2013 vorbei!

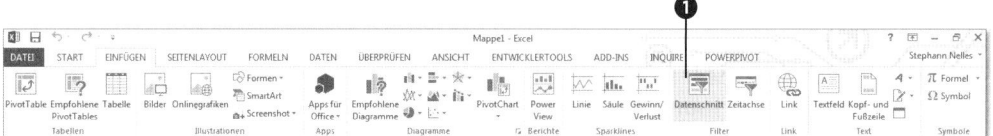

Abbildung 1.1 Ein leichtes Grün ❶ zeigt im neuen Menüband an, welche Funktion Sie gerade ansteuern.

Da nun neben die Desktopversion von Excel 2013 eine Onlineversion tritt und Apps für Smartphones und Tablets verfügbar sind, setzt das Programm nun auf ein ganz klares und zweidimensionales Design. Nur noch hauchzarte Farben grenzen angesteuerte Optionen vom Rest der Bildschirmoberfläche ab. Rahmen und Schattierungen suchen Sie im Menü fast völlig vergebens. Sie müssen am Anfang schon sehr genau hinschauen, um herauszufinden, an welcher Stelle des Menüs Sie sich gerade befinden.

Die alte Hierarchie im Menüband – bestehend aus einem Menüpunkt auf oberster Ebene, den Gruppen in der mittleren und den einzelnen Funktionen auf der untersten Ebene – ist jedoch auch in Excel 2013 erhalten geblieben. Rufen Sie eine Funktion wie **Start ▸ Schriftart** auf, indem Sie auf den kleinen Pfeil rechts unten im Gruppenbereich klicken ❷, öffnet sich die entsprechende Dialogbox. Hier wird dann auch gleich eine weitere Kontinuität der neuen Version sichtbar: Auf Ebene der Dialogboxen haben sich im Hinblick auf die Gestaltung und Bedienungslogik des Programms kaum Veränderungen ergeben.

Der angezeigte Hilfstext beim Zeigen mit der Maus auf den soeben benutzten Schalter verrät Ihnen auch, dass sich die meisten Tastenkombinationen beim Übergang zur neuen Version nicht geändert haben. $\boxed{\text{Strg}}$ + $\boxed{\text{⇧}}$ + $\boxed{\text{A}}$ ermöglichte Ihnen z. B. schon in den Vorgängerversionen die Änderung der Schriftart. Und weil das bei vielen Funktionen so ist, mein Tipp: Verwenden Sie beim Umstieg auf Excel 2013 die Tastenkombinationen, die Ihnen bereits geläufig sind. Die meisten funktionieren noch wie gewohnt und ersparen Ihnen die zumeist längeren Wege durch die Menüs.

Eine kleinere Neuerung wird Ihnen wahrscheinlich nach der Installation und Onlineaktivierung in der Ecke ganz rechts oben im Menüband auffallen: Hier wird der Benutzername des Kontos angezeigt, über das Sie Ihre Excel-Version aktiviert haben. Über die Optionen **Info** und **Kontoeinstellungen** haben Sie aus dem Programm heraus direkt Zugriff auf das Onlinekonto.

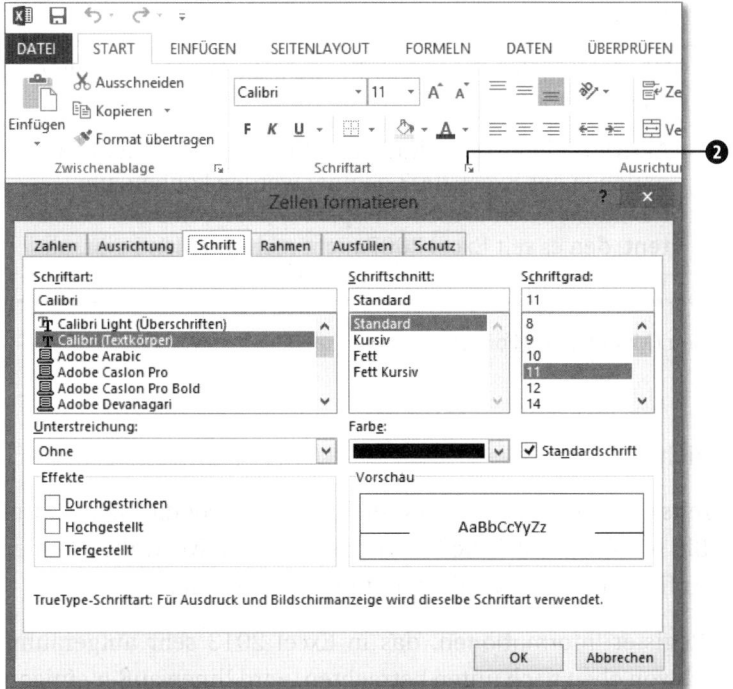

Abbildung 1.2 Aufruf von Dialogboxen in Excel

1.1.1 Genereller Umgang mit dem Menüband

Das Menüband ist besonders für solche Benutzer hilfreich, die in Excel viel mit der Maus und weniger mit Tastenkombinationen arbeiten. Gehören Sie hingegen zur letzteren, wahrscheinlich vom Aussterben bedrohten Spezies, werden Sie sich eventuell für einige Shortcuts interessieren, die sich unmittelbar auf das Menüband beziehen:

Tastenkombination	Funktion
[Strg] + [F1]	Ein- und Ausblenden des Menübands. Alternative: Doppelklicken Sie auf einen Menüpunkt, um das Band vom Bildschirm verschwinden und wieder erscheinen zu lassen.
[Alt]	Dauerhafte Anzeige der Buchstaben, mit denen die Bedienung der Menüs über die Tastatur ermöglicht wird. Drücken Sie ein zweites Mal [Alt], um die Anzeige zu beenden.

Tabelle 1.1 Tastenkombinationen (Menüband)

Tastenkombination	Funktion
Alt + D	Wechselt in den Backstage-Bereich, die Dateiverwaltung von Excel.
Alt + N	Aktiviert einen Tastenkürzelmodus, bei dem Tastenkombinationen aus Excel 2003 benutzt werden können, um Funktionen aufzurufen. Beispiel: Den **Pivottabellen-Assistent**, den es seit Excel 2007 nicht mehr im Menü gibt, aktivieren Sie mit Alt + N und P.

Tabelle 1.1 Tastenkombinationen (Menüband) (Forts.)

1.1.2 Der Backstage-Bereich

Backstage, ich habe es bereits erwähnt, das ist der Bereich, den Sie über das Menü **Datei** erreichen. In ihm finden Sie seit Excel 2007 die Funktionen zur Dateiverwaltung, aber auch die **Optionen**, also Konfigurationsmöglichkeiten für das Programm.

Sie landen zunächst im Register **Informationen**, das in Excel 2013 sehr aufgeräumt wirkt. Wenn Sie den Bereich von oben nach unten betrachten, wird Ihnen außer einigen neuen Funktionen wie **Freigeben** oder **Exportieren** eine kleine Liste mit den zuletzt verwendeten Dateien auffallen. Rechts davon, im Hauptbildschirm, finden Sie allgemeine Funktionen der Dateiverwaltung wie Kennwortschutz, Versionsverwaltung und Dateiinformationen, die sich alle auf die momentan geöffnete Datei beziehen. Es ist ein weiterer Klick auf **Öffnen** notwendig, wenn Sie die verschiedenen Speicherorte (lokale Festplatte, Cloud-Speicher etc.) sowie eine umfangreichere Liste der zuletzt verwendeten Dateien einsehen möchten. In Excel 2007 und 2010 landeten Sie bislang nach dem Mausklick auf die Office-Schaltfläche bzw. das Menü **Datei** sogleich in der Liste der zuletzt benutzen Dateien und Ordner. Die Anzahl der Dateien – sowohl für den Schnellzugriff unter **Informationen** als auch unter **Öffnen** – steuern Sie über **Datei ▶ Optionen ▶ Erweitert ▶ Anzeige**.

Im Bereich **Informationen** ist zudem die Option **Browseransichtsoptionen** neu. Mit ihr legen Sie fest, welche Tabellen und benannten Bereiche angezeigt werden, wenn Ihre Datei auf einer Intranet-/Internetseite veröffentlicht und im Browser angezeigt werden soll. Über das Register **Parameter** legen Sie gegebenenfalls die Zellen fest, die in einem solchen Dokument editierbar sein sollen.

Auch auf der rechten Seite von **Informationen** gibt es eine Neuerung in Excel 2013: Unter **Verwandte Dokumente** lässt sich neuerdings per Mausklick auf **Dateispeicherort öff-**

nen der *Windows-Explorer* öffnen. Viel größere Bedeutung hat dieser Bildschirmbereich freilich dadurch, dass Sie hier in allen Versionen seit 2007 Zugriff auf die Verknüpfungen der aktuellen Datei zu anderen Dokumenten haben. Dazu müssen Sie lediglich **Verknüpfungen mit Dateien bearbeiten** aktivieren.

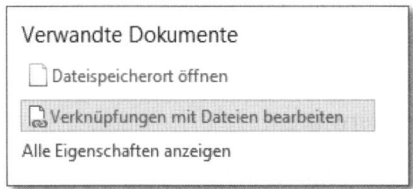

Abbildung 1.3 Zugriff auf den Windows-Explorer und Bearbeitung von Verknüpfungen der geöffneten Datei in Excel 2013

Überfliegen Sie kurz **Neu**, wo Ihnen nur eine einfache leere Excel-Datei und eine Reihe bunter Vorlagen angeboten werden. Öffnen Sie stattdessen **Öffnen**, wo Excel 2013 seine neue Logik in Form geänderter Speicherorte veranschaulicht. Integration von lokalen Speichermedien, Cloud-Diensten und SharePoint-Seiten lautet die Devise! Und so sind diese Speicherorte jetzt auch übersichtlich untereinander aufgeführt, wobei der lokale PC des Benutzers mit seiner Festplatte ganz am Ende der Liste gelandet ist.

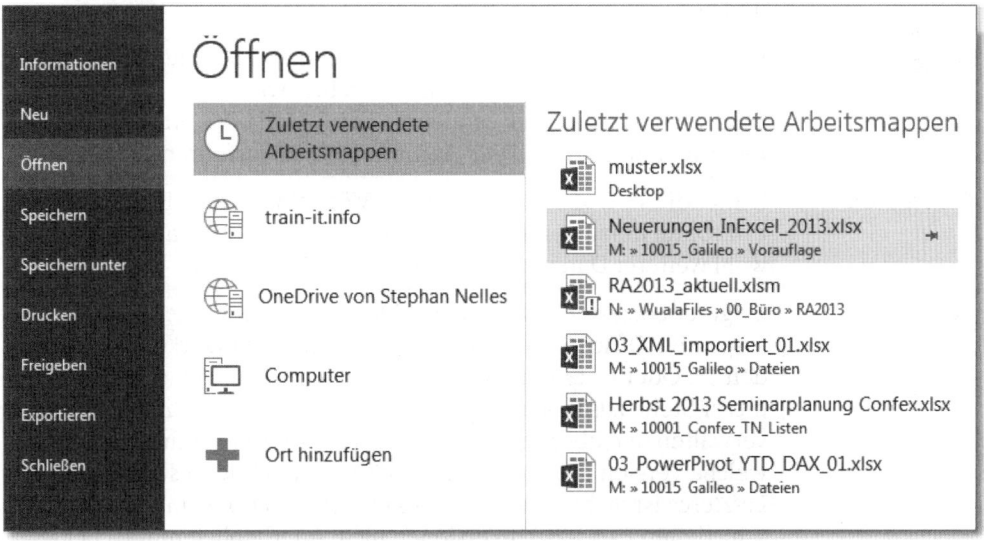

Abbildung 1.4 Neben lokalen und Netzwerkdateien haben Sie auch Zugriff auf OneDrive- und SharePoint-Dokumente.

Und bitte nicht übersehen! Die zuletzt verwendeten Daten können Sie wie bereits unter Excel 2007 und 2010 mit einem einfachen Klick auf den rechts angezeigten Pin (beim Überfahren mit der Maus erscheint die Anzeige **Dieses Element an die Liste anheften**) dauerhaft in der Liste ablegen.

Sollten Sie versehentlich eine Datei geschlossen haben, ohne dass Sie die Datei gespeichert haben, oder ist Ihr PC abgestürzt, finden Sie ganz unten auf diesem Bildschirm die Option **Nicht gespeicherte Arbeitsmappen wiederherstellen**. In Excel 2010 erreichen Sie diese Option unter **Datei ▸ Informationen ▸ Versionen verwalten**.

Die anderen Register im Menü **Datei** liefern Ihnen die folgenden Funktionen:

Option	Funktion
Speichern unter	Wie schon beim Öffnen haben Sie Zugriff auf die verschiedenen Speicherorte auf der lokalen Festplatte oder im Netz.
Drucken	Alle Einstellungsmöglichkeiten und die Druckvorschau finden Sie nach wie vor in diesem Bereich. Erwähnenswert: Bei Auswahl des Treibers **An OneNote senden** sind Sie in der Lage, Teile der geöffneten Arbeitsmappe in ein elektronisches OneNote-Notizbuch zu übertragen. Und: Der unscheinbare Link **Seite einrichten** führt Sie in die gleichnamige Dialogbox. Ändern Sie hier z. B. Randeinstellungen und Kopfzeilen.
Freigeben	In diesem Bereich begegnen Sie noch einmal der neuen Vielfalt in Sachen vernetztes Arbeiten. Sie geben hier wahlweise die aktuelle Datei auf OneDrive frei, senden sie per E-Mail oder präsentieren Ihre Daten über einen Lync-Account (**Online vorführen**).
Exportieren	Hinter dieser Option finden Sie die Möglichkeit, eine Excel- in eine PDF-Datei umzuwandeln. Neu ist aber in Excel 2013 auch eine Auswahl weiterer Dateiformate wie ODS, TXT oder CSV.
Konto	Zu guter Letzt stoßen Sie auf den Menüpunkt, unter dem Ihre Excel- respektive Office-Version mit Ihrem Online-Benutzerkonto verbunden ist. Oder ist es umgekehrt? Egal! Wichtig ist eher, dass Sie an dieser Stelle zusätzliche Dienste konfigurieren, bestehende Konten verwalten und über den Menüpunkt **Info zu Excel** herausbekommen, welche Version des Programms auf Ihrem Rechner installiert ist. Letzteres ist nicht unwichtig, da sich der Funktionsumfang der verschiedenen Excel-2013-Versionen nicht unerheblich unterscheidet.

Tabelle 1.2 Optionen im Backstage-Bereich (Bereich **Informationen**)

Abbildung 1.5 Unter **Informationen** zeigt Excel 2013 eine Reihe von Optionen für die aktuell geöffnete Datei.

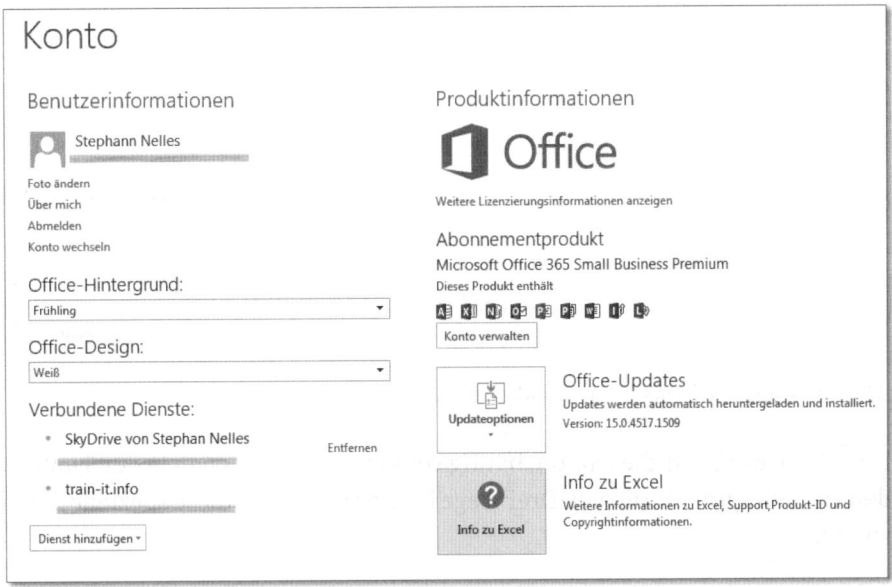

Abbildung 1.6 Verwaltung des Benutzerkontos und der Office-Version in Excel 2013

1.1.3 Excel-Optionen und Anpassung des Menübands

Über den Menüpunkt **Datei** finden Sie, wie bereits erwähnt, auch den Einstieg in **Optionen** (in Excel 2007 Office-Schaltfläche ▸ **Excel-Optionen**), den zentralen Konfigurationsbereich, der in Excel 2003 noch unter **Extras** ▸ **Optionen** aufgerufen wurde. In diesem Menübereich liegt seit Excel 2010 eine entscheidende Neuerung: die Option **Menüband anpassen**. Auf der rechten Seite der Dialogbox können Sie einen komplett neuen Menüpunkt oder eine Gruppe in einem bestehenden Menü erstellen und diesen neuen Menübereich anschließend mit Excel-Befehlen oder auch Ihren eigenen Makros füllen (**Hinzufügen**).

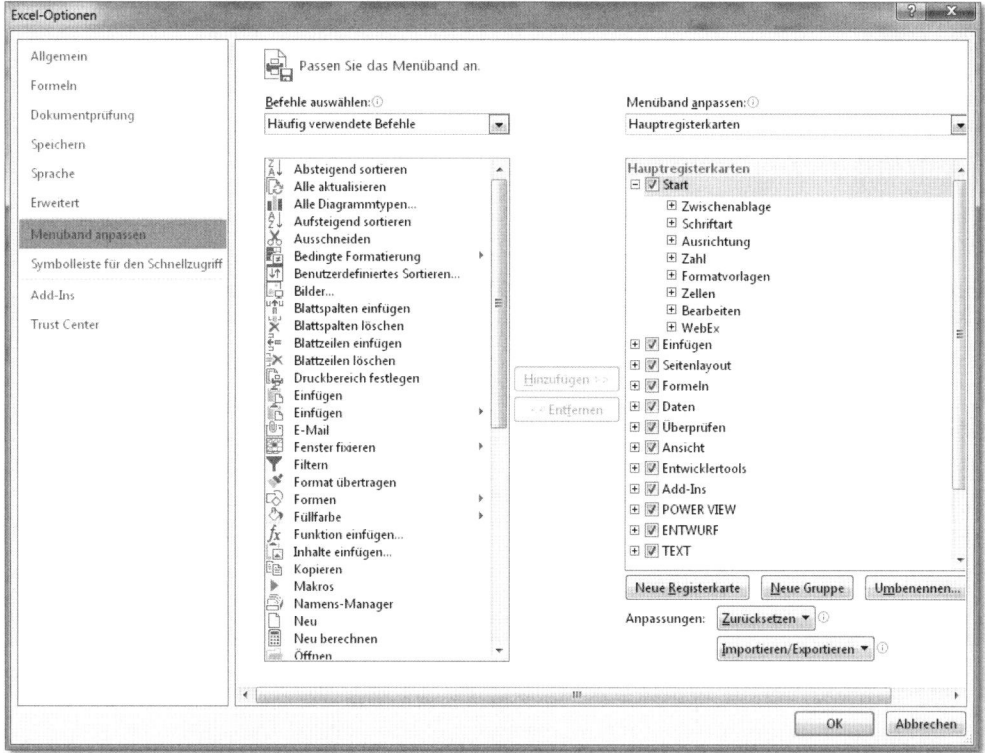

Abbildung 1.7 Anpassungsmöglichkeit für das Menüband

Seit Excel 2007 gibt es bereits die Option, häufig verwendete Funktionen in der **Symbolleiste für den Schnellzugriff** abzulegen. Drei Wege bieten sich Ihnen, diese spezielle Symbolleiste zu füllen:

- Fügen Sie die hier benötigten Funktionen über **Datei ▸ Optionen ▸ Symbolleiste für den Schnellzugriff** hinzu.

- Öffnen Sie, wenn Sie sich in einer beliebigen Excel-Datei befinden, das Listenfeld rechts neben der **Schnellzugriffsymbolleiste**. Wählen Sie dann eine der dort angezeigten Funktionen, um sie in die Symbolleiste zu übernehmen.

- Klicken Sie mit der rechten Maustaste auf eine Schaltfläche im **Menüband**, und aktivieren Sie anschließend die Option **Zu Symbolleiste für den Schnellzugriff hinzufügen**.

In den **Optionen** können Sie seit Excel 2010 mittels der rechts unten angezeigten Auswahl **Importieren/Exportieren** eine Anpassungsdatei erstellen, mit der Sie die von Ihnen vorgenommenen Änderungen am Interface von Excel speichern und an anderen Rechnern in Excel importieren können.

1.1.4 Navigations- und Statusleiste seit Excel 2007

Unterhalb des Zellbereichs Ihrer Tabelle befindet sich die Navigationsleiste. Was haben die verschiedenen Schaltflächen in diesem Bereich zu bedeuten? Zunächst einmal finden Sie hier die Namen der Tabellenblätter. Rechts davon können Sie zwei Schalter betätigen, um sich von links nach rechts oder umgekehrt von Blatt zu Blatt zu bewegen.

Seit Excel 2013 führt Sie ein Mausklick mit gedrückter ⎡Strg⎤-Taste direkt zum letzten oder aber ersten Tabellenblatt der Arbeitsmappe. Die Bildlaufleiste ganz rechts in der Navigationsleiste können Sie übrigens auch mit der rechten Maustaste anklicken, um z. B. an den Rand einer angezeigten Tabelle zu springen. Mit dem Pluszeichen fügen Sie im Bedarfsfalle ein zusätzliches Tabellenblatt ein.

Die Statusleiste von Excel können Sie anpassen. Sie finden in ihr die folgenden Funktionen:

- Das kleine Programm-Symbol neben der Statusanzeige **Bereit** dient der Aufzeichnung eines Makros bzw. dem Beenden der Aufzeichnung.

- Auf der rechten Seite der Statuszeile wurde eine Funktion zum Umschalten zwischen den einzelnen Ansichten angeordnet.

- Rechts daneben gibt es einen Regler zum Zoomen der Bildschirmansicht.

| MITTELWERT: 248,4285714 | ANZAHL: 7 | NUMERISCHE ZAHL: 7 | MINIMUM: 201 | MAXIMUM: 323 | SUMME: 1739 |

Abbildung 1.8 Die Statusleiste zeigt nach dem Markieren von Werten einzelne Berechnungen.

Dass diese Darstellung in der Statuszeile nicht statisch ist, verrät ein Mausklick mit der rechten Maustaste in ihren mittleren Bereich. Es werden dadurch zahlreiche Optionen im Kontextmenü angezeigt, mit der Sie die Informationen dieses Abschnitts anpassen können. Interessant ist vor allem die Konfiguration der in der Statuszeile möglichen Kalkulationsfunktionen. Wählen Sie hier einfach unter Funktionen wie *Mittelwert*, *Anzahl*, *Summe* etc. diejenigen aus, die in der Statuszeile ausgeführt werden sollen, wenn Sie Werte im Tabellenblatt markieren. Damit sparen Sie ordentlich Zeit, wenn es um einfache Plausibilitätschecks geht.

Abbildung 1.9 Anpassung der Statuszeile ab Excel 2007

1.2   Technische Neuerungen

Doch welche technischen Veränderungen hat Ihnen Excel 2013 nun zu bieten? Da wird Ihnen eventuell zuerst auffallen, dass zwei oder mehr Dateien, die Sie geöffnet haben, auch in separaten Fenstern verwaltet werden. Der Vorteil für Sie als Nutzer: Das Kopieren zwischen den Dateien wird einfacher. Verwenden Sie zudem einen zweiten Monitor, so profitieren Sie von der Möglichkeit, zwei Dateien auf verschiedenen Bildschirmen anzuzeigen und zu bearbeiten.

1.2.1   OneDrive und Office 365

Doch dies ist nicht die einzige technische Neuerung. Einige Veränderungen beziehen sich zwangsläufig auf die Verwendung von Online- oder Cloud-Diensten, deren Bedeutung seit der letzten Office-Version noch einmal zugenommen hat. In puncto Webintegration fällt zunächst auf, dass der Microsoft-eigene Webdienst *OneDrive* nun direkt in das Dateisystem Ihres Windows-7- oder Windows-8-Rechners eingebunden werden kann. Wenn Sie einen kostenlosen OneDrive-Account einrichten, laden Sie dazu die OneDrive-App herunter. Diese hilft Ihnen anschließend, bestimmte Ordner Ihres Computers automatisch mit dem Webdienst zu synchronisieren. Auf OneDrive selbst bearbeiten Sie Ihre Dateien mit einer – im Funktionsumfang allerdings reduzierten – Office-Version (Excel, Word, PowerPoint und OneNote).

Über den Link **OneDrive-Apps anfordern** werden mittlerweile auch Apps für Mac OS X, Windows Phone, iOS und Android angeboten. Zumindest auf Tablets ist es so möglich, Excel-Dateien zu öffnen und zu betrachten. Der Komfort bei der Bearbeitung auf solchen mobilen Geräten hängt naturgemäß stark von der Bildschirmgröße ab und von der Geschicklichkeit, die Sie bei der Steuerung mit Fingergesten oder einem Stylus an den Tag legen.

Haben Sie hingegen eine kostenpflichtige Office-365-Lizenz erworben, umfasst sie neben den Hauptprogrammen wie Excel und Word unter anderem Outlook sowie ebenfalls Speicherplatz für die Ablage von Dateien, die Sie wiederum per Freigabe für Ihre Kolleginnen und Kollegen bereitstellen können. Erst wenn Sie über **Einstellungen ▸ Office 365-Einstellungen** Ihren Account konfigurieren, haben Sie auch hier Zugriff auf Apps für den mobilen Einsatz. Der Weg ist verschlungen und führt Sie über den Link **Erste Schritte** zu der Option **PC & Mac**. Auf der danach angezeigten Seite sind – je nach Umfang der erworbenen Lizenz – die Office-365-Programme gelistet, die Sie von hier aus auf Ihrem PC zu installieren berechtigt sind.

Die Option **Telefon & Tablet** hingegen liefert eine Übersicht über all jene mobilen Geräte, für die eine mobile Benutzung zur Verfügung steht. Dabei ist der Funktionsumfang jedoch höchst unterschiedlich. Während für Windows 8 das Microsoft Office und zusätzlich Access, Publisher und mehr angeboten werden, laufen auf dem iPhone nur

Office, SharePoint, Lync und OWA. Richtig dünn wird das Angebot bei Android, Symbian OS und BlackBerry: Hier werden nur einzelne Programme wie Lync angeboten, oder die Programme können lediglich über einen Browser genutzt werden.

Abbildung 1.10 Eine Office-365-Lizenz enthält auch Apps für unterschiedliche mobile Geräte.

1.2.2 Der Quantensprung – PowerPivot, Datenmodelle, PowerView

Diese neuen Werkzeuge der »Outdoor«-Nutzung des Kalkulationsprogramms sind unserem immer mobileren Arbeitsstil geschuldet. Die wirklich bahnbrechende Innovation in Excel 2013 bezieht sich auf ein anderes scheinbares »Naturgesetz«: Die Datenmengen, die Sie heute im Controlling auswerten und zu Reports verarbeiten müssen, wachsen ständig an. Erschwerend kommt hinzu, dass immer mehr unterschiedliche Datenquellen in Berichten abgeglichen und in diese integriert werden müssen. Eine Herausforderung, die viele Controller dazu zwang und zwingt, große Teile Ihrer kostbaren Arbeitszeit massiven Kopiervorgängen, exzessiver Verwendung von Funktionen wie SVERWEIS() und dem Erstellen teilweise labyrinthischer Dateiverknüpfungen zu opfern.

Wo bleibt da die Zeit für echte Datenanalyse und für die Entwicklung von Empfehlungen für das Management?

Dieser Konflikt hat mit PowerPivot wohl ein Ende. Bereits für Excel 2010 stellte Microsoft das kostenlose Add-in ins Netz – ein Tool, das Sie als lokalen Datenbankserver auf Ihrer lokalen Festplatte verstehen sollten. Dieser ist nicht nur in der Lage, Datenquellen unterschiedlichster Formate zusammenzuführen. Er unterstützt auch den Aufbau komplexer Datenmodelle, also die logische Verknüpfung verschiedener Tabellen. Da dieses Tool auch über eine eigene Funktionsbibliothek verfügt, waren und sind Sie in der Lage, Kalkulationen durchzuführen, die weit über alle Möglichkeiten von gewöhnlichen Pivottabellen hinausgehen.

Das i-Tüpfelchen der Berechnungen in PowerPivot sind die *KPI* (*Key Performance Indicators*) zur einfachen Visualisierung Ihrer Auswertungen. Mit ihnen werden auch große Datenbestände beispielsweise mittels Ampeldarstellungen oder Datenbalken auf wenige grafische Merkmale eingedampft. Die verfügbaren Darstellungsoptionen werden Ihnen bekannt vorkommen, wenn Sie bereits **Bedingte Formatierungen** in Excel benutzen. Um die generelle Logik von Excel 2013 in einem Satz zu beschreiben: Excel wird endgültig zum einem Programm, das große Datenmengen verknüpft, verdichtet und in Form von flexiblen PowerPivot-Reports unternehmensweit zur Verfügung stellt.

Dazu bedarf es jedoch einer verbesserten Bedienbarkeit. An die wurde in Excel 2013 auch gedacht. Anstatt aus endlosen Listen Datensegmente zu filtern, steuern Sie PowerPivot über **Datenschnitte**. Dies sind einfach zu generierende Schaltflächen, die wiederum die logischen Beziehungen zwischen den einzelnen Tabellen eines Datenmodells berücksichtigen. So kommt es, dass Excel Ihnen immer nur diejenigen optionalen Elemente zur Auswahl anbietet, die im ausgewählten Zusammenhang auch tatsächlich sinnvoll sind.

Allerdings profitieren Sie nur mit einer Office-Professional- oder Office-365-Lizenz ab Small Business Premium von den Vorteilen, die PowerPivot bietet. Liegen Sie mit Ihrer Lizenz unter dieser Linie, bleibt Ihnen nur die in Excel 2013 ebenfalls neue Funktion der *Datenmodelle*. Doch auch diese ist immerhin noch in der Lage, Pivottabellen auf der Basis mehrerer Tabellenblätter zu erstellen. Dies bedeutet, dass das mühselige Verknüpfen von Daten mit Hilfe von Verweisfunktionen der Vergangenheit angehört, wenn Sie über einen entsprechend strukturierten Datenbestand in Excel verfügen. Die von Microsoft propagierte Maxime von *business intelligence at your fingertips* lässt sich mangels des erweiterten Funktionskatalogs, der den PowerPivot-Datenmodellen vorbehalten ist, damit allerdings nicht umsetzen.

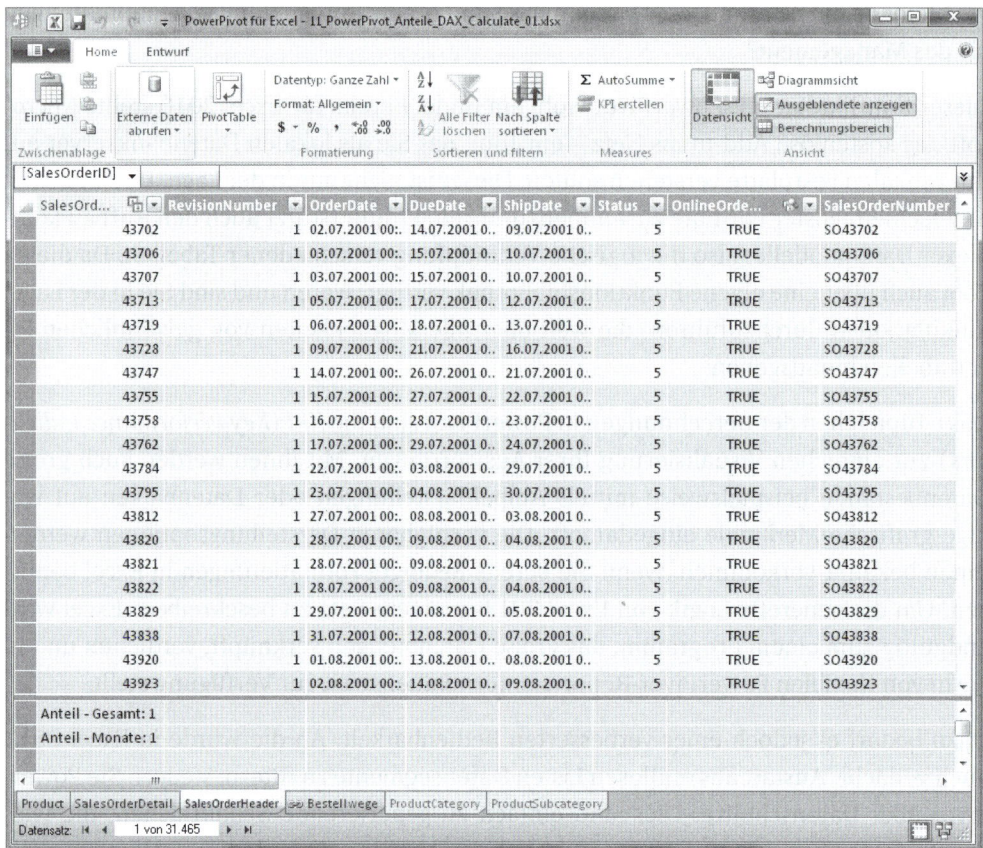

Abbildung 1.11 PowerPivot bietet in einem eigenen Programmfenster Funktionen zum Aufbau komplexer Datenmodelle.

Pivottabellen – egal, ob auf einer oder mehreren Tabellen aufgebaut – lassen sich nach wie vor in Form von Diagrammen darstellen. Außer dem Diagrammtyp *Verbunddiagramm* verfügt Excel 2013 über keine neuen Möglichkeiten in diesem Bereich. Neu ist hingegen das *Standalone*-Pivotdiagramm: Mussten Sie bislang mit Excel zunächst eine Pivottabelle anlegen, um im zweiten Schritt daraus ein Diagramm zu bilden, geht dies jetzt auch ohne diesen Umweg – vorausgesetzt, Sie nutzen eine externe Datenquelle als Basis. Im Menü **Einfügen ▸ Diagramme ▸ PivotChart** wählen Sie die Option **Externe Datenquelle verwenden**, um direkten Zugang zu einem Pivotdiagramm zu erhalten.

PowerPivot, Datenmodelle, Pivotdiagramme aus externen Datenbeständen – doch selbst damit sind die Innovationen von Excel 2013 in Sachen Verarbeitung großer Datenmengen nicht vollständig aufgezählt. Das Zeug, für Sie zu einem alltäglichen Tool beim Reporting zu werden, hat nämlich auch PowerView. Sie werden diese Funktion wahrscheinlich immer dann nutzen, wenn Sie aus Ihrem Basisdatenbestand einen Bericht erstellen möchten, der

- unterschiedliche Perspektiven auf die Daten erlauben soll,
- eine einfache Steuerungsmöglichkeit beinhalten muss
- und tabellarische wie auch Diagrammdarstellungen der Ergebnisse auf einer Seite berücksichtigt soll.

In einer ersten Reaktion werden Sie sagen: »Das mache ich doch schon mit Pivottabelle und -diagramm«, auch wenn Ihnen die eingeschränkten Gestaltungsfunktionen dieses Werkzeugs nur zu gut bekannt sind. Doch in Excel 2013 könnte Ihre Entscheidung zukünftig zugunsten des neuen Tools ausfallen, denn PowerView enthält zwar die Grundfunktionen eines Pivotberichts, doch dieser wird erweitert um diverse Gestaltungsfunktionen wie Überschriften, Logos und Bilder. Auf Ebene der Datenauswahl sind es Kacheln – nicht **Datenschnitte** –, die die benötigte Dynamik in Ihre Reports bringen.

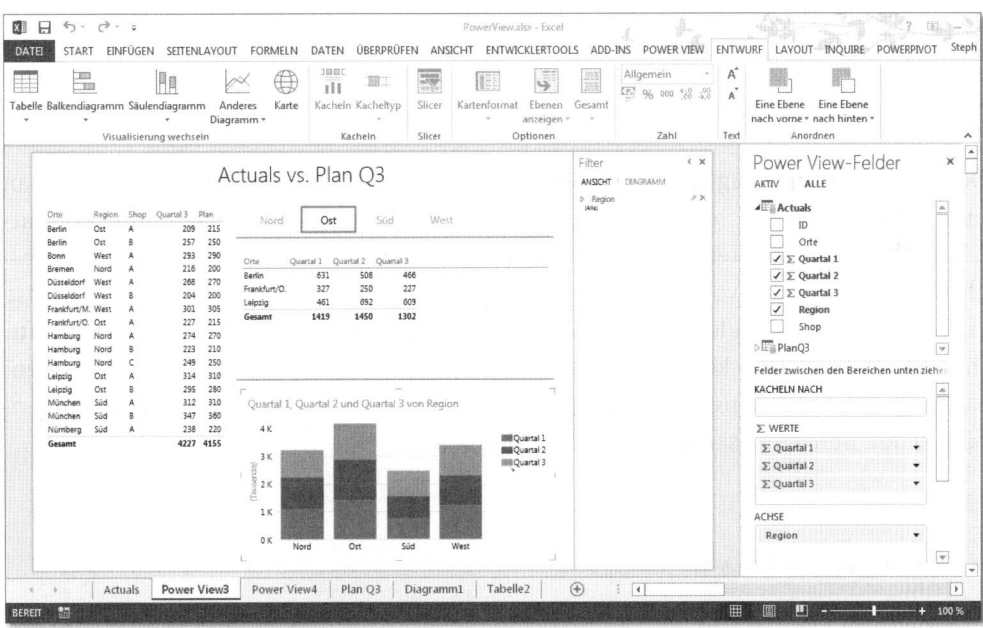

Abbildung 1.12 PowerView fasst Ihre Daten auf einer Seite zu dynamischen Reports zusammen.

Das Ergebnis eines PowerView-Berichts wird in den meisten Fällen ein typischer *One Pager* sein – komprimierte Ergebnisse auf einem einzigen Blatt, mit zuvor festgelegten Auswahlfunktionen.

1.2.3 Datenschnitte und Zeitachsen

Betrachten wir die soeben genannten Schwergewichte unter den Neuerungen in Excel 2013, so mögen andere fast als zu leichtgewichtig erscheinen. Doch dies wäre ein Trugschluss, da es ja oft eben die Kleinigkeiten sind, die erheblich zur Zeitersparnis beitragen. Wenn Sie sich bereits in Excel 2010 über die oben erwähnten **Datenschnitte** gefreut haben, die Pivottabellen eine völlig neue und sehr bequeme Steuerungsmöglichkeit gaben, dann gibt es gute Nachrichten für Sie, denn auch beim Filtern von **Datentabellen** können Sie sich nun dieses Werkzeugs bedienen.

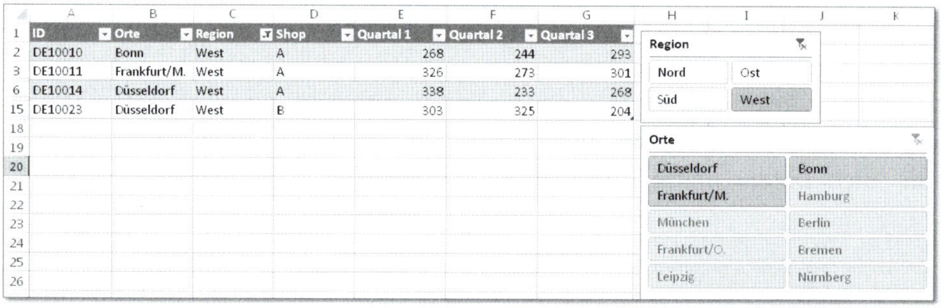

Abbildung 1.13 **Datenschnitt** zum Filtern einer **Datentabelle**

Doch damit nicht genug. **Zeitachsen** sind eine weitere neue Funktion, die allerdings an interne Datenmodelle von Excel oder externe Datenverbindungen anknüpft. Im Klartext: Haben Sie ein Datenmodell – und bestehe es auch nur aus einer einzigen Tabelle – als Grundlage einer Pivottabelle eingesetzt, lässt sich über **Einfügen ▸ Filter ▸ Zeitachse** eine Laufleiste einblenden. Darüber wählen Sie dann bequem einen Datumsbereich für Ihre Auswertung. Dies kompensiert einen Mangel, den **Datenschnitte** bislang besaßen: In ihnen mussten bislang alle Datumswerte einzeln per Mausklick zu einem zusammenhängenden Bereich zusammengefügt werden.

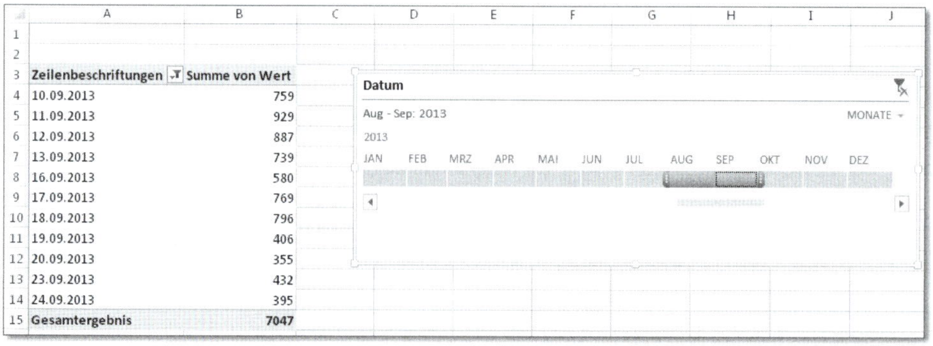

Abbildung 1.14 **Zeitachsen** dienen der Auswahl von Datumsbereichen in Pivottabellen.

1.2.4 Schnellanalyse und empfohlene Diagramme

Ebenfalls klein, aber fein ist die *Schnellanalyse*. Sie erscheint sicherlich als eines der auf den ersten Blick auffälligsten Merkmale von Excel 2013. Es reicht schon aus, einen Zellbereich, der Daten enthält, zu markieren, um auf diese neue Funktion zu stoßen. Mit einem Klick auf das nach einer Bereichsmarkierung angezeigte Symbol rechts unterhalb der Daten starten Sie die Funktion. Alternativ führt auch [Strg] + [Q] zu diesem Assistenten, der Ihnen einen verkürzten Zugang zu den Dialogboxen und Assistenten für Diagramme, Pivottabellen, Kalkulationsfunktionen, Formatierungen und Sparklines ermöglicht.

Möchten Sie sich nicht auf Schritt und Tritt helfen lassen, schalten Sie den Assistenten unter **Datei ▸ Optionen ▸ Allgemein ▸ Benutzeroberflächenoptionen** einfach ab. Die genannte Tastenkombination wird Ihnen dann immer noch zur Verfügung stehen, wenn Sie Unterstützung benötigen.

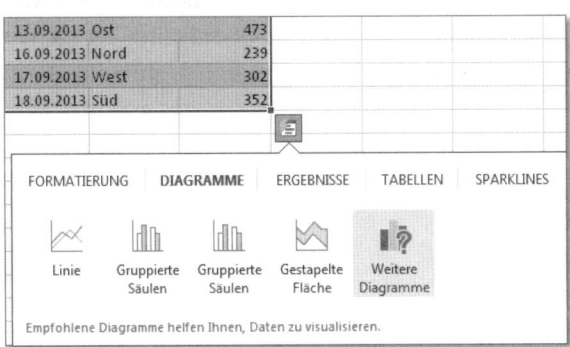

Abbildung 1.15 Wohin Sie auch klicken – die Schnellanalyse ist schon da!

Ganz unabhängig davon erhalten Sie in Excel 2013 jedoch auch Vorschläge, wenn Sie ein Diagramm oder eine Pivottabelle einfügen möchten. In den jeweiligen Gruppen im Menü **Einfügen** finden Sie die neuen Schaltflächen **Empfohlene Diagramme** und **Empfohlene PivotTables**. Den Ratschlägen von Excel 2013 – so viel steht fest – werden Sie kaum entgehen.

1.2.5 Neuer Diagramm-Assistent

Apropos Diagramm-Assistent! Wenn es etwas gibt, was in Excel 2013 aus meiner Sicht nicht gut gelungen ist, dann ist es die Neustrukturierung des Menüs zum Erstellen von Diagrammen. Die beiden Vorgängerversionen folgten in nahezu sämtlichen Kontextmenüs einem sehr einfachen Prinzip. Wurden beispielsweise die **Diagramm-Tools** angezeigt, so empfahl sich eine Benutzung der Funktionen von links nach rechts. Dies entsprach einer Überarbeitung vom Großen zu den Objektdetails. Diese Struktur war klar und einfach. Hatte man das Prinzip einmal verinnerlicht, konnte man es intuitiv auf sämtliche Kontextmenüs anwenden.

Die neuen Diagramm-Tools sind in ihrer Logik hingegen ganz schwer zu durchschauen. Das Untermenü **Layout** wurde aufgelöst und stattdessen über den Schalter **+** direkt an das Diagramm verlagert. Dort finden Sie aber auch die Optionen **Farben** und **Formatvorlagen**, die eigentlich immer noch im Menü **Entwurf** im Menüband residieren. Logisch ist das nicht.

Ein weiteres Manko: Welche Option oder welches Register für das ausgewählte Diagramm momentan aktiv ist, signalisiert ein Farbunterschied im Menü nur sehr schwach. Während Menüs mit Texten bezeichnet wurden, signalisieren in Untermenüs lediglich Symbole, welche weiteren Schritte verfügbar sind. Bestimmte Funktionen, z. B. das Speichern von Diagrammvorlagen, sucht man in der neuen Menüstruktur schier ewig. Nie war ein Rat so wertvoll wie der, den ich zu diesem Modul geben möchte: Versuchen Sie, konsequent die rechte Maustaste und das dortige Kontextmenü zu nutzen. Darin hat sich fast nichts verändert.

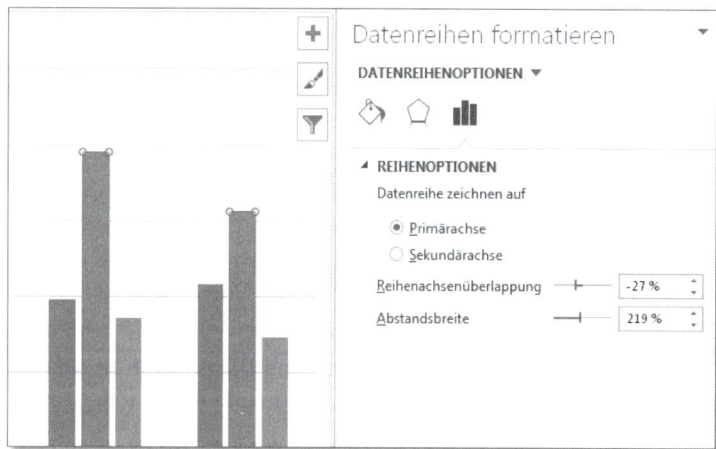

Abbildung 1.16 Die neue Unübersichtlichkeit (hier bei Diagrammen).
Nutzen Sie besser die rechte Maustaste und das Kontextmenü.

1.2.6 Neues Dateiformat

Bereits seit Excel 2007 gibt es ein neues Dateiformat. Das *x* am Ende der Dateiendung *.xlsx* ist dabei als Hinweis zu verstehen, dass es sich um ein XML-basiertes Format handelt. Wenn Sie eine Arbeitsmappe über **Datei ▶ Speichern unter** speichern, wird unter **Dateityp** angezeigt: **Excel-Arbeitsmappe (*.xlsx)**. Mit der neuen Version gibt es nun ein zweites Dateiformat, das ebenfalls die Endung *.xlsx* verwendet. Im Speichern-Dialog finden Sie es fast am Ende der Dateityp-Liste mit der Erläuterung **Strict Open XML-Arbeitsmappe (*.xlsx)**.

Was ist geschehen? Zwar hatte Microsoft Open XML seit Office 2007 als nicht-proprietäres Dateiformat annonciert und somit einen problemlosen Datenaustausch mit anderen Office-Programmen namentlich unter Linux versprochen. Doch die benutzte Definition entsprach nicht dem ISO-Standard. Zudem konnte sogar Office 2010 Open XML lediglich öffnen, nicht aber selbst Dateien in diesem Format speichern.

Dies gehört nun der Vergangenheit an. Mit dem neuen Format wird Excel sozusagen voll ISO-tauglich. Es kann nun wirklich Dateien speichern, die schließlich mit allen gängigen anderen Office-Paketen und Tools geöffnet werden können. Wichtig ist allerdings, dass das neue Dateiformat nicht an einer zusätzlichen Dateiendung erkennbar ist. Öffnen Sie eine Strict-Open-XML-Datei in Excel 2010, erhalten Sie eine Fehlermeldung. Sollte dies einmal der Fall sein, so klicken Sie auf **Öffnen**, um die Datei zu konvertieren.

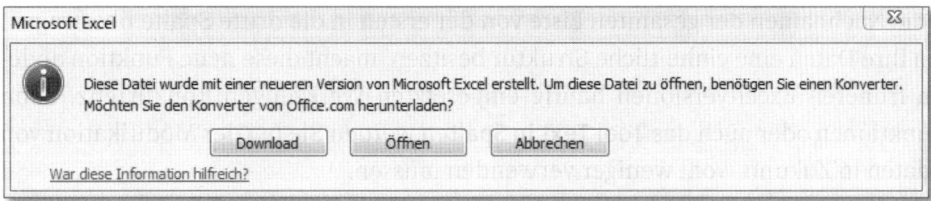

Abbildung 1.17 Fehlermeldung beim Öffnen der Strict-Open-XML-Arbeitsmappe in Excel 2010

Wenn Sie hingegen die Option **Download** wählen, landen Sie entgegen der Anzeige in der Dialogbox nicht auf einer Internetseite, von der Sie einen Konverter herunterladen können. Vielmehr erhalten Sie online lediglich Informationen zur Ursache der Fehlermeldung. Einen Konverter finden Sie aber dann, wenn Sie in einer Suchmaschine nach »OOXML Strict Converter for Office 2010« suchen.

Ist der Konverter installiert, erkennt und konvertiert Excel 2010 Dateien im neuen Format automatisch. Allerdings sind Excel-2010-Benutzer auch nach der Installation des Tools nicht in der Lage, Ihre Dateien im neuen Format zu speichern. Anwender von Excel 2007 und früheren Versionen haben keine Chance, Strict-Open-XML-Dateien zu öffnen oder zu speichern.

1.2.7 Blitzvorschau

Die Blitzvorschau – in der englischen Version *FlashFill* – darf man in ihrer Arbeitsweise wohl getrost als einzigartig in Excel bezeichnen. Sie ist darauf ausgelegt, ein Daten- oder Zeichenmuster in einem markierten Bereich zu erkennen. Einfaches Beispiel: Eine Spalte enthält Vor- und Nachnamen, die mit einem Leerzeichen getrennt sind. Geben Sie in der Spalte neben diesen Daten nun den Vornamen der Person in der ersten Zeile ein, registriert Excel dies. Bereits bei Eingabe des zweiten Vornamens in der zweiten Zeile bietet Ihnen Excel 2013 an, alle Vornamen der Folgezeilen zu kopieren.

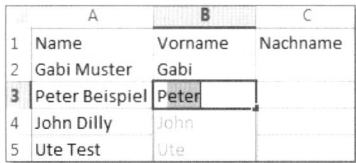

Abbildung 1.18 Die Blitzvorschau erkennt Datenmuster und trennt so beispielsweise Vor- und Nachnamen.

Setzen Sie in der folgenden Spalte die Eingabe mit dem ersten Nachnamen fort, werden auch die Nachnamen der gesamten Liste von der ersten in die dritte Spalte übertragen. Sofern Ihre Daten eine einheitliche Struktur besitzen, macht diese neue Funktion anderen in früheren Excel-Versionen häufig eingesetzten Werkzeugen Konkurrenz, denn Textfunktionen oder auch das Tool **Text in Spalten** werden Sie bei der Modifikation von Basisdaten in Zukunft wohl weniger verwenden müssen.

1.2.8 Spreadsheet Compare 2013

Außerhalb von Excel 2013, im Startmenü von Windows, wartet noch ein weiteres Tool mit großem Potential auf Sie: **Spreadsheet Compare 2013**. Sie starten es über **Start ▶ Alle Programme ▶ Microsoft Office 2013 ▶ Office 2013-Tools**.

Nachdem Sie zwei Arbeitsmappen ausgewählt haben, die miteinander verglichen werden sollen, analysiert das neue Tool diese beiden Dateien. Haben Sie Daten ergänzt, Formatierungen geändert, Formeln oder Funktionen angepasst? Kein Problem, alle diese Überarbeitungen werden in zwei vergleichenden Fenstern farblich hervorgehoben. Die Abweichungen werden im mittleren Bereich des Programmfensters auch noch einmal kurz beschrieben. Bei häufig überarbeiteten Versionen eines Dokuments oder Dateien, die zwischen den Mitgliedern eines Teams ausgetauscht werden, kann diese Funktion zu einer ordentlichen Zeitersparnis führen.

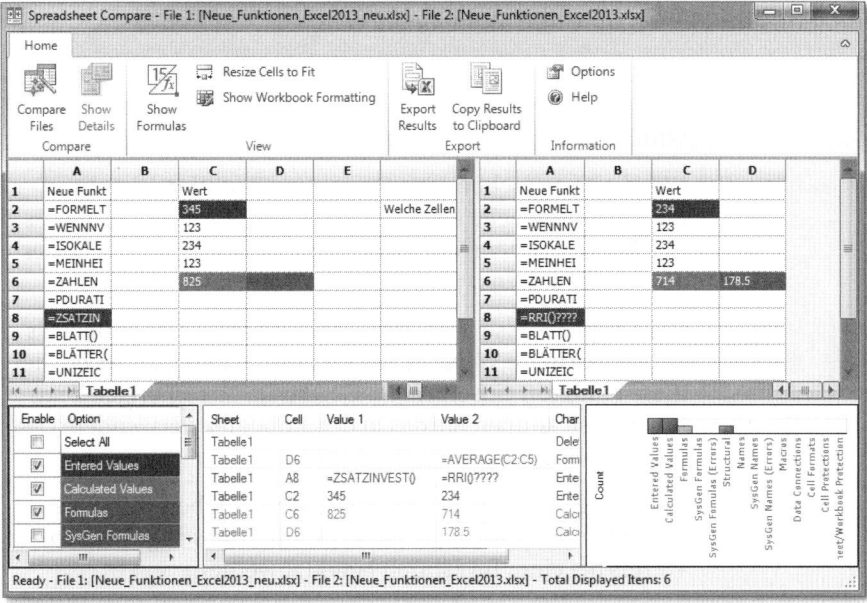

Abbildung 1.19 Spreadsheet Compare 2013 hebt Veränderungen zwischen verschiedenen Arbeitsmappen hervor.

1.2.9 Neue Kalkulationsfunktionen

Zu guter Letzt: Mit Excel 2013 wird natürlich auch immer noch gerechnet. Und dazu benötigt man selbstverständlich Kalkulationsfunktionen. Davon gibt es einige neue in der aktuellen Version. Eine kleine Auswahl der Funktionen, die im Bereich Controlling und Finanzen Ihre besondere Aufmerksamkeit verdient haben, folgt in Tabelle 1.3. Viele von ihnen werde ich in den folgenden Kapiteln noch ausführlicher beschreiben.

Neue Kalkulationsfunktionen für Controlling und Finanzen	
=FORMELTEXT()	Um zu dokumentieren, welche Formeln in einer Tabelle verwendet wurden, können Sie zukünftig diese Funktion einsetzen. Sie schreibt den Formeltext in die von Ihnen gewählte Zelle.
=ISTFORMEL()	Ob eine Zelle einen Text oder eine Zahl enthält, konnte man in Excel schon immer per Funktion bestimmen. Nun können Sie auch berechnen, ob sich in einer bestimmten Zelle eine Formel befindet.

Tabelle 1.3 Neue Kalkulationsfunktionen in der Übersicht

Neue Kalkulationsfunktionen für Controlling und Finanzen	
=WENNNV()	Diese neue Funktion ergänzt die bereits vorhandene Funktion =WENNFEHLER(): Ein vom Benutzer festgelegter Wert wird zurückgegeben, wenn die Prüfung zu einem #NV führt.
=ISOKALENDERWOCHE()	Wie der Name schon sagt: Diese neue Funktion berechnet die Kalenderwoche nach ISO 8601. Die Norm legt fest, dass die Woche mit dem Montag beginnt und die erste Woche des Jahres mindestens vier Tage aufweisen muss.
=ZAHLENWERT()	Um beispielsweise nach dem Datenimport versehentlich als Text importierte Werte in Zahlen umzuwandeln, können Sie diese Funktion einsetzen. Im Gegensatz zu bisherigen Textfunktionen können Sie das in den Rohdaten verwendete Dezimal- und Tausendertrennzeichen angeben.
=PDURATION()	Diese neue finanzmathematische Funktion berechnet die Anzahl der Perioden, die zur Erzielung eines angestrebten Wertes bei einer Investition benötigt werden.
=ZSATZINVEST()	Ein weiterer Neuling in der Kategorie Finanzmathematik. =ZSATZINVEST() berechnet den effektiven Zins der Wertsteigerung einer Investition.
=XODER()	Eine Funktion, auf die so mancher Benutzer schon länger gewartet hat: das ausschließliche logische Oder. Hiermit prüfen Sie beispielsweise, ob ein definierter Wert in einem Datenbereich enthalten ist oder nicht.
=AGGREGAT()	Diese Funktion ist zwar nicht neu in Excel 2013, jedoch sind meines Erachtens nur wenige Anwender bislang mit ihr umgegangen. =AGGREGAT() führt diverse Berechnungen aus und ignoriert dabei störende Fehlerwerte.

Tabelle 1.3 Neue Kalkulationsfunktionen in der Übersicht (Forts.)

Fazit: Excel 2013 bietet eine Reihe von Innovationen, die für Anwendungen im Controlling sehr nützlich sind. Vor allem PowerPivot und die neuartigen Datenmodelle weisen den Weg in eine neue Richtung – weg von den unüberschaubaren Verweisfunktionen und Verknüpfungen von Tabellenblättern, hin zu systematisch entwickelten Datenmodellen. In den folgenden Kapiteln werde ich Ihnen zeigen, wie Sie die neue Philosophie des Programms sinnvoll einsetzen.

2 Tipps, Tricks und Tastenkürzel – zeitsparende Techniken für Controller

Manchmal sind es gar nicht die großen Dinge, die dabei helfen, Zeit zu sparen. Das folgende Kapitel versammelt einige Kleinigkeiten, die es ebenso in sich haben. Oberstes Gebot, um bei der Arbeit mit Excel nicht unnötig Zeit zu verlieren, ist selbstverständlich systematisches Arbeiten. Was ganz allgemein für die Erledigung anstehender Aufgaben vernünftig ist – nämlich eine strukturierte Arbeitsweise –, kann für in einem Kalkulationsprogramm zu erledigende Berechnungen nicht unsinnig sein. Die Überlegungen, wie man für wiederkehrende Analysen und Reports stabile Datenmodelle entwickelt, werden sich somit auch wie ein roter Faden durch dieses Buch ziehen.

Doch um den großen Wurf geht es an dieser Stelle gar nicht. Mir ist in den vergangenen Jahren immer wieder aufgefallen, dass fortgeschrittene Benutzer sehr souverän und effizient mit Excel umgehen, aber auch die eine oder andere Sache umständlicher handhaben, als es denn eigentlich sein müsste. Auch mir selbst erging es immer wieder in der Vergangenheit so, dass ich, nachdem ich eine Aufgabe über lange Zeit in gewohnter Manier ausgeführt hatte, durch einen Zufall oder einen Tipp auf eine Vereinfachung stieß. Nach oben hin scheint also eigentlich immer noch Luft zu sein, wenn es um die Vereinfachung von alltäglichen Handgriffen geht.

2.1 Daten effizient eingeben

Lassen Sie uns mit der Eingabe von Daten beginnen. Sie folgt zunächst einem einfachen Schema:

- Die Eingabe in eine Zelle wird mit $\boxed{\hookleftarrow}$ abgeschlossen.

- Soll in mehrere Zellen der gleiche Wert eingegeben werden, markieren Sie diese Zellen, tippen den Zellinhalt und schließen dann mit $\boxed{\texttt{Strg}}$ + $\boxed{\hookleftarrow}$ ab.

- $\boxed{\texttt{Alt}}$ + $\boxed{\hookleftarrow}$ fügt während der Eingabe einen Zeilenumbruch in die aktuelle Zelle ein.

- Mit $\boxed{\Uparrow}$ + $\boxed{\hookleftarrow}$ bestätigen Sie die Eingabe eines Werts und springen gleichzeitig in die Zelle darüber zurück.

- Steht der Cursor rechts von einer beschriebenen Zelle, kopieren Sie deren Wert mit $\boxed{\text{Strg}}$ + $\boxed{\text{R}}$ in die aktuelle Zelle.

- Mit $\boxed{\text{Strg}}$ + $\boxed{\text{U}}$ erreichen Sie den gleichen Effekt, wenn Sie mit dem Cursor unterhalb einer gefüllten Zelle stehen.

Diese Handgriffe decken bereits einen hohen Prozentsatz der typischen Dateneingaben und -bearbeitungen in Excel ab.

2.1.1 Eingabe von Werten aus Listen

Interessant wird es dann aber wieder, wenn Sie viele Werte einzugeben haben, die sich häufiger wiederholen. Sie werden in der Folge schleunigst nach Möglichkeiten suchen, solche Eingaben zu vereinfachen. Zwar wird bei der Eingabe von Werten standardmäßig die Funktion AutoVervollständigen aktiv, doch hilft dies verhältnismäßig wenig, wenn Sie eine Reihe ähnlicher Begriffe in einer Spalte verwenden, denn bis Sie das unterscheidende Zeichen von »Frankfurt/O.« und «Frankfurt/M.« erreicht haben, ist der Ortsname leider bereits geschrieben.

Benutzen Sie stattdessen $\boxed{\text{Alt}}$ + $\boxed{\downarrow}$, um die Liste der in der Spalte bereits benutzten Begriffe aufzurufen und mit Maus oder Tastatur einen Begriff auszuwählen. Der Haken an dieser Art der Bedienung: Excel vergisst die bereits verwendeten Begriffe dieser Spalte umgehend, sobald eine Leerzelle die Folge unterbrochen hat.

Abbildung 2.1 Die Listenauswahl

2.1.2 Benutzerdefinierte Listen

Wenn Sie eine bestimmte Abfolge von Begriffen nicht nur einmal, sondern immer wieder einsetzen, sollten Sie grundsätzlicher an die Problematik gehen. Erstellen Sie eine **Benutzerdefinierte Liste:**

■ Dazu schreiben Sie alle Begriffe, die in der Liste später vorkommen sollen, in die Zellen eines Tabellenblattes.

■ Rufen Sie anschließend **Datei** ▸ **Optionen** ▸ **Erweitert** ▸ **Allgemein** ▸ **Benutzerdefinierte Listen bearbeiten** auf. In Excel 2007 wählen Sie alternativ Office-Schaltfläche ▸ **Excel-Optionen** ▸ **Häufig verwendet** ▸ **Benutzerdefinierte Listen bearbeiten**.

■ Markieren Sie im Eingabefeld **Liste aus Zellen importieren** Ihre soeben im Tabellenblatt geschriebenen Begriffe, klicken Sie auf **Importieren** und dann auf **OK**.

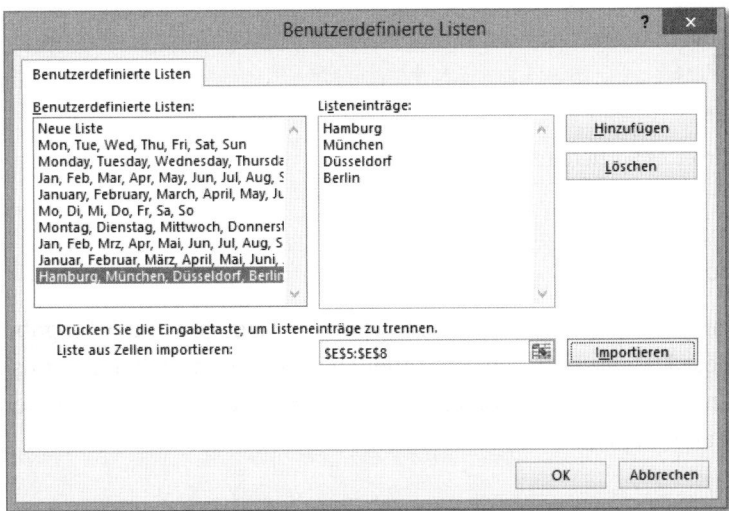

Abbildung 2.2 Erstellen einer benutzerdefinierten Liste

Benutzerdefinierte Listen können Sie auf zwei unterschiedliche Arten in Excel verwenden:

■ zum Füllen von Zellbereichen

■ zum benutzerdefinierten Sortieren von Tabellen

Um einen Bereich mit den Werten der Liste zu füllen, schreiben Sie einen Begriff aus der Liste in eine Zelle des Tabellenblattes und ziehen den Inhalt dann mit dem Ausfüllkästchen nach unten oder nach rechts (Abbildung 2.3).

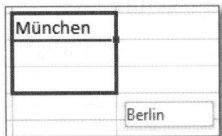

Abbildung 2.3 AutoAusfüllen auf Basis einer benutzerdefinierten Liste

Möchten Sie hingegen eine Liste nicht in der Standardsortierreihenfolge, sondern nach Ihrer individuellen Prioritätensetzung sortieren, gehen Sie folgendermaßen vor:

■ Starten Sie die Funktion **Sortieren**.

■ Wählen Sie die zu sortierende Spalte und unter **Sortieren nach** die Option **Werte**.

■ Unter **Reihenfolge** wählen Sie danach die Option **Benutzerdefinierte Liste** und entscheiden sich darin für die gewünschte benutzerdefinierte Liste.

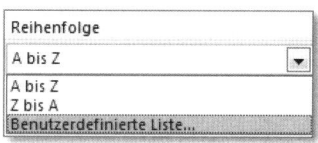

Abbildung 2.4 Benutzerdefiniertes Sortieren

2.1.3 AutoAusfüll-Optionen

Die Funktion zum *AutoAusfüllen* ist eines der mächtigsten Werkzeuge bei der Eingabe von Werten – insbesondere Datenserien – in das Tabellenblatt. Durch Ziehen am Ausfüllkästchen rechts unten in der Zellmarkierung, können Sie Werte wahlweise in einer Serie fortschreiben oder aber kopieren.

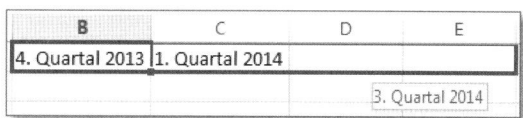

Abbildung 2.5 »AutoAusfüllen« spart viele Zeit.

Prinzipiell gelten die folgenden Regeln für das AutoAusfüllen:

Aktion	Funktion
am Ausfüllkästchen ziehen	Zahlen werden auf diese Weise in die jeweilige Richtung kopiert.
	Datumswerte wie *01.01.2013, Mai 2013, Mai* oder *Mittwoch* werden per AutoAusfüllen als Datenreihe ausgefüllt.
	Text-Zahlen-Kombinationen wie *Raum 1* werden ebenfalls durch Ausfüllen fortgeschrieben.

Tabelle 2.1 Möglichkeiten der Funktion »AutoAusfüllen«

Aktion	Funktion
am Ausfüllkästchen ziehen (Forts.)	Erkennt Excel in dem Text eine zeitliche Angabe – z. B. *1. Quartal 2013* –, dann wird die zeitliche Abfolge auch korrekt fortgesetzt (nach dem 4. Quartal 2013 folgt das 1. Quartal 2014, nicht das 5. Quartal 2013).
	Bei Begriffen, die von einer benutzerdefinierten Liste stammen, wird – wie eben beschrieben – die Liste fortgeschrieben.
mit Strg + linker Maustaste ziehen	Diese Kombination dient als Umkehrung zwischen Füllen und Kopieren. Ziehen Sie beispielsweise an einer Zelle mit dem Wert 1, erstellt Excel eine fortlaufende Nummerierung und keine Kopie des Werts. Ziehen Sie mit gedrückter Strg-Taste an einem Datumswert, wird dieser kopiert und nicht – wie gewohnt – fortgeschrieben.
mit rechter Maustaste ziehen	Beim Loslassen der Maus öffnet sich das Kontextmenü, das je nach Datentyp entsprechende AutoAusfüll- oder Reihenoptionen offeriert. Ziehen Sie z. B. mit der rechten Maustaste an einem Datumswert, erhalten Sie Optionen wie **Tage ausfüllen**, **Wochentage ausfüllen** oder **Monate ausfüllen**.

Tabelle 2.1 Möglichkeiten der Funktion »AutoAusfüllen« (Forts.)

2.1.4 Einfügen von aktuellen Datums- und Zeitwerten

Das aktuelle Datum und die aktuelle Uhrzeit müssen Sie nicht per Tastatur in die Zelle schreiben, denn Excel bietet für diese Werte Tastenkombinationen:

Tastenkombination	Funktion
Strg + .	aktuelles Tagesdatum auf Basis der Systemzeit des Computers als fester Wert
Strg + ;	aktuelle Uhrzeit auf Basis der Systemzeit des Computers als fester Wert

Tabelle 2.2 Tastenkombinationen zum Einfügen von Datums- und Zeitwerten

Sollen statt der festen Datums- und Zeitangaben veränderliche Werte eingesetzt werden, benutzen Sie die Funktion HEUTE(), um das aktuelle Datum in aktualisierbarer Form zu erhalten, oder JETZT() für Datum und Uhrzeit. Durch die Verwendung des

Zahlenformats *hh:mm* erreichen Sie, dass letztere Angabe auch nur als Uhrzeit dargestellt wird.

2.1.5 Blitzvorschau – Einträge trennen und auf Spalten verteilen

Nicht selten werden Daten in Excel in einer Form importiert, die nicht zur Weiterverarbeitung geeignet ist. Nehmen wir an, Sie haben eine Spalte, in der Vornamen und Namen stehen. Sie benötigen aber die Vornamen in einer und die Nachnamen in einer anderen Spalte. Blitzvorschau – in der US-Version *FlashFill* bezeichnet, eine neue Funktion in Excel 2013 – wird Sie entzücken.

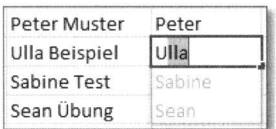

Abbildung 2.6 Die Blitzvorschau

Schreiben Sie einfach den Vornamen der ersten Person in die Zelle rechts neben dem ersten Namen, und betätigen Sie ⏎. Sobald Sie nun in der Zelle darunter den Vornamen der zweiten Person erfassen, erkennt Excel 2013 das Eingabeschema. Das Programm schlägt Ihnen nun alle weiteren Vornamen der Personen vor, die in der Liste noch folgen. Mit ⏎ übernehmen Sie den Vorschlag.

Auf diese Weise können Sie auch ganze Spalteninhalte kopieren. Tippen Sie einfach in die ersten beiden Zellen die Inhalte der Nachbarspalte, und ⏎ erledigt den Rest.

2.2   Kopieren, Ausschneiden und Einfügen von Daten

Die Klassiker in dieser Rubrik sind selbstverständlich Strg + C, Strg + X und Strg + V, um Daten zu kopieren, auszuschneiden und an anderer Stelle wieder einzufügen. Doch für die Arbeit in bestehenden Tabellen gibt es einige weitere Hilfen.

Strg + U und Strg + R, mit denen Sie Werte aus einer angrenzenden Zelle links oder oberhalb der Cursorposition in die aktive Zelle kopieren, habe ich bereits am Beginn dieses Kapitels als alternative Eingabemöglichkeit erwähnt.

Das Ziehen einer Datenreihe nach unten, um beispielsweise eine Formel bis in Zeile 550 zu kopieren, entwickelte sich in der Vergangenheit gerne zum »Excel-Jo-Jo«. Mal zog der Benutzer die Kopie 50 Zeilen zu weit nach unten; dann ging es wieder 20 Zeilen zu weit nach oben, bis er schließlich die richtige Zeile getroffen hatte. Doch hier gibt es Gutes bereits seit Excel 2010 zu berichten: Das Programm »spürt« jetzt, wenn die richtige Stelle, an der der Einfügebereich enden soll, erreicht ist. Enden die Inhalte in den benachbarten Zellen, so wird die Mausbewegung nach unten oder rechts verlangsamt und kommt in der letzten Zeile bzw. Spalte kurzzeitig völlig zum Stillstand. Lassen Sie die Maus dann los, wird der gewünschte Inhalt punktgenau kopiert.

Um Kopiervorgänge zu vereinfachen, gibt es zwei weitere Methoden:

- Es ist in manchen Situationen hilfreich, den Kopiervorgang nicht von oben nach unten, sondern vom Tabellenende an den -anfang auszuführen; beim mehrfachen Drücken der Tastenkombination `Strg` + `⇧` + `↑` erreichen Sie mit der Markierung zwangsläufig die erste Zeile – ein Hinausschießen weit über das Tabellenende wie beim Markieren und Kopieren nach unten ist allerdings ausgeschlossen.

- Wenn Sie beim Aufbau beispielsweise einer Vorlagendatei immer wieder die eingegebenen Formeln bis zur gleichen Zeile nach unten kopieren müssen, sollten Sie in alle Zellen dieser Zielzeile eine Markierung setzen; das Kürzel EDS (= Ende der Spalte), aber auch jede andere Markierung, hilft Ihnen, den Zellbereich mit einer Tastenkombination bis zu genau dieser Zeile zu erweitern und die gewünschten Daten einzufügen.

Befinden sich rechts oder links von der zu kopierenden Zelle bereits Daten in der Spalte, lässt sich der Kopiervorgang noch wesentlich beschleunigen, indem Sie auf das Ausfüllkästchen doppelklicken. Excel füllt dann in einem Arbeitsgang den gesamten Zellbereich bis zur letzten Zeile der Tabelle. Dazu sollten Sie zwei weitere Dinge im Hinterkopf behalten:

- Sie können auch mehrere nebeneinanderliegende Zellen markieren und per Doppelklick nach unten kopieren.

- Die Taste `Strg` kehrt beim Arbeiten mit dem Doppelklick die beiden Optionen des Kopierens bzw. Ausfüllens nicht um. Datumswerte werden also immer fortlaufend gefüllt, Werte werden immer kopiert.

Formeln kopieren

Das Kopieren von Formeln und Funktionen durch AutoAusfüllen ist unzweifelhaft eine sehr schnelle Möglichkeit, gleichartige Berechnungen in angrenzende Zellen zu übertragen. Doch auch mit Tastenkombinationen lässt sich dies realisieren – eine gute Nachricht für die, die ungern bei der Dateneingabe zwischen Tastatur und Maus wechseln möchten.

Wie funktioniert es? Markieren Sie einen horizontalen Zellbereich, in dem sich eine Formel in der äußersten linken Ecke befindet (Abbildung 2.7), so wird diese Formel – oder auch Funktion – durch die Tastenkombination ⌨Strg⌨ + ⌨R⌨ in alle Zellen kopiert, die sich in der Markierung rechts der Formel befinden. Die Zellbezüge werden dabei wie gewohnt angepasst.

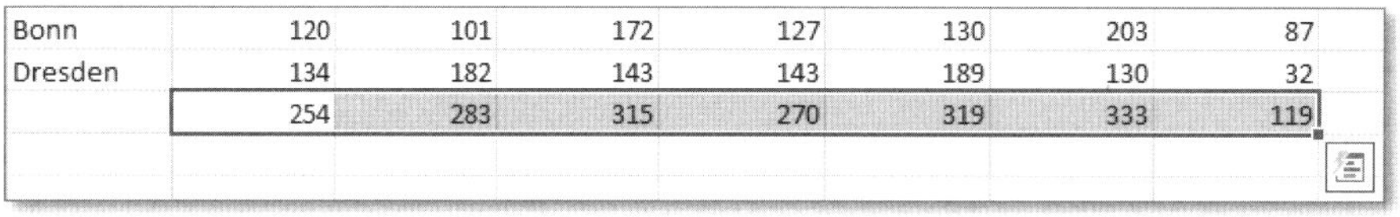

Bonn	120	101	172	127	130	203	87
Dresden	134	182	143	143	189	130	32
	254	283	315	270	319	333	119

Abbildung 2.7 Kopieren von Formeln in angrenzende markierte Zellen.

⌨Strg⌨ + ⌨U⌨ erledigt die Aufgabe mit gleicher Geschwindigkeit, wenn Sie eine Formel aus der ersten Zelle der Markierung nach unten kopieren möchten. Und schließlich: Unter den Tastenkombinationen ist auch eine, die einen Dienst verrichtet, der mit der Maus überhaupt nicht verfügbar ist. ⌨Strg⌨ + ⌨,⌨ kopiert eine Formel oder Funktion aus einer Zelle oberhalb der markierten Zeile ohne jede Anpassung der Bezüge. Hiermit lassen sich Formeln quasi verdoppeln.

2.3   Formelzusammenhänge erkennen

Wenn Sie Berechnungen in einem Tabellenblatt überprüfen, geht es nicht nur um die Prüfung der Ergebnisse, sondern – spätestens dann, wenn Sie Ungereimtheiten auf den Grund gehen möchten – auch um die Frage, welche Zellen überhaupt Teil einer Berechnung sind.

Um die Zellen ausfindig zu machen, in denen sich Formeln und Funktionen befinden, können Sie die Funktion **Gehe zu** (⌨F5⌨) benutzen. Klicken Sie in der Dialogbox auf den Schalter **Inhalte**, um danach die Option **Formeln** auszuwählen. Es werden nun im Tabellenblatt nur die Zellen markiert, in denen sich Formeln oder Funktionen befinden.

In der ersten Veröffentlichung von Excel 2010 kam eine wichtige Funktion abhanden und ist auch in Excel 2013 nicht wieder aufgetaucht. Wenn Sie Daten von Kolleginnen oder Kollegen erhalten, möchten Sie eventuell erst einmal in Erfahrung bringen, in welchen Zellen Formeln und Funktionen verwendet werden und welche Formeln es denn im Einzelnen sind. Mit ⌨Strg⌨ + ⌨#⌨ wechselt Excel 2007 von der Ergebnis- in die Formelansicht. Zurück geht es mit der gleichen Tastenkombination. In Excel 2010 und 2013 müssen Sie diese Funktion über **Formeln ▸ Formelüberwachung ▸ Formel anzeigen** aufrufen.

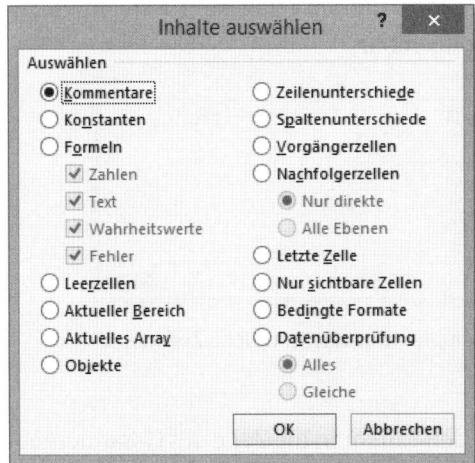

Abbildung 2.8 Suchen von Formeln und Funktionen über **Gehe zu**

Wenn wir aber gerade dabei sind, Formeln und ihre Zellbezüge unter die Lupe zu nehmen, sollten wir auch gleich über **Datei ▸ Optionen ▸ Erweitert ▸ Bearbeitungsoptionen** klären, wie wir mit der Einstellung **Direkte Zellbearbeitung** umgehen möchten. Ist die Option aktiviert, zeigt Ihnen ein Doppelklick auf eine Zelle, die eine Formel oder Funktion enthält, an, welche Zellen in die Kalkulation einbezogen werden. Es werden die gewohnten bunten Zellumrahmungen – die Sie übrigens mit der Maus verschieben können, um die Funktion zu editieren – angezeigt.

Bei einer Deaktivierung der Option hat ein Doppelklick auf die Zelle die Bedeutung eines Hyperlinks. Der Cursor springt an die Stelle, auf die die Formel verweist. Die Bearbeitung der Formel ist in diesem Fall nur noch über die Editierzeile möglich. Manche Benutzer schwören auf diese Funktion, da sie beim Doppelklick auch in die Ursprungszelle geführt werden, wenn diese sich in einem anderen Tabellenblatt befindet.

C	D
1. Quartal 2014	2. Quartal 2014
1203	2010
1320	2091
1230	2130
2130	2100
=SUMME(C2:C5)	
SUMME(**Zahl1**; [Zahl2]; ...)	

Abbildung 2.9 Direkte Zellbearbeitung

Geht man davon aus, dass Formeln häufig miteinander verkettet sind, dann ist die direkte Zellbearbeitung zwar nützlich, um die Verbindung einer Formel mit der letzten vorangegangenen Rechenoperation aufzulösen. Doch die vorgelagerten Berechnungen sind durch den Doppelklick leider nicht nachvollziehbar.

			UST	brutto
Einzelwert 1	120		19%	
Einzelwert 2	125			
Einzelwert 3	123			
Einzelwert 4	140			
Summe	508	UST	96,52	604,52

Abbildung 2.10 Wer hätte das gedacht? Eine Tastenkombination verrät, welche Zellen und Zwischenkalkulationen zum Wert 604,52 führen.

Diesen Mangel können Sie beheben, indem Sie den Cursor in die Zelle des Gesamtergebnisses bewegen und die Tastenkombination ⌨Alt + ⌨⇧ + ⌨/ drücken. Diese markiert alle über verschiedene Berechnungen miteinander verknüpften Zellen im Tabellenblatt (Abbildung 2.10).

			UST	brutto
Einzelwert 1	120		19%	
Einzelwert 2	125			
Einzelwert 3	123			
Einzelwert 4	140			
Summe	508	UST	96,52	604,52

Abbildung 2.11 Umgekehrt können Sie auch herausfinden, in welche Berechnungen ein ausgewählter Einzelwert einbezogen worden ist.

Um die Spurensuche zu vervollständigen, können Sie mit ⌨Alt + ⌨⇧ + ⌨$ auch die Verbindungen von Formeln untereinander aufdecken.

INFO

Formeln in der Statuszeile

Die Statuszeile von Excel ist seit der Version 2007 in vielfältiger Weise anpassbar. Mit einem Rechtsklick der Maus offeriert Excel eine umfangreiche Liste an Optionen. Wählen Sie beispielsweise die gewünschten Kalkulationsfunktionen aus dem Kontextmenü aus. Beim Markieren von Daten im Tabellenblatt zeigt Ihnen Excel dann die entsprechenden Ergebnisse in der Statuszeile an.

| MITTELWERT: 127 | ANZAHL: 4 | NUMERISCHE ZAHL: 4 | MINIMUM: 120 | MAXIMUM: 140 | SUMME: 508 |

Abbildung 2.12 Berechnungsoptionen in der Statuszeile

2.4 Cursorsteuerung und Bewegen in Tabellen

Maus oder Tastatur? Darauf gibt es wahrscheinlich keine endgültige Antwort, wenn es um die Bewertung der Arbeitsgeschwindigkeit beim Bewegen im Tabellenblatt oder beim Markieren von Daten geht. Zu stark hängt die Nutzung von der jeweiligen Situation ab. Doch es gibt auch in dieser Hinsicht einige – manchmal verborgene – Pfeile, die Sie in Ihrem Köcher haben sollten, wenn es darauf ankommt.

Die wahrscheinlich schnellste Form, sich an den Anfang oder das Ende einer zusammenhängenden Tabelle zu bewegen, ist der Doppelklick auf die Zellmarkierung, wenn sich diese in der Tabelle befindet. Mit einem Doppelklick auf die untere Linie der Zellmarkierung springen Sie in die letzte Zeile der Spalte. Durch einen Doppelklick auf die linke Linie springen Sie in die erste Spalte der Zeile und so weiter.

Möchten Sie stattdessen Tastenkombinationen zum Bewegen innerhalb von Tabellenblättern und der Arbeitsmappe nutzen, dann finden Sie einige nützliche in Tabelle 2.3:

Tastenkombination	Funktion
Strg + ↓	letzte Zeile der Spalte im aktiven Bereich
Strg + →	letzte Spalte der Zeile im aktiven Bereich
Strg + ↑	erste Zeile der Spalte im aktiven Bereich
Strg + ←	erste Spalte der Zeile im aktiven Bereich
Strg + Pos1	Zelle A1
Strg + Bild ↓	nächstes Tabellenblatt

Tabelle 2.3 Cursorsteuerung mit Tastenkombinationen

Zellbereiche direkt ansteuern

Da wir bereits **Gehe zu** (F5) als Funktion zum Aufspüren von Zellen, die Formeln enthalten, kennengelernt haben, können Sie sich vorstellen, dass auch diese Funktionstaste ihren Beitrag leisten kann, um bestimmte Zellen im Tabellenblatt direkt anzusteuern. In der Dialogbox **Gehe zu** können Sie eine der bereits aufgelisteten Zellen auswählen oder eine neue Zelladresse eingeben, um zu der gewünschten Zelle zu gelangen (Abbildung 2.13).

Letztlich ist aber zu festzuhalten, dass **Gehe zu** eher ein optimales Mittel ist, um Zellen mit speziellen Inhalten zu finden. Bedingte Formatierungen, Datenüberprüfungen,

Leerzellen – alle diese Möglichkeiten sind nur einen Mausklick entfernt, wenn Sie erst einmal F5 gedrückt haben. Der Schalter **Inhalte** liefert Ihnen alle Optionen.

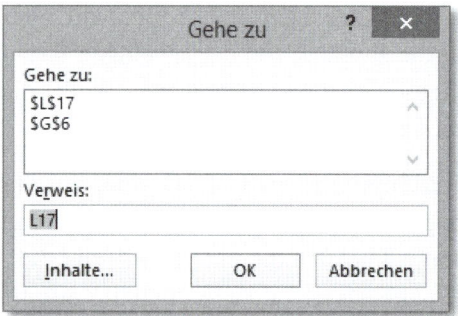

Abbildung 2.13 Auswahl einer Zelladresse mit **Gehe zu**

Die direkte Ansteuerung von Zellen kann Ihnen aber noch schneller gelingen: Tragen Sie die Zelladresse, zu der die Reise gehen soll, direkt in das **Namenfeld** ein, und schließen Sie die Eingabe mit ↵ ab. Schon steht der Cursor in der ausgewählten Zelle.

Abbildung 2.14 Die Auswahl einer Zielzelle über das **Namenfeld** funktioniert gut.

Gehen wir für einen Augenblick davon aus, dass Namen nicht Schall und Rauch sind, dann verrät die Bezeichnung dieses Eingabefeldes oberhalb der Tabelle, dass es eigentlich für einen anderen Zweck geschaffen wurde. Es bietet bei Verwendung von Bereichsnamen einen ungleich größeren Nutzen. Das könnte so funktionieren:

Haben Sie zuvor einen Zellbereich markiert, dann einen Namen in das **Namenfeld** getippt und diesen mit ↵ bestätigt, so steht dieser *Bereichsname* als Mittel der Navigation – übrigens über Tabellenblätter hinweg – zu Ihrer Verfügung. Einen Bereichsnamen wählen Sie über das **Namenfeld** aus, um den Cursor in die betreffende Zelle zu bewegen. Zudem können Sie Bereichsnamen in Formeln und Funktionen als Bezug verwenden.

Abbildung 2.15 Die Navigation über Bereichsnamen ist noch bequemer als die Auswahl über die Zielzelle.

Bereichsnamen – das erkennen Sie schon an diesem kurzen Beispiel – können eine tragende Rolle bei der Vereinfachung von Bearbeitungsmöglichkeiten in Arbeitsmappen spielen. In Kapitel 5, »Dynamische Reports erstellen«, über die Entwicklung von Datenmodellen gehe ich deshalb ausführlich auf die Nutzung von Bereichsnamen in Excel ein. Ein Weg zu effizienterem Arbeiten führt auch im Controlling über das Ersetzen der abstrakten Zellbezüge vom Typ $D$27 durch aussagekräftige Bereichsnamen wie *umsatzsteuer*. Dadurch werden auch komplexe Formeln und Funktionen einfacher lesbar und verständlicher.

2.5   Zellbereiche markieren

Wenn Sie die oben genannten Tastenkombinationen zum Bewegen des Cursors um die Taste ⌂ ergänzen, so wird aus dem Bewegen des Cursors ein Markieren des Zellbereiches. `Strg` + ⌂ + → markiert folglich den Zellbereich von der Cursorposition bis zur letzten Spalte des aktiven Bereiches.

Auch ein Mausklick auf die untere Zellmarkierung bei gleichzeitigem Drücken von ⌂ führt zu einem Markieren von Zellen bis zum Spaltenende. Da dies aber leider nicht funktioniert, wenn Sie sich im Funktionsassistenten befinden und dort einen Zellbereich – beispielsweise für eine Pivottabelle – markieren möchten, benötigen Sie Alternativen zur Maussteuerung.

Diese gibt es in Form der Kombination `Strg` + ⌂ + ↓, die die Zellen von der aktuellen Zellposition bis zur letzten Zeile der Spalte markiert. Drücken Sie dann noch `Strg` + ⌂ + →, ist die Markierung der gesamten Tabelle vollständig. Sie haben mit zwei Arbeitsschritten den *aktiven Bereich* markiert, um dann weitere Berechnungen zu initiieren. Im Tabellenblatt markieren Sie den aktiven Bereich übrigens direkt mit `Strg` + ⌂ + +.

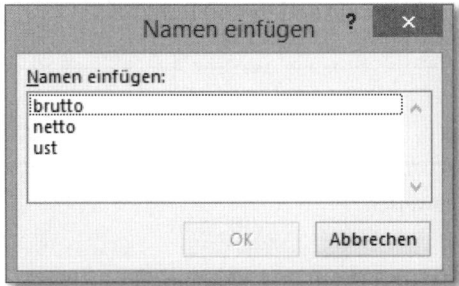

Abbildung 2.16 Einfügen von Bereichsnamen

So schön diese Tastenkombinationen auch sind – die zweifelsfrei einfachste Art, einen Zellbereich als Bezug im Funktionsassistenten zu verwenden, bleibt immer noch die Auswahl des Bereiches über einen Bereichsnamen. Drücken Sie in einem Eingabefeld im Funktionsassistent ⌊F3⌋, so öffnet sich die Dialogbox **Namen einfügen**, aus der Sie den zutreffenden Namen mit einem Mausklick auswählen. Mühseliges Markieren von Zellbereichen gehört bei Nutzung dieses Verfahrens der Vergangenheit an.

Übrigens: Das Abrufen der Bereichsnamen über ⌊F3⌋ funktioniert auch, wenn Sie Formeln oder Funktionen direkt in die Zellen eingeben.

2.6 Zahlen- und andere Formate schnell zuweisen

Ist ein Wertebereich erst einmal markiert, sollen nicht selten auch bestimmte Zahlenformate zugewiesen werden. Grundsätzlich bietet Excel 2007 auch hier wieder eine simple Logik an:

- Die Tastenkombination aus ⌊Strg⌋ + ⌊⇧⌋ bildet die Grundlage für die Zuweisung der Zahlenformate.

- Die Tasten von ⌊1⌋ bis ⌊6⌋ enthalten die einzelnen Formatierungsoptionen.

Dies führt seit Excel 2007 zu den folgenden Möglichkeiten:

Tastenkombination	Zahlenformat
⌊Strg⌋ + ⌊⇧⌋ + ⌊1⌋	Format *Zahl* mit zwei Nachkommastellen und Tausendertrennzeichen
⌊Strg⌋ + ⌊⇧⌋ + ⌊2⌋	Exponentialformat
⌊Strg⌋ + ⌊⇧⌋ + ⌊3⌋	in Excel 2007 das Datumsformat, bei Excel 2010 und 2013 nicht belegt
⌊Strg⌋ + ⌊⇧⌋ + ⌊4⌋	Euroformat mit zwei Nachkommastellen und Punkt als Separator der Tausenderstellen
⌊Strg⌋ + ⌊⇧⌋ + ⌊5⌋	Prozentformat
⌊Strg⌋ + ⌊⇧⌋ + ⌊6⌋	Standardzahlenformat

Tabelle 2.4 Zahlenformate per Tastenkombinationen zuweisen

Eine unverständliche Besonderheit bei Excel 2010 und Excel 2013 – ich habe sie bereits erwähnt – ist die Tatsache, dass das Datumsformat mit ⌊Strg⌋ + ⌊#⌋ aktiviert wird. Dies

2

durchbricht nicht nur die gesamte Logik der Tastenbelegung, sondern beraubt das Programm auch der auf $\boxed{\text{Strg}}$ + $\boxed{\#}$ früher vorhandenen Funktion **Formeln anzeigen**.

Übertragung von Zellformaten

Eine Zelle oder ein Zellbereich, den Sie bereits formatiert haben, können Sie leicht als Vorlage für Formatierungen in weiteren Zellen verwenden. Drei unterschiedliche Vorgehensweisen sind möglich:

- Nachdem Sie die Formatierung ausgeführt haben, können Sie zu einer anderen Zelle wechseln und durch Drücken von $\boxed{\text{F4}}$ die Formatierung wiederholen. Wie in allen Office-Programmen wiederholt diese Taste auch in Excel die zuletzt durchgeführte Aktion. Das bedeutet, dass Sie die Formatübertragung auch direkt durchführen müssen.

- Mit **Format übertragen** lassen sich ebenfalls die Formate einer Zelle oder eines Zellbereiches auf andere Zellen übertragen. Wählen Sie die Zelle aus, deren Format Sie kopieren möchten, und klicken Sie dann auf den Schalter **Format übertragen** unter **Start ▸ Zwischenablage**. Danach wählen Sie den Zellbereich, der die Formate übernehmen soll. Beachten Sie, dass die Funktion **Format übertragen** nach einmaligem Benutzen wieder deaktiviert wird. Möchten Sie Formate in einem Arbeitsgang auf mehrere nicht zusammenhängende Zellbereiche übertragen, müssen Sie den Schalter **Format übertragen** doppelklicken. Nachdem Sie die Übertragung auf mehrere Zellen abgeschlossen haben, beenden Sie die Funktion mit einem weiteren Mausklick auf den Schalter.

Abbildung 2.17 Zellenformatvorlagen können Zahlen-, aber auch Zellformate enthalten.

■ Die Verwendung von Formatvorlagen bildet eine weitere gute Möglichkeit, Formatierungsaufgaben zu bündeln. Wählen Sie **Start ▸ Formatvorlagen ▸ Zellenformatvorlagen ▸ Neue Zellenformatvorlage**, um eine Vorlage zu erstellen (Abbildung 2.17). Aus dem gleichen Menü können Sie die Vorlage später jeder beliebigen Zelle zuweisen.

2.7 Inhalte löschen

Nichts spricht dagegen, die üblichen Tasten zum Löschen – nämlich $\boxed{\texttt{Entf}}$ und $\boxed{\leftarrow}$ – zu benutzen, außer dass es bei größeren Zellbereichen mit der Maus schneller geht: Ziehen Sie einfach eine Leerzelle mit der Maus über die Zellen, deren Inhalte Sie löschen möchten – schon sind die nicht mehr benötigten Zellinhalte verschwunden.

Mit $\boxed{\texttt{Strg}}$ + $\boxed{\texttt{-}}$ löschen Sie die markierten Spalten oder Zeilen einer Tabelle vollständig und ohne Rückfrage. Nebenbei sei an dieser Stelle bemerkt, dass Sie mit $\boxed{\texttt{Strg}}$ + $\boxed{\texttt{+}}$ auch Zeilen in einem markierten Bereich einfügen können.

2.8 Diagramme erstellen und bearbeiten

Der von früheren Versionen bekannte Diagramm-Assistent ist seit Excel 2007 bereits nicht mehr vorhanden. Ein Diagramm legen Sie über **Einfügen ▸ Diagramm** und die dann folgende Auswahl des Diagrammtyps an. Danach stehen Ihnen sämtliche Funktionen im Kontextmenü **Diagrammtools** zur Verfügung. Ein Standarddiagramm lässt sich allerdings auch direkt mit der Tastatur erstellen.

Markieren Sie dazu die Daten im Tabellenblatt inklusive der Beschriftungen, und betätigen Sie $\boxed{\texttt{Alt}}$ + $\boxed{\texttt{F1}}$, um ein Diagramm als Objekt auf dem Tabellenblatt zu erstellen (Abbildung 2.18). Mit $\boxed{\texttt{F11}}$ wird das Standarddiagramm nicht als Objekt, sondern als eigenes Registerblatt in der Arbeitsmappe angelegt.

Mit den Cursorsteuerungstasten können Sie innerhalb des Diagramms die einzelnen Elemente wie Datenreihen, Achsen oder Titel ansteuern, um diese im Bedarfsfall zu formatieren. Diese vereinfachte Auswahl von Elementen hat allerdings den Nebeneffekt, dass sich Diagramme nicht mehr direkt mit den Cursorsteuerungstasten auf dem Tabellenblatt positionieren lassen.

Klicken Sie das Diagramm mit $\boxed{\texttt{Strg}}$ und linker Maustaste an. Sobald an den vier Ecken Markierungspunkte angezeigt werden, befindet sich das gesamte Diagramm im Bearbeitungsmodus. Sie können es nun mit den vier Cursorsteuerungstasten auf dem Tabellenblatt verschieben. Die Funktion der Präzisionsausrichtung von Diagrammen ist gleichermaßen in PowerPoint verwendbar.

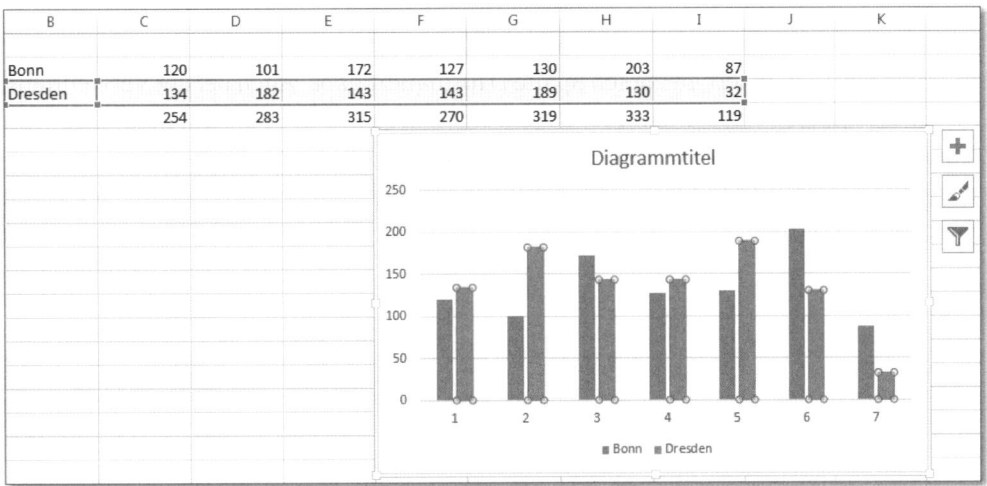

Abbildung 2.18 Aus einem markierten Datenbereich wird ein Diagramm als Objekt im Tabellenblatt.

2.9 AutoFilter und Bearbeitung von sichtbaren Zellen

Wenn Sie eine einfache Excel-Liste mit aussagekräftigen Spaltenüberschriften in Ihrem Tabellenblatt vorfinden, können Sie über Strg + ⇧ + L den AutoFilter direkt aus der Liste heraus aktivieren. Die Funktion arbeitet – wie so manche Funktion in Excel – nach dem Lichtschalterprinzip: Mit dem Schalter, den Sie zum Einschalten benutzt haben, schalten Sie die Funktion auch wieder ab. Ein weiteres Strg + ⇧ + L, und der AutoFilter ist wieder verschwunden.

Der AutoFilter geht mit ausgeblendeten und sichtbaren Zellen bereits sehr intelligent um. Werden Zellen durch einen Filtervorgang ausgeblendet, so beziehen sich alle weiteren Bearbeitungsschritte – egal, ob es sich um eine Formatierung oder ein Kopieren von Werten nach unten handelt – einzig und allein auf die noch sichtbaren Zellen. Ausgeblendete Zellen bleiben von allen Änderungen unberührt.

Weniger schlau verhält sich Excel bei manuell oder durch andere Funktionen ausgeblendeten Zellen. Sie erkennen dies in Abbildung 2.19. Spalte B habe ich mit Fettdruck und einer Hintergrundfarbe formatiert, als die Zeilen 5 bis 7 per AutoFilter ausgeblendet waren. Resultat: Die Formate wurden auch nur auf die sichtbaren Zellen angewandt. Spalte C habe ich hingegen formatiert, nachdem ich die Zellen manuell ausgeblendet hatte. Wie Sie sehen, wurden in diesem Fall auch sämtliche ausgeblendeten Zellen formatiert.

Nicht anders ist das Verhalten bei der Verwendung einer Gliederung. Diese habe ich für die Zeilen 5 bis 7 aktiviert, bevor ich Spalte D formatiert habe. Auch bei der Verwendung von Teilergebnissen werden sämtliche nicht sichtbaren Zellen in die durchzuführenden Aktionen einbezogen, egal ob Sie eine Formatierung vornehmen, die Zellen an eine andere Stelle kopieren oder durch Ziehen mit der Maus über den sichtbaren Bereich einen neuen Wert zuordnen möchten.

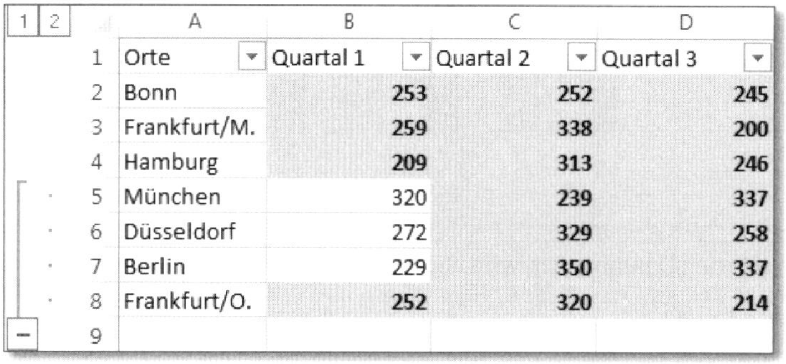

	A	B	C	D
1	Orte	Quartal 1	Quartal 2	Quartal 3
2	Bonn	**253**	**252**	**245**
3	Frankfurt/M.	**259**	**338**	**200**
4	Hamburg	**209**	**313**	**246**
5	München	320	**239**	**337**
6	Düsseldorf	272	**329**	**258**
7	Berlin	229	**350**	**337**
8	Frankfurt/O.	**252**	**320**	**214**
9				

Abbildung 2.19 Unterschiedliches Verhalten beim Formatieren nicht sichtbarer Zellen

Um nur die sichtbaren Zellen des Zellbereiches zu bearbeiten, markieren Sie die Zellen im Tabellenblatt und drücken dann [Alt] + [;]. Dadurch wird die Markierung auf den sichtbaren Bereich beschränkt, und Sie können anschließend die folgende Bearbeitungsfunktion ausführen, in der Gewissheit, dass nicht sichtbare Zellen keinen Schaden nehmen.

2.10 Weitere nützliche Tastenkombinationen

Die Liste der Tastenkombinationen, die in Excel eingesetzt werden können, ist lang – suchen Sie einmal in der Excel-Hilfe nach diesem Begriff. Tabelle 2.5 möchte Ihnen folglich auch nicht mehr als eine weitere Auswahl nützlicher Shortcuts anbieten:

Tastenkombination	Funktion
[F2]	Wechseln zwischen Editier- und Zeigemodus in einer Formel oder Funktion
[F4]	Umwandeln von relativen in absolute Bezüge in einer Formel oder Funktion
[F9]	Arbeitsmappe neu berechnen
[⇧] + [F9]	aktuelles Tabellenblatt neu berechnen
[⇧] + [F10]	Anzeigen des Kontextmenüs
[⇧] + [F11]	neues Tabellenblatt einfügen
[F12]	Aufrufen des Dialogs **Speichern unter**
[Strg] + [⇧] + [F12]	Aufrufen des Dialogs **Drucken**
[Strg] + [F]	Aufrufen des Dialogs **Suchen**
[Strg] + [H]	Aufrufen des Dialogs **Ersetzen**
[Strg] + [9]	markierte Zeilen ausblenden
[Strg] + [8]	markierte Spalten ausblenden
[Strg] + [⇧] + [9]	Zeilen in markiertem Bereich einblenden
[Strg] + [⇧] + [0]	Spalten in markiertem Bereich einblenden

Tabelle 2.5 Weitere nützliche Tastenkombinationen

3   Daten importieren und bereinigen

Excel ist als Frontend für die Verarbeitung von Daten aus unterschiedlichen Vorsystemen gut gerüstet. In diesem Kapitel beschreibe ich die wesentlichen Schritte beim Import und bei der Nachbearbeitung von Daten.

Dieses Kapitel befasst sich mit den folgenden Themen:

- Überblick über die unterschiedlichen Datenquellen für Excel-Reports
- Import/Öffnen und Bereinigen von Dateien im TXT-, CSV- oder XLS-Format
- Nutzung von Add-ins für ERP-Systeme wie SAP
- Verwendung von ODBC-Schnittstellen beim Zugriff auf relationale Datenbanksysteme
- Verwendung des XML-Formats
- Bereinigung von importierten Daten (Entfernen von Leerzeilen, Anpassung von Datums- und Währungsformaten etc.)

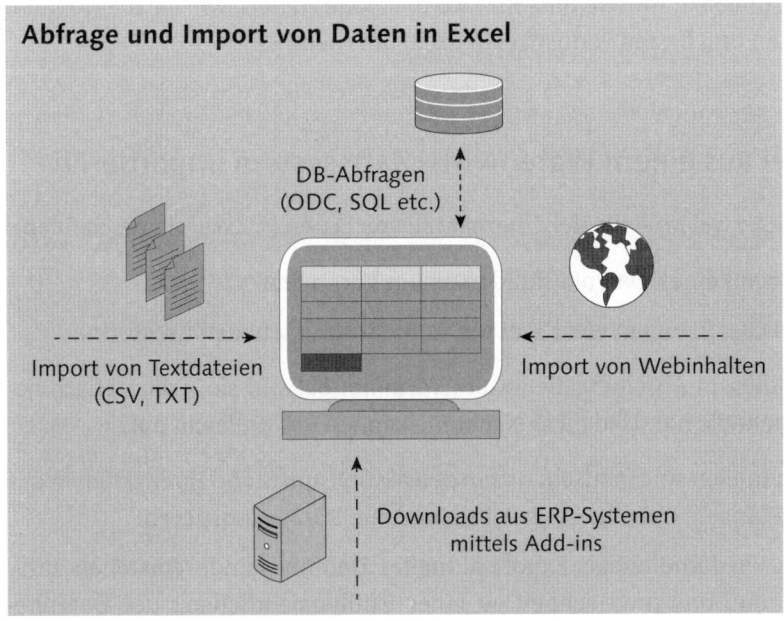

Abbildung 3.1 Datenquellen für Excel-Reports und -Analysen

Auf oberster Ebene der Hierarchie sind es ERP-Systeme (ERP: *Enterprise Resource Planning*) wie SAP oder Microsoft Dynamics NAV, aus denen Excel Daten beziehen kann. Diese werden sodann vom Benutzer, also von Ihnen, analysiert, in einem Report aufbereitet und präsentiert. Der Vorteil der Vorsysteme liegt darin, dass sie auf mächtigen und zuverlässigen Datenbanksystemen basieren. Es sind relationale Datenbanksysteme, bei denen zahlreiche auf viele Tabellen verteilte Informationen miteinander verknüpft werden. Es können sogar multidimensionale Datenbanksysteme, sogenannte *Data Cubes*, sein.

Natürlich geht es auch eine Nummer kleiner. Microsoft Access ist ein Beispiel einer relationalen Datenbanksoftware, die lokal oder im Netzwerk installiert wird und ebenso als Datenlieferant für Excel dienen kann. Auch in dieser Gewichtsklasse bieten zahlreiche Hersteller ihre Produkte an.

Ein dritter Datenquellentyp ist noch relativ neu. Das Internet als Datenquelle ist in den vergangenen Jahren auch für Excel-Anwender wichtiger geworden. Ob Rohstoffpreise, Wechselkurse, Marketingdaten oder Publikationslisten – viele Anbieter stellen solche Daten mittlerweile im Web oder im XML-Format zur Verfügung. Nach dem Download öffnen Sie diese Daten in Excel und verarbeiten sie gegebenenfalls weiter.

Und zu guter Letzt kann es natürlich passieren, dass Kunden, Lieferanten oder Projektpartner ein anderes Tabellenkalkulationsprogramm oder eine andere Excel-Version einsetzen. Auch dies kann dazu führen, dass Sie sich die Frage stellen, wie Sie die fremden Daten am schnellsten und besten verlustfrei in Excel übernehmen.

3.1 Textdatei aus einem Warenwirtschaftssystem importieren

Prinzipiell lassen sich zwei Modelle der Übernahme von Daten in Excel unterscheiden:

- direkte Abfragen auf einen Datenbestand in einem Vorsystem
- Erzeugen einer Datei in einem von Excel verwendbaren Datenaustauschformat

Uns beschäftigt in diesem Abschnitt die zweite Variante, obwohl sie – theoretisch betrachtet – einige Nachteile hat. Und diese Nachteile kennen Sie vielleicht auch:

- Datenaustauschdateien sind statisch; um an den aktuellsten Stand Ihrer Daten in der Datenbank zu gelangen, müssen Sie jeweils eine neue Datei exportieren.
- Durch den sich wiederholenden Export aktueller Datenbestände entstehen zahlreiche Dateien, und das trägt schnell zu einer Unübersichtlichkeit der Datenbestände bei.

Doch das ist eben nur die Theorie. In der Praxis gibt es noch genügend Systeme, die keine andere Schnittstelle für die Übernahme von Daten zur Verfügung stellen als das reine Textformat.

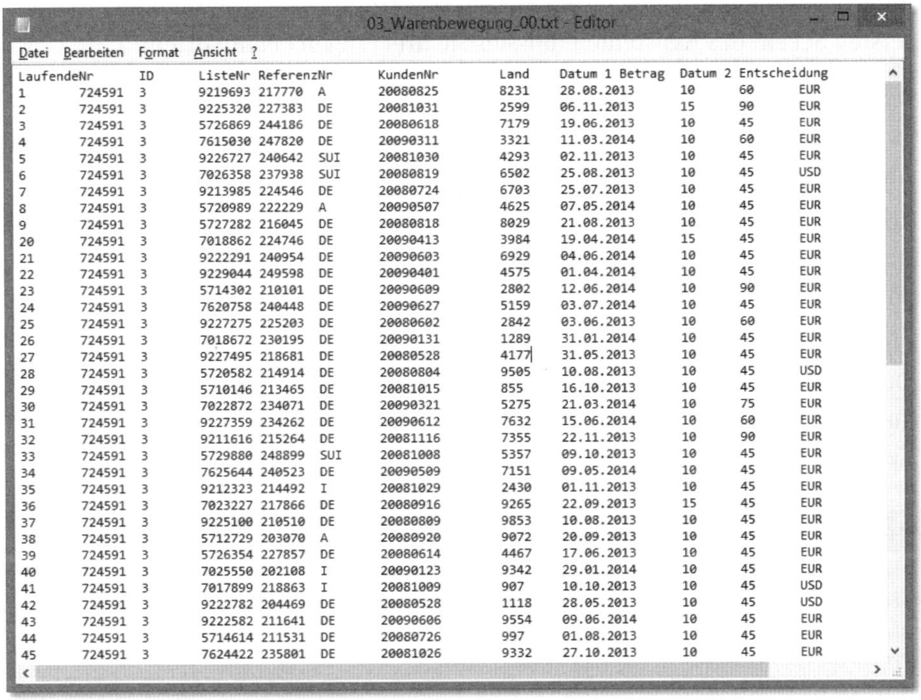


```
LaufendeNr       ID        ListeNr ReferenzNr          KundenNr           Land     Datum 1 Betrag  Datum 2 Entscheidung
1          724591  3        9219693 217770   A          20080825           8231     28.08.2013      10      60       EUR
2          724591  3        9225320 227383   DE         20081031           2599     06.11.2013      15      90       EUR
3          724591  3        5726869 244186   DE         20080618           7179     19.06.2013      10      45       EUR
4          724591  3        7615030 247820   DE         20090311           3321     11.03.2014      10      60       EUR
5          724591  3        9226727 240642   SUI        20081030           4293     02.11.2013      10      45       EUR
6          724591  3        7026358 237938   SUI        20080819           6502     25.08.2013      10      45       USD
7          724591  3        9213985 224546   DE         20080724           6703     25.07.2013      10      45       EUR
8          724591  3        5720989 222229   A          20090507           4625     07.05.2014      10      45       EUR
9          724591  3        5727282 216045   DE         20080818           8029     21.08.2013      10      45       EUR
20         724591  3        7018862 224746   DE         20090413           3984     19.04.2014      15      45       EUR
21         724591  3        9222291 240954   DE         20090603           6929     04.06.2014      10      45       EUR
22         724591  3        9229044 249598   DE         20090401           4575     01.04.2014      10      45       EUR
23         724591  3        5714302 210101   DE         20090609           2802     12.06.2014      10      90       EUR
24         724591  3        7620758 240448   DE         20090627           5159     03.07.2014      10      45       EUR
25         724591  3        9227275 225203   DE         20080602           2842     03.06.2013      10      60       EUR
26         724591  3        7018672 230195   DE         20090131           1289     31.01.2014      10      45       EUR
27         724591  3        9227495 218681   DE         20080528           4177     31.05.2013      10      45       EUR
28         724591  3        5720582 214914   DE         20080804           9505     10.08.2013      10      45       USD
29         724591  3        5710146 213465   DE         20081015           855      16.10.2013      10      45       EUR
30         724591  3        7022872 234071   DE         20090321           5275     21.03.2014      10      75       EUR
31         724591  3        9227359 234262   DE         20090612           7632     15.06.2014      10      60       EUR
32         724591  3        9211616 215264   DE         20081116           7355     22.11.2013      10      90       EUR
33         724591  3        5729880 248899   SUI        20081008           5357     09.10.2013      10      45       EUR
34         724591  3        7625644 240523   DE         20090509           7151     09.05.2014      10      45       EUR
35         724591  3        9212323 214492   I          20081029           2430     01.11.2013      10      45       EUR
36         724591  3        7023227 217866   DE         20080916           9265     22.09.2013      15      45       EUR
37         724591  3        9225100 210510   DE         20080809           9853     10.08.2013      10      45       EUR
38         724591  3        5712729 203070   A          20080920           9072     20.09.2013      10      45       EUR
39         724591  3        5726354 227857   DE         20080614           4467     17.06.2013      10      45       EUR
40         724591  3        7025550 202108   I          20090123           9342     29.01.2014      10      45       EUR
41         724591  3        7017899 218863   I          20081009           907      10.10.2013      10      45       USD
42         724591  3        9222782 204469   DE         20080528           1118     28.05.2013      10      45       USD
43         724591  3        9222582 211641   DE         20090606           9554     09.06.2014      10      45       EUR
44         724591  3        5714614 211531   DE         20080726           997      01.08.2013      10      45       EUR
45         724591  3        7624422 235801   DE         20081026           9332     27.10.2013      10      45       EUR
```

Abbildung 3.2 Warenwirtschaftsdaten im Textformat

Klicken Sie im Windows-Explorer doppelt auf die Datei *03_Warenbewegung_00.txt* (die Sie auf der Webseite *www.vierfarben.de/3497* finden), so wird diese im Texteditor von Windows geöffnet (Abbildung 3.2). Sie erkennen, dass zwischen den einzelnen Spalten der Tabelle gleichmäßige Abstände bestehen.

Dies kann zwei Ursachen haben: Entweder wurden die Spalten mit einer fest definierten Spaltenbreite exportiert, oder das Warenwirtschaftssystem hat einen vorgegebenen Separator verwendet. In der Textansicht ist kaum zu erkennen, welche der beiden Möglichkeiten hier vorliegt.

3.1.1 Textkonvertierungs-Assistent

Es gibt zwei Möglichkeiten, die Daten des Warenwirtschaftssystems zu importieren. Klicken Sie einfach auf **Datei ▸ Öffnen ▸ Computer ▸ Durchsuchen** in Excel, und wählen Sie dann im Listenfeld **Dateityp** die Option **Textdateien**, oder wechseln Sie in den Menübereich **Daten ▸ Externe Daten abrufen ▸ Als Text**.

In beiden Fällen wählen Sie im anschließenden Arbeitsschritt die Textdatei aus, die Sie importieren möchten, und gelangen auf diesem Wege zum **Textkonvertierungs-Assistenten**. Im ersten Schritt des Assistenten müssen Sie drei Fragen beantworten:

- Verwendet die zu importierende Textdatei einen Separator oder eine feste Spaltenbreite zur Trennung der Spalten? Die Antwort in unserem Beispiel: Ich habe die Daten mit einem Tabstopp getrennt.

- Welches ist die erste zu importierende Zeile? Manche Systeme exportieren einen nicht zu verwendenden Header, den Sie auf diesem Wege entfernen könnten. In unserem Fall ist der Import ab Zeile 1 in Ordnung.

- Welchen Zeichensatz hat das Warenwirtschaftssystem beim Exportieren verwendet? **MS-DOS (PC-8)** können Sie als Vorschlag übernehmen. Entscheidend ist immer der genaue Blick auf die Umlaute einer Textdatei, um zu erkennen, ob Excel den korrekten Zeichensatz auswählt.

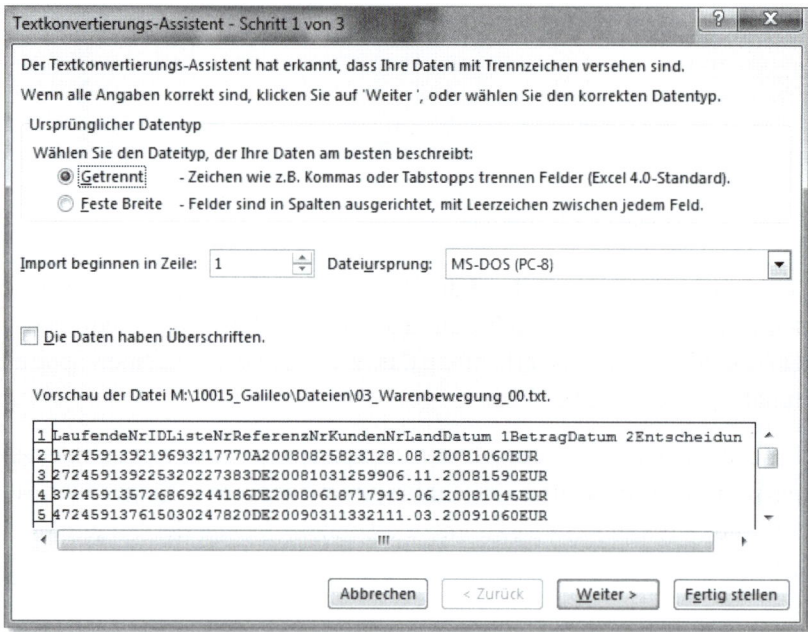

Abbildung 3.3 Textkonvertierungs-Assistent

In Excel 2013 sehen Sie eine neue Option in dieser Dialogbox: **Die Daten haben Überschriften**. Diese Option sollten Sie z. B. dann aktivieren, wenn Sie den zu importierenden Datenbestand gleich mittels Pivottabelle analysieren möchten. In diesem Falle wird Excel 2013 die Daten in der Überschriftenzeile als Datenfelder in der Pivottabelle verwenden. Doch dazu später mehr (siehe ab Seite 345).

Nach einem Klick auf **Weiter** werden Sie nach dem verwendeten Separator gefragt. Lassen Sie die Option **Tabulator** ausgewählt, da Sie dem in der Beispieldatei verwendeten Trennzeichen entspricht.

In der Dateivorschau erkennen Sie bereits, dass die einzelnen Spalten der Tabelle nun auch korrekt angezeigt werden.

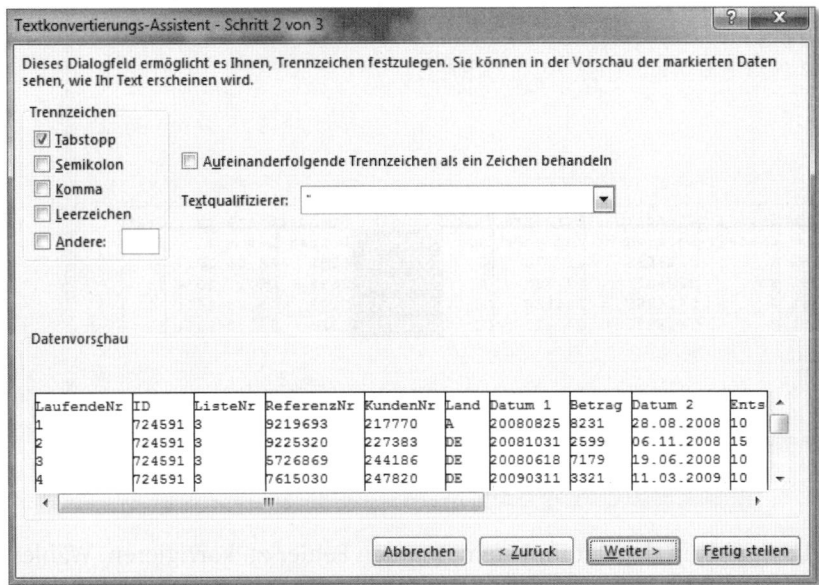

Abbildung 3.4 Korrekte Spaltendarstellung nach Auswahl des Separators

Schritt 3 des Assistenten bietet Ihnen noch einmal die Gelegenheit,

- die zu importierenden Daten einzuschränken – verwenden Sie in diesem Fall die Option **Spalten nicht importieren (überspringen)**;
- für ausgewählte Spalten das Datenformat anzupassen.

Zur Auswahl stehen Ihnen das Standard-Zahlenformat, das Textformat oder aber Datumsformate. Dieser Schritt des **Textkonvertierungs-Assistenten** kann äußerst nützlich sein, um mühselige Nachbearbeitungen von Datenformaten nach dem Importieren zu vermeiden.

Beim Blick auf die siebte Spalte, *Datum 1* (Abbildung 3.5), werden Sie erkennen, dass das Datum vom Warenwirtschaftssystem nicht korrekt exportiert wurde. In der Spalte *Datum 2* stimmt das Datenformat hingegen.

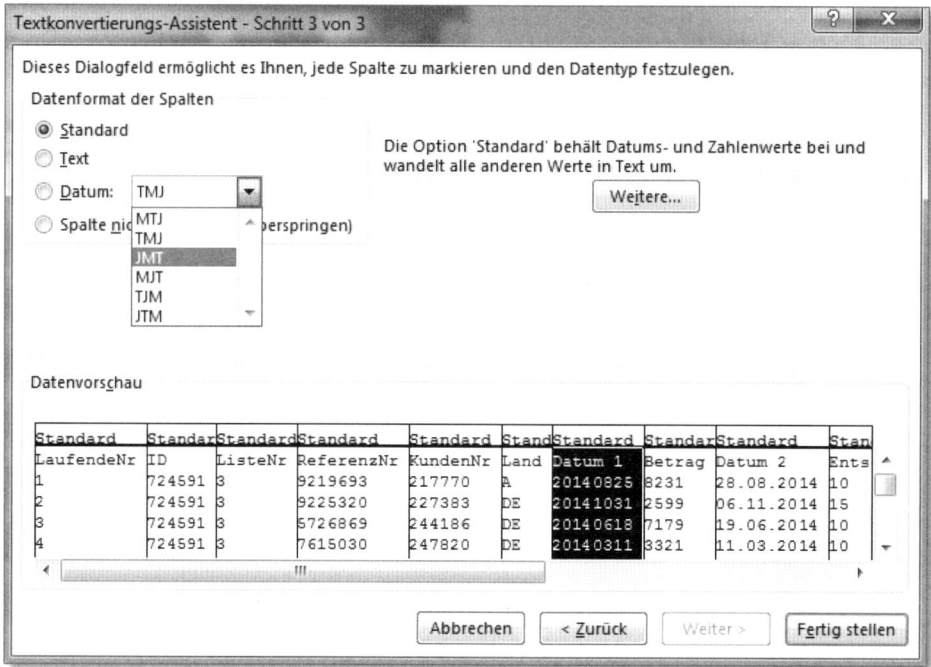

Abbildung 3.5 Anpassen des Datenformats einer Spalte

Klicken Sie auf die Spalte, in der **Datum 1** steht, um den Fehler zu korrigieren. Wählen Sie danach die Option **Datum** und dann aus dem Listenfeld das Format **JMT**, da das Datum der siebten Spalte zunächst das Jahr, dann den Monat und schließlich den Tag enthält.

Dass der **Textkonvertierungs-Assistent** weitere nützliche Werkzeuge anbietet, erkennen Sie bei einem Klick auf den Schalter **Weitere**. Hier können Sie nicht nur vom europäischen Standard abweichende Dezimal- und Tausendertrennzeichen definieren, sondern auch das immer wieder auftretende Problem nachstehender Minuszeichen bei negativen Zahlen ebenfalls gleich beim Importieren verhindern.

Bevor Sie die Daten mit **OK** in das Tabellenblatt einfügen, sollten Sie auf **Eigenschaften** klicken. Dann zeigt Ihnen Excel die aktuellen Eigenschaften des externen Datenbereiches an.

Abbildung 3.6 Einstellungen für Trenn- und Minuszeichen

Interessant ist vor allem der untere Bereich der Dialogbox, in dem Sie festlegen können, wie das Programm mit Formeln und Funktionen umgeht, die unmittelbar an den importierten Datenbereich angrenzen. Mit der Option **Formeln in angrenzenden Zellen ausfüllen** werden Formeln, die Sie beispielsweise in Spalte M eingefügt haben, automatisch an die aktualisierte Datenmenge angepasst. Sie vermeiden damit, bei Aktualisierungen solche Formeln manuell kopieren bzw. löschen zu müssen.

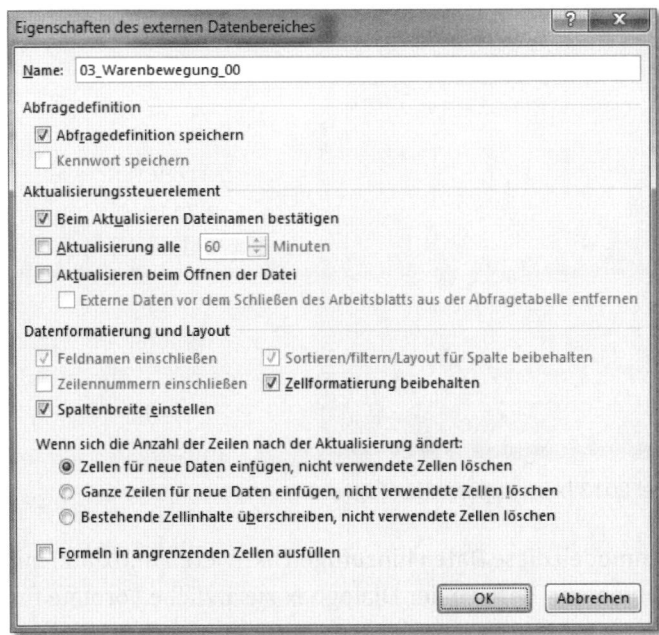

Abbildung 3.7 Eigenschaften des externen Datenbereiches

Nachdem Sie die Eigenschaften verlassen und dann auf **OK** geklickt haben, fügt Excel die Daten der Textdatei in das Tabellenblatt ein. Das im **Textkonvertierungs-Assistenten** korrigierte Datumsformat in Spalte G wird korrekt importiert. Speichern Sie das Ergebnis nun als Excel-Datei ab.

3.1.2 Ein Datenmodell in Excel 2013 während des Imports erstellen

Wenn Sie diesen ersten Import Schritt für Schritt ausgeführt haben, ist Ihnen als erfahrener Excel-Anwender wahrscheinlich eine weitere Neuerung aufgefallen: Die letzte Dialogbox, in der Sie mit **OK** die Daten übernommen haben, hat sich grundlegend verändert. Es ist an der Zeit, zu ergründen, warum das so ist. Fügen Sie am besten ein neues Tabellenblatt in die Arbeitsmappe ein. Starten Sie den Import erneut, und führen Sie alle Schritte nochmals so aus wie zuvor. Doch lassen Sie uns dann die letzte Dialogbox ein wenig genauer betrachten. Es lohnt sich.

Denn eine Neuerung in Excel 2013 besteht in der wichtigen Möglichkeit, erstmalig Analysen zu erstellen, die auf mehreren Tabellenblättern aufbauen. Bislang mussten Sie über Verweisfunktionen wie den =SVERWEIS() Tabellenblätter aufwendig miteinander verknüpfen, um solche Auswertungen zu erstellen. Excel 2013 stellt erstmalig eine Alternative zu dieser Vorgehensweise bereit.

Abbildung 3.8 Datenmodell in Excel 2013 beim Import hinzufügen

Wenn Sie die Option **Dem Datenmodell diese Daten hinzufügen** aktivieren und dann mit **OK** bestätigen, werden Ihnen im oberen Bereich der Dialogbox zusätzliche Formate für die Datenanzeige angeboten:

3

Format	Bedeutung
PivotTable-Bericht	Erstellt eine Pivottabelle auf Basis der importierten Daten. Die Spaltenüberschriften werden als **Pivot-Table-Felder** verwendet, sofern Sie die Option im **Textkonvertierungs-Assistenten** aktiviert haben.
PivotChart	Ein Standalone-Pivotdiagramm (also ohne Pivot-tabelle) wird erstellt. Auch hier werden die Spalten-überschriften als Feldnamen eingesetzt, sofern Sie dies im Assistenten zuvor angegeben haben.
Power View-Bericht	Erstellt einen Bericht mit Hilfe des Add-ins Power-View, in dem mehrere Tabellen als Datenbasis verwendet werden können.
Nur Verbindung erstellen	Excel erstellt lediglich die Abfrage auf einen exter-nen Datenbestand. Es werden jedoch keine Daten in die Arbeitsmappe übertragen. Die erstellte Verbin-dung finden Sie unter **Daten ▸ Verbindungen ▸ Ver-bindungen**. Dort können Sie die Datenverbindung weiter konfigurieren.

Tabelle 3.1 Formate für Datenmodelle beim Import mit Excel 2013

Fügen Sie nun zwei oder mehr importierte Tabellen auf diese Weise einem Datenmodell hinzu, so bietet sich bei Pivottabellen und PivotCharts die Möglichkeit, die Tabellen lo-gisch miteinander zu verknüpfen.

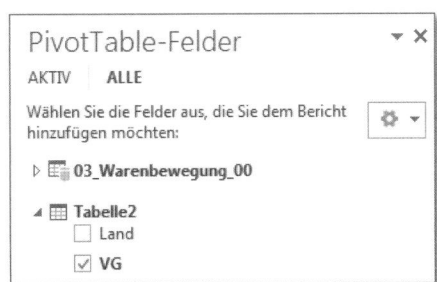

Abbildung 3.9 Auswahl mehrerer Tabellen im Register **Alle** einer Pivottabelle

In der PivotTable-Feldliste sehen Sie neben dem Register **Aktiv** auch das Register **Alle**. Öffnen Sie es, um die zum Datenmodell gehörenden Tabellen zu sehen.

Um sie zu verknüpfen, ist ein weiterer Schritt notwendig: Die beiden Tabellen müssen logisch miteinander verknüpft werden. Im Beispiel habe ich eine Textdatei

(*03_Warenbewegung_VG_00.txt*) importiert. Das Tabellenblatt habe ich anschließend mit ⌈Strg⌉ + ⌈T⌉ in eine dynamische Datentabelle umgewandelt. Danach erscheint die Tabelle, die die Kodierungen der Vertriebsgebiete enthält, im Datenmodell unter dem Namen *TabelleN* (*N* steht hier für die fortlaufende Nummer, die von Excel beim Erstellen von dynamischen Datentabellen vergeben wird).

Unter **PivotTable-Tools ▸ Analysieren ▸ Berechnungen ▸ Beziehungen** finden Sie die Option, eine logische Verbindung zwischen den Tabellen des Datenmodells zu erstellen. Klicken Sie in der dann angezeigten Dialogbox auf **Neu**.

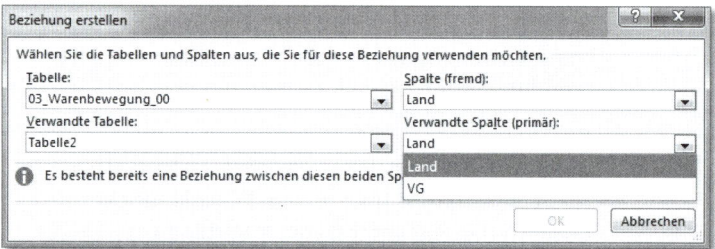

Abbildung 3.10 Erstellen einer logischen Beziehung zwischen zwei Tabellen eines Datenmodells

Nachdem Sie diesen Schritt ausgeführt haben, können Sie nun das Feld **Land** aus der Tabelle *03_Warenbewegung_00* und das Feld **VG** der dynamischen Datentabelle in den Zeilenbereich der Pivottabelle ziehen und das Feld **Betrag** im Wertebereich anordnen. Sie sehen nun das Ergebnis – inklusive der Vertriebsgebiete. Und das völlig ohne =SVER-WEIS().

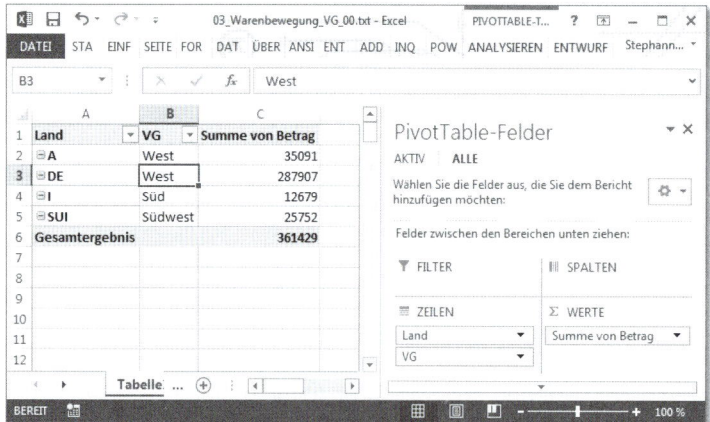

Abbildung 3.11 Pivottabelle auf Basis zweier importierter und verknüpfter Tabellen

Das Ergebnis finden Sie in der Arbeitsmappe *03_Warenbewegung_Datenmodell_01.xlxs*.

3.1.3 Fehlerhafte Datenformate nachträglich umwandeln

In der Praxis kommt es immer wieder vor, dass trotz der im **Textkonvertierungs-Assistenten** verfügbaren Korrekturmöglichkeiten fehlerhafte Datenformate den Weg in eine Excel-Tabelle finden. Dann stellt sich bei unter Umständen Tausenden von Datensätzen sofort die Frage, wie Sie solche Fehler schnell korrigieren. Einige Klassiker bei den Datenformatfehlern sind:

- Zahlen werden versehentlich als Text importiert und lassen sich in Excel nicht berechnen.

- Datumswerte erscheinen als Abfolge von acht Ziffern und werden nicht als Datum erkannt.

- Bei Währungsformaten sind das Tausendertrennzeichen (Punkt) und das Dezimaltrennzeichen (Komma) vertauscht, wodurch fehlerhafte Werte entstehen.

- Das Minuszeichen bei negativen Werten steht hinter dem Wert, dadurch wird dieser von Excel als Text und nicht als Zahl interpretiert.

Nachstehendes Minuszeichen und fehlerhafte Trennzeichen korrigieren

Was ist in solchen Fällen zu tun? Ein erster Korrekturversuch sollte immer darin bestehen, den **Textkonvertierungs-Assistenten** nachträglich auf die bereits in Excel geöffnete Datei anzuwenden. Dabei gehen Sie folgendermaßen vor:

- Markieren Sie die gesamte Spalte, in der sich die Daten befinden, die Sie umwandeln möchten. Klicken Sie dazu einfach auf die Spaltenüberschrift.

- Rufen Sie die Funktion **Daten ▸ Datentools ▸ Text in Spalten** auf. Sie aktivieren damit den bereits bekannten Assistenten.

- Da sich die Optionen zur Anpassung des Datenformats im dritten Arbeitsschritt des Assistenten befinden, klicken Sie zweimal auf **Weiter**.

- Anschließend wählen Sie das gewünschte Datenformat aus und schließen die Eingabe mit **Fertig stellen** ab.

Das fehlerhafte Format in der Datumsspalte G der Datei *03_Warenbewegung_Fehler_00.xlsx* lässt sich auf diesem Wege mühelos korrigieren.

Auch dem ziemlich verdrehten Zahlenformat in Spalte H machen Sie mit der Funktion **Text in Spalten** schnell den Garaus. Klicken Sie dazu auf den Schalter **Weitere**, und geben Sie ein Komma als Tausendertrennzeichen sowie einen Punkt als Dezimaltrennzeichen vor. Die Option **Nachstehendes Minuszeichen** für negative Werte muss aktiviert sein.

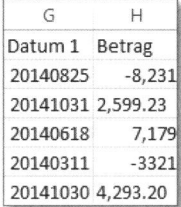

G	H
Datum 1	Betrag
20140825	-8,231
20141031	2,599.23
20140618	7,179
20140311	-3321
20141030	4,293.20

Abbildung 3.12 Auch solche irritierenden Formatfehler korrigiert die Funktion »Text in Spalten« mühelos.

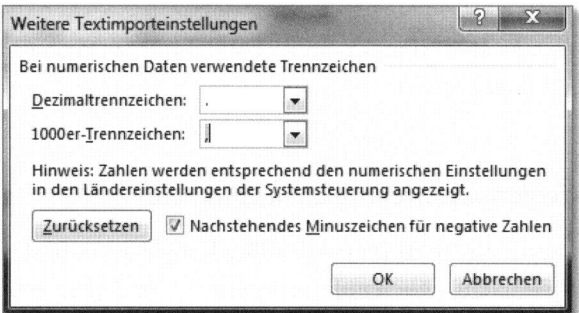

Abbildung 3.13 Korrektur von Dezimal- und Tausendertrennzeichen

Nachstehendes Minuszeichen mit einer Formel umstellen

Ein hinter den Zahlen stehendes Minuszeichen können Sie auch mit einer Berechnung an den Anfang der Zeichenkette holen. Sie lautet für ein fehlerhaftes Format in Spalte H:

```
=WENN(RECHTS(H2)="-";-WERT(LINKS(H2;LÄNGE(H2)-1));H2)
```

Mit WENN() wird zunächst geprüft, ob das erste Zeichen von rechts in Zelle H2 ein Minuszeichen ist. Sofern dies der Fall ist, wandelt -WERT() die Ziffernfolge in H2 unter Nichtberücksichtigung des Minuszeichens (LINKS(H2;LÄNGE(H2)-1)) in einen Wert mit negativen Vorzeichen um. Ist das letzte Zeichen der Zelle kein Minuszeichen, wird der positive Wert einfach übernommen.

3.2 Transaktionsdaten in einer CSV-Datei auswerten

Das Dateiformat *CSV (Comma-Separated Values)* ist wie das TXT-Format ein reines Zeichenformat. Die einzelnen Spalten werden mit einem festen Separator – zumeist dem Komma – voneinander getrennt. Im Gegensatz zur TXT-Datei ist die Endung *.csv* im Windows-Explorer normalerweise Excel zugeordnet.

Ein Doppelklick auf die Datei *03_Transaction_Data_00.csv* führt daher dazu, dass die Daten sofort in Excel und nicht im Editor geöffnet werden. Wenn Sie diesen Luxus in der Vergangenheit bereits genutzt haben, mussten Sie eventuell auch schon erleben, dass der Doppelklick manchmal jedoch zu einem seltsamen Datensalat in Excel führt. Denn bei dieser schnellen Form des Importierens werden bestimmte Annahmen vorausgesetzt, die sich auf das Trennzeichen zwischen den Spalten beziehen.

Wurde die Datei nach den Regeln der ANSI-Norm auf dem Fremdsystem gespeichert, wird als Separator ein Semikolon angenommen. Handelte es sich hingegen um eine Unicode-Codierung, wird als Trennzeichen zwischen den Spalten der Tabstopp erwartet. Hat der Benutzer, der die CSV-Datei erstellt hat, Veränderungen an den Einstellungen für den Separator vorgenommen, müssen Sie die Datei, wie oben bei der Textdatei beschrieben, über den **Textkonvertierungs-Assistenten** öffnen.

3.2.1 Nicht benötigte Zeilen aus Transaktionsdaten entfernen

Obwohl sich die Beispieldatei sowohl mit einem Doppelklick als auch über den **Textkonvertierungs-Assistenten** öffnen lässt, offenbart sich in ihr sogleich ein anderes typisches Ärgernis: Die Daten enthalten eine Reihe überflüssiger Zeilen.

Diese Zeilen sind nicht nur optisch störend, sie verletzen auch die Grundregeln für die Bildung einfacher Excel-Listen. Doch Excel-Listen wiederum bilden die Basis für sehr nützliche, weil schnell umsetzbare Funktionen wie AutoFilter, **Datenschnitt**, Teilergebnisse oder Pivottabellen.

Mit anderen Worten: Überflüssige Zeilen, die Zwischensummen, Listencodes der Quellanwendung etc. enthalten oder gar komplett leer sind, müssen weg – und zwar ohne allzu großen Aufwand.

Eine vergleichsweise einfache Herangehensweise an die Problematik ist die Verwendung des AutoFilters. Aktivieren Sie ihn für die gesamte Spalte A der Transaktionsdaten. Deaktivieren Sie die Option **Alle auswählen**, und wählen Sie stattdessen die Zeilen aus, die Sie entfernen möchten (Abbildung 3.14).

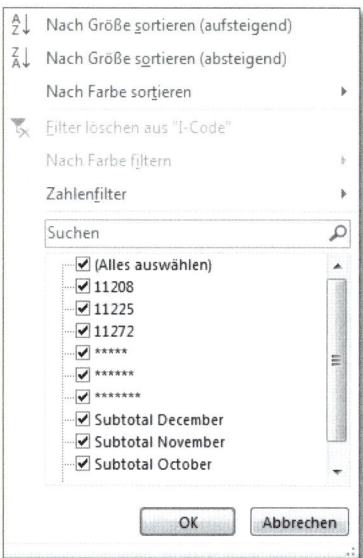

Abbildung 3.14 Ausblenden überflüssiger Zeilen mit dem AutoFilter

Nachdem Sie die Filterfunktion ausgeführt haben, markieren Sie die Resttabelle mit Ausnahme der Überschriftenzeile. Mit einem Rechtsklick öffnen Sie anschließend das Kontextmenü und entfernen die überflüssigen Zeilen mit der Option **Zellen löschen**.

Nach dem Entfernen der Zeilen deaktivieren Sie den AutoFilter wieder. Auf dem Bildschirm befindet sich nun die um alle nicht benötigten Zeilen bereinigte Excel-Liste.

Eine Alternative zur Verwendung des AutoFilters ist das Sortieren der Tabelle. Auch dadurch gelingt es mühelos, die Zeilen der Tabelle, die Leerzeilen enthalten, an den Anfang oder das Ende des Datenbereiches zu bewegen, um sie danach in einem Arbeitsgang zu entfernen.

3.2.2 Überflüssige Leerzeilen mit einem Makro entfernen

Dem Problem leerer Zeilen in den Transaktionsdaten können Sie auch mit einem VBA-Makro begegnen. Der Quellcode des Makros sieht folgendermaßen aus:

```
Sub LeerzeilenLoeschen1()
  Dim leere_Zeile As Long
  Application.ScreenUpdating = False
  For leere_Zeile = 100000 To 1 Step -1
    If Application.CountA(Rows(leere_Zeile)) = 0 Then
```

```
       Rows(leere_Zeile).Delete
       End If
    Next
End Sub
```

Das Makro macht sich das Ergebnis der Funktion ANZAHL2() zunutze, die im VBA-Code mit CountA bezeichnet wird. Liefert das Zählen der Texte und Zahlen in einer Zeile das Ergebnis 0, muss diese Zeile leer sein. Dann wird sie durch das Makro gelöscht.

Speichern Sie das Makro in Ihrer persönlichen Makroarbeitsmappe *PERSONAL.XLSB*, damit Sie es zukünftig immer dann aufrufen können, wenn Sie aus einer Transaktionsdatei Leerzeilen löschen möchten.

Eine Alternative für das Löschen überflüssiger Zeilen bietet die SpecialCells-Methode in VBA. Mit ihr untersuchen Sie die Zellen eines benannten Datenbereiches auf bestimmte Eigenschaften hin. In diesem Fall wird geprüft, ob in Spalte B leere Zellen (xlCellTypeBlanks) vorkommen. Wird eine leere Zelle gefunden, so wird auch in diesem Fall die gesamte Zeile gelöscht.

```
Sub LeerzeilenLoeschen2()
   Dim LetzteZeile As Long
   LetzteZeile = Cells(Rows.Count, 1).End(xlUp).Row
   Range("B1:B" & LetzteZeile).SpecialCells(xlCellTypeBlanks). _
   EntireRow.Delete
End Sub
```

Bei Anwendung dieses Makros kommt es also darauf an, eine Spalte – hier Spalte B – zu bestimmen, deren Zellen nur dann leer sind, wenn auch tatsächlich keine zu berechnenden Werte in der betreffenden Zeile vorkommen. Prüfen Sie also gründlich, ob diese Bedingungen auch tatsächlich in Ihren Transaktionsdaten erfüllt sind. Andernfalls laufen Sie Gefahr, unbemerkt durch das Makro Werte zu löschen.

3.2.3 Gruppierung nach Standort und Konten

Die bereinigte Liste können Sie nun einfach gruppieren und die Ergebnisse beispielsweise nach Ländern und weiteren Kriterien wie den Konten berechnen.

Beginnen Sie deshalb zunächst mit einer einfachen Sortierung über **Daten ▸ Sortieren und Filtern ▸ Sortieren**. Legen Sie als erstes Sortierkriterium die Spalte *Location* und, nachdem Sie auf **Ebene hinzufügen** geklickt haben, die Spalte *Account* als zweites Kriterium fest.

Sobald die Liste nach diesen Kriterien sortiert ist, ergänzen Sie die Berechnung der Teilergebnisse über **Daten ▸ Gliederung ▸ Teilergebnis**. Hier müssen Sie drei Entscheidungen treffen:

■ Welche Spalte soll als Gruppierungsmerkmal dienen? Es ist die Spalte, nach der Ihre Liste sortiert ist, also *Location*.

■ Welche Funktion soll ausgeführt werden? Im Beispiel soll die **Summe** berechnet werden.

■ Für welche Spalte sollen die Teilsummen berechnet werden? In unserem Fall für die Spalte *Values*.

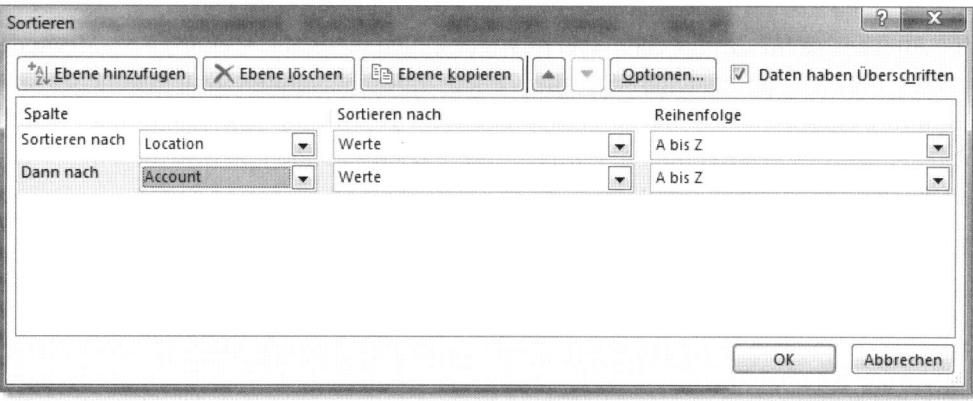

Abbildung 3.15 Sortierung der bereinigten Liste

Bestätigen Sie die Eingaben, um die berechneten Teilergebnisse zu erhalten. Benutzen Sie die Gliederungsmarkierungen am linken Rand. Damit blenden Sie die Einzelheiten aus, und Sie erhalten einen direkten Blick auf die Teilergebnisse und das Gesamtergebnis.

In der Auswertung fehlt allerdings noch die zweite Ebene der Konten. Diese muss den bestehenden Teilergebnissen hinzugefügt werden. Im Prinzip ist der Vorgang identisch mit der Erstellung der ersten Gruppierung. Sie müssen diesmal lediglich Accounts als Gruppierungsmerkmal wählen und den Haken bei der Option **Vorhandene Teilergebnisse ersetzen** entfernen.

Zum Abschluss sollten Sie noch einen Blick in die Zellen werfen, die die Teilergebnisse enthalten. In Zelle J30 finden Sie beispielsweise die Funktion `=TEILERGEBNIS(9;J2:J29)`. Unschwer ist zu erkennen, dass das zweite Argument für den Bereich steht, der berechnet werden soll.

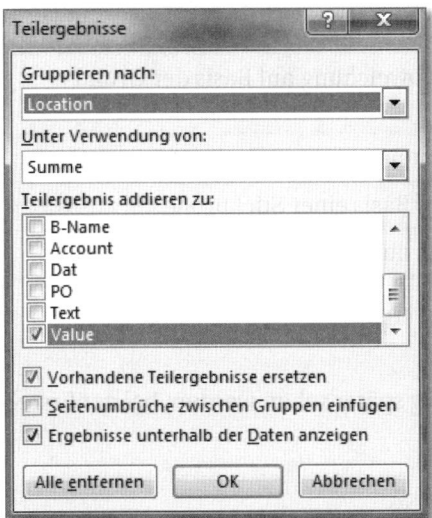

Abbildung 3.16 Erstellen der Teilergenisse

Das erste Argument, in diesem Beispiel die 9, gibt an, welche Funktion beim Erstellen der Teilergebnisse verwendet werden soll. Es stehen die in Tabelle 3.2 dargestellten Zusammenfassungsfunktionen zur Verfügung. Das Funktionsargument kann dabei wahlweise einstellig (1) oder dreistellig (101) verwendet werden. Ein einstelliger Code bewirkt, dass Werte in Zeilen, die mit **Start ▸ Zellen ▸ Format ▸ Sichtbarkeit ▸ Ausblenden & Einblenden** ausgeblendet wurden, bei der Berechnung der Teilergebnisse mitberücksichtigt werden. Der dreistellige Code hat zur Folge, dass manuell ausgeblendete Werte unberücksichtigt bleiben.

Code	Funktion
1 oder 101	Mittelwert: Durchschnitt aller Werte
2 oder 102	Anzahl: Anzahl der Werte im Datenbereich
3 oder 103	Anzahl2: nicht-leere Zellen im Datenbereich
4 oder 104	Max: höchster Wert im Datenbereich
5 oder 105	Min: niedrigster Wert im Datenbereich
6 oder 106	Produkt: Multiplikation aller Werte des Datenbereiches
7 oder 107	Stabw: Schätzung der Standardabweichung auf Basis einer Stichprobe

Tabelle 3.2 Verwendbare Funktionen für Teilergebnisse

Code	Funktion
8 oder 108	Stabwn: Berechnung der Standardabweichung auf Basis der Grund-gesamtheit
9 oder 109	Summe: Bildung der Summe aller Daten
10 oder 110	Varianz: Schätzung der Varianz auf Basis einer Stichprobe
11 oder 111	Varianzen: Berechnung der Varianz auf Basis der Grundgesamtheit

Tabelle 3.2 Verwendbare Funktionen für Teilergebnisse (Forts.)

Die Kenntnis dieser Funktionen kann, wie Sie wenig später sehen werden, bei der Erstellung von Reports sehr nützlich sein.

3.2.4 Kontengruppen in Transaktionsdaten zusammenfassen

Zunächst bleibt allerdings festzuhalten, dass die Berechnung der Teilergebnisse ein gemeinsames Gruppierungsmerkmal voraussetzt und dass dieses Gruppierungsmerkmal durch eine Sortierung der Daten auch angewandt worden sein muss.

Dies führt immer dann zu Schwierigkeiten, wenn die Grundstruktur der Daten nicht über das Gruppierungsmerkmal verfügt, das Sie für Ihre eigene Auswertung benötigen.

In der Datei *03_Transaction_Nachbearbeitung_00.xlsx* enthält die Spalte D eine Reihe von B-Codes wie z. B. UVWXYX001.23456.0001 und UVWXYX001.23456.0002. Diese würden nach einer Sortierung der Daten jeweils eine eigene Gruppe und damit ein Teilergebnis bilden.

Wenn Sie stattdessen eine übergeordnete Gruppe für UVWXYX001 bilden möchten, müssen Sie sie nachträglich in Excel erzeugen. Dabei helfen fast immer Textfunktionen.

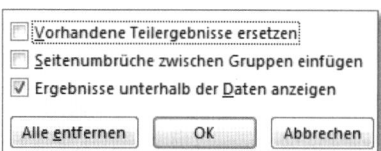

Abbildung 3.17 Hinzufügen einer weiteren Gruppierungsebene

Wichtige Textfunktionen für die Gruppierung von Daten nach dem Import enthält Tabelle 3.3:

Funktion	Erklärung
=LINKS()	Gibt eine von Ihnen festgelegte Anzahl an Zeichen zurück. Die Zählung beginnt links.
=RECHTS()	Gibt ebenfalls eine von Ihnen festgelegte Anzahl an Zeichen zurück. Die Zählung beginnt jedoch rechts.
=TEIL()	Gibt eine Anzahl an Zeichen ab einer bestimmten Position in der Zelle zurück. Sowohl Zeichenanzahl als auch Position werden vom Benutzer bestimmt.
=FINDEN()	Sucht ein definiertes Zeichen in einer Zelle und gibt den numerischen Wert der gefundenen Position zurück.
=LÄNGE()	Gibt die Anzahl der Zeichen zurück, die sich in einer festgelegten Zelle befinden.
=VERKETTEN()	Dient dazu, Inhalte von unterschiedlichen Zellen oder einer Zelle und vorgegebenen Zeichenfolgen miteinander in einer Zelle zu verknüpfen.
=GLÄTTEN()	Entfernt die Leerzeichen am Anfang und Ende der Zeichenkette einer Zelle.
=ERSETZEN()	Sucht nach einem Zeichen oder einer Zeichenkette und ersetzt die Fundstelle durch eine definierte Zeichenfolge.

Tabelle 3.3 Wichtige Textfunktionen für die Nachbearbeitung von Transaktionsdaten

Um den Report aus Abbildung 3.14 nachzubilden, werden die Konteninformationen in Spalte D mit Hilfe einer Funktion neu gruppiert, die Sie in Zelle K9 eingeben:

```
=LINKS(D9;FINDEN(".";D9)-1)
```

Da die Oberbezeichnungen der Konten unterschiedlich lang sind, allerdings immer mit einem Punkt von den Unterkonten getrennt werden, setzen Sie die Funktion FINDEN(".";D9) ein. Diese liefert der Funktion LINKS() das zweite Argument, das angibt, wie viele Zellen ausgelesen werden sollen. Da der trennende Punkt nicht mit ausgelesen werden soll, verwenden Sie -1. Den gesamten Ausdruck kopieren Sie nach unten.

Weitere typische Anwendungen für Textfunktionen

Trennen von Vor- und Nachnamen
Werden Vor- und Nachnamen in eine Spalte exportiert, können Sie sie in Excel trennen. Den Vornamen extrahieren Sie mit =LINKS(A1;FINDEN(" ",A1)-1) in Zelle A1,

INFO

95

indem Sie nach dem Leerschritt im Anschluss an den Vornamen suchen. Den Nachnamen erhalten Sie mit `=TEIL(A1;FINDEN(" ";A1)+1;LÄNGE(A1)-FINDEN(" ";A1))`. Sie suchen in diesem Fall nach dem Leerschritt in Zelle A1, der dem Nachnamen vorangeht. Um zu ermitteln, wie viele Buchstaben ausgelesen werden sollen, berechnen Sie mit `=LÄNGE()` die Gesamtanzahl der Zeichen in der Zelle. Von dem berechneten Wert ziehen Sie die Zeichenanzahl bis zum Leerschritt, also bis zum Ende des Vornamens, ab.

Trennen von Postleitzahl und Ort
Die Trennung von Postleitzahl und Ort erfolgt nach dem gleichen Muster wie bei Vor- und Nachnamen.

Zusammenfassen (Verketten) von Feldern
In den Fällen, in denen bestimmte Felder auf verschiedene Spalten verteilt sind, lassen sich mit `=VERKETTEN(A1;"-";B1)` diese Zellen in einer Spalte zusammenfassen. Die Argumente der Funktion können sowohl Zellbezüge als auch Texte oder Textseparatoren sein. Im Beispiel werden die Inhalte der beiden Zellen A1 und B1, mit einem Bindestrich getrennt, zusammengeführt. Textzeichen müssen Sie in dieser Funktion immer in Anführungsstriche setzen.

Löschen von überflüssigen Leerzeichen
Nicht selten werden beim Export von Daten auch nicht benötigte Leerzeichen mit exportiert. Dies kann bei bestimmten Funktionen, die Filterkriterien benutzen, z. B. AutoFilter oder bei Datenbankfunktionen, zu Problemen führen. Die Leerzeichen lassen sich mit `=GLÄTTEN(A1)` aus der Zelle A1 entfernen.

3.2.5 Reporting von Zahlungsbewegungen mit AutoFilter, Teilergebnissen und Sparklines

In den meisten Fällen dienen Textfunktionen also dazu, in Rohdaten aus einem Fremdsystem die Grundlage für neue Gruppierungen zu schaffen. Gruppierungen bilden wiederum die Basis für ein gut strukturiertes Reporting. Der einfache Report in Abbildung 3.14 basiert auf drei Basiselementen:

- Auswahl von Datengruppen mit dem AutoFilter
- Berechnung der Summen mit der Funktion `TEILERGEBNIS()`
- grafische Darstellung der gefilterten Ergebnisse als Sparklines

Sie haben sich sicherlich auch schon öfter die Frage gestellt, wie Sie einen Report dynamisch gestalten können, ohne auf eine Pivottabelle zurückzugreifen. Nun, hier ist eine mögliche Antwort: unter Verwendung von AutoFilter und der Funktion `TEILERGEBNIS()`!

Nachdem Sie einige Leerzeilen oberhalb der Daten eingefügt haben, aktivieren Sie den AutoFilter, indem Sie den Cursor in die Excel-Liste bewegen und **Daten ▸ Sortieren und Filtern ▸ Filtern** aufrufen.

Sie haben bereits erfahren, dass die Funktion `TEILERGEBNIS()` für unterschiedliche Zusammenfassungsberechnungen eingesetzt werden kann und dabei nur die gefilterten Ergebnisse einer Liste berechnet werden. Nachdem Sie die Überschriften des Reports geschrieben haben, fügen Sie in Zelle D4 zunächst die Summenfunktion ein, um dann in D5 die Teilergebnisberechnung zu ergänzen:

```
=TEILERGEBNIS(9;J9:J149)
```

Zellbezüge, Bereichsnamen, dynamische Datentabellen, globale Zeilen- und Spaltenangaben

Wenn Sie einwenden, dass die Festlegung der Datenbereiche eher unglücklich ist, da sie sehr klein bemessen sind und ständiger Anpassung bedürfen, sobald sich der Datenbestand ändert, dann haben Sie Recht.

Doch mit der Verwendung von Bereichen oder gar dynamischen Bereichen werden wir uns ein wenig später beschäftigen. In jedem Fall ist allerdings von der Verwendung der gesamten Spalte in der Art von `G:G` abzuraten.

Bei den mehr als einer Million Zellen eines Tabellenblattes in Excel schaffen Sie nicht nur unnötigen Kalkulationsaufwand für eine verhältnismäßig kleine Tabelle, die globale Verwendung von Spalten- ohne Zeilenangaben führt manchmal auch zum Nicht-Funktionieren von Funktionen. So sind Gruppierungen in Pivottabellen beispielsweise nicht mehr durchführbar, wenn Sie bei der Auswahl des Datenbereiches die gesamte Spalte angegeben haben.

Eine viel bessere Idee wäre es, aus den Zellbezügen eine dynamische Datentabelle zu machen. Dazu bewegen Sie den Cursor in den Zellbereich und drücken [Strg] + [T]. Nachdem Sie die vorgeschlagenen Einstellungen der Dialogbox übernommen haben, können Sie die sich nun automatisch erweiternde Datenbasis für Ihre Auswertungen benutzen. In Kapitel 5, »Datenmodelle in Excel richtig aufbauen«, erhalten Sie detaillierte Informationen zur Funktionsweise und Nutzung solcher dynamischer Datentabellen.

Im nächsten Schritt sollen nun die Eingänge und Ausgänge summiert werden. Dies bedeutet, dass Sie zwei Bedingungen einsetzen müssen: Es müssen die Werte der Zellen summiert werden, bei denen der Betrag größer null war (Eingang), und diejenigen, bei denen die Beträge kleiner null waren (Ausgang).

3.2.6 Nur Zahlungseingänge der gefilterten Konten addieren

Um alle Zahlungseingänge der Liste zu summieren, wenden Sie die folgende bedingte Kalkulation in Zelle E4 an:

```
=SUMMEWENN(J9:J149;">0";J9:J149)
```

Es werden nun alle Werte der Spalte J addiert, die größer null sind. Kein Problem! Durch Abwandlung dieser Funktion erhalten Sie in F4 auch die Summe der Ausgänge in den Transaktionsdaten:

```
=SUMMEWENN(J9:J149;"<0";J9:J149)
```

Danach muss eine bedingte Kalkulation auf den gefilterten Datenbereich angewandt werden, denn schließlich sollen in Zeile 5 lediglich die Eingänge und Ausgänge für die gefilterten B-Code-Gruppen berechnet werden.

Das Problem? Die Funktion TEILERGEBNIS(), die wir bislang benutzt haben, berücksichtigt keine Bedingungen. Die Funktion SUMMEWENN() wiederum ignoriert die Ergebnisse des Filtervorgangs und wendet ihre Berechnung auch auf den nicht sichtbaren Teil der gefilterten Daten an.

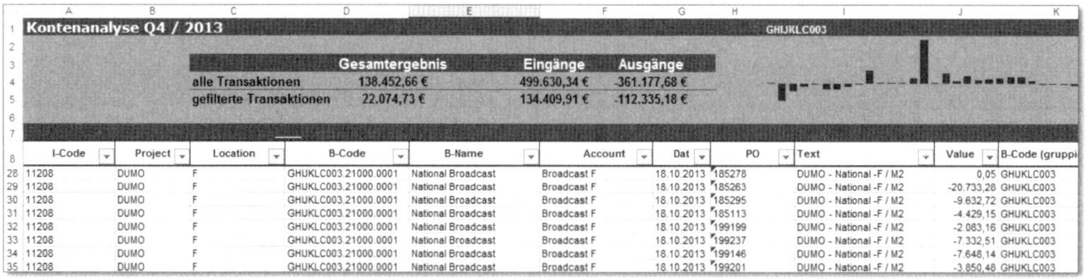

Abbildung 3.18 Report nach Neugruppierung

Dennoch lässt sich die Anforderung eines Teilergebnisses im Filterbereich mit einer Kombination recht unterschiedlicher Funktionen erfüllen. Von zentraler Bedeutung ist dabei SUMMENPRODUKT(), eine Matrixfunktion, die mehrere Spalten im Hinblick auf vom Benutzer definierte Bedingungen prüfen kann. Nützlich ist bei dieser Funktion, dass sie jeder Zelle, die die Suchbedingung erfüllt, den Wert 1, und den Zellen, bei denen die Bedingungen nicht erfüllt sind, eine 0 zuweist.

```
=SUMMENPRODUKT(TEILERGEBNIS(3;INDIREKT("J"&ZEILE(9:150)))*
(J9:J150>=0)*(J9:J150))
```

Die in unserem Fall zu benutzende Funktion benötigt gleich drei Datenbereiche, die analysiert werden. Der erste Datenbereich davon ist der Bereich von J9 bis J150. Er wird mit dem Ausdruck `TEILERGEBNIS(3;INDIREKT("J"&ZEILE(9:150))` unter die Lupe genommen. Der Funktionscode 3 drückt aus, dass die Funktion `ANZAHL2()` verwendet wird. Mit anderen Worten: Excel zählt hier lediglich Zellen, die nach dem Filtern noch sichtbar sind.

Der zweite zu durchsuchende Bereich ist ebenfalls J9 bis J150. Jedoch wird im zweiten Argument geprüft, ob und welche Werte existieren, die größer als null sind, also einen Zahlungseingang darstellen (`(J9:J150>0)`). Das dritte Argument – ebenfalls auf J9 bis J150 bezogen – enthält keine Bedingungen, d. h., es werden die Originalwerte dieses Bereiches verwendet.

Alle drei Argumente sind mit dem Operator * verbunden. Dies bedeutet im Zusammenhang mit `SUMMENPRODUKT()`, dass in Zeilen, in denen die ersten beiden Bedingungen erfüllt sind (Wert 1), eine Multiplikation mit dem Wert in Spalte J durchgeführt wird. Beispiel: 1 * 1 * 73,30 in Zeile 38, wenn der Filter für die Kontenuntergruppe *GHIJKLC003* aktiviert ist.

Um die Ausgänge im gefilterten Bereich zu addieren, verwenden Sie in Zelle F5 die Funktion:

```
=SUMMENPRODUKT(TEILERGEBNIS(3;
INDIREKT("J"&ZEILE(9:150)))*(J9:J150<0)*(J9:J150))
```

Die Funktion `SUMMENPRODUKT()` spielt eine bedeutende Rolle bei der bedingten Kalkulation im Controlling. In Kapitel 7, »Bedingte Kalkulationen in Datenanalysen«, werde ich die Funktion und ihre Anwendungsmöglichkeiten detailliert beschreiben.

3.2.7 Ein- und Ausgänge mit Sparklines visualisieren

Eine neue Form der grafischen Darstellung seit Excel 2010 sind die sogenannten *Sparklines*, also jene Minidiagramme, die man bequem in eine Zeile oder eine Gruppe von Zeilen einfügen kann.

Nachdem unser Report bereits über eine gewisse Dynamik verfügt, soll er nun noch um eine visuelle Information bereichert werden. Ein kleines Säulendiagramm ließe die mit dem AutoFilter ausgewählten Ein- und Ausgänge noch prägnanter erscheinen.

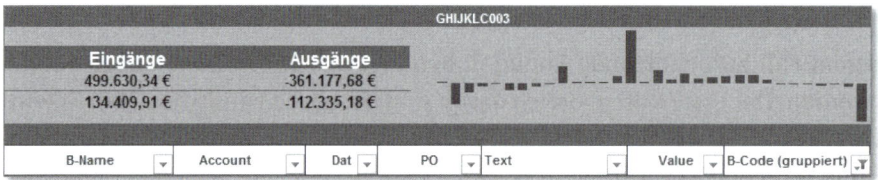

Abbildung 3.19 Sparklines vermitteln einen Überblick auf engstem Raum.

Aus welchen Einzelwerten sich die in Abbildung 3.18 gezeigten Summen der gefilterten Ein- und Ausgänge zusammensetzen, zeigt das Säulendiagramm der Sparklines. Um es zu erstellen,

- heben Sie alle gesetzten Filterkriterien auf, damit Sie die gesamte Liste der Transaktionen sehen,

- markieren Sie den Datenbereich von I2 bis K6,

- verbinden Sie die markierten Zellen miteinander (**Zellen formatieren** ▸ **Ausrichtung** ▸ **Zellen verbinden** oder ⌨Strg + ⌨1),

- und wählen Sie **Einfügen** ▸ **Sparklines** ▸ **Säule**.

Als **Datenbereich** ordnen Sie den Wertebereich aus Spalte I zu; der **Positionsbereich** ist der zuvor verbundene Zellbereich (Abbildung 3.19).

Bei solch kleinen grafischen Elementen spielt es eine wichtige Rolle, sämtliche Gestaltungsmerkmale zu nutzen, um die Les- und Interpretierbarkeit zu verbessern.

Deshalb sollten Sie eine farbliche Unterscheidung für positive und negative Werte wählen. Diese erhalten Sie mit einer bedingten Formatierung über **Sparklinetools** ▸ **Entwurf** ▸ **Formatvorlage** ▸ **Datenpunktfarbe** ▸ **Negative Punkte**.

Abbildung 3.20 Basisdefinition der Sparklines

3.3 Daten mit Microsoft Query importieren und Soll-Ist-Vergleich durchführen

Der Zugriff auf Daten einer Datenbank erfolgt meistens über Abfragen. Dies ist prinzipiell etwas völlig anderes als der Import einer TXT- oder CSV-Datei. Diese Dateitypen müssen in einem Fremdprogramm erzeugt und dann in einem Ordner auf dem Rechner gespeichert werden. Sie müssen sich dabei mit Fragen wie der Auswahl von Dateinamen, Separatoren oder Zeichensätzen herumschlagen. Und bevor Sie die Daten in Excel importiert haben, sind sie bereits veraltet, denn zwischenzeitlich wurden in der Datenbank sicherlich Änderungen vorgenommen, die in der exportierten Datei noch nicht enthalten sein können.

Bei einer Abfrage gibt es diese ganzen Unannehmlichkeiten nicht. Unter der Voraussetzung, dass Sie über die benötigten Zugriffsrechte verfügen, greifen Sie unmittelbar auf die aktuellsten Werte der Datenbank zu. Einmal in Excel integrierte Daten können Sie mit einem Mausklick aktualisieren.

Um auf eine Datenbank zuzugreifen, benötigen Sie in den meisten Fällen *ODBC (Open Database Connectivity.)* und einen sogenannten ODBC-Treiber. Die Abfrage selbst wird mittels *SQL (Structured Query Language)* formuliert. Die SQL-Anweisungen werden via ODBC-Treiber an die Datenbank weitergegeben. Von dort werden die angeforderten Daten an Excel übergeben.

> **Datenverbindungs-Assistent**
>
> Der **Datenverbindungs-Assistent** bietet Funktionen, die in Excel 2003 unter **Daten ▸ Externe Daten importieren ▸ Neue Abfrage erstellen** zu finden waren.
>
> In der Rubrik **ODBC DSN** erhalten Sie Zugriff auf sämtliche ODBC-Treiber, die auf Ihrem PC verfügbar sind. Damit können Sie Verbindungen z. B. zu Datenbanken unterschiedlicher Entwickler herstellen.
>
> Unter **Weitere/erweiterte** hingegen werden alle verfügbaren OLE-DB-Provider aufgeführt, mit deren Hilfe Sie neue Datenquellen in Excel erstellen können.

Sollte Windows für das von Ihnen benutzte Datenbanksystem standardmäßig keinen ODBC-Treiber zur Verfügung stellen, empfiehlt sich eine Recherche auf der Internetseite des Anbieters. Dort können Sie die entsprechenden Treiber herunterladen und auf Ihrem PC installieren.

3.3.1 Abfrage auf einer Access-Datenbank

Wenn Sie Access als Datenbanksystem verwenden, müssen Sie sich bezüglich des ODBC-Treibers keine Sorgen machen – er ist bereits vorhanden. Und so können Sie gleich mit der ersten Abfrage beginnen:

■ Öffnen Sie eine neue Excel-Arbeitsmappe, und wechseln Sie zu **Daten ▶ Externe Daten abrufen ▶ Aus anderen Quellen ▶ Von Microsoft Query**.

■ In der Dialogbox **Datenquelle auswählen** klicken Sie auf **Microsoft Access-Datenbank** und dann auf **OK**.

■ In der recht unübersichtlichen Dialogbox wählen Sie die Access-Datenbank *03_Soll_Ist_Umsatz.accdb*.

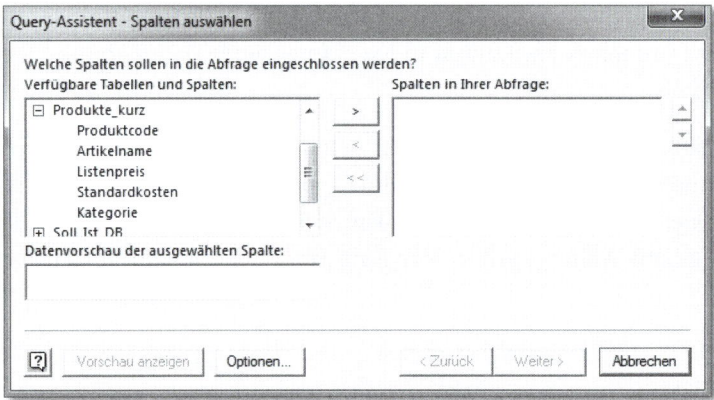

Abbildung 3.21 Auswahl der Datenfelder der Abfrage

Wählen Sie die folgenden Felder aus der Tabelle *Produkte_kurz* aus:

■ **Produktcode**

■ **Artikelname**

■ **Kategorie**

Wählen Sie anschließend aus der Tabelle *Soll_Ist_DB* die Felder:

■ **Datum**

■ **Umsatz**

■ **Soll**

Klicken Sie auf **Weiter**. Die nächste Dialogbox fordert Sie auf, einen Filter festzulegen. Wenden Sie aber zunächst keinen Filter an. Sortieren Sie die Daten der Abfrage im nächsten Schritt nach den Produktcodes, und wählen Sie schließlich die Option **Fertig-stellen**. Die anschließend in Excel 2013 gezeigte Dialogbox kennen Sie bereits aus den vorangegangenen Beschreibungen. Sie werden aufgefordert, die abgefragten Daten der Access-Tabelle wahlweise als einfache Tabelle, als Pivottabelle oder als Pivotdiagramm in das Tabellenblatt einzufügen. Lassen Sie die Option Tabelle aktiviert, und klicken Sie auf **OK**. Das Programm fügt nun die Abfragedaten als dynamische Datentabelle ein.

	A	B	C	D	E	F
1	Produktcode	Artikelname	Kategorie	Datum	Umsatz	Soll
2	NWTB-1	Northwind Traders Chai	Getränke	28.02.2014 00:00	320000	320000
3	NWTB-1	Northwind Traders Chai	Getränke	31.03.2014 00:00	320000	320000
4	NWTB-1	Northwind Traders Chai	Getränke	30.04.2014 00:00	320000	320000
5	NWTB-1	Northwind Traders Chai	Getränke	31.05.2014 00:00	320000	320000
6	NWTB-1	Northwind Traders Chai	Getränke	30.06.2014 00:00	333200	340000
7	NWTB-1	Northwind Traders Chai	Getränke	31.07.2014 00:00	340000	340000
8	NWTB-1	Northwind Traders Chai	Getränke	31.08.2014 00:00	340000	340000

Abbildung 3.22 Datenfelder aus zwei Datenbanktabellen in Excel

Der offensichtliche Vorteil der ODBC-Abfrage ist, dass Daten aus unterschiedlichen Tabellen in einer Excel-Tabelle zusammengefasst werden können, egal, ob Sie die Funktion unter Excel 2010 oder 2013 nutzen. Die beiden Tabellen werden über ein gemeinsames Feld (*Produktcode*) miteinander verknüpft. Die Abfrage wird mit der folgenden SQL-Anweisung durchgeführt:

```
SELECT Produkte_kurz.Produktcode, Produkte_kurz.Artikelname,
    Produkte_kurz.Kategorie, Soll_Ist_DB.Datum, Soll_Ist_DB.Umsatz,
    Soll_Ist_DB.Soll
FROM Produkte_kurz Produkte_kurz, Soll_Ist_DB Soll_Ist_DB
WHERE Produkte_kurz.Produktcode = Soll_Ist_DB.Produktcode
ORDER BY Produkte_kurz.Produktcode
```

SQL-Befehl	Funktion
SELECT ... FROM	Der Befehl gibt an, welche Daten aus der Datenbank verwendet werden sollen. Nach SELECT werden der Tabellenname und der bzw. die Feldnamen benannt. Tabellenname und Feldname werden mit einem Punkt getrennt. Als Platzhalter für die Auswahl aller Feldnamen einer Tabelle wird ein Stern (*) eingesetzt. Mit FROM werden die Tabellen benannt, aus denen die Felder übernommen werden sollen.

Tabelle 3.4 Häufig verwendete SQL-Anweisungen

SQL-Befehl	Funktion
WHERE	Dieser Ausdruck legt fest, dass nur die Daten in der Ergebnistabelle ausgegeben werden, die das Filterkriterium oder die Filterkriterien erfüllen. Kriterien werden in der Form *Feldname = "Kriterium"* definiert (z. B. WHERE Produktcode = "ABC123"). Operatoren wie >=, <= oder <> sind ebenfalls möglich.
ORDER BY	ORDER BY legt fest, nach welcher Spalte und in welcher Sortierfolge die Ergebnistabelle der Abfrage sortiert werden soll. Die Syntax lautet ORDER BY *Spaltenname*, wobei die aufsteigende Reihenfolge den Standard bildet. Mit ORDER BY *Kategorie* DESC wird das Ergebnis absteigend nach Kategorien sortiert.
AND / OR	Logische Operatoren werden eingesetzt, um mehrere Bedingungen miteinander zu kombinieren. AND und OR können als Teil eines WHERE-Ausdrucks verwendet werden, z. B. als WHERE Produktcode = "ABC123" AND Umsatz>1000.
UNION	Mit dieser Anweisung fassen Sie die Ergebnisse mehrerer SELECT-Abfragen in einer einzigen Tabelle zusammen. Beide zu kombinierenden Tabellen müssen allerdings über eine identische Spaltenanzahl, vergleichbare Datentypen und eine gleichartige Sortierung verfügen.

Tabelle 3.4 Häufig verwendete SQL-Anweisungen (Forts.)

3.3.2 Abfrage mit Microsoft Query bearbeiten

Die SQL-Anweisung enthält alle Vorgaben, die Sie bei der Erstellung in Excel getroffen haben. Ohne dass Sie es bemerken konnten, hat sich Excel des Tools *Microsoft Query* bedient, um die Abfrage zu erstellen. Sie können Query auch nutzen, um die bestehende Abfrage zu bearbeiten:

- Klicken Sie mit der rechten Maustaste in den Datenbereich der Abfrage.

- Wählen Sie **Tabelle ▸ Abfrage bearbeiten**.

- Klicken Sie sich mit dem Schalter **Weiter** durch die einzelnen Schritte des Assistenten, sofern Sie die Feldzuordnung, die Filter- oder Sortierkriterien ändern möchten.

- Sobald Sie die Dialogbox **Query-Assistent – Fertig stellen** erreicht haben, wählen Sie diesmal die Option **Daten in Microsoft Query ansehen oder bearbeiten** und klicken dann auf **Fertig stellen**.

Im nun geöffneten Query-Fenster werden Ihnen zwei Bereiche angezeigt:

- der Tabellenbereich, der auch die Darstellung der Verknüpfungen zwischen den Tabellen enthält

- der Datenbereich, der Ihnen den Inhalt der ausgewählten Spalten und Datensätze zeigt

Klicken Sie auf **Ansicht ▸ Kriterien**, um auch den Kriterienbereich einzublenden.

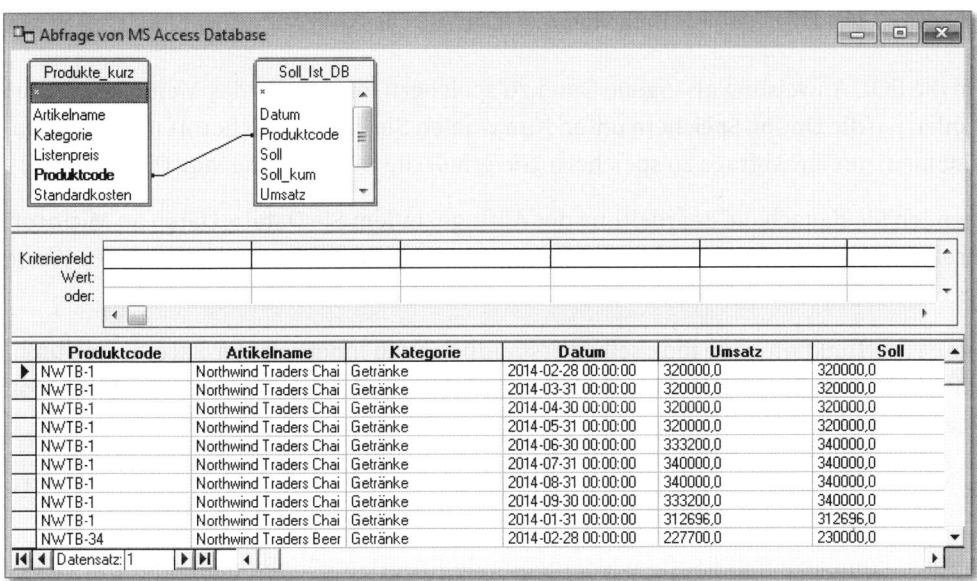

Abbildung 3.23 Microsoft Query ist eine grafische Schnittstelle zur Formulierung von SQL-Anweisungen.

Datumsbereich filtern

Die Definition von Kriterien ist denkbar einfach in MS Query.

- Wählen Sie in der Zeile **Kriterienfeld** den Feldnamen **Datum**.

- Doppelklicken Sie in das darunterliegende Feld in der Zeile **Wert**.

- In der Dialogbox **Kriterien bearbeiten** übernehmen Sie aus dem Listenfeld den Operator **ist kleiner als**.

- Durch einen Klick auf **Wert** zeigen Sie die Liste der verfügbaren Werte an und übernehmen hier den 31.07.2014, um Ihre Auswertung auf das erste Halbjahr 2014 zu beschränken (Abbildung 3.24).

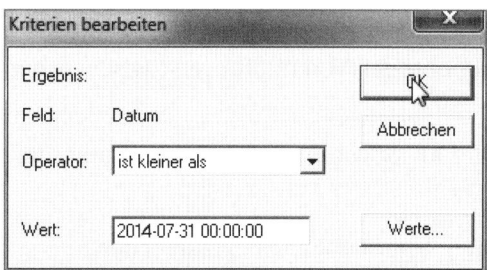

Abbildung 3.24 Aktivieren eines Datumfilters in Microsoft Query

Um die SQL-Anweisung als eigene Datei zu speichern, öffnen Sie das Menü **Datei**. Dort wählen Sie die Option **Speichern unter**. Nun wählen Sie einen Speicherort und einen Dateinamen, um die Abfrage zu speichern. Sie erhält die Dateiendung *.dqy* (Data Query).

Beenden Sie danach die Bearbeitung der Abfrage, indem Sie **Datei ▸ Daten an Microsoft Excel zurückgeben** aktivieren. In der Excel-Liste befinden sich nun nur noch die Werte des ersten Halbjahres.

Diese Filterfunktion hätte man selbstverständlich auch innerhalb der Excel-Liste durchführen können. Doch bedenken Sie folgende Unterschiede und Vorteile der Definition einer Abfrage in Query:

- Mit der Abfrage werden große Datenbestände bereits im Vorfeld deutlich reduziert. Sie sparen Zeit und Speicherplatz.

- Auch komplexe und häufig wiederkehrende Kriterien können dauerhaft mit Query gespeichert werden.

- Query erlaubt auch komplexe berechnete Kriterien, die im AutoFilter von Excel nicht möglich sind.

- Eine DQY-Datei kann aus dem Dateisystem mit einem Doppelklick geöffnet werden. Dabei wird automatisch Excel gestartet, die Verbindung zur Datenbank aufgebaut, und alle SQL-Anweisungen werden ausgeführt. Sie haben also in Sekundenschnelle die gewünschten externen Daten in Excel zur Verfügung.

Soll-Ist-Vergleich als Pivotbericht erstellen

Wie Sie sicherlich bemerkt haben, hätte auch die Möglichkeit bestanden, die Abfragedaten direkt an eine Pivottabelle zu übergeben. In der letzten Dialogbox des Query-

Assistenten wurde diese Option angeboten. Dass wir keine Pivottabelle genutzt haben, ist jedoch kein Problem. Da das Ergebnis einer Abfrage seit Excel 2007 immer als dynamische Datentabelle erstellt wird, sind wir jederzeit in der Lage, diese als Datenbasis für eine Pivottabelle zu nutzen.

Um die Pivottabelle nachträglich zu erstellen, stellen Sie den Cursor in den Datenbereich der Abfrage und wählen **Tabellentools ▸ Tools ▸ Mit PivotTable zusammenfassen**.

Soll-Ist-Vergleich - 1. Halbjahr 2014				
Zeilenbeschriftungen ▾	Umsatz - Ist	Umsatz - Soll	Abweichung	Abweichung %
Backwaren & Backmischungen	2.006.700	2.030.000	-23.300	-1,15%
Fleischkonserven	1.916.900	1.939.500	-22.600	-1,17%
Getränke	7.919.253	7.994.516	-75.263	-0,94%
Gewürze	2.999.085	3.030.490	-31.405	-1,04%
Marmelade, Konfitüre	5.020.954	5.062.075	-41.121	-0,81%
Obst- & Gemüsekonserven	3.759.220	3.810.000	-50.780	-1,33%
Öl	1.963.795	1.980.298	-16.502	-0,83%
Saucen	3.986.500	4.020.000	-33.500	-0,83%
Suppen	894.000	900.000	-6.000	-0,67%
Süßigkeiten	1.316.680	1.330.000	-13.320	-1,00%
Trockenfrüchte & Nüsse	9.876.205	9.968.500	-92.295	-0,93%
Gesamtergebnis	**41.659.293**	**42.065.379**	**-406.086**	**-0,97%**

Abbildung 3.25 Soll-Ist-Vergleich: Datenimport mit Pivottabelle und bedingter Formatierung

Die beiden Felder **Umsatz** und **Soll** ziehen Sie mit der Maus in den Wertebereich der Pivottabelle, die Kategorien in den Bereich der Zeilenbeschriftungen. Danach weisen Sie dem Wertebereich ein Zahlenformat mit Tausendertrennzeichen und ohne Nachkommastellen zu.

Excel hat standardmäßig die Angewohnheit, die Funktion =PIVOTDATENZUORDNEN() zu verwenden, wenn Sie von einer Zelle außerhalb der Pivottabelle – z. B. D4 – Bezug auf das Innenleben des Pivotbereiches nehmen. Um die absolute und relative Abweichung zwischen Soll und Ist auszuweisen, sind die folgenden Schritte erforderlich:

1. Bewegen Sie den Cursor in die Pivottabelle.

2. Rufen Sie in Excel 2013 die Funktion **PivotTable-Tools ▸ Analysieren ▸ PivotTable** auf, und öffnen Sie das Listenfeld **Optionen** (in Excel 2010 ist der Name das Untermenüs nicht **Analysieren**, sondern **Optionen**).

3. Deaktivieren Sie in diesem Listenmenü die Option **GetPivotData generieren**.

4. Stellen Sie den Cursor anschließend in Zelle D4, und geben Sie die Formel =B4-C4 und in Zelle E4 die Formel =D4/C4 ein.

5. Kopieren Sie die Formeln nach unten, und stellen Sie auch für diese Zellbereiche das entsprechende Zahlenformat ein.

Mit Hilfe von **Start ▸ Formatvorlagen ▸ Bedingte Formatierung ▸ Datenbalken** weisen Sie zum Abschluss beiden Zellbereichen rote Datenbalken zu, um die Abweichungen zwischen Soll und Ist besser zu visualisieren.

Mehr Flexibilität mit Parameterabfragen in Microsoft Query

Es ist umständlich und auf Dauer auch fehlerträchtig, wenn Filterkriterien wie z. B. der Auswertungszeitraum einer Abfrage nur im Interface von MS Query definiert werden. Um den Aufruf des Tools zu vermeiden, dennoch aber Filterkriterien in Excel anzupassen, gehen Sie folgendermaßen vor:

- Bearbeiten Sie die Abfrage in MS Query.

- Schreiben Sie die Anweisung für die Abfrageparameter in eckige Klammern, z. B. für das Datumsfeld `>[Bitte Startdatum eingeben!]` bzw. `<[Bitte Enddatum eingeben].`

- Beenden Sie MS Query.

- Sobald Sie im Datenbereich der Abfrage sind, starten Sie die Aktualisierung der Daten.

Nun werden Sie aufgefordert, per Tastatur das Start- und Enddatum der Auswertung einzugeben.

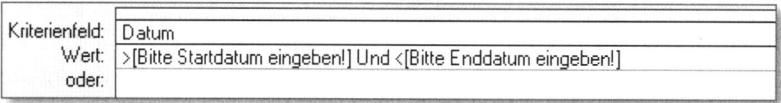

Abbildung 3.26 Eine Parameterabfrage vereinfacht die Definition von Filterkriterien in Query erheblich.

3.4   Daten von einem SQL Server aus Excel 2010 und 2013 abfragen

Excel 2010 und 2013 verfügen in **Daten ▸ Externe Daten abrufen** über die Option **Aus anderen Quellen**. Hier wird auch die Möglichkeit angeboten, Daten von einem Microsoft SQL Server abzufragen.

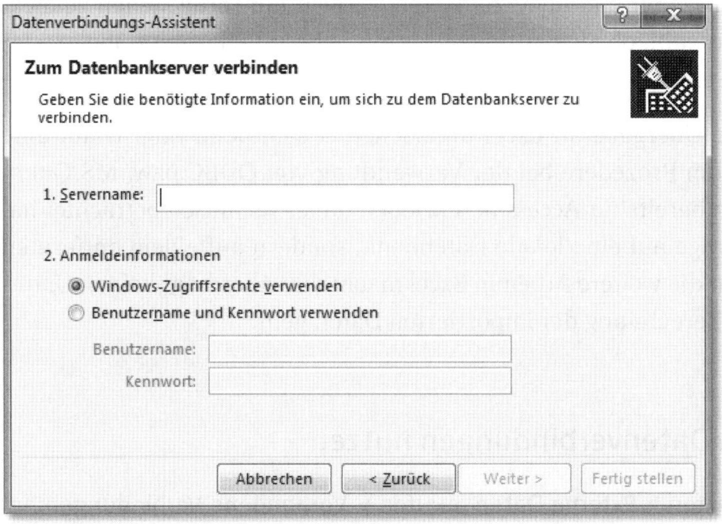

Abbildung 3.27 Verbindungsaufbau zum SQL Server

Um eine Verbindung aufzubauen, benötigen Sie den Servernamen, ein Benutzerkonto und die entsprechenden Zugriffsrechte. Nachdem Sie auf **Weiter** geklickt haben, müssen Sie sowohl die Datenbank als auch die Tabelle bestimmen, zu der die Verbindung aufgebaut werden soll.

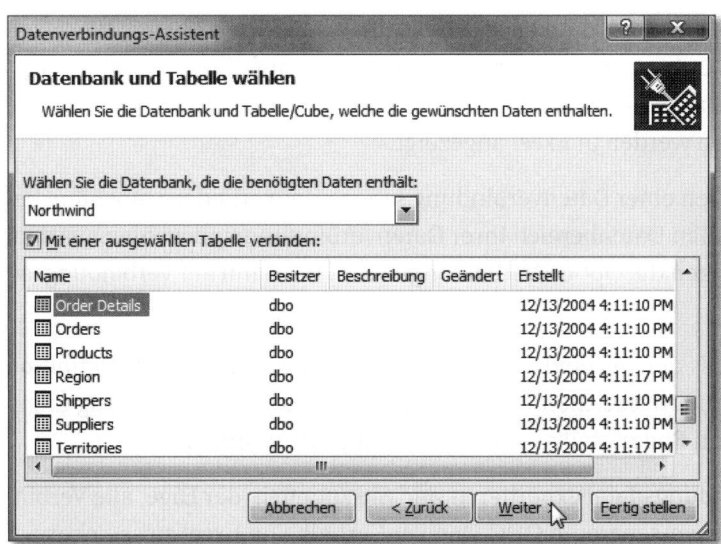

Abbildung 3.28 Auswahl von SQL-Datenbank und Datenbanktabelle

Nachdem Sie erneut auf **Weiter** und im letzten Arbeitsschritt auf **Fertig stellen** geklickt haben, haben Sie die Auswahl, ob Sie die Tabelle als einfache Tabelle, Pivottabelle oder Pivotdiagramm in Excel einfügen möchten.

Anders gesprochen: Die Übergabe an Excel unterscheidet sich beim Zugriff auf eine SQL-Datenbank nicht vom Prozedere bei der Verwendung von ODBC bzw. MS Query und der Abfrage, die ich bereits für Access beschrieben habe. Technisch betrachtet haben Sie zwar keine Abfrage auf eine lokale Datenbank, sondern auf einem entfernten Server durchgeführt. Für die weitere Arbeit in Excel macht dies allerdings keinen Unterschied, wenn es um die Berechnung der importierten Daten geht.

3.5   Vorhandene Datenverbindungen nutzen

Über den Menüpunkt **Daten ▸ Externe Daten abrufen ▸ Vorhandene Verbindungen** haben Sie Zugriff auf bereits existierende Datenverbindungen. Solche Verbindungsinformationen werden als Datei unter Windows standardmäßig im Ordner *Meine Datenquellen* gespeichert.

Es reicht aus, die Liste der vorhandenen Verbindungen in Excel zu öffnen und per Mausklick eine Verbindung auszuwählen, um den aktuellen Datenbestand in das Excel-Tabellenblatt zu übertragen.

Eine Abfrage können Sie aber auch direkt aus dem Windows-Explorer starten. Wechseln Sie in den Ordner **Meine Datenquelle**, und klicken Sie doppelt auf die gewünschte ODC-Datei (**Microsoft Office Data Connection**). Nach dem Start von Excel wird die Abfrage ausgeführt, und die Daten werden in Excel angezeigt.

Wenn Sie die Eigenschaften einer Datenverbindung sehen oder verändern möchten, bewegen Sie den Cursor in den Datenbereich Ihrer Datenverbindung und wählen aus dem Menü **Daten ▸ Verbindungen** die Option **Verbindungen** aus, um dann auf **Verbindungseigenschaften** zu klicken.

Ändern Sie gegebenenfalls den Verbindungsnamen der Abfrage. Im Register **Definition** wird nicht nur die Verbindungszeichenfolge, sondern auch die SQL-Anweisung angezeigt. Beide können Sie im Bedarfsfall an dieser Stelle auch bearbeiten.

Über den Schalter **Verbindungsdatei exportieren** sind Sie zudem in der Lage, alle Verbindungsinformationen in einer separaten ODC-Datei außerhalb von Excel zu speichern.

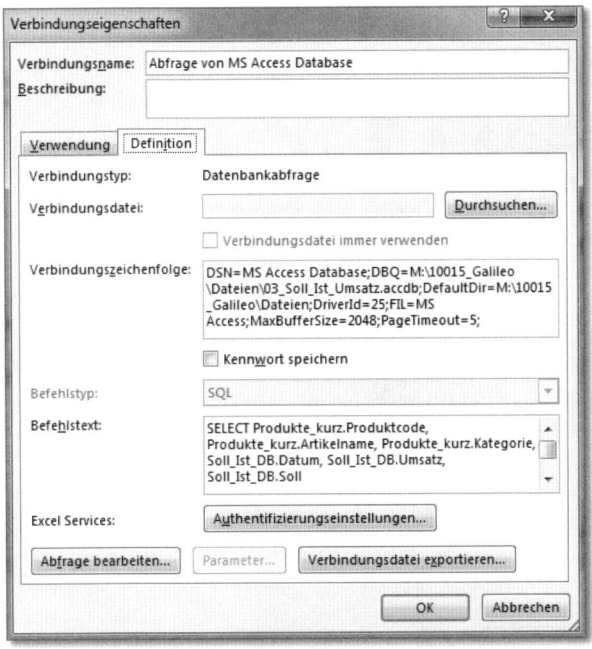

Abbildung 3.29 Bezeichnung und Eigenschaften einer Datenbankabfrage

3.6 OLAP-Cubes und Analysis Services

Die bislang verwendeten Datenverbindungen haben einige Gemeinsamkeiten. Sie verfügen stets über zwei Dimensionen, nämlich Zeilen und Spalten. Außerdem beruhen sie entweder auf einer einzigen Tabelle (TXT-, CSV-Datei oder Zugriff auf eine Access-Tabelle) oder auf der logischen Verknüpfung von zweidimensionalen Tabellen (relationale Datenbank).

SQL erwies sich bislang als das wichtigste Werkzeug, um auf solche relationalen Datenbanken zuzugreifen, auch wenn die Formulierung der SQL-Anweisungen mit der grafischen Abfrageschnittstelle MS Query erfolgte und somit eine allzu eingehende Beschäftigung mit den Syntaxeigenschaften von SQL nicht erforderlich machte.

Die Analyse von Unternehmensdaten ist heute allerdings so komplex und vielschichtig wie die Datenbasis selbst. Dies resultiert nicht nur aus der schieren Datenmenge, sondern auch aus den unterschiedlichen Betrachtungsweisen auf das Datenmaterial, das für konkrete Entscheidungen herangezogen wird. Anstelle der relationalen Datenmodelle ist somit fast zwangsläufig *OLAP* (*Online Analytical Processing*), ein mehrdimensionales System, getreten.

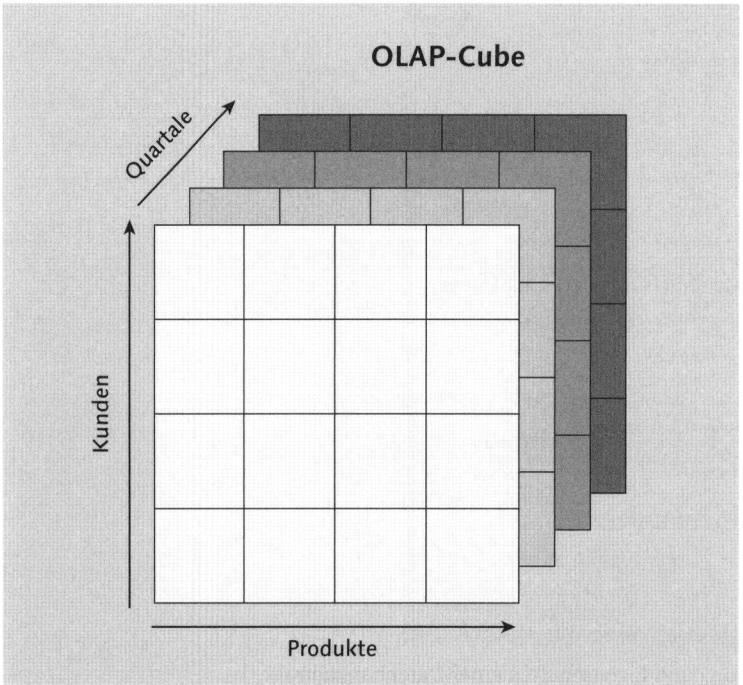

Abbildung 3.30 Schematische Darstellung eines OLAP-Cubes

3.6.1 Technische Voraussetzungen der Analysis Services

Bereits in Excel 2003 konnten Sie sogenannte OLAP-Cubes auf Basis einer Abfrage erstellen und dann ihren Inhalt mit einer Pivottabelle auswerten. Doch der OLAP-Cube-
Assistent existiert seit Excel 2007 nicht mehr. Dies hat wohl in erster Linie Marketing-
gründe. Denn Microsoft hat OLAP kurzerhand in *Analysis Services* unbenannt und die
Erstellung von Datenwürfeln auf Programme aus dem SQL-Server-Umfeld verlagert.

INFO

Komponenten mehrdimensionaler Datenbanken für Excel seit Version 2007

SQL Server
Grundvoraussetzung ist der Betrieb eines SQL Servers. Ab Version 7 wird OLAP unterstützt. Ein gestarteter SQL Server bildet die Basis, um sich von Excel aus mit einer Serverdatenbank zu verbinden. Die jeweiligen Express-Versionen des SQL Servers sind kostenlos verfügbar.

Microsoft Visual Studio 2012

Dieses Programm ist eine Entwicklungsumgebung, die eine Reihe unterschiedlicher Programmiersprachen wie C, C++ oder C# unterstützt. Version 2012 setzt auf die neueren Betriebssysteme Windows 7 und Windows 8 auf.

SQL Server 2008 Management Studio Express

Diese Administrationsumgebung setzt auf SQL Server 2008 SP1 oder höher auf. Mit ihr verwalten Sie vorhandene Instanzen und Objekte von mehrdimensionalen Datenbanken. Dazu gehören die Fähigkeiten, sich mit Objekten der Analysis Services zu verbinden, diese zu sichern oder neu zu erstellen. SQL Server Management Studio besitzt allerdings keine grafische Benutzeroberfläche, die die Bearbeitung oder das Erstellen von Objekten unterstützt.

Business Intelligence Development Studio

Diese Erweiterung der Entwicklungsumgebung basiert auf Microsoft Visual Studio 2008. Sie dient der Entwicklung von BI-Lösungen. Es steht eine grafische Benutzeroberfläche – im weitesten Sinne vergleichbar mit der Bedienbarkeit und Philosophie von MS Query – zur Verfügung, um solche Lösungen zu entwickeln. Diese Entwicklungsumgebung dient dem Entwurf von Unternehmenslösungen; sie ist nicht mit den kostenlosen Express-Versionen kompatibel.

OLAP oder Analysis Services sind jedoch nicht beschränkt auf Lösungen von Microsoft. Mittlerweile gibt es ein breites Angebot an proprietären und Open-Source-Lösungen, die mit Excel kompatibel sind.

3.6.2 Bestandteile eines Data Cubes

Die Logik der Data Cubes sprengt in mehrfacher Hinsicht die Rahmenbedingungen der bereits durchgeführten Abfragen auf Daten:

- Die Grundlage von OLAP bilden nicht mehr relationale, sondern *mehrdimensionale Datenbanken*.

- Die Datenbank ist stark strukturiert durch sogenannte *Dimensionen*, die die am stärksten verdichtete Datenebene am obersten Ende der Datenhierarchie bilden. Der Zeitraum, auf den sich eine Datenanalyse bezieht, könnte beispielsweise eine solche Dimension darstellen. Jahr, Quartal, Monat, Kalenderwoche und Tag wären in diesem Fall die untergeordneten Ebenen dieses Gesamtzeitraums. Ein anderes typisches

Beispiel: Die regionale Darstellung der Daten ist eine Dimension, die wiederum in Land, Vertriebsgebiet, PLZ-Bezirk etc. unterteilt werden kann.

■ Während die Dimensionen das Skelett der Datensammlung bilden, bezeichnen die *Measures* das Fleisch, nämlich die Werte, um die es ja eigentlich bei der Analyse geht.

■ Sowohl Dimensionen als auch Measures werden separat in Tabellen verwaltet, den *Fakten-* bzw. *Dimensionstabellen*.

■ Daten können nur analysiert werden, wenn zwischen den abstrakten Dimensionstabellen und den in Faktentabellen gespeicherten Werten eine Verbindung hergestellt wird. Um die logische Verknüpfung innerhalb eines mehrdimensionalen Systems zu gewährleisten, reicht SQL nicht mehr aus. Stattdessen setzt OLAP die Abfragesprache *MDX (Multidimensional Expressions)* ein.

■ Eine Besonderheit bei OLAP sind *Key Performance Indicators (KPI)*. Mit ihnen können bereits beim Entwurf des Datenwürfels wichtige Kennzahlen benannt werden. Die realen Werte eines Elements der Faktentabellen können auf diesem Wege mit einem definierten Vergleichswert verglichen werden. Bei Erreichen, Unter- oder Überschreitung des Werts können grafische Signale für den KPI vereinbart werden.

3.6.3 Vorteile von OLAP und Analysis Services

Zieht man alle Einzelheiten in Betracht, stellt OLAP eine umfassende Umwälzung des Zugriffs auf Unternehmensdatenbanken dar. Auf der anderen Seite ist Ihnen die Struktur und Funktionsweise eines Datenwürfels sicherlich vertraut, wenn Sie bereits mit Pivottabellen gearbeitet haben.

Worin besteht also eigentlich der Nutzen von einem Modell wie OLAP oder Analysis Services für Sie als Benutzer von Excel?

■ Berechnungen werden direkt in der OLAP-Datenbank, also auf dem OLAP-Server, durchgeführt. Nur die Ergebnisse werden an Excel weitergegeben. Dies verringert den Rechen- und Speicheraufwand in Excel.

■ Sie haben aus Excel heraus Zugriff auf gewaltige Datenmengen, auch auf solche, die die Limitationen von Excel eigentlich sprengen. Eine globale Marketingdatenbank mit mehreren Millionen Datensätzen können Sie nicht in Excel importieren, um daraus eine Pivottabelle zu erstellen, weil Excel maximal eine Million Zeilen in einem Tabellenblatt verwalten kann. Mit OLAP ist es dennoch möglich, auf eine solche Datenbank und alle Inhalte zuzugreifen.

3.7   Importieren von externen Daten mit PowerPivot

In Excel 2010 stellte Microsoft das kostenlose Add-in *PowerPivot* zur Verfügung. In vielerlei Hinsicht stellt dieses Tool einen Quantensprung dar. Es lagert Excel quasi einen lokalen Datenbankserver vor, über den Datenbestände aus unterschiedlichen Quellen vorkonfiguriert werden. Danach werden die Daten an Excel in Form einer PowerPivot-Tabelle übergeben. Bevor ich einige der Fähigkeiten des Tools vorstelle, sollen Sie wissen, dass die Nutzung von PowerPivot in Excel 2013 von der Version abhängt, die auf Ihrem Rechner installiert ist.

In den Versionen Office Professional Plus 2013 und Office 365 Small Business Premium ist PowerPivot ein fester Bestandteil. Alle anderen Versionen bieten keine Gelegenheit zur Nutzung des Tools. Da Office Professional Plus 2013 nur als Volumenlizenz mit einer Mindestmenge von fünf Lizenzen erhältlich ist, scheint es für den einzelnen Anwender kaum erschwinglich zu sein. Diesen Umstand können Sie jedoch leicht umgehen, indem Sie neben dem einzelnen Vollprodukt vier sogenannte Fülllizenzen erwerben. Diese kosten Sie nur einige Euros und geben Ihnen die Gelegenheit, in die schier unerschöpflichen Dimensionen von PowerPivot-Datenmodellen einzutauchen.

Die besonderen Stärken von PowerPivot liegen in den folgenden Fähigkeiten:

- Zugang zu unterschiedlichen Datenquellen wie z. B. Textdateien, SQL-Datenbanken, Excel- oder Onlinedateien

- ein Algorithmus, der Beziehungen zwischen diesen unterschiedlichen Datentabellen erkennt und automatisch erstellt

- eine hohe Komprimierungsrate, mit der auch mehrere Hundert MB große Datenquellen in Excel auf ein paar Dutzend MB verkleinert werden

- eine eigene Funktionsbibliothek, die sogenannte DAX-Funktionen (*Data Analysis Expressions*) bereitstellt

- ein Tool zur Visualisierung von Kernergebnissen, die sogenannten KPIs (*Key Performance Indicators*)

Besonders die DAX-Funktionen erweitern die Kalkulationsmöglichkeiten von Excel im Allgemeinen und Pivottabellen im Besonderen in beträchtlichem Ausmaß.

Um dem mächtigsten Tool die Reverenz zu erweisen, finden Sie eine ausführliche Beschreibung in Kapitel 9, »Business Intelligence in Excel 2013«.

3

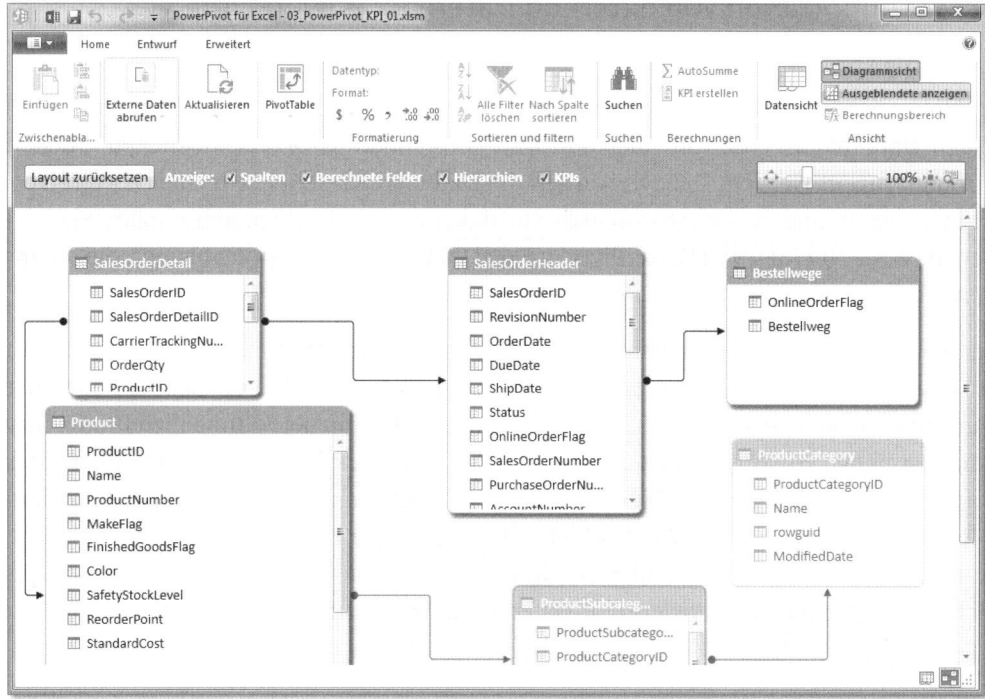

Abbildung 3.31 Im PowerPivot-Fenster erstellen Sie komplexe Datenmodelle aus unterschiedlichen Quellen

3.8 Importieren von Webinhalten

Zu den eher traditionellen Datentypen und den komplexen mehrdimensionalen Datenstrukturen für den Import gesellen sich nicht erst seit Excel 2013 weitere Möglichkeiten. Excel ist in der Lage, Seiteninhalte direkt aus dem Internet zu übernehmen. Im Menübereich **Daten ▸ Externe Daten abrufen ▸ Aus dem Web** greifen Sie auf Webseiten zu. Die URL geben Sie entweder manuell ein oder über den Cache des Internet Explorers.

Über die **Webabfrageoptionen** (Abbildung 3.32) legen Sie fest, welche Formatierung beim Import übernommen werden soll. Im Browserfenster wählen Sie mit einem Mausklick auf die gelben Pfeilmarkierungen (Abbildung 3.33) aus, welche Teile der Internetseite Sie importieren möchten. Anschließend starten Sie den Importvorgang mit einem Mausklick auf **Importieren**.

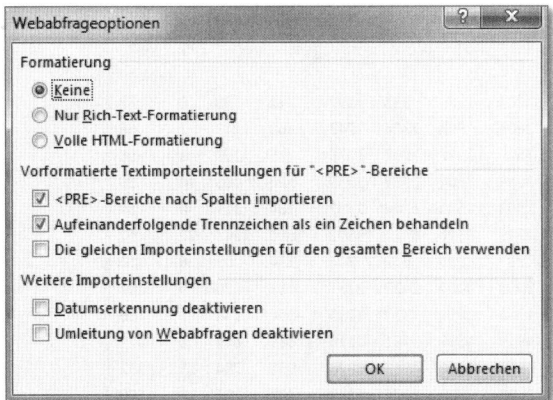

Abbildung 3.32 Optionen einer Webabfrage

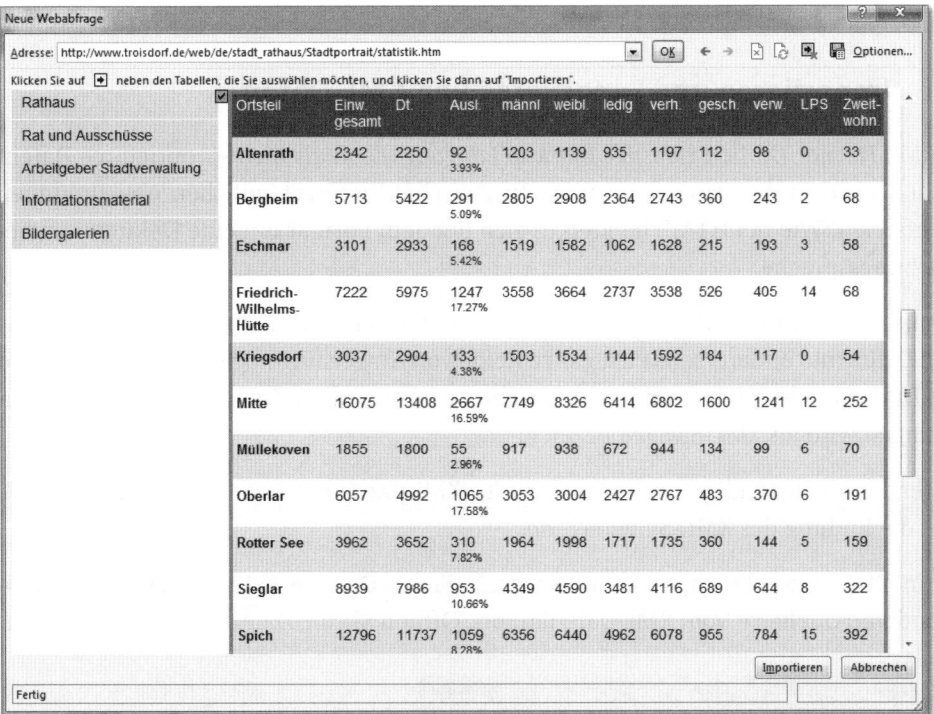

Abbildung 3.33 Auswahl des zu importierenden Seitenbereiches

Der ausgewählte Inhalt wird an der gewünschten Cursorposition in das Tabellenblatt eingefügt. Im Normalfall werden die originären Datenformate erkannt, so dass Sie mit den Daten sofort weiterrechnen können (Abbildung 3.34).

	A	B	C	D	E	F	G	H	I	J	K	L
1	Ortsteil	Einw.	Dt.	Ausl.	männl	weibl.	ledig	verh.	gesch.	verw.	LPS	Zweit-
2		gesamt										wohn.
3	Altenrath	2342	2250	92	1203	1139	935	1197	112	98	0	33
4	Bergheim	5713	5422	291	2805	2908	2364	2743	360	243	2	68
5	Eschmar	3101	2933	168	1519	1582	1062	1628	215	193	3	58
6	Friedrich-Wilhelms-Hütte	7222	5975	1247	3558	3664	2737	3538	526	405	14	68
7	Kriegsdorf	3037	2904	133	1503	1534	1144	1592	184	117	0	54
8	Mitte	16075	13408	2667	7749	8326	6414	6802	1600	1241	12	252
9	Müllekoven	1855	1800	55	917	938	672	944	134	99	6	70
10	Oberlar	6057	4992	1065	3053	3004	2427	2767	483	370	6	191
11	Rotter See	3962	3652	310	1964	1998	1717	1735	360	144	5	159
12	Sieglar	8939	7986	953	4349	4590	3481	4116	689	644	8	322
13	Spich	12796	11737	1059	6356	6440	4962	6078	955	784	15	392
14	West	5498	4715	783	2689	2809	2176	2440	471	395	16	180
15	Troisdorf	76597	67774	8823	37665	38932	30091	35580	6089	4733	87	1847

Abbildung 3.34 Importierte Daten einer Webseite

3.9 Importieren und Exportieren von XML-Daten

Das *XML-Format (XML: Extensible Markup Language)* soll als nicht-proprietäres Datenformat vor allem den Transfer von Daten zwischen unterschiedlichen Anwendungen vereinfachen. Wie bei HTML handelt es sich bei dem Format um eine Dokumentenbeschreibungssprache.

Für eine solche Datei in Excel bedeutet dies konkret, dass es einerseits die für Sie sichtbaren Daten und andererseits eine ganze Reihe von Anweisungen gibt, auf welche Weise diese Daten auf dem Tabellenblatt angeordnet werden sollen. Diese Sammlung von Anweisungen wird als *XML-Schema* bezeichnet.

Während die vollständige und importierbare XML-Datei die Erweiterung *.xml* besitzt, lautet die Endung des XML-Schemas *.xld*.

Um eine XML-Datei zu importieren, wechseln Sie zu **Daten ▶ Externe Daten Abrufen ▶ Aus anderen Quellen ▶ Vom XML-Datenimport**. Öffnen Sie die Datei *03_Rechnungen.xml*.

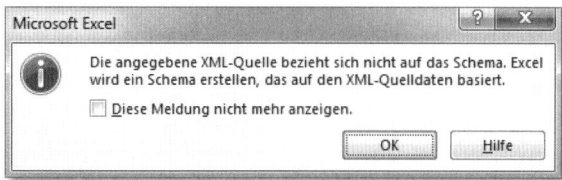

Abbildung 3.35 Hinweis auf ein unzutreffendes XML-Schema

Ignorieren Sie den angezeigten Hinweis, indem Sie auf **OK** klicken und anschließend die XML-Daten importieren. Die XML-Datei wird als einfache Liste in Excel angezeigt, und Sie können sofort mit den Daten weiterarbeiten, da auch bei XML-Daten die Datenformate der einzelnen Zellen automatisch erkannt werden.

Klicken Sie mit der rechten Maustaste in den importierten Datenbereich, und aktivieren Sie im Kontextmenü **XML ▸ XML-Quelle**. Excel zeigt Ihnen nun die Strukturinformationen der XML-Quelle an (Abbildung 3.36).

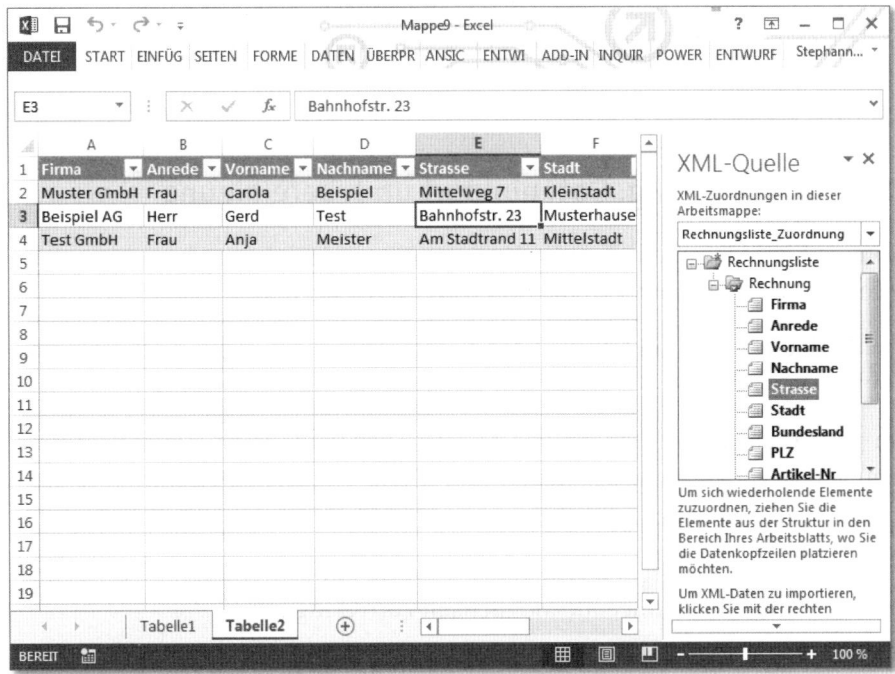

Abbildung 3.36 Strukturinformationen der XML-Quelle

XML-Schema einer Datei ermitteln

Beim Importieren einer fremden XML-Datei erhalten Sie den Hinweis, dass sich die Quelle nicht auf das von Excel verwendete Schema bezieht (Abbildung 3.31). Das XML-Schema können Sie allerdings mit einem Trick in Erfahrung bringen:

- Öffnen Sie die XML-Datei.

- Wechseln Sie dann mit ⎇Alt + F11 in den VBA-Editor.

- Öffnen Sie dort mit Strg + G das Direktfenster.

- Geben Sie dort folgende Anweisung ein:

```
Print ActiveWorkbook.XmlMaps(1).Schemas(1).Xml
```

- Drücken Sie ⏎.

Nun wird in der Zeile darunter das XML-Schema der Datei ausgegeben. Den angezeigten Text kopieren Sie in einen Texteditor und speichern die Datei mit dem Dateinamenzusatz *.xld* ab.

Im Fenster **XML-Quelle** können Sie mit einem Klick auf **XML-Verknüpfungen** nun das Schema der geöffneten XML-Datei zuordnen und diese anschließend speichern.

3.10 Zusammenfassung: Datenimport und -bereinigung

Dateien können Sie in Excel mit dem **Textkonvertierungs-Assistenten** importieren. Sie finden dieses Tool unter **Daten ▸ Externe Daten abrufen ▸ Als Text**.

Der Assistent erlaubt Ihnen die Auswahl der zu importierenden Daten und die Festlegung spezieller Datenformate.

Auch beim nachträglichen Bearbeiten von fehlerhaften Datentypen (Datumsformate, Vertauschen von Dezimaltrennzeichen etc.) hilft dieses Werkzeug. Sie starten es dann über **Daten ▸ Datentools ▸ Text in Spalten**.

Die Bereinigung von importierten Daten beginnt häufig mit dem Löschen überflüssiger Leerzeilen. Dabei steht Ihnen folgende Möglichkeit zur Verfügung:

- Filtern Sie mit dem AutoFilter alle Daten, die nicht leer sind,

- und löschen Sie anschließend die verbleibenden Leerzeilen.

Oder verwenden Sie ein VBA-Makro, das mit einer einfachen Schleife oder der `Special-Cells`-Methode die Leerzeilen aus Ihrer Tabelle löscht.

Textfunktionen wie `LINKS()`, `RECHTS()` und `TEIL()` bilden eine wichtige Grundlage, um aus Zellen benötigte Informationen zu extrahieren. Umgekehrt können Sie auch einzelne Zellen mit `VERKETTEN()` oder & zusammenfassen.

Die Bedeutung dieser Funktionen liegt u. a. darin, dass Sie damit die Grundlage für Gruppierungen schaffen können. Die gruppierten Daten können Sie danach mit Sortierungen, Teilergebnissen oder auch Pivottabellen auswerten.

Microsoft Query ist ein Abfrageassistent, mit dem Sie menügesteuert Abfragen auf Datenbanken wie z. B. Access erstellen können. Voraussetzung für den Zugriff auf eine Datenbank mit Query ist ein ODBC-Treiber. Diesen müssen Sie unter Windows gegebenenfalls zunächst installieren.

Eine mit Query erstellte Abfrage kann als Datei abgespeichert werden. Öffnen Sie zu einem späteren Zeitpunkt diese Datei, stellt sie die Verbindung zur Datenbank auf Grundlage der in der Datei vorhandenen SQL-Anweisungen her.

Query bietet dem Benutzer auch die Möglichkeit, die Bedingungen direkt im Tabellenblatt der Excel-Arbeitsmappe einzugeben. Ist eine solche Parameterabfrage erst einmal definiert, wird der Benutzer beim Aktualisieren der Daten aufgefordert, seine konkreten Abfragebedingungen einzugeben. Query übergibt die Abfrageergebnisse dann an Excel.

Außer auf relationale Datenbanken, wie sie in Access verfügbar sind, kann Excel über die Analysis Services des SQL Servers auch auf mehrdimensionale Datenbanken zugreifen. OLAP setzt voraus, dass auf einem Datenbankserver ein OLAP-Cube bereits definiert und bereitgestellt wurde. Der Zugriff auf diesen Cube erfolgt vonseiten des Benutzers mit einer Abfrage, die in eine Pivottabelle mündet, oder durch die Verwendung von CUBE-Funktionen, die seit Excel 2007 in die Funktionsliste integriert sind.

Durch die Verwendung des nicht-proprietären XML-Formats wurde die Möglichkeit, Daten zwischen unterschiedlichen Programmen auszutauschen, weiter verbessert. Neben dem sichtbaren Teil enthalten alle Excel-Dateien ein sogenanntes XML-Schema. Ist das XML-Schema einer Datei nicht bekannt, können Sie es beispielsweise durch ein VBA-Makro ermitteln.

4   Unternehmensdaten prüfen und analysieren

Nachdem Sie Daten in Excel importiert und bereinigt haben, beginnt zumeist ihre Basis-oder Ad-hoc-Analyse. Dieses Kapitel stellt wichtige Funktionen dafür vor. Eine einfache Liste in Excel, also diese simple Datenbank aus eindeutigen Überschriften, fortlaufenden Daten ohne Leerzeilen und -spalten, ist eine glänzende Basis für einige unkompliziert anwendbare Auswertungsfunktionen. So unkompliziert sind diese Funktionen in der Handhabung, dass sie häufig ad hoc ausgeführt werden. Erst viel später wird man vielleicht damit beginnen, komplexere Analysen anhand von komplizierteren Formeln und Funktionen durchzuführen und sich Gedanken zum geforderten Aussehen eines Reports zu machen.

Die Funktionen zur Basisanalyse von Listendaten stelle ich in diesem Kapitel vor. Dazu gehören:

- das Sortieren von Daten in Standard- und benutzerdefinierter Reihenfolge
- die auf der Sortierung basierende Bildung der Teilergebnisse
- das Filtern von Daten mit AutoFilter und die darauf aufbauende Ausgabe der berechneten Ergebnisse mit der Funktion `TEILERGEBNIS()`
- die Anwendung des erweiterten Filters, um einen umfangreichen Gesamtdatenbestand in besser handhabbare Teildatentabellen zu zerlegen
- die Verdichtung von Einzelwerten mit Hilfe der Datenbankfunktionen
- die Konsolidierung von Daten aus unterschiedlichen Tabellen oder Dateien in einem Tabellenblatt

Ebenfalls zur Gruppe der Ad-hoc-Analysefunktionen gehört die Bildung von Pivottabellen. Da diesem Werkzeug allerdings eine besondere Bedeutung zukommt, ist ihm ein eigenes Kapitel gewidmet. Informationen zu allen anderen aufgeführten Funktionen finden Sie hingegen auf den folgenden Seiten.

4.1   Standardsortierung und benutzerdefiniertes Sortieren

Befassen wir uns gleich zu Beginn mit der einfachsten Form der Arbeit an einer Liste: dem Sortieren der Daten. In der hier verwendeten Arbeitsmappe *04_Sortieren-*

Benutzerdefiniert_01.xlsx sind einige regionale Daten zusammengefasst. Wenn Sie den Cursor in die Liste stellen und die Funktion **Daten ▸ Sortieren und Filtern ▸ Sortieren** starten, können Sie in der gleichnamigen Dialogbox die Sortierkriterien definieren. Entscheiden Sie sich dabei für das Sortierkriterium **Land**, so werden Sie eine streng alphabetische Sortierung erhalten, die entweder aufsteigend (A – DE – I – SUI) oder absteigend (SUI – I – DE – A) ausgeführt wird.

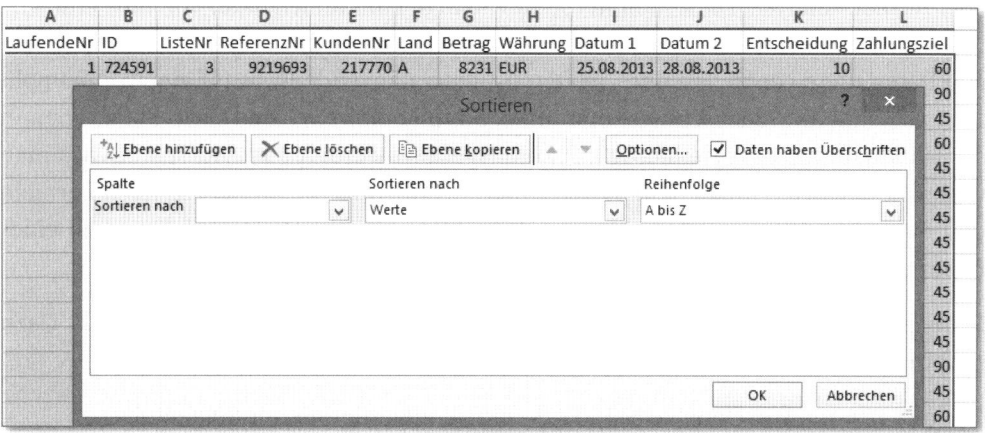

Abbildung 4.1 Standardsortierung einer Tabelle und Ergebnis

Doch was ist zu tun, wenn Sie die Liste nach Ihren individuellen Prioritäten sortieren möchten? Kein Problem! Sie müssen lediglich eine benutzerdefinierte Liste erstellen und diese dann als Grundlage der Sortierung verwenden.

4.1.1 Erstellen einer benutzerdefinierten Liste

In Excel 2007 klicken Sie auf die Office-Schaltfläche und wechseln in die **Excel-Optionen**. Direkt im Menübereich **Häufig verwendet** finden Sie die Option **Benutzerdefinierte Listen bearbeiten**.

In Excel 2013 wechseln Sie über **Datei ▸ Optionen ▸ Erweitert** in die Gruppe **Allgemein** und rufen dort die Option **Benutzerdefinierte Listen bearbeiten** auf (Abbildung 4.2).

Wenn Sie im Feld **Benutzerdefinierte Listen** den Eintrag **Neue Liste** wählen, dann können Sie auf der rechten Seite unter **Listeneinträge** die Elemente Ihrer benutzerdefinierten Liste – *DE, A, SUI, I* – eingeben. Sobald Sie die Eingabe abgeschlossen haben, klicken Sie auf den Schalter **Hinzufügen** und kehren zu Ihrem Tabellenblatt zurück.

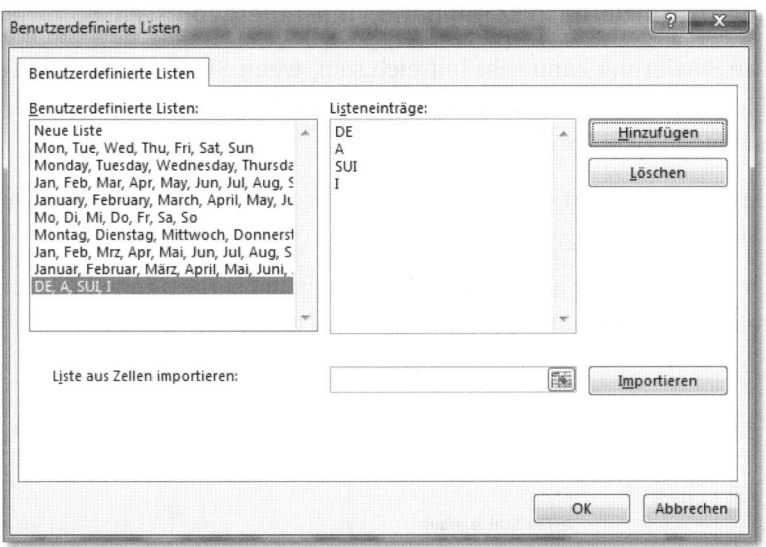

Abbildung 4.2 Definition einer benutzerdefinierten Liste

Benutzerdefinierte Listen können Sie auf zwei verschiedene Arten verwenden:

- AutoAusfüllen: Wenn Sie einen Begriff der Liste in eine Zelle der Tabelle schreiben und dann mit der Maus den Zellinhalt am Ausfüllkästchen nach unten ziehen, wird Excel den Zellbereich mit den Werten aus der benutzerdefinierten Liste füllen.

- Benutzerdefiniertes Sortieren: Wählen Sie in der Dialogbox **Sortieren** im Listenfeld **Reihenfolge** die Option **Benutzerdefinierte Liste** und anschließend die von Ihnen erstellte Liste, um eine von der Standardreihenfolge abweichende Sortierreihenfolge zu verwenden (Abbildung 4.3).

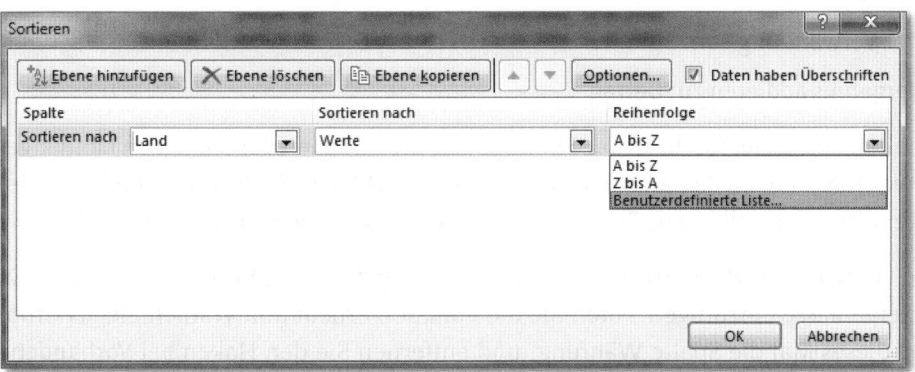

Abbildung 4.3 Umstellen von Standard- auf benutzerdefinierte Sortierreihenfolge

4.1.2 Benutzerdefiniertes Sortieren in Kombination mit Teilergebnissen

Die benutzerdefinierte Sortierung kann sehr hilfreich sein, wenn Sie eine Darstellung der Teilergebnisse einer Excel-Liste nach Ihren eigenen Prioritäten erstellen möchten. In der Beispieldatei wenden Sie zwei Sortierkriterien an:

- Das erste Sortierkriterium sortiert die Liste auf Basis der Spalte *Land* in der von Ihnen festgelegten Sortierreihenfolge.

- Das zweite Kriterium bezieht sich auf die Spalte *Währung* und sortiert innerhalb der Länder noch einmal nach den Währungen Euro und US-Dollar.

	A	F	G	H
1	LaufendeNr	Land	Betrag	Währung
52			268008	EUR Ergebnis
57			19899	USD Ergebnis
58		DE Ergebnis	287907	
63			25784	EUR Ergebnis
66			9307	USD Ergebnis
67		A Ergebnis	35091	
73			19250	EUR Ergebnis
75			6502	USD Ergebnis
76		SUI Ergebnis	25752	
79			11772	EUR Ergebnis
81			907	USD Ergebnis
82		I Ergebnis	12679	
83		Gesamtergebnis	361429	

Abbildung 4.4 Teilergebnisse mit benutzerdefinierter Sortierreihenfolge

Nachdem dies erledigt ist, starten Sie die Funktion **Daten ▸ Gliederung ▸ Teilergebnis**. Wählen Sie in der Dialogbox folgende Einstellungen:

- Gruppierung: Land
- Unter Verwendung von: Summe
- Teilergebnis addieren zu: Betrag

Sie erhalten eine Liste, für die in der Spalte *Betrag* die Summen der einzelnen Länder gebildet werden. Über die Schalter **1**, **2** und **3** (links oben) legen Sie fest, welche Ebene der Teilergebnisse – Einzelheiten, Teil- oder Gesamtergebnis – Sie genau sehen möchten.

Um die vierte Ebene, die notwendige Unterscheidung zwischen Euro und US-Dollar, in die Teilergebnisse einzufügen, rufen Sie die Funktion erneut auf. Wählen Sie als **Gruppierung** dieses Mal die Spalte **Währung**, und entfernen Sie den Haken bei **Vorhandene Teilergebnisse ersetzen**. Mit einem Klick auf den Schalter **3** erhalten Sie die Ergebnisdarstellung aus Abbildung 4.4.

4.2 AutoFilter und Datenschnitte

Die Filterfunktionen von Excel wurden bereits für die Version 2007 vollständig überarbeitet. Neu waren in diesem Zusammenhang:

- Bei Funktionen wie dem AutoFilter, der Anwendung von Tabellenformatvorlagen oder Pivottabellen wurde die Benutzerschnittstelle vereinheitlicht; alle Funktionen mit Sortiermöglichkeiten verfügen nun über eine einheitliche Bedienung.

- Das Programm erkennt den Datentyp der zu filternden Spalte und bietet automatisch geeignete Filter wie Text-, Zahlen- und Datumsfilter an.

- Nicht nur auf Basis von Zellinhalten, sondern auch auf Grundlage von Formatierungen (Schriftfarbe, Symbolsätze der bedingten Formatierung etc.) kann gefiltert werden.

Diese erweiterten Möglichkeiten wurden in Excel 2010 um zwei weitere neue Funktionen ergänzt:

- In das Filtermenü wurde eine Suchfunktion integriert, die die Auswahl eines Filterkriteriums wesentlich erleichtert, wenn eine lange Werteliste vorhanden ist.

- Der **Datenschnitt** wurde neu eingeführt. Hierbei handelt es sich um eine neue grafische Schnittstelle zum Filtern von Pivottabellen und OLAP-Cubes. Anstatt zu filternde Elemente aus einer langen Liste zu wählen, benutzen Sie Schaltflächen bei der Datenauswahl.

In Excel 2013 ist diese Logik der Bedienung auch für in Excel erstellte Listen verfügbar:

- Die bequeme Datenauswahl per **Datenschnitt** können Sie nun also auch beim Sortieren von Tabellen einsetzen.

Die neue Funktionsweise können Sie mit der Datei *04_SortierenBenutzerdefiniert_01.xlsx* testen. Bewegen Sie den Cursor dazu in die Tabelle. Dort betätigen Sie, ohne vorher einen Zellbereich zu markieren, [Strg] + [T]. Bestätigen Sie die Eingabe mit **OK**. Die Tastenkombination dient dazu, den Zellbereich in eine dynamische Datentabelle umzuwandeln. In Kapitel 5, »Dynamische Reports erstellen«, werde ich ausführlicher auf die wichtige Funktion der Datentabellen eingehen. Momentan reicht es, festzuhalten, dass durch die Tastenkombination auch der AutoFilter aktiviert wurde.

Da es sich um eine einfache Liste handelte, hat Excel die Markierung des Zellbereichs für Sie übernommen. Sie könnten nun beginnen, die Liste wie gewohnt über die Listenfelder in den Spaltenüberschriften zu filtern. Doch stattdessen aktivieren Sie den **Datenschnitt**. Wählen Sie dazu **Einfügen ▸ Filter ▸ Datenschnitt**.

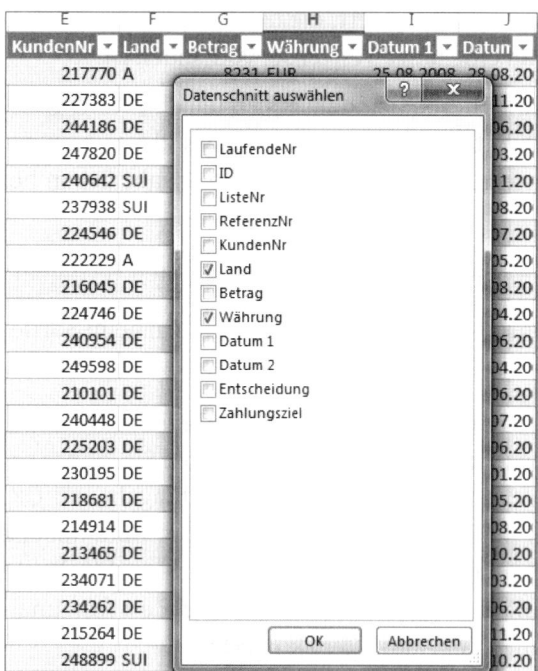

Abbildung 4.5 Erstellen einer dynamischen Datentabelle

In der nun angezeigten Dialogbox wählen Sie die Felder aus, über die Sie die Liste steuern möchten, z. B. *Land* und *Währung*. Nachdem Sie auf **OK** geklickt haben, zeigt Excel 2013 die beiden **Datenschnitte** an. Um die Handhabung zu verbessern, sollten Sie die beiden Tools Ihren Bedürfnissen anpassen.

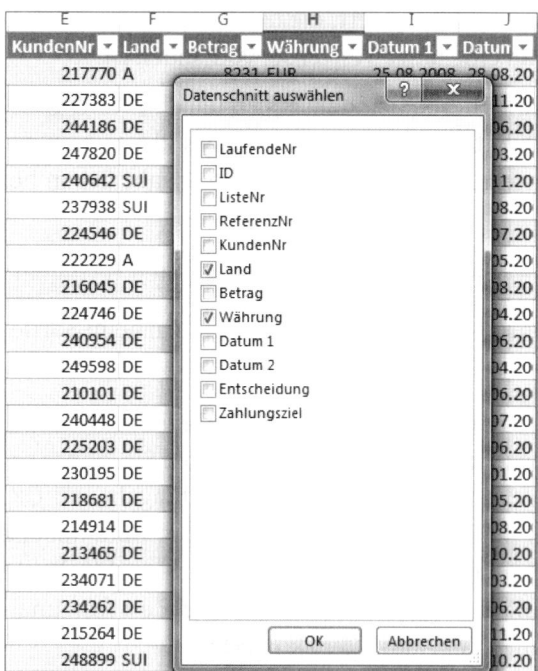

Abbildung 4.6 Auswahl der Felder für einen **Datenschnitt** beim Sortieren

Wählen Sie den ersten **Datenschnitt**, **Land**, mit einem Mausklick aus. Im nun angezeigten Kontextmenü **Datenschnitt-Tools** stellen Sie unter **Schaltflächen ▸ Spalten** den Wert 4 ein, damit Sie alle Länderkürzel in einer Zeile nebeneinander sehen. Ziehen Sie mit der Maus das Rechteck des **Datenschnitts** kleiner. Anschließend verfahren Sie mit dem **Datenschnitt** *Währung* ähnlich, um Anordnung, Größe, Farbe und Position anzupassen.

1	LaufendeNr	ID	ListeNr	ReferenzNr	KundenNr	Land	Betrag	Währung	Datum 1	Datum 2	Entscheidung	Zahlungsziel
3	2	724591	3	9225320	227383	DE	2599	EUR	31.10.2013	06.11.2013	15	90
4	3	724591	3	5726869	244186	DE	7179	EUR	18.06.2013	19.06.2013	10	45
5	4	724591	3	7615030	247820	DE	3321	EUR	11.03.2014	11.03.2014	10	60
8	7	724591	3	9213985	224546	DE	6703	EUR	24.07.2013	25.07.2013	10	45
10	9	724591	3	5727282	216045	DE	8029	EUR	18.08.2013	21.08.2013	10	45
11	20	724591	3	7018862	224746	DE	3984	EUR	13.04.2014	19.04.2014	15	45
12	21	724591	3	9222291	240954	DE	6929	EUR	03.06.2014	04.06.2014	10	45
13	22	724591	3	9229044	249598	DE	4575	EUR	01.04.2014	01.04.2014	10	45

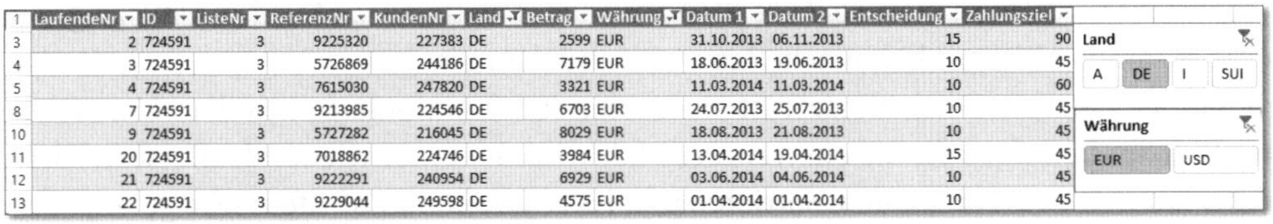

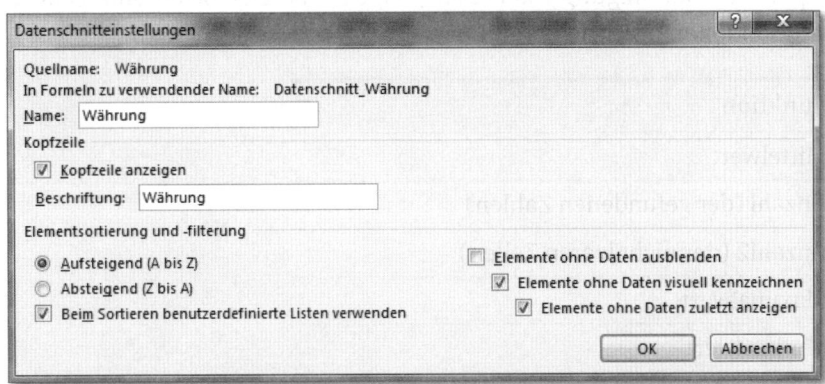

Abbildung 4.7 Nutzung eines **Datenschnitts** zum Filtern einer Datentabelle

Den eigentlichen Filtervorgang starten Sie jetzt über die Schaltflächen. Wählen Sie mit einem Mausklick auf eine der Schaltflächen beispielsweise ein Land und dann im zweiten **Datenschnitt** eine Währung aus. Unmittelbar danach werden die gefilterten Ergebnisse angezeigt. Wollen Sie mehrere Schaltflächen gleichzeitig einsetzen, so wählen Sie sie mit `Strg` und linker Maustaste aus. Mit einem Mausklick auf den Schalter rechts oben im **Datenschnitt** heben Sie alle gesetzten Filter des ausgewählten Schnitts wieder auf.

Abbildung 4.8 Konfiguration eines **Datenschnitts**

Über das reine Erscheinungsbild des **Datenschnitts** hinaus sind weitere Einstellungen möglich. Die Dialogbox dazu öffnen Sie mit **Datenschnitt-Tools ▸ Optionen ▸ Datenschnitt ▸ Datenschnitteinstellungen.** Ob Sie eine benutzerdefinierte Sortierreihenfolge bei der Anzeige der Elemente – in unserem Beispiel der Länder – verwenden möchten, legen Sie hier fest. Auch den Umgang mit Elementen, die keine Daten enthalten, definieren Sie hier. Standardmäßig werden solche Elemente etwas blasser und ganz am Ende der Schaltenflächenliste angezeigt.

4.2.1 AutoFilter und die Funktion TEILERGEBNIS()

Der AutoFilter ist, wie Sie eben gesehen haben, Bestandteil einer dynamischen Datentabelle. Doch selbstverständlich können Sie ihn auch ganz unabhängig von einer Datentabelle auf einen normalen Zellbereich anwenden. Positionieren Sie den Mauszeiger in eine zusammenhängende einfache Liste und drücken Sie ⌈Strg⌉ + ⌈⇧⌉ + ⌈L⌉, so aktivieren Sie den AutoFilter. Diese Tastenkombination funktioniert nach dem Lichtschalter-Prinzip: Betätigen Sie sie ein weiteres Mal, wird der Filter wieder deaktiviert. Alternativ können Sie auch **Daten ▸ Sortieren und Filtern ▸ Filtern** aufrufen – Sie gelangen so ebenfalls, wenn auch etwas umständlicher, zum AutoFilter.

Die nun aktivierte Funktion entfaltet ihre Leistungsstärke vor allem im Zusammenspiel mit der Funktion TEILERGEBNIS(). Letztere dient der Berechnung von Werten in den sichtbaren Zellen einer Datenliste. Blenden Sie also mit dem AutoFilter Teile der Liste aus, erhalten Sie ohne weiteren Aufwand das Ergebnis der verbliebenen sichtbaren Daten. Welche der verfügbaren Zusammenfassungsfunktionen Sie anwenden, legen Sie im ersten Argument der Funktion TEILERGEBNIS(Funktion; Bezug) fest.

In Kapitel 3, »Import und Bereinigung von Daten«, habe ich bereits die elf unterschiedlichen Berechnungsoptionen beschrieben.

Code	Funktion
1	Mittelwert
2	Anzahl (der gefundenen Zahlen)
3	Anzahl2 (der nicht leeren Zellen)
4	Maximalwert
5	Minimalwert
6	Produkt
7	Standardabweichung (Stichprobe)
8	Standardabweichung (Grundgesamtheit)
9	Summe
10	Varianz (Stichprobe)
11	Varianz (Grundgesamtheit)

Tabelle 4.1 Optionen der Funktion TEILERGEBNIS()

4

Wählen Sie als Argument statt der Werte 1 bis 11 die Funktionscodes 101 bis 111, so werden Zellen, die Sie manuell oder mit der Gliederungsfunktion ausgeblendet haben, bei der Berechnung der Teilergebnisse mit berücksichtigt. Die Funktionscodes 1 bis 11 behandeln ausgeblendete und gefilterte Zellen gleich – beide werden bei der Berechnung nicht berücksichtigt.

In der Beispieldatei *04_AutoFilter_Teilergebnis_01.xlsx* habe ich in Zeile 2 die Funktion =TEILERGEBNIS(9;J4:J144) eingegeben. Sobald Sie ein Filterkriterium über den AutoFilter setzen, erhalten Sie in der Folge das Ergebnis der gefilterten Liste.

	I-Code	Project	Location	B-Code	B-Name	Account	Dat	PO	Text	Value
1					**Gefiltertes Ergebnis**					
2					**3.590,22 €**					
3	I-Code	Project	Location	B-Code	B-Name	Account	Dat	PO	Text	Value
78	11225	OPAX	F	CDEFGHF003.34567.0002	Olympics 2010	Olympics 2010	09.11.2014	193125	OPAX - Olympics -F / M2	1.177,34
79	11225	OPAX	F	CDEFGHF003.34567.0002	Olympics 2010	Olympics 2010	09.11.2014	193200	OPAX - Olympics -F / M2	537,22
80	11225	OPAX	F	CDEFGHF003.34567.0002	Olympics 2010	Olympics 2010	09.11.2014	193138	OPAX - Olympics -F / M2	1.978,74
81	11225	OPAX	F	CDEFGHF003.34567.0002	Olympics 2010	Olympics 2010	09.11.2014	193243	OPAX - Olympics -F / M2	-40,90
82	11225	OPAX	F	CDEFGHF003.34567.0002	Olympics 2010	Olympics 2010	09.11.2014	193107	OPAX - Olympics -F / M2	-62,18

Abbildung 4.9 Ergebnisberechnung mit dem AutoFilter und TEILERGEBNIS()

4.3   Vorteile des erweiterten Filters

Bei der Verwendung der Funktion AutoFilter ist seit der Version 2007 die Mehrfachauswahl von Kriterien in einer Spalte möglich. Die konkreten Optionen sind vom jeweiligen Datentyp in der gewählten Spalte abhängig. In Abbildung 4.10 zeige ich dies am Beispiel der Filteroptionen für eine Datumsspalte.

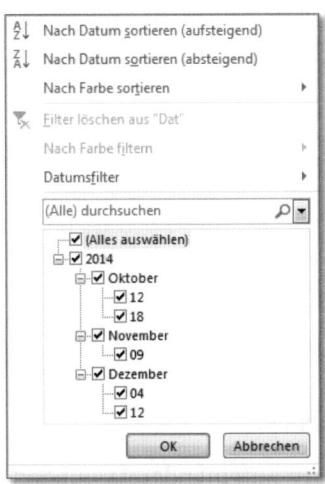

Abbildung 4.10 Mehrfachauswahl am Beispiel einer Datumsspalte

Trotz dieser Erweiterung weist der AutoFilter einige Beschränkungen auf:

- Die Ergebnisse des Filtervorgangs werden immer an der Stelle der Basisdatenliste ausgegeben.

- Kriterien, die für zwei verschiedene Spalten definiert werden, sind immer mit einem logischen UND verknüpft; es müssen also beide Kriterien erfüllt sein, um die betreffenden Datensätze anzuzeigen.

- Innerhalb einer Spalte ist über die Option **Benutzerdefinierter Filter** die Verknüpfung von maximal zwei Kriterien mit einem logischen UND verfügbar.

- Die Definition von berechneten Filterkriterien ist nicht möglich.

Diese Beschränkungen machen sich vor allem dann bemerkbar, wenn Sie mit großen Datenmengen arbeiten. Wurden solche beispielsweise aus anderen Systemen importiert (Abbildung 4.11) oder abgefragt, dann entsteht häufig der Wunsch, die Basisdaten in kleinere Teildatenbestände zu teilen. Dadurch sind die Daten bei der Weiterverarbeitung leichter zu handhaben, und die Berechnung ist mitunter bei kleineren Datenmengen auch schneller.

Um sich diese Vorteile zu verschaffen, müssen Sie nun also nicht den AutoFilter, sondern den erweiterten Filter anwenden. In Excel 2003 wurde diese Funktion unter der Bezeichnung **Spezialfilter** geführt, danach aber umbenannt.

	Produktcode	Artikelname	Listenpreis	Kategorie	Datum	Umsatz	Soll	Umsatz_kum	Soll_kum
2	NWTB-1	Northwind Traders Chai	18,00	Getränke	31.01.2014 00:00	312.696	312.696	320.000	320.000
3	NWTB-1	Northwind Traders Chai	18,00	Getränke	28.02.2014 00:00	320.000	320.000	682.696	632.696
4	NWTB-1	Northwind Traders Chai	18,00	Getränke	31.03.2014 00:00	320.000	320.000	952.696	952.696
5	NWTB-1	Northwind Traders Chai	18,00	Getränke	30.04.2014 00:00	320.000	320.000	1.292.696	1.272.696
6	NWTB-1	Northwind Traders Chai	18,00	Getränke	31.05.2014 00:00	320.000	320.000	1.592.696	1.592.696
7	NWTB-1	Northwind Traders Chai	18,00	Getränke	30.06.2014 00:00	333.200	340.000	2.125.896	1.932.696

Abbildung 4.11 Basisdatentabelle nach Import aus Access ...

4.3.1 Aufbau des erweiterten Filters

Der erweiterte Filter arbeitet mit drei Datenbereichen:

- Der Listenbereich enthält Ihre Basisdaten.

- Im Kriterienbereich definieren Sie Ihre Filterkriterien.

- Im Ergebnisbereich werden die gefilterten Daten ausgegeben.

Alle drei Bereiche sind über identische Spaltenbezeichnungen miteinander verbunden. Der wahrscheinlich häufigste Fehler bei der Anwendung des erweiterten Filters besteht darin, eine Spaltenüberschrift in einem der Bereiche falsch zu schreiben. Ein Buchstabendreher oder ein Leerschritt nach der Spaltenbezeichnung reicht bereits aus, um das Filtervorhaben scheitern zu lassen. Mein Tipp ist deshalb: Schreiben Sie die Spaltenüberschriften nicht in den Kriterien- und Ergebnisbereich, sondern kopieren Sie die Bezeichnungen aus dem Listenbereich. Das erspart Ihnen lästiges Suchen nach fehlerhaften Bezeichnungen.

	A	B	C	D	E	F	G
1	Artikelname	Kategorie	Datum		Differenz	Datum	
2		Backwaren & Backmischungen			FALSCH	30.09.2014	
3							
4							
5							
6	Produktcode	Artikelname	Listenpreis	Kategorie	Datum	Umsatz_kum	Soll_kum
7	NWTB-1	Northwind Traders Chai	18,00	Getränke	30.09.2014 00:00	3.139.096	2.952.696
8	NWTBGM-19	Northwind Traders Chocolate Biscuits Mix	9,20	Backwaren & Backmischungen	30.09.2014 00:00	1.632.000	1.350.000
9	NWTCA-48	Northwind Traders Chocolate	12,75	Süßigkeiten	30.09.2014 00:00	2.289.430	2.005.000
10	NWTCM-40	Northwind Traders Crab Meat	18,40	Fleischkonserven	30.09.2014 00:00	2.986.895	2.916.000
11	NWTDFN-14	Northwind Traders Walnuts	23,25	Trockenfrüchte & Nüsse	30.09.2014 00:00	3.393.975	3.330.000
12	NWTJP-7	Northwind Traders Boysenberry Spread	25,00	Marmelade, Konfitüre	30.09.2014 00:00	3.699.800	3.640.000
13	NWTSO-41	Northwind Traders Clam Chowder	9,65	Suppen	30.09.2014 00:00	1.396.500	1.350.000

Abbildung 4.12 ... und Datenauszug nach Anwendung des erweiterten Filters

Um den Kriterien- und den Ergebnisbereich aufzubauen, habe ich in der Arbeitsmappe *04_FilterErweitert_01.xlsx* die gewünschten Spaltenüberschriften in das Tabellenblatt *Kriterien + Ergebnisliste* kopiert. Der Kriterienbereich besteht dabei aus einer Teilmenge der Spaltenüberschriften der Originalliste. Darunter habe ich drei Zeilen für die Eingabe der Filterkriterien freigelassen. Im Ergebnisbereich habe ich alle Spalten der Basisdaten verwendet. Dies ist allerdings nicht zwingend erforderlich. Durch die gezielte Auswahl von Spalten können Sie auch eine umfangreiche Tabelle in der Spaltenanzahl reduzieren, indem Sie im Ergebnisbereich einfach die nicht benötigten Spalten weglassen.

4.3.2   Ausführen des Filtervorgangs

Nachdem Sie die drei Bereiche angelegt und sichergestellt haben, dass die Schreibweise der Überschriften in allen Bereichen übereinstimmt, schreiben Sie ein Filterkriterium in den Kriterienbereich. In der Beispieldatei soll die Liste nach dem Kriterium *Backwaren & Backmischungen* in der Spalte *Kategorie* gefiltert werden. Folglich schreiben Sie das gewünschte Kriterium unmittelbar unter die Überschrift. Anschließend führen Sie den Filtervorgang aus:

- Positionieren Sie den Cursor im Tabellenblatt *Kriterien + Ergebnisliste*, da der Filtervorgang immer im Tabellenblatt der Ergebnisliste gestartet werden muss.

- Rufen Sie die Funktion **Daten ▶ Sortieren und Filtern ▶ Erweitert** auf.

- Wählen Sie in der Dialogbox **Spezialfilter** die Option **An eine andere Stelle kopieren**.

- Geben Sie durch Markieren dann die drei Datenbereiche in den Eingabefeldern **Listenbereich**, **Kriterienbereich** und **Kopieren nach** an; achten Sie darauf, dass im Kriterienbereich nur die Zeile der Spaltenüberschriften und die Zeilen markiert sind, in denen auch tatsächlich Kriterien stehen; als Ergebnisbereich markieren Sie lediglich die Überschriftenzeile, da Sie nicht wissen, wie viele Zeilen als Ergebnis ausgegeben werden.

- Klicken Sie zum Abschluss auf **OK**, um den Filtervorgang auszuführen.

- Excel erstellt nun den gewünschten Auszug aus den Originaldaten.

Abbildung 4.13 Einstellungen bei der Ausführung des erweiterten Filters

4.3.3 Kombination mehrerer Kriterien mit UND

Lassen Sie uns im kommenden Beispiel annehmen, dass Sie das Ergebnis eines ganz bestimmten Monats für die Produkte der ausgewählten Kategorie aus der Basisdatenliste herausfiltern möchten, z. B. die des Januars 2014. Sie werden in dem Fall ein zweites Kriterium einsetzen. Da die Spalte *Datum* jeweils das Datum des letzten Tages des Monats enthält, lautet das zweite Filterkriterium *31.01.2014*. Schreiben Sie dieses Datum in Zelle C2, also in die gleiche Zeile des Kriterienbereiches, in dem Sie bereits die Kategorie eingetragen haben.

Wenn Sie die Filterfunktion mit **Daten ▶ Sortieren und Filtern ▶ Erweitert** erneut starten und auch festgelegt haben, dass die Ergebnisse an eine andere Stelle kopiert werden sollen, können Sie sich die Eingabe des Listenbereiches ein wenig erleichtern, indem Sie die von Excel automatisch generierten Bereichsnamen benutzen.

Abbildung 4.14 Auswahl der Bereiche

Markieren Sie den Inhalt der Eingabezelle **Listenbereich**, und drücken Sie F3 . Excel zeigt Ihnen dann die Liste der verfügbaren Bereichsnamen an. Dort finden Sie auch den Namen **Datenbank**. Er entspricht Ihrer Basisdatenliste; wählen Sie ihn mit einem Doppelklick aus.

Den Kriterienbereich müssen Sie gegenüber Ihren ersten Filtern verändern. Er wird nicht mehr durch den Zellbereich B1 bis B2, sondern durch B1 bis C2 definiert, da der Datumsfilter hinzugekommen ist. Um den Ergebnisbereich festzulegen, sollten Sie hingegen wieder Gebrauch von den Bereichsnamen und F3 machen. Wenn alle Bereiche bestimmt sind und Sie dies mit **OK** bestätigt haben, sollten Sie das in Abbildung 4.15 gezeigte Ergebnis in Ihrer Tabelle sehen.

	A	B	C	D	E	F	G
1	Artikelname	Kategorie	Datum		Differenz	Datum	
2		Backwaren & Backmischungen	31.01.2014		FALSCH	30.09.2014	
3							
4							
5							
6	Produktcode	Artikelname	Listenpreis	Kategorie	Datum	Umsatz_kum	Soll_kum
7	NWTBGM-19	Northwind Traders Chocolate Biscuits Mix	9,20	Backwaren & Backmischungen	31.01.2014 00:00	148.500	150.000
8	NWTBGM-21	Northwind Traders Scones	10,00	Backwaren & Backmischungen	31.01.2014 00:00	190.000	190.000

Abbildung 4.15 Mehrere Kriterien in einer Zeile: Filtern mit logischem UND

4.3.4   Kombination mehrerer Kriterien mit ODER

Die im vorangegangenen Schritt benutzte Kombination von Kriterien hätten Sie auch bei der Anwendung der Funktion AutoFilter hinbekommen. Zwei Spalten, je ein Kriterium in jeder Spalte, beide Kriterien mit einem logischen UND verbunden – mit dem AutoFilter ist die Umsetzung einer solchen Anforderung kein Problem. Einzig die Ausgabe der Ergebnisse in einem anderen Tabellenblatt als dem der Basisdaten stellt eine Abweichung von den Möglichkeiten der Funktion AutoFilter dar.

Doch wie sieht es aus, wenn Sie statt des logischen UND ein ODER verwenden möchten? Dies könnte der Fall sein, wenn Sie die Ergebnisse der Kategorien *Backwaren & Backmischungen* ODER *Süßigkeiten* filtern möchten, also zwei Kriterien in einer Spalte verbinden möchten.

Ein weiteres Beispiel wäre, einen bestimmten Artikel mit einer Kategorie zu vergleichen. In diesem Fall wäre Ihre Bedingung ein Artikelname ODER eine Kategorie. Hier wären dann zwei Kriterien in zwei unterschiedlichen Spalten aktiv.

Wie auch immer die Kombination Ihrer Kriterien aussieht: Bei der Verwendung eines ODER müssen Sie die Kriterien nicht in die gleiche Zeile, sondern in verschiedene Zeilen des Kriterienbereiches schreiben. In Abbildung 4.16 sehen Sie diesen Aufbau der Kriterien und das gefilterte Ergebnis.

	A	B	C	D	E	F	G
1	Artikelname	Kategorie	Datum		Differenz	Datum	
2		Backwaren & Backmischungen	31.01.2014		FALSCH	30.09.2014	
3	Northwind Traders Chocolate						
4							
5							
6	Produktcode	Artikelname	Listenpreis	Kategorie	Datum	Umsatz_kur	Soll_kum
7	NWTBGM-19	Northwind Traders Chocolate Biscuits Mix	9,20	Backwaren & Backmischungen	31.01.2014 00:00	148.500	150.000
8	NWTBGM-19	Northwind Traders Chocolate Biscuits Mix	9,20	Backwaren & Backmischungen	28.02.2014 00:00	295.500	300.000
9	NWTBGM-19	Northwind Traders Chocolate Biscuits Mix	9,20	Backwaren & Backmischungen	31.03.2014 00:00	472.500	450.000
10	NWTBGM-19	Northwind Traders Chocolate Biscuits Mix	9,20	Backwaren & Backmischungen	30.04.2014 00:00	611.000	600.000
11	NWTBGM-19	Northwind Traders Chocolate Biscuits Mix	9,20	Backwaren & Backmischungen	31.05.2014 00:00	758.000	750.000
12	NWTBGM-19	Northwind Traders Chocolate Biscuits Mix	9,20	Backwaren & Backmischungen	30.06.2014 00:00	988.000	900.000
13	NWTBGM-19	Northwind Traders Chocolate Biscuits Mix	9,20	Backwaren & Backmischungen	31.07.2014 00:00	1.235.000	1.050.000
14	NWTBGM-19	Northwind Traders Chocolate Biscuits Mix	9,20	Backwaren & Backmischungen	31.08.2014 00:00	1.185.000	1.200.000
15	NWTBGM-19	Northwind Traders Chocolate Biscuits Mix	9,20	Backwaren & Backmischungen	30.09.2014 00:00	1.632.000	1.350.000
16	NWTBGM-21	Northwind Traders Scones	10,00	Backwaren & Backmischungen	31.01.2014 00:00	190.000	190.000
17	NWTBGM-21	Northwind Traders Scones	10,00	Backwaren & Backmischungen	28.02.2014 00:00	368.200	370.000
18	NWTBGM-21	Northwind Traders Scones	10,00	Backwaren & Backmischungen	31.03.2014 00:00	554.400	560.000
19	NWTBGM-21	Northwind Traders Scones	10,00	Backwaren & Backmischungen	30.04.2014 00:00	744.400	750.000
20	NWTBGM-21	Northwind Traders Scones	10,00	Backwaren & Backmischungen	31.05.2014 00:00	932.500	940.000
21	NWTBGM-21	Northwind Traders Scones	10,00	Backwaren & Backmischungen	30.06.2014 00:00	1.118.700	1.130.000

Abbildung 4.16 Mehrere Kriterien in verschiedenen Zeilen: Filtern mit logischem ODER

4.3.5 Verknüpfung von Kriterien mit UND in einer Spalte

Schreiben Sie zwei Kriterien in einer Spalte untereinander, dann erhalten Sie ein logisches ODER und damit eine Option, die Ihnen auch der AutoFilter bietet: Wähle aus der Kategorie *Süßwaren* ODER *Getränke*. Nehmen Sie allerdings das typische Beispiel, einen *Datumsbereich* aus Ihren Originaldaten zu extrahieren, dann müssen Sie zwei Bedingungen in einer Spalte mit einem logischen UND verbinden.

Ihre Bedingungen könnten in einem solchen Fall lauten: Filtere alle Datensätze, bei denen das Datum größer oder gleich dem 01.01.2014 UND kleiner oder gleich dem 31.03.2014 ist. Abbildung 4.17 richtet den Blick auf die Lösung zu dieser Fragestellung.

Abbildung 4.17 Filtern eines Datumsbereiches

Die Spalte *Datum* müssen Sie in einem solchen Fall zweimal im Kriterienbereich anlegen, da die beiden Bedingungen nebeneinander in einer Zeile stehen müssen. Es ist bei der Verwendung des erweiterten Filters völlig unkritisch, eine Spalte mehrfach einzusetzen, um diverse UND-verknüpfte Bedingungen zu definieren. Und so erhalten Sie im vorliegenden Beispiel nach der Ausführung des Filtervorgangs die gewünschten Daten des ersten Quartals in Ihrer Ergebnisliste.

4.3.6 Vergleichsoperatoren bei numerischen Filterkriterien

Nachdem die ersten Bedingungen in dieser Beispieldatei alle den Vergleichsoperator *beginnt mit* verwendet haben, wurde dies beim Filtern der Daten des ersten Quartals erstmalig geändert. Hier wurden die Operatoren *größer oder gleich (>=)* bzw. *kleiner oder gleich (<=)* eingesetzt. Die Schreibweise von Operatoren unterstreicht hier noch einmal den Datenbankcharakter des erweiterten Filters.

So wie die Festlegung von UND- bzw. ODER-Verknüpfungen durch Eingabe der Kriterien in die gleiche oder aber in verschiedene Zeilen typisch für die Kriteriendefinition in Access oder auch im Abfragetool Microsoft Query ist, können Sie sich beim Schreiben der Vergleichsoperatoren ebenfalls getrost auf die Gepflogenheiten dieser Datenbankanwendungen stützen.

Vergleichsoperator	Filterergebnis
`>1000`	alle Datensätze, bei denen in der angegebenen Spalte der Wert größer als 1.000 ist
`<1000`	alle Datensätze, bei denen in der angegebenen Spalte der Wert kleiner als 1.000 ist
`>=1000`	alle Datensätze, bei denen in der angegebenen Spalte der Wert größer oder gleich 1.000 ist
`<=1000`	alle Datensätze, bei denen in der angegebenen Spalte der Wert kleiner oder gleich 1.000 ist
`<>1000`	alle Datensätze, bei denen in der angegebenen Spalte der Wert ungleich 1.000 ist

Tabelle 4.2 Vergleichsoperatoren beim Filtern von Daten

4.3.7 Vergleichsoperatoren bei Textkriterien

Wenn Sie Filterkriterien nicht auf eine numerische Spalte, sondern auf eine Textspalte anwenden, werden die Möglichkeiten sogar noch etwas umfassender. Die folgende Tabelle gibt Ihnen einen Überblick über die zur Verfügung stehenden Optionen:

Vergleichsoperator	Filterergebnis
`="Northwind"` oder `Northwind`	alle Datensätze, die in der ausgewählten Spalte mit dem Suchbegriff *Northwind* beginnen
`<>Northwind Traders Chai`	alle Datensätze, außer denen, die in der betreffenden Spalte den Suchbegriff enthalten (NICHT)
`="=NWTB-1"`	alle Datensätze, die genau die angegebene Zeichenkette in der Spalte enthalten (ist gleich), aber z. B. nicht die Datensätze, die den Artikel *NWTB-14* enthalten

Tabelle 4.3 Textfilterkriterien

Vergleichsoperator	Filterergebnis
`="<>NWTB-1"`	alle Datensätze, die nicht genau der Zeichenkette *NWTB-1* entsprechen
`Ge*`	alle Datensätze, die mit der Zeichenkette *Ge* beginnen und danach eine beliebige Zeichenkette enthalten (z. B. *Gewürze* oder *Getränke*)
`NWTBGM-1?`	alle Datensätze, die mit *NWTBGM-1* beginnen und danach ein weiteres Zeichen enthalten (z. B. die Artikelnummern *NWTBGM-19* und *NWTBGM-18*)
`*TC*`	alle Datensätze, die in der ausgewählten Spalte an beliebiger Stelle die Zeichenfolge *TC* enthalten, beispielsweise die Artikel *NWTCFV-17* und *NWTCA-48*
`="<>*TC*"`	alle Datensätze, die in der ausgewählten Spalte nicht die Zeichenkette *TC* enthalten

Tabelle 4.3 Textfilterkriterien (Forts.)

4.3.8 Berechnete Filterkriterien

Eine weitere Einschränkung bei der Benutzung der Funktion AutoFilter besteht darin, dass keine berechneten Filterkriterien eingesetzt werden können. Gerade solche Kriterien sind aber bisweilen recht nützlich, um aus einer großen Datenmenge einen überschaubaren Datenauszug zu erstellen.

Stellen Sie sich vor, dass Sie in der Beispieldatei nur noch die Datensätze betrachten oder weiterverarbeiten möchten, bei denen die Ist-Umsätze unter den erwarteten Soll-Umsätzen liegen.

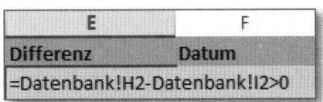

Abbildung 4.18 Verwendung eines berechneten Filterkriteriums

Rechnerisch hieße dies, dass die Differenz zwischen den Ist-Werten in Spalte I der Basisdatentabelle und den Soll-Werten in Spalte H größer null sein muss, um die betreffenden Datensätze in die Ergebnisliste zu filtern. Und genau diesen Vergleich müssen Sie auch als Filterkriterium festlegen:

- Schreiben Sie zunächst in eine Zelle eine Spaltenüberschrift, die sich von den Überschriften im Listenbereich eindeutig unterscheidet, z. B. »Differenz« oder »Soll-Ist«.

- Geben Sie dann in der Zelle darunter die Formel `=Datenbank!I2-Datenbank!H2>0` ein.

Und behalten Sie die Nerven, möchte man noch hinzufügen! Denn es ist gut möglich, dass Excel nach der Bestätigung der Formel den Fehlerwert FALSCH anzeigt. Dies bedeutet jedoch keineswegs, dass Ihnen bei der Formeleingabe ein Fehler unterlaufen ist. Vielmehr wird lediglich angezeigt, dass die festgelegte Bedingung in der ersten Zeile der Basisdatentabelle nicht zutrifft.

Der Rest ist fast schon Routine: Sie starten den erweiterten Filter und verwenden nun die neu definierte Spaltenüberschrift und das berechnete Kriterium als Kriterienbereich. Excel wird alle Datensätze, bei denen der Ist- unter dem Soll-Wert liegt, in der Ergebnisliste ausgeben. Selbstverständlich können Sie auch dieses berechnete Kriterium mit anderen Kriterien kombinieren und dabei auch UND- und ODER-Verknüpfungen verwenden.

Berechnete Kriterien und berechnete Felder

Grundsätzlich wäre es auch möglich gewesen, rechts neben der Basisdatentabelle die Formel `=I2-H2>0` einzugeben. Das berechnete Ergebnis – WAHR oder FALSCH – hätte Ihnen dann als Filterkriterium dienen können.

Häufig ist es jedoch ratsam, keine Veränderungen oder zusätzliche Berechnungen an oder in den Basisdaten vorzunehmen. Ein Argument dafür ist die Mehrfacharbeit, die entsteht, wenn Ihre Daten beispielsweise im folgenden Monat aktualisiert werden. Dann müssten Sie sicherstellen, dass etwaige Berechnungen auch tatsächlich in allen Zeilen auf den aktuellen Stand gebracht wurden. Als weiteres Argument gegen eine Hilfskalkulation neben den Basisdaten spricht, dass bei großen Datenmengen ein völlig unnötiger Rechenaufwand erzeugt wird, der im Rahmen von Neukalkulationen der Arbeitsmappe eigentlich nur Zeit frisst.

Versuchen Sie, solche Hemmnisse von vornherein auszuschalten. Der Verwendung von berechneten Kriterien im erweiterten Filter oder bei Datenbankfunktionen entsprechen die berechneten Felder oder Elemente bei Pivottabellen. Auch bei ihnen wird der Berechnungsvorgang nicht im Tabellenblatt, sondern intern ausgeführt, wenn die Funktion angewandt wird.

4.4   Erweiterter Filter mit einem VBA-Makro

Ein erweiterter Filter stellt ein sehr flexibles Instrument dar, um eine große Datenmenge gezielt zu reduzieren. Bei gut durchdachter Verwendung der Bedingungen gelingt es immer, eine maßgeschneiderte Ergebnisliste zu erzeugen, mit der dann weitere Berechnungen realisiert werden können.

Die weniger erfreuliche Seite dieser Funktion ist einmal mehr der relativ hohe Aufwand bei der Ausführung und – dadurch bedingt – auch die mögliche Fehleingabe bei der Bestimmung der Listen-, Kriterien- und Ergebnisbereiche. Wägt man Vor- und Nachteile dieser speziellen Filterfunktion ab, entwickelt sich schnell der Wunsch, den gesamten Vorgang zu automatisieren. In Kapitel 14, »Automatisierungen von Routinetätigkeiten mit Makros«, stelle ich die Aufzeichnung und Überarbeitung von Makros u. a. am Beispiel des erweiterten Filters dar.

Doch an dieser Stelle sollten wir bereits ein Makro betrachten, mit dem Sie die Benutzung des erweiterten Filters vereinfachen können.

4.4.1 Quelltext des VBA-Makros

Die Arbeitsmappe *04_FilterErweitert_01.xlsm* enthält ein Makro, das den erweiterten Filter automatisch ausführt. Drücken Sie $\boxed{\text{Alt}}$ + $\boxed{\text{F11}}$, um in den VBA-Editor zu gelangen. Wählen Sie dann auf der linken Seite die geöffnete Arbeitsmappe aus, und klicken Sie auf **Module**. In **Modul 1** ist der folgende Quelltext gespeichert:

```
Sub FilterErweitert()
Dim Listenbereich As Range
Dim Ergebnisbereich As Range
Dim Kriterienbereich As Range

'Anzahl der Zeilen und Spalten des Listenbereiches ermitteln
LetzteZeile = Cells(Rows.Count, 1).End(xlUp).Row
NächsteSpalte = Cells(1, Columns.Count).End(xlToLeft).Column + 2

'Kriterienbereich erzeugen
Set Kriterienbereich = Range("Kriterien")

'Ergebnisbereich erstellen und Überschrift aus den Zellen B1 bis D1 kopieren
Range("B1").Copy Destination:=Cells(1, NächsteSpalte)
```

```
Range("C1").Copy Destination:=Cells(1, NächsteSpalte + 1)
Range("D1").Copy Destination:=Cells(1, NächsteSpalte + 2)

'Ergebnisbereich erzeugen
Set Ergebnisbereich = Cells(1, NächsteSpalte).Resize(1, _
NächsteSpalte + 2)

'Listenbereich erzeugen
Set Listenbereich = Range("A1").Resize(LetzteZeile, NächsteSpalte + 2)

'Erweiterten Filter anwenden
Listenbereich.AdvancedFilter Action:=xlFilterCopy, _
CriteriaRange:=Kriterienbereich, CopyToRange:=Ergebnisbereich, _ Unique:=False

'Anzahl der Zellen im Ergebnisbereich ermitteln
LetzteZeile = Cells(Rows.Count, NächsteSpalte + 2).End(xlUp).Row

'Sortieren der Daten im Ergebnisbereich
Cells(1, NächsteSpalte + 2).Resize(LetzteZeile, 1). _
 Sort Key1:=Cells(1, NächsteSpalte + 2), _
 Order1:=xlAscending, Header:=xlsYes
End Sub
```

Listing 4.1 Quelltext von Modul 1

Unterhalb des Makronamens, der mit `Sub FilterErweitert()` angegeben ist, werden drei Variablen für den Listen-, Kriterien- und Ergebnisbereich definiert. Dazu dient Ihnen das Schlüsselwort `Dim`. Alle drei Variablen sind als Bereich (`Range`) definiert. Mit den beiden Variablen `LetzteZeile` und `NächsteSpalte` bestimmen Sie die Größe des Listenbereiches. Dies erreichen Sie in beiden Fällen durch `Count`, mit dem Sie die Zeilenzahl von unten nach oben und die Spaltenzahl von rechts nach links zählen.

Der Kriterienbereich für den Filtervorgang befindet sich im Tabellenblatt *Tabelle 2* und wird in der nächsten Zeile des Quelltextes aktiviert (`Set Kriterienbereich = Range("Kriterien")`). Damit fehlt Ihnen zum Funktionieren des Filters nur noch der Ergebnisbereich. Da dieser flexibel neben den variabel großen Listenbereich gesetzt werden soll, müssen Sie auch hier die Variable `NächsteSpalte` zur Positionierung benutzen:

```
Set Ergebnisbereich = Cells(1, NächsteSpalte).Resize(1, _
NächsteSpalte + 2)
```

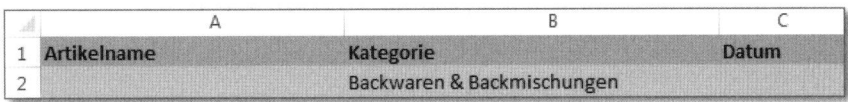

Abbildung 4.19 Kriterienbereich im Tabellenblatt 2

Danach erstellt das Makro aus den Zellen B1 bis D1 Überschriften für den Ergebnisbereich und aktiviert auch diesen Bereich.

Das Herzstück des Filtervorgangs ist schließlich der Code:

```
Listenbereich.AdvancedFilter Action:=xlFilterCopy, _
  CriteriaRange:=Kriterienbereich, CopyToRange:=Ergebnisbereich, _
  Unique:=False
```

In ihm wird die Methode `AdvancedFilter` auf den Listenbereich angewandt und dabei der Kriterienbereich als Filterkriterium verwendet (`CriteriaRange:=Kriterienbereich`), um den definierten Ergebnisbereich zu füllen. Die beiden letzten Aktionen in diesem Makro ermitteln die Zeilenanzahl des Ergebnisbereiches, um diesen schließlich zu sortieren.

4.4.2 Einsatzgebiete für das VBA-Makro

Das hier beschriebene Makro kann ein wichtiger Baustein bei routinemäßigen Auswertungen von importierten Daten sein. Häufig liefern Abfragen auf andere Systeme nicht die Trennschärfe der Daten, die man sich für die Weiterverarbeitung wünscht. In dieser Situation liefert das Filtermakro einen Datenauszug, der einfach über den Kriterienbereich gesteuert werden kann.

Das Makro bietet zwei Ansätze für Erweiterungen. Statt der Ausgabe des Ergebnisses im gleichen Tabellenblatt, können Sie die Resultate auch in einem anderen Tabellenblatt ausgeben lassen. Der Kriterienbereich – in der Beispieldatei einzeilig und somit auf Bedingungen mit UND-Verknüpfungen zugeschnitten – kann auf mehrere Zeilen erweitert werden, um auch ODER-verknüpfte Bedingungen zu ermöglichen. In Kapitel 14, »Automatisierung von Routinetätigkeiten mit Makros«, werde ich die Automatisierung des Filterns weiter vertiefen.

4.5 Verwendung von Datenbankfunktionen

Mit den Datenbankfunktionen steht ein weiteres Arbeitsmittel bereit, um die Analyse von Basisdaten voranzutreiben. Wenn Sie diese Funktionen anwenden, wird Sie dabei vieles an die Arbeit mit den erweiterten Filterkriterien erinnern, die ich auf den letzten Seiten beschrieben habe, denn Excel verwendet bei Datenbankfunktionen die gleiche Logik wie bei der Definition von Bedingungen.

Ganz anders ist allerdings das Ergebnis, das Ihnen präsentiert wird, wenn Sie Datenbankfunktionen anwenden. Während bislang alle Funktionen in diesem Kapitel auf die Neuorganisation der Basisdaten hinausliefen, indem die ursprüngliche Liste neu sortiert, Teilergebnisse gebildet oder ein Teildatenbestand gefiltert wurde, verdichten Datenbankfunktionen den Gesamtdatenbestand auf einen einzigen Wert.

Wenn Sie einen Blick in den Funktionsassistenten werfen, stoßen Sie dort auf die Funktionskategorie **Datenbank**. In ihr listet Excel eine Reihe von Funktionen auf, die Ihnen bereits bei der Bildung der Teilergebnisse begegnet sind und die Ihnen sicherlich auch zukünftig etwa bei der Arbeit mit Pivottabellen begegnen werden: die sogenannten *Zusammenfassungsfunktionen* (Summe, Anzahl, Maximalwert und so weiter).

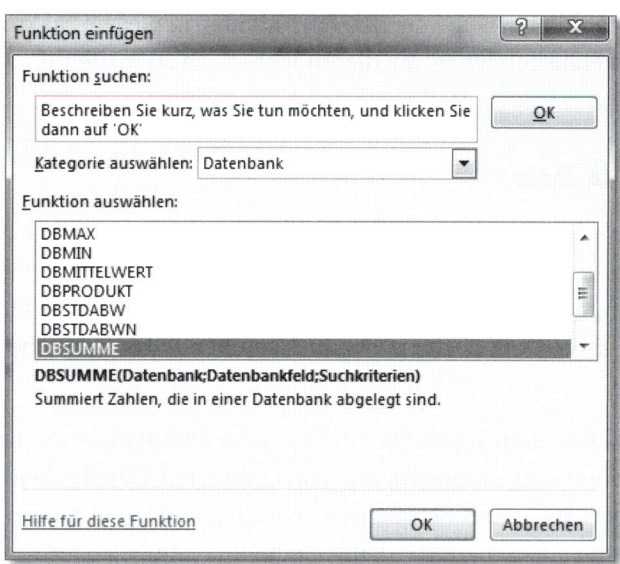

Abbildung 4.20 Funktionen der Kategorie **Datenbank** im Funktionsassistenten

4.5.1 Grundstruktur der Datenbankfunktionen

Allen Funktionen dieser Kategorie ist ein bestimmtes Arbeitsmuster zu eigen: Sie berechnen in einer Datenbank ein bestimmtes Datenbankfeld, sofern die Bedingungen in einem festgelegten Kriterienbereich erfüllt werden. Für die Kalkulation der Datenbanksumme weist die entsprechende Funktion folgenden Aufbau auf:

```
=DBSUMME(Datenbank; Datenbankfeld; Suchkriterien)
```

Wenn Sie diese Funktion auf die Datentabelle in Zelle B6 des Tabellenblattes *Kriterien + Ergebnisliste* der Beispieldatei *04_Datenbankfunktionen_01.xlsx* anwenden und sich Ihre Datenbank im Tabellenblatt *Transactions* befindet, dann kommen Sie beispielsweise zu der Funktion `=DBSUMME(Transactions !A1:J142;Transactions!J1;'Kriterien + DB-Ergebnis'!A1:A2)`.

In diesem Fall wird also

- eine Datenbank im Zellbereich A1 bis J142 des Tabellenblattes *Transactions* verwendet,

- und dessen Werte werden unterhalb der Spaltenüberschrift in Zelle J1 (*Value*) summiert,

- sofern sie zu der im Kriterienbereich A1 bis A2 der im Tabellenblatt *Kriterien + DB-Ergebnis* angegebenen Codierung gehören.

Angabe des zu berechnenden Datenbankfeldes

Eine Besonderheit, die immer wieder Anlass für Verwirrungen bzw. fehlerhafte Resultate ist, stellt die Angabe des zu berechnenden Datenbankfeldes dar. Es kann auf drei Arten benannt werden, und zwar durch die Angabe

- der Zelladresse, z. B. »J1«,

- die von links nach rechts zu zählende fortlaufende Nummer der Spalte, z. B. »10« für die Spalte *Value*,

- oder durch die Eingabe der Spaltenüberschrift, z. B. »Value« in der Beispieldatei.

Nicht möglich ist es hingegen, die gesamte Spalte, die die zu berechnenden Werte enthält – beispielsweise J1 bis J142 –, zu markieren, um die Datenbankfunktion zu berechnen.

4.5.2 Definition der Kriterien für die Berechnung von Datenbankfunktionen

Haben Sie den vorherigen Abschnitt über die Festlegung von Bedingungen bei der Anwendung des erweiterten Filters gelesen? Wenn ja, dann sind Sie auch automatisch in Sachen Datenbankfunktionen auf dem aktuellen Stand. Denn auch bei ihnen gilt:

- Die im Kriterienbereich verwendeten Überschriften müssen mit denen im Listenbereich, also mit der Basisdatentabelle, übereinstimmen.
- Kriterien können wahlweise mit UND bzw. ODER verknüpft werden, wobei Kriterien in der gleichen Zeile eine UND-Verknüpfung bilden, Kriterien in unterschiedlichen Zeilen eine ODER-Verknüpfung.
- Die Syntax für die Benutzung von Vergleichsoperatoren ist analog zur Syntax bei der Anwendung des erweiterten Filters.
- Berechnete Filterkriterien sind in gleicher Weise einsetzbar wie beim Filtern.

In Abbildung 4.21 erkennen Sie die Anwendung von drei Kriterien im Tabellenblatt *Kriterien + DB-Ergebnis*, die erfüllt werden müssen, um Excel zur Berechnung der Summe in Zelle B6 und der Anzahl in B7 zu veranlassen. Alle Kriterien sind mit UND verknüpft. Die Summe bezieht sich auf Datensätze mit dem I-Code 11225, die zum Projekt OPAX gehören und der Location F zugeordnet werden.

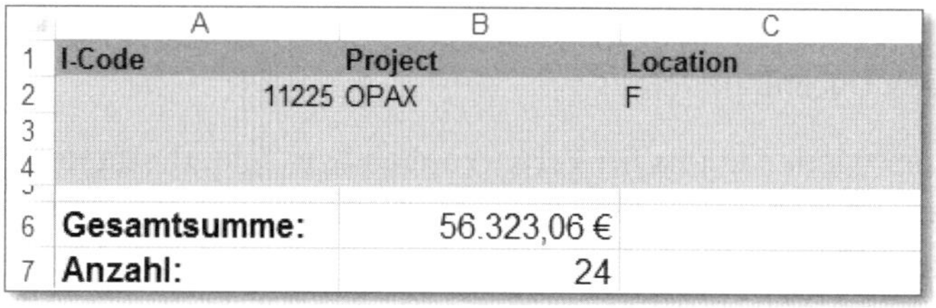

	A	B	C
1	I-Code	Project	Location
2	11225	OPAX	F
3			
4			
6	Gesamtsumme:	56.323,06 €	
7	Anzahl:	24	

Abbildung 4.21 Berechnung der Summe und Anzahl der Datensätze, die drei definierte Bedingungen erfüllen

4.5.3 Verfügbare Datenbankfunktionen

Wie bereits erwähnt, enthält die Kategorie **Datenbank** des Funktionsassistenten die Gruppe der Zusammenfassungsfunktionen, mit denen Sie die folgenden Berechnungen durchführen können:

Datenbankfunktion	Ergebnis
`DBANZAHL()`	Ermittelt die Anzahl der *Werte* einer Spalte, auf die die definierten Bedingungen zutreffen.
`DBANZAHL2()`	Ermittelt die Anzahl der *nicht leeren Zellen*, auf die die Bedingungen im Kriterienbereich zutreffen.

Tabelle 4.4 Übersicht über die Datenbankfunktionen

Datenbankfunktion	Ergebnis
DBAUSZUG()	Liefert den Inhalt des Datenfeldes, auf den die definierten Bedingungen zutreffen. Dies ist allerdings nur möglich, wenn das Ergebnis eindeutig ist. Erfüllen mehrere Datensätze die Bedingungen, wird der Fehlerwert #ZAHL! angezeigt. Das Ergebnis #WERT! zeigt hingegen an, dass kein Datensatz die definierten Bedingungen erfüllt.
DBMAX()	Zeigt den Höchstwert in der ausgewählten Spalte an, der die Suchbedingungen erfüllt.
DBMIN()	Liefert im Gegensatz dazu den niedrigsten Wert in der ausgewählten Spalte, der die Suchbedingungen erfüllt.
DBMITTELWERT()	Bildet aus allen Werten der Spalte, die die Bedingungen erfüllen, den Durchschnitt.
DBPRODUKT()	Alle Werte des Datenbankfeldes, für die die Bedingungen zutreffen, werden mit dieser Funktion multipliziert.
DBSTDABW()	Excel führt mit dieser Funktion eine Schätzung der Standardabweichung der betreffenden Datenbankwerte durch, wobei eine Stichprobe verwendet wird.
DBSTDABWN()	Bei Verwendung dieser Funktion resultiert die Berechnung der Standardabweichung auf der Grundgesamtheit.
DBSUMME()	Alle Werte, auf die die Bedingungen zutreffen, werden summiert.
DBVARIANZ()	Die Varianz der betreffenden Datenbankwerte wird auf Basis einer Stichprobe geschätzt.
DBVARIANZEN()	Die Varianz der Datenbankwerte wird mit dieser Funktion aus der Grundgesamtheit berechnet.

Tabelle 4.4 Übersicht über die Datenbankfunktionen (Forts.)

4.5.4 Editieren und Kopieren von Datenbankfunktionen

Die identische Struktur der Datenbankfunktionen und die in den meisten Fällen auch identischen Zellbezüge bei der Berechnung von Ergebnissen legen eine spezifische Arbeitsweise nahe. Wenn Sie – wie im Tabellenblatt *Kriterien + DB-Ergebnis* – in einer Zelle die Datenbanksumme und darunter die Datenbankanzahl kalkulieren möchten, gehen Sie am besten wie folgt vor:

- Setzen Sie die Zellbezüge für die Datenbank (Transactions!$A$1:$J$142), das Datenbankfeld (Transactions!$J$1) und den Kriterienbereich ('Kriterien + DB-Ergebnis'!$A$1:$C$2) mit der Funktionstaste F4 absolut.

- Kopieren Sie die Funktion DBSUMME() mit allen Argumenten nach unten.

- Ersetzen Sie SUMME durch ANZAHL; Excel hilft Ihnen seit der Version 2007 bei Funktionsbezeichnungen und zeigt gegebenenfalls Funktionsargumente an.

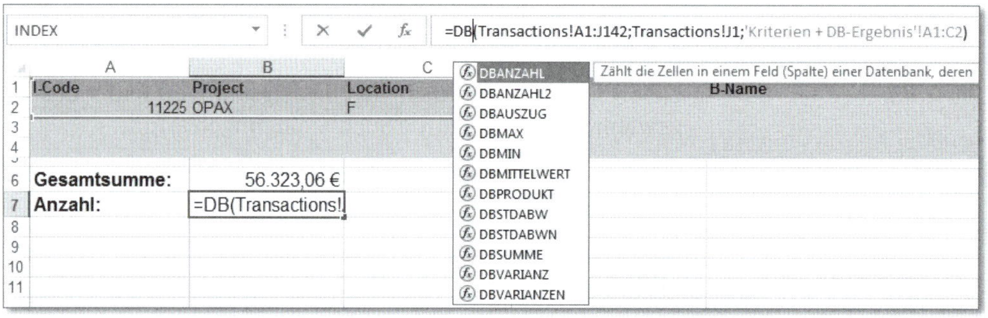

Abbildung 4.22 Das Editieren der Datenbankfunktionen ist seit Excel 2007 besonders einfach.

4.5.5 Soll-Ist-Vergleich mit Hilfe von Datenbankfunktionen

Ein häufig gegen die Datenbankfunktionen vorgebrachter Einwand ist die Tatsache, dass ihre Anwendung stets die Festlegung eines Kriterienbereiches erfordert, was in bestimmten Tabellen schlichtweg als störend empfunden wird. Die Datei *04_Datenbankfunktionen_Auswertung_01.xlsx* verdeutlicht allerdings, dass diese Grundvoraussetzung auch erfüllt werden kann, ohne das Erscheinungsbild der Datei auffällig zu stören.

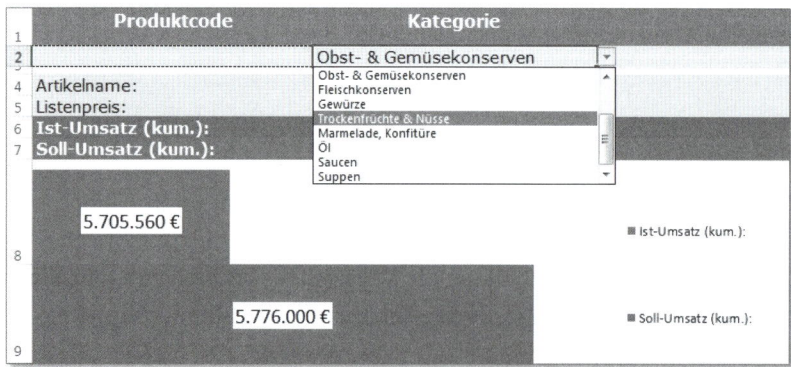

Abbildung 4.23 Einfacher Soll-Ist-Vergleich auf Basis von Datenbankfunktionen

In dieser Datei erfolgt die Auswahl der anzuwendenden Filterkriterien in den Zellen A2 und B2. Die Ergebnisse der Auswertung werden in den Zellen B4 bis B7 ausgegeben. In den Zeilen 8 und 9 werden die berechneten Ergebnisse zudem in Form eines Balkendiagramms visualisiert. Lassen Sie uns schauen, wie Sie diese Auswertung Schritt für Schritt aufbauen können.

4.5.6 Auswahl von Produktcode oder Kategorie über eine Eingabeliste

Die einfachste Vorgehensweise zur Berechnung der Ist- bzw. Soll-Werte für einen Produktcode wäre es, diesen in Zelle A2, also unmittelbar unter die Spaltenüberschrift *Produktcode*, zu schreiben. Dies ergäbe einen Kriterienbereich, der beispielsweise in Zelle B4 mit der Funktion `DBSUMME()` ausgewertet werden könnte. Problematisch könnte bei dieser Vorgehensweise allenfalls sein, dass fehlerhafte Eingaben in die Eingabezelle zu falschen oder gar keinen Ergebnissen führen könnten.

Um dies zu verhindern, ist die Auswahl der zulässigen Werte für die Eingabezelle ein probates Mittel. Die zulässigen Werte für die Zelle sind bereits im Tabellenblatt *Listen* erfasst worden. Außerdem wurde den beiden Kriterienlisten bereits jeweils ein Bereichsname zugeordnet. Die beiden Namen lauten *Produktliste* und *Kategorienliste*.

	A	B	C
1	**Produktcode**		**Kategorie**
2			
3	NWTB-1		Getränke
4	NWTB-34		Backwaren & Backmischungen
5	NWTB-43		Süßigkeiten
6	NWTBGM-19		Obst- & Gemüsekonserven
7	NWTBGM-21		Fleischkonserven
8	NWTCA-48		Gewürze
9	NWTCFV-17		Trockenfrüchte & Nüsse
10	NWTCM-40		Marmelade, Konfitüre
11	NWTCO-3		Öl
12	NWTCO-4		Saucen
13	NWTDFN-14		Suppen
14	NWTDFN-51		
15	NWTDFN-7		
16	NWTJP-6		
17	NWTJP-7		
18	NWTO-5		
19	NWTS-8		
20	NWTSO-41		

Abbildung 4.24 Zulässige Werte für den Kriterienbereich

In Zelle A2 des Tabellenblattes *Soll-Ist-Vergleich* können Sie nun unter Verwendung der Listen die Eingabewerte beschränken und somit fehlerhafte Eintragungen verhindern.

- Rufen Sie dazu die Funktion **Daten ▶ Datentools ▶ Datenüberprüfung** auf.

- Stellen Sie im Listenfeld **Zulassen** die Option **Liste** ein.

- Drücken Sie im Eingabefeld **Quelle** die Funktionstaste ⌐F3⌐.

- Wählen Sie dann per Doppelklick den Namen **Produktliste** aus.

- Bestätigen Sie die Einstellung mit einem Klick auf **OK**.

Wiederholen Sie diesen Vorgang in Zelle B2, in der Sie nur die Werte der *Kategorienliste* zulassen sollten.

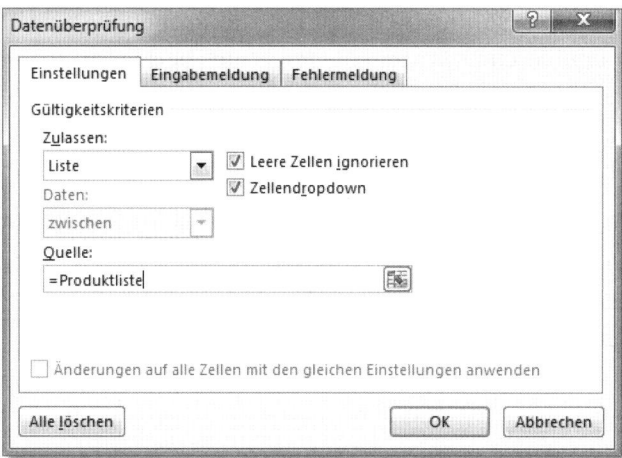

Abbildung 4.25 Definition einer Datenüberprüfung

4.5.7 Ausgabe von Artikelname und Listenpreis

Um in Zelle B4 den Artikelnamen für den ausgewählten Produktcode zu erhalten, lässt sich keine der Datenbankfunktionen verwenden. Der Grund dafür liegt in der Tatsache, dass das in Zelle A2 eingegebene Suchkriterium in der Datenbank mehrfach vorkommt. Für jedes Produkt sind die zu analysierenden Daten monatlich erfasst worden. Die Funktion DBAUSZUG() – die einzige Datenbankfunktion, die in der Lage ist, einen isolierten Zellinhalt auszulesen – reagiert mit dem Fehlerwert #ZAHL! auf das mehrfache Vorkommen der Produktcodes in der Datenbank.

Es bleibt Ihnen in dieser Situation nichts anderes übrig, als den Artikelnamen mit der Funktion SVERWEIS() zu bestimmen:

```
= SVERWEIS(A2;Datenbank;2;FALSCH)
```

Da der Soll-Ist-Vergleich jedoch wahlweise auf Grundlage der Produktcodes oder der Kategorien durchgeführt werden soll, könnte ein Fehlerwert entstehen, wenn Sie eine Kategorie als Kriterium wählen. Denn in diesem Fall würde Ihnen der Produktcode als Suchkriterium für den SVERWEIS() fehlen. Dies führt zwangsläufig zum Fehlerwert #NV.

In der Beispieldatei wird dieses Problem mit Hilfe der neuen Funktion WENNFEHLER(Wert; Wert_falls_Fehler) behoben. Das Argument Wert wird hier durch den SVERWEIS() besetzt; im Fall eines auftretenden Fehlers, also fehlenden Produktcodes, wird "" eine Leerzelle zurückgegeben:

```
=WENNFEHLER(SVERWEIS(A2;Datenbank;2;FALSCH);"")
```

Die Ausgabe des Listenpreises in Zelle B5 unterliegt den gleichen Vorbedingungen wie die Ausgabe des Artikelnamens. Deshalb wenden Sie in dieser Zelle die folgende Funktion an:

```
=WENNFEHLER(SVERWEIS(A2;Datenbank;3;FALSCH);"")
```

4.5.8 Darstellung der Ist- und Soll-Umsätze mittels Datenbankfunktion

Nachdem Sie die Hürde der fehlerfreien Auswahl von Kriterien hinter sich gelassen haben, steht nun die Summenbildung an. Die Ermittlung der Summen in den Spalten der Ist- und Soll-Umsätze ist eine Aufgabe, für die Datenbankfunktionen bestens geeignet sind. Die beiden Werte sollen in den Zellen B6 und B7 (Abbildung 4.26) ausgegeben werden. Dabei soll wahlweise der Produktcode oder die Kategorie für die Berechnung verwendet werden.

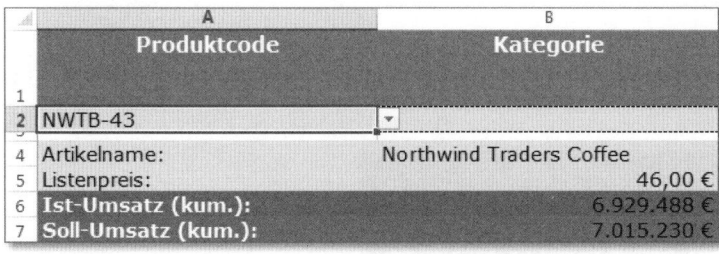

Abbildung 4.26 Berechnete Datenbanksummen für Soll- und Ist-Umsatz

Mit folgenden Parametern gelangen Sie in Zelle B6 ans Ziel:

- Die Datenbank befindet sich im Zellbereich A1 bis G163 des Tabellenblattes *Datenbank*.

- Das zu summierende Datenbankfeld ist die Zelle F1 des gleichen Tabellenblattes.

- Ihr Kriterienbereich befindet sich in den Zellen A1 bis B2 des Tabellenblattes *Soll-Ist-Vergleich*; diese zweispaltige Kriteriendefinition ermöglicht Ihnen wahlweise die Berechnung nach Produkt und Kategorie.

Aus den hier genannten Bausteinen ergibt sich in Zelle B6 folgende Datenbankfunktion:

```
=DBSUMME(Datenbank!$A$1:$G$163;Datenbank!$F$1;$A$1:$B$2)
```

Ziehen Sie die Funktion einfach nach unten in Zelle B7, und ändern Sie den Bezug für das zu summierende Datenbankfeld. Wenn Sie statt `$F$1` die Zelle `$G$1` angeben, erhalten Sie das Resultat für die Soll- statt für die Ist-Umsätze.

4.5.9 Darstellung der Soll-Ist-Ergebnisse im Diagramm

Mit der Auswahl eines Produkts oder einer Kategorie lässt sich nicht nur der Soll- bzw. Ist-Wert mittels Datenbankfunktion berechnen. Sie können selbstverständlich noch einen Schritt weitergehen und die Ergebnisse grafisch darstellen. Ein Balkendiagramm ließe sich ohne allzu großen Aufwand in Ihr Tabellenblatt integrieren.

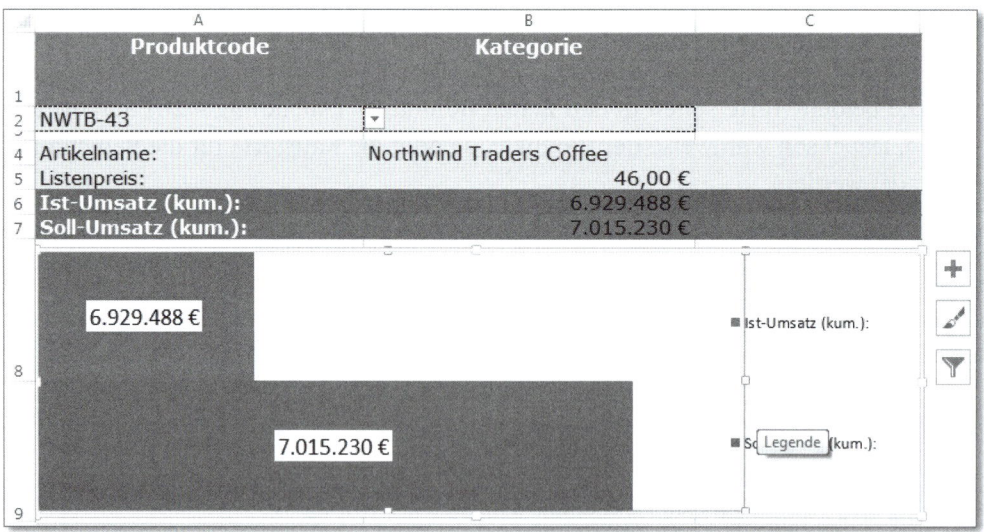

Abbildung 4.27 Darstellung des Soll-Ist-Vergleichs im Diagramm

Wir sollten in diesem Fallbeispiel mit der Zielsetzung antreten, ein Diagramm zu erzeugen, das sich in seinem Erscheinungsbild nahtlos an die restliche Tabelle anpasst. Die bedeutet konkret, dass Sie

- für Diagramm und Tabelle einheitliche Farben einsetzen,

- die Diagrammgröße der Tabellengröße anpassen und

- alle diagrammspezifischen Markierungen wie Rahmen und Gitternetzlinien ausblenden sollten.

Beginnen Sie die Diagrammerstellung mit einem Aufruf der Funktion **Einfügen ▸ Diagramme ▸ Balken ▸ Gruppierte Balken**, ohne dass Sie zuvor einen Datenbereich markiert haben. Danach erstellen Sie zwei Datenreihen in diesem Diagramm, die jeweils nur einen einzigen Datenpunkt besitzen. Dazu klicken Sie auf **Diagrammtools ▸ Entwurf ▸ Daten auswählen ▸ Hinzufügen**. Die erste Datenreihe soll den Wert aus Zelle B7, die Soll-Umsätze, enthalten. Den Datenreihennamen holen Sie sich für diese Datenreihe aus Zelle A7. Den gesamten Vorgang des Anlegens einer Datenreihe wiederholen Sie anschließend mit den Zellinhalten der Zellen A6 und B6 für die Ist-Umsätze. Sollte Excel beim Starten der Funktion eventuell selbständig Werte markiert haben, so löschen Sie diese mit dem Schalter **Entfernen**.

Abbildung 4.28 Die Datenreihen des Diagramms bestehen aus nur einem Datenpunkt.

TIPP

Auswahl vorgeschlagener Diagramme in Excel 2013

Seit Excel 2013 unterbreitet das Programm beim Erstellen von Tabellen, Pivottabellen und auch Diagrammen Vorschläge für geeignete Lösungen. Grundlage ist zumeist der von Ihnen ausgewählte Wertebereich im Tabellenblatt. Wählen Sie in der Beispieldatei den Zellbereich A6 bis B7 aus, und starten Sie **Einfügen ▸ Diagramme ▸ Empfohlene Diagramme**, bietet Excel Ihnen u. a. das benötigte gruppierte Balkendiagramm an. Den Vorschlag übernehmen Sie mit einem Klick auf **OK**. Anschließend stehen Ihnen die weiteren Formatierungsfunktionen für Diagramme wie gewohnt zur Verfügung.

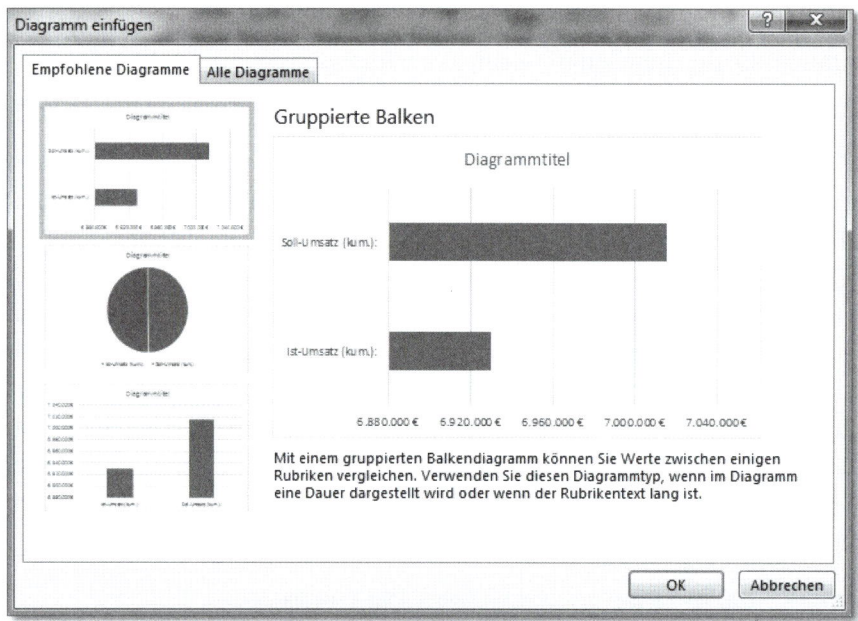

Abbildung 4.29 Empfohlener Diagrammtyp nach Markieren eines Zellbereichs

4.5.10 Formatierung des Diagramms

Ist das Diagramm erst einmal erstellt, kommen noch einige Schritte der Formatierung auf Sie zu. In Excel 2013 wurde die Menüstruktur für Diagramme stark verändert, auch wenn es relativ wenig neue Funktionalitäten gibt. Doch lassen Sie uns zunächst mit einer auf die Tabelle bezogenen Anpassung beginnen: Ändern Sie zunächst die Höhe der Zeilen 8 und 9, in denen das Diagramm positioniert werden soll. Dann nehmen Sie der Reihe nach die folgenden Anpassungen am Diagramm selbst vor:

- Klicken Sie mit der rechten Maustaste auf eine der Datenreihen, und wählen Sie aus dem Kontextmenü die Option **Datenreihen formatieren**. In Excel 2013 werden die Bearbeitungsfunktionen am rechten Bildschirmrand angezeigt, während die Vorgängerversionen noch eine konventionelle Dialogbox in der Bildschirmmitte öffnen. In den **Datenreihenoptionen** von Excel 2013 stellen Sie die **Abstandsbreite** auf 0 %. In Excel 2010 und 2007 heißt das Register **Reihenoptionen**, und auch hier stellen Sie bei der Option **Abstandsbreite 0 % (Kein Abstand)** ein.

- Bereits beim Entfernen der Rubrikenachse zeigt sich die geänderte Struktur des Menüs in Excel 2013, denn Sie ergänzen oder löschen Elemente nun über das **+** rechts neben dem Diagramm. Klicken Sie auf **+ ▶ Achsen**, und entfernen Sie dort das Häkchen von **Primär vertikal** und **Primär horizontal**, um beide Achsen aus dem Diagramm zu entfernen. Klicken Sie abschließend auf **+**, um die Dialogbox auszublenden.

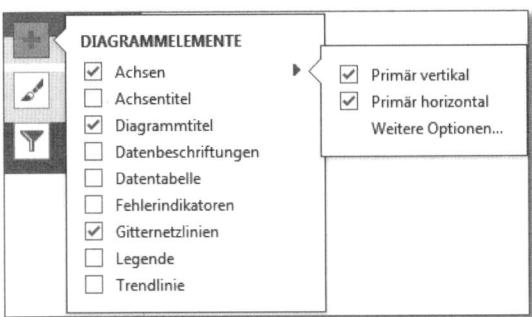

Abbildung 4.30 Entfernen und Hinzufügen von Elementen eines Diagramms in Excel 2013

- In Excel 2010 bzw. 2007 gehen Sie wie folgt vor: Klicken Sie mit der rechten Maustaste die vertikale Rubrikenachse an, wählen Sie **Achse formatieren** und dann im Register **Achsenoptionen** für **Achsenbeschriftungen** die Einstellung **Keine**. Damit verschwindet die Rubrikenachse aus dem Blickfeld. Wiederholen Sie den Vorgang für die horizontale Größenachse. Stellen Sie hier die Optionen **Hauptstrichtyp**, **Hilfsstrichtyp** und **Achsenbeschriftungen** allesamt ebenfalls auf **Keine**. In derselben Dialogbox wählen Sie im Register **Linienfarbe** die Option **Keine Linie**, um auch alle Elemente der horizontalen Achse auszublenden.

- Markieren Sie die Gitternetzlinien, und stellen Sie die Formatierung über die Option **Gitternetzlinien** auf **Keine Linie**, um auch diesen Teil des Diagramms auszublenden. In Excel 2013 können Sie analog auch hier auf **+** klicken und das Häkchen bei **Gitternetzlinien** entfernen.

- Optimieren Sie gegebenenfalls die Position der Legende am rechten Rand des Diagramms, und ziehen Sie sie dann so weit auseinander, dass sich ihre Beschriftungen auf gleicher Höhe mit den Balken des Diagramms befinden.

- Fügen Sie durch einen Rechtsklick auf jede Datenreihe und die danach ausgewählte Option **Datenbeschriftungen hinzufügen** im Kontextmenü die Anzeige der Ergebniswerte des Soll-Ist-Vergleichs zu den Balken hinzu. Mit einem weiteren Rechtsklick auf die Datenbeschriftung selbst können Sie ihre Position anpassen (**Datenbeschriftungen formatieren**). Im Register **Beschriftungsoptionen** gelingt Ihnen dies am besten, wenn Sie als **Beschriftungsposition** den Wert **Zentriert** einstellen.

- Wenn Sie schließlich noch die Beschriftung im Diagramm anklicken, können Sie abschließend auch über **Diagrammtools ▸ Format ▸ Formatarten** den Zahlen eine Umrahmung zuweisen.

- In Excel 2013 haben Sie zudem eine neue Option mit der Funktion **Datenlegenden hinzufügen,** die Sie unter **Datenbeschriftungen hinzufügen** finden. Wenn Sie sie wählen, sollten Sie allerdings im Menü **Datenreihenoptionen** im Register **Beschriftungsoptionen** den **Rubrikennamen** deaktivieren.

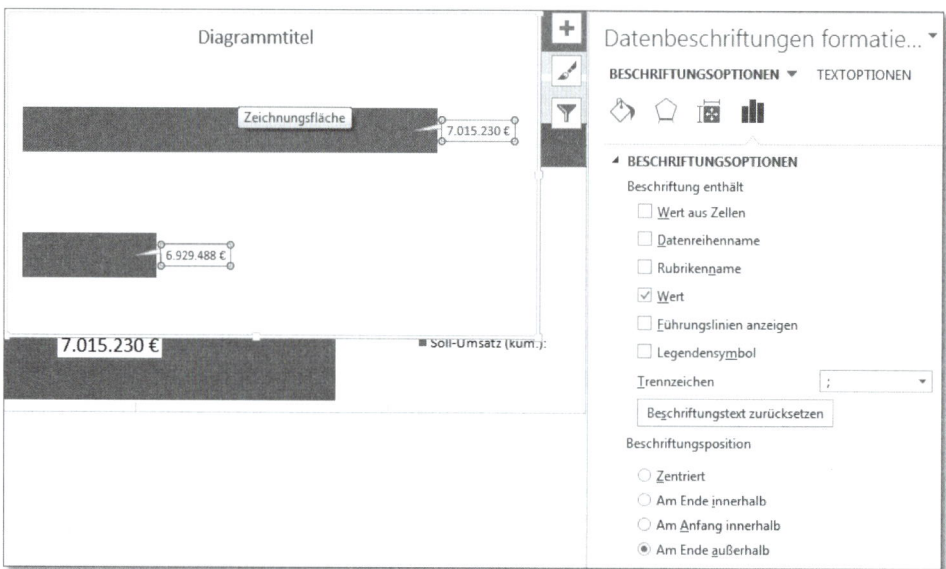

Abbildung 4.31 Datenlegenden in Excel 2013 enthalten einen Rahmen und Verweis auf den jeweiligen Datenpunkt.

Die Menüänderungen für Diagramme in Excel 2013 beziehen sich zunächst darauf, dass das Untermenü **Layout** in den **Diagramm-Tools** verschwunden ist. Seine Aufgaben, das Hinzufügen und Entfernen von Elementen, übernimmt nun die Funktion **Diagrammelemente,** die als + rechts neben dem Diagramm angezeigt wird.

Dialogbox oder Symbol	Menü
die Dialogbox **Formatieren**	Diese Dialogbox wird auf der rechten Seite angezeigt, wenn Sie ein Element des Diagramms mit der rechten Maustaste anklicken und im Kontextmenü die Option zum Formatieren wählen.
	Die Dialogbox besteht aus zwei Registern: **Titeloptionen** und **Textoptionen.** Alle Elemente, die keinen Text enthalten (Datenreihen, Zeichnungsfläche etc.), enthalten nur ein Register.

Tabelle 4.5 Die neue Struktur des Diagrammmenüs in Excel 2013

Dialogbox oder Symbol	Menü
die Ebene **Optionen**	Diese Ebene wird mit Texten bezeichnet. Haben Sie ein Element gewählt, das eine Beschriftung enthält (Titel, Legend, Datenbeschriftung etc.), bestehen die Optionen aus zwei Registern: ein Register, das je nach Auswahl mit **Titeloptionen, Achsenoptionen** oder auch **Beschriftungsoptionen** bezeichnet ist, und die **Textoptionen**. Alle Elemente, die keinen Text enthalten (Datenreihen, Zeichnungsfläche etc.), enthalten nur ein Register.
	Beschriftungs-, Titel-, Achsenoptionen Diese Ebene wird nicht mit Text, sondern mit Symbolen bezeichnet. Wenn Sie diese Register aktivieren, werden für das ausgewählte Element maximal vier Optionen angeboten. **Füllung und Linie:** Hier legen Sie die Füllfarben, Linienart und -stärke für flächige Objekte wie Datenpunkte und Rechtecke fest. **Effekte:** Man darf behaupten, dass diese Option all jene Gestaltungsmöglichkeiten auflistet, von denen man im Sinne guter Lesbarkeit der Diagramme lieber die Finger lässt (Schattierungen, 3D-Effekte und viel anderes Sinnloses mehr). **Größe und Eigenschaften:** Sofern ein Element in seiner Größe veränderlich ist (beispielsweise die Diagrammfläche), können Sie hier die Größe millimetergenau einstellen. Das ginge aber über **Diagramm-Tools ▸ Format ▸ Größe** schneller. Ansonsten dient die Option der Ausrichtung z. B. von Texten. **Beschriftungsoptionen:** Diese Auswahl wird nur angezeigt, wenn das ausgewählte Element einen Bezug zu einer Datenreihe hat. Verzeihen wir den Entwicklern, dass die Bezeichnung der Option bei Textelementen identisch mit dem übergeordneten Register ist (**Beschriftungsoptionen**). Verzeihen wir auch, dass das Symbol bei der Auswahl von Datenreihen auf einmal eine zweite, abweichende Bezeichnung hat (**Datenreihenoptionen**). Dann stellen wir fest, dass sich hinter dem Symbol so unterschiedliche Funktionen wie Abstandsbreiten bei Datenreihen oder die Beschriftungsauswahl für Datenbeschriftungen befinden.

Tabelle 4.5 Die neue Struktur des Diagrammmenüs in Excel 2013 (Forts.)

Dialogbox oder Symbol	Menü
A A A	**Textoptionen** Es werden drei Optionen angeboten: Textfüllung und -kontur, Texteffekte und Textfeld. Die beiden ersten enthalten Möglichkeiten, die verwendete Schrift mit zahlreichen Fülleffekten und Farbverläufen (!) zu formatieren oder Leuchteffekte zu verwenden. Es wird der Aussagekraft Ihrer zukünftigen Diagramme keinesfalls schaden, wenn Sie diese Funktionen nie benutzen. **Textfeld:** Die horizontalen und vertikalen Ausrichtungsfunktionen finden Sie in diesem Menü.

Tabelle 4.5 Die neue Struktur des Diagrammmenüs in Excel 2013 (Forts.)

Erhalten geblieben ist in Excel 2013 die Grundfunktion, die bei einem Rechtsklick auf eines der Diagrammelemente zumeist einen guten Einstieg in die entsprechenden Formatierungsfunktionen offeriert. In Excel 2007 oder 2010 können Sie alternativ die Formatänderungen direkt über das Menü **Diagrammtools ▶ Layout** ausführen. Dort wählen Sie in der Gruppe **Aktuelle Auswahl** zuerst das Diagrammelement aus und klicken dann auf **Auswahl formatieren**. In der daraufhin angezeigten Dialogbox nehmen Sie dann die gewünschten Änderungen vor. In Excel 2013 wurde diese Funktion in **Diagrammtools ▶ Entwurf ▶ Aktuelle Auswahl** übernommen.

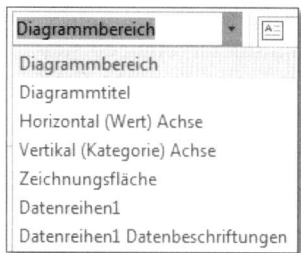

Abbildung 4.32 Auswahl zu formatierender Elemente in den **Diagrammtools**

4.6   Konsolidierung von Daten

In den bisherigen Beispielen lagen die Basisdaten, die einer Analyse unterzogen werden sollten, jeweils in Form einer einfachen Excel-Liste und in einem Tabellenblatt vor. Dies ist natürlich nicht immer so. Wenn Sie beispielsweise monatlich Daten aus einem anderen Programm oder eventuell auch als Textdatei erhalten, werden Sie sich sicherlich die Frage stellen, wie Sie solche Daten am schnellsten zusammenführen können.

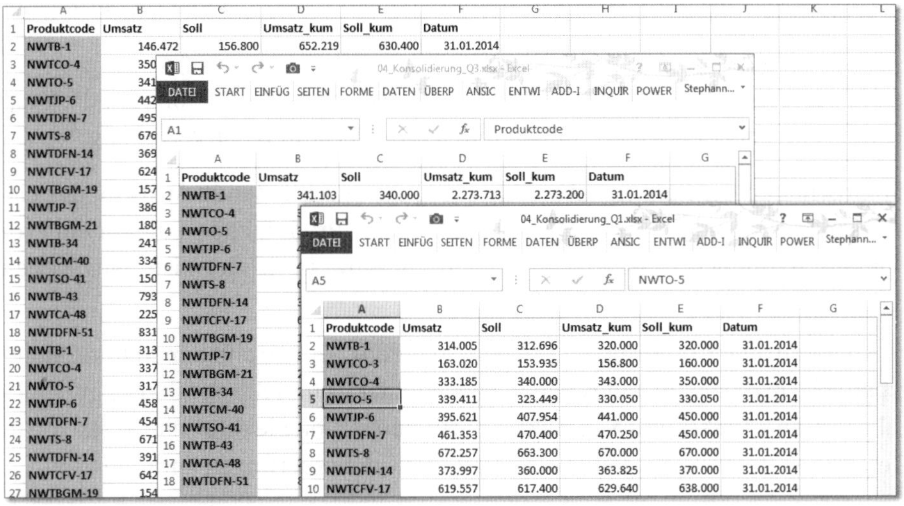

Abbildung 4.33 Konsolidierungsbereiche, bestehend aus den Daten aus Q1, Q2 und Q3, sollten einen identischen Aufbau besitzen.

Excel verfügt über eine Funktion zur Konsolidierung von Daten, die sehr hilfreich sein kann, wenn die Daten, die Sie zusammenführen möchten, geeignete Voraussetzungen mitbringen. Zu diesen Voraussetzungen gehört,

- dass die Tabellen, die konsolidiert werden sollen, über korrekt bezeichnete oder – genauer gesagt – codierte Zeilen- und/oder Spaltenbeschriftungen verfügen,

- die Werte, die Sie berechnen möchten, nach Möglichkeit unmittelbar neben den Zeilenbeschriftungen stehen,

- verbundene Zellen – beispielsweise im Bereich der Überschriften – in den Tabellen nicht verwendet werden

- und dass die Tabellen grundsätzlich einen gleichartigen Aufbau – z. B. die gleiche Abfolge von Spalten – besitzen.

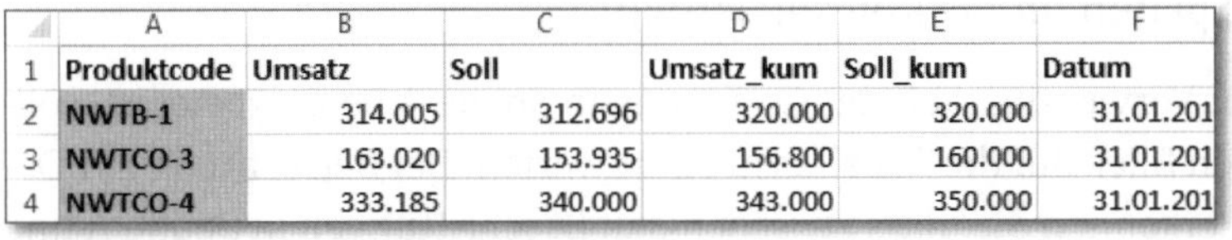

	A	B	C	D	E	F
1	Produktcode	Umsatz	Soll	Umsatz_kum	Soll_kum	Datum
2	NWTB-1	314.005	312.696	320.000	320.000	31.01.201
3	NWTCO-3	163.020	153.935	156.800	160.000	31.01.201
4	NWTCO-4	333.185	340.000	343.000	350.000	31.01.201

Abbildung 4.34 Aufbau eines typischen Konsolidierungsbereiches

4.6.1 Betrachtung der Ausgangsdaten

Bei Betrachtung des Konsolidierungsbereiches im Tabellenblatt *Q1* der Arbeitsmappe *04_Konsolidierung_01.xlsx* (Abbildung 4.34) ist erkennbar, dass in Spalte A eine Produktcodierung verwendet wird. Dies lässt darauf schließen, dass zur Identifizierung der Produkte eindeutige Bezeichnungen verwendet wurden.

Möchten Sie dem Augenschein in dieser Situation nicht völlig trauen, sondern die Qualität der Daten eingehender prüfen, stehen Ihnen zwei Verfahren zur Verfügung:

- Durch Einschalten der Funktion AutoFilter und die anschließende Auswahl des Listenfeldes in Spalte A erkennen Sie leicht, ob einzelne Produktcodes, die für ein Produkt gelten, irrtümlich in unterschiedlicher Schreibweise in der Liste eingegeben wurden.

- Durch Kopieren aller Codierungen aus den Spalten A der verschiedenen Konsolidierungsbereiche in die Spalte eines neuen Tabellenblattes und durch Filtern der Duplikate über **Daten ▸ Datentools ▸ Duplikate entfernen** stellen Sie sehr schnell fest, ob in der Gesamtheit der verschiedenen Listen fehlerhafte Codierungen enthalten sind.

Abbildung 4.35 Die Funktion zum Filtern von Duplikaten bietet Excel seit der Version 2007.

4.6.2 Verwendbare Spalten für die Konsolidierung

Nachdem die Frage zur Verwendbarkeit der Codierung in Spalte A beantwortet ist, sollten Sie einen genaueren Blick auf die Tabellenstruktur werfen. Bei Betrachtung der Daten in Abbildung 4.34 erkennen Sie, dass zwischen den Beschriftungen in Spalte A und den für eine Konsolidierung interessanten Werten in den Spalten B bis E keine überflüssigen Daten vorhanden sind. Aber was sind überflüssige Daten eigentlich? Überflüssige Daten könnten im Einzelfall aus Spalten bestehen, die zwischen der Beschriftung in Spalte A und den Werten stehen und wahlweise Textinhalte, Datumswerte oder Zahlen wie Produktnummern, also nicht konsolidierbare Werte, enthalten.

Das Beispiel in Abbildung 4.36 veranschaulicht, wie Excel mit solchen für die Konsolidierung unbrauchbaren Daten verfährt. Während Spalten, die Texte enthalten, nach der Konsolidierung einfach leer angezeigt werden, kommt es sowohl bei den Datums- als auch bei den sonstigen Zahlen zu einer Konsolidierung der Spalten unter der Verwendung der für die Konsolidierung ausgewählten Funktion. Im Beispiel ist dies die Funktion **Summe**. Dies führt zu dem kuriosen Resultat, dass die Datumswerte in der zweiten Spalte zu einem Datum in ferner Zukunft summiert werden. Die Summe der im unteren Beispiel verwendeten Nummerierung ist allerdings nicht weniger unbrauchbar für den Benutzer der Daten.

	Text	Umsatz	Soll
123		222	410
234		227	417
345		232	424
456		237	431
567		242	438
	Datum	Umsatz	Soll
123	15.03.2121	222	410
234	17.03.2121	227	417
345	19.03.2121	232	424
456	21.03.2121	237	431
567	23.03.2121	242	438
	Nr.	Umsatz	Soll
123	402	222	410
234	404	227	417
345	406	232	424
456	408	237	431
567	410	242	438

Abbildung 4.36 Konsolidierung von Text-, Datums- und Zahlenspalten

4.6.3 Verwendung von Spaltenüberschriften bei der Konsolidierung

Da die Konsolidierung wesentliche Daten auch aus den Spaltenüberschriften gewinnen kann, sollten Sie auch diesem Bereich ausreichend Aufmerksamkeit schenken. Wenn Sie durch die drei Tabellenblätter *Q1*, *Q2* und *Q3* der Beispieldatei blättern, werden Sie feststellen, dass die Beschriftungen in den ersten Zeilen absolut *identisch* sind. Wenn Sie

z. B. die drei Spalten, die Angaben zum Umsatz enthalten, in *einer gemeinsamen Spalte* zusammenführen möchten, dann ist dieser Aufbau ideal.

Umsatz		
123	222	
234	227	
345	232	
456	237	
567	242	
	Umsatz Q1	Umsatz Q2
123	102	120
234	104	123
345	106	126
456	108	129
567	110	132

Abbildung 4.37 Konsolidierung in eine oder mehrere Spalten

Möchten Sie hingegen die Daten der Originaltabellen durch eine Konsolidierung zunächst einmal in *verschiedenen Spalten* nebeneinander anordnen, wie dies im unteren Teil von Abbildung 4.37 geschehen ist, dann ist es notwendig, dass sich die Spaltenüberschriften in den Ausgangstabellen *eindeutig voneinander unterscheiden*. Im Beispiel ist dies dadurch erreicht worden, dass der erste Konsolidierungsbereich die Überschrift *Umsatz Q1*, der zweite *Umsatz Q2* verwendet.

4.6.4 Konsolidierung der Daten einer Arbeitsmappe

Die einfachste Form, Daten in Excel zu konsolidieren, ist es, Inhalte aus den verschiedenen Tabellenblättern einer Arbeitsmappe zusammenzuführen. In der Beispielarbeitsmappe existieren drei Tabellenblätter mit Quartalsergebnissen. Die drei Tabellen sollen nun im vierten Tabellenblatt *Konsolidierung Q1 bis Q3* konsolidiert werden. Dazu bewegen Sie den Cursor in Zelle A1 des Tabellenblattes und starten die Funktion **Daten ▸ Datentools ▸ Konsolidieren**.

Konsolidierungseinstellungen sind immer an das jeweilige Tabellenblatt der Arbeitsmappe gebunden, in dem sie erstellt wurden. Wenn in diesem Tabellenblatt noch keine Konsolidierung konfiguriert wurde, zeigt Ihnen Excel die in Abbildung 4.38 gezeigte Dialogbox an. In ihr sind keine Konsolidierungsbereiche für dieses Blatt sichtbar, selbst wenn bereits für andere Tabellenblätter der Arbeitsmappe Konsolidierungen definiert wurden.

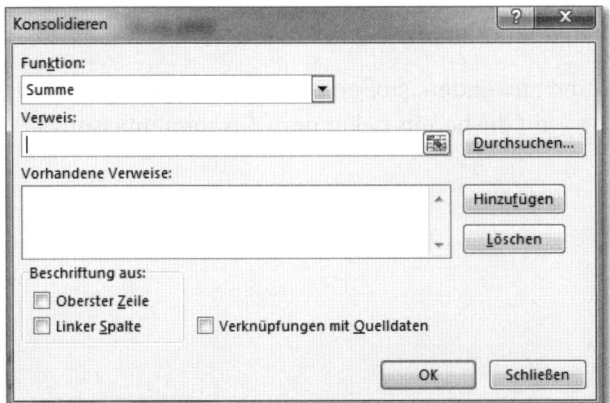

Abbildung 4.38 Dialogbox zur Definition der Konsolidierung

Sie ändern diesen Zustand, indem Sie zunächst im Listenfeld **Funktion** die Funktion auswählen, mit der die Konsolidierung durchgeführt werden soll, und – nachdem Sie den Cursor im Eingabefeld **Verweis** positioniert haben – den Zellbereich A1 bis C55 im Tabellenblatt *Q1* markieren. Anschließend klicken Sie auf **Hinzufügen**. Excel trägt den ausgewählten Zellbereich nun in die Liste des Feldes **Vorhandene Verweise** ein.

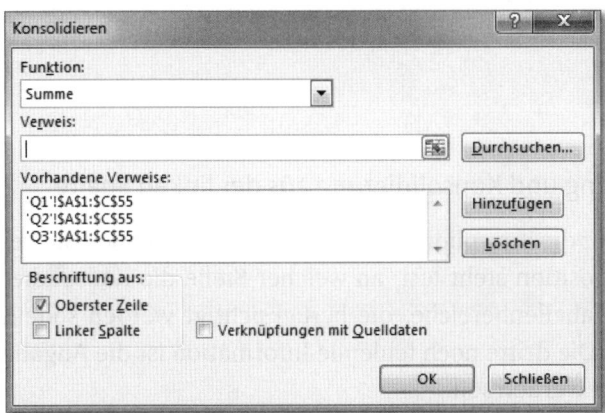

Abbildung 4.39 Auswahl der Konsolidierungsbereiche

Wiederholen Sie diese Schritte, um auch die Konsolidierungsbereiche in den Tabellenblättern *Q2* und *Q3* in die Liste aufzunehmen. Dazu reicht es aus, mit der Maus auf das Tabellenregister *Q2* zu klicken. Sofern die Konsolidierungsbereiche die gleiche Größe und Struktur besitzen, übernimmt Excel den Zellbereich aus der ersten Tabelle. Und Sie müssen die Auswahl des Bereiches lediglich durch einen Klick auf **Hinzufügen** noch bestätigen.

Bei der Konsolidierung verfügbare Funktionen

Wenn Sie die Funktion **Konsolidieren** anwenden, stoßen Sie erneut – wenn auch in leicht abgewandelter Bezeichnung – auf die bereits bekannten Zusammenfassungsfunktionen. Diese sind:

- Summe
- Anzahl
- Mittelwert
- Maximum
- Minimum
- Produkt
- Anzahl Zahlen
- Standardabweichung (Stichprobe)
- Standardabweichung (Grundgesamtheit)
- Varianz (Stichprobe)
- Varianz (Grundgesamtheit)

4.6.5 Übernahme der Beschriftung und Konsolidierung aus der linken Spalte

Zwei von drei Informationen, die für die Konsolidierung benötigt werden, haben Sie bereits festgelegt. Durch die Cursorposition steht fest, an welcher Stelle die Konsolidierung eingefügt werden soll. Die Tabellenbereiche, die berücksichtigt werden sollen, wurden ebenfalls bereits benannt. Die dritte noch fehlende Information ist die Angabe der Grundlage, auf der konsolidiert werden soll.

Hier stehen vier unterschiedliche Möglichkeiten zur Verfügung:

Konsolidierungsmerkmal	Konsolidierungsergebnis
Zellen	Bei der Auswahl der Zeilen als Grundlage der Konsolidierung führt Excel die Werte von Zeilen, die die gleiche Beschriftung (z. B. eine Kunden- oder Artikelnummer)

Tabelle 4.6 Möglichkeiten der Datenkonsolidierung

Konsolidierungsmerkmal	Konsolidierungsergebnis
Zeilen (Forts.)	besitzen, mit der ausgewählten Funktion, etwa Summe oder Mittelwert, zusammen. Damit ist sichergestellt, dass die korrespondierenden Werte zusammengefasst werden, auch wenn die Konsolidierungsbereiche unterschiedlich sortiert sind. Kommen mehrere Werte zu einer Beschriftung in einem Konsolidierungsbereich vor, z. B. die Daten der Monate Januar, Februar und März im Tabellenblatt *Q1*, so werden auch diese Werte zu einem Wert konsolidiert. Die Zeilenbeschriftungen werden in der ersten Spalte der konsolidierten Tabelle eingetragen.
Spalten	Die Spaltenüberschriften werden herangezogen, um die Konsolidierung durchzuführen. Spalten mit identischen Überschriften werden somit auf Grundlage der ausgewählten Funktion zusammengefasst. Enthalten die Spalten unterschiedliche Überschriften, z. B. *Q1*, *Q2*, *Q3*, werden sie bei der Konsolidierung als Einzelergebnisse nebeneinander dargestellt. Werden nicht ausdrücklich auch die Zeilen als Merkmal für die Konsolidierung aktiviert, konsolidiert Excel allein auf Grundlage der Reihenfolge der Datensätze. Dies führt zu Fehlern, wenn die Tabellen unterschiedlich sortiert sind.
Zeilen und Spalten	Die Berücksichtigung der Zeilenbeschriftungen stellt sicher, dass auch unterschiedliche Tabelleninhalte und Sortierungen zu einer korrekten Konsolidierung führen. Die Einbeziehung der Spaltenüberschriften führt zur Ausgabe aller Einzelergebnisse in einer gemeinsamen Tabelle. Mit diesen Ergebnissen kann anschließend weitergearbeitet werden.
weder Zeilen noch Spalten	Excel erstellt eine Konsolidierung aller Werte der einzelnen Konsolidierungsbereiche. Die erste Spalte und damit die Zeilenbeschriftungen der Tabellen werden nicht als Konsolidierungsgrundlage eingesetzt. Zusammengefasst werden die Werte somit lediglich auf Basis ihrer Reihenfolge in den verschiedenen Tabellen. Unterscheidet sich die Reihenfolge in den Tabellen, werden Werte zusammengefasst, die nicht korrespondieren.

Tabelle 4.6 Möglichkeiten der Datenkonsolidierung (Forts.)

Um sowohl die Werte aus den einzelnen Monaten eines Tabellenblattes als auch aus den drei Quartalen zusammenzufassen, müssen Sie in jedem Fall die Beschriftung aus den Zeilen erstellen lassen. Da die Spaltenüberschriften in den Zellen B1 und C1 aller Tabellenblätter identisch sind, wird die Auswahl der Option **Spalten** auf Ebene der Kalkulation keine Folgen haben. Den einzigen Effekt, den Sie erzielen, ist, dass Excel die Überschriften *Umsatz* und *Soll* auch in die Konsolidierungstabelle schreiben wird.

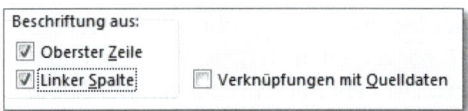

Abbildung 4.40 Konsolidierung auf Basis der Produktcodes der Basistabellen

Klicken Sie auf **OK**, um die Funktion auszuführen. Als Ergebnis erhalten Sie an der Cursorposition die folgende Ergebnistabelle:

	A	B	C
1	Produktcode	Umsatz	Soll
2	NWTB-1	2.779.157	2.775.896
3	NWTCO-3	1.662.512	1.584.585
4	NWTCO-4	3.061.873	3.059.450
5	NWTO-5	3.052.653	2.944.043
6	NWTJP-6	3.946.786	3.956.754
7	NWTDFN-7	4.198.771	4.117.900
8	NWTS-8	5.972.709	5.976.400
9	NWTDFN-14	3.369.763	3.303.975
10	NWTCFV-17	5.709.469	5.705.560
11	NWTBGM-19	1.403.712	1.332.000
12	NWTJP-7	3.601.030	3.599.800
13	NWTBGM-21	1.718.075	1.640.150
14	NWTB-34	2.068.945	2.066.700
15	NWTCM-40	2.990.071	2.886.895
16	NWTSO-41	1.313.215	1.336.500
17	NWTB-43	7.009.244	6.929.488
18	NWTCA-48	1.973.865	1.989.430
19	NWTDFN-51	7.444.244	7.383.080

Abbildung 4.41 Konsolidierungsergebnis

4.6.6   Konsolidierung auf Basis der Spaltenüberschriften

Das Ergebnis der ersten Konsolidierung kann sich zweifelsfrei sehen lassen. Am ehesten werden Sie eventuell bemängeln, dass die Einzelergebnisse der Quartale in der jetzigen

Konsolidierung zugunsten eines Gesamtergebnisses nicht erkennbar sind. Doch dies können Sie selbstverständlich ändern.

Es bedarf nur einer kleinen Korrektur der Spaltenüberschriften, um die Grundstruktur der Konsolidierung zu modifizieren. Ändern Sie den Titel in Zelle B1 des Tabellenblattes *Q1* von »Umsatz« in »Umsatz – Q1«, den in Tabellenblatt *Q2* in »Umsatz – Q2« und schließlich den im Tabellenblatt Q3 in »Umsatz – Q3«. Ändern Sie auch die Überschriften in Zelle C1 der drei Blätter entsprechend.

Um sich die Arbeit der Definition sämtlicher Konsolidierungsbereiche zu sparen, erstellen Sie am besten eine Kopie des Tabellenblattes *Konsolidierung Q1 bis Q3*, denn, wie gesagt, Tabellenblätter sind der Speicherort der Konsolidierungseinstellungen. Mit einem rechten Mausklick auf das Tabellenregister und Auswahl der Option **Verschieben oder Kopieren** erstellen Sie somit nicht nur eine Kopie der Tabellenblattinhalte, sondern auch der Konsolidierungsvorgaben. Aktivieren Sie die Option **Kopie erstellen** in der angezeigten Dialogbox, bevor Sie mit **OK** bestätigen.

Abbildung 4.42 Kopieren des Tabellenblattes und seiner Konsolidierungseinstellungen

An den Konsolidierungseinstellungen müssen Sie keine Veränderungen vornehmen. Auf Basis der Beschriftungen in **Zeilen** und **Spalten** erhalten Sie nun eine Tabelle, in der sämtliche Produkte gelistet und alle Quartalsergebnisse in separaten Spalten nebeneinander ausgegeben werden.

Diese Tabelle bildet wiederum eine gute Grundlage, um weitere Berechnungen durchzuführen. Beispielsweise könnten Sie in ihr die drei Quartalsergebnisse für Ist- und Soll-Umsatz addieren. Wenn Sie sich die Tabelleninhalte genauer ansehen, werden Sie feststellen, dass die Ergebnisse der Konsolidierung als feste Werte in dieses Tabellenblatt geschrieben wurden. Es gibt also keine Verknüpfung mehr zu den ursprünglichen Tabellen.

.al	A	B	C	D	E	F	G
1	**Produktcode**	**Umsatz - Q1**	**Soll - Q1**	Umsatz - Q2	Soll - Q2	Umsatz - Q3	Soll - Q3
2	NWTB-1	963.348	952.696	803.338	810.000	1.012.471	1.013.200
3	NWTCO-3	511.967	467.535	638.128	633.600	512.417	483.450
4	NWTCO-4	1.038.171	1.036.500	1.008.522	1.024.650	1.015.180	998.300
5	NWTO-5	1.026.235	976.947	1.002.980	986.848	1.023.437	980.247
6	NWTJP-6	1.291.316	1.307.954	1.337.972	1.341.000	1.317.498	1.307.800
7	NWTDFN-7	1.428.540	1.415.650	1.384.970	1.361.250	1.385.261	1.341.000
8	NWTS-8	1.960.030	1.976.500	2.023.175	2.010.000	1.989.504	1.989.900
9	NWTDFN-14	1.099.600	1.080.225	1.139.611	1.102.600	1.130.552	1.121.150
10	NWTCFV-17	1.871.966	1.870.740	1.902.063	1.888.480	1.935.440	1.946.340
11	NWTBGM-19	467.436	442.500	484.993	445.500	451.283	444.000
12	NWTJP-7	1.201.814	1.184.000	1.172.436	1.188.000	1.226.780	1.227.800
13	NWTBGM-21	597.655	554.400	574.230	564.300	546.190	521.450
14	NWTB-34	674.353	680.800	681.215	690.300	713.377	695.600
15	NWTCM-40	998.580	951.375	978.847	965.525	1.012.644	969.995
16	NWTSO-41	425.303	448.500	445.081	445.500	442.831	442.500
17	NWTB-43	2.325.724	2.315.026	2.333.858	2.307.231	2.349.662	2.307.231
18	NWTCA-48	643.324	657.340	670.537	659.340	660.004	672.750
19	NWTDFN-51	2.455.593	2.443.080	2.514.656	2.473.400	2.473.995	2.466.600

Abbildung 4.43 Konsolidierungsergebnis nach Verwendung unterschiedlicher Spaltenbeschriftungen

4.6.7   Verknüpfung der Konsolidierung mit den Originaldaten

Es mag nun auch Situationen geben, in denen Sie gerne auf aktualisierbare Verknüpfungen zu den ursprünglichen Konsolidierungsbereichen statt auf fixe Werte in der Ergebnistabelle zugreifen möchten. In diesem Fall käme die dritte Option in der Dialogbox
Konsolidieren zum Tragen: die Option **Verknüpfungen mit Quelldaten**.

Kopieren Sie das Tabellenblatt *Konsolidierung Q1 bis Q3* erneut, um die Funktionsweise
der Verknüpfungen zu überprüfen. Dann starten Sie die Konsolidierung erneut und aktivieren die Beschriftungen aus **Zeilen** sowie die **Verknüpfungen mit Quelldaten**. Das Ergebnis sollte die in Abbildung 4.44 gezeigte Tabelle sein.

Die beiden Schalter **1** und **2** links oberhalb der Tabelle sowie das Pluszeichen neben den
Zeilennummern in jeder Zeile deuten bereits an, dass mit der Verknüpfung automatisch
die Gliederungsfunktion aktiviert wurde. Durch Klicken auf diese Schalter blenden Sie
die Einzelheiten, sprich die Monatsergebnisse zu den Produktcodes, ein und aus.

Bewegen Sie den Cursor in Zelle C2 des Tabellenblattes, so zeigt sich, dass nun keine fixen Werte, sondern Zellbezüge (=`'Q1'!$B$2`) in der Ergebnistabelle verwendet werden.
Aktualisieren Sie einen Wert in den Tabellenblättern *Q1*, *Q2* oder *Q3*, so wird diese Änderung folglich unmittelbar an die Konsolidierungstabelle weitergegeben.

1 2		A	B	C	D
	1	Produktcode		Umsatz	Soll
+	11	NWTB-1	Gesamt	2.779.157	2.775.896
+	21	NWTCO-3	Gesamt	1.662.512	1.584.585
+	31	NWTCO-4	Gesamt	3.061.873	3.059.450
+	41	NWTO-5	Gesamt	3.052.653	2.944.043
+	51	NWTJP-6	Gesamt	3.946.786	3.956.754
+	61	NWTDFN-7	Gesamt	4.198.771	4.117.900
+	71	NWTS-8	Gesamt	5.972.709	5.976.400
+	81	NWTDFN-14	Gesamt	3.369.763	3.303.975
+	91	NWTCFV-17	Gesamt	5.709.469	5.705.560
+	101	NWTBGM-19	Gesamt	1.403.712	1.332.000
+	111	NWTJP-7	Gesamt	3.601.030	3.599.800
+	121	NWTBGM-21	Gesamt	1.718.075	1.640.150
+	131	NWTB-34	Gesamt	2.068.945	2.066.700
+	141	NWTCM-40	Gesamt	2.990.071	2.886.895
+	151	NWTSO-41	Gesamt	1.313.215	1.336.500
+	161	NWTB-43	Gesamt	7.009.244	6.929.488
+	171	NWTCA-48	Gesamt	1.973.865	1.989.430
+	181	NWTDFN-51	Gesamt	7.444.244	7.383.080

Abbildung 4.44 Konsolidierungsergebnis mit Verknüpfung und Gliederungsfunktion

1 2		A	B	C	D
	1	Produktcode		Umsatz	Soll
	2		Januar	314.005	312.696
	3		Februar	321.341	320.000
	4		März	328.002	320.000
	5		April	146.472	156.800
	6		Mai	313.284	320.000
	7		Juni	343.582	333.200
	8		Juli	341.103	340.000
	9		August	350.979	340.000
	10		September	320.389	333.200
−	11	NWTB-1	Gesamt	2.779.157	2.775.896
	12			163.020	153.935
	13			181.930	156.800
	14			167.017	156.800
	15			306.401	320.000
	16			165.216	156.800
	17			166.511	156.800
	18			183.963	158.400
	19			175.317	161.700
	20			153.137	163.350
−	21	NWTCO-3		1.662.512	1.584.585
	22			Gesamt 35	340.000
	23			353.325	346.500

Abbildung 4.45 Anpassung der Beschriftungen in der Ergebnistabelle

Wenig hilfreich ist hingegen die Beschriftung in Spalte B. Darin wird der Name der verwendeten Arbeitsmappe ausgegeben. Wenn alle Konsolidierungsbereiche aus einer

Datei stammen, ist diese Information überflüssig. Deshalb sollten Sie den Inhalt von Spalte B löschen. Stattdessen können Sie in dieser Spalte die Monatsangaben verwenden.

- Beginnen Sie in Zelle B2 mit der Eingabe von »Januar«.

- Ziehen Sie den Zellinhalt mit der linken Maustaste bis zu Zelle B10.

- In B11 geben Sie als Beschriftung »Gesamt« ein.

- Markieren Sie dann den gesamten Bereich von B2 bis B11, und ziehen Sie den markierten Bereich mit gedrückter Strg -Taste bis zu Zelle B181 nach unten.

Ihre Konsolidierungstabelle ist mit dem Hinzufügen der Beschriftungen nun vollständig.

4.6.8 Konsolidierung von Daten aus unterschiedlichen Arbeitsmappen

Datenkonsolidierungen sind nicht darauf angewiesen, dass alle Konsolidierungsbereiche sich in einer Arbeitsmappe befinden. Wenn, im Gegenteil, die Basistabellen in unterschiedlichen Dateien gespeichert sind, gelten aber zunächst die gleichen Voraussetzungen in puncto Tabellenaufbau und Spalten- bzw. Zeilenbeschriftung, wie sie bereits bei der Konsolidierung von Tabellenblättern in einer Arbeitsmappe galten.

Möchten Sie die drei ersten Quartale des Jahres, die in den Dateien *04_Konsolidierung_Q1.xlsx*, *04_Konsolidierung_Q2.xlsx* und *04_Konsolidierung_Q3.xlsx* erfasst wurden, in einer vierten Datei – *04_Konsolidierung_aus_Dateien_01.xlsx* – konsolidieren, ist dies über den Schalter **Durchsuchen** der Dialogbox **Konsolidieren** möglich. Sobald Sie die betreffende Datei aus dem Dateisystem ausgewählt haben, stehen Sie aber wahrscheinlich vor einem Problem: Sie müssen den Tabellennamen und die korrekten Zellbezüge angeben, um auf die Daten zuzugreifen, die Sie konsolidieren möchten.

Bei all den Klammern, Hochkommata und Ausrufezeichen, die Excel bei der Eingabe der Dateinamen und Tabellenblattnamen erwartet, ist es ziemlich wahrscheinlich, dass Sie sich bei dem benötigten Verweis verheddern. Und die Aussicht, dieses Geduldsspiel gleich bei drei Dateien auszuführen, wird Sie wohl kaum besonders euphorisch stimmen. Doch es gibt zwei Auswege:

- Sie verwenden in den Dateien Bereichsnamen für die Adressierung der Konsolidierungsbereiche.

- Sie öffnen alle Dateien und erstellen die Verweise wie gewohnt im Zeigemodus, also durch Markieren der Zellbereiche in den verschiedenen Arbeitsmappen.

4.6.9 Konsolidierung durch Nutzung von Bereichsnamen

Lassen Sie uns Alternative 1 ausprobieren. Wenn Sie eine völlig neue Excel-Datei erstellen und in die Funktion **Daten ▸ Datentools ▸ Konsolidieren** wechseln, klicken Sie einfach auf **Durchsuchen** und wählen dann die Datei *04_Konsolidierung_Q1.xlsx* aus. Da die Funktionstaste ⌜F3⌟, mit der Sie gewöhnlich die Anzeige der verfügbaren Bereichsnamen veranlassen, in dieser Dialogbox nicht funktionieren kann, sind Sie gezwungen, den Bereichsnamen per Tastatur einzugeben.

Schreiben Sie also hinter das Ausrufezeichen des Dateinamens im Eingabefeld **Verweis** den Bereichsnamen »Soll_Ist«, der in allen drei Dateien die Konsolidierungsbereiche bezeichnet. Dann klicken Sie wie gewohnt auf **Hinzufügen**. Mit den beiden weiteren Dateien verfahren Sie in gleicher Weise.

Aktivieren Sie für die Option **Beschriftung aus:** sowohl **Oberste Zeile** als auch **Linke Spalte**. Auch die Option **Verknüpfungen mit Quelldaten** sollten Sie einschalten. Dann Klicken Sie auf **OK**, um die Daten zusammenzuführen.

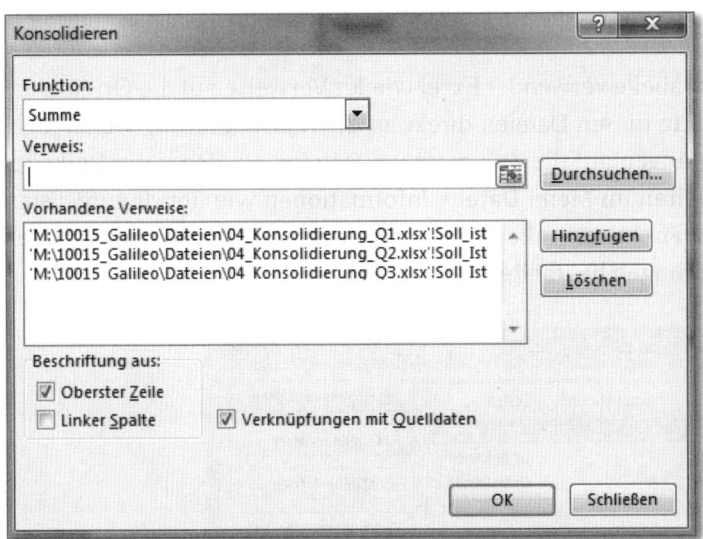

Abbildung 4.46 Konsolidierung unter Verwendung von Bereichsnamen

Durch Öffnen der Detailebene in der Ergebnistabelle erkennen Sie, dass nun die drei Dateinamen der Konsolidierungsdateien in Spalte B angegeben werden und somit diesmal auch eine brauchbare Information liefern. Beim Produkt *NWTCO-3* stellen Sie so auf den ersten Blick fest, dass dafür lediglich aus der ersten Datei Werte übernommen wurden. Tatsächlich enthalten die Dateien für das zweite und dritte Quartal keine Daten zu diesem Produkt. Nehmen wir der Einfachheit halber an, dass sein Vertrieb eingestellt wurde (Abbildung 4.47).

1 2		A	B	C	D
	1			Umsatz	Soll
	2		04_Konsolidierung_Q1	314.005	312.696
	3			321.341	320.000
	4			328.002	320.000
	5		04_Konsolidierung_Q2	146.472	156.800
	6			313.284	320.000
	7			343.582	333.200
	8		04_Konsolidierung_Q3	341.103	340.000
	9			350.979	340.000
	10			320.389	333.200
−	11	NWTB-1		2.779.157	2.775.896
	12		04_Konsolidierung_Q1	163.020	153.935
	13			181.930	156.800
	14			167.017	156.800
−	15	NWTCO-3		511.967	467.535

Abbildung 4.47 Details der aus unterschiedlichen Dateien konsolidierten Produktdaten

In den Zellen der Ergebnistabelle verwendet Excel wieder Verweise auf die Originaldateien, so dass Änderungen in diesen Dateien direkt an die Konsolidierung weitergegeben werden. Die Verknüpfungen auf die drei externen Dateien werden unter **Verknüpfungen mit Dateien bearbeiten** im Menü **Datei ▸ Informationen** wie üblich aufgelistet. Außerdem finden Sie diese Funktion in allen Versionen, auch in Excel 2007, unter **Daten ▸ Verbindungen ▸ Verknüpfungen bearbeiten**.

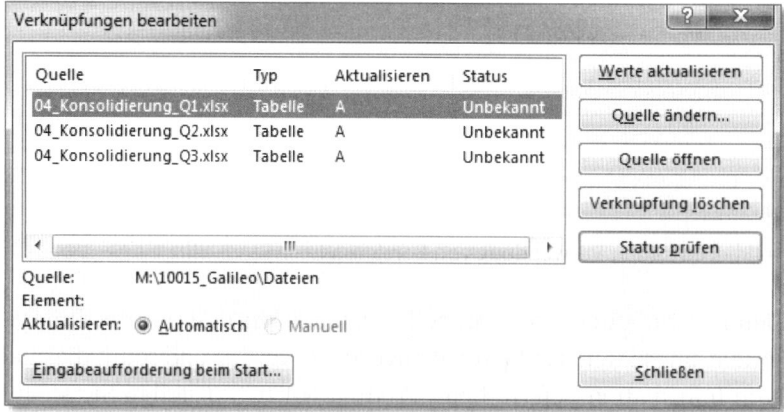

Abbildung 4.48 Verknüpfungsstatus

4.6.10 Konsolidierung mit geöffneten Dateien

Alternative 2, Daten aus unterschiedlichen Arbeitsmappen zu konsolidieren, besteht schlichtweg darin, den Zugriff auf die Dateien über das Dateisystem zu umgehen. Das erreichen Sie, indem Sie alle Dateien, die in die Konsolidierung einbezogen werden sollen, in Excel öffnen.

Sobald dies erledigt ist, starten Sie die Funktion **Konsolidieren** wie gewohnt. Wenn Sie nun im Zeigemodus über die Taskleiste von Windows in die Datei *04_Konsolidierung_Q1.xlsx* wechseln und den Zellbereich A1 bis C55 markieren, können Sie diesen Konsolidierungsbereich mit **Hinzufügen** in die Liste der vorhandenen Verweise aufnehmen.

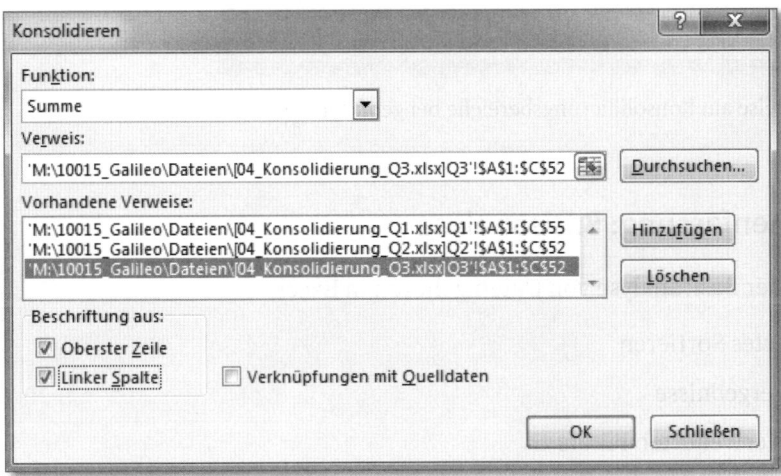

Abbildung 4.49 Verwendung des Zeigemodus bei geöffneten Dateien

Diesen Vorgang müssen Sie anschließend ebenfalls für die beiden weiteren Dateien des zweiten und dritten Quartals wiederholen. Zu guter Letzt wird in der Dialogbox die Liste aller Konsolidierungsbereiche angezeigt. Da die Dateien während der Auswahl geöffnet waren, werden die Dateinamen in eckigen Klammern angezeigt.

Aktivieren Sie auch hier die beiden Optionen zur Übernahme der Beschriftungen aus der obersten Zeile und der linken Spalte, bevor Sie auf **OK** klicken. Die Daten werden dadurch als fixe Werte in das Tabellenblatt geschrieben.

Im Tabellenblatt *Konsolidierung (verknüpft)* der Beispieldatei finden Sie eine weitere Konsolidierung, bei der ich die Verknüpfung mit den Quelldaten verwendet habe. Wie im bereits beschriebenen Beispiel entstehen auch in diesem Fall im Ergebnisbereich Zellverknüpfungen auf die drei Ursprungsdateien, die jederzeit aktualisiert werden.

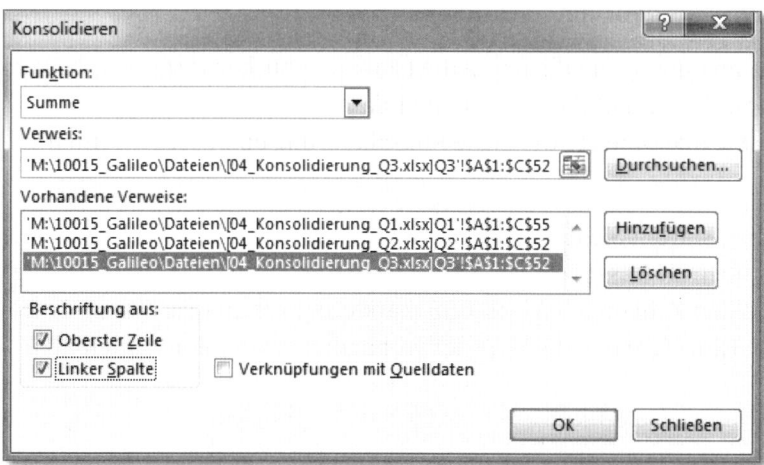

Abbildung 4.50 Verweise auf Konsolidierungsbereiche bei geöffneten Dateien

4.7   Zusammenfassung: Basisanalyse

Zu den Methoden der Basisanalyse von Daten gehören in Excel:

- benutzerdefiniertes Sortieren

- Bildung der Teilergebnisse

- Anwendung des erweiterten Filters

- Verwendung von Datenbankfunktionen

- Bildung von Pivottabellen

Die benutzerdefinierten Sortierungen setzen voraus, dass zuvor **Benutzerdefinierte Listen** erstellt wurden. Dies ist über **Datei ▸ Optionen ▸ Erweitert** in der Gruppe **Allgemein ▸ Benutzerdefinierte Listen** in Excel 2013 oder über die Office-Schaltfläche ▸ **Excel-Optionen ▸ Benutzerdefinierte Listen bearbeiten** in Excel 2007 möglich.

Die Berechnung der Teilergebnisse setzt voraus, dass die Liste zuvor sortiert wurde. Danach werden drei Angaben zur Bildung der Teilergebnisse benötigt:

- das Gruppierungsmerkmal (also die Spalte, nach der sortiert wurde)

- die Funktion, die angewandt werden soll

- für welche Spalte die Ergebnisse berechnet werden sollen

Teilergebnisse stellen keine dauerhafte Veränderung der Datenbasis dar. Mit der Option **Alle entfernen** können Sie mühelos den ursprünglichen Zustand der Daten wiederherstellen.

Eine gute Kombination stellen AutoFilter und die Funktion `TEILERGEBNIS()` dar, da diese in der Lage ist, die Ergebnisse aus dem sichtbaren Zellbereich zu berechnen. Filtern Sie die Tabelle mit AutoFilter, liefert `TEILERGEBNIS()` umgehend das Ergebnis der verbliebenen sichtbaren Daten.

Der erweiterte Filter ist ein wichtiges Werkzeug, um aus einer umfangreichen Datenbasis Teildatenbestände zu isolieren. Sie rufen ihn über **Daten ▸ Datentools ▸ Sortieren und Filtern ▸ Erweitert** auf. Dieser Filter verfügt gegenüber AutoFilter über zusätzliche Möglichkeiten, u. a. die, Ergebnisse in ein neues Tabellenblatt zu filtern und komplexe Filterkriterien mit UND- bzw. ODER-Verknüpfungen zu definieren.

Aufgrund des verhältnismäßig großen Aufwands – bei der Funktion des erweiterten Filters müssen Sie bei jeder Ausführung den Listen-, Kriterien- und Ergebnisbereich angeben – empfiehlt es sich, diesen Vorgang über ein Makro zu automatisieren. Beispiele dafür finden Sie in diesem und in Kapitel 14, »Automatisierung von Routinetätigkeiten mit Makros«.

Datenbankfunktionen bilden in der Option Funktionsassistent eine eigene Kategorie. Ihre Logik hinsichtlich der Definition von Kriterien folgt der des erweiterten Filters. Auch bei ihnen können Sie Bedingungen mit komplexen UND- bzw. ODER-Verknüpfungen versehen. Selbst berechnete Kriterien sind möglich.

Im Vergleich zu allen anderen Funktionen der Basisanalyse verdichten Datenbankfunktionen allerdings die Auswertung der Basisdaten auf einen einzigen Wert, z. B. die Summe, Anzahl oder den Mittelwert einer Spalte der gesamten Datenbank.

Die Konsolidierung von Daten stellt eine gute Möglichkeit dar, Daten, die sich in verschiedenen Tabellenblättern oder auch Arbeitsmappen befinden, zusammenzuführen. Voraussetzung für eine gelungene Konsolidierung ist eine korrekte Codierung der vorliegenden Daten, da Excel die Bezeichnungen aus der ersten Spalte bzw. Zeile verwendet, um die Daten zu konsolidieren.

Excel bietet zwei Formen der Konsolidierung an. Standardmäßig werden die Daten aus den Konsolidierungsbereichen als fixe Werte in die Konsolidierungstabelle übernommen. Aktivieren Sie die Option zur Verknüpfung der Daten, erstellt Excel hingegen verknüpfte Zellbezüge zu den Konsolidierungsbereichen. Änderungen in den Ausgangsdaten werden dann direkt an die Konsolidierungstabelle weitergegeben.

5 Dynamische Reports erstellen

Standardisierte Auswertungen und Planungen können nicht nur durch Makros automatisiert werden. Fast noch nützlicher ist die Entwicklung aufgabenspezifischer Datenmodelle.

Berechnungen, Auswertungen und Forecasts werden im Controlling selten als typische Eintagsfliegen behandelt. Sie unterliegen zyklischen Wiederholungen, bei denen sich eventuell Schwerpunkte verlagern, die hauptsächlichen Erkenntnisinteressen allerdings weitgehend identisch bleiben.

Ständigen Veränderungen sind hingegen die Daten unterworfen. Während die Datenstrukturen, vorgegeben durch die eingesetzten Vorsysteme, überwiegend unverändert bleiben, variieren die Dateninhalte und vor allem die Datenmengen von einem Auswertungszeitpunkt zum nächsten.

Viele Controller wissen, dass sie bei bestimmten Analysen immer wieder die gleichen Handgriffe ausführen. Und sie sind sich sicher, dass sie damit wertvolle Zeit vergeuden. Um diesem Missstand zu begegnen, wird häufig der Ruf nach einer Automatisierung der Tätigkeiten durch Makroprogrammierung laut. Da der Controller jedoch nur selten auch Programmierer in Personalunion ist, heißt dies eigentlich immer, dass Automatisierungsprojekte an Dritte zu vergeben sind.

Dabei ist die Standardisierung und Automatisierung über Makros nur ein möglicher Weg in Excel. Die Bildung eines funktionierenden Datenmodells bewerkstelligen Sie hingegen auch ohne Programmierkenntnisse mit den Bordmitteln von Excel. Sie verfolgt ähnliche Ziele wie die umfassende Makroprogrammierung und führt bei wiederkehrenden Tätigkeiten zu einer erheblichen Zeitersparnis.

5.1 Das 5-Minuten-Modell

Öffnen Sie die Datei *05_Datenmodell_01.xlsx* – eine einfache Tabelle, die einige Daten zu Kundenanfragen enthält. Die daraus gebildeten Daten werden in einem Liniendiagramm umgesetzt. Nichts Besonderes eigentlich.

Wenn Sie den Cursor allerdings in Zelle A17 stellen und dort den Monat August eintragen, werden Sie feststellen, dass dieser neue Text automatisch auf der Rubrikenachse des Diagramms eingetragen wird. Ergänzen Sie in Zelle B17 noch einen Zahlenwert, so wird dieser ebenfalls automatisch in das Diagramm übernommen. Die Linie wird um einen Datenpunkt ergänzt.

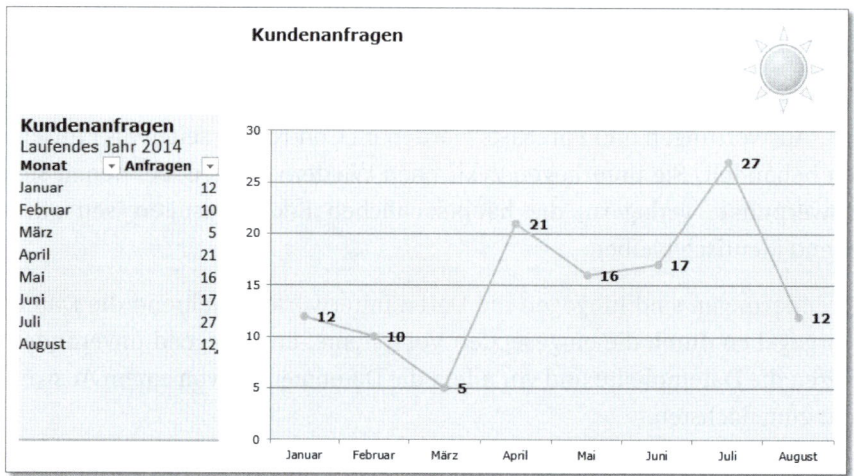

Abbildung 5.1 Das 5-Minuten-Datenmodell

Ist dies nicht genau das, wovon alle Excel-Anwender insgeheim träumen? Zusätzliche Daten zu erfassen, Excel die Aktualisierung aller Berechnungen sowie der grafischen Aufbereitung zu überlassen und auf ein in immer gleicher Art formatiertes Ergebnis zuzugreifen!

Im Fall unseres Beispiels reichen drei Funktionen, um ein Modell mit dynamischen Elementen zu erstellen:

- eine dynamische Datentabelle
- eine Diagrammvorlage
- Zellenformatvorlagen

Öffnen Sie die Arbeitsmappe *05_Datenmodell_00.xlsx*, um es selbst auszuprobieren.

- Markieren Sie als Erstes den Datenbereich A9 bis B16, also die Spaltenüberschriften und alle bereits vorhandenen Daten.
- Drücken Sie die Tastenkombination ⌷Strg⌷ + ⌷T⌷ oder ⌷Strg⌷ + ⌷L⌷, um den Bereich als Tabelle zu formatieren. Die Option **Tabelle hat Überschriften** lassen Sie aktiviert und klicken direkt auf **OK.**

- Drücken Sie die Funktionstaste ⌜F11⌟, um ein Standarddiagramm aus den noch markierten Daten zu erstellen.

- Weisen Sie dem Diagramm über **Diagrammtools ▸ Entwurf ▸ Diagrammtyp ändern ▸ Vorlagen** eine Ihrer Diagrammvorlagen zu.

- Wenn Sie noch keine Vorlage in Excel 2013 angelegt haben, holen Sie dies nach. Wechseln Sie noch einmal in die Arbeitsmappe *05_Datenmodell_01.xlsx*. Klicken Sie dort mit der rechten Maustaste auf das fertige Diagramm. Wählen Sie aus dem Kontextmenü die Funktion **Als Vorlage speichern …** In Excel 2010 rufen Sie stattdessen **Diagrammtools ▸ Entwurf ▸ Als Vorlage speichern** auf. Das damit erstellte Diagramm können Sie nun in jeder Excel-Datei als Vorlage nutzen.

- Verwenden Sie die Excel-Zellenformatvorlagen zur Gestaltung von Zellbereichen unter **Start ▸ Formatvorlagen ▸ Zellenformatvorlagen,** um die Haupt- und Zwischenüberschrift (Vorlagenbezeichnung **Überschrift 1. Stufe** und **Überschrift 2. Stufe**), die Spaltenüberschriften, den Tabellenkörper und das Tabellenende (alle mit den gleichnamigen Vorlagen) zu gestalten.

- Gehen Sie nun in die erste leere Zeile unter die bereits eingegebenen Daten, und ergänzen Sie den Monat August. Die zusätzlich erfassten Daten werden automatisch in das Diagramm übernommen. Ihr erstes Datenmodell ist bereits fertiggestellt.

5.2   Bestandteile eines Datenmodells

Das soeben beschriebene Modell stellt in seinem Minimalismus jedoch nur einen Anfang dar. Doch welche Elemente in einer Excel-Anwendung sollten Sie in ein Modell einbeziehen, und wie sollte das geschehen? Tabelle 5.1 gibt Ihnen einen Überblick über Elemente, die Sie immer einer Prüfung unterziehen sollten, um bei wiederkehrenden Tätigkeiten Zeit zu sparen.

Element	Anforderung
Arbeitsmappe	Die Arbeitsmappe ist die größte Einheit in einem Datenmodell. Es kann allerdings auch sein, dass durch eine Verknüpfung mehrere Arbeitsmappen in einem Modell miteinander verbunden werden.
	Achten Sie bei Arbeitsmappen auf standardisierte Dateinamen. Dateinamen sollten einer Systematik folgen, z. B. *Datum_Inhalt_Version.xlsx* (*20100629_Datenmodell_03.xlsx*).
	Auch Ordnernamen sollten einer solchen Systematik folgen.

Tabelle 5.1 Festlegung von Standards für die Elemente eines Datenmodells

Element	Anforderung
Arbeitsmappe (Forts.)	Systematisch vergebene Ordner- und Dateinamen ermöglichen es Ihnen, bereits im Explorer oder im Fall einer Verknüpfung in Excel ohne Öffnen der Datei zu erkennen, um welche Daten es sich konkret handelt. Dadurch sparen Sie Zeit und bewahren den Überblick.
Tabellenblatt	Arbeitsmappen enthalten Tabellenblätter. Oftmals sind es Dutzende.
	Teilen Sie zunächst gedanklich Ihre Tabellenblätter in Kategorien. Häufig bietet sich folgende Einteilung an:
	– Basisdaten (Download aus Vorsystemen)
	– Blätter für Zwischenrechnungen
	– Hilfsblätter für Menüs, Datenprüfungen etc.
	– Blätter zur Dokumentation des Modells
	– Blätter für Präsentation oder Report
	– Blätter für Diagramme
	Um die Navigation in der Arbeitsmappe zu vereinfachen, kennzeichnen Sie die Blätter einer Kategorie mit einer einheitlichen Farbe (rechter Mausklick ▶ **Registerfarbe**).
	Kennzeichnen Sie zusammengehörige Tabellenblätter numerisch oder alphabetisch (z. B. *A_Basisdaten*, *B_Zwischenrechnung*, *X_Dokumentation*, *Z_Bereichsnamen*). Dies vereinfacht die Les- und Unterscheidbarkeit von Zellbezügen und Bereichsnamen.
Datenbereich	Ein Datenbereich kann aus einer oder mehreren Zellen bestehen und Texte, Zahlen oder Formeln/Funktionen enthalten. Abstrakte Zellbezüge geben keinen Aufschluss darüber, welchen Inhalt ein Datenbereich hat. Dies erschwert die Lesbarkeit von Formeln und Verknüpfungen.
	Verwenden Sie Bereichsnamen und somit »sprechende« Bezüge, um die Verständlichkeit von Formeln und Funktionen zu verbessern. Nennen Sie beispielsweise die Zelle, in der der Umsatzsteuersatz steht, *UST*, oder nennen Sie die Zellen, die Ihre Soll-Umsätze enthalten, *UmsatzSoll*.
	Um sich erweiternden Datenbeständen Rechnung zu tragen, sollten Sie gegebenenfalls dynamische Bereiche oder dynamische Datentabellen verwenden.

Tabelle 5.1 Festlegung von Standards für die Elemente eines Datenmodells (Forts.)

Element	Anforderung
Formel/ Funktion	Gewöhnen Sie sich an, Formeln und Funktionen in einer gleichbleibenden Syntax zu verwenden. Beispiel: Manche Funktionen enthalten optionale Argumente, die Sie mit FALSCH oder 0 belegen oder auch ganz leer lassen können. Entscheiden Sie sich für einen Umgang mit solchen Argumenten, und wenden Sie ihn zukünftig bei allen Formeln und Funktionen dieser Art an. Dies hilft Ihnen, Aufbau und Zweck der verwendeten Funktionen mühelos zu verstehen.
	Noch ein Tipp: Die Anzeige aller Formeln und Funktionen in einem Tabellenblatt über **Formeln ▸ Formelüberwachung ▸ Formeln anzeigen** oder in Excel 2010 mit der Tastenkombination Strg + # vereinfacht die Betrachtung von benutzten Formeln und die Fehlersuche erheblich.
Text/ Beschriftung	Texte und Beschriftungen dienen Ihnen nicht nur zur Orientierung in der Arbeitsmappe. Überschriften oder Zeilenbeschriftungen bilden häufig auch Bedingungen, die in Funktionen benutzt werden. Beispiel: Sie möchten eine bedingte Summe für den Monat Mai berechnen. Die Überschrift der Spalte lautet *Mai*. Es ist sinnvoll, diese Überschrift z. B. in die Funktion SUMMEWENN() einzubinden. Vorteil: Wenn Sie die Ergebnisse für Juni benötigen, reicht die Änderung der Überschrift aus, um die Ergebnisse anzuzeigen.
	Außerdem bilden Beschriftungen auch die Gestaltungsgrundlage für Präsentationen oder Reports, die Sie selbst oder Kolleginnen und Kollegen verwenden.
	Beschriftungen müssen also den CI-Vorgaben Ihres Unternehmens folgen. Legen Sie fest, welche Schriftarten, -schnitte und -größen in Überschriften, Tabellen, Diagrammen etc. eingesetzt werden dürfen. Legen Sie ebenso die Hintergrundfarben für alle Zellbereiche fest.
	Erstellen Sie Zellenformatvorlagen, um schnell auf die CI-Vorgaben zugreifen zu können.
Diagramm	Definieren Sie auch Farben für die Datenpunkte der Diagramme und sämtlicher anderer Diagrammelemente. Die farblichen Grundlagen fassen Sie unter **Seitenlayout ▸ Designs ▸ Farben** in einem *Farbdesign* zusammen.
	Legen Sie fest, welche Logos in welcher Größe und an welcher Stelle eingesetzt werden dürfen. Erstellen Sie Musterdiagramme, und speichern Sie sie als Diagrammvorlage ab.

Tabelle 5.1 Festlegung von Standards für die Elemente eines Datenmodells (Forts.)

Element	Anforderung
Objekte	Arbeitsmappen können weitere Objekte enthalten, beispielsweise Pivottabellen oder importierte Datenbereiche. Solche Objekte verwaltet Excel über ihren Objektnamen, was dem Benutzer manchmal überhaupt nicht klar ist.
	Bei Pivottabellen gelangen Sie z. B. mit einem Rechtsklick und den **PivotTable-Optionen** zur Anzeige und Änderungsmöglichkeit des internen Objektnamens. Bei Diagrammen finden Sie diese Option unter **Diagrammtools ▸ Format ▸ Auswahlbereich** (in Excel 2010 **Diagrammtools ▸ Layout**).
	Legen Sie auch für diese Objekte systematisch Namen fest. Dies erleichtert es Ihnen später, gezielt auf die Daten dieser Bereiche zuzugreifen (u. a. auch bei der Arbeit mit VBA-Makros).
Makros	Auch bei der Vergabe von Makronamen sollten Sie sich feste Regeln auferlegen. Sofern Sie Makros nicht über Schaltflächen starten, ist der Name das einzige Orientierungsmerkmal beim Ausführen eines Makros.
	Nutzen Sie bei VBA-Makros die Möglichkeit, wenn es sein muss, Zeile für Zeile zu kommentieren, welche Befehle mit welcher Intention im Makro ausgeführt werden. Dies hilft Ihnen, bei Änderungen und Erweiterungen auch noch nach vielen Monaten schnell wieder in die Logik Ihres Programms zu finden.
Bereichsnamen	Bereichsnamen sind ein besonders wichtiges Element bei der Entwicklung von Datenmodellen. Verwenden Sie, wie bereits erwähnt, »sprechende« Namen. Ein Bereichsname sollte Aufschluss darüber geben, – auf welche Daten er sich bezieht (*UmsatzSoll, UST, Zinssatz* etc.), – auf welches Tabellenblatt er sich bezieht (*A_Basisdaten*) und – ob es sich um einen Bereich, einen statischen Bereich, einen dynamischen Bereich oder um eine verknüpfte Zelle handelt (z. B. *_Ber, _dBer* oder *_vZ*).

Tabelle 5.1 Festlegung von Standards für die Elemente eines Datenmodells (Forts.)

Im Grundsatz zeichnet sich ein Datenmodell allerdings nicht nur durch die Systematik seiner Bezeichnungen aus. Vielmehr sind weitere Aspekte wesentlich und beachtenswert:

1. Das Modell muss auf einer weitgehenden Abstraktion der Rechenwege beruhen, so dass auch mit anderen Datenbeständen und gegebenenfalls mit Sonderfällen eine reibungslose Kalkulation möglich ist.

2. Nicht nur die Werte und Ergebnisse eines Modells sollten vollständig auf Formeln und Funktionen beruhen. Auch die Beschriftungen von Tabellen und Diagrammen müssen auf Berechnungen gründen, um Mehrarbeit bei der Beschriftung geänderter aktueller Datenbestände oder gar Fehler bei Datenaktualisierungen zu vermeiden. Beschriftungen sollten Sie also über Formeln und Funktionen generieren.

3. Datenbereiche, auf denen die Berechnungen und Beschriftungen beruhen, müssen dynamisch erweiterbar sein. Auch dadurch verhindern Sie Nachbearbeitungen und Fehler bei der Aktualisierung. Dies ist durch Funktionen wie `Bereich.Verschieben()` oder aber durch die Verwendung von dynamischen Datentabellen möglich.

4. Sensible Bereiche des Modells – und dies sind fast sämtliche Zellbereiche, die Formeln und Funktionen enthalten – sollten Sie vor unbeabsichtigter Veränderung oder Löschung schützen. Bereiche, in denen Daten manuell erfasst werden, müssen Eingabebeschränkungen enthalten, um die Eingabe fehlerhafter Daten zu verhindern. Hier sind *Steuerelemente* und Funktionen wie die Datenüberprüfung von besonderer Bedeutung.

5.3   Datenmodell für einen Forecast erstellen

Das folgende Datenmodell – *05_Forecast_01.xlsx* – ist in mehrfacher Hinsicht komplexer als das vorherige. Es enthält drei spezifische Sichtweisen auf die vorhandenen Daten:

- die Diagrammdarstellung der Soll-Ist-Umsätze

- die Anzeige der monatlichen bzw. kumulierten Umsatzzahlen einzelner Produkte

- die Prognose der zu erwartenden Entwicklung auf Basis der bereits bekannten Werte (Abbildung 5.2)

Eine Besonderheit stellt die Tatsache dar, dass alle drei Sichtweisen durch den Benutzer verändert werden können:

- Bei der Soll-Ist-Darstellung kann er zwischen Gesamt- und Produktperspektive wählen.

- Das anzuzeigende Produkt kann er über ein Listenfeld auswählen.

- Der Forecast-Zeitraum ist durch eine weitere Schaltfläche rollierend darstellbar.

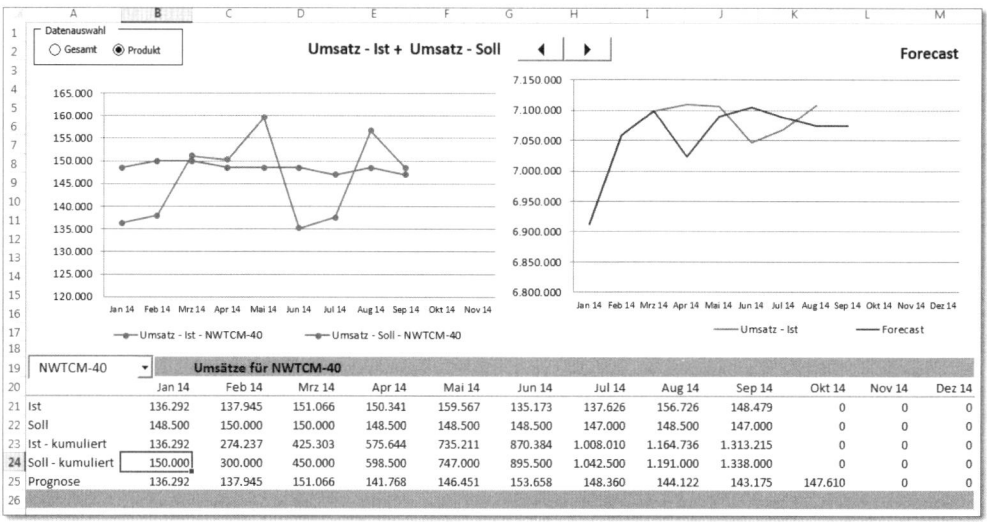

Abbildung 5.2 Dem dynamischen Forecast liegt ein Datenmodell zugrunde.

Lassen Sie uns Schritt für Schritt ein Modell zur Umsetzung dieser Anforderungen erstellen.

5.3.1 Festlegung der Arbeitsmappenstruktur für den Forecast

Die Basis des Forecasts besteht aus vier Datenreihen: monatliche Umsätze, monatliche Soll-Vorgaben, kumulierte Ist-Umsätze und kumulierte Soll-Umsätze. Lassen Sie uns annehmen, dass diese Daten aus einer Datenbank übernommen werden. Für jedes Produkt liegen zum Monatsende folglich spaltenweise vier Werte vor (Abbildung 5.3).

	Produktcode	Datum	Umsatz	Soll	Umsatz_kum	Soll_kum
1	**Produktcode**	**Datum**	**Umsatz**	**Soll**	**Umsatz_kum**	**Soll_kum**
2	**NWTB-1**	31.01.2014	314.005	312.696	314.005	320.000
3	**NWTCO-3**	31.01.2014	163.020	153.935	163.020	160.000
4	**NWTCO-4**	31.01.2014	333.185	340.000	333.185	350.000
5	**NWTO-5**	31.01.2014	339.411	323.449	339.411	330.050
6	**NWTJP-6**	31.01.2014	395.621	407.954	395.621	450.000
7	**NWTDFN-7**	31.01.2014	461.353	470.400	461.353	450.000
8	**NWTS-8**	31.01.2014	672.257	663.300	672.257	670.000
9	**NWTDFN-14**	31.01.2014	373.997	360.000	373.997	370.000
10	**NWTCFV-17**	31.01.2014	619.337	617.400	619.337	638.000
11	**NWTBGM-19**	31.01.2014	170.095	148.500	170.095	150.000
12	**NWTJP-7**	31.01.2014	401.251	396.000	401.251	400.000

Abbildung 5.3 Importierte Basisdaten

Die importierten Daten werden in einem eigenen Tabellenblatt *A_Basisdaten* gespeichert. Obwohl wir die Daten auch in der ursprünglichen Form zu einem Forecast verarbeiten könnten, verteilen wir die Werte auf vier Tabellenblätter.

Dies ermöglicht nicht nur eine bessere Kontrolle der Zwischenergebnisse, es führt auch zu einer Vereinfachung der Formeln und Funktionen, die wir eingeben müssen.

Die vier Tabellenblätter erhalten die folgenden Namen:

- *B_Ist*
- *B_Ist_kumuliert*
- *B_Soll*
- *B_Soll_kumuliert*

Vom Aufbau her sind alle vier Blätter weitgehend identisch. Sie enthalten in Spalte A die Auflistung der Produkte und in der ersten Zeile die zugehörigen Datumsangaben. Prinzipiell wäre es nun denkbar, diese Beschriftungen in die Arbeitsmappe manuell einzugeben. Käme es zu Änderungen bei den Artikeln oder beim Analysezeitraum, zöge dies jedoch umfangreiche Nachbearbeitungen nach sich.

	A	B	C	D	E	F	G	H	I	J
7	NWTDFN-7	450.000	925.000	1.395.250	1.865.500	2.311.000	2.756.500	3.202.000	3.652.000	4.097.500
8	NWTS-8	670.000	1.326.600	1.983.200	2.653.200	3.323.200	3.993.200	4.663.200	5.326.500	5.983.100
9	NWTDFN-14	370.000	728.875	1.090.225	1.454.050	1.824.050	2.192.825	2.567.825	2.937.775	3.313.975
10	NWTCFV-17	638.000	1.263.680	1.891.340	2.520.980	3.146.220	3.779.820	4.415.400	5.052.960	5.726.160
11	NWTBGM-19	150.000	297.000	444.000	592.500	739.500	889.500	1.036.500	1.186.500	1.333.500
12	NWTJP-6	450.000	900.000	1.350.000	1.791.000	2.241.000	2.691.000	3.132.000	3.563.200	3.998.800
13	NWTBGM-21	190.000	380.000	566.200	756.200	944.300	1.130.500	1.318.600	1.488.600	1.651.950
14	NWTB-34	230.000	457.700	683.100	913.100	1.143.100	1.373.400	1.606.050	1.838.700	2.069.000
15	NWTCM-40	324.000	643.275	959.815	1.280.080	1.600.840	1.925.340	2.247.000	2.569.335	2.895.335
16	NWTSO-41	150.000	300.000	450.000	598.500	747.000	895.500	1.042.500	1.191.000	1.338.000
17	NWTB-43	779.470	1.543.351	2.315.026	3.086.701	3.858.377	4.622.257	5.393.932	6.165.608	6.929.488
18	NWTCA-48	222.000	439.560	659.340	881.340	1.101.120	1.318.680	1.543.680	1.768.680	1.991.430
19	NWTDFN-51	830.000	1.660.000	2.473.400	3.295.100	4.125.100	4.946.800	5.776.800	6.590.200	7.413.400
20		7.063.520	14.071.839	21.074.544	28.092.749	35.112.853	42.125.069	49.153.123	56.129.902	63.134.382

Abbildung 5.4 Verteilung der importierten Daten auf einzelne Tabellenblätter

Sinnvoller ist es, alle Beschriftungen und die Auswahlelemente – in diesem Fall die Produktbezeichnungen – in einer Mastertabelle der Arbeitsmappe zu hinterlegen. Diese Mastertabelle (*Y_Listen*) sollte alle benötigten Informationen – aussagekräftige Überschriften und aktuelle Inhalte – in einfacher tabellarischer Form enthalten.

In der Praxis erweist es sich zumeist als hilfreich, die einzelnen Bereiche der Mastertabelle auch grafisch voneinander abzugrenzen. Einfache farbliche Kennzeichnungen
oder Rahmen erleichtern die Orientierung spürbar (Abbildung 5.5).

	A	B	C	D	E
1	Produkte	Kategorien		Datum	
2	NWTB-1	Getränke		31.01.2014	
3	NWTCO-3	Gewürze		28.02.2014	
4	NWTCO-4	Gewürze		31.03.2014	
5	NWTO-5	Öl		30.04.2014	
6	NWTJP-6	Marmelade, Konfitüre		31.05.2014	
7	NWTDFN-7	Trockenfrüchte & Nüsse		30.06.2014	

Abbildung 5.5 Die Mastertabelle enthält Beschriftungen, Auswahloptionen und Datumsvorgaben.

Die Bezeichnungen aus der Mastertabelle werden nicht nur in den vier bereits genannten Datentabellen eingesetzt, auch in einem weiteren Tabellenblatt kommen sie zum
Einsatz. Es enthält die Berechnung der Prognose; seine Daten werden notwendigerweise aus den Basisdaten abgeleitet. Der Aufbau des Prognoseblattes ähnelt allerdings
dem der Tabellenblätter *B_Ist*, *B_Ist_kumuliert*, *B_Soll* und *B_Soll_kumuliert*. Es erhält
deshalb die Bezeichnung *B_Prognose*.

	A	B	C	D	E	F	G	H	I	J	K	L	M	N
1	Forecast	Jan 14	Feb 14	Mrz 14	Apr 14	Mai 14	Jun 14	Jul 14	Aug 14	Sep 14	Okt 14	Nov 14	Dez 14	
2	NWTB-1	314.005	321.341	328.002	321.116	318.581	315.896	321.089	332.656	345.221	337.490	0	0	3.255.398
3	NWTCO-3	163.020	181.930	167.017	170.656	165.140	159.568	159.400	171.897	175.264	170.806	0	0	1.684.696
4	NWTCO-4	333.185	353.325	351.661	346.057	351.859	346.574	336.174	332.392	331.045	338.393	0	0	3.420.665
5	NWTO-5	339.411	332.354	354.471	342.078	342.735	337.778	334.327	331.660	343.562	341.146	0	0	3.399.521
6	NWTJP-6	395.621	437.868	457.827	430.439	446.062	452.888	445.991	442.734	439.110	439.166	0	0	4.387.705
7	NWTDFN-7	461.353	490.900	476.287	476.180	487.442	475.417	461.657	448.815	449.479	461.754	0	0	4.689.284
8	NWTS-8	672.257	643.306	644.467	653.343	654.884	664.160	674.392	667.629	662.268	663.168	0	0	6.599.824
9	NWTDFN-14	373.997	348.072	377.531	366.533	365.114	379.572	379.870	377.750	375.809	376.851	0	0	3.721.101
10	NWTCFV-17	619.557	637.498	614.911	623.989	625.654	627.388	634.021	641.220	634.984	645.147	0	0	6.304.368
11	NWTBGM-19	170.095	161.270	136.071	155.812	151.498	149.210	161.664	161.238	156.112	150.428	0	0	1.553.399
12	NWTJP-6	395.621	437.868	457.827	430.439	446.062	452.888	445.991	442.734	439.110	439.166	0	0	4.387.705
13	NWTBGM-21	184.058	212.190	201.407	199.218	197.945	192.818	191.410	201.519	196.750	182.063	0	0	1.959.379
14	NWTB-34	216.002	232.017	226.334	224.784	233.135	227.924	227.072	225.390	231.462	237.792	0	0	2.281.912
15	NWTCM-40	330.322	329.897	338.361	332.860	334.105	327.210	326.282	324.032	336.811	337.548	0	0	3.317.428
16	NWTSO-41	136.292	137.945	151.066	141.768	146.451	153.658	148.360	144.122	143.175	147.610	0	0	1.450.447
17	NWTB-43	767.906	778.203	779.615	775.241	783.782	786.227	777.953	774.124	771.775	783.221	0	0	7.778.046
18	NWTCA-48	226.863	204.884	211.577	214.441	213.860	219.515	223.512	219.125	217.931	220.001	0	0	2.171.709
19	NWTDFN-51	812.975	818.325	824.293	818.531	824.644	836.175	838.219	834.625	824.343	824.665	0	0	8.256.795
20		6.912.540	7.059.192	7.098.725	7.023.486	7.088.953	7.104.865	7.087.383	7.073.663	7.074.212	7.096.415	0	0	70.619.434

Abbildung 5.6 Die Prognose beruht auf Daten der Soll- und Ist-Tabellen.

Alle Bemühungen in diesem Modell laufen darauf hinaus, in einem Tabellenblatt alle
benötigten Ergebnisse zusammenzuführen und in angemessener Form zu präsentieren.
Dies bedeutet auch, dass bestimmte überflüssige Informationen verschwinden müssen
oder – umkehrt – zusätzliche Beschriftungen und Zellen mit Informationen zur Steuerung des Reports in der Arbeitsmappe untergebracht werden müssen.

Zu diesem Zweck fügen wir ein zusätzliches Tabellenblatt – *Forecast_Auswahl* – in die Arbeitsmappe ein. Blau markierte Zellen bezeichnen Beschriftungen, die beispielsweise als Legenden in den Diagrammen des Reports Verwendung finden. Der grau markierte Zellbereich rechts oben enthält Informationen, die durch die Steuerelemente des Reports erstellt werden. Darüber hinaus ist in diesem Tabellenblatt der Auszug an Werten sichtbar, auf die der Benutzer mit Hilfe der Steuerelemente flexibel zugreifen soll.

Soll-Ist-Vergleich	Jan 14	Feb 14	Mrz 14	Apr 14	Mai 14	Jun 14	Jul 14	Aug 14	Sep 14	Okt 14	Nov 14	Dez 14	Datenauswahl	Monatszahl	Produktauswahl
Umsatz - Ist - NWTCM-40	136.292	137.945	151.066	150.341	159.567	135.173	137.626	156.726	148.479	#NV	#NV	#NV	2	10	NWTCM-40
Umsatz - Soll - NWTCM-40	148.500	150.000	150.000	148.500	148.500	148.500	147.000	148.500	147.000	#NV	#NV	#NV			
Forecast		6.912.540	7.059.192	7.098.725	7.023.486	7.088.953	7.104.865	7.087.383	7.073.663	7.074.212	#NV	#NV	#NV		
Umsatz - Ist		6.912.540	7.059.192	7.098.725	7.108.942	7.106.929	7.046.277	7.067.781	7.108.576	7.112.887	#NV	#NV	#NV		
NWTCM-40		136.292	137.945	151.066	150.341	159.567	135.173	137.626	156.726	148.479	0	0	0		
		148.500	150.000	150.000	148.500	148.500	148.500	147.000	148.500	147.000	0	0	0		
		136.292	274.237	425.303	575.644	735.211	870.384	1.008.010	1.164.736	1.313.215	0	0	0		
		150.000	300.000	450.000	598.500	747.000	895.500	1.042.500	1.191.000	1.338.000	0	0	0		
		136.292	137.945	151.066	141.768	146.451	153.658	148.360	144.122	143.175	147.610	0	0		

Abbildung 5.7 Das Tabellenblatt »Forecast_Auswahl«

Zu guter Letzt ist ein weiteres Tabellenblatt der Dokumentation vorbehalten (Abbildung 5.8). Im hier dargestellten Modell bedeutet dies, dass die in der Arbeitsmappe verwendeten Bereichsnamen in tabellarischer Form mit ihren Zellbezügen aufgelistet werden. Selbstverständlich können Sie dieses Blatt auch für weitere Erklärungen und Informationen nutzen.

	A	B
1	**Verwendete Namen**	
2	A_Datum_dBer	=BEREICH.VERSCHIEBEN(A_Basisdaten!$B$1;;;ANZAHL2(A_Basisdaten!$B:$B);1)
3	A_Ist_dBer	=BEREICH.VERSCHIEBEN(A_Basisdaten!$C$1;;;ANZAHL2(A_Basisdaten!$C:$C);1)
4	A_IstKum_dBer	=BEREICH.VERSCHIEBEN(A_Basisdaten!$E$1;;;ANZAHL2(A_Basisdaten!$E:$E);1)
5	A_Produkte_dBer	=BEREICH.VERSCHIEBEN(A_Basisdaten!$A$1;;;ANZAHL2(A_Basisdaten!$A:$A);1)
6	A_Soll_dBer	=BEREICH.VERSCHIEBEN(A_Basisdaten!$D$1;;;ANZAHL2(A_Basisdaten!$D:$D);1)
7	A_SollKum_dBer	=BEREICH.VERSCHIEBEN(A_Basisdaten!$F$1;;;ANZAHL2(A_Basisdaten!$F:$F);1)
8	B_ForecastIst_dBer	=BEREICH.VERSCHIEBEN(Forecast_Auswahl!$B$6;;;1;F_Monatszahl_vZ-2)
9	B_Ist	=B_Ist!$A$2:$N$20
10	B_IstKumuliert	=B_Ist_kumuliert!$A$2:$M$20
11	B_Prognose	=B_Prognose!$A$2:$N$20
12	B_Soll	=B_Soll!$A$2:$N$20
13	B_SollKumuliert	=B_Soll_kumuliert!$A$2:$M$20
14	F_Datenauswahl_vZ	=Forecast_Auswahl!$O$2
15	F_Monatszahl_vZ	=Forecast_Auswahl!$P$2
16	F_Produktauswahl_vZ	=Forecast_Auswahl!$Q$2
17	Y_Datum_dBer	=BEREICH.VERSCHIEBEN(Y_Listen!$D$2;;;ANZAHL2(Y_Listen!$D:$D)-1;1)
18	Y_Kategorien_dBer	=Y_Listen!$B$2:$B$19
19	Y_Produkte_dBer	=BEREICH.VERSCHIEBEN(Y_Listen!$A$2;;;ANZAHL2(Y_Listen!$A:$A)-1;1)
20	Y_ProduktKategorie_dBer	=Y_Listen!$A$1:$B$20

Abbildung 5.8 Dokumentation der verwendeten Bereichsnamen

5.3.2 Bereiche und Bereichsnamen

Bei umfangreichen Arbeitsmappen und komplexen Kalkulationen ist die Arbeit mit Zelladressen ermüdend und unübersichtlich. Besser ist es, wenn Sie in einem Modell wie dem hier diskutierten Bereichsnamen verwenden, um bestimmte Zellen in der Arbeitsmappe zu adressieren.

HINWEIS

Generelle Informationen zu Bereichsnamen

Regeln für die Vergabe von Bereichsnamen
Überlegen Sie sich aussagekräftige Bezeichnungen für Ihre Bereichsnamen. Bei der Namensvergabe sollten Sie allerdings die vorgegebenen Regeln beachten:

■ Das erste Zeichen des Bereichsnamens muss ein Buchstabe, der Unterstrich (_) oder ein Backslash (\) sein.

■ Maximal 255 Zeichen darf ein Bereichsname lang sein.

■ Leerzeichen oder Zelladressen (z. B. A1) sind nicht erlaubt.

■ Bei Bereichsnamen unterscheidet Excel zwischen Groß- und Kleinschreibung; *Ust* und *UST* bezeichnen für Excel folglich zwei unterschiedliche Zellbereiche.

Zellbezüge, Funktionen und Konstanten
Im **Namens-Manager** legen Sie nicht nur den Namen für einen Bereich fest. Sie entscheiden auch, auf welche Zellen sich der Bereichsname beziehen soll. Grundsätzlich bestehen drei Möglichkeiten:

■ Geben Sie einen Zellbereich per Tastatur oder durch Markieren der Zellen mit der Maus ein.

■ Geben Sie einen festen Wert ein, um eine Konstante für weitere Berechnungen zu definieren (z. B. = 2,54 für den Bereichsnamen *Zoll*, um die Maßeinheit Zoll an jeder beliebigen Zelle in der Arbeitsmappe in Zentimeter umzurechnen).

■ Geben Sie eine Formel ein, um den Bereichsnamen dynamisch zu gestalten. Mit der Funktion `BEREICH.VERSCHIEBEN()` können Sie die Größe eines Bereiches an die Menge der tatsächlich vorhandenen Daten anpassen.

Bereichsnamen können Sie auf zwei Arten verwenden:

■ Zur Navigation innerhalb einer Arbeitsmappe: Drücken Sie [F5] (**Gehe zu**), und wechseln Sie in den gewünschten Bereich, indem Sie auf einen der angezeigten Namen der Namensliste doppelklicken. Oder: Wählen Sie einen Namen aus dem **Namenfeld** links oben über der Spaltenbezeichnung A mit der Maus aus, um zu dem Bereich zu wechseln.

- Zur Berechnung von Formeln und Funktionen: Schreiben Sie die gewünschte Formel oder geben Sie die Parameter einer Funktion in der Dialogbox des Funktionsassistenten ein, und drücken Sie dann ⌷F3⌷. Aus der Liste der angezeigten Bereichsnamen wählen Sie per Doppelklick den gewünschten Namen aus.

Beim Erstellen eines Bereichsnamens haben Sie die Wahl: Entweder markieren Sie den Zellbereich und schreiben den gewünschten Namen in das **Namenfeld** des Excel-Fensters, oder Sie rufen die Funktion **Formeln ▸ Definierte Namen ▸ Namen definieren** auf (in Excel 2010 **Formeln ▸ Definierte Namen ▸ Namens-Manager ▸ Neu**).

Im Forecast, den wir hier als Beispiel verwenden, ist es naheliegend, zunächst die Spalten der Basisdaten mit Bereichsnamen zu belegen. Öffnen Sie mit **Formeln ▸ Definierte Namen ▸ Namens-Manager** das Verwaltungstool für Bereichsnamen.

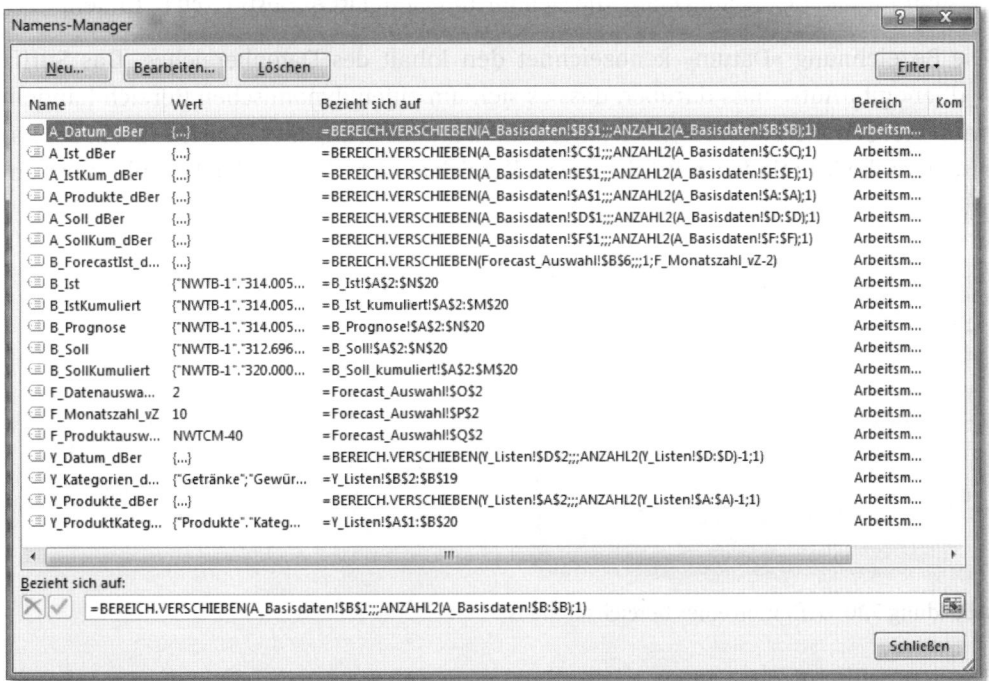

Abbildung 5.9 Seit Excel 2007 bietet der **Namens-Manager** ein neues Layout und erweiterte Funktionalität.

Gegenüber den früheren Versionen verfügt der **Namens-Manager** bereits seit Excel 2007 über einige Neuerungen:

- Sie können das Fenster kann durch Ziehen mit der Maus an der rechten unteren Ecke vergrößern, so dass auch längere Bezeichnungen und Zellbezüge gut lesbar sind.

- Bereichsnamen können sich auf nur ein Tabellenblatt oder auf die gesamte Arbeitsmappe beziehen. Gleichartige Bereiche in verschiedenen Tabellenblättern können Sie also mit dem gleichen Namen bezeichnen und dann auf ein bestimmtes Tabellenblatt beziehen.

- Mit der Filterfunktion rechts oben in der Dialogbox können Sie die existierenden Namen nach verschiedenen Kriterien filtern, was die Übersichtlichkeit erheblich verbessert.

Klicken Sie auf **Neu**, und geben Sie in das Eingabefeld die Bezeichnung »A_Datum_dBer« ein. Das Präfix »A_« soll Ihnen später helfen, den Bereichsnamen leichter zu finden und einen konkreten Zusammenhang, in dem er Verwendung findet, zu erkennen. Es steht für den Bezug auf Daten, die sich im Tabellenblatt *A_Basisdaten* befinden.

Die Bezeichnung »Datum« kennzeichnet den Inhalt des Datenbereiches. Das Suffix »_dBer« gibt Aufschluss darüber, dass es sich um einen dynamischen Bereich handeln wird. Werden sich zukünftig nach einer Datenaktualisierung mehr Datensätze in der Basisdatentabelle befinden, wird sich dieser Bereich automatisch an den Datenbestand anpassen.

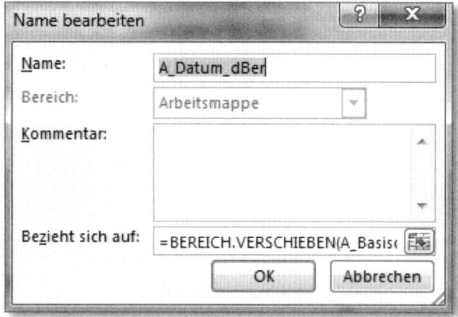

Abbildung 5.10 Definition eines Bereichsnamens

Um den Zellbezug des Namens zuzuordnen, bewegen Sie den Cursor in das Eingabefeld **Bezieht sich auf** und markieren dann den Bereich B2 bis B163 im Tabellenblatt *A_Basisdaten*. Anschließend klicken Sie auf **OK**, um den Namen zu speichern.

Nach dem gleichen Verfahren definieren Sie nun vier weitere Bereichsnamen, die sich alle auf Ihre Basisdaten beziehen:

Bereichsname	Zellbezug
A_Ist_dBer	='A_Basisdaten'!$C$2:$C$163
A_Soll_dBer	='A_Basisdaten'!$D$2:$D$163
A_IstKum_dBer	='A_Basisdaten'!$E$2:$E$163
A_SollKum_dBer	='A_Basisdaten'!$F$2:$F$163
A_Produkte_dBer	='A_Basisdaten'!$A$2:$A$163

Tabelle 5.2 Bereichsnamen in der Tabelle »A_Basisdaten«

Wenn Sie an dieser Stelle den Einwand erheben möchten, dass die Namensbezeichnung in allen sechs Fällen einen dynamischen Bereichsnamen suggeriert, keiner dieser Bereiche aber auch nur im Ansatz dynamisch ist … Geduld! Wir werden das ein wenig später ändern.

5.3.3 Liste eindeutiger Produktcodes erstellen

Zuerst benötigen wir allerdings eine Liste eindeutiger Produktcodes in der Mastertabelle *Y_Listen*. Die Basisdaten erhalten naturgemäß eine Menge Duplikate, und diese sind für unsere Zwecke – die Auswahl des gewünschten Produkts im Forecast und die automatische Generierung der Beschriftungen – nicht geeignet.

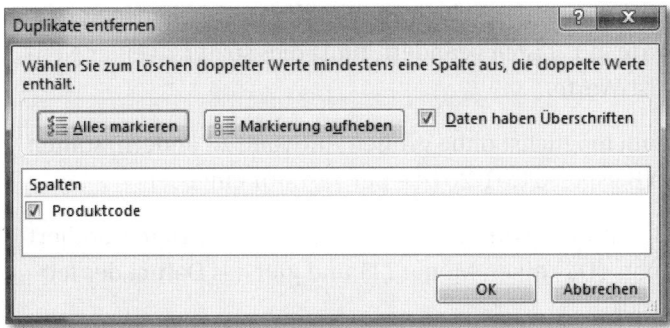

Abbildung 5.11 Filtern der Produktcodeduplikate

Kopieren Sie Spalte A der Basisdaten in das Tabellenblatt *Y_Listen*. Gehen Sie dann wie folgt vor:

- Markieren Sie die Liste der Produktcodes.

- Wählen Sie **Daten ▶ Datentools ▶ Duplikate entfernen**.

- Klicken Sie auf **OK** (Abbildung 5.11), um die doppelten Einträge aus der Liste zu entfernen.

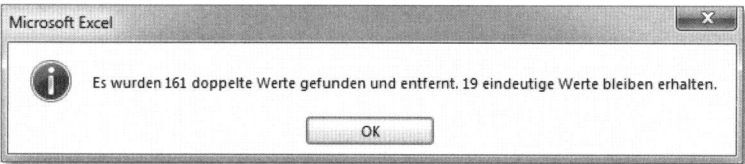

Abbildung 5.12 Ergebnisanzeige nach dem Filtern der Duplikate

Auch die Liste der eindeutigen Produktcodes muss als dynamischer Bereichsname definiert werden. Zudem benötigen Sie eine Vorgabe für die Datumsbeschriftungen. Diese geben Sie in Spalte D von *Y_Listen* ein. Für das Tabellenblatt *Y_Listen* legen Sie dann diese Namen fest:

Bereichsname	Zellbezug
Y_Produkte_dBer	=`'Y_Listen'!$A$2:$A$19`
Y_Datum_dBer	=`'Y_Listen'!$D$2:$D$14`

Tabelle 5.3 Bereichsnamen in »Y_Listen«

TIPP

Automatisierung der Datumsbezeichnungen

Die Datumswerte in Spalte D dienen zur Beschriftung sämtlicher Tabellen in der Arbeitsmappe. Werden die Werte in *Y_Listen* geändert, führt dies später zu einer Neuberechnung aller Soll- und Ist-Werte.

Um den Auswertungszeitraum möglichst ohne großen Aufwand zu ändern, sollten Sie nur das Startdatum – im Beispiel 31.01.2014 – per Tastatur eingeben.

Verwenden Sie in Zelle D3 dann die Funktion =`MONATSENDE(D2;1)`. Damit addiert Excel zum Wert des Vormonats (D2) einen Monat (1) und gibt das Datum des letzten Tages dieses Monats zurück.

Sie vermeiden auf diesem Wege die zukünftige manuelle Eingabe des Datums und müssen sich auch keine Gedanken mehr machen, ob der Monat 30 oder 31 Tage oder im Falle des Februars 28 oder 29 Tage hat.

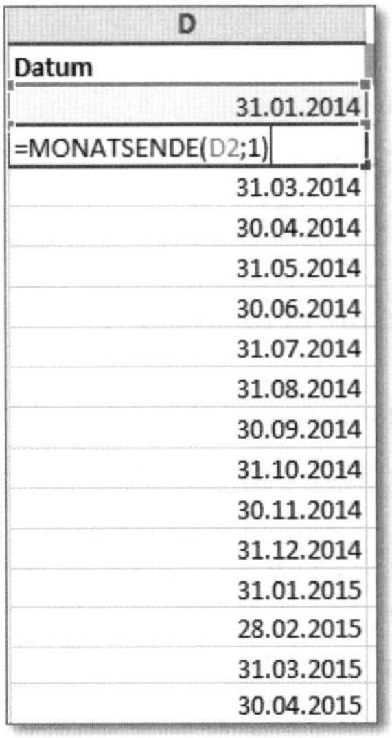

D	
Datum	
	31.01.2014
=MONATSENDE(D2;1)	
	31.03.2014
	30.04.2014
	31.05.2014
	30.06.2014
	31.07.2014
	31.08.2014
	30.09.2014
	31.10.2014
	30.11.2014
	31.12.2014
	31.01.2015
	28.02.2015
	31.03.2015
	30.04.2015

Abbildung 5.13 Berechnete Datumswerte dienen als Tabellenbeschriftungen.

5.3.4 Dynamische Erweiterung der Basisdatenbereiche

Im Grundsatz wäre nach der Festlegung der acht Bereichsnamen das Datenmodell schon so weit fertiggestellt, dass Sie sämtliche Auswertungen in den fünf Tabellenblättern *B_Ist*, *B_Soll*, *B_Ist_kumuliert*, *B_Soll_kumuliert* und *B_Prognose* durchführen könnten.

Kämen in nächsten Monat jedoch weitere Daten im Tabellenblatt *A_Basisdaten* hinzu, müssten Sie die Zellbezüge der Bereichsnamen manuell erweitern.

Diese lästige Nachbearbeitung können Sie durch die Verwendung von zwei Funktionen vermeiden und eine Menge Zeit bei der Aktualisierung von Daten sparen. Sie benötigen zwei Funktionen:

Funktion	Erklärung
ANZAHL2()	Mit der Funktion ANZAHL2(Bereich) gelingt es Ihnen, die Zahl der Zellen in einer Spalte zu ermitteln, die nicht leer sind. ANZAHL2($A:$A) berechnet z. B., wie viele Zellen in Spalte A Werte enthalten.

Tabelle 5.4 Funktionen zum Erstellen von dynamischen Bereichsnamen

193

Funktion	Erklärung
BEREICH.VERSCHIEBEN()	Diese Funktion hat fünf Argumente: – Bezug: der Startpunkt des Bereiches – Zeilen: Anzahl der Zeilen, um die der Bereich verschoben werden soll – Spalten: Anzahl der Spalten, um die der Bereich verschoben werden soll – Höhe: Anzahl der Zeilen des verschobenen Bereiches – Breite: Anzahl der Spalten des verschobenen Bereiches Um einen dynamischen Bereich zu erstellen, verwenden Sie die drei Argumente *Bezug*, *Höhe* und *Breite*.

Tabelle 5.4 Funktionen zum Erstellen von dynamischen Bereichsnamen (Forts.)

Der Datumsbereich von *A_Basisdaten* wird durch die Eingabe dieser Funktion zu einem dynamischen Bereich:

```
=BEREICH.VERSCHIEBEN('A_Basisdaten'!$B$1;;;ANZAHL2('A_Basis-daten'!B:B);1)
```

Ich empfehle Ihnen am Anfang folgende Vorgehensweise:

- Geben Sie die Funktion mit Hilfe des Funktionsassistenten in eine leere Zelle ein.

- Kopieren Sie den Inhalt der Zelle, nachdem Sie den Funktionstext in der Editierzeile markiert haben, mit Strg + C in die Zwischenablage.

- Öffnen Sie den **Namens-Manager**, und wählen Sie den Bereichsnamen aus, den Sie in einen dynamischen Bereich umwandeln möchten.

- Fügen Sie in das Eingabefeld **Bezieht sich auf:** mit Strg + V die Funktion BEREICH.VERSCHIEBEN() ein.

HINWEIS

Editieren und Prüfen von dynamischen Bereichsnamen

Wenn Sie in der Zelle **Bezieht sich auf:** Korrekturen an der eingefügten Funktion vornehmen möchten, müssen Sie zuvor mit F2 in den Editiermodus wechseln. Solange Sie sich noch im Zeigemodus befinden, führt jede Cursorbewegung zu einer unerwünschten Änderung der angezeigten Funktion.

Sie sollten überprüfen, ob der dynamische Bereichsname auch wirklich funktioniert und die korrekten Zellen zugeordnet werden. Klicken Sie dazu im **Namens-Manager** in das Eingabefeld **Bezieht sich auf:** des dynamischen Bereichsnamens. Excel umrahmt dann im Tabellenblatt die Zellen, die dem Bereichsnamen zugeordnet werden.

Für den Bereich der Stammdaten legen Sie insgesamt sechs dynamische Bereiche an.

A_Datum_dBer	=BEREICH.VERSCHIEBEN(A_Basisdaten!$B$1;;;ANZAHL2(A_Basisdaten!$B:$B);1)
A_Ist_dBer	=BEREICH.VERSCHIEBEN(A_Basisdaten!$C$1;;;ANZAHL2(A_Basisdaten!$C:$C);1)
A_IstKum_dBer	=BEREICH.VERSCHIEBEN(A_Basisdaten!$E$1;;;ANZAHL2(A_Basisdaten!$E:$E);1)
A_Produkte_dBer	=BEREICH.VERSCHIEBEN(A_Basisdaten!$A$1;;;ANZAHL2(A_Basisdaten!$A:$A);1)
A_Soll_dBer	=BEREICH.VERSCHIEBEN(A_Basisdaten!$D$1;;;ANZAHL2(A_Basisdaten!$D:$D);1)
A_SollKum_dBer	=BEREICH.VERSCHIEBEN(A_Basisdaten!$F$1;;;ANZAHL2(A_Basisdaten!$F:$F);1)

Abbildung 5.14 Dynamische Bereiche für die Stammdaten

Dokumentieren Sie die Bereichsnamen und ihre Bezüge im Tabellenblatt *Z_Namen*. Mit **Formeln ▸ Definierte Namen ▸ In Formel verwenden ▸ Namen einfügen ▸ Liste einfügen** werden alle bereits definierten Namen an der Cursorposition als Text in das Tabellenblatt eingefügt.

Versäumen Sie nicht, auch die Bereichsnamen für die Produktcodes und die Datumswerte im Tabellenblatt *Y_Listen* zu dynamisieren.

Alternative zur volatilen Funktion BEREICH.VERSCHIEBEN()

Die Funktion `BEREICH.VERSCHIEBEN()` ist volatil. Dies bedeutet, dass sie nicht nur neu berechnet wird, wenn sich ein Wert, auf den sie sich bezieht, geändert wird. Bei volatilen Funktionen wird die Neuberechnung durch zahlreiche Aktionen in der Arbeitsmappe (Formatieren, Eingabe von Text oder Werten etc.) ausgelöst. In der Folge kann eine exzessive Verwendung von `BEREICH.VERSCHIEBEN()` zu starken Beeinträchtigungen der Performance von Excel führen.

Eine Alternative für dynamische Bereichsnamen auf der Basis von `BEREICH.VERSCHIEBEN()` sind dynamische Datentabellen. Sie werden mit der Tastenkombination STRG + T oder über das Menü **Start ▸ Formatvorlagen ▸ Als Tabelle formatieren** erstellt.

Sobald eine dynamische Datentabelle erstellt wird, hat dies folgende Änderungen in der Arbeitsmappe zur Folge:

5

TIPP

195

1. Excel verwendet für die Datentabelle eine Formatvorlage, in der u. a. die Zeilen unterschiedlich gefärbt sind, um die Lesbarkeit zu erleichtern.

2. Für die Datentabelle wird der AutoFilter aktiviert.

3. Die Datentabelle ist dynamisch. Formeln und Funktionen, die in ihr enthalten sind, werden automatisch kopiert, wenn eine Zeile oder Spalte ergänzt wird.

4. Für die Datentabelle wird automatisch ein Bereichsname vergeben. Die erste Datentabelle der Arbeitsmappe erhält den Bereichsnamen *Tabelle1*, die zweite *Tabelle2* und so weiter.

5. Dynamische Datentabellen verwenden nicht die klassische Adressierungsform mit Zellbezügen (z. B. =SUMME(A2:A100)). Bezüge in Formeln und Funktionen beziehen sich auf den Namen der Datentabelle (z. B. *Tabelle1*) und eine Spalte bzw. Zeile in der Datentabelle (z. B. *Umsatz*). Zeilen und Spalten geben Sie dabei in eckigen Klammern an. Eine Summenberechnung kann folglich so aussehen: =SUMME(Tabelle1[Umsatz]).

Die in diesem Datenmodell bedingten Kalkulationen mit SUMMEWENNS() sind allesamt auch mit diesen Bezügen umsetzbar, wenn Sie die Basisdatentabelle in eine dynamische Datentabelle umwandeln.

5.3.5 Dynamische Zeilen- und Spaltenbeschriftungen

Die Beschriftung der Zeilen und Spalten aller Tabellen zur Berechnung der Ist-, Soll- und Prognosewerte ist identisch und besteht aus Produktcodes und Datumswerten (Abbildung 5.15). Käme es zu einer Änderung des Produktangebots oder des Analysezeitraums, müssten Sie alle Tabellen manuell überarbeiten.

Beide Beschriftungsmerkmale wurden als dynamische Bereiche in *Y_Listen* erstellt. Mit einer Funktion erzeugen Sie nun ab Zelle A2 die Produktcodes als Zeilenbeschriftung, dabei verweisen Sie auf die dynamischen Bereiche in *Y_Listen*:

```
=INDEX(Y_Produkte_dBer;ZEILE()-1;1)
```

INDEX() durchsucht die Matrix *Y_Produkte_dBer*, also die dynamische Liste der Produktcodierungen. Die Funktion wählt den Wert, der in der ersten Zeile (ZEILE()-1) und ersten Spalte (1) steht. Gefunden wird der Produktcode NWTB-1. Dies ist der erste Wert der Produktliste.

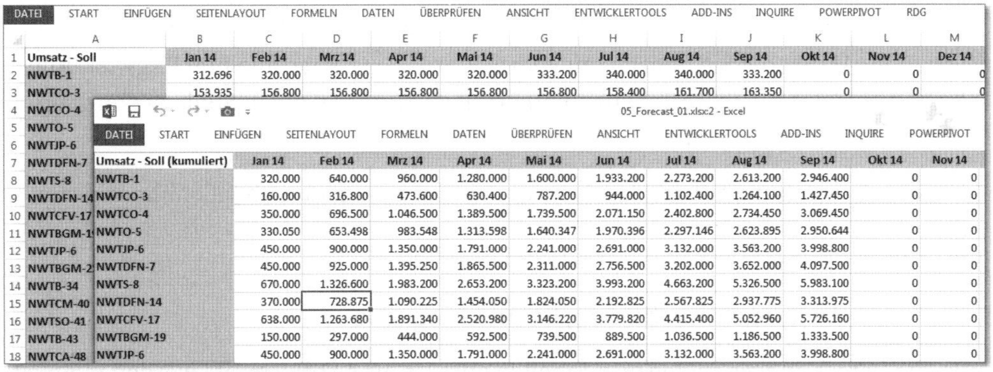

	A	B	C	D	E	F	G	H	I	J	K	L	M
1	Umsatz - Soll	Jan 14	Feb 14	Mrz 14	Apr 14	Mai 14	Jun 14	Jul 14	Aug 14	Sep 14	Okt 14	Nov 14	Dez 14
2	NWTB-1	312.696	320.000	320.000	320.000	320.000	333.200	340.000	340.000	333.200	0	0	0
3	NWTCO-3	153.935	156.800	156.800	156.800	156.800	156.800	158.400	161.700	163.350	0	0	0
4	NWTCO-4												
5	NWTO-5												
6	NWTJP-6												
7	NWTDFN-7												
8	NWTS-8												
9	NWTDFN-14												
10	NWTCFV-17												
11	NWTBGM-1												
12	NWTJP-6												
13	NWTBGM-2												
14	NWTB-34												
15	NWTCM-40												
16	NWTSO-41												
17	NWTB-43												
18	NWTCA-48												

05_Forecast_01.xlsx:2 - Excel

Umsatz - Soll (kumuliert)	Jan 14	Feb 14	Mrz 14	Apr 14	Mai 14	Jun 14	Jul 14	Aug 14	Sep 14	Okt 14	Nov 14
NWTB-1	320.000	640.000	960.000	1.280.000	1.600.000	1.933.200	2.273.200	2.613.200	2.946.400	0	0
NWTCO-3	160.000	316.800	473.600	630.400	787.200	944.000	1.102.400	1.264.100	1.427.450	0	0
NWTCO-4	350.000	696.500	1.046.500	1.389.500	1.739.500	2.071.150	2.402.800	2.734.450	3.069.450	0	0
NWTO-5	330.050	653.498	983.548	1.313.598	1.640.347	1.970.396	2.297.146	2.623.895	2.950.644	0	0
NWTJP-6	450.000	900.000	1.350.000	1.791.000	2.241.000	2.691.000	3.132.000	3.563.200	3.998.800	0	0
NWTDFN-7	450.000	925.000	1.395.250	1.865.500	2.311.000	2.756.500	3.202.000	3.652.000	4.097.500	0	0
NWTS-8	670.000	1.326.600	1.983.200	2.653.200	3.323.200	3.993.200	4.663.200	5.326.500	5.983.100	0	0
NWTDFN-14	370.000	728.875	1.090.225	1.454.050	1.824.050	2.192.825	2.567.825	2.937.775	3.313.975	0	0
NWTCFV-17	638.000	1.263.680	1.891.340	2.520.980	3.146.220	3.779.820	4.415.400	5.052.960	5.726.160	0	0
NWTBGM-19	150.000	297.000	444.000	592.500	739.500	889.500	1.036.500	1.186.500	1.333.500	0	0
NWTJP-6	450.000	900.000	1.350.000	1.791.000	2.241.000	2.691.000	3.132.000	3.563.200	3.998.800	0	0

Abbildung 5.15 Identische Spalten- und Zeilenbeschriftungen werden durch Berechnungen erzeugt.

INFO

Dynamische Verweise mit Hilfe von ZEILE()

Die Funktion `ZEILE()` liefert den numerischen Wert der Zeile, in der die Funktion eingegeben wurde. Diese Eigenschaft können Sie nutzen, um in `INDEX()` jeweils den nächsten Wert aus der Liste auszulesen, auf die `INDEX()` verweist. Sie vermeiden so, die Zeilennummer für jede Zelle manuell eingeben und gegebenenfalls in Zukunft auch wieder ändern zu müssen. Kopieren Sie die Funktion nach unten bis in Zelle A19, und Sie erhalten sämtliche Produktcodes.

Mit den Monatsangaben im Bereich B1 bis M1 verhält es sich ähnlich wie mit den dynamischen Zeilenbeschriftungen. Verwenden Sie hier die Funktion, um auf die Datumswerte aus *Y. Listen* zuzugreifen:

```
=INDEX(Y_Datum_dBer;SPALTE()-1;1)
```

TIPP

Einfügen und Ändern von Daten, Funktionen oder Formaten in mehreren Tabellenblättern

Da Sie einen völlig identischen Aufbau bei allen fünf Tabellenblättern vorfinden, stellt sich die Frage, wie Sie die gesamte Struktur möglichst effizient aufbauen können.

Eine Möglichkeit besteht darin, eine Tabelle zu erstellen und sie anschließend viermal zu kopieren. Klicken Sie dazu mit der rechten Maustaste auf das Tabellenregister, und wählen Sie dann die Option **Verschieben oder Kopieren**. Aktivieren Sie die Option **Kopieren**, und klicken Sie auf **OK**.

> Die andere Arbeitsweise besteht darin, dass Sie zunächst alle fünf Tabellenblätter erstellen. Aktivieren Sie danach mit gedrückter `Strg`-Taste alle fünf Register. Alle Eingaben in das sichtbare Tabellenblatt erfolgen nun an gleicher Stelle in den gruppierten Tabellenblättern.
>
> Um die Gruppierung aufzuheben, klicken Sie auf ein anderes Tabellenblattregister.

5.3.6 Bedingte Kalkulation für Soll, Ist und Prognose

Auch die Berechnungen in den vier Tabellen zum Ist- und Soll-Umsatz werden mit weitgehend identischen Funktionen durchgeführt. Es handelt sich um eine Summenbildung mit zwei Bedingungen. Bedingung 1 betrifft den Produktcode, Bedingung 2 das Datum. Im Tabellenblatt *B_Ist* lautet die Funktion:

```
=SUMMEWENNS(A_Ist_dBer;A_Produkte_dBer;$A2;A_Datum_dBer;B$1)
```

Das erste Argument (`A_Ist_dBer`) gibt an, wo die zu summierenden Werte gefunden werden. `$A$2` bezeichnet das erste Suchkriterium, den Produktcode des ersten Produkts. Er soll im Kriterienbereich `A_Produkte_dBer` gesucht werden. Das zweite Kriterienpaar wird durch `$B$1` (Datumswert) und `A_Datum_dBer`, die Datumsspalte in den Basisdaten, gebildet.

Nachdem Sie die Funktion eingegeben haben, können Sie sie bedenkenlos nach unten und dann nach rechts kopieren. Sofort haben Sie die Ist-Umsätze aller Produkte und sämtlicher Monate.

Doch nicht nur das! Die Funktionen in den Tabellenblättern *B_Soll*, *B_Ist_kumuliert* und *B_Soll_kumuliert* unterscheiden sich nur in einem einzigen Merkmal von der Funktion zur Kalkulation der Ist-Umsätze:

Statt des Bereiches *A_Ist_Ber* müssen Sie die adäquaten Bereiche angeben:

- Kopieren Sie also die Funktion von *B. Ist* in *B. Soll*.
- Setzen Sie anstelle von *A_Ist_dBer* den Bereich *A_Soll_dBer* in die Funktion `SUMME-WENNS()`.
- Kopieren Sie die angepasste Funktion nach unten und in die angrenzenden Spalten rechts.

Wenn Sie die Funktion durch Gruppierung der Tabellenblätter in sämtliche Tabellen gleichzeitig eingegeben haben, sollten Sie die Option **Suchen und Ersetzen**

(Tastenkürzel $\boxed{\text{Strg}}$ + $\boxed{\text{H}}$) nutzen, um die Summierungsbereiche anzupassen (Abbildung 5.16).

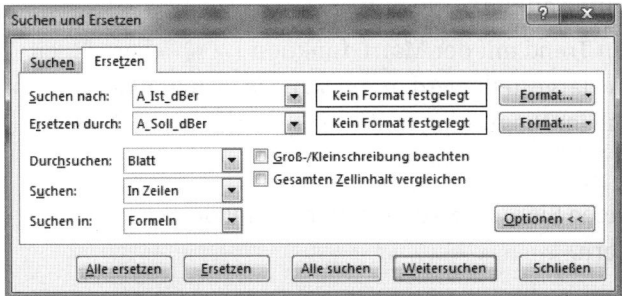

Abbildung 5.16 Anpassung von SUMMEWENNS() mit **Suchen und Ersetzen**

- Markieren Sie den Datenbereich B2 bis M19 im Tabellenblatt *B. Soll*.

- Drücken Sie die Tastenkombination $\boxed{\text{Strg}}$ + $\boxed{\text{H}}$.

- Geben Sie »A_Ist_dBer« als Such- und »A_Soll_dBer« als Ersatztext ein.

- Starten Sie den Vorgang des Ersetzens mit einem Mausklick auf **Alle ersetzen**.

Auf die gleiche Weise tauschen Sie auch in den anderen Tabellenblättern die Bereichsnamen der Summierungsbereiche aus.

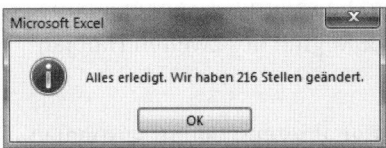

Abbildung 5.17 Ergebnishinweis nach dem Ersetzen der Bereichsnamen

5.3.7 Methoden zur Berechnung von Prognosen

Um aus den vorhandenen Werten einer Datenreihe eine Prognose auf zukünftige Werte zu bilden, stehen Ihnen unterschiedliche Verfahren zur Verfügung.

Methoden zur Berechnung von Prognosen

Linearer Trend
Die Berechnung des linearen Trends basiert auf der Formel $y = mx + b$ und ist ein Mittel der Analyse von Zeitreihen. Grafisch dargestellt erscheint der lineare Trend

als Gerade. Um den Wert der abhängigen Variablen y zu berechnen, wird die unabhängige Variable x mit der Steigung der Geraden, dem Faktor m, multipliziert und anschließend der Achsenabschnitt b addiert.

In Excel können Sie den linearen Trend mit der Matrixfunktion TREND() berechnen oder im Diagramm als *Trendlinie* dargestellt werden. Klicken Sie dazu mit der rechten Maustaste auf die Datenreihe im Diagramm, und wählen Sie aus dem Kontextmenü **Trendlinie hinzufügen**.

Mit der rechten Maustaste gelangen Sie auch zu den **Optionen**, mit denen Sie die Eigenschaften der Trendlinie ändern.

Die Trendberechnung berücksichtigt keinerlei saisonale Effekte bei der Berechnung.

Gleitender Mittelwert

Beim gleitenden Mittelwert wird aus einer Reihe von Vorgängerwerten ein Mittelwert berechnet, der für eine kurzfristige Prognose benutzt werden kann. Durch diese Mittelwertbildung wird erreicht, dass datenmäßige Ausreißer der Vormonate ausgeglichen – geglättet – werden.

Die Glättung hängt stark von der Anzahl der zur Glättung herangezogenen Vorgängerwerte ab. Ist diese zu klein, wird auch die Glättung der Spitzen gering sein. Wird hingegen die Anzahl der Vorgängerwerte erhöht, führt dies zu dem Effekt, dass am Anfang der Datenreihe Vorhersagewerte fehlen. Wird beispielsweise ein gleitender Mittelwert aus sechs Monaten gebildet, kann erst mit Beginn des zweiten Halbjahres die erste Prognose berechnet werden.

Der gleitende Mittelwert berücksichtigt als kurzfristige Prognose keine saisonalen Effekte, es sei denn, die Anzahl der verwendeten Vorgängerwerte entspricht exakt dem saisonalen Muster.

Exponentielle Glättung

Die exponentielle Glättung enthält eine Gewichtung der prognostizierten Werte. Sie ist geeignet für Prognosen in Datenreihen, die keinen eindeutigen Trend erkennen lassen. Die Grundaussage lautet: Alle Werte der Vergangenheit haben einen Einfluss auf gegenwärtige und zukünftige Werte. Doch der Einfluss weiter zurückliegender Werte ist schwächer als jener der aktuellen Werte.

Um einen Ausgleich zu schaffen, wird der aktuell gemessene Wert mit dem Glättungsfaktor α multipliziert. Der Wert der letzten Prognose der Vorgängerperiode wird hingegen mit $1 - \alpha$ multipliziert. Die Summe beider Multiplikationen ergibt den nächsten prognostizierten Wert.

Bildung der ersten Differenzen

Die Berechnung der ersten Differenzen dient dazu, den Trend aus einer Datenreihe zu entfernen. Anschließend können Sie mit Hilfe des gleitenden Mittelwerts oder der exponentiellen Glättung eine Prognose berechnen.

Die ersten Differenzen bilden Sie, indem Sie vom aktuellen Wert den Wert der Vorgängerperiode subtrahieren. Auf Basis der ersten Differenz der aktuellen Periode und der exponentiellen Glättung der ersten Differenz der Vorgängerperiode entsteht die Prognose der ersten Differenzen.

Addieren Sie schließlich zum gemessenen Wert der Vorgängerperiode die Prognose der ersten Differenz der aktuellen Periode, erhalten Sie die integrierte Prognose.

Beispiele für alle beschriebenen Methoden der Erstellung von Prognosen finden Sie in der Arbeitsmappe *05_Trend_Prognose_Bereinigung.xlsx*.

5.3.8   Berechnung einer Prognose mit Hilfe des gleitenden Mittelwerts

In der Beispieldatei *05_Forecast_01.xlsx* erfolgt die Prognose im Tabellenblatt *B_Prognose* mit dem gleitenden Mittelwert. Aus drei Vorgängermonaten wird der Durchschnitt gebildet, um die Werte des Folgemonats vorherzusagen.

Dies hat bei einem Beginn der Datenreihe zum Januar 2014 zur Folge, dass für die Monate Januar bis März keine Prognosen möglich sind. In den betreffenden Zellen werden folglich statt der Prognose- die Ist-Werte mit der Formel `=SUMMEWENNS(A_Ist_dBer;A_Produkte_dBer;$A2;A_Datum_dBer;B$1)` übernommen.

Forecast	Jan 14	Feb 14	Mrz 14	Apr 14	Mai 14	Jun 14	Jul 14	Aug 14	Sep 14	Okt 14	Nov 14	Dez 14
NWTB-1	314.005	321.341	328.002	=WENN(ZÄHLENWENN(B_Ist!B2:D2;"<>0")=3;MITTELWERT(B_Ist!B2:D2);0)						337.490	0	0
NWTCO-3	163.020	181.930	167.017	WENN(Prüfung; [Dann_Wert]; [Sonst_Wert])			159.400	171.897	175.264	170.806	0	0
NWTCO-4	333.185	353.325	351.661	346.057	351.859	346.574	336.174	332.392	331.045	338.393	0	0
NWTO-5	339.411	332.354	354.471	342.078	342.735	337.778	334.327	331.660	343.562	341.146	0	0

Abbildung 5.18 Prognose mit Hilfe des gleitenden Mittelwerts

Bei der Berechnung des gleitenden Mittelwerts ist es wichtig, die Berechnung nur dann durchzuführen, wenn auch tatsächlich drei Vorgängerwerte in der Tabelle der Ist-Werte vorhanden sind. Das erreichen Sie durch:

`=WENN(ZÄHLENWENN('B_Ist'!B2:D2;"<>0")=3;MITTELWERT('B_Ist'!B2:D2);0)`

Sollte die Anzahl der Werte, die nicht null sind, in den drei vorangegangenen Monaten gleich dem Wert 3 sein, wird der Mittelwert berechnet; andernfalls wird der Wert 0 ausgegeben.

Dies hat wiederum zur Folge, dass in den letzten Monaten der Prognosenübersicht – in den Monaten November und Dezember – keine Prognosewerte erscheinen (Abbildung 5.18).

5.3.9 Steuerelemente für die Benutzereingaben im Forecast

Die Steuerelemente für die Diagramme bzw. die dynamische Tabelle im Tabellenblatt *Forecast* fügen Sie über den Menüpunkt **Entwicklertools ▶ Steuerelemente ▶ ActiveX-Steuerelemente** ein.

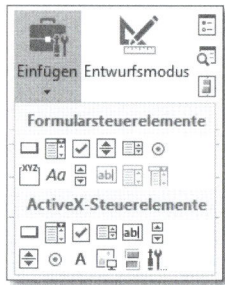

Abbildung 5.19 Steuerelemente-Toolbox

Sollte dieses Menü nicht angezeigt werden, dann rufen Sie es über **Datei ▶ Optionen ▶ Menüband anpassen** auf. Im Eingabefeld **Hauptregisterkarten** auf der rechten Seite aktivieren Sie die **Entwicklertools**.

Sie benötigen zwei verschiedene ActiveX-Steuerelemente für die Bedienung des Forecasts:

- ein Kombinationsfeld zur Auswahl der Produktcodes
- ein Drehfeld zur Steuerung der rollierenden Darstellung der Prognose

Zeichnen Sie beide Steuerelemente in das noch leere Tabellenblatt.

ActiveX-Elemente verfügen über zahlreiche Eigenschaften. Wenn Sie auf den Schalter **Entwurfsmodus** in der Gruppe **Steuerelemente** klicken und dann den Schalter **Eigenschaften** aktivieren, öffnet sich eine Dialogbox, die Ihnen die Eigenschaften des gerade ausgewählten ActiveX-Steuerelements anzeigt.

Zu den wichtigsten Eigenschaften eines Steuerelements gehört, woher das Element – z. B. die Liste im Kombinationsfeld – seine Daten bezieht (**ListFillRange**) und wohin der durch den Benutzer in der Liste ausgewählte Wert geschrieben werden soll (**LinkedCell**).

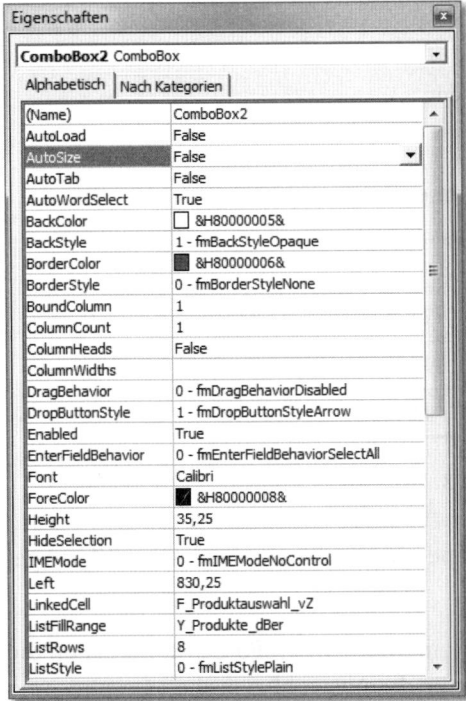

Abbildung 5.20 Eigenschaften des Kombinationsfeldes

In beiden Eingabefeldern der Eigenschaftsliste ist die Verwendung von Bereichsnamen erlaubt und zu empfehlen. Als **ListFillRange** geben Sie »Y_Produkte_dBer«, die eindeutige Liste der Produktcodes aus dem Tabellenblatt *Y_Listen*, an.

Die verknüpfte Zelle – **LinkedCell** – sollte auch einen Bereichsnamen erhalten. Im Beispiel lautet er *F_Produktauswahl_vZ* und verweist auf die Zelle Q2 im Tabellenblatt *Forecast_Auswahl*.

Aus der Nutzung von ActiveX-Steuerelementen können wir bereits an dieser Stelle drei wichtige Aussagen ableiten:

- Zur Erstellung einer dynamischen Diagrammlösung benötigen Sie so gut wie immer Hilfsblätter, in denen Daten berechnet und bereitgestellt werden.

- Steuerelemente schreiben in diese Hilfsblätter Parameter, die zur Berechnung und letztlich zur dynamischen Anpassung der Diagramme genutzt werden.

- Sowohl Input-Listen als auch verknüpfte Zellen stellen einen Grund dar, die bereits existierende Liste der Bereichsnamen in unserem Datenmodell noch einmal zu erweitern.

Datenauswahl	Monatszahl	Produktauswahl
2	9	NWTCM-40

Abbildung 5.21 Unter den grauen Überschriften befinden sich Werte aus der Benutzung von Steuerelementen.

Erstellen Sie zunächst die folgenden Bereichsnamen:

Bereichsname	**Zellbezug**
F_Datenauswahl_vZ	=Forecast_Auswahl!\$O\$2
F_Monatszahl_vZ	=Forecast_Auswahl!\$P\$2
F_Produktauswahl_vZ	=Forecast_Auswahl!\$Q\$2

Tabelle 5.5 Bereichsnamen für die Diagrammsteuerung

Alle drei Namen beziehen sich auf Zellen, in die per Steuerelement bestimmte Werte geschrieben werden (*vZ*).

Zum Abschluss ergänzen Sie das dritte Steuerelement für Ihren Forecast. Zeichnen Sie die beiden Optionsfelder und das Gruppenfeld für die Auswahl zwischen Gesamt- und Produktdarstellung.

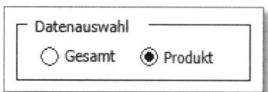

Abbildung 5.22 Formularsteuerelement für die Datenauswahl

Hierbei handelt es sich um Formularsteuerelemente. Diese verfügen über weniger Eigenschaften und damit über weniger Gestaltungsmöglichkeiten. Doch auch ihnen kann eine Zellverknüpfung zugewiesen werden.

Wählen Sie aus der Liste der Steuerelemente die benötigten Elemente aus, und zeichnen Sie diese in Ihr Tabellenblatt (Abbildung 5.23).

Klicken Sie das Optionsfeld mit der rechten Maustaste an. Sie gelangen dann über das Kontextmenü zu der Option **Steuerelement formatieren**. Im Register **Steuerung** geben Sie in das Eingabefeld **Zellverknüpfung** das Ziel der Verknüpfung ein: »F_Datenauswahl_vZ«.

5.3.10 Datenblatt für die Diagrammdaten

Bevor Sie sich an die Erstellung und Gestaltung der Diagramme machen, müssen Sie noch die Formeln und Funktionen in das Tabellenblatt *Forecast_Auswahl* eingeben, mit denen die gewünschten Daten für die Diagramme berechnet werden.

	A	B	C	D	E	F	G	H	I	J	K	L	M
			Jan 14	Feb 14	Mrz 14	Apr 14	Mai 14	Jun 14	Jul 14	Aug 14	Sep 14	Okt 14	Nov 14	Dez 14
1	Soll-Ist-Vergleich	Jan 14	Feb 14	Mrz 14	Apr 14	Mai 14	Jun 14	Jul 14	Aug 14	Sep 14	Okt 14	Nov 14	Dez 14
2	Umsatz - Ist - NWTCM-40	136.292	137.945	151.066	150.341	159.567	135.173	137.626	156.726	148.479	#NV	#NV	#NV
3	Umsatz - Soll - NWTCM-40	148.500	150.000	150.000	148.500	148.500	148.500	147.000	148.500	147.000	#NV	#NV	#NV
4													
5	Forecast	6.912.540	7.059.192	7.098.725	7.023.486	7.088.953	7.104.865	7.087.383	7.073.663	#NV	#NV	#NV	#NV
6	Umsatz - Ist	6.912.540	7.059.192	7.098.725	7.108.942	7.106.929	7.046.277	7.067.781	7.108.576	7.112.887	#NV	#NV	#NV
7													
8	NWTCM-40	136.292	137.945	151.066	150.341	159.567	135.173	137.626	156.726	148.479	0	0	0
9		148.500	150.000	150.000	148.500	148.500	148.500	147.000	148.500	147.000	0	0	0
10		136.292	274.237	425.303	575.644	735.211	870.384	1.008.010	1.164.736	1.313.215	0	0	0
11		150.000	300.000	450.000	598.500	747.000	895.500	1.042.500	1.191.000	1.338.000	0	0	0
12		136.292	137.945	151.066	141.768	146.451	153.658	148.360	144.122	143.175	147.610	0	0

Abbildung 5.23 Die Diagrammdaten sind von den Eingaben der Steuerelemente abhängig.

Im Forecast lassen sich drei Bereiche unterscheiden:

- das Liniendiagramm der Soll-Ist-Umsätze mit der Option, zwischen Gesamt- und Produktansicht zu wechseln
- das Liniendiagramm, das rollierende Linien zum Vergleich von Ist-Werten und Prognosen zeigt
- die Tabelle mit sämtlichen Soll-, Ist und Prognosewerten des vom Benutzer ausgewählten Produkts

Diese drei Bereiche finden Sie auch im Tabellenblatt *Forecast_Auswahl* wieder.

Für die Berechnung der Ist-Werte in den Zellen B2 bis M2 benötigen Sie die folgende Funktion:

```
=WENN(WAHL(F_Datenauswahl_vZ;'B_Ist'!B20;B8)=0;NV();
WAHL(F_Datenauswahl_vZ;'B_Ist'!B20;B8))
```

Findet Excel in der Zelle *F_Datenauswahl_vZ* den Wert 1 (Gesamt), wird der entsprechende Januarwert aus Zelle B2 des Tabellenblattes *B_Ist* geholt. Wird hingegen auf *Produkt* geklickt und damit der Wert 2 in *F_Datenauswahl_vZ* geschrieben, führt die Funktion WAHL(index; wert 1; wert 2 ...) die zweite Option aus und schreibt den Ist-Umsatz des Produkts – Zelle B8 – in die Tabelle.

Mit den Soll-Umsätzen verhält es sich ähnlich. Die Funktion lautet:

```
=WENN(WAHL(F_Datenauswahl_vZ;'B_Soll'!B20;B9)=0;NV();
WAHL(F_Datenauswahl_vZ;'B_Soll'!B20;B9))
```

Hier muss einzig der Bezug auf *B. Soll* gesetzt werden. Ansonsten können Sie die Funktion getrost kopieren.

Der Ausdruck `WENN()` in dieser Funktionskombination stellt sicher, dass im Fall von nicht vorhandenen Werten bzw. eines Nullwerts das Liniendiagramm nicht auf die Rubrikenachse »abstürzt«. Der Ausdruck `NV()` verhindert dies. Er wird als Datenpunkt im Liniendiagramm ignoriert, so dass die Linie im Fall von nicht vorhandenen Werten nicht fortgesetzt wird.

5.3.11 Rollierende Liniendiagramme

Die Prognose der Umsätze beginnt – wie bereits oben dargestellt – mit dem Monat April. Insofern können Sie im zweiten Teil der Diagrammdaten für die Monate Januar bis März mit einem einfachen Verweis auf die Originalwerte beginnen (=`'B_Prognose'!B20` bzw. =`'B_Ist'!B20` in den Zellen B5 und B6).

Danach müssen Sie sicherstellen,

- dass Nullwerte erneut durch `NV()` ersetzt werden und
- dass nur die Werte bis zur ausgewählten Monatszahl angezeigt werden und nicht darüber hinaus.

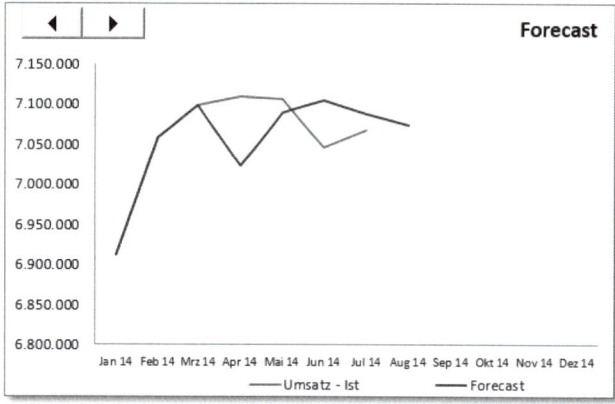

Abbildung 5.24 Mit dem Drehfeld wird die rollierende Darstellung der Werte erreicht.

Zwei Bedingungen müssen in diesem Fall mit der Funktion `UND()` überprüft und in ein `WENN()` eingebunden werden. Die verschachtelte Funktion lautet:

```
=WENN(UND(F_Monatszahl_vZ>=MONAT(E1)+1;'B_Prognose'!E20<>0);
'B_Prognose'!E20,NV())
```

5.3.12 Dynamische Tabelle mit der Funktion INDEX()

Um den letzten Baustein zur Vorbereitung des dynamischen Forecasts zu vervollständigen, benötigen wir eine bekannte Funktion: INDEX(). Was soll diese Funktion konkret bewirken?

Im Datenbereich *B_Ist*, der sich auf den Bereich A2 bis N20 im Tabellenblatt *B_Ist* bezieht, soll nach dem ausgewählten Produktnamen gesucht werden.

5

Diese Suche wird mit der Funktion VERGLEICH() durchgeführt. Findet diese Funktion im Bereich *A_Produkte_dBer* die Produktbezeichnung, gibt sie die Position der Fundstelle als numerischen Wert zurück. Dieser Wert wird an INDEX() übergeben, um den zugehörigen Wert aus dem Bereich der Ist-Umsätze zu holen.

```
=INDEX(B_Ist;VERGLEICH(Forecast_Auswahl!$A$8;
A_Produkte_dBer;0);SPALTE())
```

Auch diese Funktion stellt eine solide Kopiervorlage dar, denn wenn Sie den Bezug *B_Ist* durch die Bereichsnamen *B_Soll*, *B_IstKumuliert*, *B_SollKumuliert* und *B_Prognose* ersetzen, erhalten Sie den Zugriff auf sämtliche gewünschte Daten der vier Tabellenblätter. Vorausgesetzt, Sie haben die Bereichsnamen zuvor erstellt!

5.3.13 Formate, Formatvorlagen, Diagrammvorlagen

Dienen alle bisherigen Tabellen quasi lediglich als Arbeitsgrundlage für Ihre Kalkulationen, so ist spätestens mit der Tabelle und den Diagrammen im Tabellenblatt *Forecast* der Zeitpunkt gekommen, sich über das Thema CI Gedanken zu machen.

Beherzigen Sie einige der Grundregeln, die auch bei Präsentationen gültig sind:

- Beschränken Sie grundsätzlich die Informationsmenge in Ihren Diagrammen. Wenn Sie überflüssige oder zu detaillierte Daten weglassen, wird Ihr Diagramm übersichtlicher.

- Vermeiden Sie überflüssige schmückende Elemente wie Schatten und 3D-Effekte.

- Verwenden Sie nicht mehr als zwei Schriftarten bzw. Schriftschnitte (z. B. normal und fett, aber nicht normal, fett, unterstrichen und kursiv).

- Verwenden Sie Überschriften, Legenden und Steuerelemente innerhalb von Diagrammen und Reportingtabellen möglichst immer an den gleichen Stellen und nicht kreuz und quer verstreut.

- Benutzen Sie Farben, um die Wahrnehmungsaktivität zu unterstützen. Setzen Sie dabei Kontraste ein, um Unterschiede zu verdeutlichen, und Harmonien, um Gemeinsamkeiten zu betonen.

- Zeigen Sie das Logo Ihres Unternehmens, aber in angemessener Größe.

In Excel sollten Sie die Verwendung von Farben in Ihrer Arbeitsmappe durch die Definition von Designfarben vorgeben. Wechseln Sie zu **Seitenlayout ▶ Designs ▶ Farben ▶ Neue Designfarben erstellen**.

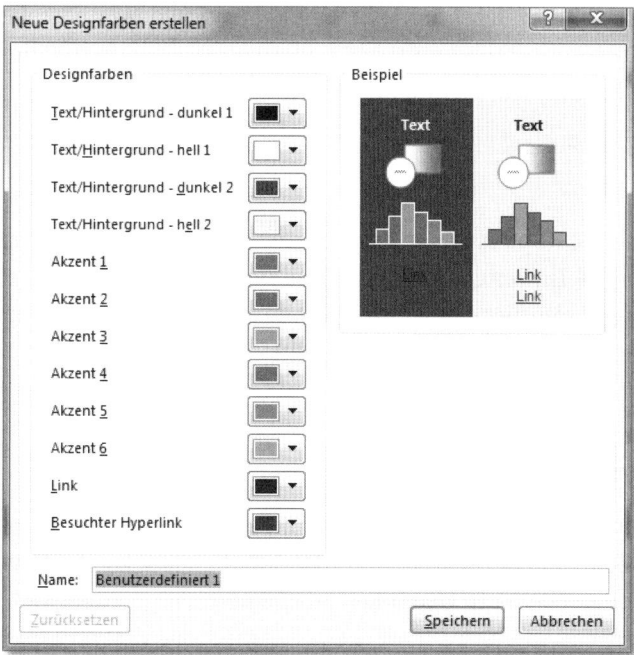

Abbildung 5.25 Definieren Sie eine Farbskala für Ihre Arbeitsmappe.

Unter **Akzent 1** bis **Akzent 6** legen Sie u. a. fest, welche Farben Excel bei der Erstellung von Diagrammen den Datenreihen zuweist, wenn im Diagramm die Farbauswahl **Automatisch** aktiviert ist.

Definieren Sie anhand der CI-Vorgaben Ihres Unternehmens, welche Schriftarten, -schnitte und -größen für Überschriften in Excel-Arbeitsmappen verwendet werden sollen. Nachdem Sie die Festlegung getroffen haben, wechseln Sie in **Start ▶ Formatvorlagen ▶ Zellenformatvorlagen**. Klicken Sie auf **Neue Zellenformatvorlage**, und wählen Sie die Schriftart, -farbe und -größe und gegebenenfalls Linien- und Hintergrundfarben für Überschriften, Zwischenüberschriften, Spaltenüberschriften etc.

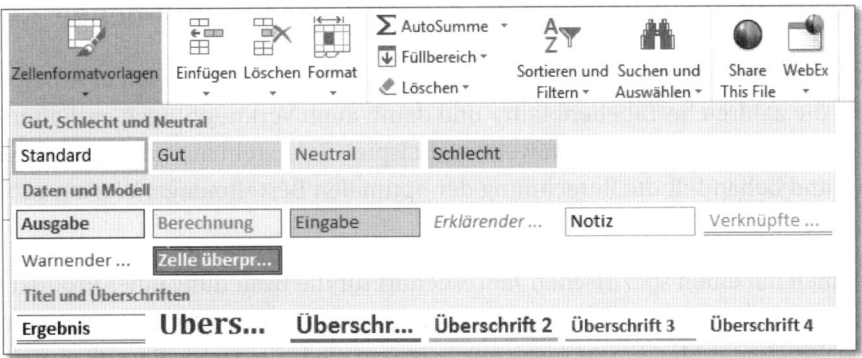

Abbildung 5.26 Passen Sie die Zellenformatvorlagen entsprechend Ihrem CI-Handbuch an.

Vorlagen für Zellenformate können Sie auch zwischen geöffneten Arbeitsmappen über die Option **Formatvorlagen zusammenführen** austauschen.

Wenn Sie ein Diagramm nach Ihren Vorstellungen und CI-Vorgaben erstellt haben, sollten Sie es als Diagrammvorlage speichern. Klicken Sie mit der rechten Maustaste in das Diagramm (in Excel 2010 **Diagrammtools ▸ Entwurf ▸ Layout ▸ Als Vorlage speichern**), um die Vorlage zu erstellen.

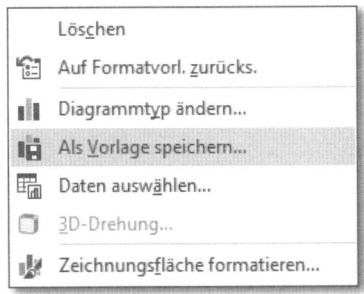

Abbildung 5.27 Speichern einer Diagrammvorlage
auf Basis eines fertiggestellten Diagramms

Die Diagrammvorlage können Sie zukünftig in anderen Dateien wiederverwenden. Nach dem Erstellen eines neuen Diagramms wechseln Sie zu **Diagrammtools ▸ Entwurf ▸ Diagrammtyp ändern ▸ Vorlagen**, um einem Diagramm die Vorlage zuzuweisen.

Außerdem können Sie bereits seit Excel 2007 Vorlagendateien auch außerhalb von Excel speichern und somit an Kollegen weitergeben oder Vorlagen auch im Netzwerk anderen Benutzern zur Verfügung stellen. Dies trägt dazu bei, auf unkomplizierte Art und Weise Layoutvorgaben des Unternehmens zu erfüllen.

5.4   Datenmodell zur Kalkulation der optimalen Bestellmenge

Datenmodelle sind nicht nur sehr nützlich, wenn es um Datenauswertungen in Arbeitsmappen geht, die zahlreiche Tabellenblätter und damit auch Verknüpfungen enthalten. Auf den folgenden Seiten finden Sie ein weiteres Beispiel. Es besteht aus einem einzigen Tabellenblatt und behandelt die Berechnung der optimalen Bestellmenge. Worum geht es dabei konkret?

Ein Unternehmen hat einen spezifischen Jahresbedarf für die Bestellung eines Produkts identifiziert. Das Warenlager bindet Kapital, das in den kalkulatorischen Zinsen der im Warenlager gebundenen Mittel zum Ausdruck kommen. Jeder einzelne Bestellvorgang schlägt hingegen auch mit Kosten zu Buche. Es stellt sich somit die Frage, welches die optimale Bestellmenge pro Bestellvorgang ist, bei der die Summe aus kalkulatorischen Zinsen und Bestellkosten minimiert werden kann.

Im Gegensatz zum vorherigen Fallbeispiel bezieht sich das hier vorgestellte wie bereits erwähnt auf eine Arbeitsmappe mit nur einem einzigen Tabellenblatt. Darin befindet sich der Eingabebereich für die Eckwerte der Berechnung (Abbildung 5.28):

- Jahresbedarf
- Fixkosten je Bestellvorgang
- Stückpreis
- kalkulatorischer Zinssatz

Optimale Bestellmenge

Rahmenbedingungen	
Jahresbedarf:	9.000
Fixkosten je Bestellvorgang:	275,00 €
Stückpreis:	8,95 €
kalkulatorische Zinsen:	6,25%

optimale Bestellmenge	m_{opt}
Fixkosten je Bestellung	K_f
Jahresbedarf	B
Stückpreis	p
kalkulatorische Zinsen	q

$$m_{opt} = \sqrt{\frac{200 * K_f * B}{p * q}}$$

Abbildung 5.28 Rahmenbedingungen und Formel zur Berechnung der optimalen Bestellmenge

Das Ergebnis der Dateneingabe wird u. a. in einem Liniendiagramm angezeigt, das drei Datenreihen enthält:

- die jährlichen Kosten für die Bestellvorgänge
- die jährlichen Lagerungskosten (kalkulatorische Zinsen)
- die Gesamtkosten der Lagerhaltung für das ausgewählte Produkt

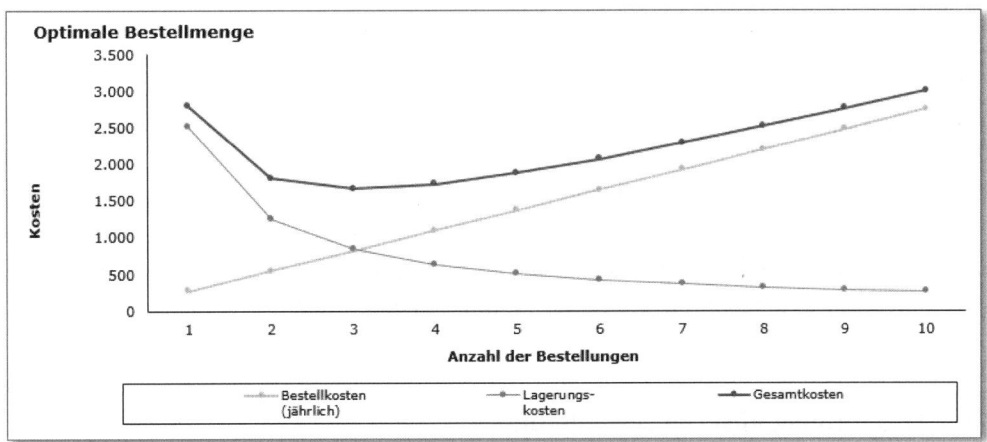

Abbildung 5.29 Darstellung der optimalen Bestellmenge im Diagramm

Die blaue, obere Linie im Diagramm repräsentiert die Gesamtkosten. Der niedrigste Punkt der Kurve kennzeichnet die Variante, bei der die Kosten am kleinsten sind.

Im dritten Abschnitt des Tabellenblattes werden die Berechnungsergebnisse auch in tabellarischer Form dargestellt. Hier wird die Zeile der optimalen Bestellmenge mit einer bedingten Formatierung ebenfalls blau gekennzeichnet.

Das vollständige Modell finden Sie in der Datei *05_Optimale_Bestellmenge_01.xlsx*.

Bestellungen	Bestell-menge	Bestellkosten (jährlich)	Lagerbestand Ø	Lagerbestand Ø in €	Lagerungs-kosten	Gesamtkosten	Kosten pro Stück
1	9.000	275,00 €	4.500	40.275,00 €	2.517,19 €	2.792,19 €	0,31 €
2	4.500	550,00 €	2.250	20.137,50 €	1.258,59 €	1.808,59 €	0,20 €
3	3.000	825,00 €	1.500	13.425,00 €	839,06 €	1.664,06 €	0,18 €
4	2.250	1.100,00 €	1.125	10.068,75 €	629,30 €	1.729,30 €	0,19 €
5	1.800	1.375,00 €	900	8.055,00 €	503,44 €	1.878,44 €	0,21 €
6	1.500	1.650,00 €	750	6.712,50 €	419,53 €	2.069,53 €	0,23 €
7	1.286	1.925,00 €	643	5.753,57 €	359,60 €	2.284,60 €	0,25 €
8	1.125	2.200,00 €	563	5.034,38 €	314,65 €	2.514,65 €	0,28 €
9	1.000	2.475,00 €	500	4.475,00 €	279,69 €	2.754,69 €	0,31 €
10	900	2.750,00 €	450	4.027,50 €	251,72 €	3.001,72 €	0,33 €

Abbildung 5.30 Optimale Bestellmenge tabellarisch

5.4.1 Definition der Bereichsnamen für die Kalkulationsfaktoren

Beginnen Sie auch hier mit der Erstellung der Bereichsnamen. Diese beziehen sich auf die vier Kalkulationsfaktoren der Berechnung:

Name	Zellbezug
FixkostenBestellung	=Optimale_Bestellmenge!$B$4
Jahresbedarf	=Optimale_Bestellmenge!$B$3
Stückpreis	=Optimale_Bestellmenge!$B$5
ZinsenKalkulatorisch	=Optimale_Bestellmenge!$B$6

Tabelle 5.6 Bereichsnamen zur Berechnung der optimalen Bestellmenge

Mehr Bereichsnamen benötigen Sie nicht für die Kalkulation. Sie können demnach sogleich mit der Eingabe der Formeln und Funktionen beginnen.

5.4.2 Das Formelgerüst der Optimierung

Setzen wir voraus, dass Sie minimal einmal und maximal zehnmal pro Jahr den gewünschten Artikel bestellen wollen. Geben Sie diese Werte in die Zellen C18 bis C27 ein.

Damit können Sie nun in den Zellen D18 bis D27 die Bestellmenge je Bestellvorgang auf Basis des vorgegebenen Jahresbedarfs berechnen. Ihr erster Bereichsname kommt zum Einsatz:

```
=Jahresbedarf/C18
```

Diese Formel kopieren Sie selbstverständlich sogleich nach unten.

Auch die Fixkosten je Bestellvorgang liegen Ihnen vor, und für die Zelle, in der dieser Wert steht, haben Sie ebenfalls bereits den Bereichsnamen *FixkostenBestellung* definiert. In E18 bis E27 berechnen Sie folglich nun die Kosten mit `=FixkostenBestellung*C18`, also durch die Multiplikation der Fixkosten mit der Anzahl der jährlichen Bestellung.

Jede Bestellung, oder besser jede Lieferung, verändert Ihren Warenlagerbestand. Da dieser allerdings nicht nur Zugänge, sondern auch Abgänge zu verzeichnen hat, wird im Normalfall davon ausgegangen, dass auf das Jahr verteilt sich etwa die Hälfte der bestellten Artikel im Warenlager befindet.

In den Zellen F18 bis F27 tragen Sie dieser Annahme mit der Formel `=D18/2` Rechnung, um dann im Zellbereich G18 bis G27 den durchschnittlichen Bestand an Waren mit dem Stückpreis zu multiplizieren (`=F18*Stückpreis`).

Jetzt kennen Sie den durchschnittlichen Wert Ihres Warenlagerbestandes. Bringen Sie in den Zellen H18 bis H27 die kalkulatorischen Zinsen zur Geltung (`=G18*ZinsenKalkulatorisch`), um auch die konkreten Lagerungskosten zu erfahren.

Wenn Sie nun die jährlichen Bestellkosten und die Lagerungskosten addieren, zeigt Ihnen die Tabelle die entstehenden Gesamtkosten für sämtliche Bestellvarianten. Teilen Sie die Kosten durch den Gesamtbedarf des Jahres (`=I18/Jahresbedarf`), um auch die Kosten pro Stück in die tabellarische Darstellung aufzunehmen.

5.4.3 Darstellung der Optimierung im Diagramm

Nachdem Sie die tabellarische Darstellung der Kalkulation abgeschlossen haben, erstellen Sie im Anschluss das Liniendiagramm mit den folgenden drei Datenreihen:

- Bestellkosten (jährlich)
- Lagerungskosten
- Gesamtkosten

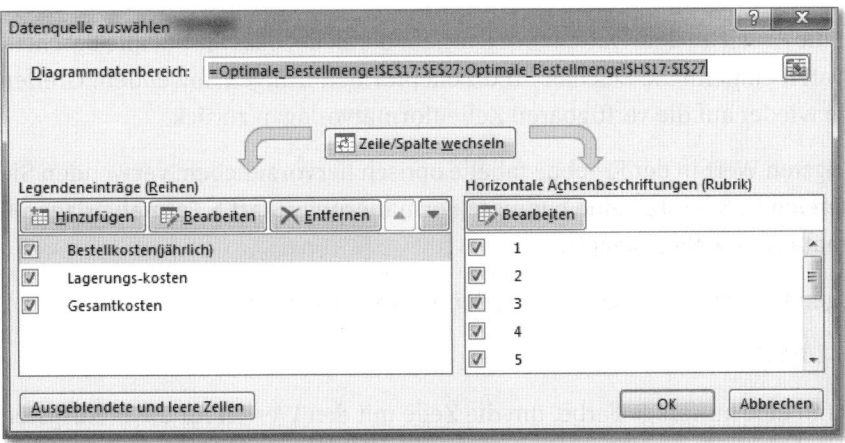

Abbildung 5.31 Datenbereiche des Liniendiagramms

Sofern es nicht bereits geschehen ist, sollten Sie auch die Designfarben für Ihr Datenmodell festlegen. Unter **Seitenlayout ▸ Designs ▸ Farben** können Sie entweder ein bestehendes Farbschema auswählen oder ein neues erstellen.

Solange Sie die Farbzuordnung der Datenreihen auf **automatisch** stehenlassen, verwendet Excel die Farben des ausgewählten Schemas im Diagramm.

Abbildung 5.32 Die Einstellung »Automatisch«
führt zur Aktivierung der Designfarben.

Eine Verbesserungsmöglichkeit für dieses Diagramm wäre es, wenn automatisch der wichtigste Wert, in diesem Fall die niedrigsten Kosten, farblich gekennzeichnet würde. Wie Sie solche Markierungen von Höchst- oder Niedrigstwerten in Diagrammen erreichen, beschreibt Kapitel 13, »Reporting mit Diagrammen und Tabellen«.

5.4.4 Formatierung und Zellschutz

Schließen Sie die Arbeit an dem Datenmodell erneut damit ab, dass Sie auf alle Beschriftungen und Daten einheitliche Zeichen- und Zellformatierungen anwenden. Greifen Sie dabei auch wieder auf die verfügbaren Zellenformatvorlagen zurück.

Um den niedrigsten Wert in der Ergebnistabelle optisch hervorzuheben, verwenden Sie für den Zellbereich C18 bis J27 eine bedingte Formatierung (**Start ▸ Formatvorlagen ▸ Bedingte Formatierung ▸ Neue Regel**).

Geben Sie folgende Formel zur Berechnung der Formatierung ein:

```
=$I18=MIN($I$18:$I$27)
```

Wählen Sie dann eine auffällige Farbe, um die Zeile mit den Werten für die niedrigsten Kosten hervorzuheben.

Da es sich bei diesem Modell fast ausschließlich um Zellen handelt, in denen Formeln eingesetzt werden, liegt die Überlegung nahe, sämtliche Zellen – bis auf die vier Eingabezellen in Spalte B – zu sperren. Dadurch laufen Sie nicht Gefahr, dass Sie selbst oder andere Benutzer der Datei versehentlich Formeln überschreiben oder gar löschen.

- Markieren Sie die vier Zellen von B3 bis B6.

- Rufen Sie mit der rechten Maustaste das Kontextmenü und dort die Option **Zellen formatieren** auf.

- Wechseln Sie in das Register **Schutz**, und deaktivieren Sie die Option **Gesperrt**.

- Bestätigen Sie die Einstellung mit **OK**.

Nachdem Sie die gewünschten Zellen für die Eingabe von Daten präpariert haben, aktivieren Sie den Blattschutz für dieses Tabellenblatt. Sie finden die Funktion unter **Überprüfen ▸ Änderung ▸ Blatt schützen**.

Stellen Sie den Schutz so ein, dass der Benutzer lediglich die vier Eingabezellen auch wirklich auswählen kann. Geben Sie ein Kennwort zum Schutz der Einstellungen ein, und wiederholen Sie dieses auf Aufforderung.

Sobald der Blattschutz aktiv ist, lassen sich nur noch die nicht gesperrten Zellen des Tabellenblattes per Mausklick oder durch Betätigen der Tabulatortaste ansteuern und inhaltlich verändern.

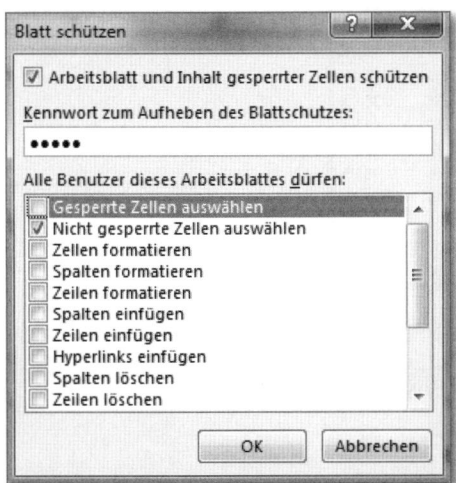

Abbildung 5.33 Der Blattschutz verhindert das Überschreiben von Formeln.

5.5   Datenmodell zur Durchführung einer ABC-Analyse

Die ABC-Analyse dient der Analyse des Ist-Zustands. Mit Ihrer Hilfe können Objekte unterschiedlicher Art einer von drei Klassen zugeordnet werden: der A-, B- oder C-Klasse. Untersucht wird die Relation zwischen der Menge eines Objekts oder Artikels und seinem Wertaspekt. Die Handhabung der ABC-Analyse ist unkompliziert. Menge und Werte werden durch einfache Addition oder Multiplikation berechnet. Anschließend werden die prozentualen Anteile kalkuliert, die Ergebnisse absteigend sortiert und kumuliert.

Die Einteilung in drei Klassen folgt dem Pareto-Prinzip. Der italienische Nationalökonom leitete aus unterschiedlichen Analyseergebnissen die 80-zu-20-Regel ab. Diese Faustregel findet betriebswirtschaftlich immer wieder Bestätigung in Aussagen wie »20 Prozent der Produkte erwirtschaften 80 Prozent des Unternehmensumsatzes«, »20 Prozent aller Rohmaterialen binden 80 Prozent des Kapitals im Warenlager«.

Auch wenn eine klare 80-20-Verteilung in der Realität eher selten anzutreffen ist, lässt sich das Ergebnis einer ABC-Analyse als Grundlage für die Planung sehr gut verwenden. Und so ist es nicht verwunderlich, dass sie auch häufig angewandt wird.

	Darstellung nach Umsatz						Vergleich zu Menge		
Rang	Artikel-ID	Artikel	Umsatz	in %	% kumuliert	Klasse	Menge	in %	% kumuliert
1	IDZ35	HIJ234	4615166	14,9%	14,9%	A	10.585	7,4%	7,4%
2	IDZ122	KLM236	4547875	14,6%	29,5%	A	6.022	4,2%	11,7%
3	IDZ27	DEF991	3009973	9,7%	39,2%	A	11.960	8,4%	20,1%
4	IDZ112	KLM235	2869812	9,2%	48,4%	A	7.920	5,6%	25,6%
5	IDZ4	ABC124	2523718	8,1%	56,5%	A	5.061	3,6%	29,2%
6	IDZ30	DEF993	2377345	7,7%	64,2%	A	10.955	7,7%	36,9%
7	IDZ101	KLM239	1944670	6,3%	70,4%	A	7.182	5,0%	41,9%
8	IDZ23	DEF988	1536672	4,9%	75,4%	A	6.088	4,3%	46,2%
9	IDZ5	ABC126	1345146	4,3%	79,7%	A	3.644	2,6%	48,7%
10	IDZ61	KLM237	1159256	3,7%	83,4%	B	1.778	1,2%	50,0%
11	IDZ11	ABC127	573541	1,8%	85,3%	B	9.992	7,0%	57,0%
12	IDZ33	KLM234	552686	1,8%	87,1%	B	4.888	3,4%	60,4%
13	IDZ20	HIJ231	540264	1,7%	88,8%	B	11.473	8,1%	68,5%

Abbildung 5.34 Tabellarische Darstellung einer ABC-Analyse

Die Einteilung in die Klassen erfolgt zumeist auf Basis folgender Werte:

Klasse	Anteil am Gesamtergebnis
A	0 bis 80 %
B	mehr als 80 bis 95 %
C	mehr als 95 %

Tabelle 5.7 Klassenzuordnung bei der ABC-Analyse

Aus den Ergebnissen der Klassenbildung gilt es im Anschluss geeignete Schlussfolgerungen zu ziehen. Diese müssen je nach Untersuchungsgegenstand selbstverständlich unterschiedlich sein. Doch gilt generell, dass es ein Ergebnis der ABC-Analyse ist, sich den Objekten der A-Klasse mit besonderer Aufmerksamkeit zu widmen, egal, ob es sich um Reklamationen oder Umsätze handelt.

Beispiel: Wenn sich aus einer ABC-Analyse eine klare Hierarchie der zu beschaffenden Güter eines Unternehmens ergibt, so wird es sich bei den A-Gütern besonders lohnen, intensiv mit Lieferanten zu verhandeln und gute Konditionen zu erreichen. A- und B-Güter werden programmorientiert beschafft. Ihre Beschaffung folgt einem klaren Konzept und exakter Kalkulation. C-Güter hingegen werden verbrauchsorientiert beschafft – das Verfahren habe ich bereits weiter oben beschrieben. Sie können aber auch per Schätzung beschafft werden.

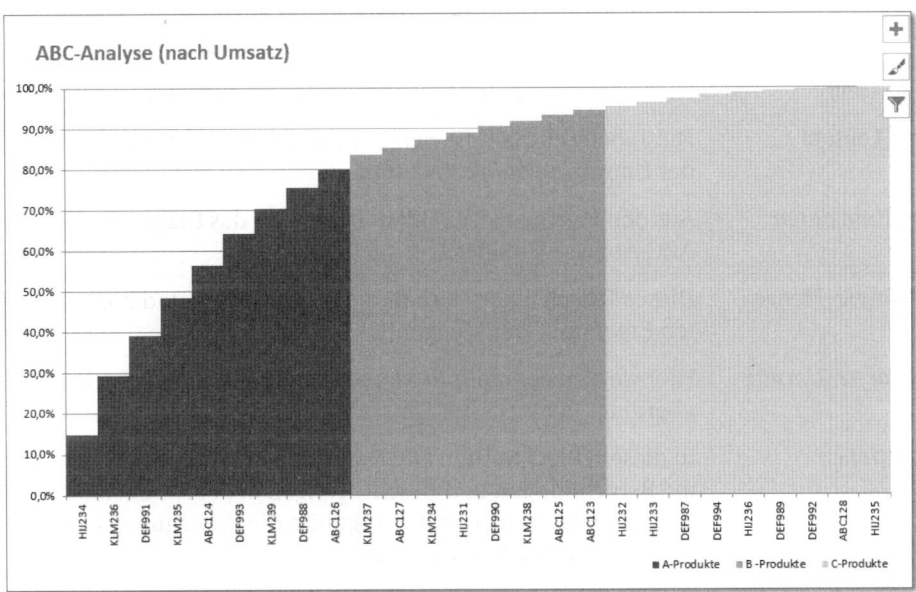

Abbildung 5.35 Ergebnisdarstellung im Diagramm

5.5.1 Bestandteile des Datenmodells

Da die Berechnungsgrundlagen der ABC-Analyse einfache Additionen, Multiplikationen und die Prozentrechnung sind, stellen sie beim Aufbau des Modells keine besondere Schwierigkeit dar. Kennzeichnend ist vielmehr, dass

- der zu analysierende Datenbestand stetig variieren kann,
- alle Berechnungen zweimal, nämlich auf Menge und Werte bezogen, durchgeführt werden müssen,

- die Klassifizierungsstufen (80 % – 15 % – 5 %) je nach Untersuchungsgegenstand und Sachkenntnis des Analysierenden flexibel sein sollten,

- die Ergebnisse in geeigneter Form visualisiert werden müssen.

Da alle diese Anforderungen – wie eigentlich immer – mit nicht allzu hohem Zeitaufwand umgesetzt werden müssen, liegt es nahe, einmalig ein wenig Zeit in den Aufbau eines Datenmodells zu stecken, das alle genannten Anforderungen auch zukünftig erfüllt. Dazu benötigen Sie auf Ebene der Arbeitsmappenstruktur:

Tabellenblatt	Inhalt
A_Produkte	In diesem Tabellenblatt befinden sich die gelisteten Produkte. Sie sind entweder das Resultat eines Datenimports oder der manuellen Eingabe.
B_Rang_Menge	Hier erfolgt die mengenbezogene Berechnung der Rangfolge.
B_Rang_Umsatz	Die Tabelle enthält die Berechnung der Rangfolge auf Basis der Umsatz-, also Wertedaten.
B_Diagrammdaten	Aus den Werten dieser Hilfstabelle wird das Diagramm der ABC-Analyse gebildet.
ABC_Analyse_Menge	Dieses Tabellenblatt enthält die prozentualen und kumulierten Ergebnisse der Mengen.
ABC_Analyse_Umsatz	Hier werden ebenfalls Prozente und Kumulation berechnet, allerdings auf Basis der Umsätze.
Y_Definitionen	In diesem Blatt werden alle Definitionen hinterlegt, die für die Berechnungen und Beschriftungen in der Arbeitsmappe gelten. Im konkreten Fall erfolgt hier die Festlegung der drei Klassifizierungsstufen der ABC-Analyse.
Z_Namen	Das ist die Liste der verwendeten Bereichsnamen.

Tabelle 5.8 Bestandteile des Datenmodells der ABC-Analyse

5.5.2 Typische Probleme und Lösungen bei der Entwicklung von Datenmodellen

Soll ein Berechnungsmodell so gestaltet werden, dass es auch mit wechselnden Datenbeständen funktioniert, treten einige typische Probleme auf:

- Datenbereiche müssen in ihrem wechselnden Umfang automatisch erkannt werden, um das manuelle Markieren von Daten zu vermeiden, denn es kostet Zeit und ist fehlerträchtig.

- Formeln und Funktionen müssen in der Lage sein, Fehler abzufangen bzw. Fehlerwerte zu unterdrücken, da diese einerseits störend sein können und andererseits die korrekte Berechnung der Ergebnisse vollständig verhindern.

- Diagramme müssen auf die wechselnde Größe von Basisdaten oder Berechnungsergebnissen vorbereitet werden.

Der ersten und der letzten Problematik wird durch spezielle Funktionen wie INDEX() und BEREICH.VERSCHIEBEN() begegnet. Im Fall der zweiten Problematik sind logische Funktionen sowie Funktionen aus der Kategorie **Information** des Funktionsassistenten die geeigneten Mittel, die Problematik in den Griff zu bekommen. Diese Funktionen geben entweder die Wahrheitswerte WAHR (1), FALSCH (0) oder einen codierten Fehlerwert zurück.

In allen Fällen liefern die Funktionen wichtige Informationen, mit denen Sie alternative Weiterberechnungen veranlassen können.

Funktion	Aufgabe
=WENNFEHLER()	Diese Funktion ist seit Excel 2007 verfügbar. Mit ihr prüfen Sie, ob eine bestimmte Berechnung oder ein Verweis einen Fehlerwert liefert; für diesen Fall können Sie gleich eine alternative Anweisung definieren.
	WENNFEHLER(SVERWEIS(B3;A_Produkte_dBer;2;FALSCH);) prüft, ob die Funktion SVERWEIS() zum Fehlerwert #NV führt. Ist dies der Fall, soll stattdessen der Wert 0 ausgegeben werden.
	Diese Funktion ist eine Vereinfachung von WENN(ISTFEHLER(SVERWEIS(B3;A_Produkte_dBer;2;FALSCH));0; SVERWEIS(B3;A_Produkte_dBer;2;FALSCH)).
=ISTTEXT()	Häufig werden mit WENN() Bedingungen geprüft, und im Fall, dass diese nicht erfüllt werden, wird ein "" in die betreffende Zelle geschrieben. Obwohl "" eigentlich kein Zeichen ist und die Funktion LÄNGE() für eine Zelle mit diesem Inhalt den Wert 0 anzeigt, handelt es sich bei Zellen dieses Inhalts um Textzellen. Abhängig von dem mit ISTTEXT() ermittelten Datenformat können Sie eine WENN()-Anweisung verwenden.
=ISTLEER()	Diese Funktion könnte als das Gegenstück zu ISTTEXT() bezeichnet werden. Mit ihr wird der Wert WAHR nur dann zurückgegeben, wenn eine Zelle tatsächlich leer ist. Enthält eine Zelle ein "", wäre das Ergebnis der Prüfung FALSCH.

Tabelle 5.9 Häufig verwendete Funktionen zur Unterdrückung von Fehlerwerten

Funktion	Aufgabe
=TYP()	Angezeigt wird ein numerischer Wert, der den Datentyp in der betreffenden Zelle bezeichnet. 1 steht für Zahl, 2 für Text. Aber auch Wahrheitswerte (4), Fehlerwerte (16) und Matrixwerte (64) werden gekennzeichnet. Solche numerischen Werte können Sie beispielsweise mit WAHL() zur Ausführung alternativer Berechnungen nutzen.
=FEHLER.TYP()	Hier wird den unterschiedlichen Fehlerwerten (#WERT!, #ZAHL!, #DIV/0! etc.) ein spezifischer Wert zugewiesen. Auch diese numerischen Werte können mit anderen Funktionen wie WAHL() oder WENN() aufgegriffen werden, um alternative Anweisungen auszuführen.

Tabelle 5.9 Häufig verwendete Funktionen zur Unterdrückung von Fehlerwerten (Forts.)

5.5.3 Dynamisierung der Rohdaten

Ausgehend von den vorhandenen Basisdaten und der Überlegung, dass sie sich im Umfang her zukünftig ändern können, stellt sich zunächst erneut die Frage nach der Dynamisierung dieser Daten. Die Funktionsweise der Funktion INDEX() und ihre Bedeutung bei der Schaffung flexibler Bezüge in einer Arbeitsmappe habe ich bereits beschrieben.

Gehen wir in dieser Arbeitsmappe einfach davon aus, dass Sie maximal 50 Produkte in die Auswertung per ABC-Analyse einbeziehen möchten, es aber auch durchaus einmal weniger sein können, dann werden Sie wahrscheinlich versuchen, im Tabellenblatt *B. Rang – Menge* zeilenweise die Basisdaten mit INDEX(A_Produkte_dBer;ZEILE(); SPALTE()+1) aus dem Blatt *A. Produkte* zu übernehmen.

Doch dies wird zu folgenden Problemen führen:

- Wenn in den Basisdaten in der ausgewählten Zeile kein Produkt mehr vorhanden ist, wird INDEX() den Wert 0 ergeben.

- Wenn – wie in unserem Beispiel – INDEX() sogar noch mit einer Berechnung verbunden sein sollte, wird gar ein völlig unsinniger Wert ausgegeben (Abbildung 5.36).

In unserem konkreten Fall muss in Spalte B von *B. Rang – Menge* ein Wert erzeugt werden, der die Bildung einer eindeutigen Rangfolge zulässt. Kein Wert in Spalte B darf doppelt vorkommen. Deshalb ergänzen Sie den per INDEX() in den Stammdaten gefundenen Mengenwert um eine dritte Nachkommastelle. Dies erreichen Sie, indem Sie den Wert der aktuellen Zeile durch 1.000 teilen und zum Mengenwert addieren:

19	1778,025	IDZ61	
21	1492,026	IDZ129	
9	7182,027	IDZ101	
27	0,028		0

Abbildung 5.36 Fehler-, Null- oder unsinnige Werte in Datenmodellen erfordern eine spezielle Behandlung.

```
=INDEX(A_Produkte_dBer;ZEILE();SPALTE()+1)+ZEILE()/1000
```

Im Grundsatz ist das Verfahren geeignet, um eine eindeutige Rangfolge in Spalte A zu berechnen:

```
=RANG(B2;B_Menge_dBer;0)
```

Dabei wird die Position des Werts in Zelle B2 innerhalb der Zahlenreihe des dynamischen Bereiches *B_Menge_dBer* bei absteigender Reihenfolge (0) bestimmt.

Doch was grundsätzlich korrekt ist, muss im konkreten Fall nicht funktionieren. Vor allem dann nicht, wenn Basisdatenwerte fehlen, wie es in einem Datenmodell immer wieder vorkommen kann. Es ist in diesem Zusammenhang nicht überraschend, dass Excel in Zelle B28 den Mengenwert 0,28 berechnet, diesem den letzten Rang – nämlich 27 – zuweist und die zugehörige Artikel-ID mit 0 bezeichnet (Abbildung 5.36). Alles völlig korrekt berechnet, aber für unser Datenmodell unbrauchbar und – man könnte sagen – auffallend falsch!

Das unbrauchbare Ergebnis der INDEX()-Funktion können Sie allerdings mit WENN() abfangen und Excel anweisen, in diesem Fall den Ausdruck "" statt des nicht zu verwendenden Ergebnisses in die Zelle zu schreiben.

```
=WENN('A_Produkte'!B2="";"";INDEX(A_Produkte_dBer;ZEILE();SPALTE()+1)+ZEILE()/
1000)
```

In Spalte A sieht es ein wenig anders aus: RANG(B2;B_Menge_dBer;0) führt zu dem Fehlerwert #WERT!, wenn in den Basisdaten keine Werte zur Weiterberechnung mehr gefunden werden. Hier ist es also ratsam, die Funktion WENNFEHLER(Wert;Wert_Falls_Fehler) anzuwenden:

```
=WENNFEHLER(RANG(B2;B_Menge_dBer;0);"")
```

In Spalte A erhalten Sie auf diesem Weg eine scheinbar leere Zelle, sobald die Liste der Basisdaten im Tabellenblatt *A_Produkte* endet. Dass diese Zelle in Wirklichkeit gar nicht leer ist, sondern ein unsichtbares Textzeichen enthält, habe ich bereits erläutert. Darum können Sie auch gleich die dritte Funktion zum Abfangen von fehlerhaften oder unbrauchbaren Werten in Position bringen: `ISTTEXT()`.

Da eine Kalkulation meistens nur sinnvoll ausgeführt werden kann, wenn in den betreffenden Zellen Zahlen zu finden sind, hilft diese Funktion, eine Berechnung auszuschalten:

```
=WENN(ISTTEXT(A2);"";INDEX(A_Produkte_dBer;ZEILE();SPALTE()-2))
```

Im Fall eines vorhandenen Textfeldes, das wiederum Resultat eines leeren Produktfeldes ist, wird in die Rangspalte erneut "" geschrieben. Andernfalls steht einer Berechnung des Rangs nichts im Weg.

Sie können diese Formeln und Funktionen nicht nur bis zu Zeile 51 in diesem Tabellenblatt nach unten kopieren, sondern diese Kalkulationen auch im Tabellenblatt *B_Rang_Umsatz* in abgewandelter Form einsetzen. Achten Sie darauf, dass in Spalte B der Umsatz pro Produkt aus Menge und Einzelpreis, die beide in den Basisdaten zu finden sind, errechnet wird. Dazu erweitern Sie die Funktion `INDEX()`:

```
=WENN('A_Produkte'!A2="";"";INDEX(A_Produkte_dBer;ZEILE();SPALTE()+1)*INDEX(A_
Produkte_dBer;ZEILE();SPALTE()+2)+ZEILE()/10000)
```

Letztlich enthalten auch die beiden Tabellenblätter *ABC_Analyse_Menge* und *ABC_Analyse_Umsatz* mehr Gemeinsamkeiten als Unterschiede (Abbildung 5.37).

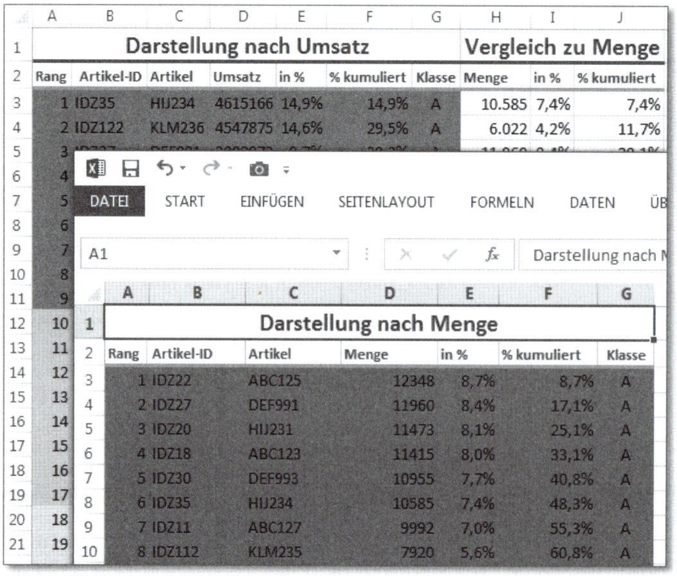

Abbildung 5.37 Die tabellarischen Ergebnisse verfügen über einen ähnlichen Aufbau.

5.5.4 Bildung prozentualer Anteile, automatische Sortierung und Kumulation

Die beiden tabellarischen Darstellungen der Ergebnisse dieser ABC-Analyse müssen mehrere Anforderungen erfüllen:

- Die Ergebnisse der Rangfolgenbildung müssen aus den Hilfstabellen *B_Rang_Menge* und *B_Rang_Umsatz* in absteigender Reihenfolge übernommen werden.

- Die Ergebnisse müssen danach prozentual dargestellt werden.

- Die prozentualen Resultate müssen kumuliert werden.

Die im Tabellenblatt *ABC_Analyse_Menge* zur Umsetzung dieser Anforderungen benutzten Formeln und Funktionen sind in der folgenden Tabelle aufgelistet.

Funktion und Berechnung
`=WENN('B_Rang_Menge'!A2="";"";ZEILE()-2)`
Die Rangfolge wird in aufsteigender Reihenfolge gebildet, wenn in der Mengentabelle ein Wert gefunden wird.
`=SVERWEIS(A3;B_MengeErgebnis_dBer;3;FALSCH)`
Der Artikel-ID wird aus der Mengentabelle auf Basis des Rangs innerhalb der Werte zugeordnet. Dadurch wird eine »automatische« Sortierung der Ergebnisse erreicht.
`=WENNFEHLER(SVERWEIS(B3;A_Produkte_dBer;2;FALSCH);"")`
Die Produktbezeichnung wird auf Basis der Produkt-ID zugeordnet. Die Produktbezeichnung wird aus den Basisdaten übernommen, da nur diese Tabelle diese Information enthält.
`=WENNFEHLER(RUNDEN(SVERWEIS(A3;B_MengeErgebnis_dBer;2;FALSCH);0);"")`
Das Mengenergebnis wird auf Grundlage der Rangfolge in Spalte A übernommen. Der gefundene Wert muss gerundet werden, da zuvor die dritte Nachkommastelle aufgrund der Eindeutigkeit der Werte hinzugefügt wurde.
`=WENNFEHLER(D3/B_MengeGesamt_vZ;"")`
Der prozentuale Anteil des Artikels wird am Gesamtergebnis berechnet. Das Gesamtergebnis ist zuvor in *B. Rang – Menge* mit Hilfe von `=RUNDEN(SUMME(B_Menge_dBer);0)` berechnet worden.

Tabelle 5.10 Funktionen zur Berechnung der ABC-Analyse

Funktion und Berechnung
`=WENNFEHLER(F3+E4;"")`

Die prozentualen und bereits absteigend sortierten Anteile werden kumuliert.

`=WENNFEHLER(VERWEIS(F3;Y_KlassenProzent_Ber;Y_KlassenBezeichnung_Ber);"")`

Die Klassenbezeichnung A, B oder C wird unter Verwendung von `VERWEIS()` zugewiesen. Diese Funktion durchsucht eine aufsteigend sortierte Matrix mit den Klassendefinitionen (80 %, 95 % und 100 %) und ordnet den kumulierten Prozentwerten in Spalte G die entsprechende Klassenbezeichnung zu.

Tabelle 5.10 Funktionen zur Berechnung der ABC-Analyse (Forts.)

5.5.5   Vergleich der Ergebnisse aus der Mengen- und der Umsatzbetrachtung

Im Tabellenblatt *ABC_Analyse_Umsatz* werden die oben erläuterten Funktionen in angepasster Form verwendet. Da ein Teilziel der ABC-Analyse der Wertepaare (in unserem Fall Menge – Umsatz) ist, sollte diese Tabelle über eine entsprechende Vergleichsoption verfügen.

Aus Abbildung 5.38 geht beispielsweise hervor, dass 48,7 % der Mengen zu 79,7 % des Umsatzes beitragen. Die Funktionen zur Übernahme der Mengenergebnisse in die Umsatztabelle erläutert Tabelle 5.11.

			Darstellung nach Umsatz				Vergleich zu Menge		
Rang	Artikel-ID	Artikel	Umsatz	in %	% kumuliert	Klasse	Menge	in %	% kumuliert
1	IDZ35	HIJ234	4615166	14,9%	14,9%	A	10.585	7,4%	7,4%
2	IDZ122	KLM236	4547875	14,6%	29,5%	A	6.022	4,2%	11,7%
3	IDZ27	DEF991	3009973	9,7%	39,2%	A	11.960	8,4%	20,1%
4	IDZ112	KLM235	2869812	9,2%	48,4%	A	7.920	5,6%	25,6%
5	IDZ4	ABC124	2523718	8,1%	56,5%	A	5.061	3,6%	29,2%
6	IDZ30	DEF993	2377345	7,7%	64,2%	A	10.955	7,7%	36,9%
7	IDZ101	KLM239	1944670	6,3%	70,4%	A	7.182	5,0%	41,9%
8	IDZ23	DEF988	1536672	4,9%	75,4%	A	6.088	4,3%	46,2%
9	IDZ5	ABC126	1345146	4,3%	79,7%	A	3.644	2,6%	48,7%
10	IDZ61	KLM237	1159256	3,7%	83,4%	B	1.778	1,2%	50,0%

Abbildung 5.38 Vergleich der Anteile nach Umsatz und nach Menge

Funktion und Berechnung
`=SVERWEIS(B3;ABCAnalyse_Menge_Ber;3;FALSCH)`
Die Menge wird anhand der Artikel-ID aus der Mengentabelle übernommen.
`=WENNFEHLER(H3/B_MengeGesamt_vZ;"")`
Berechnet den prozentualen Anteil der Einzelmenge an der Gesamtmenge.
`=WENNFEHLER(J3+I4;"")`
Die kumulierten Prozentanteile werden bezogen auf die Mengenergebnisse kalkuliert.

Tabelle 5.11 Funktionen für den Umsatz-Mengen-Vergleich

Sie können an dieser Stelle bereits den Versuch unternehmen, neue Artikeldaten in das Basisdatenblatt einzutragen. Diese werden umgehend von den beiden Hilfstabellen aufgenommen und anschließend an die Ergebnistabellen weitergegeben. Dabei werden sämtliche Arbeitsschritte wie Sortieren und Kumulieren ausgeführt.

Eine bedingte Formatierung in den Ergebnistabellen führt darüber hinaus dazu, dass die drei Artikelklassen auch farblich gut voneinander abgehoben werden. Die unter **Start ▸ Bedingte Formatierung ▸ Neue Regel** definierten Regeln erläutert Tabelle 5.12.

Klasse	Formel
A	`=$G3="A"`
B	`=$G3="B"`
C	`=$G3="C"`

Tabelle 5.12 Formeln zur Durchführung der bedingten Formatierung für die Klassen A, B und C

5.5.6 ABC-Diagramm mit flexiblem Datenbereich

Auch das Diagramm muss den variablen Anforderungen an die Datenmenge genügen. Mit anderen Worten, es muss in der Lage sein, die festgelegten 50 Artikel aufzunehmen. Auf der anderen Seite muss es allerdings auch kleinere Ergebnislisten korrekt darstellen.

Dies bedeutet in erster Linie:

- Die Anzahl der Elemente auf der Rubrikenachse muss sich automatisch der realen Artikelanzahl anpassen.

- Die Datenreihen müssen ebenfalls so gebildet werden, dass keine leeren Datenpunkte im Diagramm gezeichnet werden, wenn einmal weniger Artikel als die maximalen 50 in der Analyse berücksichtigt werden.

Zunächst ist jedoch eine generelle Entscheidung erforderlich: Welcher Diagrammtyp soll eingesetzt werden?

Naheliegend wäre ein Liniendiagramm, das die ansteigende Kurve der kumulierten Werte optimal abbilden würde. Ich habe mich hingegen für ein Säulendiagramm entschieden. Es ermöglicht durch die farbliche Gestaltung der einzelnen Säulen eine bessere visuelle Unterscheidung der A-, B- und C-Artikel.

Um den Kurvenverlauf in einem Säulendiagramm zu erzeugen, bedarf es allerdings dreier Datenreihen. Eine Datenreihe steht für jeweils eine Klasse. Jede Datenreihe enthält nur die ihrer Klasse zugeordneten Werte. Die A-Säulen enthalten die A-Werte, die B-Säulen die B-Werte und so weiter (Abbildung 5.39).

Alle drei Datenreihen werden auf Basis der Funktion `SVERWEIS()` gebildet:

```
=WENN(SVERWEIS(B3;ABCAnalyse_Ergebnis_dBer;5;FALSCH)="A";SVERWEIS(B3;
ABCAnalyse_Ergebnis_dBer;4;FALSCH);NV())
```

Sofern – je nach Spalte – die Bezeichnung A, B oder C in der Verweistabelle gefunden wird, übernimmt Excel den kumulierten Prozentwert als Datenpunkt für das Datendiagramm. Im anderen Fall wird #NV in die betreffende Zelle geschrieben. Warum soll es #NV und nicht der Wert 0 sein? Antwort: Um sich eine mögliche Fehlerquelle konsequent abzugewöhnen!

Nullwerte in Liniendiagrammen werden gewöhnlich auf die Rubrikenachse gezeichnet und verlangen dadurch unnötige Nachbearbeitung. Gewöhnen Sie sich deshalb am besten die Verwendung von Nullwerten bei Diagrammdaten gleich ab. Es spart einfach Zeit und schont Ihre Nerven!

Wenn Sie nun die drei Datenreihen als Basis für das Säulendiagramm verwenden, stoßen Sie sofort auf das Problem, dass Excel auch für die (noch) nicht vorhandenen Artikel einen leeren Platz auf der Rubrikenachse reserviert. Die vorhandenen Werte quetscht das Programm hingegen in den linken Bereich der Achse. Und das kann uns natürlich gar nicht gefallen.

Rang	Artikel	A-Produkte	B-Produkte	C-Produkte
1	HIJ234	14,9%	#NV	#NV
2	KLM236	29,5%	#NV	#NV
3	DEF991	39,2%	#NV	#NV
4	KLM235	48,4%	#NV	#NV
5	ABC124	56,5%	#NV	#NV
6	DEF993	64,2%	#NV	#NV
7	KLM239	70,4%	#NV	#NV
8	DEF988	75,4%	#NV	#NV
9	ABC126	79,7%	#NV	#NV
10	KLM237	#NV	83,4%	#NV
11	ABC127	#NV	85,3%	#NV
12	KLM234	#NV	87,1%	#NV
13	HIJ231	#NV	88,8%	#NV
14	DEF990	#NV	90,4%	#NV
15	KLM238	#NV	91,9%	#NV
16	ABC125	#NV	93,2%	#NV
17	ABC123	#NV	94,4%	#NV
18	HIJ232	#NV	#NV	95,5%
19	HIJ233	#NV	#NV	96,5%
20	DEF987	#NV	#NV	97,4%
21	DEF994	#NV	#NV	98,3%
22	HIJ236	#NV	#NV	98,9%
23	DEF989	#NV	#NV	99,4%
24	DEF992	#NV	#NV	99,6%
25	ABC128	#NV	#NV	99,9%
26	HIJ235	#NV	#NV	100,0%

Abbildung 5.39 Drei Datenreihen bilden die Basis des Säulendiagramms.

Die Lösung des ästhetischen Problems sind vier dynamische Bereiche.

Bereichsname	Dynamischer Bereich
ABCDiagramm_KlasseA_dBer	`=BEREICH.VERSCHIEBEN('B_Diagrammdaten'!$C$3;;;ANZAHL('B_Diagrammdaten'!$A$3:$A$52);1)`
ABCDiagramm_KlasseB_dBer	`=BEREICH.VERSCHIEBEN('B_Diagrammdaten'!$D$3;;;ANZAHL('B_Diagrammdaten'!$A$3:$A$52);1)`
ABCDiagramm_KlasseC_dBer	`=BEREICH.VERSCHIEBEN('B_Diagrammdaten'!$E$3;;;ANZAHL('B_Diagrammdaten'!$A$3:$A$52);1)`
ABCDiagrammRubrikenachse_dBer	`=BEREICH.VERSCHIEBEN('B_Diagrammdaten'!$B$3;;;ANZAHL('B_Diagrammdaten'!$A$3:$A$52);1)`

Tabelle 5.13 Dynamische Bereiche des Diagramms

Im Prinzip handelt es sich hier um ein und denselben Trick in vier verschiedenen Varianten: Sie errechnen die Anzahl der in Spalte A vorhandenen Rangwerte, lassen aber den auszulesenden Datenbereich wahlweise in $C$3 (Klasse A), $D$3 (Klasse B), $E$3 (Klasse C) oder $B$3 (Artikelbezeichnung auf der Rubrikenachse) beginnen.

Dann weisen Sie dem Diagramm die dynamischen Bereichsnamen zu (Abbildung 5.40). Wählen Sie dazu **Daten auswählen ▸ Bearbeiten**. Achten Sie darauf, dass die Bezeichnung des Tabellenblattes bis zum Ausrufezeichen im Eingabefeld **Reihenwerte** erhalten bleiben muss. Markieren Sie die Zellbezüge nach dem Ausrufezeichen, und rufen Sie den gewünschten Bereichsnamen mit ⌐F3⌐ ab, um ihn in das Eingabefeld einzufügen.

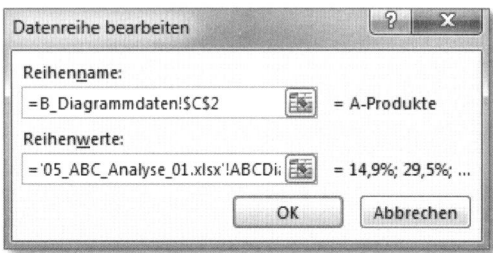

Abbildung 5.40 Verwendung eines dynamischen Bereichsnamens im Diagramm

Wenn Sie diesen Vorgang für alle drei Datenreihen und die Rubrikenachse ausgeführt haben, passt sich auch Ihr Diagramm der variablen Artikelanzahl an. Das können Sie selbstverständlich überprüfen, indem Sie zusätzliche Artikel in das Tabellenblatt *A_Produkte* aufnehmen oder aber vorhandene Artikel entfernen. Ihr Datenmodell zur Erstellung einer ABC-Analyse ist somit abgeschlossen!

5.6 Zusammenfassung: Datenmodelle

Um ein Datenmodell für häufig wiederkehrende Berechnungen zu erstellen, werden folgende Mittel eingesetzt:

- eine systematische Strukturierung der Arbeitsmappe

- die konsequente Verwendung von Bereichsnamen

- eine klare Logik bei der Namensgebung für alle wichtigen Komponenten des Datenmodells wie Tabellenblätter, Bereiche, Makros und Objekte

- die dynamische Adressierung von Zellbereichen in der Arbeitsmappe

- Steuerelemente, die die Auswahl der Reportinhalte ermöglichen

Die systematische Strukturierung der Arbeitsmappe berücksichtigt die Trennung

- von Basisdaten, die beispielsweise aus Systemen wie SAP importiert werden,

- Zwischenberechnungen, die erforderlich sind,

- Ergebnistabellen und -diagrammen in Form dynamischer Reports

- und weiterer Tabellenblätter, in denen Sie z. B. Bereichsnamen dokumentieren.

Für alle Tabellenblätter und Blatttypen sollten Sie eine klare Namenssystematik einsetzen.

Eine wichtige Rolle beim Erstellen von dynamischen Bereichen spielt die Funktion BEREICH.VERSCHIEBEN(). In Kombination mit ANZAHL2() ist diese Funktion in der Lage, die Größe eines Zellbereiches zu errechnen. Wird BEREICH. VERSCHIEBEN() als Basis eines Bereichsnamens eingesetzt, ergibt sich daraus ein dynamischer Bereich, der in sämtlichen Funktionen zum Einsatz kommen kann. Werden in regelmäßigen Abständen Daten z. B. durch Downloads aus Fremdprogrammen aktualisiert, erkennt ein dynamischer Bereich diese Veränderungen am Datenbestand. Lästiges und zeitraubendes Aktualisieren der Bezüge per Maus entfällt. Zu beachten ist allerdings, dass es sich bei BEREICH.VERSCHIEBEN() um eine volatile Funktion handelt. Die häufigen Aktualisierungen bei kleinsten Änderungen an anderer Stelle in der Arbeitsmappe beeinträchtigen die Performance von Excel negativ. BEREICH.VERSCHIEBEN() ist somit eher eine Lösung für kleinere Datenmodelle.

Verwenden Sie in umfangreicheren Datenmodellen stattdessen dynamische Datentabellen. Diese erstellen Sie per Tastenkombination STRG + T oder über das Menü **Start ▸ Formatvorlagen ▸ Als Tabelle formatieren**.

Auch die Funktionen INDEX() und VERGLEICH() spielen in Datenmodellen eine hervorragende Rolle, da mit VERGLEICH() die Position eines Suchbegriffs in einer Liste bestimmt und mit INDEX() eine Zelle innerhalb einer Tabelle auf Basis ihrer numerischen Koordinaten angesteuert werden kann.

Steuerelemente erstellen Sie in Excel über das Menü **Entwicklertools**. Dieses Menü müssen Sie allerdings in den **Optionen** zunächst aktivieren, da es aus Sicherheitsgründen nach der Standardinstallation ausgeblendet ist.

Die Steuerelemente Optionsfeld oder Kombinationsfeld schreiben bei Aktivierung bzw. Auswahl eines Listenfeldinhalts entweder einen numerischen Wert oder den ausgewählten Eintrag als Text in eine sogenannte verknüpfte Zelle. Die Inhalte solcher Verknüpfungszellen können von Funktionen wie WAHL() oder INDEX() aufgegriffen werden, so dass eine Steuerung von Berechnungen über die Steuerelemente möglich ist.

In der Konsequenz bedeutet dies für Sie, dass Sie aus einem Datenbestand über ein individuelles Menü gezielt die benötigten Auswertungen erstellen können, die Sie benötigen. Statt dreißig Diagramme und Tabellen für einen Report zu generieren, die Sie alle dauerhaft pflegen müssen, generieren Sie ein Diagramm und eine Tabelle, die Sie nach Belieben anpassen können.

Die Gestaltung von Datenmodellen sollte Gebrauch von den folgenden Werkzeugen machen:

- Zellenformatvorlagen (**Datei ▸ Formatvorlagen ▸ Zellenformatvorlagen**)

- Designfarben (**Seitenlayout ▸ Designs ▸ Farben**)

- Diagrammvorlagen (rechte Maustaste **Als Vorlage speichern** oder in Excel 2010 **Diagrammtools ▸ Entwurf ▸ Als Vorlage speichern**)

6   Wichtige Kalkulationsfunktionen für Controller

Kalkulationsfunktionen bilden das Herzstück von Excel. Es ist kaum möglich, alle zu kennen, aber die wichtigsten stelle ich Ihnen in diesem Kapitel vor. Die Auswahl an Funktionen ist riesig. Und von Version zu Version werden es immer mehr. Wie soll ich da nur den Überblick wahren? Muss ich die alle kennen? Und wann benötige ich eigentlich welche? Zwar dreht sich nicht alles in Excel um Funktionen, aber eben doch sehr vieles. Und mit einem Fundus von mehreren Hundert Kalkulationsfunktionen, deren Anzahl Sie im Bedarfsfall durch Aktivieren einzelner Add-ins noch um ein paar Dutzend erhöhen können, bietet Excel eine schwindelerregende Fülle an Möglichkeiten.

Auch wenn Sie sich Schritt für Schritt eingearbeitet und einen funktionierenden Workflow für die meisten Ihrer Aufgaben gefunden haben, so bleibt doch fast immer das latente Gefühl, genau die eine wichtige Funktion, durch deren Nutzung vieles deutlich einfacher wäre, eben doch nicht gefunden zu haben.

Doch so wie es diese eine wichtige Funktion nicht gibt, ist auch das enzyklopädische Wissen um die Potentiale des gesamten Funktionsumfangs von Excel keine effiziente Lösung bei der Bewältigung der alltäglichen Aufgaben des Controllers. Erfahrungen aus der eigenen Praxis untermauern dies: Seit einiger Zeit zähle ich stichprobenartig die verwendeten Funktionen in meinen Excel-Arbeitsmappen. Und das Ergebnis liegt selbst bei komplexen Aufgabenstellungen selten im zweistelligen Bereich.

Mit anderen Worten: Man benötigt nicht alle oder viele Funktionen, sondern die richtigen! In diesem Kapitel möchte ich Ihnen die Funktionen vorstellen, die meiner Erfahrung nach das unverzichtbare Grundgerüst für Lösungen im Controlling darstellen. Ich werde sie ihre Funktionsweise kurz beschreiben und ihre Verwendung an ebenso kurzen Beispielen veranschaulichen, bevor sich die folgenden Kapitel dann mit komplexeren Anwendungen aus der Praxis ausführlicher mit den Funktionen befassen.

Bei meinem Vorhaben orientiere ich mich nicht durchgängig an den Kategorien des Funktionsassistenten. Meine thematische Gliederung ist stattdessen:

- Rechnen mit Datum und Zeit
- Verweise und Matrizen
- dynamischer Zugriff auf Tabellen

- Bildung und Berechnung von Rangfolgen

- Rundung und Mittelwerte

- logische Funktionen und Fehlerunterdrückung

- Matrixfunktionen

6.1   Berechnungen mit Datumsbezug

Zeitliche Analysen von Daten gehören im Controlling zum Alltag. Der Funktionsassistent hält in der Kategorie **Datum & Zeit** einige Funktionen bereit, die in diesem Zusammenhang hilfreich sind. Grundsätzlich haben Sie auf unterschiedlichen Wegen Zugang zu den Datums- und allen anderen Funktionen. Da ist zunächst der Funktionsassistent, den Sie über die Schaltfläche **Funktion einfügen** direkt neben der Editierleiste oder mit ⟨⇧⟩ + ⟨F3⟩ aktivieren.

Im Menü **Formeln ▸ Funktionsbibliothek** finden Sie die nach Kategorien geordnete Übersicht der Funktionen. Die Kategorie **Datum u. Uhrzeit** listet die Funktionen auf, um die es in diesem Kapitel geht.

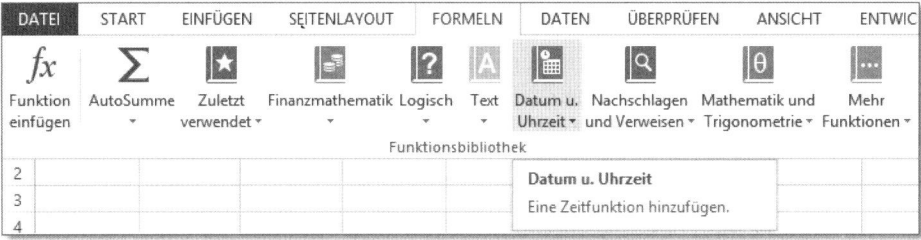

Abbildung 6.1 Aktivierung der **Analyse-Funktionen**

Datumsbereich

Bevor wir uns mit der Ermittlung von so speziellen Daten wie Nettoarbeitstagen beschäftigen, ist ein wenig Grundlagenarbeit zu leisten. In der Arbeitsmappe *06_ Datumsgrundlagen_01.xlsx* habe ich wesentliche Informationen zur Verwendung von Datumswerten in Excel zusammengetragen. Mit diesen Basisinformationen sollten wir uns zu Beginn auseinandersetzen.

Das Tabellenblatt *Datumsbereich* veranschaulicht Ihnen den Datumsbereich von Excel, der vom 01.01.1900 bis zum 31.12.9999 reicht. In den beiden Zellen A4 und A19 wird deutlich, was geschieht, wenn Sie einen Wert eingeben, der außerhalb dieses Bereiches liegt: Die Eingabe wird als Text interpretiert, was Sie an der linksbündigen Ausrichtung unschwer erkennen.

Serieller Datumswert und Datumsformat			
Eingabe des Datums und Anzeige des seriellen Werts		**Eingabe des seriellen Werts und Formatierung als Datum**	
Datum	**serieller Wert**	**serieller Wert**	**Datum**
31-12-1899	31-12-1899	-1	###################
1900-01-01	1	1	1900-01-01
1913-09-08	5000	5.000	1913-09-08
1927-05-18	10000	10.000	1927-05-18
1941-01-24	15000	15.000	1941-01-24
1954-10-03	20000	20.000	1954-10-03
1968-06-11	25000	25.000	1968-06-11
1982-02-18	30000	30.000	1982-02-18
1995-10-28	35000	35.000	1995-10-28
2009-07-06	40000	40.000	2009-07-06
2036-11-21	50000	50.000	2036-11-21
2105-05-04	75000	75.000	2105-05-04
2173-10-14	100000	100.000	2173-10-14
4637-11-26	1000000	1.000.000	4637-11-26
9999-12-31	2958465	2.958.465	9999-12-31
01.01.10000	01.01.10000	2.958.466	###################

Abbildung 6.2 Datumsbereich in Excel

Wertemäßig entspricht das Datum 01.01.1900 der 1 und der 31.12.9999 der Zahl 2.958.465. Jedem Datumswert ist folglich ein Zahlenwert zugeordnet. Und diese Werte bilden die eigentliche Basis für sämtliche Berechnungen, die in Excel auf Grundlage des Datums möglich sind. Der Datumsbereich definiert aber auf besondere Art auch, was nicht möglich ist. Und das sind Kalkulationen mit negativen Datums- oder auch Zeitwerten.

Die Zeichenkette ################### in Zelle E4 resultiert nicht aus einer mangelnden Spaltenbreite im Tabellenblatt, sondern aus dem Versuch, den Wert −1 aus Zelle C4 über eine Datumsformatierung als Datum anzuzeigen. Um Probleme dieser Art bei Kalkulationen zu verhindern, verfügt Excel über eine Option, den Beginn des internen Kalenders vom Jahr 1900 auf das Jahr 1904 zu verschieben. Sie gewinnen dadurch quasi vier Jahre oder genau 1.463 Tage, um auch mit negativen Datums- und Zeitdifferenzen, etwa bei der Arbeitszeiterfassung, arbeiten zu können. Dieses Verfahren beschreibe ich in Abschnitt 6.2, »Berechnungen mit Zeitangaben«.

Datumsformate und ISO 8601:2000

Wenn Sie einen Datumswert aus dem gültigen Bereich vor sich haben, stehen Ihnen – und das wird im Tabellenblatt *Datumsformat* deutlich – zum Teil sehr unterschiedliche Datumsformate zur Verfügung. Wenn Sie mit einer Formatierung über **Start ▸ Zahl ▸**

Zellen formatieren ▸ Zahlen oder $\boxed{\text{Strg}}$ + $\boxed{1}$ in die Kategorie **Datum** wechseln, stoßen Sie auf eine Liste, die Datumsformate nach dem **Gebietsschema** von Afrikaans über Grönländisch und Maori bis Zulu anbietet. Was hingegen fehlt, ist das aus früheren Excel-Versionen bekannte Schema *International*, das das Datum nach ISO 8601:2000 formatierte. Dieser internationale Standard definiert die Schreibweise des Datums in der Form einer vierstelligen Jahresangabe, des zweistelligen Monats und der ebenfalls zweistelligen Tagesangabe, wobei alle Datumsteile mit einem Bindestrich getrennt werden: JJJJ-MM-TT.

Den Verlust der Kategorie *International* – so verwunderlich er angesichts der Tatsache ist, dass die ISO8601:2000 EU-weiter Standard und auch in anderen Regionen der Welt weitverbreitet ist – können Sie auf zwei Arten kompensieren:

- Erstellen Sie ein benutzerdefiniertes Datumsformat mit dem Aufbau JJJJ-MM-TT in der Kategorie **Benutzerdefiniert**.

- Wählen Sie ein anderes Gebietsschema, z. B. *Afrikaans*, in dem das Datum nach dem Schema JJJJ-MM-TT verwendet wird.

▵	A	B
1	**Datumsformate**	
2	**eingegebenes Ausgangsdatum:**	**19.06.2014**
3	Ausgabeformat:	
4	serieller Wert	41.809
5	ISO 8601:2000	2014-06-19
6	Wochentag-Tag-Monat-Jahr	Donnerstag, 19. Juni 2014
7	Tag-Monat-Jahr	19. Juni 2014
8	benutzerdefiniert	2014-Juni-Donnerstag

Abbildung 6.3 Formatierung eines Werts mit unterschiedlichen Datumsformaten

Als Nebeneffekt dieser nachträglichen Anpassung nehmen Sie aber immerhin mit, dass die Definition von Datumsteilen über die drei Buchstaben J, M und T erfolgt:

Platzhalter im Format	Datum
M	Monat (einstellig)
MM	Monat (zweistellig)
MMM	Monat (Wort, abgekürzt)
MMMM	Monat (Wort, ausgeschrieben)

Tabelle 6.1 Optionen für die Erstellung benutzerdefinierter Datumsformate

Platzhalter im Format	Datum
T	Tag (einstellig)
TT	Tag (zweistellig)
TTT	Tag (Wort, abgekürzt)
TTTT	Tag (Wort, ausgeschrieben)
J bis JJJJ	Jahresangabe ein- bis vierstellig

Tabelle 6.1 Optionen für die Erstellung benutzerdefinierter Datumsformate (Forts.)

6

Datumsberechnungen

Die Kalkulationsmöglichkeiten auf Grundlage von Datumswerten sind vielfältig und reichen von einfacher Addition und Subtraktion – beispielsweise bei der Berechnung von Zahlungszielen – bis zu filigran ineinander verschachtelten Funktionen, etwa die Berechnung der Kalenderwoche nach ISO 8601:2000. Einige Kostproben liefert Ihnen das Tabellenblatt *Datumsberechnung* der Beispieldatei.

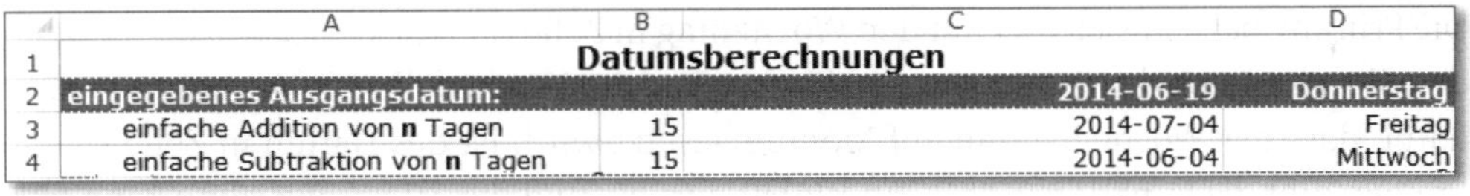

	A	B	C	D
1	**Datumsberechnungen**			
2	eingegebenes Ausgangsdatum:		2014-06-19	Donnerstag
3	einfache Addition von **n** Tagen	15	2014-07-04	Freitag
4	einfache Subtraktion von **n** Tagen	15	2014-06-04	Mittwoch

Abbildung 6.4 Addition und Subtraktion von Werten zu bzw. von einem Datum

Zum Ausgangsdatum in Zelle C3 können Sie mit der Formel `=C2+B3` eine in Zelle B3 festgelegte Anzahl von Tagen hinzuzählen, und zwar so, wie Sie in C4 mit `=C2-B4` eine bestimmte Anzahl subtrahieren können. Kein Problem!

6.1.1 Dynamische Datumslisten ohne Wochenenden

Ein wenig komplizierter können jedoch auf Ebene der Datumsfunktionen selbst einfache Fragestellungen aussehen. Im Zellbereich C6 bis C15 wird dies an einer Liste berechneter Nachfolgetermine deutlich, bei der alle Tage, die auf ein Wochenende fallen, ausgespart werden sollen. In diesem Fall kommen wir schon nicht mehr ohne eine Verschachtelung von mehreren Funktionen aus.

Die Logik, die dieses Beispiel bestimmt, lautet: Zähle zum letzten genannten Datum drei Tage hinzu, wenn es auf einen Freitag fällt. Zwei Tage sind hinzuzuzählen, wenn das letzte Datum auf einen Samstag fällt; ansonsten ist immer nur ein Tag zum letzten Datumswert zu addieren. Logisch! Ja, um die Liste ohne Wochenenden in Excel umzusetzen, greifen Sie deshalb auch auf eine Funktion aus der Kategorie **Logik** zurück:

```
=WENN(Prüfung; Dann-Wert; Sonst-Wert)
```

In Zelle C6 lautet die Funktion, bezogen auf das Ausgangsdatum in Zelle C5:

```
=WENN(WOCHENTAG(C5;2)=5;C5+3;WENN(WOCHENTAG(C5;2)=6;C5+2;C5+1))
```

eingegebenes Ausgangsdatum:		2014-06-19	Donnerstag
Folgetermine (ohne Wochenenden)	=WENN(WOCHENTAG(C5;2)=5;C5+3;WENN(WOCHENTAG(C5;2)=6;C5+2;C5+1))		
		2014-06-23	Montag
		2014-06-24	Dienstag
		2014-06-25	Mittwoch
		2014-06-26	Donnerstag
		2014-06-27	Freitag
		2014-06-30	Montag
		2014-07-01	Dienstag
		2014-07-02	Mittwoch
		2010-07-02	Freitag

Abbildung 6.5 Berechnung einer Datumsliste ohne Wochenendtermine

Die Prüfung bezieht sich hier auf den Wochentag in Zelle C5. Mit WOCHENTAG(C5;2)=5 finden Sie heraus, ob das Datum auf den fünften Tag der Woche fällt. Das Argument 2 sorgt dafür, dass der Wochenbeginn auf Montag gesetzt wird. Ist das Datum in Zelle C5 ein Freitag, gibt die Funktion WENN() ein WAHR zurück, und die DANN-Anweisung kann ausgeführt werden. Zum Freitag werden drei Tage addiert, und die Liste wird somit mit dem Datum des folgenden Montags fortgesetzt.

Hinsichtlich der SONST-Anweisung verbleiben nun zwei Alternativen: Wenn das geprüfte Datum nicht auf einen Freitag fällt, könnte es sich entweder um einen Samstag oder um einen anderen Wochentag handeln. Dies muss herausgefunden werden, weil auch beim Samstag ein Tag, nämlich der nachfolgende Sonntag, in der Datumsliste übersprungen werden muss. Es bleibt Ihnen also nichts anderes übrig, als die SONST-Anweisung mit einem weiteren WENN() zu füllen:

```
WENN(WOCHENTAG(C5;2)=6;C5+2;C5+1)
```

6.1.2 Berechnung der Kalenderwoche nach ISO 8601:2000 und des Quartals

Die ISO 8601:2000 definiert nicht nur das Erscheinungsbild einer Datumsangabe. Grundlegende Aussagen trifft diese Norm auch zu der Frage, welche überhaupt die erste

Woche des Jahres ist. Dabei gilt: Die Woche beginnt generell mit dem Montag, und die erste Kalenderwoche des Jahres enthält immer den Donnerstag der Woche. Mit anderen Worten: Beginnt das neue Jahr mit einem Freitag, wird die Woche dem vorangegangenen Jahr als KW 53 zugeschlagen.

Seit der Version 2000 verfügt Excel über die Funktion KALENDERWOCHE(Bezug, Typ), die erst ab Version 2010 das eigentlich nicht allzu komplizierte Regelwerk der ISO 8601:2000 beherrscht. Im ersten Argument müssen Sie das Datum angeben. Das zweite Argument sollte den Wert 21 enthalten. Dies entspricht den Vorgaben, dass die Woche mit dem Montag zu beginnen hat und mindestens 4 Tage haben muss, um zum neuen Jahr zu zählen. Nähmen Sie hingegen Typ 2, fiele der zweite Teil der Regel weg, und die Berechnung wäre nicht ISO-konform.

In Excel 2013 gibt es nun eine neue Funktion: ISOKALENDERWOCHE(). Sie erwartet nur noch die Angabe des Datums, dessen Kalenderwoche Sie berechnen möchten, und wendet automatisch das ISO-Regelwerk an.

Datum	ISOKALENDERWOCHE()	KALENDERWOCHE() - Typ 2	KALENDERWOCHE() - Typ 1
01.01.2009	=ISOKALENDERWOCHE(G3)		1
01.01.2010	ISOKALENDERWOCHE(Datum)	53	1
01.01.2011	52	52	1
01.01.2012	52	52	1
01.01.2013	1	1	1
01.01.2014	1	1	1
01.01.2015	1	1	1
01.01.2016	53	53	1

Abbildung 6.6 Zwei Funktionen ermöglichen in Excel 2013 die ISO-konforme Berechnung der Kalenderwoche.

Arbeiten Sie mit einer älteren Excel-Version, wird es gleich etwas komplizierter. In Zelle C17 sehen Sie eine verschachtelte Funktion, die in allen Versionen das richtige Ergebnis ermittelt:

```
=KÜRZEN((C16-DATUM(JAHR(C16+3-REST(C16-2;7));1;REST(C16-2;7)-9))/7)
```

Nicht ganz so kompliziert geht es zu, wenn Sie ein Quartal berechnen. In Zelle C18 bedarf es aber immer noch einiger Handarbeit, um eine Funktion nachzubilden, die es in Excel nicht gibt – die Berechnung des Quartals auf Basis eines gegebenen Datums. Die verschachtelte Funktion lautet hier:

```
=AUFRUNDEN(MONAT(C16)/3;0)&". Quartal"
```

Fazit: Verhältnismäßig banale Tatbestände bei der Kalkulation von Datumswerten setzen in Excel ein gewisses Fingerspitzengefühl und eine gesunde kritische Grundhaltung gegenüber dem Funktionskatalog des Programms voraus.

6.1.3 Berechnung von Nettoarbeitstagen

Dass die Addition und Subtraktion einer Anzahl von Tagen zu beziehungsweise von einem vorgegebenen Datumswert problemfrei funktioniert, haben Sie bereits erkennen können. Auch die Berechnung der Differenz zwischen zwei Datumswerten ist umstandslos möglich. Ziehen Sie z. B. vom 07.09.2014 den 01.01.2014 ab, so erhalten Sie das Ergebnis 249. In den meisten Fällen wird Sie allerdings nicht die Anzahl der Kalendertage zwischen zwei Datumswerten interessieren, sondern die Anzahl der Arbeitstage.

	A	B	C	D	E	F	G	H	I
1	Pers. Nr.	Name	Vorname	Vertragsbeginn	Laufzeit (in Monaten)	Vertragsende	Nettoarbeitstage	verbleibend	Arbeitszeit (Std.)
2	210-001	Thewes	Paul	01.01.2014	24	31.01.2014	523	-502	167
3	210-002	Piel	Luis	01.01.2014	24	31.01.2014	523	-502	167
4	210-003	Lohmeyer	Herbert	01.01.2014	24	31.01.2014	523	-502	167
5	210-004	Umbert	Hanno	01.01.2014	24	31.01.2014	523	-502	83
6	210-005	da Silva	Everaldo	01.01.2014	24	31.01.2014	523	-502	167
7	210-006	Wolsch	Lydia	01.01.2014	24	31.01.2014	523	-502	167
8	210-007	Ballert	Susanne	01.01.2014	24	31.01.2014	523	-502	167

Abbildung 6.7 Berechnung der Nettoarbeitstage in einer Personalliste

Dazu steht Ihnen die Funktion NETTOARBEITSTAGE(Ausgangsdatum; Enddatum; Freie_Tage) zur Verfügung. In der Arbeitsmappe *06_Datum_Nettoarbeitstage_01.xlsx* wird die Anzahl der Arbeitstage berechnet, die zwischen einem Vertragsbeginn und -ende unter Berücksichtigung einer Liste von freien Tagen liegen.

Arbeitsfreie Tage 2014	Datum
Neujahr	01.01.2014
Hl. 3 Könige	06.01.2014
Karfreitag	18.04.2014
1. Mai	01.05.2014
Himmelfahrt	29.05.2014
Pfingstmontag	09.06.2014
Fronleichnam	19.06.2014
Ostermontag	21.04.2014
Mariä Himmelfahrt	15.08.2014
Nationalfeiertag	03.10.2014
Reformationstag	31.10.2014
Allerheiligen	01.11.2014
1. Weihnachtstag	25.12.2014
2. Weihnachtstag	26.12.2014

Abbildung 6.8 Liste berechneter Feiertage und sonstiger arbeitsfreier Tage

Dies bedeutet, dass Sie zunächst einmal in einem Tabellenblatt die Liste der arbeitsfreien Tage – Feiertage, Betriebsferien, Fortbildungstage etc. – erfassen müssen. Im Tabellenblatt *Arbeitsfreie Tage* ist dies bereits für einen Zeitraum von drei Jahren geschehen. Die Liste muss aus einem zusammenhängenden Zellbereich bestehen, der auch nicht durch etwaige Texte wie Überschriften für die einzelnen Jahre unterbrochen werden darf. In der Beispieldatei habe ich dem Zellbereich B5 bis B63 den Bereichsnamen *ArbeitsfreieTage* zugewiesen.

D	E	F	G	H	I
Vertragsbeginn	**Laufzeit (in Monaten)**	**Vertragsende**	**Nettoarbeitstage**	**verbleibend**	**Arbeitszeit (Std.)**
01.01.2014	24	31.01.2016	=NETTOARBEITSTAGE(D2;F2;ArbeitsfreieTage)		
01.01.2014	24	31.01.2016	NETTOARBEITSTAGE(Ausgangsdatum; Enddatum; [Freie_Tage])		

Abbildung 6.9 Verwendung der Funktion NETTOARBEITSTAGE()

In Zelle G2 können Sie nun die Anzahl der Arbeitstage ohne Wochenenden, Feiertage und sonstige arbeitsfreie Tage berechnen:

`=NETTOARBEITSTAGE(D2;F2;ArbeitsfreieTage)`

Die Funktion kopieren Sie dann nach unten, um auch für die anderen Mitarbeiter und Verträge die gewünschten Ergebnisse zu erhalten.

`NETTOARBEITSTAGE()` gibt es seit Excel 2010 in einer weiteren Version mit der Bezeichnung `NETTOARBEITSTAGE.INTL()`. Bei dieser internationalen Version der Funktion können Sie mit dem Argument `Wochenende` bestimmen, welche Tage der Woche innerhalb der Kalkulation als Wochenende gelten sollen.

6.1.4 Berechnung der verbleibenden Tage bis zum Monats- oder Projektende

Der Leitgedanke *From here to eternity!* zählt im Controlling bekanntlich verhältnismäßig wenig. Die Anzahl der verbleibenden Tage vom heutigen Datum bis zum Monatsende oder bis zum Ende eines definierten Projekts liegt schon eher im Erkenntnisinteresse des Controllers. Kein Wunder also, dass Excel für Letzteres auch einige Berechnungsfunktionen anbietet.

So können Sie sich die Eingabe des Vertragsendes in Spalte F sparen, indem Sie es mit der Funktion `MONATSENDE(Ausgangsdatum; Monate)` von Excel berechnen lassen und die Funktion dann wieder aus der Ausgangszelle F2 nach unten kopieren:

`=MONATSENDE(D2;E2)`

Als Ergebnis erhalten Sie immer den kalendarisch letzten Tag eines Monats, der um die angegebene Anzahl von Monaten hinter dem Ausgangsdatum liegt. Ups! Das ist nicht ganz richtig! Denn wenn das Argument `Monate` einen negativen Wert (z. B. -6) enthält, können Sie das Monatsende auch für vorangegangene Perioden berechnen.

`=MONATSENDE(HEUTE();0)` liefert Ihnen das Enddatum des aktuellen Monats. Die Funktion `HEUTE()` ist Ihr Garant für die Verwendung des aktuellen Tagesdatums im Tabellenblatt. Sie enthält keine weiteren Argumente. Doch da sich beide Funktionen wunderbar miteinander kombinieren lassen, errechnen Sie mit den hier vorgestellten Bausteinen auch die Anzahl der Nettoarbeitstage bis zum Ende des aktuellen Monats:

`=NETTOARBEITSTAGE(HEUTE();MONATSENDE(HEUTE();0);ArbeitsfreieTage)`

Bezogen auf die Projektdauer lautet die Funktion:

`=NETTOARBEITSTAGE(HEUTE();F2;ArbeitsfreieTage)`

Hier wird vorausgesetzt, dass in Zelle F2 das Datum des Projektendes eingegeben wurde.

INFO

ARBEITSTAG.INTL() und NETTOARBEITSTAGE.INTL()

In Excel 2010 wurden zwei neue Funktionen in der Kategorie **Datum & Zeit** etabliert. `ARBEITSTAG.INTL(Ausgangsdatum; Tage; Wochenende; freie_Tage)` enthält das zusätzliche Argument `Wochenende`. Über einen Code können Sie hier vorgeben, an welchen Tagen der Woche das reguläre Wochenende ist. Der Code `2` definiert das Wochenende beispielsweise auf Sonntag und Montag. Außerdem ist eine Wochenendzeichenfolge möglich, bei der `1` für einen arbeitsfreien Tag steht, `0` für einen Arbeitstag. Die Woche beginnt bei solchen Zeichenfolgen grundsätzlich mit einem Montag. Die Zeichenfolge `0011000` lieferte das Resultat, dass das Wochenende auf Mittwoch und Donnerstag fällt. Die Zeichenfolge `1111111` ist übrigens unzulässig. Schade!

In gleicher Weise können Sie seit Excel 2010 die neue Funktion `NETTOARBEITS-TAGE.INTL(Ausgangsdatum; Enddatum; Wochenende; freie_Tage)` **verwenden.**

6.1.5 Feiertage berechnen

Für das vorangegangene Thema lässt sich festhalten, dass es manchmal selbstverständlich praktischer ist, einen Blick in den Kalender zu werfen und dort die Tage einfach abzuzählen, um sie anschließend in Excel einzugeben, als mit einer komplexen verschachtelten Funktion die Anzahl der Tage zwischen – sagen wir – dem 27.07. und 31.07. aufwendig zu berechnen. Umgekehrt gilt in gleichem Maße für die bereits dargestellten wie die nun folgenden Beispiele, dass Datumsberechnungen in manchen Tabellenblättern unabdingbar sind, um dynamische Auswertungen überhaupt erst zu ermöglichen. Es kommt also immer auf das Augenmaß und den konkreten Anwendungsbereich an.

Die Liste der arbeitsfreien Tage in der letzten Beispieldatei enthielt bereits Elemente zur Berechnung von beweglichen Feiertagen. In der Arbeitsmappe *06_Datum_Feiertage_01.xlsx* ist dieser Aufgabe ein größerer Raum gewidmet.

⊿	A	B
1	**Jahr:**	2014
2	**berechneter Ostermontag:**	21.04.2014
3		
4	**Feiertag**	**Datum**
5	Neujahr	01.01.2014
6	Hl. 3 Könige	06.01.2014
7	Karfreitag	18.04.2014
8	1. Mai	01.05.2014
9	Himmelfahrt	29.05.2014
10	Pfingstmontag	09.06.2014
11	Fronleichnam	19.06.2014
12	Ostermontag	21.04.2014
13	Mariä Himmelfahrt	15.08.2014
14	Nationalfeiertag	03.10.2014
15	Reformationstag	31.10.2014
16	Allerheiligen	01.11.2014
17	1. Weihnachtstag	25.12.2014
18	2. Weihnachtstag	26.12.2014

Abbildung 6.10 Berechnung der beweglichen Feiertage

Im Mittelpunkt steht dabei immer der Ostersonntag, von dem aus die weiteren Feiertage bestimmt werden können, sofern das konkrete Jahr angegeben wird. Die Jahresangabe steht in der Beispieldatei in Zelle B1. In Zelle B2 ist somit die Berechnung des Ostersonntages mit der folgenden Funktion möglich:

```
=DM((TAG(MINUTE(B1/38)/2+55)&".4."&B1)/7;)*7-6
```

Diese phänomenale Funktion stammt von Norbert Hetterich, der sie im Rahmen eines Internetwettbewerbs um die kürzeste Funktion zur Berechnung des Ostersonntages entwickelte ... und den Wettbewerb gewann. Kleiner Haken: Die Funktionsverkettung liefert nur das richtige Ergebnis, wenn die Datumswerte in den Excel-Optionen mit dem Jahr 1900 beginnen.

Setzen Sie in einer Arbeitsmappe hingegen **1904-Datumswerte** ein, dann wird die Funktion zur Berechnung des Ostersonntages etwas länger:

```
=DATUM(B1;3;28)+REST(24-REST(B1;19)*10,63;29)-REST(KÜRZEN(B1*5/4)+
REST(24-REST(B1;19)*10,63;29)+1;7)
```

Die vom Ostersonntag abhängigen beweglichen Feiertage erhalten Sie, indem Sie sich auf das berechnete Datum beziehen und die entsprechende Tagesanzahl hinzuzählen.

Beispiel: Den Pfingstmontag ermitteln Sie in Zelle B10 durch die Formel =B2+50. Die restlichen Feiertage ergeben sich aus der Anwendung der Funktion DATUM(Jahr; Monat; Tag). Dies lässt sich am Beispiel des ersten Weihnachtsfeiertages in Zelle B17 gut nachvollziehen: =DATUM(B1;12;25).

6.1.6 Dynamischer Kalender für alle Bundesländer

Der notwendige nächste Schritt bei der Dynamisierung von Datumsberechnungen liegt in der Einbeziehung regionaler Unterschiede. Da sich die Feiertagsregelungen in den Bundesländern erheblich unterscheiden, kann es nicht nur eine Liste von arbeitsfreien Tagen geben. Zu den mindestens 16 Listen der Bundesländer treten nochmals drei weitere hinzu, da für die Bundesländer Bayern, Saarland und Thüringen zusätzliche Feiertage in Gemeinden mit überwiegend katholischer Bevölkerung üblich sind.

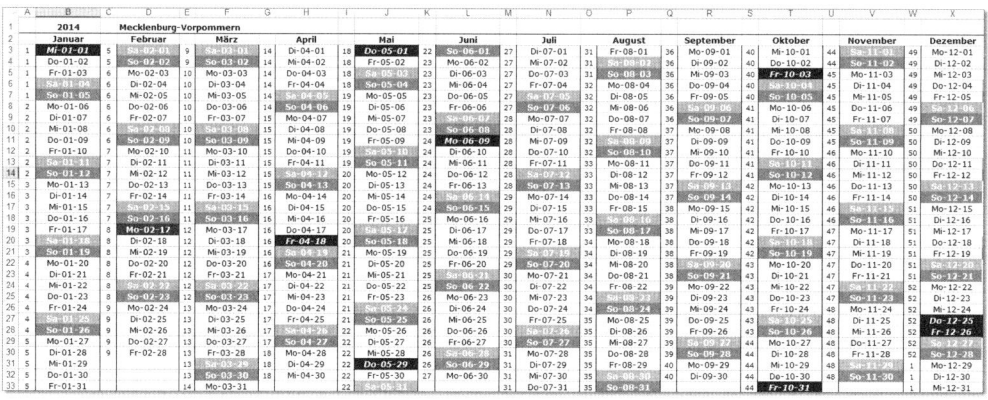

Abbildung 6.11 Dynamischer Kalender auf Ebene der Bundesländer

In der Arbeitsmappe *06_Datum_Kalender_01.xlsx* enthält das Tabellenblatt *berechneter Kalender mit KW* einen Jahreskalender, in dem Sie durch die Auswahl des Jahres und des Bundeslandes in den Zellen B1 und D1 die Anzeige der betreffenden Feiertage im Kalender steuern können. Beide Listen basieren auf der Funktion **Datenüberprüfung** im Menü **Daten ▸ Datentools** und greifen auf jeweils einen Bereichsnamen zu.

Bereichsnamen für die Jahres- und Länderauswahl

Der Bereichsname *C.ber.jahresauswahl* greift auf eine Liste der Jahreszahlen von 2010 bis 2050 im Tabellenblatt *Kalenderauswahl* zu und dürfte kurzfristig wohl kaum Anlass zu weiteren Anpassungen geben. Im gleichen Tabellenblatt steuert der Bereichsname *C.ber.bundesländer* die Liste der Bundesländer an.

Von zentraler Bedeutung für die Zuordnung der Feiertage zu den Bundesländern ist eine Matrix im Zellbereich von A4 bis T19. In ihr wird mit einem X festgelegt, ob der betreffende Feiertag im Bundesland gültig ist oder nicht. Für das fehlerfreie Funktionieren des dynamischen Kalenders ist dieser Bereich immer auf dem aktuellen Stand zu halten.

A	Baden-Württemberg	Bayern (überwiegend kath. Bevölkerung)	Bayern	Berlin	Brandenburg	Mecklenburg-Vorpommern	Bremen	Hamburg	Schleswig-Holstein	Niedersachsen	Hessen	Nordrhein-Westfalen	Rheinland-Pfalz	Saarland	Saarland (überwiegend kath. Bevölkerung)	Sachsen	Sachsen-Anhalt	Thüringen (überwiegend kath. Bevölkerung)	Thüringen
5 2. Auswahl des Bundeslandes					F														
6 Neujahr	x	x	x	x	x	x	x	x	x	x	x	x	x	x	x	x	x	x	x
7 Hl. 3 Könige	x	x	x														x		
8 Karfreitag	x	x	x	x	x	x	x	x	x	x	x	x	x	x	x	x	x	x	x
9 Maifeiertag	x	x	x	x	x	x	x	x	x	x	x	x	x	x	x	x	x	x	x
10 Himmelfahrt	x	x	x	x	x	x	x	x	x	x	x	x	x	x	x	x	x	x	x
11 Pfingstmontag	x	x	x	x	x	x	x	x	x	x	x	x	x	x	x	x	x	x	x
12 Fronleichnam	x	x	x								x	x	x	x	x			x	
13 Mariä Himmelfahrt		x													x				
14 Nationalfeiertag	x	x	x	x	x	x	x	x	x	x	x	x	x	x	x	x	x	x	x
15 Reformationstag					x	x										x	x	x	x
16 Allerheiligen	x	x	x									x	x	x	x				
17 Buß- u. Bettag																x			
18 1. Weihnachtstag	x	x	x	x	x	x	x	x	x	x	x	x	x	x	x	x	x	x	x
19 2. Weihnachtstag	x	x	x	x	x	x	x	x	x	x	x	x	x	x	x	x	x	x	x

Abbildung 6.12 Matrix der Feiertage je Bundesland

Aktivierung des Bundeslandes

Um die Daten für das ausgewählte Bundesland nun zu berechnen und in den Jahreskalender zu übernehmen, muss ein Mechanismus gefunden werden. Am einfachsten ist es erneut, das aktive Bundesland mit einem Buchstaben zu kennzeichnen. Im Zellbereich B5 bis T5 erfolgt diese Kennzeichnung mit `WENN(A.ber.länderauswahl=B4;"F";"")`. Sofern also die Länderauswahl in der Zelle *A.ber.länderauswahl* im Tabellenblatt des Kalenders mit der Länderbezeichnung in Zelle B4, der Überschriftenzeile der Matrix, übereinstimmt, wird die Zelle mit einem *F* markiert.

Die Markierung lässt sich nun sehr einfach mit einer anderen Funktion aufgreifen und verwerten. Diese Funktion ist `WVERWEIS()`. Die Funktion wird hier genutzt, um die je nach Länderauswahl veränderlichen Codierungsspalten in eine für alle weiteren Berechnungen fixe Bezugsspalte umzuwandeln. In Zelle V6 erreichen Sie das mit der Funktion `WVERWEIS("F";$B$5:$T$19;2;FALSCH)`. Diese können Sie selbstverständlich nach unten kopieren.

`WVERWEIS()`, das Pendant zum häufig eingesetzten `SVERWEIS()`, durchsucht die erste Zeile der angegebenen Matrix (`$B$5:$T$19`) auf das Vorkommen des Suchkriteriums `"F"` und gibt den korrespondierenden Wert aus einer vorgegebenen Zeile zurück. Im Beispiel ist dies die zweite Zeile, also der Datumswert für Neujahr. Ist der Feiertag im ausgewählten Bundesland gültig, schreibt die Funktion das in der Matrix gefundene X in die ausgewählte Zelle der Spalte V.

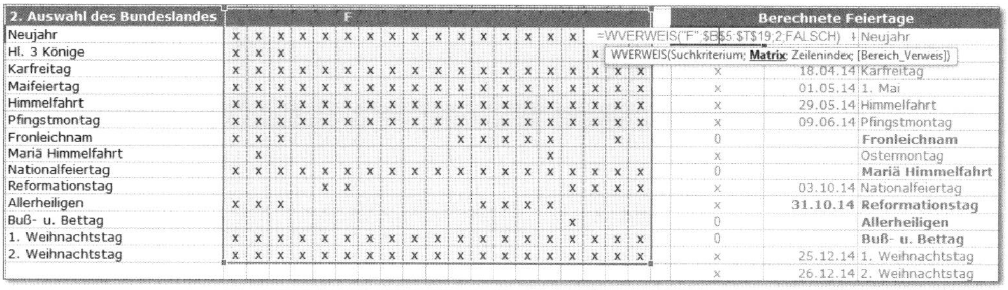

Abbildung 6.13 Auslesen der Feiertage für ein ausgewähltes Bundesland mit WVERWEIS()

Berechnung der Feiertage

Da nun ein fester Zellbereich für den Status des Feiertages im ausgewählten Bundesland besteht, ist es kein großer Schritt mehr, das Datum des Feiertages zu berechnen oder – wenn der Tag im betreffenden Bundesland nicht arbeitsfrei ist – es in der Anzeige zu unterdrücken. Sie erreichen dies mit einer logischen Funktion. Für einen nicht beweglichen Feiertag wie Neujahr gelingt die Anzeige beispielsweise in Zelle W6 mit:

`=WENN(V6="x";DATUM(JAHR(V2);1;1);DATUM(1900;1;1))`

Bei beweglichen Feiertagen wie dem Pfingstmontag verwenden Sie in Zelle W11 stattdessen:

`=WENN(V11="x";V2+50;DATUM(1900;1;1))`

Formatierung des Kalenders

Um die Wochenenden, die Feiertage und das aktuelle Datum im Kalender zu kennzeichnen, verwenden Sie am besten die **Bedingte Formatierung**. Die einzusetzenden Funktionen lauten:

Funktion	Formatierung
`=B3=HEUTE()`	Zeigt das aktuelle Datum rot an.
`=WOCHENTAG(B3;2)=6`	Markiert die Samstage hellgrau.
`=WOCHENTAG(B3;2)=7`	Markiert die Sonntage dunkelgrau.
`=SVERWEIS(B3;C.ber.feiertage;1;FALSCH)`	Zeigt Feiertage dunkelrot an.

Tabelle 6.2 Funktionen der **Bedingten Formatierung**

Wenn ein Feiertag auf ein Wochenende fällt, ist die Reihenfolge der Regeln für die **Bedingte Formatierung** dafür ausschlaggebend, ob der Tag im Kalender grau oder dunkelrot gekennzeichnet wird. Setzen Sie die **Bedingte Formatierung** mit der Funktion `SVERWEIS()` an die Spitze der Regelliste, wenn Sie die Feiertage auch an den Wochenenden gekennzeichnet sehen möchten.

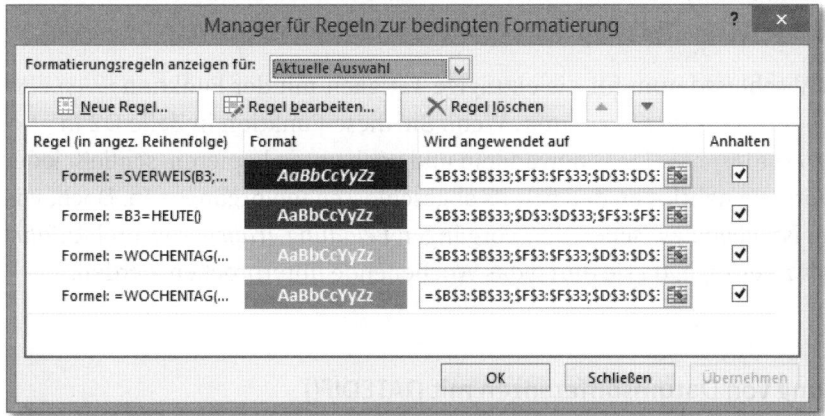

Abbildung 6.14 Prioritätensetzung der Formatierungsregeln für den Kalender

6.1.7 Berechnung des Enddatums für Vorgänge

Lassen Sie uns nach diesem notwendigen Exkurs auf das Gebiet der Feiertagsberechnung in Excel zu unserem ursprünglichen Thema, der Berechnung von Zeitintervallen, zurückkehren. Dort ist es uns eben gelungen, aus zwei Datumsvorgaben die Anzahl der Nettoarbeitstage zwischen diesen Eckwerten zu ermitteln. Von einer vergleichbaren Überlegung werden Sie geleitet, wenn Sie das Enddatum eines Vorgangs berechnen möchten, dessen Startdatum und Dauer Sie kennen.

Auch in einem solchen Fall wird Sie nicht die Einbeziehung der Wochenenden und arbeitsfreien Tage in die Berechnung von »aktuelles Datum + x« interessieren. Sie benötigen, wie schon bei der Kalkulation der Nettoarbeitstage, eine spezielle Funktion und eine Liste der arbeitsfreien Tage. In der Arbeitsmappe *06_Datum_Arbeitstag_01.xlsx* finden Sie beides.

	A	B	C	D	E	F	G
1	**Nr.**	**Arbeitsschritt**	**Dauer**	**Abgeschlossen am**		**Startdatum:**	17.06.2014
2	1	Beladung Transporter	1	17.06.2014			
3	2	Anfahrt	1	18.06.2014			
4	3	Bühnenbau	5	26.06.2014			
5	4	Licht & Dekoration	3	01.07.2014			
6	5	Funktionstest	1	02.07.2014			

Abbildung 6.15 Berechnung des Enddatums

Die Liste der arbeitsfreien Zeiten befindet sich in dieser Beispieldatei im Tabellenblatt *Arbeitsfreie Tage*. Es wird erneut der Bereichsname *ArbeitsfreieTage* für den notwendigerweise zusammenhängenden Zellbereich verwendet. Das Startdatum für die Berechnung wurde in Zelle G1 des Tabellenblattes *Bühnenaufbau* eingegeben.

In D1 wird das Abschlussdatum für die eintägige Tätigkeit mit der Funktion =ARBEITS-TAG(G1;C2-1;ArbeitsfreieTage) ermittelt. Wenn Sie diese Funktion in Zelle D2 in =AR-BEITSTAG(D2;C3;ArbeitsfreieTage) abwandeln und nach unten kopieren, schließt jeder nachfolgende Vorgang nahtlos an den bereits abgeschlossenen Vorgänger an. Doch, wie gut zu erkennen ist, liegen zwischen den Vorgängen *Beladung Transporter* und *Anfahrt* nicht weniger als zwei Tage, da sie durch das Wochenende unterbrochen werden.

6.1.8 Berechnung von Datumsdifferenzen mit DATEDIF()

Eine Übersicht über wichtige Datumsfunktionen kann nicht ohne einen echten Exoten unter den Excel-Funktionen abgeschlossen werden. Die Funktion DATEDIF(Startdatum; Enddatum; Zeiteinheit) fristet ein Schattendasein, da sie weder im Funktionsassistenten noch in der Hilfe von Excel aufgeführt wird. Aus Kompatibilitätsgründen mit Lotus 1-2-3 vor langer Zeit in Excel integriert, leistet sie verlässliche Dienste bei der Berechnung unterschiedlicher Datumsdifferenzen, wenn man von ihrer Existenz weiß. Denn da die Funktion nicht aufgelistet wird, kann sie ausschließlich per Tastatur in die Zellen des Tabellenblattes eingegeben werden.

Die bereits in einem vorherigen Beispiel verwendete Vertragsübersicht ist in der Arbeitsmappe *06_Datum_DATEDIF_01.xlsx* Grundlage für die Berechnung einer Datumsdifferenz. Lassen Sie uns annehmen, Sie möchten die Anzahl der Jahre, die ein Vertrag läuft, berechnen, weil davon bestimmte Zuschlagszahlungen abhängen.

	A	B	C	D	E	F	G	H
1	Pers. Nr.	Name	Vorname	Vertragsbeginn	Vertragsende	Laufzeit (in Monaten)	Kalenderjahre	Arbeitszeit (Std.)
2	210-001	Thewes	Paul	01.01.2014	31.01.2016	=DATEDIF(D2;E2;"M")	2	167
3	210-002	Piel	Luis	01.01.2014	31.01.2016	24	2	167

Abbildung 6.16 Anzahl der Jahre zwischen Vertragsbeginn und -ende mit DATEDIF() berechnet

In Zelle G2 verwenden Sie in diesem Fall die Funktion =DATEDIF(D2;E2;"Y") und kopieren sie wie gewohnt nach unten. In Zelle F2 erreichen Sie die Ausgabe der Monatsanzahl zwischen Vertragsbeginn und -ende mit =DATEDIF(D2;E2;"M"). Sie erkennen unschwer, dass dem Argument Zeiteinheit die Rolle eines Schalters bei der Auswahl der Ergebnisanzeige zukommt. Die verfügbaren Optionen für dieses Argument sind:

Option	Berechnung
"D"	Anzahl der Tage zwischen zwei Datumswerten
"M"	Anzahl der Monate zwischen zwei Datumswerten
"Y"	Anzahl der Jahre zwischen zwei Datumswerten
"MD"	Ignoriert Monate und Jahre und bildet die Differenz der Tage zwischen Anfang- und Enddatum.
"YM"	Berechnet die Differenz der Monate; Tage und Jahre werden ignoriert.
"YD"	Differenz der Tage wird berechnet, aber Jahre werden ignoriert.

Tabelle 6.3 Optionen der Funktion DATEDIF()

Für Excel 2007 SP2 wurde zwischenzeitlich ein Bug der Funktion bei Verwendung der Argumente MD und YD festgestellt. Dieser wurde mittlerweile behoben. DATEDIF() ist also undokumentiert, wird aber dennoch weiterentwickelt.

6.1.9 Weitere nützliche Funktionen in der Kategorie »Datum & Zeit«

Im Controlling spielen zeitliche Betrachtungen und Analysen stets eine bedeutende Rolle. Auch die folgenden Datumsfunktionen können dabei äußerst nützlich sein:

Funktion	Beschreibung
HEUTE()	Gibt das veränderliche Tagesdatum auf Basis der Systemzeit des Computers aus.
EDATUM()	Addiert zu einem Ausgangsdatum die im zweiten Argument Monate angegebene Anzahl an Monaten.
JAHR() MONAT() TAG()	Die drei Funktionen dienen dazu, aus einem vorgegebenen Datumswert Teile wie Jahr, Monat oder Tag zu isolieren. Die Ergebnisse werden häufig z. B. beim Sortieren, Filtern oder bei der Bildung von Teilergebnissen weiterverwendet.
BRTEILJAHRE()	Auf der Basis eines Start- und Enddatums berechnet Excel die Differenz in ganzen Tagen. Das Ergebnis wird in Bruchteile von Jahren umgewandelt, wobei Sie im Argument Basis zwischen verschiedenen Systemen wie z. B. USA (NASD) oder tagesgenauer Abrechnung für die Berechnung der Zinstage unterscheiden können. Die Funktion dient der Verbesserung der Vergleichbarkeit von Forderungen und Verbindlichkeiten.

6.2   Berechnungen mit Zeitangaben

Den Einstieg in den Themenbereich der Berechnungen auf Grundlage von Zeitangaben möchte ich analog zu den Datumskalkulationen beginnen. Auch bei den Zeitwerten in Excel bilden der Wertebereich, die Formatierung und die Berechnung einen Dreiklang, mit dem sich eine Menge – in kalkulatorischer Hinsicht – zum Klingen bringen lässt.

In der Arbeitsmappe *06_Zeit_Grundlagen_01.xlsx* sehen Sie ein in Einzelheiten vertrautes Bild. Einer in Spalte A eingegebenen formatierten Uhrzeit entspricht in Spalte B ein numerischer Wert. Der Uhrzeitbereich reicht von 0, also 00:00 Uhr, bis 1, dem Dezimalwert für 24:00 Uhr. Rutschen Sie bei der Eingabe oder Berechnung von Uhrzeiten in einen negativen Wertebereich – in Zelle A3 ist dies durch den Wert –0,125 geschehen –, erhalten Sie die Fehleranzeige ########.

Grundlagen	
Zeit	**Dezimal**
########	-0,125
00:00	0
03:00	0,125
06:00	0,25
09:00	0,375
12:00	0,5
15:00	0,625
18:00	0,75
21:00	0,875
23:59	0,9993056

Abbildung 6.17 Zeitbereich in Excel

6

Umgang mit negativen Zeitangaben

Das Problem der negativen Uhrzeiten entsteht häufig bei der Erfassung und Berechnung von Arbeitszeiten. Nehmen Sie an, ein Mitarbeiter hat von 8 Uhr 30 bis 15 Uhr gearbeitet, dann entspricht das 6,5 Stunden, die in Excel in der Form 06:30 angezeigt werden.

Beträgt die Soll-Arbeitszeit hingegen 7 Stunden, ergibt sich bei der Subtraktion ein negativer Wert von –0,5, der als Uhrzeit in Excel allerdings nicht darstellbar ist.

Um das Problem zu lösen, wechseln Sie in die **Optionen** von Excel und rufen dort das Register **Erweitert** auf. In der Rubrik **Beim Berechnen dieser Arbeitsmappe** aktivieren Sie die Option **1904-Datumswerte verwenden**. Dadurch gewinnen Sie einen Puffer von vier Jahren, der für das skizzierte Problem bei der Arbeitszeiterfassung ausreicht.

TIPP

6.2.1 Formatierung von Uhrzeiten

Die Formatierung der Zeitwerte erfolgt in Excel nach dem Schema *hh:mm:ss*. Die unterschiedlichen Formate übernehmen Sie mit Strg + 1 aus der Kategorie **Uhrzeit** der Dialogbox **Zellen formatieren**. Dies klingt alles wenig aufregend. Eine kleine Tücke bieten die Uhrzeitformate aber doch: Sie offenbart sich, wenn Sie Zeiten addieren möchten und das Ergebnis dabei die 24-Stunden-Marke überschreitet. Excel beginnt in diesem Fall wieder bei 0, was Sie im Tabellenblatt *Zeit – Format* in der Zelle D8 sehr gut erkennen.

1	Arbeitszeiten				
2	Tag	Beginn	Ende	Dauer (Format hh:mm)	Dauer (Format [hh]:mm)
3	Montag	06:30	15:45	09:15	09:15
4	Dienstag	07:15	16:35	09:20	09:20
5	Mittwoch	08:30	16:00	07:30	07:30
6	Donnerstag	08:20	16:20	08:00	08:00
7	Freitag	08:30	15:25	06:55	06:55
8				**17:00**	**41:00**

Abbildung 6.18 Addition von Zeitangaben

Erst die Umstellung des Zeitformats in Zelle E8 von *hh:mm* auf *[hh]:mm* führt zum korrekten Ergebnis. Die eckigen Klammern sind also mehr als reiner Schmuck – sie befähigen Excel quasi, sich das Ergebnis des Vortages zu merken und darauf aufbauend weiterzurechnen.

6.2.2 Umrechnung von Dezimal- in Industriezeit

Für das Umrechnen von Dezimalzeit in Industriezeit gibt es in Excel keine eingebaute Funktion. Sie müssen zurück zu den Wurzeln und sich vor Augen führen, dass die Werte, die Ihnen in dezimaler Form vorliegen, durch die Dauer eines Tages, sprich 24 Stunden, geteilt werden müssen und dass eine Stunde aus 60 Minuten besteht.

	A	B	C	D	E
1	**Dezimal- und Industriezeit**				
2	dezimal (Minuten)	Industrie		Industrie	dezimal
3	68,1	1:08:06		0:45:30	0,7583333
4	57,3	0:57:18		2:05:45	2,0958333
5	1250	20:50:00		16:40:00	16,666667
6	1400	23:20:00		25:00:00	25
7	1700	28:20:00		33:20:00	33,333333
8		**74:35:24**			**77,85417**

Abbildung 6.19 Umrechnung von Dezimal- in Industriezeit und umgekehrt

In Zelle B3 des Tabellenblattes *Dezimal- und Industriezeit* der Arbeitsmappe *06_Zeit_Industriezeit_01.xlsx* wird mit der einfachen Formel =A3/24/60 gearbeitet, um den Wert 68,1 in die Industriezeit 1:08:06 – also in 1 Stunde, 8 Minuten und 6 Sekunden – zu konvertieren. Wenn Sie die Formel nach unten kopieren, werden auch alle anderen Werte aus Spalte A entsprechend umgerechnet und dargestellt, vorausgesetzt, in Spalte B wurde mit *[h]:mm:ss* auch das gewünschte Uhrzeitformat aktiviert.

Möchten Sie hingegen von einer Uhrzeit im Industriezeitformat in eine dezimale Darstellung umrechnen, wie es in Spalte E der Fall ist, dann reicht es aus, den Wert in Spalte D mit 24 zu multiplizieren, um das korrekte Ergebnis zu erhalten. Auch hier müssen Sie gegebenenfalls das Zahlenformat auf *Standard* stellen.

6.2.3 Berechnung von Arbeitszeiten bei Schichtbetrieb

Eine letzte mögliche Hürde bei der Anwendung von Kalkulationen im Bereich der Zeiterfassung und -auswertung ist die Problematik von Arbeitsbeginn und -ende bei Schichtbetrieb. Wie errechnet man die Anzahl der geleisteten Arbeitsstunden, wenn ein Mitarbeiter um 19:30 mit seiner Arbeit begonnen und diese um 04:09 beendet hat?

	A	B	C	D
1	**Schichtzeiten**			
2	**Tag**	**Beginn**	**Ende**	**Gesamt**
3	Montag	19:30	04:09	08:39
4	Dienstag	20:10	04:00	07:50
5	Mittwoch	20:15	04:07	07:52
6	Donnerstag	20:00	04:12	08:12
7	Freitag	20:05	03:50	07:45
8				**40:18**

Abbildung 6.20 Berechnung von Arbeitszeiten bei Schichtdienst

Die einfache Subtraktion würde hier erneut zu einem negativen Ergebniswert führen, der zu allem Überfluss falsch wäre, wenn Sie die 1904-Datumswerte verwenden würden. Die Lösung ist in diesem Beispiel die Verwendung der Funktion =REST(C3-B3;1) in Zelle D3. Sie subtrahiert den Wert aus Zelle B3 von C3 und teilt das Ergebnis durch den Divisor 1, was einer Umwandlung des negativen in einen positiven Wert gleichkommt, bevor der Wert überhaupt in die Zelle geschrieben wird.

Die Formel kopieren Sie wie gewohnt nach unten. Dann setzen Sie für den Zellbereich D2 bis D7 das Uhrzeitformat *hh:mm* und für die Ergebniszelle D8 auf *[hh]:mm*, um alle Berechnungen korrekt abzuschließen.

6.3 Arbeiten mit Verweisen und Matrizen

Das Arbeiten mit Verweisen auf Tabellen ist in Excel äußerst populär. Nur zu oft werden nach dem Import von Daten für die Weiterverarbeitung nötige Werte aus Referenztabellen den Basisdaten über Verweise hinzugefügt. Auch bei durchgestalteten Tabellen, seien es Liquiditätspläne oder Produktkalkulationen, kommen Verweisfunktionen oft zum Einsatz. Gäbe es eine Top 10 der am häufigsten eingesetzten Funktionen in Excel, würde der SVERWEIS()mit großer Wahrscheinlichkeit einen der vorderen Ränge belegen.

Würden wir hingegen nur einige Seiten zurückblättern und zum Arbeitsbeispiel des dynamischen Kalenders zurückkehren, so ist beinahe anzunehmen, dass die Schwester dieses Prominenten, der WVERWEIS(), schon wesentlich weniger Bekanntheit besitzt. Da Verweisfunktionen aber eine wichtige Rolle bei der Zusammenführung und Umgestaltung von bereits vorhandenen Daten spielen, sollten wir dieser Kategorie eine angemessene Aufmerksamkeit widmen.

6.3.1 Erste Spalte oder Zeile einer Matrix durchsuchen

Beginnen möchte ich mit ebendiesen beiden Funktionen – SVERWEIS() und WVERWEIS(). In der Arbeitsmappe *06_Verweis_SVERWEIS_01.xlsx* ist das Arbeitsprinzip der Funktion SVERWEIS(Prüfung; Matrix; Spaltenindex; Bereich_Verweis) exemplarisch dargestellt. Die Datei enthält eine Referenztabelle im Zellbereich D1 bis E6. Die erste Spalte stellt für den Benutzer die wohl am besten les- und erinnerbare Information bereit: eine Liste mit Bezeichnungen. Um die Kostenanalyse im Zellbereich A1 bis B5 durchzuführen, wäre es am angenehmsten, eine der Bezeichnungen einzugeben, um die davon abhängigen Berechnungen der Anzahl und Kosten in den Zellen B4 und B5 zu starten.

	A	B	C	D	E	F	G	H	I
1	**Kostenanalyse**			**Bezeichnung**	**Konto**		**Lfd.Nr.**	**Konto**	**Betrag**
2	ausgewählte Bezeichnung:	Büromaterial		Pflanzen	1234		1	1234	354,00 €
3		1200		Bewirtung	2100		2	2100	380,00 €
4	Anzahl in Kategorie Büromaterial	4		Büromaterial	1200		3	1200	412,00 €
5	Kosten (Pauschale):	1.388,00 €		Fahrtkosten	2150		4	2150	393,00 €
6				Dekoration	2500		5	2100	408,00 €
7							6	1200	136,00 €
8							7	2150	352,00 €
9							8	1234	280,00 €
10							9	2100	151,00 €
11							10	1200	449,00 €
12							11	1234	448,00 €
13							12	2100	416,00 €
14							13	1200	391,00 €
15							14	2150	442,00 €
16							15	1234	434,00 €

Abbildung 6.21 Suchen in einer Matrix mit SVERWEIS()

Genau das funktioniert jedoch nicht, weil die Liste der Kosten im Zellbereich G1 bis I16 diese Bezeichnung nicht enthält, sondern lediglich die Konten, die in der Referenztabelle die zweite Spalte bilden.

Erste Spalte mit SVERWEIS() durchsuchen

Die Funktion `=SVERWEIS(B2;D1:E6;2;FALSCH)` hilft Ihnen in diesem konkreten Beispiel mit einer Übersetzungsarbeit. Wird der in B3 eingetragenen Funktion eine Bezeichnung übergeben (`B2`), durchsucht sie die erste Spalte der Matrix (`D1:E5`) auf eine Übereinstimmung und gibt das zugehörige Konto aus der zweiten Spalte zurück (`2`), sofern eine hundertprozentige Übereinstimmung zwischen Suchbegriff und Fundstelle besteht (`FALSCH`). Der senkrechten Suchrichtung verdankt die Funktion ihren Anfangsbuchstaben: `SVERWEIS()`.

Wichtig ist in diesem Zusammenhang die Bedeutung des Arguments `Bereich_Verweis`. Ist es auf `FALSCH` oder `0` gesetzt, wird eine genaue Entsprechung von Gesuchtem und Gefundenem erzwungen. Dies umfasst auch die Möglichkeit, dass kein korrespondierender Wert gefunden wird und der Fehlerwert #NV statt z. B. eines Kontos zurückgegeben wird. In der Folge kann dies den Benutzer wiederum dazu zwingen, den möglichen Fehlerwert mit Funktionen wie `WENNFEHLER()` zu unterdrücken. Doch dazu später mehr (ab Seite 293).

Nimmt das Argument hingegen den Wert `WAHR` an oder wird es einfach weggelassen, dann gibt sich Excel bei einer aufsteigend sortierten Liste bereits mit einer Ähnlichkeit zwischen Suchkriterium und Fundstück zufrieden. Der Zeiger stoppt in der ersten Spalte bei dem Wert, der am nächsten beim Suchbegriff liegt, und Excel liest den entsprechenden Spaltenindex aus.

In der Beispieldatei wird die Variante, bei der die genaue Entsprechung erzwungen wird, verwendet. Das Resultat bildet schließlich die Grundlage für zwei bedingte Kalkulationen in den Zellen B4 und B5. Dort kann nun durch das Heraussuchen des Kontos aus der Referenzliste mit `=ZÄHLENWENN(H2:H16;B3)` die Anzahl der Buchungen und mit `=SUMMEWENN(H2:H16;B3;I2:I16)` auch deren Gesamtsumme ermittelt werden.

Erste Zeile mit WVERWEIS() durchsuchen

Wie wir im Beispiel des dynamischen und regionalen Kalenders bereits gesehen haben, funktioniert die Suche auch in einer anderen Richtung. Wird die erste Zeile einer Matrix auf ein Suchkriterium hin untersucht, ist für diese waagerechte Suche die Funktion `WVERWEIS()` verantwortlich. Ihr Funktionsprinzip unterscheidet sich ansonsten in keiner Weise von `SVERWEIS()`. Davon können Sie sich in der Beispieldatei *06_Verweis_WVERWEIS_01.xlsx* einmal mehr überzeugen.

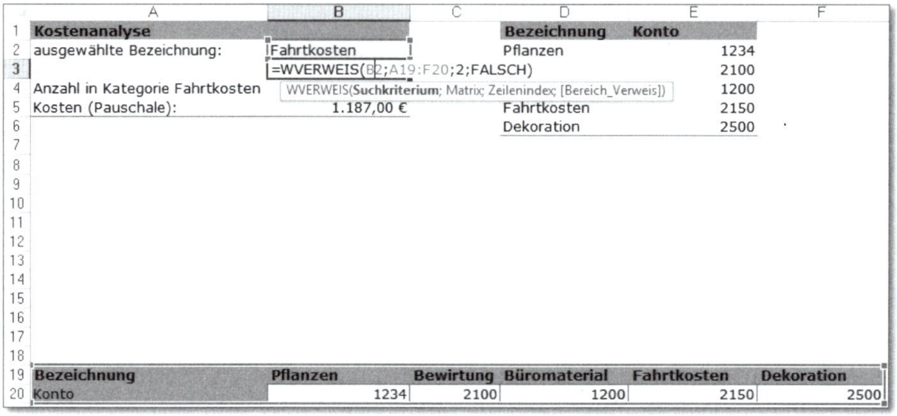

Abbildung 6.22 Durchsuchen einer horizontalen Matrix mit WVERWEIS()

Im Zellbereich A19 bis F20 befindet sich erneut eine Referenztabelle. Doch diesmal ist die Liste horizontal ausgerichtet. Wollen Sie nach einer Bezeichnung suchen, um ein Konto zu finden, muss die Funktion in Zelle B3 diesmal =WVERWEIS(B2;A19:F20;2; FALSCH)lauten.

TIPP

Besser INDEX() als SVERWEIS()

Die Popularität der Funktion SVERWEIS() ist groß. Und so wird diese oft exzessiv in Arbeitsmappen eingesetzt. Dies führt häufig zu erheblichen Performanceverlusten. Eine echte und schnellere Alternative stellt die Funktion INDEX() dar. Eine Beschreibung dieser universellen Verweisfunktion finden Sie weiter unten in diesem Kapitel (Seite 268).

6.3.2 Transponieren einer Matrix

Sicherlich ist Ihnen aufgefallen, dass die Referenztabelle in diesem Beispiel gleich zweimal im Tabellenblatt vorkommt. Neben dem eben benutzten Bereich A19 bis F20 befindet sie sich noch einmal im Zellbereich D1 bis E5. Die untere der beiden Tabellen ist einfach gedreht oder – wie es in Excel heißt – transponiert worden. Sie können eine Tabelle auf zweierlei Arten transponieren:

- Manuell: Markieren Sie die Daten, und kopieren Sie sie mit ⌈Strg⌉ + ⌈C⌉ in die Zwischenablage. Danach bewegen Sie den Cursor an die Zielstelle und fügen den Inhalt der Zwischenablage mit **Start ▸ Zwischenablage ▸ Einfügen ▸ Transponieren** wieder ein. In Excel 2007 wählen Sie die Funktion **Inhalte einfügen ▸ Transponieren**.

- Per Funktion: Verwenden Sie die Funktion `MTRANS(Matrix)` aus dem Funktionsassistenten. Markieren Sie einen Zielbereich im Tabellenblatt, der mindestens die Größe der zu transponierenden Tabelle hat, starten Sie die Funktion dann aus dem Funktionsassistenten, und schließen Sie die Eingabe mit `Strg` + `⇧` + `⏎` ab, da es sich um eine Matrixfunktion handelt.

Die Vorteile von `MTRANS()` bei der Neuordnung von Basisdaten liegen gegenüber dem manuellen Drehen via Zwischenablage auf der Hand: Die Funktion ist dynamisch. Aktualisieren Sie Ihre Basisdaten, wird auch der transponierte Bereich angepasst. Bei der manuellen Variante müssten Sie nach jedem Ändern der Basisdaten die Tabelle auch wieder manuell transponieren.

`MTRANS()` macht aber auch in einem anderen Zusammenhang der Überschrift dieses Abschnitts alle Ehre: Es ist eine dezidierte *Matrixfunktion*. Das erkennen Sie an einigen typischen Merkmalen:

- Anders als normale Funktionen werden Matrixfunktionen häufig nicht in eine Zielzelle eingegeben, sondern gleich in einen zusammenhängenden Zellbereich.

- Sie werden nicht mit `⏎`, sondern mit `Strg` + `⇧` + `⏎` abgeschlossen.

- In der Editierzeile erkennen Sie Matrixfunktionen an den geschweiften Klammern, die Anfang und Ende des Funktionstextes umschließen.

- Sollten Sie versuchen, einen Teil des Ergebnisbereiches einer Matrixfunktion zu überarbeiten oder zu entfernen, wird Ihnen dies nicht gelingen; Änderungen sind nur für den gesamten zusammenhängenden Bereich zulässig.

Matrixfunktionen

Zwar gibt es eine Kategorie **Matrix** im Funktionsassistenten, doch sind die hier gemeinten Matrixfunktionen über verschiedene Kategorien verteilt. Und auch »normale« Funktionen – beispielsweise `SUMME()` – können als Matrixfunktionen in Excel eingesetzt werden. Suchen Sie nach einem gemeinsamen Merkmal der Matrixfunktionen, so ist dies die Art und Weise, mit der sie ihre Aufgaben erledigen. Sie durchlaufen einen Zellbereich nicht einmal von oben nach unten – wie es beispielsweise bei der Berechnung der Summe geschieht –, um dann das Ergebnis in eine Zelle zu schreiben. Stattdessen durchlaufen sie den definierten Zellbereich mehrmals, speichern bei jedem Durchlauf die ermittelten Zwischenergebnisse ab und sind in der Lage, das Endergebnis oder die Endergebnisse abschließend in eine oder mehrere Zellen zu schreiben.

INFO

Typische und wichtige Matrixfunktionen sind:

- MTRANS(Matrix) – sie dient dem Transponieren von Zellbereichen.

- TREND(Y_Werte; X_Werte; Neue_X_Werte; Konstante) – sie berechnet einen linearen Trend.

- HÄUFIGKEIT(Daten; Klassen)– sie berechnet eine Häufigkeitsverteilung.

Ein Beispiel für die Verwendung von SUMME() als Matrixfunktion:

{=SUMME((A2:A10="Mai")*(B2:B10="Nord")*D2:D10)}

Durchsucht wird der Zellbereich in Spalte A nach der Bedingung Mai, der Bereich in Spalte B wird auf das Suchkriterium Nord hin überprüft. Die Werte aus Spalte D, die die beiden Bedingungen erfüllen, werden anschließend addiert.

Den Möglichkeiten von solchen bedingten Kalkulationen, bei denen auch Matrixfunktionen eine wichtige Rolle spielen, ist Kapitel 7, »Bedingte Kalkulationen in Datenanalysen«, gewidmet. Informieren Sie sich dort über Matrixfunktionen wie z. B. SUMMENPRODUKT().

6.3.3 Finden des letzten Eintrags einer Spalte oder Zeile

Diese Fragestellung ist Ihnen vielleicht beim Erstellen eines Soll-Ist-Vergleichs schon einmal begegnet: Sie hängen an eine bestehende Tabelle kontinuierlich Zeilen oder Spalten an, benötigen aber immer nur den letzten, den aktuellsten Wert der Tabelle, um ihn mit einem anderen Wert, der Soll-Vorgabe, zu vergleichen.

	A	B	C	D	E	F	G	H	I	J	K	L
1	Soll	19.500 €	17.500 €	20.000 €	18.000 €	17.500 €	18.500 €	17.000 €	20.000 €		**Maximalwert**	24.298 €
2	Abweichung	-38,5%	-9,4%	-32,3%	9,3%	22,3%	17,5%	-23,5%	1,2%			
3	Letzter Wert	12.000 €	15.859 €	13.535 €	19.680 €	21.410 €	21.735 €	13.010 €	20.245 €			
4		Nord	West	Nordwest	Süd	Südwest	Ost	Nordost	Mitte			
5	Status 1	17.263 €	15.886 €	23.526 €	21.901 €	15.047 €	20.612 €	15.068 €	12.179 €			
6	Status 2	18.943 €	21.265 €	21.379 €	13.975 €	15.276 €	12.086 €	12.337 €	19.407 €			
7	Status 3	13.533 €	17.440 €	15.529 €	13.472 €	14.491 €	12.774 €	18.819 €	20.752 €			
8	Status 4	19.473 €	19.423 €	16.651 €	23.340 €	21.846 €	17.518 €	24.297 €				
9	Status 5	22.951 €	19.100 €	20.184 €	19.782 €	21.410 €	15.287 €	12.417 €	17.962 €			
10	Status 6	18.570 €	15.859 €	17.998 €	13.534 €		12.693 €	13.010 €	20.285 €			
11	Status 7	14.631 €		23.961 €	19.680 €		16.319 €		20.245 €			
12	Status 8	15.109 €		13.535 €			21.735 €					
13	Status 9	12.000 €										
14	Status 10											
15	Status 11											
16	Status 12											

Abbildung 6.23 Den aktuellen Wert für einen Soll-Ist-Vergleich finden

In der Arbeitsmappe *06_Verweis_VERWEIS_01.xlsx* habe ich dieses Beispiel aufgegriffen. Es liefert eine einfache Lösung für das beschriebene Problem und ist eine kleine Hommage an Bill Jelen – besser bekannt unter dem Namen Mr. Excel –, der eine ähnliche Vorgehensweise in einem seiner lohnenswerten Excel-Podcasts vorstellte. Versäumen Sie es nicht, auf *www.mrexcel.com* vorbeizuschauen und den einen oder anderen Podcast zu genießen. Großes Excel-Kino im ganz kleinen Format!

Alternative 1: SVERWEIS()

Wenn wir einige Informationen zusammenfassen, die wir bezüglich der Verweisfunktionen bereits besitzen, dann kommen wir unter Umständen auf die Idee, dass ein SVERWEIS() in der Lage wäre, die gestellte Aufgabe zu lösen. Die Funktion könnte beispielsweise den Zellbereich B5 bis B16 durchsuchen. Wonach? Nach einem möglichst hohen Wert, der in diesem Zellbereich garantiert nicht vorkommt. Wäre das Argument Bereich_Verweis nicht oder auf WAHR gesetzt, würde die Funktion bis zum letzten Eintrag der Liste suchen und nicht fündig werden. Sie gäbe den letzten Wert des durchsuchten Bereiches zurück, vorausgesetzt, der Spaltenindex wäre 1, Such- und Ergebnisspalte wären also identisch.

Alternative 2: VERWEIS()

Die Lösung würde funktionieren. Sie hätte aber einen ästhetischen sowie einen didaktischen Mangel:

- Rein ästhetisch wäre zu bemängeln, dass es eine andere Funktion gibt, bei der wir uns die Eingabe von zwei Argumenten sparen können.

- Didaktisch betrachtet entginge uns durch den Gebrauch der altbekannten Funktion eine neue wichtige Stütze bei der Analyse von Matrizen – die Funktion VERWEIS().

Diese Funktion, die es in einer Vektor- und in einer Matrixausführung gibt, wird hier in der Matrixvariante benutzt. In Zelle B3 lauten die Argumente =VERWEIS($L$1;B5:B16). Grundannahmen bei der Verwendung der Funktion sind:

- Es wird eine Matrix anhand eines Suchkriteriums durchsucht.

- Besitzt die Matrix mehr Zeilen als Spalten, oder sind Spalten- und Zeilenzahl identisch, so wird die erste Spalte durchsucht; umgekehrt wird die erste Zeile durchsucht, wenn mehr Spalten als Zeilen vorhanden sind.

- Wird eine Übereinstimmung mit dem Suchkriterium in der ersten Spalte bzw. Zeile festgestellt, so gibt die Funktion den korrespondierenden Wert aus der letzten Spalte bzw. Zeile zurück.

- Wird hingegen keine Übereinstimmung mit dem Suchkriterium gefunden, fällt der Zeiger der Funktion um eine Position zurück und wählt den nächstkleineren Wert in der Matrix.

- Letzteres kann nur funktionieren, wenn die Matrix auf Basis der Spalte, die durchsucht wird, aufsteigend sortiert ist.

Diese hier beschriebenen Grundannahmen werden gleich in drei Punkten bei der Anwendung der Funktion zum Auffinden des letzten Eintrags in einer Spalte nicht erfüllt: Erstens ist die uns vorliegende Liste nicht sortiert. Zweitens ist die Spalte, die durchsucht wird, mit der Ergebnisspalte identisch; die Matrix ist also einspaltig. Drittens wird mit dem Ergebnis der Funktion `=MAX(B5:I16)+1` eine Zahl gesucht, die genau um den Wert 1 über dem Maximalwert liegt und deshalb unmöglich gefunden werden kann.

Doch genau diese Verfremdungen der Argumente haben zur Folge, dass die Funktion `VERWEIS()` bis zum letzten Eintrag einer jeden unsortierten Spalte den Suchvorgang erfolglos fortsetzt. Danach fällt der Zeiger der Funktion auf den letzten geprüften Wert zurück. Und dies ist der letzte, also aktuellste Wert in der jeweiligen Spalte.

6.4   Funktionen zur Dynamisierung von Tabellen

Die Ausgangslage der folgenden Beschreibung ist Ihnen sicherlich auch bekannt: Sie beziehen in regelmäßigen Abständen aktuelle Datenbestände aus anderen Programmen. Dann beginnen Sie damit, die Daten zu analysieren und zu verdichten. Am Ende des Arbeitsprozesses möchten Sie über eine Reihe aussagekräftiger Tabellen und Diagramme verfügen. Eigentlich ganz einfach!

Erschwert wird das Datenmanagement jedoch zumeist durch die schiere Menge an Auswertungen, Dimensionen und Betrachtungsweisen. Gingen Sie von lediglich fünf Vertriebsgebieten und zehn darin vertretenen Produkten aus, so kämen Sie in der Einzelbetrachtung bereits auf 50 Tabellen und ebenso viele Diagramme. Hinzuzuzählen wären noch die regionalen oder produktspezifischen Vergleiche und die zeitliche Analyse der Daten.

In der Praxis sind diese Teildatenbestände durch verschiedene Funktionen untereinander verknüpft, was es noch schwieriger macht, den Überblick zu bewahren. Der Aufwand für die Pflege und Datenaktualisierung bei der Verwendung solcher Spaghetti-Lösungen ist immens. Ganz zu schweigen von den anschwellenden Dateigrößen, die zumeist erheblich auf die Arbeitsgeschwindigkeit von Excel drücken.

Vor dem Hintergrund dieses Szenarios spielen Funktionen, mit denen Sie dynamische Tabellen und Diagramme generieren können, eine wichtige Rolle. Sie bilden neben den Pivottabellen und der VBA-Programmierung die dritte Säule bei der flexiblen und wiederkehrenden Auswertung von großen Datenmengen. Von den Pivottabellen unterscheiden sie sich durch ihre fast unbeschränkte Formatierbarkeit, die klare Benutzerführung und die Möglichkeit der problemlosen Weiterverarbeitung einmal generierter Daten. Der Unterschied zur VBA-Programmierung liegt für den Controller vor allem darin, dass er keine Programmierkenntnisse erwerben muss, um solche dynamischen Reports zu erstellen. Er kann sich stattdessen aller Mittel im Funktionsassistenten auf der Oberfläche des Tabellenblattes bedienen, um seine Ziele zu erreichen.

Zielführend ist dabei vor allem die systematische Nutzung einiger kombinierter Excel-Werkzeuge. In Kapitel 5, »Dynamische Reports erstellen«, bin ich bereits darauf ausführlich eingegangen. Besonders wichtig sind dabei die dynamischen Datentabellen, die Sie mit Strg + T erstellen. Sie bilden das Werkzeug Nr. 1 zur Dynamisierung. Doch es gibt auch Konstellationen, in denen Sie eine andere Lösung als eine komplette dynamische Datentabelle benötigen. Deshalb werde ich Ihnen einige Funktionen zeigen, die ebenjenes dynamische Potential besitzen, das Ihnen die tägliche Arbeit erheblich erleichtern kann – BEREICH.VERSCHIEBEN(), INDIREKT(), VERGLEICH() und Co.

6.4.1 Dynamischen Summenbereich mit BEREICH.VERSCHIEBEN() erstellen

In der Arbeitsmappe *06_Dynamisierung_BEREICH.VERSCHIEBEN_01.xlsx* ist das Problem der sich verändernden Zellbereiche bei der Nutzung von Kalkulationsfunktionen zunächst an einem sehr überschaubaren Beispiel beschrieben. Im Zellbereich B2 bis B6 des Tabellenblattes *dynamische Summe I* wurden einige Werte erfasst. In Zelle G2 wurde aus ihnen mit der Funktion =SUMME(B2:B6) das Gesamtergebnis gebildet. Tragen Sie nun zu einem späteren Zeitpunkt in B7 einen weiteren Wert in Spalte B ein, erkennt Excel zwar, dass Daten hinzugekommen sind. Doch das Programm bezieht den neuen Wert nicht in die Bildung der Summe ein.

Stattdessen zeigt Ihnen das Programm durch ein kleines grünes Dreieck in der Ecke links oben in der Summenzeile an, dass eventuell ein Problem vorliegt. Der Hinweistext beim Klicken auf das Ausrufezeichen lautet: *Die Formel schließt nicht alle angrenzenden Zellen ein.* Um das Problem zu umgehen, müssten Sie einen dynamischen Bereich definieren, bei dem erkannt wird, wenn ein oder mehrere Werte im Zellbereich ergänzt worden sind.

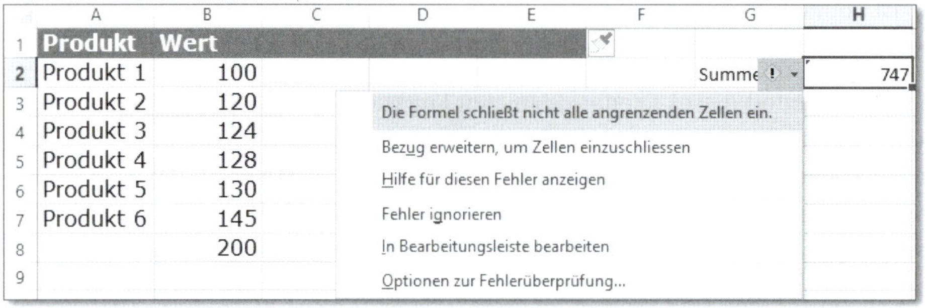

Abbildung 6.24 Hinweis auf Zellen, die an einen berechneten Zellbereich angrenzen

Beim Aufbau eines dynamischen Bereiches zählen Sie in einem ersten Schritt, wie viele Werte in Spalte B der Tabelle überhaupt vorhanden sind. Dazu setzen Sie die Funktion `=ANZAHL2($B:$B)` ein. Mit ihrer Hilfe ermitteln Sie die Anzahl der nicht leeren Zellen in der gesamten Spalte B – unabhängig davon, ob es sich um Textüberschriften oder Zahlen handelt. Da Sie im Vorfeld nicht wissen können, wie viele Werte in der Spalte zukünftig stehen werden, ist es ratsam, den Bereich mit `$B:$B` anzugeben. Dadurch wird die gesamte Spalte von der ersten bis zur letzten Zeile untersucht.

Das Ergebnis des Zählens muss nun an eine Funktion übergeben werden, die daraus einen dynamischen Bereich erstellen kann. `BEREICH.VERSCHIEBEN()` ist dazu in der Lage. Die Funktion bewegt, ausgehend von einem definierten Startpunkt, einen Zellbereich auf dem Tabellenblatt an eine bestimmte Stelle. Die Größe des Zellbereiches bestimmen Sie, indem Sie z. B. die Größe des Zellbereiches mit `ANZAHL2()` berechnen lassen.

Die beiden Funktionen scheinen perfekt zusammenzupassen. Mit dem Ausdruck `=BE-REICH.VERSCHIEBEN($B$1;;;ANZAHL2($B:$B);1)` testen Sie das beispielsweise in Zelle G14 der Beispieldatei. Nehmen Sie den kleinen Rückschlag, dass Ihnen Excel den Fehlerwert #WERT! präsentiert, gelassen. Dies bedeutet nicht, dass Sie etwas Fehlerhaftes eingegeben haben. Die Funktion ist lediglich an dieser Stelle nicht brauchbar. Und glücklicherweise müssen wir die Funktion dort auch nicht einsetzen. Der Fehlerwert verschwindet aber schlagartig, wenn Sie die verschachtelte Funktion als Bereichsangabe bei der Berechnung der Gesamtsumme verwenden.

In Zelle G2 steht dann folgende Funktion:

```
=SUMME(BEREICH.VERSCHIEBEN($B$1;;;ANZAHL2($B:$B);1))
```

Was ist in diesem Beispiel genau geschehen?

- Sie haben mit dem ersten Argument `Bezug` einen Startpunkt mit der Zelle `$B$1` festgelegt.

- Danach wurden zwei Argumente, die sich auf das Verschieben eines Zellbereiches bezogen auf diesen Startpunkt beziehen, einfach übersprungen.

- Um im vierten Argument die Höhe des Bereiches zu benennen, wurde die Funktion ANZAHL() eingesetzt, woraus sich zwangsläufig eine variable Größe der Tabelle ergibt.

- Zuletzt wurde die Breite des Zellbereiches mit dem Wert 1 als einspaltiger Zellbereich definiert.

	A	B	C	D	E	F	G	H	I	J	K	L
1	**Produkt**	**Wert**										
2	Produkt 1	100				**Summe:**	747					
3	Produkt 2	120										
4	Produkt 3	124										
5	Produkt 4	128				**1.**	=ANZAHL2($B:$B)					
6	Produkt 5	130				**2.**	=BEREICH.VERSCHIEBEN($B$1;;;ANZAHL2($B:$B);1)					
7	Produkt 6	145				**3.**	=SUMME(BEREICH.VERSCHIEBEN($B$1;;;ANZAHL2($B:$B);1))					

Abbildung 6.25 Berechnung der Summe für einen dynamischen Bereich

Wird diese Funktion in einer Kalkulationsfunktion als Zellbereich verwendet, erweitert sich der Kalkulationsbereich automatisch, wenn Werte an die bestehenden Daten angehängt werden. Voraussetzung: Die neuen Werte müssen unmittelbar an die bereits vorhandenen Daten angefügt werden. Die Funktionen ANZAHL2() oder ANZAHL() sollten sich deshalb immer auf eine Spalte beziehen, in der obligatorische Werte stehen (z. B. Produkt-, Kunden- oder Personalnummern).

Produkt-, Regions- oder Periodendaten mit einem dynamischen Bereich markieren

Doch mit BEREICH.VERSCHIEBEN() ist noch mehr möglich. Im Tabellenblatt *dynamische Summe II* der Beispieldatei können Sie sich davon überzeugen. Das Tabellenblatt enthält eine einfache Liste, in der Daten zu unterschiedlichen Produkten dargestellt werden. Die Zielsetzung ist einfach: Es soll für jedes Produkt die Summe der Ergebnisse aus den vier angegebenen Regionen gebildet werden. Die Summenbildung soll auf Knopfdruck des Benutzers erfolgen.

Technisch bedeutet dies, dass mit der Funktion SUMME() die Werte aus den Spalten C bis F addiert werden müssen. Die Zeile, deren Werte summiert werden sollen, muss jedoch flexibel angesteuert werden. Excel bietet verschiedene Funktionen an, mit denen Sie Zellbezüge über das Tabellenblatt »wandern« lassen können. Doch erneut ist die Funktion BEREICH.VERSCHIEBEN() die erste Wahl bei der Lösung dieser Aufgabenstellung.

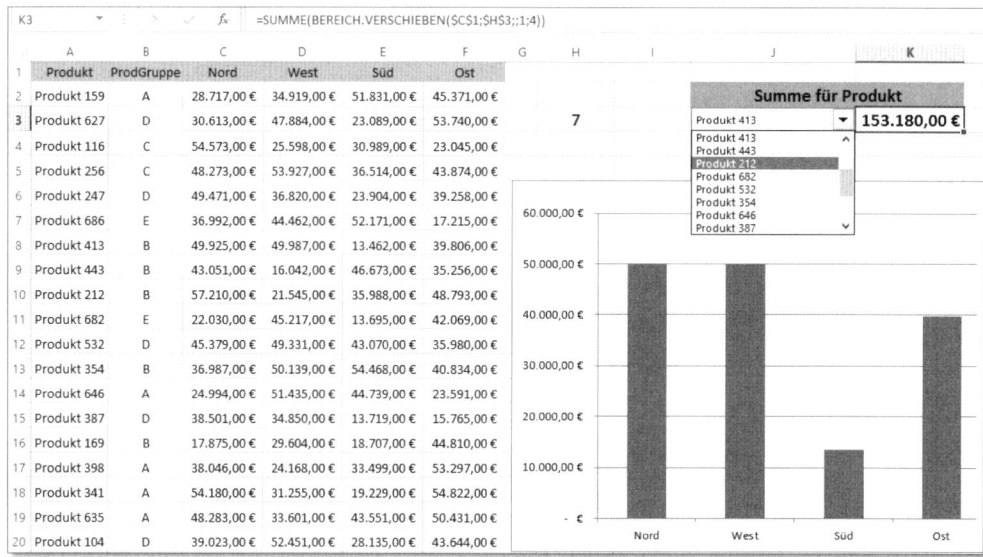

Abbildung 6.26 Berechnung einer Summe auf Basis einer Produktauswahl

Wie wir bereits im vorherigen Beispiel gesehen haben, eignet sie sich für die hier skizzierte Aufgabe besonders,

- da sie einen Zellbereich, der in seiner Höhe und Breite flexibel bestimmt werden kann,
- von einem fest definierten Ausgangspunkt wie dem Anfang einer Datentabelle
- vertikal und/oder horizontal auf dem Tabellenblatt verlagern kann.

Lassen Sie uns jetzt einen etwas genaueren Blick auf die fünf Argumente der Funktion werfen:

Argument	Funktion
Bezug	Definiert den Startpunkt der Tabelle. In der Beispieldatei ist dies die Zelle $C$1, also die erste Zeile der ersten Spalte, in der sich Umsatzdaten befinden. Diesen Zellbezug sollten Sie immer absolut setzen.
Zeilen	Dieses Argument gibt an, um wie viele Zeilen der Zellbereich bezogen auf den Startpunkt verschoben werden soll. Dieser Wert muss in der Beispieltabelle dynamisch bestimmt werden.

Tabelle 6.4 Argumente der Funktion BEREICH.VERSCHIEBEN()

Argument	Funktion
Spalten	Mit diesem Argument wird festgelegt, um wie viele Spalten der Bereich bezogen auf den Startpunkt verschoben werden soll. Da in der Beispieltabelle die Berechnung immer in der ersten Spalte beginnen soll, wird hier kein Wert oder 0 eingegeben.
Höhe	Dieses Argument dient dazu, die Höhe des verschobenen Bereiches fest oder veränderlich zu bestimmen. Im Beispiel soll die Summe immer für ein Produkt berechnet werden. Da die Produktdaten eine Zeile umfassen, ist die Höhe mit 1 anzugeben.
Breite	Analog zum Argument Höhe legen Sie hiermit die Breite des zu verschiebenden Bereiches fest. Auch hier kann wahlweise eine feste Vorgabe oder eine flexible Berechnung erfolgen. In der Beispieldatei ist die Breite des Bereiches gleichbleibend mit vier Spalten anzugeben.

Tabelle 6.4 Argumente der Funktion BEREICH.VERSCHIEBEN() (Forts.)

Den dynamischen Bereich an die Summenfunktion übergeben

Im Unterschied zum ersten Anwendungsbeispiel müssen wir nun also alle Argumente von BEREICH.VERSCHIEBEN() verwenden. Der variable Teil ist diesmal nicht die Höhe des zu verschiebenden Zellbereiches, sondern die Anzahl der Zeilen, um die der Bereich verschoben werden soll. Wenn Sie das Ergebnis für Produkt 627 sehen wollen, dann muss der Bereich um zwei Zeilen verschoben werden. Für Produkt 413 sind es schon sieben Zeilen.

Diesen variablen Teil der Funktion können Sie über den Wert in Zelle H3 steuern. Geben Sie dort den Wert, um den der Zellbereich nach unten verschoben werden soll, per Tastatur ein, oder wählen Sie die Zeile durch ein Formularfeld aus. In der Beispieldatei habe ich über das Menü **Entwicklertools ▸ Steuerelemente ▸ Einfügen ▸ Formularsteuerelemente** ein Kombinationsfeld in das Tabellenblatt eingefügt. Bei der Auswahl eines Produkts aus der Liste wird dessen Position in der Liste als Zahl in eine Verknüpfungszelle, z. B. H3, geschrieben. Somit haben Sie eine einfache Steuerung des veränderlichen Bezugs der Funktion BEREICH.VERSCHIEBEN().

Alle anderen Koordinaten des Zellbereiches bleiben hingegen unveränderlich. Der Startpunkt wird immer Zelle C1 sein; ein Verschieben der Spalten ist nicht notwendig. Die Höhe des Zellbereiches, den Sie berechnen möchten, wird immer 1 sein, seine Breite wird immer vier Spalten betragen. Daraus ergibt sich die folgende Funktion:

```
=BEREICH.VERSCHIEBEN($C$1;$H$3;0;1;4)
```

Möchten Sie die Summe zu diesem dynamischen Bereich in Zelle G3 ausgeben, dann verwenden Sie dort diese Funktion:

```
=SUMME(BEREICH.VERSCHIEBEN($C$1;$H$3;;1;4))
```

Wägen Sie den Einsatz von BEREICH.VERSCHIEBEN() ab

Bereits im vorangegangenen Kapitel habe ich den volatilen Charakter von `BEREICH.VERSCHIEBEN()` erwähnt. Die häufigen Neuberechnungen, die auch dann initiiert werden, wen3n Sie an einer anderen Stelle der Arbeitsmappe Änderungen vornehmen, können Excel drastisch ausbremsen, wenn Sie diese Funktion häufig verwenden. Deshalb sollten Sie den Einsatz von `BEREICH.VERSCHIEBEN()` immer gegenüber dynamischen Datentabellen abwägen.

6.4.2 Zusammengesetzte Zellbezüge mit INDIREKT() erstellen

Zellbezüge setzen sich in Excel aus einem Buchstaben für die Spaltenbezeichnung und einer Zeilennummer zusammen. Dies wird auch als die *A1-Schreibweise* oder *A1-Methode* bezeichnet. Sie ist die gängigste Methode, Zellen zu adressieren. Die Adressierung einer Zelle oder eines Zellbereiches funktioniert im Normalfall immer dann, wenn Sie den Zellbereich direkt in die Formel schreiben. Er funktioniert jedoch nicht, wenn Sie einen Zellbezug, der als Text selbst in einer Zelle steht, in eine Formel oder Funktion übernehmen möchten.

Im Tabellenblatt *Indirekt() I* der hier verwendeten Arbeitsmappe *06_Dynamisierung_INDIREKT_01.xlsx* wird der Versuch unternommen, aus den Zellen I3 und I4 zwei Zellbezüge zu übernehmen, um eine Summe in Zelle J3 zu bilden: `=SUMME(I3:I4)`. Doch das funktioniert nicht. Das Ergebnis ist 0, obwohl im Zellbereich A5 bis A7 Zahlen stehen.

	Kategorien			Auswahl:	C	A5	0	5
A	**B**	**C**	**D**	Ergebnis:	941	A7	350	1011
100	200	310	401					
120	210	312	410					
130	215	319	420					
						Falsch!	=SUMME(I3:I4)	
						Richtig!	=SUMME(INDIREKT(I3):INDIREKT(I4))	

Abbildung 6.27 Verwendung von INDIREKT() bei der Bildung einer Summe

Damit der Inhalt der Zelle I3 – also der Text A5 – an die Summenfunktion als *Zellbezug* und nicht als *Text* übergeben wird, müssen Sie die Funktion `INDIREKT(Bezug; A1)` verwenden. Diese Funktion liest einen Zellinhalt aus und gibt ihn als Zellbezug an eine andere Funktion weiter. Die Funktion, die den Bezug entgegennimmt, z. B. die Summenfunktion, kann dann – auf indirektem Wege – mit dem Zellbezug ihre Aufgabe ausführen. Fazit: Verwenden Sie also in Zelle J4 die Funktion `=SUMME(INDIREKT(I3):INDIREKT(I4))`, dann bildet Excel – wie beabsichtigt – die Summe aus den Werten, die im Zellbereich A5 bis A7 stehen.

Spalten oder Zeilen flexibel ansteuern und berechnen

Die Funktion `INDIREKT()` ist in dynamischen Auswertungen enorm wichtig und vor allem unersetzlich, da nur sie in der Lage ist, diese spezielle Umwandlung von Texten in Bezüge zu realisieren. Zudem können Sie mit ihr Kombinationen aus festen Spaltenbezeichnungen und veränderlichen Zeilen oder – genau umgekehrt – aus veränderlichen Spaltenbezeichnungen und festen Zeilennummern erstellen.

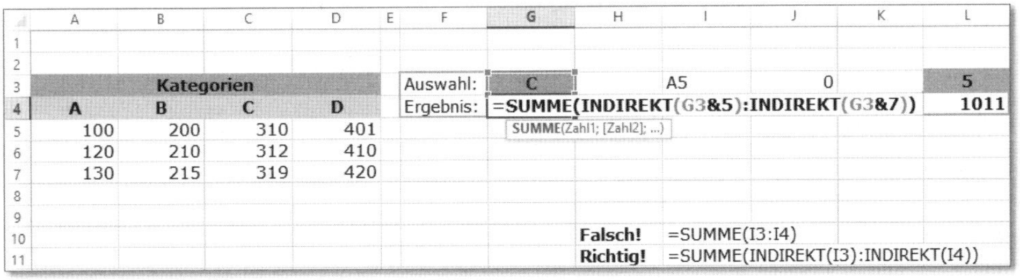

Abbildung 6.28 Ansteuern einer Spalte mit INDIREKT()

Das zweite Beispiel im Tabellenblatt *Indirekt() I* zeigt, wie das funktioniert. In den Spalten A bis D werden die Daten zu vier Kategorien wiedergegeben. Die Summe der Daten für jede Kategorie muss jeweils aus den Werten in den Zeilen 5 bis 7 gebildet werden. Die Spaltenbezeichnung muss jedoch veränderlich sein (A5 bis A7, B5 bis B7 und so weiter). Wenn Sie nun in eine Zelle – im Beispiel ist es Zelle G3 – den Buchstaben der Spalte eingeben, deren Summe Sie berechnen möchten, können Sie Excel dazu veranlassen, mit der Funktion

```
=SUMME(INDIREKT(G3&5):INDIREKT(G3&7))
```

die Summe für die gewünschte Spalte/Kategorie zu bilden.

Das Verknüpfungszeichen & dient in diesem Fall dazu, den variablen Teil der Zelladresse, also die Spaltenangabe aus Zelle G3, mit einem fest vorgegebenen Bestandteil, der Zeilennummer, zu verbinden. Im Ergebnis haben Sie nun die Möglichkeit, die Berechnung in einem Tabellenblatt über eine Tastatureingabe zu steuern.

Das Verfahren sähe kaum anders aus, wenn die Berechnung der Summe nicht von Spalte zu Spalte, sondern zeilenweise verschoben werden sollte. In diesem Fall wäre die Spaltenbezeichnung als fester Bestandteil mit einer veränderlichen Zeilennummer kombinierbar. Dabei entstünde eine Funktion, die beispielsweise so aussieht:

```
=SUMME(INDIREKT("A"&L3):INDIREKT("D"&L3))
```

Der einzige beachtenswerte Unterschied besteht darin, dass Spaltenbezeichnungen als Text und somit in Anführungsstrichen eingegeben und verknüpft werden müssen.

Fehlervermeidung durch Eingabebeschränkungen

Das nächste Fallbeispiel im Tabellenblatt *Indirekt() II* geht in der Anwendung der Funktion lediglich einen kleinen Schritt weiter. Es zeigt Ihnen eine Kombination aus `INDIREKT()` und Datenüberprüfung. Denn das Risiko der Steuerung einer Funktion und Kalkulation über eine Dateneingabe in eine Zelle des Tabellenblattes liegt natürlich immer in der möglichen Fehleingabe durch den Benutzer.

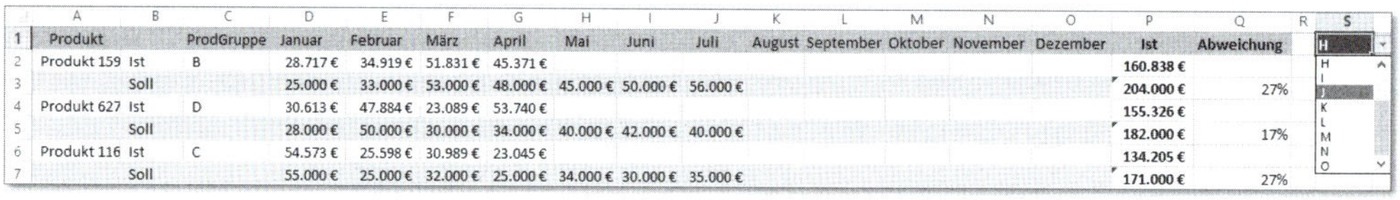

	A	B	C	D	E	F	G	H	I	J	K	L	M	N	O	P	Q	R	S
1	Produkt		ProdGruppe	Januar	Februar	März	April	Mai	Juni	Juli	August	September	Oktober	November	Dezember	Ist	Abweichung		H
2	Produkt 159	Ist	B	28.717 €	34.919 €	51.831 €	45.371 €									160.838 €			
3		Soll		25.000 €	33.000 €	53.000 €	48.000 €	45.000 €	50.000 €	56.000 €						204.000 €	27%		
4	Produkt 627	Ist	D	30.613 €	47.884 €	23.089 €	53.740 €									155.326 €			
5		Soll		28.000 €	50.000 €	30.000 €	34.000 €	40.000 €	42.000 €	40.000 €						182.000 €	17%		
6	Produkt 116	Ist	C	54.573 €	25.598 €	30.989 €	23.045 €									134.205 €			
7		Soll		55.000 €	25.000 €	32.000 €	25.000 €	34.000 €	30.000 €	35.000 €						171.000 €	27%		

Abbildung 6.29 Die per Datenüberprüfung gewählte Spalte wird mit INDIREKT() weiterverarbeitet.

In diesem Tabellenblatt sollen die Plandaten mit den Ist-Daten verglichen werden. Ihre Plandaten stehen bereits für einen längeren Zeithorizont fest. Aber monatlich kommen neue Ist-Daten hinzu. Die Länge der Ist-Datenreihe verändert sich also kontinuierlich. Um eine fundierte Aussage bei Ihrem Soll-Ist-Vergleich zu erhalten, müssen Sie das Soll von Januar bis April mit dem Ist des gleichen Zeitraums vergleichen. Sobald jedoch die Daten für Mai vorliegen, muss sich der Vergleich auf diesen Zeitraum beziehen.

Die dynamische Anpassung der Funktion erfolgt wieder durch die Eingabe des Spaltenbuchstabens und mit Hilfe der Funktion `INDIREKT()`. In Zelle P3 befindet sich die Funktion `=SUMME(D3:INDIREKT(S1&3))`. Die Spalte, bis zu der die Summe berechnet werden soll, wird aus Zelle S1 übernommen. Doch in S1 wird der Spaltenbuchstabe mit einer Datenüberprüfung, die über **Daten ▸ Datentools ▸ Datenüberprüfung** eingefügt wurde, ausgewählt. So verhindern Sie, dass folgenschwere Fehleingaben in dieser Zelle möglich sind.

Die Liste der erlaubten Spaltenbezeichnungen können Sie einfach in das Eingabefeld **Quelle** jeweils getrennt mit einem Semikolon eingeben.

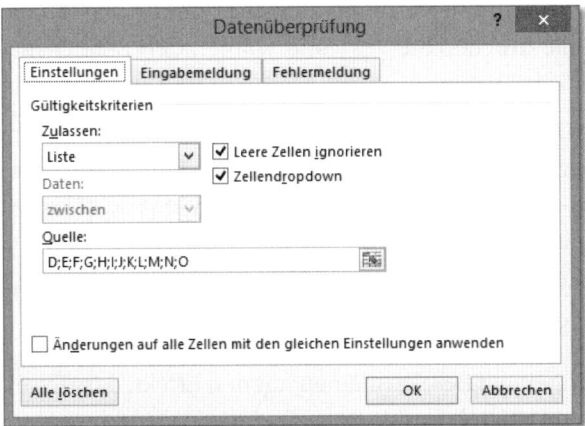

Abbildung 6.30 Eingabe der erlaubten Listeneinträge

Voneinander abhängige Datenüberprüfungen mit INDIREKT() erstellen

Die Option Datenüberprüfung passt auch zum nächsten Beispiel, der Datei *06_Dynamisierung_INDIREKT_Datenüberprüfung_01.xlsx*. In ihr sollen zwei Listen, die mit einer Datenüberprüfung abgerufen werden, in Beziehung zueinander gesetzt werden.

Wird aus der ersten Liste z. B. das Vertriebsgebiet Nordost ausgewählt, so sollen in der zweiten Liste nur noch die zu diesem Gebiet gehörigen Orte zur Auswahl angeboten werden.

	A	B	C	D	E	F	G	H	I	J
1	**Vertriebsgebiet**	**Ort**			**Vertriebsgebiet**	**Nord**	**West**	**Nordost**	**Mitte**	**Ost**
2	Nord	Bremen			Nord	Bremen	Aachen	Berlin	Braunschweig	Dresden
3		Bremen			West	Flensburg	Düsseldorf	Cottbus	Hannover	Halle
4		Flensburg			Nordost	Hamburg	Essen	Eberswalde	Lerthe	Leipzig
5		Hamburg			Mitte	Kiel	Köln	Potsdam	Kassel	Weira
6		Kiel			Ost	Oldenburg				
		Oldenburg								

Abbildung 6.31 Steuerung voneinander abhängiger Listen mit INDIREKT()

Zu den bereits dargestellten Argumenten der Funktion INDIREKT() tritt in diesem Beispiel eine weitere Funktion hinzu: die Benutzung eines Bereichsnamens. Dieser bildet die Grundlage, um die beiden Listen miteinander zu verbinden.

- Markieren Sie den Zellbereich E1 bis J6, in dem sich sowohl die Namen der Vertriebsgebiete als auch die Details zu diesen Gebieten befinden.

- Wählen Sie die Funktion **Formeln ▸ Definierte Namen ▸ Aus Auswahl erstellen**. Aktivieren Sie die Option **Aus oberster Zeile** für die Namenserstellung, und klicken Sie dann auf **OK**.

- Ordnen Sie Zelle A2 eine Datenüberprüfung zu, und wählen Sie unter **Zulassen** die Option **Liste**. Im Eingabefeld **Quelle** drücken Sie F3 und wählen den Bereichsnamen **Vertriebsgebiet** aus.

- Danach legen Sie über **Formeln ▸ Definierte Namen ▸ Namens-Manager ▸ Neu** einen neuen Bereichsnamen mit der Bezeichnung »VGebiete« an. In der Eingabezelle **Bezieht sich auf:** der Option **Namens-Manager** geben Sie die Funktion =INDIREKT($A$2) ein und beenden die Definition mit **OK**.

- Zum Abschluss erstellen Sie eine weitere Datenüberprüfung für Zelle B2. Als **Quelle** für die Datenauswahl bestimmen Sie den Bereichsnamen **VGebiete**.

Diese Verknüpfung von INDIREKT() mit einem Bereichsnamen hat den Effekt, dass Excel, sobald Sie Zelle A2 mit Hilfe der ersten Datenüberprüfung verändern, den für die zweite Datenüberprüfung notwendigen Bereichsnamen aktualisiert. INDIREKT() leitet eine Texteingabe diesmal nicht an eine Kalkulationsfunktion, sondern an den **Namens-Manager** weiter. Sämtliche Funktionen in dieser Arbeitsmappe, die den von der Aktualisierung betroffenen Namen verwenden – beispielsweise die Datenüberprüfung –, werden als logische Folge ebenfalls aktualisiert.

6.4.3 Finden und Berechnen von Daten mit INDEX() und VERGLEICH()

Aufgrund der Eigenschaft, Textwerte an andere Excel-Funktionen weiterzugeben, könnte man INDIREKT() geradezu als *everybody's darling* in Excel bezeichnen. Das Verhältnis zwischen zwei anderen Funktionen muss man hingegen als wesentlich inniger bezeichnen:

- Die Funktion VERGLEICH(Suchkriterium; Suchmatrix; Vergleichstyp) durchsucht eine Spalte oder Zeile und gibt die Position der Fundstelle als Zahl zurück; gesucht werden kann – je nach Vergleichstyp – nach einer genauen Übereinstimmung von Suchkriterium und Fundstelle oder der nächstgrößeren oder -kleineren Zahl.

- INDEX(Matrix; Zeile; Spalte) lokalisiert eine Zelle in einer Tabelle durch Angabe der genauen Zeile und Spalte als numerischem Wert; mit anderen Worten, mit INDEX() verlassen Sie die strenge Logik der A1-Schreibweise.

Die Arbeitsmappe *06_Dynamisierung_INDEX_VERGLEICH_01.xlsx* enthält einige Beispiele, die veranschaulichen, wie gut die beiden Funktionen zusammenpassen. Beginnen Sie im Tabellenblatt *INDEX() + VERGLEICH()*, um sich mit der Logik der Funktionen vertraut zu machen. Im Zellbereich A2 bis D5 befindet sich eine einfache Tabelle, deren Zeilenbeschriftungen einige Produktbezeichnungen und deren Spaltenüberschriften verschiedene Kategorien enthalten.

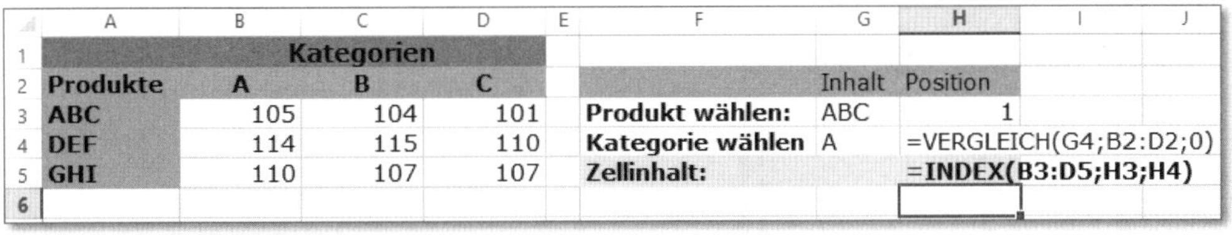

Abbildung 6.32 Ansteuern einer Zelle mit VERGLEICH() und INDEX()

In Zelle G3 können Sie eine Produktbezeichnung eingeben. Dann erhalten Sie durch die Funktion `=VERGLEICH(G3;A3:A5;0)` die Information, in welcher Zeile der Matrix A3 bis A5 die gesuchte Bezeichnung zu finden ist. Auf gleiche Art und Weise verfahren Sie in Zelle G4, um in der Nachbarzelle mit `=VERGLEICH(G4;B2:D2;0)` zu erfahren, in welcher Spalte eine von Ihnen gesuchte Spaltenüberschrift steht.

Sie erhalten also die Koordinaten, die ein bestimmtes Produkt einer ausgewählten Kategorie in der Produkttabelle, Ihrer Matrix, besitzt. Wäre es nicht eine nützliche Sache, wenn es eine Funktion gäbe, mit der Sie diese Informationen verwerten könnten? Klar! Und die Funktion, mit der Sie die Koordinaten aufgreifen, um die konkrete Zelle ansteuern und ihren Inhalt nutzen zu können, ist `INDEX(Matrix; Zeile; Spalte)`.

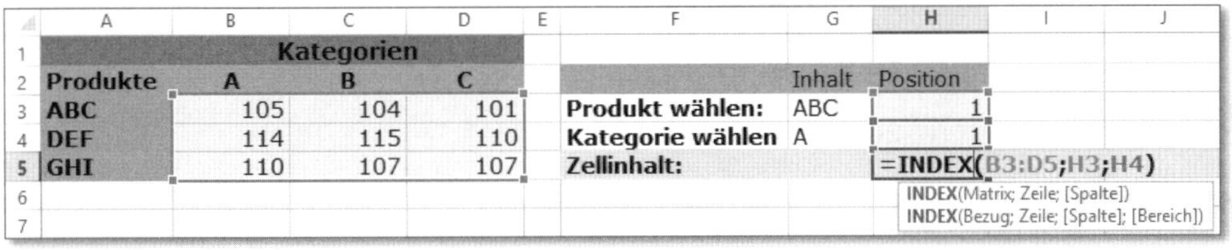

Abbildung 6.33 Kombination von INDEX() und VERGLEICH()

In Zelle H5 greift `=INDEX(B3:D5;H3;H4)` die Werte aus den Zellen H3 und H4 auf. Als Ergebnis wird für das *Produkt ABC* in der Kategorie der Wert *105* ausgegeben.

Dynamische Beschriftungen mit INDEX() erstellen

Die weiteren Tabellenblätter der Beispieldatei enthalten eine typische Anwendung für die beiden gerade beschriebenen Funktionen. Im Tabellenblatt *Produktdaten* befindet sich eine Liste mit Daten, wie Sie sie z. B. per Download aus einem anderen Programm erhalten. Es handelt sich um ein Beispiel aus dem Marketing, eine Auswertung der numerischen Distribution von Produkten in verschiedenen Teilmärkten. Die Spalte *Abweichung* zeigt Ihnen, wo Sie Ihre Kapazitäten noch nicht ausgereizt haben. In der Spalte *ID* werden zudem die verschiedenen Marktsegmente codiert.

	A	B	C
1	**ID**	**Produkt**	**Abweichung**
2	100	Produkt 1	1
3	100	Produkt 2	1
4	100	Produkt 3	1
5	100	Produkt 4	1
6	100	Produkt 5	1
7	101	Produkt 5	1
8	101	Produkt 2	1
9	101	Produkt 3	2
10	101	Produkt 4	1

Abbildung 6.34 Ergebnis der Analyse der numerischen Distribution

Wechseln Sie in das Tabellenblatt *Prognose*, so werden Ihnen dort die neusten Daten einer Marktanalyse geliefert. Diese Werte zeigen Ihnen, welche zusätzlichen Umsätze Sie generieren könnten, wenn Sie die Potentiale, die als Abweichung in der vorherigen Tabelle ausgewiesen wurden, nutzen würden. Die Formel zur Berechnung der Potentiale wäre einfach zu bilden: *Summe der Abweichungen eines Produkts * Prognosewert pro Produkt = Gesamtpotential des Produkts*.

	Reihenfolge	Prognose	Produkt
1	**Reihenfolge**	**Prognose**	**Produkt**
2	1	10	Produkt 1
3	2	20	Produkt 2
4	3	10	Produkt 3
5	4	5	Produkt 4
6	5	20	Produkt 5

Abbildung 6.35 Liste der Marktpotentiale laut Marktanalyse

Doch es gibt einige technische Hürden bei der Berechnung des Potentials. In der Tabelle *Ergebnis* müssen Sie erst einmal die Summe der Abweichungen pro ID und Produkt ermitteln. Dies ist an sich kein Problem. Wenn Sie in die Zeilen die ID schreiben und Ihre Produktbezeichnungen als Spaltenüberschriften eingeben, wie es in Abbildung 6.36 der Fall ist, können Sie mit SUMMEWENNS() eine bedingte Summe auf Basis der zwei Bedingungen bilden.

Da Sie in regelmäßigen Abständen die gleiche Analyse aber mit aktualisierten Downloaddaten und den Ergebnissen von neuen Marktstudien durchzuführen gedenken, sollten so gut wie alle Elemente der Berechnung dynamisch veränderbar sein. Für die Überschriften in den Zellen B1 bis F1 erreichen Sie die angestrebte Dynamisierung mit der folgenden Funktion:

```
=INDEX(Prognose!$C$2:$C$6;SPALTE()-1;1)
```

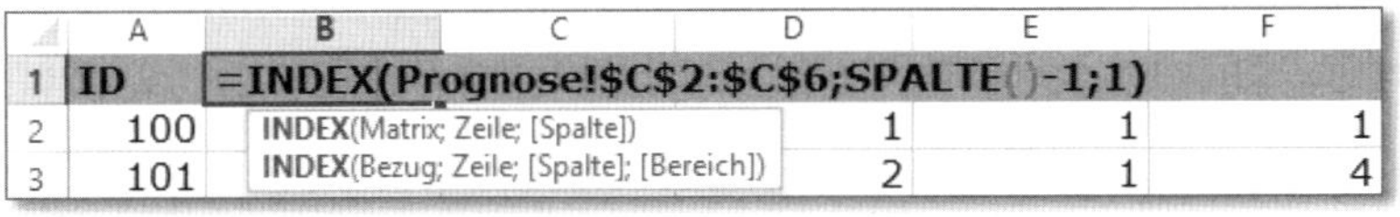

	A	B	C	D	E	F
1	ID	=INDEX(Prognose!$C$2:$C$6;SPALTE( )-1;1)				
2	100	INDEX(Matrix; Zeile; [Spalte])		1	1	1
3	101	INDEX(Bezug; Zeile; [Spalte]; [Bereich])		2	1	4

Abbildung 6.36 Dynamische Beschriftung einer Tabelle mit INDEX()

Diese Funktion sorgt dafür, dass als Spaltenüberschriften immer die aktuellen und feh-lerfreien Produktbezeichnungen in Ihrer Berechnungstabelle eingesetzt werden, die auch in der Prognosetabelle zum Einsatz kommen. Sie sparen auf diesem Wege einer-seits die Arbeit des Kopierens und vermeiden andererseits unnötige und nur mit großem Zeitaufwand zu findende Abweichungen in der Schreibweise der Daten.

Verknüpfungen von Berechnungen mit INDEX() und VERGLEICH()

Welchen Zwischenstand haben wir nun zu verbuchen? Erstens: Unsere Ausgangsta-belle, in der die Produkte untereinander angeordnet waren, wurde mittlerweile ge-dreht. Zweitens: Um die Spaltenüberschriften werden wir uns zukünftig nicht mehr kümmern müssen, da sie ohne unser Zutun auch nach jeder Datenaktualisierung dyna-misch aus den Basisdaten generiert werden. Es existiert also bereits eine grundsätzliche Dynamisierung der Daten.

Doch auch bei der eigentlichen Zielsetzung, die in der Berechnung der Potentiale pro Produkt liegt, können die beiden hier erprobten Funktionen einen wichtigen Beitrag leisten. Sie helfen dabei, ein Manko von SVERWEIS() in den Griff zu bekommen: Die Funktion SVERWEIS() kann immer nur die erste Spalte einer Matrix durchsuchen. Die auszulesende Spalte muss sich stets rechts von dieser Suchspalte befinden. VERGLEICH() kann hingegen eine beliebige Spalte durchsuchen, und mit INDEX() können Werte aus-gelesen werden, die sich rechts oder auch links von der Suchspalte befinden. In der Bei-spieldatei ginge das so:

```
=INDEX(Prognose!$B$2:$C$6;VERGLEICH(Ergebnis!H$1;Prognose!$C$2:$C$6;0);1)*B2
```

	A	B	C	D	E	F	G	H	I	J	K	L	M	N
1	ID	Produkt 1	Produkt 2	Produkt 3	Produkt 4	Produkt 5		Produkt 1	Produkt 2	Produkt 3	Produkt 4	Produkt 5		
2	100	1	1	1	1	1		=INDEX(Prognose!$B$2:$C$6;VERGLEICH(Ergebnis!H$1;Prognose!$C$2:$C$6;0);1)*B2						
3	101	0	1	2	1	4		INDEX(Matrix; Zeile; [Spalte])		20	5	80	125	
4	102	0	3	1	1	8		INDEX(Bezug; Zeile; [Spalte]; [Bereich])		10	5	160	235	

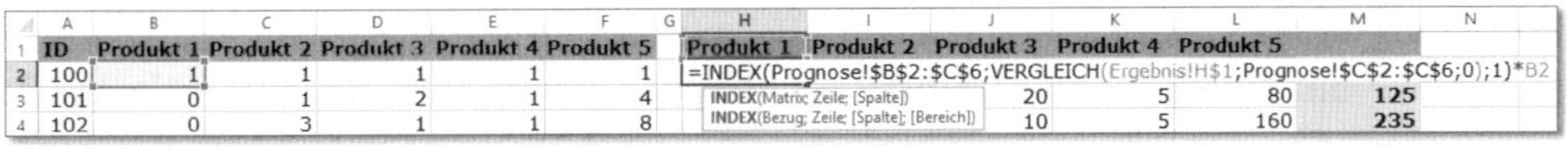

Abbildung 6.37 INDEX()/VERGLEICH() funktionieren hier als SVERWEIS() von rechts nach links.

Auch hier wird der Zellbereich C2 bis C6 mittels Vergleich auf Übereinstimmung mit ei-ner Produktbezeichnung hin untersucht. Die ermittelte Zeilennummer wird alsdann an INDEX() übergeben und die erste Spalte der Matrix, die sich diesmal links von der

Suchspalte befindet, als weitere Koordinate bestimmt. Der damit lokalisierbare Prognosewert kann nun mit der Summe aus Zelle B2 des Tabellenblattes *Ergebnis* multipliziert werden.

Am Ende der einzelnen Schritte erhalten Sie das Marktpotential je Produkt und Marktsegment. Aus allen Einzelergebnissen, die sich mit dieser kopierbaren Funktion schnell errechnen lassen, bilden Sie die Zwischenergebnisse je Produkt und Marktsegment sowie das Gesamtpotential aller Produkte und Teilmärkte.

Fazit zur Verwendung von INDEX() und VERGLEICH()

Die Funktion `INDEX()` ist schwer zu ersetzen, wenn Sie über numerische Koordinaten gezielt auf die Zellen einer Matrix zugreifen möchten. Numerische Daten erhalten Sie besonders dann sehr häufig, wenn Sie

- mit Steuerelementen wie Kombinationsfeldern oder Optionsfeldern arbeiten
- oder einen Tabellenbereich mit der Funktion `VERGLEICH()` durchsuchen.

`INDEX()`/`VERGLEICH()` sind in Kombination in der Lage, den `SVERWEIS()` zu ersetzen. Letzteres ist vor allem dann bedeutsam, wenn sich aufgrund der Datenstruktur die zu durchsuchende Spalte rechts von der Ergebnisspalte befindet und der `SVERWEIS()` aus diesem Grund nicht anwendbar ist. Insgesamt lassen sich also folgende Vorteile von `INDEX()`/ `VERGLEICH()` gegenüber `SVERWEIS()` festhalten:

- höhere Rechengeschwindigkeit
- Nachschlagen von Werten in alle vier Richtungen
- einfache Kombinierbarkeit mit anderen Werkzeugen der Dynamisierung (z. B. Steuerelementen)

Datenüberprüfungen und dynamische Tabellen

Zu Beginn dieses Abschnitts habe ich ein Beispiel beschrieben, bei dem `BEREICH.VER-SCHIEBEN()` mit einem Kombinationsfeld verbunden wurde, um einen Tabelleninhalt anzusteuern und das Ergebnis der darin gespeicherten Werte zu berechnen. Kombinationsfelder liefern durch die Auswahl eines Listeneintrags immer einen numerischen Ergebniswert, den Sie dann z. B. durch Funktionen wie `BEREICH.VERSCHIEBEN()` weiterverarbeiten können.

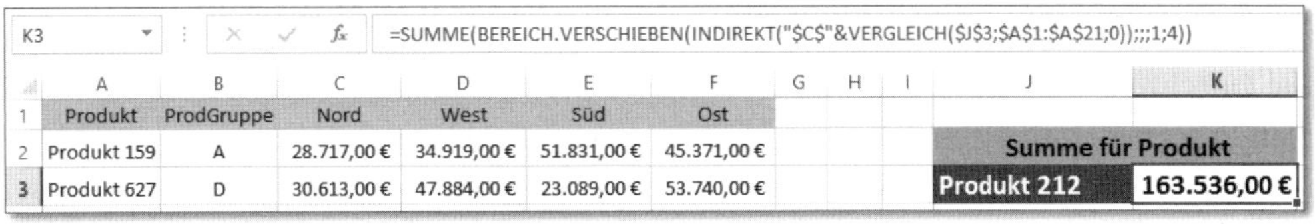

Abbildung 6.38 Auswahl von Daten mit einer Datenüberprüfung und dynamische Berechnung des gewählten Zellbereiches

Was ist jedoch zu tun, wenn keine numerischen Koordinaten vorliegen, ein Tabelleninhalt aber dennoch ausgewählt und berechnet werden soll? Die Problematik und eine mögliche Lösung lassen sich am Beispiel der Arbeitsmappe *06_Dynamisierung_INDIREKT_VERGLEICH_01.xlsx* gut nachvollziehen.

In Zelle J3 befindet sich eine Datenüberprüfung, die ihre Werte aus dem Zellbereich A2 bis A21, also aus den Produktbezeichnungen, bezieht. Die Auswahl eines Eintrags aus der Liste führt nicht – wie bei Formularsteuerelementen – zur Anzeige eines numerischen Werts in einer verknüpften Zelle. Stattdessen wird in der betreffenden Zelle der konkrete Zellinhalt, die Produktbezeichnung selbst, angezeigt.

Dies führt dazu, dass die Funktion INDEX() in diesem Beispiel nicht oder nur über Umwege anwendbar wäre. Eine Alternative zu dieser Funktion besteht jedoch in einer Kombination aus BEREICH.VERSCHIEBEN(), INDIREKT() und VERGLEICH(), da sich auch hier die Funktionen zur Dynamisierung von Tabellen wieder gegenseitig ergänzen.

Im Mittelpunkt der Bestimmung eines veränderbaren Bereiches steht die folgende Kombination:

```
BEREICH.VERSCHIEBEN(INDIREKT("$C$"&VERGLEICH($J$3;$A$1:$A$21;0));;;1;4)
```

- Um den Startpunkt für den dynamischen Bereich zu definieren, wird mit INDIREKT() eine Kombination aus der Spaltenbezeichnung "$C" und dem mit VERGLEICH() ermittelten Zeilenwert des ausgewählten Produkts gebildet.

- Diese Kombination wird an BEREICH.VERSCHIEBEN() übergeben.

- Die Höhe des veränderbaren Bereiches wird mit 1 angegeben.

- Die Breite ist ebenfalls konstant, nämlich vier Spalten.

Wenn Sie diesen Ausdruck als Zellbezug von SUMME() verwenden, erhalten Sie eine benutzergesteuerte Berechnung der einzelnen Produkte. Die Beschreibung zur Erstellung des in diesem Beispiel verwendeten dynamischen Diagramms finden Sie in Kapitel 13, »Reporting mit Diagrammen und Tabellen«.

6.4.4 Auswahl von Berechnungsalternativen – WAHL() statt WENN()

Die Durchführung und Steuerung von alternativen Berechnungen in einem Tabellenblatt führt in den meisten Fällen zur Verwendung der Funktion WENN(Prüfung, Dann_Anweisung; Sonst_Anweisung). Liegen nur zwei Alternativen vor, ist die Benutzung dieser logischen Funktion auch weitestgehend unkritisch. Aber schon eine dritte Anweisungsalternative führt dazu, dass mehrere WENN()-Anweisungen ineinander verschachtelt werden müssen. Zwar sind seit Excel 2007 insgesamt bis zu 64 Ebenen der Verschachtelung von Funktionen möglich. Doch ist es niemandem zu wünschen, sich mit den Hunderten daraus resultierender Semikola und Klammern herumschlagen zu müssen.

Wo immer es möglich ist, Vereinfachungen einzuführen und Funktionsargumente zu reduzieren, sollten Sie diese Gelegenheit auch nutzen. Eine wesentliche Vereinfachung gegenüber verschachtelten WENN()-Funktionen bei der Ausführung von alternativen Berechnungen bietet die Funktion WAHL(Index; Wert1, Wert2 ...). Mit Index fragen Sie einen fortlaufenden numerischen Index, also z. B. die Abfolge der Zahlen von 1 bis 50, ab. Für jeden der 50 Werte können Sie dann eine Anweisung definieren, die von der Funktion ausgeführt wird. Da die Anweisungen nur durch ein Semikolon getrennt werden müssen, ist die Definition der Funktion erheblich leichter als eine WENN()-Funktion mit 49 Ebenen.

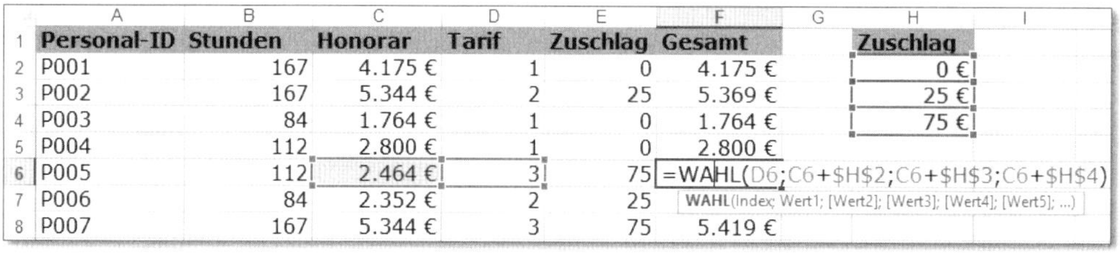

	A	B	C	D	E	F	G	H	I
1	Personal-ID	Stunden	Honorar	Tarif	Zuschlag	Gesamt		Zuschlag	
2	P001	167	4.175 €	1	0	4.175 €		0 €	
3	P002	167	5.344 €	2	25	5.369 €		25 €	
4	P003	84	1.764 €	1	0	1.764 €		75 €	
5	P004	112	2.800 €	1	0	2.800 €			
6	P005	112	2.464 €	3	75	=WAHL(D6;C6+$H$2;C6+$H$3;C6+$H$4)			
7	P006	84	2.352 €	2	25	WAHL(Index; Wert1; [Wert2]; [Wert3]; [Wert4]; [Wert5]; ...)			
8	P007	167	5.344 €	3	75	5.419 €			

Abbildung 6.39 Drei und mehr Zuschlagsstufen können Sie mit WAHL() zuordnen.

Die Arbeitsmappe *06_Dynamisierung_WAHL_01.xlsx* beschreibt zwei typische Anwendungsbeispiele für die Funktion. Das Tabellenblatt *WAHL()*, das Sie in Abbildung 6.39 sehen, zeigt Teile einer Honorarliste und eine Auswahl von drei möglichen Zuschlagszahlungen, die abhängig von der jeweiligen Tarifgruppe gezahlt werden. In Zelle E2 ordnen Sie den Zuschlag mit Hilfe der Funktion =WAHL(D2;$H$2;$H$3;$H$4) einer Personal-ID zu. Die Aussage der Funktion ist simpel: Wenn die Tarifgruppe 1 gilt, dann verwende den Zuschlag aus Zelle H2; bei Tarifgruppe 2 benutze den in H3 stehenden Zuschlag; und schließlich soll der Zuschlag aus Zelle H4 angewandt werden, wenn es sich um die Tarifgruppe 3 handelt. 254 dieser Argumente wären insgesamt möglich.

Selbstverständlich können Sie mit WAHL() nicht nur Zellinhalte zuweisen, sondern auch beliebige Berechnungen steuern. In Zelle F2 wird dies lediglich mit =WAHL(D2;C2+$H$2; C2+$H$3;C2+$H$4) angedeutet. Dem festgelegten Honorar aus Zelle C2 wird an dieser Stelle der von der Tarifgruppe abhängige Zuschlag hinzugefügt. In der Praxis können Berechnungen, die über WAHL() gesteuert werden, natürlich auch wesentlich komplexer sein.

WAHL() in Kombination mit Steuerelementen

Die definitive Voraussetzung für die Benutzung von WAHL() für die Berechnung von Alternativen ist das Vorhandensein eines Indexwerts. Diese Tatsache ist vor allem deshalb interessant, weil viele Steuerelemente, aber auch Funktionen wie VERGLEICH(), solche Indexwerte produzieren. Im Tabellenblatt *Soll-Ist* der Beispieldatei wird diese Überlegung aufgegriffen. Sie enthält einige Soll-Vorgaben in Spalte B und die dazu verfügbaren Ist-Werte in den Spalten C bis F. Um die Abweichung zwischen Soll und Ist nun für jede der vier Kalenderwochen zu ermitteln, benötigen wir vier Formeln: C2/B2-1 (Vergleich KW 1 mit Soll), D2/B2-1 (Vergleich KW 2 mit Soll), E2/B2-1 (Vergleich KW 3 mit Soll) und F2/B2-1 (Vergleich KW 4 mit Soll).

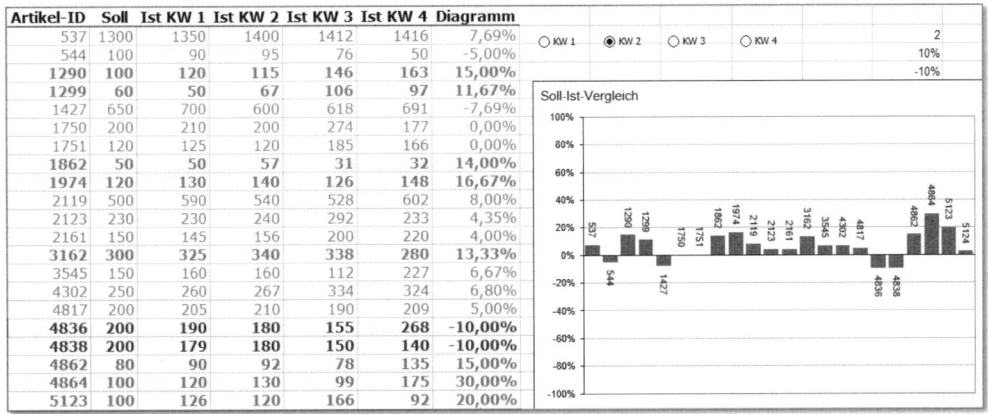

Abbildung 6.40 Auswahl von Kalenderwochen mit WAHL() und Optionsfeldern

Auf konventionellem Wege würden Sie nun wahrscheinlich die vier Berechnungen in vier verschiedenen Spalten durchführen und daraus dann vier Diagramme erstellen. Mit der Funktion =WAHL($M$2;C2/B2-1;D2/B2-1;E2/B2-1;F2/B2-1) in Zelle G2 können Sie die Ausgabe der Ergebnisse in einer Spalte zusammenfassen und aus den dort dargestellten Daten ein dynamisches Diagramm generieren. Vorausgesetzt, in Zelle M2 befindet sich für die Berechnungen ein brauchbarer Indexwert.

Erzeugen von Indexwerten mit Steuerelementen

Diesen Indexwert können Sie natürlich in die betreffende Zelle einfach per Tastatur eingeben. Soll die erste Kalenderwoche mit dem Soll verglichen werden, tragen Sie den Wert 1 ein. Wird die zweite KW benötigt, ist es die 2. Doch auch hier sollten Sie wieder die Überlegung berücksichtigen, dass Fehleingaben zwangsläufig zu fehlerhaften Berechnungen führen und unbedingt vermieden werden müssen.

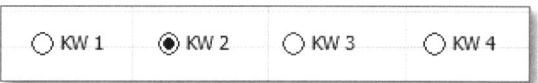

Abbildung 6.41 Optionsfelder zur Auswahl der Kalenderwochen

Der Einsatz von Optionsfeldern könnte sich unter diesem Gesichtspunkt lohnen. Sie wählen sie über **Entwicklertools ▸ Steuerelemente ▸ Einfügen ▸ Formularsteuerelemente** aus und zeichnen sie in das Tabellenblatt. Wenn Sie das Steuerelement mit der rechten Maustaste anklicken, gelangen Sie unter **Steuerelement formatieren** in das Register **Steuerung** und können dort als **Zellverknüpfung** eben die Zelle M2 angeben.

Das erste Optionsfeld schreibt den Wert 1 in die Verknüpfungszelle, das zweite den Wert 2. Mit anderen Worten: Vier Optionsfelder reichen aus, um die vier Indexwerte in M2 zu generieren, die Sie zur Steuerung von vier alternativen Formeln in Zelle G2 benötigen.

6.5   Berechnung von Rangfolgen

Die Bildung von Rangfolgen in Excel-Arbeitsmappen kann gleich mehrere Hintergründe haben:

- Im Sinne von typischen Top-10-Listen ist es das Ziel, aus einer Fülle von Daten die Spitzenwerte – oder auch die niedrigsten Werte – auszulesen.

- Für die Benutzersteuerung mit Hilfe von Kombinationsfeldern stellen automatisch sortierte Listen für den Benutzer eine Erleichterung dar, wenn die Einträge der Auswahllisten nicht beliebig angeordnet sind, sondern automatisch sortiert wurden.

- Klassische Auswertungsmethoden wie die ABC-Analyse setzen die Sortierung und Bildung einer Rangfolge zwingend voraus.

Excel verfügt seinerseits über verschiedene Funktionen, die Sie bei der Bildung von Rangfolgen unterstützen. Das Angebot beginnt bereits beim Filtern von Daten. Wenn

Sie die Funktion **Daten ▸ Sortieren und Filtern ▸ Filtern** aktivieren oder wahlweise Strg
+ ⇧ + L drücken und dann den Filter für eine Spalte setzen, die Zahlen enthält,
werden Sie über die Option **Zahlenfilter** auch zur Auswahl **Top 10** gelangen.

⊿	A	B	C	D	E	F	G
1	Rang ▼	Produktco ▼	Datum ▼	Umsatz ▼	Soll ▼	Umsatz_kun ▼	Soll_kum ▼
2	12	A↓ Nach Größe sortieren (aufsteigend)			312.696 €	320.000 €	320.000 €
3	16	Z↓ Nach Größe sortieren (absteigend)			153.935 €	156.800 €	160.000 €
4	9	Nach Farbe sortieren	▸		340.000 €	343.000 €	350.000 €
5	10				323.449 €	330.050 €	330.050 €
6	6	Filter löschen aus "Umsatz"			407.954 €	441.000 €	450.000 €
7	5	Nach Farbe filtern	▸		470.400 €	470.250 €	450.000 €
8	3	Zahlenfilter	▸	Ist gleich...			670.000 €
9	8			Ist nicht gleich...			370.000 €
10	4	Suchen 🔍					638.000 €
11	17	☑ (Alles auswählen) ⌃		Größer als...			150.000 €
12	7	☑ 136.292 €		Größer oder gleich...			400.000 €
13	15	☑ 163.020 €		Kleiner als...			190.000 €
14	13	☑ 170.095 €		Kleiner oder gleich...			230.000 €
15	11	☑ 184.058 €					324.000 €
16	17	☑ 216.002 €		Zwischen...			150.000 €
17	2	☑ 226.863 €		Top 10...			779.470 €
18	14	☑ 314.005 €					222.000 €
19	1	☑ 330.322 €		Über dem Durchschnitt			830.000 €
20		☑ 333.185 € ⌄		Unter dem Durchschnitt			
21		OK Abbrechen		Benutzerdefinierter Filter...			

Abbildung 6.42 Top-10-Auswahl im AutoFilter

Als Ergebnis werden Sie eine Liste erhalten, die die obersten zehn Werte der Spalte enthält. Die Liste ist zunächst allerdings unsortiert. Durch die Angleichung der Benutzeroberfläche und Funktionalität von AutoFilter und Pivottabellen können Sie nach dem
Erstellen einer Pivottabelle auf dem gleichen Weg auch dort einen Top-10-Filter nutzen.

6.5.1   Funktionen zur Bildung von Rangfolgen

Stoßen Sie fast zwangsläufig auf diese beiden Funktionen, wenn Sie Daten filtern oder
zu Pivottabellen verarbeiten, so sind einige der Funktionen des Funktionsassistenten,
die ebenfalls bei der Bildung von Rangfolgen nützlich sind, versteckter und in der Folge
auch weniger bekannt. Um diese Funktionen geht es an dieser Stelle.

In der Arbeitsmappe *06_Rangfolge_MIN_MAX_01.xlsx* werden die beiden wohl bekann-
testen Funktionen dieser Art angewandt: die Funktionen zur Berechnung von Minimal-
und Maximalwert.

	A	B	C	D	E	F	G	H	I	J
1	Rang ▾	Produktco ▾	Datum ▾	Umsatz ▾	Soll ▾	Umsatz_kun ▾	Soll_kum ▾		**Höchster Wert**	821.700 €
2	12	NWTB-1	31.01.2014	314.005 €	312.696 €	320.000 €	320.000 €		**Niedrigster Wert**	148.500 €
3	16	NWTCO-3	31.01.2014	163.020 €	153.935 €	156.800 €	160.000 €			
4	9	NWTCO-4	31.01.2014	333.185 €	340.000 €	343.000 €	350.000 €			
5	10	NWTO-5	31.01.2014	339.411 €	323.449 €	330.050 €	330.050 €			
6	6	NWTJP-6	31.01.2014	395.621 €	407.954 €	441.000 €	450.000 €			
7	5	NWTDFN-7	31.01.2014	461.353 €	470.400 €	470.250 €	450.000 €			
8	3	NWTS-8	31.01.2014	672.257 €	663.300 €	670.000 €	670.000 €			
9	8	NWTDFN-14	31.01.2014	373.997 €	360.000 €	363.825 €	370.000 €			
10	4	NWTCFV-17	31.01.2014	619.557 €	617.400 €	629.640 €	638.000 €			
11	17	NWTBGM-19	31.01.2014	170.095 €	148.500 €	148.500 €	150.000 €			
12	7	NWTJP-7	31.01.2014	401.251 €	396.000 €	400.000 €	400.000 €			
13	15	NWTBGM-21	31.01.2014	184.058 €	178.200 €	190.000 €	190.000 €			
14	13	NWTB-34	31.01.2014	216.002 €	227.700 €	230.000 €	230.000 €			
15	11	NWTCM-40	31.01.2014	330.322 €	315.560 €	320.265 €	324.000 €			
16	17	NWTSO-41	31.01.2014	136.292 €	148.500 €	148.500 €	150.000 €			
17	2	NWTB-43	31.01.2014	767.906 €	779.470 €	771.675 €	779.470 €			
18	14	NWTCA-48	31.01.2014	226.863 €	220.000 €	222.000 €	222.000 €			
19	1	NWTDFN-51	31.01.2014	812.975 €	799.680 €	821.700 €	830.000 €			

Abbildung 6.43 Minimal- und Maximalwert und nicht eindeutige Rangfolge

Im Beispiel wird der Höchstwert in Zelle J1 auf Basis der Funktion =MAX($F$2:$F$19) für die kumulierten Umsätze ermittelt. Auch die Berechnung des niedrigsten Werts bedient sich dieses Wertebereiches: =MIN($F$2:$F$19)

In Spalte A der Tabelle geht es dann jedoch nicht mehr um die beiden Werte am oberen bzw. unteren Ende der Skala. Hier soll stattdessen für jeden einzelnen Wert der Datenreihe die konkrete Position in der Rangfolge ermittelt werden. Um dies zu realisieren, nutzen Sie RANG(Zahl; Bezug; Reihenfolge). In Zelle A2 führt dies zu den folgenden Argumenten:

=RANG(F2;$F$2:$F$19)

Bei einem Doppelklick auf Zelle A2 nach Eingabe der Bezüge wird schnell klar, was Excel zur Kalkulation der Rangfolge macht. Mit F2 wird der Wert benannt, dessen Rangfolge Sie bestimmen möchten. Durchsucht wird der gesamte Zellbereich, in dem sich Ihre kumulierten Umsatzdaten befinden. Das dritte Argument, Reihenfolge, ist optional. Wenn Sie es nicht ausdrücklich angeben oder *null* eingeben, wird Excel von der Rangfolge in einer absteigend sortierten Liste ausgehen. Der höchste Wert der Liste erhält somit den Wert 1. Bei Eingabe eines beliebigen anderen Werts wird das Ergebnis auf Grundlage einer aufsteigend sortierten Liste ermittelt.

Achten Sie darauf, den Bezug auf den zu analysierenden Wert relativ und den auf den gesamten Wertebereich absolut zu setzen. Danach können Sie die Funktion einfach nach unten kopieren.

⊿	A	B	C	D	E	F	G
1	Rang ▾	Produktco ▾	Datum ▾	Umsatz ▾	Soll ▾	Umsatz_kun ▾	Soll_kum ▾
2	=RANG(F2;$F$2:$F$19)	NWTB-1	31.01.2014	314.005 €	312.696 €	320.000 €	320.000 €
3	RANG(Zahl; **Bezug**; [Reihenfolge]) 3		31.01.2014	163.020 €	153.935 €	156.800 €	160.000 €
4	9	NWTCO-4	31.01.2014	333.185 €	340.000 €	343.000 €	350.000 €
5	10	NWTO-5	31.01.2014	339.411 €	323.449 €	330.050 €	330.050 €
6	6	NWTJP-6	31.01.2014	395.621 €	407.954 €	441.000 €	450.000 €
7	5	NWTDFN-7	31.01.2014	461.353 €	470.400 €	470.250 €	450.000 €
8	3	NWTS-8	31.01.2014	672.257 €	663.300 €	670.000 €	670.000 €
9	8	NWTDFN-14	31.01.2014	373.997 €	360.000 €	363.825 €	370.000 €
10	4	NWTCFV-17	31.01.2014	619.557 €	617.400 €	629.640 €	638.000 €
11	17	NWTBGM-19	31.01.2014	170.095 €	148.500 €	148.500 €	150.000 €
12	7	NWTJP-7	31.01.2014	401.251 €	396.000 €	400.000 €	400.000 €
13	15	NWTBGM-21	31.01.2014	184.058 €	178.200 €	190.000 €	190.000 €
14	13	NWTB-34	31.01.2014	216.002 €	227.700 €	230.000 €	230.000 €
15	11	NWTCM-40	31.01.2014	330.322 €	315.560 €	320.265 €	324.000 €
16	17	NWTSO-41	31.01.2014	136.292 €	148.500 €	148.500 €	150.000 €
17	2	NWTB-43	31.01.2014	767.906 €	779.470 €	771.675 €	779.470 €
18	14	NWTCA-48	31.01.2014	226.863 €	220.000 €	222.000 €	222.000 €
19	1	NWTDFN-51	31.01.2014	812.975 €	799.680 €	821.700 €	830.000 €

Abbildung 6.44 Datenbereich bei Verwendung der Funktion RANG()

6.5.2 Eindeutige Rangfolge bei identischen Werten der Liste

In dieser Beispieltabelle wird bereits ein charakteristisches Problem bei der Benutzung von RANG() offenbar: Die Liste kann gleichartige Werte enthalten. Ist dies der Fall, so liefert Excel für diese Werte zwangsläufig auch den gleichen Rang. In den Zellen 11 und 16 ist dies erkennbar. In beiden Fällen beträgt der Wert der kumulierten Umsätze 148.500, was Rang 17 in der gesamten Liste entspricht.

Wenn dies auch rechnerisch korrekt ist, so verursacht die Tatsache, dass keine eindeutig unterscheidbaren Werte vorliegen, bei der Weiterverarbeitung mit anderen Funktionen wie z. B. SVERWEIS() Probleme. Aus diesem Grunde ist es notwendig, eine Eindeutigkeit der ursprünglichen Werte und damit auch der Rangfolge zu erzwingen.

Wie Sie dies umsetzen können, sehen Sie in der Arbeitsmappe *06_Rangfolge_RANG_KGRÖSSTE_KKLEINSTE_01.xlsx*.

RANG.GLEICH() und RANG.MITTELW()

Diese beiden Funktionen sind neu seit Excel 2010. RANG.GLEICH(Zahl; Bezug; Reihenfolge) entspricht dem bereits aus früheren Versionen bekannten RANG(). Kommt ein Wert zweimal in einer Liste vor, wird für jede Zahl derselbe Rang ausgegeben, z. B. Rang 14. Rang 15 entfiele dann zwangsläufig, und die Liste würde stattdessen mit 16 fortgesetzt.

Bei Verwendung der Funktion `RANG.MITTELW(Zahl; Bezug; Reihenfolge)` kommt hingegen ein Korrekturfaktor zur Anwendung. Aus Rang 14 wird dadurch 13,5. Bei einer Auswertung erkennen Sie so mühelos, dass dieser Rang zweimal belegt wurde. Auch in diesem Fall wird die Rangfolge jedoch mit 16 fortgesetzt.

Aus Gründen der Kompatibilität blieb `RANG()` in der Funktionsliste von Excel erhalten. Sollten Sie jedoch keine Dateien mit Nutzern älterer Versionen austauschen, rät Microsoft zur Verwendung von `RANG.GLEICH()`.

	Rang	Produktcode	Umsatz_kum	in %
1	**Rang**	**Produktcode**	**Umsatz_kum**	**in %**
2	1,019	NWTDFN-51	821.700 €	11,78%
3	2,017	NWTB-43	771.675 €	11,06%
4	3,008	NWTS-8	670.000 €	9,60%
5	4,010	NWTCFV-17	629.640 €	9,02%
6	5,007	NWTDFN-7	470.250 €	6,74%
7	6,006	NWTJP-6	441.000 €	6,32%
8	7,012	NWTJP-7	400.000 €	5,73%
9	8,009	NWTDFN-14	363.825 €	5,21%
10	9,004	NWTCO-4	343.000 €	4,92%
11	10,005	NWTO-5	330.050 €	4,73%
12	11,015	NWTCM-40	320.265 €	4,59%
13	12,002	NWTB-1	320.000 €	4,59%
14	13,014	NWTB-34	230.000 €	3,30%
15	14,018	NWTCA-48	222.000 €	3,18%
16	15,013	NWTBGM-21	190.000 €	2,72%
17	16,003	NWTCO-3	156.800 €	2,25%
18	17,011	NWTBGM-19	148.500 €	2,13%
19	17,016	NWTSO-41	148.500 €	2,13%

Abbildung 6.45 Bildung einer eindeutigen Rangfolge mit Hilfe von ZEILE()

Die kalkulatorische Bestimmung der eindeutigen Rangfolge von Werten kommt nicht ohne die Bildung einer Hilfsspalte aus. Das Verfahren ist jedoch einfach, da an die ursprünglichen Werte ein eindeutiger Wert im Nachkommastellenbereich angehängt wird. Das klingt komplizierter, als es in der Praxis wirklich ist, da diese Ergänzung durch die Funktion `ZEILE()` automatisiert werden kann.

Diese Funktion liefert die Zeilennummer der aktuellen Zeile. Kopieren Sie sie nach unten, erhalten Sie eine fortlaufende Nummerierung. Teilen Sie das Ergebnis beispielsweise durch 10.000, in der Form `=ZEILE()/10000`, resultiert daraus ein eindeutiger Wert in der vierten Nachkommastelle, dem Sie als Unterscheidungsmerkmal den Originalwert hinzufügen.

6.5.3 Eindeutige Rangfolge berechnen

Es kommt auf die konkrete Situation und die Weiterverwendung der Daten an, ob Sie Ihren Umsatzzahlen den Ausdruck `ZEILE()/10000` zuschlagen und dann die Rangfolge berechnen oder erst das Ergebnis der Rangfolge mit der Funktion `ZEILE()/10000` in einen eindeutigen Wert umwandeln. In der Beispielarbeitsmappe finden Sie beide Anwendungen. Im Tabellenblatt *transponiert* wird in Spalte A die Rangfolge auf Basis der kumulierten Umsätze gebildet. In den Zeilen 11 und 16 würde dies jeweils zum Rang 17 als Ergebnis führen, da der Wert 150.000 in Spalte G zweimal vorkommt.

In Zelle A2 können Sie nun mit `=RANG(F2;$F$2:$F$19)+ZEILE()/1000` für eine eindeutige Rangfolge sorgen und die ursprünglichen Daten unverändert lassen. In den Zeilen 11 und 16 erhalten Sie in der Folge die Werte 17,011 und 17,016. Diese beiden Werte könnten problemlos in Verweisfunktionen wie dem `SVERWEIS()` ausgewertet werden. Es besteht keine Gefahr mehr, dass `SVERWEIS()` durch das mehrmalige Vorkommen von Rang 17 durcheinandergerät.

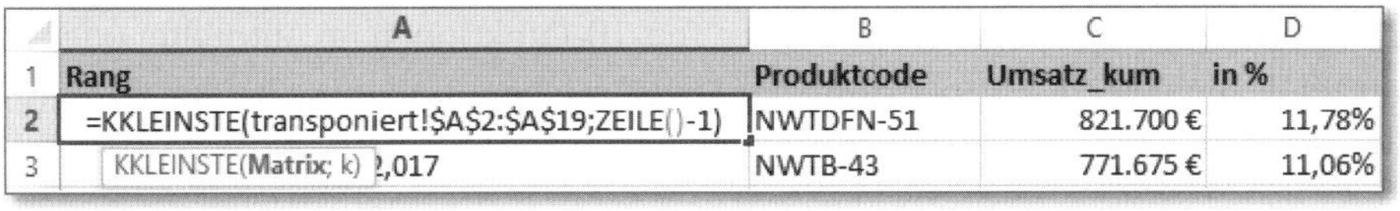

	A	B	C	D
1	Rang	Produktcode	Umsatz_kum	in %
2	=KKLEINSTE(transponiert!$A$2:$A$19;ZEILE()-1)	NWTDFN-51	821.700 €	11,78%
3	KKLEINSTE(**Matrix**; k) 2,017	NWTB-43	771.675 €	11,06%

Abbildung 6.46 Erstellen einer aufsteigenden Sortierung mit KKLEINSTE()

Im Tabellenblatt *sortiert* wird dies am Beispiel einer automatischen Sortierung auf Basis der berechneten eindeutigen Rangfolge sichtbar. Um die Liste auch nach dem Aktualisieren von Daten automatisch zu sortieren, benötigen Sie zunächst die gleiche Rangfolge wie in der Ursprungstabelle. Diese Werte der eindeutigen Rangfolge erhalten Sie am schnellsten, indem Sie die Daten nicht eingeben, sondern von Excel berechnen lassen:

```
=KKLEINSTE(transponiert!$A$2:$A$19;ZEILE()-1)
```

Die Funktion `KKLEINSTE(Matrix; k)` ermittelt einen spezifischen Wert aus einer angegebenen Matrix. An welcher Position der Wert stehen soll, wird durch das Argument k bestimmt. Möchten Sie also auf den niedrigsten Wert zugreifen, wäre das Argument k auf 1, für den zweitniedrigsten Wert auf 2 zu setzen. Um dieses Argument nicht in jede Zeile eingeben zu müssen, setzen Sie erneut die Funktion ZEILE() in die Funktion ein. Da Ihre Daten in der zweiten Zeile unterhalb der Überschrift beginnen, erhalten Sie mit ZEILE()-1 den Wert 1 für das Argument k. Die gesamte Funktion kopieren Sie dann wie gewohnt nach unten.

Nun können Sie den Produktcode und die kumulierten Umsätze per SVERWEIS() zuordnen, ohne befürchten zu müssen, dass durch das Vorhandensein identischer Ränge die Zuordnung der Daten fehlerhaft ist. Die beiden Spalten B und C enthalten somit die Funktionen

```
=SVERWEIS(A2;transponiert!$A$1:$G$19;2;FALSCH)
```

und

```
=SVERWEIS(A2;transponiert!$A$1:$G$19;6;FALSCH)
```

6.5.4 Eindeutige Ursprungsdaten erzeugen

Das Pendant der Funktion KKLEINSTE() ist – und dies ist nicht schwer zu erraten – KGRÖSSTE(). Beide Funktionen sind ideal, um benutzerdefinierte und beliebig formatierbare Top-10-, Top-5-, Last-3-Listen und Ähnliches zu generieren. Wenn Ihnen also die ganz zu Beginn dieses Abschnitts vorgestellten Top-10-Funktionen im AutoFilter oder in der Pivottabelle nicht bei der Auswertung der Daten reichen, sind diese beiden Funktionen unersetzlich.

Top	Produktcode	Umsatz (kum.)	Flop	Produktcode	Umsatz (kum.)
1	NWTDFN-51	821.700 €	1	NWTBGM-19	148.500 €
2	NWTB-43	771.675 €	2	NWTSO-41	148.500 €
3	NWTS-8	670.000 €	3	NWTCO-3	156.800 €
4	NWTCFV-17	629.640 €	4	NWTBGM-21	190.000 €
5	NWTDFN-7	470.250 €	5	NWTCA-48	222.000 €

Abbildung 6.47 Top 5 und Last 5 mit KGRÖSSTE() und KKLEINSTE()

Im Tabellenblatt *Top 5 – Last 5* sind die fünf höchsten und die fünf niedrigsten Ergebnisse aus der Spalte der kumulierten Umsätze im Tabellenblatt *transponiert* aufgelistet. An den beiden Tabellen wird das praktische Problem sogleich sichtbar.

Im Zellbereich A2 bis A6 sind lediglich die Werte der Ränge angegeben, die Sie darstellen möchten. In C2 müssten Sie nun eigentlich mit =KGRÖSSTE(transponiert!$F$2:$F$19;'Top 5 – Last 5'!A2) den höchsten kumulierten Umsatz finden. Die Rangfolge dazu basiert aber auf den Originalwerten der kumulierten Umsätze, und darin gibt es nun einmal leider Duplikate. Es bleibt Ihnen nicht viel anderes übrig, als bei den Umsatzdaten mit `ZEILE()`/10000 wieder für Eindeutigkeit zu sorgen. Im Tabellenblatt *transponiert* müssen Sie in Zelle H2 die Funktion `=F2+ZEILE()/10000` einfügen und nach unten kopieren. Auf die eindeutigen Umsatzergebnisse können Sie anschließend mit `=KGRÖSSTE(transponiert!$H$2:$H$19;'Top 5 – Last 5'!A2)` zugreifen.

Danach stellt sich erneut die bereits oben gestellte Frage, ob mit `SVERWEIS()` oder `INDEX()` weitergearbeitet werden soll. Denn wenn Sie die Produktcodierung in Spalte B angeben möchten, basiert diese Angabe auf den eindeutigen Umsatzwerten. Diese befinden sich in der Originaltabelle allerdings in einer Spalte links von den kumulierten Ergebnissen. Es bleibt Ihnen, wenn Sie den `SVERWEIS()` ausführen möchten, keine andere Wahl, als die Produktcodierung in Spalte I des Tabellenblattes *transponiert* noch einmal zu erzeugen.

Möchten Sie die unschöne Redundanz vermeiden, sollten Sie `INDEX()` und `VERGLEICH()` einsetzen, mit dem der Verweis von rechts nach links und damit ohne Veränderung der Basisdaten möglich ist. Die alternativen Berechnungen in den Zellen B9 bis B13 im Tabellenblatt *Top 5 – Last 5* gründen auf der Funktion:

```
=INDEX(transponiert!$A$2:$H$19;VERGLEICH('Top 5 – Last 5'!C9;
  transponiert!$H$2:$H$19;0);2)
```

`VERGLEICH()` bestimmt die genaue Position des mit `KGRÖSSTE()` bestimmten kumulierten Umsatzes. `INDEX()` nimmt das Resultat als Zeilenangabe auf und holt sich den Inhalt der zweiten Spalte der gesamten Matrix, also die Produktcodierung. Im Zellbereich F bis F13 verfahren Sie in der gleichen Weise mit der Bildung der Liste der fünf niedrigsten Werte.

6.6 Berechnung von Mittelwerten

Bereits in Excel 2007 wurde die Auswahl an Funktionen, die für bedingte Kalkulationen eingesetzt werden können, erweitert. Zu den Neuerungen gehören auch die Funktionen `MITTELWERTWENN()` und `MITTELWERTWENNS()`, mit denen Sie bedingte Mittelwerte, wahlweise mit einer oder auch mit mehreren Bedingungen, ermitteln. Doch nicht nur diese beiden Neulinge lohnen die Beschäftigung mit dem Thema Mittelwerte.

Im Tabellenblatt *06_Lageparameter_Diverse_01.xlsx* sind einige typische Berechnungen rund um die sogenannten *Lageparameter* zusammengefasst.

	A	B	C	D	E	F
1	**Standort**	**Kosten**	**Anzahl**		**Lageparameter**	
2	Standort 1	43.451 €	2		Mittelwert	66.835 €
3	Standort 2	1.748 €	3		Median	37.744 €
4	Standort 3	44.652 €	1		Modalwert	2
5	Standort 4	25.384 €	2			
6	Standort 5	39.324 €	2		Gestutzter Mittelwert	49.450 €
7	Standort 6	43.121 €	4		Gewogener Mittelwert	45.775 €
8	Standort 7	24.435 €	1			
9	Standort 8	254.909 €	1			
10	Standort 9	27.199 €	2			
11	Standort 10	471 €	3			
12	Standort 11	26.439 €	2			
13	Standort 12	35.281 €	4			
14	Standort 13	37.744 €	4			
15	Standort 14	359.200 €	1			
16	Standort 15	39.164 €	2			

Abbildung 6.48 Darstellung unterschiedlicher Lageparameter in Excel

6.6.1   Mittelwert, Median, Modalwert

Aus einer Datenreihe bilden Sie mit Hilfe von MITTELWERT(Zahl1; Zahl2 ...) den einfachen Durchschnitt. In Zelle F2 ist dies, bezogen auf den Zellbereich B2 bis B16, auch geschehen. Dieser Mittelwert zeichnet sich durch einige Besonderheiten aus:

- Er ist ein »künstlicher Wert«, da der Betrag 66.835 € in keinem der aufgelisteten Standorte erreicht wird.

- Er ist anfällig für Verzerrungen, da Datenreihen Ausreißer wie die Werte der Standorte 8 und 14, aber auch die von Standort 2 und 10, enthalten können.

Diese beiden Merkmale weist der in Zelle F3 berechnete MEDIAN(Zahl1; Zahl2 ...) nicht auf. Er teilt eine Datenreihe in zwei Hälften und ermittelt den Wert, der genau in der Mitte liegt: =MEDIAN(B2:B16). Eine wichtige Aussage im Zusammenhang mit der hier verwendeten Kostenanalyse wäre beispielsweise, dass es genau so viele Standorte gibt, deren Kosten über 37.744 € liegen, wie es Standorte mit geringeren Kostenanteilen gibt. Zudem können Sie mit Fug und Recht behaupten, dass es einen Standort gibt, der exakt den ermittelten Kostenanteil aufweist. Dies eröffnet Ihnen völlig andere Denk- und Analyseansätze als bei der Berechnung des Mittelwerts. Sie könnten etwa den Standort genauer unter die Lupe nehmen, der den Median bildet, und durch einen Vergleich mit anderen Standorten die Faktoren bestimmen, die die Kosten insgesamt stark beeinflussen.

Der Modalwert bezieht sich in der Beispieldatei, wie Sie in Abbildung 6.49 erkennen, auf die Werte in Spalte C. Hier interessiert uns, welcher Wert in der Datenreihe am häufigsten vorkommt. Die Antwort liefert die Funktion =MODALWERT(C2:C16). Für Excel-

2007-Benutzer ist allerdings zu beachten, dass Sie am Ergebniswert nicht erkennen, ob eventuell zwei oder noch mehr Werte an der Spitze mit gleicher Häufigkeit in der Liste enthalten sind. Um dies herauszubekommen, müssen Sie entweder mit HÄUFIGKEIT(Daten; Klassen) oder mit SUMMENPRODUKT(Array1; Array2 ...) eine Häufigkeitsverteilung ermitteln.

Abbildung 6.49 Häufigster Wert einer Datenreihe, berechnet mit MODALWERT()

MODUS.EINF() und MODUS.VIELF()

In Excel 2010 wurde der Funktionsumfang um MODUS.VIELF(Zahl1; Zahl2 ...) ergänzt. Damit ist es nun möglich, eine korrekte Berechnung des Modalwerts durchzuführen, auch wenn mehrere Werte an der Spitze die gleiche Häufigkeit haben. MODUS.VIELF() ist eine Matrixfunktion. Markieren Sie also mehrere Zellen, um der Möglichkeit Rechnung zu tragen, dass es mehrere häufigste Werte geben kann. Starten Sie die Funktion, und wählen Sie den Datenbereich aus, der analysiert werden soll. Schließen Sie dann die Auswahl mit [Strg] + [⇧] + [↵] ab. Sie erhalten als Resultat die Liste der häufigsten Werte in der Liste.

MODUS.EINF() verfügt über die Funktionalität der aus früheren Versionen bekannten Funktion MODALWERT(), die aus Gründen der Kompatibilität im Funktionsassistenten erhalten wurde.

Die Datei *06_Lageparameter_MODUS.VIELF_01.xlsx* enthält ein Beispiel für die neue Funktion.

Im Tabellenblatt *Modalwert* wurde beispielhaft eine Häufigkeitsverteilung berechnet. Im Zellbereich F2 bis F5 befinden sich die vier in der Liste vorkommenden Werte. In

Zelle G2 steht die Funktion =SUMMENPRODUKT(($C$2:$C$16=F2)*1). Sie untersucht den Listenbereich auf eine Übereinstimmung mit dem Kriterium in F2 hin. Wird diese entdeckt, multipliziert Excel den Wahrheitswert WAHR, der mit dem Wert 1 gleichzusetzen ist, mit dem in der Funktion angegebenen Faktor 1 (*1). Wenn Sie die Funktion nach unten kopieren, erhalten Sie die Häufigkeit aller Werte und stellen in diesem Beispiel fest, dass sowohl der Wert 1 als auch der Wert 2 fünfmal in der Liste vorkommt. Über den Modalwert wäre dies nicht zu erkennen gewesen.

	A	B	C	D	E	F	G	H	I	J
1	**Standort**	**Kosten**	**Anzahl**		**Häufigkeit**					
2	Standort 1	43.451 €	2		Häufigkeit von 1:	1	=SUMMENPRODUKT(($C$2:$C$16=F2)*1)			
3	Standort 2	1.748 €	3		Häufigkeit von 2:	2	SUMMENPRODUKT(Array1; [Array2]; [Array3]; ...)			
4	Standort 3	44.652 €	1		Häufigkeit von 3:	3	2			
5	Standort 4	25.384 €	2		Häufigkeit von 4:	4	3			
6	Standort 5	39.324 €	1							
7	Standort 6	43.121 €	4		Modalwert		2			
8	Standort 7	24.435 €	1							
9	Standort 8	254.909 €	1							
10	Standort 9	27.199 €	2							
11	Standort 10	471 €	3							
12	Standort 11	26.439 €	2							
13	Standort 12	35.281 €	4							
14	Standort 13	37.744 €	4							
15	Standort 14	359.200 €	1							
16	Standort 15	39.164 €	2							

Abbildung 6.50 SUMMENPRODUKT() liefert die Häufigkeit für jede einzelne Klasse.

6.6.2 Gestutzter Mittelwert

Die Problematik der Ausreißer innerhalb der gemessenen Daten habe ich bereits im Zusammenhang mit der Berechnung des einfachen Mittelwerts erwähnt. Den Median habe ich als einen Ausweg aus dem Dilemma beschrieben. Excel bietet aber eine weitere Funktion mit dem gestutzten Mittelwert, um den Einfluss von Ausreißern in einer Datenreihe zu reduzieren.

Mit =GESTUTZTMITTEL(B2:B16;13,5%) in Zelle F6 wurde bereits im Tabellenblatt *Lageparameter* entsprechend gegengesteuert. Im ersten Argument der Funktion geben Sie wie gewohnt die Matrix an, aus der Sie den Mittelwert ermitteln möchten. Mit dem Argument Prozent sind Sie dann aber in der Lage, den Anteil an Werten zu bestimmen, der bei der Berechnung ignoriert werden soll. Bei einer Datenreihe mit 15 Werten, wie sie uns in der Beispieltabelle vorliegt, entspräche der Prozentwert von 13,5 % in etwa zwei Werten in den Ausgangsdaten. Excel streicht als Konsequenz aus dieser Vorgabe je einen Wert am Anfang und am Ende der sortierten Datenreihe. In unserem Beispiel fallen die Werte 359.200 € und 471 € aus der Kalkulation. Das Ergebnis für den Mittelwert ist nun nicht mehr 66.835 €, sondern 49.450 €.

6.6.3 Bedingte Mittelwerte

Öffnen Sie die Datei *06_Lageparameter_BedingterMittelwert_01.xlsx*, um sich mit der Funktion zur Berechnung des bedingten Mittelwerts mit einer oder mehreren Bedingungen vertraut zu machen. In Zelle F2 befindet sich die Bedingung für die erste Berechnung. Den gewünschten Wert geben Sie mit dem Vergleichsparameter – in diesem Fall > (größer) – ein. Daneben lässt sich der bedingte Mittelwert dann unschwer mit `=MITTELWERTWENN(B2:B16;F2)` errechnen.

Dabei wird die Syntax von der Funktion `MITTELWERTWENN(Bereich; Kriterien; Mittelwert_Bereich)` verwendet. Das Argument `Mittelwert_Bereich` ist optional. Da im Beispiel Kriterien- und Wertebereich identisch sind, muss es auch nicht eingesetzt werden.

	A	B	C	D	E	F	G
1	**Standort**	**Kosten**	**Anzahl**		**Bedingter Mittelwert**		
2	Standort 1	43.451 €	2		Kosten größer als:	>40000	**149.067 €**
3	Standort 2	1.748 €	3				
4	Standort 3	44.652 €	1		Kosten höher als:	>40000	
5	Standort 4	25.384 €	2		und Anzahl gleich:	4	
6	Standort 5	39.324 €	2				**43.121 €**
7	Standort 6	43.121 €	4				
8	Standort 7	24.435 €	1				
9	Standort 8	254.909 €	1				
10	Standort 9	27.199 €	2				
11	Standort 10	471 €	3				
12	Standort 11	26.439 €	2				
13	Standort 12	35.281 €	4				
14	Standort 13	37.744 €	4				
15	Standort 14	359.200 €	1				
16	Standort 15	39.164 €	2				

Abbildung 6.51 Mittelwert mit einer bzw. mehreren Bedingungen

AGGREGAT() als Tool zur Unterdrückung von Fehlerwerten

Wie andere Zusammenfassungsfunktionen reagiert auch der Mittelwert sensibel, wenn eine Datenreihe Fehlerwerte wie #NV! oder #DIV/0! enthält. Häufig müssen Sie solche Fehlerwerte deshalb mit WENNFEHLER() ausschalten. Bei großen Datenmengen kann dies wiederum mehr Arbeit für Sie und für Excel mehr Rechenarbeit bedeuten. Prüfen Sie deshalb immer eine alternative Berechnung mit der Funktion `AGGREGAT(Funktion, Optionen, Array, k)`.

Neben vielen anderen Einsatzbereichen ist sie auch beim Umgang mit Fehlerwerten äußerst nützlich. Die Funktion `=AGGREGAT(1;6;D4:D7)` beispielsweise berechnet den Mittelwert (Funktion = 1) unter Ausschluss aller Fehlerwerte (Optionen = 6) für den Zellbereich D4 bis D7.

287

Anders sieht dies schon bei der Kalkulation des Mittelwerts mit mehreren Bedingungen aus. Die Argumente und Syntax der Funktion lauten:

```
MITTELWERTWENNS(Mittelwert_Bereich; Kriterien_Bereich1;
Kriterien1; ...)
```

Alle Argumente werden in diesem Fall auch tatsächlich benötigt. In den Zellen F4 und F5 werden die beiden Kriterien erwartet. Aufgegriffen werden diese Kriterien dann folgendermaßen:

```
=MITTELWERTWENNS(B2:B16;B2:B16;F4;C2:C16;F5)
```

Nachbemerkung: Auch bei dieser Funktion ist die Anzahl der maximal verwendbaren Kriterien sehr hoch. Möglich sind insgesamt 127 Bedingungen.

INFO

Nullwerte durch leere Zellen ersetzen

Eine weitere typische Problematik bei der Verwendung von Zusammenfassungsfunktionen sind Nullwerte bzw. scheinbar leere Zellen. Taucht der Wert 0 in einer Zelle auf, wird er häufig durch eine Funktion wie =WENN(A2=0;"", A2) oder =WENN(A2=0;;A2) ersetzt. Doch die scheinbar leere Zelle, die so entsteht, ist nicht leer. Sie enthält einen Text, da eine Formel oder Funktion schlichtweg unfähig ist, nichts zurückzugeben. Wenn Sie in dem Zellbereich, in dem Sie die Nullwerte getauscht haben, mit ANZAHL2() die Anzahl der nicht leeren Zellen ermitteln, stellen Sie spätestens fest, dass die Zellen nicht leer sind.

Abhilfe kann hier jenseits von einschlägigen VBA-Makros nur ein typischer Excel-Workaround schaffen. Dabei markieren Sie den Zellbereich, in dem Sie mit WENN() Nullwerte durch Text (z. B. "") ersetzt haben. Danach drücken Sie [F5] und klicken in der Dialogbox **Gehe zu** auf **Inhalte**. Wählen Sie die Option **Formeln**, und aktivieren Sie unterhalb der Option nur die Auswahl **Text**. Nachdem Sie die Suche gestartet haben, sind nur die Zellen markiert, die einen Text enthalten – nicht solche, in denen Zahlen stehen. Wenn Sie nun [ENTF] drücken, sind die Zellen wirklich leer.

6.7   Runden von Daten

Die drei Funktionen zum Runden von Werten sind weitgehend selbsterklärend. RUNDEN(Zahl; Anzahl_Stellen) rundet den Inhalt einer Zelle oder auch das Ergebnis einer Berechnung auf die Anzahl der angegebenen Nachkommastellen. Bis zum Wert 4 wird ab-, danach wird aufgerundet. In der Datei *06_Runden_AUF_ABRUNDEN_01.xlsx* wird dies am Beispiel der Getränkebestellung für eine Veranstaltung dargestellt.

Im Zellbereich C8 bis C12 wurde die Anzahl der benötigten Tassen Kaffee auf Basis der gemeldeten Teilnehmerzahlen berechnet. Das Ergebnis beläuft sich in Zelle C8 beispielsweise auf 7,2 Tassen. Da eine Kanne maximal sechs Tassen Kaffee enthält, muss nun entschieden werden, ob die Zahl der zu bestellenden Kannen auf- oder abgerundet werden soll oder ob Sie diese Entscheidung dem Programm überlassen. Wenn Sie in Zelle E8 die Funktion =RUNDEN(C8/$D$3;0) einsetzen, dann wird mathematisch auf 0 Nachkommastellen, also ganze Kaffeekannen, gerundet.

⊿	A	B	C	D	E	F
1		Kaffee- und Teebestellung				
2	Element	Anteil	Preis in €	Tassen pro Kanne		
3	Kaffee	60%	2,40	6		
4	Tee	40%	2,10			
5	Service	30%				
6						
7	Wochentag	Zahl der Teiln.	Kaffetassen	Teetassen	Kaffeekannen	Teekannen
8	Montag	6	7,2	4,8	1	1
9	Dienstag	7	8,4	5,6	1	1
10	Mittwoch	12	14,4	9,6	2	1
11	Donnerstag	16	19,2	12,8	3	2
12	Freitag	9	10,8	7,2	2	1
13				Summe	9	6
14				Preis	21,60 €	12,60 €
15				Service	6,48 €	3,78 €
16				Zw.-Summe	28,08 €	16,38 €
17				Gesamtsumme:		44,46 €
18				UST	19%	8,45 €
19				Summe einschl. MwSt		51,57 €

Abbildung 6.52 Runden von berechneten Ergebnissen

Anders ist das in Zelle F8. Dort wird AUFRUNDEN(D8/$D$3;0) als Teil einer WENN()-Funktion verwendet. Der Grund dafür: Bei einer geringen Teilnehmerzahl würden die Teetrinker leer ausgehen. Bei einem angenommenen Anteil von 40 % (Zelle B4) könnte es passieren, dass ihr Anteil auf null gerundet würde, wenn Sie die Rundung Excel überlassen. Die Folge ist, dass erst ab einer Teilnehmerzahl von mindestens acht Personen mit ABRUNDEN(D8/$D$3;0) auch wirklich abgerundet werden kann, ohne die Teetrinker zu verärgern.

Der vollständige Ausdruck in Zelle F8 lautet:

```
=WENN(B8=6;AUFRUNDEN(D8/$D$3;0);WENN(B8=7;AUFRUNDEN(D8/$D$3;0);ABRUNDEN(D8/
$D$3;0)))
```

Die Werte 6 und 7 habe ich der Übersichtlichkeit halber in diesem Beispiel als Kriterium fest in die Funktion geschrieben. Im »realen Leben« sollten Sie diese Bedingungen aber wie gewohnt über einen Zellbezug integrieren. Die gesamte Funktion können Sie wie gewohnt nach unten kopieren.

6.7.1 Runden auf ganze Zehner, Hunderter oder Tausender

Wenn Sie die Absicht haben, auf ein Vielfaches eines Ausgangswerts zu runden, stehen Ihnen in Excel gleich drei Möglichkeiten zur Verfügung:

- die Funktionen RUNDEN(), ABRUNDEN() oder AUFRUNDEN()
- die Funktionen OBERGRENZE() und UNTERGRENZE()
- die Funktion VRUNDEN()

	A	B	C	D	E
1	Maschine	Produktionsmenge	gerundet (Fünfer)	gerundet (Zehner)	gerundet (Hunderter)
2	Maschine 1	45.297	45.295	45.300	45.300
3	Maschine 2	36.155	36.155	36.160	36.200
4	Maschine 3	51.214	51.215	51.210	51.200
5	Maschine 4	46.687	46.685	46.690	46.700
6	Maschine 5	50.410	50.410	50.410	50.400
7	Maschine 6	44.840	44.840	44.840	44.800
8	Maschine 7	42.019	42.020	42.020	42.000
9	Maschine 8	73.965	73.965	73.970	74.000
10	Maschine 9	60.959	60.960	60.960	61.000
11	Maschine 10	56.374	56.375	56.370	56.400

Abbildung 6.53 Rundung auf ein Vielfaches am Beispiel von RUNDEN()

In der Arbeitsmappe *06_Runden_Vielfaches_01.xlsx* wird im Tabellenblatt *RUNDEN()* zunächst die gleichnamige Funktion angewandt. Lassen Sie uns mit dem Runden auf volle Zehner beginnen. In Zelle D2 wird dies mit =RUNDEN(B2/10;0)*10 umstandslos erreicht. Teilen Sie die angegebene Produktionsmenge durch 10, entfernen Sie die Nachkommastellen, indem Sie das Argument Anzahl_Stellen auf 0 setzen, und multiplizieren Sie das Resultat wiederum mit 10. Schon erhalten Sie die Rundung auf volle Zehnerwerte.

Möchten Sie auf Hunderter runden, unterscheidet sich das Grundkonzept nicht, wie Sie in Zelle E2 (=RUNDEN(B2/100;0)*100) erkennen können. Auch die beiden Funktionen AUFRUNDEN() und ABRUNDEN() würden nach dem gleichen Muster arbeiten.

Ein wenig ungewöhnlich ist lediglich der Aufbau der Rundungsfunktion, wenn es darum geht, nicht auf ein Vielfaches von 10 zu runden. Bei =RUNDEN(B2*2;-1)/2 in Zelle C2, in der auf Fünfer gerundet werden soll, erscheint das Argument `Anzahl_Stellen`, das mit dem Wert `-1` belegt ist, auf den ersten Blick unverständlich. Sie erreichen damit aber, dass Excel auf Zehnerpotenzen – man könnte auch sagen, nicht auf die Stellen rechts, sondern auf die links vom Komma – rundet. Die Multiplikation mit dem Faktor `2` gibt Ihnen den Anlass, das Ergebnis dann wiederum durch `2` zu teilen. Und bei der Division einer Zehnerpotenz durch `2` entsteht zwangsläufig ein Vielfaches von fünf.

6.7.2 OBERGRENZE() und UNTERGRENZE()

Der Charme dieser beiden Funktionen liegt – bei gleichartiger Fragestellung wie oben – in der Einheitlichkeit, mit der die Argumente verwendet werden. Es gilt für Runden auf …

- … Fünfer: `=OBERGRENZE(B2;5)`

- … Zehner: `=OBERGRENZE(B2;10)`

- … Tausender: `=OBERGRENZE(B2;1000)`

Der unter `Zahl` angegebene Wert – im Beispiel der Inhalt von Zelle B2 – wird auf das kleinste Vielfache des zweiten Arguments (`Schritt`) aufgerundet.

▲	A	B	C	D
1	**Maschine**	**Produktionsmenge**	**Obergrenze (Fünfer)**	**Obergrenze (Zehner)**
2	Maschine 1	45.297	=OBERGRENZE(B2;5)	45.300
3	Maschine 2	36.155	OBERGRENZE(**Zahl**; Schritt) 55	36.160
4	Maschine 3	51.214	51.215	51.220

Abbildung 6.54 Verwendung von OBERGRENZE() zum Runden auf ein Vielfaches des Ausgangswerts

Im Tabellenblatt *Obergrenze – Untergrenze* sind auch die Berechnungen mit der Funktion `UNTERGRENZE()` enthalten (z. B. `=UNTERGRENZE(B2;5)` in Zelle F2), die nach dem gleichen Schema arbeitet und den Ausgangswert auf das nächste Vielfache abrundet.

6.7.3 Runden auf ein Vielfaches mit VRUNDEN()

Zu guter Letzt können Sie die Lösung der gleichen Aufgaben im Tabellenblatt *VRUNDEN()* mit Hilfe der Funktion testen, die das Runden auf ein Vielfaches bereits in ihrem Namen trägt.

	A	B	C	D
1	**Maschine**	**Produktionsmenge**	**VRUNDEN() (Fünfer)**	**VRUNDEN() (Tausender)**
2	Maschine 1	45.297	=VRUNDEN(B2;5)	45.000
3	Maschine 2	36.155	36.155	36.000
4	Maschine 3	51.214	51.215	51.000

Abbildung 6.55 Rundung mit VRUNDEN()

Auch diese Funktion verwendet lediglich zwei Argumente: Zahl und Vielfaches. Beziehen Sie sich auf den Wert in Zelle B2, so erhalten Sie mit dem Wert 5 als Argument Vielfaches die Fünfer, mit 10 die Zehner und schließlich – wen wundert es? – mit 1000 die Tausender des Ursprungswerts.

6.8   Fehlerunterdrückung

Excel verwendet unterschiedliche Fehlerwerte, wenn für eine Berechnung kein korrektes Resultat ermittelt werden kann. Sicherlich sind Ihnen einige davon auch schon in Ihren Tabellen angezeigt worden: #DIV/0!, wenn Sie eine Division durchführen möchten, der Divisor jedoch fehlt oder gleich null ist, ist keine Seltenheit. Auch die Anzeige des Fehlerwerts #BEZUG!, wenn Sie beispielsweise beim SVERWEIS() auf einen unzulässigen Spaltenindex verweisen, kommt immer wieder vor.

Insgesamt können Ihnen folgende Fehlerwerte begegnen:

Fehlerwert	Erklärung
#BEZUG!	Dieser Fehlerwert wird von Excel zurückgegeben, wenn eine Formel oder Funktion einen ungültigen Zellbezug enthält. Außer bei fehlerhaften Spaltenangaben in SVERWEIS() können gelöschte Spalten oder Zeilen die Ursache für den Fehlerwert sein. Mit **Formeln ▸ Formelüberwachung ▸ Fehlerüberprüfung ▸ Spur zum Fehler** gehen Sie der Ursache auf den Grund.
#DIV/0!	Der Divisor bei einer Division ist null, oder die betreffende Zelle ist leer. Fehler dieser Art können Sie mit =WENN() und =ISTFEHLER() bzw. seit Version 2007 auch mit WENNFEHLER() unterdrücken. Mehr Informationen zur Handhabung dieser Funktionen finden Sie auf den folgenden Seiten.

Tabelle 6.5 Fehlerwerte in Excel

Fehlerwert	Erklärung
#NAME?	Dieser Fehlerwert tritt auf, wenn Sie in einer Formel oder Funktion einen Bereichsnamen nicht korrekt angegeben haben. Auch wenn der Name einer Funktion falsch geschrieben wird, taucht dieser Fehlerwert auf. Verhindern lassen sich nicht richtig geschriebene Bereichsnamen dadurch, dass Sie sich die Namen mit F3 anzeigen lassen und dann auswählen.
#NULL!	Sie möchten eine Schnittmenge aus zwei Zellbereichen mit der Funktion `=summe(a1:a10 b2:b18)` berechnen. Da es bei den beiden angegebenen Zellbereichen in den Spalten A und B allerdings keine Überschneidungen gibt, wird der Fehlerwert #NULL! ausgegeben.
#NV	Diese Anzeige kann beispielsweise im `SVERWEIS()` entstehen, wenn für ein Suchkriterium keine Fundstelle zu ermitteln ist. In den meisten Fällen ist auch hier die Anwendung von **Formeln ▸ Formelüberwachung ▸ Fehlerüberprüfung ▸ Spur zum Fehler** eine gute Grundlage, den Fehler aufzuspüren und zu korrigieren.
#WERT!	Ursache ist die Verwendung eines nicht zulässigen Datentyps in einer Formel oder Funktion. Dies ist dann der Fall, wenn ein numerischer Wert, z. B. für die Multiplikation, erwartet wird, in der betreffenden Zelle allerdings ein Text steht. Dies kann u. a. dann geschehen, wenn nach dem Datenimport ein Punkt statt des Kommas in Zellen verwendet wird. Die langwierige Suche nach der Ursache sollten Sie nach Möglichkeit ebenfalls mit der **Formelüberwachung** abkürzen.
#ZAHL!	Gibt eine Funktion einen nicht eindeutigen oder keinen numerischen und damit ungültigen Wert zurück, entsteht dieser Fehlerwert. Typisches Beispiel ist die Funktion `=DBAUSZUG()`. Auf Basis der Suchkriterien darf nur ein einziger Wert der Datenbank oder Liste als Ergebnis gefunden werden. Sind es hingegen mehrere Werte, wird #ZAHL! als Fehlerwert zurückgegeben.

Tabelle 6.5 Fehlerwerte in Excel (Forts.)

6.8.1 Formelüberwachung als Mittel der Ursachenanalyse

Als erstes Diagnosewerkzeug in Excel eignet sich die **Formelüberwachung**. Tritt ein Fehlerwert auf, können Sie sich von der betroffenen Zelle aus über den Menüpunkt **Formeln ▸ Formelüberwachung** die Verbindungen zwischen den Zellen anzeigen lassen, die in die Entstehung des Fehlerwerts verwickelt sind. Abbildung 6.56 erhalten Sie, wenn Sie die Option **Spur zum Fehler** wählen.

	A	B	C	D	E	F	G	H	I	J
1	Wert	Anzahl	Anteil				netto	brutto		
2	1.000 €	10	100 €			Projekt 1	1	2		6
3	21.000 €		#DIV/0!			Projekt 1	1	2		#NULL!
4	1.000 €	12	83 €			Projekt 1	1	2		
5	2.300 €	5	460 €			Pr... Die Bereiche in der Formel überschneiden sich nicht.				
6	**Summe**		#DIV/0!			Projekt 2	1	2		
7						Projekt 2	1	2		

Abbildung 6.56 Fehlersuche mit der Formelüberwachung

Neben der Kennzeichnung der betroffenen Zellen und den auf die Ergebniszelle zulaufenden Pfeilen signalisiert Ihnen das Ausrufezeichen zugleich weitere Informationen und Optionen. Im konkreten Beispiel werden Sie darauf aufmerksam gemacht, dass die zu berechnende Schnittmenge nicht gebildet werden kann, da sich die angegebenen Zellbereiche nicht überschneiden. Neben der allgemeinen Hilfe bietet Excel die Option **Berechnungsschritte anzeigen** an, die vor allem dann sehr nützlich sein kann, wenn es sich bei der Berechnung um eine Abfolge von Einzelschritten bei der Ausführung der Formel oder Funktion handelt.

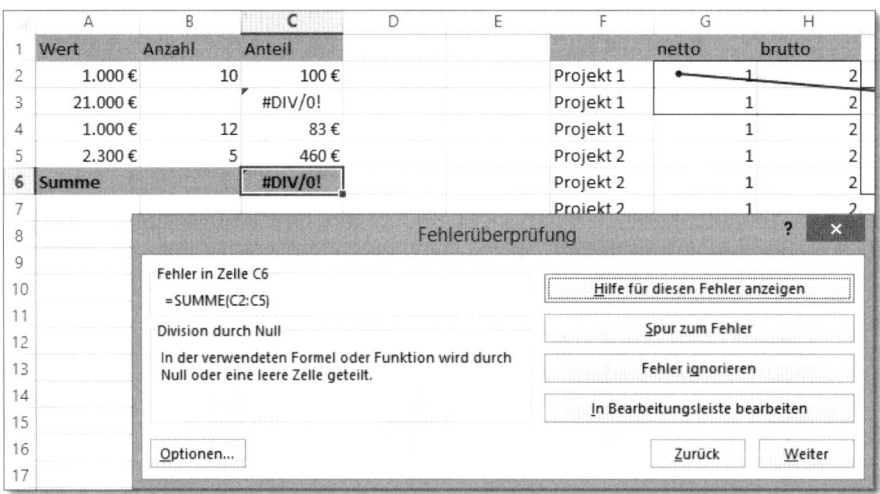

Abbildung 6.57 Die Dialogbox »Fehlerüberprüfung«

Die Funktion **Fehlerüberprüfung** sollten Sie anwenden, wenn es in einem Tabellenblatt gleich mehrere Fehlerwerte gibt, deren Ursachen Sie näher untersuchen möchten. Die Dialogbox bietet Ihnen die gleichen Werkzeuge an wie in der Einzelprüfung. Durch einen Mausklick auf **Weiter** bzw. **Zurück** können Sie von einem Wert zum nächsten wechseln, ohne immer wieder von Neuem die Funktion der **Fehlerüberprüfung** starten zu müssen.

6.8.2 Unterdrücken von Fehlerwerten

Problematisch sind Fehlerwerte u. a. dann, wenn Sie die Weiterberechnung von Tabellen unterbinden. Das klassische Beispiel dazu ist die Anzeige von #DIV/0! aufgrund einer fehlenden Angabe als Divisor und der daraus resultierende Fehlerwert bei der Berechnung der Summe aus den Werten der Spalte (Abbildung 6.58).

Wert	Anzahl	Anteil
1.000 €	10	100 €
21.000 €		#DIV/0!
1.000 €	12	83 €
2.300 €	5	460 €
Summe		#DIV/0!

Abbildung 6.58 Fehlerwert aufgrund einer Division durch null

Um zu verhindern, dass Fehlerwerte die Weiterberechnung solcher abhängigen Funktionen unterbrechen, stehen folgende Funktionen zur Verfügung:

Funktion	Bedeutung
=ISTFEHLER()	Die Funktion ISTFEHLER(Wert) prüft, ob das Ergebnis einer Berechnung einen Fehlerwert ergibt. Ist dies der Fall, wird der Wahrheitswert WAHR, andernfalls FALSCH ausgegeben. Das Ergebnis der Prüfung kann danach an die Funktion WENN() übergeben werden, um eine alternative Berechnung durchzuführen.
=WENN()	Mit WENN(Prüfung; Dann_Anweisung; Sonst_Anweisung) kann abhängig vom Ergebnis einer Prüfung eine bestimmte Anweisung ausgeführt werden, z. B. statt eines Fehlerwerts der Wert null ausgegeben werden. Beispiel: =WENN(ISTFEHLER(A2/B2); 0; A2/B2). Der Wert *null* verursacht bei weiteren Berechnungen wie der Summenbildung im Gegensatz zu #DIV/0! keine Probleme.
=WENNFEHLER()	Da die Kombination aus ISTFEHLER() und WENN() die doppelte Eingabe der Formel oder Funktion erfordert – einmal im Argument Prüfung und ein weiteres Mal im Argument Sonst_Anweisung –, stellt WENNFEHLER(Wert; Wert_falls_Fehler) eine sinnvolle Verkürzung dar. Der oben verwendete Ausdruck lässt sich mit dieser seit Excel 2007 verfügbaren Funktion als =WENNFEHLER(A2/B2; 0) darstellen.

Tabelle 6.6 Funktionen zur Unterdrückung von Fehlerwerten

Funktion	Bedeutung

`=ISTLEER()`
`=ISTTEXT()`
`=ISTZAHL()`
	Diese Funktionen prüfen, ob eine angegebene Zelle leer ist oder ob sie einen Text oder eine Zahl enthält. Auch sie geben die Wahrheitswerte WAHR oder FALSCH zurück. Die Ergebnisse können Sie mit `WENN()`weiterverarbeiten.

Tabelle 6.6 Funktionen zur Unterdrückung von Fehlerwerten (Forts.)

6.8.3 Praktische Anwendung

In der Beispieldatei *06_Fehlerunterdrückung_WENNFEHLER_01.xlsx* wird ein Fehlerwert durch die Auswahl einer Bezeichnung in Zelle B2 ausgelöst, für die es in der Referenztabelle zwar ein Konto gibt, nämlich das Konto *2500* für die Bezeichnung *Dekoration*. Allerdings kann diesem Konto aus der Ausgabenliste kein Betrag zugeordnet werden.

	A	B	C	D	E	F	G	H	I
1	**Kostenanalyse**			**Bezeichnung**	**Konto**		**Lfd.Nr.**	**Konto**	**Betrag**
2	ausgewählte Bezeichnung:	Dekoration		Pflanzen	1234		1	1234	354,00 €
3		2500		Bewirtung	2100		2	2100	380,00 €
4	Anzahl in Kategorie Dekoration	0		Büromaterial	1200		3	1200	412,00 €
5		#DIV/0!		Fahrtkosten	2150		4	2150	393,00 €
6	Kosten (Pauschale):	0,00 €		Dekoration	2500		5	2100	408,00 €
7							6	1200	136,00 €
8							7	2150	352,00 €
9							8	1234	280,00 €
10							9	2100	151,00 €
11							10	1200	449,00 €
12	=ISTFEHLER()	WAHR					11	1234	448,00 €
13	=FEHLER.TYP()	2					12	2100	416,00 €
14	=WENNFEHLER()	0,00 €					13	1200	391,00 €
15	=INFO()	1					14	2150	442,00 €
16							15	1234	434,00 €

Abbildung 6.59 Fallbeispiel zur Anwendung von Fehlerwerten

In Zelle B6 führt dies zwangsläufig bei der Benutzung der Funktion `=MITTELWERTWENN(H2:H16;B3;I2:I16)` zum Fehlerwert #DIV/0!. In Zelle B14 habe ich dieses Problem ausgeschaltet, indem ich die Funktion mit `WENNFEHLER()` kombiniert habe:

```
=WENNFEHLER(MITTELWERTWENN(H2:H16;B3;I2:I16);0)
```

In den Zellen darüber wurde in B12 die bereits beschriebene Funktion `=ISTFEHLER(MITTELWERTWENN(H2:H16;B3;I2:I16))` und in B13 die Funktion `=FEHLER.TYP(MITTELWERTWENN(H2:H16;B3;I2:I16))` eingesetzt. Letztere bringt als Ergebnis einer Prüfung einen Fehlercode hervor. Der Code *2* steht für den Fehlerwert #DIV/0!. Die zurückgegebenen

Codes können ebenfalls im Zuge der Weiterverarbeitung mit Funktionen wie WENN() oder WAHL() für alternative Anweisungen genutzt werden. Die Fehlercodes von FEHLER.TYP() sind:

Fehlercode	Fehlerwert
1	#NULL!
2	#DIV/0!
3	#WERT!
4	#BEZUG!
5	#NAME?
6	#ZAHL!
7	#NV
8	#DATEN_ABRUFEN!
#NV	Sonstiges

Tabelle 6.7 Rückgabewerte der Funktion FEHLER.TYP()

6.9 Einsatz von logischen Funktionen

Im vorangegangenen Beispiel ist bereits die Funktion WENN() und damit eine Funktion aus der Kategorie **Logik** des Funktionsassistenten zum Einsatz gekommen. Mit den neuen Möglichkeiten von WENNFEHLER() ist der Aktionsradius dieses »normalen« WENN() sicherlich etwas verkleinert worden. Nehmen wir noch die Fälle hinzu, in denen Sie, wie weiter oben dargestellt, statt mit der verschachtelten Funktion WENN() mit WAHL() Kalkulationsalternativen einleiten, reduziert sich das Einsatzfeld der Funktion noch ein wenig weiter.

Dennoch finden sich genügend Situationen, in denen WENN() angebracht ist, etwa wenn WAHL() nicht einsetzbar ist, weil der zu prüfende Indexwert nicht fortlaufend numerisch ist. WENN(A2="ja", A2*B2;0) kann nicht durch WAHL() ersetzt werden, weil nur 1 oder 2, nicht aber ja oder nein in dieser Funktion verwertet werden können.

In der Beispieldatei *06_Logik_UND_NICHT_01.xlsx* wird ein typisches Feld dargestellt, auf dem logische Funktionen ebenfalls genutzt werden: die **Bedingte Formatierung**.

Artikel-ID	Soll	Ist KW 1	Ist KW 2	Ist KW 3	Ist KW 4	Diagramm
537	1300	1350	1400	1412	1416	8,62%
544	100	90	95	76	50	-24,00%
1290	100	120	115	146	163	46,00%
1299	60	50	67	106	97	76,67%
1427	650	700	600	618	691	-4,92%
1750	200	210	200	274	177	37,00%
1751	120	125	120	185	166	54,17%

○ KW 1   ○ KW 2   ◉ KW 3   ○ KW 4

Bedingte Formatierung:
=$G2>=$M$3
=$G2<=$M$4
=NICHT($G2=ODER($G2>=$M$3;$G2<=$M$4))

Abbildung 6.60 Bedingte Formatierung auf der Grundlage logischer Funktionen

Dem Beispiel liegt die Überlegung zugrunde, die Zeilen mit einer roten Schriftfarbe hervorzuheben, wenn die Abweichung zwischen Soll und Ist in Spalte G kleiner oder gleich –10 % ist. Dieser Vergleichswert wird aus Zelle M4 des Tabellenblattes übernommen. Die Formel zur Definition der Bedingung lautet demnach =$G2<=$M$4. Für die grüne Schriftfarbe der Zellen gilt die Bedingung, dass die Abweichungen mindestens bei +10 % liegen müssen. Die Formel für diese Bedingung lautet =$G2>=$M$3.

Über **Start ▸ Formatvorlagen ▸ Bedingte Formatierung ▸ Neue Regel ▸ Formel zur Ermittlung der zu formatierenden Zellen eingeben** geben Sie die beiden Bedingungen und die Formatierungsvorgaben ein, nachdem Sie den Zellbereich A2 bis G23 markiert haben. Sicherlich könnten Sie jetzt alle Zellen dieses Bereiches mit der Schriftfarbe Grau belegen, um eine dritte Farbe für all die Datensätze zu erhalten, bei denen weder die eine noch die andere Bedingung erfüllt wird. Doch lassen Sie uns stattdessen den Weg über zwei logische Funktionen wählen.

Um die beiden bereits verwendeten Bedingungen – größer oder gleich 10 %, kleiner oder gleich –10 % – zu verknüpfen, setzen Sie eine weitere logische Funktion ein: ODER(Wahrheitswert1, Wahrheitswert2, ...). Das Resultat WAHR erhalten Sie bei der Nutzung dieser Funktion, wenn nur eine der vorgegebenen Bedingungen erfüllt wird. Maximal können Sie übrigens 255 Bedingungen definieren.

Was passiert nun bei einem Wert, der beispielsweise bei 5 % liegt, wenn Sie =ODER($G2>=10 %;$G2<=-10 %) als Bedingungskombination angeben? Die erste Bedingung wird nicht erfüllt (größer oder gleich 10 %). Die zweite Bedingung (kleiner oder gleich –10 %) kann aber ebenso wenig erfüllt werden. Dies führt zu einem FALSCH. Bei einem Wert von über 10 % oder unterhalb von –10 % hingegen wird eine der beiden Bedingungen erfüllt, und so gibt die Funktion ein WAHR aus. Mit anderen Worten: Eigentlich müssten alle Zellen, in denen der Wahrheitswert FALSCH erscheint, die gewünschte graue Schriftfarbe erhalten.

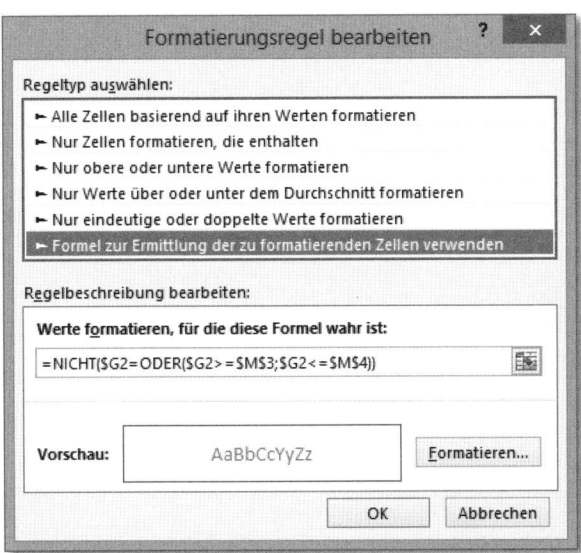

Abbildung 6.61 Umkehrung des Wahrheitswerts WAHR mit Hilfe von NICHT()

Doch diese Logik ist für Excel problematisch, wenn man sich die Funktionsweise der bedingten Formatierung ansieht. Eine Formatierung wird nämlich nur dann ausgeführt, wenn die Prüfung der Bedingungen das Resultat WAHR – oder den in Excel damit assoziierten Wert 1 – ergibt. Um diesem Dilemma in unserem Beispiel zu entrinnen, müssen wir also den Ergebniswert der Prüfung umkehren. Und dies erreichen Sie mit der Funktion `NICHT(Wahrheitswert)`.

Wenn Sie den gesamten Ausdruck in der Form `=NICHT($G2= ODER($G2>=$M$3; $G2<=$M$4))` ergänzen, dann erhalten Sie für alle Zellen in Spalte G, in denen keine der beiden Bedingungen zutrifft, den benötigten Wahrheitswert WAHR. Die graue Hintergrundformatierung wird somit wie gewünscht umgesetzt.

Neben `WENN()`, `ODER()` und `NICHT()` enthält die Kategorie **Logik** eine vierte wichtige Funktion: Es ist die Funktion `UND()`. Im Aufbau unterscheidet sie sich nicht von dem soeben beschriebenen `ODER()`. Ihre einzelnen Bedingungen geben Sie mit Semikolon getrennt ein. Nur wenn alle Bedingungen erfüllt werden, gibt diese Funktion den Wahrheitswert WAHR zurück.

7 Bedingte Kalkulationen in Datenanalysen

Bedingte Kalkulationen spielen bei der Erstellung von Reports eine bedeutende Rolle. Seit Excel 2007 wurden bestehende Funktionen wesentlich erweitert. Es liegt in der Natur der in Unternehmen vorhandenen Datenstrukturen sowie der in ihnen verwendeten Programme, dass Daten, die die Grundlage für Reports darstellen, quasi en masse in Excel importiert werden müssen. Liegen diese Daten dann im Tabellenkalkulationsprogramm vor, beginnt – selbst dann, wenn Sie als Benutzer beim Importieren bereits selektiv vorgegangen sind – eine weitere Phase Ihrer Arbeit: Der Datenbestand muss verringert, Informationen müssen zusammengefasst und große, unübersichtliche Datenreihen müssen auf wenige aussagekräftige Werte reduziert werden.

Im besten Fall können Sie eine große Datenmatrix aus einem Fremdsystem auf einige wenige Kennzahlen verdichten. In der hier skizzierten Arbeitsphase werden Sie es immer wieder mit Sortier- und Filterfunktionen oder der Berechnung von Teilergebnissen und Datenbankfunktionen zu tun haben. Und Sie werden Kalkulationen auf der Grundlage spezifischer Bedingungen durchführen wollen: Sie interessieren sich wahrscheinlich nicht nur für die Einnahmen oder Ausgaben des gesamten Unternehmens, sondern auch für die eines speziellen Produkts (erste Bedingung) in einem bestimmten Vertriebsgebiet (zweite Bedingung) zu einer vorgegebenen Zeit (dritte Bedingung).

Die Versionen seit Excel 2007 bieten Ihnen für genau diese Arbeitsphase eine Reihe neuer Werkzeuge an. Sortier- und Filterfunktionen wurden um einige Optionen ergänzt, ihre Bedienung wurde vereinfacht und vereinheitlicht. Die Liste der bedingten Kalkulationen aber wurde gleich um drei Funktionen erweitert:

- SUMMEWENNS()
- ZÄHLENWENNS()
- MITTELWERTWENNS()

Alle drei Funktionen ermöglichen nun die Definition von bis zu 127 Bedingungen bei der Berechnung von Datenreihen. Neben diesen drei »Neulingen« wurden auch bereits bekannte und bei der bedingten Kalkulation sehr nützliche Funktionen wie SUMMENPRODUKT() überarbeitet. Es wird sich für Sie lohnen, sich mit den Änderungen vertraut zu machen.

Das aktuelle Kapitel wird Ihnen die folgenden Themen ausführlich näherbringen:

■ die Anwendung der Funktionen zur bedingten Kalkulation mit einer Bedingung (SUMMEWENN(), ZÄHLENWENN(), MITTELWERT())

■ die Kombination mehrerer Bedingungen mit Hilfe der neuen Funktionen SUMME-WENNS(), ZÄHLENWENNS() und MITTELWERTWENNS()

■ die Verwendung unterschiedlicher logischer Operatoren wie UND und ODER

■ den Einsatz der Funktion von SUMMENPRODUKT() zur Ermittlung der bedingten Anzahl oder zur Summenbildung

■ die Benutzung des Teilsummen-Assistenten zur Bildung verschachtelter Funktionen

■ die Bildung von Matrixfunktionen als Alternative oder. Ergänzung zu den oben genannten Funktionen

Alle diese Funktionen lassen sich einfacher einsetzen, wenn Sie Bereichsnamen systematisch verwenden. Auch hiermit wird sich das vorliegende Kapitel beschäftigen.

7.1   Kalkulationen ohne Bedingungen

Lassen Sie uns zunächst einen Blick auf die Daten werfen, mit denen wir es bei den folgenden Kalkulationen zu tun haben. Sie finden diese Datei in den Beispieldateien zum Buch (*www.vierfarben.de/3497*) unter dem Dateinamen *07_Bedingte_Kalkulationen_01.xlsx*.

	A	B	C	D	E	F	G	H	I	J
1	Nr	Artikel	Typ	Kategorie	Region	Status	Anzahl	Umsatz	Transportkosten	Datum
2	1	Artikel ABC	100	300	West	WAHR	63	18.837,00 €	3,5%	17.11.2014
3	2	Produkt XYZ	900	1100	West	FALSCH	110	16.390,00 €	3,5%	07.11.2014
4	3	Artikel DEF	200	400	Südwest	FALSCH	68	16.932,00 €	2,1%	25.11.2014
5	4	Artikel DEF	200	400	Südwest	WAHR	66	16.434,00 €	2,1%	16.12.2014
6	5	Produkt ABC	600	800	Südwest	FALSCH	37	14.800,00 €	2,1%	02.12.2014
7	6	Produkt XYZ	900	1100	Süd	FALSCH	119	17.731,00 €	2,1%	06.11.2014

Abbildung 7.1 Basisdaten für einen einfachen Report

Es handelt sich ganz offensichtlich um eine einfache Excel-Liste. Sie enthält

■ eindeutige Spaltenüberschriften,

■ keine Leerzeilen oder Leerspalten,

■ eine Reihe unterschiedlicher Zahlenformate wie Text, Zahlen, logische Werte, Prozent- und Datumswerte.

Eine solche Liste könnte sowohl das Resultat einer Dateneingabe in Excel als auch das Ergebnis eines Datenimports aus einem Fremdprogramm mit anschließender Bereinigung der Daten sein. In Kapitel 4, »Basisanalyse von Unternehmensdaten«, habe ich diese Thematik näher erläutert. Excel-Listen eignen sich aufgrund ihrer klaren Struktur in besonderem Maße für alle Operationen der Datenanalyse – so auch für die Anwendung bedingter Kalkulationen.

Wie Sie in Kapitel 5, »Dynamische Reports erstellen«, gesehen haben, ist auch ein klar strukturierter Aufbau der Excel-Arbeitsmappe bei der Datenanalyse von großem Nutzen. In unserem Beispiel befinden sich die Basisdaten im Tabellenblatt *A_Basisdaten*. Vier knappe Auswertungen sind in den Tabellenblättern *Report_I* bis *Report_IV* durchgeführt worden.

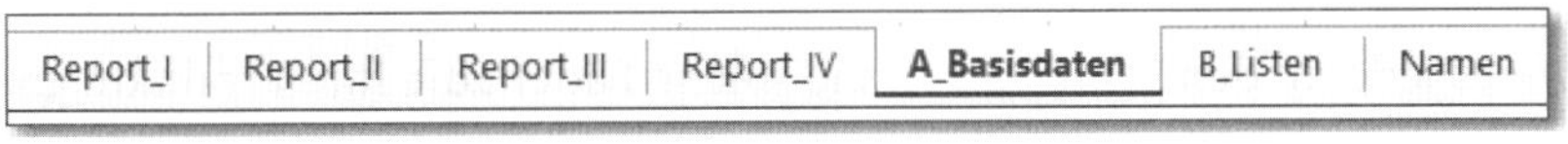

Abbildung 7.2 Aufbau der Arbeitsmappe für die bedingte Kalkulation

Lassen Sie uns den Inhalt von *Report_I* als Fingerübung betrachten, um ein wenig mit dem Thema warm zu werden, denn allzu kompliziert und neu werden die dort dargestellten Funktionen für Sie wahrscheinlich nicht sein.

	A	B
1	**Report I**	
2		
3	Anzahl gelisteter Artikel	30
4	Umsätze insgesamt	458.628 €
5	Gesamtzahl der verkauften Artikel	1.906
6	durchschnittlicher Umsatz/gelistete Artikel	15.288 €
7	Mittelwert ohne Nullwerte	16.380 €
8	durchschnittlicher Umsatz/verkaufte Artikel	240,62 €

Abbildung 7.3 Zusammenfassung der Basisdaten mit Hilfe von SUMME(), ANZAHL() und MITTELWERT()

Was gibt es zu diesem Tabellenblatt zu sagen? Die Funktion zur Berechnung der Anzahl von Werten in einer Datenreihe finden Sie in Excel gleich zweimal:

- `=ANZAHL(Bereich)` berechnet die Anzahl der Zahlen im ausgewählten Datenbereich.
- `=ANZAHL2(Bereich)` liefert hingegen die Anzahl der Zellen im Bereich, die nicht leer sind. Mit dieser Funktion können Sie also auch Texteinträge zählen.

Da in der Beispieldatei zunächst die *Anzahl* der gelisteten Artikel in Zelle B3 gezählt werden soll und die Artikelbezeichnungen als Text vorliegen, kommt bei der Berechnung letztere Variante zum Einsatz:

```
=ANZAHL2('A_Basisdaten'!B2:B31)
```

Überspringen wir die beiden Summen in den Zellen B4 und B5, um uns gleich dem Mittelwert in B6 zuzuwenden. Wenden Sie dort die Funktion MITTELWERT() an, erhalten Sie den Durchschnitt der Umsätze bezogen auf die in den Basisdaten gelisteten Artikel:

```
=MITTELWERT('A_Basisdaten'!H2:H31)
```

Nehmen wir an, die Tabelle in *A_Basisdaten* ist das Ergebnis einer Marktanalyse, bei der Sie die Verkäufe in 30 Verkaufsstellen erfasst haben. Dann wissen Sie zunächst lediglich, dass Ihre Produkte in 30 verschiedenen Läden geführt werden. Der Mittelwert, als großer Gleichmacher, liefert Ihnen damit den Durchschnitt der Umsätze je Verkaufsstelle, auch wenn in einigen Läden überhaupt keine Ihrer Produkte verkauft wurden. Dies sehen Sie z. B. in Zelle G9 der Basisdaten.

Interessanter wäre es jedoch, den Mittelwert ohne solche Läden, die Ihre Produkte gar nicht anbieten, zu berechnen. Den *Mittelwert ohne Null* müssen berechnen mit der Funktion

```
=SUMME('A_Basisdaten'!H2:H31)
/ZÄHLENWENN('A_Basisdaten'!H2:H31;">0")
```

Sie bilden zunächst die Summe, um diese dann durch die Anzahl der Läden zu teilen, bei denen der Verkauf nicht gleich null oder kleiner ist. Im Verlauf dieses Kapitels erhalten Sie eine genaue Erläuterung zu ZÄHLENWENN() und weitere Berechnungsalternativen. Momentan gilt es festzuhalten, dass selbst auf den ersten Blick ganz einfach erscheinende Berechnungen schon ihre Tücken enthalten können.

Doch weiter geht's. Sie interessiert nicht der durchschnittliche Umsatz je Verkaufsstelle, sondern jener der real verkauften Artikel? Die Formel dazu finden Sie in Zelle B8:

```
=SUMME('A_Basisdaten'!H2:H31)
/SUMME('A_Basisdaten'!G2:G31)
```

Es handelt sich hier ganz einfach um die Summe der Umsätze aller Verkaufsstellen in Spalte H der Basisdatentabelle, die durch die Summe aller verkauften Artikel in Spalte G geteilt wird. Da hier zwei zusammengefasste Werte, nämlich die beiden Summen, zueinander in Beziehung gesetzt werden – und nicht die Einzelwerte –, fallen die Läden, bei denen der Verkauf gleich null ist, nicht störend ins Gewicht.

7.2   Kalkulationen mit einer Bedingung

Im Tabellenblatt *Report_II* finden Sie nun die ersten *bedingten Kalkulationen* dieser Arbeitsmappe. Berechnungen mit nur einer Bedingung waren auch schon in den Vorgängerversionen von Excel möglich. Die dazu verwendeten Funktionen sind und waren:

Funktionsaufbau und Erläuterung
`=SUMMEWENN(Suchbereich;Bedingung;Summenbereich)`

Die Funktion bildet die Summe der Werte, die mit einer vorgegebenen Suchbedingung übereinstimmen.

Der Suchbereich wird zumeist als Zellbezug (z. B. `A1:A20`) oder mit Hilfe eines *Bereichsnamens* festgelegt. Er enthält die Daten, die Sie auf Basis der Suchbedingungen durchsuchen möchten.

Die Bedingungen können Sie als Wert, Zellbezug, Funktion oder Text eingeben. Bedingungen, die als Text (z. B. Artikelbezeichnungen) eingegeben werden oder mathematische bzw. logische Operatoren verwenden (z. B. größer als 1.000), müssen in Anführungsstriche gesetzt werden. Diese Bedingungen müssen also folgende Syntax aufweisen: `"Artikel ABC"` oder `">=1000"`.

Der Summenbereich setzt sich aus den Zellen zusammen, in denen die zu summierenden Werte stehen. Dieser Bereich kann auch identisch mit dem zu durchsuchenden Bereich sein. In diesem Fall können Sie den Summenbereich weglassen.

`=ZÄHLENWENN(Suchbereich; Bedingung)`

Diese Funktion zählt die Zellen eines Tabellenbereiches, die mit einem bestimmten Kriterium übereinstimmen.

Der Suchbereich ist zumeist ein Zellbezug, oder er wird als Bereichsname eingegeben.

Wie bei `SUMMEWENN()` geben Sie auch hier die Bedingung als Wert, Zellbezug, Funktion oder Text ein. In der Bedingung (`""`) gelten die gleichen Regeln für die Benutzung von Text und Operatoren.

`=MITTELWERTWENN(Suchbereich; Bedingung; Mittelwertbereich)`

Mit dieser seit Excel 2007 verfügbaren Funktion wird der Durchschnittswert der Zellen errechnet, die der von Ihnen festgelegten Bedingung entsprechen.

Im Suchbereich wird wie bei den vorangegangenen Funktionen geprüft, ob die Bedingung erfüllt wird oder nicht.

Das Bedingungsfeld legen Sie ebenfalls als Zellbezug, Formel oder mit einem Bereichsnamen fest.

Tabelle 7.1 Bedingte Kalkulationen mit einer Bedingung

Funktionsaufbau und Erläuterung

Der Mittelwertbereich enthält die Zahlenwerte, aus denen der Durchschnitt berechnet werden soll. Auch hier ist bei der Eingabe von Textkriterien und Operatoren wieder auf die Verwendung von doppelten Anführungsstrichen zu achten.

Wichtig: Ist eine Zelle im Mittelwertbereich *leer*, wird sie bei der Bildung des Mittelwerts *nicht berücksichtigt*. Enthält eine Zelle den Wert Null, fließt sie hingegen in die Berechnung mit ein.

Wird kein Wert gefunden, der mit der Bedingung übereinstimmt, liefert die Funktion den Fehlerwert #DIV/0!.

Tabelle 7.1 Bedingte Kalkulationen mit einer Bedingung (Forts.)

Das Tabellenblatt *Report_II* zeigt die Anwendung und die Ergebnisse der bedingten Kalkulationen. Um die Auswertung flexibler zu gestalten, werden in den Zellen B4 und B11 zwei Datenüberprüfungen verwendet. Sie ermöglichen ist eine schnelle Auswahl der Artikel bzw. Regionen. Zudem verhindert eine solche Listenauswahl Eingabefehler beim Schreiben der Bedingungen, denn Tippfehler bei der Definition der Suchbedingungen führen naturgemäß zu fehlerhaften Resultaten bei der Berechnung.

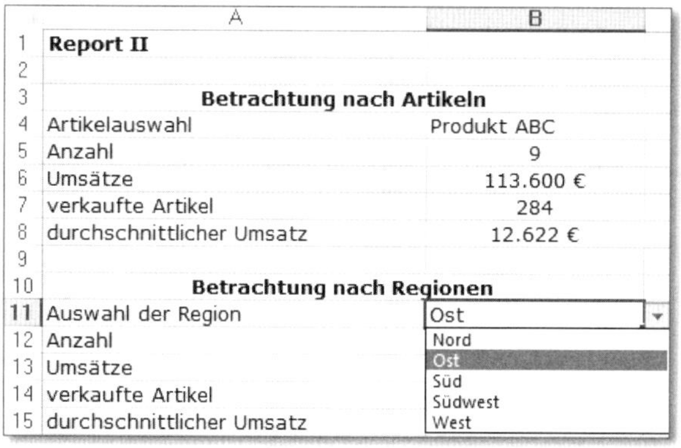

Abbildung 7.4 Bedingte Kalkulation mit Auswahl der Bedingung über eine Datenüberprüfung

Eine zweite Besonderheit der in diesem Tabellenblatt verwendeten Funktionen und Bedingungen ist, dass sie als Zellbezug eingegeben (z. B. B4) sind und nicht als fester Wert oder Text (z. B. »Artikel DEF«). Dies sollte eigentlich der Normalfall sein. Es ist definitiv davon abzuraten, die Bedingungen als Text oder Wert direkt in die Funktion einzugeben. Dies ist fehlerträchtig, umständlich und unflexibel. Im vorliegenden Fall kommen Sie zu folgenden Funktionen:

Zelle	Funktion
B5	=ZÄHLENWENN('A_Basisdaten'!B2:B31;'Report_II'!B4)
B6	=SUMMEWENN('A_Basisdaten'!B1:I31;'Report_II'!B4; 'A_Basisdaten'!H1:H31)
B7	=SUMMEWENN('A_Basisdaten'!B1:I31;'Report_II'!B4; 'A_Basisdaten'!G1:G31)
B8	=MITTELWERTWENN('A_Basisdaten'!B1:B31;B4;'A_Basisdaten'!H1:H31)

Tabelle 7.2 Verwendete Funktionen im Tabellenblatt »Report_ II«

Im unteren Bereich des Tabellenblattes wiederholen sich die eingesetzten Funktionen unterhalb der Überschrift *Betrachtung nach Regionen* noch einmal. Sie unterscheiden sich lediglich im ausgewählten Suchbereich, der sich in Spalte E des Tabellenblattes *A_Basisdaten* befindet und dem Zellbezug für die Suchbedingung (B11).

Die beiden Zellen B4 und B11 bieten nun einen schnellen Zugriff auf die Berechnung der Daten nach Artikeln und Regionen.

Syntax bei Suchbedingungen

Bei der Verwendung von Vergleichsoperatoren wie > oder < ist zunächst zu beachten, dass diese in Anführungszeichen gesetzt werden müssen. Darüber hinaus ist zu bedenken, dass Zellbezüge, die auf Bedingungen verweisen, mit dem Verkettungszeichen eingegeben werden müssen. Beispiel:

=ZÄHLENWENN(E:E;">="&H1)-ZÄHLENWENN(E:E;">="&H2)

Hier wird die Anweisung gegeben, die Zellen nur zu zählen, wenn der gefundene Wert größer oder gleich dem Wert ist, der sich in Zelle H2 befindet. Der korrekte Ausdruck lautet: ">="&H2. Mit & fassen Sie den Operator und die Zelle zu einer Bedingung zusammen. Ohne diese Verkettung würde Excel nach dem Text H2 suchen.

HINWEIS

7.3 Bereichsnamen – der schnelle Zugriff auf Datenbereiche

Bereits an diesen ersten einfachen Funktionen in dieser Arbeitsmappe erkennen Sie, dass die Verwendung von Zellbezügen in den Funktionsargumenten bisweilen zu einer gewissen Unübersichtlichkeit führt. Bezieht sich der Zellbezug im Summenbereich der

Funktion `SUMMEWENN()` – `'A_Basisdaten'!G1:G31` – auf die Anzahl der Artikel in den Basisdaten oder auf die Umsätze? `'Report_II'!B4` ist wohl eine Bedingung in der Funktion `ZÄHLENWENN()`. Aber handelt es sich dabei um eine Artikel- oder eine Regionensuche?

Bei der Betrachtung Ihrer eigenen Arbeitsmappen und den darin eingesetzten Funktionen werden Sie auf eine kaum zählbare Menge solcher Funktionen stoßen. Diese Funktionen werden eine Unmenge gleichartiger Fragen aufwerfen, auf die Sie spontan keine Antwort finden werden. Häufig beginnt dann ein mühseliges Erkunden der Zellbezüge, um herauszufinden, worauf sich Ihre Funktionsargumente überhaupt beziehen. Schließlich werden Sie prüfen, ob die verwendeten Bezüge noch auf dem aktuellen Stand sind. Sie werden die Bereiche eventuell auch aktualisieren müssen, um korrekte Ergebnisse zu erhalten.

Haben Sie eigentlich die Zeit zur kontinuierlichen Vergegenwärtigung, Prüfung und Aktualisierung von Formeln und Funktionen? Nein, die haben Sie nicht! Und deshalb schlage ich vor, die abstrakten Bezüge durch sprechende Bereichsnamen zu ersetzen. Hätte der Zellbezug *'A_Basisdaten'!G1:G31* den Namen *BasisdatenAnzahl* und der Zellbezug *'A_Basisdaten'!H1:H31* den Namen *BasisdatenUmsatz*, wüssten Sie bei der Betrachtung Ihrer Funktionen auch noch nach Monaten, worauf sich die Argumente eigentlich beziehen.

Definieren Sie also den ersten Bereichsnamen in einem Tabellenblatt. Wechseln Sie in das Tabellenblatt *A. Basisdaten*, und markieren Sie den Datenbereich von Zelle B2 bis B31. Klicken Sie anschließend in das **Namenfeld** oberhalb der Spaltenüberschrift von Spalte A, und schreiben Sie den gewünschten Bereichsnamen in das Feld (Abbildung 7.5). Schließen Sie die Eingabe sofort mit ⏎ ab.

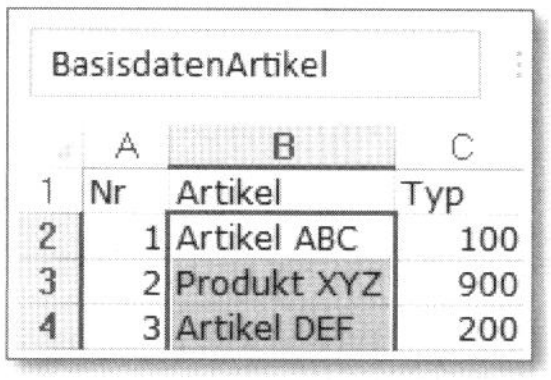

Abbildung 7.5 Festlegung eines sprechenden Bereichsnamens für die Artikelliste in Ihren Stammdaten

Wiederholen Sie den Vorgang beispielsweise mit den Zellbereichen E2 bis E31 (*BasisdatenRegionen*), G2 bis G31 (*BasisdatenAnzahl*) und H2 bis H32 (*BasisdatenUmsatz*), um für die zentralen Bereiche Ihrer Basisdaten sprechende und damit verständliche Namen festzulegen.

Auch im Tabellenblatt *Report II* finden Sie zwei Zellen, die Sie mit Namen versehen sollten:

- Zelle B4 enthält die für die Auswertung nach Artikeln wichtige Bedingung. Nennen Sie diese Zelle z. B. *ReportIIArtikelauswahl*.

- In Zelle B11 bietet sich für das auf die Regionenauswahl gerichtete Suchkriterium der Bereichsname *ReportIIRegionsauswahl* an.

Bereichsnamen unterliegen gewissen Regeln vonseiten des Programms. Ausführliche Informationen dazu finden Sie in Kapitel 5, »Dynamische Reports erstellen«. Nur so viel sei an dieser Stelle gesagt:

- Ein Bereichsname muss mit einem Buchstaben, einem Tiefstrich (_) oder einem Slash (\) beginnen.

- Er darf weder Leerzeichen enthalten, noch wie ein Zellbezug lauten (z. B. A13).

- Der Name darf maximal 255 Zeichen lang sein.

Bereichsnamen systematisch anwenden

Sie sollten eigene Grundsätze entwickeln, nach denen Sie Bereichsnamen vergeben. Es kommt auf ein Arbeiten mit System an, und Sie müssen dieses System auch noch nach Monaten oder vielleicht Jahren beherrschen. In den oben genannten Beispielen bildet der Name des Tabellenblattes, auf das sich der Zellbezug richtet, jeweils einen Teil des Bereichsnamens. Der erste Grundsatz für den Einsatz von Namen könnte folglich lauten: In allen Namen muss der Tabellenbezug erkennbar sein! Ob ein Bereich dynamisch oder statisch ist, ob der Bezug sich auf eine oder mehrere Zellen richtet – auch dies kann eine hilfreiche Information sein, die am Bereichsnamen bereits ablesbar sein sollte. Auch diese Überlegungen könnten demnach in Ihre Namensgrundsätze einfließen. In Kapitel 5, »Dynamische Reports erstellen«, finden Sie weitere Anregungen zur Verwendung von Bereichsnamen und letztlich zur Modellierung Ihrer Daten.

7.3.1 Verwendung sprechender Bereichsnamen

Bereichsnamen helfen Ihnen gleich in zweierlei Hinsicht bei der täglichen Arbeit:

- Mit Hilfe der Funktionstaste F5 (**Gehe zu**) oder der Option **Namenfeld** unterstützen die vorhandenen Bereichsnamen Sie bei der Navigation gerade in umfangreichen Arbeitsmappen.

■ Namen können Sie in Formeln und Funktionen verwenden. Mit ⎡F3⎤ können Sie die Bereichsnamen anzeigen und dann in Ihre Berechnungen einfügen.

Befinden Sie sich in einem beliebigen Tabellenblatt Ihrer Arbeitsmappe an einer beliebigen Stelle, so öffnen Sie einfach das **Namenfeld** und klicken auf einen Bereichsnamen, um direkt zum entsprechenden Zellbereich zu wechseln (Abbildung 7.6). Alle Bereichsnamen werden in dieser Liste angezeigt, solange sie keine dynamischen Bezüge enthalten.

Abbildung 7.6 Einfache Navigation durch Auswahl eines Bereichsnamens aus dem **Namenfeld**

Abbildung 7.7 Auch die Dialogbox **Gehe zu** liefert eine Liste der verfügbaren Bereichsnamen.

Alternativ zeigt Ihnen, nachdem Sie F5 betätigt haben, die Dialogbox **Gehe zu** alle verfügbaren Namen der Arbeitsmappe an (Abbildung 7.7). Mit einem Doppelklick auf den betreffenden Bereichsnamen gelangen Sie umgehend zum gewünschten Bereich. Auch in dieser Anzeige werden Namen, die dynamische Bezüge verwenden, allerdings nicht aufgelistet.

Was ist aber zu tun, wenn Sie einen Bereichsnamen in einer Formel oder Funktion verwenden möchten? Bewegen Sie den Cursor in Zelle B5 des Tabellenblattes *Report_II*. Starten Sie den Funktionsassistenten mit einem Mausklick auf den Schalter **Funktion einfügen** (Abbildung 7.8).

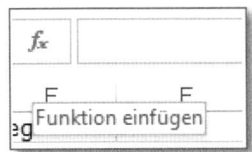

Abbildung 7.8 Aufrufen des Funktionsassistenten

Sobald Sie die gewünschte Funktion – in diesem Fall ZÄHLENWENN() – aufgerufen und den Cursor im Eingabefeld **Bereich** positioniert haben, drücken Sie F3, um zur Dialogbox **Namen einfügen** zu gelangen. Wählen Sie dort den gewünschten Bereichsnamen aus, und bestätigen Sie die Auswahl mit **OK** (Abbildung 7.9).

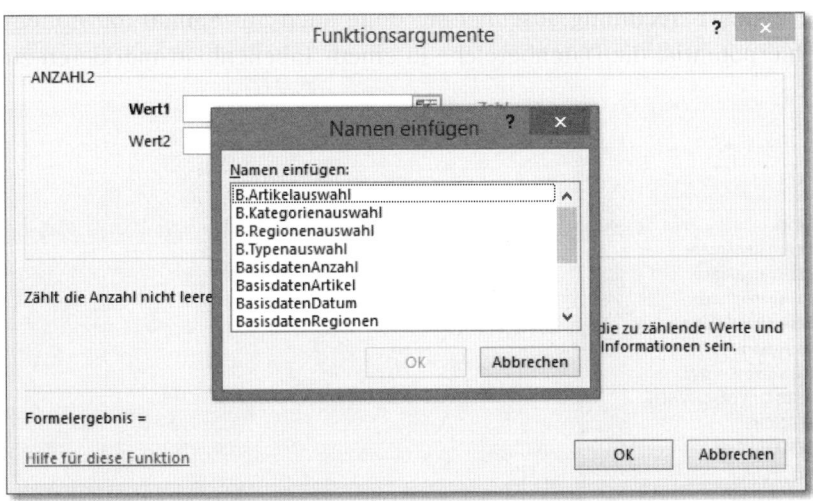

Abbildung 7.9 Einfügen von Bereichsnamen in die Funktion ZÄHLENWENN()

311

Aus den mit unübersichtlichen Zelladressen übersäten Funktionen für diese einfache Auswertung werden in kürzester Zeit sechs verständliche Funktionen:

- `=ZÄHLENWENN(BasisdatenArtikel;ReportIIArtikelauswahl)`

- `=SUMMEWENN(BasisdatenArtikel;ReportIIArtikelauswahl;BasisdatenUmsatz)`

- `=SUMMEWENN(BasisdatenArtikel;ReportIIArtikelauswahl;BasisdatenAnzahl)`

- `=MITTELWERTWENN(BasisdatenArtikel;ReportIIArtikelauswahl;`
  `BasisdatenUmsatz)`

- `=ZÄHLENWENN(BasisdatenRegionen;ReportIIRegionsauswahl)`

- `=MITTELWERTWENN(BasisdatenRegionen;ReportIIRegionsauswahl;`
  `BasisdatenUmsatz)`

- `=SUMMEWENN(BasisdatenRegionen;ReportIIRegionsauswahl;BasisdatenUmsatz)`

- `=SUMMEWENN(BasisdatenRegionen;ReportIIRegionsauswahl;BasisdatenAnzahl)`

Ein weiterer Vorteil wird bei den beiden letzten Funktionen deutlich. Beide unterscheiden sich nur im letzten Funktionsargument. Statt des Bezugs *BasisdatenUmsatz* benötigen Sie den Bereich *BasisdatenAnzahl*. Es wäre also naheliegend, die erste Formel zu kopieren und dann den Bereichsnamen zu editieren. Und genau dabei bietet Ihnen Excel eine weitere nützliche Unterstützung an: Unterhalb der Editierzeile werden die verfügbaren Namen angezeigt. Mit einem Mausklick auf den gewünschten Namen können Sie das Erstellen der neuen Berechnung abschließen, ohne auch nur einmal mit hohem Aufwand und Fehlerpotential die Datenbereiche in einem Tabellenblatt markieren zu müssen!

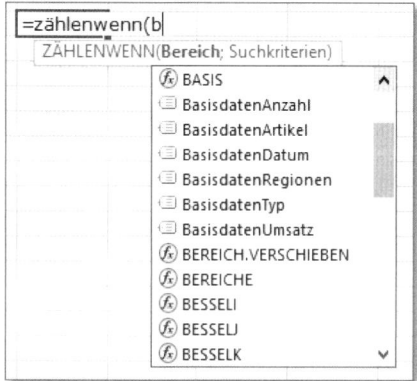

Abbildung 7.10 Anpassen eines Bereichsnamens mit Hilfe der kontextbezogenen Hilfe in der Editierzeile

7.3.2 Editieren von Bereichsnamen

Zum Abschluss dieses Exkurses zum Thema Bereichsnamen möchte ich Sie darauf hinweisen, dass die Excel-Versionen seit 2007 über einen in vielerlei Hinsicht verbesserten **Namens-Manager** verfügen. Auch seine Funktion habe ich in Kapitel 6, »Wichtige Kalkulationsfunktionen für Controller«, ausführlich beschrieben. Dennoch möchte ich eine Funktion dieses Managers auch an dieser Stelle erläutern, denn vielleicht ist Ihnen gerade jetzt ein Tippfehler bei der Definition eines Namens unterlaufen oder nach dem Speichern eines Namens eine viel bessere Bezeichnung eingefallen.

Wie lassen sich bestehende Namen also ändern? Mit Strg + F3 gelangen Sie in den **Namens-Manager** – oder über **Formeln ▸ Definierte Namen ▸ Namens-Manager.**

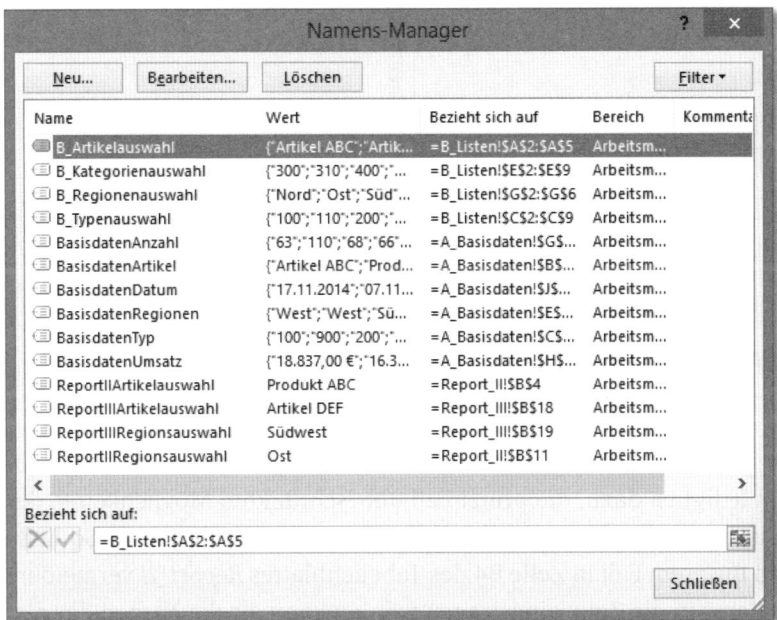

Abbildung 7.11 Bereichsnamen verwalten Sie im **Namens-Manager.**

Wählen Sie nun aus der Liste den Bereichsnamen aus, den Sie verändern möchten. Bezüge ändern Sie unmittelbar im Feld **Bezieht sich auf:**. Um die Bezeichnung des Bereichsnamens anzupassen, klicken Sie auf **Bearbeiten**. In der dann angezeigten Dialogbox **Name bearbeiten** geben Sie den korrigierten Namen ein und speichern die Änderungen mit einem weiteren Klick auf **OK**.

Selbstverständlich lassen sich Bereichsnamen, die Sie nicht mehr benötigen, an dieser Stelle auch endgültig löschen.

7.4   Fehlervermeidung bei der Eingabe von Bedingungen – die Datenüberprüfung

Bei der Verwendung bedingter Kalkulationen wirkt einmal mehr – wie könnte es auch anders sein – das mächtige GIGO-Prinzip. *Garbage in – garbage out* bedeutet hier: Wenn Ihre Eingaben bei den Bedingungen fehlerhaft sind, dann werden selbstverständlich auch sämtliche berechneten Ergebnisse unbrauchbar sein. Sinnvoll ist es also in jedem Fall, Mittel zu nutzen, um die Eingabe fehlerhafter Suchbedingungen zu verhindern. Ein recht schnell zu realisierendes Mittel ist die Anwendung der Datenüberprüfung.

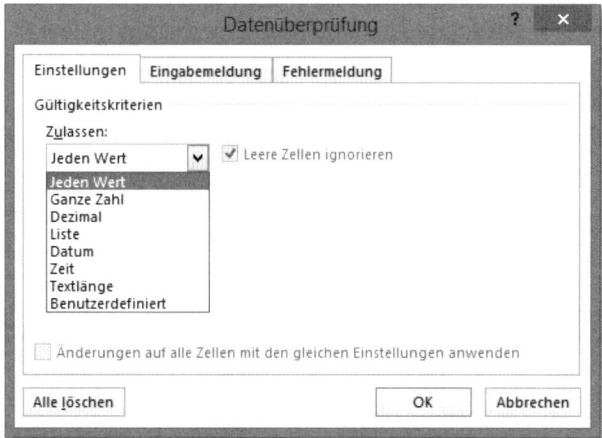

Abbildung 7.12 Mit einer Datenüberprüfung beschränken Sie die Eingabemöglichkeiten in eine Zelle.

Diese Funktion dient lediglich dazu, die prinzipiell unbeschränkten Möglichkeiten der Eingabe von Daten in die Zellen einer Excel-Tabelle rigoros zu beschränken. So ließe sich beispielsweise in unserem Fall in Zelle B4 des Tabellenblattes *Report_II* vermeiden, dass irgendetwas anderes in die Zelle eingetragen werden kann als die Namen der real vorhandenen Artikel. Dies ist deshalb sinnvoll, weil ein einfacher Buchstabendreher bei der Artikeleingabe dazu führen würde, dass bei den bedingten Summen der Wert Null, bei den Mittelwerten der Fehlerwert #DIV/0! als Ergebnis präsentiert würde.

Wählen Sie hingegen Zelle B4 aus und wechseln in das Menü **Daten ▸ Datentools ▸ Datenüberprüfung**, landen Sie in der gleichnamigen Dialogbox, in der Sie die Rahmenbedingungen für eine Datenüberprüfung bei der Eingabe in die Zelle bestimmen.

Es bietet sich an, im Listenfeld **Zulassen:** von der Option **Jeden Wert** auf **Liste** umzuschalten. Diese bietet zwei Möglichkeiten zur Vorgabe zulässiger Texteingaben:

- Tragen Sie In das Eingabefeld **Quelle:** die Begriffe ein, die später als Werte in Zelle B4 erlaubt sein sollen. Diese Begriffe trennen Sie jeweils mit Semikolon (»Artikel ABC; Artikel DEF ...«).

- Oder Sie rufen im Feld **Quelle:** mit F3 die bereits bekannte Namensliste ab. Aus dieser Liste wählen Sie dann den Bereichsnamen aus, der für den Zellbereich der Artikelbezeichnungen erstellt wurde.

Letztere Variante ist natürlich empfehlenswerter. Gehen Sie am besten so vor: Pflegen Sie Ihre Artikelliste in einem separaten Tabellenblatt Ihrer Arbeitsmappe, um eine Liste zu erhalten, die keine Duplikate enthält. Ordnen Sie der Liste einen Bereichsnamen zu, und verwenden Sie diesen Namen dann in der Datenüberprüfung.

7

Abbildung 7.13 Zuordnung eines Bereichsnamens zu einer Datenüberprüfung

In der vorliegenden Datei ist bereits sowohl ein Tabellenblatt zum Verwalten Ihrer Stammdaten eingerichtet (*B_Listen*) als auch ein Bereichsname für die Artikelliste (*B_Artikelauswahl*). Wählen Sie also einfach diesen Bereichsnamen im Dialog Datenüberprüfung aus. Die beiden Optionen **Leere Zellen ignorieren** bzw. **Zellendropdown** bleiben aktiviert. Die letzte der beiden Optionen wird es Ihnen später ermöglichen, die zu berechnenden Artikel direkt aus einer Liste zu übernehmen. Dies wird die Eingabe von lästigen Tippfehlern verhindern.

Wiederholen Sie den Vorgang für Zelle B11. Dort weisen Sie den Bereichsnamen *B_Regionenauswahl* zu. Das Resultat Ihrer Arbeit sollten Sie umgehend prüfen. Wählen Sie mit der linken Maustaste das Listenfeld der Datenüberprüfung in Zelle B4 aus, und wählen Sie einen Artikel aus.

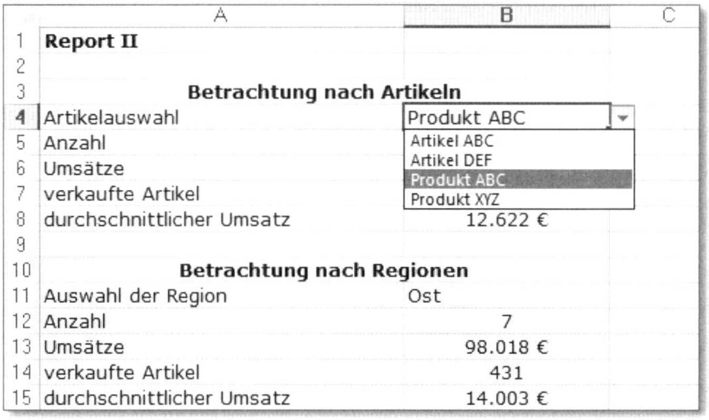

Abbildung 7.14 Auswahl der zulässigen Artikel durch die Datenüberprüfung

---

Datenüberprüfung und Bereichsnamen

Befindet sich ein Bereich, auf den Sie in einer Datenüberprüfung verweisen möchten, in einem anderen Tabellenblatt, haben Sie zwei Möglichkeiten, ihn zu adressieren:

- Eingabe der kompletten Adresse bestehend aus Tabellennamen und Zellbezug (z. B. `='B_Listen'!A2:A5`)

- Verwendung eines Bereichsnamens

Es ist hingegen nicht möglich, im Zeigemodus mit der Maus einen Bereich zu markieren, der in einem anderen Tabellenblatt liegt.

7.4.1 Eingabe von Duplikaten mit der Datenprüfung vermeiden

Ein häufiges Problem bei der Erfassung von Daten ist auch die Eingabe von Duplikaten in Listen, in denen diese nicht erwünscht oder zulässig sind. Gerade bei langen Listen, die auf einen Blick nicht mehr zu überschauen sind, entstehen hier schnell Fehler oder wird durch ständiges manuelles Prüfen, ob ein Wert bereits zuvor einmal erfasst wurde, unnötig Zeit verschwendet.

Wie gut, dass es die Datenüberprüfung und die Funktion ZÄHLENWENN() gibt, die Sie beide in diesem Kapitel kennengelernt haben. Beide Funktionen miteinander kombiniert lösen das Problem der Duplikate zuverlässig. Mit ZÄHLENWENN() berechnen Sie, wie oft ein Wert in einen vorher festgelegten Bereich bereits eingegeben wurde. Als maximal erlaubte Anzahl einer beliebigen Eingabe legen Sie 1 fest. Sollte nun ein Wert versehentlich zum zweiten Mal eingegeben werden, zeigt Excel eine von Ihnen definierte Fehlermeldung an und weist das Duplikat zurück.

Ein Beispiel für diese Form der Datenüberprüfung finden Sie in der Datei *07_ZÄHLENWENN_Duplikate_01.xlsx*.

Abbildung 7.15 Die Eingabe von Duplikaten verhindern Sie mit einer Funktion in der Datenüberprüfung.

Markieren Sie zunächst den Zellbereich, auf den Sie die Datenüberprüfung anwenden möchten. Die Funktion ZÄHLENWENN() schreiben Sie dann, wie es Abbildung 7.15 zeigt, in das Eingabefeld **Formel**, nachdem Sie unter **Zulassen** die Option **Benutzerdefiniert** gewählt haben. Wechseln Sie anschließend in das Register **Fehlermeldung**, um einen Text einzugeben, der den Benutzer auf seine fehlerhafte Eingabe hinweist.

Abbildung 7.16 Eine Fehlermeldung wird als Warnhinweis festgelegt.

Sollte nun versehentlich ein doppelter Wert in den Datenbereich eingegeben werden, wird Excel den Benutzer darauf hinweisen. Das Duplikat wird nicht in die Zelle übernommen. Dies gilt gleichermaßen für die Eingabe von Zahlen wie auch von Texten.

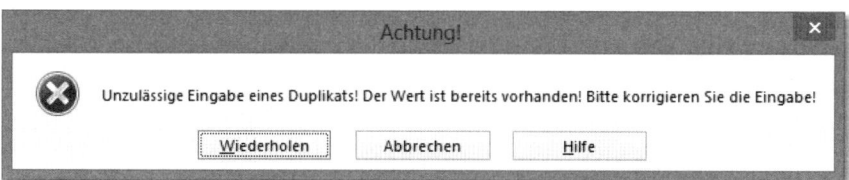

Abbildung 7.17 Anzeige der Fehlermeldung bei Eingabe eines Duplikats

7.4.2 Datenüberprüfungen bearbeiten oder entfernen

Sicherlich wird es Fälle geben, in denen Sie eine Datenüberprüfung ändern oder entfernen möchten. Spätestens dann stellen Sie sich wahrscheinlich die Frage, in welchen Zellen Sie diese Funktion denn zuvor verwendet haben. Um eine schnelle Antwort zu erhalten, nutzen Sie am besten erneut die Funktion **Gehe zu**, die Sie mit F5 aufrufen.

Sobald die Dialogbox auf dem Bildschirm erscheint, klicken Sie auf den Schalter **Inhalte**. In der nun angezeigten Auswahl wählen Sie die Option **Datenüberprüfung** aus und starten die Suche mit einem weiteren Klick auf **OK**.

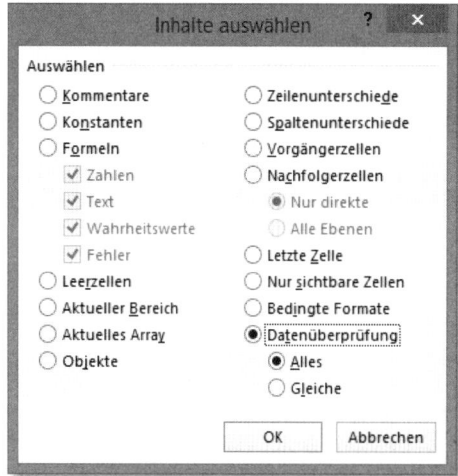

Abbildung 7.18 Zellen mit Datenüberprüfungen finden Sie mühelos mit der Funktion **Gehe zu**.

Prüfen Sie, ob Excel die richtigen Zellen markiert hat. Rufen Sie dann erneut die Funktion **Daten ▸ Datentools ▸ Datenüberprüfung** auf. Hier können Sie die Vorgaben für die Prüfung überarbeiten oder die gesamte Prüfung dauerhaft entfernen. Klicken Sie dazu auf den Schalter **Alle löschen**. Fertig!

7.5 Bedingte Kalkulationen mit mehr als einer Bedingung

Die von den früheren Excel-Versionen bekannten Funktionen zur bedingten Kalkulation hatten eine ganz klare Begrenzung: Sie suchten nach einer Übereinstimmung mit der Suchbedingung in nur einer Spalte. Was aber war zu tun, wenn beispielsweise die Kalkulation einer Tabelle von zwei oder mehr Bedingungen abhängen sollte – z. B. von einem bestimmten Produkt und einer bestimmten Region?

Der Benutzer musste in einem solchen Fall zu komplexen, weil verschachtelten WENN()-Funktionen greifen, zu Matrixfunktionen oder zur Funktion SUMMENPRODUKT(). Alle diese Alternativen hatten den Makel, relativ unhandlich bei der Eingabe zu sein. Lediglich der Teilsummen-Assistent als in die Jahre gekommenes Add-in versprach ein wenig Vereinfachung. Doch auch mit seiner Hilfe entstand eine verschachtelte Matrixfunktion. Und Matrixfunktionen führen, bei häufiger Verwendung in einer Arbeitsmappe, vor allem dazu, dass die Berechnung deutlich an Performance verliert. Es ist also keine Überraschung, dass dieses Add-in mit der Version 2013 endgültig verschwunden ist.

Doch schon in den Versionen ab 2007 war es an der Zeit, SUMMEWENN() und ZÄHLENWENN() neue Funktionen zur Seite zu stellen. Dies geschah auch mit den Funktionen SUMMEWENNS(), ZÄHLENWENNS() und MITTELWERTWENNS(). Auf das -S am Ende kommt es also an, um eine Funktion, die bislang auf eine Bedingung ausgerichtet war, um 126 Kriterien zu erweitern.

Ich wünsche Ihnen von Herzen, dass Sie nie in die Situation kommen, diese nun 127 Kriterien der neuen S-Klasse bei den bedingten Berechnungen ausreizen zu müssen, obwohl die Bedienung der drei Neulinge sehr einfach ist. Probieren Sie es – immer noch mit der Datei *07_bedingte_Kalkulationen_01.xlxs* – selbst aus.

◢	A	B
1	**Report III**	
2		
3	**Betrachtung nach Artikel UND Region**	
4	Artikelauswahl	Artikel ABC
5	Auswahl der Region	Nord
6	Anzahl	2
7	Umsätze	27.508 €
8	durchschnittliche Umsätze	13.754 €

Abbildung 7.19 Die neuen Funktionen in Excel ermöglichen Berechnungen mit zwei Bedingungen.

Dem Kriterium *Artikel* (B4) im Tabellenblatt *Report_III* habe ich hier das zweite Kriterium Region in B5 hinzugefügt. Beide Bedingungen müssen erfüllt sein, um in den darunterliegenden Zellen die Anzahl der gelisteten Artikel, die erzielten Umsätze und den durchschnittlichen Umsatz pro gelistetem Artikel zu erhalten. Für alle drei Funktionen sind die Bedingungen also mit einem logischen UND verknüpft.

Mit einer solchen Konstellation hat Excel keine weiteren Probleme. Die drei Funktionen lauten:

Zelle	Funktion
B6	=ZÄHLENWENNS(BasisdatenArtikel;B4;BasisdatenRegionen;B5)
B7	=SUMMEWENNS(BasisdatenUmsatz;BasisdatenArtikel;B4; BasisdatenRegionen;B5)
B8	=MITTELWERTWENNS(BasisdatenUmsatz;BasisdatenArtikel;B4; BasisdatenRegionen;B5)

Tabelle 7.3 Bedingte Kalkulationen mit zwei Bedingungen

Im Funktionsassistenten lassen Sie mit [F3] wie gewohnt die Bereichsnamen für die einzelnen Argumente der Funktionen zuordnen. Abbildung 7.20 zeigt dies am Beispiel von SUMMEWENNS().

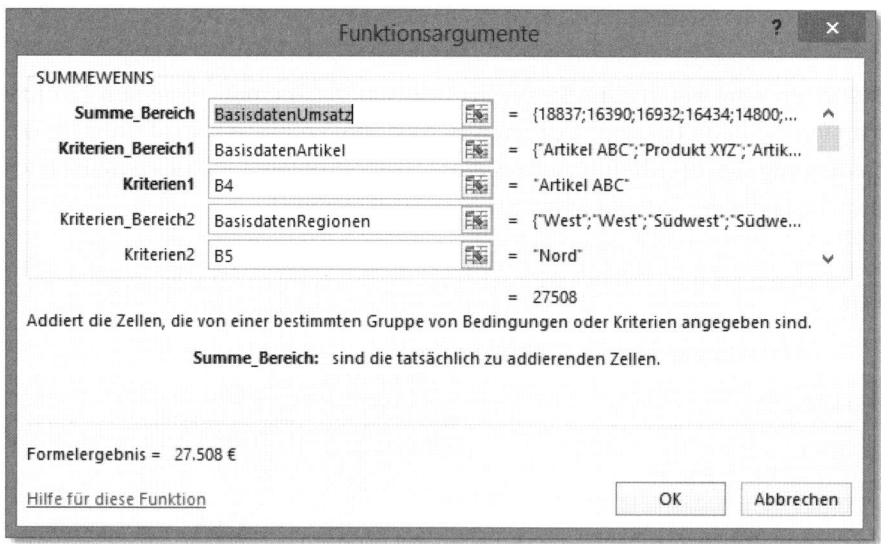

Abbildung 7.20 SUMMEWENNS() verlangt als erstes Argument den zu summierenden Bereich und danach erst Kriterien und Kriterienbereiche.

Aus diesem Aufbau lässt sich auch problemlos die Syntax der drei Funktionen ableiten:

Funktionsaufbau und Erläuterung
`=SUMMEWENNS(Summenbereich; erster Kriterienbereich; erstes Kriterium; zweiter Kriterienbereich; zweites Kriterium; ...)`

Bei dieser Funktion ist vor allem die geänderte Anordnung der Argumente gegenüber `SUMMEWENN()` zu beachten. `SUMMEWENNS()` beginnt mit dem Summenbereich, in dem die Werte stehen, die bei Übereinstimmung mit den Kriterien addiert werden sollen. Bei `SUMMEWENN()` kam dieses Argument zum Schluss.

Danach legen Sie den ersten zu durchsuchenden Kriterienbereich fest, dem das erste Kriterium folgt. Ist dieses Kriterium in Form eines Werts, Namens, Textes, Zellbezugs oder einer Funktion definiert, öffnet sich ein weiteres Eingabefeld. In dieses Feld tragen Sie sodann den zweiten Kriterienbereich ein, gefolgt vom zweiten Kriterium. Diesen Vorgang können Sie für maximal 127 Kriterienbereiche und Kriterien wiederholen.

`=ZÄHLENWENNS(erster Kriterienbereich ;erstes Kriterium; zweiter Kriterienbereich; zweites Kriterium; ...)`

Wie bei `SUMMEWENNS()` öffnet sich ein drittes Eingabefeld in der Dialogbox, nachdem Sie den ersten Kriterienbereich und das zugehörige Kriterium eingegeben haben, so dass Sie nachfolgend alle weiteren Bedingungen festlegen können.

`=MITTELWERTWENNS(Mittelwertbereich; erster Kriterienbereich; erstes Kriterium; zweiter Kriterienbereich; zweites Kriterium; ...)`

Der Aufbau dieser Funktion gleicht ebenfalls `SUMMEWENNS()`. Im ersten Argument wird der Datenbereich der zu berechnenden Werte erwartet. Danach folgen abwechselnd Kriterienbereiche und Kriterien.

Wie schon bei `MITTELWERTWENN()` werden leere Zellen im Kriterienbereich als Wert Null interpretiert. Es wird der Fehlerwert #DIV/0! ausgegeben, wenn keine Zelle gefunden wird, die den Suchkriterien entspricht.

Für alle drei Funktionen gelten zudem die folgenden Regeln:

– Die Kriterienbereiche müssen alle gleich groß sein (z. B. von Zeile 1 bis Zeile 100).

– Werden Kriterien verwendet, die Text oder mathematische sowie logische Operatoren enthalten, müssen Sie diese Kriterien in doppelte Anführungsstriche setzen (`">=100"`).

– Bei den Suchkriterien können Sie Zeichen durch Platzhalter ersetzen, wobei ? ein Zeichen, * mehrere Zeichen ersetzt (`"Firma M?ier"` oder `"Artikel *"`).

Tabelle 7.4 Syntax von SUMMEWENNS(), ZÄHLENWENNS() und MITTELWERTWENNS()

7.6   Mehrfachbedingungen mit logischem ODER

Der zweite Abschnitt der Berechnungen im Tabellenblatt *Report_III* ist mit den gerade beschriebenen Funktionen nicht so einfach zu realisieren. Die Kriterien der zuvor benutzten Funktionen wurden mit einem logischen UND verknüpft. Die im darunterliegenden Abschnitt gezeigte Berechnung soll allerdings Ergebnisse für die Zeilen liefern, in denen entweder der Artikel ODER die Region zutreffend ist.

Sie könnten sich nun behelfen, indem Sie z. B. zur Berechnung der Produktanzahl die Funktion ZÄHLENWENN() einmal für die Artikelspalte und danach für die Regionenspalte anwenden, um schließlich die beiden Ergebnisse zu addieren. Die Funktion sähe dann so aus:

```
=ZÄHLENWENN(BasisdatenArtikel;B11)+ZÄHLENWENN(BasisdatenRegionen;B12)
```

Doch an dieser Lösung werden Sie kaum lange Freude haben. Für die beiden Kriterien *Artikel DEF* und Region *Südwest* erhalten Sie das Ergebnis 17. Bei einem Blick auf die Daten werden Sie jedoch feststellen, dass drei Datensätze doppelt gezählt wurden, weil sie sowohl *Artikel DEF* enthalten als auch der Region *Südwest* zuzuordnen sind. Mit einem AutoFilter in der Stammdatentabelle lässt sich dies sehr schnell überprüfen (Abbildung 7.21).

	A	B	C	D	E	F	G	H	I	J
1	Nr	Artikel	Typ	Kategori	Region	Status	Anzal	Umsatz	Transportkost	Datum
4	3	Artikel DEF	200	400	Südwest	FALSCH	68	16.932,00 €	2,1%	25.11.2014
5	4	Artikel DEF	200	400	Südwest	WAHR	66	16.434,00 €	2,1%	16.12.2014
12	11	Artikel DEF	200	400	Ost	FALSCH	61	15.189,00 €	2,8%	11.11.2014
15	14	Artikel DEF	200	400	Nord	WAHR	74	18.426,00 €	2,1%	29.10.2014
22	21	Artikel DEF	200	400	Süd	WAHR	50	12.450,00 €	2,1%	16.11.2014
23	22	Artikel DEF	210	410	Südwest	FALSCH	52	12.948,00 €	2,1%	14.11.2014
29	28	Artikel DEF	210	410	Ost	WAHR	67	16.683,00 €	2,8%	28.10.2014

Abbildung 7.21 Doppelt gezählte Datensätze schließen Sie mit SUMMENPRODUKT() aus.

Um den Fall der ODER-Verknüpfungen bei der bedingten Kalkulation angemessen zu berücksichtigen, ist die Nutzung einer ungemein leistungsstarken, aber häufig unterschätzten Funktion ratsam. Öffnen Sie die Datei *07_SUMMENPRODUKT_01.xlsx,* um sich die Funktionsweise von SUMMENPRODUKT() zu erschließen.

	A	B	C	D	E	F	G
2		Matrix 1		Matrix 2		Produkt 1	Produkt 2
3		2	4	1	5	2	20
4		3	2	4	3	12	6
5						14	26
6		Summenprodukt			40		40

Abbildung 7.22 Berechnung zweier Matrizen mit SUMMENPRODUKT()

Die Funktion SUMMENPRODUKT(Matrix1;Matrix2 ...) macht zunächst lediglich, was ihr Name verspricht. Liegen zwei Matrizen, also einfache Tabellen, vor (wie in Abbildung 7.22 die Matrizen 1 und 2), multipliziert die Funktion die einzelnen Werte beider Bereiche, sofern die Werte »aufgrund der Position zusammenpassen«. Im Beispiel wird also 2 mit 1 multipliziert, 4 mit 5, 3 mit 4 und schließlich 2 mit 3. Die daraus entstandenen vier Produkte der korrespondierenden Werte werden danach zum Summenprodukt addiert. Die Funktion dazu hat folgenden Aufbau:

```
=SUMMENPRODUKT(B3:C4;D3:E4)
```

Dies sieht auf den ersten Blick wenig spektakulär aus, da Sie die vier Produkte selbstverständlich auch mit einer einfachen Multiplikation berechnen könnten, um anschließend einfach die Summe zu bilden. Richtig interessant wird diese Matrixfunktion aber dann, wenn in ihr ein Suchkriterium zum Einsatz kommt, wie wir es von unseren bedingten Kalkulationen kennen.

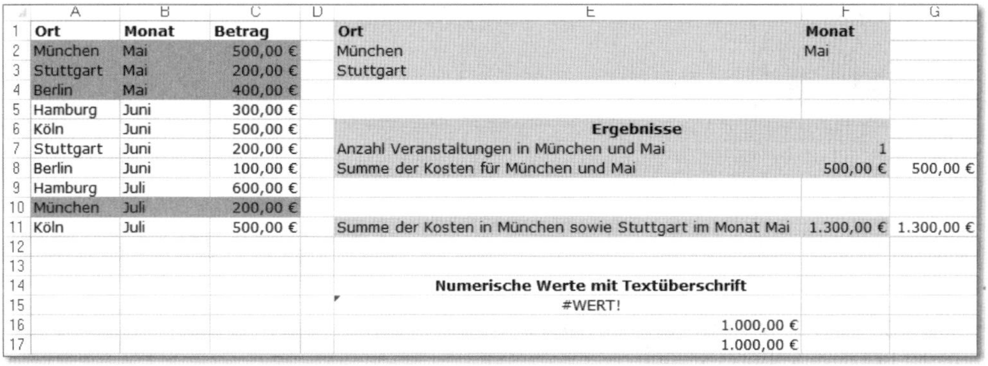

	A	B	C	D	E	F	G
1	Ort	Monat	Betrag		Ort	Monat	
2	München	Mai	500,00 €		München	Mai	
3	Stuttgart	Mai	200,00 €		Stuttgart		
4	Berlin	Mai	400,00 €				
5	Hamburg	Juni	300,00 €				
6	Köln	Juni	500,00 €		Ergebnisse		
7	Stuttgart	Juni	200,00 €		Anzahl Veranstaltungen in München und Mai	1	
8	Berlin	Juni	100,00 €		Summe der Kosten für München und Mai	500,00 €	500,00 €
9	Hamburg	Juli	600,00 €				
10	München	Juli	200,00 €				
11	Köln	Juli	500,00 €		Summe der Kosten in München sowie Stuttgart im Monat Mai	1.300,00 €	1.300,00 €
12							
13							
14					Numerische Werte mit Textüberschrift		
15					#WERT!		
16						1.000,00 €	
17						1.000,00 €	

Abbildung 7.23 SUMMENPRODUKT() mit Bedingungen

In Abbildung 7.23, die die Daten im Tabellenblatt *Summenprodukt() II* wiedergibt, ist dies der Fall. In der ersten Spalte, der ersten Matrix, befinden sich Ortsnamen; die zweite enthält Monatsbezeichnungen. In Zelle F7 wird die Funktion eingesetzt:

```
=SUMMENPRODUKT((A2:A11="München")*(B2:B11="Mai"))
```

Kurze Randbemerkung

Ich verwende in diesem und den folgenden Beispielen die Suchbedingungen München und Mai direkt in den Funktionen, um die Beispiele verständlicher zu machen. In der Praxis sollten Sie aber stattdessen immer durch Zellbezüge oder Bereichsnamen auf die Zellen verweisen, in denen Ihre Bedingungen stehen.

Zurück zur Berechnung: Diese führt zum Ergebniswert 1. Dieses Ergebnis entspricht der offensichtlichen Tatsache, dass nur in Zeile 2 beide Kriterien erfüllt sind. Doch wie kommt Excel eigentlich zu diesem Ergebnis?

Der Zeiger der benutzten Funktion durchläuft die erste Matrix (Ort), um die Zellen auf Übereinstimmung mit dem Suchkriterium zu überprüfen. Wird der Suchbegriff gefunden, ordnet SUMMENPRODUKT() der Zelle den Wert WAHR zu. Im anderen Fall wird die Zelle auf FALSCH gesetzt. Auffällig ist, dass sowohl die Inhalte der durchsuchten Spalten mit ihren Texteintragungen als auch die Ergebniswerte (WAHR/FALSCH) keine Zahlen sind und dennoch ein numerischer Wert als Ergebnis ausgegeben wird. Verantwortlich dafür ist der * zwischen den beiden Matrizen. Er erzwingt die Umwandlung der Wahrheitswerte in die Werte 0 und 1 sowie die unmittelbare Weiterberechnung der Matrizen.

Würden wir das Zwischenergebnis des Suchvorgangs in beiden Spalten in einer Tabelle festhalten, sähe es wie Abbildung 7.24 aus.

Ort	Monat
1	1
0	1
0	1
0	0
0	0
0	0
0	0
0	0
1	0
0	0

Abbildung 7.24 Internes Ergebnis von SUMMENPRODUKT() nach der Kriterienprüfung (Anzahl)

Da die beiden durchsuchten Matrizen mit * verbunden sind ((A2:A11= "München")*(B2:B11="Mai")), werden die Zwischenergebnisse der beiden Spalten multipliziert. Nur in der ersten Zeile ist das Produkt 1, während alle anderen Produkte 0 zum Ergebnis haben. Dies führt zum Gesamtergebnis 1 in Zelle F7.

SUMMENPRODUKT() prüft also bei Verwendung dieser Schreibweise – zwei Matrizen, die jeweils eine Bedingung enthalten und durch * verknüpft sind – die Anzahl der Datensätze, bei denen beide Kriterien erfüllt werden.

Diesem Grundschema von zwei Matrizen, die auf Basis definierter Bedingungen durchsucht werden, können Sie aber mit Leichtigkeit eine dritte Matrix hinzufügen, die beispielsweise die Kosten der Veranstaltungen enthält. Dann wird Ihnen SUMMENPRODUKT() nicht die Anzahl, sondern die Summe der Kosten aller Zeilen liefern, bei denen die Suchbedingungen erfüllt werden.

Die für diese Berechnung benötigte Funktion sieht dann so aus:

```
=SUMMENPRODUKT((A2:A11="München")*(B2:B11="Mai");C2:C11)
```

Es werden erneut die beiden ersten Spalten durchsucht und die gefundenen Wahrheitswerte, 1 oder 0, miteinander multipliziert. Dann werden die Zwischenergebnisse mit den korrespondierenden Werten des Datenbereiches C2 bis C11 (*Kosten*) multipliziert. Schließlich bildet Excel die Summe aller Einzelergebnisse. Das ergibt den Wert 500 in Zelle F8.

Überraschend ist in dieser Konstellation lediglich das Zeichen, mit dem die Kostenmatrix eingebunden wird: Hier steht ein Semikolon und kein *. Doch streng genommen stellt das Semikolon das Standardzeichen zur Verknüpfung von Matrizen dar, bei denen keine Bedingungen angewandt werden.

Erinnern Sie sich? `SUMMENPRODUKT(Matrix1;Matrix2 ...)`!

Da in der Kostenspalte keine Bedingung mehr geprüft wird und keine Wahrheitswerte in Zahlen umgewandelt werden müssen, kann diese Matrix über das standardmäßige Verknüpfungszeichen ; (Semikolon) angefügt werden.

Sollte Sie dieses Hin und Her zwischen den Operatoren nerven, ließe sich mit dieser Variante das gleiche Ergebnis errechnen:

```
=SUMMENPRODUKT((1*(A2:A11="München"));(1*(B2:B11="Mai"));C2:C11)
```

Bei ihr werden alle drei Matrizen mit ; verbunden. Dies hat allerdings zur Folge, dass die Umwandlung von WAHR in 1 und die erzwungene Multiplikation quasi in die Matrixdefinition `(1*(A2:A11="München")` verlagert werden müssen.

Ort	Monat	Betrag
1	1	500,00 €
0	1	0,00 €
0	1	0,00 €
0	0	0,00 €
0	0	0,00 €
0	0	0,00 €
0	0	0,00 €
0	0	0,00 €
1	0	0,00 €
0	0	0,00 €

Abbildung 7.25 Internes Ergebnis von SUMMENPRODUKT()
nach der Kriterienprüfung (Summe)

Wo bereits * und ; als Verknüpfungszeichen funktionieren, sind natürlich auch andere Operatoren verwendbar. Das Pluszeichen bringt uns der eigentlichen Aufgabenstellung wieder näher, nämlich ein ODER in eine bedingte Kalkulation einzufügen. Bei der nachfolgenden Funktion

```
=SUMMENPRODUKT((A2:A11=E2)+(B2:B11=F2);C2:C11)
```

bewirkt das +, dass entweder das erste Kriterium im Bereich A2 bis A11 gefunden werden muss ODER das zweite Kriterium in Zelle F2 im Zellbereich B2 bis B11, um die Zeile mit den Kosten zu multiplizieren. Das Ergebnis in Zelle F10 lautet nun 1.800. Doch es kann noch nicht überzeugen, da es – wie schon die Funktion SUMMEWENNS() – die Fundstellen gleich mehrfach in die Gesamtaddition einbezieht.

Die Summe der Veranstaltungen im Datenblatt *Mai* beläuft sich auf 1.100. Der Gesamtbetrag für *München* liegt bei 700. Macht zusammen 1.800. Dummerweise findet allerdings eine Veranstaltung im Mai in München statt. Und sie wird es in jedem Suchdurchgang berechnet (Abbildung 7.26).

Ort	Monat	Betrag
München	Mai	500,00 €
Stuttgart	Mai	200,00 €
Berlin	Mai	400,00 €
Hamburg	Juni	300,00 €
Köln	Juni	500,00 €
Stuttgart	Juni	200,00 €
Berlin	Juni	100,00 €
Hamburg	Juli	600,00 €
München	Juli	200,00 €
Köln	Juli	500,00 €

Abbildung 7.26 Doppelberechnung von Zeilen bei Anwendung von SUMMENPRODUKT()

Die Funktion SUMMENPRODUKT() ist allerdings so flexibel, dass sie auch diesen schwierigen Fall des Ausschließens von doppelten Berechnungen mühelos in den Griff bekommt, denn SUMMENPRODUKT() lässt sich verketten.

Wir kennen das bedingte Ergebnis mit doppelt berücksichtigten Zeilen. Auch das Ergebnis der Zeilen, in denen beide Bedingungen erfüllt werden, ist uns bekannt. Ziehen wir das eine Ergebnis vom anderen ab, erhalten wir das lange gesuchte logische ODER bei der Berechnung von Bedingungen, die auf verschiedene Spalten verteilt sind:

```
=SUMMENPRODUKT((A2:A11=E2)+(B2:B11=F2);C2:C11)
-SUMMENPRODUKT((A2:A11=E2)*(B2:B11=F2);C2:C11)
```

Das Ergebnis lautet nun völlig korrekt 1.300.

7.7 Vorteile von SUMMENPRODUKT() gegenüber anderen Funktionen zur bedingten Kalkulation

Auffällig bei SUMMENPRODUKT() ist u. a. die große Flexibilität, mit der diese Funktion eingesetzt werden kann. Sie kann Bedingungen auswerten, die sich auf unterschiedliche Datenbereiche beziehen. Dabei spielt es keine Rolle, ob es sich um numerische oder Textwerte in den Kriterienbereichen handelt. Die Ergebnisse der Prüfungen lassen sich mit unterschiedlichen Operatoren, aber auch mit anderen Excel-Funktionen, problemlos weiterverarbeiten. Dies ermöglicht die Ermittlung wichtiger Kennzahlen, wie Sie an einem Beispiel weiter unten sehen werden, bei dem es um die Berechnung der Anzahl unterschiedlicher Einträge in einer Liste geht.

Ein nicht zu diskutierender Vorteil von SUMMENPRODUKT() ist ebenfalls, dass die Funktion auch dann korrekt rechnet, wenn sie sich Werte aus einer Arbeitsmappe holt, die zum Zeitpunkt der Berechnung geschlossen ist. Holen Sie sich mit SUMMEWENNS(), ZÄHLENWENNS() und Co. Daten aus einer nicht geöffneten Arbeitsmappe, liefert Excel im Augenblick der Neuberechnung den Fehlerwert #WERT!. Dies kann fatale Folgen für weiterführende Berechnungen in verknüpften Arbeitsmappen haben. Und verknüpfte Arbeitsmappen sind – Sie werden mir da sicherlich zustimmen – im Controlling keine Seltenheit.

Sie umgehen diese Schwäche der Funktionen zur bedingten Kalkulation mit Hilfe von SUMMENPRODUKT(), da diese Funktion bei der Neuberechnung der Arbeitsmappe den letzten berechneten Wert externer Bezüge bewahrt und diese erst aktualisiert, wenn die andere Arbeitsmappe erneut geöffnet wird.

7.8 Multiplikation von Textwerten mit SUMMENPRODUKT()

Wie bereits beschrieben, können Sie die aus der Prüfung von Textwerten resultierenden Wahrheitswerte einer Matrix in die Werte 0 und 1 umwandeln, um eine Weiterberechnung zu ermöglichen. Der Operator * spielte dabei eine tragende Rolle.

Probleme können aber dann entstehen, wenn eine Datenreihe mit ansonsten numerischen Werten eine Textüberschrift enthält. Wird die Überschriftzeile mit in die Berechnung einbezogen, gibt Excel den Fehlerwert #WERT! zurück. Abbildung 7.27 veranschaulicht dieses Problem.

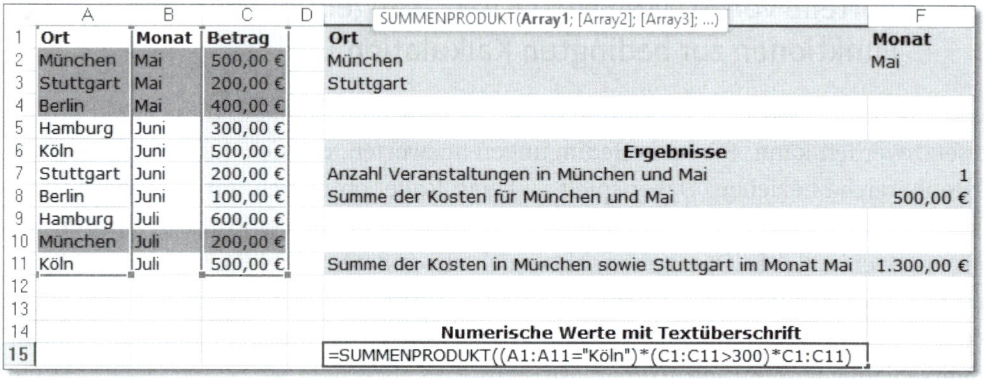

Abbildung 7.27 Die Überschrift in Spalte C verhindert die Berechnung der ansonsten numerischen Werte der Spalte.

Sie können das Problem auf drei unterschiedlichen Wegen lösen:

- Ersetzen Sie die ursprüngliche Funktion `=SUMMENPRODUKT((A1:A11="Köln")*(C1:C11>300)*C1:C11)` durch die Variante `=SUMMENPRODUKT((A1:A11="Köln")*(C1:C11>300);C1:C11)` – Sie ersetzen also lediglich den zweiten Stern durch ein Semikolon.

- Reduzieren Sie die Datenbereiche, so dass die Überschriften nicht in die Kalkulation einbezogen werden:

  `=SUMMENPRODUKT((A2:A11="Köln")*(C2:C11>300)*C2:C11)`

  Die Schwierigkeit dabei: Dies wird nicht immer möglich sein. Vor allem dann nicht, wenn eine ganze Spalte (`A:A`) berechnet werden soll – seit Excel 2007 ist dies mit `SUMMENPRODUKT()` möglich.

- Wandeln Sie die Funktion in der folgenden Art und Weise ab:

  `=SUMMENPRODUKT(--(A1:A11="Köln")*--(C1:C11>300);C1:C11)`

  Das doppelte Minuszeichen (`--`) unmittelbar vor der Matrixadresse erzwingt auch im Fall von Textwerten eine Umwandlung in die Werte 0 oder 1. Damit können Sie zu guter Letzt einen Fehlerwert bei der Bildung des Summenprodukts verhindern.

7.9   Bedingte Kalkulation mit ODER im Tabellenblatt »Report III«

Die im Tabellenblatt *Report_III* der Arbeitsmappe *07_bedingte_Kalkulation_01.xlsx* aufgeworfene Frage, wie ein logisches ODER in einer bedingten Kalkulation berücksichtigt wird, können wir nun also abschließend beantworten. Und die Antwort für die Berechnung der Anzahl in Zelle B13 hat das folgende Aussehen:

```
=SUMMENPRODUKT((BasisdatenArtikel=B11)+(BasisdatenRegionen=B12))-
SUMMENPRODUKT(1*(BasisdatenArtikel=B11);1*(BasisdatenRegionen=B12))
```

Mit der Summe verhält es sich ähnlich. Hier müssen Sie die Spalte der Umsätze in die Funktion integrieren:

```
=SUMMENPRODUKT((BasisdatenArtikel=B11)+(BasisdatenRegionen=B12);
BasisdatenUmsatz)-SUMMENPRODUKT(1*(BasisdatenArtikel=B11);
1*(BasisdatenRegionen=B12);
BasisdatenUmsatz)
```

7.10   Ausschluss von Datensätzen bei bedingten Kalkulationen

Das Tabellenblatt *Report_III* enthält noch eine weitere Auswertung. Darin sollen die Ergebnisse unter Ausschluss eines von Ihnen zu bestimmenden Werts berechnet werden.

Betrachtung nach Artikel (Ausschluß einer Region)	
Artikelauswahl	Artikel DEF
Auswahl der Region	Südwest
Anzahl	4
Umsätze	62.748 €
durchschnittliche Umsätze	15.687 €

Abbildung 7.28 Ausschluss von Werten bei bedingten Kalkulationen

Um die Anzahl der Datensätze zu ermitteln, die zwar dem Artikel *Artikel DEF*, aber *nicht* der Region *Südwest* zuzuordnen sind, sollten Sie die Funktion ZÄHLENWENNS() verwenden. Deren Aufbau ist Ihnen im Prinzip bekannt. Allerdings muss ein Operator für die Bedingung »Südwest ausschließen« gefunden werden. Den liefert der Ausdruck <>. Er steht für den Vergleichsoperator *ist nicht* oder *ungleich*.

Da Sie Texte und Operatoren nur unter Verwendung von doppelten Anführungszeichen in den Funktionen zur bedingten Kalkulation einsetzen können, muss die Funktion in Zelle B20 so aussehen:

```
=ZÄHLENWENNS(BasisdatenArtikel;ReportIIIArtikelauswahl;
BasisdatenRegionen;"<>"&B19)
```

Sollten Sie für Zelle B19, die das Suchkriterium enthält, einen Bereichsnamen verwenden, können Sie diesen Teil der Funktion auch abwandeln (z. B. `"<>"&ReportIIIRegionsauswahl`).

Wichtig ist es in jedem Fall, den Operator – egal, ob es sich um >, <, =, <>, >= oder <= handelt – in Anführungsstriche zu setzen und dann mit dem Verknüpfungszeichen & in Beziehung zu einem numerischen Wert, einem Text, Zellbezug oder Bereichsnamen zu setzen. Texte müssen Sie nach dem & ebenfalls in Anführungsstriche setzen, wie die Übersicht in Tabelle 7.5 zeigt.

Operator und ...	Syntax
... Zahl	`">"&17000`
... Text	`"<>"&"Südwest"`
... Bezug	`"<>"&B19`
... Name	`"<>"&ReportIIIRegionsauswahl`

Tabelle 7.5 Syntax bei der Verkettung von Operatoren und Bedingungen

Alternativ setzen Sie die Funktion VERKETTEN() ein, um die Operatoren mit den gewünschten Werten zu einer Suchbedingung zu verbinden. Der Ausdruck sähe dann so aus:

```
VERKETTEN("<>";"Südwest")
```

Oder bei Verwendung eines Bereichsnamens auch wie folgt:

```
VERKETTEN("<>";ReportIIIRegionsauswahl)
```

Das hier gezeigte Beispiel von ZÄHLENWENNS() lässt sich ohne Probleme auf die Bildung der Summe unter Ausschluss der Region *Südwest* übertragen. Die Funktion lautet dann:

```
=SUMMEWENNS(BasisdatenUmsatz;BasisdatenArtikel;B18;
BasisdatenRegionen;VERKETTEN("<>";ReportIIIRegionsauswahl))
```

7.11 Häufigkeiten schnell berechnen

Nach allem, was ich auf den vorangegangenen Seiten beschrieben habe, liegt es nahe, einer Frage wie der nach der Häufigkeit eines bestimmten Artikeltyps mit der Funktion ZÄHLENWENN() zu Leibe zu rücken. Doch es gibt eine effizientere Lösung: die Funktion

HÄUFIGKEIT(). In der Datei *07_HÄUFIGKEIT_01.xlsx* finden Sie das hier vorgestellte Beispiel.

Bei dieser Funktion handelt es sich um eine Matrixfunktion. Deren Besonderheiten sollten Sie unbedingt kennen, um Enttäuschungen über nicht immer ganz einleuchtende Fehlerwerte von Excel zu vermeiden.

Das Credo von Matrixfunktionen lautet: Durchlaufe einen vorgegebenen Datenbereich, wenn nötig mehrmals, und prüfe jedes gegebene Kriterium auf ein Vorkommen in diesem Datenbereich. Merke Dir das Zwischenergebnis. Führe mit ihm gegebenenfalls weitere Berechnungen durch, und schreibe Endergebnisse in eine oder nötigenfalls mehrere Zellen.

Lassen Sie uns diesen Glaubenssatz in eine Anleitung für die Lösung unserer konkreten Aufgabenstellung übersetzen. Dann heißt es: Durchlaufe den Datenbereich, in dem unsere Typenbezeichnungen stehen (C2 bis C31 im Tabellenblatt *A_Basisdaten*), und prüfe für jede Typenbezeichnung in den Zellen A4 bis A11 des Tabellenblattes *Report_I_Häufigkeit*, wie oft sie vorkommt. Merke Dir die Ergebnisse, und schreibe sie abschließend in den Datenbereich B4 bis B11.

	A	B	C
1	**Report I - Häufigkeiten**		
2			
3	**Gerätetypen**	**Anzahl**	**in %**
4	100	3	10,0%
5	110	4	13,3%
6	200	5	16,7%
7	210	2	6,7%
8	600	3	10,0%
9	650	6	20,0%
10	900	3	10,0%
11	910	4	13,3%
12	**Gesamtergebnis**	**30**	**100,0%**
13			
14			
15	**Artikel**	**Anzahl**	**in %**
16	Artikel ABC	7	23,3%
17	Artikel DEF	7	23,3%
18	Produkt ABC	9	30,0%
19	Produkt XYZ	7	23,3%
20	**Gesamtergebnis**	**30**	**100,0%**

Abbildung 7.29 Die Häufigkeit der Gerätetypen können Sie mit der Funktion HÄUFIGKEIT() berechnen.

Der erste entscheidende Unterschied einer solchen Matrixfunktion gegenüber normalen Funktionen kann somit für Sie als Benutzer sein, dass Sie nicht nur eine Zelle für das Ergebnis auswählen müssen, sondern gleich einen ganzen Datenbereich. Markieren Sie deshalb den Datenbereich B4 bis B11, und rufen Sie anschließend den Funktionsassistenten auf, um die Funktion HÄUFIGKEIT() auszuwählen.

Der Aufbau der Funktion HÄUFIGKEIT(Datenbereich;Klassen) erlaubt es, die beiden Datenbereiche mit der Maus zu markieren oder mit F3 zuvor festgelegte Bereichsnamen zuzuordnen (Abbildung 7.30).

Die zweite Besonderheit von Matrixfunktionen ist, sie mit Strg + ⇧ + ↵ abzuschließen und nicht mit ↵ oder **OK**. Danach beginnt die Funktion mit ihrer Arbeit; sie durchläuft den Datenbereich für jedes einzelne Kriterium.

Ergebnisse von Matrixfunktionen warten schließlich mit weiteren Besonderheiten auf:

{=HÄUFIGKEIT(BasisdatenTyp;A4:A11)}

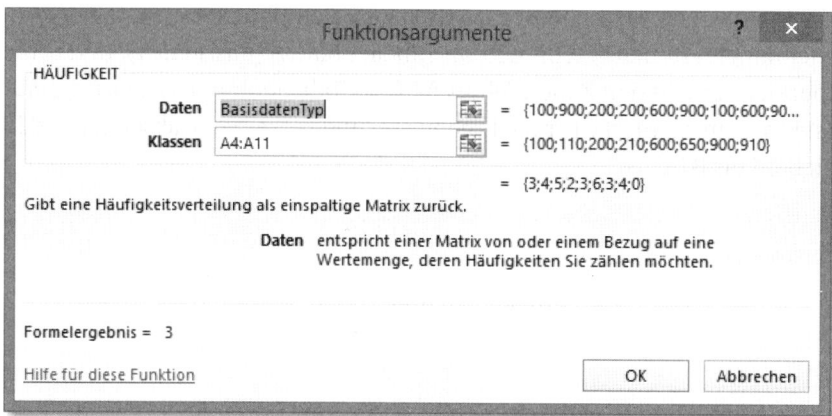

Abbildung 7.30 Nach Festlegung der Datenbereiche müssen Sie die Funktion HÄUFIGKEIT() noch abschließen.

Dieses Erkennungszeichen können Sie auch sehr gut als Beweis verwerten, ob die Funktion wirklich als Matrixfunktion oder vielleicht doch irrtümlich als normale Funktion eingegeben wurde. Fehlen die geschweiften Klammern, müssen Sie dies durch Neueingabe mit Strg + ⇧ + ↵ korrigieren. Es reicht keineswegs, die geschweiften Klammern per Tastatur nachzutragen.

Neben dem mehrzelligen Ergebnisbereich, der besonderen Tastenkombination zur Eingabe und den geschweiften Klammern bei den Ergebnissen gibt es eine vierte Eigenart bei Matrixfunktionen: Einzelne Zellen des zusammenhängenden Ergebnisbereiches können nämlich nicht nachträglich bearbeitet oder entfernt werden. Entschließen Sie sich beispielsweise, die letzte Typenbezeichnung in Zelle B11 aus der Zählung auszu schließen, wird Ihnen das nicht dadurch gelingen, dass Sie Zellinhalte in A4 und B11 löschen. Dies wird Ihnen lediglich eine Fehlermeldung einbringen (Abbildung 7.31).

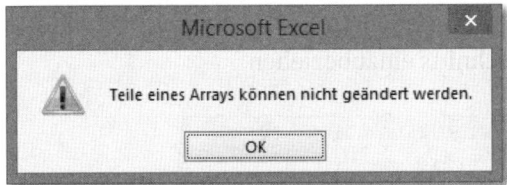

Abbildung 7.31 Fehlermeldung beim Versuch, die Ergebniszelle einer Matrixfunktion zu löschen

Stattdessen werden Sie den gesamten Ergebnisbereich markieren und löschen müssen, um anschließend in einem geänderten Ergebnisbereich die Funktion nach bewährtem Muster neu zu erfassen.

Häufigkeit bei Textwerten

Eine Begrenzung der Funktion HÄUFIGKEIT() liegt darin, dass sie nur bei Zahlenwerten das korrekte Ergebnis liefert. Handelt es sich bei den zu zählenden Elementen um Texte, hilft HÄUFIGKEIT() nicht weiter. Im Ergebnisbereich werden dann einige Nullen und der Fehlerwert #NV erscheinen.

Dies ist jedoch verkraftbar. Denn im Fall der Häufigkeitsverteilung der gelisteten Artikel wäre nun eine andere bekannte Funktion anwendbar:

```
=ZÄHLENWENN(BasisdatenArtikel;'Report_I_Häufigkeit'!A16)
```

Im Datenbereich B16 bis B19 finden Sie deshalb diese Funktion.

7.12 Mittelwerte ohne Nullwerte berechnen

In der Datei *07_MITTELWERT_ohne_Nullwerte_01.xlsx* finden Sie zwei typische Konstellationen, die bei der Berechnung von Mittelwerten zu Problemen führen können.

Im ersten Beispiel geht es schlicht darum, dass der Mittelwert falsch berechnet wird, weil die Datenreihe einen Nullwert (B5) enthält (Abbildung 7.32).

Die Funktion =MITTELWERT(B4:B7) führt zum Ergebnis 750,00 € in Zelle B9. Dies entspricht der Summe aller Werte (3.000) geteilt durch deren Anzahl (4). Wenn der Nullwert in B5 tatsächlich so zu verstehen ist, dass ein Artikel angeboten, mit ihm jedoch kein Umsatz erzielt wurde, ist das Ergebnis in Ordnung. Häufig sind Nullwerte aber das Resultat eines Datenimports und werden auch dann gesetzt, wenn in den entsprechenden Datenfeldern überhaupt keine Werte standen, weil z. B. der spezifische Artikel gar nicht im Sortiment einer ausgewählten Region enthalten ist. In diesem Fall wäre es falsch, den Wert bei der Bildung des Durchschnitts einzubeziehen.

	A	B	C
1	Mittelwert mit und ohne Nullwerte		
2			
3	Artikel	Betrag 1	Betrag 1
4	Artikel ABC	1.000,00 €	1.000,00 €
5	Produkt XYZ	0,00 €	0,00 €
6	Artikel DEF	1.000,00 €	−1.000,00 €
7	Artikel DEF	1.000,00 €	1.000,00 €
8			
9	Mittelwert (mit Nullwerten)	750,00 €	250,00 €
10	Mittelwert (ohne Nullwerte, Werte <> Null)	1.000,00 €	333,33 €
11			

Abbildung 7.32 Nullwerte können bei der Berechnung des Mittelwerts zu Problemen führen.

Da das Löschen aller Nullwerte einen unzumutbaren Aufwand darstellt, muss dem Problem mit einer Formel zu Leibe gerückt werden. Die Formel lautet im vorliegenden Beispiel:

```
=SUMME(B4:B7)/ZÄHLENWENN(B4:B7;">0")
```

Gebildet wird die Summe aller Werte im Datenbereich B4 bis B7. Danach wird die bedingte Anzahl der Werte im selben Datenbereich gebildet. Die Bedingung lautet dabei, nur die Werte zu zählen, die größer als null sind:

```
ZÄHLENWENN(B4:B7;">0")
```

Das Ergebnis in Zelle B10 wird nun mit dem Wert 1.000 angegeben. Es entspricht der Summe sämtlicher Werte im Datenbereich, dividiert durch die Anzahl positiver Werte, die dort zu finden sind.

In Spalte C wird zusätzlich zum Nullwert ein Wert mit negativem Vorzeichen verwendet. Dies würde zu einer Veränderung des Ergebnisses führen. Wenn Sie allerdings den Mittelwert nur auf Basis der positiven Werte bilden möchten, hieße das, dass die Funktion in C10 abgewandelt werden muss:

```
=SUMME(C4:C7)/ZÄHLENWENN(C4:C7;"<>0")
```

Damit wird im Beispiel auch der negative Wert berücksichtigt (C5), und als Resultat wird 333,33 in Zelle C10 ausgegeben.

7.13 Mittelwert bei #DIV/0!

Nicht nur Nullwerte erschweren die Berechnung des Mittelwerts von Datenreihen, auch die Fehlerwerte stellen ein Problem dar. Führt eine Division innerhalb der Datenreihe, für die der Durchschnitt berechnet werden soll – wie dies in Abbildung 7.33 der Fall ist –, z. B. zu dem Fehlerwert #DIV/0!, übernimmt MITTELWERT() diesen Fehlerwert.

Anzahl	Umsatz	Umsatz/Stück
10	10.000,00 €	1.000,00 €
0	0,00 €	#DIV/0!
100	100.000,00 €	1.000,00 €
5	5.000,00 €	1.000,00 €
		#DIV/0!
		1.000,00 €

Abbildung 7.33 Enthält die Datenreihe Fehlerwerte, führt auch die Funktion MITTELWERT() zum Fehler.

Auch hier müssen Sie entscheiden, ob Sie das Problem direkt an der Wurzel packen, also bei der Division in Spalte D, oder erst bei der abschließenden Berechnung des Mittelwerts.

Den Fehlerwert bei der Division können Sie seit Excel 2007 mit einer neuen Funktion sehr einfach unterdrücken:

```
=WENNFEHLER(zu_prüfender_Wert; alternativer_Wert)
```

Sie werden also prüfen, ob C14 dividiert durch B14 einen Fehlerwert vom Typ #DIV/0! produziert, und als alternativen Wert einen leeren Text vorgeben. Das sieht dann so aus:

```
=WENNFEHLER(C14/B14;"")
```

Die beiden Anführungszeichen erzeugen eine »leere Zelle«. Die Funktion MITTELWERT() berechnet folglich den Mittelwert 1.000 in Zelle D19 auf Basis der Summe aller Werte (3.000) und der Anzahl der ausgefüllten Zellen (3).

Sind Sie nicht der Urheber des Fehlerwerts, weil er eventuell erneut das unerfreuliche Resultat einer Datenübernahme ist, könnten Sie alle Werte so stehen lassen, wie Sie sie vorfinden. Stattdessen korrigieren Sie den Fehlerwert in Zelle D20 mit einer Matrixvariante:

```
{=MITTELWERT(WENN(ISTZAHL(D14:D17);WENN(D14:D17>0;D14:D17))))}
```

Die WENN()-Funktion prüft in einem ersten Durchlauf, ob und wo im Datenbereich D14 bis D17 Zahlen zu finden sind. Dafür sorgt die Funktion ISTZAHL(Bereich). Jeder gefundene Zahlenwert wird mit WAHR registriert, alle anderen Werte mit FALSCH. Im zweiten Durchlauf prüft eine weitere Funktion, welche Zellen Werte enthalten, die größer als null sind. Alle Werte, auf die beide Bedingungen zutreffen, werden an die Funktion MITTELWERT() übergeben, die schließlich das Ergebnis in Zelle D20 liefert.

Selbstverständlich können Sie diese Funktion mit dem Ausdruck <>0 so anpassen, dass sie auch negative Werte bei der Berechnung berücksichtigt.

Möchten Sie die Verschachtelung von Funktionen vermeiden, dann hilft Ihnen die Funktion AGGREGAT(). Im vorangegangenen Kapitel habe ich ein Beispiel für ihren Einsatz beschrieben.

7.14   Fallbeispiel zur bedingten Kalkulation

In der Arbeitsmappe *07_MiniReport_01.xlsx* finden Sie ein Anwendungsbeispiel für bedingte Kalkulationen in einem kurzen Report. Idealtypisch befindet sich die Liste der Basisdaten in einem eigenen Tabellenblatt (*A_Basisdaten*). Außerdem verfügt die Arbeitsmappe über eine Reihe definierter Bereichsnamen, die sich auf wichtige Spalten in den Basisdaten beziehen. Aber auch im Tabellenblatt *B_Listen* werden einige Listen mit Bereichsnamen angesprochen. Mit Hilfe zweier Datenüberprüfungen werden diese Listen genutzt, um in den Zellen G8 zwischen Gerätekategorien und -typen sowie in Zelle G9 zwischen Regionen und Artikeln wechseln zu können.

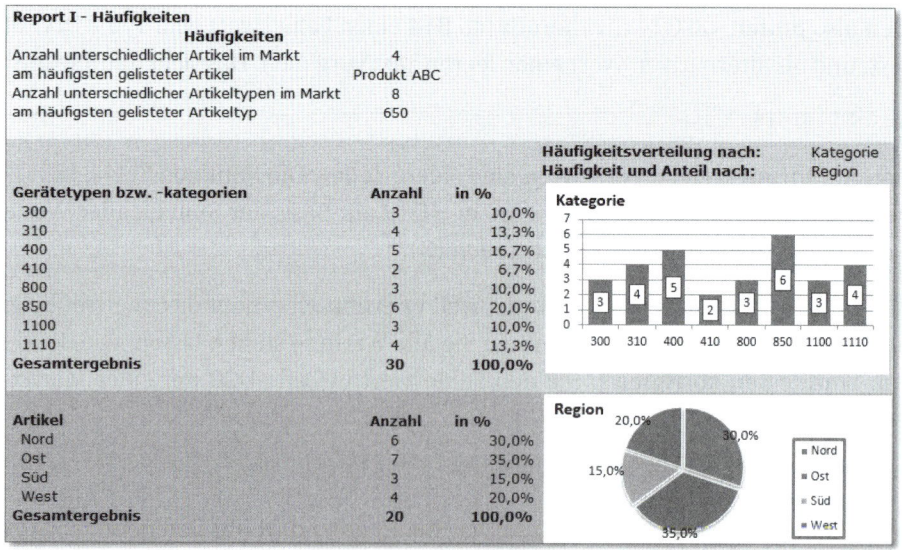

Abbildung 7.34 Fallbeispiel zu bedingten Kalkulationen

Je nach den gewählten Bedingungen generiert Excel auf der linken Seite des Tabellenblattes *Report_I_Häufigkeit* zwei Tabellen, die die absoluten und prozentualen Häufigkeiten darstellen, um weiter rechts davon die Daten in zwei Diagrammen zu visualisieren. Tabellen und Diagramme sind somit Bestandteil eines dynamischen Reports.

Im darüberliegenden Bereich – A2 bis B6 – enthält der Report verschiedene Häufigkeitsberechnungen. Diese sind nicht von der Auswahl in den Zellen G8 und G9 abhängig. Lassen Sie uns mit dem Aufbau dieser Kalkulationen beginnen.

7.14.1 Anzahl unterschiedlicher Zahlenwerte im Datenbereich

In Zelle B3 interessieren wir uns für die Anzahl der unterschiedlichen Artikel im Markt. Das ist ein Wert, den uns weder die Funktion ANZAHL() noch die Funktion ANZAHL2() liefern kann. Stattdessen ist eine kombinierte Funktion nötig:

`{=SUMME(1/ZÄHLENWENN(BasisdatenArtikel;BasisdatenArtikel))}`

ZÄHLENWENN() durchläuft den Datenbereich B3 bis B31 im Tabellenblatt *A. Basisdaten*, für den der Bereichsname *BasisdatenArtikel* festgelegt wurde. Jede vorkommende Artikelbezeichnung ist gleichzeitig eine Suchbedingung, so dass der Datenbereich nach dem Semikolon ein zweites Mal angegeben wird. Die Funktion zählt die Häufigkeit des Vorkommens eines Artikels und schreibt die Gesamtzahl als Nenner in einen Bruch (1/ZÄHLENWENN()).

Abbildung 7.35 Die Funktion zur Ermittlung der unterschiedlichen Artikel im Markt müssen Sie als Matrixfunktion eingeben.

Wird der Artikel beispielsweise viermal gefunden, ist das Zwischenergebnis ein Viertel. Bei zwei Fundstellen wäre es ein Halbes. Die gebildete SUMME() für jeden Artikel – bestehend aus vier Vierteln oder zwei Halben – ist somit in jedem Fall 1. Die Funktion ist an den geschweiften Klammern unschwer als Matrixfunktion identifizierbar. Werden folglich alle Zwischenergebnisse der einzelnen Durchläufe addiert (jeweils 1), so steht am Ende die Gesamtanzahl der unterschiedlichen in den Märkten vorkommenden Artikel.

In Zelle B5 lässt sich die Berechnung mit der Anzahl unterschiedlicher Artikeltypen mühelos wiederholen:

```
{=SUMME(1/ZÄHLENWENN(BasisdatenTyp;BasisdatenTyp))}
```

7.14.2 Häufigste Artikelbezeichnung im Datenbereich

In den beiden vorangegangenen Fällen haben wir Zahlenreihen analysiert. Etwas komplizierter ist die Lage, wenn es darum geht, den häufigsten Texteintrag eines Datenbereiches zu berechnen. Diesen Fall finden Sie in Zelle B4:

```
{=INDEX(BasisdatenArtikel;VERGLEICH(MAX(ZÄHLENWENN(BasisdatenArtikel;
BasisdatenArtikel));ZÄHLENWENN(BasisdatenArtikel;BasisdatenArtikel);
0);1)}
```

Beginnen wir mit den Teilen der verschachtelten Funktion, die uns am vertrautesten sind. Mit dem Abschnitt =ZÄHLENWENN(BasisdatenArtikel; BasisdatenArtikel) zählt Excel, wie oft eine Artikelbezeichnung in der Liste der Artikel vorkommt. Wenn es nach Art der Matrixfunktionen mehrere Durchläufe durch den Datenbereich *BasisdatenArtikel* gibt, wird nicht nur der erste Eintrag in diesem Bereich gezählt, sondern sämtliche gelisteten Artikel.

Erweitern Sie diese Funktion um MAX(Bereich), das den Maximalwert einer Datenreihe ermittelt, zu MAX(ZÄHLENWENN(BasisdatenArtikel;BasisdatenArtikel)), dann erhalten Sie die Anzahl des am häufigsten auftretenden Werts innerhalb des Datenbereiches. Im Beispiel ist es das *Produkt ABC*, das neunmal vorkommt.

Nun muss dieser Wert 9 noch durch den konkreten Artikelnamen ersetzt werden. Mit der Funktion INDEX(Bereich; Zeile; Spalte) bestimmen Sie den Inhalt einer Zelle, deren Koordinaten – Zeile und Spalte – Sie durch eine Berechnung gewonnen haben. Hilfreich wäre es demnach, wenn wir wüssten, in welcher Zeile der am häufigsten genannte Artikel steht. Diese Frage wiederum wird uns die Funktion VERGLEICH(Suchkriterium; Suchbereich; Vergleichstyp) beantworten:

```
VERGLEICH(MAX(ZÄHLENWENN(BasisdatenArtikel;BasisdatenArtikel));
ZÄHLENWENN(BasisdatenArtikel;BasisdatenArtikel);0)
```

Wir suchen den Maximalwert (Suchkriterium) in der Artikelliste (Suchbereich) und wollen ein Ergebnis nur dann verwenden, wenn es eine genaue Übereinstimmung gibt (Vergleichstyp 0). Die Vergleichstypen 1 und –1 ermöglichen es, auch Werte, die kleiner als das oder gleich dem bzw. größer als das oder gleich dem Suchkriterium sind, zurück-zugeben.

Das Ergebnis im konkreten Fall lautet 5. In der fünften Zeile der Artikelliste steht die Bezeichnung *Produkt ABC*. Dies ist der Artikel, der mit 9 Nennungen am häufigsten vorkommt. Diese berechnete und somit veränderliche Position innerhalb der Artikelliste wird nun von der Funktion INDEX() als erste Koordinate für die Zeile der zu bestimmenden Zelle übernommen. Die zweite Koordinate (Spalte) hat zwangsläufig den Wert 1, da der Suchbereich einspaltig ist. Damit ist die Bezeichnung des am häufigsten vorkommenden Textes im Datenbereich B2 bis B31 korrekt bestimmt: Er steht in der fünften Zeile und ersten Spalte des Suchbereiches oder – genauer gesagt – in Zelle B6 von Tabellenblatt *A_Basisdaten*.

7.14.3 Bedingte Kalkulation in Tabelle und Diagramm über Auswahlliste steuern

Im unteren Tabellenabschnitt steht die Steuerung der durchzuführenden Berechnungen über eine Datenüberprüfung im Mittelpunkt. In Zelle G8 wird wahlweise auf die Listen *Kategorie* oder *Typ* zugegriffen (Abbildung 7.36).

Der über die Datenprüfung ausgewählte Begriff wird in Zelle A11 von folgender Funktion aufgegriffen:

```
=INDEX('B_Listen'!$E$1:$G$9;ZEILE()-9;VERGLEICH($G$8;'B_Listen' !$E$1:$G$1;0))
```

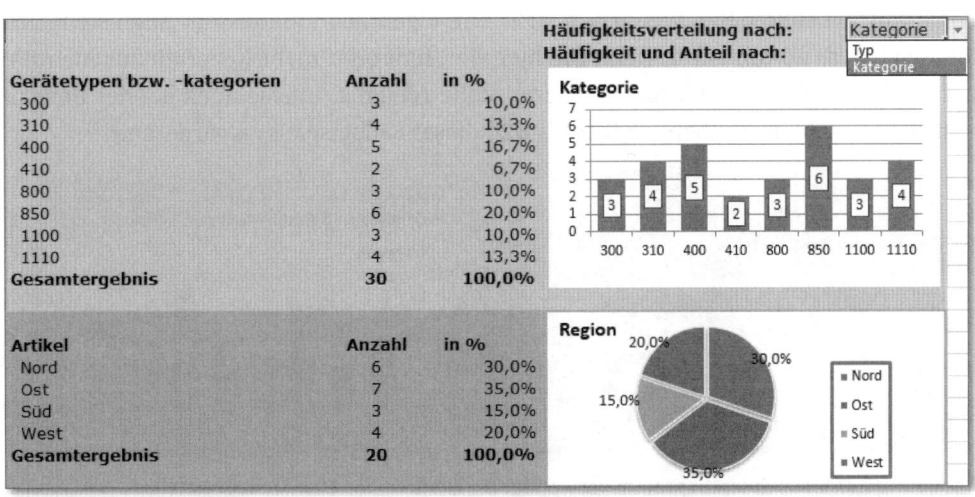

Abbildung 7.36 Tabelle und Diagramm werden über die Einträge einer Datenüberprüfung gesteuert.

Was macht diese Funktion? Sie durchsucht für uns den Bereich E1 bis G9 im Tabellenblatt *B_Listen*, in dem sämtliche Typen- und Kategorienbezeichnungen stehen. Ausgelesen werden soll die zweite Zeile. Dies wird erreicht, indem die aktuelle Zeilenzahl (11) ermittelt und davon der Wert 9 subtrahiert wird.

Auch die Spalte wird mit `VERGLEICH($G$8;'B_Listen'!$E$1:$G$1;0)` dynamisch bestimmt. Dazu wird der Überschriftenbereich der Listen (E1 bis G1) nach einer Übereinstimmung mit dem in Zelle G8 ausgewählten Begriff – »Typ« oder »Kategorie« – durchsucht. Steht dort die Bezeichnung »Typ«, wird die zweite Zeile in der ersten Spalte, also Zelle E2 im Tabellenblatt *B_Listen*, angesteuert und der Wert 100 als Typenbezeichnung in Zelle A11 des Tabellenblattes *Report I* geschrieben.

Kopieren Sie nun diese Funktion in die darunterliegenden Zeilen, wird die Zeilennummer durch den Ausdruck `ZEILE()-9` variabel bestimmt, und der Reihe nach werden alle Typenbezeichnungen oder Kategorien in die Tabelle geschrieben.

Die eigentliche Berechnung mit Hilfe von `ZÄHLENWENN()` müssen wir nun auch abhängig von dem in Zelle G8 auswählten Begriff veranlassen:

```
=WENN($G$8="Kategorie";ZÄHLENWENN(BasisdatenKategorie;A11);
ZÄHLENWENN(BasisdatenTyp;A11))
```

Diese `WENN()`-Funktion berechnet wahlweise die Spalten C oder D des Tabellenblattes *A_Basisdaten*, je nachdem, ob in der Auswahlzelle das Wort »Kategorie« steht oder nicht. Zugegeben: Die harte Codierung des Kriteriums »Kategorie« als Text direkt im Funktionstext sollten Sie, wie bereits erwähnt, eigentlich unterlassen. Auch stellt sich die Frage, was zu tun wäre, wenn Sie hier vier, fünf oder mehr Kriterien zur Auswahl hätten. Dennoch ist die Lösung an dieser Stelle geeignet, um sie auch bei der Berechnung der Anzahl im Zellbereich B23 bis B26 dieses Fallbeispiels zu variieren.

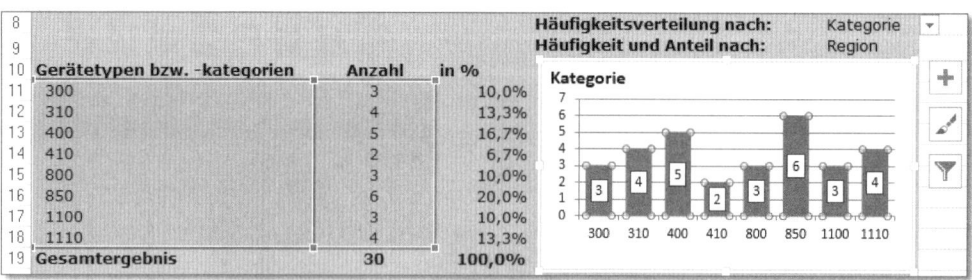

Abbildung 7.37 Das Säulendiagramm verwendet die Gerätetypen bzw. -kategorien als Rubrikenachse.

Um die kleine dynamische Lösung abzuschließen, müssen noch die beiden Diagramme erstellt werden. Bei beiden handelt es sich um Standarddiagramme. Das Säulendiagramm bezieht sich auf die veränderlichen Bereiche A11 bis A18 als Rubrikenachsenbeschriftung und B11 bis B18 als Datenbereich. Das Kreisdiagramm bezieht seine Informationen aus A23 bis A26 (Beschriftung) und B23 bis B26 (Daten). Wenn Sie diese Bereiche über den Diagramm-Assistenten festlegen, erhalten Sie die gewünschten Diagramme. Ändern Sie dann in den Zellen G8 und G9 die Berechnungskriterien, werden sowohl die Tabellen als auch die Diagramme neu berechnet. Ihr dynamischer Mini-Report ist fertig.

7.15 Zusammenfassung: Bedingte Kalkulationen

Die Funktionen =SUMMEWENN(), MITTELWERTWENN() und ZÄHLENWENN() ermöglichen die Berechnung von Datenbereichen mit einer Bedingung.

Texte und Operatoren müssen im Bedingungsfeld immer in Anführungszeichen stehen. Beispiele:

```
=SUMMEWENN(A1:A100;"Artikel ABC";B1:B100)
=ZÄHLENWENN(B1:B100;">50")
=MITTELWERTWENN(A1:A100; "Nord";B1:B100)
```

Ist eine Zelle im Datenbereich leer, wird sie bei der Berechnung des Mittelwerts nicht berücksichtigt. Nullwerte werden hingegen in den Mittelwert einbezogen.

Bereichsnamen vereinfachen die Arbeit nicht nur mit bedingten Kalkulationen. Folgende Vorgehensweise kann genutzt werden:

- Datenbereich markieren

- Namen in das **Namenfeld** schreiben und ⏎ drücken

- Namen mit F3 innerhalb einer Formel oder Funktion abrufen

- F5 zum Wechsel in einen mit Bereichsnamen gekennzeichneten Datenbereich drücken

Die Funktionen SUMMEWENNS(), MITTELWERTWENNS() und ZÄHLENWENNS() erlauben es, bis zu 127 Bedingungen in eine bedingte Kalkulation einzufügen. Alle Bedingungen sind mit einem logischen UND miteinander verknüpft.

Bei SUMMEWENNS() wird entgegen der Reihenfolge von SUMMEWENN() zuerst die zu summierende Spalte angegeben, dann erst folgen Kriterienbereiche und Kriterien.

Um Fehler bei der Eingabe von Bedingungen zu vermeiden, eignet sich die Datenüberprüfung. Ideal ist es,

- eine Liste mit zugelassenen Werten in einem anderen Tabellenblatt zu hinterlegen,

- den Daten der Liste einen Bereichsnamen zu geben,

- die Funktion **Daten ▸ Datentools ▸ Datenüberprüfung** zu wählen

- und dann den Bereichsnamen als **Liste** zugelassener Werte einzurichten.

Mit F5 und **Inhalte ▸ Datenüberprüfung** finden Sie alle Datenüberprüfungen in einem Tabellenblatt.

Die Funktion `=SUMMENPRODUKT((A2:A9="Köln")*(B2:B9="Mai"))` gibt die Anzahl der Datensätze zurück, bei denen beide Bedingungen erfüllt werden.

Enthält Spalte C auch noch eine Zahlenreihe, dann liefert die Funktion `=SUMMENPRO-DUKT((A2:A9="Köln")*(B2:B9="Mai");C2:C9)`die Summe aller Werte aus Spalte C, bei denen die Bedingungen aus den ersten beiden Spalten zutreffen.

Mit einer kombinierten Funktion wie

```
=SUMMENPRODUKT((A2:A11=E2)+(B2:B11=F2);C2:C11)
-SUMMENPRODUKT((A2:A11=E2)*(B2:B11=F2);C2:C11)
```

lassen sich Bedingungen auch mit einem logischen ODER verknüpfen.

Zwei große Vorteile von `SUMMENPRODUKT()` sind:

- Es entsteht kein Fehlerwert (#WERT!), wenn die aktuelle Arbeitsmappe neu berechnet wird und die Funktion auf eine verknüpfte, aber geschlossene Arbeitsmappe verweist.

- Die Funktion kann auch angewandt werden, wenn in einer zu berechnenden Spalte abwechselnd Text und Zahlen verwendet werden. Dann lautet ihr Aufbau:

    `=SUMMENPRODUKT(--(A1:A11="Köln")*--(C1:C11>300);C1:C11)`

Die Häufigkeitsverteilung von Daten können Sie mit der Funktion `HÄUFIGKEIT(Datenbereich;Klassen)` berechnen. Es handelt sich um eine Matrixfunktion. Besonderheiten von Matrixfunktionen sind:

- Ergebnisse werden zumeist nicht nur in eine Ergebniszelle, sondern in einen zusammenhängenden Ergebnisbereich geschrieben.

- Die Funktionen werden mit Strg + ⇧ + ↵ abgeschlossen.

- Nach dem Bestätigen der Funktionen werden diese von Excel in geschweifte Klammern gesetzt, z. B.:

```
{=HÄUFIGKEIT(B4:B11;A4:A11)}
```

- Einzelne Zellen eines Matrixbereiches können nicht nachträglich verändert werden.

Wichtige typische Berechnungen

Mittelwert ohne Nullwerte:

```
=SUMME(B4:B7)/ZÄHLENWENN(B4:B7;"<>0")
```

Mittelwert ohne Fehlerwert #DIV/0!:

```
{=MITTELWERT(WENN(ISTZAHL(D1:D9);WENN(D1:D9>0;D1:D9))))}
=AGGREGAT(1, 6, D1:D9)
```

Anzahl unterschiedlicher Einträge in einem Datenbereich:

```
{=SUMME(1/ZÄHLENWENN('B2:B31; B2:B31)))}
```

Häufigster Zahlenwert in einem Datenbereich:

```
=MODALWERT(B2:B31)
```

Häufigster Text in einem Datenbereich:

```
{=INDEX(B2:B31;VERGLEICH(MAX(ZÄHLENWENN(B2:B31; B2:B31)); ZÄHLENWENN(B2:B31;
 B2:B31);0))}
```

8   Pivottabellen und -diagramme

Bei der Auswertung großer Datenmengen sind Pivottabellen enorm hilfreich. Die Bedeutung dieser Funktion im Reporting wurde bereits durch Erweiterungen in den Vorgängerversionen bestätigt. In Excel 2013 gibt es nun einen weiteren Paukenschlag: Datenmodelle ermöglichen es erstmalig, Pivottabellen auf Basis mehrerer Tabellen zu erstellen. Lesen Sie in diesem Kapitel alles rund um dieses wichtige Thema.

Wie Sie in Kapitel 3, »Import und Bereinigung von Daten«, bereits gesehen haben, stehen in Excel unterschiedliche und umfangreiche Möglichkeiten zur Verfügung, Daten aus anderen Systemen zu importieren. Ergebnis ist in den meisten Fällen eine mehr oder weniger große Tabelle, derer Sie als Controller Herr werden müssen.

Wie fasse ich die immensen Einzelinformationen übersichtlich zusammen? Wie kann ich Daten regional, funktional oder zeitlich am schnellsten gruppieren? Wie bleibe ich bei einer Änderung meiner Datenbestände zukünftig beim Reporting flexibel? Diese oder ähnliche Fragen werden Sie sich vermutlich bei der Betrachtung Ihrer Rohdaten gestellt haben oder zukünfig stellen. In vielen Fällen wird die Antwort lauten: Verwenden Sie eine Pivottabelle! Diese Excel-Funktion ist nahezu ein Muss, wenn Sie die Verdichtung Ihrer Daten anstreben und aus einer großen Datenmenge ein Extrakt ziehen möchten, das sich gleichsam in Tabellen- oder Diagrammform ausgeben lässt.

In diesem Kapitel werden Sie sich mit folgenden Aspekten von Pivottabellen und -diagrammen vertraut machen:

- Analyse von Basisdaten im Hinblick auf deren Tauglichkeit für einen Pivottabellenreport und gegebenenfalls Bereinigung der Rohdaten

- Aufbau eines Datenmodells aus zwei Tabellen und seine Auswertung in einer Pivottabelle

- Nutzung der Pivot-Grundfunktionen zur Analyse von Unternehmensdaten

- Verwendung der in Excel 2010 neu hinzugekommenen **Datenschnitttools** für die Ad-hoc-Datenanalyse

- automatische und manuelle Gruppierung von Daten

- Variieren der Datendarstellung und Verwendung von eigenen Berechnungen im Datenbereich

- Weiterverarbeitung von Pivotdaten in Arbeitsmappen
- Erstellung von Diagrammen auf Basis der verdichteten Pivotdaten

8.1   Vorbereitung der Basisdaten für eine Pivottabelle

Pivottabellen dienen der Gruppierung von Daten und ermöglichen es Ihnen, ohne allzu großen Aufwand

- große Datenmengen in übersichtlichen Reports zusammenzufassen
- und, durch die Interaktivität der Funktion, Daten aus sich immer wieder ändernden Betrachtungswinkeln zu analysieren.

Aus einer einfachen, eventuell aus einem Datenimport gewonnenen Liste mit Rohdaten, wie sie in Abbildung 8.1 vorliegt, erstellen Sie mit wenigen Mausklicks beispielsweise den in Abbildung 8.2 dargestellten Pivotbericht.

	A	B	C	D	E	F	G	H	I	J
1	Produktgruppe	Artikel	Bestellnummer	Kunde	Bestellmenge	Lieferung	Bestelldatum	Verfügbarkeit	Liefermenge	Wert
2	101	ABC	AI20001001	Muster AG	600	12.10.2014	14.09.2014	13.09.2014	600	4.794,00
3	199	DEF	AI20001001	Muster AG	25	12.10.2014	14.09.2014	13.09.2014	25	612,50
4	101	GHI	AI20001001	Muster AG	1.200	12.10.2014	14.09.2014	13.09.2014	1.200	18.000,00
5	201	XYZ	AI20001002	Test GmbH	100	27.09.2014	26.08.2014	24.08.2014	100	8.000,00
6	200	UVW	AI20001111	No Name GbR	10	27.09.2014	30.08.2014	27.08.2014	10	125,00
7	101	ABC	AI20001005	Probe GmbH	35	28.09.2014	07.09.2014	04.09.2014	35	279,65
8	201	XYZ	AI20001005	Probe GmbH	120	28.09.2014	07.09.2014	03.09.2014	120	9.600,00
9	101	ABC	AE10101678	Beispiel GmbH	250	28.09.2014	07.09.2014	03.09.2014	250	1.997,50
10	199	DEF	AE10101678	Beispiel GmbH	200	28.09.2014	07.09.2014	03.09.2014	200	4.900,00
11	101	GHI	AE10101678	Beispiel GmbH	100	28.09.2014	07.09.2014	03.09.2014	100	1.500,00
12	201	XYZ	AE10101678	Beispiel GmbH	50	28.09.2014	07.09.2014	03.09.2014	50	4.000,00

Abbildung 8.1 Die Ausgangslage: Rohdaten für eine Pivottabelle ...

	A	B
1	Artikel	(Alle)
2		
3	**Kunde**	**Bestellwert in €**
4	Beispiel GmbH	12.710 €
5	Dummy AG	106.392 €
6	Felix Test AG	13.250 €
7	Muster & Söhne	80 €
8	Muster AG	23.407 €
9	No Name GbR	125 €
10	P. Robe GbR	1.118 €
11	Probe GmbH	9.880 €
12	Test & Partner	719 €
13	Test GmbH	8.000 €
14	Übung AG	29.730 €
15	Übungsgesellschft mbH	2.625 €
16	**Gesamtergebnis**	**208.035 €**

Abbildung 8.2 ... und das Resultat: ein einfacher Pivottabellenreport

Um diese Vorzüge effizient zu nutzen, müssen Ihre Daten allerdings einige grundsätzliche Anforderungen erfüllen. Diese sind:

Tabellenelement	Bedingung/Empfehlung
Spaltenüberschriften	Spaltenüberschriften sind für das Erstellen einer Pivottabelle unbedingt notwendig. Überschriften der Basisdaten bilden in der Pivottabelle Datenlabel. Durch Datenlabels, genauer gesagt durch ihr Verschieben, entsteht erst der interaktive Charakter der Pivottabelle. Sie sollten immer darauf achten, dass Sie überflüssige Leerzeichen, z. B. am Ende des Textes, aus den Überschriften entfernen.
Eindeutigkeit der Labels	Überschriften und damit die Labels der Pivottabelle müssen eindeutig sein. Nur so können Sie immer sicher sein, dass Sie die richtigen Daten zur Analyse heranziehen. Befinden sich in Ihren Basisdaten mehrere Spaltenüberschriften, z. B. mit der Überschrift *Datum*, sollten Sie diese Überschriften nachbearbeiten (z. B. *Datum 1*, *Datum 2* oder *Bestelldatum*, *Lieferdatum* ...).
verbundene Zellen	Häufig werden verbundene Zellen im Bereich der Spaltenüberschriften verwendet. Wenn diese Zellverbindungen unmittelbar an den Datenbereich grenzen, verhindern sie den Aufbau einer Pivottabelle. Heben Sie Zellverbindungen unbedingt auf, bevor Sie eine Pivottabelle erstellen.
Leerzeilen und -spalten	Importierte Daten enthalten häufig leere Zeilen und Spalten. Diese müssen Sie vor dem Einfügen der Pivottabelle aus den Basisdaten entfernen. Eine einfache Excel-Liste bildet immer die Grundlage für einen Pivot-Report. Einfache Listen bestehen aus Spaltenüberschriften, gegebenenfalls Zeilenbeschriftungen und einem ununterbrochenen, zusammenhängenden Wertebereich. Auch gegebenenfalls bereits eingefügte Zwischenberechnungen sind aus der Datenbasis der Pivottabelle unbedingt zu entfernen.
Datencodierung	Pivottabellen dienen u. a. der Gruppierung von Daten. Um korrekt zu gruppieren, müssen Ihre Basisdaten durchgängig codiert sein. Enthalten einige Zellen Ihrer Daten die Länderkennung *I* für Italien, andere aber *It*, ist es für Sie kein Problem, diese Informationen als zusammengehörig zu erkennen. Ihre Pivottabelle wird daraus allerdings zwei Datengruppen bilden und da für separate Ergebnisse bilden.

Tabelle 8.1 Grundanforderungen an Basisdaten einer Pivottabelle

8

Die in Abbildung 8.3 dargestellten Basisdaten erfüllen die oben definierten Anforderungen an eine Pivot-Datenbasis gleich in mehrfacher Hinsicht nicht. Die einige Überarbeitungen benötigende Liste finden Sie unter dem Dateinamen *08_Pivot-Basisdatenbereinigung.xlsx*.

	Produktgruppe / Artikel	Bestellnummer	Kunde	Bestellmenge	Bestelldatum	Lieferung	Verfügbarkeit		Liefermenge	Wert
1			Übersicht - Bestellungen und Lieferungen							
2	Produktgruppe Artikel	Bestellnummer	Kunde	Bestellmenge	Bestelldatum	Lieferung	Verfügbarkeit		Liefermenge	Wert
3	Produktdaten		Bestellinformationen				Lieferungsdaten			Wert
4	101 ABC	AI20001001	Muster AG	600	14.09.2014	12.10.2014	13.09.2014		600	4.794,00
5	199 DEF	AI20001001	Muster AG	25	14.09.2014	12.10.2014	13.09.2014		25	612,50
6	101 GHI	AI20001001	Muster AG	1.200	14.09.2014	12.10.2014	13.09.2014		1.200	18.000,00
7	201 XYZ	AI20001002	Test GmbH	100	26.08.2014	27.09.2014	24.08.2014		100	8.000,00
8	200 UVW	AI20001111	No Name GbR	10	30.08.2014	27.09.2014	27.08.2014		10	125,00
9	101 ABC	AI20001005	Probe GmbH	35	07.09.2014	28.09.2014	04.09.2014		35	279,65
10	201 XYZ	AI20001005	Probe GmbH	120	07.09.2014	28.09.2014	03.09.2014		120	9.600,00
11	101 ABC	AE10101678	Beispiel GmbH	250	07.09.2014	28.09.2014	03.09.2014		250	1.997,50
12	199 DEF	AE10101678	Beispiel GmbH	200	07.09.2014	28.09.2014	03.09.2014		200	4.900,00
13	101 GHI	AE10101678	Beispiel GmbH	100	07.09.2014	28.09.2014	03.09.2014		100	1.500,00
14	201 XYZ	AE10101678	Beispiel GmbH	50	07.09.2014	28.09.2014	03.09.2014		50	4.000,00
15	200 UVW	AE10101678	Beispiel GmbH	25	07.09.2014	28.09.2014	03.09.2014		25	312,50
16	101 ABC	AI20001003	Übung AG	2.000	10.09.2014	15.10.2014	08.09.2014		2.000	15.980,00
17	199 DEF	AI20001003	Übung AG	500	10.09.2014	15.10.2014	08.09.2014		500	12.250,00
18	101 GHI	AI20001003	Übung AG	100	10.09.2014	15.10.2014	08.09.2014		100	1.500,00
19	101 GHI	AE10101682	Felix Test AG	50	14.09.2014	12.10.2014	10.09.2014		50	750,00
20	200 UVW	AE10101682	Felix Test AG	1000	14.09.2014	12.10.2014	10.09.2014		1.000	12.500,00
21	101 ABC	AI20001006	Test & Partner	90	28.08.2014	18.09.2014	26.08.2014		90	719,10
22	101 ABC	AI20001009	Muster & Söhne	10	26.08.2014	23.09.2014	24.08.2014		10	79,90
23	200 UVW	AI20001004	Übungsgesellschft mbH	210	14.09.2014	12.10.2014	10.09.2014		210	2.625,00
24										
25										
26										
27	101 ABC	AE10101683	Dummy AG	800	15.09.2014	13.10.2014	14.09.2014		800	6.392,00
28	201 XYZ	AE10101683	Dummy AG	1250	21.09.2014	13.10.2014	20.09.2014		1.250	100.000,00
29	101 GHI	AI20001112	P. Robe GbR	50	30.08.2014	23.09.2014	27.08.2014		50	750,00
30	199 DEF	AI20001113	Test und Partner	15	30.08.2014	23.09.2014	27.08.2014		15	367,50

Abbildung 8.3 Diese Datenbasis muss für einen Pivottabellenbericht zunächst bereinigt werden.

Um die offensichtlichsten Fehler zu beseitigen, gehen Sie wie folgt vor: Klicken Sie mit der rechten Maustaste auf die Spaltenbezeichnung von Spalte I, und wählen Sie aus dem angezeigten Kontextmenü die Funktion **Zellen löschen** (Abbildung 8.4), um die gesamte Spalte zu entfernen.

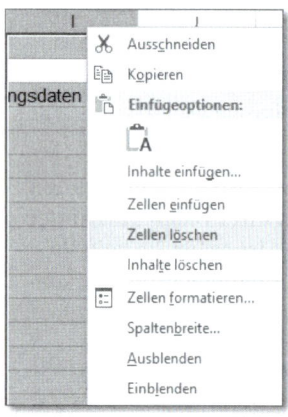

Abbildung 8.4 Entfernen von Leerspalten und -zeilen aus den Basisdaten

Wiederholen Sie diesen Vorgang auch für die Leerzeilen 24 bis 26. Entfernen Sie danach auf gleiche Weise Zeile 3. Sie enthält verbundene Zellen, die in der Pivottabelle nicht verwendet werden können. Auch die Überschrift in der ersten Zeile ist für die zu erstellende Pivottabelle nutzlos. Sie sollten sie ebenfalls löschen.

Prüfen Sie danach, ob die nun entstandene einfache Liste korrekt codierte Daten enthält. Vor dieser Aufgabe mögen Sie zunächst zurückschrecken, wenn es sich um große Datenmengen handelt. Doch eine einfach zu bedienende Excel-Funktion wird diese wichtige Aufgabe erheblich erleichtern: der AutoFilter.

Positionieren Sie den Cursor in der einfachen Liste, und aktivieren Sie den AutoFilter über **Daten ▸ Sortieren und Filtern ▸ Filtern**. Klicken Sie auf das Listenfeld, um den Inhalt der vierten Spalte zu überprüfen. In der sortierten Liste der Werte, die sich in der ausgewählten Spalte befinden, identifizieren Sie Codierungsfehler mühelos. In Abbildung 8.5 erkennen Sie beispielsweise, dass ein Firmenname einmal mit der Bezeichnung *Test & Partner*, ein anderes Mal mit *Test und Partner* eingegeben wurde.

Abbildung 8.5 Unsaubere Codierungen spüren Sie mit dem AutoFilter auf.

Korrigieren Sie solche nicht eindeutigen Schreibweisen, bevor Sie Ihre Pivottabelle erstellen. Wiederholen Sie die Prüfung mittels AutoFilter für sämtliche Spalten Ihrer Basisdaten. Schalten Sie dann den AutoFilter über **Daten ▸ Sortieren und Filtern ▸ Filtern** wieder ab, bevor Sie mit dem Erstellen der Pivottabelle beginnen.

TIPP

Erzeugen von Codierungen mittels Textfunktionen

Häufig enthalten Basisdaten zu viele Detailinformationen. Eine Ortspalte beispielsweise enthält nicht nur den Ortsnamen München, sondern diesen kombiniert mit dem Stadtteil: München-Haar, München-Giesing.

Textfunktionen helfen Ihnen in solchen Fällen bei der Bereinigung der Daten. Mit der Funktion `=LINKS(Zellbezug; Zeichenzahl)` gelingt es Ihnen, den Ortsnamen aus der Zelle zu extrahieren. Steht der Ortsname in Spalte B, lautet die Funktion `=LINKS(B2; 7)`. Geben Sie die Funktion in eine Spalte ein, die unmittelbar an Ihre Basisdaten angrenzt, und kopieren Sie die Funktion dann nach unten. Vergessen Sie nicht, der neuen Spalte eine Überschrift zu geben, z. B. *Orte – bereinigt*.

Haben Sie mehrere Ortsnamen mit unterschiedlicher Länge, dann variieren Sie die Funktion in folgender Form:

```
=LINKS(B2;FINDEN("-";B2)-1)
```

Anstelle einer fest vorgegebenen Zeichenzahl, die ausgelesen werden soll, verwenden Sie die Funktion `=FINDEN(Suchtext; Zellbezug; erstes Zeichen)` in der Form `FINDEN("-";B2)-1`. Gesucht wird damit die Position des Bindestrichs. Im Fall von München-Haar wäre dies das achte Zeichen. Ziehen Sie davon den Wert 1 ab, liest Excel den Ortsnamen bis zum Bindestrich aus. Das funktioniert nicht nur bei München-Haar, sondern auch bei Köln-Nippes.

8.2 Pivottabellen mit Excel 2013 erstellen

Seit Excel 2007 ist das Grundprinzip, um Pivottabellen zu erstellen, fast völlig unverändert geblieben. Anders sieht es schon aus, wenn Sie die Vorgängerversionen ausgelassen haben und beispielsweise von Excel 2003 den Sprung direkt zu 2013 wagen.

Nachdem Sie die Datei *08_Pivot_Grundfunktionen_00.xlsx* geöffnet haben, beginnen Sie am besten damit, den Cursor an einer beliebigen Stelle in der einfachen Liste zu positionieren. Um Ihre Pivottabelle auf zukünftige Erweiterungen der Basisdaten vorzubereiten, wandeln Sie den Datenbereich in eine dynamische Datentabelle um. Dazu drücken Sie [Strg] + [T]. Im Kontextmenü **Tabellentools ▸ Entwurf** finden Sie in der Gruppe **Tools** die Option **Mit PivotTable zusammenfassen**. Rufen Sie diese auf.

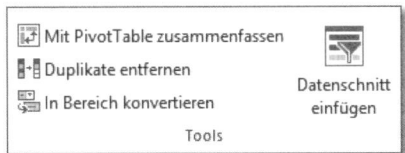

Abbildung 8.6 Erstellen der Pivottabelle über die **Tabellentools**

Eine Neuerung für Benutzer von früheren Excel-Versionen ist, dass bereits seit Excel 2007 kein Pivottabellen-Assistent mehr zur Verfügung steht. Stattdessen erscheint eine einfache Dialogbox, in der der beim Erstellen der dynamischen Datentabelle automatisch erstellte Bereichsname *Tabelle1* bereits übernommen wurde.

Außerdem ist bereits die Option **Neues Arbeitsblatt** vorausgewählt. Möchten Sie stattdessen ein spezifisches Arbeitsblatt Ihrer Arbeitsmappe verwenden, klicken Sie die Option **Vorhandenes Arbeitsblatt** an und zeigen dann unter **Quelldatei** mit der Maus auf das gewünschte Arbeitsblatt und eine Zelle darin (Abbildung 8.7). Ganz unten sehen Sie dann die wichtigste Änderung für das Erstellen von Pivottabellen in Excel 2013. Hier steht die Option **Dem Datenmodell diese Daten hinzufügen**. Wenn Sie die Option aktivieren, schaffen Sie die Grundlage, eine zweite oder dritte Tabelle auszuwählen und über logische Beziehungen eine gemeinsame Auswertung zu realisieren. Mit anderen Worten: Zusätzliche Daten, die bislang stets mit Verweisfunktionen wie `SVERWEIS()` zu den Rohdaten hinzugefügt wurden, können Sie in Excel 2013 wie in einer Datenbank einbinden.

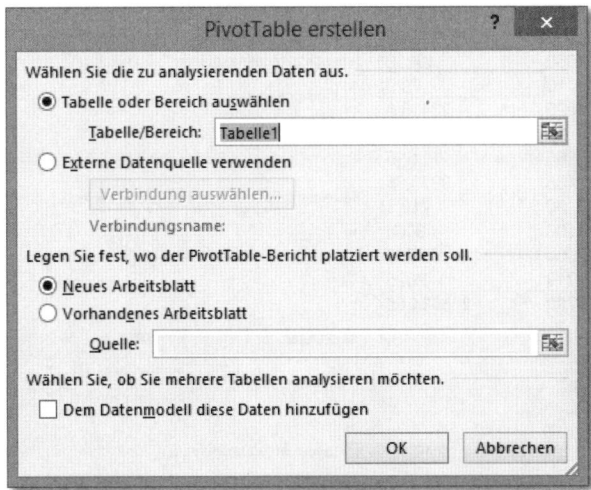

Abbildung 8.7 Dialogbox zum Einfügen einer Pivottabelle

TIPP

Pivottabellen-Assistenten aus Excel 2003 nutzen

Mit der Tastenkombination $\boxed{\text{Alt}}$ + $\boxed{\text{N}}$ können Sie Tastenkürzel aus Excel 2003 auch in der neuen Version nutzen. Um den Pivottabellen-Assistenten zu starten, lautet die Tastenfolge $\boxed{\text{Alt}}$ + $\boxed{\text{N}}$, $\boxed{\text{P}}$. Zwar fehlt in diesem Assistenten die Layoutfunktion zur Auswahl der Datenfelder für die Pivottabelle. Doch beim Erstellen von Pivottabellen aus Konsolidierungsbereichen ist der Assistent nach wie vor hilfreich.

Weitere Informationen zur Verwendung von konsolidierten Pivotberichten finden Sie in Abschnitt 8.8, »Personaldaten mit Hilfe von Pivottabellen konsolidieren«.

Nach einem Klick auf **OK** finden Sie den Pivottabellen-Bereich auf der linken Seite des Arbeitsblattes. Die **PivotTable-Feldliste** befindet sich am äußersten rechten Rand des Excel-Fensters. Es hindert Sie allerdings nichts daran, sie mit der Maus gleich neben den Pivottabellen-Bereich zu ziehen, um allzu weite Wege mit der Maus zu vermeiden.

Die Auswahl der Datenlabels – sprich ehemaliger Spaltenüberschriften Ihrer Basisdaten – ist mehr als einfach. Jedes Label besitzt ein vorangestelltes Auswahlfeld. Und wenn Sie darin per Mausklick ein Häkchen setzen, erscheinen die zu diesem Feld gehörigen Daten in Ihrer Pivottabelle. Klicken Sie beispielsweise die Felder *Kunden*, *Liefermenge* und *Wert* an, erhalten Sie die in Abbildung 8.8 dargestellte Pivottabelle.

Zeilenbeschriftungen	Summe von Liefermenge	Summe von Wert
Beispiel GmbH	625	12710
Dummy AG	2050	106392
Felix Test AG	1050	13250
Muster & Söhne	10	79,9
Muster AG	1825	23406,5
No Name GbR	10	125
P. Robe GbR	65	1117,5
Probe GmbH	155	9879,65
Test & Partner	90	719,1
Test GmbH	100	8000
Übung AG	2600	29730
Übungsgesellschft mbH	210	2625
Gesamtergebnis	**8790**	**208034,65**

PivotTable-Felder

Wählen Sie die Felder aus, die Sie dem Bericht hinzufügen möchten:

☐ Produktgruppe
☐ Artikel
☐ Bestellnummer

Felder zwischen den Bereichen unten ziehen:

▼ FILTER	▥ SPALTEN
	Σ Werte ▼

≡ ZEILEN	Σ WERTE
Kunde ▼	Summe von Liefe... ▼
	Summe von Wert ▼

☐ Layoutaktualisierung zur...   AKTUALISIEREN

Abbildung 8.8 Pivottabelle und PivotTable-Feldliste

Die Feldliste verschwindet immer dann aus dem Blickfeld, wenn Sie den Cursor in einer Zelle positionieren, die außerhalb des Pivottabellen-Bereiches liegt. Stellen Sie den Cursor erneut in den Bereich Ihrer Pivotdaten, dann ist auch die Feldliste wieder sichtbar – es sein denn, Sie hätten sich durch einen Klick auf das **X** in der Dialogbox **PivotTable-Feldliste** bewusst oder unbewusst zum dauerhaften Schließen dieses Bereiches entschieden.

Sollte dies der Fall sein, ist das eine gute Gelegenheit, die weitere Arbeitsumgebung von Pivottabellen zu erkunden. Für Excel-2003-Anwender ist selbstverständlich das kontextbezogene Menü mit der Bezeichnung **PivotTable-Tools** die entscheidende Neuerung. Es wird immer dann oberhalb des Menübands angezeigt, wenn der Cursor in den Pivotdaten steht.

Abbildung 8.9 PivotTable-Tools mit zwei Untermenüs

Dieser in Bonbonrosa um Ihre Aufmerksamkeit heischende Menübereich enthält in Excel 2013 die beiden Untermenüs **Analysieren** und **Entwurf** (in Excel 2010 **Optionen** und **Entwurf**). Hier finden Sie wesentliche Funktionen zur Bearbeitung der ausgewählten Pivottabelle. Dazu gehört auch die Option, eine deaktivierte Feldliste wieder zu aktivieren. Im Untermenü **Analysieren** (2010: **Optionen**) finden Sie die Auswahl **Feldliste**. Mit einem Klick auf den Schalter **Feldliste** holen Sie das nützliche Werkzeug wieder zurück auf den Bildschirm.

Zu kompliziert? Nun gut, es gibt auch hier eine Abkürzung: Ein rechter Mausklick in den Datenbereich der Pivottabelle ruft das betreffende Kontextmenü auf. Dieses stellt auch die Option **Feldliste** zur Auswahl. Verzeihen Sie den kleinen Umweg. Er hat uns die Gelegenheit gegeben, einen ersten Blick in die **PivotTable-Tools** zu werfen.

8.2.1 Datenlabels hinzufügen, entfernen und anders anordnen

Die in der Pivottabelle anzuzeigenden Daten wählen Sie, wie bereits erwähnt, mittels Feldliste aus. Ein Klick entfernt das Häkchen vor dem Label **Liefermenge**. Ein weiterer Klick fügt die Produktgruppe hinzu.

Doch nicht nur das – die Feldliste bietet mehr:

Element der Feldliste	Funktion
Produktgruppe Artikel Bestellnummer	Im oberen Bereich bietet Ihnen ein Listenfeld die Möglichkeit, Filterkriterien für das ausgewählte Feld zu setzen.
≡ ZEILEN Σ WERTE Kunde ▼ Summe von Liefe... ▼ Summe von Wert ▼	Durch Ziehen eines Labels aus dem oberen Bereich der Feldliste in eines der vier Felder **Berichtsfilter**, **Spaltenbeschriftungen**, **Zeilenbeschriftungen** oder **Werte** legen Sie die Anordnung der Daten in der Pivottabelle und damit das gesamte Layout der Analyse fest. Ebenso entfernen Sie nicht mehr benötigte Labels aus der Tabelle, indem Sie sie aus einem der vier Felder herausziehen.
Feldeinstellungen...	Durch Öffnen des Listenfeldes im Bereich **Zeilenbeschriftungen** gelangen Sie u. a. zu den Feldeinstellungen. Hier können Sie beispielsweise die Berechnung von Teilergebnissen aktivieren und konfigurieren.
Wertfeldeinstellungen...	Auch die Labels im Bereich **Werte** verfügen über ein Listenfeld, mit dem Sie zu den Feldeinstellungen gelangen. Hier können Sie u. a. die Funktion zur Berechnung der Werte verändern (**Summe**, **Mittelwert**, **Anzahl** etc.).

Tabelle 8.2 Wichtige Funktionen der PivotTable-Feldliste

Lassen Sie uns einige dieser Funktionen ausprobieren! Nachdem Sie das Feld **Produktgruppe** aktiviert haben, ist es in den **Werte**-Bereich gelegt worden. Da es sich um eine Spalte handelt, die Zahlen enthält, wendet Excel automatisch die Funktion **Summe** auf die Daten an.

Dies ist natürlich nicht sinnvoll, da die Summe der Produktgruppennummern keinen Erkenntniswert besitzt. Stattdessen könnte es Sie aber interessieren, wie viele unterschiedliche Produktgruppen in den Bestellungen der einzelnen Unternehmen, die Sie im Zeilenbereich angeordnet haben, enthalten sind. Öffnen Sie dazu das Listenfeld des Labels **Produktgruppe**, und wählen Sie in der Dialogbox **Wertfeldeinstellungen** die Option **Anzahl** (Abbildung 8.10).

Alternativ können Sie übrigens die Funktion zur Berechnung eines Feldes verändern, indem Sie den Cursor innerhalb der Pivottabelle positionieren und dann unter **PivotTable-**

Tools ▶ Analysieren (Excel 2010 Optionen) ▶ Aktives Feld die Option Feldeinstellungen anklicken.

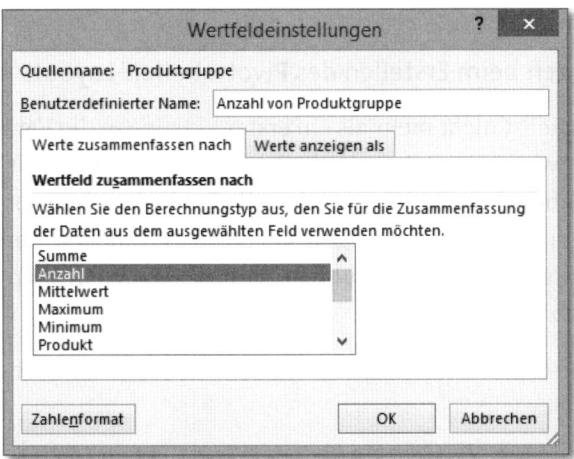

Abbildung 8.10 Ändern der Berechnungsfunktion für ein Wertfeld

Doch lassen Sie uns diesen kurzen Pivotbericht mit einer Analyse der bestellten Artikel abschließen. Dazu ziehen Sie das Label **Artikel** in den Bereich **Berichtsfilter**. Excel ordnet es automatisch oberhalb der Pivottabelle an. Wie Zeilen- und Spaltenbeschriftungen enthalten auch die Berichtsfilter ein Listenfeld, mit dessen Hilfe Sie Filterkriterien setzen können.

	A	B	C
1	Artikel	(Mehrere Elemente) .T	
2			
3	**Zeilenbeschriftungen** ▾	**Summe von Wert**	**Anzahl von Produktgruppe**
4	Beispiel GmbH	6897,5	2
5	Dummy AG	6392	1
6	Muster & Söhne	79,9	1
7	Muster AG	5406,5	2
8	P. Robe GbR	367,5	1
9	Probe GmbH	279,65	1
10	Test & Partner	719,1	1
11	Übung AG	28230	2
12	**Gesamtergebnis**	**48372,15**	**11**

Abbildung 8.11 Artikelbezogene Analyse der Bestelldaten

Öffnen Sie das Listenfeld des Berichtsfilters, so können Sie beispielsweise die Analyse auf den Artikel *ABC* beschränken. Um auch den Artikel *DEF* in die Pivottabelle zu übernehmen, wiederholen Sie den Vorgang. Klicken Sie dann auf **Mehrere Elemente auswäh-**

len, und fügen Sie den gewünschten Artikel der Pivottabelle hinzu. Der Pivotbericht sollte dann so aussehen wie in Abbildung 8.11 dargestellt.

8.2.2 Anpassungen und Abkürzungen beim Erstellen des Pivottabellen-Layouts

Das vorangegangene Beispiel war zunächst nicht mehr als ein erster Einstieg in die Variationsbreite eines mächtigen Analysewerkzeugs. Festzuhalten bleibt, dass die Schaltzentrale der Pivottabellen die **PivotTable-Liste** ist. Hier werden die Felder angeordnet, die Filter aktiviert und die Berechnungsfunktionen ausgewählt. In Excel 2003 waren Feldauswahl und Filter noch im Pivottabellen-Bereich üblich. Vorbei! Microsoft empfiehlt uns, das Programm jetzt anders zu benutzen.

Doch man kann Empfehlungen auch in den Wind schlagen. Wenn Sie das machen möchten, gehen Sie folgendermaßen vor:

INFO

Aktivierung des klassischen PivotTable-Layouts

Positionieren Sie den Cursor in die Pivottabelle, und wählen Sie in den **PivotTable-Tools** das Untermenü **Analysieren** (Excel 2010: **Optionen**). Darin finden Sie ganz links die Funktionsgruppe **PivotTable** mit der Auswahl **Optionen**. Wechseln Sie in das Register **Anzeige**, und aktivieren Sie die Auswahl **Klassisches PivotTable-Layout** (Abbildung 8.12).

Nach Aktivierung dieser Option zeichnet Excel wie in den früheren Versionen jeweils einen blauen Rahmen um Berichts- und Datenbereiche sowie um Zeilen- und Spaltenbeschriftungen. Sie können nun wie gewohnt die Labels direkt innerhalb der Pivottabelle verschieben und auf den Gebrauch der **PivotTable-Feldliste** verzichten.

Außerdem erhalten Sie die klassische Darstellung, wenn Sie eine Datei im alten *.xls*-Format öffnen und daraus eine Pivottabelle erstellen. Möchten Sie das neue Layout und die neuen Funktionen wie **Datenschnitte** nutzen, sollten Sie solche Dateien zuvor im *.xlsx*-Format speichern.

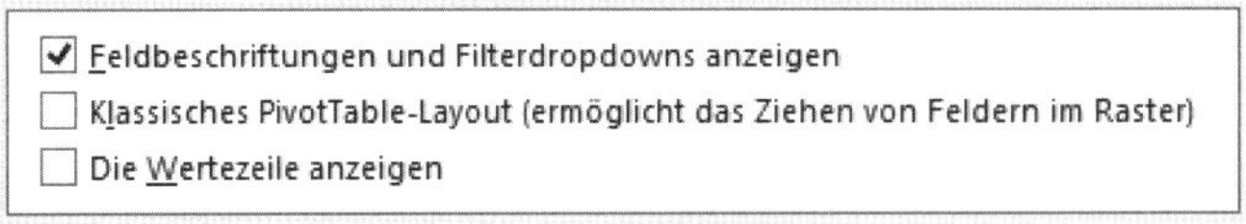

☑ Feldbeschriftungen und Filterdropdowns anzeigen
☐ Klassisches PivotTable-Layout (ermöglicht das Ziehen von Feldern im Raster)
☐ Die Wertezeile anzeigen

Abbildung 8.12 Das klassische Layout aktivieren Sie in den **PivotTable-Optionen**.

Außerdem sei der Hinweis erlaubt, dass die Nutzung der rechten Maustaste und damit des Kontextmenüs in vielen Fällen der direkteste Weg zu den Optionen des Pivotberichts ist. Zudem unterscheiden sich die verschiedenen Excel-Versionen im Kontextmenü weniger gravierend als in den Menüstrukturen.

Die Nutzung des Kontextmenüs wäre z. B. auch möglich gewesen bei der Aktivierung der **PivotTable-Feldliste**. Es hätte für das Umschalten von **Summe** auf **Anzahl** für das Label **Produktgruppe** die richtige Option bereitgestellt. Und es wird uns nun bei unserer nächsten Anpassung unterstützen: dem Wechsel von der absoluten zur prozentualen Darstellung der zu analysierenden Daten.

8.2.3 Berechnungsfunktionen ändern

Die Basisdaten enthalten die absoluten Werte der Bestellsummen, bezogen auf die Bestellwerte und die Bestellmengen. Darüber hinaus liefert die Basisdatentabelle eine Auflistung der bestellten Artikel und der zugehörigen Produktgruppen. Die Bestellwerte liegen numerisch vor; bei ihnen interessiert uns sicherlich die Gesamtsumme. Die Artikelgruppen liegen ebenfalls numerisch vor. Die Bildung der Summe aller Artikelnummern haben wir bereits als sinnlos verworfen. Stattdessen haben wir die Funktion **Anzahl** angewandt, um zu zählen, wie viele unterschiedliche Produktgruppen je Kunde bestellt wurden. Die Artikel liegen als alphanumerische Werte vor. Die Summenbildung ist demnach nicht möglich; die Ermittlung der Anzahl schon.

Um ohne Umwege diese oder andere Funktionen in einer Pivottabelle zu aktivieren, gehen Sie wie folgt vor:

- Klicken Sie mit der rechten Maustaste in das Datenfeld der Pivottabelle, für das Sie die Berechnungsfunktion ändern wollen.

- Wählen Sie im Kontextmenü die Option **Werte zusammenfassen nach**.

- Klicken Sie in der danach angezeigten Liste auf die gewünschte Funktion für die Berechnung.

Excel 2013 verfügt über folgende Funktionen zur Berechnung von Datenfeldern in Pivottabellen:

Funktionsbezeichnung	Berechnung
Summe	Berechnet die Summe aller Werte.
Anzahl	Ermittelt die Anzahl aller Zellen in den Basisdaten, die Zahlen oder Texte enthalten, also nicht leer sind. Entspricht der Funktion ANZAHL2().
Mittelwert	Liefert den Mittelwert aller Zahlenwerte der ausgewählten Spalte in den Basisdaten.
Minimalwert	Findet den kleinsten Wert der betreffenden Basisdatenspalte.
Maximalwert	Berechnet den größten Wert der gewählten Basisdatenspalte.
Anzahl (Zahlen)	Entspricht der Funktion ANZAHL() und zählt die Zellen der Basisdaten, die numerische Werte enthalten.
Produkt	Bildet das Produkt sämtlicher Werte des ausgewählten Feldes.
Standardabweichung (Stichprobe)	Schätzt die Standardabweichung auf Basis einer Stichprobe der Daten.
Standardabweichung (Grundgesamtheit)	Berücksichtigt bei der Berechnung der Standardabweichung alle Daten (Grundgesamtheit) der Datenreihe.
Varianz (Stichprobe)	Liefert die geschätzte Varianz auf Basis einer Stichprobe der Daten.
Varianz (Grundgesamtheit)	Bildet die Varianz der Daten und berücksichtigt dabei alle Daten (Grundgesamtheit) der Datenreihe.

Tabelle 8.3 Berechnungsfunktionen in Pivottabellen

Mit der Auswahl einer Berechnungsfunktion in der Dialogbox **Wertfeldeinstellungen** – die immer dann angezeigt wird, wenn Sie im Kontextmenü unter **Werte zusammenfassen nach** die Auswahl **Weitere Optionen** anklicken – geht eine Änderung der Spaltenüberschrift im Feld **Benutzerdefinierter Namen** einher. Je nachdem, welche Funktion Sie ausgewählt haben, steht dort **Summe von Wert**, **Anzahl von Wert** etc. Es bleibt Ihnen überlassen, ob Sie diese Vorschläge akzeptieren oder anpassen.

Um individuelle Überschriften zu verwenden, geben Sie die gewünschte Bezeichnung – beispielsweise *Bestellwert in €* statt *Summe von Wert* – einfach in das betreffende Eingabefeld der Dialogbox **Wertfeldeinstellungen** ein.

	A	B	C
1	Artikel	(Mehrere Elemente) .T	
2			
3	**Zeilenbeschriftungen** ▾	**Bestellwert in €**	**Anzahl von Produktgruppe**
4	Beispiel GmbH	6.898 €	2
5	Dummy AG	6.392 €	1
6	Muster & Söhne	80 €	1
7	Muster AG	5.407 €	2
8	P. Robe GbR	368 €	1
9	Probe GmbH	280 €	1
10	Test & Partner	719 €	1
11	Übung AG	28.230 €	2
12	**Gesamtergebnis**	**48.372 €**	**11**

Abbildung 8.13 Pivottabellenbericht mit benutzerdefinierten Überschriften

8.2.4 Prozentual oder absolut? Rangfolge oder Kumulation? – Die Datendarstellung macht den Report

Die nächste Veränderung, die Sie wahrscheinlich an Ihren Pivotdaten vornehmen möchten, betrifft den Bezugspunkt der Berechnungen. Momentan geht Excel lediglich von den Inhalten jeder einzelnen Spalte als Gesamtheit aus. Dementsprechend liefert das Programm Zusammenfassungsfunktionen wie **Summe**, **Anzahl** oder **Mittelwert**.

Es ist allerdings auch möglich, Berechnungen auf einen bestimmten Wert oder eine Auswahl von Werten zu beziehen. Das gängigste Beispiel ist sicherlich die prozentuale Darstellung der ausgewählten Werte. Um den prozentualen Anteil jedes Kunden am Gesamtergebnis zu berechnen, muss jeder kundenbezogene Bestellwert auf das Gesamtergebnis – also die Summe der Spalte – bezogen werden.

Excel bietet diese Funktion unter der Bezeichnung **Werte anzeigen als** und **% des Spaltengesamtergebnisses** an. Sie haben erneut die Wahl, ob Sie die Funktion über das Kontextmenü oder das Menü **PivotTable-Tools ▸ Analysieren** (Excel 2010: **Optionen**) ▸ **Aktives Feld ▸ Werte anzeigen als** aktivieren. In beiden Fällen erhalten Sie mühelos die Umwandlung des zuvor absoluten in den nun relativen Anteil des Gesamtergebnisses.

Um sowohl das absolute als auch das relative Ergebnis Ihrer Analyse in der gleichen Pivottabelle auszugeben, ziehen Sie einfach das betreffende Label ein zweites Mal in den Bereich **Werte**. Danach ordnen Sie einer Spalte der Pivottabelle die Option **Keine Be-**

rechnung aus dem Kontextmenü **Werte anzeigen als** zu. Die Daten dieser Spalte erscheinen dadurch als absolute Werte. Für die zweite Spalte wählen Sie – wie zuvor beschrieben – die Option **% des Spaltengesamtergebnisses**.

	A	B	C
1	Artikel	(Mehrere Elemente) ⊤	
2			
3	Zeilenbeschriftungen ▾	Bestellwert in €	Anzahl von Produktgruppe
4	Beispiel GmbH	14,26%	18,18%
5	Dummy AG	13,21%	9,09%
6	Muster & Söhne	0,17%	9,09%
7	Muster AG	11,18%	18,18%
8	P. Robe GbR	0,76%	9,09%
9	Probe GmbH	0,58%	9,09%
10	Test & Partner	1,49%	9,09%
11	Übung AG	58,36%	18,18%
12	**Gesamtergebnis**	**100,00%**	**100,00%**

Abbildung 8.14 **Werte anzeigen als** offeriert eine große Anzahl von Berechnungsoptionen – auch die prozentuale Darstellung der Werte.

Sowohl absolute als auch relative Ergebnisse stehen nun in übersichtlicher Form in Ihrer Pivottabelle nebeneinander.

	A	B	C
1	Artikel	(Mehrere Elemente) ⊤	
2			
3	Zeilenbeschriftungen ▾	Summe von Wert	Bestellwert in €
4	Beispiel GmbH	6.898 €	14,26%
5	Dummy AG	6.392 €	13,21%
6	Muster & Söhne	80 €	0,17%
7	Muster AG	5.407 €	11,18%
8	P. Robe GbR	368 €	0,76%
9	Probe GmbH	280 €	0,58%
10	Test & Partner	719 €	1,49%
11	Übung AG	28.230 €	58,36%
12	**Gesamtergebnis**	**48.372 €**	**100,00%**

Abbildung 8.15 Absolutes und prozentuales Ergebnis im Vergleich

Die Möglichkeiten im Menübereich **Werte anzeigen** gehen aber weit über die prozentuale Darstellung hinaus. Zunächst möchte ich Ihnen einen Gesamtüberblick über die verschiedenen Optionen geben. Anschließend sollten wir einige Beispiele genauer betrachten. Los geht's!

Option	Berechnung
% der Gesamtsumme	Diese Option berechnet den prozentualen Anteil der Einzelwerte in Bezug auf die Gesamtsumme aller Werte des Datenbereiches der Pivottabelle.
% des Spaltengesamtergebnisses	Berechnet den prozentualen Anteil der Einzelwerte am Gesamtergebnis der Spalte.
% des Zeilengesamtergebnisses	Ermittelt den prozentualen Anteil der Einzelwerte am Gesamtergebnis der Zeile.
% von	Errechnet die prozentualen Anteile der Werte einer Pivottabelle bezogen auf ein Element. Beispiel: Artikel *ABC* ist die Bezugsgröße (= 100 %) für den Vergleich mit allen anderen Artikeln.
% des Vorgängerzeilen-Gesamtergebnisses	Gemeint ist hier die prozentuale Darstellung der Werte in Bezug zum Teilergebnis einer Zeile. Beispiel: Vier Vertriebsgebiete bilden vier Teilergebnisse. Die vier Teilergebnisse bilden ein Gesamtergebnis (= 100 %). Das Teilergebnis *Nord* ist mit 20 % am Gesamtergebnis beteiligt und enthält die Artikel *ABC* und *XYZ*. Die Option zeigt den prozentualen Anteil jedes Artikels am Teilergebnis.
% des Vorgängerspalten-Gesamtergebnisses	Diese Option verhält sich wie die oben beschriebene. Allerdings bezieht sie sich auf das Teilergebnis in einer Spalte.
% des Vorgängergesamtergebnisses	Jedes Teilergebnis – z. B. der vier Regionen – wird auf 100 % gesetzt. Dargestellt wird der prozentuale Anteil aller Artikel am regionalen Teilergebnis.
Differenz von ...	In einem Basisfeld (z. B. *Artikel*) wird ein Basiselement (z. B. *ABC*) bestimmt. Alle anderen Werte der Pivottabelle werden als Differenz zum ausgewählten Element dargestellt.

Tabelle 8.4 Die Berechnungsoptionen von »Werte zeigen als«

8

Option	Berechnung
% Differenz von …	Das Prinzip ist identisch mit **Differenz von …** Allerdings werden die Relationen zum Basiselement prozentual ausgedrückt.
Ergebnis in …	Stellt alle Einzelwerte kumuliert dar.
% Ergebnis in …	Stellt die Werte kumuliert und prozentual dar.
Rangfolge nach Größe (aufsteigend)	Berechnet die Rangfolge der Einzelwerte innerhalb der Datenreihe. Der Wert 1 entspricht dem niedrigsten Wert. Die Berechnung bezieht sich immer auf alle Spalten und Zeilen der Pivottabelle. Nullwerte werden ignoriert.
Rangfolge nach Größe (absteigend)	Diese Option dient ebenfalls der Bestimmung der Rangfolge, allerdings in absteigender Reihenfolge.
Index	Wendet auf jeden Wert der Pivottabelle eine Formel zur Indexberechnung an: *(Zellwert)*(Gesamtergebnis)/(Zeilengesamtergebnis)*(Spaltengesamtergebnis)*

Tabelle 8.4 Die Berechnungsoptionen von »Werte zeigen als« (Forts.)

8.2.5 Fallbeispiel 1: Anteil eines regionalen Artikels am Gesamtergebnis

Die folgenden Fallbeispiele basieren auf der Datei *08_Pivot_Datenanzeige_Fallbeispiele.xlsx*. Im ersten Fall bildet die Auswertung der Basisdaten nach Regionen und innerhalb der Regionen nach Artikeln die Grundlage. Die Grundlage ist die in Abbildung 8.16 dargestellte Pivottabelle.

Die Labels *Vertriebsgebiet* und *Artikel* befinden sich im Bereich **Zeilenbeschriftung**, das Label *Januar* im **Werte**-Bereich.

Um die prozentuale Verteilung der Artikelergebnisse in Bezug auf das Gesamtergebnis zu erhalten, gehen Sie folgendermaßen vor:

- Positionieren Sie den Cursor in der Spalte der Januardaten.

- Öffnen Sie mit der rechten Maustaste das Kontextmenü.

- Wählen Sie Aus dem Menü **Werte anzeigen als ▸ % des Spaltengesamtergebnisses**. Das Ergebnis gestaltet sich wie in Abbildung 8.17 gezeigt.

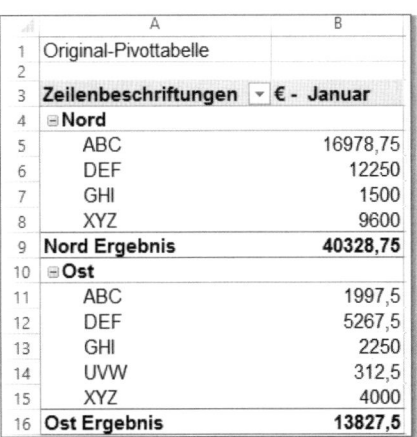

	A	B
1	Original-Pivottabelle	
2		
3	**Zeilenbeschriftungen** ▾	**€ - Januar**
4	⊟**Nord**	
5	ABC	16978,75
6	DEF	12250
7	GHI	1500
8	XYZ	9600
9	**Nord Ergebnis**	**40328,75**
10	⊟**Ost**	
11	ABC	1997,5
12	DEF	5267,5
13	GHI	2250
14	UVW	312,5
15	XYZ	4000
16	**Ost Ergebnis**	**13827,5**

Abbildung 8.16 Auszug aus einer regionalen Auswertung nach Produkten

8

Anteil des Artikels am Ergebnis aller Regionen	
Zeilenbeschriftungen ▾	**€ - Januar**
⊟**Nord**	
ABC	8,16%
DEF	5,89%
GHI	0,72%
XYZ	4,61%
Nord Ergebnis	**19,39%**
⊟**Ost**	
ABC	0,96%
DEF	2,53%
GHI	1,08%
UVW	0,15%
XYZ	1,92%
Ost Ergebnis	**6,65%**
⊟**Süd**	
ABC	2,30%
DEF	0,29%
GHI	9,01%
UVW	7,27%
Süd Ergebnis	**18,88%**
⊟**West**	
ABC	3,11%
UVW	0,06%
XYZ	51,91%
West Ergebnis	**55,09%**
Gesamtergebnis	**100,00%**

Abbildung 8.17 Anteile aller Artikel am Gesamtergebnis

Wenn Sie nun die Ergebnisse für die einzelnen Artikel stärker unter Berücksichtigung der regionalen Besonderheiten betrachten möchten, erreichen Sie dies ebenfalls mit wenigen Mausklicks.

Anteil des Artikels am Ergebnis der Einzelregion	
Zeilenbeschriftungen ▾	€ - Januar
⊟ Nord	
ABC	42,10%
DEF	30,38%
GHI	3,72%
XYZ	23,80%
Nord Ergebnis	**100,00%**
⊟ Ost	
ABC	14,45%
DEF	38,09%
GHI	16,27%
UVW	2,26%
XYZ	28,93%
Ost Ergebnis	**100,00%**

Abbildung 8.18 Anteile aller Artikel bezogen auf das Vertriebsgebiet (Auszug)

In diesem Fall klicken Sie die Datenreihe des Monats Januar erneut mit der rechten Maustaste an. Aus dem Menü **Werte anzeigen als** wählen Sie nun jedoch **% des Vorgängergesamtergebnisses**. Die Bezeichnung der Funktion in der englischen Version ist in mancherlei Hinsicht eindeutiger: **% of Parent**. Gemeint ist also nicht etwa der Zeilenvorgänger, sondern die Vorgängerstufe des Gesamtergebnisses. Und das sind die Teilergebnisse der Vertriebsgebiete. Im Ergebnis erhalten Sie die in Abbildung 8.18 dargestellte Pivottabelle.

8.2.6 Fallbeispiel 2: Auswertung nach KW und Kumulation der KW-Ergebnisse

Statt der isolierten Betrachtung einzelner Perioden interessieren Sie sich bisweilen für die kumulierten Ergebnisse einer Datenreihe. Auch das lässt sich mit der Funktion **Werte zeigen als** mühelos umsetzen. Alles, was Sie in Ihren Basisdaten benötigen, ist eine Spalte, in der z. B. die Kalenderwochen, Monate oder Quartale erfasst wurden. In unserer Beispieldatei ist dies in Spalte I der Fall. Die Grundstruktur der Pivottabelle sieht aus wie in Abbildung 8.19 dargestellt.

Abbildung 8.19 Pivottabellen-Aufbau für die Kumulation der Kalenderwochen

Die Pivottabelle zeigt zunächst die absoluten Bestellwerte der einzelnen Kalenderwochen an. Um die Wochenwerte zu kumulieren, führen Sie folgende Schritte durch:

- Wie immer rechtsklicken Sie im **Werte**-Bereich der Pivottabelle.

- Aus dem Menü **Werte anzeigen als** wählen Sie die Option **Ergebnis in ...**

- Aus der nun angezeigten Dialogbox wählen Sie als Basisfeld **KW** aus.

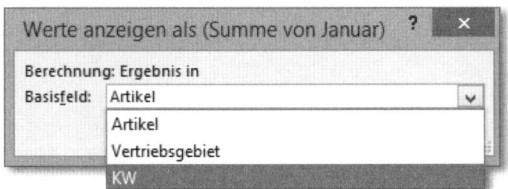

Abbildung 8.20 Auswahl des Basisfeldes der Kumulation

Abermals modifiziert Excel die Pivottabelle in der gewünschten Weise (Abbildung 8.21).

Kumulierte Ergebnisse (nach KW)			
Summe von Januar	**Spaltenbeschriftungen** ⏷		
Zeilenbeschriftungen ⏷	12	13	11
⊟ **Nord**			
ABC	279,65	16259,65	16978,75
DEF	0	0	12250
GHI	0	0	1500
XYZ	0	0	9600
Nord Ergebnis	**279,65**	**16259,65**	**40328,75**

Abbildung 8.21 Kumulierte Darstellung der Kalenderwochen (Auszug)

8.2.7 Fallbeispiel 3: Kundenranking auf Basis des Bestellwerts

Auch das letzte Fallbeispiel verwendet eine der neuen Darstellungsoptionen, dies es erst seit Excel 2010 gibt. Die Bildung der Rangfolge von Einzelwerten einer Datenreihe gab es in den Vorgängerversionen noch nicht. Aus der Basis-Pivottabelle, die die Kunden als Zeilenbeschriftung und die Bestellwerte im **Werte**-Bereich verwendet, soll ein einfaches Ranking erstellt werden (Abbildung 8.22).

Um die absoluten Bestellwerte und die Rangfolge nebeneinander in der Pivottabelle auszugeben, ziehen Sie zunächst die Januarwerte ein zweites Mal in den **Werte**-Bereich. Anschließend wandeln Sie die Darstellung der zweiten Datenreihe ab. Dazu klicken Sie auf die soeben eingefügte Datenreihe. Wählen Sie wiederum **Werte anzeigen als**, und aktivieren Sie die Option **Rangfolge nach Größe (absteigend)**. Fertig!

Eventuell wird Sie nun noch die Relation der restlichen Bestellwerte zu Ihrem bedeutsamsten Kunden interessieren. Auch diese Berechnung nimmt nicht viel Zeit in Anspruch. Diesmal verwenden Sie die Option **% von ....** Wenn Sie in der Dialogbox als

Basisfeld **Kunde** auswählen, dann stehen Ihnen unter **Basiselement** sämtliche in der Pivottabelle enthaltenen Kunden zur Auswahl zur Verfügung (Abbildung 8.23).

Rangfolge - Bestellwert je Kunde		
Kunden	**Bestellwert - 01**	**Rang - 01**
Beispiel GmbH	12710	5
Dummy AG	106392	1
Felix Test AG	13250	4
Muster & Söhne	79,9	12
Muster AG	23406,5	3
No Name GbR	125	11
P. Robe GbR	1117,5	9
Probe GmbH	9879,65	6
Test & Partner	719,1	10
Test GmbH	8000	7
Übung AG	29730	2
Übungsgesellschft mbH	2625	8
Gesamtergebnis	**208034,65**	**1**

Abbildung 8.22 Kundenranking

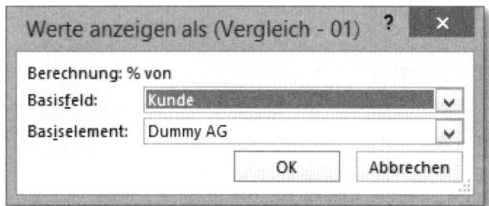

Abbildung 8.23 Kundenvergleich mittels Pivottabelle

Der ausgewählte Kunde wird nun auf den Wert 100 % gesetzt. Alle anderen Kunden-ergebnisse werden in der Pivottabelle mit diesem Basiswert verglichen. Der Kunden-vergleich sieht aus wie in Abbildung 8.24 dargestellt.

Kunden	**Bestellwert - 01**	**Vergleich - 01**
Beispiel GmbH	12710	11,95%
Dummy AG	106392	100,00%
Felix Test AG	13250	12,45%
Muster & Söhne	79,9	0,08%
Muster AG	23406,5	22,00%
No Name GbR	125	0,12%
P. Robe GbR	1117,5	1,05%
Probe GmbH	9879,65	9,29%
Test & Partner	719,1	0,68%
Test GmbH	8000	7,52%
Übung AG	29730	27,94%
Übungsgesellschft mbH	2625	2,47%
Gesamtergebnis	**208034,65**	

Abbildung 8.24 Prozentualer Vergleich mit einem Referenzkunden

8.3 Pivot-Cache und Speicherbedarf

Durch die große Variationsbreite bei der Berechnung von Daten in Pivottabellen und der überaus umfangreichen Auswahl an Darstellungsmöglichkeiten liegt es nahe, aus einem Basisdatenbestand zwei oder gleich mehrere Pivottabellen zu erstellen. Dabei sollten Sie sich vergegenwärtigen, dass im Hintergrund einer Pivottabelle immer der gesamte Basisdatenbestand liegt. Abgelegt werden die Daten in einem speziellen Cache der Arbeitsmappe.

Von früheren Versionen ist Ihnen wahrscheinlich noch bekannt, dass Excel Sie beim Erstellen der zweiten Pivottabelle innerhalb der Arbeitsmappe fragt, ob Sie den Cache der ersten Tabelle nutzen möchten, um Speicherplatz zu sparen.

Diese Abfrage existiert seit Excel 2010 bereits nicht mehr. Immer dann, wenn Sie über **Einfügen ▶ PivotTable** oder eine dynamische Datentabelle eine neue Pivottabelle erstellen, wird auch eine neue Kopie der Basisdaten zwischengespeichert. Jede neue Pivottabelle, die Sie auf diesem Weg erstellen, vergrößert Ihre Datei und verlangsamt im Zuge des stärker belegten Arbeitsspeichers die Gesamtanwendung.

Sie können dieses Problem einfach umgehen:

- Markieren Sie die erste Pivottabelle.

- Kopieren Sie die Tabelle in die Zwischenablage.

- Fügen Sie den Inhalt der Zwischenablage an anderer Stelle Ihrer Arbeitsmappe ein.

- Gestalten Sie die zweite Pivottabelle in der gewünschten Art.

Kopien von Pivottabellen benutzen immer den gleichen Pivot-Cache wie das Original, aus dem sie erstellt wurden. Dadurch reduzieren Sie den Speicherbedarf Ihrer Arbeitsmappe.

Beachten Sie allerdings, dass der Zugriff auf einen gemeinsamen Cache durch mehrere Pivottabellen auch folgende Konsequenzen hat:

- Beim Aktualisieren einer Pivottabelle werden auch alle anderen Tabellen aktualisiert, die auf denselben Cache zugreifen.

- Gruppierungen, die Sie einer Pivottabelle hinzufügen, werden auch auf alle anderen Tabellen übertragen.

- Auch bei berechneten Feldern und Elementen sind alle Pivottabellen fest miteinander verbunden. Berechnete Felder und Elemente werden in einem Zug auf alle Tabellen übertragen.

8.4 Visuelle interaktive Analyse von Daten

Eine Funktion, die sich mit Sicherheit durchsetzen und die auch Sie wahrscheinlich begeistern wird, beschreibe ich in diesem Abschnitt. Es ist der **Datenschnitt**. Das ist eine nüchterne Bezeichnung für ein visuelles Steuerungstool zur Auswertung großer Datenmengen. In der englischen Version trägt dieses Tool die ungleich knackigere Bezeichnung *Slicer*.

Werfen Sie zunächst einen Blick auf die bisherigen Werkzeuge, die Sie einsetzen, um Daten in Pivottabellen zu filtern. Das hier dargestellte Beispiel bezieht sich erneut auf die Daten in der Datei *08_Pivot_Grundfunktionen.xlsx*.

Analysen, die mit Hilfe von Pivottabellen durchgeführt werden, bestehen häufig aus voneinander abhängigen Informationen. In unserem Beispiel existieren Produktgruppen, die sich aus einzelnen Artikeln zusammensetzen. Diese wurden von verschiedenen Kunden bestellt – oder auch nicht.

Das traditionelle Werkzeug zur Auswertung der Basisdaten in der Pivottabelle ist eine Kombination aus Berichtsfilter und gefilterter Zeilenbeschriftung. Abbildung 8.25 zeigt eine typische Anwendung dieser Werkzeuge.

	A	B
1	Artikel	(Mehrere Elemente)
2		
3	**Kunde**	**Bestellwert in €**
4	Beispiel GmbH	6897,5
5	Dummy AG	6392
6	Muster & Söhne	79,9
7	Muster AG	5406,5
8	P. Robe GbR	367,5
9	Probe GmbH	279,65
10	Test & Partner	719,1
11	Übung AG	28230
12	**Gesamtergebnis**	**48372,15**

Abbildung 8.25 Datenfilterung mit Berichtsfilter und gefilterten Zeilenbeschriftungen

Im Berichtsfilter besteht zwar die Möglichkeit der Mehrfachauswahl z. B. der Produktgruppen. Das heißt, Sie können mehrere Artikel in der Liste aktivieren. Doch welche Gruppen im Filter benutzt werden, lässt sich nicht erkennen. Excel zeigt lediglich die Information **(Mehrere Elemente)** an. Auch müssen Sie immer dann, wenn Sie die Kriterien wechseln möchten, das Listenfeld im Berichtsfeld öffnen, die alten Filterkriterien deaktivieren und die neuen aktivieren. Das ist umständlich.

Ob ein Filter bei der **Zeilenbeschriftung** für das Feld **Artikel** gesetzt ist und wenn ja, welcher, lässt sich ebenso wenig an den Daten der Pivottabelle erkennen. Es herrscht auch hier ein gewisser Informationsverlust. Mehr noch: Wenn Sie den Filter für die Artikel öffnen, bietet Excel auch solche Artikel an, die entsprechend der Vorauswahl im Berichtsfilter **Produktgruppe** gar nicht verfügbar sein dürften. Ein Produkt *XYZ* gibt es weder in der Produktgruppe *101* noch in *199*.

Auch diese Fehlinformation ist dazu angetan, bei der Analyse großer Datenmengen unnötig Zeit zu verschenken. Mit der Funktion **Datenschnitt** ändert sich dies grundlegend:

- Alle Elemente und aktiven Filterkriterien werden im Live-Modus neben der Pivottabelle angezeigt.

- Zusammenhänge zwischen über- und untergeordneten Filterkriterien werden grafisch dargestellt.

- Alle Kriterien sind mit nur einem Mausklick aktivier- und deaktivierbar.

Mit anderen Worten: Durch die Funktion **Datenschnitt** schaffen die Pivottabellen den Sprung von der menügesteuerten zur visuellen Datenanalyse.

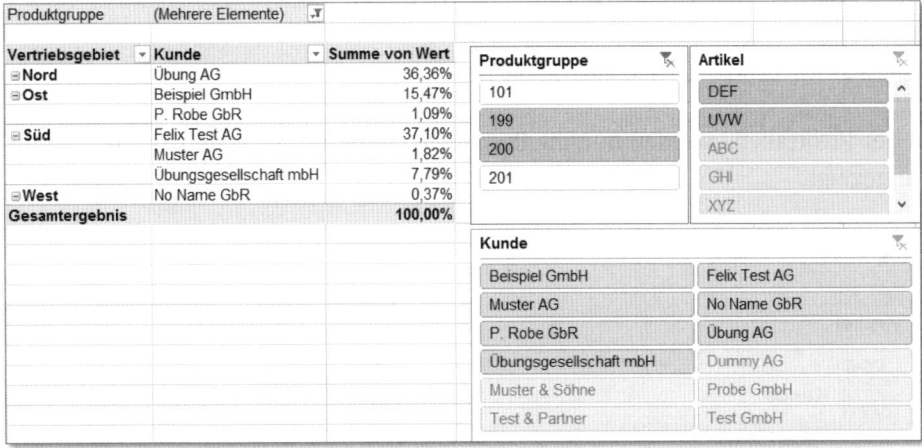

Abbildung 8.26 Klick zu viel im Zorn? Das kann mit dem Datenschnitt-Cockpit nicht mehr passieren.

8.4.1 Datenschnitt in der Pivottabelle aktivieren

Um dieses neuartige Tool in Ihre Pivottabelle zu integrieren, bedarf es nur einiger simpler Arbeitsschritte:

- Positionieren Sie den Cursor an einer beliebigen Stelle in der Pivottabelle.

- Wechseln Sie zu **PivotTable-Tools ▸ Analysieren ▸ Filtern** (in Excel 2010: **PivotTable-Tools ▸ Optionen ▸ Sortieren und Filtern**).

■ Klicken Sie dann auf das Symbol **Datenschnitt einfügen**.

■ In der anschließend angezeigten Dialogbox **Datenschnitt auswählen** klicken Sie die Felder an, für die Sie im Rahmen der Datenanalyse Filterkriterien verwenden möchten.

Abbildung 8.27 Auswahl der zu filternden Felder der Pivottabelle

Neben der Pivottabelle werden nun die Bedienelemente für den **Datenschnitt** überlappend angezeigt.

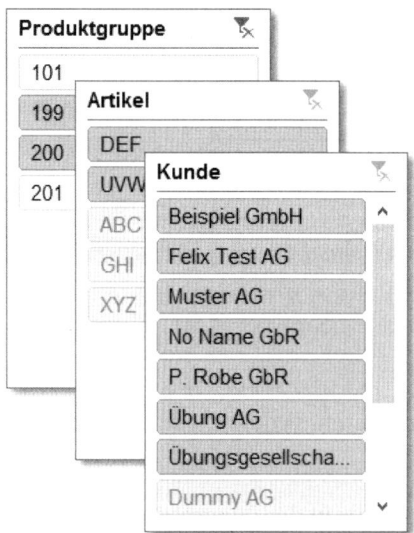

Abbildung 8.28 **Datenschnitttools** der Pivottabelle

8.4.2 Gestaltung und Anordnung der Datenschnitttools

Der besseren Handhabung halber sollten Sie einige Augenblicke auf die Gestaltung und Anordnung der drei Dialogboxen verwenden. Es ist sicherlich einfacher und übersichtlicher, die überlappenden Rechtecke nebeneinander anzuordnen. Dies erreichen Sie durch Ziehen mit der linken Maustaste im Überschriftenbereich.

Wenn Sie sich schon für eine visuell unterstützte Form der Steuerung Ihrer Analyse entschieden haben, dann sollten Sie diesen Weg auch bis zu Ende gehen. Verwenden Sie für die unterschiedlichen Filterbereiche also am besten auch gleich individuelle Farben. Das funktioniert so:

- Klicken Sie ein Tool an.
- Dann wählen Sie das Kontextmenü **Datenschnitttools**.
- Ordnen Sie schließlich eine Datenschnitt-Formatvorlage zu.

Die Höhe und Breite der Dialogboxen lassen sich einfach anpassen, indem Sie mit der linken Maustaste den unteren bzw. rechten Rand verschieben. Enthält ein Feld eine große Zahl an Einträgen, ist es sinnvoll, diese Einträge mehrspaltig anzuzeigen:

- Klicken Sie die betreffende Dialogbox mit der rechten Maustaste an.
- Aktivieren Sie die Option **Größe und Eigenschaften** im Kontextmenü.
- Stellen Sie im Register **Position und Layout** unter **Anzahl der Spalten** die gewünschte Spaltenanzahl ein.

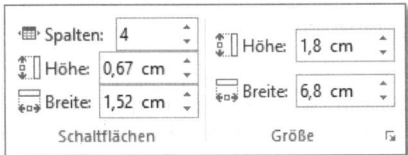

Abbildung 8.29 Bestimmung der Spaltenanzahl im Datenschnitttool

Um die Einstellungen der **Datenschnitttools** zu erhalten – beispielsweise wenn sich Ihre Pivottabelle erweitert –, ist es ratsam, die einzelnen Elemente zu einer Gruppe zusammenzufassen. Halten Sie zu diesem Zweck die Taste ⌨Strg gedrückt, und klicken Sie nacheinander alle **Datenschnitttools** an. Klicken Sie im Menü **Datenschnitttools ▸ Optionen ▸ Anordnen** auf das Symbol **Gruppieren**, um die gleichnamige Option zu aktivieren.

Ihre visuellen Analysewerkzeuge sind nun einsatzbereit. Lassen Sie uns gemeinsam erkunden, wie Sie sie einsetzen können.

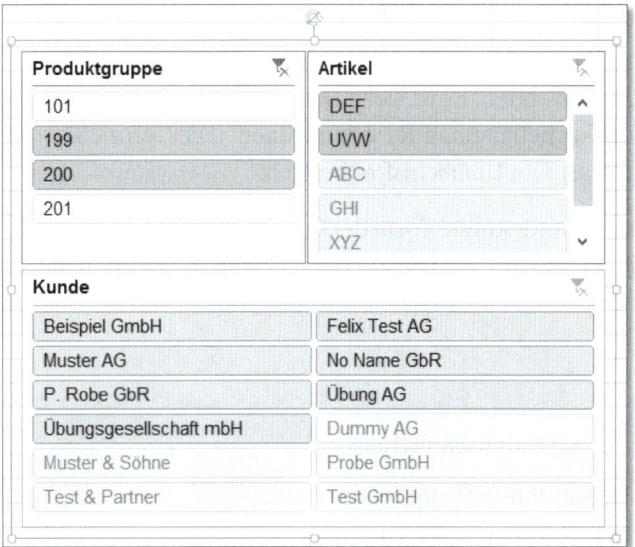

Abbildung 8.30 Gruppierte **Datenschnitttools** lassen sich frei auf dem Tabellenblatt positionieren.

8.4.3 Datenanalyse mit Hilfe der Datenschnitttools

Der Vorteil der Anwendung des **Datenschnitts** liegt sowohl in der Einfachheit der Bedienung als auch in der Übersichtlichkeit der verfügbaren Filterkriterien. Dies stellen Sie bereits fest, wenn Sie als erstes Filterkriterium eine Datengruppe auswählen. Ein Klick beispielsweise auf den Wert **101** im Bereich der Produktgruppen filtert nicht nur die Daten der Pivottabelle entsprechend. Die abhängigen Bereiche der Zeilenbeschriftungen – *Artikel* und *Kunde* – führen zur Aktualisierung der auswählbaren Kriterien in den **Datenschnitttools**.

Dort werden die Produkte *GHI*, *UVW* und *XYZ* nicht mehr zur Auswahl angeboten, da sie nicht Bestandteil der Produktgruppe sind. Das verwendete Kriterium wird auch unmittelbar an das dritte Tool weitergegeben: Drei Firmen, die keinen Artikel aus Produktgruppe *101* bestellt haben, erscheinen ausgegraut. Es wäre sinnlos, nach diesen Unternehmen zu filtern, da das Ergebnis eine leere Pivottabelle wäre.

Wählen Sie im zweiten Tool einen Artikel, beispielsweise *ABC*, werden im Kundenbereich weitere Firmen als Filterkriterium deaktiviert.

Die Funktionen im **Datenschnitt** sind zwar überschaubar, doch ihre Wirkungsweise beschleunigt die Analyse von großen Datenmengen erheblich. Dies liegt daran, dass alle überflüssigen Mausklicks vermieden werden und Abhängigkeiten zwischen den Filterkriterien auf den ersten Blick erkennbar sind.

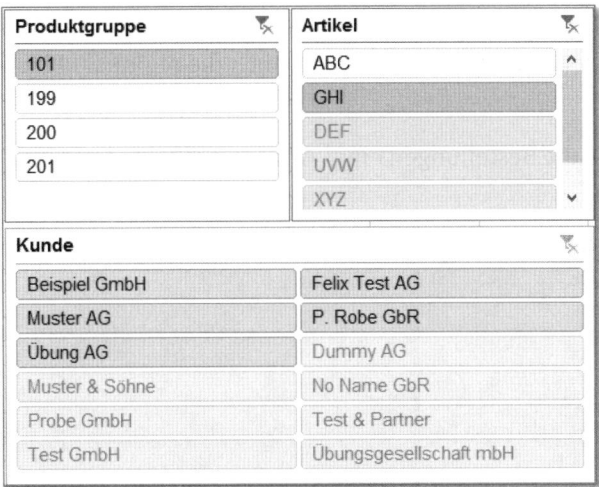

Abbildung 8.31 Nicht verfügbare abhängige Filterkriterien werden im **Datenschnitt** automatisch deaktiviert.

Aktion	Ergebnis
einfacher Mausklick	Auswahl eines Elements als Filterkriterium
Strg + Mausklick	Hinzufügen oder Entfernen eines weiteren zu einem bereits gewählten Filterkriterium
⇧ + Mausklick	Auswahl mehrerer Filterkriterien, die unmittelbar untereinander stehen
Mausklick auf das Filtersymbol	Klicken Sie dieses Symbol rechts oben neben der Überschrift des Datenschnitttools an, wird dessen Filter aufgehoben.

Tabelle 8.5 Bedienung des Datenschnitttools

8.4.4 Mehrere Pivottabellen per Datenschnitt steuern

Nun ist es in der täglichen Praxis nicht unüblich, aus einem Basisdatenbestand mehrere Pivottabellen zu erstellen, die unterschiedliche Analyseschwerpunkte besitzen. Bislang mussten dann in jeder einzelnen Pivottabelle manuell identische Kriterien gesetzt werden, um den gleichen Betrachtungswinkel für alle Tabellen zu erreichen. Auch diese Mehrarbeit wird durch die Anwendung des **Datenschnitts** vermieden.

Die zweite Pivottabelle in der Datei *08_Pivot_Datenschnitt_00.xlsx* bezieht sich auf die gleichen Basisdaten wie die erste Tabelle, betrachtet den Datenbestand allerdings aus einer regionalen Perspektive. Auch diese zweite Pivottabelle wird automatisch mit der Datenschnittsteuerung verknüpft. Wählen Sie beispielsweise Produktgruppe *101* und Artikel *GHI* als Filterkriterien, werden sowohl die Artikel- als auch die regionale Pivottabelle entsprechend aktualisiert.

Sie erkennen so auf einen Blick, wie die Bestellungen eines Artikels auf bestimmte Kunden, aber auch regional verteilt sind.

Abbildung 8.32 Steuerung mehrerer Pivottabellen mit einem Mausklick

Die Bindung mehrerer Pivottabellen an das Datenschnitttool können Sie im Bedarfsfall jedoch verhindern. Heben Sie dazu eine eventuelle Gruppierung der **Datenschnitte** auf. Der Weg führt dann über die Option **Datenschnitttools ▸ Optionen ▸ Datenschnitt ▸ Berichtsverbindungen**. Zu dieser gelangen Sie auch – wie sollte es anders sein – mit einem rechten Mausklick auf einen **Datenschnitt** und der Verwendung des Kontextmenüs.

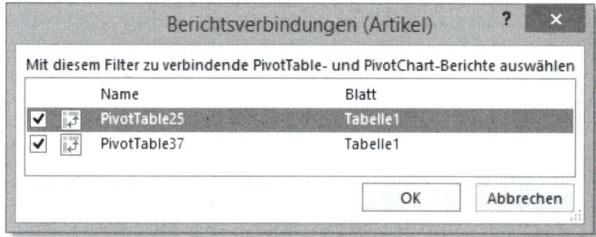

Abbildung 8.33 Die Verbindungen zwischen **Datenschnitt** und Pivottabelle können einfach gelöst werden.

8.4.5 Weitere Einstellungen für die Datenschnitttools

Im Kontextmenü der **Datenschnitttools** finden Sie eine weitere Konfigurationsfunktion. Es sind die **Datenschnitteinstellungen**. Darin können Sie weitere Veränderungen vornehmen:

- die Felder im Tool sortieren
- die Überschriftenzeile und ihren Inhalt aktivieren und deaktivieren
- die Darstellungsweise leerer Elemente ändern
- das Anzeigeverhalten von Elementen, die aus der ursprünglichen Datenbasis entfernt wurden, einstellen

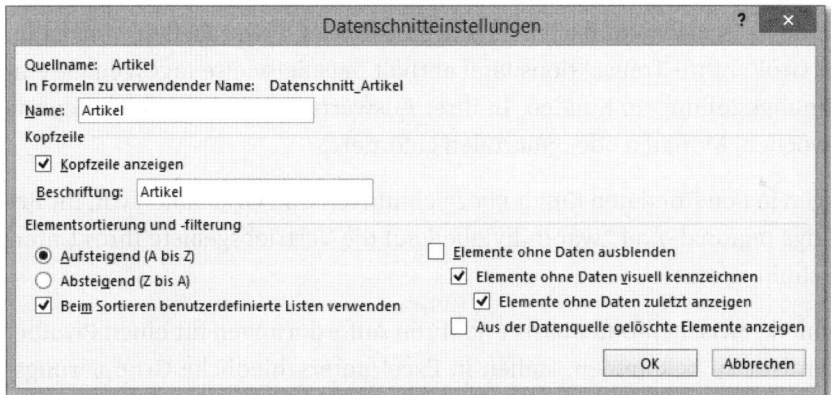

Abbildung 8.34 Jedes Datenschnitttool können Sie individuell konfigurieren.

8.5 Filtern von Daten in einer Pivottabelle

Die soeben beschriebenen **Datenschnitttools** bieten eine übersichtliche Form, um auch große Datenbestände effizient zu filtern. Trotzdem bestehen die aus früheren Versionen bekannten sonstigen Filterfunktionen weiter.

Sie rufen die Filter auf, indem Sie das Listenfeld einer Zeilen- oder Spaltenbeschriftung öffnen. Danach müssen Sie sich entscheiden, ob Sie den Zeilen- bzw. Spaltenbereich filtern möchten oder den Wertebereich. Excel erkennt den jeweiligen Datentyp des ausgewählten Feldes und stellt dementsprechend Text-, Datums- oder Wertefilter zur Verfügung. Die Filterkriterien können Sie dann analog zur in Kapitel 4, »Basisanalyse von Unternehmensdaten«, beschriebenen Vorgehensweise beim Filtern von Excel-Listen festlegen.

Neue Suchfunktion für Elemente einer Pivottabelle

Bereits in Excel 2010 wurde eine neue Suchfunktion für Elemente im Berichts-, Zeilen- und Spaltenbereich integriert. Wenn Sie die jeweiligen Listenfelder öffnen, geben Sie in das Feld **Suchen** eine Zeichenkette ein, um bestimmte Elemente oder eine Gruppe von Elementen zu finden. Diese Funktion ist bei umfangreichen Elementlisten ausgesprochen hilfreich.

8.6 Gruppierungen in Pivottabellen

Detaillierte Werte in Basisdatentabellen erzeugen zumeist Pivottabellen von kaum überschaubarer Größe. Ihre Transaktionsdatei enthält beispielsweise tagesgenaue Angaben zur Rechnungsstellung an Kunden. In Ihrer Auswertung werden jedoch Reports nach Kalenderwochen, Monaten oder Quartalen gefordert.

Oder: Ihnen liegen in den Rohdaten Kundenbezeichnungen und Ortsnamen vor. Ihr Report soll allerdings regional, und zwar individuell auf die Vertriebsgebiete Ihres Unternehmens zugeschnitten sein.

Um die Unterschiede zwischen Datenbasis und Ihren Anforderungen für einen Pivotbericht unter einen Hut zu bekommen, stehen in Excel unterschiedliche Gruppierungsfunktionen zur Verfügung. Folgende Lösungsansätze sind denk- und umsetzbar:

Lösungsansatz	Einschätzung
Prüfung der Exportmöglichkeiten im Quellprogramm	Leicht gesagt und häufig doch mit erhöhtem Aufwand verbunden. Dennoch sollte der erste Lösungsansatz immer in die Richtung gehen, das Übel an der Wurzel zu packen.
	Prüfen Sie also zunächst, ob und mit welchem zeitlichen und finanziellen Aufwand der Datenexport aus der Quellanwendung auf Ihre Bedürfnisse angepasst werden kann. Sie müssen bedenken, dass Modifikationen an der Quelle einmaliges Handeln bedeuten, während Anpassungen in der Zielanwendung bei jeder Berichtserstellung nötig sind.

Tabelle 8.6 Optionen für die Gruppierung in Pivottabellen

Lösungsansatz	Einschätzung
manuelle Gruppierung in der Pivottabelle	Elemente einer Pivottabelle können manuell gruppiert werden. Nach dem Sortieren lassen sich *Aachen*, *Düsseldorf* und *Köln* zur Region *West* zusammenfassen. Gruppierte Elemente bleiben auch nach der Aktualisierung von Daten erhalten. Enthält Ihre ursprüngliche Pivottabelle eine große Anzahl an Einzelelementen, ist der Aufwand der manuellen Gruppierung allerdings hoch.
automatische Gruppierung in der Pivottabelle	Klingt nicht nur gut, es funktioniert auch fantastisch. Wermutstropfen: Die automatische Gruppierung gelingt nur bei Datums- und Zeitwerten. Datumsangaben lassen sich mit einigen wenigen Mausklicks z. B. in Monats- oder Quartalsübersichten umwandeln.
Bildung einer Gruppierung durch Berechnung in den Basisdaten	Wenn die erste und zweite Option dieser Übersicht nicht umsetzbar sind, lassen sich viele Anforderungen bei der Gruppierung mit Excels Mitteln doch erfüllen. In Spalten, die an Ihre Rohdaten angrenzen, werden durch zusätzliche Berechnungen die benötigten Gruppierungsmerkmale geschaffen. Häufig werden Sie dabei Text-, Datumsfunktionen oder SVERWEIS() benutzen, um gegebenenfalls aus einer Referenztabelle eine Zuordnung vorzunehmen. Seit Excel 2013 kann auch ein Datenmodell aus zwei oder mehr Tabellen das für eine Gruppierung benötigte Datenmaterial bereitstellen.

Tabelle 8.6 Optionen für die Gruppierung in Pivottabellen (Forts.)

8.6.1 Manuelle Gruppierung von Produkten

In der Datei *08_Pivot_Gruppierung_00.xlsx* finden Sie einen Basisdatenbestand, der einige der Probleme verursachen könnte, wie sie bei der Bildung von Pivottabellen immer wieder auftreten. Die Datenbasis enthält Angaben wie Artikelnummern oder Datumsangaben zu den Verkäufen und Ortsnamen. All diese Angaben sind sehr hilfreich, aber für den beabsichtigten Report viel zu kleinteilig.

Lassen Sie uns gleich mit den Artikelnummern beginnen. Wenn Sie nicht jede einzelne Artikelnummer im Report verwenden möchten, gerne aber Gruppen von Artikeln zusammenfassen möchten, dann sollten Sie dies mit einer manuellen Gruppierung versuchen.

	A	B	C	D	E	F	G	H	I
1	Rechnungsnr	Datum	Kundennr	Kunde	AP	Artikelnr.	Bezeichnung	Summe	Ort
2	B00007	04.03.2014	K10023	Abraham GmbH	Hannelore Jährer	AK19287	19-1 Display	1.125,00 €	Augsburg
3	B00010	04.03.2014	K50001	Lohner GmbH	Walter Rollfs	AT00012	Portabler Projektor	5.100,00 €	Düsseldorf
4	B00002	04.03.2014	K30013	Branco KG	Mehmet Araci	AT00012	Portabler Projektor	5.100,00 €	Hamburg
5	B00009	04.03.2014	K10025	Drilling & Co KG	Karim Mouloum	OU64783	Core Media Player	1.360,00 €	München
6	B00008	04.03.2014	K50024	Claus Willems GmbH	Kenny Opermann	QU85132	FlexScan	450,00 €	Dortmund
7	B00001	04.03.2014	K40012	Hallwa GmbH & Co KG	Lilo Orling	RW00017	Storage 500 G	690,00 €	Magdeburg

Abbildung 8.35 Basisdatenbestand mit Detailinformationen

Die zu erstellende Pivottabelle hat folgende Struktur:

Pivotelement	Label
Berichtsfilter	*Kunde*
Zeilenbeschriftung	*Artikelnr.*
Werte	*Summe*

Tabelle 8.7 Struktur der Pivottabellen

Daraus ergibt sich eine Liste von insgesamt neun Artikeln. Sie möchten zunächst die Artikel *AK19287*, *AT00012* und *UA0022* zu einer Gruppe zusammenfassen. Dazu müssen Sie die Elemente markieren und anschließend die Funktion zur Gruppierung aufrufen.

Drei Konstellationen sind denkbar:

- **Die Elemente, die gruppiert werden sollen, stehen direkt untereinander.**
  In diesem Fall markieren Sie die Elemente und schalten mit der rechten Maustaste die Option **Gruppierung** aus, oder Sie wählen die Funktion über **PivotTable-Tools ▶ Analysieren** (Excel 2010: **Optionen**) ▶ **Gruppieren** ▶ **Gruppenauswahl** aus.

- **Die Elemente stehen nicht direkt, aber doch dicht untereinander.**
  Markieren Sie die Daten mit [Strg] und der linken Maustaste, und schalten Sie dann – wie oben beschrieben – die Gruppierung ein.

- **Die Elemente sind über einen größeren Teil der Pivottabelle verteilt.**
  Sortieren Sie die Daten manuell. Wenn alle Elemente, die Sie gruppieren möchten, untereinander angeordnet sind, aktivieren Sie die Gruppierung.

Um die Elemente einer Pivottabelle manuell zu sortieren, muss die manuelle Sortierung aktiviert sein. Dies ist normalerweise der Fall. Überzeugen Sie sich dennoch, ob Sie nicht bei früheren Bearbeitungen der Tabelle aus gutem Grund eine automatische Sortierung aktiviert haben.

Mit einem rechten Mausklick in den Bereich der **Zeilenbeschriftung** Ihrer Pivottabelle, in diesem Fall also auf die Artikelnummern, gelangen Sie zur Option **Sortieren** und dort zu **Weitere Sortieroptionen** (Abbildung 8.36).

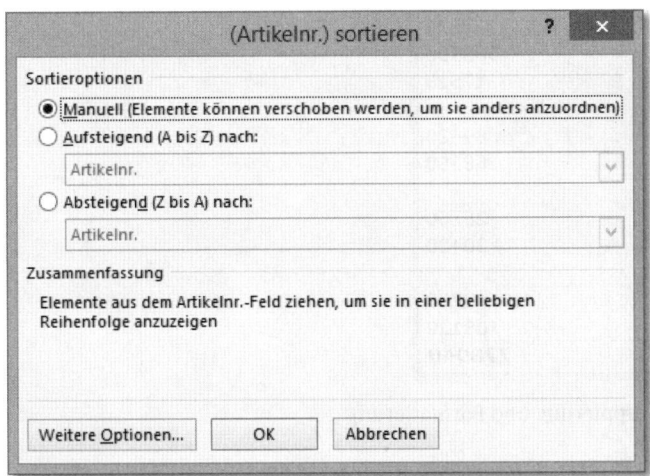

Abbildung 8.36 **Sortieroptionen** in einer Pivottabelle

Elemente per Maus verschieben Sie in der Tabelle, indem Sie die Option **Manuell (Elemente können verschoben werden, um sie anders anzuordnen)** aktivieren.

Nachdem Sie sichergestellt haben, dass die manuelle Sortierung der Pivottabelle aktiviert ist, markieren Sie die gewünschte Zeile und ziehen die Markierung mit der Maus an die richtige Stelle.

9	RW00018	30420
10	UA00222	17615

Abbildung 8.37 Verschieben einer Zeile in einer Pivottabelle

Nun markieren Sie die zu gruppierenden Elemente der Tabelle und wählen aus dem Kontextmenü die Option **Gruppieren**. Im vorliegenden Beispiel können Sie diesen Vorgang für alle Produkte, die mit R oder mit Z beginnen, wiederholen.

Damit hätten Sie drei individuelle Produktgruppen geschaffen. Abschließend sollten Sie die Spaltenüberschriften ändern. Dazu bewegen Sie den Cursor in die betreffende Zelle und überschreiben beispielsweise die von Excel vergebene Bezeichnung *Artikelnr. 2* mit dem Titel »Produktgruppe«. Mit den neu geschaffenen Gruppierungen verfahren Sie genauso.

	A	B
1	Kunde	(Alle) ▼
2		
3	**Zeilenbeschriftungen** ▼	**Summe von Summe**
4	⊟ **Produktgruppe A**	
5	AK19287	27675
6	AT00012	368900
7	UA00222	17615
8	⊟ **Produktgruppe O**	
9	OU64783	89420
10	QU85132	68250
11	⊟ **Produktgruppe R**	
12	RW00017	25760
13	RW00018	30420
14	⊟ **Produktgruppe Z**	
15	ZT10100	42780
16	ZT10101	108120
17	**Gesamtergebnis**	**778940**

Abbildung 8.38 Pivotbericht mit Gruppierung und Formatierung

Pivottabellen erfordern eigentlich immer eine Nachbearbeitung in Sachen Formatierung. Auch Ihr Bericht wird nicht zwangsläufig das Aussehen der Datenreihen in Abbildung 8.38 besitzen.

8.6.2 Tabellenlayouts

Mit den vier Untermenüs unter **PivotTable-Tools ▶ Entwurf ▶ Layout** beeinflussen Sie das Erscheinungsbild Ihres Berichts. Der Schalter **Teilergebnisse** enthält wenig Überraschendes. Mit ihm legen fest, ob

- Teilergebnisse oberhalb der Daten,

- unterhalb der Daten

- oder gar nicht angezeigt werden.

Ich habe mich, wie Sie in Abbildung 8.38 sehen, für die Variante entschieden, die Teilergebnisse oberhalb der Daten anzuzeigen.

Auch der Schalter **Gesamtergebnisse** ist kein Garant für Überraschungen. Über ihn steuern Sie die zeilen- bzw. spaltenweise Anzeige der Gesamtergebnisse Ihrer Pivottabelle. Von etwas anderem Kaliber ist da schon die Funktion **Berichtslayout**. Sie unterscheidet mehrere Varianten:

Format	Struktur
Kurzformat	Bei diesem Format stehen die übergeordneten Elemente (z. B. Produktgruppen) in einer Spalte und direkt über den untergeordneten Elementen (z. B. Artikelnummern). Sie benötigen weniger Spalten für die Pivottabelle. Teilergebnisse werden direkt neben dem Elementnamen angezeigt.
Gliederungsformat	Die über- und untergeordneten Elemente werden auf nebeneinanderliegende Spalten verteilt. Neben den untergeordneten Elementen der zweiten Spalte (*Artikelnr.*) werden die übergeordneten Elemente (Produktgruppen) nicht ausdrücklich genannt. Dies ist häufig von Nachteil, wenn Sie das Ergebnis der Pivottabelle mit **Inhalte einfügen ▸ Werte** an anderer Stelle verwenden möchten. In diesem Fall fehlen in einigen Zellen wichtige Informationen. Bei der Darstellung der Teilergebnisse gibt es keine Unterschiede zum Kurzformat; sie erscheinen auch hier unmittelbar neben dem unveränderten Elementnamen.
Tabellenformat	Das Tabellenformat ist ein Gliederungsformat mit mehr Gestaltungbestandteilen. Die Elemente stehen auch hier in verschiedenen Spalten. Die Teilergebnisse werden mit dem Begriff **Ergebnis** und dem Elementnamen sowie durch je eine Linie am oberen und unteren Zellrand gekennzeichnet.
Alle Elementnamen bzw. Elementnamen nicht wiederholen	Diese Option ist neu seit Excel 2010. Sie behebt die soeben erwähnten Probleme, die beim Gliederungs- und Tabellenformat entstehen, wenn die Daten an anderer Stelle zur Weiterberechnung verwendet werden sollen. Die Option **Alle Elementnamen** kopiert den Namen des übergeordneten Elements in die darunterliegenden, bislang leeren Zellen. **Elementnamen nicht wiederholen** hebt die Beschriftung wieder auf.

Tabelle 8.8 Formatierungsoptionen in Pivottabellen

8.6.3 Sortieroptionen

Begonnen habe ich diesen Abschnitt mit dem manuellen Sortieren von Elementen der Pivottabelle. Bevor ich diesen Teil abschließe, möchte ich Ihnen noch die fehlenden Informationen zu weiteren Sortieroptionen geben. Denn insgesamt gibt es derer drei:

- manuelles Sortieren durch Verschieben einzelnen Elemente, um Daten zu gruppieren

- Standardsortierfunktion

- automatisches Sortieren bei jeder Aktualisierung der Pivottabelle

Von diesen Optionen ist vor allem das automatische Sortieren eine zeitsparende Arbeitsweise. Sie erreichen diese Funktion nur, wenn Sie in die Zeilenbeschriftungen (Artikelnummern) mit der rechten Maustaste klicken. Im **Werte**-Bereich steht die Option nicht zur Verfügung.

Klicken Sie also an der richtigen Position, erscheint unter **Sortieren ▸ Weitere Sortieroptionen** eine Dialogbox, in der Sie die Wahl haben zwischen **Aufsteigend nach** oder **Absteigend nach**. Sobald Sie sich entschieden haben, übernehmen Sie aus dem sich öffnenden Listenfeld das Feld, nach dem die automatisch sortiert werden soll (Abbildung 8.39).

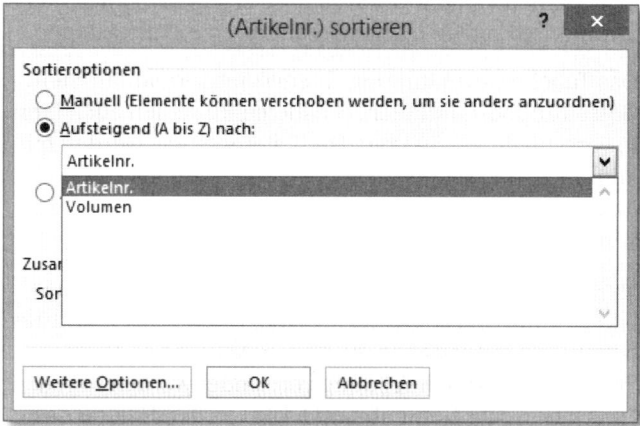

Abbildung 8.39 Eine automatische Sortierung bei Aktualisierung der Daten ist nach jedem Feld der Pivottabelle möglich.

Bildung von Teilergebnissen bei gruppierten Daten

Ob und wo Teilergebnisse einer gruppierten Pivottabelle angezeigt werden, legen Sie über **PivotTable-Tools ▸ Analysieren** (Excel 2010: **Optionen**) **▸ Teilergebnisse** fest.

Welche Berechnungsfunktion den Teilergebnissen zugrunde gelegt werden, können Sie bestimmen, indem Sie die Beschriftung der Datengruppe im Zeilen- oder Spaltenbereich mit der rechten Maustaste anklicken und dann die Option **Feldein-**

stellungen wählen. Alternativ führt die Verwendung von **PivotTable-Tools** ▶ **Analy-sieren** (Excel 2010: **Optionen**) ▶ **Aktives Feld** ▶ **Feldeinstellungen** zum Ziel.

Die Dialogbox **Feldeinstellungen** gibt drei Optionen für die Bildung der Teilergeb-nisse vor:

- **Automatisch:** Es wird eine Funktion entsprechend dem Datentyp der Daten-gruppe gewählt (**Summe** bei Zahlenwerten, **Anzahl** bei Texten).

- **Keine:** Teilergebnisse werden nicht berechnet.

- **Manuell:** Sie wählen aus der Liste der Zusammenfassungsfunktionen eine aus. In diesem Feld ist durch Drücken von `Strg` aber auch Mehrfachauswahl erlaubt (z. B. **Summe** und **Mittelwert**).

8

8.6.4 Gruppierungen mittels berechneter Produktgruppen

Besonders bei umfangreichen Pivottabellen stößt die manuelle Gruppierung schnell an ihre Grenzen – sie ist einfach zu zeitraubend. In diesem Fall müssen Sie sich etwas ein-fallen lassen, um den Aufwand zu reduzieren. In den meisten Fällen ist eine berechnete Kategorisierung anhand von Funktionen die beste Lösung. Welche Funktionen dabei in Frage kommen, zeigt die Übersicht in Tabelle 8.9:

Funktion oder Funktionsgruppe	Anwendbarkeit
INDEX()/ VERGLEICH() und SVERWEIS()	Die Kombination aus INDEX() und VERGLEICH() sowie der SVER-WEIS() sind immer dann erste Wahl, wenn Sie bereits über eine Referenztabelle verfügen, aus der Sie die Gruppierung ableiten können, oder wenn eine solche Tabelle leicht zu erstellen ist. Bei-spiel: Sie verfügen über eine Kundentabelle, die eine eindeutige Kundennummer und das Vertriebsgebiet enthält. Dann könnten Sie über eine Verweisfunktion auf die Kundennummer das Ver-triebsgebiet in Ihre Basisdaten übernehmen.
Datenmodell	Diese neue Funktion steht seit Excel 2013 zur Verfügung. Um beim oberen Beispiel zu bleiben: Sie binden Ihre Kundentabelle mit den eindeutigen Kundennummern als zweite Tabelle in ein Datenmodell ein. Nachdem Sie eine logische Beziehung zwischen dieser und der Umsatztabelle erstellt haben, können Sie die Daten problemlos gruppieren.

Tabelle 8.9 Wichtige Funktionen zum Erstellen einer berechneten Gruppierung

Funktion oder Funktionsgruppe	Anwendbarkeit
Textfunktionen	Stehen bestimmte Zeichenfolgen, die Sie für die Gruppierung benötigen, immer an der gleichen Stelle in den Basisdaten, kann schon mit einer einfachen Textfunktion wie LINKS() eine Bildung des Gruppierungsmerkmals erfolgreich sein. Gibt es bestimmte Separatoren wie Binde- oder Schrägstrich, gibt es ebenso kaum Probleme.
WAHL()	Wenn es Ihnen gelingt, in den Basisdaten einen numerischen Wert zu finden, der als Codierung der Gruppen eingesetzt werden kann, ist die Funktion WAHL() ein geeignetes Werkzeug. Der benötigte numerische Wert kann dabei allein in einer Zelle stehen oder Teil eines Zellwerts sein.
WENN()	Diese Funktion – eventuell in Kombination mit UND() oder ODER() – können Sie für eine Bildung von Gruppen nutzen, wenn die Zuordnung von Einzelwert und Gruppe weniger eindeutig ist als beim SVERWEIS() oder eine umfassende Referenztabelle nicht vorhanden ist.

Tabelle 8.9 Wichtige Funktionen zum Erstellen einer berechneten Gruppierung (Forts.)

SVERWEIS() und Referenztabelle

Wie funktioniert das nun alles praktisch? Beginnen wir mit dem SVERWEIS() und IN-DEX()/VERWEIS(). In unserer Arbeitsmappe existiert eine Tabelle *Kunden*, die sowohl die benötigte Kundennummer als Verknüpfung zur Basisdatentabelle enthält als auch das Vertriebsgebiet.

	A	B	C	D
1	Kundennr.	Kunde	AP	Vertriebsgebiet
2	K10021	Handelshaus Herbing GmbH	Paul Trumpf	Süd
3	K10023	Abraham GmbH	Hannelore Jährer	Süd
4	K10025	Drilling & Co KG	Karim Mouloum	Süd
5	K20022	Zech & Partner	Frieda Graun	Südwest
6	K20026	Paschke GmbH	Eva Erbracht	Südwest
7	K20027	Oderberg GmbH	Rudolf Vollbrecht	Südwest

Abbildung 8.40 Referenztabelle für die Zuordnung des Vertriebsgebiets zu den Basisdaten

Mit SVERWEIS(Suchkriterium; Matrix; Spaltenindex; Bereich_Verweis) durchsuchen Sie die Kundentabelle (Matrix) nach dem Suchkriterium *Kundennummer* und lassen sich die vierte Spalte, nämlich die Region, zurückgeben, wenn eine genaue Entsprechung der Kundennummern in Basisdaten- und Kundentabelle vorliegt (FALSCH).

Die Funktion, die Sie in Zelle J2 eingeben und dann nach unten kopieren, lautet:

```
=SVERWEIS(C2;Kunden!$A$1:$D$31;4;FALSCH)
```

Wenn Sie den Datenbereich Ihrer Pivottabelle anschließend um Spalte J erweitern, greift diese auch auf das Gruppierungsmerkmal *Vertriebsgebiet* zu, und Sie können Ihre regionale Analyse der Daten durchführen.

INDEX()/VERGLEICH() und Referenztabelle

Die Funktion INDEX(Matrix;Zeile;Spalte) steuert in einer Tabelle eine Zelle durch Angabe der Zeilen- und Spaltennummer an. VERGLEICH(Suchkriterium;Suchmatrix;Vergleichstyp) sucht einen vorgegebenen Wert und liefert die Zeilen- oder Spaltennummer der Fundstelle. Gemeinsam bildet das Gespann den universellen Verweis nach links, rechts, oben oder unten. Zudem ist INDEX()/VERGLEICH() ressourcenschonender und somit schneller als der SVERWEIS(). In Zelle K2 der Umsatztabelle ordnen Sie das Vertriebsgebiet so zu:

```
=INDEX(Tabelle2;VERGLEICH([@[Kundennr.]];Tabelle2[Kundennr.];0);4)
```

Die Adressierung ist in diesem Fall nicht mehr auf Zellbezüge ausgerichtet, sondern auf die dynamische Datentabelle *Tabelle2*. Sollten Sie mit einer zukünftigen Erweiterung Ihrer Umsatztabelle rechnen, ist diese Adressierungsform sinnvoll.

Auslesen des Artikelnummeranfangs mit LINKS()

Gibt es eine feste Zeichenzahl in einer Spalte, aus der Sie eine Gruppierung ableiten könnten, lösen Sie diese Aufgabe mit links. Oder besser mit LINKS(), denn diese Textfunktion liest eine feste Zeichenzahl aus einer Zelle aus: LINKS(Zellbezug;Zeichenanzahl)

Befindet sich der Schlüssel zur Produktgruppenbildung in den ersten beiden Zeichen der Artikelnummer in Spalte F, erhalten Sie mit =LINKS(F2;2) genau die Information, die Sie zur Bildung der Gruppierung in der Pivottabelle benötigen.

Textfunktionen lassen sich untereinander problemlos verknüpfen. Wie Sie kompliziertere Fälle des Extrahierens von Zeichenketten in den Griff bekommen, habe ich in Kapitel 4, »Basisanalyse von Unternehmensdaten«, beschrieben.

Codierung von Daten mit WAHL()

Zugegeben, der gerade eben beschriebene Fall einer Produktgruppierung aus den ersten Zeichen einer Artikelnummer war recht simpel gestrickt. Aber er eignet sich gut als Einstieg in eine etwas komplexere Problemlage. Diesmal liegt die Angabe des Vertriebsgebiets in der Kundennummer verborgen. Es ist das zweite Zeichen, aus dem sich die Region ablesen lässt.

Sie könnten nun mit `TEIL(Zellbezug; Erstes Zeichen; Zeichenanzahl)` einfach nur dieses zweite Zeichen isolieren und in einer eigenen Spalte ausgeben. Die Funktion lautete dann konkret:

`=TEIL(C2;2;1)`

Als Resultat hätten Sie dann eine Reihe von Werten (1, 2, 3 und so weiter) in einer neuen Spalte neben den Basisdaten und letztlich auch in der Pivottabelle. Wie wäre es aber mit ein wenig mehr Klartext? Mit lesbaren Gebietsbezeichnungen?

Kombinieren Sie `TEIL()` mit `WAHL(Index; Wert 1, Wert 2 ...)`, und Sie haben die Lösung.

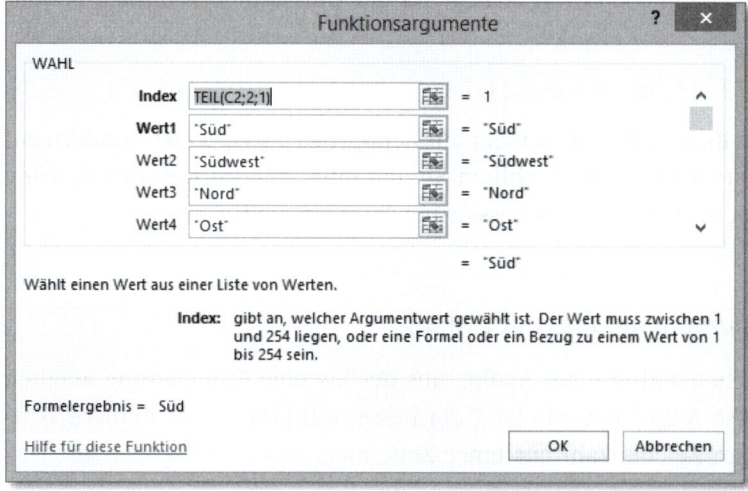

Abbildung 8.41 Die Codierung für eine Gruppierung können Sie auch mit WAHL() vorbereiten.

`WAHL()` benötigt als erstes Argument einen numerischen Wert und danach eine Abfolge von ausführbaren Alternativen. Das erste Argument holen wir uns mit `TEIL(C2;2;1)` – es ist der Wert, der an der zweiten Stelle der Kundennummer steht. Die alternativen Texte lauten *Süd*, *Südwest*, *Nord*, *Ost* und *West*. Wird der Wert 1 mit `TEIL()` gefunden, schreibt `WAHL()` den Text *Süd* in die Zielzelle. Ist es hingegen eine 2, wird *Südwest* geschrieben. Und so weiter.

Die Pivottabelle mit berechneter Gruppierung sieht schließlich so aus wie in Abbildung 8.42.

	A	B
1	Bezeichnung	Soundsystem ZT ⊤
2		
3	**Region** ▾	**Volumen**
4	**Nord**	**7905**
5	Branco KG	310
6	Filscher AG	4495
7	infomed GmbH	155
8	Lebensmittel Fraule GmbH	310
9	Tanner KG	2635
10	**Ost**	**8060**
11	Bahaim AG	310
12	Baulem GmbH & Co KG	155
13	Dahlbrück GmbH	310
14	Hallwa GmbH & Co KG	1085
15	Kellermann & Söhne	1085
16	Kurt Hanning GmbH	930
17	Kurzheim GmbH	310
18	Preto GmbH	1860
19	Primas GmbH	2015

Abbildung 8.42 Nach Regionen gruppiertes Ergebnis des Pivotberichts

8.6.5 Aufbau eines Datenmodells zur Gruppierung

Es ist an der Zeit, sich nun die neue Option der Verknüpfung mit Hilfe eines Datenmodells anzusehen. Öffnen Sie dazu die Datei *08_Pivot_Datenmodell_00.xlsx*. Sie finden dort die beiden dynamischen Datentabellen mit Umsatzdaten und den Kundeninformationen. Um eine Auswertung nach Vertriebsgebieten zu realisieren, gilt es nun, die beiden Tabellen zusammenzuführen.

Erstellen Sie im Tabellenblatt *Rechnungen* über **Tabellentools ▸ Entwurf ▸ Tools ▸ Mit PivotTable zusammenfassen** eine Pivottabelle, und achten Sie darauf, dass die Option **Dem Datenmodell diese Daten hinzufügen** aktiviert ist.

Abbildung 8.43 Erstellen der ersten Tabelle des Pivot-Datenmodells

Auf den ersten Blick zeigt der Bildschirm eine vertraute Darstellung, wie Sie sie von anderen Pivotberichten kennen. Sehen Sie sich die Pivottabellen-Feldliste an, werden Sie allerdings bereits eine Änderung feststellen. Dort wird eine erste Auswahlmöglichkeit angeboten, mit der Sie später entscheiden können, ob Sie die Felder aller oder nur der im Pivotbericht benutzten Tabellen sehen möchten.

Abbildung 8.44 Auswahl der angezeigten Tabellen
des Datenmodells in der Pivottabellen-Feldliste

Es ist an der Zeit, auch die zweite Tabelle ins Datenmodell aufzunehmen. Dazu bewegen Sie den Cursor in das Tabellenblatt *Kunden* und erstellen wie gewohnt eine Pivottabelle. Auch hier müssen Sie die Option **Dem Datenmodell diese Daten hinzufügen** aktivieren. Als Resultat werden nun die Felder beider Tabellen im Bereich der Feldliste angezeigt.

Ziehen Sie das Feld *Vertriebsgebiet* aus *Tabelle2* in den Zeilenbereich der Pivottabelle und das Feld *Summe* aus *Tabelle1* in den **Werte**-Bereich, so wird Sie Excel darauf hinweisen, dass für die Berechnung eine Beziehung zwischen beiden Tabellen notwendig ist. Ein weiterer deutlicher Hinweis auf eine fehlende Beziehung zwischen den Tabellen ist das für alle Vertriebsgebiete identische Ergebnis in der Pivottabelle selbst.

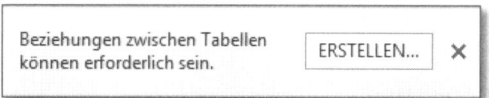

Abbildung 8.45 Die Beziehung zwischen Umsatz- und
Kundentabelle müssen Sie zunächst erstellen.

Wenn Sie dem Vorschlag folgen und auf **Erstellen** klicken, erscheint die Dialogbox, mit der Sie die benötigte logische Beziehung definieren werden. Die beiden Tabellen werden über das gemeinsame Feld *Kundennr.* verbunden.

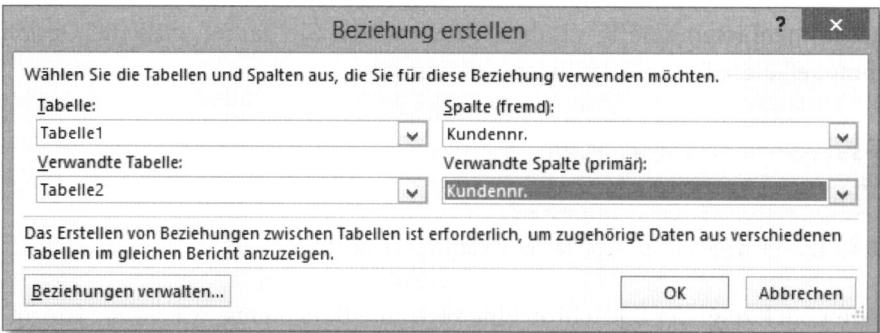

Abbildung 8.46 Verbinden der beiden Tabellen über ein gemeinsames Feld

Namen dynamischer Datentabellen

Die automatisch vergebenen Bereichsnamen für dynamische Datentabellen sind nicht sehr aussagekräftig. Dies macht sich bemerkbar, wenn Sie weitere Tabellen in ein Datenmodell einbinden möchten.

Geben Sie den Datentabellen daher individuelle und beschreibende Namen. Dazu öffnen Sie mit `Strg` + `F3` den **Namensmanager**. Wählen Sie eine der Tabellen aus, und klicken Sie auf **Bearbeiten**. Anschließend vergeben Sie den neuen Namen (z. B. »Umsatz«). Solche beschreibende Namen kommen Ihnen nicht nur bei der Verknüpfung des Datenmodells zugute, auch in der Pivottabellen-Feldliste werden die Tabellennamen angezeigt und verbessern dadurch die Orientierung bei der Zusammenstellung der Felder des Pivotberichts.

8

Unmittelbar nachdem Sie die Beziehung erstellt haben, aktualisiert Excel die Pivottabelle. Nun werden die korrekten Resultate pro Vertriebsgebiet angezeigt. Dennoch kann es passieren, dass Sie die Beziehungen zwischen den Tabellen eines Datenmodells noch einmal einsehen oder eventuell ändern möchten. Im Menü **PivotTable-Tools ▸ Analysieren ▸ Berechnungen** gibt es zu diesem Zweck die Schaltfläche **Beziehungen**. Wieder führt Sie der Klick auf **Bearbeiten** zu der Dialogbox, in der Sie über die Tabellen- und Feldauswahl festlegen, welche logische Verbindung erstellt werden soll.

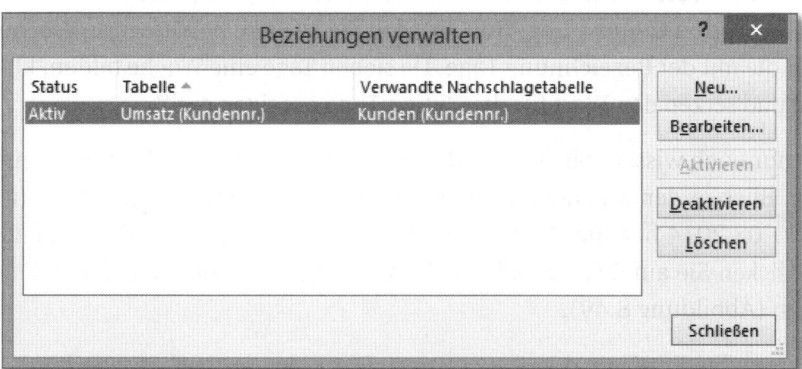

Abbildung 8.47 Bearbeitung von Beziehungen zwischen den Tabellen des Datenmodells

8.6.6 Automatische Gruppierung nach Kalenderwochen

Wenn es um die Frage geht, wann Daten überhaupt für das Erstellen einer Pivottabelle geeignet sind, lautet eine der Antworten zumeist: immer dann, wenn es Elemente gibt, die man gruppieren kann. Dies ist auch richtig. Doch manchmal gibt es auch Daten, die sich in allen Zeilen zu unterscheiden scheinen und dennoch in Pivottabellen verdichtet werden können. Es sind Tabellen, die Datums- oder Zeitwerte enthalten.

Selbst wenn in einer Transaktionsdatei jeder Datumswert nur einmal vorkäme, ließen sich diese Basisdaten zu Wochen, Monaten, Quartalen und Jahren zusammenfassen.

	A	B
1	Kunde	(Alle)
2		
3	**Wochen**	**Volumen**
4	04.03.2014 - 10.03.2014	43070
5	11.03.2014 - 17.03.2014	65860
6	18.03.2014 - 24.03.2014	68550
7	25.03.2014 - 31.03.2014	108400
8	01.04.2014 - 07.04.2014	84235
9	08.04.2014 - 14.04.2014	127055
10	15.04.2014 - 21.04.2014	115400
11	22.04.2014 - 28.04.2014	84075
12	29.04.2014 - 03.05.2014	82295
13	**Gesamtergebnis**	**778940**

Abbildung 8.48 Pivotgruppierung nach Kalenderwochen

Um eine solche Gruppierung automatisch zu erzeugen, ziehen Sie die Datumswerte in den Bereich der Zeilenbeschriftung und das Label **Summe** in den **Werte**-Bereich.

Klicken Sie dann mit der rechten Maustaste in die Zeilenbeschriftung, und wählen Sie im Kontextmenü die Option **Gruppierung**. Dort werden Sie zwar keine Kategorie **Woche** finden, aber dafür die mit der Bezeichnung **Tage**. Da sieben Tage eine Woche bilden, klicken Sie auf **Tage** und setzen den Wert für die Option **Tage anzeigen** auf 7.

Nun müssten Sie nur noch wissen, ob der 04.03.2014 auch wirklich ein Wochenbeginn ist oder nicht. Ein Blick in den Kalender beantwortet die Frage dahingehend, dass die Woche mit dem 01.03.2014 beginnt. Geben Sie also dieses Datum in das Eingabefeld **Starten** ein, und klicken Sie auf **OK**, um sich die Auswertung der Daten nach Kalenderwochen anzusehen (Abbildung 8.49).

Abbildung 8.48 zeigt das Ergebnis der Auswertung. Die Kalenderwochen werden jeweils mit den Datumswerten des Wochenbeginns und -endes angezeigt. Wie Sie eine Auswertung mit den Nummern der Kalenderwochen durchführen und diese berechnen können, erfahren Sie im folgenden Abschnitt.

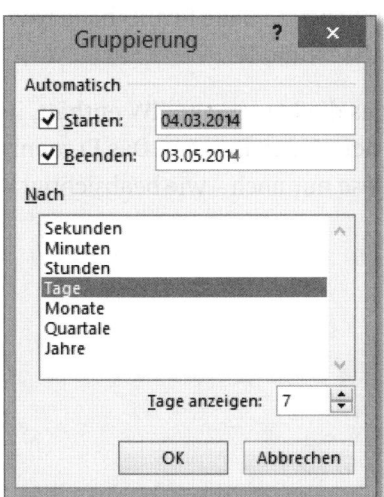

Abbildung 8.49 Kalenderwochen als Gruppierung
werden aus der Optionen **Tage** abgeleitet.

8.6.7 Kalenderwochen nach ISO-8601

In Excel 2013 gibt es die neuen Funktion `ISOKALENDERWOCHE(Datum)`, die die Kalenderwoche nach ISO 8601 bestimmt. Steht Ihr Datum, wie in der dynamischen Datentabelle *Rechnungen* in Spalte B, unter der Überschrift *Datum*, so lautet die Funktion ganz einfach `=ISOKALENDERWOCHE([@Datum])`.

Die Vorgängerversionen kennen diese Art von Luxus nicht. Excel 2010 steht beispielsweise noch auf Kriegsfuß mit den Regeln der ISO-Norm 8601. Nach deren Definition beginnt die Kalenderwoche immer mit einem Montag, und die erste Kalenderwoche des neuen Jahres ist dadurch definiert, dass in sie mindestens vier Tage des beginnenden Jahres fallen müssen. Mit anderen Worten: Beginnt das neue Jahr mit einem Freitag, Samstag oder Sonntag, wird die betreffende Woche noch dem Vorjahr zugeschlagen.

Die Funktion `KALENDERWOCHE()`bestimmt hartnäckig jene Woche, in die der 1. Januar fällt, als erste Kalenderwoche des Jahres. Dies führt selbstverständlich in manchen Jahren zu Fehlern, und deshalb ist es gut, dass Sie die korrekte KW auch mit einer verschachtelten Funktion selbst berechnen können.

Die Kalkulation dient als ein weiteres Beispiel für die Berechnung von Gruppierungskriterien in den Basisdaten. In Zelle M2 geben Sie dazu ein:

```
=KÜRZEN((B2-DATUM(JAHR(B2+3-REST(B2-2;7));1;REST(B2-2;7)-9))/7)
```

Danach kopieren Sie die Funktion nach unten und erstellen eine neue Pivottabelle bzw. erweitern den Datenbereich der neuen Tabelle um Spalte M und N.

Ziehen Sie das Label **KW oder ISOKALENDERWOCHE**, das die berechnete KW enthält, in den Bereich der Zeilenbeschriftung und die Werte in den **Werte**-Bereich. Das Ergebnis ist nun eine Übersicht nach Kalenderwochen, wobei diese nur noch – wie beabsichtigt – als Nummer angezeigt werden.

	A	B
1	Kunde	(Alle)
2		
3	**KW**	**Volumen**
4	10	43070
5	11	54170
6	12	46290
7	13	110275
8	14	96265
9	15	121485
10	16	135300
11	17	73940
12	18	98145
13	**Gesamtergebnis**	**778940**

Abbildung 8.50 Pivotgruppierung mit berechneten KW

8.6.8 Pivottabellen mit berechneten Feldern

Die berechneten Gruppierungsmerkmale in den Basisdaten haben natürlich einen kleinen Makel: Immer dann, wenn zusätzliche Datensätze ergänzt oder nicht mehr benötigte Daten entfernt werden, müssen Sie daran denken, die Formeln und Funktionen in den Basisdaten zu kopieren bzw. zu entfernen.

Weniger Aufwand ist es deshalb, Berechnungen, die in den Basisdaten nicht enthalten sind, direkt in der Pivottabelle durchzuführen. Dazu bietet Excel die beiden Optionen **Berechnetes Feld** und **Berechnetes Element** an. In berechneten Feldern bestehen folgende Möglichkeiten:

- Formeln, in denen ausschließlich mit den Labels der Pivottabelle gerechnet wird (z. B. `=Februar – Januar`, um die Differenz zwischen den beiden Monaten zu berechnen)
- Formeln auf der Basis von Labels und fixen Werten (z. B. `=Januar/1,19`, um aus dem Bruttowert des Monats Januar den Nettowert zu berechnen)
- Funktionen unter Verwendung von Labels der Pivottabelle (z. B. `=wenn(Januar >= 1000;1;0)`, um die Ergebnisse im Januar zu kennzeichnen, die den Grenzwert 1000 überschreiten)

Nicht möglich bei berechneten Feldern sind:

- die Verwendung von Zellbezügen in Formeln oder Funktionen (z. B. =Januar * f4)
- Berechnungen unter Verwendung von Bereichsnamen (z. B. =Januar * UST).

Trotz der Einschränkungen sind berechnete Felder eine überaus effiziente Ergänzung zu den Standardfunktionen der Pivottabelle, vor allem dann, wenn es um immer wiederkehrende Berechnungen geht.

Kunden	€ - Januar	€ - Februar
Beispiel GmbH	12.710	10.429
Dummy AG	106.392	109.993
Felix Test AG	13.250	11.550
Muster & Söhne	80	96
Muster AG	23.407	14.113
No Name GbR	125	263
P. Robe GbR	1.118	1.188
Probe GmbH	9.880	16.000
Test & Partner	719	999
Test GmbH	8.000	9.600
Übung AG	29.730	36.645
Übungsgesellschft mbH	2.625	3.750
Gesamtergebnis	**208.035**	**214.624**

Abbildung 8.51 Zwei Monatsergebnisse bilden die Grundlage eines berechneten Feldes.

Nehmen Sie als Ausgangspunkt bitte die Pivottabelle der Datei *08_Pivot_berechnete_ Felder_00.xlsx*. Sie enthält lediglich die zusammengefassten Ergebnisse der Monate Januar und Februar. Sie möchten die Differenz zwischen den beiden Monatswerten gerne in der Analyse sehen. Doch dieser Differenzwert ist auch in den Basisdaten nicht vorhanden.

Um Abhilfe zu schaffen, bewegen Sie den Cursor in die Pivottabelle und rufen **Pivottable-Tools ▸ Analysieren** (Excel 2010: **Optionen**) **▸ Berechnungen ▸ Felder, Elemente und Gruppen** auf. Klicken Sie dann auf **Berechnetes Feld**. Es erscheint die gleichnamige Dialogbox, in die Sie nun die fehlende Berechnung eingeben (Abbildung 8.52).

Nachdem Sie die Eingabe mit **OK** bestätigt haben, werden das neue Feld und alle berechneten Einzelergebnisse in die Pivottabelle eingefügt. Der Vorteil dieser Form der Berechnung liegt darin, dass mit jedem Aktualisieren der Tabelle die zusätzliche Kalkulation automatisch ausgeführt wird. Sie müssen sich also nicht mehr darum kümmern, ob eine Nebenrechnung in den Basisdaten auch korrekt aktualisiert wurde, und können sich auf das Wesentliche konzentrieren.

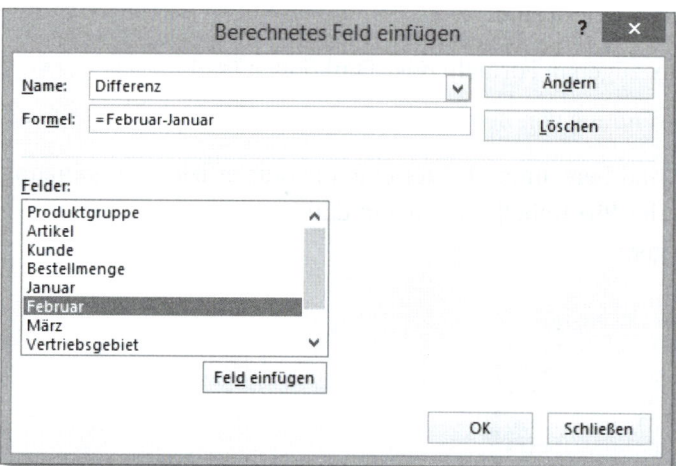

Abbildung 8.52 Berechnete Felder bestehen aus einem Feldnamen und einer Formel oder Funktion.

Berechnete Felder sind immer auch Bestandteil Ihrer **PivotTable-Feldliste**. Dies bedeutet, dass Sie diese Felder auch in jeder anderen Pivottabelle, die Sie auf Basis des gleichen Datenbestandes erstellen, verwenden können (Abbildung 8.53).

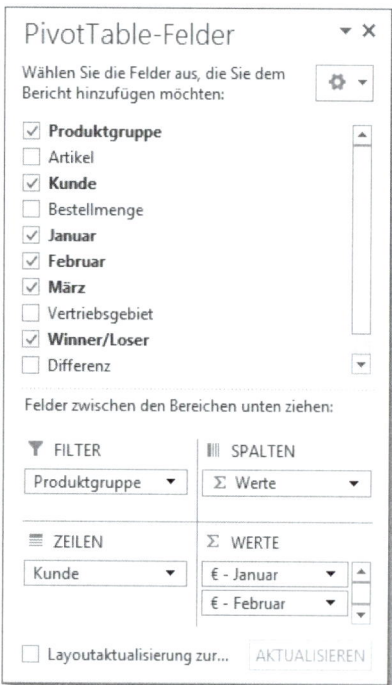

Abbildung 8.53 Berechnetes Feld als Teil der Pivottabelle und der PivotTable-Feldliste

Maßnahme	Beschreibung
Einfügen	Formeln oder Funktionen können Feldnamen (Labels) der Pivottabelle und feste Werte enthalten. Feldnamen können Sie auf drei Arten hinzufügen: – durch Eingabe per Tastatur – durch Auswahl in der Liste **Felder** und Mausklick auf **Feld einfügen** – durch Doppelklick auf den Feldnamen im Bereich **Felder**
Änderung	Um die Formel oder Funktion eines berechneten Feldes zu verändern, positionieren Sie den Cursor in der Pivottabelle und wählen erneut **Pivottable-Tools ▸ Analysieren** (Excel 2010: **Optionen**) **▸ Berechnungen ▸ Felder, Elemente und Gruppen ▸ Berechnetes Feld**. Wählen Sie dann aus dem Listenfeld **Name** das Feld aus, dessen Formel oder Funktion Sie ändern möchten. Klicken Sie in das Feld **Formel**, und ändern Sie die Formel oder Funktion ab. Bestätigen Sie Ihre Änderung mit **OK**.
Umbenennen	Auch bei Änderungen von Feldnamen verfahren Sie wie gerade oben beschrieben. Geben Sie nach der Auswahl des Feldnamens den neuen Namen ein, und bestätigen Sie mit **OK**.
Löschen	Um ein berechnetes Feld vollständig aus der Pivottabelle zu entfernen, wechseln Sie ebenfalls in die Dialogbox **Berechnetes Feld einfügen**. Dort wählen Sie das Feld aus der Liste aus und klicken anschließend auf **Löschen**.

Tabelle 8.10 Bearbeitung von berechneten Feldern

Berechnete Felder in der Praxis – Winner und Loser

Da Sie in Pivottabellen wahrscheinlich immer auf der Jagd nach weiteren Chancen zur Datenverdichtung bleiben werden, stellt sich die Frage, ob Sie berechnete Felder nicht auch zur Kennzeichnung und Sortierung von Daten nutzen können. Die Antwort lautet: »Ja, Sie können!«

Dazu setzen Sie diesmal die Funktion WENN() ein. Mit ihr kennzeichnen Sie die Kunden, bei denen der Umsatz im Februar über dem des Januars lag:

```
=WENN(Februar > Januar; 1;0)
```

Da die Verwendung von Textelementen in berechneten Feldern nicht zulässig ist, bleibt uns zunächst nichts anderes übrig, als für alle *Winner* den Wert 1 und für die *Loser* eine 0 ausgeben zu lassen.

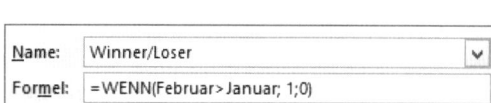

Abbildung 8.54 Schaffung eines Sortierkriteriums mit WENN() im berechneten Feld

Im Prinzip würde dieses Ergebnis bereits reichen, um Ihre Tabelle anschließend nach Gewinnern und Verlierern zu sortieren. Am besten natürlich mit einer automatischen Sortierung, so dass Sie diese bei der Aktualisierung Ihrer Daten nicht manuell durchführen müssen.

Besser sähe Ihre Analyse natürlich aus, wenn dem Wert 1 das Wort *Winner* und der 0 der Begriff *Loser* zugeordnet wäre. Dies erreichen Sie mit einem benutzerdefinierten Zahlenformat. Und damit wären Sie letztlich auch auf Schleichwegen in der Lage, die Begrenzung der berechneten Felder, die keine Texteingaben in Formeln und Funktionen erlaubt, zu umgehen.

Markieren Sie also eine Zelle in der Spalte, die Ihr berechnetes Feld enthält. Wechseln Sie dann über das Kontextmenü zu **Wertfeldeinstellungen ▸ Zahlenformat ▸ Benutzerdefiniert**. Geben Sie das Zahlenformat aus Abbildung 8.55 vor:

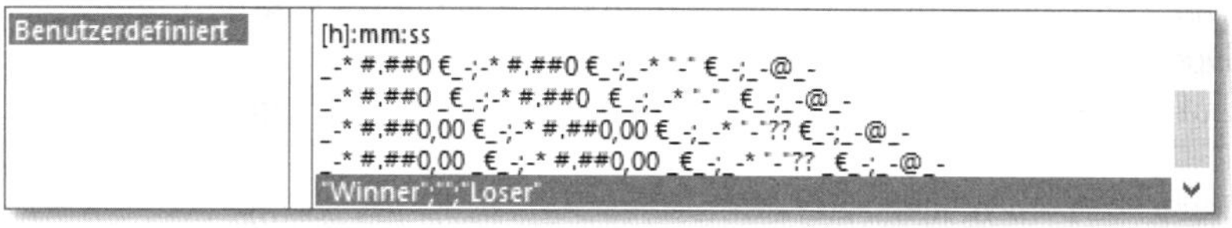

Abbildung 8.55 Eine benutzerdefinierte Formatierung sorgt für bessere Lesbarkeit.

Damit veranlassen Sie, dass Excel alle positiven Werte – sprich Zellen, die den Wert 1 enthalten – mit *Winner* kennzeichnet. Negative Werte, die es in unserem Fall aber nicht geben wird, erhalten keine Kennzeichnung. Allen Nullwerten wird der Begriff *Loser* zugeordnet.

Auch diese nun »sprechende Bezeichnung« des Datenvergleichs können Sie im Rahmen einer automatischen Sortierung weiterverwenden.

Berechnete Elemente

Die berechneten Elemente in Pivottabellen gehen noch etwas mehr in die Tiefe als die berechneten Felder. Mit ihnen werden keine Kalkulationen zu den übergeordneten Feldern – z. B. den Regionen – durchgeführt, vielmehr berechnen sie die Elemente eines Feldes oder setzen mehrere Elemente zueinander in Beziehung.

Stellen Sie sich vor, Sie hätten einen Referenzkunden, -artikel oder -standort und möchten ihn als Grundlage für einen Vergleich mit anderen Elementen des Feldes heranziehen. Mit einem berechneten Element geht dies.

Grundbedingungen bei der Verwendung berechneter Elemente sind:

- Das Feld, das die Elemente enthält, die berechnet werden sollen, muss im Bereich der Spalten- oder Zeilenbeschriftung angeordnet sein.

- Es darf keine Gruppierung vorhanden sein.

In der Arbeitsmappe *08_Pivot_berechnetes_Element_00.xlsx* befindet sich eine Pivottabelle, die diese beiden Bedingungen erfüllt. Im Zeilenbereich finden Sie die Produktgruppen; im Spaltenbereich liegen die Vertriebsgebiete. Beide Felder würden sich demnach zur Bildung berechneter Elemente eignen.

Lassen Sie uns einen Vergleich der Regionen *Ost* und *Nord* durchführen. Dazu positionieren Sie den Cursor zunächst im Bereich der Spalten- oder auch der Zeilenbeschriftung. Im Menü **PivotTable-Tools ▸ Analysieren** (Excel 2010: **Optionen**) ▸ **Berechnungen ▸ Felder, Elemente und Gruppen** ist die Option **Berechnetes Element** nun auswählbar. Dies wäre nicht der Fall gewesen, wenn der Cursor stattdessen im **Werte**-Bereich gestanden hätte.

Die Definition des berechneten Elements beginnt wieder mit der Eingabe eines Namens. Dieser lautet *Nord-Ost-Vergleich*. Darunter können Sie im Feld Formel die konkrete Berechnung eingeben.

Dazu wählen Sie in **Felder** das Label **Vertriebsgebiet** aus. Anschließend sehen Sie auf der rechten Seite der Dialogbox die Elemente des Feldes. Mit einem Doppelklick auf die Elemente fügen Sie sie in die Formel ein.

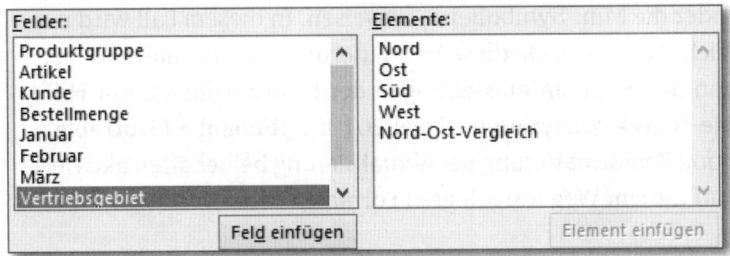

Abbildung 8.56 Mit berechneten Elementen lassen sich Daten in Pivottabellen vergleichen.

Zu guter Letzt bestätigen Sie die Eingaben in die Dialogbox mit **OK** und fügen das neue Element damit in die Pivottabelle ein.

Nachdem Sie nicht benötigte Elemente wie *Süd* und *West* ausgeblendet haben, müssen Sie nur noch die Gesamtergebnisse für Spalten ausblenden, um den Vergleich der beiden Regionen zu begutachten. Klicken Sie rechts in die Pivottabelle, wählen Sie **Pivot-Table-Optionen**, und entfernen Sie das Häkchen **Gesamtsummen für Spalten anzeigen** im Register **Summen & Filter**.

Summe von März	Region			
Produktgruppe	Nord	Ost	Nord-Ost-Vergleich	Gesamtergebnis
101	25.468	4.143	615%	29.617
199	9.800	7.350	133%	17.151
200	959	150	639%	1.115
201	14.400	4.800	300%	19.203

Abbildung 8.57 Regionsvergleich mit Hilfe eines berechneten Elements

Um die Ergebnisse des Vergleichs prozentual darzustellen, markieren Sie die Werte in der Spalte *Nord-Ost-Vergleich* und weisen dieses Format über **Start ▸ Zahl** oder die Mini-Symbolleiste zu.

TIPP

Zahlenformate in Pivottabellen

Um ein Zahlenformat in einer Pivottabelle anzuwenden, rechtsklicken Sie im **Werte**-Bereich der Pivottabelle aus. Danach wählen Sie **Zahlenformat** und weisen das gewünschte Format zu. Excel übernimmt dieses Zahlenformat für alle Werte der Pivottabelle – egal, ob Sie eine oder mehrere Zellen zuvor markiert hatten.

Zahlenformate, die auf diesem Weg zugewiesen wurden, bleiben auch nach der Aktualisierung der Pivottabelle erhalten. Das Gleiche gilt für Formate, die über **Wertfeldeinstellungen ▸ Zahlenformat** ausgewählt wurden.

Alternativ können Sie einen Zellbereich markieren und das gewünschte Zahlenformat über **Start ▸ Zahl** oder die Mini-Symbolleiste zuweisen. In diesem Fall wird nur der markierte Zellbereich formatiert. Ob diese Formatierung beim Aktualisieren erhalten bleibt, hängt von den Standardeinstellungen der Pivottabelle ab. Mit Hilfe der Funktion **PivotTable-Tools ▸ Analysieren (Excel 2010: Optionen) ▸ PivotTable ▸ Optionen** muss die Option **Zellformatierung bei Aktualisierung beibehalten** aktiviert sein, sonst gehen die auf diesem Weg festgelegten Formate wieder verloren.

8.7   Weiterverarbeitung von Daten aus Pivottabellen

Die Weiterverarbeitung von Daten aus Pivottabellen kann unterschiedliche Gründe haben. Pivottabellen werden häufig als Ad-hoc-Analysewerkzeug eingesetzt, mit dem sich Daten verdichten lassen. Einzelheiten möchte man danach an anderer Stelle weiterverwenden. Oder: Die Ergebnisse eines Pivotberichts sollen in einem standardisierten Reportformat verwendet werden. Dieses Format lässt sich allerdings mit den eingeschränkten Gestaltungsmöglichkeiten einer Pivottabelle nicht umsetzen.

Zur Weiterverarbeitung von Daten aus Pivottabellen gibt es drei Möglichkeiten:

Vorgehensweise	Ergebnis
Werte kopieren	Bei dieser Vorgehensweise werden die Beschriftungen und Werte der Pivottabelle markiert, kopiert und an anderer Stelle mit **Inhalte einfügen ▸ Werte** wieder eingefügt.
	Nachteil: Durch diese Operation gehen alle Bezüge zur Pivottabelle verloren. Werden die Pivotdaten aktualisiert, müssen Sie die gesamte Prozedur des Einfügens wiederholen.
`PIVOTDATENZUORDNEN()`	Mit dieser Funktion kann von jeder beliebigen Zelle aus auf Daten in der Pivottabelle zugegriffen werden. Der Bezug zur Pivottabelle bleibt erhalten, so dass Aktualisierungen der Basisdaten auch an die Zellbereiche außerhalb der Pivottabelle weitergegeben werden.
	Nachteil: Die Daten, auf die zugegriffen wird, müssen in der Pivottabelle sichtbar sein. Werden sie durch einen Filtervorgang oder eine Layoutänderung in der Pivottabelle ausgeblendet, führt dies zum Fehlerwert #BEZUG!.
einfacher Zellbezug	Die Funktion `PIVOTDATENZUORDNEN()` kann deaktiviert werden. Ist dies der Fall, führt der Verweis auf eine Zelle der Pivottabelle zu einem normalen Zellbezug, etwa zu F4.
	Nachteil: Filtern oder Layoutänderungen in der Pivottabelle führen zwar zu keinem Fehlerwert, die Werte außerhalb der Pivottabelle beziehen sich auf die gleichen Zellen, die nun aber völlig andere Daten enthalten.

Tabelle 8.11 Zugriffsmöglichkeiten auf Daten in Pivottabellen

Sie können es also drehen und wenden, wie Sie wollen: Der Zugriff auf Pivotdaten birgt immer seine Tücken. Der Aufwand aber zum Erstellen von auf Formeln und Funktionen basierenden dynamischen Reports ist meistens ungleich höher. Und deshalb ist es wichtig, die zentrale Funktion der Weiterverarbeitung, PIVOTDATENZUORDNEN(), unter die Lupe zu nehmen.

8.7.1 PIVOTDATENZUORDNEN() bei einem Soll-Ist-Vergleich

In der Arbeitsmappe *08_Pivot_Weiterverarbeitung_00.xlsx* finden Sie einen Basisdatenbestand, aus dem eine einfache Pivottabelle *(Tabellenblatt Pivot (Artikel))* erstellt wurde. Diese Pivottabelle enthält im Bereich der Zeilenbeschriftung alle in den Basisdaten aufgeführten Artikelnummern und im **Werte**-Bereich die Anzahl der Bestellungen zu diesen Artikeln.

Ziel ist es, mit diesen Pivotdaten einen Soll-Ist-Vergleich durchzuführen. Die Soll-Werte befinden sich in einem anderen Tabellenblatt *(Soll-Ist)*. Es kommt also nun darauf an, in der Spalte neben den Soll-Werten die Ist-Werte aus der Pivottabelle aufzulisten. Dazu stellen Sie den Cursor in Zelle C2 von *Soll-Ist*, geben ein Gleichheitszeichen ein und zeigen dann auf Zelle B4 im Tabellenblatt *Pivot (Artikel)*.

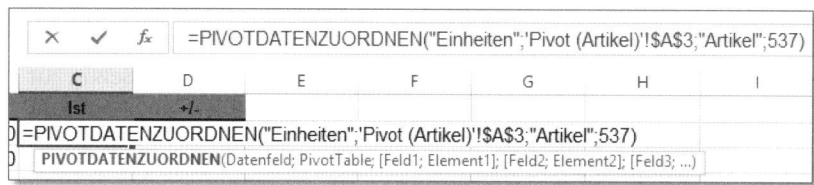

Abbildung 8.58 Beim Zeigen auf Zellen einer Pivottabelle generiert Excel die Funktion PIVOTDATENZUORDNEN().

Sobald Sie ⏎ betätigen, wird in C2 folgende Funktion eingefügt:

```
=PIVOTDATENZUORDNEN("Einheiten";'Pivot (Artikel)'!$A$3;"Artikel";537)
```

Auch wenn die Funktion auf den ersten Blick verwirrend aussieht, enthält sie doch lediglich drei Argumente:

- Datenfeld: Dies ist der Name des Datenfeldes, auf das Sie gezeigt haben. Das Datenfeld der Beispieltabelle war das Feld *Einheiten*. Diese Bezeichnung wird in Anführungszeichen in die Funktion übernommen.

- PivotTable: Dies ist immer eine Zelle, die zur Pivottabelle gehört. Im Beispiel ist es die erste Zelle der Tabelle, ('Pivot (Artikel)'!$A$3).

- [Feld1;Element1]: Hiermit werden das Feld und das Element spezifiziert, mit dem auf die Werte zugegriffen wird. Das Feld in der Beispieldatei – als Zeilenbeschriftung –

ist *Artikel*. Seine Ausprägungen sind die einzelnen Artikelnummern. Maximal 126 Feld-Element-Paare sind möglich.

PIVOTDATENZUORDNEN() deaktivieren

Die automatische Generierung der Funktion können Sie abschalten. Bewegen Sie dazu den Cursor in die Pivottabelle, für die Sie die Deaktivierung wünschen.

Rufen Sie dann **PivotTable-Tools ▶ Analysieren** (Excel 2010: **Optionen**) ▶ **PivotTable** auf. Öffnen Sie das Listenmenü **Optionen**, und deaktivieren Sie die Option **GetPivotData generieren**.

Wenn Sie nun von einer beliebigen Zelle außerhalb der Pivottabelle auf eine Zelle im Pivotbericht zeigen, wird Excel einen gewöhnlichen Zellbezug erstellen.

8

8.7.2 Anpassung der Funktion PIVOTDATENZUORDNEN()

Die erste Überraschung erleben Sie wahrscheinlich, wenn Sie nach Erstellen des `GET-PIVOTDATA()`-Bezugs die in Zelle C2 generierte Funktion nach unten kopieren. Sie werden feststellen, dass Excel alle Soll-Werte Ihrer verschiedenen Artikel mit nur einem Ist-Wert vergleicht. Dies ist der Ist-Wert für den ersten Artikel (*537*).

Bei genauerer Inspektion der Funktion lässt sich dieses seltsame Verhalten leicht erklären. Artikelnummer *537* steht als feste Größe in `PIVOTDATENZUORDNEN()`.

Wir wissen, dass solcherart harte Codierung einem wahren Frevel in dynamischen Auswertungen gleichkommt. Deshalb ersetzen wir den Wert 537 durch den Zellbezug A2, denn in Spalte A stehen sämtliche Artikelnummern, gefolgt von den Soll-Werten in Spalte B.

Nach dieser Anpassung kopieren Sie die Funktion in C2 erneut nach unten. Nun haben Sie den gewünschten Vergleich zwischen Soll-Werten in einem normalen Tabellenbereich und Ist-Werten aus einer dynamischen Pivottabelle.

8.7.3 Der Fehler #BEZUG! bei Anwendung von PIVOTDATENZUORDNEN()

Apropos dynamische Pivottabelle: Genau dies ist der Ursprung allen Übels. Sie müssen nur einmal von den bequemen Möglichkeiten Gebrauch machen, das Layout der Pivottabelle zu verändern, oder auch nur einen Artikel aus dem Bereich der Zeilenbeschriftung zu filtern, um die Früchte Ihrer Arbeit schwinden zu sehen. Sofort wird an irgendeiner Stelle bestimmt der Fehlerwert #BEZUG! erscheinen.

	A	B	C	D
1	Artikel-ID	Soll	Ist	+/-
2	537	1300	1350	3,85%
3	544	100	#BEZUG!	
4	1290	100	81	-19,00%
5	1299	60	#BEZUG!	
6	1427	650	687	5,69%
7	1750	200	203	1,50%
8	1751	120	171	42,50%
9	1862	50	66	32,00%

Abbildung 8.59 Gefilterte Daten in der Pivottabelle verursachen einen #BEZUG!-Fehler im Soll-Ist-Vergleich; im Diagramm fehlen Werte.

Möchten Sie den Verweis auf die Pivottabelle dennoch aufrechterhalten, sollten Sie zumindest den möglichen Fehlerwert mit Hilfe von WENNFEHLER(Wert; Wert falls Fehler) unterdrücken. Die Funktion dazu lautet in Zelle C2:

```
=WENNFEHLER(PIVOTDATENZUORDNEN("Einheiten";'Pivot (Artikel)'!A3; "Artikel";
A2);"")
```

Und in Zelle D2:

```
=WENNFEHLER(C2/B2-1;"")
```

In beiden Fällen wird der Fehlerwert #BEZUG! durch ein Leerzeichen ersetzt.

Fazit dieser ersten Annäherung an PIVOTDATENZUORDNEN() in einer recht übersichtlichen Tabelle:

- Der Zugriff auf Pivottabellen, die häufig durch Filtervorgänge und Layoutänderungen verändert werden, ist problematisch.

- Der #BEZUG!-Fehler wird häufig zum ständigen Begleiter in solchen Tabellen.

- Optische Fehlerunterdrückung – z. B. mit WENNFEHLER() – ist der einzige Weg, die Darstellungsprobleme bei nicht sichtbaren Elementen der Pivottabelle in den Griff zu bekommen.

8.7.4 PIVOTDATENZUORDNEN() zum Umsetzen von Reportlayouts

Ich weiß nicht, wie es Ihnen geht. Aber mich reizt es schon immer wieder, mit PIVOT-DATENZUORDNEN() die dynamischen Möglichkeiten einer Pivottabelle auszureizen und dennoch aus deren engem Korsett der Gestaltungs- und Berechnungsspielräume herauszukommen.

Man müsste diese Funktion mit etwas kombinieren, was an sich keine strukturellen Veränderungen erlaubt. Und dies könnte ein typischer, standardisierter Report sein, den Sie – millimetergenaue Layoutvorgaben befolgend – allmonatlich drucken oder in ein Word-Dokument oder eine PowerPoint-Präsentation einbinden müssen.

Da, wo gar nicht mehr gefiltert wird, weil die inhaltlichen Elemente von der Zentrale klar vorgegeben werden, wo kein Datenwürfel mehr nach Pivotmanier per *Slicing* und *Dicing* lustvoll seziert oder herumgewirbelt wird, um ihm vielleicht doch noch eine verborgene Relation oder Kennzahl zu entlocken, da liegt der eigentliche Anwendungsbereich von `PIVOTDATENZUORDNEN()`.

In Abbildung 8.55 sehen Sie ein Beispiel für eine solche Anwendung der Funktion. Sie finden es in der Datei *08_Pivot_Weiterverarbeitung_01.xlsx*. Da die Intervalle für den Report mit zwei Wochen fest vorgegeben sind und ein festes Set an Artikeln dargestellt werden soll, besteht die eigentliche Funktion der Pivottabelle darin, die im Hintergrund liegenden Basisdaten zu verdichten und ständig zu aktualisieren.

Vertriebsgebiet	(Alle)		
KW	**Artikel**	**Netto**	**Brutto**
39		**14.663**	**21.705**
	537	7.436	11.107
	544	563	852
	1290	526	780
	1299	772	1.015
	1427	1.019	1.487
	1750	1.188	1.750
	1751	1.992	3.002
	1862	239	355
	1974	928	1.357
40		**19.761**	**27.349**
	537	3.302	5.165
	544	265	415
	1290	391	599
	1299	522	835
	1427	11.261	14.530
	1750	1.452	1.948
	1751	1.383	1.989
	1862	399	626
	1974	787	1.242
Gesamtergebnis		**34.424**	**49.054**

Aktueller 2-Wochenvergleich

Ergebnisse in KW 39					
	Netto	Brutto	Provision	% von KW	% von Gesamt
537	7.436 €	11.107 €	3.671 €	52,1%	25,1%
544	563 €	852 €	290 €	4,1%	2,0%
1290	526 €	780 €	253 €	3,6%	1,7%
1299	772 €	1.015 €	243 €	3,5%	1,7%
1427	1.019 €	1.487 €	468 €	6,6%	3,2%
1750	1.188 €	1.750 €	562 €	8,0%	3,8%
1751	1.992 €	3.002 €	1.010 €	14,3%	6,9%
1862	239 €	355 €	115 €	1,6%	0,8%
1974	928 €	1.357 €	429 €	6,1%	2,9%
	14.663 €	**21.705 €**	**7.042 €**		

Ergebnisse in KW 40					
	Netto	Brutto	Provision	% von KW	% von Gesamt
537	3.302 €	5.165 €	1.862 €	24,5%	12,7%
544	265 €	415 €	149 €	2,0%	1,0%
1290	391 €	599 €	209 €	2,8%	1,4%
1299	522 €	835 €	313 €	4,1%	2,1%
1427	11.261 €	14.530 €	3.269 €	43,1%	22,3%
1750	1.452 €	1.948 €	496 €	6,5%	3,4%
1751	1.383 €	1.989 €	606 €	8,0%	4,1%
1862	399 €	626 €	228 €	3,0%	1,6%
1974	787 €	1.242 €	455 €	6,0%	3,1%
	19.761 €	**27.349 €**	**7.588 €**		
gesamter Zeitraum	**34.424 €**	**49.054 €**	**14.630 €**		

Abbildung 8.60 Pivottabelle und gestalteter Report

Der Zugriff auf die Pivottabelle mit PIVOTDATENZUORDNEN() hat den Vorteil, dass Sie den Report übersichtlicher gestalten und gegebenenfalls zusätzliche Berechnungen durchführen können.

Die Elemente des Reports

- =PIVOTDATENZUORDNEN("Netto";$A$3;"Artikel";$G5;"KW";$G$3)

  Mit dieser Funktion wird in Zelle H5 der Nettowert für den ersten Artikel und die 38. KW aus der Pivottabelle gezogen. Da die Artikelnummer $G5 im Hinblick auf die Zeile veränderlich, der Bezug auf die Kalenderwoche mit $G$3 allerdings absolut gesetzt ist, können Sie die Funktion mühelos nach unten kopieren. So übernehmen Sie sämtliche Artikel in den Report.

- =I5-H5

  Diese Option berechnet die Provision resultierend aus den beiden Zellen *Netto* und *Brutto* der Pivottabelle.

- =J5/$J$14

  Die Formel dient der Berechnung des prozentualen Anteils der Provision an der Gesamtprovision der Kalenderwoche.

- =J5/$J$29

  Hiermit wird der prozentuale Anteil der Provision an den Provisionen aller Kalenderwochen kalkuliert.

Der Zellbereich H18 bis I26 unterscheidet sich lediglich in einem Punkt von dem oberen Bereich in H5 bis I13: Der absolute Zellbezug auf die konkrete KW – oben $G$3 – muss im unteren Abschnitt in $G$16 geändert werden. Im Anschluss daran lassen sich auch die beiden Funktionen in den Zellen H18 und I18 problemlos nach unten kopieren.

Die beiden festen Bezugspunkte in den Zellen G3 und G16 selbst werden mit einer benutzerdefinierten Formatierung in Reportform gebracht (Abbildung 8.56).

Abbildung 8.61 Der nackten KW wird per benutzerdefiniertem Format eine Beschriftung verpasst.

Letztlich besteht der Vorteil dieser Anwendung in der mühelosen Aktualisierung von Daten, die im Hintergrund der Pivottabelle liegen. Den Auswertungscharakter der Pivotfunktion mit ihren Filtern und Gruppierungen hat diese Tabelle aber verloren.

8.7.5 Andere Formen der Weiterverarbeitung von Pivottabellen

Betrachten wir die weiteren Methoden der Verwendung von Pivotdaten mit der soeben beschriebenen, so kommen wir im Vergleich zu PIVOTDATENZUORDNEN() bei jeder einzelnen zu dem Fazit: Das geht aber schön einfach! Doch nicht nur dies ist der Grund dafür, sie hier zu beschreiben. Alle drei Methoden haben in besonderen Situationen ihre speziellen Vorteile.

Werte kopieren

Das ist der Klassiker schlechthin: Die Daten der Pivottabelle werden markiert, kopiert und mit **Inhalte einfügen ▸ Werte** an anderer Stelle wieder abgerufen. Als Versicherung, dass die Aktion auch wirklich korrekt ausgeführt wird, ist es nützlich, bereits beim Zeigen mit der Maus für diese Einfüge-Option eine Live-Vorschau auf die Ergebnisse zu erhalten.

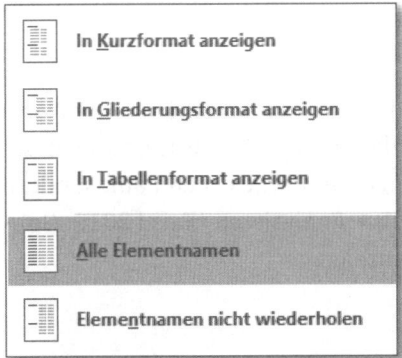

Abbildung 8.62 Um beim Einfügen der Werte keine Informationen zu verlieren, sollten Elementnamen wiederholt werden.

Ist die Pivottabelle im Gliederungs- oder Tabellenformat angelegt worden, bietet Ihnen Excel nun die Gelegenheit, vor dem Kopieren der Werte in der ersten Spalte alle Zellen mit Elementnamen zu füllen. Diese Information fehlte in früheren Excel-Versionen nach dem Einfügen, was gerade bei größeren Tabellen unübersichtlich wirkte.

Drilldown zu Einzeldaten

Dies ist eine der typischen Funktionen, die man ungewollt und per Zufall kennenlernt. Ein zu heftiger Klick auf eine Wertezelle der Pivottabelle, und plötzlich öffnet sich ein neues Tabellenblatt mit allen Einzelwerten, aus denen sich die angeklickte Zelle zusammensetzt: ein sogenannter *Drilldown*.

Die Funktion steht nur zur Verfügung, wenn in **PivotTable-Tools ▸ Analysieren** (Excel 2010: **Optionen**) ▸ **PivotTable ▸ Optionen ▸ Daten** die Auswahl **Details anzeigen aktivieren** angehakt ist. Nehmen Sie den Haken heraus, führt der Doppelklick auf einen Wert in der Pivottabelle nur zu einer Bildschirmmeldung. Die Sperrung der Detailanzeige kann in Kombination mit Blattschutz und Arbeitsmappenschutz Ihre Basisdaten vor neugierigen Blicken schützen. Um den Bezug zu den Quelldaten allerdings völlig zu kappen, müssen Sie auch den Cache der Pivottabelle aus der Datei entfernen. Ist dies nicht der Fall, kann jeder Benutzer mit einem Doppelklick auf das Gesamtergebnis die gesamten Basisdaten sehen. Sie entfernen den Zwischenspeicher, indem Sie über **PivotTable-Tools ▸ Analysieren** (Excel 2010: **Optionen**) ▸ **PivotTable ▸ Optionen ▸ Daten** die Option **Quelldaten mit Datei speichern** deaktivieren und die Datei dann unter einem neuen Dateinamen speichern. Somit haben Sie eine externe Version Ihrer Auswertung. Das Ergebnis ist in etwa vergleichbar mit **Werte einfügen**, enthält aber alle Formatierungen der Pivottabelle.

Seitenfelder anzeigen

Diese Funktion führt ein Schattendasein, obwohl sie unglaublich nützlich ist. Die Wahrscheinlichkeit, über sie zu stolpern, wie es beim Drilldown möglich wäre, ist eher gering. Denn aus unerfindlichen Gründen taucht sie nicht im Kontextmenü auf, sondern ist vergleichsweise gut versteckt unter **PivotTable-Tools ▸ Analysieren** (Excel 2010: **Optionen**) ▸ **PivotTable ▸ Optionen ▸ Berichtsfilterseiten anzeigen**.

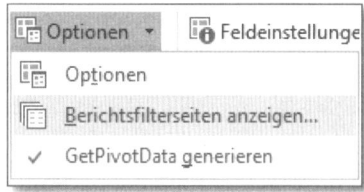

Abbildung 8.63 Mit einem Mausklick generiert Excel für jedes Berichtsfilterelement ein eigenes Tabellenblatt.

Alles, was Sie benötigen, ist eine Pivottabelle, die über ein Feld im Bereich *Berichtsfelder* verfügt. In der Arbeitsmappe *08_Pivot_Berichtsseiten_00.xlsx* finden Sie ein solches Beispiel.

Die Funktion **Berichtsfilterseiten anzeigen** erzeugt in Windeseile aus jedem Element des ausgewählten Berichtsfeldes – hier sind es die beiden Kalenderwochen 38 und 39 – ein eigenes Tabellenblatt. Mehr Zeit sparen konnte man selten in Excel!

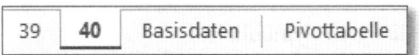

Abbildung 8.64 Arbeitsmappe nach dem Erstellen der Berichtsseiten

8.8 Personaldaten mit Hilfe von Pivottabellen konsolidieren

Daten, die auf verschiedene Tabellenblätter oder Arbeitsmappen verteilt sind, können Sie mit Hilfe von Pivottabellen zusammenführen. Doch wenn Sie es gewohnt sind, mit Excel 2003 oder einer früheren Version Daten in Pivottabellen zu konsolidieren, dann wird Ihnen als Erstes auffallen, dass es den gewohnten Assistenten zur Erstellung der Pivottabellen in Excel 2013 – wie auch schon in der Vorgängerversion – nicht mehr gibt. Bereits am Beginn dieses Kapitels habe ich darauf hingewiesen.

Unangenehm ist, dass sich genau in diesem Assistenten die Funktion zur Konsolidierung von Daten in einer Pivottabelle befand. Auch die Suche im Menü unter **Einfügen ▶ Pivot-Table** wird keinen Erfolg bringen. Der Assistent ist aus dem Menübereich verbannt worden.

Dennoch gibt es zwei Möglichkeiten, die gewünschte Funktion aufzurufen:

- Mit Alt + N, P starten Sie den Excel-2003-Assistenten (die Pivotfunktion wurde in früheren Versionen aus dem Menü **Daten** mit der Option **PivotTable** und **PivotChart-Bericht** aufgerufen).

- Durch Anpassung der Symbolleiste für den Schnellzugriff können Sie den Assistenten auch dauerhaft im Menübereich unterbringen.

Entscheiden Sie sich für letztere Variante, so öffnen Sie das Listenmenü der Symbolleiste für den Schnellzugriff und klicken auf die Option **Weitere Befehle**. Wählen Sie aus dem Listenfeld **Befehle auswählen** den Eintrag **Alle Befehle**. Gehen Sie zum Befehl **PivotTable- und PivotChart-Assistent**, und übernehmen Sie ihn Befehl mit **Hinzufügen** in die **Symbolleiste für den Schnellzugriff** (Abbildung 8.65). Bestätigen Sie mit **OK**. Der Assistent ist nun in der Symbolleiste verfügbar.

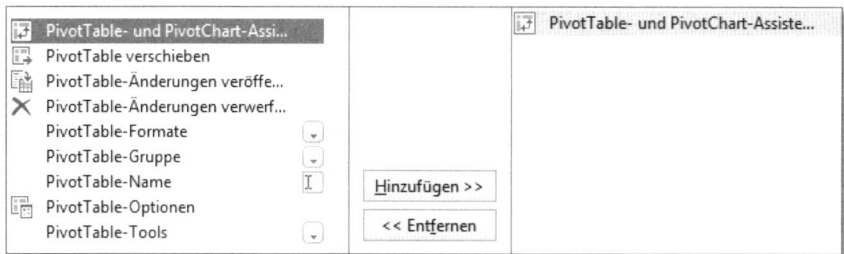

Abbildung 8.65 Einfügen des Pivotassistenten in die Schnellzugriff-Symbolleiste

Die Datei *08_Pivot_Konsolidierung_00.xlsx* enthält drei Tabellenblätter, in denen die Arbeitsstunden von Mitarbeitern jeweils für die Monate April, Mai und Juni erfasst wurden.

Für eine erfolgreiche Konsolidierung von Daten gibt es einige Empfehlungen bzw. Vorgaben:

Element	Vorgabe/Empfehlung
Grundstruktur	Je ähnlicher die Grundstruktur der zu konsolidierenden Tabellen ist, desto einfacher ist deren Konsolidierung. Zeilen- und Spaltenstruktur sollte demnach im Idealfall identisch sein.
Spaltenbezeichnungen	Spalten, die über identische Namen verfügen und Werte enthalten, werden in der Pivottabelle zusammengeführt. Achten Sie also beim Erstellen der Basisdaten darauf, dass die betreffenden Spalten über identische Spaltenüberschriften verfügen.
erste Spalte	Die Konsolidierung der Daten in der Pivottabelle basiert immer auf den Informationen, die sich in der ersten Spalte der Basisdatentabellen befinden. Hier müssen Sie folglich aussagekräftige und korrekte Informationen verwenden.

Tabelle 8.12 Zu berücksichtigende Vorgaben bei der Konsolidierung

Ein Blick auf die Arbeitszeitdaten in den drei Tabellenblättern zeigt, dass sie zwar identisch aufgebaut sind, aber in der ersten Spalte die Personalnummern vermerkt sind. Dies hätte zur Folge, dass in der konsolidierten Pivottabelle die Personalnummern im Bereich der Zeilenbeschriftung stünden. Die Berechnung wäre zwar korrekt, da die Mitarbeiternamen jedoch fehlen würden, wären die Daten aber nicht so einfach zu lesen (Abbildung 8.61).

Zeilenbeschriftungen ▼	Summe von Arbeitsstunden
1	80
2	85
3	83
4	179
5	176
6	183

Abbildung 8.66 Korrekt, aber unübersichtlich – Konsolidierung auf Basis der Personalnummern

8.8.1 Erste Spalte anpassen, um Konsolidierung zu optimieren

Viel besser wäre das Ergebnis lesbar, wenn Personalnummern und Namen in der fertigen Pivottabelle angezeigt würden. Da aber nur die erste Spalte der Konsolidierung ausgewertet wird, besteht die einzige Lösung darin, beide Informationen in dieser Spalte zusammenzufassen.

Gruppierung von Tabellenblättern

Um die notwendigen Änderungen in allen drei Tabellenblättern gleichzeitig auszuführen, halten Sie die Taste `Strg` fest und klicken der Reihe nach alle Tabellenblätter der Arbeitsmappe an, um sie zu gruppieren.

Die Gruppierung heben Sie später auf, indem Sie – dann ohne `Strg` festzuhalten – auf einen beliebigen Tabellenblattnamen klicken.

- Klicken Sie auf die Spaltenbezeichnung A, und wählen Sie nach einem Rechtsklick mit der Maus aus dem Kontextmenü die Option **Zellen einfügen**.

- Schreiben Sie in die erste Zeile die Spaltenüberschrift `PersNr + Name`.

- Geben Sie in Zelle A2 folgende Funktion ein:

  `=WENN(LÄNGE(B2)=1;"0"&B2&" – "&C2&", "&D2;B2&" – "&C2&", "&D2)`

- Kopieren Sie die Formel mit einem Doppelklick auf die rechte untere Ecke der aktiven Zelle oder durch Ziehen nach unten.

- Überprüfen Sie abschließend, ob die Aktionen in allen Tabellenblättern auch korrekt ausgeführt wurden.

Die in Zelle A2 eingegebene Funktion dient der Verknüpfung von Personalnummer und Mitarbeitername: `B2&" – "&C2&", "&D2`. Mit dem Verkettungszeichen & werden die drei

Zellen B2 (Personalnummer), C2 (Nachname des Mitarbeiters) und D2 (Vorname des Mitarbeiters) verbunden. Zwischen Personalnummer und Mitarbeitername wird ein Bindestrich eingefügt. Nachname und Vorname des Mitarbeiters werden mit einem Komma getrennt.

Damit noch nicht genug der Basisdatenanpassung. Denn ein Problem würde auch die Tatsache verursachen, dass einige Personalnummern eine Stelle besitzen (1 bis 9), andere hingegen zwei (10 bis 29). Das Ergebnis der Konsolidierung ergäbe keine korrekte Sortierung, da aus der Verknüpfung von Zahlen- und Textfeld ein neues Textfeld entstünde, das alphanumerisch den Textbeginn 1 weit weg vom Textbeginn 2 einsortieren würde.

Deshalb sollten Sie mit `WENN()` überprüfen, welche Länge der Inhalt der Zelle B2 hat. Ist die Personalnummer einstellig – (`LÄNGE(B2)=1`) –, soll Excel eine führende Null vor den Wert setzen (`"0"&B2&" – " & C2 &", " &D2`). Andernfalls soll die Verknüpfung der Felder ohne führende Null erfolgen.

8.8.2 Personaldaten konsolidieren

Starten Sie nun den PivotTable-Assistenten über das Symbol, das Sie in die **Schnellzugriff-Symbolleiste** hinzugefügt haben, oder mit ⌊Alt⌋ + ⌊N⌋, ⌊P⌋. Darin sehen Sie die Optionen zur Pivottabellenerstellung, so wie sie in Excel 2003 bereits verfügbar waren.

Wählen Sie **Mehrere Konsolidierungsbereiche** als Datenbasis aus. Die Option **PivotTable** als Ziel lassen Sie unverändert und klicken dann auf **Weiter**. Lassen Sie im nächsten Schritt des Assistenten auch die Einstellung **Einfache Seitenfelderstellung** unverändert, und bewegen Sie sich mit **Weiter** zu Arbeitsschritt 3. Jetzt kommt es darauf an, die Bereiche, die Sie konsolidieren möchten, korrekt anzugeben.

Markieren Sie jeweils den Datenbereich der Personaldaten in den Tabellenblättern, und fügen Sie jeden Bereich mit einem Klick auf **Hinzufügen** zum Eingabefeld **Vorhandene Bereiche** hinzu. Sobald Sie alle drei Datenbereiche erfasst haben, klicken Sie auf **Weiter** (Abbildung 8.67).

Gegen den Vorschlag des Assistenten, die Pivottabelle in ein neues Tabellenblatt zu übernehmen, ist nichts einzuwenden. Deshalb sollten Sie hier auf **Fertig stellen** klicken.

Zum Ergebnis der Konsolidierung kann man in diesem Stadium nur so viel sagen, dass es technisch gelungen ist, die Daten zusammenzuführen (Abbildung 8.68).

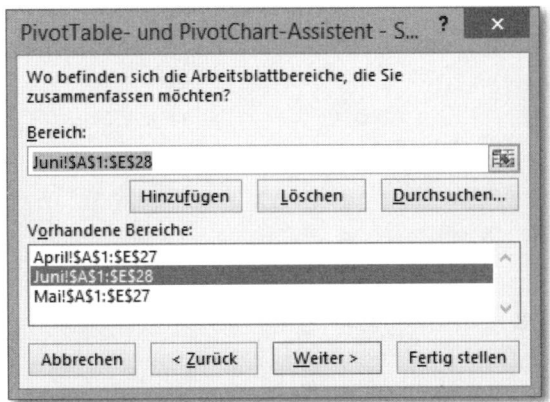

Abbildung 8.67 Konsolidierungsbereiche werden der Pivottabelle hinzugefügt.

8

Anzahl von Wert Zeilenbeschriftungen	Spaltenbeschriftungen Arbeitsstunden	Name	Pers. Nr.	Vorname	Gesamtergebnis
01 - Thewes, Paul	3	3	3	3	12
02 - Piel, Luis	3	3	3	3	12
03 - Lohmeyer, Herbert	3	3	3	3	12
04 - Umbert, Hanno	3	3	3	3	12
05 - da Silva, Everaldo	3	3	3	3	12
06 - Wolsch, Lydia	3	3	3	3	12
07 - Ballert, Susanne	3	3	3	3	12
08 - Saupel, Udo	3	3	3	3	12
09 - Abel, Ute	3	3	3	3	12
10 - Überlag, Sabine	2	2	2	2	8

PivotTable-Felder

Wählen Sie die Felder aus, die Sie dem Bericht hinzufügen möchten:

☑ Zeile
☑ Spalte
☑ Wert
☑ Seite1

WEITERE TABELLEN...

Abbildung 8.68 Der Wertebereich der Konsolidierung muss nachbearbeitet werden.

Doch noch bedarf die konsolidierte Tabelle zweier Schritte der Nachbearbeitung. Diese beginnt damit, die Funktion **Anzahl**, mit der Excel die Arbeitsstunden berechnet hat, in die Funktion **Summe** umzuwandeln. Sie erreichen dies über das Kontextmenü in der Spalte *Arbeitsstunden* und die Option **Werte zusammenfassen nach ▸ Summe**.

Alle Informationen, die Excel aus den Spaltenüberschriften der Basisdaten gezogen hat – *Name*, *Pers.-Nr.* und *Vorname* –, sind für unsere Auswertung völlig unwichtig. Entfernen Sie durch einen Filtervorgang im Feld **Spaltenbeschriftungen** alle Felder mit Ausnahme des Feldes *Arbeitsstunden*. Wenn Sie danach auch noch die Summenspalte entfernen, bleibt nur das konsolidierte Ergebnis je Mitarbeiter über.

Da die Konsolidierung auf Basis der ersten Spalte der Basisdatentabellen erfolgte, weist die Tabelle 29 Datensätze auf. In den Monaten Mai und Juni sind einige Mitarbeiter ausgeschieden, andere neu eingestellt worden. Die Daten sind aber auch bei diesen unterschiedlichen Datenbeständen korrekt auf Basis der eindeutigen Daten in Spalte A konsolidiert worden.

	A	B
1	Seite1	(Alle)
2		
3	**Summe von Wert**	**Spaltenbeschriftungen**
4	**Zeilenbeschriftungen**	**Arbeitsstunden**
5	01 - Thewes, Paul	240
6	02 - Piel, Luis	255
7	03 - Lohmeyer, Herbert	249
8	04 - Umbert, Hanno	537
9	05 - da Silva, Everaldo	528
10	06 - Wolsch, Lydia	549
11	07 - Ballert, Susanne	516

Abbildung 8.69 Abgeschlossene Konsolidierung

8.8.3   Personalnummern und Namen der Konsolidierungsspalte trennen

Sollte Sie die Vermischung der Daten in Spalte A, bestehend aus Personalnummer und Mitarbeitername, stören, könnten Sie diese Informationen nach durchgeführter Konsolidierung wieder trennen:

- Markieren Sie die Daten der Pivottabelle.

- Kopieren Sie die Daten in die Zwischenablage.

- Fügen Sie die Daten über **Inhalte einfügen ▸ Werte** an einer anderen Stelle in das Tabellenblatt ein.

Wenn die Daten als Werte in einer Tabelle vorhanden sind, können Sie sie genau an der Stelle trennen, an der sich bislang der Bindestrich befindet.

Fügen Sie zunächst zwischen den Spalten *Pers. Nr. + Name* und *Arbeitsstunden* eine neue leere Spalte ein.

Markieren Sie dazu die gesamte Spalte, in der sich Personalnummer und Mitarbeitername befinden.

- Wechseln Sie zu **Daten ▸ Text in Spalten**.

- Aktivieren Sie die Option **Getrennt**, um die Informationen am Bindestrich als festem Zeichen zu trennen.

- Klicken Sie auf **Weiter**.

- Wählen Sie die Option **Andere**, und tragen Sie in das dazugehörige Eingabefeld einen Bindestrich ein.

- Klicken Sie danach auf **Fertig stellen**.

Arbeitszeitauswertung	Q2/2014	
Personalnummer	Name	Arbeitsstunden
1	Thewes, Paul	240
2	Piel, Luis	255
3	Lohmeyer, Herbert	249
4	Umbert, Hanno	537
5	da Silva, Everaldo	528
6	Wolsch, Lydia	549
7	Ballert, Susanne	516
8	Saupel, Udo	528
9	Abel, Ute	510
10	Überlag, Sabine	178
11	Hellmeier, Josephine	510
12	Ewaldt, Thomas	525
13	Hermes, Karoline	176
14	Boer, Maria	567
15	Kuster, Thomas	522
16	Kramer, Ella	495
17	Thönnes, Felix	513
18	Kirschner, Klaus	504
19	Malakow, Eva	240
20	Traun, Anna	528
21	Person, Gabriel	510
22	Grün, Andy	237
23	Drehsen, Frank	249
24	Kant, Guido	510
25	Tallert, Jan	516
26	Friedrich, Karl	528
27	Koll, Sebastian	356
28	Wertusch, Julius	80
29	Gruber, Beate	176
Gesamtergebnis		11.832

Abbildung 8.70 Nach der Umwandlung in Werte können Sie Personalnummern und Namen trennen.

Die Konsolidierung ist nun abgeschlossen und die ursprüngliche Datenstruktur wieder hergestellt. Die Ergebnistabelle können Sie nun nach eigenem Gusto gestalten oder auch weiterverarbeiten.

Konsolidierung von Daten in externen Arbeitsmappen

Auch wenn sich Ihre Basisdaten in unterschiedlichen Arbeitsmappen befinden, lassen sie sich mit den oben beschriebenen Werkzeugen in einer Pivottabelle konsolidieren. Klicken Sie, wenn Sie im Assistenten nach den Konsolidierungsbereichen gefragt werden, auf den Schalter **Durchsuchen**. Danach wählen Sie die Dateien aus dem Dateisystem aus.

Dabei übernimmt Excel die Laufwerksbezeichnung, die Ordnerangabe und den Dateinamen:

'R:\Konsolidierung\10_Pivot_Konsolidierung_01.xlsx'!

INFO

Sie müssen diese Dateiinformationen aber noch um die konkreten Zellbezüge ergänzen. Konkret müssen Sie den Namen des Tabellenblattes und den Zellbezug angeben:

Basisdaten!$D$7:$G$14

Dies ist natürlich sehr fehlerträchtig. Zwei Alternativen gibt es, um die Datenauswahl zu erleichtern:

■ Alternative 1: Vergeben Sie in den Basisdatendateien Bereichsnamen, um die gültigen Datenbereiche zu kennzeichnen. Beim Konsolidieren schreiben Sie dann den Bereichsnamen direkt hinter das Ausrufezeichen, das Excel hinter den Dateinamen setzt:

'R:\Konsolidierung\10_Pivot_Konsolidierung_01.xlsx'!Mai

■ Alternative 2: Öffnen Sie alle Dateien, die Sie konsolidieren möchten. Danach verzichten Sie auf die Funktion **Durchsuchen** und markieren stattdessen wie gewohnt die Konsolidierungsbereiche, indem Sie die Dateien in der Tastleiste auswählen und dann die Datenbereiche mit der Maus markieren.

8.8.4 Daten durch Konsolidierung »pivotierbar« machen

Die Erstellung von Pivottabellen aus konsolidierten Datenbereichen ist nicht nur wertvoll, wenn es um ihre Kernaufgabe geht – die Zusammenführung von Daten, die sich in verschiedenen Tabellenblättern befinden.

	A	B	C	D
1	**Kunde**	**Januar**	**Februar**	**März**
2	Muster AG	4.794,00	1.598,00	639,20
3	Muster AG	612,50	514,50	1.837,50
4	Muster AG	18.000,00	12.000,00	15.000,00
5	Test GmbH	8.000,00	9.600,00	9.600,00
6	No Name GbR	125,00	262,50	362,50
7	Probe GmbH	279,65	0,00	95,88

Abbildung 8.71 Mehrspaltige Zahlenwerte schränken die Pivotfunktionalität ein.

Nützlich ist die Funktion auch, wenn die Basisdaten keine optimalen Voraussetzungen zum Erstellen einer Pivottabelle mitbringen. Dies ist z. B. der Fall, wenn Ihre Umsatzwerte der Monate Januar bis März in drei verschiedenen Spalten vorliegen (Abbildung 8.71). Sie werden dann Schwierigkeiten bekommen, die Gesamtergebnisse für jeden Kunden in einer Spalte als Quartalsergebnis zu berechnen. Die Quartalssumme pro Kunde könnten Sie in einem solchen Fall nur mit einem berechneten Feld bilden.

Zeilenbeschriftungen ⌄	Summe von Januar	Summe von Februar	Summe von März
Beispiel GmbH	12710	10428,8	15203,1
Dummy AG	106392	109992,5	114392
Felix Test AG	13250	11550	15450
Muster & Söhne	79,9	95,88	79,9

Abbildung 8.72 Die Pivottabelle gruppiert zwar nach Kunden, liefert aber kein kundenbezogenes Gesamtergebnis.

Mit einer Konsolidierung der Daten – auch wenn es sich eigentlich nur um eine Basisdatentabelle handelt – bekommen Sie die Lage aber wieder in den Griff. Durch diese Entfremdung der Funktion bringen Sie die Daten in die Form, mit der eine Pivottabelle erstellt werden kann.

Probieren Sie es mit der Datei *08_Pivot_Konsolidierung_Umwandlung_00.xlsx* einmal aus:

- Starten Sie den PivotTable-Assistenten.

- Wählen Sie **Mehrere Konsolidierungsbereiche** und **Einfache Seitenfelderstellung**.

- Markieren Sie den Datenbestand von A1 bis D25, und klicken Sie auf **Hinzufügen**, um ihn als Konsolidierungsbereich zu definieren.

- Wählen Sie dann ohne Umschweife **Fertig stellen**.

Die erzeugte Pivottabelle scheint sich auf den ersten Blick kaum von der ersten Tabelle zu unterscheiden. Doch sie stellt auch nur eine Zwischenstation bei der Umwandlung der Basisdaten dar.

Seite1	(Alle)	⌄					PivotTable-Felder	⌄ ×
Anzahl von Wert	**Spaltenbeschriftungen** ⌄							
Zeilenbeschriftungen ⌄	**Arbeitsstunden**	**Name**	**Pers. Nr.**	**Vorname**	**Gesamtergebnis**		Wählen Sie die Felder aus, die Sie dem Bericht hinzufügen möchten:	⚙ ⌄
01 - Thewes, Paul	3	3	3	3	12			
02 - Piel, Luis	3	3	3	3	12		☑ **Zeile**	
03 - Lohmeyer, Herbert	3	3	3	3	12		☑ **Spalte**	
04 - Umbert, Hanno	3	3	3	3	12		☑ **Wert**	
05 - da Silva, Everaldo	3	3	3	3	12		☑ **Seite1**	
06 - Wolsch, Lydia	3	3	3	3	12			
07 - Ballert, Susanne	3	3	3	3	12		WEITERE TABELLEN…	
08 - Saupel, Udo	3	3	3	3	12			
09 - Abel, Ute	3	3	3	3	12			
10 - Überlag, Sabine	2	2	2	2	8			

Abbildung 8.73 Die Konsolidierung ist ein Zwischenschritt zur Umwandlung der Basisdaten.

Doppelklicken Sie auf das Gesamtergebnis ganz rechts unten. Excel erstellt dann – wie wir wissen – eine neue Tabelle mit allen Details des ausgewählten Werts. Wenn Sie auf das Gesamtergebnis doppelklicken, erhalten Sie eine neue Detailtabelle mit sämtlichen Werten aus den Basisdaten, allerdings mit einem Unterschied: Alle Werte stehen nun in Spalte C (Abbildung 8.74).

	A	B	C
1	**Kunden**	**Monat**	**Umsatz**
2	Beispiel GmbH	Januar	1997,5
3	Beispiel GmbH	Januar	4900
4	Beispiel GmbH	Januar	1500
5	Beispiel GmbH	Januar	4000
6	Beispiel GmbH	Januar	312,5
7	Beispiel GmbH	Februar	958,8
8	Beispiel GmbH	Februar	5145
9	Beispiel GmbH	Februar	1800
10	Beispiel GmbH	Februar	2400
11	Beispiel GmbH	Februar	125

Abbildung 8.74 Die Detailtabelle wird zu Ihren neuen Basisdaten.

Entfernen Sie die Werte aus Spalte D (**Element1**). Sie werden nicht weiter benötigt. Auf Grundlage der Spalten A bis C hingegen erstellen Sie im Anschluss eine neue, die ursprünglich beabsichtigte Pivottabelle. Darin lassen sich nach der Umwandlung durch die Konsolidierung auch die gewünschten Quartalsdaten in einer Spalte zusammenfassen.

Kunden ▾	**Umsatz Q1**
Beispiel GmbH	38.342 €
Dummy AG	330.777 €
Felix Test AG	40.250 €
Muster & Söhne	256 €
Muster AG	54.996 €
No Name GbR	750 €
P. Robe GbR	3.546 €
Probe GmbH	40.376 €
Test & Partner	2.677 €
Test GmbH	27.200 €
Übung AG	101.547 €
Übungsgesellschft mbH	10.625 €
Gesamtergebnis	**651.339 €**

Abbildung 8.75 Geht doch! Über die Konsolidierung gelingt die kundenbezogene Quartalsauswertung.

8.9   Grundlegendes zu PivotCharts

Sobald Sie eine Pivottabelle erstellt haben, ist das dazugehörige Diagramm nur noch einige Mausklicks weit entfernt. Öffnen Sie die Datei *08_Pivot_Diagramme_00.xlsx*. Bewegen Sie den Cursor in die Pivottabelle, und wählen Sie aus dem Menü **PivotTable-Tools ▸ Analysieren** (Excel 2010: **Optionen**) **▸ Tools ▸ PivotChart** aus.

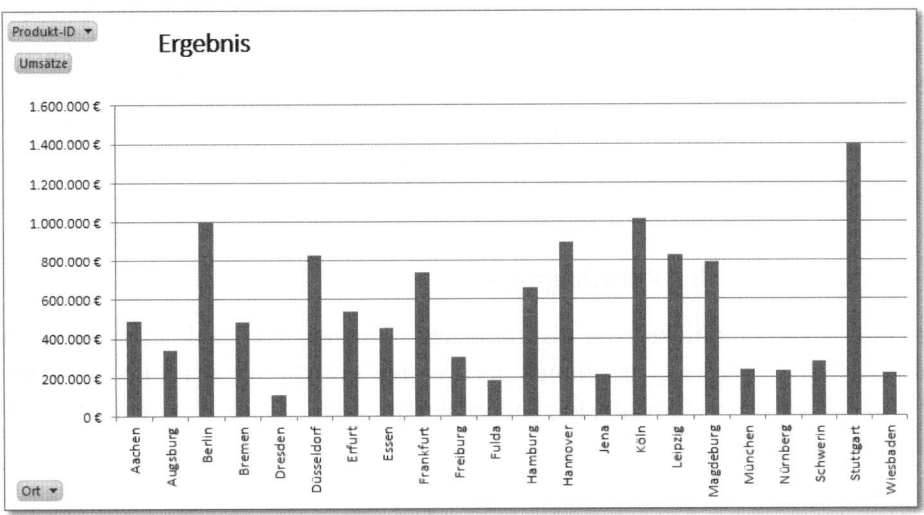

Abbildung 8.76 Pivotdiagramme behalten beim Aktualisieren der Daten in Excel auch alle Formatierungen.

Erstellen Sie aus den Daten ein Säulendiagramm. Es wird umgehend im gleichen Tabellenblatt wie die Pivottabelle abgelegt. Die Ortsbezeichnungen aus der Tabelle bilden die Rubrikenachse des Diagramms, während die Größenachse auf Basis der vorliegenden Werte automatisch skaliert wird.

Seit Excel 2007 können Sie in Pivotdiagrammen fast alle Diagrammelemente in der gleichen Art und Weise bearbeiten und formatieren, wie Sie es von Standarddiagrammen gewohnt sind. Die zweite gute Nachricht lautet, dass manuell definierte Formatierungen beim Aktualisieren der Pivottabelle nicht mehr verlorengehen. Sie werden folglich nicht mehr vor die frustrierende Aufgabe gestellt, das gesamte Diagramm nach durchgeführter Datenänderung komplett neu zu formatieren.

Pivottabelle und Pivotdiagramm sind aber immer noch die beiden Seiten der gleichen Medaille. Dies bedeutet, dass jede Änderung, die Sie in der Tabelle durchführen, auch das Diagramm verändert. Umgekehrt verschwindet ein Element, das Sie beispielsweise im Diagramm entfernt haben, auch umgehend aus der zugrundeliegenden Pivottabelle.

Jedes Pivotdiagramm verfügt – ganz wie eine neue Pivottabelle aus den Basisdaten – über den gesamten Datenbestand der Basisdaten im Hintergrund. Jedes Diagramm belegt demnach Speicher und verlangsamt so gegebenenfalls Ihre Anwendung.

Senden Sie z. B. einer Kollegin oder einem Kollegen eine Arbeitsmappe, in der oberflächlich betrachtet lediglich das Pivotdiagramm enthalten ist, müssen Sie sich immer darüber im Klaren sein, dass Sie auch die gesamten Basisdaten mit versenden. Die Diagrammdatei wird also unter Umständen eine Dateigröße besitzen, die dem Empfänger beim Herunterladen und dem Netzwerkadministrator beim Blick auf die Postfachgrößen des Mailservers nicht allzu viel Freude bereiten. Wir werden uns weiter unten aber mit Alternativen beschäftigen und dabei helfen, Platz zu sparen.

8.9.1 Einschränkungen bei Pivotdiagrammen

Obwohl die Diagrammfähigkeit der Pivottabellen in den letzten Excel-Versionen noch einmal erweitert wurde, gibt es immer noch einige Einschränkungen bei den Diagrammtypen. Nach wie vor sind die folgenden Diagrammtypen nicht direkt auf Basis einer Pivottabelle generierbar:

- Punktdiagramm
- Blasendiagramm
- Kursdiagramm

Excel 2013 bietet Ihnen in der Dialogbox schlichtweg den Schalter **OK** nicht mehr zur Bestätigung der Auswahl an. In der Version 2010 zeigte das Programm Ihnen eine Fehlermeldung, wenn Sie dennoch versuchten, einen dieser Diagrammtypen über **PivotTable-Tools ▸ Optionen ▸ Tools ▸ PivotChart** zu erzeugen.

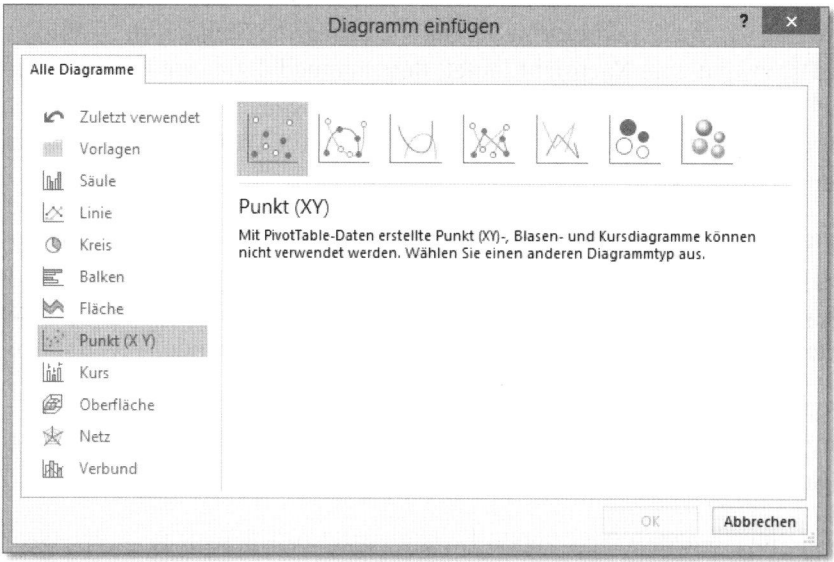

Abbildung 8.77 Punkt-, Blasen- und Kursdiagramme auf Basis von Pivottabellen sind nicht möglich.

Wir werden allerdings weiter unten eine Möglichkeit nutzen, um dennoch einen der gewünschten Diagrammtypen zu erstellen. Doch zunächst noch einmal zu weiteren Auffälligkeiten von Pivotdiagrammen.

8.9.2 Schaltflächen in Pivotdiagrammen

Der augenfälligste Unterschied eines Pivotdiagramms zu normalen Diagrammen ist, dass die Schaltflächen an seinen Rändern sind. Es sind die Zeilen- bzw. Spaltenbeschriftungen und der Berichtsfilter, die genauso bedient werden wie die Labels in der Pivottabelle selbst.

Unter diesem Gesichtspunkt ist es völlig unerheblich, ob Sie Ihre Datenanalyse über die Tabelle oder über das Diagramm steuern. Beide Arbeitsweisen führen zum gleichen Ergebnis.

Im Menü **PivotTable-Tools ▸ Analysieren ▸ Einblenden/Ausblenden** finden Sie in der aktuellen Version ein Listenfeld **Feldschaltflächen**.

Mit ihm blenden Sie die auf dem Diagramm liegenden Schaltflächen wahlweise ein oder aus. Bedenken Sie immer, dass das Ausblenden einer Schaltfläche und das Entfernen eines Feldes zwei verschiedene Schuhe sind. Das Ausblenden hat keinerlei Auswirkungen auf die Datendarstellung. Entfernen Sie ein Feld aus dem Pivotdiagramm, verändert das die Dateninhalte von Diagramm und Pivottabelle grundlegend.

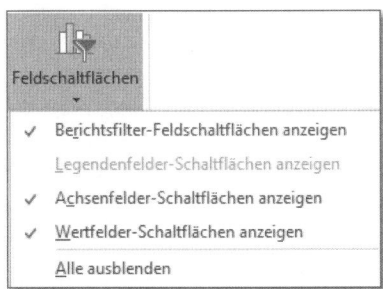

Abbildung 8.78 Ausblenden der Schaltflächen des Pivotdiagramms

8.9.3 Punkt-(XY-)Diagramm aus einer Pivottabelle erstellen

Das Punkt-(XY-)Diagramm gehört nicht unbedingt zu den Exoten unter den Diagrammtypen, ist es doch glänzend dazu geeignet, die Beziehung zwischen zwei Datenreihen einprägsam darzustellen.

Auf der anderen Seite ist es auch nicht unüblich, aus einem umfangreichen Datenbestand zwei Datenreihen mittels einer Pivottabelle zu isolieren, um ihre Beziehung zueinander genauer zu betrachten.

Eher hartgesottene Analysten kämen nicht auf die Idee, bei den beiden Datenreihen aus Abbildung 8.79 auf die Untersuchung der Korrelation, mit anderen Worten auf ein Punkt-(XY-)Diagramm, zu verzichten. Gehören Sie zu dieser Spezies? Wenn nicht, wird es Sie ärgern, dass eben das XY-Diagramm in einer Pivottabelle nicht möglich ist.

Die Unmöglichkeit, die beiden Königskinder *Datenverdichtung durch Pivottabelle* und *grafische Darstellung der Regression* mit Hilfe eines Diagramms zusammenfinden zu lassen, liegt jedoch nicht an der Schlampigkeit der Entwicklerteams bei Microsoft. Vielmehr ist es die spezifische Arbeitsweise von Pivottabellen, die ein Happy End verhindert.

Bei einem XY-Diagramm wird jeder Punkt auf der Grundlage zweier Koordinaten – eben dem X- und dem Y-Wert – lokalisiert. Diese beiden Werte entnimmt das XY-Diagramm eindeutig definierten Zellen eines Tabellenblattes. Doch genau diese Eindeutigkeit gibt es in einer Pivottabelle niemals.

In ihr erwächst jeder Wert aus der Verdichtung zahlreicher anderer Werte, die verteilt in den Basisdaten zu finden sind. Der kleinste gemeinsame Nenner der Daten in den Spalten B und C der in Abbildung 8.79 gezeigten Pivottabelle lässt sich folgendermaßen beschreiben: Zeige alle Daten für Produkt *KA225* für eine ausgewählte Teilmenge an Standorten.

◢	A	B	C
1	Produkt-ID	KA225 🔽	
2			
3	**Orte** 🔽	**Shopanzahl**	**Umsätze**
4	Dresden	20	46.200 €
5	Düsseldorf	31	72.912 €
6	Essen	19	40.698 €
7	Freiburg	15	31.815 €
8	Hannover	25	50.400 €
9	Köln	39	73.710 €
10	Magdeburg	24	51.912 €
11	München	42	197.020 €
12	Nürnberg	13	28.119 €
13	Stuttgart	28	53.508 €
14	**Gesamtergebnis**	**256**	**646.294 €**

Abbildung 8.79 Diese Pivottabelle lädt geradezu dazu ein, eine Korrelation zu bilden.

Das ist zu ungenau für ein XY-Diagramm. Doch heißt das nun auch: XY-Diagramm ade? Natürlich nicht. Denn weiter oben habe ich schon diverse Techniken beschrieben, mit denen Sie Daten einer Pivotabelle auch in anderen Bereichen der Arbeitsmappe weiterverarbeiten können. Und auf der Grundlage dieser Arbeitsblattdaten ist es nicht allzu schwierig, ein XY-Diagramm aufzubauen.

Wir wissen:

- Wenn Sie die Daten der Pivotabelle kopieren und an anderer Stelle als Werte einfügen, gehen die Vorzüge der Datenaktualisierung mittels Pivotabelle verloren.

- Wenn Sie die Option **GetPivotData generieren** deaktivieren, können Sie mit einfachen Zellbezügen auf Zellen der Pivotabelle referenzieren und erhalten die Aktualisierungsoptionen der Pivotabelle; dieses Verfahren funktioniert aber nur dann reibungslos, wenn die Grundstruktur der Pivotabelle (Spalten- und Reihenanzahl) nicht mehr verändert wird.

Gehen wir der Einfachheit halber also davon aus, dass die Pivotabelle in Abbildung 8.75 immer nur die Shop-Anzahl und die Umsätze für zehn ausgewählte Standorte darstellen soll. In diesem Fall bliebe das Grundgerüst auch dann gewahrt, wenn Sie einen anderen Artikel für die Analyse auswählen und damit den Wertebereich aktualisieren würden.

Um nun ein XY-Diagramm zu erstellen,

- deaktivieren Sie die Option **GetPivotData** über **PivotTable-Tools ▸ Optionen ▸ Optionen**,

- wählen Sie die Zelle aus, in der die Kopie der Pivotabelle beginnen soll,

- tippen Sie ein Gleichheitszeichen ein und zeigen mit der Maus auf die erste Zelle, die Sie aus der Pivotabelle übernehmen möchten, um

- anschließend den Zellbezug zeilen- und spaltenweise zu kopieren.

Orte	Shopanzahl	Umsätze	Orte	Shopanzahl	Umsätze
Dresden	20	46.200 €	=A4	20	46.200 €
Düsseldorf	31	72.912 €	Düsseldorf	31	72.912 €
Essen	19	40.698 €	Essen	19	40.698 €
Freiburg	15	31.815 €	Freiburg	15	31.815 €
Hannover	25	50.400 €	Hannover	25	50.400 €
Köln	39	73.710 €	Köln	39	73.710 €
Magdeburg	24	51.912 €	Magdeburg	24	51.912 €
München	42	197.020 €	München	42	197.020 €
Nürnberg	13	28.119 €	Nürnberg	13	28.119 €
Stuttgart	28	53.508 €	Stuttgart	28	53.508 €
Gesamtergebnis	**256**	**646.294 €**	**Gesamtergebnis**	**256**	**646.294 €**

Abbildung 8.80 Ist »Get PivotData« deaktiviert, können Sie die Daten einer Pivotabelle an anderer Stelle klonen.

Markieren Sie den Zellbereich, in dem sich die Werte der kopierten Pivottabelle befinden, und erstellen Sie über **Einfügen ▸ Diagramme ▸ Punkt (XY)** das gewünschte Punkt-(XY-)Diagramm.

Im fertigen Diagramm entfernen Sie die Legende und fügen eine Trendlinie hinzu. Dafür klicken Sie mit der rechten Maustaste auf einen der Datenpunkte. Im Kontextmenü aktivieren Sie die Option **Trendlinie**.

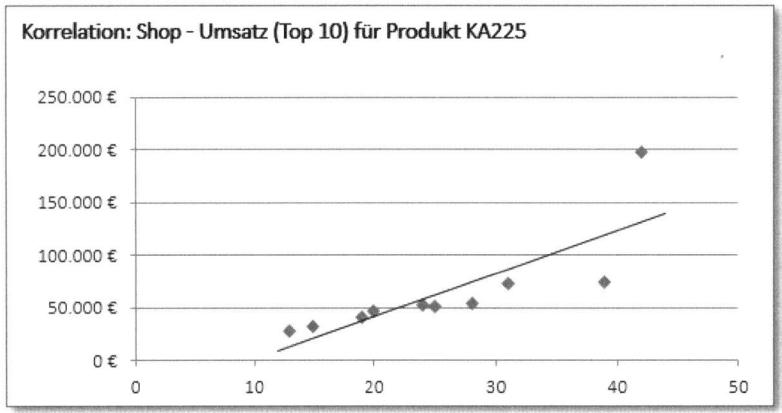

Abbildung 8.81 Darstellung der Korrelation im Diagramm

Nun ist noch zu überprüfen, ob die dynamischen Vorteile der Pivottabelle auch wirklich an Ihre Tabellenkopie und das Diagramm weitergegeben werden. Öffnen Sie den Berichtsfilter der Pivottabelle, um ein anderes Produkt auszuwählen. Tabelle und Diagramm werden sofort aktualisiert.

Ungünstig wirkt sich lediglich aus, dass Sie anhand der Diagrammüberschrift nicht erkennen können, welche Produktdaten aktuell angezeigt werden. Setzen wir den Fall voraus, dass Pivottabelle und Punktdiagramm in verschiedenen Tabellenblättern liegen, so wäre es unmöglich, einen Zusammenhang zwischen der Korrelation und einem konkreten Produkt herzustellen.

Sie benötigen also noch einen dynamischen Titel für das Diagramm.

- Geben Sie in eine leere Zelle die Formel `="Korrelation: Shop – Umsatz (Top 10) für Produkt " & B1` ein,

- klicken Sie dann den Diagrammtitel an,

- geben Sie bei dem ausgewähltem Diagrammtitel in die Editierzeile von Excel ein Gleichheitszeichen ein,

- und zeigen Sie dann mit der Maus auf die Zelle, in die Sie zuvor die Formel geschrieben haben.

Nun wird im Diagrammtitel der verwendete Zellbezug – nämlich genau die Zelle, in der der Berichtsfilter der Pivottabelle den Namen des ausgewählten Produkts anzeigt – mit dem allgemeinen Überschriftentext kombiniert.

8.9.4 Alternativen bei der Erstellung eines XY-Diagramms aus Pivotdaten

Wenn Sie den Weg über den Aufbau einer zweiten Tabelle neben den Pivotdaten nicht gehen möchten, bietet Excel eine Alternative:

- Positionieren Sie den Cursor außerhalb der Pivottabelle.
- Wählen Sie dann die Option **Einfügen ▸ Diagramme ▸ Punkt (XY)**.
- Klicken Sie danach auf den Schalter **Daten Auswählen**, und fügen Sie die Datenbereiche der X- und Y-Werte hinzu, indem Sie die Zellbereiche in der Pivottabelle markieren.

Auch dadurch wird ein XY-Diagramm erstellt.

8.9.5 Andere Techniken der grafischen Darstellung von Pivottabellen

Der Grund, ein Punkt-(XY-)Diagramm aus einem Zellbereich außerhalb der Pivottabelle zu erstellen, lag in der Tatsache begründet, dass dieser Diagrammtyp mit Pivottabellen grundsätzlich unverträglich ist. Doch wie bereits erwähnt, kann auch der Wunsch, den Speicherplatzbedarf einer Arbeitsmappe zu reduzieren, die Suche nach anderen Lösungen als einem reinen Pivotdiagramm begünstigen. Im Folgenden beschreibe ich die unterschiedlichen Konstellationen.

Kopieren und Werte einfügen

Sie möchten eine nicht allzu große Datei an einen anderen Benutzer weitergeben. Dieser soll sowohl das Diagramm als auch die ihm zugrundeliegenden Daten sehen, nicht aber die gesamten Basisdaten. Er oder sie soll auch die Gelegenheiten nutzen, mit den Daten weiterzuarbeiten.

In diesem Fall kopieren Sie die Pivotdaten und fügen sie mit **Inhalte einfügen ▸ Werte** in eine neue Arbeitsmappe ein. Dann erstellen Sie aus den Tabellendaten das gewünschte Diagramm.

Pivotdiagramm als Bild einfügen

Der Benutzer, dem Sie das Diagramm zur Verfügung stellen, soll eine kleine Excel-Datei erhalten. Er benötigt weder die Basisdaten noch den Datenauszug, auf dem basierend Sie das Pivotdiagramm erstellt haben.

Das ist der Fall wenn Sie das Pivotdiagramm erstellen und es nach dem Markieren in die Zwischenablage kopieren. Wechseln Sie dann in eine neue Arbeitsmappe, und fügen Sie das Diagramm mit **Inhalte einfügen ▸ Grafik** aus dem Kontextmenü ein.

Pivottabelle und -diagramm mit dem Kameratool kopieren

Eine Variante zu diesem Lösungsansatz besteht darin, sowohl Tabelle als auch Diagramm mit dem Kameratool von Excel zu kopieren und diese Kopie in eine andere Arbeitsmappe einzufügen.

Dieses überaus nützliche Tool hält Microsoft immer noch gut versteckt. Sie müssen es sich über **Datei ▸ Optionen** und **Menüband anpassen** oder **Symbolleiste für den Schnellzugriff** zunächst einmal in den Menübereich holen. Wählen Sie am besten die Option **Alle Befehle**, und markieren Sie **Kamera** in der Funktionsliste, um diese dann dem Menü hinzuzufügen.

Ist das Tool erst einmal verfügbar, gehen Sie wie folgt vor:

- Markieren Sie den Datenbereich, in dem sich Pivottabelle und Pivotdiagramm befinden, sofern beide unmittelbar nebeneinander abgelegt wurden.
- Klicken Sie auf das Symbol **Kamera**.
- Zeichnen Sie dann an einer beliebigen Stelle im Tabellenblatt ein Rechteck.

Sobald Sie die linke Maustaste loslassen, überträgt Excel den Inhalt des zuvor markierten Bereiches in das gezeichnete Rechteck. Die Abbildung ist zunächst sogar noch dynamisch. Der Inhalt des Schnappschusses ändert sich mit jeder Änderung der Filterkriterien in der Pivottabelle. Dies ändert sich allerdings, wenn Sie den Schnappschuss als Grafik in eine andere Arbeitsmappe einfügen.

Anzumerken bleibt, dass Sie selbstverständlich Tabelle und Diagramm auch getrennt voneinander markieren, kopieren und einfügen können.

Verwendung grafischer Elemente durch bedingte Formatierung

Ist Ihnen der ganze Aufwand bei der Erstellung von Diagrammen zu groß, haben Sie zu wenig Platz für ein Diagramm oder suchen Sie nach einer schnell umsetzbaren Möglichkeit, alle Zahlenwerte bereitzustellen und mit schlüssigen grafischen Mitteln zu ergänzen, kommt für Sie die Verwendung der seit Excel 2007 enorm weiterentwickelten Option **Bedingte Formatierung** in Frage.

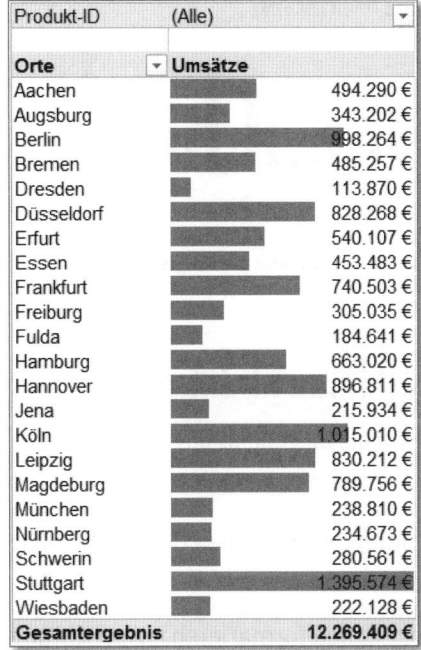

Abbildung 8.82 Schnell umsetzbar – Datenbalken direkt in der Pivottabelle

Die Arbeitsschritte dazu sind:

- Wählen Sie den **Werte**-Bereich der Pivottabelle aus.
- Rufen Sie **Start ▶ Formatvorlagen ▶ Bedingte Formatierung ▶ Datenbalken** auf.
- Übernehmen Sie eine bedingte Formatierung aus der Rubrik **einfarbige Füllung**.

Pivottabellen und Sparklines

Für die Verwendung von Sparklines spricht, dass sie nicht viel Platz im Tabellenblatt beanspruchen. Es kann aber auch der Wunsch dahinterstecken, etwas Neues in Excel auszuprobieren, denn schließlich ist dies ein Novum seit Excel 2010.

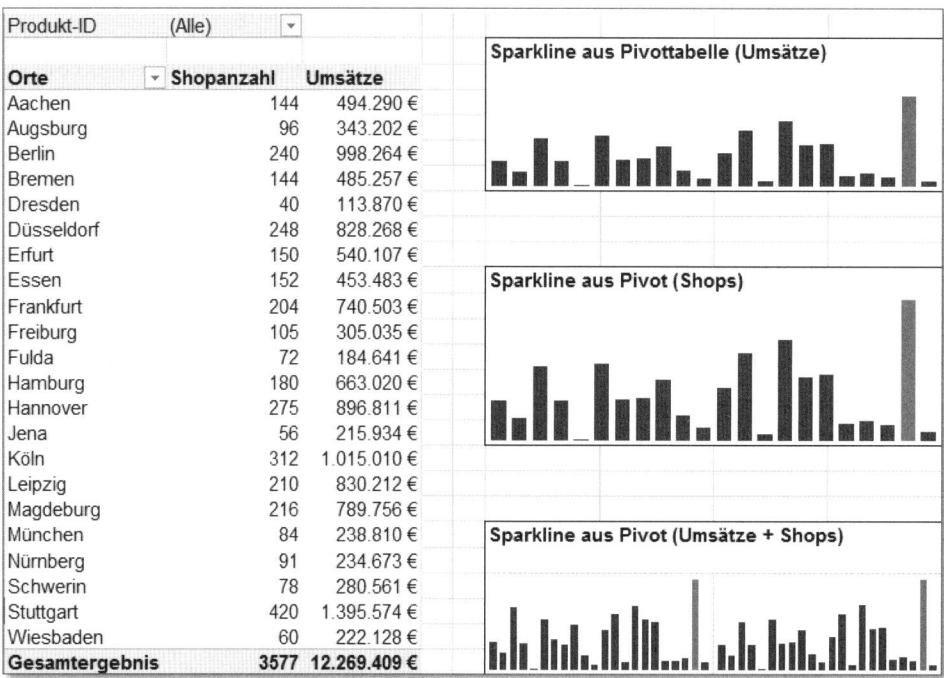

Abbildung 8.83 Mit Sparklines erstellen Sie platzsparend einzelne Diagramme aus unterschiedlichen Datenreihen der Pivottabelle.

Die Arbeitsweise, um eines oder mehrere dieser Minidiagramme neben der Pivottabelle abzulegen, ist recht einfach:

- Wählen Sie eine Zelle aus, oder verbinden Sie über **Zellen formatieren ▸ Ausrichtung ▸ Zellen verbinden** mehrere Zellen des Tabellenblattes miteinander.

- Rufen Sie die Option **Einfügen ▸ Sparklines ▸ Spalte** auf.

- Im Eingabefeld **Datenbereich** geben Sie den Zellbezug der Pivottabelle an, der die Werte enthält.

- Zeigen Sie dann im Eingabefeld **Positionsbereich** auf die Zelle oder die verbundenen Zellen, in denen das Sparkline-Diagramm abgelegt werden soll.

- Klicken Sie dann auf **OK**.

Solange die Sparklines im Tabellenblatt aktiviert sind, werden die **Sparklinetools** als Kontextmenü im Menüband angeboten. Nachformatierungen für die Säulen der Sparklines, den höchsten oder niedrigsten Datenpunkt der Datenreihe, nehmen Sie über dieses Werkzeug vor.

8.10 Zusammenfassung: Pivottabellen und PivotCharts

Pivottabellen dienen der Gruppierung von großen Datenmengen. Vor dem Erstellen einer Pivottabelle müssen Sie prüfen, ob die vorliegenden Daten die notwendigen Voraussetzungen für diesen Auswertungstyp mitbringen:

- eindeutige Spaltenüberschriften

- keine verbundenen Zellen im Überschriftenbereich

- nach Möglichkeit Struktur einer einfachen Liste ohne Leerzeilen

- Vorhandensein von Merkmalen, die sich gruppieren lassen

- korrekte Codierung der Daten

Sind die Voraussetzungen erfüllt, erstellen Sie die Pivottabelle über **Einfügen ▸ Pivottable** oder aus einer dynamischen Datentabelle über **Tabellentools ▸ Tools ▸ Mit Pivottable zusammenfassen**.

Die Basisarbeitstechniken bei Pivottabellen sind:

- Ziehen der Spaltenüberschriften aus der **Pivottable-Feldliste** in wahlweise den Berichtsfilter-, Zeilen-, Spalten- oder **Werte**-Bereich der Pivottabelle

- Filtern der Daten durch Aktivieren der Filterfunktion im Zeilen-, Spalten- oder Berichtsbereich

- Auswahl der Berechnungsfunktion über **Daten zusammenfassen nach** im Kontextmenü

- Änderung der Datendarstellung (z. B. von absoluter in prozentuale Darstellung) über **Werte anzeigen als** bzw. **Wertfeldeinstellungen** bei Excel 2007

- Zuweisen von Zahlenformaten über die **Wertfeldeinstellungen**

Von der verdichteten Darstellung der Daten gibt es zwei Wege zurück zur Detaildarstellung:

- Der Doppelklick auf einen Wert der Pivottabelle startet einen Drilldown zu den Einzelheiten, die in einem separaten Tabellenblatt angezeigt werden.

- Die Funktion **Berichtsfilterseiten anzeigen** unter **Pivottable-Tools ▸ Optionen ▸ Pivottable ▸ Optionen** erstellt separate Tabellenblätter aus ausgewählten Berichtsseiten.

In Pivottabellen stehen Funktionen zum Erstellen von berechneten Feldern und berechneten Elementen zur Verfügung. Ein berechnetes Feld kann

8

- aus einer Kalkulation zwischen zwei Feldern der Pivottabelle erstellt werden (`=Spalte1-Spalte2`),

- Berechnungen unter Verwendung von Konstanten enthalten (`=Spalte1 * 19 %`)

- und in begrenztem Maße auch Funktionen enthalten (`=wenn(Spalte1< 1000;WAHR; FASCH`),

- aber keineswegs Zellbezüge außerhalb der Pivottabelle einbeziehen (`=Spalte1*D25`).

Mit berechneten Elementen können Sie Bezüge innerhalb einer Spalte herstellen. Auf diesem Weg gelingt es beispielsweise, die Ergebnisse aller Standorte, die sich in einer Spalte der Basisdaten befinden, mit einem konkreten Standort zu vergleichen.

Grundlage jeder Pivottabelle ist die *Gruppierbarkeit* der Daten, das heißt, es muss ein Element geben, nach dem die Daten zusammengefasst werden können, z. B. die verschiedenen Kunden in der Basisdatentabelle. Ist dies nicht der Fall, bleiben Ihnen zwei Optionen:

- Sortieren Sie die Daten manuell und markieren Sie die sortierten Daten, um sie dann mit der Funktion **Gruppieren** manuell zu gruppieren, was selbstverständlich sehr aufwendig ist.

- Gruppieren Sie Werte im Datums- oder Zeitformat automatisch, indem Sie die Funktion aus dem Kontextmenü aufrufen und dann ein Gruppierungsintervall (Monat, Quartal, Jahr etc.) zuordnen.

Die Formatierungsmöglichkeiten von Pivottabellen bieten aufgrund ihrer Einschränkungen immer wieder Anlass zu Ärgernissen. Dies führt dazu, dass die Daten von Pivottabellen häufig an anderer Stelle weiterverarbeitet und formatiert werden müssen.

Dazu gibt es zwei Möglichkeiten:

- Kopieren Sie die Daten, und fügen Sie sie als Werte in andere Tabellenblätter ein; dadurch verlieren sie allerdings die Vorteile der Dynamik von Pivottabellen.

- Greifen Sie mit `PIVOTDATENZUORDNEN()` über eine Funktion auf die Pivotdaten zu; doch auch diese Variante führt zu Problemen, sobald die Struktur der Daten in der Pivottabelle verändert wird.

Die Funktion `PIVOTDATENZUORDNEN()` können Sie über **Pivottable ▸ Optionen** deaktivieren. Dadurch wird beim Verweis auf die Pivottabelle ein regulärer Verweis in Form der A1-Schreibweise erzeugt. Seit Excel 2010 ist es zudem möglich, unter **Pivottable-Tools ▸ Layout ▸ Berichtslayout ▸ Alle Elementnamen** die Elementnamen der Zeilenbeschriftung für jede Zeile des Berichts zu kopieren. Dadurch wird das Kopieren der Pivottabelle und Einfügen als Wert in einem anderen Tabellenblatt wesentlich vereinfacht.

Excel 2013 führt eine völlig neue Technik ein: die Bildung von Datenmodellen. Ein Datenmodell verbindet zwei oder mehr Tabellen über ein gemeinsames Feld. Um ein Datenmodell zu bilden, nutzen Sie den gewohnten Dialog zum Erstellen von Pivottabellen, die Option **Dem Datenmodell diese Daten hinzufügen** muss dabei aktiviert sein. Anschließend bestimmten Sie das Feld, das zum Aufbau der logischen Beziehung zwischen den Tabellen verwendet werden soll.

Pivotdiagramme werden aus der gleichen Datenbasis erstellt, aus der auch die Pivottabelle generiert wird. Eine Änderung der ausgewählten Daten im Diagramm wirkt sich somit sofort auf die Tabelle aus und umgekehrt.

Zu beachten ist, dass bestimmte Diagrammtypen wie das XY-Diagramm in Pivottabellen nicht erstellt werden können. Es ist allerdings möglich, den Cursor außerhalb der Tabelle zu positionieren, den Diagramm-Assistenten zu starten und dann mit Verweis auf die Pivotdaten die gewünschten Diagramme zu erstellen.

8

9   Business Intelligence mit PowerPivot

Zunächst wurde es von den Excel-Professionals als Geheimtipp gehandelt. Dann luden immer mehr Power-User das entsprechende Add-in für Excel 2010 aus dem Internet. Nun ist PowerPivot in Excel 2013 angekommen. Es ist das Tool zur Verknüpfung und Analyse unterschiedlicher Datenquellen, das ich Ihnen auf den folgenden Seiten vorstelle.

Bereits im ersten Kapitel habe ich das scheinbare »Naturgesetz« erwähnt, nach dem die Datenmengen, mit denen wir es heute zu tun haben, immer größer werden. Doch mehr noch: Immer neue Datenbestände und damit unterschiedliche Datenquellen wecken Begehrlichkeiten, sie in Datenanalysen einzubinden. Überließe man es heute den IT-Abteilungen allein, diese Quellen unternehmensweit zur Verfügung zu stellen oder gar vorzukonfigurieren, wäre ein Datenkollaps so vorprogrammiert wie der Superstau bei einer Vollsperrung verschiedener Autobahnen am ersten Wochenende der Sommerferien.

Eine Strategie musste zwangsläufig her, die dem Benutzer an seinem Arbeitsplatz den Zugriff auf unterschiedliche Datenquellen am besten mit einer grafischen Benutzeroberfläche erlaubte. Er sollte die Verknüpfungs- und Selektionsmöglichkeiten eines SQL-Profis erhalten. Und die Datenmassen, die er schließlich auszuwerten gedachte, sollte er, wenn irgendwie machbar, möglichst hochkomprimiert speichern können. Mit PowerPivot wurde diese Strategie verfolgt und letztlich in die Praxis umgesetzt.

PowerPivot ist im Prinzip ein lokaler Datenbankserver mit Verbindung zu Excel. Wer einmal das Add-in für Excel 2010 installiert hat, der konnte dies bei den Hard- und Softwareanforderungen des Tools nachlesen. Wer als Excel 2010-Benutzer heute PowerPivot von der Seite *http://www.microsoft.com/en-us/bi/powerpivot.aspx* lädt, muss sich um all diese Einzelheiten keine Gedanken machen, denn er installiert ein Gesamtpaket. In Excel 2013 ist das Tool nun endlich enthalten, sofern Sie über eine Office-Professional-Volumenlizenz verfügen. Wenn Sie eine andere Lizenz erworben haben, fehlt PowerPivot. Sie können dann aber immer noch mit den seit Excel 2013 angebotenen Datenmodellen mehrere Tabellen in einer Pivottabelle verbinden und auswerten. Im Kapitel zu den Pivottabellen beschreibe ich dieses Verfahren.

9.1   Inhaltliches und Organisatorisches zu den Beispielen

Bevor es losgeht, möchte ich noch einige Informationen vorwegschicken. Sie sollten das folgende Kapitel nicht als eine systematische Einführung in PowerPivot lesen. Dies kann es als Teil eines umfangreichen Handbuchs zu zahlreichen Controllingthemen definitiv nicht leisten. Zum Thema ist umfangreiche Fachliteratur – momentan überwiegend nur in Englisch verfügbar – erhältlich, die diese Aufgabe besser erfüllt. In meinen Seminaren ist mir allerdings aufgefallen, dass ein starkes Interesse an Fallbeispielen zu PowerPivot besteht. Viele Teilnehmer möchten immer wieder gerne die Unterschiede von PowerPivot zu normalen Pivottabellen und formelbasierten Excel-Kalkulationsmodellen kennenlernen.

Hier knüpft dieses Buchkapitel an. Es zeigt am Fallbeispiel einer Sales-Analyse den Aufbau eines einfachen Datenmodells, bestehend wahlweise aus einer oder zwei Datenquellen. Danach wendet es sich nach einigen Überlegungen zur Ergonomie bei der Handhabung großer Datenmengen den berechneten Feldern (**Measures**) zu. Glauben Sie mir, dieses Thema erscheint mir immer noch schier unendlich. Ich beschränke mich deshalb auf einen Teilbereich, der im Controlling besonders wichtig ist: die bedingten Kalkulationen. Zum Abschluss stehen dann wieder die Fragen der Gestaltung der berechneten Ergebnisse im Vordergrund.

Noch eine technisch-organisatorische Anmerkung: Die Beispiele in diesem Kapitel verwenden die Access-Datenbank *AdventureWorks.accdb*. Diese Datenbank wird von Microsoft kostenlos im Internet zum Download angeboten. Für die einzelnen Beispiele habe ich die Datenbank auf dem Laufwerk *C:* in einem Ordner *\testbed* gespeichert. Um sicherzustellen, dass alles so funktioniert, wie in diesem Kapitel beschrieben, sollten Sie es auch so machen.

9.2   Was Sie sehen

Im Menü von Excel 2013 präsentiert sich **PowerPivot** als eigener Menüpunkt. Klicken Sie ihn an, so sehen Sie ein Untermenü mit verschiedenen Funktionsgruppen.

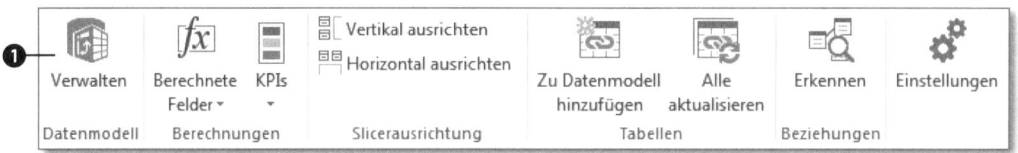

Abbildung 9.1 PowerPivot-Menü in Excel 2013

Doch damit nicht genug, denn die eigentliche Energiezentrale des Tools liegt hinter der Excel-Oberfläche in einem völlig anderen Programmbereich, dem PowerPivot-Fenster. Dieses öffnen Sie mit einem Mausklick auf **Verwalten ❶**.

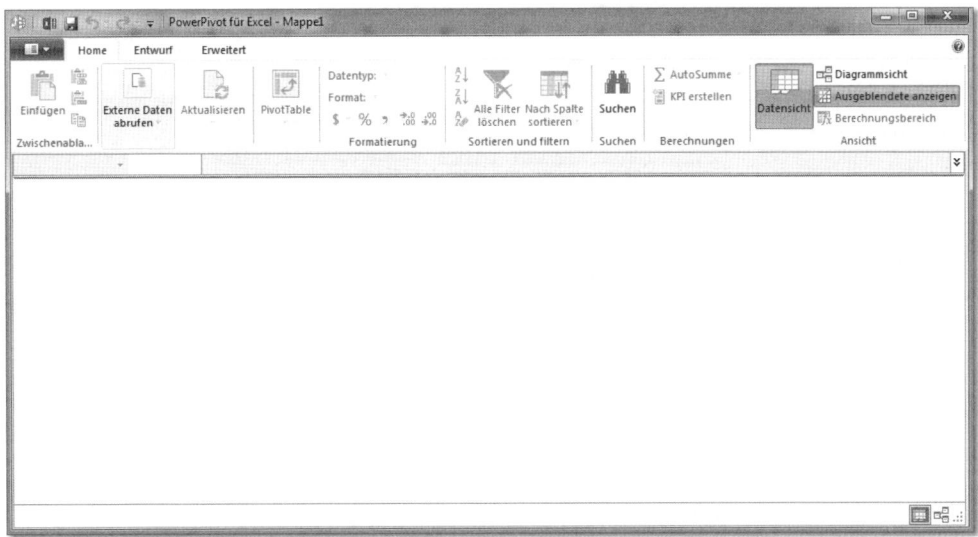

Abbildung 9.2 Das PowerPivot-Fenster

Eine wesentliche Aufgabe, die in diesem Fenster zu erledigen ist, liegt in der Auswahl der Tabellen, die Sie zu einem *Datenmodell* zusammenführen möchten. Sie starten diese Aufgabe beispielsweise mit einem Klick auf **Externe Daten abrufen** ▸ **Aus Datenbank** ▸ **Aus Access**, wenn es sich, wie in meinem Beispiel, um eine Access-Datenbank handelt.

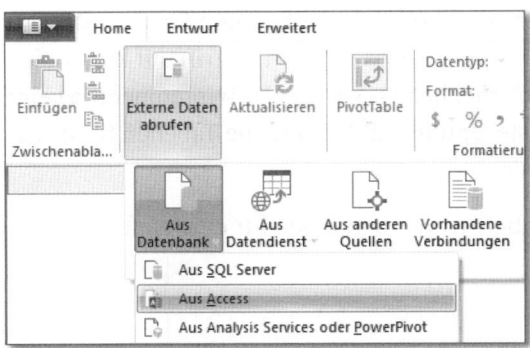

Abbildung 9.3 Auswahl einer Access-Datenbank als Datenquelle für PowerPivot

Wie bereits weiter oben erwähnt, liegt die von mir verwendete Datenbank *09_Adventu-reWorks.accdb* in *C:\testbed*. Da diese Datenbank keine Benutzerbeschränkungen hat, können Sie sie mühelos in der nächsten Dialogbox auswählen und eine Verbindung zur Datenbank aufbauen.

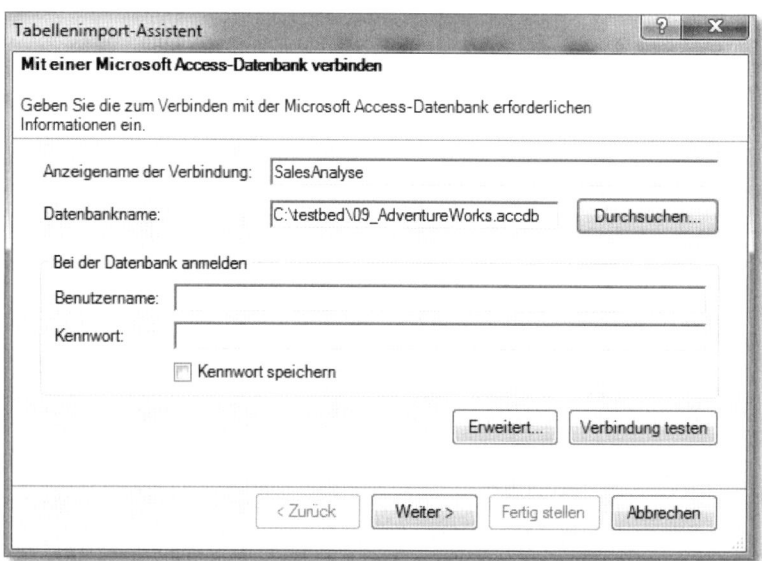

Abbildung 9.4 Auswahl der Datenbank-Datei »AdventureWorks«

Danach klicken Sie auf **Weiter.** Da es sich in vielen Fällen, in denen Sie PowerPivot einsetzen, um einen Zugriff auf relationale Datenbanken oder gar mehrdimensionale OLAP-Cubes handeln wird, benötigen Sie ein Werkzeug zur Auswahl der Tabellen, die Sie für Ihre Datenanalyse verwenden möchten. PowerPivot fragt Sie auf dem nächsten Bildschirm deshalb, auf welche Weise Sie die Tabellen für die weitere Arbeit auswählen möchten. Wenn Sie bereits eine SQL-Abfrage erstellt hätten, könnten Sie den Abfragetext an dieser Stelle einfügen. Dies würde den z. B. monatlichen Zugriff auf kontinuierlich aktualisierte Datenbestände natürlich erheblich verkürzen. Da wir momentan keine Abfragedatei besitzen, müssen wir die erste Option wählen und die Tabellen für das zu erstellende Datenmodell manuell auswählen.

AdventureWorks enthält eine Fülle von Tabellen. Wir benötigen für eine einfache Sales-Analyse drei davon:

- *Production_Product*
- *Sales_SalesOrderDetail*
- *Sales_SalesOrderHeader*

Wie Sie in der Dialogbox erkennen, haben Sie an dieser Stelle bereits die Gelegenheit, die einzelnen Tabellen zu filtern. Verzichten Sie allerdings auf das Setzen von Filtern, und klicken Sie auf **Fertig stellen.**

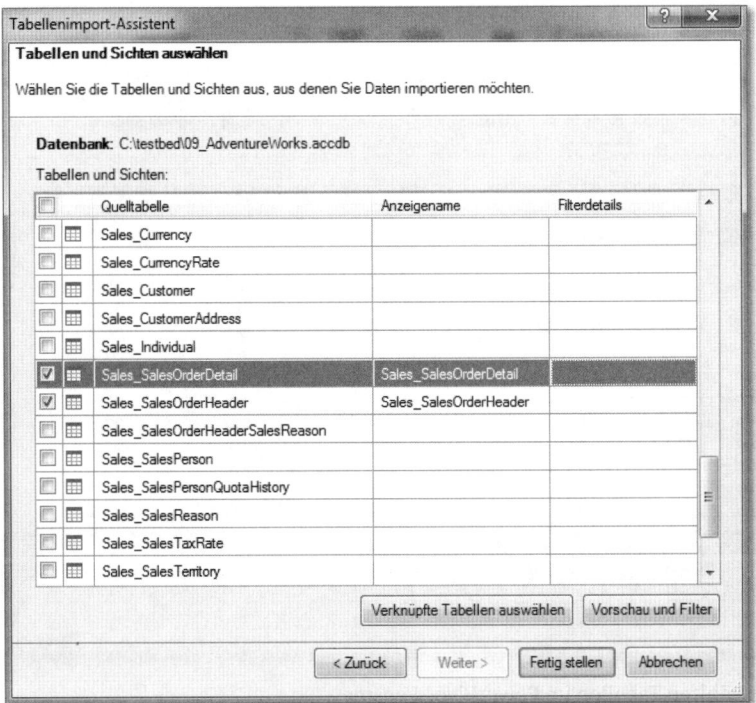

Abbildung 9.5 Auswahl von Tabellen einer relationalen Datenbank

Es dauert nun ein paar Sekunden, in denen PowerPivot die ausgewählten Daten sucht und auf Verfügbarkeit, Konsistenz etc. prüft. Danach werden die Tabelleninhalte von Access in PowerPivot geladen. Am Ende dieses kurzen Arbeitsschritts sollten Sie eine Mitteilung auf dem Bildschirm sehen, dass der Vorgang erfolgreich abgeschlossen wurde.

| Erfolg | Gesamt: 3 | Abgebrochen: 0 |
| | Erfolg: 3 | Fehler: 0 |

Details:

	Arbeitsaufgabe	Status	Nachricht
⊘	Production_Product	Erfolg. 504 Zeile(n) übertragen.	
⊘	Sales_SalesOrderDetail	Erfolg. 121.317 Zeile(n) übertragen.	
⊘	Sales_SalesOrderHeader	Erfolg. 31.465 Zeile(n) übertragen.	
⊘	Datenvorbereitung	Abgeschlossen	Details

Abbildung 9.6 Erfolgsmeldung nach der Verarbeitung der ausgewählten Tabellen

Klicken Sie auf **Schließen**. Es wird nun die vorerst letzte Seite angezeigt, die für die Phase der Datenauswahl von Bedeutung ist. Im PowerPivot-Fenster sehen Sie die drei ausgewählten Tabellen in verschiedenen Registern.

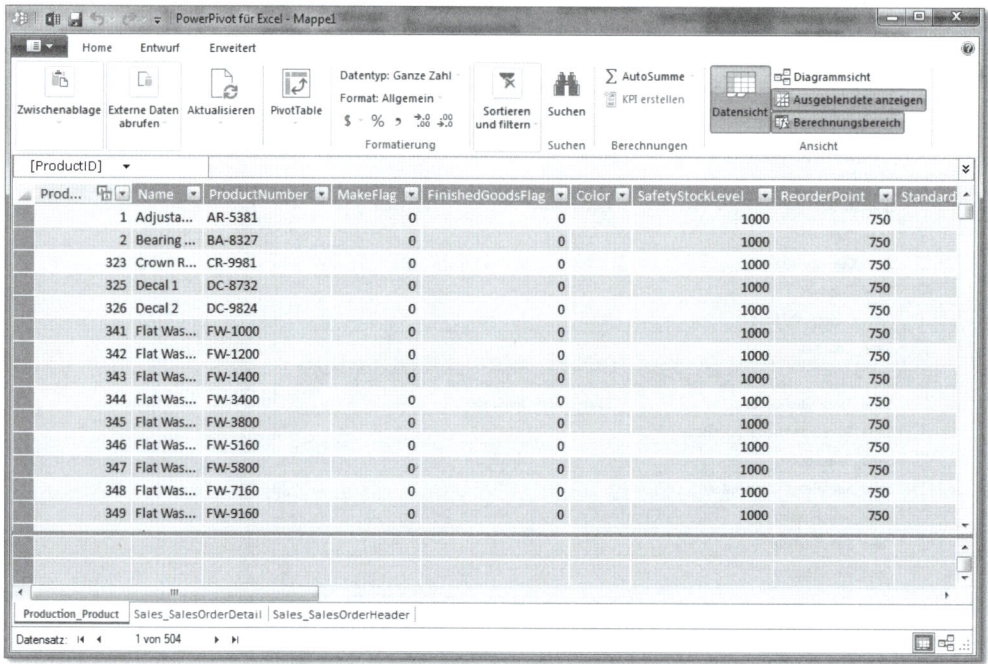

Abbildung 9.7 Die ausgewählten Tabellen im PowerPivot-Fenster

9.3 Was Sie bekommen

Ich hatte oben erwähnt, dass PowerPivot technisch ein lokaler Datenbankserver auf Ihrem lokalen Rechner ist. Demnach bieten die drei Tabellen in PowerPivot deutlich mehr Optionen als drei Tabellenblätter in einer Excel-Arbeitsmappe. Sie bilden ein *Datenmodell*. Ein Datenmodell dient einem Zweck, nämlich der Durchführung einer definierten Analyse. Man kann es als eine Datenstruktur beschreiben, in der unterschiedliche Tabellen (unter Umständen aus verschiedenen Quellen) über logische Beziehungen miteinander verknüpft, andere vielleicht ausgeblendet sind. Die Datenbestände sind eventuell auch bereits gefiltert.

Wesentlich für das vorliegende Beispiel ist die logische Verknüpfung der Tabellen. Dass diese existiert, können Sie in PowerPivot sehr einfach überprüfen Klicken Sie auf **Ansicht ▸ Diagrammansicht**. Hier sehen Sie die logischen Beziehungen zwischen den einzelnen Tabellen des Datenmodells. Und Sie erkennen, dass zwischen den Tabellen *Sales_SalesOrderDetail* und *Sales_SalesOrderHeader* die Verknüpfung auf Basis des gemeinsamen Feldes *SalesOrderID* hergestellt wurde. *Sales_OrderDetail* ist wiederum über das Feld *ProductID* mit der Tabelle *Production_Product* verbunden.

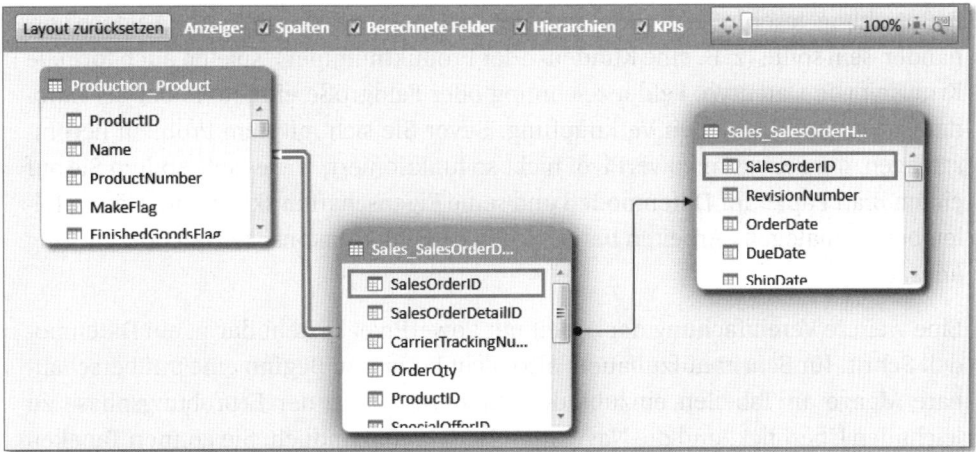

Abbildung 9.8 Logische Beziehungen der Tabellen des Datenmodells

PowerPivot hat einige große Vorzüge: die Verarbeitung von Daten aus unterschiedlichen Quellen. Die Fähigkeit, auch die magische Millionen-Zeilen-Grenze von Excel sprengen. Aber ein weiteres Highlight ist die automatische Erkennung von Beziehungen zwischen den Tabellen eines Datenmodells. Dies funktioniert zwar nicht immer, aber doch sehr häufig.

Tabellenverknüpfungen und Datenmodelle

Sollte die Erkennung von Beziehungen zwischen Tabellen einmal nicht automatisch funktionieren, so lassen sich diese selbstverständlich auch manuell anlegen. Im Menü **Entwurf** finden Sie zu diesem Zwecke die Option **Beziehung erstellen**. Rufen Sie diese Funktion auf, so müssen Sie aus dem ersten Listenfeld Ihre Haupttabelle auswählen und auf der rechten Seite das Feld, über das es mit einer Suchtabelle verknüpft werden soll. Im zweiten Listenfeld wählen Sie anschließend die Suchtabelle und ihr Verknüpfungsfeld aus.

In der Diagrammansicht können Sie Beziehungen zwischen den Tabellen auch erstellen, indem Sie das Schlüsselfeld einer Haupttabelle in das der Suchtabelle ziehen. Und schließlich: Mit einem Klick auf **Beziehungen verwalten** gelangen Sie auf die Ebene, auf der Sie bestehende Beziehungen anzeigen, bearbeiten und löschen können. In der **Diagrammansicht** erreichen Sie diese Bearbeitungsebene mit einem rechten Mausklick auf eine der Verbindungslinien zwischen den Tabellen.

Beim Aufbau eines Datenmodells sind zahlreiche Aspekte zu beachten. Elementar ist aber sicherlich der Fakt, dass Tabellen nur über gemeinsame Felder zueinander in Beziehung gesetzt werden können. Neben dem Inhalt, der in beiden Feldern vorhanden sein sollte (z. B. eine Kunden- oder Produktnummer), spielen auch formale Kriterien wie Datentyp, Feldbezeichnung oder Feldgröße eine Rolle bei der automatischen und manuellen Verknüpfung. Bevor Sie sich mit dem Problem herumschlagen, dass etwas in PowerPivot nicht so funktioniert, wie es soll, sollten Sie auf einem Blatt Papier Ihr Datenmodell und seine Eigenschaften skizzieren. Häufig fallen beim »analogen« Arbeiten bereits logische Fehler, Inkonsistenzen oder *missing links* auf.

Eine weitere Vereinfachung der Arbeit mit PowerPivot besteht darin, ein Datenmodell Schritt für Schritt aufzubauen, also nicht bereits zu Beginn eine unüberschaubare Menge an Tabellen einzubinden. Man verliert in der Erprobungsphase zu leicht den Überblick, und die Navigation ist dann unhandlich. Sie können Tabellen nach und nach zu einem bestehenden Modell hinzufügen. Und so wächst die Komplexität Ihres Datenmodells mit Ihren sich erweiternden PowerPivot-Kenntnissen.

9.4   In PowerPivot-Spalten rechnen

Noch immer befinden Sie sich außerhalb der Excel-Welt in einem Mikrokosmos mit dem Namen PowerPivot. Excel, die große Rechenmaschine. PowerPivot, das leistungsstarke Verknüpfungstool. Stimmt fast! Denn auch in PowerPivot werden Sie mit Sicherheit zukünftig die eine oder andere Kalkulationsfunktion eingeben. Die Schaltfläche **Funktion einfügen** verspricht Ihnen, dass dies auch über einen Funktionsassistenten geht.

Er bietet Ihnen zahlreiche sogenannte *DAX-Funktionen* (*Data Analysis Expressions*) an, die – wie Sie noch sehen werden – den Funktionsumfang von Excel immens erweitern. Einziger Wermutstropfen: Die Funktionen im Katalog sind alle in Englisch. Eine gewisse Eingewöhnungsphase ist somit vorprogrammiert, wenn Sie ansonsten mit einer deutschen Excel-Version arbeiten. Aber war das bei Excel jemals wirklich anders?

DAX-Funktionen lassen sich auf zwei Arten nutzen: in Form *berechneter Spalten* im PowerPivot-Fenster oder als sogenannte *berechnete Felder* (*Measure*) von PowerPivot-Tabellen in Excel. Da Sie sich noch im PowerPivot-Fenster befinden, kommt für Sie vorläufig die erste Variante in Betracht.

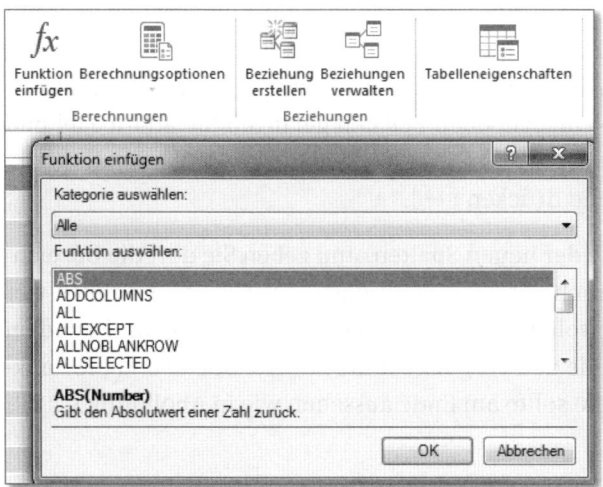

Abbildung 9.9 Funktionsassistent in PowerPivot

Stellen Sie sich nun Folgendes vor: Unsere Tabelle *Sales_SalesOrderDetail* enthält eine Spalte *OrderDate*, in der das Bestelldatum steht. Ihre spätere Analyse in Excel soll eine Auswertung nach Jahren und Monaten umfassen. In diesem Falle wäre es gut, wenn Sie Monat und Jahr aus dem Datum herauslösen und jeweils in eine separate Spalte schreiben könnten. Die letzte Spalte in *Sales_SalesOrderHeader* ist überschrieben mit **Spalte hinzufügen**. Klicken Sie in diese Spalte und dann auf die Schaltfläche **Funktion hinzufügen** oben in der Editierzeile. Wählen Sie die Kategorie **Datum und Uhrzeit** und daraus die Funktion YEAR().

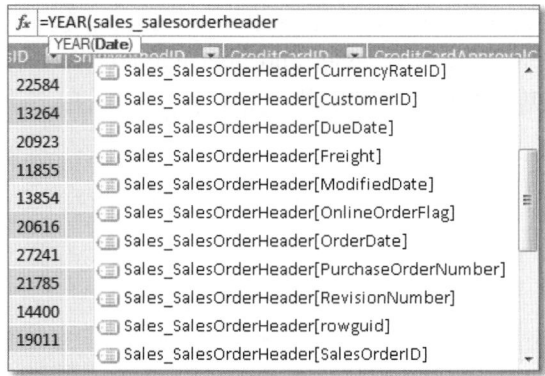

Abbildung 9.10 Eingabe einer DAX-Funktion im PowerPivot-Fenster

Eine Markierung von Zellbereichen für die Berechnung mit Hilfe von Funktionen kommt bei einer sich ständig verändernden Datenmenge in einem Datenmodell nicht in

Frage. Es ist also konsequent und logisch, die Adressierung in DAX-Funktionen ganz auf Tabellen- und Spaltennamen zu stützen. Tippen Sie den ersten Buchstaben der Tabelle, auf die Sie zugreifen möchten. Es wird nun eine Liste der verfügbaren Tabellen und ihrer Felder angezeigt. Nach einigen eingegebenen Zeichen gelangen Sie an Ihr Ziel und wählen `Sales_SalesOrderHeader[OrderDate]`. Danach geben Sie die schließende Klammer der Kalkulationsfunktion ein und drücken `↵`.

Klicken Sie in die Überschriftenzeile der neuen Spalten, und geben Sie dort die Bezeichnung »Jahr« ein. Überprüfen Sie durch den AutoFilter, dass PowerPivot tatsächlich vier Jahreszahlen aus den Bestelldaten isoliert und in die Spalte geschrieben hat. Nachdem dies gut geklappt hat, wiederholen Sie den Vorgang für die nächste Spalte und die Funktion `MONTH()`. Ihre PowerPivot-Tabelle sollte am Ende aussehen wie in Abbildung 9.11.

Jahr	Monat	Spalte hinzufügen
2001	7	
2001	7	
2001	7	
2001	7	
2001	7	

Abbildung 9.11 Mit DAX-Funktionen in PowerPivot berechnete Spalten

9.5   Eine PowerPivot-Tabelle in Excel erstellen

Nun, nachdem wir uns genug im neuen Areal von PowerPivot umgesehen haben, ist es an der Zeit, wieder zu Excel zurückzukehren. Natürlich sollten wir unser Datenmodell dahin mitnehmen. Unter **Home ▸ PivotTable** finden Sie eine Reihe von unterschiedlichen Berichtslayouts. Wählen Sie eine einfache **PivotTable**, und übernehmen Sie den Vorschlag, sie in einem neuen Arbeitsblatt zu erstellen, mit **OK**.

Abbildung 9.12 Übergabe der PowerPivot-Daten an Excel in Form einer Pivottabelle

Bravo! Die Konfiguration Ihres ersten Datenmodells in PowerPivot ist damit abgeschlossen. In Excel wurde bereits ein Platzhalter für die PowerPivot-Tabelle eingerichtet. Doch wir sollten unseren Blick zunächst auf die rechte Seite des Bildschirms richten, denn hier finden Sie die Bestätigung, dass die nun zu erstellende Pivottabelle nicht wie gewohnt auf einem Tabellenblatt begründet ist, sondern auf drei verknüpften Tabellen: *Production_Product*, *Sales_SalesOrderDetail* und *Sales_SalesOrderHeader*.

Abbildung 9.13 Basistabellen der PowerPivot-Tabelle in Excel

Wenn Sie nun im nächsten Schritt damit beginnen, die PowerPivot-Tabelle zu erstellen, dann werden die Basisarbeitstechniken im Umgang mit dieser Tabelle denen bei einer normalen Pivottabelle vergleichbar sein:

1 Ziehen Sie Felder mit der linken Maustaste aus dem oberen Bereich **PivotTable-Felder** in einen der Platzhalter (**Spalten, Zeilen; Werte, Filter**) im unteren Bereich, um die Tabelle anzuordnen.

2 Benutzen Sie den AutoFilter der Pivottabelle, um Daten zu filtern.

3 Klicken Sie mit der rechten Maustaste in den **Werte**-Bereich der Pivottabelle, und wählen Sie dort **Werte zusammenfassen nach**, um eine Kalkulationsfunktion zu ändern (z. B. *Mittelwert* statt *Summe* bilden).

4 Schalten Sie die Datenanzeige um (z. B. von absolut auf prozentual), indem Sie ebenfalls mit der rechten Maustaste in den **Werte**-Bereich klicken und dort die Option **Werte anzeigen als** ... öffnen.

5 Klicken Sie mit der rechten Maustaste in eine beliebige Zelle der Tabelle, und wählen Sie **PivotTable-Optionen**. In diesem Menü ändern Sie tabellenbezogene Einstellungen wie die Summenanzeige oder das Aktualisierungsverhalten.

Wenn Sie nun aus der Tabelle *Sales_SalesOrderDetail* das Feld *LineTotal* in den **Werte**-Bereich und aus *Sales_SalesOrderHeader* die Felder *Jahr* und *Monat* in den Zeilenbereich ziehen, haben Sie eine erste Datenanalyse erstellt– basierend auf zwei logisch verknüpften Tabellen.

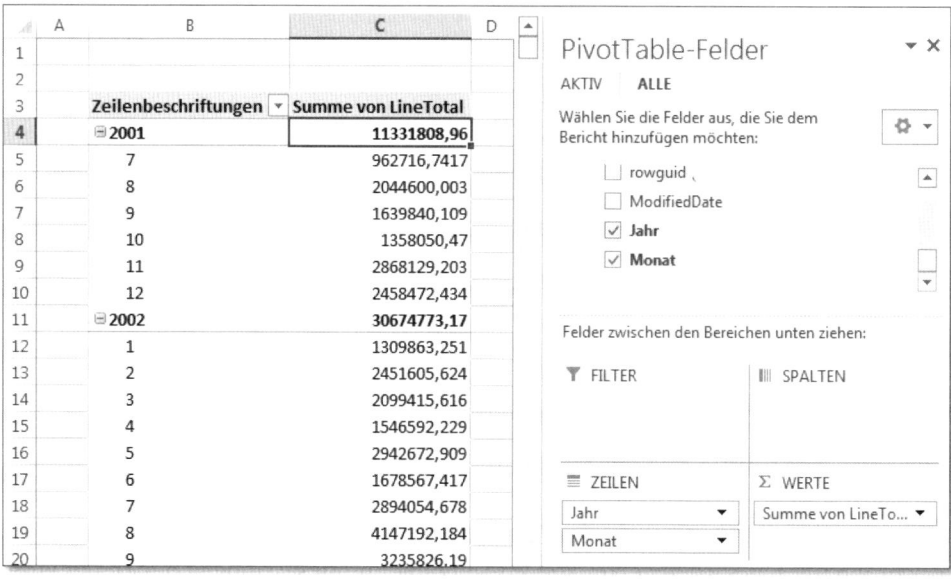

Abbildung 9.14 Monatliche Übersicht auf Basis zweier verknüpfter Tabellen

9.6 Mehr Übersichtlichkeit herstellen

Mit der Einbindung mehrerer Tabellen in ein Datenmodell treten selbstverständlich auch neue Herausforderungen in puncto Ergonomie und Bedienbarkeit in den Vordergrund. Allein die drei bislang eingesetzten Tabellen bringen es auf etwa 60 Datenfelder – eine Ausgangslage, die die Navigation und Datenauswahl nicht eben erleichtert.

Zum Glück kennt PowerPivot einige Funktionen, mit denen Sie nicht benötigtes Datenmaterial vorübergehend oder dauerhaft von der Bildfläche verschwinden lassen. Diese sollten wir uns jetzt ansehen. Zunächst kehren Sie in das PowerPivot-Fenster zurück. Dazu wählen Sie **PowerPivot ▸ Datenmodell ▸ Verwalten**.

Aus der Tabelle *Production_Product* benötigen Sie für Ihre Auswertung eigentlich nur die Felder *Name*, *ProductNumber* und *Color*. Alle anderen Felder, sprich Spalten, werden Sie nun ausblenden. Klicken Sie zu diesem Zweck auf die Spaltenüberschrift **ProductID**, und aktivieren Sie im Kontextmenü die Option **Aus Clienttools ausblenden**.

Abbildung 9.15 Ausblenden einer Spalte aus der Pivottabelle

Die Bezeichnung »Clienttools« steht hier für »Pivottabelle«. Nach der Aktivierung der Funktion wird die betreffende Spalte im PowerPivot-Fenster noch sichtbar, in der Pivottabelle in Excel aber nicht mehr sichtbar sein. Wenn Sie den Vorgang für die anderen nicht mehr gewünschten Felder wiederholen, bleiben am Ende in der Pivottabelle auf Excel-Ebene lediglich drei Spalten übrig. Überzeugen Sie sich von der neu gewonnenen Übersichtlichkeit, indem Sie über **Home ▸ Schließen** zu Excel zurückkehren.

In der Feldliste der Pivottabelle werden für die ausgewählte Tabelle nur noch die drei gewünschten Felder angezeigt. Schritt für Schritt können Sie nun auch die Anzahl der Felder der beiden anderen Tabellen reduzieren, um am Ende eine Auswahl wie die in Abbildung 9.16 zu erhalten.

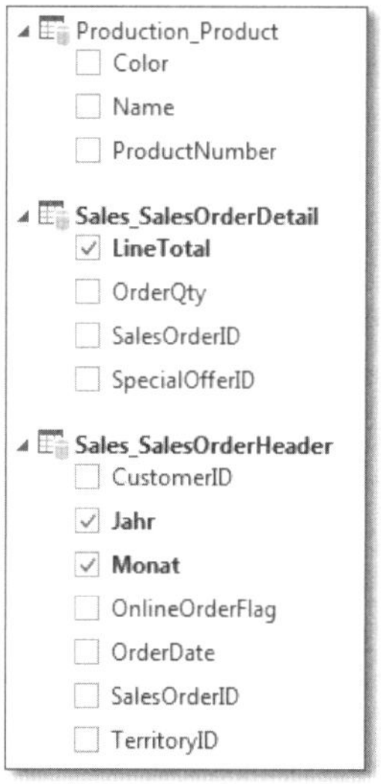

Abbildung 9.16 Feldliste der Tabellen nach
Ausblenden nicht benötigter Felder

9.7   Referenztabellen einbinden

Da alle drei Tabellen logisch miteinander verknüpft sind, ist es beim momentanen Stand möglich, die Ergebniszeile (*LineTotal*) nach Aufträgen (*SalesOrderID*), Produkten (*ProductID*) und Jahren sowie Monaten auszuwerten. Dies ist ein guter Ausgangspunkt. In der Realität wird es aber immer vorkommen, dass plötzlich eine andere Auswertungsperspektive in den Vordergrund tritt. Das könnte für Sie bedeuten, neue Tabellen in das Datenmodell aufzunehmen.

Grundsätzlich kommen drei Varianten für die Aufnahme neuer Tabellen in das Datenmodell in Frage:

1. Die Tabelle befindet sich in der Datenquelle, die bereits für die ersten drei Tabellen benutzt wurde – im Beispiel wären sie also Teil der Access-Datenbank *09_AdventureWorks.accdb*.

2. Oder die neue Tabelle stammt aus einer anderen Datenquelle, beispielsweise eine SQL- oder Onlinedatenbank, eine Text- oder CSV-Datei.

3. Schließlich könnte die neue Tabelle auch von Ihnen selbst in Excel erstellt worden sein, mit der Absicht, sie in das Datenmodell zu integrieren.

In den ersten beiden Fällen gehen Sie jeweils sehr ähnlich vor. Öffnen Sie zunächst die Datei *09_PowerPivot_EinfachesDatenmodell_00.xlsx*. Gehen Sie dann wieder zum Pow-erPivot-Fenster: **PowerPivot ▸ Datenmodell ▸ Verwalten**. Um eine weitere Tabelle aus Access in Ihr Datenmodell zu integrieren, öffnen Sie das Menü **Home ▸ Externe Daten abrufen ▸ Aus Datenbank ▸ Aus Access** und greifen auf die Datei 09_*AdventureWorks.accdb* am Speicherort *C:\testbed* zu. Durch die manuelle Auswahl der Tabellen haben Sie Zugriff auf die Tabelle *Production_ProductSubcategory*. Da Sie eine Sales-Analyse nach Produktkategorien durchführen sollen, ist dies genau die Tabelle, die Sie benötigen. Markieren Sie die Tabelle, und klicken Sie auf **Fertig stellen**. Das war's! Das Datenmodell wurde um die ausgewählte Tabelle erweitert.

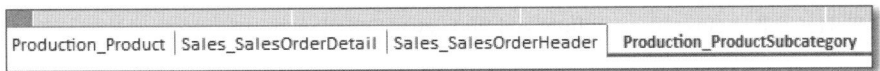

Abbildung 9.17 Hinzugefügte Tabelle der Subkategorien

Allerdings stellt sich natürlich sogleich die Frage, ob die neue Tabelle nicht nur rein physikalisch, sondern auch bereits logisch in Ihr Datenmodell eingebunden worden ist. Die schnellste Antwort auf diese Frage gibt Ihnen die **Diagrammsicht**. Öffnen Sie diese über **Home ▸ Ansicht ▸ Diagrammsicht** oder einen Klick auf das Symbol ganz rechts unten in der Statusleiste.

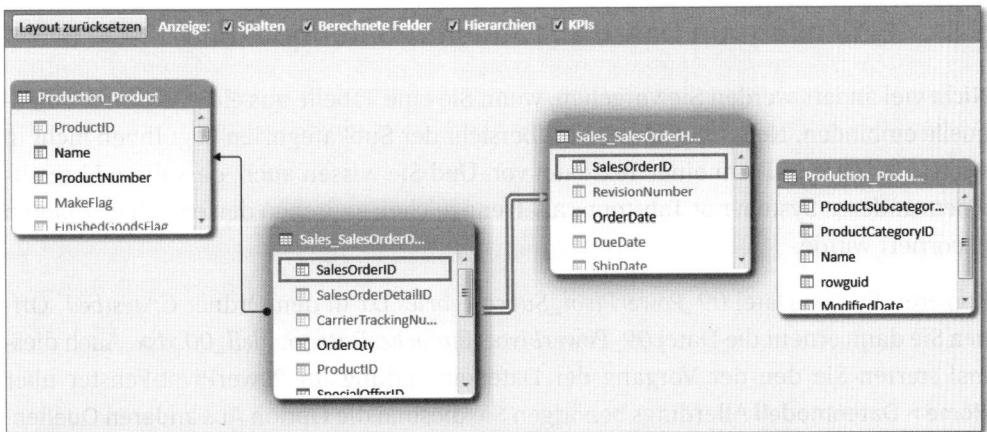

Abbildung 9.18 Die Tabelle »Production_ProductSubcategory« ist noch nicht logisch in das Datenmodell eingebunden.

Unschwer ist erkennbar, dass die Subkategorien noch keine logische Anbindung an die restlichen Daten besitzen. Und deshalb müssen Sie diese jetzt unbedingt aufbauen. Ziehen Sie das Feld *ProductSubcategoryID* aus der Tabelle *Production_Product* mit der linken Maustaste auf das gleichnamige Feld in der Tabelle *Production_ProductSubcategory*.

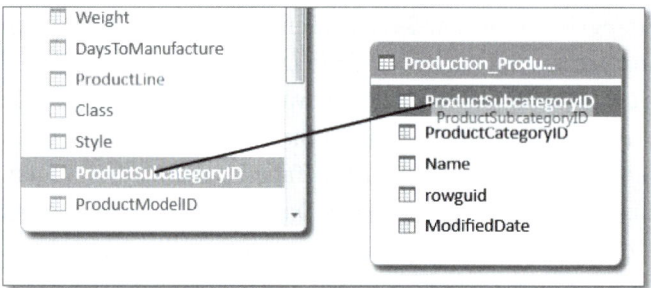

Abbildung 9.19 Herstellen einer Verknüpfung zwischen zwei Tabellen

Schließen Sie das PowerPivot-Fenster, und klicken Sie auf **Alle** in der PivotTable-Feldliste in Excel. Sie werden feststellen, dass die vierte Tabelle nun in das Datenmodell eingebunden ist. Somit sollten Sie in der Lage sein, die gewünschte Auswertung nach Subkategorien durchzuführen. Ziehen Sie die Felder *Jahr* und *Monat* aus der Pivottabelle und das Feld *Name* der Tabelle *Production_ProductSubcategory* in den Zeilenbereich. Das Ergebnis sollte die Umsätze pro Subkategorie ausweisen.

9.8   Einbinden von Daten aus anderen Datenquellen

Nicht viel anders werden Sie vorgehen, wenn Sie eine Tabelle aus einer anderen Datenquelle einbinden. Nehmen wir an, die Übersicht der Subkategorien liegt Ihnen nicht in Access, sondern in Form einer Textdatei vor. Und Sie wissen auch, dass diese Liste aus einem anderen System mit Tabstopps als Trennzeichen zwischen den einzelnen Spalten exportiert wurde.

Kopieren Sie die Datei *09_PowerPivot_Subcategories.txt* in den Ordner *C:\testbed*. Öffnen Sie dann erneut die Datei *09_PowerPivot_EinfachesDatenmodell_00.xlsx*. Auch diesmal starten Sie den der Vorgang der Dateneinbindung im PowerPivot-Fenster über **Home ▸ Datenmodell** Allerdings benötigen Sie diesmal die Option **Aus anderen Quellen**. Ganz am Ende der Liste in dieser Dialogbox wird auch die Einbindung von Textdateien angeboten (Abbildung 9.20).

Greifen Sie, wie zuvor auch, auf *C:\testbed* zu. Dort sollte die Datei *09_PowerPivot_Subcategories.txt* erscheinen. Wählen Sie diese Datei aus. Da es unterschiedliche Verfahren gibt, in Textdateien die Spalten eindeutig voneinander zu trennen, müssen Sie Power-Pivot diese zusätzliche Information noch mit auf den Weg geben.

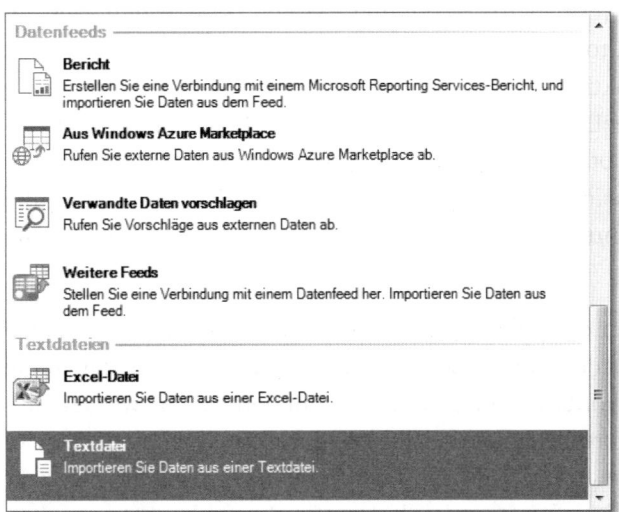

Abbildung 9.20 Einbindung einer Textdatei in das bestehende Datenmodell

9

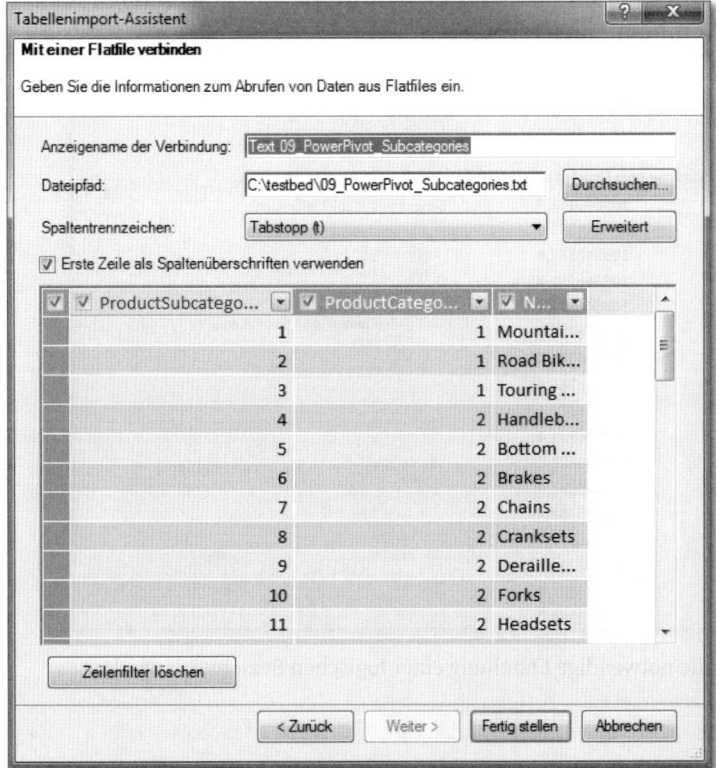

Abbildung 9.21 Auswahl von Datei und Spaltentrennzeichen bei der Einbindung einer Textdatei

Es ist kaum zu erwarten, dass PowerPivot die Beziehung zwischen den beiden Tabellen aus unterschiedlichen Quellen automatisch erkannt hat, nachdem dies bereits bei den beiden Access-Tabellen nicht funktionierte. Stellen Sie deshalb sicher, dass die Spalte *Product_SubcategoryID* in der Tabelle *Production_Product* in den Clienttools nicht ausgeblendet ist, denn diese Spalte benötigen Sie später zum Aufbau der Beziehung. Ignorieren Sie dann Ihre Vorahnung hinsichtlich der nicht automatisch erkannten Beziehung zwischen der neuen Tabelle und Ihrem Datenmodell zunächst einmal, und schließen Sie das PowerPivot-Fenster.

Ziehen Sie wider besseres Wissen das Feld *Name* aus der eingebundenen Texttabelle *09_PowerPivot_Subcategories.txt* in den Zeilenbereich der Pivottabelle, und ziehen Sie alle anderen dort eventuell noch vorhandenen Felder aus dem Bereich. Sie werden umgehend feststellen, dass in der Pivottabelle für jede Subkategorie ein Ergebnis ausgewiesen wird, das bei etwa 110 Mio. liegt. Das Ergebnis jeder Subkategorie entspricht exakt dem Gesamtergebnis aller Artikel in der Datenbank. Dies ist der fehlenden logischen Einbindung der neuen Tabelle und des Namensfeldes geschuldet.

Auf der rechten Seite des Bildschirms wird aber bereits angezeigt, dass im Datenmodell nicht alle Tabellen korrekt miteinander verbunden sind.

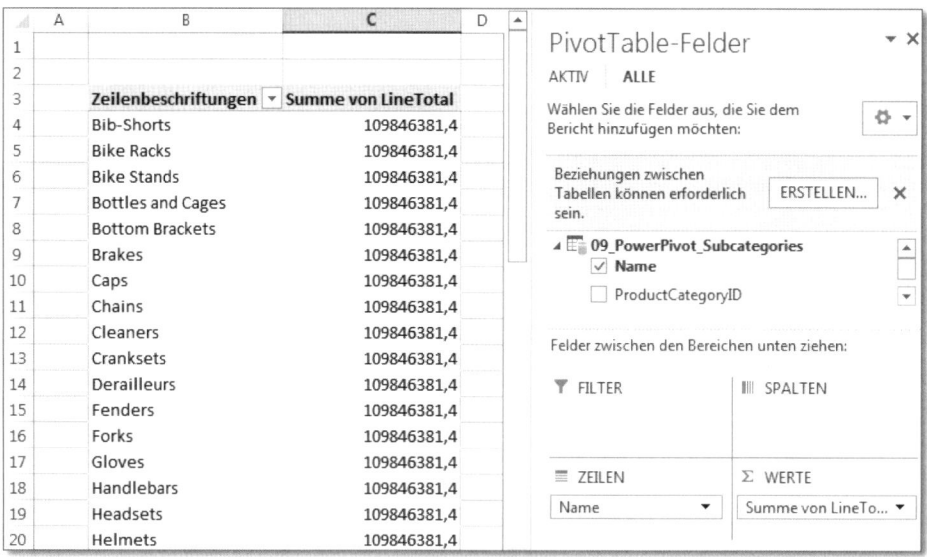

Abbildung 9.22 Hinweis auf die notwendige Erstellung einer logischen Beziehung zwischen Tabellen des Datenmodells

Klicken Sie auf den Schalter **Erstellen**, um den Fehler im Datenmodell zu beheben. Es erscheint eine Dialogbox auf dem Bildschirm, die Ihnen dazu Gelegenheit gibt.

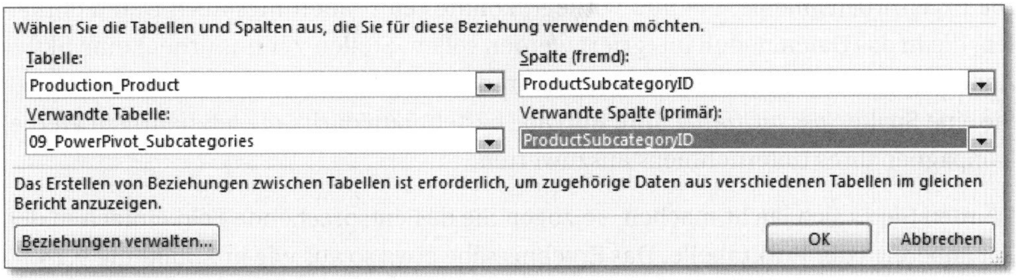

Wählen Sie die Tabellen und Spalten aus, die Sie für diese Beziehung verwenden möchten.

Tabelle:
Production_Product

Spalte (fremd):
ProductSubcategoryID

Verwandte Tabelle:
09_PowerPivot_Subcategories

Verwandte Spalte (primär):
ProductSubcategoryID

Das Erstellen von Beziehungen zwischen Tabellen ist erforderlich, um zugehörige Daten aus verschiedenen Tabellen im gleichen Bericht anzuzeigen.

Beziehungen verwalten...   OK   Abbrechen

Abbildung 9.23 Nachträglicher Aufbau einer logischen Beziehung zwischen Tabellen des Datenmodells

Von Ihrer Ausgangstabelle *Production_Product* muss die Beziehung in die Verwandte Tabelle *09_PowerPivot_Subcategories* gehen. Die Spalte, die beide Tabellen verbindet, ist jeweils *ProductSubcategoryID*. Sobald Sie auf **OK** klicken, wird nicht nur die Beziehung erstellt. Excel rechnet die Daten der Pivottabelle neu durch. Da nun die Subkategorien im Datenmodell bekannt sind, kann ihnen auch das korrekte Ergebnis zugeordnet werden.

Fazit: Die nachträgliche Einbindung von Daten in ein bestehendes Datenmodell folgt stets den gleichen Verfahren und Regeln. Sie öffnen das PowerPivot-Fenster des bestehenden Modells und fügen dort über **Home ▶ Datenmodell** eine Datenquelle hinzu. Anschließend prüfen Sie die logischen Beziehungen der Tabellen des Modells in der **Diagrammsicht**. Darin können Sie fehlende Beziehungen bereits vor Übergabe der Daten an Excel erstellen oder fehlerhafte bearbeiten. Sollten Sie dies einmal vergessen, weist Excel Sie bei der Erstellung der Pivottabelle auf solche Ungereimtheiten hin. Über den Schalter **Erstellen** korrigieren Sie den Einbindungsfehler am schnellsten.

9.9   Tabellen der Arbeitsmappe in das Datenmodell einbinden

Obwohl nun bereits ein einfaches Datenmodell und eine Pivottabelle zu seiner Auswertung entstanden sind, handelt es sich bei dem Ergebnis der bislang geleisteten Arbeit immer noch um eine Excel-Datei. Sobald Sie diese Datei speichern, wird auch der Datenbestand des Datenmodells aus PowerPivot mitgespeichert. Aufgrund eines sehr effizienten Komprimierungsverfahrens besitzen Excel-Dateien mit PowerPivot-Daten allerdings häufig nur einen Bruchteil der Dateigröße, die der Datenbestand in Form von reinen Excel-Tabellenblättern hätte.

Die Excel-Arbeitsmappe, die nun vorliegt, könnte selbst allerdings auch Daten enthalten, die in das Datenmodell integriert werden sollen. Stellen wir uns erneut eine fiktive Änderung der Auswertungsrichtung vor. In der Tabelle *Sales_SalesOrderDetail* finden Sie eine Spalte *SpecialOfferID*. Ihre Aufgabe besteht nun darin, die letztjährigen Werbekampagnen Ihres Unternehmens auszuwerten.

Würden Sie es sich leicht machen, so zögen Sie das entsprechende Feld einfach in den Zeilenbereich der Pivottabelle. Das Ergebnis sähe etwa so aus wie in Abbildung 9.24.

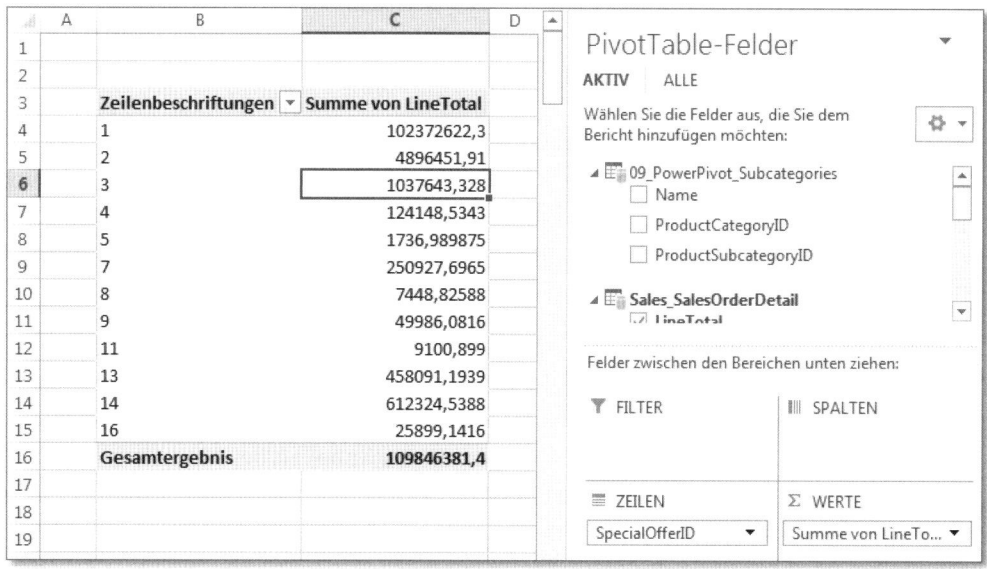

Abbildung 9.24 Kampagnenergebnisse nach numerischen Kampagnenkategorien

Wenn Ihre Teammitglieder und Vorgesetzten Sie aufgrund dieser Ergebnistabelle zum Enfant terrible der Datenanalyse küren würden, hätten Sie wenige Gegenargumente. Kampagnen-Codes, die niemand auf Anhieb versteht, unformatierte Zahlen – die Ergebnistabelle ist eine Zumutung!

Da es sich lediglich um zwölf Kampagnen handelt, wäre es allerdings eine Angelegenheit von wenigen Minuten, die Kampagnenbezeichnungen in einem Tabellenblatt der Arbeitsmappe zu erfassen, mit Erläuterungen zu ergänzen, um Sie dann in das Datenmodell zu integrieren. Okay, beginnen Sie mit der Rettung Ihres Images sofort! Öffnen Sie dazu die Datei *09_PowerPivot_EinbindungVerknüpfteTabelle_00.xlsx*.

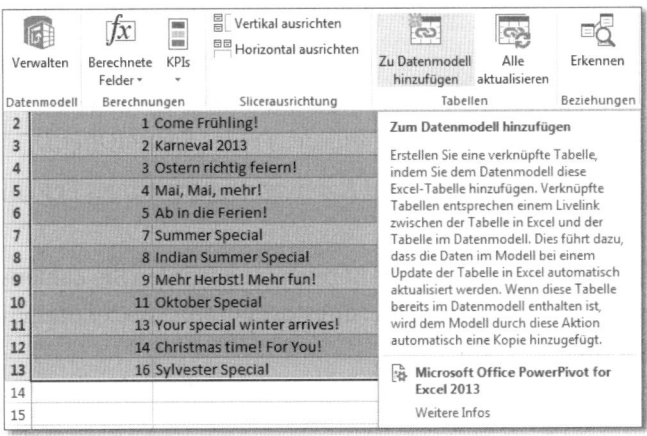

Abbildung 9.25 Hinzufügen einer verknüpften Tabelle

- Zunächst geben Sie die zwölf Kampagnen-IDs unter der Überschrift *SpecialOfferID* in ein leeres Tabellenblatt ein.

- Dann schreiben Sie die Titel der zwölf Kampagnen in Spalte B der Tabelle unter die Überschrift *Kampagnen*.

- Drücken Sie die Tastenkombination Strg + T, und wandeln Sie die Daten in eine dynamische Datentabelle um.

- Drücken Sie Strg + F3, um der Tabelle im **Namensmanager** den Namen »Kampagnen« zu geben.

- Positionieren Sie den Cursor in der Tabelle, und wählen Sie dann **PowerPivot ▸ Tabellen ▸ Zu Datenmodell hinzufügen**.

Abbildung 9.26 In ein Datenmodell eingebundene verknüpfte Excel-Tabelle

451

Nachdem Sie die Tabelle in das Datenmodell übernommen haben, stehen noch einige Nachbearbeitungen an:

- Rufen Sie die **Diagrammsicht** auf, und erstellen Sie eine Beziehung zwischen den Tabellen *Sales_SalesOrderDetail* und *Kampagnen* auf Basis des Feldes *SpecialOfferID*.

- Kehren Sie zu Excel zurück, und ziehen Sie das Feld *Kampagnen* als einziges Feld in den Zeilenbereich der Pivottabelle.

- Klicken Sie mit der rechten Maustaste in den **Werte**-Bereich, und wählen Sie **Zahlenformat** aus dem Kontextmenü. Ordnen Sie ein Währungsformat ohne Nachkommastellen zu, und klicken Sie auf **OK**.

Zeilenbeschriftungen	Summe von LineTotal
Ab in die Ferien!	1.737 €
Christmas time! For You!	612.325 €
Come Frühling!	102.372.622 €
Indian Summer Special	7.449 €
Karneval 2013	4.896.452 €
Mai, Mai, mehr!	124.149 €
Mehr Herbst! Mehr fun!	49.986 €
Oktober Special	9.101 €
Ostern richtig feiern!	1.037.643 €
Summer Special	250.928 €
Sylvester Special	25.899 €
Your special winter arrives!	458.091 €
Gesamtergebnis	**109.846.381 €**

Abbildung 9.27 Pivottabelle mit Kampagnentiteln aus der verknüpften Tabelle

9.10 Noch mehr Übersichtlichkeit herstellen

Sie erinnern sich, wir hatten bereits am Beginn der Arbeit mit PowerPivot die Möglichkeit genutzt, nicht benötigte Spalten auszublenden, um die Handhabung der Pivottabelle zu vereinfachen. Es ist absehbar, dass wir unser Datenmodell zukünftig immer wieder einmal um eine oder mehrere Tabellen erweitern werden. Auch ist zu erwarten, dass bestimmte Tabellen in den Hintergrund des Analyseinteresses treten werden – vielleicht nicht dauerhaft, aber doch für einen bestimmten Zeitraum.

Ist dies der Fall, dann wäre es vorteilhaft, ganze Tabellen – nicht nur einzelne Felder – aus dem Datenmodell auszublenden. Wir sollten uns eine typische Vorgehensweise dafür einmal genauer ansehen!

In der Datei *09_PowerPivot_RELATED_00.xlsx* wird die Tabelle *Production_ProductSubcategory* nur benötigt, um den Namen der Subkategorie in die Pivottabelle zu schreiben und auf dieser Basis die Auswertung durchzuführen. Die betreffende Tabelle ist mit *Production_Product* über das Feld *ProductSubcategoryID* verknüpft. Wenn es Ihnen gelänge, den Namen der Subkategorie mit einer Art Verweisfunktion in *Production_Product* zu bringen, dann könnten Sie die andere Tabelle und ihre störenden Felder vollständig ausblenden. Diese dazu benötigte Verweisfunktion heißt in PowerPivot RELATED().

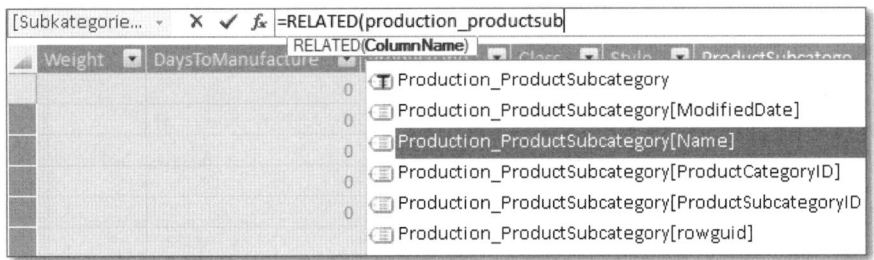

Abbildung 9.28 Direkteingabe der Funktion RELATED() in der Editierzeile von PowerPivot

- Wechseln Sie in das PowerPivot-Fenster.

- Fügen Sie an die Tabelle *Production_Product* eine neue Spalte an, indem Sie in die oberste Zeile die Überschrift *SubkategorieName* schreiben.

- Klicken Sie in die Editierzeile von PowerPivot, um die Funktion direkt einzugeben: =RELATED(Production_ProductSubcategory[Name]). Drücken Sie dann ⏎ .

- Um zu prüfen, ob die Bezeichnungen der Subkategorien übernommen wurden, sollten Sie den AutoFilter öffnen.

- Klicken Sie nun mit der rechten Maustaste auf das Register *Production_ProductSubcategory*, und wählen Sie **Aus Clienttools ausblenden**.

- Kehren Sie zu Excel zurück. Überzeugen Sie sich davon, dass die ausgeblendete Tabelle in der PivotTable-Feldliste nicht mehr angezeigt wird.

- Ziehen Sie dann das Feld *SubkategorieName* aus *Production_Product* als einziges Feld in den Zeilenbereich, um die Auswertung nach Subkategorien abzuschließen.

Vorteil für Sie: Die Anzahl der Tabellen bleibt konstant, und dennoch haben Sie Zugriff auf Teile der Daten einer nicht sichtbaren Tabelle.

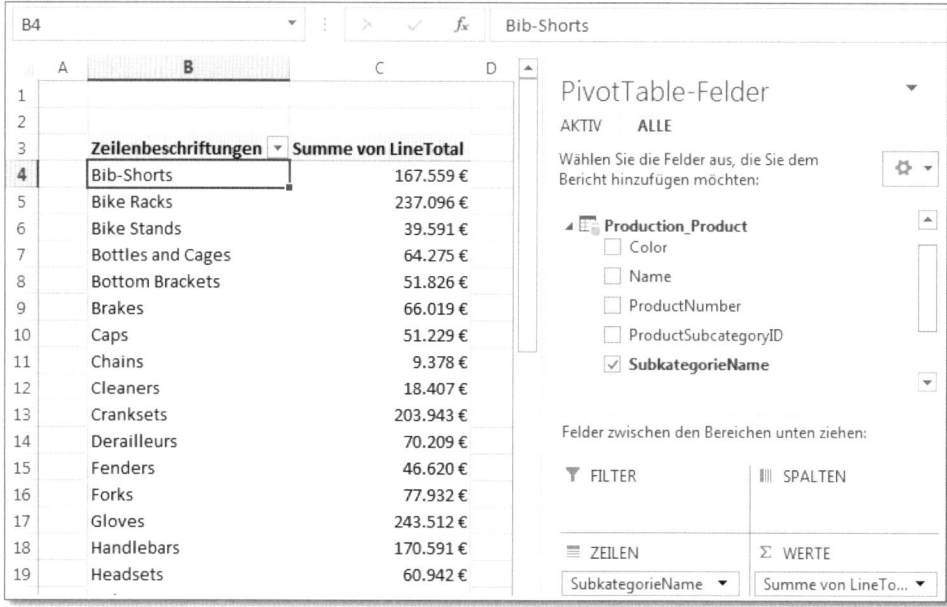

Abbildung 9.29 Einbindung der mit RELATED() eingebundenen Subkategorien

9.11   Berechnete Felder in PowerPivot-Tabellen verwenden

DAX-Funktionen haben Sie im bisherigen Datenmodell lediglich im PowerPivot-Fenster verwendet, um berechnete Spalten zu erstellen. Die Funktionen YEAR(), MONTH() und RE-LATED() sind nur einige wenige Beispiele für die Vielzahl von Einsatzmöglichkeiten. Doch auch in der Pivottabelle selbst können DAX-Funktionen zum Einsatz kommen. Dort tragen Sie den Namen **berechnete Felder** oder **Measures**.

Werden DAX-Funktionen in einer Pivottabelle verwendet, die auf einem PowerPivot-Datenmodell aufbaut, so entsprechen sie im weitesten Sinne dem, was in normalen Pivottabellen *Berechnete Felder* sind. Doch die berechneten Felder in PowerPivot-Tabellen leisten ungleich mehr und sind das Herzstück des riesigen Leistungsumfangs von PowerPivot:

- Während konventionelle *Berechnete Felder* nur mit einer Handvoll Excel-Funktionen realisierbar sind, bietet PowerPivot über 100 DAX-Funktionen.

- Konventionelle *berechnete Felder* liefern Ergebnisse auf Basis der sichtbaren Pivottabelle. DAX-Funktionen kalkulieren jedoch im Kontext der Pivottabelle und gegen die Daten der gesamten Datenbank, die in PowerPivot liegt.

- DAX-Funktionen verfügen über eine Reihe von bedingten Kalkulationsmöglichkeiten und auch Funktionen der Kategorie **Datum und Uhrzeit**. Diese werden unter dem Obergriff *Time Intelligence* zusammengefasst und ermöglichen komplexe zeitbezogene Auswertungen von großen Datenmengen.

- Schließlich arbeiten DAX-Funktionen mit einer weiteren PowerPivot-Spezialität perfekt zusammen: **KPI**s, eine Form der bedingten Formatierung, ermöglichen die Visualisierung der mit berechneten Feldern (**Measures**) ermittelten Ergebnisse.

Lassen Sie uns mit einem einfachen Beispiel beginnen, um zunächst die Besonderheiten bei der Eingabe von DAX-Funktionen kennenzulernen.

Öffnen Sie die Datei *09_PowerPivot_DAX_00.xlsx*. Bewegen Sie den Cursor in die Pivottabelle, und wählen Sie aus dem Menü **PowerPivot ▸ Berechnungen ▸ Berechnetes Feld ▸ Neues berechnetes Feld**. Es wird nun der Funktionsassistent angezeigt.

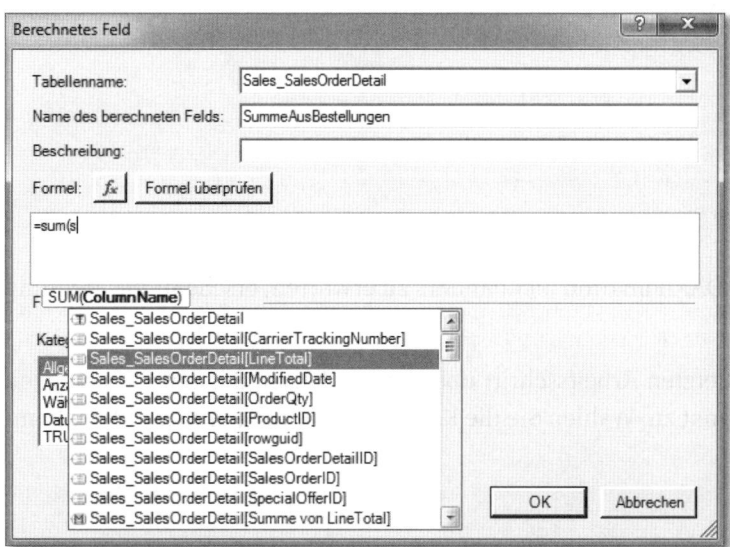

Abbildung 9.30 Funktionsassistent für die Eingabe von berechneten Feldern

Die erste Berechnung über eine DAX-Funktion soll sich lediglich auf die Bildung der Summe für die Spalte *LineTotal* beziehen. Diese Spalte ist Teil der Tabelle *Sales_SalesOrderDetail*. Wählen Sie diesen Tabellennamen aus dem Listenfeld **Tabellenname** aus. Dies hat zur Folge, dass das neue berechnete Feld auch in dieser Tabelle gespeichert wird.

Geben Sie in das Feld **Name des berechnetes Felds** einen aussagekräftigen Namen ein, z. B. »SummeAusBestellungen«.

Nun haben Sie zwei Möglichkeiten, die Summenfunktion einzugeben: Entweder klicken Sie auf die Schaltfläche **Funktion einfügen** und benutzen den Funktionskatalog, oder Sie geben die Funktion direkt über die Tastatur ein. Da alle Funktionen in englischer Sprache geführt werden, müssten Sie einfach nur sum tippen. Und da dies schneller geht, als sich durch den Katalog zu hangeln, sollten Sie diesen Weg wählen. Wie schon im PowerPivot-Fenster zeigt Ihnen Excel nach Eingabe der öffnenden Klammer und des Anfangsbuchstabens der Tabelle den Tabellennamen und alle darin enthaltenen Felder an.

Wählen Sie *Sales_SalesOrderDetail[LineTotal]* aus, und fügen Sie die schließende Klammer der Summenfunktion hinzu.

Bevor Sie weitermachen, sollten Sie in jedem Falle prüfen, ob die Syntax der Funktion korrekt ist. Dazu klicken Sie auf **Formel überprüfen**.

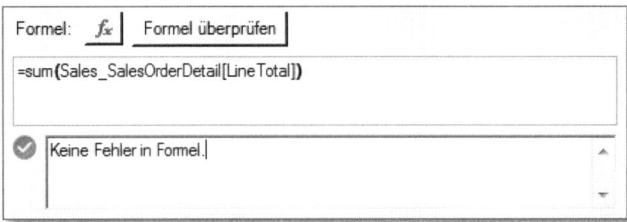

Abbildung 9.31 Ergebnis der Überprüfung einer DAX-Funktion

Wie bei einer einfachen DAX-Funktion nicht anders zu erwarten, erscheint die Meldung *Keine Fehler in Formel*.

Damit können Sie zum letzten Arbeitsschritt übergehen. Weisen Sie dem berechneten Feld noch ein Zahlenformat zu. Wählen Sie die Kategorie **Währung** und zwei Nachkommastellen.

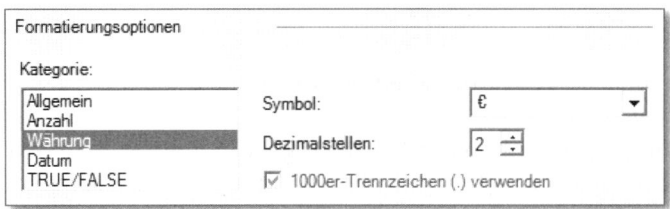

Abbildung 9.32 Zuweisen des Zahlenformats zu einem berechneten Feld

Klicken Sie abschließend auf **OK**, um das berechnete Feld in die Pivottabelle zu übernehmen.

Zwei Dinge werden nun geschehen: Das berechnete Feld wird in die Feldliste der Pivottabelle übernommen, und zwar in der Tabelle *Sales_SalesOrderDetail*. Außerdem wird das Feld automatisch in den **Werte**-Bereich der Pivottabelle gesetzt.

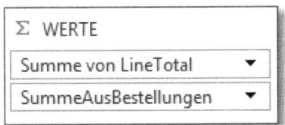

Abbildung 9.33 Berechnetes Feld im **Werte**-Bereich der Pivottabelle

9

Aggregieren mit DAX-Funktionen

Mag Ihnen das eingegebene Beispiel auch recht simpel vorkommen, so liefert es eine für DAX-Funktion geradezu elementare Erkenntnis: Aggregierfunktionen müssen sich immer auf eine Spalte beziehen. Idealerweise nehmen Sie nicht nur auf eine Spalte, sondern auf eine Tabelle und die darin enthaltene Spalte Bezug. DAX-Funktionen sind nicht in der Lage, mit Feldbezeichnungen allein zu rechnen. Gesetzt den Fall, Sie hätten eine Spalte *Brutto* und eine *Netto* und beabsichtigen, die Differenz zwischen beiden zu bilden. Dann würde `=[Brutto]-[Netto]` zu einem Fehler bei der Fehlerüberprüfung führen. Die korrekte Funktion müsste lauten: `=SUM(Tabellenname[Brutto])-SUM(Tabellenname[Netto])`. Auch die Berechnung eines Zuschlags von 2 % auf das Feld *Brutto* lässt sich nicht mit `= Tabellenname[Brutto]*0,02` ermitteln, aber mit `=SUM(Tabellenname[Brutto])*0,02`.

9.12   Bearbeiten von berechneten Feldern

Zugegeben, das berechnete Feld in unserem Beispiel liefert keine umwerfend neuen Erkenntnisse. Doch darum ging es in diesem ersten Anlauf auch nicht. Er sollte Sie mit der allgemeinen Bedienung von DAX-Funktionen vertraut machen. Die Notwendigkeit, berechnete Felder von Zeit zu Zeit zu bearbeiten, fällt auch noch in die Kategorie der allgemeinen Handhabung. Deshalb sollten wir uns auch diesen Punkt ansehen, bevor es weitergeht.

Öffnen Sie das Menü **PowerPivot ▸ Berechnungen ▸ Berechnete Felder**, und wählen Sie hier die Option **Berechnete Felder verwalten**.

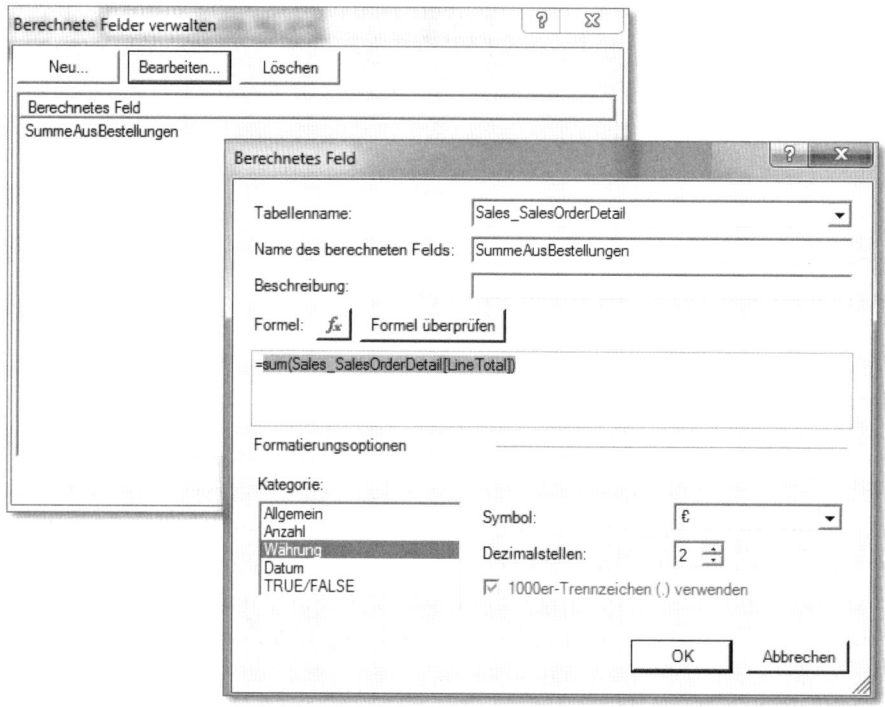

Abbildung 9.34 Bearbeitung bereits erstellter berechneter Felder

In der nun auf dem Bildschirm gezeigten Dialogbox werden Optionen angeboten, um berechnete Felder neu zu erstellen, zu löschen oder zu bearbeiten. Nachdem Sie das Feld **SummeAusBestellungen** angeklickt haben, gelangen Sie über **Bearbeiten** in den bereits bekannten Funktionsassistenten. Hier können Sie das berechnete Feld verändern. In diesem Beispiel soll es reichen, den Namen in »Gesamtergebnis« abzuändern. Klicken Sie dann auf **OK** und **Schließen**, um die Änderung zu übernehmen.

9.13 Bedingte Kalkulationen mit CALCULATE()

In einer Excel-Arbeitsmappe gehören die bedingten Kalkulationen mit Funktionen wie SUMMEWENNS() zu den wichtigsten Funktionen. PowerPivot verfügt über eine vergleichbare Superfunktion. Sie heißt CALCULATE(). Während SUM() einfach die Summe für ein angegebenes Feld berechnet, bietet CALCULATE() die Möglichkeit, Bedingungen in die Berechnung mit einzubeziehen. Nehmen wir an, Sie interessieren sich besonders für die Verkaufszahlen aller Produkte mit der Farbe Schwarz. So könnte Ihnen ebendiese Funktion entscheidend helfen.

Öffnen Sie die Datei *09_PowerPivot_CALCULATE_01.xlsx*, um die neue Funktion zu testen. Das Feld *LineTotal* befindet sich in der Tabelle *Sales_SalesOrderDetail*. Die Farbangaben zu den Produkten der Datenbank sind hingegen in der Tabelle *Production_Product* hinterlegt. Mit diesen Angaben sollte es gelingen, die Umsätze dieser Untermenge zu berechnen. Schon bei der Eingabe des Funktionsnamens im Funktionsassistenten zeigt Ihnen Excel Informationen zum Aufbau der DAX-Funktion an.

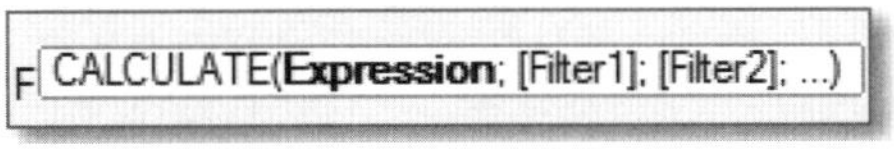

F CALCULATE(**Expression**; [Filter1]; [Filter2]; …)

Abbildung 9.35 Hinweis zu den Argumenten von CALCULATE()

Ausgangspunkt muss hier eine *Expression* sein, der Sie dann unter Umständen mehrere Filter hinzufügen. Eine *Expression* kann eine aggregierte Spaltenberechnung sein oder ein bereits aus Aggregieren entstandenes berechnetes Feld. Es ergeben sich also zwei Möglichkeiten, die bedingte Kalkulation für schwarze Produkte umzusetzen:

```
=CALCULATE(SUM(Sales_SalesOrderDetail[LineTotal]);
Production_Product[Color]="Black")
```

oder aber

```
=CALCULATE([Gesamtergebnis];Production_Product[Color]="Black")
```

Die zweite, kürzere Schreibweise ist möglich, da bereits ein berechnetes Feld mit dem Namen *Gesamtergebnis* für die betreffende Spalte existiert. Wählen Sie die zweite, kürzere Schreibweise zur Berechnung der ausgewählten Produkte. In Ihrer Pivottabelle

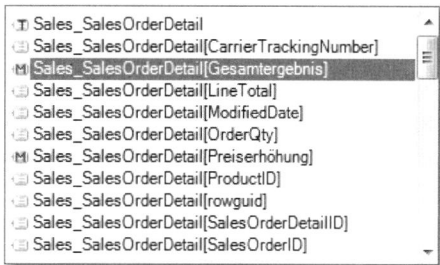

Abbildung 9.36 Direkthilfe bei der Auswahl von Feldern

sollten nun die Gesamtergebnisse und die Ergebnisse für Produkte mit der Farbe Schwarz nebeneinander angeordnet sein.

Abbildung 9.37 Mit CALCULATE() durchgeführte Berechnung eines Teildatenbestands

TIPP

CALCULATE() und andere Aggregierfunktionen

Im vorangegangenen Beispiel haben wir CALCULATE() im Zusammenhang mit der Funktion SUM() angewandt. Dies entspricht einem SUMMEWENN(). In der Praxis sind allerdings auch andere Kombinationen möglich wie beispielsweise die Berechnung einer bedingten Anzahl. Vorgehensweise: Berechnen Sie das Ergebnis eines Feldes der Pivottabelle mit COUNT(). Das dadurch entstandene berechnete Feld binden Sie in CALCULATE() ein und erhalten so die in Excel nicht verfügbare, fiktive Funktion *ANZAHLWENN()* bzw. *ANZAHLWENNS()*.

9.14   Anzahl unterschiedlicher Produkte in allen Bestellungen berechnen

Zum Abschluss dieser kurzen Übersicht über die Anwendung von DAX-Funktionen möchte ich eine Funktion vorstellen, die schon als *holy cow* der Vertriebsanalyse bezeichnet wurde und nach der auch immer wieder in Seminaren gefragt wird. Es ist die Ermittlung der Anzahl unterschiedlicher Produkte, die im Rahmen aller oder eines ausgewählten Anteils von Bestellungen verkauft wurden. Ein einfaches Zählen der Produktnummern oder Bezeichnungen in den Bestellungen würde bei dieser Fragestellung nicht ausreichen, da jede Menge Duplikate enthalten wären. Mit Hilfe der DAX-Funktion DISTINCT() ist PowerPivot jedoch in der Lage, ebendiese Aufgabe zu bewältigen. Öffnen Sie die Datei *09_PowerPivot_DISTINCT_00.xlsx*.

Die DAX-Funktion, die Sie zur Berechnung der unterschiedlichen Produkte verwenden sollten, sieht folgendermaßen aus:

```
=COUNTROWS(DISTINCT(Sales_SalesOrderDetail[ProductID]))
```

COUNTROWS(Table) bezieht sich auf eine Tabelle des Datenmodells und zählt dessen Zeilen. DISTINCT(ColumnName) greift auf eine Spalte zu und ermittelt deren eindeutige Einträge. Im Beispiel liefert die Kombination die Anzahl der unterschiedlichen Produkte der in der Pivottabelle verwendeten Filterbedingungen.

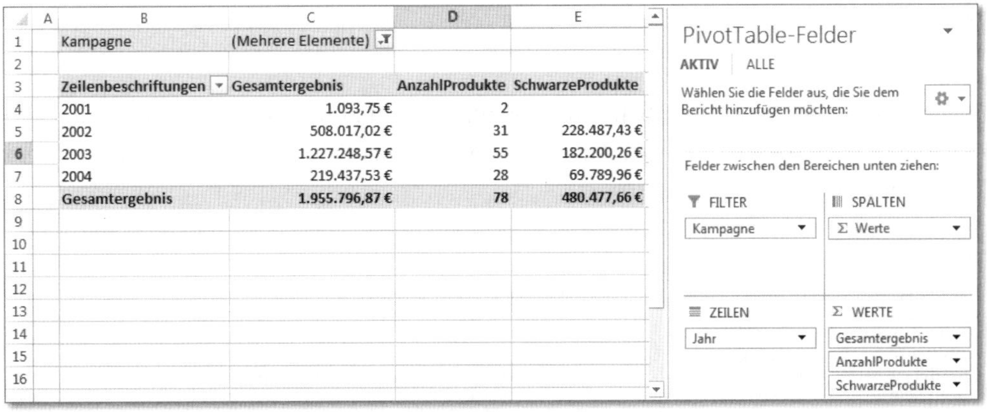

Abbildung 9.38 Berechnung der Anzahl unterschiedlicher Produkte für alle Bestellungen

Zu der Funktion gibt es sogar eine Verkürzung: =DISTINCTCOUNT(Sales_SalesOrderDetail[ProductID]). Die Funktion vereint beide Schritte in einem. Sie zählt die Werte in einer Spalte, jedoch nicht absolut, sondern die unterschiedlichen Eintragungen, keine Duplikate. Dies zeigt wieder einmal, dass es häufig nicht nur einen Weg ans Ziel gibt.

461

Wie dem auch sei. Wichtig ist zunächst, dass ein berechnetes Feld vielfach nur der Beginn einer ganzen Kaskade von weiteren Berechnungen ist. Dies lässt sich auch deshalb nicht umgehen, weil beispielsweise Kriterien in bedingten Kalkulationen nicht über Zellbezüge veränderlich gestaltet werden können. Die Bedingung ="Black" lässt sich nicht ersetzten durch =F10, damit sich PowerPivot wechselnde Farbangaben aus dieser Zelle holt. Stattdessen müssen Sie ein berechnetes Feld *BlaueProdukte* anlegen, wenn Sie diese Produktfarbe ebenfalls auswerten möchten. Hier ist die PowerPivot-Tabelle eben eine echte Pivottabelle und eine gegenüber der restlichen Excel-Umgebung abgeschlossene Welt.

In der Beispielsdatei sind noch einige weitere berechnete Felder möglich. Eine Auswahl:

Berechnetes Feld	DAX-Funktion
AnzahlProdukte-Schwarz	die Anzahl unterschiedlicher Produkte mit der Farbe Schwarz: `=CALCULATE(DISTINCTCOUNT(Sales_SalesOrderDetail[Produc-tID]);Production_Product[Color]="Black")`
Ergebnis (durchschn.)	der durchschnittliche Umsatz auf Basis unterschiedliche Produkte: `[Gesamtergebnis]/[AnzahlProdukte]`
Ergebnis schwarz (durchschn.)	der durchschnittliche Umsatz auf Basis unterschiedlicher schwarzer Produkte: `[SchwarzeProdukte]/[AnzahlProdukteSchwarz]`

In der abschließenden Pivottabelle wurden alle berechneten Felder in Bezug zu den verschiedenen Kampagnen gesetzt. Außerdem wurde das Feld *Jahr* im **Filter**-Bereich der Tabelle abgelegt.

Jahr	All ▼					
Zeilenbeschriftungen Ↄ	Gesamtergebnis	AnzahlProdukte	Ergebnis (durchschnittlich)	AnzahlProdukteSchwarz	SchwarzeProdukte	Ergebnis schwarz (durchschn.)
Mai, Mai, mehr!	124.148,53 €	16	7.759 €	5	41.009,26 €	8.202 €
Mehr Herbst! Mehr fun!	49.986,08 €	1	49.986 €			
Oktober Special	9.100,90 €	3	3.034 €	1	2.997,94 €	2.998 €
Ostern richtig feiern!	1.037.643,33 €	55	18.866 €	17	299.909,92 €	17.642 €
Summer Special	250.927,70 €	8	31.366 €	4	136.560,53 €	34.140 €
Sylvester Special	25.899,14 €	5	5.180 €			
Your special winter arrives!	458.091,19 €	10	45.809 €			
Gesamtergebnis	**1.955.796,87 €**	**78**	**25.074 €**	**21**	**480.477,66 €**	**22.880 €**

Abbildung 9.39 Die berechneten Felder in Bezug zu den Kampagnen der Vorjahres

Nehmen wir lediglich einige grundsätzliche Erkenntnisse aus dieser Tabelle mit. In den verschiedenen Kampagnen wurden ca. 1,95 Mio. Euro umgesetzt. 78 verschiedene Produkte waren dafür verantwortlich. In der Herbstkampagne war überhaupt nur ein Produkt für den Umsatz verantwortlich.

Schwarze Produkte verkauften sich nicht in allen Kampagnen. Insgesamt tragen sie aber fast zu einem Viertel zum Umsatz bei. Und immerhin waren 21 der 78 verkauften Produkte in den Kampagnen des Vorjahres schwarz.

9.15   Wie DAX-Funktionen arbeiten

Solange Sie einen flüchtigen Blick auf die Resultate werfen, müsste die Welt eigentlich noch in Ordnung sein. Ein einfacher und beliebter Plausibilitätstest könnte Sie allerdings beunruhigen: Markieren Sie in der Datei *09_PowerPivot_DISTINCT_01.xlsx* den Zellbereich D4 bis D15, dann erhalten Sie als Ergebnis in der Statuszeile den Wert 484, während die Zeile *Gesamtergebnis* der Pivottabelle als Ergebnis 266 anzeigt.

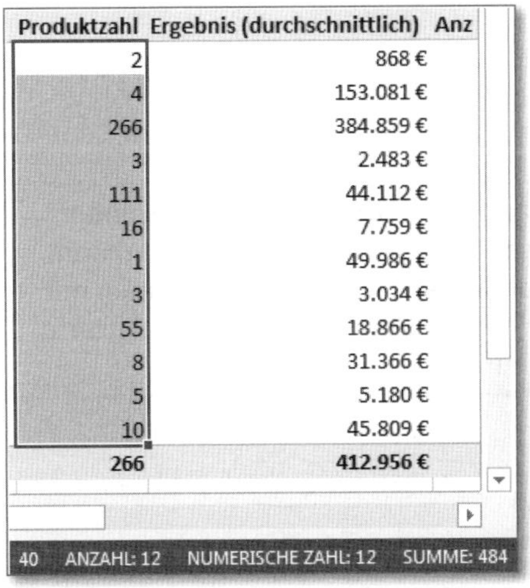

Produktzahl	Ergebnis (durchschnittlich)	Anz
2	868 €	
4	153.081 €	
266	384.859 €	
3	2.483 €	
111	44.112 €	
16	7.759 €	
1	49.986 €	
3	3.034 €	
55	18.866 €	
8	31.366 €	
5	5.180 €	
10	45.809 €	
266	412.956 €	

40   ANZAHL: 12   NUMERISCHE ZAHL: 12   SUMME: 484

Abbildung 9.40 Die Summe in der Tabelle stimmt nicht mit der Summe im markierten Zellbereich überein.

Dies ist nur dadurch erklärbar, dass sich die Ergebniszeile nicht auf die darüberliegenden Zeilen der Pivottabelle bezieht, sondern auf die gesamte Tabelle *Sales_SalesOrderDetail* der Datenbank im PowerPivot-Fenster. In dieser Tabelle sämtlicher Bestellungen werden insgesamt 266 unterschiedliche Produkte ausgewiesen. In den verschiedenen Kampagnen hingegen wurden unterschiedlich viele Produkte abgesetzt. Die Zahl reicht von 1 (*Mehr Herbst! Mehr fun!*) bis 266 (*Come Frühling!*). Diese einzelnen Werte aus den Kampagnen zu addieren wäre falsch, obwohl die Einzelergebnisse korrekt sind.

Um auszuschließen, dass es sich hier um unglückliche Umstände handelt, die Ihnen die Resultate verhageln, setzen Sie die Arbeit an der PowerPivot-Tabelle mit einem Test fort. Es wird dann immer klarer, dass Tabellen, die aus PowerPivot heraus gebildet werden, gänzlich anders rechnen als konventionelle Pivotabellen. Setzen Sie beispielsweise einen Filter auf das Jahr 2004, und nehmen Sie *Come Frühling!* aus der Kampagnenliste. Das Resultat in *Gesamtergebnis* wird in vier der sechs Spalten Ihrer Pivotabelle von der einfachen Summe der angezeigten Daten abweichen. Aber dennoch – und das ist entscheidend – ist jedes einzelne Ergebnis in den Zellen korrekt.

PowerPivot-Tabelle	Pivotabelle
Die Ergebnisse berechneter Felder werden in dieser Reihenfolge ermittelt: – gesetzte Filterkriterien prüfen – Filterfunktion in den Rohdaten anwenden (z. B. Jahresauswahl, Kampagnenauswahl) – jedes einzelne berechnete Feld berechnen und das Ergebnis in die Pivotabelle schreiben	Berechnete Felder werden zeilenweise in Bezug auf die (sichtbaren) Daten der Pivotabelle kalkuliert.
Ergebniszeile bildet nicht die Summe der Felder einer Spalte, sondern die Summe der gefilterten Rohdaten.	Gesamtergebnisse (zeilen- und spaltenweise) beziehen sich auf den sichtbaren Inhalt der Pivotabelle und stimmen mit der Summe, Anzahl etc. der Einzelwerte überein.

Tabelle 9.1 PowerPivot-Tabelle vs. Pivotabelle

9.16 Datenschnitte

Ein weiteres Merkmal der PowerPivot-Tabelle fällt Ihnen sicherlich sehr schnell auf: Es ist recht unhandlich, die Tabelle über die Listenfelder zu steuern. Dies fällt besonders beim Reportfilter auf. Jedes Mal, wenn Sie ein anderes Jahr wählen möchten, müssen Sie die Mehrfachanzeige öffnen, die alte Auswahl deaktivieren, die neue aktiveren und **OK** zur Bestätigung klicken. Nervend!

Wenn Sie jedoch die großen Neuerungen von Excel in den vergangenen Versionen Revue passieren lassen –

- Erweiterung auf eine Million Zeilen im Tabellenblatt

- dynamische Datentabellen mit der Adressierungsform Tabelle1[Spalte XY]

- Einführung von **Datenschnitten**

dann schwant Ihnen schon, wie das oben beschriebene Manko wohl behoben werden könnte.

Wie auch die anderen beiden Änderungen finden die **Datenschnitte** ihre eigentliche Bedeutung in einer PowerPivot-Tabelle.

Öffnen Sie die Datei *09_PowerPivot_Datenschnitte_00.xlsx*. Bewegen Sie den Cursor in die Pivottabelle, und wählen Sie **Pivottable-Tools ▸ Analysieren ▸ Filtern ▸ Datenschnitt einfügen**.

Aus allen aktiven Tabellen werden Ihnen nun Felder für den Datenschnitt angeboten. Wählen Sie Felder aus zwei verschiedenen Tabellen: *Jahr* und *Kampagne*. Klicken Sie dann auf **OK**.

Nachdem Sie die Datenschnitte über die **Datenschnitttools** konfiguriert und auf dem Tabellenblatt positioniert haben, könnte das Ergebnis in etwa so aussehen wie in Abbildung 9.41. Es stellt bereits eine erhebliche Vereinfachung bei der Bedienung dar. Zudem zeigt es Ihnen an, welche Kampagnen in einem Jahr nicht umgesetzt wurden. Diese werden ausgegraut dargestellt.

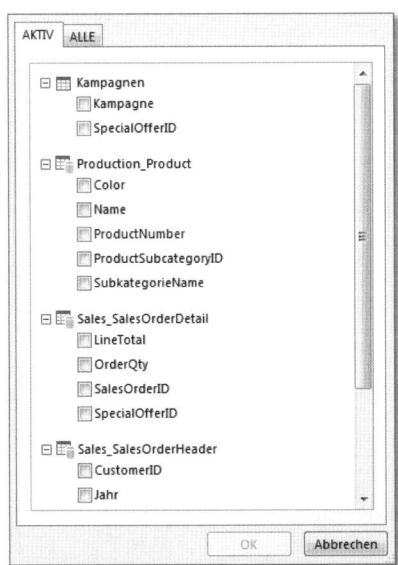

Abbildung 9.41 Vereinfachte Bedienung durch Datenschnitte

Jahr		2004	.T				
Zeilenbeschriftungen	Gesamtergebnis	Produktzahl	SchwarzeProdukte	AnzahlProdukteSchwarz			
Ab in die Ferien!	1.097,62 €	1	1.097,62 €	1			
Karneval 2013	1.268.607,26 €	53	314.196,73 €	12			
Mai, Mai, mehr!	24.855,61 €	4	5.606,20 €	2			
Ostern richtig feiern!	168.682,78 €	23	64.183,76 €	6			
Sylvester Special	25.899,14 €	5					
Gesamtergebnis	1.489.142,41 €	58	385.084,31 €	12			

Jahr	Kampagne	
2001	Ab in die Ferien!	Come Frühling!
2002	Karneval 2013	Mai, Mai, mehr!
2003	Ostern richtig feiern!	Sylvester Special
2004	Christmas time! For You!	Indian Summer Special
	Mehr Herbst! Mehr fun!	Oktober Special
	Summer Special	Your special winter arrives!

Abbildung 9.42 Steuerung der Ergebnistabelle über zwei Datenschnitte

Doch die Datenschnittnutzung in PowerPivot geht noch weiter. Datenschnitte sind ein Werkzeug, um – wenn nötig – mehrere Tabellen gleichzeitig zu steuern. Oder genau umgekehrt: Sie können entscheiden, dass die Steuerung einer Auswertung auf eine bestimmte Auswahl von Tabellen beschränkt werden soll. Dies überprüfen Sie, indem Sie zurück zum PowerPivot-Fenster gehen. Über **Home ▸ PivotTable** haben Sie Zugriff auf diverse Berichtsformate.

Probieren Sie hier die Option **Diagramm und Tabelle (horizontal)** aus, und fügen Sie beide Komponenten des Reports in ein neues Tabellenblatt ein. Es könnten Sie zwei relativ unterschiedliche Betrachtungsweisen interessieren. Im Diagramm auf der linken Seite hätten Sie gerne das Ergebnis der Preiserhöhungen im **Werte**-Bereich. In den Zeilenbereich ziehen Sie das Feld *Color*, da Sie immer noch den Absatzchancen unterschiedlicher Farben nachgehen. Da die Auswirkungen der Preiserhöhungen eigentlich nur in Bezug auf das letzte Jahr Bedeutung haben, ziehen Sie noch das Feld *Jahr* in den **Filter**-Bereich.

Abbildung 9.43 Auswahl eines Berichtslayouts im PowerPivot-Fenster

Danach klicken Sie in den Platzhalter der Tabelle auf der rechten Seite. Auch hier ziehen Sie das Feld *Color* in den Zeilenbereich. Doch Sie möchten in der Tabelle die Gesamtumsätze sehen. Das erreichen Sie mit *LineTotal* im **Werte**-Bereich. Allerdings würden Sie gerne auch den Bezug zu den Kampagnen herstellen. Darum legen Sie dieses Feld im **Filter**-Bereich ab.

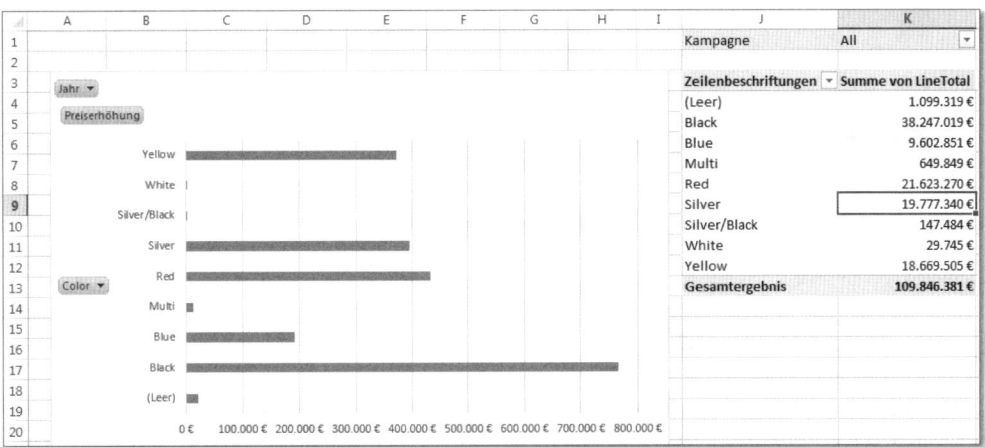

Abbildung 9.44 Zwei Komponenten des Berichts mit unterschiedlichen Inhalten

Fügen Sie nun den **Datenschnitt** hinzu. Er soll lediglich das Feld *Color*, das in beiden Komponenten des Berichts vorkommt, enthalten. Um die Verbindung zu beiden Komponenten herzustellen, klicken Sie auf **Datenschnitttools ▸ Optionen ▸ Berichtsverbindungen**. Um auch die zweite Komponente mit dem Datenschnitt *Color* zu steuern, aktivieren Sie das entsprechende Kontrollkästchen.

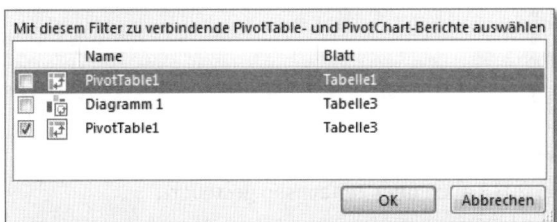

Abbildung 9.45 Verbindungen zwischen Datenschnitt und Komponenten des Pivotberichts werden individuell konfiguriert.

Umgekehrt ist es Ihnen möglich, nun weitere Datenschnitte zuzuordnen, die nur auf eine Komponente ausgerichtet sind. Denkbar wären hier ein Datenschnitt *Jahr* für das Diagramm und ein weiterer mit dem Feld *Kampagne* für die Tabelle.

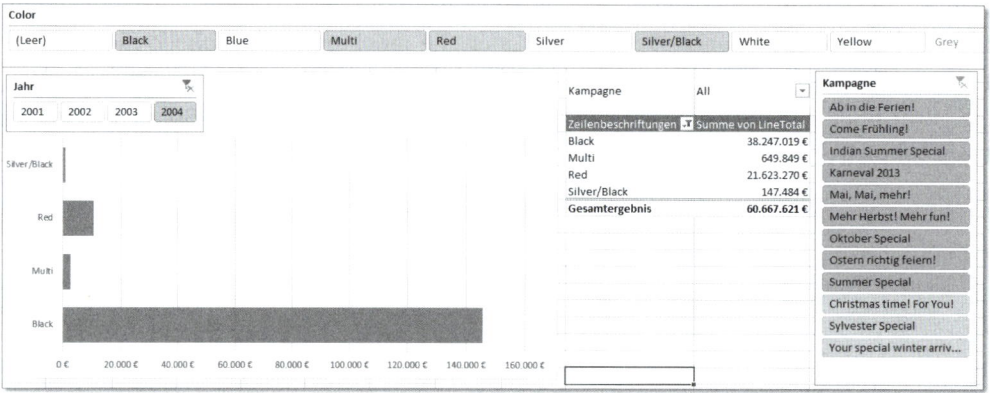

Abbildung 9.46 Eine Kombination eines Datenschnitts für alle und solche für jeweils eine Tabelle

9.17 Zeitachsen einfügen

Doch kehren wir zurück zu einer eindimensionalen Auswertung. Öffnen Sie die Datei *09_PowerPivot_Zeitachse_00.xlsx*. Darin sehen Sie lediglich die Pivottabelle der Umsätze nach Kampagnen. Wie Sie bereits gesehen haben, ist eine Auswahl der Daten nach Jahren und Monaten möglich, wenn Sie über berechnete Spalten im PowerPivot-Fenster entsprechende Felder schaffen.

Mit der neuen Funktion der **Zeitachsen** wäre dies auch möglich gewesen. Über **Pivottable-Tools ▸ Analysieren ▸ Filtern ▸ Zeitachse einfügen** gelangen Sie zu dieser Funktion.

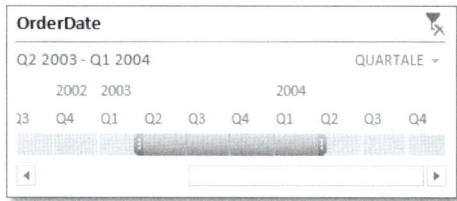

Abbildung 9.47 Pivottabellen werden in Excel 2013 auch über **Zeitachsen** gesteuert.

Eine automatische Erkennung bietet Ihnen das Datumsfeld *OrderDate* als Basis für die **Zeitachse** an. Nachdem Sie die Anzeige bestätigt haben, wird ein Bedienungselement auf der Excel-Oberfläche platziert. Es verfügt nicht über die Schaltflächen der Datenschnitte, sondern weist Schieberegler auf, mit denen Sie einen Zeitbereich bestimmen.

Nehmen wir einfach an, Sie benötigen nicht das Kalenderjahr, aber stattdessen ein abweichendes Wirtschaftsjahr. Die **Zeitachse** wäre in diesem Falle hilfreich. Ziehen Sie also den blauen Regler mit der Maus vom Anfang des zweiten Quartals 2003 bis zum Anfang des zweiten Quartals 2004, um diesen Zeitraum festzulegen. In der Pivottabelle sehen Sie umgehend die berechneten Ergebnisse für diesen Zeitraum.

Hinsichtlich der Konfiguration weisen **Zeitachsen** einige Ähnlichkeiten mit Datenschnitten auf. Sie verfügen über ein eigenes Kontextmenü, die **Zeitachsentools**. Darin definieren Sie Farbeinstellungen, Größe, aber auch die Verbindung des Steuerungstools zu der oder den Pivottabellen. Darüber hinaus bietet ein kleines Listenmenü rechts oben in der **Zeitachse** die Auswahl der angezeigten Intervalle mit den Optionen Jahre, Quartale, Monate und Tage.

9.18 KPI

Bislang sind mit Ausnahme des Pivotdiagramms sämtliche Ergebnisse in tabellarischer Form dargestellt worden. PowerPivot bietet allerdings auch eine weitere Funktion zur Visualisierung von Ergebnissen: KPI (*Key Performance Indicator*). Im Grundsatz ist bei PowerPivot darunter ein Tool zu verstehen, mit dem einem berechneten Feld ein Zielwert zugeordnet werden kann. Je nach Erfüllungsgrad werden dann die Felder der PowerPivot-Tabelle mit den aus der bedingten Formatierung bekannten Symbolsätzen formatiert.

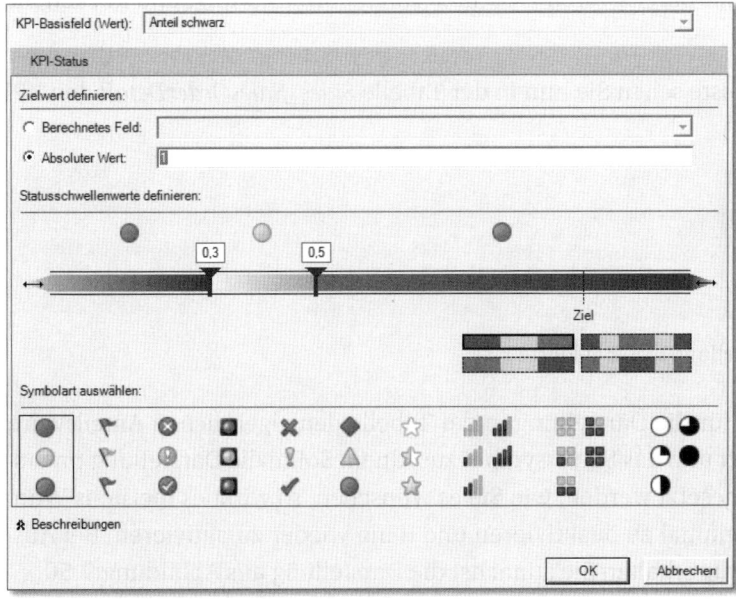

Abbildung 9.48 Dialogbox zur Konfiguration eines KPI

Gehen wir von den Ergebnissen der vorangegangenen Auswertungen aus. Dort haben Sie ermittelt, dass Produkte mit der Farbe Schwarz etwa ein Viertel der Umsätze in den verschiedenen Kampagnen ausmachen. Sie haben bereits im Vorjahr Zielwerte für den Anteil dieser Produktgruppe an den Kampagnen festgelegt. Entsprechend dieser Vorgabe ist ein Anteil von 30 % schwarzer Produkte am Gesamtergebnis einer Kampagne als eher kritisch zu bewerten. Liegt der Wert zwischen 30 und 50 %, ist dies okay. Aber erst ab 50 % Anteil haben Sie Ihre Vorgaben wirklich erreicht.

Wie könnten Sie dies mit einer Ampelformatierung und einem KPI umsetzten? Öffnen Sie die Datei *09_PowerPivot_KPI_00.xlsx*. Darin ist bereits ein berechnetes Feld mit der Bezeichnung *Anteil schwarz* vorhanden. Ihm liegt folgende Berechnung zu Grunde:

```
=[AnzahlProdukteSchwarz]/[Produktzahl]
```

Wählen Sie aus dem Menü die Option **PowerPivot ▸ KPI ▸ Neuer KPI**. In der sich öffnenden Dialogbox geben Sie die folgenden Angaben ein:

- Unter **KPI-Basisfeld (Wert)** wählen Sie das berechnete Feld **Anteil schwarz**.

- Klicken Sie die Option **Absoluter Wert** an, und geben Sie den Wert 1 an; dies entspricht einem Maximalwert von 100 % bei der Anteilsberechnung.

- Verschieben Sie die erste Marke auf die Position 0,3 oder 30 % und die zweite auf 0,5 oder 50 %.

- Belassen Sie es bei der bereits voreingestellten Ampelformatierung, und klicken Sie auf **OK**.

In der PowerPivot-Feldliste sehen Sie nun in der Tabelle *Sales_SalesOrderDetail* den KPI und seine Einzelheiten.

Abbildung 9.49 KPI-Darstellung in der Feldliste

Wahlweise können Sie für die Darstellung in der Tabelle den eigentlichen Anteilswert, den definierten Zielwert und das Statussymbol zuordnen. Sollte die Darstellung im ersten Anlauf nicht so umgesetzt werden, wie Sie es wünschen, so wirkt es meistens Wunder, die Option **Status** einmal zu deaktivieren und dann wieder zu aktivieren. Bei Auswahl von **Wert** und **Status** erhalten Sie zunächst die Darstellung aus Abbildung 9.50.

Jahr	All	▾	

Zeilenbeschriftungen ▾	Anteil schwarz	Anteil schwarz Status
Ab in die Ferien!	100,0%	⬤
Come Frühling!	29,7%	⬤
Indian Summer Special	33,3%	◯
Karneval 2013	32,4%	◯
Mai, Mai, mehr!	31,3%	◯
Oktober Special	33,3%	◯
Ostern richtig feiern!	30,9%	◯
Summer Special	50,0%	⬤
Gesamtergebnis	**29,7%**	◯

Abbildung 9.50 Anzeige des KPI in der PowerPivot-Tabelle

Einige Verbesserungen bieten sich jedoch noch an:

- Blenden Sie über einen Mausklick in die Tabelle und **PivotTable-Optionen ▶ Summen & Filter** die Ergebniszeile für Spalten aus.
- Ändern Sie die Überschrift in »Status«.
- Zentrieren Sie die Ampelsymbole.
- Reduzieren Sie die Spaltenbreite.

Die fertige Auswertung sieht schließlich so aus wie in Abbildung 9.51:

Zeilenbeschriftungen ▾	Anteil schwarz	Status
Ab in die Ferien!	100,0%	⬤
Come Frühling!	29,7%	⬤
Indian Summer Special	33,3%	◯
Karneval 2013	32,4%	◯
Mai, Mai, mehr!	31,3%	◯
Oktober Special	33,3%	◯
Ostern richtig feiern!	30,9%	◯
Summer Special	50,0%	⬤

Abbildung 9.51 KPI nach abschließender Formatierung

10   Excel als Planungswerkzeug

Strategische und operative Planungsaufgaben unterstützt Excel mit zahlreichen Funktionen. In diesem Kapitel finden Sie die wichtigsten Instrumente dafür. Wenn es um die Planung von Projekten oder unternehmerischen Maßnahmen geht, kommt einem Excel nicht zwangsläufig als das Programm der ersten Wahl in den Sinn. Projektmanagementsoftware, diverse Visualisierungstools oder Programme mit Formular- oder Workflow-Unterstützung scheinen für solche Aufgaben besser geeignet. Das sind sie zumeist auch.

Dennoch setzen viele Anwender in der Praxis Excel bei Planungsaufgaben ein, da das Programm verfügbar und bekannt ist, eine enorme Flexibilität bietet und – vor allem – auch für Planungsaufgaben häufig ungeahnte Möglichkeiten und Funktionen bietet. Deshalb ist es in diesem Kapitel an der Zeit, solche Optionen näher zu betrachten.

Auf den folgenden Seiten werden Sie ausführliche Informationen dazu finden, wie Sie Excel

- bei der strategischen Planung etwa im Rahmen der Wettbewerber-, Portfolio- und Stärken-Schwächen-Analyse einsetzen
- und wie Sie das Programm bei der operativen Planung unterstützt.

Folgende operative Instrumente werde ich ausführlich vorstellen:

- Absatz- und Umsatzplanung
- Liquiditätsplanung
- Personalplanung
- Verfahren zur Erstellung von Prognosen

Dies ist eine umfangreiche Themenliste. Lassen Sie uns also keine Zeit verlieren und sofort in die Thematik einsteigen.

10.1   Wettbewerberanalyse

Um sich im Wettbewerb zu behaupten, müssen Sie Ihre Wettbewerber – besser noch – deren Stärken und Schwächen kennen. Damit Sie Ihre Position und die Potenziale Ihres Unternehmens sachlich einordnen können, benötigen Sie ein Bewertungsverfahren, das die Realität am Markt möglichst objektiv abbildet: Sie benötigen eine Wettbewerber-analyse.

		Gewichtung	Wettbewerber 1 XY GmbH		Wettbewerber 2 ABC GmbH		Wettbewerber 3 GEF AG		Wettbewerber 4 OPQ GmbH	
	Sortiment	7	+0	0	+0	0	+2	14	+1	7
	Verfügbarkeit	5			+1	5	+1	5	+1	5
Produkte	Technischer Stand	9	Hinweis! Bitte wählen Sie einen Wert zwischen -3 und +3 aus der Liste!		-1	-9	+1	9	-1	-9
und	Innovationsgrad	3			-1	-3	-1	-3	+1	3
Dienstleistungen	Zuverlässigkeit	9			+0	0	+0	0	+1	9
	Produktqualität	10			+0	0	+1	10	-1	-10
				12		-7		35		5
	Marketing	6	-1	-6	+1	6	+1	6	+1	6
	Preis-Leistungs-Verhältnis	6	-1	-6	+1	6	+0	0	+0	0
Marketing	Technischer Service	4	+1	4	+0	0	-1	-4	+1	4
	Beschwerdemanagement	7	-1	-7	-1	-7	+1	7	-2	-14
	Zielgruppenorientierung	5	-1	-5	+0	0	-1	-5	+0	0
				-20		5		4		-4
	Kompetenz	8	-1	-8	+0	0	+2	16	-1	-8
Management	Motivation	7	+1	7	+0	0	+0	0	+1	7
und	Fluktuation	5	-1	-5	+1	5	-1	-5	+1	5
Personal	Fortbildungsangebot	4	+0	0	+1	4	+1	4	-2	-8
	Führungsstil	5	+0	0	-1	-5	+0	0	-1	-5
		100		-6		4		15		-9

Abbildung 10.1 Wettbewerberanalyse mit Datenüberprüfungen

Das Vorgehen bei solch objektivierenden Analysen von zumindest teilweise subjektiven Bewertungen gleicht sich fast immer:

- Zunächst legen Sie Ihre Kriterienbereiche und einige Bewertungskriterien fest.

- Dann formulieren Sie konkrete Fragen in den einzelnen Kriterienbereichen.

- Anschließend definieren Sie die konkreten Ausprägungen zur Bewertung der Frage-stellungen, z. B. sehr gut, gut, durchschnittlich …

- Für jede Ausprägung bestimmen Sie einen numerischen Wert, z. B. von 1 bis 6.

- Schließlich gewichten Sie die Kriterienbereiche. Die Summe Ihrer Gewichtungs-punkte ergibt dabei immer 100.

- Nachdem Sie diesen Bewertungsrahmen entworfen haben, beginnen Sie mit der Analyse der Wettbewerber. Sie arbeiten die festgelegten Kriterien ab und wählen die aus Ihrer Sicht zutreffenden Bewertungen.

- Nach der Beantwortung aller Fragen multiplizieren Sie die Ausprägungswerte mit der Gewichtung, und aus allen Werten bilden Sie die Gesamtsumme für jedes analy-sierte Konkurrenzunternehmen.

- Durch den Vergleich der Gesamtergebnisse aller Wettbewerber (und des eigenen Unternehmens) bilden Sie abschließend eine Rangfolge der verglichenen Unter-nehmen.

10.1.1 Datenüberprüfungen im Bewertungsformular

Um eine Wettbewerberanalyse in Excel zu erstellen, benötigen Sie als Erstes ein Eingabeformular. Wie immer gilt es, Eingabefehler beim Erfassen der Antworten zu vermeiden. Fehleingaben in dieses Formular verhindern Sie, indem Sie durch die Verwendung von **Datenüberprüfungen** sicherstellen, dass nur die von Ihnen vorgegebenen Ausprägungswerte verwendet werden können.

Der Übersichtlichkeit halber sollten Sie die Liste der zulässigen Werte in einem separaten Tabellenblatt anlegen und eine Texterläuterung für jeden Wert danebenschreiben. In der Datei *10_Wettbewerberanalyse_01.xlsx* finden Sie eine solche Vorgabeliste im Tabellenblatt *Codierung* (Abbildung 10.2).

	A	B
1	**Der Wettbewerber ist ...**	
2	3	... wesentlich besser
3	2	... besser
4	1	... ein wenig besser
5	0	... vergleichbar
6	-1	... ein wenig schlechter
7	-2	... schlechter
8	-3	... wesentlich schlechter

Abbildung 10.2 Ausprägungen für die Bewertungskriterien

Sie haben prinzipiell zwei Möglichkeiten, die Werte der Datenausprägung im Eingabeformular zu hinterlegen. Bei der ersten Variante wechseln Sie in das Eingabeformular *Wettbewerberanalyse_I* und markieren dort die Zellen D4 bis D9. Danach rufen Sie die Funktion **Daten ▸ Datentools ▸ Datenüberprüfung ▸ Datenüberprüfung** auf. In der Dialogbox wählen Sie unter **Zulassen:** die Option **Liste**. Im Feld **Quelle** geben Sie die Ausprägungswerte -3;-2;-1;0;1;2;3 an. Achten Sie darauf, jeden Wert mit einem Semikolon vom nächsten zu trennen.

Diese Vorgehensweise hat den Vorzug, dass sie schnell, quasi ohne Vorbereitung, umgesetzt werden kann. Der Nachteil ist, dass das Verfahren intransparent ist. Um zu sehen, welche Werte verwendet werden, müssen Sie die Werteliste oder gar die Datenüberprüfung selbst öffnen. Und so ist es auch, wenn Sie die Werte verändern möchten.

10.1.2 Bereichsnamen der Codierung

Die zweite Variante bei der Vorgabe von erlaubten Werten in einer Datenüberprüfung besteht darin, die Werte direkt aus der Liste im Tabellenblatt *Codierung* zu übernehmen.

Da sich die Werte der Datenausprägungen in einem anderen Tabellenblatt als dem Eingabeformular (*Wettbewerberanalyse_I*) befinden, müssen Sie allerdings zunächst einen Bereichsnamen definieren. Markieren Sie zu diesem Zweck die Zellen, in denen im Tabellenblatt *Codierung* die Datenausprägungen stehen. Geben Sie dann einen Bereichsnamen in das **Namenfeld** links neben der Editierzeile ein.

Anschließend wechseln Sie in das Tabellenblatt *Wettbewerberanalyse_I* und markieren dort die Zellen D4 bis D9. Rufen Sie die Datenüberprüfung auf. Nachdem Sie die Option **Liste** im Feld **Zulassen:** ausgewählt haben, positionieren Sie den Cursor im Feld **Quelle**. Mit [F3] lassen Sie sich die Liste der verfügbaren Bereichsnamen anzeigen und wählen den zuvor definierten Namen aus.

10.1.3 Kopieren der Datenüberprüfungen

Die Vorgaben aus der Datenüberprüfung müssen neben dem Zellbereich D4 bis D9 in insgesamt 11 weiteren Zellbereichen des Eingabeformulars verwendet werden. Dabei ist es von Vorteil, dass alle Zellen des Formulars noch leer und alle Zellbereiche gleich groß sind. Die Datenüberprüfungen können Sie in diesem Fall mit einem normalen Kopiervorgang in die zusätzlichen Eingabebereiche übertragen.

Markieren Sie also die Zellen D4 bis D9, und kopieren Sie ihren Inhalt in die Zwischenablage. Halten Sie die Taste [Strg] fest, und markieren Sie sämtliche Zellbereiche des Eingabeformulars, in denen die Vorgabewerte verwendet werden sollen. Fügen Sie dann den Inhalt der Zwischenablage mit [Strg] + [V] ein.

Erweiterung von Datenüberprüfungen

Wenn Sie eine einmal definierte Datenüberprüfung auf andere Zellen übertragen möchten und die Zellbereiche unterschiedlich groß sind, gehen Sie am besten folgendermaßen vor:

1 Markieren Sie die Zellen, in denen sich die Datenüberprüfung befindet, und alle Zellbereiche, auf die Sie die Datenüberprüfung erweitern möchten.

2 Wählen Sie **Daten ▸ Datentools ▸ Datenüberprüfung ▸ Datenüberprüfung**.

3 Die Frage, ob die Datenüberprüfung auch auf die zusätzlichen Zellen übertragen werden soll, beantworten Sie mit **Ja**.

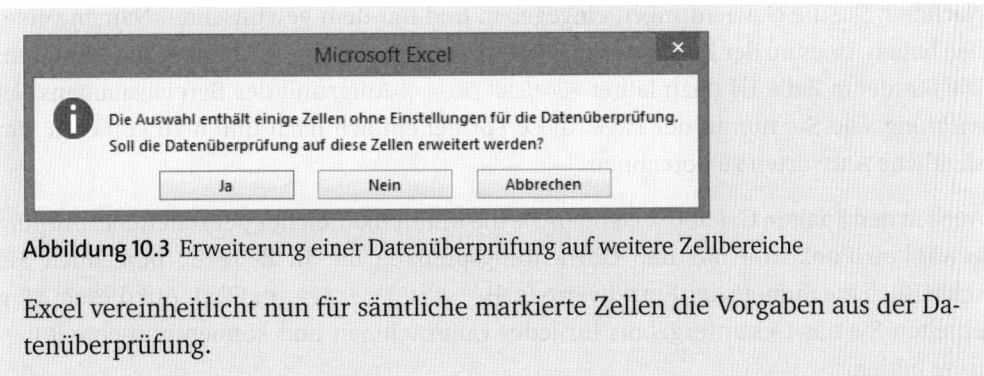

Abbildung 10.3 Erweiterung einer Datenüberprüfung auf weitere Zellbereiche

Excel vereinheitlicht nun für sämtliche markierte Zellen die Vorgaben aus der Datenüberprüfung.

10.1.4 Berechnung der erreichten Punktzahl

Bei der Bewertung der einzelnen Kriterienbereiche und Fragen wird nicht allen Elementen die gleiche Bedeutung zukommen. Legen Sie deshalb in Spalte C die Einzelgewichtung für jedes Kriterium fest. Die Summe aller Gewichtungspunkte muss in Celle C22 den Wert 100 ergeben.

Den Zellen von C4 bis C21, in denen die Gewichtungen stehen, geben Sie den Bereichsnamen *Gewichtung*. Dies erlaubt es Ihnen später, auf möglichst einfache Art und Weise die Antwortwerte mit den Gewichtungswerten zu multiplizieren.

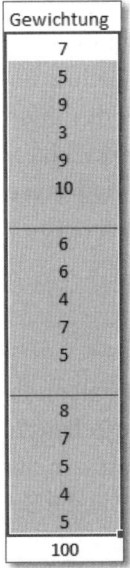

Abbildung 10.4 Zellbereich der Gewichtungen

Nachdem Sie die Gewichtungen eingegeben und mit dem gewünschten Namen versehen haben, ist es an der Zeit, in Zelle E4 die erste Berechnung der Punkte zu realisieren. Die Formel in Zelle E4 dazu lautet =D4*Gewichtung. Aufgrund des Bereichsnamens *Gewichtung* sind Sie nun in der Lage, diese Formel einfach nach unten zu kopieren, um sämtliche Antworten zu berechnen.

Auch in den Spalten G, I und K wenden Sie die Multiplikation der per Datenüberprüfung gewählten Punktzahl mit den Gewichtungspunkten an. In Zeile 22 berechnen Sie schließlich die Summe der Einzelwerte (z. B. =SUMME(E17:E21) in E22). Auf diesem Weg erhalten Sie das Gesamtergebnis für jedes Unternehmen und können nun eine Rangfolge bilden.

10.1.5 Visualisierung mit Sparklines

Das berechnete Ergebnis könnten wir nun selbstverständlich in dieser Form stehenlassen, da die Anzahl der verglichenen Unternehmen nicht allzu hoch und damit überschaubar ist. Um auch einen visuellen Vergleich der Einzelergebnisse zu ermöglichen, sollten Sie jedoch eine der neuen Funktionen, die es seit Excel 2010 gibt, einsetzen – die *Sparklines* genannten Minidiagramme. Im Gegensatz zu den bekannten Excel-Diagrammen werden Sparklines direkt in ausgewählten Zellen eines Excel-Tabellenblattes erzeugt.

Sparklines sind typische Bestandteile eines Dashboards. Eine wichtige Grundregeln für Dashboards, die u. a. dazu dienen, hochverdichtete Informationen auf einen Blick zusammenzufassen, lautet: Die Grafiken und Diagramme müssen eindeutige Beschriftungen enthalten. Ansonsten geht der Zeitgewinn, der aus der Komprimierung der Informationen auf einem Datenblatt resultiert, beim allgemeinen Rätseln, welche Inhalte durch einen Datenpunkt oder ein Diagramm dargestellt werden, schnell wieder verloren.

Beschriftungen für die Daten von Sparklines erstellen

Um die Aufgabe der Beschriftung zu erledigen, nehmen Sie der Einfachheit halber die Überschriften aus dem Tabellenblatt *Wettbewerberanalyse_I*. Kopieren Sie die Zellen A4 bis C22 in die Zwischenablage. Wechseln Sie dann in ein neues Tabellenblatt – in der Beispiellösung ist es das Tabellenblatt *Wettbewerberanalyse_II* –, und fügen Sie die Beschriftungen transponiert wieder ein.

Seit Excel 2010 geht das neuerdings direkt über das Kontextmenü. Klicken Sie mit der rechten Maustaste in eine leere Zelle. Aus dem dann angezeigten Kontextmenü wählen Sie unter **Einfügeoptionen:** die vierte Option, (**Transponiert**), aus.

Abbildung 10.5 Transponieren eines Zellbereiches über das Kontextmenü

In Excel 2007 gelangen Sie zu dieser Option über das Menü **Inhalte einfügen ▸ Transponiert**.

Die zeilenweise Beschriftung des ersten Tabellenblattes wird nun spaltenweise in das neue Blatt eingefügt. Drehen Sie anschließend die Texte der zweiten Zeile Ihrer Beschriftung (*Sortiment, Verfügbarkeit* etc.) mit Hilfe von **Format ▸ Zellen** um –90 Grad.

Da die Säulen der Sparklines relativ schmal sein werden, sollten Sie auch die Spaltenbreite der Beschriftungsebene entsprechend anpassen. Schließlich werden Sie Beschriftungen erhalten, die in etwa so aussehen wie in Abbildung 10.6.

	A	B	C	D	E	F	G	H	I	J	K	L	M	N	O	P	Q	R	S	T
1			Produkte und Dienstleistungen							Marketing						Management und Personal				
2			Sortiment	Verfügbarkeit	Technischer Stand	Innovationsgrad	Zuverlässigkeit	Produktqualität		Marketing	Preis-Leistungs-Verhältnis	Technischer Service	Beschwerdemanagement	Zielgruppenorientierung		Kompetenz	Motivation	Fluktuation	Fortbildungsangebot	Führungsstil
3	Gewichtung	7	5	9	3	9	10		6	6	4	7	5		8	7	5	4	5	100

Abbildung 10.6 Beschriftungen der Sparklines im Tabellenblatt

Erstellen der Zielzellen für die Sparklines

Die Sparklines integrieren Sie in einer möglichst übersichtlichen Form in das Tabellenblatt, indem Sie die ausgewählten Zellen nicht allzu klein formatieren. Entweder vergrößern Sie sowohl die Zeilenhöhe als auch die Spaltenbreite, um diese Anforderung zu erfüllen, oder Sie fassen mehrere Zellen zu einer größeren Zelle zusammen. Die erste Option fällt in unserem Beispiel weg, da wir durch die spaltenweise Beschriftung bereits festgelegt haben, dass eine Sparkline über mehrere Spalten gehen soll.

Im Anwendungsbeispiel habe ich die Zellen B4 bis G9 markiert und über **Start ▸ Ausrichtung ▸ Verbinden und zentrieren** zu einer großen Zelle verbunden. Ziehen Sie die leere Zelle mit Hilfe des Ausfüll-Kästchens um zwei Einheiten nach unten. Auf diesem Weg erhalten Sie sehr schnell drei gleich große Zellen, in denen Sie die Sparklines ablegen können.

Leider bestehen die beiden nächsten Kriterienbereiche aus nur fünf Spalten. Sie müssen zunächst die Zellen I4 bis M9 zu einer Zelle verbinden, um dann durch Kopieren nach rechts und nach unten sechs weitere Zellen für die Aufnahme der Sparklines anzulegen.

Erstellen der Sparklines

Nachdem alle vorbereitenden Schritte ausgeführt wurden, geht es nun daran, die Minidiagramme zu erstellen. Wählen Sie zu diesem Zweck aus dem Menü **Einfügen** die Gruppe **Sparklines** und dort die Option **Spalte** aus. In der nun angezeigten Dialogbox wählen Sie als **Datenbereich** die Zellen E4 bis E9 des Tabellenblattes *Wettbewerberanalyse_I* aus. Der **Positionsbereich**, also die Zelle, in der die Sparklines erscheinen soll, ist die erste große Zelle, die Sie zuvor durch Verbinden erstellt haben. In der Beispieldatei ist dies die Zelle B4.

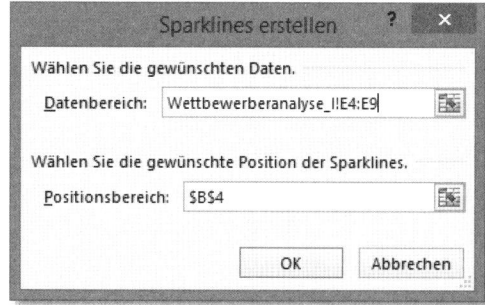

Abbildung 10.7 Definition von Datenbereich und Position der Sparklines

Wenn ein bereits eingefügtes Sparkline-Objekt im Tabellenblatt ausgewählt ist, zeigt Excel das dazugehörige Kontextmenü unter der Bezeichnung **Sparklinetools** oberhalb des Menübandes an. Mit diesem Menü formatieren Sie die Sparklines. Wählen Sie dort das Untermenü **Entwurf** aus. Mit **Anzeigen ▸ Negative Punkte** erreichen Sie, dass die negativen Werte eine andere Farbe als die positiven Werte erhalten.

Wählen Sie dann noch **Gruppieren ▸ Achse ▸ Horizontale Achsenoptionen ▸ Achse anzeigen** aus. Dadurch wird auf den ersten Blick noch klarer, welche Werte im Säulendiagramm negative und welche positive Werte darstellen. Denn die Interpretierbarkeit der grafischen Darstellung auf einen Blick war schließlich unsere Hauptanforderung an Dashboards zu Beginn dieses Abschnitts.

	A	B	C	D	E	F	G	H	I	J	K	L	M	N	O	P	Q	R	S	T
1				Produkte und Dienstleistungen						Marketing						Management und Personal				
			Sortiment	Verfügbarkeit	Technischer Stand	Innovationsgrad	Zuverlässigkeit	Produktqualität	Marketing	Preis-Leistungs-Verhältnis	Technischer Service	Beschwerdemanagement	Zielgruppenorientierung		Kompetenz	Motivation	Fluktuation	Fortbildungsangebot	Führungsstil	
2																				
3	Gewichtung	7	5	9	3	9	10		6	6	4	7	5		8	7	5	4	5	100

Abbildung 10.8 Die Spaltenbeschriftung und die Säule der Sparkline liegen in einer Spalte.

Da Säulen- und Spaltenzahl in unserem Beispiel übereinstimmen, erhalten Sie eine korrekte und leicht lesbare Beschriftung der Sparklines.

Einen Wermutstropfen haben die Sparklines allerdings im vorliegenden Beispiel: Sie lassen sich leider nicht durchgängig kopieren. Dadurch sind Sie nun gezwungen, die einzelnen Arbeitsschritte auch für weitere Kriterienbereiche und Wettbewerber zu wiederholen.

10.2   Potenzialanalyse

Nachdem Sie die Stärken und Schwächen Ihrer Wettbewerber und des eigenen Unternehmens im Formular und auch visuell durch Sparklines dargestellt haben, gilt es, die geeigneten Schlussfolgerungen zu ziehen und weitere Schritte zur Verbesserung einzuleiten. Um die begrenzten verfügbaren Ressourcen dabei am effizientesten einzusetzen, ist es sinnvoll, die Bereiche mit den größten Potenzialen des eigenen Unternehmens zu identifizieren.

In der Datei *10_Potenzialanalyse_01.xlsx* sehen Sie ein Beispiel einer solchen Analyse.

Die Potenzialanalyse bedient sich zunächst vergleichbarer Mittel wie die Wettbewerberanalyse. Im Tabellenblatt *Potenziale* finden Sie erneut ein Eingabeformular. Die Kriterienbereiche und auch die Einzelfragen entsprechen denen, die wir bereits in der Wettbewerberanalyse benutzt haben. Schließlich möchten Sie genau für das vorliegende Analysesetup die konkreten Chancen einer Verbesserung ausloten.

		Potenzial Eigenes Unternehmen
	Sortiment	50%
	Verfügbarkeit	50%
Produkte	Technischer Stand	25%
und	Innovationsgrad	50%
Dienstleistungen	Zuverlässigkeit	50%
	Produktqualität	50%
		46%
	Marketing	50%
	Preis-Leistungs-Verhältnis	50%
Marketing	Technischer Service	75%
	Beschwerdemanagement	25%
	Zielgruppenorientierung	75%
		55%
	Kompetenz	25%
	Motivation	0%
Management und Personal	Fluktuation	25%
	Fortbildungsangebot	50%
	Führungsstil	25%
		25%

Abbildung 10.9 Eingabeformular zur Potenzialanalyse

Wie in der zuvor benutzten Datei setzen wir auch in diesem Beispiel eine Datenüberprüfung ein, um die Formulareingaben vorzunehmen und Fehleingaben zu verhindern. Diesmal rufen wir allerdings aus dem Listenfeld der Datenüberprüfung Prozentwerte ab, um die im Unternehmen vorhandenen Potenziale abzuschätzen. Die Vorgabeliste für die Datenüberprüfung finden Sie im Tabellenblatt *Codierung*.

Im eigenen Unternehmen besteht …	
0%	… kein Potenzial
25%	… ein geringes Potenzial
50%	… Potenzial
75%	… ein deutliches Potenzial
100%	… ein sehr großes Potenzial

Abbildung 10.10 Vorgabewerte für die Formulareingabe

10.2.1 Grafische Darstellung der Potenziale

In einem Punkt unterscheidet sich die Darstellung der Ergebnisse allerdings von denen der Wettbewerberanalyse: Bei ihr werden keine Sparklines eingesetzt. Für die grafische Darstellung von Befragungsergebnissen oder Scorings lassen sich aber auch sehr gut andere Mittel einsetzen, z. B. Diagramme unmittelbar im Tabellenblatt. In Kapitel 12,

»Unternehmenssteuerung und Kennzahlen«, werden Sie eine *Heatmap* benutzen, die auf einer bedingten Formatierung beruht. In diesem Beispiel ist es ein Textdiagramm.

Da es sich lediglich um fünf verschiedene Werte im Ergebnisbereich des Formulars handeln kann, nämlich 0 %, 25 %, 50 %, 75 % oder 100 %, habe ich das Ergebnis als einfaches Liniendiagramm aus Textzeichen gebildet.

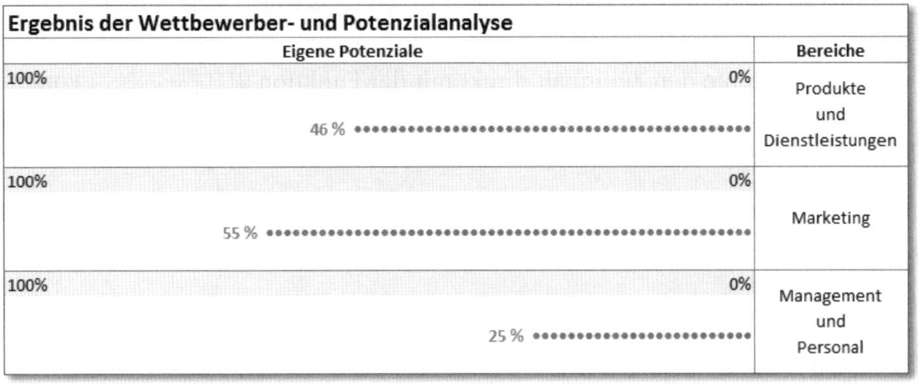

Abbildung 10.11 Erfüllungsgrade lassen sich auch als Liniendiagramm aus Textzeichen darstellen

Was brauchen Sie dazu? Zunächst einmal eine Zelle, die groß genug ist, um das Liniendiagramm aufzunehmen. Die erhalten Sie, indem Sie die Zellen A5 bis D5 verbinden. Da im vorliegenden Beispiel die Beschriftung der Rubriken in der Mitte zwischen zwei Diagrammen angeordnet ist, erscheint es zudem sinnvoll, die Linien des ersten Diagramms rechtsbündig anzuordnen. Mit der Zellformatierung ist dies anstandslos möglich.

Zusätzlich ist eine Funktion von Nutzen, mit der Sie ein ausgewähltes Zeichen – im Beispiel ist es der Punkt • – beliebig oft wiederholen können. Die Lösung für diese Anforderung ist die folgende Funktion:

```
WIEDERHOLEN(ZEICHEN(149);Potenziale!C10*100)
```

Das erste Argument dieser Funktion gibt das zu wiederholende Zeichen an. In Abbildung 10.11 sehen Sie, dass hier ein Punkt als Wiederholungszeichen gewählt wurde. Dieses Zeichen können Sie in Excel mit der Funktion ZEICHEN(149) erzeugen.

Im zweiten Argument geben Sie an, welchen Multiplikator Sie für die Zeichenwiederholung verwenden möchten. Wenn Sie sich auf Zelle C10 im Tabellenblatt *Potenziale* beziehen, erreichen Sie, dass das ausgewählte Zeichen proportional zu dem in dieser Zelle ausgewählten Antwortwert wiederholt wird. Vorausgesetzt ist natürlich, dass Sie den Zellwert mit 100 multiplizieren, denn da die Potenziale in Prozent angegeben werden, beläuft sich der Wert in dieser Zelle auf 0,25 oder einen anderen Bruchteil von 1.

10.2.2 Anzeige von Linie und Wert in einer Zelle

Wenn Ihnen die Anzeige des einfachen Liniendiagramms aus Textzeichen nicht ausreicht und Sie stattdessen den konkreten Ergebniswert ergänzen möchten, lässt sich die verwendete Funktion einfach erweitern.

Da es sich bei den Wiederholungszeichen um Daten im Textformat handelt, könnten Sie versuchen, diesen Inhalt mit den Daten in Zelle C10 zu verketten. Die Funktion VERKET-TEN(Wert1; Wert2 ...) erlaubt solche Verkettungen eigentlich. Allerdings wird ein Problem auftreten, wenn Sie den Zellinhalt direkt mit der Funktion WIEDERHOLEN() kombinieren möchten: Es würde auch hier lediglich ein Bruchteil von 1 (z. B. 0,25) angezeigt, da die Eingabezelle einen Prozentwert enthält.

Die Funktion TEXT() ist jedoch in der Lage, einen Wert in einen Text umzuwandeln und diesem Wert ein vom Benutzer bestimmtes Zahlenformat zuzuweisen. Mit

```
TEXT(Potenziale!C10;"0%")
```

gelingt es Ihnen, den Wert aus Zelle C10 des Tabellenblattes *Potenziale* zu übernehmen, diesen in einen Prozentwert umzuwandeln und dann an die Funktion VERKETTEN() zu übergeben. Die vollständige funktionsbasierte Lösung zur Visualisierung von Werten aus Formulareingaben sieht nun wie folgt aus:

```
=TEXT(Potenziale!C10;"0%") &" "&WIEDERHOLEN(ZEICHEN(149);Potenziale!C10*100)
```

10.2.3 Kopieren der Liniendiagramme

In diesem Beispiel geht es nicht darum, einen Nachweis zu führen, dass es auch ohne Sparklines gelingen kann, Zahlenreihen direkt im Tabellenblatt zu visualisieren. Im Mittelpunkt steht die Absicht, Zeit zu sparen. Und damit beginnen Sie unmittelbar, nachdem Sie die erste verschachtelte Funktion fertiggestellt haben, denn die ausgearbeitete Funktion lässt sich mühelos kopieren. Im schlimmsten Fall müssen Sie einige Zellbezüge anpassen, um die korrekten Werte zu visualisieren.

10.2.4 Gegenüberstellung von Potenzialen und Handlungsfeldern

Die Wettbewerberanalyse und die Potenzialanalyse ergeben erst dann einen Sinn, wenn ihre Ergebnisse direkt miteinander verbunden werden. Dies geschieht in den Zellen G2 bis H14.

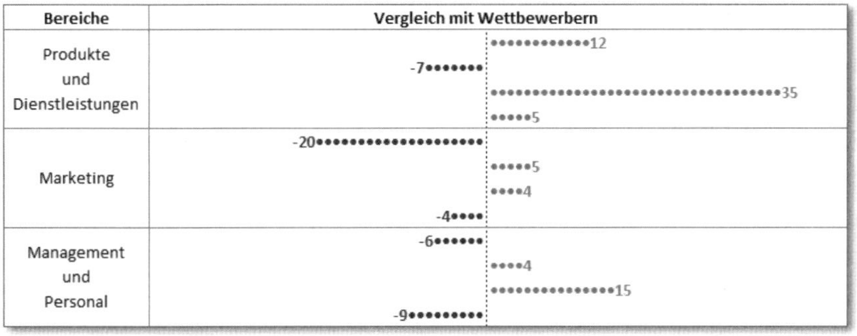

Bereiche	Vergleich mit Wettbewerbern
Produkte und Dienstleistungen	•••••••••••••12 -7•••••••• •••••••••••••••••••••••••••••••35 •••••5
Marketing	-20••••••••••••••••••• •••••5 ••••4 -4••••
Management und Personal	-6••••••• ••••4 •••••••••••••15 -9••••••••

Abbildung 10.12 Stärken und Schwächen der Wettbewerber

Es ist naheliegend, auch das Diagramm rechts neben der Potenzialanalyse als Liniendiagramm aus Textzeichen zu erstellen. Auf diese Weise lassen sich beide Diagramme optimal aufeinander abstimmen. Die bestmögliche Abstimmung ist wiederum eine wichtige Voraussetzung, um die wesentlichen Informationen ohne Umschweife aus der grafischen Darstellung ablesen zu können.

Für Ihre Schlussfolgerungen aus den beiden Diagrammen gilt: Höchste Priorität bei der Einleitung von Maßnahmen besteht dort, wo die eigenen Ergebnisse hinter den Wettbewerbern herhinken und zugleich die Änderungspotenziale hoch sind. Dies lässt sich im Beispieldiagramm auf Anhieb ablesen, da es nur wenige Kriterien gibt. Bei umfangreicheren Analysen würden Sie Ihre Entscheidung nicht nach Augenschein, sondern durch Bildung eines Koeffizienten aus Handlungsbedarf und Erfolgspotenzialen bestimmen. Dies ist in diesem Beispiel nicht notwendig.

Da die Bewertung der Wettbewerber im Kriterienbereich *Produkte und Dienstleistungen* überwiegend positiv ist und die eigenen Chancen in diesem Bereich immerhin mit 46 % bewertet werden, scheint es beispielsweise ratsam, auf diesem Feld Maßnahmen zur Verbesserung zu initiieren.

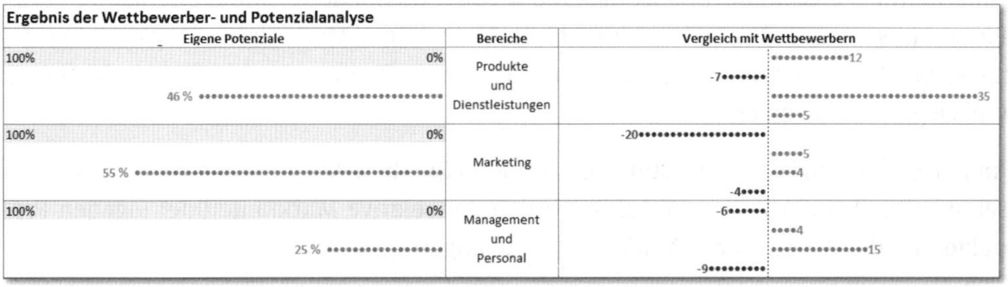

Ergebnis der Wettbewerber- und Potenzialanalyse

Eigene Potenziale		Bereiche	Vergleich mit Wettbewerbern
100%	0%	Produkte und Dienstleistungen	•••••••••••••12 -7•••••••• •••••••••••••••••••••••••••••••35 •••••5
46 % ••••••••••••••••••••••••••••••••			
100%	0%	Marketing	-20••••••••••••••••••• •••••5 ••••4 -4••••
55 % ••••••••••••••••••••••••••••••••			
100%	0%	Management und Personal	-6••••••• ••••4 •••••••••••••15 -9••••••••
25 % ••••••••••••••••			

Abbildung 10.13 Gegenüberstellung der eigenen Potenziale mit den Stärken und Schwächen der Wettbewerber

10.2.5 Erstellen der Stärken-Schwächen-Diagramme

Das Liniendiagramm zur Visualisierung der Stärken-Schwächen-Bewertung im Tabellenblatt *Wettbewerberanalyse_I* verwendet einige Elemente aus der oben bereits beschriebenen Funktionskette. Doch auch hier ergibt sich eine kleine Schwierigkeit bei der Umsetzung: In Spalte G soll nur dann eine Linie gezeichnet werden, wenn eine negative Bewertung in der Wettbewerberanalyse erzielt wurde. Umgekehrt soll in Spalte H immer nur dann eine Visualisierung erfolgen, wenn positive Werte vorliegen. Die erreichen Sie mit folgender Funktion:

```
=WENN('Wettbewerberanalyse_I'!E10<0;
'Wettbewerberanalyse_I'!E10 & WIEDERHOLEN(ZEICHEN(149);
-'Wettbewerberanalyse_I'!E10);"")
```

Sofern der Wert z. B. in Zelle E10 kleiner null ist, wird der umgekehrte Wert (-'Wettbewerberanalyse_I'!E10)) als Multiplikator für das Wiederholungszeichen verwendet. Ist er nicht kleiner null, wird keine Linie gezeichnet ("").

In Spalte H, die nur dann eine Darstellung enthalten darf, wenn die Bewertung zu einem positiven Ergebnis kommt, wird eine vergleichbare Funktion eingesetzt:

```
=WENN('Wettbewerberanalyse_I'!E10>0;
WIEDERHOLEN(ZEICHEN(149);'Wettbewerberanalyse_I'!E10)
& 'Wettbewerberanalyse_I'!E10;"")
```

10.3   Portfolioanalyse

Die Portfolioanalyse ist ein weiteres Werkzeug bei der strategischen Planung. Das Portfolio der Boston Consulting Group verfügt über vier Quadranten und zwei Größenachsen. Sie dient der Betrachtung und Analyse des Produktlebenszyklus der Produkte eines Unternehmens. Grundlegend ist die Überlegung, dass jedes Produkt charakteristische Phasen in seinem Lebenszyklus durchläuft. Nach seiner Markteinführung erlebt es zumeist eine Wachstumsphase, danach eine Periode der Reife, um schließlich in Sättigung und Degeneration zu enden.

Im Blasendiagramm in Abbildung 10.14 finden Sie die vier Quadranten und zwei Achsen wieder. Auf der X- bzw. Y-Achse werden der relative Marktanteil der eigenen Produkte und die Werte für das Marktwachstum abgetragen.

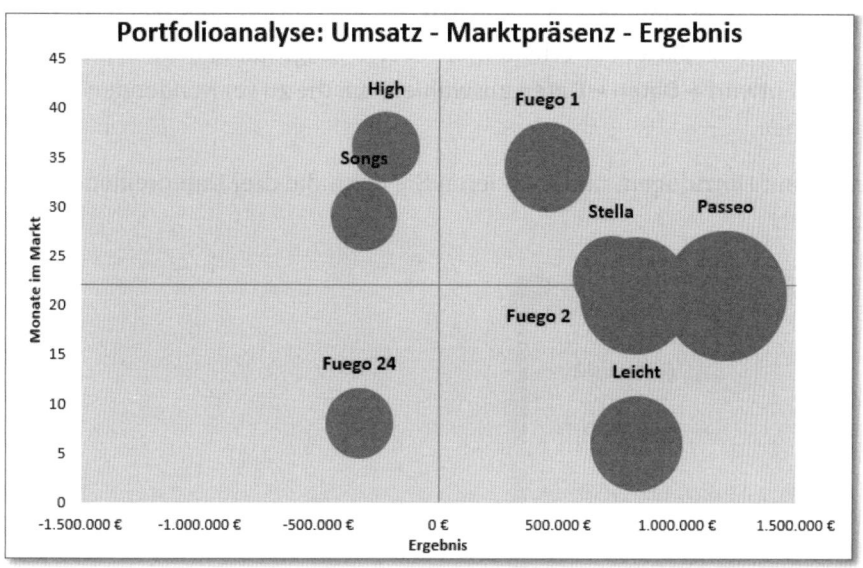

Abbildung 10.14 Produktlebenszyklus im BCG-Portfolio

Doch eine Portfolioanalyse in Form eines Blasendiagramms benötigt neben dem vorhandenen X- und Y-Wert einen dritten Wert zur Bestimmung der Blasengröße. In der hier vorgestellten Beispieldatei *10_Portfolioanalyse_01.xlsx* sind es die Umsatzdaten der Produkte, die diesen notwendigen dritten Wert zur Verfügung stellen.

Portfolioanalyse				
Trademark	**Produkt**	**Umsatz**	**Wachstum**	**Martktanteil**
Prometeus	Fuego 1	1.497.000 €	2,10%	3,09%
Prometeus	Fuego 2	2.591.282 €	-4,39%	5,34%
Prometeus	Fuego 24	934.575 €	0,93%	1,93%
Orion	Stella	1.200.890 €	3,90%	2,48%
Orion	High	930.000 €	9,80%	1,92%
Cassandra	Songs	900.010 €	-2,10%	1,85%
Cassandra	Passeo	3.200.000 €	-0,20%	6,60%
Cassandra	Leicht	1.720.000 €	9,30%	3,54%
Gesamtmarkt		**48.520.000 €**		

Abbildung 10.15 Basisdaten für das Blasendiagramm

10.3.1 Erstellen des Blasendiagramms

Sie erstellen das Diagramm aus den vorliegenden Daten, indem Sie den Cursor in einer freien Zelle positionieren. Dann starten Sie die Funktion **Einfügen ▸ Diagramme ▸ Punkt**

(XY)- oder Blasendiagramm einfügen. In Excel 2010 wählen Sie aus dem Menü stattdessen **Andere Diagramme ▸ Blase**. Sie erhalten ein leeres Diagrammobjekt. Wählen Sie **Diagrammtools ▸ Entwurf ▸ Daten ▸ Daten auswählen**, um die zu verwendenden Datenreihen zu bestimmen.

Dazu klicken Sie auf **Hinzufügen**, und markieren Sie dann die drei Datenreihen in den Spalten C, D und E.

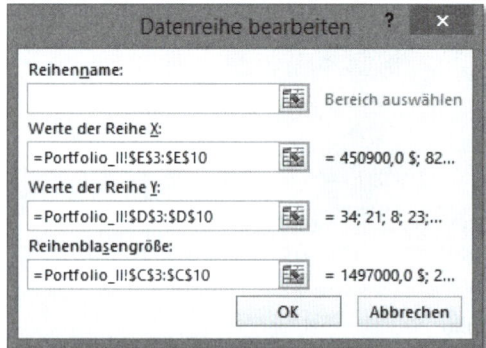

Abbildung 10.16 Festlegung der Datenreihen für das Blasendiagramm

Die Datenreihen ordnen Sie folgendermaßen zu:

Bezug im Diagramm	Zellbereich
X-Werte	='Portfolio_I'!$E$3:$E$10
Y-Werte	='Portfolio_I'!$D$3:$D$10
Z-Werte (Blasengröße)	='Portfolio_I'!$C$3:$C$10

Tabelle 10.1 Diagramm-Datenreihen

10.3.2 Nachbearbeitung des Blasendiagramms

Beim ersten Blick auf das Diagramm wird klar, dass einige Nachbearbeitungen nötig sind, um die gewünschte Darstellung zu erhalten.

Löschen Sie zunächst die Legende, da Sie sie nicht benötigen.

Klicken Sie dann mit der rechten Maustaste auf die Y-Achse. Wählen Sie die Option **Achse formatieren**, und stellen Sie in den **Achsenoptionen** die beiden Werte für **Minimum** und **Maximum** auf **Fest** ein. In der Beispieldatei habe ich die Werte –0,12 und 0,12 gewählt. Da es sich bei den Werten der X- und Y-Achse um Prozentangaben handelt, beträgt der Höchstwert 12 %, der Minimalwert –12 %.

Die Beschriftung der Achse soll nicht in der Mitte, sondern am linken Rand des Diagramms positioniert werden. Wählen Sie aus diesem Grund die Option **Niedrig** unter **Beschriftungen ▸ Beschriftungsposition** (in Excel 2010 **Achsenbeschriftungen**) aus.

Für die X-Achse sind ebenfalls Anpassungen notwendig. Aktivieren Sie die Option **Achse formatieren** mit der rechten Maustaste. Wählen Sie in den **Achsenoptionen** für die Option **Achsenbeschriftungen** die Einstellung **Niedrig**, um die Beschriftung an das untere Ende des Diagramms zu bewegen.

Außerdem stellen Sie den Wert für **Achsenwert:** in der Gruppe **(Vertikale) Achse schneidet bei:** auf 0,4; dies entspricht 4 %. Sie erreichen dadurch, dass die Y-Achse ungefähr in der Mitte der Werte für die Marktanteile angelegt wird.

10.3.3 Beschriftung der Datenpunkte im Blasendiagramm

Nun werden Sie sicherlich nach einer komfortablen Möglichkeit für die Beschriftung der Blasen im Diagramm suchen. Die gibt es endlich in Excel 2013: Wenn Sie mit einem Rechtsklick auf einen der Datenpunkte die Option **Datenbeschriftungen hinzufügen** aktivieren, beschriftet Excel alle Datenpunkte mit den Werten der Y-Achse. Klicken Sie die Beschriftungen in Excel 2013 noch einmal an, wird im Kontextmenü die Option **Datenbeschriftungen formatieren** angezeigt. Hier finden Sie die neue Option **Werte aus Zellen**. Markieren Sie den Zellbereich B3 bis B10, und die Produktbezeichnungen werden in das Diagramm übernommen.

In Excel 2010 oder früheren Versionen geht dies nicht. Klicken Sie eine vorhandene Beschriftung im Diagramm mit der rechten Maustaste an, bietet sich auch hier die zunächst recht verheißungsvoll klingende Auswahl **Datenbeschriftungen formatieren** an. Doch die weiteren Alternativen – **X-Werte**, **Blasengröße** und **Datenreihenname** – führen nicht zum angestrebten Ziel, die Produktbezeichnungen als Beschriftung im Diagramm zu verwenden.

Die sehr zeitraubende Lösung für die Beschriftung bestünde nun darin, jede einzelne Datenbeschriftung anzuklicken und den zugehörigen Produktnamen per Tastatur in das Diagramm zu schreiben. Da das gleiche Problem auch bei Punktdiagrammen besteht und der vorgeschlagene Lösungsweg letztlich aufgrund des Zeitaufwands völlig unakzeptabel ist – stellen Sie sich vor, Sie müssten ein Punktdiagramm mit 50 Datenpunkten beschriften –, lohnt es sich, nach einem Add-in zu suchen.

Der *XY Chart Labeler* ist ein sowohl im privaten als auch im kommerziellen Bereich lizenzfrei einsetzbares Add-in, das Ihnen die langwierige manuelle Beschriftungsaufgabe abnimmt. Es wurde von Rob Bovey, einem MVP (*Most Valuable Professional*) für Excel, entwickelt. Sie finden das Tool problemlos, indem Sie den Suchbegriff »XY Chart Labeler« in eine Suchmaschine eingeben.

Abbildung 10.17 Mit dem XY Chart Labeler fügen Sie ganz einfach Datenbeschriftungen hinzu.

Nachdem Sie das Add-in installiert haben, finden Sie es im neu entstandenen Menü **XY Chart Labels** von Excel. Markieren Sie das zuvor erstellte Blasendiagramm, und rufen Sie den Menüpunkt **Add Chart Labels …** des Add-ins auf. Danach werden Sie aufgefordert, den Zellbereich zu markieren, aus dem die Beschriftungen gebildet werden sollen. Ordnen Sie den Zellbereich B3 bis B10 zu, in dem die Produktbezeichnungen stehen.

Nachdem das Add-in seine Aufgabe erfüllt hat und sämtliche Datenpunkte beschriftet wurden, sollten Sie diese Beschriftungen formatieren. Mit einer Erhöhung der Schriftgröße und Fettdruck sind die Produktbezeichnungen besser lesbar.

Abbildung 10.18 Bestimmen der Beschriftungen und ihrer Position

10.3.4 Betrachtung weiterer Portfoliodimensionen

Am Ende aller Bemühungen steht ein Portfoliodiagramm, wie es von der Boston Consulting Group beschrieben wurde. Die vier Quadranten bezeichnen – von links unten beginnend und im Uhrzeigersinn gelesen – *poor dogs, question marks, stars* und *cash cows*, also *arme Hunde, Fragezeichen, Stars* und *Goldesel*.

Nichts hält Sie indessen davon ab, dieses Grundschema der Portfolioanalyse mit anderen Inhalten zu füllen. Im Tabellenblatt *Portfolio_II* werden andere Werte verwendet: Umsatz, die Monate der Marktpräsenz der Produkte und die erzielten Ergebnisse in diesem Zeitraum.

Portfolioanalyse				
Trademark	**Produkt**	**Umsatz**	**Monate**	**Ergebnis**
Prometeus	Fuego 1	1.497.000 €	34	450.900 €
Prometeus	Fuego 2	2.591.282 €	21	823.000 €
Prometeus	Fuego 24	934.575 €	8	-329.111 €
Orion	Stella	1.200.890 €	23	720.000 €
Orion	High	930.000 €	36	-219.000 €
Cassandra	Songs	900.010 €	29	-310.000 €
Cassandra	Passeo	3.200.000 €	21	1.200.000 €
Cassandra	Leicht	1.720.000 €	6	829.000 €
Gesamtmarkt		48.520.000 €		

Abbildung 10.19 Weitere Datenreihen einer Portfolioanalyse

Aus diesen drei Datenreihen habe ich ebenfalls ein Blasendiagramm erstellt. Darin habe ich die Monate der Marktpräsenz als Y-Werte, die Ergebnisse als X-Werte und die Umsätze als Wert zur Bestimmung der Blasengröße benutzt. Am Ende entsteht aus den Datenreihen das in Abbildung 10.20 gezeigte Portfolio.

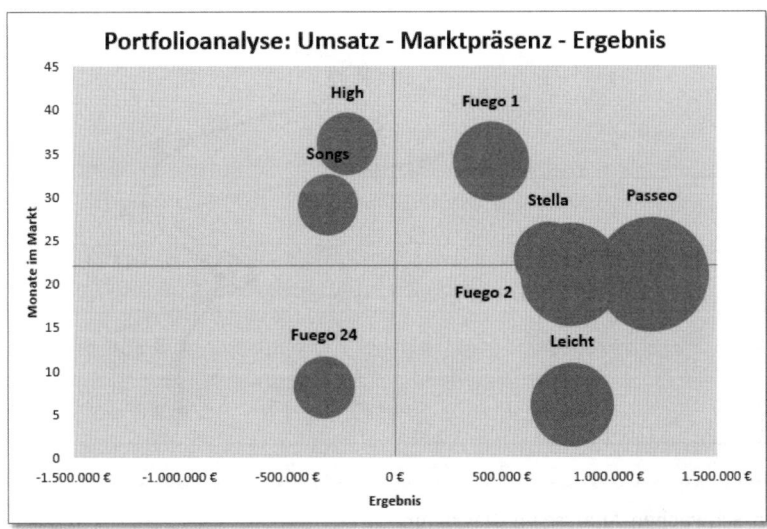

Abbildung 10.20 Portfolio mit den Dimensionen Umsatz, Marktpräsenz und Ergebnis

491

10.4   Stärken-Schwächen-Analyse

Zur Darstellung der Ergebnisse einer Stärken-Schwächen-Analyse in einem Diagramm verwendet man gewöhnlich ein Liniendiagramm (Abbildung 10.21).

Dabei bezeichnet eine Linie die Werte der Stärken, während die Schwächen mit Hilfe einer zweiten Linie visualisiert werden. Dies klingt simpel und scheint in Excel schnell umsetzbar zu sein. Doch dem ist nicht so. Denn die beiden Linien müssten vertikal verlaufen, und die Rubrikenachsenbeschriftung sollte eigentlich links davon erscheinen. Excel kennt aber nur horizontale Liniendiagramme und keine vertikalen.

Müssen Sie nun auf die grafische Darstellung der Stärken-Schwächen-Analyse verzichten? Nein. Im folgenden Abschnitt beschreibe ich, wie Sie vertikale Liniendiagramme erstellen können. In der Beispieldatei *10_Stärken-Schwächen_01.xlsx* stelle ich die Lösung vor.

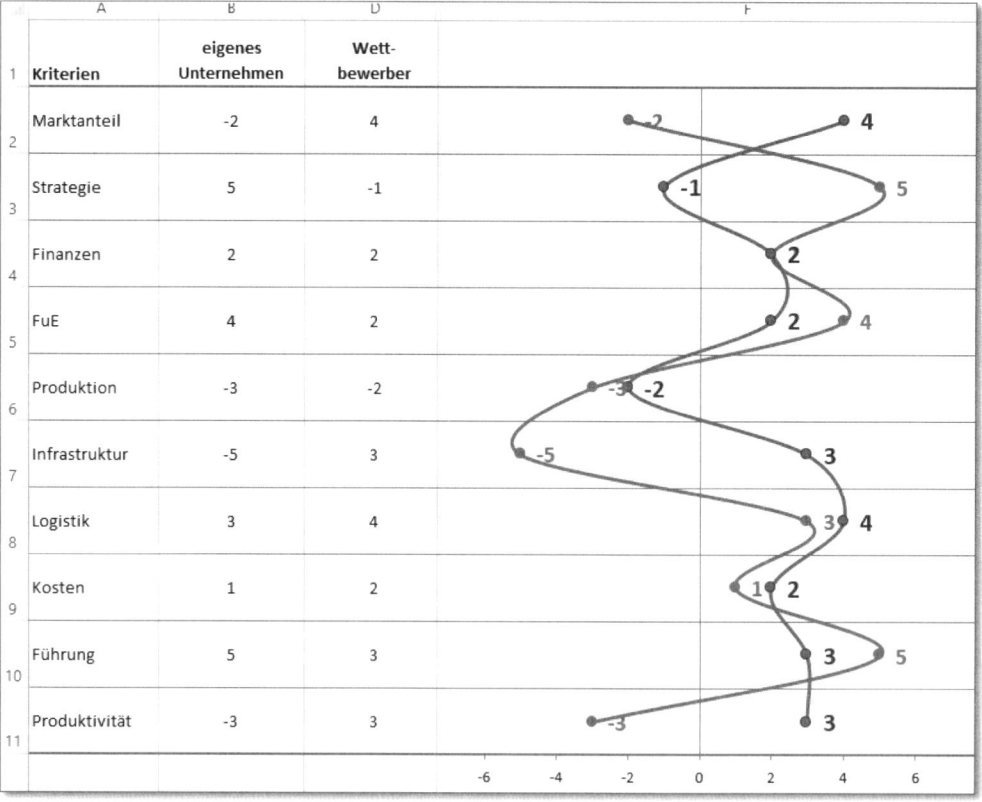

Abbildung 10.21 Stärken-Schwächen-Analyse im Diagramm

10.4.1 Erstellen der Datenbasis für das Stärken-Schwächen-Diagramm

Ausgangspunkt für die Stärken-Schwächen-Analyse sind die beiden Datenreihen in den Spalten B und D (Abbildung 10.22). Da es kein vertikales Liniendiagramm gibt, aber Punktdiagramme mit interpolierten Linien, könnte man auf die Idee kommen, es damit zu probieren. Um eine Linie in einem Punktdiagramm zu erzeugen, benötigen Sie allerdings jeweils zwei Werte: den Y- und den X-Wert. Und damit sind wir bei einem unverzichtbaren Element von benutzerdefinierten Excel-Diagrammen – die Hilfs- oder Scheindatenreihe.

Die zweite Koordinate zur Bestimmung der Position des Datenpunktes auf der Y-Achse müssen Sie als Hilfsdatenreihe zunächst erstellen. In den Spalten C und E geben Sie zu diesem Zweck Werte zwischen 1 und 0 mit einem Intervall von 0,1 ein. Diese Werte haben nur den einen Zweck, dass die Punkte der interpolierten Linie einen gleichmäßigen Abstand haben.

	A	B	C	D	E
1	Kriterien	eigenes Unternehmen	Höhe 1	Wett-bewerber	Höhe 2
2	Marktanteil	-2	0,95	4	0,95
3	Strategie	5	0,85	-1	0,85
4	Finanzen	2	0,75	2	0,75
5	FuE	4	0,65	2	0,65
6	Produktion	-3	0,55	-2	0,55
7	Infrastruktur	-5	0,45	3	0,45
8	Logistik	3	0,35	4	0,35
9	Kosten	1	0,25	2	0,25
10	Führung	5	0,15	3	0,15
11	Produktivität	-3	0,05	3	0,05

Abbildung 10.22 Datenbasis des Diagramms der Stärken-Schwächen-Analyse

10.4.2 Einfügen der zweiten Datenreihe

Wie bei anderen Diagrammtypen so lassen sich auch beim Punktdiagramm weitere Datenreihen hinzufügen. Und genau das ist nun unsere Aufgabe. Denn neben den Stärken und Schwächen des eigenen Unternehmens sollen auch die der Wettbewerber auf einen Blick erkennbar und vor allem vergleichbar sein.

Klicken Sie auf **Diagrammtools ▸ Entwurf ▸ Daten auswählen ▸ Hinzufügen**. In der angezeigten Dialogbox wählen Sie den Zellbereich D2 bis D11 als Bereich der X-Werte und E2 bis E11 für die Y-Werte aus. Nach einem Mausklick auf **OK** sehen Sie die zweite Datenreihe im Punktdiagramm.

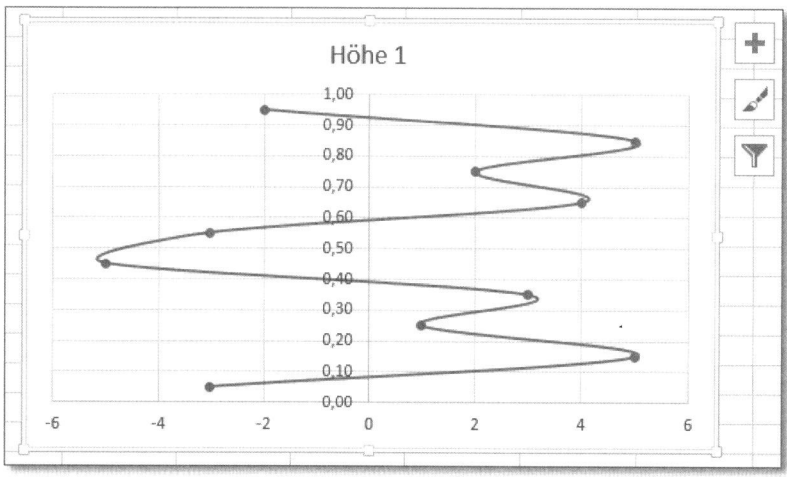

Abbildung 10.23 Das Stärken-Schwächen-Diagramm mit der ersten Datenreihe

10.4.3 Anpassen des Diagramms

Was ist als Nächstes zu tun? Sie müssen noch die Werte als Beschriftung in das Diagramm einfügen, einige Veränderungen an den Achsen vornehmen und die Beschriftung der Kategorien aus Spalte B in das Diagramm bekommen. Beginnen wir mit den Werten.

Wenn Sie die erste blaue Datenreihe mit der rechten Maustaste anklicken, zeigt Ihnen das Kontextmenü die Option **Datenbeschriftungen hinzufügen**. Sobald Sie diese Funktion ausgewählt haben, erscheinen zwar Werte im Diagramm. Doch es sind die Y-Werte, also jene, die wir lediglich zur Positionierung eingesetzt haben. Mit einem erneuten rechten Mausklick gelangen Sie zu der Auswahl **Datenbeschriftungen formatieren**. In der Dialogbox – bei Excel 2013 rechts vom Diagramm angezeigt – finden Sie die Möglichkeit, statt des Y- den X-Wert zuzuweisen.

Den Vorgang wiederholen Sie dann für die rote Datenreihe. Und schließlich ordnen Sie den Werten beider Datenreihen noch eine andere Schriftgröße und Fettdruck zu, um die Lesbarkeit im Diagramm zu verbessern. Diese beiden Änderungen können Sie über das Haupt- oder das Kontextmenü vornehmen.

Wenden Sie sich den Achsen und Gitternetzlinien zu. Die Y-Achse können Sie ebenso wie die Gitternetzlinien vollständig löschen. Beides können Sie in einem Arbeitsgang erledigen. Sie rufen das Kontextmenü für die Y-Achse auf (**Achse formatieren**) und wählen unter **Achsenoptionen ▸ Hauptintervall** den Wert 6. Damit bleibt später nur eine vertikale Gitternetzlinie links, in der Mitte und rechts übrig. Wählen Sie dann noch unter **Beschriftungen ▸ Beschriftungsposition** die Option **Keine**. Damit ist das Thema der Linien im Diagramm erledigt.

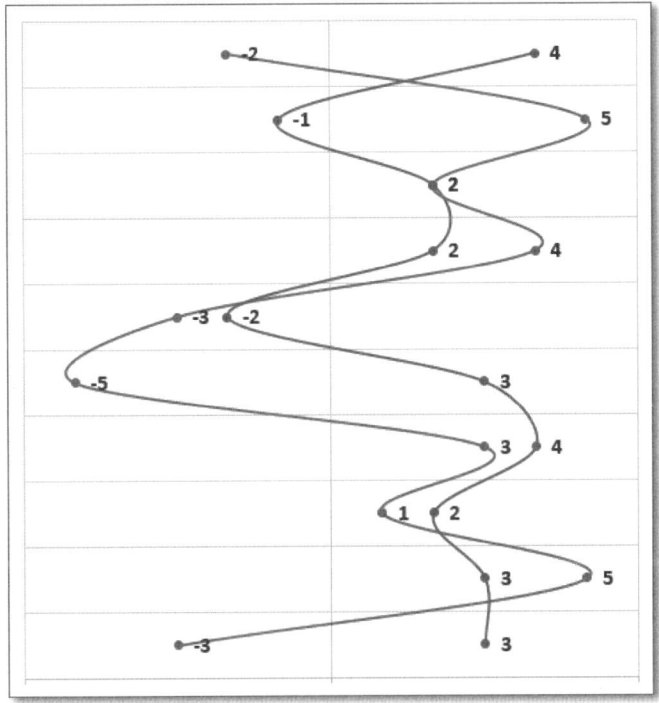

Abbildung 10.24 Beide Datenreihen im überarbeiteten Diagramm

Das Thema der Beschriftung rückt näher. Und bei ihm gibt es keine befriedigende Lösung aus Excel-Sicht. Deshalb bleibt hier nur die Lösung, die Beschriftung im Tabellenblatt zu belassen und das fertige Diagramm so an den Tabellentext anzufügen, dass beides wie eine Einheit aussieht.

Im Tabellenblatt *Punktdiagramm* ist die Beschriftung bereits vorbereitet. Außerdem sind die Spaltenbreiten und Zeilenhöhen schon angepasst. Kopieren Sie das Punktdiagramm in dieses Tabellenblatt.

Mit Sicherheit müssen Sie nun das Diagramm in seiner Größe so anpassen, dass es mit den horizontalen Gitternetzlinien zur Zeilenhöhe der Tabelle und deren Beschriftungen passt. Dann geht es um die genaue Positionierung des Diagramms. Ein Tipp an dieser Stelle: Wenn Sie das Diagramm mit Strg und der linken Maustaste auswählen, erscheinen vier Markierungspunkte an den Ecken des Diagramms. Sobald diese sichtbar sind, können Sie das Diagrammobjekt mit den vier Cursorsteuerungstasten genau positionieren.

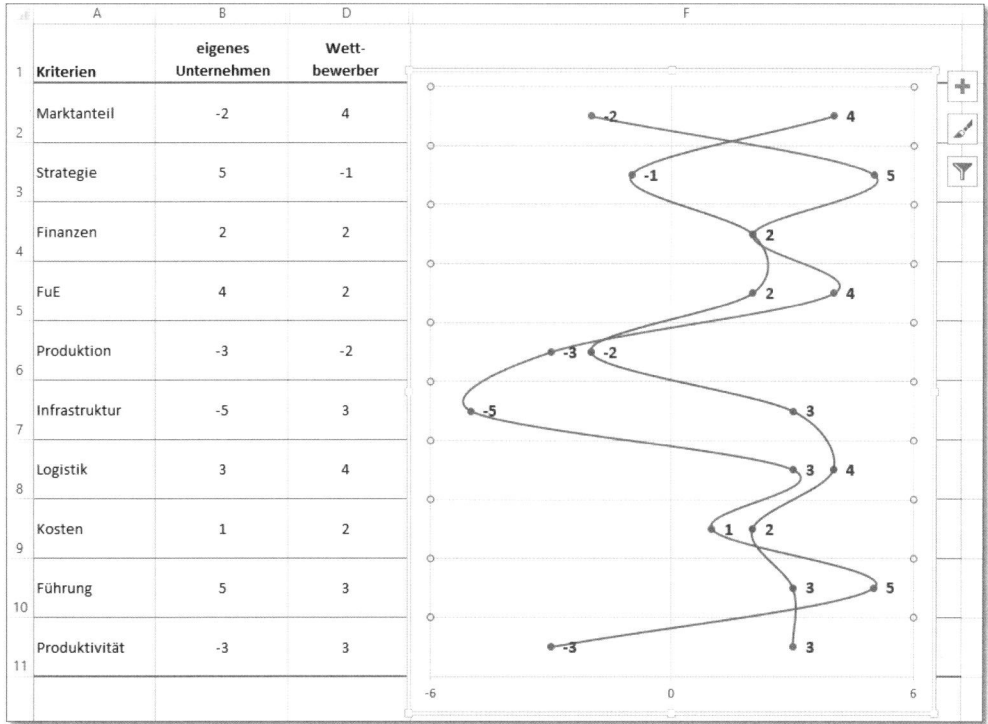

Abbildung 10.25 Nach der Größenanpassung des Diagramms …

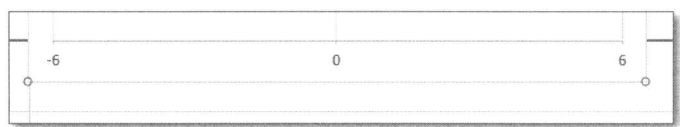

Abbildung 10.26 … und seiner Feinjustierung …

Um den Eindruck, dass Beschriftung und grafische Darstellung eine Einheit darstellen, noch zu erhöhen, sollten Sie nun das gesamte Diagramm transparent formatieren. Klicken Sie am besten mit der rechten Maustaste in einen leeren Bereich des Diagramms. Sobald Sie **Diagrammbereich formatieren** im Menü sehen, klicken Sie auf diesen Menüpunkt. Wie auch schon bei den anderen Elementen des Diagramms bietet sich Ihnen hier das Werkzeug, Linien und Füllungen verschwinden zu lassen. Den Rahmen und die Füllung sollten Sie auf **Keine** setzen, genau wie die Zeichnungsfläche.

Kriterien	eigenes Unternehmen	Wett- bewerber	
Marktanteil	-2	4	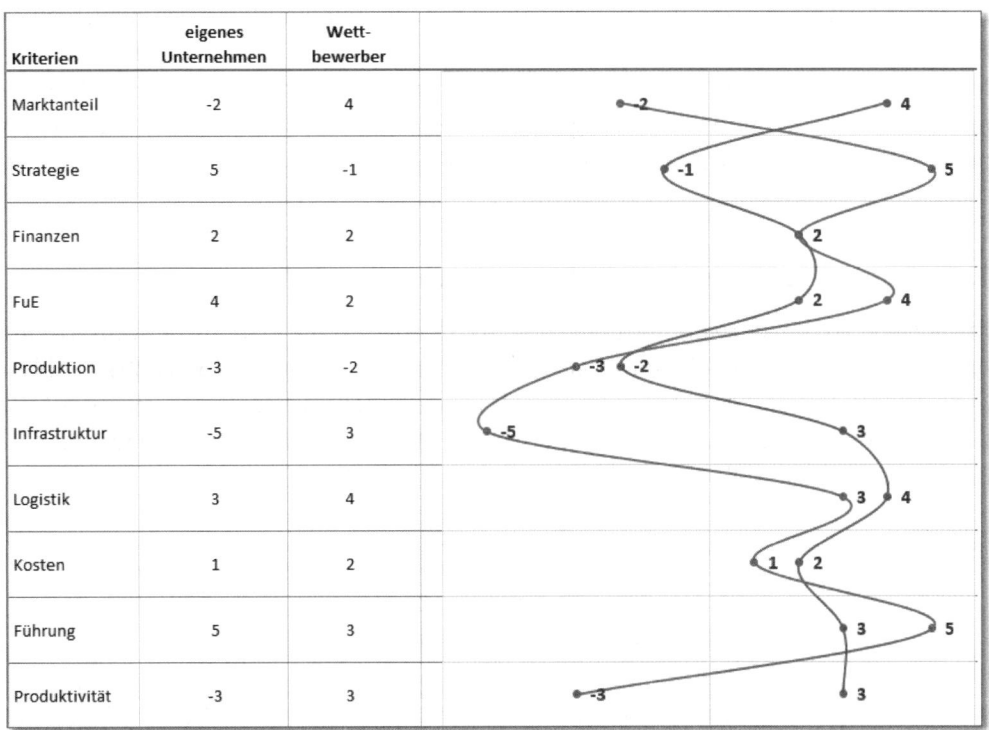
Strategie	5	-1	
Finanzen	2	2	
FuE	4	2	
Produktion	-3	-2	
Infrastruktur	-5	3	
Logistik	3	4	
Kosten	1	2	
Führung	5	3	
Produktivität	-3	3	

Abbildung 10.27 … erscheinen Beschriftung und Diagramm als eine Einheit.

10.5 Absatzplanung

In Abschnitt 5.3, »Datenmodell für einen Forecast erstellen«, ab Seite 183, habe ich bereits ausführlich eine Methode beschrieben, aus den laufenden Produktumsätzen eines Unternehmens sowohl einen rollierenden Forecast als auch einen Soll-Ist-Vergleich zu erstellen. Bei diesem Verfahren haben wir

- monatlich aus einer bestimmten Anzahl von Vorgängermonaten Umsätze ausgewertet,

- mit Hilfe des gleitenden Mittelwerts eine kurzfristige Prognose erstellt und

- durch Abgleich von Prognose- und tatsächlich erzielten Umsatzwerten einen Soll-Ist-Vergleich durchgeführt.

Das Ergebnis des entwickelten Datenmodells haben wir schließlich in der Datei *05_Forecast_01.xlsm* gespeichert.

Rollierende Forecasts finden in Unternehmen u. a. deshalb häufig Anwendung, weil es möglich ist, kurzfristig auf aktuelle Datenbestände zurückzugreifen, die nicht selten aus Fremdsystemen wie SAP per Report gewonnen werden. Trotzdem existiert selbstverständlich auch das Interesse, längere Datenreihen in die Planung der Erlöse einfließen zu lassen. Solche mittelfristigen Planungen bilden den Fokus der folgenden Seiten.

10.5.1 Planung auf Basis einer strukturierten Eingabetabelle

In der Datei *10_Umsatzplanung_langfristig_01.xlsx* basiert die Planung der Umsätze für das Jahr 2014 auf den bekannten Jahresergebnissen der Jahre 2006 bis 2013 (Abbildung 10.29). Es handelt sich um eine strukturierte Tabelle, in der zeilenweise die Artikel und deren ID erfasst wurden (Spalten A und B). In den Spalten rechts davon finden Sie für jedes Jahr jeweils die Stückzahlen sowie die erzielten Umsatzwerte.

2009		2010		2011		2012		2013		2014	
Stück	Umsatz	Stück	Umsatz	Stück	Umsatz	Stück	Umsatz	Stück	Umsatz	Stück	Umsatz
324	113.335,20 €	320	111.936,00 €	356	124.528,80 €	345	120.681,00 €	351	122.779,80 €	320	111.936,00 €
217	62.930,00 €	327	94.830,00 €	312	90.480,00 €	289	83.810,00 €	301	87.290,00 €	275	79.750,00 €
145	79.735,50 €	210	115.479,00 €	214	117.678,60 €	236	129.776,40 €	279	153.422,10 €	230	126.477,00 €
23	15.522,70 €	76	51.292,40 €	143	96.510,70 €	140	94.486,00 €	135	91.111,50 €	120	80.988,00 €
198	103.930,20 €	234	122.826,60 €	275	144.347,50 €	293	153.795,70 €	310	162.719,00 €	310	162.719,00 €
289	180.596,10 €	405	253.084,50 €	410	256.209,00 €	402	251.209,80 €	414	258.708,60 €	350	218.715,00 €
127	92.697,30 €	273	199.262,70 €	263	191.963,70 €	245	178.825,50 €	290	211.671,00 €	290	211.671,00 €
80	27.996,00 €	100	34.995,00 €	90	31.495,50 €	123	43.043,85 €	198	69.290,10 €	175	61.241,25 €
109	46.859,10 €	145	62.335,50 €	178	76.522,20 €	219	94.148,10 €	312	134.128,80 €	300	128.970,00 €
86	17.191,40 €	90	17.991,00 €	104	20.789,60 €	143	28.585,70 €	176	35.182,40 €	160	31.984,00 €
56	12.037,20 €	23	4.943,85 €	0	0,00 €	0	0,00 €	0	0,00 €	0	0,00 €
70	20.996,50 €	24	7.198,80 €	0	0,00 €	0	0,00 €	0	0,00 €	0	0,00 €
95	37.995,25 €	45	17.997,75 €	0	0,00 €	0	0,00 €	0	0,00 €	0	0,00 €
395	114.510,50 €	390	113.061,00 €	436	126.396,40 €	438	126.976,20 €	412	119.438,80 €	390	113.061,00 €
285	94.021,50 €	280	92.372,00 €	312	102.928,80 €	406	133.939,40 €	432	142.516,80 €	410	135.259,00 €
227	147.527,30 €	260	168.974,00 €	278	180.672,20 €	312	202.768,80 €	310	201.469,00 €	300	194.970,00 €
	0,00 €		0,00 €		0,00 €		0,00 €		0,00 €		0,00 €
	0,00 €		0,00 €		0,00 €		0,00 €		0,00 €		0,00 €
	0,00 €		0,00 €		0,00 €		0,00 €		0,00 €		0,00 €
	0,00 €		0,00 €		0,00 €		0,00 €		0,00 €		0,00 €

Abbildung 10.28 Umsatzplanung auf Basis mehrjähriger Datenreihen (Auszug)

Ein Tabellenblatt, das eine solche Grundstruktur enthält, überzeugt vor allem durch seine Übersichtlichkeit, auch wenn es, wie wir sehen werden, die direkte Berechnung einer Prognose erschwert.

Die Prognose der Umsätze für das Jahr 2014 kann in dieser Tabelle auf zwei Arten erfolgen:

- Geben Sie in Spalte I die Stückzahl der zu erwartenden Verkäufe einfach per Tastatur an, wobei die Werte auf Ihren persönlichen Schätzungen oder etwa der Schätzung einer Expertengruppe basieren.

- Berechnen Sie aus den vorliegenden Ergebnissen der Vorjahre einen Trend, und tragen Sie dann das berechnete Resultat in Spalte S ein.

In beiden Fällen berechnen Sie die prognostizierten Verkaufszahlen in Spalte T mit einer Funktion:

```
=WENNFEHLER(S4*SVERWEIS($A4;Artikelliste!$A$1:$D$17;4;FALSCH);0)
```

Die Funktion multipliziert den prognostizierten Wert in Zelle S4 mit dem zugehörigen Verkaufspreis des Produkts. Zu diesem Zweck wird mit SVERWEIS(Bezug;Matrix;Spaltenindex;Bereich_Verweis) der korrekte Preis aus dem Tabellenblatt *Artikelliste* übernommen. Basis der Auswahl ist die in Zelle A4 angegebene ID.

ID	Bezeichnung	Produktgruppe	VK
S01001	Bahia	Stühle	349,80 €
S01002	Hawaii	Stühle	290,00 €
T01001	Pernambuco	Tische	549,90 €
T01002	Amazonas	Tische	674,90 €
R01001	Madagaskar	Regale	524,90 €
R02001	Morondava	Regale	624,90 €
R02003	Dauphine	Regale	729,90 €
U10001	Rocky	Tische	349,95 €
U10002	Canyon	Tische	429,90 €
U10003	Niagara	Stühle	199,90 €
K20010	Sal	Stühle	214,95 €
K20011	Cabo Verde	Stühle	299,95 €
K20012	Minelo	Tische	399,95 €
M00001	Siena	Stühle	289,90 €
M00002	Firenze	Stühle	329,90 €

Abbildung 10.29 Artikelliste mit Verkaufspreisen

Um den Fehlerwert #NV bei nicht gefundenen IDs zu verhindern, sollten Sie den gesamten Ausdruck in die Funktion WENNFEHLER(Wert;Wert_falls_Fehler) einschließen. Statt des Fehlerwerts wird dann eine Null in den betreffenden Zellen ausgegeben.

10.5.2 Berechnen statt Kopieren – Übertragen der Daten in ein neues Blatt zur Trendberechnung

Sollten Sie sich entschließen, die sicherlich vorhandenen Erfahrungswerte durch eine Berechnung weiter zu untermauern oder abzusichern, bietet sich zunächst eine Trendberechnung an. Dabei nehmen Sie die Ergebnisse der vorangegangenen Jahre als Ausgangspunkt und berechnen mit Hilfe der Funktion =Schätzer(X;Y-Werte;X-Werte) den auf Basis eines linearen Trends geschätzten Verkaufswert für das Jahr 2014.

Das Problem ist zunächst allerdings der Aufbau des Tabellenblattes *Umsatzübersicht*. So schön und notwendig strukturierte Tabellen dieser Art auch sein mögen, sie führen doch häufig zu Einschränkungen bei der Weiterberechnung von Daten.

Die X- und Y-Werte, die Sie für die Prognose benötigen, müssen Sie bei Verwendung von SCHÄTZER() als einen zusammenhängenden Zellbereich im Funktionsassistenten auswählen. Dies geht im vorliegenden Fall nicht, da jeweils einer Spalte mit Stückzahlen eine weitere mit Umsatzwerten folgt. Es wird also notwendig sein, die Stückzahlangaben in ein neues Tabellenblatt zu übernehmen. Am besten erledigen Sie das mit einer Berechnung und nicht etwa durch zeitaufwendiges Kopieren der Werte.

	A	B	C	D	E	F	G	H	I
1		1	3	5	7	9	11	13	15
2	ID	2006	2007	2008	2009	2010	2011	2012	2013
3	S01001	140	210	289	324	320	356	345	351
4	S01002	123	205	200	217	327	312	289	301
5	T01001	0	0	90	145	210	214	236	279
6	T01002	0	0	0	23	76	143	140	135
7	R01001	89	126	156	198	234	275	293	310
8	R02001	129	197	216	289	405	410	402	414
9	R02003	27	45	98	127	273	263	245	290
10	U10001	0	0	45	80	100	90	123	198
11	U10002	40	56	78	109	145	178	219	312
12	U10003	10	34	56	86	90	104	143	176
13	K20010	160	145	90	56	23	0	0	0
14	K20011	143	128	93	70	24	0	0	0
15	K20012	190	145	120	95	45	0	0	0
16	M00001	321	350	402	395	390	436	438	412
17	M00002	237	234	240	285	280	312	406	432
18	M00003	154	200	234	227	260	278	312	310

Abbildung 10.30 Aus der Umsatzübersicht erstellte Datenreihe der Stückzahlen

Zunächst erstellen Sie im Tabellenblatt *Trend* ab Zelle B1 einen Spaltenindex für die Bezeichnung der Spalten, die Sie aus der *Umsatzübersicht* auslesen möchten. Wenn Sie den Datenbereich von C2 (erste Stückzahl 2006) bis T23 (letzter Umsatzwert 2013) verwenden, dann befindet sich die erste Stückzahl in der ersten Spalte der Matrix. In diesem Fall geben Sie in Zelle B1 den Wert 1 an, um die Stückzahl des Jahres 2006 in das Tabellenblatt *Trend* zu übernehmen. Da die nächste Spalte Umsatzwerte, die übernächste jedoch wieder Stückzahlen enthält, geben Sie in C1 nun =B1+2 ein, um die Umsatzspalte zu überspringen. Danach kopieren Sie diese Formel nach rechts bis zu Zelle I1.

10.5.3 Übernahme der Stückzahlangaben mit INDEX()

In Zelle B3, also dort, wo Sie die Stückzahl des Artikels S01001 aus dem Jahre 2006 benötigen, verwenden Sie nun die Funktion =INDEX(Umsatzübersicht !$C$2:$T$23; ZEILE();B$1). Im ersten Argument geben Sie den Zellbereich im Tabellenblatt *Umsatzübersicht* an, in dem sich sowohl die Anzahl der verkauften Artikel als auch die damit erzielten Umsätze der vergangenen Jahre befinden. INDEX() benötigt nun die konkrete Angabe einer Zeile und einer Spalte, um den Inhalt der angegebenen Zelle zurückzugeben.

Sie sollten stets versuchen, fixe Werte bei der Definition der Zeilen- und Spaltenzahl innerhalb der Funktion INDEX() zu vermeiden. Nur dann gelingt es Ihnen, die Funktion mühelos zu kopieren. Um dies zu erreichen, sind die beiden Funktionen ZEILE() und SPALTE() sehr hilfreich. Sie liefern die Zeilen- bzw. Spaltenzahl der aktuellen Zelle.

Da Ursprungs- und Ergebnistabelle die gleiche Zeilenanzahl besitzen und auch die Position der Artikel in beiden Tabellen identisch ist, geben Sie die mit INDEX() zu übernehmende Zeile einfach mit ZEILE() an. Damit wird der Wert 1 an INDEX() übergeben.

Um die Spalte anzugeben, die aus der Ursprungstabelle übernommen werden soll, verwenden Sie dann den zuvor erstellten Spaltenindex in Zelle B1. Damit Sie auch hier die Möglichkeit erhalten, die Funktion zu kopieren, sollten Sie die Angabe der Spalte relativ, die der Zeile allerdings absolut setzen (B$1).

Sie können die Funktion INDEX(), nachdem Sie sie in B3 definiert haben, nun nach unten und anschließend nach rechts kopieren. Umgehend erhalten Sie sämtliche Stückzahlen aus der Umsatzübersicht in einem zusammenhängenden Zellbereich, wodurch es nun möglich ist, den Trend zu berechnen. Die Tabelle hat einen weiteren Vorteil: Wenn Sie in Zelle B1 statt der 1 den Wert 2 eingeben, verschiebt sich der Zugriff auf die Originaltabelle um eine Spalte. Dies erlaubt es Ihnen, auch alle Umsatzwerte abzurufen und im Bedarfsfall auch für diese Datenreihen den geschätzten zukünftigen Wert zu berechnen. Dies spricht selbstverständlich ebenfalls für die Verwendung einer berechneten Werteanordnung gegenüber einem zeitraubenden und unflexiblen Kopieren der Werte.

10.5.4 Verwendung der Funktion SCHÄTZER() für die Prognose

In Spalte J des Tabellenblattes *Trend* werden Sie nun den Wert für das Jahr 2014 berechnen. Dazu benutzen Sie die Funktion =Schätzer(). Es gilt, mit ihr einen zukünftigen Y-Wert für den vorhandenen X-Wert (2014) zu ermitteln. Dazu ziehen wir die bereits erhobenen X-Werte – die Stückzahlen der letzten Jahre – und die bekannten Y-Werte – in diesem Fall die Jahreszahlen – heran.

J3			×	✓	fx	=WENN(SCHÄTZER($J$2;B3:I3;$B$2:$I$2)<=0;0;SCHÄTZER($J$2;B3:I3;$B$2:$I$2))		
	A	B	C	D	E	F	G	H	I	J
1		**1**	3	5	7	9	11	13	15	**Trend**
2	ID	2006	2007	2008	2009	2010	2011	2012	2013	2014
3	S01001	140	210	289	324	320	356	345	351	418
4	S01002	123	205	200	217	327	312	289	301	360

Abbildung 10.31 Berechnung des linearen Trends für das Folgejahr

Da für einige der Artikel keine vollständige Datenreihe der Stückzahlen aus den Vorjahren vorhanden ist (Zeile 13 bis 15), weil die Produktion der Artikel eingestellt wurde, müssen Sie auch die entsprechende Prognose unterdrücken. Dies gelingt Ihnen mit Hilfe von WENN(). Da die prognostizierten Werte der betroffenen Artikel unter dem Wert 0 lägen, geben Sie als Argument PRÜFUNG der WENN()-Funktion folgenden Ausdruck ein:

```
SCHÄTZER($J$2;B3:I3;$B$2:$I$2)<=0
```

Für die Artikel der Zeilen 13 bis 15 wird somit der Wert 0 ausgegeben.

Anschließend kopieren Sie die Funktion nach unten, um alle Werte für 2014 zu erhalten. Ändern Sie nun den Wert in Zelle B1 von 1 in 2, so erhalten Sie auch eine Prognose der Umsatzzahlen für das folgende Jahr.

	2	4	6	8	10	12	14	16	Trend
ID	2006	2007	2008	2009	2010	2011	2012	2013	2014
S01001	48.972	73.458	101.092	113.335	111.936	124.529	120.681	122.780	146.116
S01002	35.670	59.450	58.000	62.930	94.830	90.480	83.810	87.290	104.369
T01001	0	0	49.491	79.736	115.479	117.679	129.776	153.422	185.866
T01002	0	0	0	15.523	51.292	96.511	94.486	91.112	120.518
R01001	46.716	66.137	81.884	103.930	122.827	144.348	153.796	162.719	188.327

Abbildung 10.32 Anzeige der Umsatzprognose nach Änderung des Basiswerts in Zelle B1

10.5.5 Verwendung des Szenario-Managers in der Umsatzplanung

Es stellt sich nun die Frage, ob Sie Ihre Jahresplanung einzig und allein auf den eingegebenen oder berechneten Daten begründen wollen. Dagegen sprechen folgende Argumente:

- Ihre Annahmen werden sich wahrscheinlich im Laufe der Zeit und durch die Gewinnung zusätzlicher Informationen verändern.

- Wenn ein Expertenteam an der Schätzung beteiligt ist, liegen mit Sicherheit nicht nur ein, sondern unterschiedliche Prognosewerte pro Artikel vor.

- Eventuell möchten Sie neben der realistischen Annahme auch *best* oder *worst cases* in Ihrer Prognose verwenden.

Trifft auch nur eines dieser Argumente zu, so könnten Sie durch die Verwendung der Funktion **Szenario-Manager** unterschiedliche Annahmen bequem in ein und demselben Tabellenblatt speichern und mühelos die erstellten Szenarien zum gegebenen Zeitpunkt abrufen.

Der **Szenario-Manager** ist Teil der Funktionen der **Was-wäre-wenn-Analyse**, die Sie unter **Daten ▸ Datentools** finden. Klicken Sie nach dem Aufruf der Funktion auf **Hinzufügen**, und geben Sie dem ersten Szenario, das Sie erfassen möchten, einen aussagekräftigen Namen.

Abbildung 10.33 Starten des **Szenario-Managers**

Markieren Sie anschließend noch im Eingabefeld **Veränderbare Zellen** den Zellbereich S4 bis S23, in dem sich die Prognosedaten befinden.

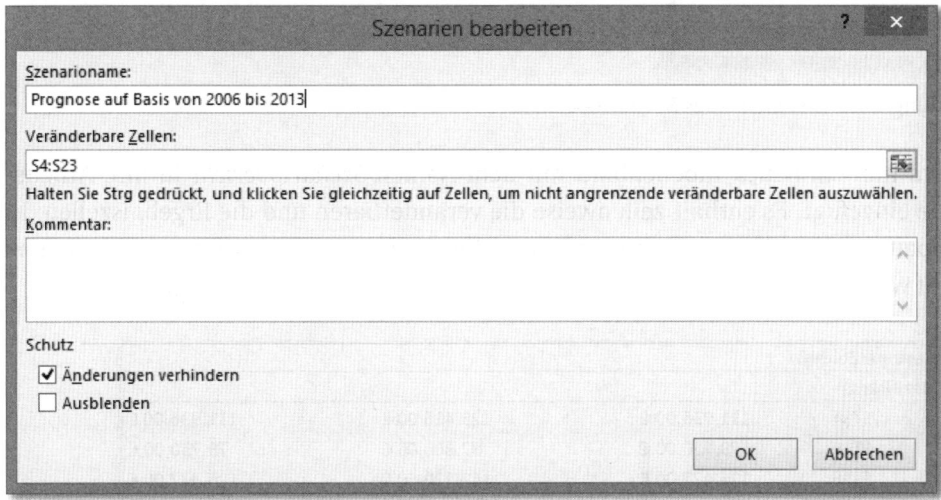

Abbildung 10.34 Erstellen des ersten Szenarios

Es öffnet sich eine Dialogbox, in die Sie die geschätzten Werte für jeden einzelnen Artikel eingeben oder aus dem Tabellenblatt übernehmen können. Nachdem Sie die Werte erfasst und mit **OK** gespeichert haben, wiederholen Sie den Vorgang z. B. für das Worst-Case-Szenario.

Sobald Sie ein zweites Szenario gespeichert haben, können Sie zwischen den verschiedenen Prognosen wählen. Doppelklicken Sie auf einen Szenarionamen, und Excel zeigt

Ihnen die zugehörigen Werte im Tabellenblatt an. Der **Szenario-Manager** hilft somit Ihnen dabei, die Anzahl Ihrer Arbeitsmappen bzw. Tabellenblätter zu reduzieren, da Sie mehrere Kalkulationsvarianten in einem Tabellenblatt sauber voneinander trennen können.

Darüber hinaus sind Sie nun in der Lage, die unterschiedlichen Umsatzergebnisse sämtlicher Szenarien in einem neuen Tabellenblatt auszugeben. Starten Sie den **Szenario-Manager** erneut, und klicken Sie auf **Zusammenfassung**. In der nun angezeigten Dialogbox markieren Sie in der Eingabezelle **Ergebniszellen** die Umsatzzahlen im Zellbereich T4 bis T23. Klicken Sie danach auf **OK**.

Abbildung 10.35 Erstellen eines Szenarioberichts

Es wird nun ein neues Tabellenblatt mit dem Namen *Szenariobericht* in Ihre Arbeitsmappe eingefügt. Es enthält zeilenweise die veränderbaren und die Ergebniszellen. In den Spalten finden Sie die konkreten Daten aller Szenarien, die in dieser Arbeitsmappe erstellt wurden.

Veränderbare Zellen:			
Ergebniszellen:			
$T$4	111.936,00 €	129.426,00 €	111.936,00 €
$T$5	79.750,00 €	92.800,00 €	79.750,00 €
$T$6	126.477,00 €	162.220,50 €	126.477,00 €
$T$7	80.988,00 €	101.235,00 €	80.988,00 €
$T$8	162.719,00 €	178.466,00 €	162.719,00 €
$T$9	218.715,00 €	249.960,00 €	218.715,00 €

Abbildung 10.36 Darstellung der veränderbaren Zellen im Szenariobericht (Auszug)

10.5.6   Planung auf Basis von Transaktionsdaten

Während die Datenreihen im vorangehenden Beispiel in Form einer stark strukturierten Tabelle vorlagen, in der auch Elemente wie gestaltete Überschriften und verbundene

Zellen verwendet wurden, baut das in diesem Abschnitt vorgestellte Beispiel auf einer einfachen Liste auf. Solche Listen, wie sie häufig beim Export von Daten aus Fremdprogrammen geliefert werden, bilden zumeist eine gute Basis zum Erstellen von Auswertungen und Planungen.

Die Arbeitsmappe *10_Umsatzplanung_kurzfristig_01.xlsx* besteht aus mehreren Tabellenblättern. Diese Blätter enthalten die folgenden Daten:

Tabellenblatt	Inhalt
Umsatzdaten 2014	einfache Liste mit den Umsatzzahlen sämtlicher Artikel für das Jahr 2014 aus einem ERP-System
Pivot	Auswertung der vorhandenen Daten des Jahres 2014 in Form einer einfachen und einer kumulierten Umsatzübersicht als Pivottabelle sowie Darstellung der Umsätze im Diagramm
Pivot + Datenschnitt	alternative Auswertung der Jahresdaten mit Datenschnitttool als Benutzerschnittstelle
Trend	aus den Daten im Tabellenblatt *Umsatzdaten 2014* per Berechnung erstellte Jahresübersicht mit anschließender Trendberechnung für das erste Halbjahr 2015
Beschriftung	Tabellenblatt mit Daten zur dynamischen Beschriftung der Diagramme

Tabelle 10.2 Arbeitsmappenstruktur der kurzfristigen Umsatzplanung

10.5.7 Sichtung der Datenbasis mittels Pivottabelle

Um eine Prognose zu erstellen, ist es selbstverständlich wichtig, die vorhandene Datenbasis sehr genau zu kennen. Und auch nach der Fertigstellung der Prognose werden Sie bisweilen den Wunsch hegen, auf die Daten des Vorjahres unkompliziert zurückgreifen zu können. Um aus den Daten des Tabellenblattes *Umsatzdaten 2014* eine nach Artikeln gruppierte Übersicht zu erstellen, bietet sich eine Pivottabelle besonders an (Abbildung 10.37).

Bewegen Sie den Cursor in die Liste im Tabellenblatt *Umsatzdaten 2014*, und wandeln Sie die Tabelle in eine dynamische Datentabelle um, indem Sie Strg + T drücken und die angezeigte Dialogbox mit **OK** bestätigen. Aus dem Menü **Tabellentools ▸ Entwurf ▸ Tools** wählen Sie anschließend **Mit Pivot Table zusammenfassen**. Der Zellbereich des mit der dynamischen Datentabelle angelegten Bereichsnamens *Tabelle1* sollte Excel automatisch erkennen. Übernehmen Sie ihn mit **OK**.

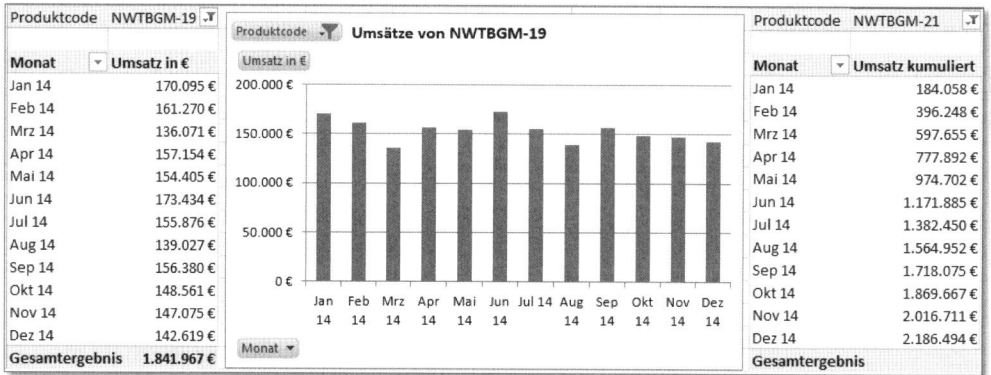

Abbildung 10.37 Ein Datenbestand – drei Darstellungsweisen (Monatsübersicht, Diagramm, kumulierte Darstellung)

Ziehen Sie anschließend das Label *Produktcode* in den **Berichtsfilterbereich**, das Label *Monat* in den **Zeilenbereich** und das Label *Umsatz* in den **Wertebereich**. Die Pivottabelle ist damit bereits fertiggestellt. Sie gibt Ihnen nun die Möglichkeit, durch Auswahl der Produktcodes im Listenfeld **Berichtsfilter** die monatlichen Umsätze im abgelaufenen Jahr zu sichten.

10.5.8 Kumulierte Darstellung der Monatsdaten

Nachdem Sie in der ersten Pivottabelle im Wertebereich das Zahlenformat auf Währung umgestellt haben, beginnen Sie mit dem Anlegen der zweiten Pivottabelle, die die kumulierten Werte sämtlicher Artikel enthalten soll.

- Markieren Sie zu diesem Zweck die erste Pivottabelle.

- Achten Sie beim Markieren darauf, dass auch der Bereich des Berichtsfilters, also wirklich die gesamte Tabelle, markiert ist.

- Kopieren Sie die Tabelle mit `Strg` + `C` in die Zwischenablage.

- Positionieren Sie den Cursor in Zelle J1.

- Fügen Sie den Inhalt der Zwischenablage mit der Tastenkombination `Strg` + `V` ein.

Um die kumulierte Darstellung der Werte zu erhalten, gehen Sie folgendermaßen vor:

- Bewegen Sie den Cursor in den Wertebereich der kopierten Tabelle.

- Rufen Sie mit der rechten Maustaste die Option **Werte anzeigen als** ▶ **Ergebnis in …** auf.

- In der nun angezeigten Dialogbox übernehmen Sie die Option *Monat* mit **OK**.

10.5.9 Pivotdiagramm mit dynamischer Beschriftung

Um die Sichtung der vorhandenen Daten zu komplettieren, fehlt Ihnen noch ein Diagramm. Erstellen Sie es, indem Sie den Cursor in der ersten Pivottabelle positionieren und dann über **PivotTable-Tools** ▶ **Analysieren** (**Optionen** in Excel 2010) ▶ **Tools** die Option **PivotChart** aktivieren.

Sie landen im Diagramm-Assistenten; wählen Sie dort **Säule** als Diagrammtyp aus, und fügen Sie dieses Diagramm mit **OK** in das Tabellenblatt ein. Da das Diagramm auf Basis der Pivottabelle erstellt wurde, ist die Anzeige der Inhalte synchronisiert. Wählen Sie in der Tabelle einen neuen Produktcode aus, so wird dieser auch im Diagramm verwendet. Umgekehrt führt die Auswahl eines Produkts im Diagramm umgehend zu einer Änderung der Anzeige in der Tabelle.

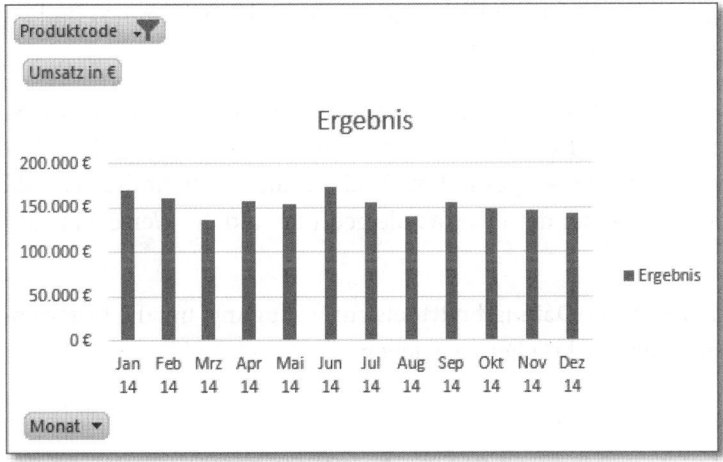

Abbildung 10.38 Der automatisch generierte Titel (Ergebnis) ist wenig aussagekräftig.

Das einzige Manko der Darstellung ist die fehlende Anzeige der Produktbezeichnung im Diagramm (Abbildung 10.39). Deshalb sollten Sie den automatisch von Excel generierten Titel durch einen eigenen, dynamischen ersetzen.

Wie in normalen Diagrammen lässt Excel auch in Pivotdiagrammen keine Formeln und Funktionen zur Dynamisierung von Beschriftungen zu. Sie können allerdings das Programm anweisen, eine Beschriftung aus einer Zelle zu übernehmen. Wenn diese Zelle wiederum eine »berechnete« Beschriftung enthält, gelingt es Ihnen auf diesem Umweg, doch eine dynamische Beschriftung ins Diagramm zu integrieren.

Geben Sie zu diesem Zweck in Zelle A1 des Tabellenblattes *Beschriftung* die Formel `="Umsätze von " &Pivot!$B$1` ein. Durch das Verkettungszeichen & kombinieren Sie den Text `Umsätze von` mit dem in der Pivottabelle ausgewählten Produktcode.

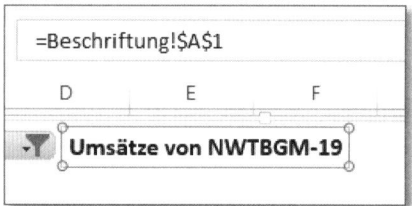

Abbildung 10.39 Verwendung eines Zellbezugs als Diagrammtitel

Nachdem Sie die Formel erstellt haben, öffnen Sie erneut das Tabellenblatt *Pivot*. Klicken Sie dort auf den Diagrammtitel, und positionieren Sie den Cursor dann in der Editierzeile. Geben Sie ein Gleichheitszeichen ein, und zeigen Sie danach mit der Maus auf die Zelle A1 im Tabellenblatt *Beschriftung*. Excel wird nun den veränderbaren Zellinhalt als Beschriftung verwenden (Abbildung 10.40).

Die gefundene Lösung zur Sichtung der Daten des vergangenen Jahres hat den Vorzug, dass sie auch mühelos mit früheren Excel-Versionen realisiert werden kann. Störend ist allenfalls, dass für jeden Wechsel des ausgewählten Produkts und auch für die Auswahl des Datumsbereiches die Listenfelder der Pivottabelle geöffnet und die Werte dann angeklickt werden müssen.

Excel 2010 stellte jedoch bereits die **Datenschnitttools** zur Verfügung, um die Kriterienauswahl einfacher und auch übersichtlicher zu machen.

10.5.10   Sichtung der Vorjahresdaten mit Datenschnitttool

Um die monatlichen Daten im Tabellenblatt *Pivot + Datenschnitt* zu erhalten, erstellen Sie eine Pivottabelle mit der folgenden Grundstruktur:

Label	Anordnung
Produktcode	Zeilenbeschriftung
Monat	ebenfalls Zeilenbeschriftung, aber unterhalb des Labels *Produktcode*
Umsätze	Wertebereich

Tabelle 10.3 Struktur der Pivottabelle

Die Anordnung der Produktcodes im Bereich der Zeilenbeschriftung ermöglicht es Ihnen, auch mehrere Produkte auszuwählen und diese sowohl in der Pivottabelle als auch im Pivotdiagramm gruppiert darzustellen. Da die Mehrfachauswahl ein wesentlicher Vorteil der **Datenschnitttools** gegenüber der konventionellen Listenauswahl ist, empfiehlt es sich, diese Möglichkeit gleich beim Erstellen der Pivotberichte zu berücksichtigen.

Bewegen Sie den Cursor in die soeben erstellte Pivottabelle, und starten Sie die Funktion **Einfügen ▸ Filter ▸ Datenschnitt**. Wählen Sie die Felder **Produktcode** und **Monat** aus, und bestätigen Sie die Auswahl mit **OK**.

Die nun eingeblendeten Dialogboxen werden Sie der Übersichtlichkeit halber sicherlich anders anordnen wollen, als dies momentan der Fall ist. Sobald Sie eine Dialogbox anklicken, blendet Excel die **Datenschnitttools** am oberen Rand des Excel-Fensters ein (Abbildung 10.40).

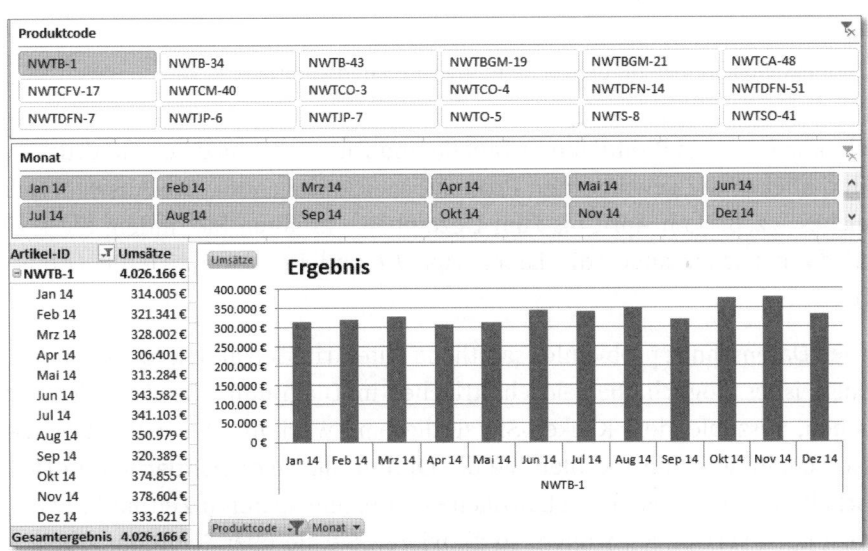

Abbildung 10.40 Einfacher in der Bedienung und übersichtlicher – die **Datenschnitttools** von Excel

509

Abbildung 10.41 Definition von Größe und Spaltenanzahl des **Datenschnitts**

Legen Sie die Spaltenanzahl für beide Tools so fest, dass sie in der Höhe nicht zu viel Platz rauben, denn unterhalb der Benutzerschnittstelle sollen Pivottabelle und -diagramm positioniert werden.

10.5.11 Auswertung per Pivottabelle und Datenschnitt

Die Auswahl der Daten – Produkte und Monate – erfolgt durch einfachen Mausklick auf die Label in der **Datenschnitt**-Dialogbox. Bei der Bedienung werden folgende Möglichkeiten unterschieden:

Aktion	Ergebnis
einfacher Mausklick	Zugehörige Daten des Labels werden angezeigt.
Strg + Mausklick	Erlaubt die Mehrfachauswahl von Labels.
⇧ + Mausklick	Markiert alle Label vom ersten bis zum zuletzt angeklickten Label.
Klick auf das Filtersymbol	Hebt alle Filterkriterien auf.

Tabelle 10.4 Tastenkombinationen für die Verwendung von **Datenschnitten**

Um die Ergebnisse von zwei Produkten in Tabelle und Diagramm anzuzeigen, drücken Sie Strg und klicken die gewünschten Produktbezeichnungen an. Die Auswahl des Datumsbereiches – z. B. vom April bis zum Dezember – erhalten Sie, indem Sie ⇧ drücken und dann nacheinander die Labels *Apr 14* und *Dez 14* aktivieren (Abbildung 10.42).

Da Sie über den **Datenschnitt** problemlos sämtliche Filterkriterien aktivieren und deaktivieren können, ist es möglich, die Feldschaltflächen im Diagramm, die eigentlich der Filterung dienen, auszublenden. Klicken Sie zu diesem Zweck mit der rechten Maustaste auf eine Schaltfläche, und wählen Sie die Option **Alle Feldschaltflächen im Diagramm ausschalten**. Sollten Sie die Schaltflächen zu einem späteren Zeitpunkt wider Erwarten doch noch verwenden wollen, so aktivieren Sie sie über **PivotChart-Tools ▸ Analyse ▸ Feldschaltflächen**.

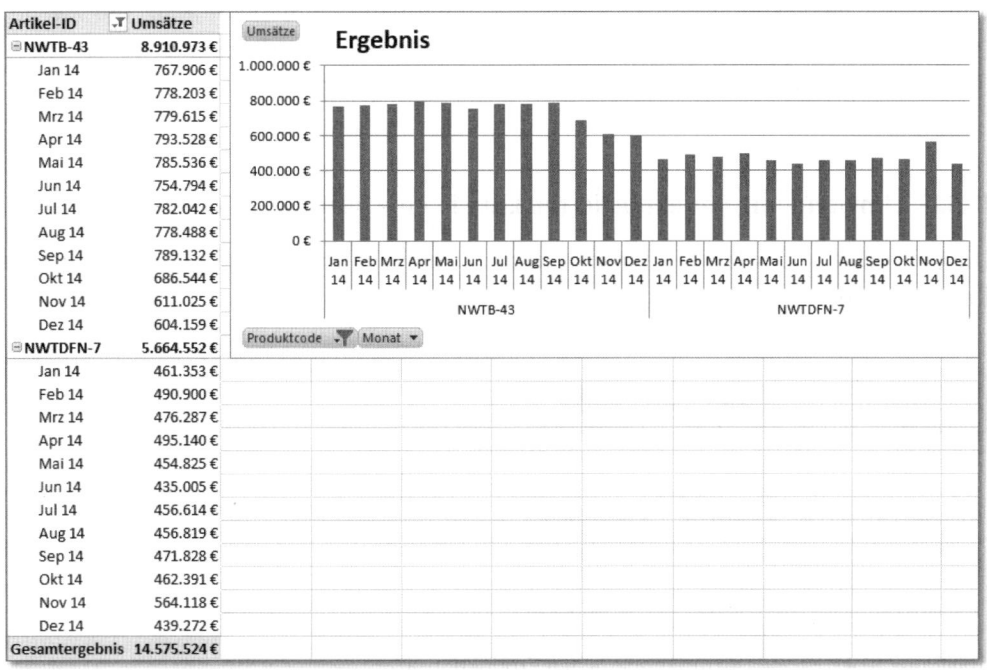

Abbildung 10.42 Mehrfachauswahl und Datenbereichauswahl mit **Datenschnitt**

10.5.12 Nutzung der Trendfunktion zum Erstellen einer Umsatzprognose

Der Sichtung vorhandener Daten folgt nun die Prognose der Umsätze für das erste Halbjahr des Folgejahres. Dafür werden Sie die Funktion TREND(Y_Werte; X_Werte; Neue_X_Werte; Konstante) benutzen. Wie schon bei der Funktion SCHÄTZER() müssen Sie auch bei der Trendberechnung die Datenreihen in den einzelnen Argumenten der Funktion aus zusammenhängenden Zellbereichen des Tabellenblattes übernehmen. Da die Daten jedoch nach Produkten geordnet sind und für jedes Produkt zwölf Monatswerte vorliegen, ist diese zusammenhängende Struktur nicht gegeben.

Ihnen bleiben nun zwei Möglichkeiten:

- Sortieren Sie die Daten manuell, und bilden Sie dann ebenfalls manuell die Bezüge für die Trendberechnung.

- Ordnen Sie die Daten des Tabellenblattes *Umsatzdaten 2014* mit Hilfe einer Berechnung um, so dass Sie danach auch bei sich änderndem Datenbestand unverändert und ohne Mehraufwand aus dieser dynamischen Datenbasis den Trend berechnen können.

Welche der beiden Alternativen werde ich Ihnen wohl empfehlen? Klar, die zweite! Denn sie schafft eine größere Flexibilität und vermeidet die sich ständig wiederholenden Sortier- und Markierungsvorgänge.

10.5.13   Umwandlung der exportierten Liste in eine gestaltete Tabelle

Die Umsatzwerte des Tabellenblattes *Umsatzdaten 2014* unterscheiden sich durch zwei Kriterien: Produkt und Monat.

	A	B	C
1	Produktcode	Monat	Umsatz
2	NWTB-1	Jan 14	314.005,00 €
3	NWTCO-3	Jan 14	163.020,10 €
4	NWTCO-4	Jan 14	333.185,00 €
5	NWTO-5	Jan 14	339.410,66 €
6	NWTJP-6	Jan 14	395.621,25 €
7	NWTDFN-7	Jan 14	461.353,00 €
8	NWTS-8	Jan 14	672.257,00 €

Abbildung 10.43 Excel-Liste der monatlichen Produktumsätze …

Ziel ist es, im nächsten Schritt diese Daten zu drehen, so dass für jedes Produkt nur noch eine Zeile bestehen bleibt und in den einzelnen Spalten der Zeile die gültigen Monatswerte angezeigt werden.

Der Umsatzverlauf soll dabei durch Verwendung von Sparklines veranschaulicht werden. Zudem soll die Ergebnistabelle Gliederungs- und AutoFilter-Funktionen enthalten, um die Informationsmenge zu reduzieren und somit die Übersichtlichkeit zu verbessern.

Artikel-ID	Entwicklung Jan 2014 bis Juni 2015		Q1 2014		
			Jan 14	Feb 14	Mrz 14
NWTB-1			314.005,00 €	321.341,00 €	328.002,00 €
NWTCO-3			163.020,10 €	181.930,00 €	167.017,00 €
NWTCO-4			333.185,00 €	353.325,00 €	351.661,00 €

Umsatzprognose 1. Halbjahr 2015

Abbildung 10.44 … und ihre Umwandlung in eine formatierte Tabelle mit Sparklines mittels Berechnung

Die Auswahl und Anordnung der Umsatzdaten erreichen Sie durch folgende Funktion in Zelle C4:

```
=SUMMEWENNS('Umsatzdaten 2014'!$C$2:$C$217;'Umsatzdaten 2014'!$A$2:$A$217;
Trend!$A4;'Umsatzdaten 2014'!$B$2:$B$217;Trend!C$3)
```

Dabei übernehmen Sie aus Spalte C des Tabellenblattes *Umsatzdaten 2014* die Umsätze. Die in Spalte A erfassten Produktcodes (`Trend!$A4`) vergleichen Sie mit den Produktbezeichnungen in Spalte A der Basisdatentabelle (`'Umsatzdaten 2014'!$A$2:$A$217`); als zweites Kriterium verwenden Sie die Monatsbezeichnungen in Zeile 3 des Tabellenblattes *Trend*. Diese Bezeichnungen werden mit den korrespondierenden Inhalten in Umsatzdaten 2014 (`'Umsatzdaten 2014'!$A$2:$A$217;Trend!$A4;'Umsatzdaten 2014'!$B$2:$B$217`) verglichen.

Ist die Funktion einmal erstellt, können Sie sie bedenkenlos nach unten bis in Zeile 21 kopieren. Anschließend ziehen Sie den markierten Formelbereich nach rechts bis zu Spalte N. Damit ist die Neuanordnung der Basisdaten auch schon abgeschlossen.

10.5.14 Anwendung der Trendfunktion

Sind die Daten erst einmal im Tabellenblatt *Trend* angeordnet, ist es ein Kinderspiel, aus ihnen einen linearen Trend zu berechnen. Markieren Sie den Zellbereich von O4 bis T4, und starten Sie den Funktionsassistenten. In der Kategorie **Statistik** finden Sie die Funktion TREND(). Geben Sie die folgenden Argumente an:

```
{=TREND(C4:N4;$C$3:$N$3;$O$3:$T$3)}
```

Die Argumente bezeichnen im Anwendungsbeispiel folgende Werte:

Argument	Werte
Y_Werte	Bezeichnet die bereits vorhandenen Umsatzdaten.
X_Werte	Bezeichnet die vorhandenen Zeitintervalle (Monats- und Jahresangaben).
Neue_X_Werte	Bezeichnet die zukünftigen Zeitintervalle des Prognosezeitraums (Monats- und Jahresangaben).
Konstante	Bezeichnet einen Wahrheitswert (WAHR oder FALSCH), mit dem festgelegt wird, ob die Konstante *b* der dem Trend zugrundeliegenden Gleichung $y = mx + b$ den Wert *Null* annehmen soll oder nicht. Der Wahrheitswert FALSCH setzt die Konstante auf den Wert *Null*.

Tabelle 10.5 Argumente der Funktion TREND()

Die Funktion TREND() ist eine Matrixfunktion. Dies bedeutet, dass eine korrekte Berechnung nur dann erfolgt, wenn Sie die Eingabe der Argumente mit der Tastenkombination

$\boxed{\text{Strg}}$ + $\boxed{\text{⇧}}$ + $\boxed{\text{↵}}$ abschließen. Excel schreibt nun die Werte des Trends in die markierten Zellen. Sie werden feststellen, dass die Funktion – wie für Matrixfunktionen üblich – von geschweiften Klammern eingeschlossen ist.

Sofern Sie die Zellbezüge zur Definition der X-Werte ($C$3:$N$3 und $O$3:$T$3) absolut und die der Y-Werte relativ (C4:N4) gesetzt haben, dürfte es Ihnen auch nicht schwerfallen, die berechneten Trends nach unten bis in Zeile 21 zu kopieren. Sie verfügen damit über eine vollständige Prognose sämtlicher Produkte für die kommenden sechs Monate.

	Prognose					
Dez 14	Jan 15	Feb 15	Mrz 15	Apr 15	Mai 15	Jun 15
333.621,07 €	363.819,69 €	368.240,26 €	372.233,02 €	376.653,59 €	380.931,55 €	385.352,11 €
99.010,00 €	91.950,06 €	84.818,99 €	78.378,02 €	71.246,95 €	64.345,92 €	57.214,84 €
295.378,90 €	311.494,54 €	308.132,95 €	305.096,67 €	301.735,08 €	298.481,93 €	295.120,33 €

Abbildung 10.45 Mit TREND() berechnete Prognose

10.5.15 Visualisierung der Umsatzplanung mit Sparklines

Die eigentliche Aufgabe der kurzfristigen Umsatzplanung wäre damit eigentlich erledigt. Die grafische Darstellung der Ergebnisse trüge allerdings auch in diesem Beispiel wesentlich zur Erleichterung beim Lesen und bei der Interpretation der Daten bei. Besonders die in Excel 2014 erstmalig verfügbaren Sparklines lassen sich nahtlos in die Wertetabelle einfügen. Und die bislang noch leere Spalte B ist der geeignete Ort, an dem Sie diese Diagramme einfügen sollten.

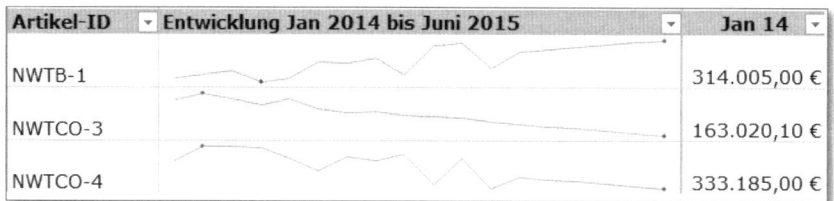

Artikel-ID	Entwicklung Jan 2014 bis Juni 2015	Jan 14
NWTB-1		314.005,00 €
NWTCO-3		163.020,10 €
NWTCO-4		333.185,00 €

Abbildung 10.46 In die Tabelle eingebettete Sparklines

Die Benutzung dieser neuen Funktion habe ich bereits weiter oben in diesem Kapitel beschrieben. Aus diesem Grund folgt an dieser Stelle lediglich eine kurze Skizzierung der Vorgehensweise.

Positionieren Sie den Cursor in Zelle B4, und wählen Sie **Einfügen ▸ Sparklines ▸ Linie**. In der darauf angezeigten Dialogbox markieren Sie unter **Datenbereich** den Zellbezug C4 bis T4. Die Option **Positionsbereich** ($B$4) wird von Excel automatisch übernommen und bedarf keiner Änderung Ihrerseits.

Bei einer auf kleinstem Raum erzeugten Linie wird es Ihnen oder auch anderen Betrachtern mit Sicherheit helfen, die Höchst- und Tiefpunkte einer jeden Datenreihe mit einem Blick zu identifizieren. Deshalb sollten Sie noch folgende Formatänderungen durchführen:

- Wählen Sie **Sparkline-Tools ▸ Entwurf ▸ Formatvorlage ▸ Sparklinefarbe**, und weisen Sie der Linie eine hellere Farbe, z. B. ein helleres Blau, zu.

- Aktivieren Sie anschließend im gleichen Menü und der gleichen Funktionsgruppe die Option **Höchstpunkt,** um dort die Farbe Grün für den höchsten Wert der Datenreihe auszuwählen.

- Wiederholen Sie den Vorgang für die Option **Tiefpunkt**, und verwenden Sie die Farbe Rot zur Kennzeichnung des niedrigsten Werts der Sparkline.

Da sich sämtliche Datenreihen unmittelbar in den Zellen unterhalb von B4 befinden, erstellen Sie die noch fehlenden Sparklines diesmal einfach durch Kopieren. Ziehen Sie die erste Sparkline in Zelle B4 bis zur Zelle B21 nach unten. Fertig!

Ausgeblendete und leere Zellen in Sparklines

Wie z. B. auch bei Liniendiagrammen können Sie die Anzeige von leeren Zellen in Sparklines konfigurieren. Leere Zellen resultieren häufig daraus, dass für den Zeitpunkt der Messung keine Daten vorliegen. Standardmäßig ergeben fehlende Werte in der Sparkline eine Lücke. Mit der Option **Sparkline-Tools ▸ Entwurf ▸ Sparkline ▸ Datenreihe bearbeiten** ändern Sie diese Standardeinstellung.

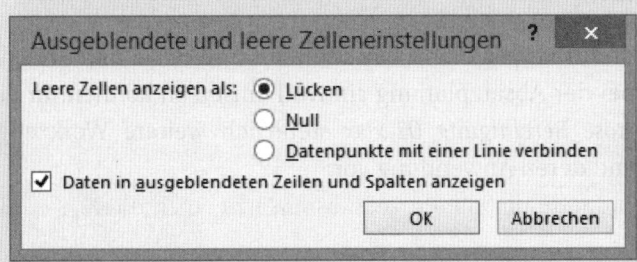

Abbildung 10.47 Auswahl der Darstellungsweise von ausgeblendeten und Nullwerten

10.5.16 Gliederung von Umsatz- und Prognosewerten

Die schrittweise erstellte Tabelle enthält zwei klar trennbare Datenbereiche: die Umsatzwerte des Jahres 2014 und die Prognosen für das erste Halbjahr 2015. Neben den Sparklines als Visualisierungsinstrument sollten Sie die Gliederungsfunktion von Excel einsetzen, um die Übersichtlichkeit zu verbessern:

- Markieren Sie den Zellbereich von C1 bis N1.

- Wählen Sie dann die Option **Gruppieren** aus dem Menü **Daten ▸ Gliederung ▸ Gruppieren**.

- In der auf dem Bildschirm angezeigten Dialogbox wählen Sie die Option **Spalten** und klicken auf **OK**.

Mit der entstandenen Gruppierung gelingt es Ihnen nun, im Bedarfsfall die Umsatzdaten des Vorjahres auszublenden. Die Prognosen des Folgejahres und die Sparklines bleiben hingegen erhalten (Abbildung 10.48). Voraussetzung für die Anzeige der ausgeblendeten Werte in den Sparklines ist es, dass Sie unter **Ausgeblendete und leere Zellen** die Option **Daten in ausgeblendeten und leeren Zellen anzeigen** aktiviert haben.

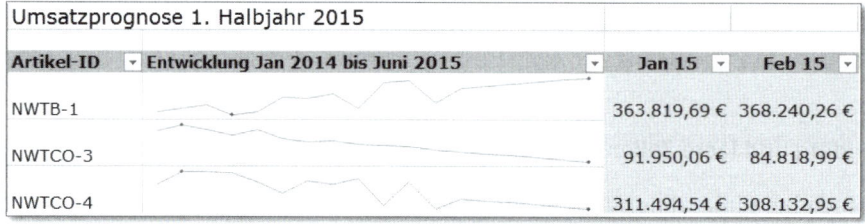

Abbildung 10.48 Sparklines mit ausgeblendetem Datenbereich

10.6   Prognosen erstellen

Die im vorangegangenen Abschnitt vorgestellten Funktionen SCHÄTZER() und TREND() sind zwei Hilfsmittel, die Sie bei der Absatzplanung sinnvoll einsetzen können. In der Arbeitsmappe *10_Trend_Prognose_Bereinigung_01.xlsx* stelle ich weitere Werkzeuge beim Erstellen für Prognosen und deren Anwendung vor:

- gleitender Mittelwert

- exponentielle Glättung

- Identifizierung saisonaler Komponenten

- Bildung der ersten Differenzen zur Beseitigung saisonaler Komponenten

Doch bevor Sie diese Werkzeuge anwenden, sollten Sie sich stets Gedanken zur Qualität der vorliegenden Daten machen.

10.6.1 Datenqualität beurteilen: Korrelationskoeffizient und Bestimmtheitsmaß

Im ersten Tabellenblatt *Trend* der Arbeitsmappe finden Sie eine Trendberechnung. Sie wurde unter Verwendung der Funktion {=TREND(D2:D25;C2:C25;C26:C31)} durchgeführt.

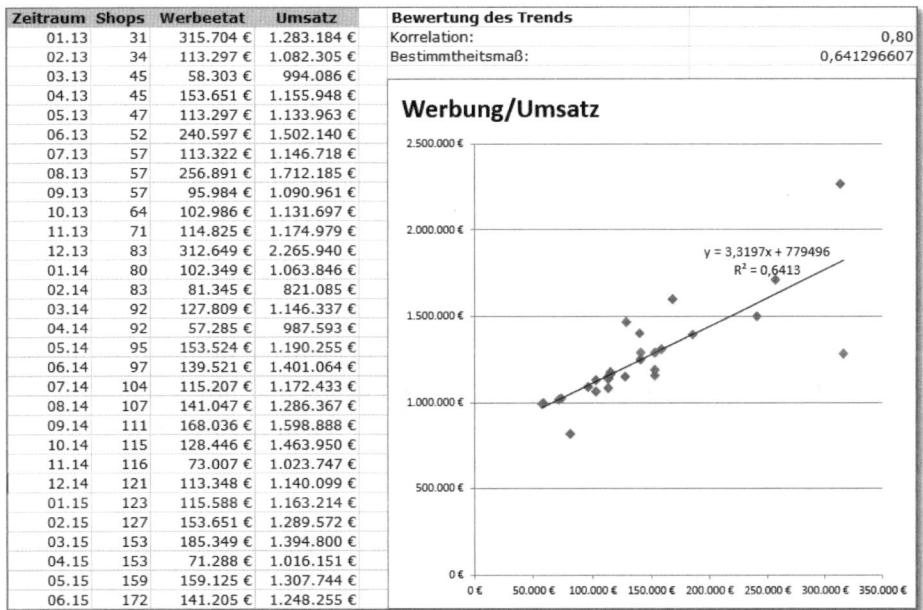

Abbildung 10.49 Trend, Korrelation und Bestimmtheitsmaß

Die Berechnung geht von der Annahme aus, dass Sie den Werbeetat für die ersten sechs Monate des Jahres 2015 bereits festgelegt haben. Aus diesen Werten und dem Aufwand für Werbung der Vorjahre sowie den in diesem Zeitraum erzielten Umsätzen werden wir nun die Werte der Umsätze auf Basis eines linearen Trends für das erste Halbjahr 2015 berechnen.

10.6.2 Bestimmtheitsmaß im Diagramm anzeigen

Das Punktdiagramm erstellen Sie danach auf Grundlage der beiden Datenreihen in den Spalten C und D. Mit einem rechten Mausklick in das fertiggestellte Diagramm erhalten

Sie die Möglichkeit, eine Trendlinie in das Diagramm einzufügen (**Trendlinie hinzufügen**). Die angezeigte Dialogbox enthält im unteren Drittel zwei Optionen, die Sie aktivieren sollten: **Formel im Diagramm anzeigen** und **Bestimmtheitsmaß im Diagramm darstellen**.

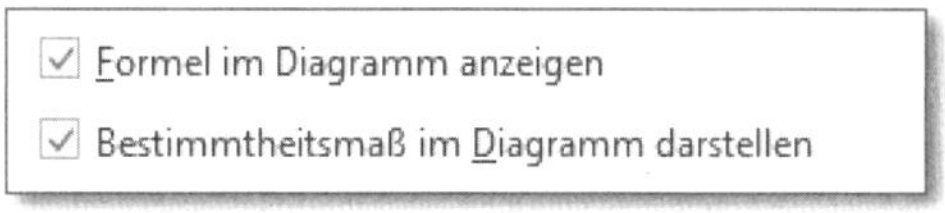

Abbildung 10.50 Anzeige des Bestimmtheitsmaßes im Punktdiagramm

Das *Bestimmtheitsmaß r2* (Quadrat des Korrelationskoeffizienten) zeigt Ihnen den Grad an, in dem die Streuung (Varianz) der Y-Werte durch die vorhandenen X-Werte erklärbar ist. Ein Bestimmtheitsmaß, das nahe bei 1 liegt, wird als positiv für die Datenqualität gewertet. Die Bestimmung der Datenqualität ist deshalb wichtig, weil Sie in der Beispielrechnung wahrscheinlich geneigt sein werden, einen bestimmten Erlös in Abhängigkeit vom getätigten Werbeaufwand zu prognostizieren. »Mehr Werbung – mehr Umsatz; weniger Werbung – weniger Umsatz« wird wahrscheinlich das griffige Motto lauten.

Wäre der Zusammenhang zwischen Werbemitteln auf der einen und Umsätzen auf der anderen Seite allerdings schwächer ausgeprägt, könnten Sie mit Ihrer gesamten Prognose erheblich danebenliegen. Aus diesem Grund kann Ihnen das Bestimmtheitsmaß helfen, festeren Boden unter die Füße zu bekommen.

10.6.3 Bestimmtheitsmaß berechnen

Das Bestimmtheitsmaß können Sie nicht nur im Diagramm anzeigen, sondern auch mit Hilfe einer Funktion direkt im Tabellenblatt berechnen. Die Funktion im vorliegenden Beispiel lautet: `=BESTIMMTHEITSMASS(C2:C31;D2:D31)`. Es ist nicht verwunderlich, dass Sie durch Anwendung der Funktion das gleiche Ergebnis wie im Diagramm erhalten (0,6413). Rein technisch betrachtet funktioniert die Berechnung also tadellos.

Trotzdem sollten Sie Ihre eigenen Festlegungen und Annahmen immer wieder genauestens überprüfen, denn auf den ersten Blick mag es so erscheinen, als ob ein enger Zusammenhang zwischen Werbeetat und Umsätzen gegeben ist. Bei näherer Betrachtung stellen Sie jedoch beispielsweise fest, dass der größte Teil Ihres Werbebudgets im Umfeld von Großveranstaltungen eingesetzt wurde. Dies könnte bedeuten, dass die Abhängigkeit der Umsätze von der Präsenz bei Großveranstaltungen die zutreffendere

Schlussfolgerung wäre als die recht allgemein gefasste Annahme, dass zwischen Werbeetat und Umsatz ein enger Zusammenhang besteht.

10.6.4 Berechnung des Korrelationskoeffizienten

Das Bestimmtheitsmaß r2 ist das Quadrat des *Korrelationskoeffizienten*. Dieser wiederum liefert Ihnen Informationen darüber, wie stark die Beziehung zwischen den X- und Y-Werten ist, aus denen Sie zuvor einen linearen Trend abgeleitet haben. Der Wert wird in Zelle G2 mit der Funktion `=KORREL(C2:C31; D2:D31)` berechnet.

Für den Korrelationskoeffizienten sind Werte von +1 bis –1 möglich. Ein Wert von 0 spricht dafür, dass überhaupt kein linearer Zusammenhang zwischen den beiden gewählten Datenreihen besteht. Werte von +1 bzw. –1 sprächen für einen vollständigen linearen Zusammenhang zwischen Werbebudget und Umsätzen, um es mit Bezug auf die Beispieldatei zu sagen. Wenn Sie zu dem Ergebnis gekommen sind, dass sowohl Korrelationskoeffizient als auch Bestimmtheitsmaß für die Qualität der vorhandenen Daten sprechen, kann Ihnen noch eine weitere Hürde beim Erstellen einer Prognose im Wege stehen: ein Trend.

10

10.6.5 Trendbereinigung

Damit Sie eine verlässliche Prognose mit Hilfe des *gleitenden Mittelwerts* oder der *exponentiellen Glättung* erstellen können, dürfen die Ausgangsdaten keinen Trend enthalten. Ist dies doch der Fall, muss der Trend zunächst entfernt und bereinigt werden. Die Trendbereinigung erfolgt durch die Berechnung der *ersten Differenzen*. Die Vorgehensweise beim Erstellen einer *integrierten Prognose*, wie sie in Tabellenblatt *Erste Differenzen* dargestellt wird, ist folgendermaßen:

- Bildung der ersten Differenz aus dem Wert der Vorgängerperiode und der aktuellen Periode (in Zelle C3 die Formel `=B3-B2`)

- Prognose auf Basis der exponentiellen Glättung in Zelle D5 mit der Formel `=$G$2*C5+(1-$G$2)*D4`

- Erstellen der integrierten Prognose durch Addition der Umsätze aus der Vorgängerperiode mit dem Ergebnis der exponentiellen Glättung basierend auf den Werten der ersten Differenzen der aktuellen Periode (in Zelle E5 mit der Formel `=B4+D5`)

	Zeitraum	Umsatz	Erste Differenzen	Prognose (Erste Differenzen)	Integrierte Prognose	Durchschnitt	Glättungsfaktor	Autokorrelation (aktuelle Werte)	Autokorrelation (Erste Differenzen)
1									
2	01.13	916.910 €	#NV				0,3	0,967702711	0,296462869
3	02.13	918.920 €	2.010 €	#NV					
4	03.13	923.900 €	4.980 €	2.010 €	920.930 €	58.794 €			
5	04.13	938.900 €	15.000 €	5.907 €	929.807 €	58.794 €			
6	05.13	943.800 €	4.900 €	5.605 €	944.505 €	58.794 €			
7	06.13	789.200 €	-154.600 €	-42.457 €	901.343 €	58.794 €			
8	07.13	723.400 €	-65.800 €	-49.460 €	739.740 €	58.794 €			
9	08.13	699.012 €	-24.388 €	-41.938 €	681.462 €	58.794 €			
10	09.13	980.234 €	281.222 €	55.010 €	754.022 €	58.794 €			
11	10.13	1.078.900 €	98.666 €	68.107 €	1.048.341 €	58.794 €			
12	11.13	1.231.990 €	153.090 €	93.602 €	1.172.502 €	58.794 €			
13	12.13	1.567.822 €	335.832 €	166.271 €	1.398.261 €	58.794 €			
14	01.14	1.789.100 €	221.278 €	182.773 €	1.750.595 €	58.794 €			
15	02.14	1.890.222 €	101.122 €	158.278 €	1.947.378 €	58.794 €			
16	03.14	2.010.000 €	119.778 €	146.728 €	2.036.950 €	58.794 €			
17	04.14	2.109.000 €	99.000 €	132.409 €	2.142.409 €	58.794 €			
18	05.14	2.190.333 €	81.333 €	117.087 €	2.226.087 €	58.794 €			
19	06.14	2.028.290 €	-162.043 €	33.348 €	2.223.681 €	58.794 €			
20	07.14	1.902.999 €	-125.291 €	-14.244 €	2.014.046 €	58.794 €			
21	08.14	1.834.000 €	-68.999 €	-30.670 €	1.872.329 €	58.794 €			
22	09.14	2.279.010 €	445.010 €	112.034 €	1.946.034 €	58.794 €			
23	10.14	2.336.000 €	56.990 €	95.521 €	2.374.531 €	58.794 €			
24	11.14	2.324.900 €	-11.100 €	63.534 €	2.399.534 €	58.794 €			
25	12.14	2.290.100 €	-34.900 €	34.004 €	2.358.904 €	58.794 €			
26			59.700 €						

Prognose - Erste Differenzen

Umsatz und Erste Differenzen

Reintegration von Umsatz und Prognose der Ersten Differenzen

Abbildung 10.51 Integrierte Prognose auf Basis der ersten Differenzen

Wie Sie im Diagramm *Umsatz und erste Differenzen* sehen (Abbildung 10.51), weisen die Umsätze einen deutlich steigenden Trend auf. In der zweiten Datenreihe des Diagramms (*Erste Differenzen*) ist dieser Trend entfernt worden. Allerdings sind durch die Trendbereinigung die Werte wesentlich niedriger als die gemessenen Umsätze.

Dies gilt auch für die Prognose auf Basis der ersten Differenzen im gleichnamigen Diagramm. Um dies zu ändern, werden die Umsätze der Vorgängerperiode und die Prognose der aktuellen Periode zu einer integrierten Periode zusammengesetzt. Dies ist im Diagramm *Reintegration von Umsatz und Prognose der Ersten Differenzen* bereits geschehen und sichtbar. Das Resultat bildet eine Prognose, die um einen ursprünglich existierenden Trend bereinigt wurde.

10.6.6 Gleitender Mittelwert

Um eine verlässliche Prognose bezogen auf trendbereinigte Daten zu erstellen, kann der *gleitende Mittelwert* aus einer vorgegebenen Anzahl von Vorgängerperioden berechnet werden. Der Sinn der Berechnung besteht darin, Ausreißerwerte, die die Prognose erschweren könnten, zu planieren. Die Glättung hängt dabei stark von der Anzahl der berücksichtigten Vorgängerperioden ab.

Dies spricht auf den ersten Blick dafür, eher mehr als weniger Vormonate in die Glättung einzubeziehen. Auf der anderen Seite wächst aber mit der Länge der Glättungsperiode auch die Zeitspanne bis zum Beginn der Prognose. Sollen z. B. sechs Vorgängermonate zur Berechnung des gleitenden Mittelwerts verwendet werden, so müssen diese Daten erst einmal erhoben werden. Erst nach einem halben Jahr ist somit überhaupt eine erste Prognose möglich.

Dieses Für und Wider bei der Bestimmung des Zeitraums für die Mittelwertberechnung führt letztlich dazu, dass Sie mit Sicherheit die Wahl zwischen unterschiedlichen Intervallen haben möchten. Und genau dies ermöglicht Ihnen die Beispielrechnung im Tabellenblatt *Gleitender Mittelwert* (Abbildung 10.52).

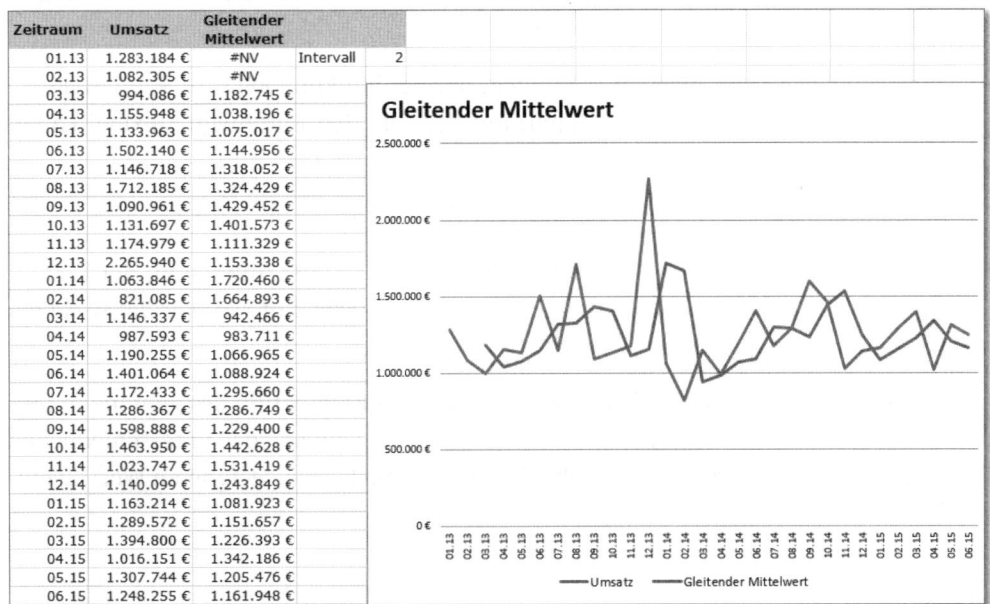

Abbildung 10.52 Gleitender Mittelwert mit flexibler Bestimmung des Intervalls

In Zelle E2 steht der Intervallwert, mit dem der gleitende Mittelwert berechnet werden soll. In C2 finden Sie eine Formel, die eine flexible Verwendung des Mittelwertzeitraums ermöglicht:

```
=WENN(ZEILE()>$E$2+1;MITTELWERT(BEREICH.VERSCHIEBEN(INDIREKT("$B"&StartZeile);
0;0;$E$2;1));NV())
```

Die wichtigste Aufgabe der Funktion besteht darin, abhängig von dem Wert aus Zelle E2 in der richtigen Zelle mit der Berechnung des Mittelwerts zu beginnen und in den darüberliegenden Zellen den Fehlerwert #NV auszugeben. Dieser Fehlerwert ist wichtig, da er bei der Bildung von Datenpunkten in Liniendiagrammen – anders als Nullwerte – ignoriert wird.

Um die Berechnung des Mittelwerts zu veranlassen, muss die Zeilennummer der aktuellen Zeile größer als das vorgegebene Intervall in Zelle E2 plus 1 sein. Mit anderen Worten: Bei fünf zu berechnenden Monatsergebnissen darf die Berechnung erst in der sechsten Zeile starten (ZEILE()>$E$2+1).

Die Startzelle des Bereiches Ihres Mittelwerts wird immer in Spalte B liegen; der zweite Teil der Zelladresse, die Zeilennummer, ergibt sich aus der aktuellen Zeilennummer abzüglich der Vorgabe aus Zelle E2. In der Beispielanwendung wird diese Berechnung mit dem Bereichsnamen *StartZeile* belegt. Um wie viele Zeilen nach unten der Mittelwertbereich ausgedehnt werden soll, ergibt sich aus dem Wert in $E$2. Die Breite des Bereiches der Berechnung ist immer eine Spalte (1).

Alle diese Informationen machen es einfach, mit der Funktion BEREICH.VERSCHIEBEN() einen dynamischen Bereich zu erstellen, mit dem sie den Mittelwert flexibel kalkulieren:

```
MITTELWERT(BEREICH.VERSCHIEBEN(INDIREKT("$B"&StartZeile);0;0;$E$2;1))
```

Schließlich müssen Sie nur noch die Funktion NV() als Sonst-Anweisung der WENN()-Funktion eingeben. Wird die benötigte Zeilenzahl unterschritten, so schreibt Excel ein #NV in die betreffende Zelle.

Diese flexible Verwendung des Datenbereiches bei der Kalkulation des gleitenden Mittelwerts gibt Ihnen die Gelegenheit, die Glättungsergebnisse bei unterschiedlichen Eingabewerten zu vergleichen, um sich dann für den am besten geeigneten Wert zu entscheiden.

10.6.7 Exponentielle Glättung

Den Einfluss, den die Anzahl der Monate auf das Glättungsergebnis bei der Verwendung des gleitenden Mittelwerts hat, übt bei der exponentiellen Glättung der Glättungsfaktor aus.

Auch bei dieser Methode zur kurzfristigen Prognose muss eine ausreichend lange Datenreihe vorhanden sein, die kein lineares Muster aufweist. Die Berechnung erfolgt mit

$$y_t = a * y_t + (1 - a) * y_{t-1}$$

Der erhobene Wert der aktuellen Periode y_t wird mit einem Glättungsfaktor α multipliziert, der Wert der letzten Prognose y_{t-1} mit $1 - \alpha$. Der Glättungsfaktor α muss jeweils zwischen 0 und 1 liegen.

Die Methode legt zugrunde, dass die Werte der Vergangenheit einen Einfluss auf den gegenwärtigen Wert ausüben. Allerdings wird angenommen, dass sich dieser Einfluss abschwächt, je weiter die Werte in der Vergangenheit liegen. Eine Verschiebung der Gewichtung erfolgt durch die Höhe von α. Je näher dieser am Wert 1 liegt, desto stärker berücksichtigt die Berechnung die Gegenwartswerte. Umgekehrt geht ein Sinken des Glättungsfaktors mit der stärkeren Betonung der Vergangenheitswerte einher. Ein Glättungsfaktor zwischen 0,2 und 0,3 wird gewöhnlich empfohlen.

Da sich in Zelle E2 der Glättungsfaktor befindet, lautet die Formel zur exponentiellen Glättung in Zelle C3 =$E$2*B3+(1-$E$2)*C2. Abbildung 10.53 zeigt den Vergleich der ursprünglichen Datenreihe mit der geglätteten Datenreihe aus Spalte C.

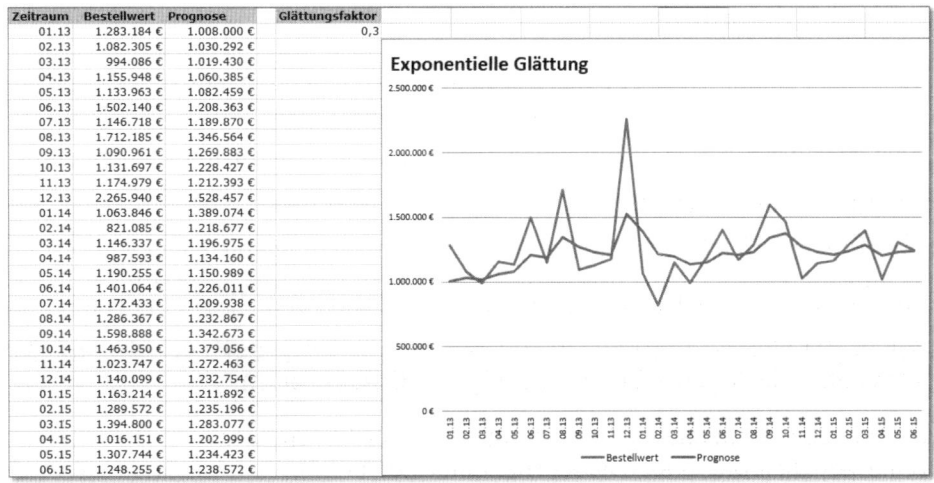

Abbildung 10.53 Exponentielle Glättung zur Erstellung einer kurzfristigen Prognose

Datei ▶ Optionen ▶ Add-Ins und wählen dann Excel-Add-Ins aus dem Listenfeld aus und klicken anschließend auf den Schalter Gehe zu.

In Excel 2007 erreichen Sie die Add-ins mit einem Klick auf den Office-Button ▶ Excel-Optionen ▶ Add-Ins. Dann aktivieren Sie die Analysefunktionen und klicken auf OK.

Diese nun in Excel verfügbare Funktionssammlung rufen Sie über Daten ▶ Analyse ▶ Datenanalyse auf. Die Dialogbox enthält zahlreiche Funktionen wie auch den gleitenden Mittelwert, exponentielles Glätten, Histogramm etc.

Viele der bereits beschriebenen Funktionen könnten Sie auch mit Hilfe der Analysefunktionen durchführen. Allerdings ist es nicht möglich, diese Funktionen mit Formeln in Excel-Tabellen zu kombinieren. Die berechneten Ergebnisse werden ebenso als fester Wert in die ausgewählten Ergebniszellen geschrieben. Neuberechnungen ziehen so unweigerlich stets eine Neueingabe der zu berechnenden Werte nach sich. Dadurch büßen die Analysefunktionen deutlich an Flexibilität ein.

10.7   Personalplanung

Die Vorausschau auf mögliche Entwicklungen in den kommenden Monaten stellt nicht nur eine Notwendigkeit dar, wenn es um Umsatzzahlen oder Kostenentwicklungen geht. Auch im Personalwesen ist eine vorausschauende Planung von Kapazitäten, direkten Personalkosten und Zuschlägen von großer Bedeutung.

Die Datei *10_Personalplanung_01.xlsx* enthält eine Anwendung, die einen Forecast inklusive Soll-Ist-Vergleich auf die Personalkosten eines Unternehmens erstellt.

	PersNr	PosNr	Name, Vorname	Position	Costcenter	Abteilung	Stufe	VL-Summe
1	210-001	39931983	Thewes, Paul	Verwaltungsfachkraft	2353001150	Finanzen	12	480
2	210-002	39938606	Piel, Luis	Techniker	2353007050	Vertrieb	13	480
3	210-003	39919339	Lohmeyer, Herbert	Packer	2353007051	Vertrieb	7	480
4	210-004	39919336	Umbert, Hanno	Verwaltungsfachkraft	2353007051		0	0	0

Abbildung 10.54 Darstellung der Personalstruktur als Basis des Forecasts

Die einzelnen Schritte, die bei der Durchführung des Forecasts ausgeführt werden, prägen auch die Struktur dieser Arbeitsmappe. Zu ihr gehören die folgenden Tabellenblätter und Funktionen:

Tabellenblatt	Funktion
Download	Das Blatt enthält die Rohdaten, die aus einem DB-System übernommen werden.
Personalstruktur	Hier erfolgt die Festlegung, ob die Personalkosten für den betreffenden Mitarbeiter im jeweiligen Monat aktiviert werden oder nicht. Die Steuerung erfolgt über die Wahrheitswerte WAHR und FALSCH.
Gehalt	In dieser Tabelle wird das Grundgehalt eingegeben bzw. berechnet. Gehaltsänderungen werden in dieser Tabelle berücksichtigt. Drei Gehaltsänderungen pro Jahr sind durch prozentuale Angaben möglich.
VL, Telefon, Kfz	Auf Basis der per Dropdown im Tabellenblatt *Personalstruktur* ausgewählten WAHR- oder FALSCH-Werte werden in diesen Tabellenblättern die zugehörigen Zuschläge berechnet.
Pensionen	In diesem Tabellenblatt werden die Pensionen mit Hilfe einer Referenztabelle auf Grundlage des Jahresgehalts berechnet.
Zwischenergebnis	Diese Tabelle bildet eine Zwischensumme aus Grundgehalt und vermögenswirksamen Leistungen.
RV, ALV, KV, PV	Hier werden sämtliche Sozialabgaben auf Grundlage der Summe aus monatlichem Gehalt und vermögenswirksamen Leistungen kalkuliert.
SV, Sozialabgaben	Diese Tabellenblätter liefern Kontroll- bzw. Zwischensummen der berechneten Sozialabgaben.
Gesamtkosten	Die Ergebnisse in diesem Blatt setzen sich aus Grundgehalt, vermögenswirksamen Leistungen und Pensionen zusammen.
Datenbasis – Pivot	Diese Tabelle führt die benötigten Daten aus den Kostentabellen und der Strukturtabelle zusammen. Sie dient als Grundlagen für die Pivottabelle zur Kostenauswertung und -vorschau.
Pivot – Kosten	Diese Pivottabelle ermöglicht eine Kostenauswertung und -vorschau, wahlweise nach Abteilungen, Berufsgruppen, Costcenter oder Gehaltsstufe.
Soll-Ist (Gesamt)	Der Soll-Ist-Vergleich in diesem Tabellenblatt zeigt die Personalaufwendungen für alle Mitarbeiter des Unternehmens an.
Soll-Ist (Einzel)	Mit Hilfe eines Listenfeldes wird in diesem Tabellenblatt ein Mitarbeiter ausgewählt. Für diesen Mitarbeiter werden die Daten des Soll-Ist-Vergleichs berechnet und dargestellt.

Tabelle 10.6 Arbeitsmappenstruktur des Forecasts

10

Bereits diese Übersicht über die vorhandenen Tabellenblätter zeigt, dass es sich bei einem Forecast um ein komplexes Zusammenwirken unterschiedlicher Datenbereiche handelt. In einer solchen Ausgangslage ist es wichtig, gründliche Überlegungen bei der Strukturierung der Arbeitsmappe anzustellen. Die hier benutzte Arbeitsmappe ist ein typisches Beispiel dafür, welche Überlegungen und Maßnahmen vor allem im Hinblick auf die Vereinheitlichung von Tabellenstrukturen, Bereichsnamen und Funktionen angestellt werden sollten. Einheitliche Strukturen vereinfachen nicht nur den Aufbau eines solchen Datenmodells, sie helfen auch später maßgeblich, sich in der Anwendung zurechtzufinden und sie intuitiv zu bedienen.

10.7.1 Eingabe der Personalstrukturdaten

Die Personaldaten im Tabellenblatt *Download* werden monatlich aus einer Datenbank übernommen. Sie liegen dort in Form einer einfachen Excel-Liste vor. Diese Daten müssen zunächst um wichtige Strukturinformationen ergänzt werden. Angaben wie Personalnummer, Name, Costcenter oder Position werden zu diesem Zweck durch einfache Verweise auf die Downloadtabelle in das Tabellenblatt *Personalstruktur* übernommen.

Dabei werden die Personalnummern mit einem einfachen Verweis über `=WENN(IST-LEER(Download!F2);"";Download!F2)` zeilenweise eingelesen. Für die Positionsnummer sieht die verwendete Funktion ähnlich aus:

```
=WENN(ISTLEER(Download!G2);"";Download!G2)
```

Um den Mitarbeiternamen in die Strukturdatei zu schreiben, verweist die Anwendung auf die Mitarbeiternummer:

```
=WENN(ISTLEER(B4);"";SVERWEIS(B4;Z.PersonalLookup_dBer;2;FALSCH))
```

Auch die Positionsnummer und das Costcenter bedienen sich der Funktion `SVERWEIS()`, lediglich der Spaltenindex ist hier geändert.

Für die folgenden beiden Spalten existiert eine Eingabebeschränkung. Dabei wird in Spalte G eine Liste aus Abteilungen angezeigt, die aus dem Bereich *Z.Abteilungen_dBer* generiert wird. Der Bereichsname bezieht sich auf die Bezeichnungen in Spalte F des Tabellenblattes *Listen*, in dem sich wichtige allgemeine Vorgaben für verschiedene Tabellen der Arbeitsmappe befinden. Der Bereichsname ist dynamisch, es werden also hinzugefügte Abteilungsbezeichnungen unverzüglich im Listenfeld zur Auswahl angeboten.

Neben der Eingabe der Jobstufe und des Betrags der vermögenswirksamen Leistungen beginnt ab Spalte J ein wesentlicher Bereich zur Erfassung der Strukturinformationen.

Alle Spalten der Tabelle, mit Ausnahme der monatlichen VL-Werte, enthalten eine über eine Datenüberprüfung festgelegte Liste, die die Zuordnung der Wahrheitswerte WAHR oder FALSCH erlaubt.

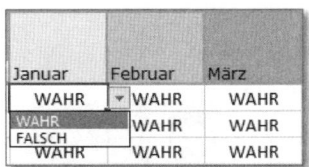

Abbildung 10.55 Strukturinformationen werden überwiegend per Dropdown erfasst.

Die Einzelheiten eines jeden Monats können mit Hilfe der Gliederungsebenen ein- und ausgeblendet werden (Abbildung 10.57). Markieren Sie, um solche Gliederungen zu erstellen, die Spalten, die Sie zusammenfassen möchten, und rufen Sie dann die Funktion **Daten ▶ Gliederung ▶ Gruppieren ▶ Gruppieren** auf.

Costcenter ▾	Abteilung ▾	Stufe ▾	VL-Summe ▾	Januar
2353001150	Finanzen	12	480	WAHR
2353007050	Vertrieb	13	480	WAHR
2353007051	Vertrieb	7	480	WAHR

Abbildung 10.56 Einblenden der monatlichen Einzelheiten

Die Funktion der Listenfelder ist einfach zu erklären: Mit der Auswahl **WAHR** in der Monatsspalte (z. B. Spalte J für *Januar*) wird die Berechnung des Monatsgehalts im Tabellenblatt *Gehalt* veranlasst, während ein **FALSCH** zum Wert 0 führt. In gleicher Weise wirken die Einstellungen in den Spalten L, M und N: Sie bewirken die Berechnung der Zuschläge für Kfz und Telefon in den zugehörigen Tabellenblättern. Spalte N, versehen mit der Überschrift *leer*, ist ein Reservefeld, das keine Kalkulationen in der Arbeitsmappe auslöst.

10.7.2 Berechnung und Anpassung der Grundgehälter

Nachdem Sie im Tabellenblatt *Personalstruktur* festgelegt haben, ob und in welchem Monat ein Gehaltsbetrag auf der Kostenseite anfällt und welche Zuschläge in die Kalkulation einzubeziehen sind, werden im Tabellenblatt *Gehalt* die Gehälter berechnet. Dazu wird in Spalte G das Gehalt des Mitarbeiters erfasst. In den Spalten H bis M kann dieser Ausgangsbetrag maximal dreimal für das laufende Jahr angepasst werden. Anpassungen werden prozentual und mit der Angabe des Monats, in dem die Anpassung erfolgen soll, definiert.

			1		2		3			1	2	3
			Basisgehalt/-	Wechsel	Wechsel in	Wechsel	Wechsel in	Wechsel	Wechsel in			
PersNr	PosNr	Name, Vorname	lohn	1	Monat	2	Monat	3	Monat	Jan	Feb	Mrz
									Total	11.550,00 €	12.150,00 €	11.430,00 €
210-001	39931983	Thewes, Paul	4.000,00 €	15%	2					4.000,00 €	4.600,00 €	4.600,00 €
210-002	39938606	Piel, Luis	4.800,00 €	-15,00%	3					4.800,00 €	4.800,00 €	4.080,00 €
210-003	39919339	Lohmeyer, Herbert	2.750,00 €							2.750,00 €	2.750,00 €	2.750,00 €

Abbildung 10.57 Eingabe und Anpassung des Grundgehalts

Um den Ausgangswert in Spalte G je nach Eingabe in den Spalten H bis M zu berechnen, wird folgende Funktion verwendet:

```
=WENN(Personalstruktur!J4=WAHR;RUNDEN(Gehalt!$G5 + $G5
* (WENN(O$2>=$I5;$H5;0) + WENN(O$2>=$K5;$J5;0)
+ WENN(O$2>=$M5;$L5;0)); Z.Rundungsfaktor_vZ);0)
```

Diese Anweisung prüft zunächst, ob in der Strukturtabelle die Gehaltsberechnung aktiviert wurde (`Personalstruktur!J4=WAHR`). Anschließend werden zu dem eingegebenen Gehalt (`Gehalt!$G5`) die drei möglichen Anpassungen hinzugerechnet, z. B.:

```
+ $G5 * (WENN(O$2>=$I5;$H5;0))
```

Sollte ein Anpassungswert vorliegen und sein festgelegter Startmonat kleiner oder gleich dem aktuellen Monat der Spalte sein (`O$2>=$I5`), so wird er mit dem eingegebenen Gehalt multipliziert. Andernfalls erfolgt keine Änderung am Basiswert (`0`).

Der gesamte Ausdruck und damit die Summe von Ausgangswert und sämtlichen Anpassungswerten wird gerundet. Die Anzahl der Stellen, auf die gerundet werden soll, wird mit dem Bereichsnamen *Z.Rundungsfaktor_vZ* bestimmt. Der Name verweist auf eine Zelle (Q2) im Tabellenblatt *Listen*, das alle Basisdaten der Anwendung enthält.

10.7.3 Berechnung der vermögenswirksamen Leistungen

Die beiden folgenden Tabellenblätter – *VL* und *Telefon* – veranschaulichen die Funktionsweise der Arbeitsmappe und zeigen, welche Bedeutung ein einheitlicher und systematischer Aufbau aller Tabellenblätter haben kann.

Der Jahresbetrag an vermögenswirksamen Leistungen wurde in der Strukturdatei eingegeben und mit Hilfe einer Berechnung auf die einzelnen Monate verteilt. Nun können wir im Tabellenblatt *VL* auf diese monatlichen Beträge zugreifen:

```
=WENN(Gehalt!O5<>0;Personalstruktur!$K4;0)
```

Die Daten des Tabellenblattes beginnen mit der Überschrift *PersNr* in Zelle C3. In der zweiten Zeile befindet sich zudem eine fortlaufende Nummerierung der einzelnen Tabellenbereiche.

1	2	3	1	2	3
PersNr ▾	PosNr ▾	Name, Vorname ▾	Jan ▾	Feb ▾	Mrz ▾
		Total	120,00 €	120,00 €	120,00 €
210-001	39931983	Thewes, Paul	40,00 €	40,00 €	40,00 €

Abbildung 10.58 Die Berechnung der vermögenswirksamen Leistungen basiert auf Werten aus den Strukturdaten.

Nachdem Sie sich in diesem Tabellenblatt für C3 als Startzelle entschieden haben, sollten Sie diese Vorgabe auch in allen anderen Tabellenblättern beibehalten. Daraus entstehen u. a. unterschiedliche Vorteile:

- Sie können mehrere Tabellenblätter markieren und Zell-, Zeichen- und Zahlenformate in einem Arbeitsgang zuweisen.

- Formeln und Funktionen lassen sich teilweise kopieren und mit geringen Änderungen auch in anderen Tabellenblättern verwenden.

- Die Verweise zwischen den Tabellenblättern – z. B. in den Blättern, die Zwischensummen enthalten – sind einfacher zu handhaben.

Die Nummerierungen oberhalb der Überschriftenzeile sind beim Aufbau komplexerer Arbeitsmappen ebenfalls sehr hilfreich,

- weil Sie die Orientierung erleichtern und

- in Funktionen wie SVERWEIS() oder INDEX() einen ablesbaren Spaltenindex liefern.

10.7.4 Zuordnung der Telefonpauschale

Der gleichartige Aufbau innerhalb der Arbeitsmappe ist im nächsten Tabellenblatt *Telefon* unschwer erkennbar. Allerdings unterscheidet sich die Form, wie in diesem Blatt die Werte gebildet werden, von der im Tabellenblatt *VL*.

1	2	3	1	2	3
PersNr	PosNr	Name, Vorname	Jan	Feb	Mrz
		Total	260,00 €	260,00 €	260,00 €
210-001	39931983	Thewes, Paul	130,00 €	130,00 €	130,00 €
210-002	39938606	Piel, Luis	130,00 €	130,00 €	130,00 €

Abbildung 10.59 Alle Blätter, so auch das Blatt »Telefon«, haben einen identischen Aufbau.

Die Berechnung ist abhängig von zwei Faktoren:

■ Es muss ein Gehaltsbetrag im Tabellenblatt *Gehalt* vorhanden sein.

■ In Spalte L der Strukturtabelle, in der festgelegt wird, ob ein Telefonzuschlag gezahlt wird oder nicht, muss ein WAHR eingegeben worden sein.

Die Höhe des Zuschlags schließlich hängt von der erreichten Gehaltsstufe des Mitarbeiters ab. Die konkreten Beträge der Telefonpauschale werden dem Zellbereich S3 bis T13 des Tabellenblattes *Listen* entnommen.

Stufe	Telefonerstattung Erstattung
3	0,00 €
4	80,00 €
5	105,00 €
6	105,00 €
7	130,00 €
8	130,00 €
9	130,00 €
10	130,00 €
11	130,00 €
12	130,00 €
13	130,00 €

Abbildung 10.60 Gehaltsabhängige Telefonkostenerstattung

Diese im Vergleich zum vorherigen Tabellenblatt komplexeren Vorgaben führen zwangsläufig zu einer komplizierteren Funktionskette in Zelle F5:

```
=WENN(UND(Gehalt!O5<>0;Personalstruktur!$L4);
BEREICH.VERSCHIEBEN(Listen!$T$2;VERGLEICH(Personalstruktur!$H4;
Listen!$S$3:$S$13);;;);0)
```

Die korrekte Pauschale wird in diesem Fall durch die beiden Funktionen BEREICH.VER-SCHIEBEN() und VERGLEICH() gefunden. Der dynamische Bereich beginnt in der Zelle

Listen!$T$2. Die Zeile, die die richtige Pauschale enthält, ermitteln Sie, indem Sie VER-GLEICH() nach einer Übereinstimmung der Gehaltsstufe aus der Strukturtabelle und der Referenztabelle im Tabellenblatt *Listen* suchen lassen.

10.7.5   Berechnung der Kfz-Zuschläge und Pensionen

Die Berechnung der Kfz-Zuschläge ist ebenfalls an Bedingungen gebunden. Die erste ist eine eingetragene Gehaltsstufe im Tabellenblatt *Personalstruktur*. Eine weitere Bedingung ist der Eintrag WAHR in Spalte M dieses Tabellenblattes.

Sie können in diesem Beispiel die Funktion SVERWEIS() in Kombination mit WENN() verwenden, um beide Bedingungen abzuarbeiten. Über die Gehaltsstufe lässt sich aus der Liste der Kfz-Zuschläge im Tabellenblatt *Listen* die Höhe des Zuschlags bestimmen. Existiert keine Gehaltsstufe, produziert die Funktion einen Fehlerwert. Dieser wird durch ISTFEHLER() jedoch abgefangen.

Eine zweites WENN() prüft, ob in den Strukturdaten der Schalter WAHR für die Zahlung des Zuschlags gesetzt ist. Ist dies der Fall, wird der entsprechende Betrag zugewiesen:

```
=WENN(ISTFEHLER(SVERWEIS(Personalstruktur!$H4;
Z.KfzZuzahlung_dBer;2;WAHR));0;WENN(Personalstruktur!$M4=WAHR;
SVERWEIS(Personalstruktur!$H4;Z.KfzZuzahlung_dBer;2;WAHR);0))
```

Die Pensionszahlungen berechnen Sie im Tabellenblatt *Pensionen*. Die Berechnung ähnelt vom Aufbau her der Funktion, die Sie bereits zur Kalkulation der Kfz-Zuschläge verwendet haben.

PersNr	PosNr	Name, Vorname	Jan	Feb	Mrz
		Total	288,75 €	303,75 €	285,75 €
210-001	39931983	Thewes, Paul	100,00 €	115,00 €	115,00 €
210-002	39938606	Piel, Luis	120,00 €	120,00 €	102,00 €

Abbildung 10.61 Berechnung der Pensionszahlungen auf Basis des Jahresgehalts

Ein Unterschied besteht jedoch darin, dass in der Referenztabelle im Zellbereich BA2 bis BB3 im Tabellenblatt *Listen* das Jahresgehalt als Berechnungsgrundlage verwendet wird (Abbildung 10.62). Ermittelt wird ein Prozentsatz, der mit dem Jahresgehalt multipliziert wird. Das Ergebnis der Multiplikation wird in Zelle F5 geschrieben. Anschließend werden Sie die Formel wie gewohnt nach unten und nach rechts kopieren, um die Berechnung auf alle Mitarbeiter und alle Monate auszudehnen.

Pensionen	
0,00 €	2,50%
54.000 €	8,00%

Abbildung 10.62 Referenztabelle zur Berechnung der Pensionszahlungen

Die vollständige Funktion zur Berechnung der Pensionszahlungen lautet:

```
=WENN(ISTFEHLER(SVERWEIS(Gehalt!$AA5;Z.Pensionen_dber;2;WAHR));
0;SVERWEIS(Gehalt!$AA5;Z.Pensionen_dber;2;WAHR)*Gehalt!O5)
```

10.7.6   Berechnung der Sozialabgaben

Lassen Sie uns das Tabellenblatt *Zwischensumme* nur kurz streifen – darin wird lediglich die Summe aus Gehalt und vermögenswirksamen Leistungen gebildet – und uns direkt der Berechnung der Sozialabgaben, zunächst der Beiträge für die Rentenversicherung, zuwenden. Diese finden Sie im Tabellenblatt *RV*.

Auch diese Aufgabe lösen Sie am besten mit Hilfe einer Referenztabelle. Diese Tabelle sollte aus den Monaten, dem prozentualen Arbeitgeberanteil und der Bemessungsobergrenze bestehen.

Rentenversicherung		
Jan	9,95%	4.650 €
Feb	9,95%	4.650 €
Mrz	9,95%	4.650 €
Apr	9,95%	4.650 €
Mai	9,95%	4.650 €
Jun	9,95%	4.650 €
Jul	9,95%	4.650 €
Aug	9,95%	4.650 €
Sep	9,95%	4.650 €
Okt	9,95%	4.650 €
Nov	9,95%	4.650 €
Dez	9,95%	4.650 €

Abbildung 10.63 Referenztabelle für Rentenversicherungsbeiträge

Bei der Festlegung der anzuwendenden Funktion steht nun die Frage im Mittelpunkt, wie Sie es schaffen, die Funktion so flexibel zu gestalten, dass sie mühelos nach unten und nach rechts kopiert werden kann. Eine Möglichkeit ist die Verwendung von INDIREKT() und ZEILE().

```
=WENN(Zwischenergebnis!F5<INDIREKT("Listen!$X"&SPALTE()-4);
Zwischenergebnis!F5*INDIREKT("Listen!$W"&SPALTE()-4);
INDIREKT("Listen!$W"&SPALTE()-4)*INDIREKT("Listen!$X"&SPALTE()-4))
```

Im ersten Teil der Funktion prüfen Sie, ob die Summe aus Gehalt und vermögenswirksamen Leistungen im konkreten Monat unter oder über der Bemessungsobergrenze des Monats liegt. Ist dies der Fall, multiplizieren Sie das Zwischenergebnis mit dem korrekten Prozentsatz des Monats:

```
Zwischenergebnis!F5*INDIREKT("Listen!$w"&SPALTE()-4)
```

Andernfalls multipliziert Sie die Bemessungsobergrenze mit dem Prozentsatz des Rentenversicherungsbeitrags.

Da die Spalte, die die benötigten Prozentwerte enthält, konstant bleibt, wird diese fest vorgegeben ((`"Listen!$w"`). Verbunden wird sie mit einer flexiblen Zeilenzahl, die sich aus `SPALTE()-4` ergibt. So kopieren Sie die Funktion nach rechts und greifen mit der dadurch bedingten Erhöhung der Spaltennummer auf die nächste Zeile, also den nächsten Monat, der Referenztabelle zu.

10.7.7 Berechnung der weiteren Sozialabgaben

Die sonstigen Kalkulationen der Sozialabgaben in den Tabellenblättern *ALV*, *KV*, *PV* und *SV* folgen im Wesentlichen dem Berechnungsmuster der Rentenversicherungskalkulation. Allen Berechnungen liegen Referenztabellen im Tabellenblatt *Listen* zugrunde. Diese Vorgehensweise birgt den Vorteil, dass Sie im laufenden Jahr angepasste Bemessungsgrenzen problemlos erfassen können und die Berechnung ab dem Stichtag korrekt durchgeführt wird, ohne dass die Ergebnisse der vorangegangenen Monate verändert werden.

Der gleichartige Aufbau der Tabellenblätter ermöglicht es Ihnen erneut, die Funktion aus dem Tabellenblatt *RV* zu kopieren und in eines der anderen Tabellenblätter einzufügen. Anpassen müssen Sie in diesem Fall lediglich die Spaltenbezeichnung, die Sie z. B. im Abschnitt `INDIREKT("Listen!$w"&SPALTE()-4)` verwenden (z. B. in `"Listen!$AB"`).

10.7.8 Darstellung von Zwischenergebnissen

Bei den beiden Tabellenblättern *SV* und *Gesamtkosten* handelt es sich um reine Zusammenfassungen vorangegangener Berechnungen. So werden im ersten Tabellenblatt die

Sozialabgaben auf Grundlage der Tabellenblätter *RV*, *ALV*, *KV* und *PV* summiert. Hierbei sollten Sie die Funktion `SUMME(RV:PV!F5)` benutzen, um mit einem Zellbezug durch alle Blätter hindurch die Summe zu bilden. Einmal eingegeben, können Sie die Funktion bedenkenlos nach unten und nach rechts kopieren, da sämtliche in die Berechnung einbezogenen Tabellenblätter den gleichen Aufbau besitzen.

Mit dem Tabellenblatt *Gesamtkosten* verhält es sich da nicht anders. Der Unterschied besteht lediglich darin, dass Sie hier nur die Werte von zwei Tabellen addieren: `=Zwischenergebnis!F5+Pensionen!F5`.

10.7.9   Vorbereitung möglicher Auswertungen des Personalkostenforecasts

Für die Eingabe der Daten und die Übersichtlichkeit der Kostendetails ist es sehr nützlich, die Berechnungen auf eine Reihe von unterschiedlichen Tabellenblättern zu verteilen. Bei der Auswertung stellt eine detaillierte Arbeitsmappenstruktur nicht unbedingt einen Vorteil dar. Und so werden Sie freilich nach einer Möglichkeit suchen, die verteilten Werte wieder in einem Tabellenblatt zusammenzuführen.

Sicherlich werden Sie auch schnell mit den Auswertungsmöglichkeiten einer Pivottabelle liebäugeln, deren Ergebnisse Sie in Abbildung 10.64 sehen.

Costcenter	(Alle)					
Abteilung	(Alle)					
	Werte					
Zeilenbeschriftungen	Gehalt €	Telefon €	KfZ €	VL €	SV €	Sozialabgaben €
Buchhalter	0,00 €	0,00 €	0,00 €	0,00 €	0,00 €	0,00 €
Controller	0,00 €	0,00 €	0,00 €	0,00 €	0,00 €	0,00 €
Dispatcherin	0,00 €	0,00 €	0,00 €	0,00 €	0,00 €	0,00 €
Fahrer	0,00 €	0,00 €	0,00 €	0,00 €	0,00 €	0,00 €
Lagerist	0,00 €	0,00 €	0,00 €	0,00 €	0,00 €	0,00 €
Lageristin	0,00 €	0,00 €	0,00 €	0,00 €	0,00 €	0,00 €
Monteur	0,00 €	0,00 €	0,00 €	0,00 €	0,00 €	0,00 €
Packer	33.000,00 €	0,00 €	0,00 €	480,00 €	6.470,01 €	6.470,01 €
Packerin	0,00 €	0,00 €	0,00 €	0,00 €	0,00 €	0,00 €
Techniker	50.400,00 €	1.560,00 €	11.472,00 €	480,00 €	9.320,50 €	9.320,50 €
Verwaltungsfachkraft	54.600,00 €	1.560,00 €	10.516,00 €	480,00 €	9.840,33 €	9.840,33 €
Gesamtergebnis	**138.000,00 €**	**3.120,00 €**	**21.988,00 €**	**1.440,00 €**	**25.630,84 €**	**25.630,84 €**

Abbildung 10.64 Zusammenfassung der Kosten mittels Pivottabelle

Doch um eine solche Pivottabelle zu erstellen, benötigen Sie eine zusammenhängende Datenbasis. Das bedeutet, dass wir in einem ersten Arbeitsschritt die Ergebnisse der verschiedenen Tabellen zusammenführen müssen.

Das Tabellenblatt *Datenbasis – Pivot* enthält zwei klar abgrenzbare Datenbereiche:

- In den Spalten B bis I werden die Personalbasisdaten aus der Strukturtabelle angezeigt.

- Die Spalten J bis O greifen hingegen auf die berechneten Ergebnisse der zuvor beschriebenen Tabellenblätter zurück.

	PersNr	PosNr	Name, Vorname	Position	Costcenter	Abteilung	Stufe	VL-Summe	Gehalt	VL	SV AG-Anteil
1	210-001	39931983	Thewes, Paul	Verwaltungsfachkraft	2353001150	Finanzen	12	480	4.000,00 €	40,00 €	757,60 €
2	210-002	39938606	Piel, Luis	Techniker	2353007050	Vertrieb	13	480	4.800,00 €	40,00 €	826,84 €
3	210-003	39919339	Lohmeyer, Herbert	Packer	2353007051	Vertrieb	7	480	2.750,00 €	40,00 €	539,17 €

Abbildung 10.65 Zusammenführung von Struktur- und Kostentabellen

Da der erste Datenbereich in seiner Reihenfolge sowohl zeilen- als auch spaltenweise genau den Daten des Tabellenblattes *Personalstruktur* entspricht, habe ich mich entschlossen, den Zellbereich in der Zieltabelle zu markieren, dann auf den Bereich in der Strukturtabelle zu verweisen und die Eingabe mit [Strg] + [⇧] + [↵] abzuschließen. Das Ergebnis ist die Funktion {=Personalstruktur!B4:I253} in allen Zellen der Zieltabelle.

Im zweiten Bereich der Tabelle, der die Ergebnisse aus verschiedenen Einzeltabellen zusammenführen muss, gilt die Hauptüberlegung wiederum der Tatsache, dass die verwendete Funktion möglichst flexibel einsetzbar sein sollte, denn schließlich möchten Sie mit ihr auf unterschiedliche Tabellen zugreifen. Außerdem benötigen Sie Daten aus verschiedenen Monaten, wobei die Monate in den berechneten Tabellen nebeneinander in Spalten stehen, im Tabellenblatt *Datenbasis – Pivot* alle Monate allerdings untereinander angeordnet sein sollten.

Die Lösung, die eine hohe Flexibilität garantiert, ist erneut eine Funktion unter Verwendung von INDEX(). Im Fall der Gehaltsdaten lautet der Ausdruck, den Sie in Spalte J verwenden können:

```
=INDEX(Gehalt!$O$5:$AA$254;ZEILE()-3;1)
```

Sie greifen damit auf den gesamten Wertebereich der Tabelle zu (O5 bis AA254). Aus diesem Bereich lesen Sie in Zeile 4 die erste Zeile (ZEILE()-3) und die erste Spalte (1) aus. Die Funktion kopieren Sie bis zu Zeile 253 nach unten. In der folgenden Zeile benötigen wir, wenn wir die Anzahl von 250 Mitarbeitern voraussetzen, die Werte für den Monat Februar. Diese erhalten Sie mit der folgenden Funktion:

```
=INDEX(Gehalt!$O$5:$AA$254;ZEILE()-253;2)
```

10

Mit dem Wert 2 greifen Sie auf die zweite Spalte, also den Monat Februar, zu. Da der Zeilenbezug an den Anfang zurückgesetzt werden soll, müssen die 250 verwendeten Zeilen abgezogen werden (ZEILE()-253). Auf diese Weise können Sie die Gehälter aller Mitarbeiter und sämtlicher Monate ansteuern. Auch für alle anderen Informationen, die Sie aus den weiteren Tabellenblättern benötigen, lässt sich dieses Funktionsmodell einsetzen:

Wert	Funktion
VL	=INDEX(VL!$F$5:$R$254;ZEILE()-3;1)
SV-AG-Anteil	=INDEX(SV!$F$5:$R$254;ZEILE()-3;1)
Telefon	=INDEX(Telefon!$F$5:$R$254;ZEILE()-3;1)
Kfz	=INDEX(Kfz!$F$5:$R$254;ZEILE()-3;1)
Sozialabgaben	=INDEX(Sozialabgaben!$F$5:$R$254;ZEILE()-3;1)

Tabelle 10.7 Funktionen zur Berechnung weiterer Personalkosten im Forecast

10.7.10 Erstellen der Pivottabelle

Nachdem Sie die Datenbasis geschaffen haben, sollte es kein allzu großer Aufwand mehr sein, daraus eine Pivottabelle zu erstellen. In der Beispielanwendung habe ich für den gesamten Datenbereich, der zur Erstellung der Auswertung benötigt wird, den Bereichsnamen *A.Datenbasis_Pivot_dBer* verwendet.

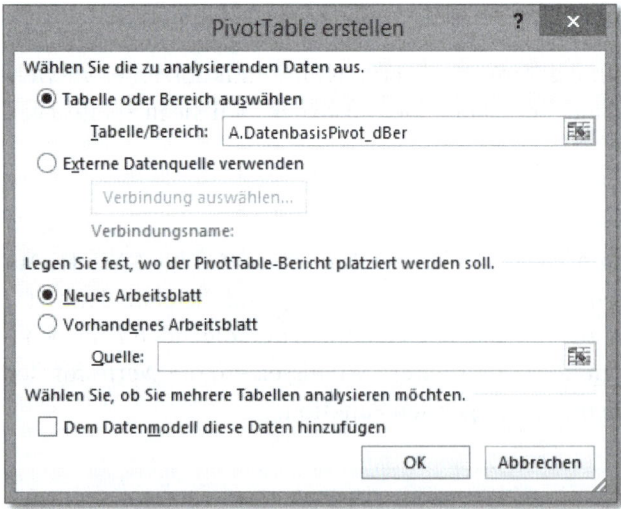

Abbildung 10.66 Erstellen der Pivottabelle auf Grundlage eines Bereichsnamens

Dieser Bereich ist dynamisch, was Ihnen die Möglichkeit gibt, die gesamte Auswertung gegebenenfalls durch weitere Daten in hinzugefügten Spalten zu erweitern. Die konkrete Anordnung der Feldnamen können Sie Abbildung 10.67 entnehmen.

Abbildung 10.67 Feldanordnung in der Kostenauswertung

10.7.11 Soll-Ist-Vergleiche der Personalkosten

Der Soll-Ist-Vergleich aller Personalkosten bedient sich in erster Linie der Berechnung bedingter Summen (Abbildung 10.68).

Die verwendete Funktion im Tabellenblatt *Soll-Ist – Gesamt* lautet:

```
=WENN(D5="";0;SUMMEWENNS(Gesamtkosten!$F$5:$F$254;
Gesamtkosten!$C$5:$C$254;C5))
```

PersNr	PosNr	Name, Vorname	Jan	Jan	Jan
		Total	Soll	Ist	Diff.
210-001	39931983	Thewes, Paul	4.140,00 €	4.000,00 €	140,00 €
210-002	39938606	Piel, Luis	4.960,00 €	4.800,00 €	160,00 €
210-003	39919339	Lohmeyer, Herbert	2.858,75 €	2.670,00 €	188,75 €

Abbildung 10.68 Soll-Ist-Vergleich auf Monats- und Jahresbasis

Da Sie auf Basis der Personal-ID direkt auf die Daten des Monats Januar zugreifen, wäre die Verwendung von SUMMEWENNS() nicht zwingend notwendig gewesen. Bei nur einer Bedingung hätte auch SUMMEWENN() zum Erfolg geführt. Doch abermals steht hier die Vereinheitlichung der Funktionen bei der Entscheidung Pate. Da die Ist-Werte aus der einfachen Liste des Tabellenblattes *Download* übernommen werden, sind hier zwei Bedingungen vonnöten (Personal-ID und Monat). Das realisieren Sie am einfachsten mit:

```
=SUMMEWENNS(D.DownloadGehalt_dBer;D.DownloadMonat_dBer;
INDEX(Z.Monatsanfang_Ber;1;1);D.DownloadPersNr_dBer;$C5)
```

Wenn Sie sowohl für die Soll- als auch für die Ist-Werte SUMMEWENNS() einsetzen, hat das für Sie den Vorteil, dass die Reihenfolge der Argumente bei beiden Kalkulationen identisch ist. SUMMEWENNS() verwendet die Angabe des Summenbereiches als erstes Argument, SUMMEWENN() hingegen als drittes. Bei Überarbeitungen oder Erweiterungen tragen solche Vereinheitlichungen nicht selten deutlich zur Fehlervermeidung bei und reduzieren den Zeitaufwand erheblich.

10.7.12   Soll-Ist-Vergleich für einen Mitarbeiter erstellen

Der letzte Schritt bei der Durchführung des Forecasts sollte der Soll-Ist-Vergleich auf Mitarbeiterebene sein. Das hierzu benötigte Handwerkszeug kennen Sie bereits, nicht wahr? Es besteht aus:

- einer einfachen Datenüberprüfung
- einem dynamischen Bereichsnamen
- einem SVERWEIS()
- der Funktion SUMMEWENNS()

In Abbildung 10.69 sehen Sie das Tabellenblatt *Soll-Ist (Einzel)*, in dem eine Auswahlmöglichkeit über den Mitarbeiternamen eingerichtet wurde (**Daten ▸ Datentools ▸ Datenüberprüfung**).

Über die getätigte Auswahl wird in Zelle D4 die Mitarbeiter-ID in das Tabellenblatt geschrieben:

```
SVERWEIS($C$4;Z.MitarbeiterNameLookup_dBer;6;FALSCH)
```

Um eventuell auftretende Fehlerwerte zu verhindern, ist es angeraten, diese mit der Funktion ISTFEHLER() auszuschalten. Alle nachgeordneten Berechnungen wie Monats-Soll und -Ist hängen vom Wert in Zelle D4 ab.

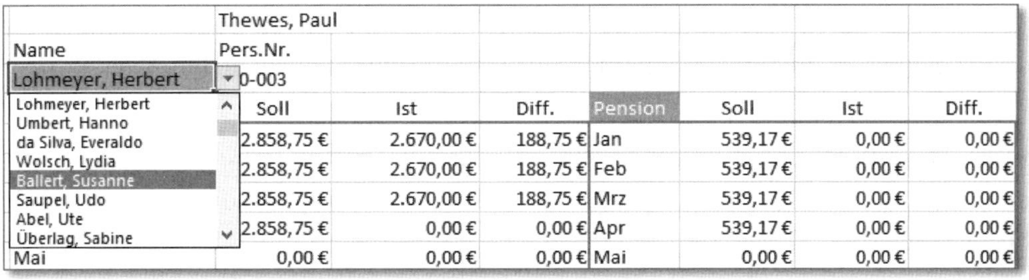

Name	Thewes, Paul						
Lohmeyer, Herbert	Pers.Nr.						
	0-003						
	Soll	Ist	Diff.	Pension	Soll	Ist	Diff.
Lohmeyer, Herbert	2.858,75 €	2.670,00 €	188,75 €	Jan	539,17 €	0,00 €	0,00 €
Umbert, Hanno							
da Silva, Everaldo	2.858,75 €	2.670,00 €	188,75 €	Feb	539,17 €	0,00 €	0,00 €
Wolsch, Lydia	2.858,75 €	2.670,00 €	188,75 €	Mrz	539,17 €	0,00 €	0,00 €
Ballert, Susanne							
Saupel, Udo	2.858,75 €	0,00 €	0,00 €	Apr	539,17 €	0,00 €	0,00 €
Abel, Ute							
Überlag, Sabine							
Mai	0,00 €	0,00 €	0,00 €	Mai	0,00 €	0,00 €	0,00 €

Abbildung 10.69 Soll-Ist-Vergleich der Gehaltskosten pro Mitarbeiter

10.7.13 Berechnung der Soll-Werte auf Grundlage der Gesamtkostentabelle

Sie finden in diesem Tabellenblatt eine ähnliche Vereinheitlichung bei der Berechnung der bedingten Summe wie im Tabellenblatt *Soll-Ist (Gesamt)*. Obwohl ein SUMMEWENN() zur Berechnung der Soll-Werte ausgereicht hätte, habe ich stattdessen folgende Funktion benutzt:

```
=WENN($D$4="";0;
SUMMEWENNS(BEREICH.VERSCHIEBEN(
INDIREKT("Gesamtkosten!Z5S"&ZEILE();FALSCH);;;250;1);
Gesamtkosten!$C$5:$C$254;$D$4))
```

Die besondere Problematik liegt erneut darin, die Funktion so flexibel wie möglich zu gestalten, um sie mühelos nach unten zu kopieren. Dies ist deshalb nicht ganz einfach, da in der Tabelle *Gesamtkosten* eine Spalte genau einem Monat entspricht. Der zu summierende Bereich müsste also von F5 bis F254 im Monat Januar auf beispielsweise G5 bis G254 im Monat Februar verlagert werden. Mit einem einfachen Kopiervorgang und relativen Bezügen lässt sich dies nicht erreichen.

Die Lösung liegt in der Funktion BEREICH.VERSCHIEBEN() und erneut INDIREKT(). In der ersten Funktion wird im ersten Argument ein Startpunkt benötigt; das vierte Argument fordert die Angabe der Tabellenhöhe (250 Zeilen) und der Tabellenbreite (eine Spalte). Aufgabe von `INDIREKT()` ist es nun, genau den Startpunkt im ersten Argument flexibel zu berechnen:

```
INDIREKT("Gesamtkosten!Z5S"&ZEILE();FALSCH)
```

Der Startpunkt wird in der fünften Zeile des Tabellenblattes *Gesamtkosten* gesetzt. Die Spalte ergibt sich aus der Zeilennummer im Tabellenblatt *Soll-Ist (Einzel)*. Ermöglicht wird diese »wandernde« Spalte zur Summenbildung, indem `INDIREKT()` die Z1S1-Schreibweise durch Verwendung des Arguments `FALSCH` einsetzt. Dadurch können Sie die jeweilige Zeilennummer ohne Umwege in der Ansteuerung der ersten, zweiten, dritten Spalte umsetzen.

Wie es ohne die Verknüpfung der Funktion funktionieren könnte, zeigt Ihnen der Inhalt der Zellen H6 und H7. Darin habe ich einen einfachen Bezug auf die zu berechnende Spalte gesetzt:

```
SUMMEWENNS(Sozialabgaben!$F$5:$F$254;Sozialabgaben!$C$5:$C$254;$D$4)
```

Dies geht selbstverständlich einfacher und schneller. Allerdings müssen Sie bei Verwendung dieser Funktion daran denken, in jeder kopierten Zeile die Zellbezüge der zu summierenden Spalte anzupassen – etwa von `!$F$5` bis `$F$254` für Januar auf `!$G$5` bis `$G$254` für Februar.

10.7.14 Berechnung der Ist-Werte auf Basis der Downloaddaten

Die Ergebnisse, die Sie zur Darstellung der Ist-Werte benötigen, stammen aus dem Tabellenblatt *Download*. Darin liegen die Werte in Form einer Excel-Liste vor. Es sollte also relativ einfach sein, die gewünschten Summen zu bilden:

```
=SUMMEWENNS(D.DownloadGehalt_dBer;D.DownloadMonat_dBer;
Listen!BD2;D.DownloadPersNr_dBer;$D$4)
```

Das erste Kriterium (`Listen!BD2`) verdient besondere Beachtung: Die Monatsangaben der heruntergeladenen Personaldaten im Tabellenblatt *Download* sind mit Datumswerten vom Typ *Jan 14* gekennzeichnet. Jeden Monat erhalten Sie somit neue Werte, die mit dem ersten Tag des Monats gekennzeichnet werden, denn die Angabe *Jan 14* in einer Zelle ist nichts anderes als eine Formatierung des Datums 01.01.2014. Betrachten wir den Wert noch genauer, gelangen wir schnell zu der Erkenntnis, dass es sich in Wirklichkeit um den numerischen Wert 40.179 handelt.

Monatsanfang
01.01.2014
01.02.2014
01.03.2014
01.04.2014
01.05.2014
01.06.2014
01.07.2014
01.08.2014
01.09.2014
01.10.2014
01.11.2014
01.12.2014

Abbildung 10.70 Der Zugriff auf wechselnde Datumsbereiche der Stammdaten erfolgt über eine einfache Datumsliste.

Da Sie in der ersten Auswertungszeile den Monat Januar, in der zweiten den Februar und so weiter benötigen, verbieten sich feste Bezüge für dieses Kriterium von vornherein. Lassen Sie den Bezug also schlichtweg relativ – BD2 –, und so erhalten Sie durch Kopieren nach unten automatisch einen Verweis auf das nächste Datum, sprich den nächsten Monatsbeginn, was Sie im Tabellenblatt *Listen* sehen (Abbildung 10.70).

10.7.15 Fazit – Personalplanung

Das Beispiel zeigt, dass Sie auch komplexe und umfangreiche Anwendungen mit einer Handvoll an Funktionen direkt auf der Excel-Oberfläche umsetzen können. Neben einer klaren Definition von Referenztabellen (Tabellenblatt *Listen*) ist vielfach der gleiche Aufbau aller Blätter (Datenbereiche, Überschriften etc.) ein Schlüssel zur erfolgreichen Umsetzung.

Einige wenige Funktionen wie BEREICH.VERSCHIEBEN(), INDIREKT() oder INDEX() reichen zumeist aus, um die Dynamik in die Arbeitsmappe zu bringen, die für eine flexible Auswertung der Daten notwendig ist. VBA-Makros können Ihnen in einer solchen Anwendung helfen, sind aber nicht zwingende Voraussetzung bei der Datenanalyse.

10.8 Liquiditätsplanung

Auch das nun folgende Beispiel eines Liquiditätsplans (Abbildung 10.71) bezieht seine Besonderheit weniger aus den in der Arbeitsmappe verwendeten Formeln und Funktionen.

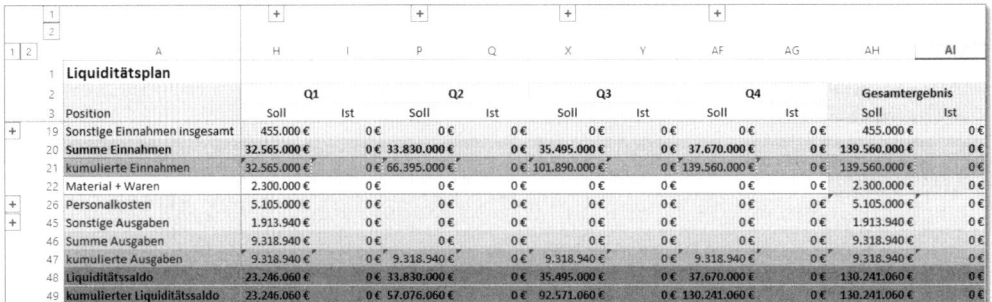

Position	Q1 Soll	Ist	Q2 Soll	Ist	Q3 Soll	Ist	Q4 Soll	Ist	Gesamtergebnis Soll	Ist
19 Sonstige Einnahmen insgesamt	455.000 €	0 €	0 €	0 €	0 €	0 €	0 €	0 €	455.000 €	0 €
20 Summe Einnahmen	32.565.000 €	0 €	33.830.000 €	0 €	35.495.000 €	0 €	37.670.000 €	0 €	139.560.000 €	0 €
21 kumulierte Einnahmen	32.565.000 €	0 €	66.395.000 €	0 €	101.890.000 €	0 €	139.560.000 €	0 €	139.560.000 €	0 €
22 Material + Waren	2.300.000 €	0 €	0 €	0 €	0 €	0 €	0 €	0 €	2.300.000 €	0 €
26 Personalkosten	5.105.000 €	0 €	0 €	0 €	0 €	0 €	0 €	0 €	5.105.000 €	0 €
45 Sonstige Ausgaben	1.913.940 €	0 €	0 €	0 €	0 €	0 €	0 €	0 €	1.913.940 €	0 €
46 Summe Ausgaben	9.318.940 €	0 €	0 €	0 €	0 €	0 €	0 €	0 €	9.318.940 €	0 €
47 kumulierte Ausgaben	9.318.940 €	0 €	9.318.940 €	0 €	9.318.940 €	0 €	9.318.940 €	0 €	9.318.940 €	0 €
48 Liquiditätssaldo	23.246.060 €	0 €		0 €		0 €		0 €	130.241.060 €	0 €
49 kumulierter Liquiditätssaldo	23.246.060 €	0 €	57.076.060 €	0 €	92.571.060 €	0 €	130.241.060 €	0 €	130.241.060 €	0 €

Abbildung 10.71 Anzeige der Quartalsergebnisse und des Jahresergebnisses im Liquiditätsplan ...

Vielmehr liegt sein Schwerpunkt in einem überzeugenden Aufbau der Tabelle und einer effizienten Verwendung der Gliederungsfunktion.

Position	Q1 Soll	Ist	Q2 Soll	Ist	Q3 Soll	Ist	Q4 Soll	Ist	Gesamtergebnis Soll	Ist
4 Erlöse aus Produkt 1	880.000 €	0 €	1.120.000 €	0 €	1.175.000 €	0 €	1.200.000 €	0 €	4.375.000 €	0 €
5 Erlöse aus Produkt 2	560.000 €	0 €	500.000 €	0 €	480.000 €	0 €	410.000 €	0 €	1.950.000 €	0 €
6 Erlöse aus Produkt 3	1.410.000 €	0 €	1.520.000 €	0 €	1.650.000 €	0 €	1.680.000 €	0 €	6.260.000 €	0 €
7 Erlöse aus Produkt 4	570.000 €	0 €	750.000 €	0 €	1.080.000 €	0 €	1.360.000 €	0 €	3.760.000 €	0 €
8 Erlöse aus Produkt 5	6.400.000 €	0 €	7.430.000 €	0 €	8.700.000 €	0 €	8.900.000 €	0 €	31.430.000 €	0 €
9 Erlöse aus Produkt 6	9.250.000 €	0 €	8.200.000 €	0 €	8.200.000 €	0 €	8.750.000 €	0 €	34.400.000 €	0 €
10 Erlöse aus Produkt 7	1.120.000 €	0 €	1.260.000 €	0 €	1.520.000 €	0 €	1.380.000 €	0 €	5.280.000 €	0 €
11 Erlöse aus Produkt 8	4.400.000 €	0 €	5.350.000 €	0 €	4.950.000 €	0 €	6.250.000 €	0 €	20.950.000 €	0 €
12 Erlöse aus Produkt 9	5.980.000 €	0 €	6.370.000 €	0 €	6.450.000 €	0 €	6.450.000 €	0 €	25.250.000 €	0 €
13 Erlöse aus Produkt 10	1.540.000 €	0 €	1.330.000 €	0 €	1.290.000 €	0 €	1.290.000 €	0 €	5.450.000 €	0 €
14 Erlöse aus Produkten insgesamt	32.110.000 €	0 €	33.830.000 €	0 €	35.495.000 €	0 €	37.670.000 €	0 €	139.105.000 €	0 €

Abbildung 10.72 ... oder Anzeige der Einzelheiten

Sie ermöglicht es, mühelos zwischen der Ergebniszusammenfassung und den Einzelheiten zu wechseln. Ziel ist es, die Tabelle in Excel so übersichtlich wie möglich zu gestalten – und gleichzeitig den Aufwand für die Gestaltung zu minimieren.

Welche Daten werden im Liquiditätsplan dargestellt?

- Auf der ersten Ebene werden sämtliche Erlöse aus dem Verkauf von Produkten und Dienstleistungen erfasst.

- Weitere Erlöse wie USt-Erstattungen, Zinserlöse und außerordentliche Einnahmen schließen sich an diesen Datenbereich an.

- Die Erlössummen werden monatlich, quartalsweise und für das ganze Jahr gebildet. Dabei wird zwischen der Ist- und Soll-Betrachtung unterschieden.

- Eine weitere kumulierte Darstellung sämtlicher Erlöse rundet die Übersicht ab.

- Die Daten der Kostenseite werden von den Material- und den Personalkosten angeführt.

- Daran schließt sich ein Bereich mit allen weiteren relevanten Kostengruppen an (Mieten, Zinszahlungen, Vorsteuer, Kredittilgung etc.).

- Auch die Kosten werden monats-, quartals- und jahresweise summiert. Sie werden ebenfalls mit Ist- und Soll-Werten erfasst und als Monatsergebnis sowie kumuliert dargestellt.

- Besondere Aufmerksamkeit ist den beiden letzten Zeilen zu widmen – sie enthalten den monatlichen und den kumulierten Liquiditätssaldo.

Sie finden die Beispieldatei unter dem Namen *10_Liquiditätsplan_00.xlsx*.

10.8.1 Gliederung aus Berechnungen erstellen

Um die Definition der Formeln und Funktionen zu veranschaulichen, enthält diese Datei keine Berechnungen. Es sollte uns jedoch vor keine ernsthaften Probleme stellen, die Funktionen nachträglich zu ergänzen. In B14 finden Sie beispielsweise eine einfache Summenberechnung mit =SUMME(B4:B13). Diese Funktion können Sie selbstverständlich gleich um fünf weitere Zellen nach rechts kopieren, um alle Werte des ersten Quartals für die Erlöse aller Produkte zu berechnen.

Auch die Zellen B19 (=SUMME(B15:B18)), B26 (=SUMME(B23:B25)) und B45 (=SUMME(B27:B44)) enthalten Summen der über diesen Zellen stehenden Einzelwerte, die Sie nach dem Erstellen in die angrenzenden Zellen rechts kopieren sollten. An sich ist es keine allzu bemerkenswerte Aktion, Summenformeln in dieser Form in eine Arbeitsmappe einzugeben. Allerdings sollten Sie immer im Hinterkopf behalten, dass diese Formeln auch als Grundlage für eine automatische Gliederung dienen können.

Abbildung 10.73 Automatische Gliederung auf Grundlage von Zwischensummen

Wenn Sie im momentanen Zustand der Arbeitsmappe die Funktion **Daten ▸ Gliederung ▸ Gruppieren ▸ AutoGliederung** starten, werden die vier Summenfunktionen zu Eckpunkten einer automatischen Gliederung (Abbildung 10.74). Führen Sie auf der Grundlage der Summen weitere Additionen durch – indem Sie etwa in Zelle B20 alle Einnahmen addieren (=B14+B19) und in B46 alle Ausgaben (=B45+B26+B22) –, werden diese Kalkulationen zu einer zweiten Gliederungsebene bei der Aktivierung der Funktion **AutoGliederung**.

Wie verhält sich Excel nun, wenn Sie Additionen durchführen, die sich nicht auf die bereits vorhandenen Funktionen beziehen? Sie können dies bei der Eingabe der Formeln für die Saldenberechnung und die kumulierten Ergebnisse ausprobieren.

Da der Januarwert Ihr erstes Monatsergebnis enthält, lautet die Formel zur Berechnung des kumulierten Ergebnisses schlicht und einfach =B20. Im Februar (Zelle D21) wird die Formel =B21+D20 angewandt. In den folgenden Monaten werden Sie danach auf ähnliche Weise die Kumulation berechnen. Auf der Ausgabenseite sieht es nicht wesentlich anders aus: In B47 berechnen Sie die kumulierten Ausgaben (=B46), in B48 den Liquiditätssaldo (=B20-B46) und in B49 den kumulierten Liquiditätssaldo (=B48).

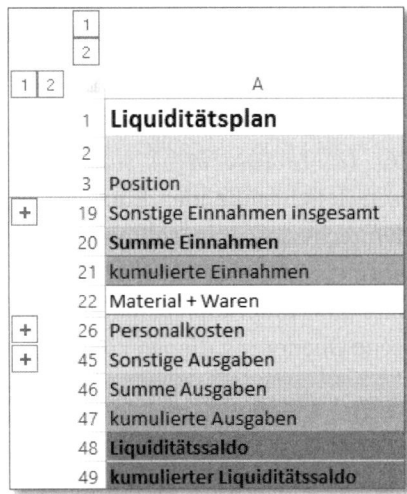

Abbildung 10.74 Ergebnis nach Aktivierung der **AutoGliederung**

Sobald Sie die automatische Gliederung aktivieren, werden Sie feststellen, dass diese Formeln keinen Einfluss auf die Gliederung besitzen, da sie nicht auf den bereits verwendeten Summen aufbauen.

10.8.2 Summen für Spalten und AutoGliederung

Es bliebe jetzt noch die Frage zu klären, ob und wie Sie Excel in puncto Gliederung unterstützt, wenn Sie nicht zeilen-, sondern spaltenweise addieren. Mit der Ermittlung der Quartalsergebnisse lässt sich dies sehr schnell prüfen.

Geben Sie in Zelle H4 die Formel ein, um die Summe der Soll-Werte des ersten Quartals zu berechnen (=B4+D4+F4). Ergänzen Sie danach noch die Summe der Ist-Werte in Zelle I4 (=C4+E4+G4).

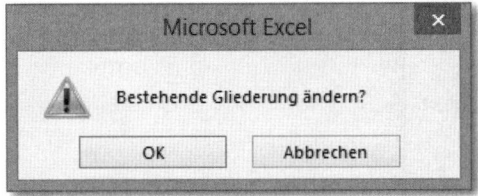

Abbildung 10.75 Änderungsanfrage beim Neuerstellen einer Gliederung

Wenn Sie die Funktion zur automatischen Gliederung starten, werden Sie unter Umständen gefragt, ob Sie die bestehende Gliederung ändern möchten (Abbildung 10.75). Nachdem Sie auf **OK** geklickt haben, wird Excel eine weitere Gliederung für die Quartalsergebnisse erstellen. Mit den Navigationselementen, also den Plus- und Minuszeichen sowie den nummerierten Schaltern für die einzelnen Gliederungsebenen, schalten Sie nun mühelos zwischen den Gruppen-, Quartals- und Detailwerten hin und her.

Fazit: Aus den mit gängigen Formeln und Funktionen kalkulierten Zwischenergebnissen lassen sich mit der **AutoGliederung** zumeist brauchbare Gliederungen in Tabellenblättern erstellen. Trotzdem können Sie jederzeit Tabellen manuell gliedern. Gehen Sie dabei wie folgt vor:

- Entfernen Sie gegebenenfalls sämtliche bereits erstellten automatischen Gliederungen (**Daten ▸ Gliederung ▸ Gruppierung aufheben ▸ Gliederung entfernen**).

- Markieren Sie die Zeilen bzw. Spalten, die Sie in einer Gliederungsstufe zusammenfassen möchten, indem Sie mit der Maus über die Zeilen- bzw. Spaltenbeschriftung ziehen.

- Rufen Sie die Funktion **Daten ▸ Gliederung ▸ Gruppieren ▸ Gruppieren** auf.

- Wiederholen Sie den Vorgang gegebenenfalls für weitere markierte Bereiche und Gliederungsstufen.

10

10.8.3 Fenster fixieren

Umfangreiche Tabellen, die komplexe Zusammenhänge abbilden, überschreiten häufig die Bildschirmgröße. Dies ist vor allem dann ein Ärgernis und erschwert das Verständnis, wenn Spalten- und Zeilenbeschriftungen am oberen bzw. linken Rand durch das Scrollen des Bildausschnitts aus dem Blickfeld verschwinden.

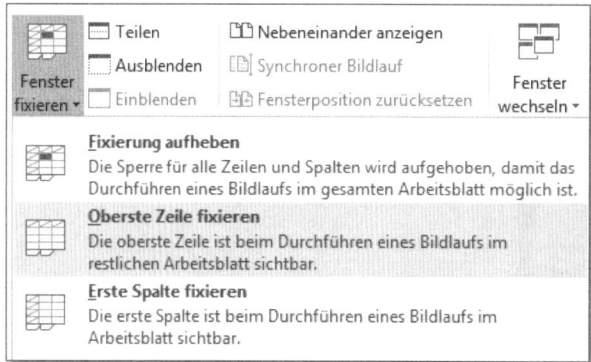

Abbildung 10.76 Fixieren von Beschriftungszeilen und -spalten

Verhindern Sie dies, indem Sie die benötigten oberen Zeilen und die Spalten am linken Rand der Tabelle fixieren. Gehen Sie dafür wie folgt vor:

- Positionieren Sie den Cursor im Schnittpunkt der Beschriftungen, die Sie fixieren möchten (in der Beispieldatei in Zelle B4).

- Wählen Sie dann **Ansicht ▸ Fenster ▸ Fenster einfrieren ▸ Fenster einfrieren**.

Einrichtung von Wiederholungszeilen für den Ausdruck

Auch bei Drucken von großen Tabellen können Beschriftungen auf den Folgeseiten verlorengehen. Um dies zu verhindern, sollten Sie Wiederholungszeilen und -spalten für die Folgeseiten einrichten. Dies erreichen Sie auf folgendem Weg:

- Wählen Sie **Seitenlayout ▸ Seite einrichten**.

- Klicken Sie dann in die Eingabezelle **Wiederholungszeilen oben**.

- Markieren Sie mit der Maus die Zeilen, die auf den Folgeseiten wiederholt werden sollen.

- Wiederholen Sie den Vorgang für die Wiederholungsspalten, und bestätigen Sie die Eingabe mit **OK** (Abbildung 10.77).

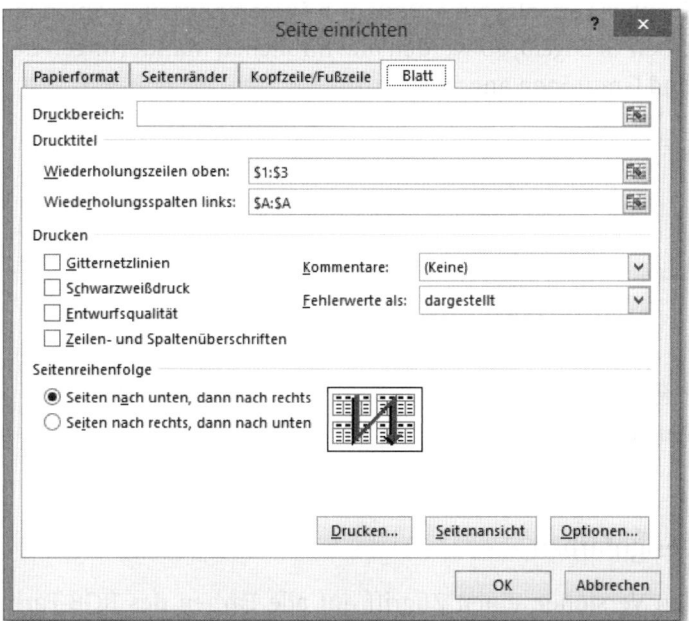

Abbildung 10.77 Festlegung der Wiederholungszeilen und -spalten für den Ausdruck

10.8.4 Strukturierung von Tabellen mit Designfarben

Ein weiteres Werkzeug, das Ihnen Excel zur Verfügung stellt, um den Überblick auch bei umfangreichen Tabellenblättern zu bewahren, sind die **Designfarben**. Seit der Einführung von Office 2007 greift auch Excel auf ein völlig geändertes Konzept bei der Verwendung von Farben zurück. Standen Ihnen bisher 56 Farben – 16 für Diagramme und 40 für Schrift- und Zellgestaltung – zur Verfügung, so offeriert Excel ab der Version 2007 einen Fundus von etwa 16 Millionen Farben.

Doch nicht allein die Menge bildet eine völlig neue Basis für die farbliche Gestaltung Ihrer Tabellenblätter. Vielmehr ist es die Logik der Designfarben, durch die sie sinnvoll eingesetzt werden können, um wichtige Informationen hervorzuheben, und die die Zusammengehörigkeit von Informationen auf einen Blick erkennbar macht.

Die Daten in der Beispieldatei enthalten ausgewählte Hintergrundfarben, um beispielsweise die Einnahmen- und Ausgabensummen, die kumulierten Ergebnisse und die Quartals- sowie die Jahresergebnisse zu kennzeichnen. Alle betroffenen Zellen sind mit einer Abstufung von Blautönen formatiert. Diesen Blautönen liegen wiederum die Designfarben mit der Bezeichnung *Larissa* zugrunde.

Die Designfarben können Sie über **Seitenlayout ▸ Designs ▸ Farben** ändern. Wählen Sie beispielsweise die Designfarben *Grüngelb*, so werden alle farblichen Markierungen des Liquiditätsplans in Braun- und Grautönen angezeigt.

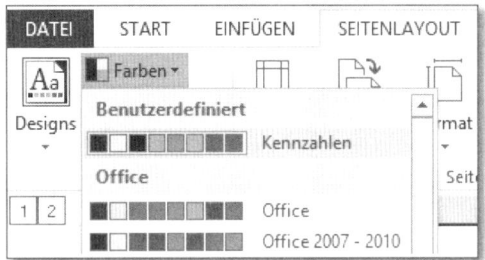

Abbildung 10.78 Auswahl der Designfarben

10.8.5 Erstellen eigener Designfarben

Excel bietet in den aktuellen Versionen einen Zugriff auf alle Farben des RGB-Farbraums. Dies bedeutet auch, dass Sie den vorhandenen Farbdesigns eigene hinzufügen können.

Abbildung 10.79 Erstellen neuer Designfarben

Öffnen Sie dazu die Liste **Farben** im Menü **Seitenlayout ▸ Designs**, und wählen Sie die Option **Farben anpassen** (in Excel 2010 **Neue Designfarben hinzufügen**). Es öffnet sich eine Dialogbox, in der Sie Text- und Hintergrundfarben, Farbakzente und Farben für Hyperlinks definieren können. Unter **Name** legen Sie eine Bezeichnung für das Design fest und klicken dann auf **Speichern**.

10.8.6 Zuweisen von RGB-Werten nach CI-Vorgaben

Bei der Auswahl von Farben, die Sie einem Farbdesign zuordnen möchten, stoßen Sie zunächst auf die Dialogbox **Designfarben**. Klicken Sie hier auf **Weitere Farben**, und wählen Sie dann das Register **Benutzerdefiniert** aus. Nun ermöglicht das Listenfeld **Farbmodell** die Auswahl der Optionen **RGB** oder **HSL**.

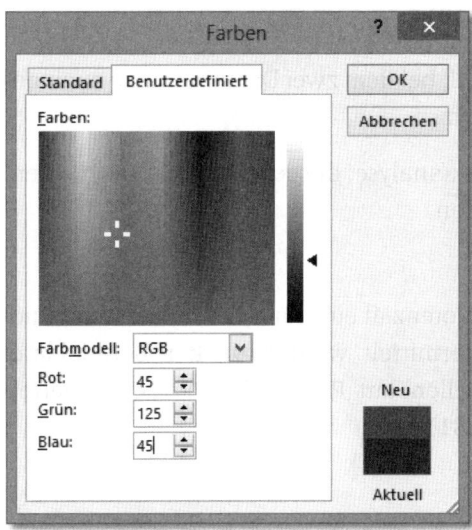

Abbildung 10.80 Verwendung von RGB-Werten bei der Farbauswahl

Bei der Auswahl des RGB-Modells werden nun die Auswahlfelder für die drei Grundfarben Rot, Grün und Blau angezeigt. Wählen Sie die Werte – z. B. entsprechend den CI-Vorgaben Ihres Unternehmens – aus, und klicken Sie auf **OK**, um die Einstellungen zu speichern (Abbildung 10.80).

Verwendung von Designfarben in anderen Office-Programmen

Das neue Konzept der Farbanwendung gilt nicht nur für Excel. Auch in PowerPoint und Word werden Farben nach dem gleichen Muster verwaltet. Designfarben, die Sie in Excel erstellt haben, stehen somit auch in anderen Programmen zur Verfügung.

Übernehmen Sie z. B. ein Diagramm, das in Excel erstellt und farblich gestaltet wurde, in eine PowerPoint-Präsentation, so sollten Sie darauf achten, dass auch in PowerPoint das Farbdesign aktiviert ist, das Sie in Excel verwendet haben. Andernfalls ändern sich beim Einfügen in PowerPoint die Farben des Excel-Diagramms.

Von den Änderungen des Farbdesigns sind im Diagramm immer die Datenreihen betroffen, bei denen Sie die Farbauswahl auf **Automatisch** belassen haben. Haben Sie einer Datenreihe hingegen eine individuell ausgewählte Farbe zugewiesen, haben Änderungen bei der Auswahl der Designfarben keine Auswirkungen mehr auf die Farbe dieser Datenreihe.

TIPP

10.9   Marktanalyse und Absatzplanung

Den Abschluss dieses Kapitels bildet ein Beispiel, bei dem zwei Datenbestände zueinander in Beziehung gesetzt werden sollen, und zwar:

- die Erhebungsdaten einer detaillierten Marktanalyse, die gegebenenfalls von einem Marktforschungsinstitut bereitgestellt werden

- die Ihnen vorliegenden Vertriebsdaten

Aus beiden Datenbeständen soll das konkrete Potenzial einzelner Produkte in verschiedenen Märkten und/oder Vertriebskanälen ermittelt werden. In der Beispieldatei *10_Absatzplanung_00.xlsx* finden Sie im Tabellenblatt *Potenziale* die komprimierten Ergebnisse einer Marktanalyse (Abbildung 10.81).

10.9.1 Daten der Marktanalyse

In der Tabelle erkennen Sie, dass insgesamt zwölf Produkte vertrieben werden. Der Vertrieb benutzt insgesamt vier verschiedene Vertriebskanäle (Channel 1 bis Channel 4). Nach den Ergebnissen der Marktanalyse ergeben sich für jedes Produkt in jedem Kanal unterschiedliche Absatzpotenziale. Ich habe das Beispiel bewusst abstrakt gehalten. Stellen Sie sich vor, dass der Wert 12,3 für Produkt 2 in Vertriebskanal 1 etwa für eine Stückzahl oder eine Mengenangabe wie Tonnen, Kilogramm etc. steht.

	A	B	C	D	E
1	**Produkt**	**Channel 1**	**Channel 2**	**Channel 3**	**Channel 4**
2	Produkt 1	12,0	13,5	9,0	12,0
3	Produkt 2	12,3	13,0	15,0	13,0
4	Produkt 3	7,0	12,0	12,0	8,7
5	Produkt 4	15,0	15,6	12,0	14,2
6	Produkt 5	12,0	12,8	13,0	13,5
7	Produkt 6	18,0	11,0	19,0	16,5
8	Produkt 7	10,0	12,0	10,0	11,0
9	Produkt 8	9,5	7,0	7,8	9,0
10	Produkt 9	12,7	9,0	11,0	9,8
11	Produkt 10	11,0	10,0	10,0	12,0
12	Produkt 11	10,0	8,9	17,0	13,0
13	Produkt 12	12,0	12,3	11,0	15,0

Abbildung 10.81 Potenzialmatrix einer Marktanalyse

Da die Daten der Markanalyse in Form einer Excel-Liste vorliegen, besteht kein weiterer Bedarf, sie anzupassen; Sie können sie ohne Modifikationen in die Planung einbeziehen und auswerten.

10.9.2 Struktur der Vertriebsdaten

Auch die Daten im Tabellenblatt, die die aktuellen Vertriebsdaten Ihres Unternehmens darstellen, enthalten eine sehr einfache Struktur.

	A	B	C	D
1	**Geschäft**	**Channel**	**Produkt 1**	**Produkt 2**
2	111132	Channel 3	0,0	15,0
3	112052	Channel 2	13,5	0,0
4	111035	Channel 4	12,0	0,0
5	111314	Channel 2	13,5	13,0
6	110516	Channel 1	0,0	12,3
7	111771	Channel 2	13,5	13,0
8	111455	Channel 1	0,0	0,0
9	111698	Channel 3	9,0	15,0

Abbildung 10.82 Listungsdaten aus einer Vertriebsanalyse

Nehmen wir an, dass die Daten im Tabellenblatt *Download* aus einem Datenbanksystem in Excel übernommen wurden. Auch diese Daten besitzen die Struktur einer Excel-Liste. In dieser Liste enthalten sind nicht nur die Informationen zu Produkt und Vertriebskanal, sondern auch Angaben dazu, in welchem Geschäft der Artikel angeboten wird oder nicht. Zu jeder ID eines Geschäfts finden Sie in den Vertriebsdaten eine 1 oder eine 0. Der Wert 1 bedeutet, dass der Artikel im betreffenden Geschäft geführt wird. Eine 0 steht dafür, dass er nicht geführt wird.

Letzteres bedeutet, dass für dieses spezifische Produkt im spezifischen Vertriebskanal ein Absatzpotenzial besteht. Ihren Außendienstmitarbeitern müsste es nur gelingen, den oder die Geschäftsinhaber davon zu überzeugen, das betreffende Produkt den Kunden auch anzubieten.

Doch bevor Sie Ihren Außendienst mit dieser Aufgabe betrauen, möchten Sie sicherlich wissen, wie hoch das Absatzpotenzial denn insgesamt in diesem Segment wäre. Und genau an dieser Stelle kommen einige Excel-Berechnungen ins Spiel, die ich Ihnen auf den folgenden Seiten vorstellen möchte.

10.9.3 Bestimmung der Artikel und Vertriebskanäle mit Absatzpotenzial

Im Tabellenblatt *Berechnung 1* geht es zu Beginn der Berechnung darum, die Downloadliste in eine Matrix zu verwandeln, der Sie entnehmen können, für welche Produkte überhaupt ein Potenzial besteht. Diese Potenziale sollen nach Vertriebskanälen und Geschäften gegliedert sein. Um das zu verwirklichen, brauchen Sie eine einfache Tabelle nach dem Muster der in Abbildung 10.83 gezeigten Tabelle.

	A	B	C	D
1	Geschäft	Produkt	Status	Channel
2	110516	Produkt 1	0	Channel 1
3	110516	Produkt 2	1	Channel 1
4	110516	Produkt 3	1	Channel 1
5	110516	Produkt 4	1	Channel 1
6	110516	Produkt 5	0	Channel 1
7	110516	Produkt 6	0	Channel 1

Abbildung 10.83 Aufbau der Tabelle zur Absatzanalyse

Bei der Erstellung dieser Matrix werden einige Funktionen und Berechnungen sehr hilfreich für Sie sein:

- Erstellen Sie zunächst eine Liste der Geschäfte ohne Duplikate. Kopieren Sie dazu die ID der Geschäfte aus dem Tabellenblatt *Download* in ein neues Tabellenblatt, und wenden Sie die Funktion **Daten ▸ Datentools ▸ Duplikate entfernen** an. Fügen Sie danach die duplikatfreie Liste der Geschäftsnummern in das Tabellenblatt *Berechnung 1* ein.

- Ermitteln Sie mit einer Funktion den einem bestimmten Geschäft zugeordneten Vertriebskanal. Dies erreichen Sie am schnellsten mit der Funktion `=SVERWEIS(A2;Download!$A$1:$D$277;4;FALSCH)`.

- Übernehmen Sie die Produktbezeichnungen in Zeile 1 des Tabellenblattes *Berechnung 1* aus Spalte A von *Potenziale*. Dazu sollten Sie die Funktion `{=MTRANS(Potenziale!A2:A13)}` einsetzen. Um die Funktion zu verwenden, müssen Sie die Zellen C1 bis N1 zunächst markieren, dann die Funktion eingeben und diese dann mit `Strg` + `⇧` + `↵` abschließen, da es sich um eine Matrixfunktion handelt.

Die Berechnung der Beschriftungen auf dem vorgeschlagenen Weg hat gegenüber dem Kopieren dieser Informationen zwei wesentliche Vorteile: Sie vermeiden Tippfehler bei diesen wichtigen Informationen, und Sie sind nicht dazu gezwungen, die Beschriftungen zu aktualisieren, wenn sich in naher Zukunft Produktbezeichnungen ändern.

10.9.4   Berechnung der Potenziale

Die folgende Berechnung der tatsächlichen Potenziale im Markt hängt von insgesamt drei Bedingungen ab:

- dem Produkt
- dem Vertriebskanal
- dem Geschäft

Die bedingte Kalkulation habe ich schon mehrfach in diesem Buch beschrieben. Und auch in diesem Beispiel werden Sie erneut auf die Funktion SUMMEWENNS() stoßen, um die Aufgaben zu bewältigen. Die Funktionen SUMMEWENNS(), ZÄHLENWENNS() und MITTEL-WERTWENNS() sind einfach eine zu große Bereicherung seit Excel 2007, als dass man sie nicht immer wieder nahezu feiern könnte! Nichts gegen den Teilsummen-Assistenten und SUMMENPRODUKT(), doch die übersichtliche Funktionseingabe und Definition von Bedingungen über den Funktionsassistenten von Excel erscheint mir einfach die zeitgemäßere Arbeitsweise.

Geschäft	Channel	Produkt 1	Produkt 2	Produkt 3
111132	Channel 3			
112052	Channel 2			
111035	Channel 4			
111314	Channel 2			

Abbildung 10.84 Potenzialberechnung mit SUMMEWENNS()

In Zelle C2 geben Sie mit Hilfe des Funktionsassistenten die folgende bedingte Kalkulation ein:

```
=SUMMEWENNS(Download!$C$2:$C$277;Download!$A$2:$A$277;$A2;
Download!$D$2:$D$277;$B2;Download!$B$2:$B$277;C$1)
```

Beachten Sie bei der Eingabe vor allem die Verwendung von absoluten und relativen Bezügen. Sowohl den Bereich der zu summierenden Werte als auch die Kriterienbereiche sollten Sie absolut setzen. Außerdem müssen Sie darauf achten, dass diese Bereiche alle eine identische Größe besitzen. Bei den in Zeilen vorliegenden Kriterien (*Geschäft* und *Channel*) setzen Sie die Spaltenangabe absolut und den Zeilenbezug relativ ($A2 und $B2). Beim Bezug auf die Produktbezeichnung ist es genau umgekehrt – hier müssen Sie die Spaltenangabe relativ und den Zeilenbezug absolut definieren (C$1).

Sofern Sie diese Vorgaben beachten, lässt sich die Funktion nach unten und anschließend nach rechts kopieren. Als Ergebnis erhalten Sie eine Matrix, der Sie entnehmen können, für welche Produkte und Kanäle überhaupt Absatzpotenziale bestehen.

	A	B	C	D	E	F	G	H	
1	Geschäft	Channel	Produkt 1	Produkt 2	Produkt 3	Produkt 4	Produkt 5	Produkt 6	Produk
2	111132	Channel 3	=SUMMEWENNS(Download!$C$2:$C$277;Download!$A$2:$A$277;$A2;Download!$D$2:$D$277;						
3	112052	Channel 2	$B2;Download!$B$2:$B$277;C$1)*INDEX(Potenziale;VERGLEICH(C$1;Produkte;0);VERGLEICH(						

Abbildung 10.85 Potenzialmatrix (Auszug)

553

10.9.5 Berechnung der Potenzialhöhe

Nachdem Sie die Produkte und Vertriebskanäle identifiziert haben, für die Potenziale bestehen, wird es Sie selbstverständlich interessieren, wie hoch die Potenziale denn sein könnten. Um dies in Erfahrung zu bringen, gibt es zwei mögliche Ansätze: Entweder erstellen Sie ein weiteres Tabellenblatt, das vom Aufbau her völlig identisch mit dem Tabellenblatt *Berechnung 1* ist, und kalkulieren durch Bezug auf dieses Tabellenblatt und das Tabellenblatt *Potenziale* die konkreten Werte, oder Sie erweitern die soeben eingegebene Funktion und multiplizieren den Potenzialfaktor 1 und das prognostizierte Potenzial im gleichen Tabellenblatt.

Sind wir bereit für die Verkettung von zwei Berechnungsschritten in einer Zelle und Funktion? Ich denke schon! Also lassen Sie es uns versuchen.

Um das passende prognostizierte Potenzial im Tabellenblatt *Potenziale* zu finden, brauchen Sie die richtige Produktbezeichnung aus `C$1` und die korrekte Bezeichnung des Vertriebskanals aus Zelle `$B2`. Diese beiden Bezeichnungen befinden sich in einer Zelle des Bereiches A2 bis A13 (Bereichsname *Produkte*) und B1 bis E1 (Bereichsname *Channel*) im Tabellenblatt *Potenziale*. Erstellen Sie zunächst die beiden Bereichsnamen.

Die Funktion `VERGLEICH(C$1;Produkte;0)` durchsucht den Bereich *Produkte* anhand des Kriteriums in `C$1` (z. B. *Produkt 1*) und gibt, sofern eine eindeutige Übereinstimmung festgestellt wurde (`0`), die Nummer der Zeile zurück, in der die Produktbezeichnung gefunden wurde. Das Gleiche realisiert `VERGLEICH($B2;Channel;0)`, indem die Funktion die betreffende Spaltenzahl zur Verfügung stellt. Beide Informationen – Zeilen- und Spaltenzahl – können von `INDEX()` genutzt werden, um das prognostizierte Potenzial in der Matrix der Marktanalysedaten zu bestimmen. Die gesamte Funktion lautet also:

```
INDEX(Potenziale;VERGLEICH(C$1;Produkte;0);VERGLEICH($B2;Channel;0)
```

Den auf diesem Weg gefundenen Wert müssen Sie nun mit dem Potenzialfaktor multiplizieren. In Zelle C2 entsteht also folgende Berechnung:

```
=SUMMEWENNS(Download!$C$2:$C$277;Download!$A$2:$A$277;$A2;
Download!$D$2:$D$277;$B2;Download!$B$2:$B$277;C$1)*INDEX(Potenziale;
VERGLEICH(C$1;Produkte;0);VERGLEICH($B2;Channel;0))
```

Die Liste liefert nun eine Übersicht über die mengenmäßigen Potenziale Ihrer Produkte im Markt. Nun können Sie entscheiden, bei welchen Produkten und Vertriebskanälen es sich für Ihre Außendienstmitarbeiter besonders lohnt, auf die Geschäftsinhaber einzuwirken, denn Sie erkennen auf einen Blick, wie hoch die Potenziale sind.

	A	B	C	D
1	**Geschäft**	**Channel**	**Produkt 1**	**Produkt 2**
2	111132	Channel 3	0,0	1,0
3	112052	Channel 2	1,0	0,0
4	111035	Channel 4	1,0	0,0
5	111314	Channel 2	1,0	1,0
6	110516	Channel 1	0,0	1,0
7	111771	Channel 2	1,0	1,0

Abbildung 10.86 Höhe der Potenziale (Auszug)

10.9.6 Darstellung der Potenziale im Diagramm

Die Potenziale auf einen Blick erkennen? Nun ja, da bedarf es schon eines geübten Auges. Vielleicht entschließen Sie sich doch, alle Werte in einem Diagramm darzustellen.

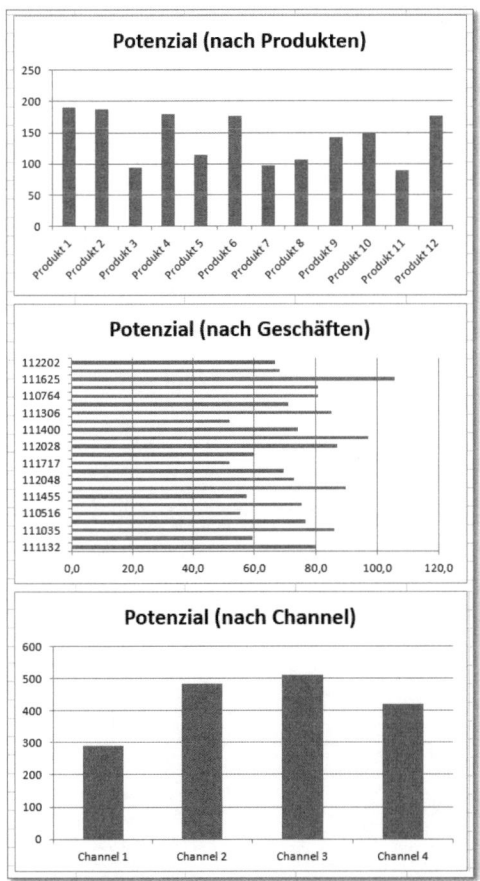

Abbildung 10.87 Darstellung der Potenziale nach Produkt, Geschäft und Channel

In der Beispielanwendung sind drei Diagramme zur Zusammenfassung der Ergebnisse entstanden (Abbildung 10.87).

Das erste Diagramm basiert auf den Summenwerten in Zeile 25 und den Rubrikenachsenbeschriftungen in Zeile 1. Es zeigt die Potenziale auf Produktbasis. Auch das zweite Diagramm in der Mitte wird direkt aus den Daten der soeben berechneten Matrix generiert. Seine Werte stammen aus Spalte O und die Beschriftungen aus Spalte A. Ihm entnehmen Sie die Potenziale nach Geschäften.

Lediglich für das dritte Diagramm ist eine Zwischenrechnung notwendig. Sie müssen zunächst die Summen pro Vertriebskanal berechnen, um basierend auf diesen Daten ein weiteres Säulendiagramm anzulegen. Diese Zwischenrechnung befindet sich im Zellbereich A1 bis B4 des Tabellenblattes *Zwischenrechnung*.

Wir verwenden hier erneut eine bedingte Kalkulation, diesmal jedoch nur mit einer Bedingung:

```
=SUMMEWENN('Berechnung 1'!$B$2:$B$24;A1;'Berechnung 1'!$O$2:$O$24)
```

11   Operatives Controlling mit Excel

Im Tagesgeschäft des Controllers spielen Auswertungen, Scorings und Analysen unterschiedlichster Couleur eine wichtige Rolle. Kein Wunder, dass Excel mit seinen zahlreichen Funktionen hier ein wesentliches Werkzeug darstellt.

Während sich das vorangegangene Kapitel mit Beispielen befasste, in denen Excel im Rahmen sowohl der strategischen als auch der operativen Planung eingesetzt wurde, werden die nächsten Seiten den Einsatzbereichen des Programms im operativen Tagesgeschäft gewidmet sein. Diese sind, wie es kaum anders zu erwarten ist, sehr umfangreich. Excel »wildert« bei der Planung bisweilen auf fremdem Terrain, etwa dann, wenn Formulare erstellt, Workflows abgebildet oder qualitative Daten visualisiert werden müssen. Bei der dynamischen Präsentation von Ergebnissen und der Automatisierung von Abläufen mit Hilfe von VBA-Makros – die ich in Kapitel 14, »Automatisierung von Routinetätigkeiten mit Makros«, behandeln werde, wird dem Benutzer nicht selten Expertenwissen und Programmierkenntnisse abverlangt. Aber der Einsatz der Tabellenkalkulation auf operativer Ebene mit der Berechnung von Investitionsalternativen und Deckungsbeiträgen, den Methoden der Kostenkalkulation oder dem Scoring bildet quasi das Kerngeschäft des Programms. »Welcome home!« möchte man beinahe rufen. Und hier folgt auch gleich die Liste der Dinge, die Sie »zu Hause« erwarten dürfen:

- Methoden zur Kalkulation von Kosten und Erlösen wie etwa Divisions- und Zuschlagskalkulation, Äquivalenzziffernrechnung, Betriebsabrechnungsbogen und Prozesskostenrechnung

- Funktionen zum Erstellen von Break-even-Analysen und sowohl ein- als auch mehrstufiger Deckungsbeitragsrechnung

- Tools für den Bereich Finanzierung, z. B. Darlehensberechnungen, die Anwendung finanzmathematischer Funktionen oder die Kalkulation des *Customer Lifetime Values*

- Beispiele für den Einsatz von Excel im Personalcontrolling, z. B. im Rahmen von Personalstrukturanalysen, Arbeitszeitanalysen oder Reisekostenabrechnungen

- Lösungen für weitere Controllingbereiche, z. B. die Erstellung von Kundenscorings im Vertriebscontrolling, Verfahren der Investitionsrechnung oder Lieferantenbewertung

Mit all diesen Themen sind in Excel zahlreiche Funktionen und Methoden verbunden, die – wie immer – nicht ausschließlich für diese Zwecke awendbar sind. Vielmehr lässt sich das vorgestellte Instrumentarium auch wieder bei anderen Problemstellungen einsetzen. Ich bin zuversichtlich, dass Sie aus den gegebenen Anwendungsbeispielen sicherlich auch wieder Ihre eigenen kreativen Lösungen entwickeln werden, an die ich beim Schreiben dieser Zeilen nicht im Ansatz gedacht habe.

11.1 Betriebsabrechnungsbogen

Der Betriebsabrechnungsbogen als Teil der Vollkostenrechnung berücksichtigt die Anteile von direkten und indirekten Kosten bei der Herstellung von Waren und Dienstleistungen. Während die direkten Kosten eindeutig anhand von Rechnungen oder anderen Belegen zugerechnet werden können, ist bei den indirekten Kosten ein Verrechnungsschlüssel nötig. Ziel ist es, sämtliche Vor- und Hilfskosten aufzulösen und den Kostenstellen zuzuordnen.

Mehrstufiger Betriebsabrechnungsbogen (Vollkostenrechnung)

Monat: März 2014

Kostenarten	Gesamt	Erfassung- bzw. Verteilungsgrundlage	Allgemeine Hilfskostenstellen		Vorkostenstellen		Hauptkostenstellen				
			Controlling	IT	Entwicklung	QS	Einkauf	Fertigung 1	Fertigung 2	Verwaltung	Vertrieb
Hilfsstoffe	369.200,00 €	Materialentnahmescheine	0,00 €	0,00 €	12.500,00 €	4.200,00 €	0,00 €	32.500,00 €	320.000,00 €	0,00 €	0,00 €
Betriebsstoffe	159.800,00 €	Materialentnahmescheine	0,00 €	0,00 €	1.900,00 €	2.100,00 €	0,00 €	15.000,00 €	140.800,00 €	0,00 €	0,00 €
Energieverbrauch	72.300,00 €	Messungen kWh	348,86 €	740,69 €	4.107,47 €	734,57 €	3.538,18 €	20.874,03 €	38.014,00 €	1.603,81 €	2.338,38 €
Löhne/Gehälter	807.300,00 €	Lohnbuchhaltung	72.900,00 €	124.000,00 €	187.000,00 €	32.000,00 €	89.000,00 €	30.200,00 €	89.400,00 €	62.800,00 €	120.000,00 €
Sozialabgaben	194.971,00 €	Lohnbuchhaltung	16.767,00 €	28.520,00 €	43.010,00 €	7.360,00 €	20.470,00 €	6.946,00 €	20.562,00 €	20.470,00 €	30.866,00 €
Mieten, Leasing	47.500,00 €	Eingangsrechnungen	0,00 €	0,00 €	5.600,00 €	4.200,00 €	5.900,00 €	6.700,00 €	3.200,00 €	4.300,00 €	12.000,00 €
Büromaterial	13.348,00 €	Materialentnahmescheine	1.900,00 €	1.000,00 €	3.200,00 €	230,00 €	3.256,00 €	800,00 €	912,00 €	6.280,00 €	2.100,00 €
Marketing, PR	92.300,00 €	Eingangsrechnungen	0,00 €	0,00 €	0,00 €	0,00 €	0,00 €	0,00 €	0,00 €	0,00 €	92.300,00 €
Steuern	89.740,00 €	Buchhaltungsdaten	0,00 €	0,00 €	0,00 €	0,00 €	0,00 €	0,00 €	0,00 €	0,00 €	0,00 €
kalkulatorische Abschreibungen	66.995,21 €	Wiederbeschaffungswerte	0,00 €	0,00 €	0,00 €	0,00 €	0,00 €	37.672,99 €	29.322,22 €	0,00 €	0,00 €
Kalkulatorische Zinsen	11.386,99 €	Betriebsnotwendiges Kapital	0,00 €	0,00 €	0,00 €	0,00 €	0,00 €	0,00 €	0,00 €	11.386,99 €	0,00 €
Kalkulatorische Risiken	21.615,10 €	ermittelte Risiken	0,00 €	0,00 €	0,00 €	0,00 €	0,00 €	0,00 €	0,00 €	21.615,10 €	0,00 €
Kalkulatorische Miete	69.800,00 €	Fläche in m²	1.285,16 €	2.008,06 €	7.095,13 €	1.164,67 €	2.891,60 €	12.182,20 €	36.144,99 €	3.212,89 €	3.815,30 €
Summe	#########		93.201,01 €	161.868,75 €	264.412,60 €	51.989,24 €	125.055,78 €	162.875,23 €	678.355,22 €	131.668,79 €	263.419,69 €
Umlage aus Controlling	93.201,01 €			6.524,07 €	3.728,04 €	3.728,04 €	9.320,10 €	16.776,18 €	22.368,24 €	9.320,10 €	21.436,23 €
Kostenstellenkosten				168.392,82 €	268.140,64 €	55.717,28 €	134.375,88 €	179.651,41 €	700.723,46 €	140.988,89 €	284.855,92 €
Umlage aus IT	168.392,82 €				16.839,28 €	6.735,71 €	26.942,85 €	38.730,35 €	35.362,49 €	23.574,99 €	20.207,14 €
Kostenstellenkosten					284.979,92 €	62.453,00 €	161.318,73 €	218.381,76 €	736.085,95 €	164.563,88 €	305.063,06 €
Umlage aus Entwicklung	284.979,92 €					0,00 €	0,00 €	85.493,98 €	199.485,95 €	0,00 €	0,00 €
Kostenstellenkosten						62.453,00 €	161.318,73 €	303.875,73 €	935.571,90 €	164.563,88 €	305.063,06 €
Umlage aus QS	62.453,00 €						0,00 €	12.490,60 €	49.962,40 €	0,00 €	0,00 €
Kostenstellenkosten							161.318,73 €	316.366,33 €	985.534,30 €	164.563,88 €	305.063,06 €
Zuschlagsgrundlage							1.500.000,00 €	150.000,00 €	1.150.000,00 €	4.013.219,36 €	4.013.219,36 €
Gemeinkostenzuschlagssatz							10,75%	210,91%	85,70%	4,10%	7,60%

Abbildung 11.1 Aufbau des Betriebsabrechnungsbogens

Die Vorgehensweise ist wie folgt:

- Sammeln aller relevanten Daten für die Erfassung der direkten Kosten

- Zusammenstellen aller Informationen bezüglich der Gemeinkosten

- Zuordnung der Gemeinkosten zu den Kostenstellen (Primärkostenumlage)

- Berechnung und Verteilung von kalkulatorischen Abschreibungen, Zinsen und Risiken

- Umlage der Kosten aus Vor- und Hilfskostenstellen

- Kalkulation und Zuweisen der Zuschläge für Verwaltungs- und Vertriebsgemeinkosten etc.

Ein Beispiel eines Betriebsabrechnungsbogens (BAB) finden Sie unter dem Dateinamen *11_BAB_00.xlsx*.

11.1.1 Arbeitsmappenstruktur des Betriebsabrechnungsbogens

Mit der Fülle an Informationen und der Notwendigkeit verschiedener Zwischenkalkulationen ist der Betriebsabrechnungsbogen (BAB) natürlich dazu prädestiniert, in einer logisch durchdachten Arbeitsmappenstruktur umgesetzt zu werden. Abbildung 11.1 zeigt das Resultat der Kostenverteilung. Doch um dieses Ergebnis zu erarbeiten, sind folgende Tabellenblätter sinnvoll:

Tabellenblatt	Inhalt
Energie (konsolidiert)	In diesem Tabellenblatt werden die Energieaufwendungen aus drei Unternehmensstandorten per Konsolidierung zusammengeführt.
Miete (konsolidiert)	Auch hier sehen Sie das Ergebnis einer Konsolidierung, diesmal der Mietflächen.
Schlüssel (Gemeinkosten)	Das Blatt dient der Verteilung der Primärkosten auf alle Vor-, Hilfs- und Hauptkostenstellen. Im Anwendungsbeispiel sind außer den Energie- und Mietkosten keine weiteren Primärkosten umzulegen.
Schlüssel (Nebenkostenstellen)	In dieser Tabelle werden die Sekundärkosten, also die Kosten der Hilfs- und Vorkostenstellen, anhand eines prozentualen Schlüssels auf alle Kostenstellen des Unternehmens verteilt.
Kalk. Abschreibungen	Die Abschreibungen für in Produktions- und sonstigen Prozessen eingesetzte Maschinen werden hier berechnet. Die monatlichen Abschreibungswerte fließen in den BAB ein.
Kalk. Zinsen	In diesem Tabellenblatt wurden die kalkulatorischen Zinsen und Risiken berechnet. Um die kalkulatorischen Zinsen zu ermitteln, muss zunächst das betriebsnotwendige Kapital in diesem Tabellenblatt kalkuliert werden. In die Darstellung der kalkulatorischen Risiken fließen hingegen Erfahrungs- und Vergleichswerte der Vorjahre ein.

Tabelle 11.1 Arbeitsmappenstruktur des BAB

Tabellenblatt	Inhalt
Zuschlagsätze	Die Zuschlagsätze in diesem Tabellenblatt umfassen Materialgemeinkosten, Fertigungsgemeinkosten, Verwaltungsgemeinkosten und Vertriebsgemeinkosten. Die Ergebnisse fließen u. a. als Herstellungskosten des Umsatzes in den BAB ein.
Selbstkosten	Dieses Tabellenblatt ist eigentlich nicht mehr Teil des BAB. Es enthält eine ergänzende Betrachtung der Kosten aus der Perspektive eines einzelnen Auftrags.

Tabelle 11.1 Arbeitsmappenstruktur des BAB (Forts.)

Um sich einen Überblick über die verschiedenen Bausteine der Gesamtlösung zu verschaffen und die zahlreichen Verknüpfungen zwischen den Tabellenblättern besser zu durchschauen, ist es sicherlich empfehlenswert, wenn Sie sich die Tabellenblätter und ihre Inhalte zunächst in aller Ruhe ansehen, bevor wir in die Einzelheiten der Berechnungen einsteigen.

11.1.2 Konsolidierung von Standorten oder Monaten

Die ersten Tabellenblätter dieser Arbeitsmappe enthalten die Daten zum Energieverbrauch der einzelnen Standorte (*Energie S1*, *Energie S2*, *Energie S3*). Sie dienen in erster Linie zur Veranschaulichung für die Konsolidierung von Daten in Excel.

Diese lässt sich relativ einfach umsetzen, wenn die zu konsolidierenden Grunddaten den gleichen Aufbau besitzen. Dies ist bei den drei verwendeten Tabellen der Fall (Abbildung 11.2).

	A	B
1	**Energieaufwendungen**	
2	**Kostenstelle**	**Verbrauch**
3	Controlling	2.400 kWh
4	IT	4.200 kWh
5	Entwicklung	21.000 kWh
6	QS	4.200 kWh
7	Einkauf	19.500 kWh
8	Fertigung 1	100.000 kWh
9	Fertigung 2	198.000 kWh
10	Verwaltung	8.900 kWh
11	Vertrieb	12.300 kWh
12	**Summe**	**370.500 kWh**

Abbildung 11.2 Aufbau der drei Tabellen zum Energieverbrauch

In allen Tabellen befinden sich die Zeilenbeschriftungen in der Spalte unmittelbar links neben den Werten. Die Überschriften über der Beschriftungs- und der Wertespalte sind ebenfalls identisch. Dies sind zwei wichtige Voraussetzungen, die Ihnen alle Optionen bei der Konsolidierung lassen.

Die Daten konsolidieren Sie, indem Sie ein leeres Tabellenblatt wählen – in diesem Fall das Blatt *Energie (konsolidiert)* –, den Cursor in Zelle A1 bewegen und die Funktion **Daten ▸ Datentools ▸ Konsolidieren** aufrufen. Nachdem Sie die zu berechnende Funktion für die Konsolidierung (im Beispiel Summe) festgelegt haben, klicken Sie auf den Markierungsschalter im Eingabefeld **Verweis** und markieren den Datenbereich A2 bis B11 im Tabellenblatt *Energie S1*. Nachdem Sie den Datenbereich ausgewählt haben, betätigen Sie den Schalter **Hinzufügen**. Wiederholen Sie den Vorgang schließlich auch für die Festlegung der Konsolidierungsbereiche in den Tabellenblättern *Energie S2* und *Energie S3*.

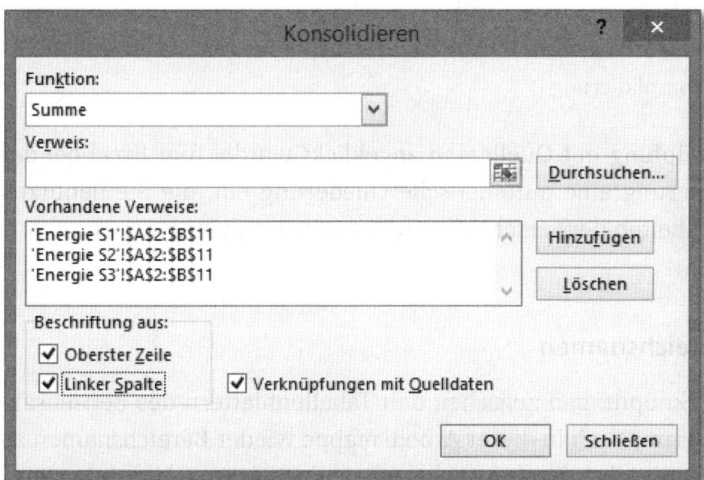

Abbildung 11.3 Konsolidierung der Datenbereiche für Energieaufwendungen

Die beiden Optionen im Bereich **Beschriftung aus:** legen fest, auf Basis welcher Informationen die Konsolidierung vorgenommen werden soll. Die Option **Oberste Zeile** bewirkt dabei, dass Datenreihen, die unterschiedliche Beschriftungen enthalten (z. B. *Q1*, *Q2*), in der konsolidierten Darstellung nebeneinander ausgegeben werden. Da in der Beispielanwendung alle Spaltenüberschriften identisch sind, werden die Ergebnisse hingegen in einer Spalte zusammengeführt. Das Häkchen neben der Option **Linker Spalte** hat zur Folge, dass die Werte auf Grundlage der Beschriftungen der linken Spalte summiert werden.

Dies bedeutet konkret, dass die Beschriftungen und Werte nicht in sämtlichen Tabellen in der gleichen Reihenfolge verwendet werden und auch nicht alle vorhanden sein müssen. Aber alle Beschriftungen müssen korrekt sein! Achten Sie also immer besonders auf die richtige Schreibweise.

	A	B	C
1			Verbrauch
2		11_Bab_01	2.400 kWh
3		11_Bab_01	1.900 kWh
4		11_Bab_01	1.399 kWh
5	Controlling		5.699 kWh
6		11_Bab_01	4.200 kWh
7		11_Bab_01	3.950 kWh
8		11_Bab_01	3.950 kWh
9	IT		12.100 kWh
10		11_Bab_01	21.000 kWh
11		11_Bab_01	22.100 kWh
12		11_Bab_01	24.000 kWh
13	Entwicklung		67.100 kWh

Abbildung 11.4 Ergebnis der Konsolidierung

Da auch die Option **Verknüpfung mit Quelldaten** angeklickt wurde, fügt Excel bei der Ausführung der Konsolidierung eine automatische Gliederung ein, die Sie benutzen können, um sich die Einzelheiten der verschiedenen Monate anzeigen zu lassen.

11.1.3 Anpassung der Bereichsnamen

Durch die zahlreichen Verknüpfungen zwischen den Tabellenblättern des Betriebsabrechnungsbogens ist es ratsam, auch in dieser Arbeitsmappe wieder Bereichsnamen zu nutzen. Diese sind in der Beispielanwendung auch schon eingerichtet. Allerdings müssen Sie nach der Konsolidierung der Energiekosten die Bezüge der Bereichsnamen noch anpassen.

Wechseln Sie zur Funktion **Formeln ▸ Definierte Namen ▸ Namens-Manager**, und aktualisieren Sie die Zellbezüge für die folgenden Bereichsnamen, so dass sie jeweils auf die Teilsummen der Abteilungen verweisen (Tabelle 11.2).

Die Ergebniszellen der Konsolidierung sind über die hier angegebenen Bereichsnamen mit den Zellen in Zeile 6 des Tabellenblattes *Schlüssel Gemeinkosten* verbunden (Abbildung 11.5). Dort finden Sie außerdem in Zeile 11 die ebenfalls konsolidierten Werte der Mietflächen.

Bereichsname	Bezug
Energie_ctrl	='Energie (konsolidiert)'!$C$5
Energie_ek	='Energie (konsolidiert)'!$C$21
Energie_fer1	='Energie (konsolidiert)'!$C$25
Energie_fer2	='Energie (konsolidiert)'!$C$29
Energie_fue	='Energie (konsolidiert)'!$C$13
Energie_gesamt	='Energie (konsolidiert)'!$C$39
Energie_it	='Energie (konsolidiert)'!$C$9
Energie_qs	='Energie (konsolidiert)'!$C$17
Energie_vt	='Energie (konsolidiert)'!$C$37
Energie_vw	='Energie (konsolidiert)'!$C$33

Tabelle 11.2 Bereichsnamen im BAB

Abbildung 11.5 Primärkostenumlage auf Basis der konsolidierten Daten

In Zelle K6 wurde die Summe sämtlicher Energieaufwendungen gebildet und der Zelle der Bereichsname *energieverbrauch* zugewiesen. Analog enthält K11 unter dem Bereichsnamen *gesamtfläche* die Summe aller angemieteten Flächen des Unternehmens.

11.1.4 Umlage der Primärkosten im BAB

Im Tabellenblatt *BAB* sind es die blau gekennzeichneten Zellen, in denen die Ergebnisse der Zwischenrechnungen zu den Primärkosten, den kalkulatorischen Abschreibungen, Zinsen und Risiken übernommen werden. Um die Verbrauchswerte in Kosten umzuwandeln, werden die Gesamtkosten des Energieverbrauchs – der Jahresabrechnung entnommen – in Zelle B7 des Tabellenblattes *BAB* eingegeben. Diese Zelle hat den Namen *energieaufwendungen*. Die Umlage der Kosten erfolgt danach über die Formel in Zelle D7:

```
=energieaufwendungen/energieverbrauch*'Schlüssel Gemeinkosten'!B6
```

Da die Tabellenblätter *BAB* und *Schlüssel Gemeinkosten* gleich aufgebaut sind, lässt sich die Formel mühelos nach rechts kopieren, um auch für die anderen Kostenstellen die Ergebnisse auszuweisen.

Bei der Umlage der Mietkosten gehen Sie in ähnlicher Weise vor. Die Mietsumme wird in der Zelle *klk_Miete* (Zelle B17) erfasst. Die zu kopierende Formel in Zeile 17 lautet:

```
=klk_miete/gesamtflaeche*'Schlüssel Gemeinkosten'!B11
```

Kostenstellen / Kostenarten	Gesamt	Erfassung- bzw. Verteilungs- grundlage	Allgemeine Hilfskostenstellen		Vorkostenstellen		Hauptkostenstellen				
			Controlling	IT	Entwicklung	QS	Einkauf	Fertigung 1	Fertigung 2	Verwaltung	Vertrieb
Hilfsstoffe	369.200,00 €	Materialentnahmescheine	0,00 €	0,00 €	12.500,00 €	4.200,00 €	0,00 €	32.500,00 €	320.000,00 €	0,00 €	0,00 €
Betriebsstoffe	159.800,00 €	Materialentnahmescheine	0,00 €	0,00 €	1.900,00 €	2.100,00 €	0,00 €	15.000,00 €	140.800,00 €	0,00 €	0,00 €
Energieverbrauch	72.300,00 €	Messungen kWh	348,86 €	740,69 €	4.107,47 €	734,57 €	3.538,18 €	20.874,03 €	38.014,00 €	1.603,81 €	2.338,38 €
Löhne/Gehälter	807.300,00 €	Lohnbuchhaltung	72.900,00 €	124.000,00 €	187.000,00 €	32.000,00 €	89.000,00 €	30.200,00 €	89.400,00 €	62.800,00 €	120.000,00 €
Sozialabgaben	194.971,00 €	Lohnbuchhaltung	16.767,00 €	28.520,00 €	43.010,00 €	7.360,00 €	20.470,00 €	6.946,00 €	20.562,00 €	20.470,00 €	30.866,00 €
Mieten, Leasing	47.500,00 €	Eingangsrechnungen	0,00 €	5.600,00 €	5.600,00 €	4.200,00 €	5.900,00 €	6.700,00 €	3.200,00 €	4.300,00 €	12.000,00 €
Büromaterial	13.348,00 €	Materialentnahmescheine	1.900,00 €	1.000,00 €	3.200,00 €	230,00 €	3.256,00 €	800,00 €	912,00 €	6.280,00 €	2.100,00 €
Marketing, PR	92.300,00 €	Eingangsrechnungen	0,00 €	0,00 €	0,00 €	0,00 €	0,00 €	0,00 €	0,00 €	0,00 €	92.300,00 €
Steuern	89.740,00 €	Buchhaltungsdaten	0,00 €	0,00 €	0,00 €	0,00 €	0,00 €	0,00 €	0,00 €	0,00 €	0,00 €
kalkulatorische Abschreibungen	66.995,21 €	Wiederbeschaffungswerte	0,00 €	0,00 €	0,00 €	0,00 €	0,00 €	37.672,99 €	29.322,22 €	0,00 €	0,00 €
kalkulatorische Zinsen	11.386,99 €	Betriebsnotwendiges Kapital	0,00 €	0,00 €	0,00 €	0,00 €	0,00 €	0,00 €	0,00 €	11.386,99 €	0,00 €
kalkulatorische Risiken	21.615,10 €	ermittelte Risiken	0,00 €	0,00 €	0,00 €	0,00 €	0,00 €	0,00 €	0,00 €	21.615,10 €	0,00 €
kalkulatorische Miete	69.800,00 €	Fläche in m²	1.285,16 €	2.008,06 €	7.095,13 €	1.164,67 €	2.891,60 €	12.182,20 €	36.144,99 €	3.212,89 €	3.815,30 €
Summe	**2.016.256,30 €**		**93.201,01 €**	**161.868,75 €**	**264.412,60 €**	**51.989,24 €**	**125.055,78 €**	**162.875,23 €**	**678.355,22 €**	**131.668,79 €**	**263.419,69 €**

Abbildung 11.6 Berechnung der Kosten auf Basis der Primärkostenumlage

11.1.5 Verteilungsschlüssel der Sekundärkostenumlage

Das Tabellenblatt *Schlüssel Nebenkostenstellen* weist erneut eine mit den bereits bearbeiteten Tabellenblättern vergleichbare Tabellenstruktur auf. Hilfs- und Vorkostenstellen – im Beispiel *Controlling*, *IT*, *Entwicklung* und *QS* – erbringen Leistungen, die auch für andere Kostenstellen erbracht werden. Im Fall von *Entwicklung* und *QS* kommen die Leistungen ausschließlich der Fertigung zugute; *Controlling* und *IT* hingegen sind als interne Dienstleister aller Vor- und Hauptkostenstellen aktiv (Abbildung 11.7).

	A	B	C	D	E	F	G	H	I	J	K
1	II. Verteilungsschlüssel der Allgemeinen Hilfskostenstellen/Vorkostenstellen auf Hauptkostenstellen (Sekundärkostenumlage)										
2		Allgemeine Hilfskostenstellen		Vorkostenstellen		Hauptkostenstellen					
3	Allgemeine Hilfskostenstelle bzw. Vorkostenstelle	Controlling	IT	Entwicklung	QS	Einkauf	Fertigung 1	Fertigung 2	Verwaltung	Vertrieb	Summe
4	Controlling	0%	7%	4%	4%	10%	18%	24%	10%	23%	100%
5	IT	0%	0%	10%	4%	16%	23%	21%	14%	12%	100%
6	Entwicklung	0%	0%	0%	0%	0%	30%	70%	0%	0%	100%
7	QS	0%	0%	0%	0%	0%	20%	80%	0%	0%	100%

Abbildung 11.7 Sekundärkostenumlage

Sofern die Werte aus Analysen der Vorjahre bekannt sind, werden die Zuarbeiten dieser vier Kostenstellen prozentual den anderen Kostenstellen zugeordnet. Andernfalls müssten Sie die Werte schätzen.

Diese Tabelle ist also eine reine Eingabetabelle, wenn wir einmal von der Summenbildung in Spalte K absehen. Die festgelegten Werte werden im Tabellenblatt *BAB* weiterverarbeitet (Abbildung 11.8).

Summe	2.016.256,30 €		93.201,01 €	161.868,75 €	264.412,60 €	51.989,24 €	125.055,78 €
Umlage aus Controlling	93.201,01 €			=umlage_controlling*'Schlüssel Nebenkostenstellen'!C4			
Kostenstellenkosten				168.392,82 €	268.140,64 €	55.717,28 €	134.375,88 €

Abbildung 11.8 Berechnung der Umlage auf Grundlage der Verteilungsschlüssel

In Zelle D18 werden die Kosten der allgemeinen Hilfskostenstelle *Controlling* summiert. Der Wert von 93.201,01 € muss nun anhand des Verteilungsschlüssels den Kostenstellen zugerechnet werden, für die das Controlling seine interne Dienstleistungen erbringt. In Zelle E19, die die IT-Kosten auflistet, lautet die Formel demnach:

```
=umlage_controlling*'Schlüssel Nebenkostenstellen'!C4
```

Ziehen Sie diese Formel nach rechts, um auch die Kosten für alle weiteren Kostenstellen auszuweisen. Es ist wohl nicht zu viel verraten, wenn ich Ihnen sage, dass Sie mit den anderen drei Kostenstellen genauso verfahren sollten. In den entsprechenden Zellen lauten die Formeln:

Zelle	Formel
F21	=umlage_it*'Schlüssel Nebenkostenstellen'!D5
G23	=umlage_entwicklung*'Schlüssel Nebenkostenstellen'!E6
H25	=umlage_qs*'Schlüssel Nebenkostenstellen'!F7

Tabelle 11.3 Formeln zur Berechnung der Kostenumlage

Alle Formeln beziehen sich auf die benannten Zellen in Spalte B, die die Kostensummen der Vor- und Hilfskostenstellen enthalten.

11.1.6 Berechnung der kalkulatorischen Abschreibungen

Zwar haben wir bereits die Kostensummen der einzelnen Kostenstellen im vorigen Abschnitt gebildet und sie mit Hilfe des Verteilungsschlüssels zugeordnet. Doch waren

diese Zwischensummen streng genommen noch unvollständig, da die Werte für kalkulatorische Abschreibungen, Zinsen und Risiken, die in die Ergebnisse einfließen, noch
nicht bekannt waren.

Es ist allerdings kein Problem, diese Werte nachträglich zu ermitteln. Die Tabellenblätter, die Sie dazu verwenden sollten, sind in der Arbeitsmappe bereits vorhanden. Lassen
Sie uns mit dem Blatt *Kalk. Abschreibungen* beginnen.

	Anlage	Beschaffungswert	Beschaffungsjahr	Nutzungsdauer	Restlaufzeit bis	Restlaufzeit in Jahren	Preisindex	aktueller Wiederbeschaffungs-wert	kalk. Abschreibungen	kalk. Restwert Jahresende	kalk. Restwert Jahresanfang
1	III. Kalkulatorische Abschreibungen										
2											
3	Fertigung 1	aktuelles Jahr:		2014							
5	Kunststoffpresse	1.250.000 €	2008	8	2015	1	107,5%	1.343.750 €	167.969 €	167.969 €	335.938 €
6	Lackieranlage	1.850.000 €	2008	7	2014	0	107,5%	1.988.750 €	284.107 €	0 €	0 €
7					0	0		0 €	0 €	0 €	0 €
8					0	0		0 €	0 €	0 €	0 €
9					0	0		0 €	0 €	0 €	0 €
10					0	0		0 €	0 €	0 €	0 €
11					0	0		0 €	0 €	0 €	0 €
12	Summe	3.100.000 €						3.332.500 €	452.076 €	167.969 €	335.938 €
13	Monatswert der Abschreibung	37.673 €									
14	Durchschnittlicher Restwert	251.953 €									

Abbildung 11.9 Kalkulationsschema zur Berechnung der Abschreibungen

Da die eingesetzten Maschinen mit jedem Tag an Wert verlieren, müssen Sie den monatlichen Wert der Abschreibungen in den Betriebsabrechnungsbogen übernehmen. Die
Berechnung lässt sich an den Anlagen der Fertigung 1 nachvollziehen.

Beschaffungswert, Beschaffungszeitraum sowie die Nutzungsdauer geben Sie in die
Zellen B5, C5 und D5 ein. In C3 befindet sich außerdem die aktuelle Jahreszahl. Diese
vier Angaben reichen Ihnen aus, um das letzte Abschreibungsjahr in Zelle E5
(=WENN(C5<>"";C5+D5-1;0)) und die Anzahl der verbleibenden Abschreibungsjahre in
Zelle F5 (=WENN(UND(E5-$C$3>0;E5<>"");E5-$C$3;0)) zu ermitteln.

Mit Hilfe des in Zelle G5 erfassten Preisindexes berechnen Sie in der benachbarten Zelle
den Wiederbeschaffungswert des jeweiligen Wirtschaftsguts. Damit sind Sie an der
Stelle angelangt, an der Sie den jährlichen Abschreibungswert berechnen. In Zelle I5
lautet die Funktion:

```
=WENN(E5<$C$3;0;WENNFEHLER(LIA(H5;;D5);0))
```

Dies bedeutet, dass die lineare Abschreibungsmethode nur dann angewandt wird, wenn
die Jahreszahl der letzen Abschreibung nach der aktuellen Jahreszahl liegt. Um Fehlerwerte zu vermeiden, die unweigerlich aufträten, wenn der Abschreibungszeitraum des
Wirtschaftsguts bereits abgelaufen wäre, verwenden Sie die Funktion WENNFEHLER(). Die
eigentliche Funktion zur Berechnung der linearen Abschreibung verfügt über die Argumente =LIA(Anschaffungswert; Restwert; Nutzungsdauer).

Die Summe aller Abschreibungen für das aktuelle Jahr – in Zelle I12 gebildet – teilen Sie
durch die Anzahl der Monate. Dies geschieht in Zelle B13. Da dieser Monatswert in das

Tabellenblatt *BAB* weitergegeben werden muss, hat er den Bereichsnamen *afa_kalk1* erhalten. Sie stoßen im Tabellenblatt *BAB* in Zelle I14 erneut auf diesen Wert.

In der angrenzenden Zelle J14 wird ein Bezug zu *afa_kalk2* hergestellt. Diese Zelle enthält den Wert der monatlichen Abschreibungen für Fertigung 2, die nach dem gleichen Verfahren, wie Sie es für Fertigung 1 angewandt haben, ermittelt werden.

11.1.7 Einbeziehung der kalkulatorischen Zinsen

Noch immer weist der Datenbereich in den Zeilen 15 und 16 des Tabellenblattes *BAB* Lücken auf, denn dort werden die monatlichen kalkulatorischen Zinsen und kalkulatorischen Risiken erwartet. Beide Zwischenrechnungen für diese Werte sind bereits im Blatt *Kalk. Zinsen* vorbereitet (Abbildung 11.10).

	Einkauf	Fertigung 1	Fertigung 2	Verwaltung	Vertrieb	Summe
	Werte zur Ermittlung des betriebsnotwendigen Kapitals ein oder übernehmen Sie die Werte aus Tabellenblatt Kalk					
Anlagevermögen I						0,00 €
+ Anlagevermögen II		251.953,13 €	1.583.400,00 €			1.835.353,13 €
+ Umlaufvermögen/Bestände Warenlager	248.000,00 €					248.000,00 €
- Kundenanzahlungen				38.500,00 €		38.500,00 €
- Sonstige kurzfristige Verbindlichkeiten				72.345,00 €		72.345,00 €
- Rückstellungen				51.590,00 €		51.590,00 €
- Verbindlichkeiten Lieferungen u. Leistung	99.000,00 €					99.000,00 €
				Betriebsnotwendiges Kapital		1.821.918,13 €
				Kalk. Zinsen/jährlich		136.643,86 €
				Kalk. Zinsen/monatlich		**11.386,99 €**

Abbildung 11.10 Betriebsnotwendiges Kapital und kalkulatorische Zinsen

Die erste Berechnung geht von der nicht von der Hand zu weisenden Überlegung aus, dass Kapital eingesetzt werden muss, um ein Unternehmen zu betreiben. Dieses Kapital wird sozusagen anderen Investitionen entzogen. In der Beispielanwendung sind ist es das Anlagevermögen, dessen durchschnittlicher Restwert zu Buche schlägt, aber auch kurzfristige Verbindlichkeiten und Rückstellungen, die wiederum pro Kostenstelle ermittelt und geltend gemacht werden müssen.

Stellen uns diese Kalkulationen vor Probleme? Nein! Sie übernehmen die Werte für das Anlagevermögen in den Zellen G6 und H6 mit Hilfe der Bereichsnamen *abschreibung1* und *abschreibung2*, da für beide Fertigungsstätten Anlagevermögen vorhanden ist. Alle weiteren Werte basieren auf direkten Eingaben in die Tabelle.

Die Gesamtsumme müssen Sie nun nur noch mit dem kalkulatorischen Zinssatz multiplizieren, der sich in Zelle B2 befindet. Der Bereichsname für diese Zelle lautet *zinssatz*, die Formel in Zelle K13 `=K12*zinssatz`; sie berechnet die kalkulatorischen Zinsen auf Grundlage des ermittelten betriebsnotwendigen Kapitals.

Wenn Sie die Spur dieser Berechnung verfolgen, so stellen Sie fest, dass die Ergebniszelle ebenfalls einen Bereichsnamen hat (*klk_zinsen*). Diese Zelle wird im Tabellenblatt *BAB* in Zelle K15 abgerufen, da die kalkulatorischen Zinsen der Kostenstelle *Verwaltung* zugeordnet werden.

11.1.8 Berechnung der kalkulatorischen Risiken

Somit fehlt nur noch ein Steinchen im Puzzle der Vollkostenrechnung: die kalkulatorischen Risiken. Da jede Unternehmung auch von Fehlschlägen bedroht ist und manche dieser Bedrohungen tatsächlich eintreten, ist es sinnvoll, den Geldwert dieser Risiken in den Betriebsabrechnungsbogen einzubeziehen. Im unteren Teil des Tabellenblattes *Kalk. Zinsen* ist bereits ein Schema zur Berechnung der kalkulatorischen Risiken entworfen (Abbildung 11.11).

V. Sonstige kalkulatorische Kosten

Wagnisse (prozentual)		Wagnisse (∅ Vorjahre)	
- Anlagen	0,5%	- Vertrieb	32.500,00 €
- Beständewagnis	1,0%	- Garantie	12.000,00 €
		- FuE-Wagnis	5.000,00 €
		- Kalk. Unternehmerlohn	70.000,00 €

Bitte geben Sie hier alle Werte noch fehlenden Werte zur Ermittlung der Wagnisse ein und multiplizieren Sie diese mit den Wagnissätzen.

Wagnisse	Controlling		Entwicklung	QS	Einkauf	Fertigung 1	Fertigung 2	Verwaltung	Vertrieb	Summe
Anlagenwagnis	0,00 €	0,00 €	0,00 €	0,00 €	0,00 €	1.259,77 €	7.917,00 €	0,00 €	0,00 €	9.176,77 €
Beständewagnis	0,00 €	0,00 €	0,00 €	0,00 €	2.480,00 €	0,00 €	0,00 €	0,00 €	0,00 €	2.480,00 €
Garantie (∅ monatlich)									1.000,00 €	1.000,00 €
Vertriebswagnis (∅ monatlich)									2.708,33 €	2.708,33 €
FuE-Wagnis (∅ monatlich)			416,67 €							416,67 €
Kalk. Unternehmerlohn (∅ monatlich)								5.833,33 €		5.833,33 €
								Summe		**21.615,10 €**

Abbildung 11.11 Kalkulationsschema zur Berechnung der kalkulatorischen Risiken

Die Vorgaben für die Kalkulation lassen sich in zwei Abschnitte teilen: In den Zellen C19 und C20 werden Risiken prozentual erfasst. Den Zahlen können präzise Werte aus den Vorjahren oder auch Schätzungen zugrunde liegen. Der erste Prozentsatz (*wag_anlagen*) bezieht sich auf die Risiken bezüglich des Anlagevermögens, das in den Zellen G6 und H6 erscheint. Um das Anlagenwagnis zu erhalten, multiplizieren Sie einfach den Prozentsatz mit diesen Werten (`=(G5+G6)*wag_anlagen` bzw. `=(H5+H6)*wag_anlagen`).

Auch der Prozentsatz für die Beständewagnisse wird über einen Bereichsnamen angesprochen (*wag_bestaende*). Er wird mit dem vorliegenden Ergebnis des Umlaufvermögens bzw. der Warenlagerbestände multipliziert (`=F7*wag_bestaende`).

Im zweiten Abschnitt – Sie finden ihn im Zellbereich F19 bis F22 – werden weitere Risiken in den Bereichen Vertrieb, FuE etc. auf Grundlage der im Vorjahr registrierten Ausfälle eingegeben. Da es sich um Jahresergebnisse handelt, stellt sich die Weiterverarbeitung einfach dar: Die Werte müssen lediglich durch die Monatsanzahl geteilt werden.

Schließlich erhalten Sie die geldwerte Summe sämtlicher Risiken in Zelle K32 (Bereichsname *klk_wagnisse*). Dieser Gesamtwert wird über den Bereichsnamen im Tabellenblatt *BAB* Zelle K16, also den Verwaltungskosten, zugeordnet.

Mit diesem letzten Schritt haben Sie alle Gemeinkosten auf die bestehenden Kostenstellen verteilt. Dem Tabellenblatt *BAB* entnehmen Sie nun die berechneten Ergebnisse.

Mehrstufiger Betriebsabrechnungsbogen (Vollkostenrechnung)					
Monat:					
Kostenstellen		Hauptkostenstellen			
Kostenarten	Einkauf	Fertigung 1	Fertigung 2	Verwaltung	Vertrieb
Kostenstellenkosten	161.318,73 €	316.366,33 €	985.534,30 €	164.563,88 €	305.063,06 €
Zuschlagsgrundlage	1.500.000,00 €	150.000,00 €	1.150.000,00 €	4.013.219,36 €	4.013.219,36 €
Gemeinkostenzuschlagssatz	10,75%	210,91%	85,70%	4,10%	7,60%

Abbildung 11.12 Kalkulierte Zuschlagsätze im Betriebsabrechnungsbogen

11.2   Divisionskalkulation

Die Divisionskalkulation ist ein relativ einfach durchzuführendes Verfahren der Kostenrechnung. Sämtliche Kosten einer Periode werden dabei in Relation zu einer bestimmten produzierten Menge an Gütern gesetzt. Dabei spielt es keine Rolle, ob es sich um Gemein- oder Einzelkosten handelt. Dieses Verfahren lässt sich demnach auch nur dann korrekt anwenden, wenn das Unternehmen nur ein einziges Produkt herstellt – oder aber eine Reihe von Produkten, die sich nur minimal unterscheiden.

Die Datei *11_Divisionskalkulation_00.xlsx* enthält eine Beispielrechnung. Die Arbeitsmappe enthält:

- eine Vorkalkulation
- eine Nachkalkulation

Die konkreten Berechnungen der Divisionskalkulation sind die Berechnung

- der Herstellkosten,
- der Selbstkosten,
- des Barverkaufspreises,
- des Zielverkaufspreises und schließlich
- des Listenverkaufspreises.

Divisionskalkulation					
Gewinnaufschlag	12,50%		Gewinnaufschlag	5,50%	
Skonto	3%		Skonto	2%	
Kundenrabatt	10,00%		Kundenrabatt	7,15%	
	Vorkalkulation		**Nachkalkulation**		**Δ**
	Stückzahl	3.000	Stückzahl	2.700	-300
	Kosten	Kosten/Einheit	Kosten	Kosten/Einheit	
Fertigungsmaterial	348.000 €	116,00 €	348.000 €	128,89 €	12,89 €
+ Hilfs- und Betriebsstoffe	34.800 €	11,60 €	34.800 €	12,89 €	1,29 €
+ Personalkosten	139.200 €	46,40 €	139.200 €	51,56 €	5,16 €
+ Abschreibungen	52.200 €	17,40 €	52.200 €	19,33 €	1,93 €
+ sonstige Kosten	17.400 €	5,80 €	17.400 €	6,44 €	0,64 €
		0,00 €	0 €	0,00 €	0,00 €
		0,00 €	0 €	0,00 €	0,00 €
		0,00 €	0 €	0,00 €	0,00 €
		0,00 €	0 €	0,00 €	0,00 €
		0,00 €	0 €	0,00 €	0,00 €
		0,00 €	0 €	0,00 €	0,00 €
		0,00 €	0 €	0,00 €	0,00 €
		0,00 €	0 €	0,00 €	0,00 €
		0,00 €	0 €	0,00 €	0,00 €
		0,00 €	0 €	0,00 €	0,00 €
		0,00 €	0 €	0,00 €	0,00 €
		0,00 €	0 €	0,00 €	0,00 €
= Herstellkosten	**591.600 €**	**197,20 €**	**591.600 €**	**219,11 €**	**21,91 €**
+ Verwaltungsgemeinkosten	42.700 €	14,23 €	42.700 €	15,81 €	1,58 €
+ Vertriebsgemeinkosten	46.040 €	15,35 €	46.040 €	17,05 €	1,71 €
= Selbstkosten	**680.340 €**	**226,78 €**	**680.340 €**	**251,98 €**	**25,20 €**
+ Gewinnaufschlag	85.043 €	28,35 €	37.419 €	13,86 €	-14,49 €
= Barverkaufspreis	**765.383 €**	**255,13 €**	**717.759 €**	**265,84 €**	**10,71 €**
+ Skonto	22.961 €	7,65 €	14.355 €	5,32 €	-2,34 €
= Zielverkaufspreis	**788.344 €**	**262,78 €**	**732.114 €**	**271,15 €**	**8,37 €**
+ Kundenrabatt	87.594 €	29,20 €	56.377 €	20,88 €	-8,32 €
= Listenverkaufspreis	**875.938 €**	**291,98 €**	**788.491 €**	**292,03 €**	**0,05 €**

Abbildung 11.13 Divisionskalkulation mit Vor- und Nachkalkulation

11.2.1 Durchführung der Vorkalkulation

Die ersten beiden Schritte der Divisionskalkulation befassen sich mit der Ermittlung der Herstell- und der Selbstkosten. Die Einzelkosten dazu tragen Sie in die Zellen B11 bis B28 ein. Jeden Wert dividieren Sie durch die produzierte Stückzahl, die in Zelle C9 eingegeben wird (Bereichsname *StückzahlVorkalkulation*). Die Funktion dazu lautet:

```
=WENNFEHLER(B11/StückzahlVorkalkulation;0)
```

Da nicht alle Zellen mit Einzelkosten gefüllt sind, ist die Fehlerunterdrückung mit WENN-FEHLER() angeraten.

Die Selbstkosten erhalten Sie, indem Sie lediglich in den Zellen B30 und B31 die Verwaltungs- und Vertriebsgemeinkosten eintragen und zu den Herstellkosten addieren.

Das eigentliche Ziel der Divisionskalkulation, die Ermittlung des Listenverkaufspreises, erreichen Sie, indem Sie den Selbstkosten Gewinnaufschlag, Skonti und Kundenrabatt hinzufügen. Alle drei Größen basieren auf Vorgaben, die im oberen Teil der Musterlösung (Zellbereich B3 bis B5) eingegeben werden (Abbildung 11.14).

Gewinnaufschlag	12,50%
Skonto	3%
Kundenrabatt	10,00%

Abbildung 11.14 Vorgaben für Gewinnaufschlag, Skonto und Kundenrabatt

In den Zellen B33, B35 und B37 werden diese Zuschläge jeweils berechnet.

11.2.2 Durchführung der Nachkalkulation

Auf der rechten Seite der Tabelle – in den Spalten D bis F – führen Sie die Nachkalkulation durch. Sie bedient sich der gleichen Methoden und Berechnungen wie die Vorkalkulation auf der linken Seite. Spalte F weist in diesem Zusammenhang die durch Änderungen bei der Produktstückzahl entstandenen Differenzen zwischen Vor- und Nachkalkulation aus. Verwenden Sie hier ein Zahlenformat, bei dem Ihnen die negativen Werte in Rot besonders deutlich angezeigt werden.

Bei verringerter Produktstückzahl können die Vorgaben für Gewinnaufschlag, Skonto und Kundenrabatt variiert werden, um den Listenverkaufspreis anzupassen.

11.2.3 Zellschutz für die Kalkulationsbereiche

Aufgrund der einfachen Struktur und der überschaubaren Zahl an Eingabezellen eignet sich das Anwendungsbeispiel besonders dazu, durch Sperrung der Zellen, in denen Kalkulationen durchgeführt werden, ein Formular zu entwerfen.

- Markieren Sie die Zellen, in denen Eingaben erlaubt sein sollen, mit [Strg] und der linken Maustaste. Die betreffenden Zellen sind in der Tabelle hellblau formatiert.
- Rufen Sie die Funktion der Zellformatierung mit der Tastenkombination [Strg] + [1] auf.
- Wechseln Sie in der Dialogbox in das Register **Schutz**, und entfernen Sie das Häkchen vor der Option **Gesperrt**. Bestätigen Sie die Auswahl mit **OK**.

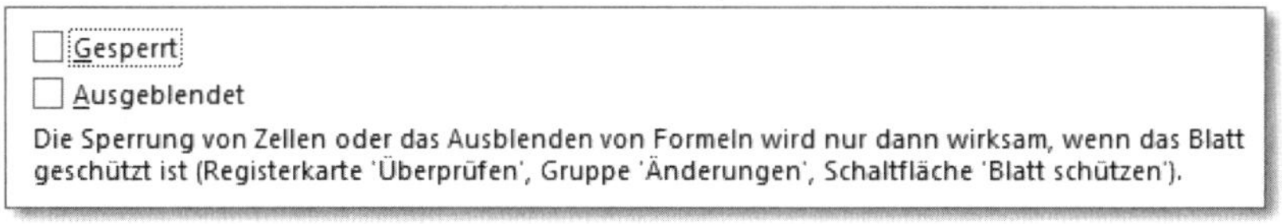

Abbildung 11.15 Aufheben der Zellsperrung

Nachdem Sie die Sperrung aufgehoben haben, müssen Sie noch den Blattschutz aktivieren. Dies erreichen Sie über **Start ▸ Zellen ▸ Format ▸ Blatt schützen** oder **Überprüfen ▸ Änderungen ▸ Blatt schützen**. Legen Sie gegebenenfalls ein Kennwort für den Blattschutz fest.

Nach der Aktivierung des Blattschutzes können Sie nur noch in den nicht gesperrten hellblauen Zellen Daten ändern. Benutzen Sie die ⇆-Taste, um den Cursor von einer Eingabezelle zur nächsten zu bewegen.

Bedenken Sie auch, dass der Blattschutz und die Vergabe des Kennwortes lediglich dazu gedacht sind, Daten vor dem versehentlichen Überschreiben zu schützen. Keinesfalls ist die Methode dazu geeignet, sensible Daten z. B. durch Ausblenden von Spalten oder Tabellenblättern sicher vor fremdem Zugriff zu schützen. Sollten Sie diese Absicht hegen, dann sollten Sie in jedem Fall zur Verschlüsselung Ihres Dokuments zu einer Verschlüsselungssoftware greifen.

Das Kennwort für die Aufhebung des Blattschutzes in dieser Beispieldatei lautet »galileo«.

11.3 Zuschlagskalkulation

Mit der Zuschlagskalkulation wird ein weiteres Verfahren der Kostenrechnung zur Verfügung gestellt. Bei der Zuschlagskalkulation werden im Gegensatz zur soeben beschriebenen Divisionskalkulation

- die Gemeinkosten berücksichtigt

- und den Einzelkosten zugeschlagen.

Die dabei verwendeten Zuschlagsätze entnehmen Sie im Normalfall dem Betriebsabrechnungsbogen.

Das Beispiel, das ich in diesem Abschnitt verwende, finden Sie in der Datei *11_Zuschlagskalkulation_00.xlsx*.

Differenzierte Zuschlagskalkulation				
Materialgemeinkosten	7,39%	Vertriebsgemeinkosten	8,76%	
Fertigungsgemeinkosten I	853,80%	Gewinnaufschlag	12,50%	
Fertigungsgemeinkosten II	305,31%	Skonto	3,00%	
Verwaltungsgemeinkosten	4,95%	Kundenrabatt	33,00%	

	Vorkalkulation		Nachkalkulation	
	Zuschlag	**Betrag**	**Betrag**	**Zuschlag**
Materialkosten		116,00 €	113,68 €	
+ Materialgemeinkosten	7,39%	8,57 €	11,37 €	10,00%
= **Materialkosten**		**124,57 €**	**125,05 €**	
Fertigungseinzelkosten I		1,50 €	1,56 €	
+ Fertigungsgemeinkosten I	853,80%	12,81 €	12,48 €	800,00%
= **Fertigungskosten I**		**14,31 €**	**14,04 €**	
Fertigungseinzelkosten II		12,60 €	13,10 €	
+ Fertigungsgemeinkosten II	305,31%	38,47 €	41,92 €	320,00%
= **Fertigungskosten II**		**51,07 €**	**55,02 €**	
= **Herstellkosten**		**189,95 €**	**194,11 €**	
+ Verwaltungsgemeinkosten	4,95%	9,40 €	11,65 €	6,00%
+ Vertriebsgemeinkosten	8,76%	16,64 €	19,41 €	10,00%
= **Selbstkosten**		**215,99 €**	**225,17 €**	
+ Gewinnaufschlag	12,50%	27,00 €	17,82 €	7,92%
= **Barverkaufspreis**		**242,99 €**	**242,99 €**	
+ Skonto	3,00%	7,29 €		
= **Zielverkaufspreis**		**250,28 €**		
+ Kundenrabatte	33,00%	123,27 €		
= **Listenverkaufspreis**		**373,55 €**		

Abbildung 11.16 Aufbau einer differenzierten Zuschlagskalkulation

11.3.1 Durchführung der Vorkalkulation

Wie Sie in Abbildung 11.16 sehen, treten zu den aus der Divisionskalkulation bekannten Vorgaben (Gewinnaufschlag, Skonto und Kundenrabatt) weitere Einflussgrößen, die bei der Kalkulation des Listenverkaufspreises, der auch hier im Mittelpunkt steht, eine Rolle spielen. Im oberen Tabellenbereich müssen Sie demnach auch die Zuschlagssätze für

- die Materialkosten,
- die Fertigungskosten,
- die Verwaltungskosten und
- die Vertriebsgemeinkosten

festlegen.

Prinzipiell wäre es natürlich möglich, direkt mit den Werten, die im oberen Tabellenabschnitt eingegeben wurden, zu rechnen. Aus Gründen der Übersichtlichkeit habe ich das Kalkulationsschema allerdings so angelegt, dass die Zuschlagsätze in der Gesamttabelle noch einmal ausgewiesen werden (Zellen B11, B14, B17, B20, B21, B23, B25 und B27). Auf diese Weise ist es einfacher, den Zuschlagsatz und den zugehörigen Betrag in Euro zu überblicken.

Name	Wert	Bezieht sich auf	Bereich	Kommentar
Gewinnaufschlag	12,50%	=Zuschlagskalkulation!$D$4	Arbeitsmappe	
GKFertigung1	853,80%	=Zuschlagskalkulation!$B$4	Arbeitsmappe	
GKFertigung2	305,31%	=Zuschlagskalkulation!$B$5	Arbeitsmappe	
GKMaterial	7,39%	=Zuschlagskalkulation!$B$3	Arbeitsmappe	
GKVertrieb	8,76%	=Zuschlagskalkulation!$D$3	Arbeitsmappe	
GKVerwaltung	4,95%	=Zuschlagskalkulation!$B$6	Arbeitsmappe	
Kundenrabatt	33,00%	=Zuschlagskalkulation!$D$6	Arbeitsmappe	
Skonto	3,00%	=Zuschlagskalkulation!$D$5	Arbeitsmappe	

Abbildung 11.17 Bereichsnamen der Eingabefelder

Da alle Eingabefelder im oberen Bereich der Beispieldatei mit Bereichsnamen versehen sind (Abbildung 11.17), erfolgt das Einfügen der Zuschlagsätze in das Formular auf Grundlage dieser Namen. Für die Berechnung der Zwischenergebnisse verwenden Sie dann durchweg einfache Formeln, z. B. in Zelle C11 die Formel `=C10*B11`, um den Betrag der Materialgemeinkosten zu berechnen.

11.3.2 Durchführung der Nachkalkulation

Im Rahmen der Nachkalkulation können Sie anschließend die Werte der Vorkalkulation im Bedarfsfall anpassen. Dies beginnt mit der etwaigen Änderung der Materialkosten und erstreckt sich über sämtliche Zuschlagwerte der Tabelle.

Die erfassten Änderungen wirken sich unmittelbar auf das Ergebnis der Selbstkosten aus (Abbildung 11.18). Die letzte Einflussgröße auf den Barverkaufspreis ist schließlich der Gewinnaufschlag. Dieser wird von Excel automatisch berechnet, ist also kein Eingabefeld.

Gehen Sie wie folgt vor:

- Zunächst übernehmen Sie den zu erzielenden Barverkaufspreis aus der Vorkalkulation (`=C24`).

- Dann bilden Sie in Zelle D23 aus der Differenz zwischen Selbstkosten und Barverkaufspreis den verbleibenden Gewinnaufschlag (`=D24-D22`).

- Schließlich berechnen Sie den prozentualen Anteil des Gewinnaufschlags an den Selbstkosten in Zelle E23 (`=D23/D22`).

Nachkalkulation	
Betrag	**Zuschlag**
113,68 €	
11,37 €	10,00%
125,05 €	
1,56 €	
12,48 €	800,00%
14,04 €	
13,10 €	
41,92 €	320,00%
55,02 €	
194,11 €	
11,65 €	6,00%
19,41 €	10,00%
225,17 €	
17,82 €	7,92%
242,99 €	

Abbildung 11.18 Nachkalkulation mit Anpassung der Zuschläge

11

Auch dieses Eingabe- und Berechnungsschema eignet sich als Formular in Excel. Heben Sie, wie bei der Divisionskalkulation beschrieben, den Zellschutz der Eingabezellen auf, und aktivieren Sie dann den Blattschutz, um das Tabellenblatt vor versehentlichem Überschreiben der Formeln und Funktionen zu schützen.

11.4 Äquivalenzziffernrechnung

Ein drittes Standardverfahren bei der Kalkulation von Kosten ist die Äquivalenzziffernrechnung. Bei diesem Verfahren wird davon ausgegangen, dass ein Kostenfaktor, der bei der Herstellung sämtlicher Produkte einen starken Einfluss besitzt, als Referenzwert für die Kostenkalkulation dienen kann. Aus der Kenntnis der Kosten des einen Produkts lassen sich somit die Kosten der anderen Produkte kalkulieren.

Um das Verfahren sinnvoll einzusetzen, müssen allerdings zwei Bedingungen erfüllt sein:

- In Ihrem Unternehmen muss es eine Sortenherstellung geben, bei der sich die einzelnen Produkte lediglich in geringfügigen Einzelheiten unterscheiden.

- Der als Referenzwert ausgewählte Kostenfaktor – in Abbildung 11.19 ist es der Materialverbrauch in cm^3 – muss die einzige veränderliche Einflussgröße auf die Kosten sein.

Äquivalenzziffernrechnung					
Artikel-ID	Breite (cm)	Länge (cm)	Stärke (cm)	Verbrauch (cm3)	Äquivalenz- ziffer
1001	80	190	4,5	68.400	1
1002	80	240	4,5	86.400	1,263157895
1003	100	240	3,8	91.200	1,333333333
1004	100	300	3,8	114.000	1,666666667
1005	40	120	4,5	21.600	0,315789474
1006	80	80	4,5	28.800	0,421052632

Herstellkosten jerrechnungseinheit   0,63 €

Artikel-ID	Menge	Einheiten	Herstell- kosten	Herstellkosten (Stück)
1001	400	400	252,00 €	0,63 €
1002	320	405	255,15 €	0,80 €
1003	200	267	168,21 €	0,84 €
1004	280	467	294,21 €	1,05 €
1005	500	158	99,54 €	0,20 €
1006	420	177	111,51 €	0,27 €

Abbildung 11.19 Kostenkalkulation mit Äquivalenzziffern

In der Datei *11_Äquivalenzziffernrechnung_00.xlsx* könnte es sich beispielsweise um die Produkte einer Tischlerei handeln, für die eine Kostenkalkulation realisiert werden soll.

Hergestellt werden z. B. Holzplatten aller Art, die für Regale, Tische etc. verwendet werden. Unterstellt wird ferner, dass der Materialverbrauch der variable Einflussfaktor auf die Kosten ist. Im Umkehrschluss bedeutet dies auch, dass bei der Anwendung der Äquivalenzziffernrechnung weder die Gemeinkosten des Unternehmens noch andere direkte Kosten – z. B. die Herstellungskosten selbst – in die Kalkulation einbezogen werden.

11.4.1 Bildung der Äquivalenzziffern

Nachdem Sie die bestimmende Einflussgröße, den Materialverbrauch, identifiziert haben, legen Sie anhand eines Musterprodukts den Referenzwert für die Kostenkalkulation fest. In der Beispieldatei ist der Materialverbrauch für das Produkt mit der Artikel-ID *1001* Ihr Referenzwert. Dieser Verbrauchswert erhält nun die Äquivalenzziffer 1.

Verbrauch (cm3)	Äquivalenz- ziffer
68.400	1
86.400	1,263157895
91.200	1,333333333
114.000	1,666666667
21.600	0,315789474
28.800	0,421052632

Abbildung 11.20 Bildung der Äquivalenzziffern

Auf Basis dieses Werts und der Verbrauchsangaben der weiteren Produkte in Spalte E können Sie jetzt die Äquivalenzziffer aller anderen Produkte berechnen. Da der Referenzverbrauch in Zelle C4 den Bereichsnamen *Referenzwert* trägt, führen Sie die Kalkulation zur Berechnung der nächsten Äquivalenzziffer mit der Formel `=E5/Referenzwert` durch. Die Formel kopieren Sie sodann nach unten, um alle weiteren Äquivalenzziffern zu ermitteln.

11.4.2 Verwendung der Äquivalenzziffern in der Kostenkalkulation

Im nächsten Schritt möchten Sie nun sicherlich die Herstellkosten pro Stück berechnen. Dafür benötigen Sie zunächst die Herstellkosten für eine Verrechnungseinheit. Diese Verrechnungseinheit (VE) basiert wiederum auf dem Produkt, aus dem Sie den Referenzwert abgeleitet haben. In Zelle D11 wurden die Herstellkosten je VE mit 0,63 € beziffert (Abbildung 11.21). Der Wert der VE ergibt sich aus der Division der Herstellkosten des Produkts dividiert durch dessen produzierte Menge.

Herstellkosten je Verrechnungseinheit			0,63 €	
Artikel-ID	**Menge**	**Einheiten**	**Herstell-kosten**	**Herstellkosten (Stück)**
1001	400	400	252,00 €	0,63 €
1002	320	405	255,15 €	0,80 €
1003	200	267	168,21 €	0,84 €
1004	280	467	294,21 €	1,05 €
1005	500	158	99,54 €	0,20 €
1006	420	177	111,51 €	0,27 €

Abbildung 11.21 Kostenkalkulation auf Basis von Verrechnungseinheiten

In der Tabelle berechnen Sie nun in der mit *Einheiten* überschriebenen Spalte, wie viele VE sich aus einer spezifischen Menge der weiteren Produkte ergeben. Dazu multiplizieren Sie die Mengenangaben mit dem Referenzwert des Artikels (`=B14*F4`). Dies bedeutet im Fall des Produkts *1002*, dass die produzierte Menge von 320 Exemplaren dem Verbrauch von 405 Verrechnungseinheiten entspricht.

Da Sie den Wert einer Verrechnungseinheit kennen, multiplizieren Sie anschließend den Ergebniswert der Spalte *Einheiten* mit den Herstellkosten je VE (z. B. in D14 mit der Formel `=C14*HerstellkostenVE`). Wenn Sie die Gesamtherstellkosten durch die produzierte Menge teilen, erhalten Sie in Spalte E nun problemlos die Herstellkosten je Stück. Die beiden letzten Berechnungen kopieren Sie nach unten, um auch alle weiteren Ergebnisse zu erhalten.

11.5   Prozesskostenrechnung

Alle in diesem Kapitel bislang beschriebenen Methoden der Kostenrechnung ziehen kritische Äußerungen auf sich, wenn es um die Fragen der Flexibilität und Genauigkeit geht. Bei Methoden, die nicht zwischen Einzel- und Gemeinkosten unterscheiden, fällt diese Kritik natürlich besonders leicht. Doch auch die Verfahren, die mit Zuschlägen auf Gemeinkostenbasis operieren, müssen sich kritische Fragen gefallen lassen:

- Wie präzise werden interne Leistungen verrechnet?

- Wie genau ist letztlich die Berechnung der Zuschläge?

- Welche Zuschläge liegen den Kalkulationen zugrunde?

Am schwersten wiegt allerdings der Vorwurf, dass die Leistungserbringung moderner Unternehmen von zwei Rahmenbedingungen gekennzeichnet ist, die in den traditionellen Verfahren der Kostenrechnung überhaupt keine Rolle spielen:

- Im Rahmen zunehmender Kundenorientierung werden Produkte und Dienstleistungen und mit ihnen auch die Prozesse zur Herstellung von Produkten und Dienstleistungen immer flexibler gestaltet.

- In einem immer stärker auf Know-how aufbauenden Unternehmensumfeld beeinflussen zunehmend – in Umfang und Intensität – ständig wechselnde Kostenfaktoren, die aus Informationsmanagement, Beratung, Training und IT-Management resultieren, die Herstellkosten.

Die starren, weil pauschalen Zuschläge führen bei dieser Betrachtungsweise zu teilweise erheblichen Verzerrungen der gesamten Kostenkalkulation. Es liegt daher nahe, über Methoden nachzudenken, die ihren Schwerpunkt stärker auf die Analyse der konkreten Prozesse legen.

Bei der Prozesskostenrechnung (*Activity-based Costing*) ist genau dies der Fall. Das Verfahren bestimmt zunächst sämtliche Arbeitsprozesse, die zum Erstellen eines Produkts oder einer Dienstleistung nötig sind. Dadurch können die tatsächlichen Kostenverursacher und schließlich die Kostentreiber bestimmt werden.

11.5.1   Arbeitsschritte zur Durchführung der Prozesskostenrechnung

Der Ablauf sei hier kurz skizziert:

- Identifizierung der Haupt- und Teilprozesse, die an der Leistungserbringung beteiligt sind

- Ordnen der Aktivitäten anhand der Prozesszugehörigkeit und somit nach einem zeitlichen bzw. sachlich-logischen Zusammenhang – im Gegensatz zur Zuordnung zu einer Kostenstelle, wie es bei den gängigen Verfahren geschieht

- Identifizierung der Kostentreiber (Cost Driver) als Größen, die unmittelbar als Kostenverursacher wirken

- nachhaltige Beeinflussung leistungsmengeninduzierter (*lmi*) Kosten durch Kostentreiber

- Bestimmung der Prozessmengen und der leistungsmengeninduzierten sowie der leistungsmengenneutralen (*lmn*) Kosten

- Berechnung des Prozesskostensatzes der leistungsinduzierten Kosten

Die Datei *11_Prozesskostenrechnung_00.xlsx* enthält ein Beispiel für die Prozesskostenrechnung.

11.5.2 Tabellenaufbau bei Anwendung der Prozesskostenrechnung

Die in Abbildung 11.22 dargestellte Tabelle enthält die Prozessübersicht eines Unternehmens nach der Durchführung einer Prozessanalyse. Neben der Identifizierung der Prozesse wurden auch bereits die Gesamtmengen der Prozesse ermittelt. Die Prozessliste umfasst, abgesehen von der reinen Fertigung der Produkte, auch Prozesse wie die Bestellung der Produkte, die Auftragsbearbeitung und gelegentlich anfallende Tätigkeiten wie z. B. die Bearbeitung von Reklamationen.

Prozess	Prozessmenge				
	Menge	Modell 1	Modell 2	Modell 3	Modell 4
Bestellung	42.000	13.000	14.500	4.500	1.200
Eingangsprüfung	8.000	1.200	1.350	800	250
Fertigung	3.800	1.100	1.200	450	300
Auftragsbearbeitung	12.500	4.500	5.100	230	190
Kundenreklamationen	190	50	35	12	4

Prozess	Cost Driver	Menge	Prozesskosten			
			gesamt	lmi	lmn	Prozesskostensatz
Bestellung	Anzahl Bestellungen	42.000	438.400 €	423.900 €	14.500 €	10,09 €
Eingangsprüfung	Anzahl Prüfungen	8.000	83.400 €	79.200 €	4.200 €	9,90 €
Fertigung	Losgröße	3.800	767.900 €	739.000 €	28.900 €	194,47 €
Auftragsbearbeitung	Anzahl Aufträge	12.500	402.980 €	392.000 €	10.980 €	31,36 €
Kundenreklamationen	Anzahl Reklamationen	190	7.900 €	7.800 €	100 €	41,05 €

Abbildung 11.22 Aufbau einer Tabelle zur Prozesskostenrechnung

Im oberen Abschnitt (Zeile 3 bis 7) zeigt Ihnen die Tabelle zudem die Anzahl der Inanspruchnahmen dieser Prozesse bei der Produktion von vier Produkten (Modell 1 bis Modell 4). Sie erkennen also, dass beim Produkt Modell 1 13.000 Bestellvorgänge durchgeführt wurden, ihm 1.200 Eingangsprüfungen zuzurechnen sind und insgesamt 50 Reklamationen die Aufmerksamkeit und das Handeln der Mitarbeiter erforderten.

Der untere Tabellenabschnitt betrachtet die Prozesse schließlich aus der Sicht der durch sie entstandenen Kosten. In Spalte B wird für jeden Prozess ein Kostentreiber benannt. Dieser muss sorgfältig bestimmt werden, denn nicht immer ist die reine Zahl der Wiederholungen für den Anstieg oder die Senkung der Kosten verantwortlich.

In der Beispieltabelle sehen Sie dies deutlich an den drei ersten Kostentreibern. Die Anzahl der Bestellungen und der damit durchgeführten Bestellvorgänge ist ebenso kostenrelevant wie die konkrete Zahl der durchgeführten Eingangsprüfungen. Bei der Fertigung bildet nicht die Anzahl der Produktionsvorgänge den Kostentreiber. Vielmehr tritt hier die Losgröße der Aufträge als Cost Driver in Erscheinung. Dies liegt daran, dass Arbeitsvorbereitungen, das Rüsten der Maschinen etc. bei kleineren Serien gleich viel Zeit in Anspruch nehmen und damit Kosten verursachen wie bei großen Serien. Kleine Aufträge treiben somit die Kosten nach oben. Und die Erhöhung des Anteils großer Serien trüge wesentlich zur Kostensenkung bei.

In den beiden Spalten *lmi* und *lmn* finden Sie die leistungsmengeninduzierten bzw. leistungsmengenneutralen Kosten der einzelnen Prozesse. Beide Werte sind das Ergebnis einer eingehenden Prozessanalyse. Leistungsmengeninduziert sind solche Kosten, die unmittelbar von der Anzahl der Prozessdurchführungen beeinflusst werden. Leistungsmengenneutrale Kosten stehen in keinem Zusammenhang zur Häufigkeit der Prozessdurchführung.

11.5.3 Berechnung des Prozesskostensatzes und der Selbstkosten

Ein wichtiger Schritt für die weiteren Berechnungen der Prozesskostenrechnung ist, den Prozesskostensatz eines jeden Prozesses in Erfahrung zu bringen. Dies geschieht in der Beispieldatei in Spalte G. In Zelle G11 bilden Sie den Prozesskostensatz, indem Sie die leistungsmengeninduzierten Kosten durch die Prozessmenge teilen (=E11/C11):

$$Prozesskostensatz = \frac{lmi\text{-}Kosten}{Prozessmenge}$$

Kopieren Sie diese Formel nach unten, um alle Prozesskostensätze zu erhalten.

Prozess	Cost Driver	Menge	gesamt	lmi	lmn	Prozesskostensatz
Bestellung	Anzahl Bestellungen	42.000	438.400 €	423.900 €	14.500 €	=E11/C11
Eingangsprüfung	Anzahl Prüfungen	8.000	83.400 €	79.200 €	4.200 €	9,90 €

Abbildung 11.23 Bildung des Prozesskostensatzes

Damit haben Sie nun das Werkzeug in der Hand, um die Selbstkosten für jedes einzelne Modell der Produktpalette zu ermitteln. Dazu brauchen Sie selbstverständlich die Material- und Lohnkosten (Einzelkosten). In der Beispielanwendung habe ich für jedes Modell ein eigenes Tabellenblatt angelegt und die benötigten Daten dort eingegeben (Abbildung 11.24). Die Zellen C3 und C4 sind Eingabezellen für Material- und Lohnkosten. Die Prozesskosten darunter berechnen Sie durch Multiplikation der Prozesskostensätze mit den Prozessmengen aus dem Tabellenblatt *Menge + Kosten* (z. B. `='Menge + Kosten'!D3*'Menge + Kosten'!G11`, um für Modell 1 die *lmi*-Kosten des Bestellprozesses zu berechnen).

Modell 1	
Kostenart	
Einzelkosten	Materialkosten	2.743.000,00 €
	Lohnkosten	1.937.000,00 €
	Summe	**4.680.000,00 €**
Prozesskosten	Bestellung	131.207,14 €
	Eingangsprüfung	11.880,00 €
	Fertigung	213.921,05 €
	Auftragsbearbeitung	141.120,00 €
	Kundenreklamationen	2.052,63 €
	Summe	**500.180,83 €**
Selbstkosten		**5.180.180,83 €**

Abbildung 11.24 Selbstkostenanteil auf Prozesskostenbasis

Dem Aufbau des Tabellenblattes *Menge + Kosten* gemäß können Sie diese Formel nach unten kopieren, um für alle Prozesse die leistungsbezogenen Kosten zu erhalten. Da auch die Tabellennamen sich nur geringfügig unterscheiden – *Modell 1*, *Modell 2* etc. –, müssen Sie die Formel auch nur geringfügig anpassen, nachdem Sie diese mit **Inhalte einfügen ▸ Formeln** in die anderen Tabellenblätter eingefügt haben.

11.5.4 Zuordnung der leistungsmengenneutralen Kosten

Bei der Zuordnung der leistungsmengenneutralen Kosten gilt festzuhalten, dass sich die Experten uneinig darüber sind, wie die Zuordnung dieser Kosten korrekt zu erfolgen hat. Vorgeschlagen wird einerseits das Modell, einen Umschlagsatz zu bilden. Dieser soll aus der Division der *lmi*-Kosten durch die *lmn*-Kosten, multipliziert mit dem

581

Faktor 100, resultieren. Alternativ wird die Sammlung aller *lmn*-Kosten und deren Verteilung nach der Ermittlung der leistungsbezogenen Kosten über einen Verteilungsschlüssel diskutiert. Kritiker bemängeln, dass beide Verfahren zu einer Verfälschung der originär leistungsmengenorientierten Methodik führen.

Deshalb wird ein dritter Weg favorisiert, nämlich lediglich die *lmi*-Kosten zur Berechnung der Selbstkosten heranzuziehen und die leistungsmengenneutralen Kosten über die mehrstufige Deckungsbeitragsrechnung zu analysieren und zu verteilen. Wie Sie dies in Excel umsetzen, erfahren Sie auf den nächsten Seiten dieses Kapitels.

11.6 Deckungsbeitragsrechnung

Bei der Deckungsbeitragsrechnung müssen einige Daten bereits vorliegen, um die folgenden Berechnungen durchzuführen. Bekannt sein müssen:

- die Erlöse aus einem Produkt
- die variablen Kosten
- die Fixkosten

Liegen diese Basisdaten vor, werden Sie in Excel ohne großen Aufwand ein Kalkulationsschema entwickeln, mit dem Sie den Deckungsbeitrag berechnen (Abbildung 11.25). Die Beispieldatei, in der ein solches Schema bereits umgesetzt wurde, finden Sie unter dem Dateinamen *11_Deckungsbeitrag_00.xlsx*.

Deckungsbeitrag	
I. Variable Stückkosten (= k_v)	
Fertigungsmaterial	260,00 €
Fertigungslöhne	120,00 €
Variable Gemeinkosten	40,00 €
Summe	**420,00 €**
II. Fixe Kosten (= K_f)	
Fixe Fertigungskosten	12.600,00 €
Vertriebskosten	18.000,00 €
Kalk. Abschreibungen	14.400,00 €
Kalk. Zinsen	2.400,00 €
Summe	**47.400,00 €**
III. Verkaufspreis (= p)	
Preis/Stk.	475,00 €
Stückdeckungsbetrag	**55,00 €**
IV. Gewinnschwelle	
Break-Even-Point (Menge)	**862**
Break-Even-Point (Umsatz)	**409.450,00 €**

Abbildung 11.25 Berechnung des Deckungsbeitrags

Die beiden ersten Summen – variable und Fixkosten – ergeben sich aus der Addition der über diesen Zwischenergebnissen aufgeführten Einzelkosten. Den Stückdeckungsbetrag in Zelle B18 erhalten Sie durch die Subtraktion der variablen Stückkosten (B7) vom Stückpreis (B17) mit der Formel =B17-B7. Das ist alles.

Sie wissen nun, dass bei den gegebenen Daten insgesamt 55,00 € zur Deckung der Fixkosten und zur Erzielung von Gewinnen zur Verfügung stehen. Der Rest wird für die Deckung der variablen Stückkosten aufgewendet.

Break-even-Point für Menge und Umsatz

Sicherlich wird Sie dann als Nächstes interessieren, ab welcher Verkaufsmenge und somit ab welchem Umsatz für das analysierte Produkt die Gewinnzone erreicht wird. Die Formel zur Berechnung des Break-even-Points für die Menge lautet:

$$BEP\text{-}Menge = \frac{Fixkosten}{St\ddot{u}ckpreis - Produktionskosten}$$

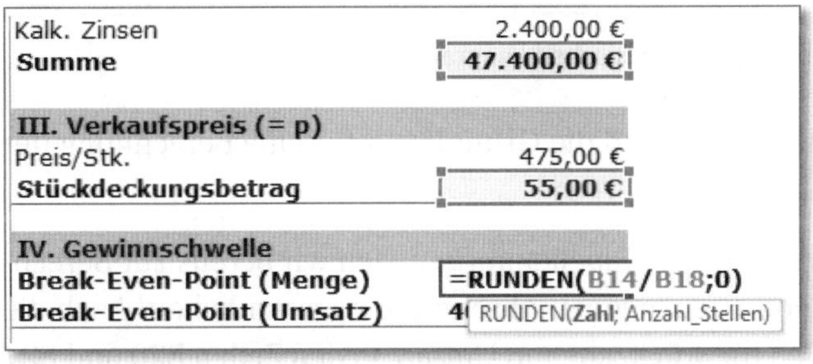

Abbildung 11.26 Berechnung des Break-even-Points der Absatzmenge

Da Ihnen der Stückdeckungsbetrag bereits bekannt ist (B18), können Sie diese Formel zu =B14/B18 verkürzen. Vergessen Sie jedoch nicht, dass sich Bruchteile von Produkten nur selten verkaufen lassen, und packen Sie die Kalkulation der Break-even-Menge in die Funktion RUNDEN(Zahl; Anzahl_Stellen). Dadurch erhalten Sie in Zelle B21 die Formel =RUNDEN(B14/B18;0) und schließlich immer einen Ergebniswert ohne Nachkommastellen – wie etwa den Wert 862 in der Beispielrechnung.

Nun müssen Sie dieses Ergebnis nur noch mit dem Stückdeckungsbetrag multiplizieren, um auch noch den Break-even-Point für den Umsatz zu erhalten (Abbildung 11.26).

11.7 Dynamische Break-even-Analyse

Die Verläufe von Kosten und Erlösen in Abhängigkeit von der Absatzmenge lassen sich anschaulich im Diagramm darstellen. Da der Einfluss der Absatzmenge von zentraler Bedeutung für beide Geraden ist, bietet sich ein dynamisches Diagramm zur Darstellung der Werte an (Abbildung 11.27).

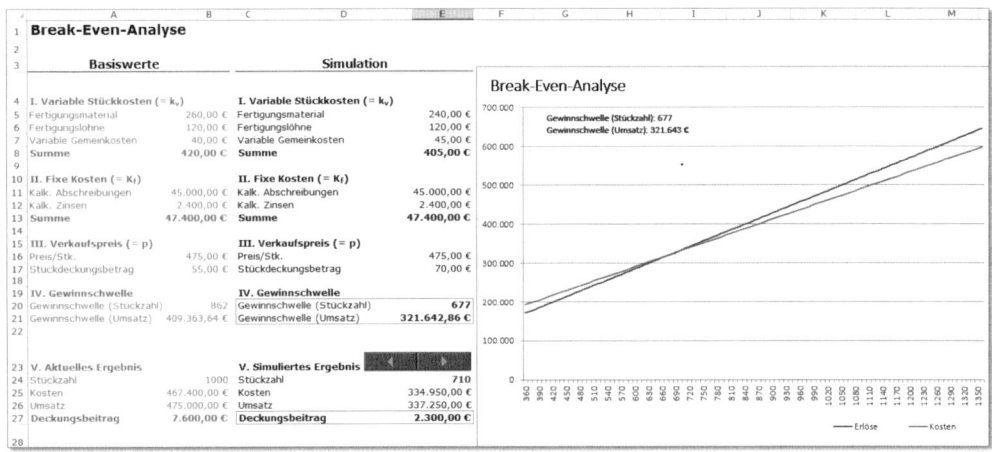

Abbildung 11.27 Kosten und Erlöse in einem dynamischen Diagramm

In der Datei *Break_Even_Analyse_00.xlsx* sind die Grundlagen für eine Berechnung der Kosten- und Erlösverläufe bereits gebildet.

In den Spalten D und E verwenden Sie den Tabellenaufbau, den wir bereits zur Berechnung des Deckungsbeitrags im vorangegangenen Abschnitt eingesetzt haben. Auch die Berechnung der Gewinnschwellen für Stückzahl und Umsatz in den Zellen E20 und E21 folgt dem oben bereits beschriebenen Muster.

V. Simuliertes Ergebnis	◄	►
Stückzahl		710
Kosten		334.950,00 €
Umsatz		337.250,00 €
Deckungsbeitrag		**2.300,00 €**

Abbildung 11.28 Kosten- und Umsatzberechnung auf Basis der Stückzahl

Was ist neu in dieser Datei? Es ist die Kalkulation der Gesamtkosten und -erlöse in den Zellen E25 und E26. Beide Resultate entstehen auf der Grundlage der in das Tabellenblatt eingegebenen Stückzahl (Zelle E24).

Geben Sie einen Wert – z. B. 700 – in Zelle E24 ein, und berechnen Sie die Kosten in E25 mit der Formel =(E24*E8)+E13. Die Umsätze in E26 erhalten Sie durch Eingabe der Formel =E16*E24 (Abbildung 11.28).

Die beiden Ergebniswerte sind zweifelsfrei korrekt, doch zur Bildung eines Liniendiagramms reichen sie selbstverständlich nicht aus. Sie benötigen zwei vollständige Datenreihen, die sich aus den beiden Basisberechnungen ableiten lassen.

11.7.1 Erstellen der Datenreihen für das Diagramm

Es ist wie so oft in Excel: Zur Erstellung eines aussagekräftigen Diagramms benötigen Sie so etwas wie eine Datenreihe aus Hilfsdaten. Weil das so ist, empfehle ich Ihnen, diese Datenreihen in einem separaten Tabellenblatt – quasi unsichtbar – anzulegen. In der Beispieldatei habe ich zu diesem Zweck bereits das Tabellenblatt *BEP-Daten* eingerichtet. Darin werden alle wesentlichen Daten zur Erzeugung des Liniendiagramms erzeugt.

◢	A	B	C	D	E
1	Intervall	Stückzahl	Erlöse	Kosten	Deckungsbeitrag
2	0	360	171000	193200	-22200
3	10	370	175750	197250	-21500
4	20	380	180500	201300	-20800
5	30	390	185250	205350	-20100
28	260	620	294500	298500	-4000
29	270	630	299250	302550	-3300
30	280	640	304000	306600	-2600
31	290	650	308750	310650	-1900
32	300	660	313500	314700	-1200
33	310	670	318250	318750	-500
34	320	680	323000	322800	200
35	330	690	327750	326850	900
36	340	700	332500	330900	1600
37	350	710	337250	334950	2300

Abbildung 11.29 Datenbasis des dynamischen Liniendiagramms

Da nur zwei Ausgangswerte vorliegen, aus denen alle weiteren Zahlen für die Linien des Diagramms abgeleitet werden müssen, werden Sie die Datenreihe über einige Formeln erzeugen. Neben den eigentlichen Zahlen müssen Sie zudem festlegen, in welchen Intervallen die Diagrammdaten vorliegen sollen. Die Wertintervalle definieren Sie in Spalte A.

In Zelle B2 legen Sie hingegen fest, mit welcher Stückzahl die Kalkulation der Erlöse und Kosten beginnen soll. Sie werden dort mit Sicherheit einen Wert verwenden wollen, der unterhalb des Break-even-Points der Stückzahl liegt. Läge der Startwert der Datenreihe darüber, so würde der Abschnitt des Linienverlaufs vor dem Erreichen der Gewinnschwelle in Ihrem Diagramm fehlen.

Nach diesen Vorüberlegungen können Sie mit der Eingabe der Basiswerte beginnen. Denken Sie auch jetzt wieder daran, die Anwendung flexibel zu halten. Erfassen Sie alle Start- und Basiswerte in einem speziellen Tabellenbereich, um auch später noch die Möglichkeit zu haben, die Diagrammgrundlagen mühelos anzupassen. In der Beispieldatei befinden sich sämtliche Vorgabewerte für die Diagrammdatenreihen in den Zellen I2 bis I4 (Abbildung 11.30).

Diagramm - Vorgabewerte	
Startwert	0
Intervall	10
Minderung Stückzahl	350

Abbildung 11.30 Vorgabewerte für die Datenreihen des Liniendiagramms

Den Startwert für die Intervallberechnung übernehmen Sie dann mit =I2 in Zelle A2. Die weiteren Werte des Intervalls berechnen Sie in den Zellen darunter mit der Formel =A2+$I$3. Der Startwert in A2 wird also um den vorgegebenen Intervallwert aus Zelle I3 erhöht.

In Zelle B2 verwenden Sie dann den als Stückzahl festgelegten Wert des Tabellenblattes *Break-Even-Analyse* und subtrahieren davon den Minderungswert in Zelle I4: ='Break-Even-Analyse'!E24-$I$4. Alle weiteren Werte dieser Datenreihe in Spalte B werden dann mit der Formel =$B$2+A3 in Zelle B3 gewonnen, die Sie ebenfalls nach unten kopieren.

11.7.2 Berechnung der Umsatz- und Kostenwerte

Alle diese Aktionen sind lediglich Vorbereitungen, um schließlich zu den tatsächlichen Erlös- und Kostenwerten zu gelangen. Beide Datenreihen sollen in den Spalten C und D ausgegeben werden. Die Erlöse erhalten Sie mit =B2*'Break-Even-Analyse'!$E$16, also dem Startwert der Größenachse des Liniendiagramms multipliziert mit dem Stückpreis des Artikels. Lässt sich diese Formel nach unten kopieren? Ja, das funktioniert! Ihre Erlösdatenreihe ist damit auch schon fertiggestellt.

In der angrenzenden Spalte D dient Ihnen die Formel ='Break-Even-Analyse'!$E$13+B2*'Break-Even-Analyse'!$E$8 dazu, auch die Kalkulation der Kosten durchzuführen. Die Funktion verwendet die Fixkostensumme aus Zelle E13 des Tabellenblattes *Break-Even-Analyse* und addiert dazu das Produkt aus den variablen Stückkosten ('Break-Even-Analyse'!$E$8) und der Stückzahl der Größenachse (B2). Auch diese Formel schicken Sie mit einem Doppelklick auf das Ausfüllkästchen nach unten und erhalten somit für sämtliche Umsatzmengen die zu erwartenden Kosten.

11.7.3 Erstellen des Liniendiagramms

Das Diagramm, das Sie aus den beiden Datenreihen erstellen, enthält zunächst keinerlei Besonderheiten. Klicken Sie auf **Einfügen ▸ Diagramme ▸ Linie** und dann auf **Daten auswählen**.

Die Zellbezüge für Datenreihen und Achsenbeschriftung sind folgende:

Diagrammelement	Zellbezug
Beschriftung erste Datenreihe	='BEP-Daten'!$D$1
Daten erste Datenreihe	='BEP-Daten'!$D$2:$D$102
Beschriftung zweite Datenreihe	='BEP-Daten'!$C$1
Daten zweite Datenreihe	='BEP-Daten'!$C$2:$C$102
Achsenbeschriftung	='BEP-Daten'!$B$2:$B$102

Tabelle 11.4 Zellbezüge des Diagramms

Nachdem Sie das Diagramm erstellt haben, können Sie bereits die Werte aller Datenreihen und damit natürlich auch die Linien des Diagramms über die Änderung eines einzigen Werts in der Arbeitsmappe verändern. Und das ist Zelle E24 im Tabellenblatt *Break-Even-Analyse*. Ändern Sie den dortigen Wert, werden die Umsatz- und Erlösdatenreihen automatisch aktualisiert. Und von den beiden Datenreihen hängt die Diagrammdarstellung ab, die ebenfalls automatisch aktualisiert wird.

Der einzige Punkt, der an der Tabellenkonstruktion noch verbesserungsfähig wäre, ist die Dateneingabe der Stückzahl in E24. Momentan wird der Wert dort per Tastatur eingegeben – und Tastatureingaben sind immer eine latente Fehlerquelle. Deshalb sollten Sie abschließend eine sichere Steuerung für die Auswahl dieses zentralen Werts erstellen.

11.7.4 Einfügen des Drehfeldes

Excel stellt für die Gestaltung von Eingabeformularen und die Steuerung von Zellinhalten im Tabellenblatt sogenannte *Formularsteuerelemente* und *ActiveX-Steuerelemente* zur

Verfügung. Zu den wesentlichen Unterschieden beider Steuerelementtypen werden wir im Folgenden noch kommen. Doch zunächst wird es Sie am meisten interessieren, wo Sie solche Steuerelemente im Menü von Excel überhaupt finden, um mit Ihnen arbeiten zu können.

Die Antwort lautet: Diese Elemente lassen sich im Menü **Entwicklertools** abrufen. Das Menü wird nicht standardmäßig angezeigt.

Sollte dieses Menü bei Ihnen also nicht sichtbar sein, so aktivieren Sie es in Excel 2013 über **Datei ▸ Optionen ▸ Menüband anpassen** und setzen dann auf der rechten Seite der Menüliste ein Häkchen vor den Eintrag **Entwicklertools**.

In Excel 2007 aktivieren Sie das Menü mit Hilfe der Office-Schaltfläche ▸ **Excel-Optionen ▸ Häufig verwendet ▸ Entwicklerregisterkarte in der Multifunktionsleiste anzeigen**.

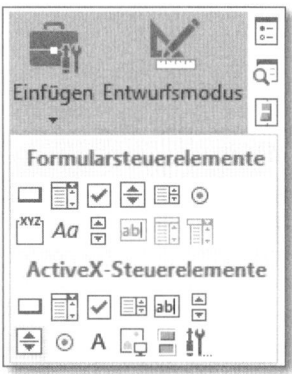

Abbildung 11.31 Einfügen eines Drehfeldes für die Steuerung der Stückzahl

Der neue Menüpunkt enthält eine ganze Reihe von Gruppen, z. B. die zur Erstellung und Bearbeitung von Makros. Doch uns interessiert erst einmal nur die Verwendung von Steuerelementen, die Sie ebenfalls in einer eigenen Gruppe finden.

Nachdem Sie über **Steuerelemente ▸ Einfügen** aus der Gruppe der ActiveX-Steuerelemente ein **Drehfeld** ausgewählt haben (Abbildung 11.31), zeichnen Sie dieses an geeigneter Stelle in das Tabellenblatt *Break-Even-Analyse*. Klicken Sie danach auf **Entwurfsmodus** und **Eigenschaften**, sofern diese beiden Funktionen nicht bereits aktiviert sind. Beide Schalter finden Sie in der Funktionsgruppe **Steuerelemente**.

Sobald Sie nun auf das gezeichnete Drehfeld klicken, zeigt Ihnen Excel die Dialogbox zur Definition der **Eigenschaften** dieses Objekts an.

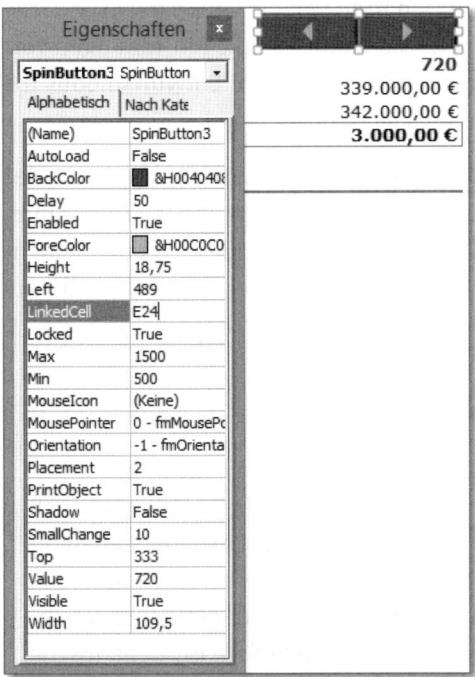

Abbildung 11.32 Eigenschaften des ActiveX-Steuerelements

Wesentlich für die Definition des Steuerelements bezüglich der aktuellen Aufgabe sind vier Eigenschaften:

Eigenschaft	Wert
LinkedCell (verknüpfte Zelle)	E24
Max (Maximalwert)	1500
Min (Minimalwert)	500
SmallChange (Intervall)	10

Tabelle 11.5 Wichtige Eigenschaften des ActiveX-Steuerelements

Die erste Eigenschaft – **LinkedCell** – legt fest, welche Zelle durch Betätigen des Drehfeldes verändert werden soll. Die Auswahl E24 besagt, dass mit einem Klick auf das Drehfeld der Wert in dieser Zelle verändert wird. Mit den beiden Eigenschaften **Min** und **Max** legen Sie den genauen Wertebereich fest, der in Zelle E24 erlaubt sein soll. Und schließlich definieren Sie mit der Eigenschaft **SmallChange**, dass ein Klick auf das Steuerelement den Ausgangswert um 10 erhöht oder verringert.

11

Selbstverständlich können Sie auch andere Eigenschaften wie die Größe oder die Farbe des Steuerelements in dieser Dialogbox vorgeben. Nachdem Sie alle Einstellungen vorgenommen haben, schalten Sie mit einem erneuten Mausklick auf **Entwurfsmodus** die Bearbeitungsfunktion wieder ab und schließen die Dialogbox.

Der Entwurf dieses dynamischen Diagramms ist nun abgeschlossen. Die Steuerung des Werts in Zelle E24 und damit auch die Berechnung der Datenreihen und die Diagrammdarstellung erfolgt nun über das Drehfeld im Tabellenblatt. Durch dieses Steuerelement ist ausgeschlossen, dass versehentlich fehlerhafte Eingaben in diese zentrale Zelle der Arbeitsmappe vorgenommen und dadurch Fehlberechnungen durchgeführt werden.

INFO

Formularsteuerelemente vs. ActiveX-Steuerelemente

Formularsteuerelemente sind, wie Sie am Namen ablesen, dazu gedacht, in Formularen – sogenannten *User Forms* – eingesetzt zu werden. Dies erkennen Sie deutlich an ihrem Aussehen und vor allem an ihrer Formatierbarkeit. Formularsteuerelemente sind mausgrau. Punkt! Änderungen der Farbe sind nicht möglich. Ähnliche Einschränkungen gelten auch für die Auswahl der Schriftart und -größe bei Schaltflächen oder anderen Steuerelementen. Möchten Sie beispielsweise dynamische Tabellen oder Diagramme erstellen, die bei Präsentationen benutzt werden sollen, schränkt dies Ihre Gestaltungsmöglichkeiten sicherlich erheblich ein. Eine Gestaltung der Steuerelemente in Ihren Firmenfarben ist ausgeschlossen.

Doch Formularsteuerelemente, die Sie auch einfach auf dem Tabellenblatt positionieren können, sind auf der anderen Seite auch aufgrund dieser Einschränkungen simpel zu konfigurieren. Mit einem rechten Mausklick gelangen Sie im Kontextmenü zur Option **Steuerelement formatieren**. Im Register **Steuerung** finden Sie alle verfügbaren Optionen zur Steuerung von Zellinhalten. Darüber hinaus können Sie einem Formularsteuerelement mit der rechten Maustaste ein **Makro zuweisen**, das Sie zuvor aufgezeichnet oder im **VBA-Editor** geschrieben haben. Klicken Sie später auf die Schaltfläche, wird das Makro ausgeführt.

ActiveX-Steuerelemente, die zweite Gruppe der Steuerelemente, können Sie ebenfalls direkt auf der Oberfläche des Tabellenblattes einsetzen. Die Eigenschaften dieser Elemente sind umfangreicher. Es wird Ihnen eher gelingen, ActiveX-Steuerelemente in einer Präsentation den CI-Vorgaben Ihres Unternehmens anzupassen, als dies mit Formularsteuerelementen möglich wäre. Alle Gestaltungs- und Steuerungsfunktionen werden mit Hilfe des **Entwurfsmodus** und der Dialogbox **Eigenschaften** angezeigt und festgelegt.

Mit einem Doppelklick auf ein ActiveX-Steuerelement gelangen Sie in den VBA-Editor und können dort ein Makro schreiben oder den Quelltext eines bereits vorhandenen VBA-Makros einfügen. Das Makro wird dann zukünftig beim Bedienen des Steuerelements ausgeführt.

Wenn Sie Dateien mit ActiveX-Steuerelementen anderen Benutzern zur Verfügung stellen, kann es geschehen, dass diese Elemente aufgrund der Sicherheitseinstellungen des Benutzers nicht sofort funktionieren. In den Excel-Optionen muss der Benutzer in diesem Fall die Elemente über **Trust-(Sicherheits-)center ▸ Einstellungen für das Trust-(Sicherheits-)center ▸ ActiveX-Einstellungen** zunächst aktivieren. Wird dies vergessen, wundert sich der Benutzer unter Umständen, dass beim Mausklick auf eine Schaltfläche nicht das passiert, was er eigentlich erwartet.

11.7.5   Generieren einer dynamischen Beschriftung im Diagramm

Kehren wir noch einmal zum Zwischenstand unserer Arbeitsmappe zurück. Darin stehen Ihnen nun zwei Ebenen bei der Simulation des Deckungsbeitrags und der Gewinnschwellenanalyse zur Verfügung:

- Erstens können Sie im Tabellenblatt selbst durch Eingabe der variablen und fixen Kosten mühelos den Stückdeckungsbetrag flexibel berechnen.

- Zweitens gelingt es Ihnen mit Hilfe des Drehfeldes spielend, Kosten- und Erlösverlauf zu visualisieren.

Wenn es Ihnen nun noch gelänge, die Gewinnschwellenwerte – Umsatz und Stückzahl – im Diagramm anzuzeigen, wäre die visuelle Darstellung der Simulation vollständig und somit quasi präsentationsreif.

Das Problem, mit dem wir es zu tun haben, wenn die Ergebniswerte im Diagramm angezeigt werden sollen, ist das folgende: Excel ist nicht in der Lage, innerhalb eines Diagramms – z. B. in einer Beschriftung oder einem Titel – Formeln und Funktionen, wie wir sie aus dem Funktionsassistenten kennen, zu verwenden. Es fällt also von vornherein die Möglichkeit weg, im Diagramm die Gewinnschwellen zu berechnen.

Was jedoch in einem Diagramm möglich ist, ist der Verweis auf eine Zelle innerhalb der Arbeitsmappe. Und in dieser Zelle kann selbstverständlich eine Formel oder Funktion stehen, die dann, um im Beispiel zu bleiben, die Gewinnschwelle berechnet. Auf diesem Weg ist es also schließlich möglich, eine dynamische Beschriftung von Diagrammelementen doch zu realisieren.

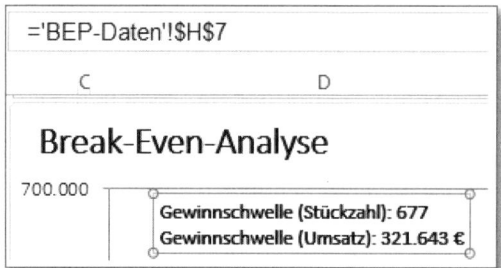

Abbildung 11.33 Verwendung einer dynamischen Beschriftung im Diagramm über einen Zellbezug

Diagramm - Beschriftung	
Gewinnschwelle (Stückzahl): 677Gewinnschwelle (Umsatz): 321.643 €	

Abbildung 11.34 Diagrammbeschriftung auf Grundlage von Formeln und Funktionen

Die beiden Werte, Gewinnschwelle für Stückzahl und Umsatz, sind in unserem Beispiel auch schon in der Arbeitsmappe berechnet worden und im Tabellenblatt *Break-Even-Analyse* verfügbar. Allerdings müssen die Werte im Tabellenblatt *BEP-Daten* in Zelle H7 noch in die Form gebracht werden, die im Diagramm nutzbar ist.

Die Funktion, mit der die Werte formatiert werden, ist auf den ersten Blick verwirrend und bedarf einiger Erläuterungen:

```
='Break-Even-Analyse'!$D$20&": " &'Break-Even-
Analyse'!$E$20 & ZEICHEN(10) &'Break-Even-Analyse'!$D$21&": "&TEXT('Break-
Even-Analyse'!$E$21;"0.### €")
```

Vier Abschnitte müssen hier voneinander unterschieden werden:

- Die beiden Beschriftungen – *Gewinnschwelle (Stückzahl)* und Gewinnschwelle (Umsatz) – liegen in der Originaltabelle bereits vor und müssen dort ausgelesen werden. Zudem werden sie mit einem Doppelpunkt verknüpft (z. B. `'Break-Even-Analyse'!$D$20&": "`).

- Dann werden die Ergebniswerte (z. B. `'Break-Even-Analyse'!$E$20`) angefügt.

- Danach muss ein Zeilenumbruch erzeugt werden, um beide Werte im Diagramm untereinander anzuordnen (`& ZEICHEN(10)`); den Zeilenumbruch erstellen Sie mit `ZEICHEN(10)`.

- Der zweite Wert in der Beschriftung, also der Umsatz, soll mit Währungsformat erscheinen, deshalb muss die ursprüngliche Textverkettung mit `"&TEXT('Break-Even-Analyse'!$E$21;"0.### €")` formatiert werden.

- Im Tabellenblatt ist die Beschriftung nun fertiggestellt. Nun muss sie noch in das Diagramm eingefügt werden.

11.7.6 Einfügen der dynamischen Beschriftung in das Liniendiagramm

Da das bestehende Diagramm bereits einen Titel besitzt (»Break-Even-Analyse«), entfällt dieses Diagrammelement als Container für die dynamische Beschriftung. Doch es gibt zum Glück Alternativen. Entweder fügen Sie einen Achsentitel ein (z. B. **+ Diagrammelemente ▸ Achsentitel ▸ Primär Horizontal** oder in Excel 2010 **Diagrammtools ▸ Layout ▸ Beschriftungen ▸ Achsentitel ▸ Titel der horizontalen Primärachse ▸ Titel untere Achse**), oder Sie zeichnen einfach ein Rechteck über **Einfügen ▸ Illustrationen ▸ Formen ▸ Rechtecke** in das Diagramm.

Nachdem Sie eine der beiden Möglichkeiten umgesetzt haben, wählen Sie das erstellte Objekt aus. Klicken Sie dann in die Editierzeile oberhalb des Tabellenbereiches, und geben Sie dort ein Gleichheitszeichen ein. Anschließend zeigen Sie mit der Maus auf Zelle H7 im Tabellenblatt *BEP-Daten*, also auf die Zelle, in der sich die dynamische Beschriftung befindet. Bestätigen Sie den in der Editierzeile angezeigten Zellbezug mit ⏎ (Abbildung 11.35).

| f_x | ='BEP-Daten'!$H$7 |

Abbildung 11.35 Zellbezug zur Beschriftung eines Diagrammelements

Anschließend positionieren und formatieren Sie das Beschriftungselement nach Ihren Vorstellungen im Diagramm. Die variable Beschriftung ist damit fertiggestellt. Wenn Sie nun die variablen -oder fixen Kosten in der Tabelle ändern, werden Ihnen automatisch die aktuellen Gewinnschwellenwerte im Diagramm angezeigt.

11.8   Mehrstufige Deckungsbeitragsrechnung

Die im vorigen Abschnitt dargestellte Deckungsbeitragsrechnung bezieht sich nur auf die Berechnung für ein Produkt. Sollen die Fixkosten des Unternehmens hingegen auf mehrere Produkte verteilt werden, so müssen Sie die mehrstufige Deckungsbeitragsrechnung anwenden. Auch bei diesem Verfahren gilt der Grundsatz, dass die variablen Kosten zunächst bestimmt und einem Produkt zugerechnet werden müssen. Mehr als bei der einfachen Deckungsbeitragsrechnung müssen Sie hier darauf achten, welche Kosten einem spezifischen Produkt zuzuordnen sind. Bei der Zuordnung gilt das Verursacherprinzip bzw. das Prinzip der Nähe der Kosten zu einem bestimmten Produkt.

Danach kalkulieren Sie stufenweise die Deckungsbeiträge. Wie Sie in Abbildung 11.36 (*11_Deckungsbeitrag_mehrstufig_00.xlsx*) erkennen, werden zunächst die Deckungsbeiträge sämtlicher Produkte durch Abzug der variablen Kosten je Produkt einzeln berechnet. In Zelle B4 finden Sie beispielsweise als Resultat für Produkt *P1* den Deckungsbeitrag I dieses Produkts.

Deckungsbeitragsrechnung (mehrstufig)							
Produktgruppen	Produktgruppe I		Produktgruppe II		Produktgruppe III		
Produkte	P I	P II	Q I	Q II	R I	R II	R III
Gesamtdeckungsbeitrag I Produkt (DB I)	17.600,00 €	12.800,00 €	-5.600,00 €	28.900,00 €	34.500,00 €	-12.500,00 €	29.100,00 €
- Fixkosten Produkt (KF$_{Pro}$)	4.100,00 €	4.200,00 €	3.200,00 €	6.400,00 €	10.000,00 €	7.200,00 €	5.900,00 €
Gesamtdeckungsbeitrag II Produkt (DB II)	**13.500,00 €**	**8.600,00 €**	**-8.800,00 €**	**22.500,00 €**	**24.500,00 €**	**-19.700,00 €**	**23.200,00 €**
Gesamtdeckungsbeitrag Produktgruppe (DB$_{Gr}$ I)	22.100,00 €		13.700,00 €		28.000,00 €		
- Fixkosten Gruppe (KF$_{Gr}$)	11.200,00 €		19.610,00 €		20.200,00 €		
Gesamtdeckungsbeitrag III Produktgruppe (DB$_{Gr}$ II)	**10.900,00 €**		**-5.910,00 €**		**7.800,00 €**		
Gesamtdeckungsbeitrag Produktgruppen I bis III	12.790,00 €						

Abbildung 11.36 Mehrstufige Deckungsbeitragsrechnung

Anschließend werden die dem Produkt zuzuordnenden Fixkosten geltend gemacht (B5). Deren Abzug ergibt den Deckungsbeitrag II des Produkts, den Sie in Zelle B6 sehen.

Im nächsten Schritt werden die produktspezifischen Deckungsbeiträge aller Produkte, die zu einer Produktgruppe gehören, addiert. Dies ist für die beiden Produkte P1 und P2 z. B. in Zelle B7 geschehen (=SUMME(B6:C6)).

Nach Abzug der Fixkosten, die Sie diesen beiden Produkten und damit der Produktgruppe eindeutig zurechnen können, steht nun in Zelle B9 auch der Deckungsbeitrag III der ersten Produktgruppe fest. Mit den weiteren Produktgruppen verfahren Sie in gleicher Weise.

In einem letzten Arbeitsschritt führen Sie nun die Deckungsbeiträge der einzelnen Produktgruppen zusammen. Die Summe der produktgruppenspezifischen Deckungsbeiträge ergibt schließlich den Gesamtdeckungsbeitrag.

11.9 Planen von Kosten und Erlösen mit Hilfe von Szenarien

Sicherlich werden Sie im Laufe der Zeit und infolge der Änderung von Kostenstrukturen und/oder anderen geschäftlichen Rahmenbedingungen die eine oder andere Kosten- oder Erlöskalkulation abändern müssen. Eventuell erachten Sie es auch bereits beim Erstellen eines Kalkulationsmodells, wie ich es im letzten Abschnitt beschrieben habe, als äußerst sinnvoll, dieses mit unterschiedlichen Werten alternativ zu berechnen. Wenn dem so ist, dann sind mit Excel erstellte Kalkulationsszenarien ein sehr nützliches Werkzeug, von dem Sie Gebrauch machen sollten.

Szenarien leisten in Excel Folgendes:

- Sie speichern und verwalten unterschiedliche Kalkulationsalternativen in einem Tabellenblatt.

- Sie stellen alle alternativen Berechnungen jederzeit auf Knopfdruck zur Verfügung.

- Sie helfen Ihnen dadurch, die Anzahl der von Ihnen benutzten Kalkulationsdateien, in denen Sie alternative Berechnungen durchgeführt haben, zu verringern und überschaubar zu halten.

- Sie unterstützen Sie auf diesem Weg beim ökonomischen Umgang mit begrenztem Speicherplatz.

- Sie bieten Ihnen eine sehr bequeme Methode, automatisch alle Änderungen in Ihrem Kalkulationsmodell zu dokumentieren.

Das klingt sehr praktisch und – glauben Sie mir – ist es auch. Sehen wir uns diese Funktion von Excel genauer an.

11.9.1 Erstellen eines Szenarios aus einer Gewinnschwellenanalyse

Wir müssen nicht weit zurückgehen, um eine Anwendung zu finden, aus der sich sinnvoll ein Szenario entwickeln lässt: Die einstufige Deckungsbeitragsrechnung ist ein solches Beispiel. Die Datei *11_Szenario_Deckungsbeitrag_00.xlsx* enthält diesmal sämtliche Bausteine, um das Funktionsprinzip der Szenarien darzustellen. Um die Arbeit bei der Berechnung zu vereinfachen, habe ich sämtlichen relevanten Zellen in dieser Datei Bereichsnamen zugeordnet. Diese lauten:

Bereichsname	Zellbezug
Fertigungsmaterial	E5
Fertigungslöhne	E6

Tabelle 11.6 Bereichsnamen in der Gewinnschwellenanalyse

Bereichsname	Zellbezug
variable_Gemeinkosten	E7
variable_Stückkosten	E8
Abschreibungen_kalkulatorisch	E11
Zinsen_kalkulatorisch	E12
Fixkosten	E13
Stückpreis	E16
Stückdeckungsbetrag	E17
Gewinnschwelle_Stückzahl	E20
Gewinnschwelle_Umsatz	E21

Tabelle 11.6 Bereichsnamen in der Gewinnschwellenanalyse (Forts.)

Um keine Missverständnisse aufkommen zu lassen: Szenarien sind auch ohne einen einzigen Bereichsnamen möglich. Doch wie Sie später sehen werden, erleichtern Bereichsamen die Lesbarkeit von Szenarioberichten erheblich.

11.9.2 Erfassen des ersten Szenarios

Lassen Sie uns der Einfachheit halber annehmen, Sie hätten den Deckungsbeitrag in dieser Datei auf Basis der Daten des vierten Quartals 2014 erstellt. Nun möchten Sie die Kalkulation und die wesentlichen Werte unter dem Szenarionamen *Q4_2014* für zukünftige Vergleiche bewahren.

Rufen Sie die Funktion **Daten ▸ Datentools ▸ Was-wäre-wenn-Berechnungen ▸ Szenario-Manager** auf. Klicken Sie danach auf **Hinzufügen**. Es öffnet sich die Dialogbox zur Festlegung des Szenarionamens und der veränderlichen Zellen.

Der Szenarioname muss lediglich eine Anforderung erfüllen: Er muss so aussagekräftig sein, dass er Ihnen auch zukünftig sofort klar macht, worum es in dem Szenario mit dieser Bezeichnung eigentlich geht. Die veränderlichen Zellen des Kalkulationsmodells sind:

- Fertigungsmaterial, Fertigungslöhne, variable Gemeinkosten
- kalkulatorische Abschreibungen und Zinsen

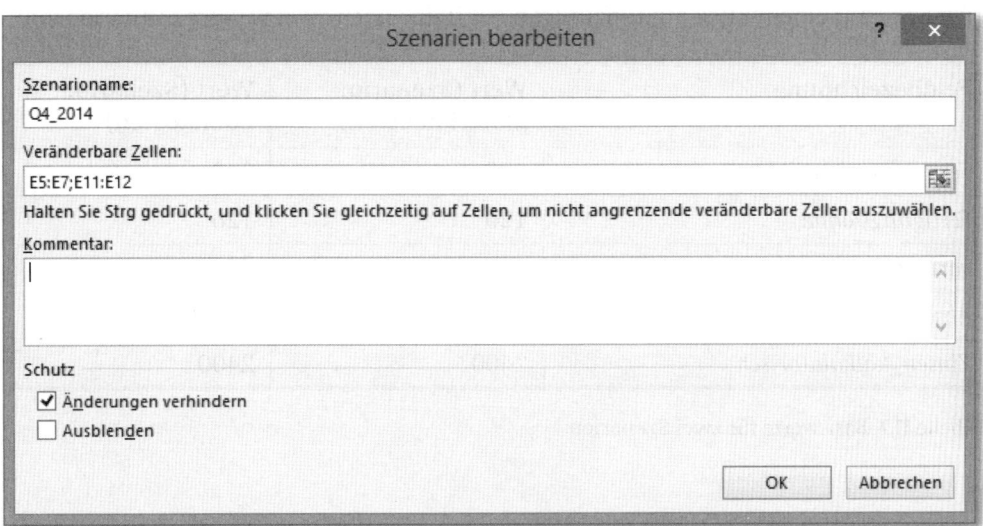

Abbildung 11.37 Festlegung des Szenarionamens und der veränderbaren Zellen

Schreiben Sie in das Eingabefeld **Szenarioname:** die gewünschte Bezeichnung *Q4_2014*
für dieses Szenario. Wählen Sie danach im Eingabefeld **Veränderbare Zellen:** mit Strg
und linker Maustaste die Zellbereiche E5 bis E7 und E11 bis E12 als Eingabezellen aus.
Nach einem Mausklick auf **OK** erscheint die Dialogbox zur Eingabe der **Szenariowerte**
(Abbildung 11.38).

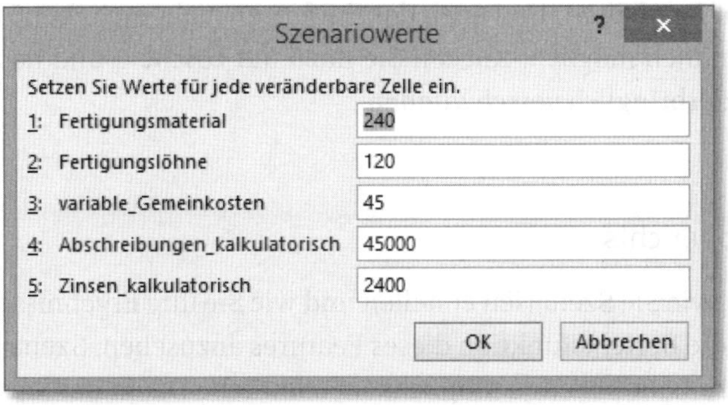

Abbildung 11.38 Eingabe der Szenariowerte

Sie werden unschwer erkennen, dass sämtliche Werte für dieses Szenario bereits in der
Dialogbox angezeigt werden, da Excel sie aus dem Tabellenblatt übernommen hat. So
bleibt nichts mehr zu tun, als die Werte mit **OK** zu bestätigen. Danach landen Sie erneut
in der ersten Dialogbox.

Fügen Sie mit einem Klick auf **Hinzufügen** der Reihe nach zwei weitere Szenarien ein:

Feldbezeichnung	Wert (Szenario: Materialkosten)	Wert (Szenario: Lohnkosten)
Fertigungsmaterial	280	240
Fertigungslöhne	120	126
variable_Gemeinkosten	52,5	47
Abschreibungen_kalkulatorisch	45000	45000
Zinsen_kalkulatorisch	2400	2400

Tabelle 11.7 Basiswerte für zwei Szenarien

11.9.3 Abrufen der Szenarien

Alle Informationen zu Szenarien werden automatisch mit der Arbeitsmappe gespeichert, in der sie erstellt wurden. Sie können die Szenarien jederzeit abrufen oder auch ändern. Um sich das durchgerechnete Szenario in Ihrer Arbeitsmappe anzusehen, starten Sie den **Szenario-Manager** erneut, klicken doppelt auf den Szenarionamen oder wählen den Namen aus, um dann die Option **Anzeigen** zu aktivieren.

Möchten Sie die Werte eines Szenarios oder auch nur seine Bezeichnung ändern, erreichen Sie dies mit einem Klick auf **Bearbeiten**. Und auch das Entfernen nicht mehr benötigter Szenarien ist selbstverständlich möglich. Klicken Sie dazu auf **Löschen**, und das ausgewählte Szenario ist unwiederbringlich verschwunden.

11.9.4 Erstellen eines Szenarioberichts

Nachdem Sie ausprobiert haben, wie Sie Szenarien erstellen und wie Sie ihre Ergebnisse anzeigen, ist es an der Zeit, sich die Berichtsfunktion dieses Features anzusehen. Szenarioberichte bieten eine einfach zu handhabende Möglichkeit, sämtliche Daten der verschiedenen Szenarien in einem Tabellenblatt übersichtlich zusammenzufassen. Teile eines solchen Berichts sind

- die Zellen, die Sie als veränderbare Zellen des Szenarios definiert haben, und

- weitere frei bestimmbare Zellen; in den meisten Fällen sind es die von den veränderbaren Zellen abhängigen Ergebniszellen.

Um einen Szenariobericht zu erstellen, starten Sie erneut die Funktion **Daten ▸ Daten-tools ▸ Was-wäre-wenn-Analyse ▸ Szenario-Manager**. Klicken Sie in der Dialogbox auf den Schalter **Zusammenfassung**. Es öffnet sich die Dialogbox, die in Abbildung 11.39 gezeigt wird. Im Eingabefeld **Ergebniszellen:** legen Sie fest, welche Zellen bzw. Werte im Szenariobericht dokumentiert werden sollen.

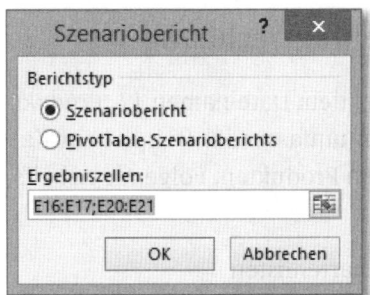

Abbildung 11.39 Festlegung der Zellen für den Szenariobericht

In der Beispieldatei sollen dies die Ergebniszellen E17, E18, E20 und E21 sein und somit die Zellen, in denen Stückpreis, Stückdeckungsbetrag, Gewinnschwelle (Stückzahl) und Gewinnschwelle (Umsatz) als Resultat der Berechnungen mit den veränderbaren Zellen angezeigt werden.

		Aktuelle Werte:	Q4_2014	Lohnkosten	Materialkosten
Szenariobericht					
Veränderbare Zellen:					
	Fertigungsmaterial	240,00 €	240,00 €	240,00 €	280,00 €
	Fertigungslöhne	120,00 €	120,00 €	126,00 €	126,00 €
	variable_Gemeinkosten	45,00 €	45,00 €	47,00 €	52,50 €
	Abschreibungen_kalkulatorisch	45.000,00 €	45.000,00 €	45.000,00 €	45.000,00 €
	Zinsen_kalkulatorisch	2.400,00 €	2.400,00 €	2.400,00 €	2.400,00 €
Ergebniszellen:					
	Stückpreis	475,00 €	475,00 €	475,00 €	475,00 €
	Stückdeckungsbetrag	70,00 €	70,00 €	62,00 €	16,50 €
	Gewinnschwelle_Stückzahl	677	677	765	2873
	Gewinnschwelle_Umsatz	321.642,86 €	321.642,86 €	363.145,16 €	1.364.545,45 €

Hinweis: Die Aktuelle Wertespalte repräsentiert die Werte der veränderbaren Zellen zum Zeitpunkt, als der Szenariobericht erstellt wurde. Veränderbare Zellen für Szenarien sind in grau hervorgehoben.

Abbildung 11.40 Zusammenfassung aller Daten in einem Szenariobericht

Durch einen Mausklick auf **OK** wird der Szenariobericht erstellt und als neues Tabellenblatt unter der Bezeichnung *Szenariobericht* in der Arbeitsmappe abgelegt. Darin werden in der oberen Ebene die veränderbaren und in der unteren Ebene die Ergebniszellen dargestellt. Jede Spalte enthält ein Szenario.

Da für alle dokumentierten Zellen des Berichts zuvor Bereichsnamen vergeben worden sind, werden die Zellen in Spalte C mit diesen Namen benannt. Für die Lesbarkeit des Berichts ist dies eine wesentliche Vereinfachung gegenüber den sonst verwendeten abstrakten Zellbezügen im Bericht.

11.10   Produktkalkulation mit Deckungsbeitragsrechnung

Die Beispielanwendung zur Produktkalkulation ist unter dem Dateinamen *11_Produktkalkulation_00.xlsx* gespeichert. Diese Datei enthält ein umfassendes Beispiel zur Kalkulation von Kosten und Erlösen bei der Herstellung von Produkten. Folgende Arbeitsschritte deckt die Arbeitsmappe ab:

- Verwaltung von Artikel-, Material-, Lohn- und Kostenartenlisten

- Berechnung des Deckungsbeitrags I

- Erfassung bzw. Ermittlung der kundenbezogenen Prozesskosten

- Berechnung der quartalsbezogenen Prozesskosten und des Deckungsbeitrags II je Kunden und gesamt

- Kostenkalkulation je Produkt unter Berücksichtigung von Fertigungs-, Material- und Prozesskosten

Produktkalkulation									
Artikel-ID	S01001								
Produktgruppe	Stühle								
Artikelbezeichnung	Bahia								
Stückliste	**Prozesstyp**	**Material**		**Fertigung**		**Prozesskosten I**		**Kosten**	
		Anzahl	€	Anzahl	€	Anzahl	€	Material	Fertigung	Prozesse
Eigene Teile									
Stuhlbein Typ 1	Holzarbeiten	4	2,90 €	0,50	21,00 €	0,10	56,00 €	11,60 €	10,50 €	5,60 €
Schalensitz	Holzarbeiten	1	9,80 €	0,75	21,00 €	0,20	56,00 €	9,80 €	15,75 €	11,20 €
Armlehne	Metallarbeiten	2	4,20 €	1,00	21,00 €	0,10	60,00 €	8,40 €	21,00 €	6,00 €
Rückenlehne	Holzarbeiten	1	11,00 €	0,50	21,00 €	0,10	56,00 €	11,00 €	10,50 €	5,60 €
Sitzfläche Typ 1	Holzarbeiten	1	9,50 €	0,75	21,00 €	0,20	56,00 €	9,50 €	15,75 €	11,20 €
			0,00 €		0,00 €		0,00 €	0,00 €	0,00 €	0,00 €
			0,00 €		0,00 €		0,00 €	0,00 €	0,00 €	0,00 €
			0,00 €		0,00 €		0,00 €	0,00 €	0,00 €	0,00 €
			0,00 €		0,00 €		0,00 €	0,00 €	0,00 €	0,00 €
			0,00 €		0,00 €		0,00 €	0,00 €	0,00 €	0,00 €
			0,00 €		0,00 €		0,00 €	0,00 €	0,00 €	0,00 €
Fremdbezug										
Schraube		16	0,03 €					0,48 €	0,00 €	0,00 €
Holzdübel		24	0,07 €					1,68 €	0,00 €	0,00 €
Seitenstabilisator		2	2,80 €					5,60 €	0,00 €	0,00 €
			0,00 €					0,00 €	0,00 €	0,00 €
			0,00 €					0,00 €	0,00 €	0,00 €
			0,00 €					0,00 €	0,00 €	0,00 €
			0,00 €					0,00 €	0,00 €	0,00 €
Summe Stückliste								58,06 €	73,50 €	39,60 €
Fertigung										
Montage				0,50	17,50 €	0,10	48,00 €		8,75 €	4,80 €
					0,00 €		0,00 €		0,00 €	0,00 €
					0,00 €		0,00 €		0,00 €	0,00 €
					0,00 €		0,00 €		0,00 €	0,00 €
Summe Fertigung									8,75 €	4,80 €
Summe Herstellung										184,71 €

Abbildung 11.41 Produktkalkulation unter Verwendung von Einzel- und Gemeinkosten

Die einzelnen Tabellenblätter dienen der Erfassung wesentlicher Daten zu Einzel- und Gemeinkosten. Diese werden schließlich im Rahmen der vollständigen Kalkulation eines frei wählbaren Produkts im Tabellenblatt *Produktkalkulation* (Abbildung 11.41) zusammengeführt.

11.10.1 Berechnungsgrundlage von Deckungsbeitrag I und II

Zu den ersten Schritten in dieser Beispielanwendung gehört die Kalkulation des Deckungsbeitrags I. Dieser ergibt sich aus:

Deckungsbeitrag I = Bruttoerlöse – Rabatte bzw. Skonti – direkte Produktionskosten

Nachdem der Deckungsbeitrag I vorliegt, werden die Prozesskosten, die sich einem Kunden unmittelbar zurechnen lassen, in die Kalkulation des Deckungsbeitrags II einbezogen:

Deckungsbeitrag II = Deckungsbeitrag I – kundenbezogene Prozesskosten

Um die Prozesskostenarten und die konkreten Prozesskosten selbst zu erfassen, benötigen Sie separate Tabellenblätter. Es ist also sinnvoll, einen Blick auf die Struktur der Arbeitsmappe zu werfen.

11

11.10.2 Arbeitsmappenstruktur der Beispielanwendung

Insgesamt werden Sie in dieser Arbeitsmappe vier Tabellenblätter verwenden, die wichtige Basisdaten enthalten. Diese Tabellenblätter sind:

Tabellenblatt	Daten
Materialliste	Dieses Blatt enthält eine einfache Liste mit Material-ID, Materialbezeichnung und Materialkosten.
Fertigungslöhne	Auch hierbei handelt es sich um eine einfache Liste, bestehend aus Lohn-ID, Lohngruppe, Bezeichnung und Stundenlohn.
Prozesskosten	Die Liste enthält neben der Prozess-ID und der Bezeichnung den Prozesskostensatz und die Kostenstelle, der die Prozesskosten zugeordnet sind.
Artikelliste	Sie setzt sich zusammen aus Artikel-ID, Bezeichnung, Produktgruppe, Produktionskosten und Herstellungspreis.

Tabelle 11.8 Tabellenblätter mit Basisdaten

Da Sie zur Berechnung des Deckungsbeitrags II eine Übersicht über sämtliche Prozesskosten benötigen, die einem Kunden zugeordnet werden können, ist eine detaillierte Analyse der einzelnen Prozesse Voraussetzung für das weitere Vorgehen. Prozesse wie Auftragsbearbeitung, Auslieferung oder Akquisition müssen identifiziert und ihre Kosten benannt werden.

Anschließend beginnen Sie damit, die Prozesse und natürlich die mit ihnen verbundenen Kosten bestimmten Kundenaufträgen zuzuweisen. Diese Zuweisung müssen Sie in Ihrer Arbeitsmappe wiederum dokumentieren (Tabellenblatt *Prozesskosten*), um mit den dann vorhandenen Werten den Deckungsbeitrag II zu berechnen.

Die Tabellenblätter, die Sie zur Kalkulation der Deckungsbeiträge einsetzen werden, sind:

Tabellenblatt	Berechnung
DB I	Aus den Angaben zu Menge und Produkt wird der Bruttoerlös berechnet und durch Abzug von Skonto und Produktionskosten der DB I ermittelt.
kundenbezogene Prozesskosten	Nach Eingabe der kundenbezogenen Prozesse mit Datumsangabe werden die Prozesskosten berechnet und einer Kostenstelle zugewiesen.
DB II	Basierend auf den Angaben aus dem Tabellenblatt *DB I* werden die Auftragsdaten quartalsweise ausgelesen und diesen – ebenfalls quartalsweise – die kundenbezogenen Prozesskosten zugeordnet. Das Ergebnis ist der DB II (kundenbezogen, quartalsweise und für das Gesamtunternehmen).
Produktkalkulation	Dieses Tabellenblatt erlaubt unter Verwendung von Listenfeldern den Zugriff auf sämtliche Kostenfaktoren bei der Herstellung eines Produkts. Das Ergebnis ist die Summe der Herstellungskosten. Weicht sie von den angegebenen Herstellungskosten im Tabellenblatt *Artikelliste* ab, so müssen diese durch den in der Produktkalkulation ermittelten Wert aktualisiert werden.

Tabelle 11.9 Arbeitsmappenstruktur zur Berechnung des Deckungsbeitrags

11.10.3 Berechnung von Deckungsbeitrag I

Der Deckungsbeitrag I wird im Tabellenblatt *DB I* berechnet. Ausgangspunkt ist die Eingabe einer Artikel-ID in Spalte C. Zur Durchführung der Kalkulation müssen Sie verschiedene Informationen aus den Artikelstammdaten übernehmen. Diese Stammdaten befinden sich im Tabellenblatt *Artikelliste*.

	A	B	C	D	E
1	**ID**	**Bezeichnung**	**Produktgruppe**	**Produktionskosten**	**VK**
2	S01001	Bahia	Stühle	184,71 €	349,80 €
3	S01002	Hawaii	Stühle	124,36 €	290,00 €
4	T01001	Pernambuco	Tische	286,26 €	549,90 €
5	T01002	Amazonas	Tische	312,92 €	674,90 €
6	R01001	Madagaskar	Regale	251,83 €	524,90 €

Abbildung 11.42 Artikelliste

Auf der Grundlage der Artikel-ID werden sowohl der Verkaufspreis des Produkts als auch dessen Produktionskosten aus den Artikelstammdaten übernommen. Die beiden Funktionen lauten =SVERWEIS(C2;Artikelliste;5;FALSCH)*E2 (Verkaufspreis multipliziert mit der Menge) und =SVERWEIS(C2;Artikelliste;4; FALSCH)*E2 (Produktionskosten multipliziert mit der Menge). Durch Abzug der Rabatte von den Bruttoerlösen erhalten Sie den Nettoerlös. Ziehen Sie von diesem wiederum die Produktionskosten ab, gelangen Sie zum Deckungsbeitrag I. Beide Funktionen verwenden für das Argument Matrix von SVERWEIS() den Bereichsnamen *Artikelliste*, um auf die fünfspaltige Tabelle im Tabellenblatt *Artikelliste* zuzugreifen.

Das Ergebnis der Dateneingabe und der dadurch automatisch ausgelösten Berechnungen ist eine Übersicht sämtlicher Bestellungen und erzielter Umsätze, gewährter Rabatte, aufgewendeter Produktionskosten und erzielter Deckungsbeiträge I (Abbildung 11.43).

	A	B	C	D	E	F	G	H	I	J	K
1	**Auftrag-ID**	**Kunden-ID**	**Artikel-ID**	**Bestelldatum**	**Menge**	**Umsatz (brutto)**	**Rabatt in %**	**Rabatt in €**	**Umsatz (netto)**	**Produktionskosten**	**DB I**
2	AB12034	72139	S01001	13.01.2014	7	2.448,60 €	2%	48,97 €	2.399,63 €	1.292,97 €	1.106,66 €
3	AB12034	72139	S01002	13.01.2014	12	3.480,00 €	2%	69,60 €	3.410,40 €	1.492,32 €	1.918,08 €
4	AB12034	72139	T01001	13.01.2014	3	1.649,70 €	2%	32,99 €	1.616,71 €	858,78 €	757,93 €
5	AB12035	51299	T01002	15.12.2014	5	3.374,50 €	3%	101,24 €	3.273,27 €	1.564,60 €	1.708,67 €
6	AB12035	51299	R01001	15.12.2014	15	7.873,50 €	3%	236,21 €	7.637,30 €	3.777,45 €	3.859,85 €
7	AB12036	51299	S01001	15.12.2014	15	5.247,00 €	3%	157,41 €	5.089,59 €	2.770,65 €	2.318,94 €

Abbildung 11.43 Berechnung des Deckungsbeitrags I

11.10.4 Erfassung und Berechnung der kundenbezogenen Prozesskosten

Wie bereits erwähnt, bedarf es einer eingehenden Prozess- und Kostenanalyse, um die weiteren Schritte der Kostenkalkulation durchzuführen. Die Prozesskostenliste im Tabellenblatt *Prozesskosten* baut auf einer solchen eingehenden Analyse der Kostenstrukturen und Prozesse im Unternehmen auf. Deren Ergebnisse werden als weiteres Stammdatenblatt in der Arbeitsmappe geführt (Abbildung 11.44).

11

	A	B	C	D
1	**ID**	**Prozess**	**Kosten**	**KST**
2	1	Kundenkontakt	78,00 €	1111
3	2	Angebotserstellung	124,00 €	1211
4	3	Auftragsbearbeitung	90,00 €	1211
5	4	Auslieferung	75,00 €	1300
6	5	Fakturierung	25,00 €	1211
7	6	Buchung	25,00 €	1211

Abbildung 11.44 Prozesskostenliste (Stammdaten)

Nachdem die allgemeinen Prozesskostenstrukturen im Unternehmen ermittelt wurden, weisen Sie im Tabellenblatt *kundenbezogene Prozesskosten* die Prozesskostenarten den einzelnen Kundenaufträgen zu.

Da die Arbeitsmappe keine Stammdatenliste Ihrer Kunden enthält, sind Sie gezwungen, die Kunden-ID im Tabellenblatt *kundenbezogene Prozesskosten* per Tastatur einzugeben. Den Geschäftsprozess hingegen wählen Sie in Spalte B über ein Listenfeld aus, das Sie mit **Daten ▸ Datentools ▸ Datenüberprüfung** einrichten können.

	A	B	C
1	**Kunden-ID**	**Prozess**	**Datum**
2	72139	Kundenkontakt	03.01.2013
3	72139	Kundenkontakt / Angebotserstellung	07.01.2013
4	72139	Auftragsbearbeitung	10.01.2013
5	72139	Auslieferung	16.01.2013
6	72139	Fakturierung / Buchung	16.01.2013
7	72139	Reklamation	17.01.2013
8	51299	Service / Kundenkontakt	09.01.2013

Abbildung 11.45 Auswahl des Geschäftsprozesses

Nach der Eingabe des Datums, das die wesentliche Grundlage für die quartalsweise Auswertung der Deckungsbeiträge bildet, ordnet Excel den Kunden die entsprechenden Prozesskosten zu. Verantwortlich für die Zuordnung ist die Funktion `=INDEX(Prozesskosten;VERGLEICH(B2;Prozess;0);3)`.

Die Funktion `INDEX()` spricht eine Matrix an, in diesem Fall den Zellbereich, der mit dem Bereichsnamen *Prozesskosten* bezeichnet wurde und sich im Tabellenblatt *Prozesskosten* befindet. Die Matrix umfasst sämtliche Spalten der Tabelle in diesem Tabellenblatt.

Die erste Spalte der Prozesskostenmatrix enthält die Prozess-ID. Das Auswahlfeld im Tabellenblatt *kundenbezogene Prozesskosten* verwendet hingegen die Prozessbezeichnung. Dies ist für Sie als Benutzer natürlich viel einfacher und angenehmer, als sich sämtliche Prozess-IDs merken zu müssen.

Aus dieser Konstellation entsteht ein Konflikt, der relativ häufig in Excel anzutreffen ist: Da die erste Spalte die ID enthält und bei der Funktion SVERWEIS() nur die erste Spalte für die Datenzuordnung verwendet wird, läuft die Auswahl der Prozessbezeichnung sozusagen ins Leere.

Die Funktion SVERWEIS() ist hier also nicht möglich. Die Umgehung des Problems in solchen Fällen ist zumeist die Funktion INDEX() in Kombination mit VERGLEICH(). Die letztere der beiden Funktionen findet einen gesuchten Begriff oder Wert in einer beliebigen Spalte oder Zeile (hier z. B. im Bereich *Prozess*) und gibt die Spalten- bzw. Zeilennummer der Fundstelle zurück.

Die Zeilen- oder Spaltennummer wird dann wiederum von INDEX() genutzt, um in einer anderen Matrix einen bestimmten Eintrag zu lokalisieren.

	A	B	C	D	E
1	**Kunden-ID**	**Prozess**	**Datum**	**Kosten**	**KST**
2	72139	Kundenkontakt	03.09.2014	78,00 €	1111
3	72139	Angebotserstellung	07.09.2014	124,00 €	1211
4	72139	Auftragsbearbeitung	10.09.2014	90,00 €	1211
5	72139	Auslieferung	16.09.2014	75,00 €	1300
6	72139	Fakturierung	16.09.2014	25,00 €	1211
7	72139	Buchung	17.09.2014	25,00 €	1211
8	51299	Kundenkontakt	09.09.2014	78,00 €	1111
9	51299	Angebotserstellung	14.09.2014	124,00 €	1211

Abbildung 11.46 Darstellung der kundenbezogenen Prozesskosten

Sie werden vielleicht einwenden, dass wir zur Auswahl der Prozesskosten auch die folgende Funktion hätten einsetzen können:

```
=SVERWEIS(B2;Prozesskosten!$B$2:$D$100;2;FALSCH)
```

Diese Lösung liefe allerdings zwangsläufig auf die Verwendung eines zweiten Zellbereiches in ein und demselben Tabellenblatt hinaus (Prozesskosten!$B$2: $D$100 und Prozesskosten!$A$2:$D$100). In komplexen Anwendungen ist es immer geboten, die Anzahl der Bereiche und Bereichsnamen möglichst überschaubar zu halten und stattdessen nach Möglichkeiten zu suchen, die bestehenden Bereiche optimal zu nutzen. In diesem Zusammenhang ist der zusätzliche Aufwand bei der Entwicklung einer Funktion durchaus gerechtfertigt.

Die Funktion INDEX() können Sie sogleich ein zweites Mal einsetzen, denn auch die Zuweisung der Kostenstelle folgt dem soeben beschriebenen Beispiel und verwendet diese Funktion:

```
=INDEX(Prozesskosten;VERGLEICH(B2;Prozess;0);4)
```

11.10.5 Berechnung des Deckungsbeitrags II und quartalsweise Auswertung

Nachdem Sie den Arbeitsschritt der Zuordnung von Prozesskosten zu den einzelnen Aufträgen abgeschlossen haben, liegen sämtliche Daten vor, um die quartals- und kundenbezogene Auswertung der Kosten und Erlöse zu realisieren. Im Tabellenblatt *DB II* müssen Sie nun den umfassendsten Kalkulationsaufwand betreiben, erhalten aber im Gegenzug auch eine präzise Übersicht über Erlöse, Prozesskosten und Deckungsbeiträge.

Ginge es Ihnen nur um die isolierte Analyse der Erlöse oder Prozesskosten, wäre eine Pivottabelle ein geeignetes Mittel, auf das Sie zurückgreifen sollten und könnten. Suchen Sie hingegen die Verbindung zwischen Erlösen, Prozesskosten und Deckungsbeiträgen, so stoßen Sie aufgrund der Datenstrukturen auf ernsthafte Hindernisse bei der Erstellung einer Pivottabelle, denn alle Daten befinden sich in separaten Tabellenblättern. Ziehen wir auch noch die Einschränkungen bei der Gestaltung und Weiterverarbeitung von Pivottabellen in Betracht, liegt es nahe, einen anderen Weg zu beschreiten.

	A	B	C	D	E	I	M	Q	U
1			Auswertungszeiträume						
2		Q1	Q2	Q3	Q4				
3		>01.01.2014	>01.03.2014	>01.07.2014	>01.10.2014				
4		<28.02.2014	<30.06.2014	<30.09.2014	<31.12.2014				
5									
6			Ergebnisse Q1			Ergebnisse Q2	Ergebnisse Q3	Ergebnisse Q4	Gesamtjahr
7	Kunden-ID	Umsatz	DB I	Prozesskosten	DB II	DB II	DB II	DB II	DB II
8	72139	0,00 €	0,00 €	0,00 €	0,00 €	0,00 €	3.365,66 €	0,00 €	3.365,66 €
9	51299	0,00 €	0,00 €	0,00 €	0,00 €	0,00 €	-417,00 €	12.755,10 €	12.338,10 €
10	32907	0,00 €	0,00 €	0,00 €	0,00 €	0,00 €	0,00 €	7.776,16 €	7.776,16 €
11	73400	0,00 €	0,00 €	0,00 €	0,00 €	0,00 €	0,00 €	5.282,02 €	5.282,02 €
12	11289	0,00 €	0,00 €	0,00 €	0,00 €	0,00 €	-78,00 €	10.619,99 €	10.541,99 €
13		0,00 €	0,00 €	0,00 €	0,00 €	0,00 €	0,00 €	0,00 €	0,00 €
14		0,00 €	0,00 €	0,00 €	0,00 €	0,00 €	0,00 €	0,00 €	0,00 €
15		0,00 €	0,00 €	0,00 €	0,00 €	0,00 €	0,00 €	0,00 €	0,00 €
16		0,00 €	0,00 €	0,00 €	0,00 €	0,00 €	0,00 €	0,00 €	0,00 €
17		0,00 €	0,00 €	0,00 €	0,00 €	0,00 €	0,00 €	0,00 €	0,00 €
18		0,00 €	0,00 €	0,00 €	0,00 €	0,00 €	0,00 €	0,00 €	0,00 €
19		0,00 €	0,00 €	0,00 €	0,00 €	0,00 €	0,00 €	0,00 €	0,00 €
20		0,00 €	0,00 €	0,00 €	0,00 €	0,00 €	0,00 €	0,00 €	0,00 €
21		0,00 €	0,00 €	0,00 €	0,00 €	0,00 €	0,00 €	0,00 €	0,00 €
22		0,00 €	0,00 €	0,00 €	0,00 €	0,00 €	0,00 €	0,00 €	0,00 €
23		0,00 €	0,00 €	0,00 €	0,00 €	0,00 €	0,00 €	0,00 €	0,00 €
24		0,00 €	0,00 €	0,00 €	0,00 €	0,00 €	0,00 €	0,00 €	0,00 €
25		0,00 €	0,00 €	0,00 €	0,00 €	0,00 €	0,00 €	0,00 €	0,00 €
26		0,00 €	0,00 €	0,00 €	0,00 €	0,00 €	0,00 €	0,00 €	0,00 €
27		0,00 €	0,00 €	0,00 €	0,00 €	0,00 €	0,00 €	0,00 €	0,00 €
28		0,00 €	0,00 €	0,00 €	0,00 €	0,00 €	2.870,66 €	36.433,28 €	39.303,94 €

Abbildung 11.47 Quartalsweise Auswertung von Umsatz, Prozesskosten und Deckungsbeiträgen

Wenn Sie auf eine Pivottabelle verzichten, heißt dies noch lange nicht, dass Sie auf eine optimale Übersicht bei der Darstellung der Ergebnisse verzichten müssen. Im Tabellenblatt *DB II* werden folgende Bausteine eingesetzt, um eine gut strukturierte quartalsweise Auswertung zu realisieren:

- die bedingte Kalkulation von Umsätzen, Prozesskosten und Deckungsbeiträgen mit der Funktion SUMMEWENNS( )

- die Gliederungsfunktion, um Einzelheiten zu den Quartalen nach Bedarf ein- und auszublenden

- eine Fensterfixierung, um auch bei großen Datenmengen und dem notwendigen Scrollen durch die Tabelle die Beschriftung von Zeilen und Spalten im Auge zu behalten

Es wäre übertrieben, zu behaupten, dass der in diesem Tabellenblatt zu betreibende Aufwand nicht gerechtfertigt wäre. Also los!

11.10.6 Bedingte Kalkulation auf Basis von Datum und Kunden-ID

Die erste Voraussetzung, die bei der Auswertung der Daten erfüllt sein sollte, ist die Zuordnung der Ergebnisse zu vier Datumsbereichen. Dazu müssen Sie die Eckdaten der Quartale als Auswertungskriterien festlegen. Es spricht nichts dagegen, die Eckdaten direkt im Tabellenblatt *DB II* zu hinterlegen.

Auswertungszeiträume			
Q1	Q2	Q3	Q4
>01.01.2014	>01.03.2014	>01.07.2014	>01.10.2014
<28.02.2014	<30.06.2014	<30.09.2014	<31.12.2014

Abbildung 11.48 Anfangs- und Endwerte der vier Quartale

In der Musterlösung ist dies im Zellbereich B3 bis E4 bereits geschehen (Abbildung 11.48). Die Datumsangaben werden Ihnen helfen, die Erlöse und Kosten nach Quartalen zu analysieren. Es ist unerheblich, ob Sie die Datumswerte in der Form =">=01.01.2014", wie es beispielsweise bei DB-Funktionen üblich ist, oder >=01.01.2014 eingeben. Beide Schreibweisen werden von der Funktion SUMMEWENNS() verstanden und korrekt verarbeitet.

	Q1	Q2	Q3	Q4				
	>01.01.2014	>01.03.2014	>01.07.2014	>01.10.2014				
	<28.02.2014	<30.06.2014	<30.09.2014	<31.12.2014				
		Ergebnisse Q1			Ergebnisse Q2	Ergebnisse Q3	Ergebnisse Q4	
Kunden-ID	Umsatz	DB I	Prozesskosten	DB II	DB II	DB II	DB II	
72139	=SUMMEWENNS('DB I'!$I$2:$I$100;'DB I'!$B$2:$B$100;$A8;'DB I'!$D$2:$D$100;$B$3;'DB I'!$D$2:$D$100;$B$4)							
51299	0,00 €	0,00 €	0,00 €	0,00 €	0,00 €	-417,00 €	12.755,10 €	

Abbildung 11.49 Eine Funktion und drei Bedingungen ersetzen hier eine Pivottabelle – SUMMEWENNS(), Quartalsbeginn, -ende und Kunden-ID.

Als dritte Bedingung – neben dem Quartalsbeginn und dem Quartalsende – verwenden Sie die Kundennummer.

Den konkreten Wert beziehen Sie jeweils aus Spalte A der Tabelle (Abbildung 11.49). Die vollständige Funktion zum Berechnen der Umsätze lautet also:

```
=SUMMEWENNS('DB I'!$I$2:$I$100;'DB I'!$B$2:$B$100;$A8;'DB I'
!$D$2:$D$100;$B$3;'DB I'!$D$2:$D$100;$B$4)
```

Da die Bezüge auf $B$3 und $B$4 (Datumswerte für den Quartalsbeginn und das Quartalsende) absolut und auf $A8 – die Kundennummer – relativ in Bezug auf die Zeile gesetzt wurden, lässt sich die Funktion ohne Schwierigkeiten und Anpassungen nach unten kopieren.

Die nächste Funktion zur Berechnung von DB I unterscheidet sich nicht in der Struktur, sondern lediglich in den Bezügen auf die Spalte, in der sich die Daten der Zwischenberechnungen befinden. Ist dies bei den Umsätzen die Spalte I, so müssen Sie für DB I die Werte aus Spalte K holen.

Auch die Funktion zur Berechnung der Prozesskosten weist eine ähnliche Struktur auf. Hier werden allerdings die Datumswerte aus Spalte C und die zu summierenden Kosten aus Spalte D bezogen.

Die Funktionen für die Berechnung aller Ergebnisse des ersten Quartals lauten somit:

Ergebnis	Funktion
DB I	`=SUMMEWENNS('DB I'!$K$2:$K$100;'DB I'!$B$2:$B$100;$A8;'DB I' !$D$2:$D$100;$B$3;'DB I'!$D$2:$D$100;$B$4)`
Prozess-kosten	`=SUMMEWENNS('kundenbezogene Prozesskosten'!$D$2:$D$100; 'kundenbezogene Prozesskosten'!$A$2:$A$100;$A8;'kundenbezogene Prozesskosten'!$C$2:$C$100;$B$3;'kundenbezogene Prozesskos- ten'!$C$2:$C$100;$B$4)`

Tabelle 11.10 Funktionen zur Berechnung der Prozesskosten

Abschließend errechnen Sie aus den Prozesskosten und dem Deckungsbeitrag I den Ergebniswert für den Deckungsbeitrag II. Eine einfache Subtraktion – beispielsweise in Zelle E8 nachvollziehbar – reicht dazu aus (=C8-D8).

11.10.7 Übertragung der Funktionen auf die weiteren Quartale

Betrachten wir den nächsten Arbeitsschritt, so scheint es im ersten Moment, als läge nun eine Mammutaufgabe vor Ihnen, um die Funktionen auch für die weiteren drei Quartale einzurichten. Doch diese Befürchtung ist schnell relativiert: Da sämtliche Zellbezüge auf die externen Tabellenblätter absolute Bezüge sind und die Verweise auf die Datums- und Kunden-ID-Zellen eine funktionierende Kombination aus relativen und absoluten Bezügen enthalten, sind alle Funktionen kopierbar. Die Kopien bedürfen nur noch einiger kleinerer Anpassungen, um ihre Aufgaben korrekt zu erfüllen:

- Markieren Sie den Zellbereich B8 bis E8, und kopieren Sie ihn in die Zwischenablage.

- Bewegen Sie den Cursor in Zelle F8, und drücken Sie die rechte Maustaste.

- Wählen Sie aus dem Kontextmenü die Option **Formeln (F)**, um die Formeln an der Cursorposition einzufügen (Abbildung 11.50). In Excel 2007 wählen Sie stattdessen **Inhalte einfügen ▸ Formeln**.

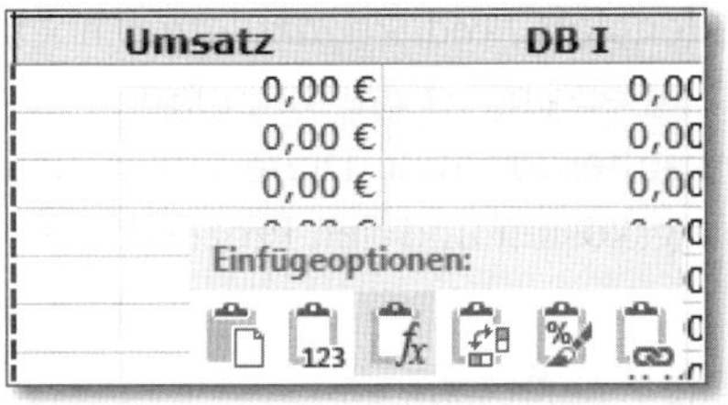

Abbildung 11.50 Übertragen der Berechnungen des ersten in das zweite Quartal

In den drei Kalkulationsfunktionen der Spalten F, G und H müssen Sie lediglich die Zellbezüge anpassen, die auf das Anfangs- und Enddatum des Quartals verweisen, denn Sie möchten nicht noch einmal die Ergebnisse für das erste Quartal, sondern diejenigen für die Folgequartale sehen.

Statt der Zelle $B$3 setzen Sie den Bezug $C$3 (Quartalsbeginn) und statt $B$4 den Bezug $C$4 (Quartalsende) ein. Nachdem Sie die Anpassungen vorgenommen haben, kopieren Sie die Funktionen nach unten.

Auch bei den Funktionen zur Berechnung der Ergebnisse der Quartale 3 und 4 führen Sie die beschriebenen Änderungen durch, um schließlich alle Ergebnisse für das gesamte Jahr zu erhalten.

11.10.8 Gliederung der Daten und Fixierung des Fensters

Die letzten Schritte, die in diesem Tabellenblatt auszuführen sind, dienen der Übersichtlichkeit bei der Betrachtung der Daten. Schalten Sie zunächst die Gliederungsfunktion ein.

- Markieren Sie die Spalten B, C und D.

- Starten Sie die Funktion **Daten ▸ Gliederung ▸ Gruppieren ▸ Gruppieren**.

Wiederholen Sie diese Schritte, um auch die Spalten *Umsatz*, *DB I* und *Prozesskosten* für die anderen Quartale auszublenden.

Positionieren Sie dann den Cursor in Zelle B8, und fixieren Sie das Fenster an dieser Zellposition über **Ansicht ▸ Fenster fixieren** (in 2010 **einfrieren**). Dadurch behalten Sie auch dann die Zeilen- und Spaltenbeschriftungen stets im Blick, wenn Sie zu den Datenbereichen am Ende oder am rechten Rand der Tabelle scrollen.

11.10.9 Durchführung der Produktkalkulation

In der Beispielanwendung bleibt nun mit dem Tabellenblatt *Produktkalkulation* noch eine Tabelle übrig, die einer Erklärung bedarf. Ihre Zielsetzung ist die Kalkulation der Summe sämtlicher Herstellungskosten für ein ausgewähltes Produkt. Diese setzen sich aus den direkt zuzuordnenden Material- und Fertigungskosten und den Prozesskosten zusammen, die man dem Produkt zuordnen kann.

Um die Herstellungskosten für ein Produkt zu berechnen, benötigen Sie:

- dessen Produktbezeichnung

- die Teile, aus denen das Produkt hergestellt wird

- die Prozesse, die zur Herstellung nötig sind

11.10.10 Datenüberprüfungen zur Artikel- und Prozessauswahl

All diese Informationen stellt Ihnen das Tabellenblatt *Produktkalkulation* über Listenfelder, also mit Hilfe der bereits beschriebenen Datenüberprüfung, zur Verfügung (Abbildung 11.51).

Da sich die Daten sämtlicher Listen in anderen Tabellenblättern befinden, kommen Sie nicht darum herum, Bereichsnamen zu verwenden, um die Datenbereiche anzusprechen. Die drei Bereichsnamen, auf die Sie sich stützen können, lauten *ArtikelID*, *Materialbezeichnung* und *Prozess* – Sie erinnern sich vielleicht an letzteren Namen, der im Text weiter oben ein Abwägen zum Pro und Contra von INDEX()/SVERWEIS() nach sich gezogen hatte. Zu diesen Bezeichnungen kommt im Tabellenblatt *Produktkalkulation* der Bereichsname *Fertigungstätigkeit* hinzu, der im unteren Abschnitt der Tabelle verwendet wird, um die Fertigungs- und Prozesskosten den jeweiligen Tätigkeiten zuzuweisen.

⊿	A	B	C	D
1	**Produktkalkulation**			
2	Artikel-ID	S01001		
3	Produktgruppe	Stühle		
4	Artikelbezeichnung	Bahia		
5	**Stückliste**	**Prozesstyp**	**Material**	
6			Anzahl	€
7	**Eigene Teile**			
8	Stuhlbein Typ 1	Holzarbeiten	4	2,90 €
9	Schalensitz	Holzarbeiten	1	9,80 €
10	Armlehne	Metallarbeiten	2	4,20 €
11	Rückenlehne	Holzarbeiten	1	11,00 €
12	Sitzfläche Typ 1	Holzarbeiten	1	9,50 €
13				0,00 €
14				0,00 €

Abbildung 11.51 Artikel-ID, Stückliste und Prozesstyp werden über Datenüberprüfungen zugewiesen.

Alle Aufgaben der Bereichsnamen sind klar umrissen:

- Mit dem Namen *Materialbezeichnung* greifen Sie im oberen Teil der Spalte A auf die Materialien zur Herstellung Ihrer Produkte zu.

- Der Bereichsname *Prozess* unterstützt Sie bei der Auswahl der Prozesstypen in Spalte B.

- Im unteren Teil der Spalte A wird der Bereichsname *Fertigung* eingesetzt, um auf die verschiedenen Fertigungstätigkeiten zuzugreifen.

- Der Name *Artikel-ID* wird in der Datenüberprüfung in Zelle B2 genutzt, um einen Artikel aus der Artikelliste auszuwählen.

Von der Auswahl der Artikel-ID, mit der Sie die Kalkulation des Produkts beginnen, hängen die Inhalte weiterer Zellen ab. Die Zellen B3 (Produktgruppe) und B4 (Artikelbezeichnung) werden über SVERWEIS() zugewiesen.

11.10.11 Formeln und Funktionen zur Berechnung der Herstellungskosten

Neben den Listenfeldern weist das Tabellenblatt diverse Eingabezellen in den Spalten C, E und G auf. Darin sollen Sie den konkreten Arbeitsaufwand für die einzelnen Tätigkeiten bzw. die Mengenangaben erfassen.

Es verbleiben letztendlich in den Spalten D, F und H die wesentlichen Funktionen, um Schritt für Schritt die Herstellungskosten zu kalkulieren. Diese Funktionen sind:

Spalte	Funktion
D – *Material* €	`=WENNFEHLER(INDEX(Materialliste;` `VERGLEICH(A8;Materialbezeichnung;0);3);0)`
H – *Prozesskosten* €	`=WENNFEHLER(INDEX(Prozesskosten;` `VERGLEICH(B8;Prozess;0);3);0)`
F – *Fertigung* € (ab Zeile 30)	`=WENNFEHLER(INDEX(Fertigungslöhne;` `VERGLEICH(A30;Fertigungstätigkeiten;0);4);0)`

Tabelle 11.11 Funktionen zur Berechnung der Herstellungskosten

Diese Funktionen weisen, wie Sie unschwer erkennen, einige Gemeinsamkeiten auf. Alle verwenden `INDEX()`, um die konkreten Werte aus unterschiedlichen Matrizen zu übernehmen. In alle Funktionen wird zudem mit der Funktion `VERGLEICH()` aus der Spalte A oder B ein Suchkriterium übernommen. Gesucht wird entweder nach einer Materialbezeichnung, nach einem Prozesstyp oder einer Fertigungstätigkeit.

Allen Funktionen ist ebenfalls gemeinsam, dass sie einen Fehlerwert produzieren würden, wenn die Zellen, aus denen das Suchkriterium gebildet werden soll, leer wären. Daher muss in allen drei Fällen die Funktion `WENNFEHLER()` vorgeschaltet werden. Damit erreichen Sie, dass im Fall eines fehlenden Kriteriums der Wert 0 anstelle eines Fehlerwerts ausgegeben wird.

Von allen Funktionen weist lediglich jene zur Berechnung der Fertigungskosten ein abweichendes Schema auf. Sie lautet:

```
=WENN(ISTLEER(E8);0;(INDEX(Fertigungslöhne;
VERGLEICH($E$5;Fertigungstätigkeiten;0);4)))
```

Worin besteht der Unterschied? Und welchen Grund hat die Abweichung? Die Funktion in dieser Spalte hat keine wechselnden Kriterien bei der Berechnung der Daten. In dieser Spalte bilden immer die Fertigungslöhne die Berechnungsgrundlage. Die Überschrift der Spalte lautet *Fertigung*. Es ist also legitim, die Überschrift in Zelle E5 (*Fertigung*) auch als Suchkriterium in der Funktion zu benutzen. Wird dies so umgesetzt, würde unweigerlich auch dann ein Eurobetrag – in diesem Fall 21,00 € – angezeigt, wenn keine Arbeitsleistung erbracht und eingetragen wurde. Um diese irritierende Anzeige zu verhindern, wird der Berechnung ein `WENN()` vorgeschaltet. Diese Funktion prüft, ob in Zelle E8 eine Stundenangabe steht (`ISTLEER(E8)`) oder nicht. Werden keine Stunden angegeben, wird der Stundensatz auf den Wert Null gesetzt.

11.10.12 Abschluss und Schutz der Berechnungen

Sämtliche weiteren Formeln in diesem Tabellenblatt beziehen sich schließlich auf die Addition der schrittweise berechneten Zwischenergebnisse. Sie finden die Einzelergebnisse in den Spalten I, J und K, die Zwischensummen in den Zeilen 28 und 34 sowie die Endsumme der Herstellungskosten in Zeile 35. Alle diese Zellen enthalten einfache Multiplikationen oder Additionen.

Abschließend sollten Sie sich wieder der Frage widmen, wie Sie die Ergebnisse und auch die Rechenwege schützen können. Es ist meines Erachtens auch bei dieser Datei ratsam, zumindest die Tabellenblätter *Produktkalkulation* und *DB II* vor versehentlichem Überschreiben der Formeln und Funktionen zu schützen. Heben Sie also am besten die Sperrung der Eingabezellen auf, und aktivieren Sie den Blattschutz für diese beiden Tabellenblätter. In der Musteranwendung habe ich für den Blattschutz das Kennwort »galileo« verwendet.

11.11 Eigenfertigung oder Fremdbezug (make or buy)

In der Datei *11_Make_or_buy_00.xlsx* gilt es, sich einer anderen Fragestellung zuzuwenden. Sie dreht sich um die beiden Handlungsvarianten, denen ein produzierendes Unternehmen sich häufig gegenübergestellt sieht. Ist es ökonomisch ratsam, ein Bauteil oder ein Vorprodukt selbst herzustellen oder es von einem anderen Unternehmen zu beziehen?

Beide Kalkulationen beruhen naturgemäß auf unterschiedlichen Datengrundlagen. Während beim Fremdbezug Faktoren wie eingeräumte Rabatte, Skonti, aber auch die Kosten des Beschaffungsvorgangs oder der Eingangsprüfung zu Buche schlagen, sind die Kosten bei der Eigenfertigung von Material- und Fertigungskosten sowie den Löhnen und Gemeinkosten geprägt (Abbildung 11.52).

Eigenfertigung vs. Fremdbezug (Make or buy)					
Fremdbezug			**Eigenfertigung**		
	%	Betrag		%	Betrag
Listenpreis		87,90 €	Fertigungsmaterial		56,00 €
eingeräumter Rabatt	9,00%	7,91 €	Materialgemeinkosten	17,30%	9,69 €
Zieleinkaufspreis		79,99 €	Materialkosten		65,69 €
Skonto	2,00%	1,60 €	Fertigungslöhne		2,50 €
Bareinkaufspreis		78,39 €	Fertigungsgemeinkosten	125,00%	3,13 €
kalkulierte Bezugskosten	4,20%	3,29 €	Fertigungskosten		5,63 €
Bezugspreis		**81,68 €**	**Herstellkosten**		**71,32 €**
Stückzahl		25.000	Stückzahl		25.000
			Fixkosten Eigenfertigung		85.000,00 €
Kosten Fremdbezug		**2.042.000,00 €**	**Kosten Eigenfertigung**		**1.868.000,00 €**

Abbildung 11.52 Kostenvergleich für Fremdbezug und Eigenfertigung

11.11.1 Aufbau des Kalkulationsmodells

Auch wenn die Entscheidung zwischen Eigenherstellung und Fremdbezug niemals nur auf Basis der Kostenstruktur gefällt wird, kann Excel einen Beitrag zur Entscheidungsfindung leisten.

Das in diesem Kapitel vorgestellte Modell verwendet keine speziellen Formeln und Funktionen. Die Berechnungsschritte sind schnell dargestellt:

- Ausgehend vom Listenpreis ermitteln Sie unter Berücksichtigung etwaiger Rabatte zunächst den Zieleinkaufspreis bei Fremdbezug.

- Dieser führt durch Abzug des Skontos zum Bareinkaufspreis.

- Die kalkulierten Bezugskosten – ebenfalls prozentual angegeben – beruhen auf den Ihnen bekannten Gemeinkostenanteilen für die Beschaffung von Produkten. Addieren Sie sie zum Bareinkaufspreis, erhalten Sie den Bezugspreis des Wirtschaftsguts.

- Anschließend multiplizieren Sie den Bezugspreis mit der beabsichtigten Menge der Beschaffung, um die Kosten für den Fremdbezug auszuweisen.

Auf der anderen Seite des Modells – Spalten E bis G – ermitteln Sie nun vergleichsweise die Kosten der Eigenproduktion:

- Aus den Kosten für Fertigungsmaterial und dem prozentualen Anteil der Materialgemeinkosten bilden Sie die Materialkosten.

- Die Fertigungskosten wiederum, als zweiter Posten der benötigten Herstellkosten, gewinnen Sie aus den Fertigungslöhnen, die für die Herstellung eines Artikels aufgewendet werden, und dem prozentual hinzuzurechnenden Fertigungsgemeinkostenanteil.

- Die Ergebnisse der Berechnungen werden wie beim Fremdbezug auf zwei Nachkommastellen gerundet. Die Zuschlagsätze selbst entnehmen Sie z. B. dem Betriebsabrechnungsbogen.

- Schließlich multiplizieren Sie auch die Herstellkosten mit der voraussichtlich benötigten Menge und rechnen die Fixkosten der Eigenanfertigung dem Produkt zu.

Da für beide Seiten der Berechnung die gleiche Stückzahl gelten muss, sollten Sie die beiden Zellen C12 und G12 über eine Zellverknüpfung verbinden. Dies kann ein einfacher Verweis von G12 auf D12 sein (=D12) oder, wie in der Beispieldatei, über einen Bereichsnamen (*stückzahl*) erfolgen.

11.11.2 Bestimmung der kritischen Menge

Die Stückzahl, ab der die Eigenfertigung rentabel ist, berechnen Sie mit der Formel:

$$Kritische\ Menge = \frac{Fixkosten}{Bezugspreis - Herstellerkosten}$$

In der Beispieldatei habe ich den drei relevanten Zellen Bereichsnamen gegeben. Demnach können Sie mit der Formel

```
=fixkosten/(bezugspreis-herstellkosten)
```

in jeder gewünschten Zelle der Arbeitsmappe das Ergebnis berechnen.

11.11.3 Darstellung der Kostenverläufe im Diagramm

Sollten Sie auch noch die Darstellung der beiden Kostenverläufe mit einem Liniendiagramm ins Auge fassen, dann müssen Sie sich der gleichen Arbeitsschritte bedienen, die wir bereits bei der Visualisierung des Break-even-Points benutzt haben.

Im Tabellenblatt *Diagrammdaten* produzieren Sie zwei Datenreihen, die die Kosten für den Fremdbezug und die Eigenfertigung abbilden (Abbildung 11.53). Die Formel, die Sie in B2 nutzen, lautet `=bezugspreis*A2`. In der Nachbarzelle C2 ist es hingegen `=herstellkosten*A3+fixkosten`.

	A	B	C
1	Menge	Fremdbezug	Eigenfertigung
2	1.000	81.680 €	156.320 €
3	1.400	114.352 €	184.848 €
4	1.800	147.024 €	213.376 €
5	2.200	179.696 €	241.904 €
6	2.600	212.368 €	270.432 €
7	3.000	245.040 €	298.960 €
8	3.400	277.712 €	327.488 €
9	3.800	310.384 €	356.016 €
10	4.200	343.056 €	384.544 €

Abbildung 11.53 Diagrammdaten für den Kostenvergleich

Die Berechnungsintervalle, die Stückzahl und der Startwert der Kalkulation werden dem Zellbereich G4 bis G6 in diesem Tabellenblatt entnommen (Abbildung 11.54).

Diagrammvorgaben	
Startwert:	25.000
Versatz:	24.000
Intervall:	400
Diagrammbeschriftung	
Eigenfertigung günstiger ab: 8.205 Stück	

Abbildung 11.54 Diagrammvorgaben und -beschriftung

Die Anzeige der kritischen Menge im Diagramm folgt ebenfalls ähnlichen Regeln wie bei der Break-even-Analyse. In einer Zelle der Arbeitsmappe – im Beispiel ist es Zelle F9 des Tabellenblattes *Diagrammdaten* – wird eine Verkettung von Textelementen und der berechneten kritischen Menge in Kombination mit einer Formatierung erzeugt. Das Ergebnis ist die folgende Funktion:

```
=VERKETTEN("Eigenfertigung günstiger ab: ";TEXT(fixkosten/(bezugspreis-
herstellkosten);"000.0");" Stück")
```

Sie verketten hier also den erklärenden Text mit dem Funktionsergebnis. Um eine bessere Lesbarkeit des Ergebnisses zu erhalten, verwenden Sie die Funktion TEXT(). Mit ihr erzwingen Sie ein Zahlenformat mit Tausenderpunkt.

Die Übernahme des ausformulierten und formatierten Ergebnisses in das Diagramm erreichen Sie auch in diesem Fall wieder, indem Sie ein Rechteck in das Diagramm zeichnen, dieses Rechteck anklicken und dann den Cursor in der Editierzeile positionieren. Zeigen Sie dann auf Zelle F9, so wird das berechnete und formatierte Ergebnis aus dem Tabellenblatt in das Diagramm übernommen.

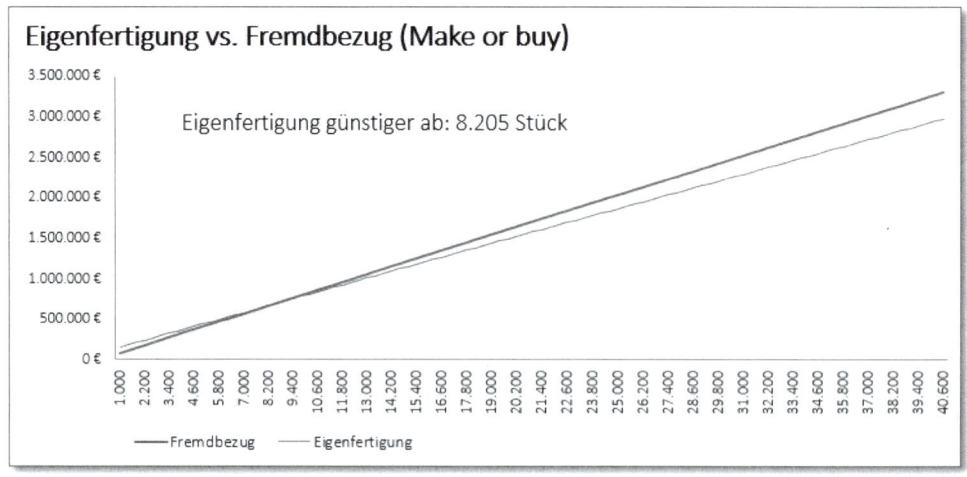

Abbildung 11.55 Kostenvergleich als Liniendiagramm

11.11.4 Schlussbemerkung

Wie bereits weiter oben erwähnt, wird die Entscheidung zwischen Fremdbezug und Eigenfertigung nie einzig und allein auf den Kostenaspekten beruhen. Die hier vorgestellte Berechnungsmethode betrachtet allerdings ausschließlich diesen Aspekt. Selbstverständlich haben aber auch zahlreiche weitere Faktoren, die nicht zwangsläufig quantifizierbar sein müssen, einen starken Einfluss auf eine entsprechende Entscheidung. Solche Faktoren betreffen häufig die Abhängigkeit von Lieferanten, den Verlust von Kompetenzen und anderes mehr.

Solche Faktoren müssen ebenfalls gründlich in Erwägung gezogen werden, da eine Entscheidung für einen Fremdbezug von Gütern weitreichende Veränderungen im Unternehmen nach sich zieht, die wiederum kurzfristig nicht mehr revidiert werden können.

Bei der Bewertung einer solchen Mischung aus monetären und nicht-monetären Kriterien ist nicht allein Sachverstand hilfreich. Methoden wie eine erweiterte Nutzwertanalyse sind ebenfalls empfehlenswert, da mit ihr quantifizierbare und nicht-quantifizierbare Kriterien gleichermaßen berücksichtigt und bewertet werden können.

11.12   Zinsen, Tilgung, Annuitäten für Darlehen berechnen

Der folgende Abschnitt dieses Kapitels ist einer Reihe spezialisierter Funktionen gewidmet. Im Funktionsassistenten weist Excel eine Liste von etwas mehr als 50 finanzmathematischen Funktionen aus, die bei der Kalkulation von Darlehen, Abschreibungen, Aktienkursen etc. einsetzbar sind. Der Großteil der Funktionen ist, was die Funktionsargumente angeht, beinahe selbsterklärend. Für einige der Funktionen gilt jedoch, dass ein bestimmter Tabellenaufbau bei ihrer Anwendung sehr hilfreich ist.

Auf den nächsten Seiten werden Sie einige der finanzmathematischen Funktionen und ihren Einsatz im Bereich Finanzen und Investitionen kennenlernen.

11.12.1 Raten mit festen Annuitäten

Öffnen Sie als erstes Beispiel die Datei *11_Annuitäten_00.xls*. Darin soll die konstante Zahlung einer Annuität berechnet werden. Alle wesentlichen Daten dazu befinden sich in den Zellen C3 bis C6:

Zelle	Inhalt
C3	der Kreditbetrag, für den die Annuitäten berechnet werden sollen
C4	Der Endwert des Betrags. Wenn der Kredit voll zurückgezahlt werden muss oder soll, ist der Endwert 0.
C5	der vereinbarte Zinssatz pro Jahr
C6	die Laufzeit des Kredits, angegeben in Jahren

Tabelle 11.12 Inhalte der Zellen

Mit den vorliegenden Daten berechnen Sie in der angrenzenden Zelle C7 nun die regelmäßig zu leistende Zahlung. Dazu verwenden Sie die Funktion `RMZ(Zinssatz; Zinszeitraum; Barwert; zukünftiger Wert; F)`, ein Akronym für regelmäßige Zahlung.

Wenn Sie die Zellbezüge in die Funktion einsetzen, erhalten Sie in Zelle C7 die Funktion `=-RMZ(C5;C6;C3;C4)`. Den Zinssatz finden Sie in Zelle C5, den Zinszeitraum in C6. Das Argument *Barwert* bezeichnet den Wert Ihres Kredits im Jahr der Auszahlung (C3), und den zukünftigen Wert können Sie Zelle C4 entnehmen. Das Argument `F` gibt in dieser Funktion schließlich an, ob die Rückzahlungen am Beginn oder am Ende einer Periode durchgeführt werden. Lassen Sie dieses Argument leer oder setzen den Wert `0` ein, handelt es sich um eine Rückzahlung am Ende der Periode. Der Wert `1` signalisiert, dass am Anfang der Periode zurückgezahlt werden muss.

Wenn Sie vermeiden möchten, dass ein negativer Wert angezeigt wird – und dies kann sinnvoll sein, wenn Sie mit dem Ergebnis weiterrechnen möchten –, dann stellen Sie der Funktion einfach ein Minuszeichen voran.

Kredit mit gleichbleibender Annuität	
Kreditbetrag	**80.000,00 €**
Endwert	**- €**
Zinssatz	**3,9%**
Laufzeit (in Jahren)	**6**
Annuität	**15.186,51 €**

Abbildung 11.56 Berechnung von Annuitäten

11.12.2 Aufteilung in Zinsen und Tilgung

Die nun bekannte jährliche Annuität teilen Sie in den Zins- und Tilgungsanteil auf. Dabei sollten Sie in den Zeilen unterhalb des Ergebnisses (C7) die Funktion `ZINSZ(Zins-`

satz; Zinszeitraum; Zeitraum; Barwert; zukünftiger Wert) verwenden. Sie setzt die gleichen Argumente in die Berechnung ein wie RMZ() – fügt jedoch ein Argument hinzu.

Das Argument Zeitraum gibt an, für welche Periode – im Anwendungsbeispiel für welches Jahr – Sie die Zinszahlung berechnen möchten.

Erstellen Sie am besten eine Liste der Jahre (Zellen A10 bis A15), um in C10 eine Funktion zu definieren, die Sie bequem nach unten kopieren können. Diese besitzt folgenden Aufbau:

=-ZINSZ($C$5;A10;$C$6;$C$3;$C$4)

Wenn Sie alle Zellbezüge bis auf die Jahresangabe in Zelle A10 absolut setzen, lässt sich der Ausdruck einfach nach unten kopieren. Angezeigt werden Ihnen die zu zahlenden Zinsanteile pro Jahr (Abbildung 11.57).

Jahr	Anfangswert	Zinsen	Tilgung	Annuität	Endwert
1	80.000,00 €	3.080,00 €	12.106,51 €	15.186,51 €	67.893,49 €
2	67.893,49 €	2.613,90 €	12.572,61 €	15.186,51 €	55.320,88 €
3	55.320,88 €	2.129,85 €	13.056,66 €	15.186,51 €	42.264,22 €
4	42.264,22 €	1.627,17 €	13.559,34 €	15.186,51 €	28.704,88 €
5	28.704,88 €	1.105,14 €	14.081,37 €	15.186,51 €	14.623,51 €
6	14.623,51 €	563,00 €	14.623,51 €	15.186,51 €	- €
		11.119,07 €			

Abbildung 11.57 Verteilung der Annuitäten auf Zinsen und Tilgung

Da Ihnen die Annuität aus der ersten Berechnung bereits bekannt ist, lässt sich in Spalte D nun mühelos auch die Tilgungsrate bestimmen. Entweder verwenden Sie =E10-$E$7 und kopieren diese Formel nach unten, oder Sie erstellen in Spalte E eine Liste der jährlich zu leistenden Zahlungen und subtrahieren von diesem Betrag den Zinsanteil (=E10-C10). Letzteres habe ich in der Beispieldatei gemacht.

Egal, wie Sie sich entscheiden, in jedem Fall können Sie abschließend in den Spalten A und F die Werte des Kredits am Anfang und Ende des Jahres darstellen (Abbildung 11.57) und die Gesamtberechnung damit abschließen.

11.12.3   Monatsraten und Zinsen

In der Datei *11_Annuitäten_Monat_00.xlsx* werden prinzipiell die gleichen Rechenwege beschritten. Allerdings erfolgt die Verzinsung hier nicht auf Jahres-, sondern auf Monatsbasis. Dies wirkt sich auf die Argumente der Funktion RMZ() aus. In Zelle C4 ist Ihr

Zinssatz nicht mehr 3,8 %, sondern =3,8%/12. Er wird durch die Anzahl der Monate geteilt. Dies funktioniert selbstverständlich nur dann, wenn Sie auch die Laufzeit entsprechend anpassen. Sie beläuft sich auf 6 mal 12, also 72 Monate (in Zelle C5).

Kredit mit gleichbleibender Annuität	
Kreditbetrag	80.000,00 €
Endwert	- €
Zinssatz	0,32%
Laufzeit (in Monaten)	72
Annuität	1.244,34 €

Abbildung 11.58 Berechnung von Annuitäten bei monatlicher Verzinsung

Die prinzipielle Weiterverarbeitung des Resultats, also der Annuität, läuft dann wieder so wie bei der vorherigen Datei. Sie berechnen die Zinszahlung, und aus der Differenz zwischen Annuität und Zinsen leiten Sie die Tilgungsbeträge ab. Anfangs- und Endwerte erhalten Sie in den Spalten A und F.

11.12.4 Tilgung berechnen

In den beiden letzten Beispielen haben wir die Vorgehensweise gewählt, auf Basis von Annuität und Zinszahlung die monatlichen bzw. jährlichen Tilgungsanteile zu berechnen. Die Folge ist eine kleine Tabelle, der Sie die Zahlungsanforderungen entnehmen können. Im Grundsatz können Sie die Tilgung jedoch auch direkt mit der entsprechenden Funktion berechnen (Abbildung 11.59).

Mit der Funktion KAPZ(Zinssatz; Zeitraum; Zinszeitraum; Barwert; zukünftiger Wert; F) setzen Sie diese Absicht in die Tat um; sie berechnet den Wert einer zukünftigen Kapitalzahlung.

	A	B	C	D
1	Kredit mit gleichbleibender Annuität			
2	Kreditbetrag		80.000,00 €	
3	Endwert		- €	
4	Zinssatz		0,32%	
5	Laufzeit (in Monaten)		72	
6	Annuität		1.244,34 €	
7				
8	Monat	Anfangswert	Zinsen	Tilgung	An
9	1	80.000,00 €	=-ZINSZ($C$4;A9;$C$5;$C$2;$C$3)	

Abbildung 11.59 Berechnung der Tilgung über KAPZ()

In der Arbeitsmappe *11_Tilgung_00.xlsx* ist erkennbar, dass sich die Argumente der Funktion nicht von denen unterscheiden, die bereits bei der Berechnung der Zinszahlung (ZINSZ()) verwendet wurden. Wählen Sie auch hier wieder einen Aufbau des Tabellenblattes, bei dem die Angabe der Zeiträume (z. B. Jahre) in einer Spalte untereinander stehen. Sofern alle Zellbezüge – bis auf den Zellbezug des Arguments Zeitraum – absolut gesetzt sind, erstellt Excel durch Kopieren der Funktion nach unten alle Tilgungsbeträge automatisch (=-KAPZ($D$4;A9;$D$5;$D$2;$D$3)).

Die Funktion KAPZ() ist vor allem dann interessant, wenn Sie Zwischenrechnungen vermeiden oder gezielt den Tilgungsbetrag für eine bestimmte Periode ermitteln wollen.

11.12.5   Zukünftigen Wert berechnen

Eben diese Vorteile ergeben sich auch bei Verwendung der Funktion ZW(Zinssatz; Zinszeitraum; Annuität; Barwert; F). Sie finden diese Funktion in Spalte D der ausgewählten Tabelle. Mit ihr lösen Sie die Gleichung in Richtung des zukünftigen Werts der Zahlungen auf, ohne in der Tabelle zuvor in Zwischenschritten Zins und Tilgung zu berechnen:

=-ZW($D$4;A9;-$D$6;$D$2)

Jahr	Zinsen	Tilgung	Endwert
1	3.120,00 €	12.091,31 €	67.908,69 €
2	2.648,44 €	12.562,87 €	55.345,83 €
3	2.158,49 €	13.052,82 €	42.293,01 €
4	1.649,43 €	13.561,88 €	28.731,13 €
5	1.120,51 €	14.090,79 €	14.640,33 €
6	570,97 €	14.640,33 €	0,00 €

Abbildung 11.60 Verwendung von ZINSZ(), KAPZ() und ZW()

Sie sehen an diesen Beispielen, dass es je nach Aufgabenstellung, Interessenschwerpunkt und zur Verfügung stehendem Platz durchaus unterschiedliche Lösungswege bei der Berechnung von Darlehen geben kann.

11.12.6   Effektiv- und Nominalzins berechnen

Bei den beiden Funktionen EFFEKTIV() und NOMINAL() erübrigt sich fast jegliche Erläuterung ihrer Aufgaben. Öffnen Sie die Datei *11_Effektiv_Nominal_00.xlsx*, und Sie erhalten ein einfaches Beispiel für die Umrechnung des Effektiv- in den Nominalzins und umgekehrt.

Nominal- zu Effektivzins		Effektiv- zu Nominalzins	
Nominalzins	3,80%	Effektivzins	3,86%
Perioden	6	Perioden	6
Effektivzins	3,86%	Nominalzins	3,80%

Abbildung 11.61 Umrechnung von Nominal- in Effektivzins und umgekehrt

Für die Kalkulation des Effektivzinssatzes müssen der Nominalzinssatz und die Anzahl der Perioden bekannt sein. Die Funktion und ihre Argumente lauten: =EFFEKTIV(B2;B3).

Umgekehrt werden bei der Berechnung des Nominalzinses der Effektivzinssatz und die Periodenanzahl als Argumente der Funktion verwendet. Praktisch umgesetzt ergibt dies den Ausdruck =NOMINAL(E2;E3). Viel mehr gibt es zu beiden Funktionen nicht zu sagen.

11.12.7 Barwert auf Basis regelmäßiger zukünftiger Zahlungen

Sie möchten den zukünftigen Wert einer Reihe zukünftiger Zahlungen, z. B. einer Lebensversicherung, berechnen? Mit der Funktion BW(Zinssatz; Zahlungszeitraum; RMZ; zukünftiger Wert; F) ist dies kein Problem.

Barwertberechnung (Lebensversicherung)	
Monatliche Einzahlung:	-500 €
zugesicherter Zinssatz:	6,50%
Laufzeit (Jahre):	20
Einzahlungen:	12
Endwert:	0
Fälligkeit:	0
Barwert	**67.062,50 €**

Abbildung 11.62 Berechnung des Barwerts mit der Funktion BW()

In der Arbeitsmappe *11_Barwert_00.xlsx* habe ich das Feld für eine solche Kalkulation schon erstellt. Vorhanden sind die folgenden, Abbildung 11.62 zu entnehmenden Informationen:

- ein monatlich einzuzahlender Betrag

- ein vereinbarter Zinssatz

- die Laufzeit

- die Anzahl der Einzahlungen pro Periode

- der heutige Wert der Zahlungen

- die Festlegung der Zinszahlung (Periodenbeginn oder -ende)

Verweisen Sie, nachdem Sie die Funktion `BW()` über den Funktionsassistenten ausgewählt haben, wie gewohnt auf die betreffenden Zellen.

Bei der in diesem Beispiel angenommenen laufenden Verzinsung müssen Sie erneut beachten, dass der Jahreszinssatz durch zwölf Monate geteilt und andererseits die Anzahl der Jahre, in denen die Einzahlungen erfolgen, mit zwölf Monaten multipliziert wird.

Daraus resultiert die Funktion `=BW(B3/B5;B4*B5;B2;B6;B7)` und somit der heutige Wert aller zukünftigen Zahlungen.

11.13 Abschreibungen

Neben den bisher dargestellten Funktionen der Zinseszinsrechnung werden Sie in der Kategorie der finanzmathematischen Funktionen auch dann fündig, wenn es um die Berechnung von Abschreibungen auf Anlagegüter geht. In der Datei *11_Abschreibungen_00.xlsx* werden zwei dieser Funktionen eingesetzt. Sie dienen der Kalkulation von linearen bzw. arithmetisch-degressiven Abschreibungen.

Lineare Abschreibung	
Anschaffungskosten	50.000,00 €
Restwert	3.000,00 €
Lebensdauer	7
Abschreibung	6.714,29 €

Abbildung 11.63 Lineare Abschreibung mit LIA()

Lassen Sie uns mit den linearen Abschreibungen beginnen. Da der Abschreibungsbetrag über den gesamten Zeitraum konstant bleibt, benötigen Sie nicht mehr als eine leere Zelle, um die Funktion korrekt anzuwenden und das Ergebnis auszugeben. Wählen Sie also eine leere Zelle. Dort rufen Sie aus dem Funktionsassistenten die Funktion `LIA(Anschaffungswert; Restwert; Nutzungsdauer)` auf und ordnen die entsprechenden Zellbezüge der Beispieldatei zu `=LIA(B15;B16; B17)`.

Aus der Berechnung ergibt sich in Zelle B18, dass die jährlichen Abschreibungen auf das ausgewählte Wirtschaftsgut insgesamt 6.714,29 € betragen.

11.13.1 Arithmetisch-degressive Abschreibung

Um die arithmetisch-degressive Abschreibungsrate zu berechnen, benötigen Sie neben einer Vorgabe für die Abschreibungsdauer auch die Angabe der Perioden, zu denen Sie die Werte ermitteln möchten. Da für jede Periode eine Abschreibungsrate unterschiedlicher Höhe anfällt, müssen Sie genau spezifizieren, für welchen Zeitraum Sie die Abschreibungen kalkulieren wollen.

In der Beispieldatei liegen alle Angaben bereits in den Zellen A6 bis A12 vor.

Arithmetisch-degressive Abschreibung	
Anschaffungskosten	50.000,00 €
Restwert	3.000,00 €
Lebensdauer	7
1	11.750,00 €
2	10.071,43 €
3	8.392,86 €
4	6.714,29 €
5	5.035,71 €
6	3.357,14 €
7	1.678,57 €

Abbildung 11.64 Arithmetisch-degressive Abschreibung berechnet mit DIA()

Geben Sie also in Zelle B6 folgende Funktion ein:

```
=DIA($B$2;$B$3;$B$4;A6)
```

Die vier Argumente, die Sie hier verwenden, sind:

Argument	Zelle
Anschaffungswert	$B$2
Restwert	$B$3
Nutzungsdauer	$B$4
Zeitraum	A6

Tabelle 11.13 Verwendete Argumente

Nach der Eingabe können Sie die Funktion wie gewohnt nach unten kopieren, um sämtliche Abschreibungswerte der einzelnen Jahre zu erhalten.

11.13.2 Weitere Abschreibungsmethoden und -Funktionen

Neben den beiden hier vorgestellten Abschreibungsfunktionen sind weitere in Excel verfügbar. In der folgenden Liste erhalten Sie einen Überblick über die weiteren Funktionen:

- `=LIA(Anschaffungswert;Restwert;Nutzungsdauer)`

  Diese Funktion berechnet die lineare Abschreibung einer Investition über eine Anzahl von Perioden. Besteht am Ende der Nutzungsdauer noch ein `Restwert`, so kann dieser Wert angegeben werden.

- `=DIA (Anschaffungswert;Restwert;Nutzungsdauer;Zeitraum)`

  Bei der arithmetisch-degressiven Methode wird der Abschreibungswert für eine bestimmte Periode berechnet. Die zu berechnende Periode wird mit dem Argument `Zeitraum` bestimmt.

- `=GDA2 (Anschaffungswert;Restwert;Nutzungsdauer;Periode;Monate)`

  Mit dieser Funktion wird die geometrisch-degressive Abschreibung angewendet und der Abschreibungswert für eine bestimmte Periode berechnet.

  Mit dem Argument `Periode` wird auch hier der Zeitabschnitt bestimmt, für den der Abschreibungswert kalkuliert werden soll.

  Die Anzahl der Abschreibungsmonate im ersten Abschreibungsjahr können Sie mit dem Argument `Monate` definieren. Geben Sie dieses Argument nicht an, werden zwölf Monate angenommen.

- `=GDA (Anschaffungswert;Restwert;Nutzungsdauer;Periode;Faktor)`

  Die degressive Doppelraten-Abschreibung entspricht einer beschleunigten Abschreibung. Der höchste Abschreibungswert wird in der ersten Periode erzielt; in den folgenden Perioden nimmt der Wert kontinuierlich ab. Bei der Berechnung legt Excel die Formel *((Anschaffungswert – Nutzungsdauer) – Gesamtabschreibung aus früheren Perioden) * (Faktor / Nutzungsdauer)* zugrunde.

- `=VDB (Anschaffungswert;Restwert;Nutzungsdauer;Anfang;Ende;Faktor; Nicht_wechseln)`

  Hiermit wird die degressive Doppelraten-Abschreibung für eine bestimmte Periode oder Teilperiode berechnet.

  Mit den beiden Argumenten `Anfang` bzw. `Ende` wird der konkrete Zeitraum bestimmt, für den die Berechnung erfolgen soll. Das Argument `Faktor` verwendet standardmäßig den Wert *2* – für Doppelraten-Abschreibung. Das Argument kann allerdings variiert werden.

Mit dem Argument `Nicht_wechseln` wird die automatische Wahl zwischen linearer und geometrischer Abschreibung gesteuert. Excel geht automatisch zur linearen Abschreibung über, wenn deren Abschreibungsergebnis höher als das der geometrischen Abschreibung wäre und Sie das Argument leer lassen oder mit `FALSCH` angeben.

11.14 Methoden der Investitionsrechnung

Wenn Sie die Abschreibungen für eine Investition berechnet haben, kommt dies dem Blick auf die eine Seite der Medaille gleich. Sie wissen nun, wie hoch der Wertverlust einer bestimmten Sachanlage im Laufe ihrer Gesamtnutzungsdauer oder aber in einer bestimmten Nutzungsperiode ist. Was Sie hingegen noch nicht kennen, ist die andere Seite der Medaille, nämlich welche Rückflüsse aufgrund der neuen Ressource möglich sind und wie sich diese auf die Gesamtrentabilität der Investition auswirken.

Um dies in Erfahrung zu bringen, werden Sie andere Methoden und natürlich Excel-Funktionen anwenden. In der Datei *11_Investitionsrechnung_00.xlsx* stelle ich einige Beispiele für Methoden der Investitionsrechnung vor. Im Wesentlichen geht es bei deren Anwendung immer um die Kernfragen:

■ Erzielt die Investition in eine Sach- oder eine Geldanlage eine höhere Rentabilität?

■ Welche der unter Umständen vorhandenen Investitionsalternativen einer Sachanlage ist lukrativer?

■ Wie hoch sind die Rückflüsse, die zu bestimmten Zeitpunkten zu erwarten sind bzw. zu welcher Kapitalverzinsung führen diese Rückflüsse?

Eine Methodengruppe bilden bei der Beleuchtung dieser Fragestellungen die statischen Einperiodenmodelle. Dazu gehören:

■ Kostenvergleich

■ Gewinnvergleich

■ Rentabilitätsvergleich

■ Amortisationsrechnung

Charakteristikum dieser Methoden ist die Betrachtung einer einzigen Periode aus der Lebensphase der getätigten Sachanlage, also der Blick auf ein Geschäfts- bzw. Nutzungsjahr. Die Ergebnisse dieses Zeitabschnitts werden als modellhaft für die Gesamtlebensdauer des Investitionsguts angenommen und sodann verallgemeinert.

Dieser Betrachtungshorizont wird erst dann erweitert, wenn Sie eines der dynamischen Verfahren der Investitionsrechnung anwenden. Dazu gehören:

- Kapitalwertmethode
- Annuitätenmethode
- Methode des internen Zinsfußes

Lassen Sie uns die verschiedenen Methoden anhand der Beispieldatei genauer betrachten.

11.14.1 Kostenvergleichsmethode

Um einen Kostenvergleich durchzuführen, werden die Kostenfaktoren sämtlicher Investitionsalternativen für das erste Jahr im Tabellenblatt *B. Kostenvergleich* zusammengetragen. Dabei müssen Sie sowohl die leistungsabhängigen Kosten wie Personal-, Material- oder Energiekosten berücksichtigen als auch die leistungsunabhängigen Kosten (Abschreibungen, Zinsen etc.) in die Berechnung einbeziehen. Drittes Element der Kalkulation sind die Daten zur Nutzung und Auslastung der zu beschaffenden Anlagen.

	A	B	C
1	**Statische Investitionsrechnung: Kostenvergleich**		
2			
3	Zinssatz Fremdkapital	4,2%	
4		**Investition I**	**Investition II**
5	**I. Anschaffungskosten**		
6	Investitionsvolumen	1.750.000 €	2.250.000 €
7	**II. Nutzung und Auslastung**		
8	Nutzungsdauer (in Jahren)	10	10
9	Restwert (geschätzt)	100.000 €	120.000 €
10	Auslastung (in Leistungseinheiten - LE)	11.500	14.500
11	**III. Leistungsunabhängige Kosten (Jahr)**		
12	Kalkulatorische Abschreibungen	165.000 €	213.000 €
13	Kalkulatorische Zinsen	36.750 €	47.250 €
14	sonstige leistungsunabhängige Kosten	3.500 €	1.000 €
15	Summe leistungsunabhängige Kosten	205.250 €	261.250 €
16	**IV. Leistungsabhängige Kosten (Jahr)**		
17	Personalkosten	23.000 €	25.000 €
18	Fertigungsmaterial	3.200 €	4.500 €
19	Energiekosten	1.200 €	1.000 €
20	sonstige leistungsabhängige Kosten	2.100 €	2.000 €
21	Summe leistungsabhängige Kosten	29.500 €	32.500 €
22	**V. Jahresgesamtkosten**	**234.750 €**	**293.750 €**
23			
24	Leistungsunabhängige Kosten je LE	17,85 €	18,02 €
25	Leistungsabhängige Kosten je LE	2,57 €	2,24 €
26	**VI. Gesamtkosten je LE**	**20,41 €**	**20,26 €**

Abbildung 11.65 Kostenvergleich von zwei möglichen Investitionen

Nach der Erfassung des Zinssatzes für die Fremdkapitalbeschaffung (B3), der Investitionssumme (B6), der Nutzungsdauer und des zu erwartenden Restwerts berechnen Sie in Zelle B12 den Abschreibungswert auf Basis einer linearen Abschreibung (=LIA(B6; B9;B8)). Die gleichmäßige Abschreibungsrate ist im Fall des Kostenvergleichs zwingend erforderlich, da Sie schließlich dieses spezifische Jahr als stellvertretend für alle Folgejahre annehmen möchten.

Der von Ihnen festgelegte Fremdkapitalzinssatz kommt anschließend in Zelle B13, bei der Ermittlung der kalkulatorischen Zinsen, zur Anwendung: =B6/2*B3. Bei linearer Abschreibung werden Sie den Investitionsbetrag als Kalkulationsgrundlage der Zinsen einfach halbieren und diesen Betrag mit dem Zinssatz in B3 multiplizieren, um die kalkulatorischen Zinsen zu erhalten.

11.14.2 Eingabe der Kosten in das Kalkulationsformular

Alle weiteren Berechnungen beruhen nun auf der einfachen Addition der kalkulierten bzw. per Tastatur erfassten Werte. Wie Sie wahrscheinlich bereits bemerkt haben, sind lediglich die grau gekennzeichneten Zellen des Tabellenblattes für die Werteeingabe verwendbar. Alle weiteren Zellen sind hingegen gesperrt. Benutzen Sie wie immer das Kennwort »galileo«, um im Bedarfsfall über **Datei ▸ Zellen ▸ Format ▸ Blattschutz aufheben** die Sperrung zu entfernen.

In den Zellen B24 bis B26 liefert die Tabelle die Ergebnisse zu den leistungsunabhängigen, den leistungsabhängigen und den Gesamtkosten je Leistungseinheit. Dabei wird die in Zelle B10 eingegebene Auslastung der Ressource im Betrachtungsjahr als Kalkulationsgrundlage verwendet.

Leistungsunabhängige Kosten je LE	17,85 €	18,02 €
Leistungsabhängige Kosten je LE	2,57 €	2,24 €
VI. Gesamtkosten je LE	**20,41 €**	**20,26 €**

Abbildung 11.66 Ergebnis des Kostenvergleichs auf Basis der Kosten je Leistungseinheit

Da der Kostenvergleich immer auf den Ergebnissen mehrerer Investitionsalternativen aufbaut, sollten Sie in Spalte C die Werte für eine zweite Ressource erfassen. Alle Berechnungen für diese Investitionsalternative werden analog zum ersten Beispiel durchgeführt.

Im Anwendungsbeispiel erkennen Sie schließlich, dass die Kosten je Leistungseinheit bei Alternative II niedriger sind.

Bewertung der Kostenvergleichsmethode

Die Methode berücksichtigt – wie bei einem statischen Verfahren nicht anders zu erwarten – keinerlei dynamische Aspekte. Diese sind allerdings etwa bei der Entwicklung der Material-, Personal- oder Energiekosten durchaus zu erwarten. Auch die Rentabilität der Investition und die Cashflows spielen bei dieser Betrachtung keine Rolle.

11.14.3 Gewinnvergleich

Bei der Gewinnvergleichsrechnung (Abbildung 11.67) legen Sie zunächst im Tabellenblatt *C. Gewinnvergleich* anhand des Eingabeschemas die Investitions-, Nutzungs-, Kosten- und Auslastungswerte des Status quo, also der Situation vor der Investitionstätigkeit, fest. Als Ergebnis erhalten Sie die zu erwartenden Erlöse sowie den Gewinn für den Fall, dass keine Investition vorgenommen wird (Zellen B23 und B24).

	A	B	C	D
1	**Statische Investitionsrechnung: Gewinnvergleich**			
2				
3		**Kosten (vor Investition)**	**Kosten (nach Investition I)**	**Kosten (nach Investition II)**
4	**I. Anschaffungskosten**			
5	Anschaffungswert	1.900.000 €	1.750.000 €	2.250.000 €
6	**II. Nutzung und Auslastung**			
7	Nutzungsdauer (in Jahren)	10	10	10
8	Restwert	63.500 €	100.000 €	120.000 €
9	Auslastung (in Leistungseinheiten - LE)	9.800	11.500	14.500
10	**III. Kapitalkosten (Jahr)**			
11	Kalkulatorische Abschreibungen	183.650 €	165.000 €	213.000 €
12	Kalkulatorische Zinsen	39.900 €	36.750 €	47.250 €
13	Summe Kapitalkosten	223.550 €	201.750 €	260.250 €
14	**IV. Betriebskosten (Jahr)**			
15	Personalkosten	175.000 €	220.000 €	195.000 €
16	Fertigungsmaterial	84.000 €	92.000 €	90.000 €
17	Energiekosten	27.000 €	21.000 €	20.000 €
18	Instandhaltungskosten	23.500 €	19.000 €	20.000 €
19	sonstige Betriebskosten	36.000 €	32.000 €	34.000 €
20	Gesamtbetriebskosten	345.500 €	384.000 €	359.000 €
21	Gesamtkosten	569.050 €	585.750 €	619.250 €
22	**V. Erlöse + Gewinn**			
23	Erwartete Erlöse	**920.000 €**	**1.043.000 €**	**1.100.000 €**
24	Gewinn	350.950 €	457.250 €	480.750 €
25	**VI. Gewinnzuwachs**		**106.300 €**	**129.800 €**

Abbildung 11.67 Gewinnvergleich zweier Investitionsalternativen

Diese Gewinnannahme vergleichen Sie nachfolgend mit den Ergebnissen, die sich aus den gleichen Berechnungen für eine oder mehrere Investitionen ergeben. Dazu erfassen Sie alle Werte in den Spalten C und D. Neben dem Anschaffungswert enthält das Grundschema zur Ermittlung des Gewinnvergleichs auch die folgenden Daten:

- Nutzung und Auslastung der Ressourcen (Nutzungsdauer, Restwert und Auslastung)

- die Kapitalkosten (lineare Abschreibungen, kalkulatorische Zinsen auf Basis des Zinssatzes für die Kapitalbeschaffung und der Abschreibungen)

- die Betriebskosten (Personal-, Material-, Energiekosten etc.)

Da es sich als sinnvoll erweist, Kosten- und Gewinnvergleich miteinander zu kombinieren, habe ich im hier verwendeten Anwendungsbeispiel die Abschreibungen und kalkulatorischen Zinsen der beiden Investitionsalternativen aus dem Tabellenblatt *B. Kostenvergleich* übernommen. Verwendet werden in den Zellen C11 und C12 die beiden Bereichsnamen *B.berAbschreibungenKalkulatorisch1* und *B.berZinsenKalkulatorisch1*. Auch in den Zellen D11 und D12 stellen die betreffenden Bereichsnamen den Bezug zu den Werten des Kostenvergleichs her.

Den Fremdkapitalzinssatz können wir ebenfalls aus dem vorherigen Tabellenblatt übernehmen. Dies können Sie sich beispielsweise in Zelle B12 bei der Berechnung der kalkulatorischen Zinsen (`=B5/2*B.berZinssatzFremdkapital`) zunutze machen.

V. Erlöse + Gewinn			
Erwartete Erlöse	920.000 €	1.043.000 €	1.100.000 €
Gewinn	350.950 €	457.250 €	480.750 €
VI. Gewinnzuwachs		**106.300 €**	**129.800 €**

Abbildung 11.68 Ergebnis des Gewinnvergleichs zweier Investitionsalternativen

Die wichtigste Information der Gewinnvergleichsmethode gibt Ihnen Excel in den Zellen C25 und D25. Hier wird der Gewinnzuwachs im ersten Jahr nach der Beschaffung der neuen Ressourcen ausgegeben. Auch in diesem Fall schneidet die Investition II besser ab, da bei ihr der anzunehmende Gewinn nach der Investition um 129.000 € steigen würde – gegenüber einem Gewinnzuwachs bei Investition I um 106.300 €.

INFO

Bewertung der Gewinnvergleichsmethode

Die Methode betrachtet neben Kosten- auch und besonders die Gewinnveränderung im Zuge von Investitionen. Damit ist sie besonders geeignet bei solchen Investitionen, die sich stärker auf die Gewinnerzielung auswirken – also bei Neu- oder Erweiterungsinvestitionen. Neben den üblichen Problemen der korrekten Zuordnung von Kosten ist ein Schwachpunkt der Methode, dass auch mit ihr keinerlei Aussage hinsichtlich der Rentabilität der Investition getroffen werden kann.

11.14.4 Rentabilitätsvergleich

Möchten Sie in die Erweiterung Ihrer Produktionsanlagen investieren und wissen, welche der möglichen Alternativen die höchste Rentabilität erzielt, ist die Kenntnis der Höhe des investierten Kapitals und des soeben berechneten Gewinnzuwachses notwendig.

Im Tabellenblatt *D. Rentabilitätsvergleich* werden beide Werte in den Zellen B4 (*B.berAbschreibungenKalkulatorisch1*) und B5 (*C.berGewinnzuwachs1*) wiederum über Bereichsnamen aus den vorherigen Kalkulationen übernommen.

	A	B	C
1	**Statische Investitionsrechnung: Rentabilitätsvergleich**		
2			
3		**Investition I**	**Investition II**
4	eingesetztes Kapital	201.750,00 €	260.250,00 €
5	Gewinnzuwachs (Jahr)	106.300,00 €	129.800,00 €
6	**Rentabilität (Nettorendite)**	**52,69%**	**49,88%**

Abbildung 11.69 Rentabilitätsvergleich auf Basis von Investitionssumme und Gewinnzuwachs

Sie erhalten durch die einfache Division der beiden Werte – z. B. =B5/B4 in Zelle B6 – die Nettorendite für die jeweilige Investition. Diese läge in der Beispielberechnung für die Investition I deutlich höher.

Bewertung der Methode des Rentabilitätsvergleichs

Zwar liefert die Kalkulation einen einfachen Vergleich der Rendite aus unterschiedlichen Investitionen, sie vernachlässigt aber wichtige Fragestellungen und Voraussetzungen wie z. B. die der unterschiedlichen Lebensdauer von Investitionsalternativen. Liegen unterschiedliche Nutzungsdauern für die Investitionen, die verglichen werden sollen, vor, muss davon ausgegangen werden, dass auch nach Ablauf der Nutzung des einen Investitionsguts eine Folgeinvestition eine vergleichbare Investition liefert. Ansonsten geriete die gesamte Berechnung in eine Schieflage.

INFO

11.14.5 Amortisationsrechnung

Im Tabellenblatt *E. Amortisation* werden Sie vergeblich versuchen, Werte in das Kalkulationsschema einzugeben, denn sämtliche Werte ergeben sich bereits aus den Berechnungen der vorherigen Tabellenblätter. Im Vordergrund steht die Fragestellung, wie viele Jahre benötigt werden, um das Kapital, das für die Investition aufgewendet wurde, wieder zu erwirtschaften.

Bei Erweiterungsinvestitionen wird das investierte Kapital, also der Anschaffungswert abzüglich des Restwerts, durch die jährlichen Rückflüsse – das sind die durchschnittlichen Gewinne zuzüglich der Abschreibungen – dividiert. In Zelle B11 erhalten Sie somit die Formel =(B5-B6)/B10.

Die in Abbildung 11.70 gezeigte Tabelle stellt die Methode der Durchschnittsrechnung vor. Bei ihr wird, wie in den vorangegangenen Beispielen, davon ausgegangen, dass sich die Ergebnisse des betrachteten Jahres auf alle anderen Perioden übertragen lassen.

Eine detailliertere Betrachtung der Zahlungsflüsse ist durch die Kumulations- oder Totalrechnung möglich. Bei dieser Methode werden Rückflüsse und Abschreibungen jeweils pro Jahr summiert und schließlich für den gesamten Nutzungszeitraum kumuliert. Dadurch kann augenscheinlich bestimmt werden, wann die für die Investition aufgebrachten Mittel wieder erwirtschaftet werden.

	A	B	C
1	**Statische Investitionsrechnung: Amortisationsrechnung**		
2			
3		**Investition I**	**Investition II**
4	**I. Durchschnittsrechnung**		
5	Anschaffungswert	1.750.000,00 €	2.250.000,00 €
6	Restwert	100.000,00 €	120.000,00 €
7	Nutzungsdauer (Jahre)	10	10
8	Abschreibungen (Jahr)	165.000,00 €	213.000,00 €
9	Gewinn ⌀	457.250,00 €	480.750,00 €
10	Mittelrückfluss	622.250,00 €	693.750,00 €
11	**Amortisationszeit**	**2,7**	**3,1**

Abbildung 11.70 Berechnung des Amortisationszeitraums

Allerdings werden die Zahlungsflüsse bei dieser Methode nicht ab- oder aufgezinst, wodurch die Kalkulation insgesamt an Aussagekraft verliert.

INFO

Bewertung der Amortisationsmethode

Bei der Durchschnittsrechnung werden zwar Ein- und Auszahlungen berücksichtigt, allerdings werden diese Zahlungsflüsse der ersten Periode verallgemeinert und (gedanklich) auf alle Perioden übertragen. Bei der Kumulations- oder Totalrechnung wird andererseits nicht davon ausgegangen, dass unterschiedliche Zinssätze für Investition und Reinvestition möglich und wahrscheinlich sind. Für die Zahlungsflüsse erfolgt auch keine Ab- bzw. Aufzinsung. Dies trägt, wie bei den anderen bereits vorgestellten Verfahren, zu Ungenauigkeiten bei.

11.14.6 Kapitalwertmethode

Mit den dynamischen Methoden der Investitionsrechnung gelingt es Ihnen, das Augenmerk stärker auf die realen Zahlungsflüsse und deren zukünftigen Wert zu lenken. Konkret bedeutet dies, dass einer Auszahlung im Jahr 0 alle Einzahlungen im Laufe der Abschreibungsdauer des Wirtschaftsguts zunächst gegenübergestellt werden. Dies sehen Sie in Spalte C des Tabellenblattes *F. Kapitalwert* (Abbildung 11.71).

Während die (negative) Einzahlung im Jahr 0 dem Barwertfaktor 1 entspricht, nimmt der Wert dieses Faktors in den Folgejahren naturgemäß ab, da zukünftige Einzahlungen einer aktuellen Auszahlung gegenübergestellt werden. Den konkreten Barwertfaktor können Sie in Zelle D6 mit der Formel `=NBW(B.berZinssatzFremdkapital;D5)` berechnen. Zum Diskontieren wird der Zinssatz zur Beschaffung von Fremdkapital herangezogen.

Nachdem Sie die Funktion nach unten kopiert haben, dienen Ihnen die Barwertfaktoren als Multiplikatoren für die in Spalte C prognostizierten Rückflüsse (z. B. `=C6*D6` im ersten Jahr).

	A	B	C	D	E
1	**Dynamische Investitionsrechnung: Kapitalwert**				
2					
3		**Berechnung des Kapitalwerts (Investition I)**			
4	**Jahre**	**Auszahlung**	**Einzahlung**	**Barwertfaktor**	**Barwert**
5	0	1.750.000,00 €	-1.750.000,00 €	1	
6	1		320.000,00 €	0,9597	307.101,73 €
7	2		370.000,00 €	0,9210	340.773,87 €
8	3		390.000,00 €	0,8839	344.716,01 €
9	4		440.000,00 €	0,8483	373.234,52 €
10	5		450.000,00 €	0,8141	366.331,21 €
11	6		450.000,00 €	0,7813	351.565,46 €
12	7		370.000,00 €	0,7498	277.413,56 €
13	8		320.000,00 €	0,7195	230.254,55 €
14	9		320.000,00 €	0,6905	220.973,66 €
15	10		280.000,00 €	0,6627	185.558,50 €
16			3.710.000,00		2.997.923,06 €
17				**Kapitalwert**	**1.247.923,06 €**
18					
19					
20		**Berechnung des Kapitalwerts (Investition II)**			
21	**Jahre**	**Auszahlung**	**Einzahlung**	**Barwertfaktor**	**Barwert**
22	0	2.250.000,00 €	-2.250.000,00 €	1	
23	1		460.000,00 €	0,9597	441.458,73 €
24	2		460.000,00 €	0,9210	423.664,81 €
25	3		480.000,00 €	0,8839	424.265,85 €
26	4		490.000,00 €	0,8483	415.647,53 €
27	5		520.000,00 €	0,8141	423.316,06 €
28	6		520.000,00 €	0,7813	406.253,42 €
29	7		450.000,00 €	0,7498	337.394,87 €
30	8		420.000,00 €	0,7195	302.209,10 €
31	9		400.000,00 €	0,6905	276.217,07 €
32	10		370.000,00 €	0,6627	245.202,30 €
33					3.695.629,76 €
34				**Kapitalwert**	**1.445.629,76 €**

Abbildung 11.71 Anwendung der Kapitalwertmethode auf zwei Investitionsalternativen

Selbstverständlich können Sie den Barwertfaktor und auch in einer Formel berechnen und mit den Zahlungsflüssen der Einzahlungsspalte multiplizieren (`=NBW(B.berZinssatzFremdkapital;D5)*C6`). Die hier dargestellte Vorgehensweise habe ich lediglich gewählt, um die Kalkulationsschritte im Tabellenblatt übersichtlicher darzustellen.

So wie Sie die Einzahlungen in Spalte C addiert haben, müssen Sie anschließend auch ihre Barwerte summieren. Durch Abzug der ursprünglichen Investitionssumme erhalten Sie dann den Kapitalwert der Investition – hier in den beiden Zellen E17 und E24 dargestellt.

Bei beiden Investitionsalternativen wird im Hinblick auf den Barwert des eingesetzten Kapitals ein deutlicher Überschuss erzielt. Dieser fällt jedoch bei der Investition II deutlich höher aus, wodurch sie der Investition I gegenüber zu bevorzugen wäre.

INFO

Bewertung der Kapitalwertmethode

Die Schwachpunkte der Methode liegen in der Subjektivität der Schätzungen sämtlicher Zahlungsrückflüsse über den gesamten Investitionszeitraum und in der Tatsache, dass für Investition und Reinvestition der gleiche Zinssatz zugrunde gelegt wird. In der Realität ist es jedoch höchst unwahrscheinlich, dass beide Zinssätze identisch sind und bleiben.

11.14.7 Methode des internen Zinsfußes

Bei der Kalkulation des internen Zinsfußes steht ebenfalls die Summe der aus der Investition zu erwartenden Zahlungsrückflüsse im Blickfeld. Folgende Fragen werden gestellt und beantwortet:

- Ab welchem Zeitpunkt sind überhaupt finanztechnisch positive Rückflüsse zu erwarten?

- Wie hoch sind diese Rückflüsse prozentual, bezogen auf das eingesetzte Kapital?

- Liegt die erzielte Rendite über den Zinssätzen auf dem Kapitalmarkt?

Wenn Letzteres nicht der Fall ist, wäre es ökonomisch sinnvoller, die Investitionssumme auf dem Geldmarkt anzulegen.

Bei der Methode des internen Zinsfußes werden zwei Ansätze unterschieden. Der erste geht davon aus, dass die Zinssätze für Investition und Reinvestition identisch sind. In der Datei *11_Interner_Zinsfuss_00.xlsx* stelle ich ein Beispiel für diesen Ansatz dar.

Die Vorgehensweise bei der zweiten und alternativen Annahme, dass sich Investitions- und Reinvestitionszinssatz unterscheiden, werde ich weiter unten in diesem Kapitel beschreiben.

	A	B	C
1	Interner Zinsfuß		
2	Zeitraum	Einzahlungen (Überschüsse)	Interner Zinsfuß
3	Jahr 0	-180.000 €	
4	Jahr 1	42.000 €	
5	Jahr 2	48.000 €	-35,39%
6	Jahr 3	58.000 €	-8,75%
7	Jahr 4	60.000 €	5,67%
8	Jahr 5	36.000 €	11,02%

Abbildung 11.72 Berechnung des internen Zinsfußes mit der Funktion IKV()

Im Tabellenblatt *IKV* der Arbeitsmappe *11_Interner_Zinsfuss_00.xlsx* wird die Investitionssumme in Zelle B3 mit einem Wert von 180.000 € angegeben. Zur Berechnung des internen Zinsfußes benötigen Sie außer diesem Betrag die Zahlungsflüsse aus mindestens zwei Folgeperioden. Da auch diese Angaben vorhanden sind, können Sie in Zelle C5 die Funktion =IKV($B$3:B5) verwenden.

Die Funktion IKV(Werte;Schätzwert) liefert den internen Kapitalverzinsungssatz einer Investition. Für das Argument Werte erfassen Sie die Auszahlung und die erwarteten Einzahlungen. Das Argument Schätzwert dient bei dieser auf Iteration basierenden Funktion der Verkürzung des Kalkulationsvorgangs; es wird in der Praxis allerdings selten benötigt. Als Ergebnis der Berechnung erhalten Sie in der Beispieldatei einen Wert von etwa −35 % hinsichtlich der Verzinsung des eingesetzten Kapitals nach zwei Jahren.

Da der Zellbezug, der auf die Einzahlung bzw. Investitionssumme verweist, absolut gesetzt wurde, können Sie die Funktion nach unten kopieren, um auch für die weiteren Jahre die Verzinsung des Ausgangskapitals zu berechnen. Bei der vorgegebenen Investitionssumme ergäben die angegebenen Rückflüsse eine Verzinsung des Kapitals in Höhe von 11,02 % nach fünf Nutzungsjahren.

11.14.8 Interner Zinsfuß mit der Zielwertsuche finden

Die Funktion IKV() setzt einen einheitlichen Zinssatz für Ein- und Auszahlungen voraus. Methodisch wird bei der Kalkulation des internen Zinsfußes eine Interpolation angewendet. Der Kapitalwert der Investition wird innerhalb der Gleichung auf null gesetzt. Die Gleichung n-ten Grades wird alsdann nach dem internen Zinsfuß aufgelöst.

Dies bedeutet, dass Sie den internen Zinsfuß auch mit Hilfe von NBW() und der Zielwert-suche berechnen können. In der Arbeitsmappe *11_Interner_Zinsfuß_Zielwertsuche_00.xlsx* ist der Weg für eine solche Lösung bereitet.

Verwenden Sie die Funktion =NBW(B3;B4;B5;B6;B7;B8;B9) in Zelle B10, um den Kapital-wert der Investition zu ermitteln. Zelle B3 lassen Sie zunächst leer. Dann starten Sie die **Zielwertsuche** über **Daten ▸ Datentools ▸ Was-wäre-wenn-Analyse ▸ Zielwertsuche**.

Die Zielzelle ist im Beispielfall Zelle B10, die den Nettobarwert enthalten soll. Diesen Wert setzen Sie bei der Zielwertsuche auf null. Die veränderbare Zelle befindet sich in der Beispieldatei in B3, also in der Zelle, die den Abzinsungsfaktor enthält. Sobald Sie auf **OK** geklickt haben, beginnt Excel mit der Interpolation und liefert nach wenigen Se-kunden das Ergebnis. Im Beispiel liegt der Zinssatz bei 11,02 %.

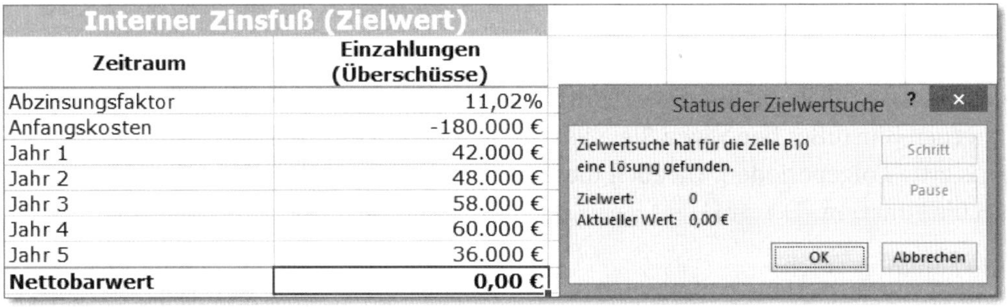

Interner Zinsfuß (Zielwert)		
Zeitraum	**Einzahlungen (Überschüsse)**
Abzinsungsfaktor	11,02%
Anfangskosten	-180.000 €
Jahr 1	42.000 €
Jahr 2	48.000 €
Jahr 3	58.000 €
Jahr 4	60.000 €
Jahr 5	36.000 €
Nettobarwert	**0,00 €**

Status der Zielwertsuche

Zielwertsuche hat für die Zelle B10 eine Lösung gefunden.

Zielwert: 0
Aktueller Wert: 0,00 €

Schritt
Pause
OK   Abbrechen

Abbildung 11.73 Zielwertsuche zur Berechnung des internen Zinsfußes

11.14.9 Modifizierter interner Zinsfuß

Gehen Sie – im Gegensatz zur Annahme im soeben beschriebenen Beispiel – davon aus, dass die Zinssätze für die Finanzierung der Investition und die Reinvestition des erwirt-schafteten Kapitals nicht identisch sind, dann benötigen Sie eine andere Funktion zur Kalkulation des Zinsfußes.

Mit Hilfe der Funktion =QIKV(Werte;Investition;Reinvestiton) berechnen Sie den mo-difizierten oder qualifizierten internen Kapitalverzinsungssatz. Die Argumente der Funktion deuten bereits an, dass sie unterschiedliche Zinssätze für Investition und Re-investition berücksichtigt.

Das in Abbildung 11.74 dargestellte Kalkulationsbeispiel ist erneut der Beispieldatei zur Veranschaulichung der Methoden der Investitionsrechnung entnommen. Sie finden es im Tabellenblatt *G. Interner Zinssatz* der Arbeitsmappe *11_Investitionsrechnung_00.xlsx*.

Welche Eckwerte benötigen Sie, um den Zinsfuß hier zu berechnen? Zunächst einmal müssen die beiden Zinssätze für die Finanzierung Ihres Investitionsgegenstands (Zelle C4) und für die Reinvestition (Zell C5) des Kapitals bekannt sein. Darüber hinaus benötigen Sie die Investitionssumme (B6) und eine Reihe voraussichtlicher Rückzahlungen, also die Erlöse, die Sie nach der Anschaffung z. B. einer Maschine aus der Produktion erwarten.

In Zelle C10, also dem dritten Jahr der Nutzung Ihrer Investition, setzen Sie folgende Funktion ein:

```
=QIKV($B$6:B10;$C4$;$C$5)
```

Die Funktion kopieren Sie wie gewohnt nach unten, um für alle Jahre den gewünschten Zinssatz zu erhalten. Liegt der qualifizierte interne Verzinsungssatz über dem Zinssatz des Kapitalmarkts, so ist die Investition wirtschaftlich sinnvoll. In der Beispieldatei trifft dies wohl zu. Die Rendite für die Investitionsalternative I ist jedoch höher (10,28 %).

	A	B	C
1	**Dynamische Investitionsrechnung: Interner Zinssatz**		
2			
3		**Interner Zinsatz**	
4		Zinsatz für Finanzierung:	4,20%
5		Zinssatz Reinvestition:	4,80%
6	**Investitionssumme:**	-1.750.000,00 €	
7	**Rückzahlung im Jahr**	**Rückzahlung**	**Interner Zinssatz**
8	1	320.000,00 €	
9	2	370.000,00 €	
10	3	390.000,00 €	-13,59%
11	4	440.000,00 €	-1,86%
12	5	450.000,00 €	4,22%
13	6	450.000,00 €	7,53%
14	7	370.000,00 €	9,03%
15	8	320.000,00 €	9,73%
16	9	320.000,00 €	10,14%
17	10	280.000,00 €	10,28%
18			
19			
20		**Interner Zinsatz**	
21		Zinsatz für Finanzierung:	4,20%
22		Zinssatz Reinvestition:	4,80%
23	**Investitionssumme:**	-2.250.000,00 €	
24	**Rückzahlung im Jahr**	**Rückzahlung**	**Interner Zinssatz**
25	1	460.000,00 €	
26	2	460.000,00 €	
27	3	480.000,00 €	-13,28%
28	4	490.000,00 €	-2,57%
29	5	520.000,00 €	3,29%
30	6	520.000,00 €	6,55%
31	7	450.000,00 €	8,17%
32	8	420.000,00 €	9,07%
33	9	400.000,00 €	9,57%
34	10	370.000,00 €	9,82%

Abbildung 11.74 Berechnung des qualifizierten internen Verzinsungssatzes

11.14.10 Annuitätenmethode

Bei der Annuitätenmethode bilden der Kapitalwert und der Wiedergewinnungsfaktor den Schlüssel zur Berechnung der Annuitäten einer Investition. Der Schwerpunkt liegt bei dieser Berechnung also nicht auf der Kalkulation eines Gesamtbarwerts. Vielmehr wird periodenweise die Frage nach der Tilgung der durch die Investition verursachten Auszahlungssumme gestellt und auch beantwortet.

Im Tabellenblatt *H. Annuitäten* steht in Zelle B4 die Investitionssumme, gefolgt vom Fremdkapitalzinssatz und der Nutzungsdauer in den Zellen B5 und B6. Aus diesen Angaben berechnen Sie den *Wiedergewinnungsfaktor*:

```
=((1+B5)^B6*B5)/((1+B5)^B6-1)
```

oder

$$Wiedergewinnungsfaktor = \frac{(1 + Fremdkapitalzins)^{Nutzungsdauer \, * \, Fremdkapitalzins}}{(1 + Fremdkapitalzins)^{Nutzungsdauer - 1}}$$

In der Beispieltabelle habe ich statt der Zellbezüge erneut Bereichsnamen zur Berechnung verwendet (Abbildung 11.75).

Den Kapitalwert für Investition I habe ich nicht berechnet, sondern aus dem Tabellenblatt *F. Kapitalwert* übernommen.

Dynamische Investitionsrechnung: Annuitäten

I. Basisdaten (Investition I)		Jahr	Gebundenes Kapital	Rückzahlung	Annuität	Zins	Tilgung	Ergebnis
Investitionsvolumen:	1.750.000,00 €	1	1.750.000,00 €	320.000,00 €	155.393,28 €	73.500,00 €	91.106,72 €	0,00 €
Zinssatz:	4,2%	2	1.658.893,28 €	370.000,00 €	155.393,28 €	69.673,52 €	144.933,20 €	0,00 €
Nutzungsdauer:	10	3	1.513.960,08 €	390.000,00 €	155.393,28 €	63.586,32 €	171.020,40 €	0,00 €
Wiedergewinnungsfaktor	0,12452	4	1.342.939,68 €	440.000,00 €	155.393,28 €	56.403,47 €	228.203,25 €	0,00 €
Kapitalwert:	1.247.923,06 €	5	1.114.736,43 €	450.000,00 €	155.393,28 €	46.818,93 €	247.787,79 €	0,00 €
		6	866.948,64 €	450.000,00 €	155.393,28 €	36.411,84 €	258.194,88 €	0,00 €
		7	608.753,76 €	370.000,00 €	155.393,28 €	25.567,66 €	189.039,06 €	0,00 €
		8	419.714,70 €	320.000,00 €	155.393,28 €	17.628,02 €	146.978,70 €	0,00 €
		9	272.735,99 €	320.000,00 €	155.393,28 €	11.454,91 €	153.151,81 €	0,00 €
		10	119.584,18 €	280.000,00 €	155.393,28 €	5.022,54 €	119.584,18 €	0,00 €
I. Basisdaten (Investition II)		Jahr	Gebundenes Kapital	Rückzahlung	Annuität	Zins	Tilgung	Ergebnis
Investitionsvolumen:	2.250.000,00 €	1	2.250.000,00 €	460.000,00 €	180.012,02 €	94.500,00 €	185.487,98 €	0,00 €
Zinssatz:	4,2%	2	2.064.512,02 €	460.000,00 €	180.012,02 €	86.709,50 €	193.278,48 €	0,00 €
Nutzungsdauer:	10	3	1.871.233,54 €	480.000,00 €	180.012,02 €	78.591,81 €	221.396,17 €	0,00 €
Wiedergewinnungsfaktor:	0,12452	4	1.649.837,37 €	490.000,00 €	180.012,02 €	69.293,17 €	240.694,81 €	0,00 €
Kapitalwert:	1.445.629,76 €	5	1.409.142,56 €	520.000,00 €	180.012,02 €	59.183,99 €	280.803,99 €	0,00 €
		6	1.128.338,57 €	520.000,00 €	180.012,02 €	47.390,22 €	292.597,76 €	0,00 €
		7	835.740,80 €	450.000,00 €	180.012,02 €	35.101,11 €	234.886,87 €	0,00 €
		8	600.853,94 €	420.000,00 €	180.012,02 €	25.235,87 €	214.752,12 €	0,00 €
		9	386.101,82 €	400.000,00 €	180.012,02 €	16.216,28 €	203.771,70 €	0,00 €
		10	182.330,12 €	370.000,00 €	180.012,02 €	7.657,86 €	182.330,12 €	0,00 €

Abbildung 11.75 Berechnung der Annuitäten für zwei potentielle Investitionen

11.14.11 Berechnung der Annuitäten

Auch die angenommenen Rückflüsse wurden in diesem Tabellenblatt bereits erfasst. In Spalte F des Tabellenblattes *H. Annuitäten* können Sie demnach auf die Angaben zurückgreifen. Die Annuitäten in Spalte G ergeben sich aus der Multiplikation des Wiedergewinnungsfaktors mit dem Kapitalwert der Investition. Dies entspricht der Formel `=$B$8*$B$7` in Zelle G4. Diese Formel wird auch in den Zellen G5 bis G13 verwendet. Insgesamt wird eine Annuität von ca. 155.400 € bei den erwarteten Zahlungsflüssen ermittelt.

Bei einer Investition in das Wirtschaftsgut II wäre diese mit etwa 180.000 € deutlich höher. Dies bedeutet, dass deutlich höhere Entnahmen durch die zweite Investition möglich sind und diese rechnerisch die günstigere Alternative darstellt.

Doch damit sind die Berechnungen noch nicht abgeschlossen. Ausgehend von der Investitionssumme in Zelle E4 können wir nun in Zelle H4 den Zinsaufwand für die betreffende Periode berechnen. Dabei kommt die Formel `=E4*B.berZinssatzFremdkapital` zur Anwendung. E4 entspricht dem Wert des gebundenen Kapitals. Er wird mit dem Fremdkapitalzinssatz multipliziert, den wir wiederum aus den vorherigen Tabellenblättern übernehmen können.

Auf Grundlage der nun bekannten Werte ist es möglich, den Tilgungsanteil der ersten Periode in Zelle I4 zu berechnen: `=F4-G4-H4`. Die geleistete Tilgung im aktuellen Jahr vermindert wiederum den Anteil des durch die Investition gebundenen Kapitals im folgenden Jahr. In Zelle E5 wird dem mit der Formel `=E4-I4` Rechnung getragen. Alle weiteren Perioden werden nach dem gleichen Muster berechnet.

11.14.12 Zusammenführung aller Berechnungsergebnisse

Bei einer komplexen Berechnung, die sich wie im Fall der Investitionsrechnungsmethoden gleich über mehrere Tabellenblätter erstreckt, werden Sie sicherlich schnell den Wunsch entwickeln, die wesentlichen Resultate aus den einzelnen Tabellenblättern in einer Übersicht zusammenzufassen. Das Tabellenblatt *A. Investitionsalternativen* enthält eine solche Zusammenfassung (Abbildung 11.76).

Da ich sämtliche relevanten Ergebniszellen mit Bereichsnamen versehen habe, sollte es Ihnen ohne weitere Umstände gelingen, auf die benötigten Werte zuzugreifen. Durch den Schutz der diversen Tabellenblätter können Sie auch zukünftig alle Eckdaten für Investitionsvorhaben in der Arbeitsmappe erfassen und die Ergebnisse automatisch berechnen lassen. Eine Erweiterung des Kalkulationsschemas von zwei auf weitere Investitionsalternativen ist dabei gegebenenfalls nötig.

	A	B	C
1	**Übersicht Investitionsalternativen**		
2		**Investition I**	**Investition II**
3	Investitionssumme	1.750.000,00 €	2.250.000,00 €
4	**Statische Betrachtung**		
5	Gesamtkosten (Jahr)	234.750,00 €	293.750,00 €
6	Stückkosten	20,41 €	20,26 €
7	Gewinnvergleich	106.300,00 €	129.800,00 €
8	Rentabilitätsvergleich	52,69%	49,88%
9	Amortisationszeit (Jahre)	2,7	3,1
10	**Dynamische Betrachtung**		
11	Kapitalwert	1.247.923,06 €	1.445.629,76 €
12	Interner Zinssatz	10,28%	9,82%
13	Annuität	155.393,28 €	180.012,02 €

Abbildung 11.76 Zusammenfassung der Kalkulationsergebnisse

11.14.13 Investitionsentscheidungen mit Szenarien unterstützen

Auch mit dem **Szenario-Manager**, den ich bereits beschrieben habe, sind Sie in der Lage, die Kalkulationen für unterschiedliche Investitionsalternativen getrennt voneinander zu speichern und dennoch die Ergebnisse in einem übersichtlichen Bericht zu dokumentieren. In der Arbeitsmappe *11_Investitionen_Szenario_00.xlsx* habe ich bereits die Werte für ein Investitionsszenario gespeichert.

	Aktuelle Werte:	Investition 1	Investition 2
Szenariobericht		Erstellt	Erstellt
Veränderbare Zellen:			
B.berAnschaffungswert	3.400.000,00 €	2.900.000,00 €	3.400.000,00 €
B.berNutzungsdauer	10	10	10
B.berRestwert	80.000,00 €	100.000,00 €	80.000,00 €
B.berAuslastungLE	6.500	7.800	6.500
B.sonstigeLUKosten	1.500,00 €	1.000,00 €	1.500,00 €
B.Personalkosten	21.300,00 €	19.500,00 €	21.300,00 €
B.Fertigungsmaterial	4.500,00 €	5.000,00 €	4.500,00 €
B.Energiekosten	1.000,00 €	1.300,00 €	1.000,00 €
B.sonstigeLAKosten	920,00 €	1.200,00 €	920,00 €
Ergebniszellen:			
B.berZinssatzFremdkapital	4,00%	4,00%	4,00%
B.berAnschaffungswert	3.400.000,00 €	2.900.000,00 €	3.400.000,00 €
B.berRestwert	80.000,00 €	100.000,00 €	80.000,00 €
B.berAuslastungLE	6.500	7.800	6.500
B.sonstigeLUKosten	1.500,00 €	1.000,00 €	1.500,00 €
B.Personalkosten	21.300,00 €	19.500,00 €	21.300,00 €
B.Fertigungsmaterial	4.500,00 €	5.000,00 €	4.500,00 €
B.Energiekosten	1.000,00 €	1.300,00 €	1.000,00 €
B.sonstigeLAKosten	920,00 €	1.200,00 €	920,00 €
B.berJahresgesamtkosten	429.220,00 €	366.000,00 €	429.220,00 €
B.berStückkosten	66,03 €	46,92 €	66,03 €

Abbildung 11.77 Vergleich zweier Investitionsalternativen mit Hilfe eines Szenarioberichts

Die Arbeitsmappe enthält bereits ein Szenario für eine Investition. Nachdem Sie ein weiteres Szenario erstellt haben, finden Sie die unterschiedlichen Basiswerte für beide Wirtschaftgüter im *Szenariobericht* im Abschnitt der veränderbaren Zellen wieder. Deren Einfluss auf die Ergebniszellen wird in der gleichnamigen Rubrik des Berichts festgehalten.

11.14.14 Regeln bei der Erstellung der Szenarien

Um die Lesbarkeit und Verständlichkeit des Szenarioberichts zu erhöhen, sei an die folgenden Regeln bei seiner Benutzung erinnert:

- Legen Sie für alle relevanten Basiswerte wie Investitionssumme, Nutzungsdauer, Restwert etc. Bereichsnamen fest.

- Definieren Sie auch für die wichtigsten Ergebniszellen aussagekräftige Bereichsnamen.

- Starten Sie dann die Funktion **Daten ▸ Datentools ▸ Was-wäre-wenn-Analyse ▸ Szenario-Manager**. Geben Sie dort aussagekräftige Bezeichnungen für die von Ihnen anzulegenden Investitionsszenarien ein.

- Erstellen Sie, sobald Sie sämtliche Investitionsalternativen erfasst haben, einen *Zusammenfassungsbericht*. Darin wird jede einzelne Investitionsalternative in einer separaten Spalte des Berichtsblattes aufgelistet. Die Bereichsnamen der veränderbaren sowie der Ergebniszellen werden im Bericht verwendet. Dadurch erhalten Sie eine gut verständliche Übersicht, in der sämtliche Unterschiede der einzelnen Szenarien dargestellt werden.

11.15 Customer Lifetime Value

Nicht nur Produktionsanlagen oder andere Ressourcen stellen Unternehmenswerte dar. Ein wichtiger Faktor für die Bestimmung des Werts eines Unternehmens sind dessen Kunden und die von ihnen getätigten Umsätze. Doch wie hoch ist der Wert, den ein Kunde über die gesamte Periode, die er einem Unternehmen treu ist, besitzt, auf Heller und Pfennig?

Der *Customer Lifetime Value (CLV)* ist eine Kennzahl, die alle Umsätze und Kosten eines Kunden über die gesamte Lebensdauer der Geschäftsbeziehung zusammenfasst. Aus den vergangenen, gegenwärtigen und zukünftigen Zahlungsflüssen wird der CLV oder Kundenwert ermittelt, der mit dem spezifischen Deckungsbeitrag aller auf den Kunden bezogenen Aktivitäten gleichzusetzen ist. Da auch zukünftige Umsätze und Kosten in die Berechnung einbezogen werden, müssen diese diskontiert werden, um ihre Aussagekraft zu erhalten. Die Kennzahl drückt aus, wie viel der Kunde aktuell »wert ist«, mehr aber noch, wie viel er in der näheren Zukunft noch wert sein wird.

Die Arbeitsmappe *11_CustomerLifetimeValue_00.xlsx* enthält eine beispielhafte und umfassende Anwendung des Verfahrens in Excel.

Kunden-ID	<	>		72139		Muster AG			
Bindungsindex:	gering				12.05.13				
Referenzindex:	hoch				12.05.13				
	2010	2011	2012	2013	2014	2015	2016	2017	2018	2019
autonomer Umsatz	38.794 €	23.290 €	14.752 €	55.825 €	43.993 €	45.396 €	46.553 €	47.419 €	48.026 €	48.400 €
Cross-Selling-Umsatz	14.733 €	6.139 €	11.284 €	0 €	0 €	0 €	0 €	0 €	0 €	0 €
Up-Selling-Umsatz	14.434 €	11.498 €	13.997 €	0 €	0 €	0 €	0 €	0 €	0 €	0 €
Weiterempfehlung	0 €	0 €	0 €	8.967 €	0 €	4.222 €	4.770 €	5.240 €	5.639 €	5.974 €
Wartung	3.472 €	6.644 €	0 €	0 €	441 €	0 €	0 €	0 €	0 €	0 €
Reparatur	0 €	0 €	853 €	0 €	1.071 €	967 €	1.101 €	1.215 €	1.313 €	1.395 €
Sonstiges	0 €	1.092 €	0 €	0 €	3.278 €	2.366 €	2.713 €	3.011 €	3.264 €	3.478 €
Summe aller Einzahlungen	**71.433 €**	**48.663 €**	**40.886 €**	**64.792 €**	**48.783 €**	**52.952 €**	**55.137 €**	**56.886 €**	**58.243 €**	**59.247 €**
Herstellkosten	0 €	16.705 €	10.738 €	19.350 €	46.158 €	16.880 €	20.968 €	20.639 €	20.382 €	20.159 €
Boni, Rabatte	0 €	9.504 €	2.416 €	4.912 €	22.365 €	2.269 €	3.010 €	2.295 €	2.005 €	1.753 €
Kundenkontakt	0 €	0 €	0 €	474 €	584 €					
Mailing, Werbung etc.	0 €	0 €	320 €	0 €	320 €					
Außendienst	0 €	532 €	0 €	0 €	0 €					
Angebotserstellung	0 €	0 €	0 €	0 €	387 €					
Auftragsbearbeitung	0 €	469 €	0 €	566 €	566 €					
Fakturierung	0 €	0 €	47 €	707 €	0 €					
Buchung	0 €	226 €	0 €	0 €	116 €					
Lieferung	0 €	0 €	510 €	0 €	437 €					
Wartung	0 €	0 €	0 €	0 €	0 €					
Reparaturen	0 €	0 €	0 €	0 €	0 €					
Umtausch	0 €	0 €	0 €	0 €	0 €					
Einräumung von Sonderkonditionen	0 €	0 €	0 €	0 €	0 €					
Rücknahme etc.	0 €	0 €	290 €	210 €	0 €					
Summe aller Auszahlungen	**0 €**	**27.436 €**	**14.321 €**	**26.219 €**	**70.933 €**	**19.149 €**	**23.978 €**	**22.934 €**	**22.387 €**	**21.912 €**
Saldo Ein-/Auszahlungen	**71.433 €**	**21.227 €**	**26.565 €**	**38.573 €**	**-22.150 €**	**33.802 €**	**31.159 €**	**33.952 €**	**35.856 €**	**37.335 €**

Abbildung 11.78 Customer-Lifetime-Value-Berechnung mit flexibler Erfassung zukünftiger Aufwendungen

11.15.1 Übersicht über die Funktionen der Beispielanwendung

Lassen Sie uns zunächst die Gesamtstruktur der Anwendung begutachten. Im Tabellenblatt *CLV – Übersicht* erhalten Sie einen Gesamtüberblick über den aktuellen CLV eines ausgewählten Kunden. Die Kundenauswahl erfolgt dabei über ein Steuerelement in der ersten Zeile des Tabellenblattes. Hier wird eine sogenannte Steuerleiste eingesetzt. Verschieben Sie den Regler nach links oder rechts, wird aus der Kundenliste jeweils ein anderer Kunde ausgewählt.

<	>	72139	
Bindungsindex:	**gering**		12.05.13
Referenzindex:	**hoch**		12.05.13

Abbildung 11.79 Anzeige von Kundeninformation, Bindungsrate und Referenzwert

1. Durch Betätigen der Steuerung wählen Sie die Kundennummer aus; Excel zeigt Ihnen anschließend auch den Kundennamen an.

2. Neben den bereits erfolgten Zahlungsflüssen der Jahre 2010 bis 2014 erhalten Sie durch die Kundenauswahl auch die Anzeige des *Bindungsindexes* und des *Referenzindexes* des Kunden in den Zellen D2 und D3. Weitere Informationen zu diesen beiden Komponenten finden Sie weiter unten in diesem Kapitel.

3. Für die angezeigten Werte des Bindungs- und des Referenzindexes wird Ihnen zusätzlich in den Zellen G2 und G3 das Datum der zuletzt durchgeführten Kundenbewertung geliefert, so dass Sie unmittelbar erkennen können, ob diese Werte noch aktuell sind.

4. Für den Zeitraum der Jahre 2014 bis 2019 finden Sie in den Spalten G bis K eine Prognose der erwarteten Umsätze, die auf Basis einer Trendberechnung erstellt und anschließend diskontiert wurden.

5. Ebenfalls in diesen Spalten, jedoch weiter unten, existiert ein Eingabebereich für die von Ihnen erwarteten Kosten. Hier geben Sie Kosten ein, die Sie mit dem Kunden in den kommenden Jahren in Verbindung bringen (Abbildung 11.80).

2015	2016	2017	2018	2019
45.396 €	46.553 €	47.419 €	48.026 €	48.400 €
0 €	0 €	0 €	0 €	0 €
0 €	0 €	0 €	0 €	0 €
4.222 €	4.770 €	5.240 €	5.639 €	5.974 €
0 €	0 €	0 €	0 €	0 €
967 €	1.101 €	1.215 €	1.313 €	1.395 €
2.366 €	2.713 €	3.011 €	3.264 €	3.478 €
52.952 €	55.137 €	56.886 €	58.243 €	59.247 €
16.880 €	20.968 €	20.639 €	20.382 €	20.159 €
2.269 €	3.010 €	2.295 €	2.005 €	1.753 €

Abbildung 11.80 Prognostizierte Umsätze und Kosten

11.15.2 Bestandteile des Customer Lifetime Values

Beim Customer Lifetime Value werden drei Bestandteile zur Bildung der Kennzahl herangezogen. Diese sind:

- Bindungsrate
- Umsätze
- Kosten

11.15.3 Die Bindungsrate

Der CLV bezieht sich u. a. auf die Realisierung zukünftiger Umsätze durch den Kunden. Alle Bemühungen bei der Berechnung dieser Prognose sind nur dann sinnvoll, wenn der Kunde auch tatsächlich bis zum Ende des Prognosezeitraums dem Unternehmen die Treue hält. Die *Bindungsrate* gibt die Wahrscheinlichkeit an, mit der der Kunde diese Vorbedingung erfüllt.

Es wird davon ausgegangen, dass die Bindungsrate von verschiedenen Faktoren abhängt und durch diese entsprechend beeinflusst werden kann, z. B.:

- Höhe der Kundenzufriedenheit
- Höhe der Wechselbarrieren
- Fehlen von Konkurrenzangeboten
- Fehlen von Wechselneigungen

11.15.4 Der Kundenumsatz

Die Komponente Umsatz des CLV gliedert sich wiederum in vier Teilkomponenten:

- autonomer Umsatz
- Up-Selling-Umsatz
- Cross-Selling-Umsatz
- Referenzwert

Der *autonome Umsatz* wird vom Unternehmen nicht durch gezielte Marketingmaßnahmen initiiert. Er entsteht als Resultat allgemeiner Marketingaktivitäten oder der generellen Bekanntheit eines Unternehmens bzw. einer Marke.

Der *Up-Selling-Umsatz* entsteht durch Mehrverkauf solcher Produkte, die der Kunde bereits früher erworben hat – etwa durch die Erhöhung der Kauffrequenz. Aber auch der Kauf von Produkten aus einem höheren Preissegment (Abnahme der Preissensibilität) oder weiterer Produkte aus der gleichen Produktgruppe können dieser Umsatzkomponente zugeordnet werden.

Werden Produkte aus Produktgruppen, aus denen der Kunde bislang nicht kaufte, erworben, so handelt es sich um *Cross-Selling-Umsätze*.

Der *Referenzwert* berücksichtigt jene Deckungsbeiträge, die sich dadurch ergeben, dass der zufriedene Kunde das Unternehmen und seine Produkte weiterempfiehlt und dadurch weitere Umsätze von anderen Kunden generiert werden.

Der Referenzwert des Kunden kann aus unterschiedlichen Faktoren abgeleitet werden. Dazu gehören:

- Kaufhäufigkeit
- Kaufvolumen
- Meinungsführerschaft
- Kundenzufriedenheit
- soziales Netz des Kunden

11.15.5 Die Kosten

Die Kostenbetrachtung bei der Bestimmung des CLV orientiert sich an klassischen Kostenfaktoren. Sie unterscheidet

- Akquisitionskosten
- laufende Marketingkosten
- Produktkosten
- Wiedergewinnungskosten

Unter den *Akquisitionskosten* werden sämtliche Kosten summiert, die aufgewendet werden, um einen neuen Kunden zu gewinnen. Die Ermittlung der Kosten muss die jeweiligen Akquisitionsverfahren (Fernsehwerbung, Direktmailing etc.) berücksichtigen.

Die *laufenden Marketingkosten* enthalten die Kosten sämtlicher Maßnahmen zur Kundenbindung und Verbesserung der Profitabilität (Cross-Selling, Up-Selling).

Unter den *Produktkosten* werden Kosten z. B. für die Verpackung, den Versand oder die Lieferung der vom Kunden erworbenen Produkte zusammengefasst.

Um das Abwandern eines Kunden zu verhindern, müssen Aufwendungen erbracht werden, die unter der Überschrift der *Wiedergewinnungskosten* verbucht werden. Auch Bemühungen, einen Kunden nach seiner Abwanderung zurückzugewinnen, fallen in diese Kategorie.

11.15.6 Erfassung und Zuordnung der Umsätze

Grundlage für sämtliche relevanten Kalkulationen in der Beispielanwendung ist die korrekte Erfassung und Zuordnung der Kosten und Umsätze zu den oben genannten Komponenten.

Für die Umsatzerfassung in einer Tabelle wie z. B. in Abbildung 11.81 gilt deshalb, dass folgende Merkmale vorhanden sein und berücksichtigt werden müssen:

- Die Zuordnung der Umsätze zu einem Kunden über seine Kunden-ID muss möglich sein.

- Die Umsätze müssen einem Analysezeitraum zuzuordnen sein (z. B. einem Jahr).

- Die Höhe des Deckungsbeitrags I muss bekannt sein.

- Der Deckungsbeitrag muss eindeutig einer vordefinierten Umsatzart zugeordnet sein.

	A	B	C	D	E	F
1	Kunden-ID	Jahr	Umsatz (brutto)	Umsatz (netto)	DB I	Umsatzart
2	72139	2014	21.448,60 €	21.019,62 €	10.720,01 €	autonomer Umsatz
3	72139	2014	39.480,00 €	37.900,80 €	20.087,42 €	autonomer Umsatz
4	72139	2014	31.649,70 €	30.067,22 €	14.732,94 €	Cross-Selling-Umsatz
5	72139	2014	30.374,50 €	30.070,76 €	14.433,96 €	Up-Selling-Umsatz
6	72139	2014	7.873,50 €	7.086,15 €	3.472,21 €	Wartung
7	72139	2014	15.247,00 €	14.789,59 €	7.986,38 €	autonomer Umsatz
8	72145	2014	35.499,00 €	33.724,05 €	17.536,51 €	autonomer Umsatz
9	72145	2014	22.699,60 €	20.883,63 €	10.650,65 €	Up-Selling-Umsatz

Abbildung 11.81 Strukturierung der kundenbezogenen Umsatzdaten

Im Tabellenblatt *CLV – Umsätze* sind die generierten Umsätze mehrerer Jahre in der beschriebenen Weise erfasst worden und können somit für eine Bestimmung des CLV eingesetzt werden. Die Werte liegen zudem in Form einer einfachen Liste vor, könnten also mithin auch aus einer Fremdanwendung stammen und in dieses Tabellenblatt importiert worden sein.

11.15.7 Prognose der diskontierten Umsätze eines Kunden

Das Tabellenblatt *CLV – Umsatztrend I* enthält eine der zentralen Berechnungen dieser Beispielanwendung (Abbildung 11.82). Darin wird auf der Grundlage der in der Vergangenheit durch den Kunden generierten Umsätze eine Prognose der zukünftigen Umsätze erstellt und diese auf ihren heutigen Wert diskontiert.

	A	B	C	D	E	F	G	H
1	Kunden-ID	Zinssatz	Abzinsungsfaktor	Jahr 1	Jahr 2	Jahr 3	Jahr 4	Jahr 5
2	72139	6,20%		0,941619586	0,886647444	0,834884599	0,78614369	0,740248296
3								
4	Jahr	autonomer Umsatz	Cross-Selling-Umsatz	Up-Selling-Umsatz	Weiterempfehlung	Wartung	Reparatur	Sonstiges
5	2010	38.794,00 €	14.733,00 €	14.434,00 €	0,00 €	3.472,00 €	0,00 €	0,00 €
6	2011	23.290,00 €	6.139,00 €	11.498,00 €	0,00 €	6.644,00 €	0,00 €	1.092,00 €
7	2012	14.752,00 €	11.284,00 €	13.997,00 €	0,00 €	0,00 €	853,00 €	0,00 €
8	2013	55.825,00 €	0,00 €	0,00 €	8.967,00 €	0,00 €	0,00 €	0,00 €
9	2014	43.993,00 €	0,00 €	0,00 €	0,00 €	441,00 €	1.071,00 €	3.278,00 €
10	2015	48.210,70 €	-4.250,30 €	-4.124,00 €	4.483,50 €	-1.700,40 €	1.027,40 €	2.513,20 €
11	2016	52.504,00 €	-7.810,80 €	-8.160,60 €	5.380,20 €	-2.971,00 €	1.241,60 €	3.059,60 €
12	2017	56.797,30 €	-11.371,30 €	-12.197,20 €	6.276,90 €	-4.241,60 €	1.455,80 €	3.606,00 €
13	2018	61.090,60 €	-14.931,80 €	-16.233,80 €	7.173,60 €	-5.512,20 €	1.670,00 €	4.152,40 €
14	2019	65.383,90 €	-18.492,30 €	-20.270,40 €	8.070,30 €	-6.782,80 €	1.884,20 €	4.698,80 €

Abbildung 11.82 Kundenbezogene diskontierte Umsatzprognose

Dazu müssen Sie vier Schritte ausführen:

- Den im Tabellenblatt *CLV – Übersicht* gewählte Kunde müssen Sie automatisch auch in diesem Tabellenblatt über die Kundennummer aktivieren.

- Mit Hilfe einer bedingten Kalkulation – SUMMEWENNS() – ermitteln Sie die bereits erzielten Umsätze für den Kunden und die Umsatzart.

- Auf Basis der zurückliegenden Umsätze erstellen Sie eine Prognose mit Hilfe der Funktion TREND().

- Sie berechnen den Abzinsungsfaktor für die im Anwendungsbeispiel angenommenen fünf Jahre des Analyse- und Prognosezeitraums.

11.15.8 Auswahl des Kunden

Wie bereits erwähnt, erfolgt die Auswahl des Kunden über ein Steuerelement im Tabellenblatt *CLV – Übersicht*. Dabei wird die Kundennummer in Zelle E1 dieses Tabellenblattes geschrieben. Die ausgewählte Kundennummer benötigen Sie nun im Tabellenblatt *CLV – Umsatztrend I*, das als Zwischenberechnung für die Gesamtdarstellung der kundenbezogenen Daten dient. Sie erhalten die ausgewählte Kundennummer, indem Sie in Zelle A2 mit ='CLV – Übersicht'!E1 auf die entsprechende Zelle verweisen.

11.15.9 Berechnung der vorhandenen Deckungsbeiträge des Kunden

Die Berechnung der Umsätze gründet auf drei Bedingungen:

- Angabe des Jahres
- Angabe der Kunden-ID
- Angabe der Kostenart

Die Funktion zur Umsatzberechnung in Zelle B5 muss nacheinander auf die erste Bedingung, das Jahr in Zelle A5, die zweite Bedingung, die Kunden-ID in Zelle A2, und schließlich die dritte Bedingung, die Kostenart in Zelle B4, verwiesen werden. Alle Zellbereiche, die durchsucht werden sollen, befinden sich im Tabellenblatt *CLV – Umsätze*.

Abbildung 11.83 Bedingte Kalkulation der Kundenumsätze

Daraus ergibt sich die folgende bedingte Summe:

```
=RUNDEN(SUMMEWENNS('CLV - Umsätze'!$E$2:$E$500;
'CLV - Umsätze'!$B$2:$B$500;'CLV - Umsatztrend I'!$A5;
'CLV - Umsätze'!$A$2:$A$500;'CLV - Umsatztrend I'!$A2;
'CLV - Umsätze'!$F$2:$F$500;'CLV - Umsatztrend I'!B4);0)
```

Nachdem Sie die Funktion erstellt haben, können Sie sie bis in Zelle B9 nach unten kopieren, da sich dort die letzte Datenreihe mit berechneten Ist-Werten befindet. Unterhalb dieser Zeile beginnt der Zellbereich, in dem Prognosedaten für die kommenden Jahre angezeigt werden.

Nachdem Sie die Funktion kopiert haben, sollten Sie den Zellbereich von B5 bis B9 auch in die angrenzenden Spalten C bis H kopieren, um die Kalkulation für die weiteren Kostenarten ebenfalls durchzuführen. Mit diesem Kopiervorgang ist die Zusammenführung der Werte der bereits erzielten Deckungsbeiträge abgeschlossen.

11.15.10 Prognose der zu erwartenden Kundenumsätze

Es wurde bereits an anderer Stelle über die Verfahren zum Erstellen von Prognosen – linearer Trend, gleitender Mittelwert oder exponentielle Glättung – diskutiert. In dieser Beispielanwendung haben wir die Funktion TREND() eingesetzt, um auf Basis der vorhandenen Umsatzdaten einen linearen Trend zu bilden. Selbstverständlich sollten Sie stets bedenken, dass die Länge der Datenreihe starken Einfluss auf die Güte der Prognoseergebnisse hat.

Die Ergebnisse aus sechs Vorgängerjahren stellen zwar keine ausreichend lange Datenreihe dar. Da es sich hier lediglich um eine Beispielanwendung handelt, sei es aus Gründen der Übersichtlichkeit dennoch erlaubt, eine solch kurze Datenreihe zu nutzen.

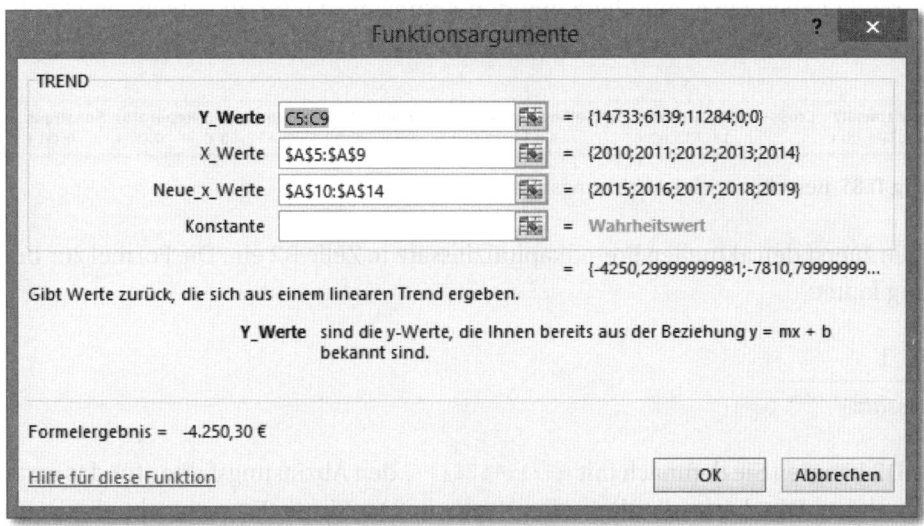

Abbildung 11.84 Argumente der Trendberechnung

Markieren Sie zunächst den Zellbereich B10 bis B14 im Tabellenblatt *CLV – Umsatztrend I*. Starten Sie dann die Funktion TREND() über den Funktionsassistenten. Die Argumente für diese Trendberechnung sind:

Argument	Zellbezug
Y_Werte	B5:B9
X_Werte	$A$5:$A$9
Neue_X_Werte	$A$10:$A$14

Tabelle 11.14 Argumente der Funktion TREND()

Schließen Sie die Eingabe der Argumente im Funktionsassistenten mit der Tastenkombination ⌈Strg⌉ + ⌈⇧⌉ + ⌈⏎⌉ ab, da es sich um eine Matrixfunktion handelt.

Wie schon bei der Umsatzberechnung sollten Sie den Ergebnisbereich – diesmal die Zellen B10 bis B14 – in die nebenstehenden Spalten C bis H kopieren. Sobald dies geschehen ist, stehen Ihnen alle benötigten Ist- und Prognosewerte eines frei zu bestimmenden Kunden für die weiteren Berechnungen in dieser Arbeitsmappe zur Verfügung.

11.15.11 Berechnung des Abzinsungsfaktors

Da die prognostizierten Umsätze erst in einem Jahr oder noch wesentlich später erzielt werden, müssen Sie diese noch diskontieren. In Zeile 1 des Tabellenblattes *CLV – Umsatztrend I* haben Sie genug Platz, um den Abzinsungsfaktor zu berechnen (Abbildung 11.85).

autonomer Umsatz	Cross-Selling-Umsatz	Up-Selling-Umsatz	Weiterempfehlung	Wartung	Reparatur	Sonstiges
38.794,00 €	14.733,00 €	14.434,00 €	0,00 €	3.472,00 €	0,00 €	0,00 €

Abbildung 11.85 Berechnung des Abzinsungsfaktors

Geben Sie zuerst den aktuellen Fremdkapitalzinssatz in Zelle B2 ein. Die Formel zur Berechnung lautet:

$$\frac{1}{(1 + Zinssatz)^{Periode}}$$

In Zelle D2 könnten Sie demnach mit `=1/(1+$B$2)^1` den Abzinsungsfaktor für das erste Jahr berechnen. Dies hätte allerdings den Nachteil, dass Sie die Formel nicht ohne weiteres durch Kopieren dazu bringen könnten, auch für die Folgejahre die korrekte Kalkulation auszuführen.

Schreiben Sie stattdessen `=1/(1+$B$2)^(SPALTE()-3)` in die Zelle. Durch den Ausdruck `(SPALTE()-3)` bezieht Excel den Exponenten der Gleichung flexibel aus der Spaltennummer. Dies erlaubt es Ihnen, die Formel in die benachbarten fünf Zellen der ersten Zeile zu kopieren.

Und damit ist auch der dritte Baustein für die Berechnung des CLV bereits fertig!

11.15.12 Diskontierung der prognostizierten Umsätze

Die zur Trendberechnung benutzte Funktion `TREND()` ist, wie Sie eben gesehen haben, eine Matrixfunktion. Dies hat zur Folge, dass es nicht möglich ist, direkt an die Formel eine Multiplikation mit dem Abzinsungsfaktor anzuhängen. Die Diskontierung müssen Sie demnach im Tabellenblatt *CLV – Übersicht* durchführen. Wechseln Sie in dieses Tabellenblatt.

In Zelle G6 übernehmen Sie den prognostizierten Umsatz aus der Kategorie *Autonomer Umsatz* und multiplizieren ihn mit dem Abzinsungsfaktor, um den diskontierten Wert zu erhalten. Beide Werte entnehmen Sie dem Tabellenblatt *CLV – Umsatztrend I*.

```
=INDEX('CLV - Umsatztrend I'!$B$10:$H$14;SPALTE()-6;ZEILE()-5)*
'CLV - Umsatztrend I'!D$2
```

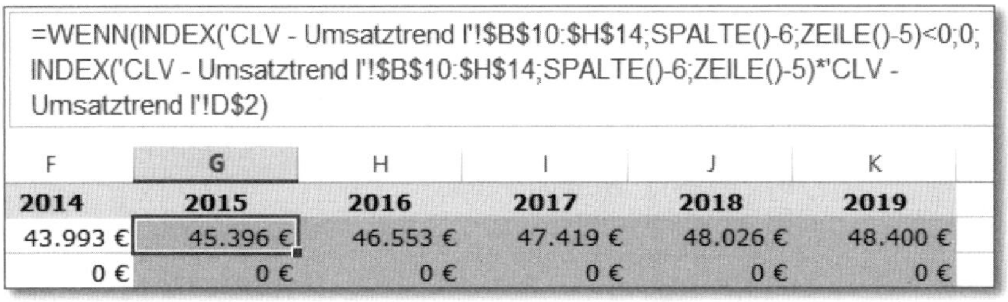
=WENN(INDEX('CLV - Umsatztrend I'!$B$10:$H$14;SPALTE()-6;ZEILE()-5)<0;0;
INDEX('CLV - Umsatztrend I'!$B$10:$H$14;SPALTE()-6;ZEILE()-5)*'CLV -
Umsatztrend I'!D$2)

F	G	H	I	J	K
2014	**2015**	**2016**	**2017**	**2018**	**2019**
43.993 €	45.396 €	46.553 €	47.419 €	48.026 €	48.400 €
0 €	0 €	0 €	0 €	0 €	0 €

Abbildung 11.86 Übernahme der Prognosen und Diskontierung

Auch in diesem Fall helfen Ihnen die beiden Funktionen `ZEILE()` und `SPALTE()`, um in Hinblick auf das notwendige Kopieren der Funktion flexibel zu bleiben. Aus dem Original-Datenbereich der Prognosewerte – `'CLV – Umsatztrend I'!$B$10:$H$14` – sprechen Sie jeweils eine Spaltennummer an, die Sie dynamisch mit der Funktion `SPALTE()` ermitteln. Mit der Zeilennummer des auszulesenden Werts verhält es sich ähnlich. Hier liefert Ihnen die Funktion `ZEILE()` den Wert abhängig von der Zelle, in der sich die Funktion befindet. Den gefundenen Wert multiplizieren Sie schließlich mit dem Abzinsungsfaktor (`*'CLV – Umsatztrend I'!D$2)`).

Da bei Kunden, die rückläufige Umsätze aufweisen, die Entstehung negativer Umsatzprognosen aufgrund der Trendberechnung möglich ist (was einer Rückzahlung an den Kunden entspräche), müssen Sie sich in der Funktion auch dieser Möglichkeit annehmen und sie ausschließen. Mit `WENN()` können Sie den Fall negativer Werte bei der Umsatzprognose eliminieren. Die gesamte Funktion besitzt schließlich den folgenden Aufbau:

```
=WENN(INDEX('CLV - Umsatztrend I'!$B$10:$H$14;SPALTE()-6;
ZEILE()-5)<0;0;INDEX('CLV - Umsatztrend I'!$B$10:$H$14;SPALTE()-6;
ZEILE()-5)*'CLV - Umsatztrend I'!D$2)
```

11.15.13 Bestimmung der prozessbezogenen Kosten

Den kundenbezogenen Kosten müssen Sie die bereits entstandenen Prozesskosten der Vergangenheit zugrunde legen (Abbildung 11.87).

Sie benötigen dazu im Einzelnen:

- die Zuordnung der Kosten zu einem Kunden, z. B. über die Kundennummer

- die Zuordnung zum Auswertungszeitraum

- die Zuordnung der Kosten zu einem konkreten Arbeitsprozess

	A	B	C	D
1	**Kunden-ID**	**Jahr**	**Prozess**	**Kosten**
2	72139	2014	Kundenkontakt	584,00 €
3	72139	2011	Außendienst	532,00 €
4	72139	2012	Mailing, Werbung etc.	320,00 €
5	72139	2013	Kundenkontakt	389,00 €
6	72139	2014	Mailing, Werbung etc.	320,00 €
7	72139	2014	Fertigung	15.191,62 €
8	72139	2011	Fertigung	9.884,56 €
9	72139	2012	Fertigung	8.375,42 €

Abbildung 11.87 Kosten aus kundenbezogenen Prozessen

Im Tabellenblatt *CLV – Kosten* steht Ihnen eine Tabelle zur Verfügung, die diese Voraussetzung mitbringt. Die hier aufgelisteten Daten sollten Sie in das Tabellenblatt *CLV – Übersicht* übernehmen, um sie dort den Umsatzdaten des Kunden gegenüberzustellen.

11.15.14 Berechnung der entstandenen Kosten pro Kunden

Im Tabellenblatt *CLV – Übersicht* ist es wie schon bei der Summenbildung der Umsätze eine bedingte Summe, die Ihnen die benötigten Ergebnisse liefert:

```
=RUNDEN(SUMMEWENNS('CLV - Kosten'!$D$2:$D$500;
'CLV - Kosten'!$C$2:$C$500;'CLV - Übersicht'!$A14;
'CLV - Kosten'!$B$2:$B$500;'CLV - Übersicht'!B$5;
'CLV - Kosten'!$A$2:$A$500;'CLV - Übersicht'!$E$1);0)
```

In Zelle B14 bedient sich die Funktion erneut dreier Bedingungen, die aus der Jahreszahl, der Kundennummer und der Kostenart gebildet werden. Wie immer sind die Bezüge auf die Zellen, die Bedingungen enthalten, hinsichtlich der relativen und absoluten Adressierung so definiert, dass Sie die Funktion problemlos in die benachbarten Bereiche kopieren können.

Abschließend fehlen Ihnen nun noch die Summen der Kosten und der Umsätze sämtlicher vorangegangener Jahre sowie die Salden der erfolgten Ein- und Auszahlungen für diesen Kunden. Diese Werte müssen wir in einem weiteren Arbeitsschritt berechnen.

Herstellkosten	0 €	16.705 €	10.738 €	19.350 €	46.158 €
Boni, Rabatte	0 €	9.504 €	2.416 €	4.912 €	22.365 €
Kundenkontakt	0 €	0 €	0 €	474 €	584 €
Mailing, Werbung etc.	0 €	0 €	320 €	0 €	320 €
Außendienst	0 €	532 €	0 €	0 €	0 €
Angebotserstellung	0 €	0 €	0 €	0 €	387 €
Auftragsbearbeitung	0 €	469 €	0 €	566 €	566 €
Fakturierung	0 €	0 €	47 €	707 €	0 €
Buchung	0 €	226 €	0 €	0 €	116 €
Lieferung	0 €	0 €	510 €	0 €	437 €
Wartung	0 €	0 €	0 €	0 €	0 €
Reparaturen	0 €	0 €	0 €	0 €	0 €
Umtausch	0 €	0 €	0 €	0 €	0 €
Einräumung von Sonderkonditionen	0 €	0 €	0 €	0 €	0 €
Rücknahme etc.	0 €	0 €	290 €	210 €	0 €
Summe aller Auszahlungen	**0 €**	**27.436 €**	**14.321 €**	**26.219 €**	**70.933 €**

Abbildung 11.88 Kundenbezogene Kostendarstellung

11.15.15 Prognose der Kosten – Herstellkosten, Boni und Rabatte

Die Herstellkosten, Boni und Rabatte stehen in engem Zusammenhang mit den erzielten Umsätzen pro Kunde. Deshalb werden Sie diese Daten nicht frei Hand eingeben, sondern ebenfalls aus einer Kalkulation auf Basis der bekannten Umsätze ermitteln.

Berechnen Sie den durchschnittlichen Kostensatz für die Herstellung sowie für Rabatte mit Hilfe der Daten aus den Vorjahren, und multiplizieren Sie anschließend das Resultat mit den von Ihnen erwarteten Umsätzen für das Jahr, dessen Kosten Sie prognostizieren möchten. Die Funktion dazu lautet:

```
=WENNFEHLER(SUMME(B14:F14)/SUMME(B$13:F$13)*G13*'CLV - Umsatztrend I'
!D$2;0)
```

Diese Berechnung wenden Sie in allen Zellen von G14 bis K15 an.

11.15.16 Erfassung sämtlicher anderer Kostenarten

Alle weiteren Kosten unterliegen den von Ihnen beabsichtigten kundenbezogenen Aktivitäten (Kundenkontakte, Außendienstbesuche etc.) oder Ihren individuellen Schätzungen (Aufwand für Angebotserstellung, Einräumen von Sonderkonditionen und so weiter). Aus diesem Grund ist es ratsam, diese Werte individuell für jeden einzelnen Kunden zu erfassen und nicht starr mit einer Funktion zu berechnen.

11

16.880 €	20.968 €	20.639 €	20.382 €	20.159 €
2.269 €	3.010 €	2.295 €	2.005 €	1.753 €

Abbildung 11.89 Eingabebereich für die Erfassung der kundenbezogenen Kosten

Der graue Zellbereich im Tabellenblatt *CLV – Übersicht* ist für eine solche Dateneingabe reserviert. Entfernen Sie gegebenenfalls den Zellschutz dieser Zellen über **Start ▸ Format ▸ Zellen formatieren ▸ Schutz**, und aktivieren Sie danach den Blattschutz, um das Überschreiben von Zellen, die Formeln und Funktionen enthalten, zu verhindern. Das Ergebnis wird sein, dass nur noch im grauen Zellbereich Kosten erfasst werden können.

11.15.17 Bestimmungsgrößen des Referenzwerts

Doch nun gelangen wir zu den Komponenten des CLV, die auf den ersten Blick weniger eindeutig erscheinen als Kosten und Erlöse.

Der Referenzwert ist eine Nettogröße, die in die Berechnung der zu erwartenden Umsätze einfließt. Dieser Wert beantwortet die Frage, wie viel die Kontakte und Empfehlungen Wert sind, die von einem Kunden ausgehen.

Der Referenzwert wird mit Hilfe der Kenntnis verschiedener anderer Informationen und Daten gebildet. Er gründet zu einem Teil auf dem *Referenzvolumen*. Dieses wiederum verwertet Daten zum

- durchschnittlichen Kaufvolumen und zur
- durchschnittlichen Referenzrate.

Das durchschnittliche Kaufvolumen ist ein branchenbezogener Wert, der durch die zu erwartende Einflussstärke von Referenzen auf Produktkäufe von Kunden in der betreffenden Branche gewichtet wird. Die durchschnittliche Referenzrate wiederum bezieht sich auf das tatsächlich zu erwartende Empfehlungsverhalten des konkreten Kunden, den Sie ins Auge gefasst haben.

Neben dem Referenzvolumen bestimmt das *Referenzpotential* den Referenzwert des Kunden. Das Referenzpotential wird maßgeblich beeinflusst durch

- die Kundenzufriedenheit,
- die Meinungsführerschaft des Kunden und
- das soziale Netz des Kunden.

Die Kundenzufriedenheit könnte zweifellos durch eine Kundenbefragung ermittelt werden. Um den Grad der Meinungsführerschaft des Kunden zu bestimmen, müsste mit einem festgelegten Bewertungsverfahren ein entsprechender Gewichtungsfaktor gebildet werden. Und schließlich kann auch das soziale Netz des Kunden, die Anzahl der Kontakte zu potentiellen Käufern und die Häufigkeit von Gesprächen über die betreffenden Produkte durch Marktuntersuchungen, quantifiziert werden.

Der Referenzwert des Kunden ließe sich, wenn sämtliche Daten vorliegen, durch einfache Multiplikation der einzelnen Faktoren wie folgt bilden:

*Referenzwert = Kaufvolumen * Referenzrate * Kundenzufriedenheit *
Meinungsführerschaft * soziales Netz*

11.15.18 Der Referenzindex in der Beispieldatei

Auch wenn Ihnen nicht alle der für die Bildung des Referenzwerts benötigten Daten vorliegen, ist es zweifelsfrei wichtig, festzuhalten, ob ein bestimmter Kunde durch Weiterempfehlungen eher zu zusätzlichen Umsätzen beiträgt oder nicht und in welchem Maße er dies tun wird. Die Ermittlung des Referenzwertes basiert auf komplexen Berechnungen, die ich in dieser Beispieldatei aus Gründen der Übersichtlichkeit nicht anwende. Um den Unterschied zwischen der komplexen und der in diesem Beispiel vereinfachten Anwendung zu verdeutlichen, habe ich den im Tabellenblatt *CLV – Übersicht* benutzten Wert *Referenzindex* genannt.

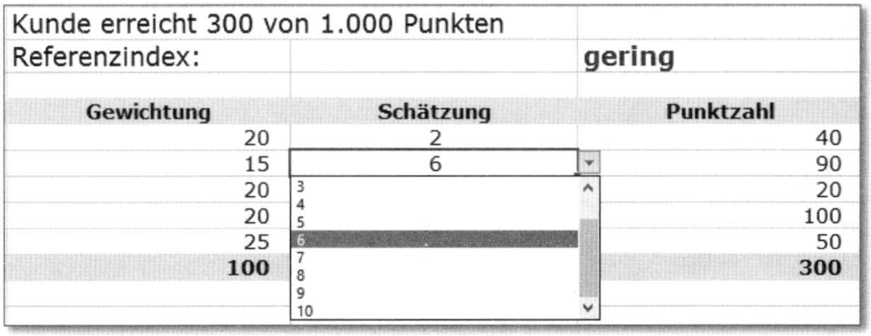

Kunde erreicht 300 von 1.000 Punkten		
Referenzindex:		gering
Gewichtung	**Schätzung**	**Punktzahl**
20	2	40
15	6	90
20		20
20		100
25		50
100		**300**

Abbildung 11.90 Ermittlung des Referenzindexes

In Abbildung 11.90 sehen Sie, dass im Tabellenblatt *Referenzindex* die fünf beschriebenen Kriterien in einer einfachen Bewertungsmatrix verwendet werden. Nachdem Sie in Spalte B die einzelnen Kriterien gewichtet haben, wird der geschätzte Wert in Spalte C aus einer Skala von 1 bis 10 über eine Datenüberprüfung ausgewählt. In Spalte D berechnen Sie durch einfache Multiplikation von Gewichtung und Schätzwert die Punktzahl je Kriterium. Alle Resultate werden schließlich in Zelle D11 zum Gesamtergebnis addiert.

11.15.19   Dokumentation der Bewertungsergebnisse

Damit das Bewertungsergebnis nicht verlorengeht und es bei der Auswahl eines Kunden im Tabellenblatt *CLV – Übersicht* dort angezeigt wird, tragen Sie die Resultate nach jeder Bewertung in das Tabellenblatt *CLV – Referenzindex* ein.

	A	B	C	D
1	**Kunden-ID**	**Kunde**	**Referenzindex**	**letzte Bewertung**
2	72139	Muster AG	hoch	12.05.2013
3	72145	Beispiel & Co KG	gering	01.03.2013
4	72325	Test GmbH	durchschnittlich	16.08.2013
5	51299	Übung AG	durchschnittlich	12.09.2013

Abbildung 11.91 Dokumentation der Bewertungsergebnisse

In der Spalte C wird ein Erläuterungstext für den Index verwendet (»hoch«, »durchschnittlich« etc.). Die Anzeige des Textes, der dem Indexwert zugeordnet ist, erreichen Sie in Zelle D3 des Tabellenblattes *Referenzindex* durch folgende Funktion:

```
=VERWEIS(Bindungsindex!D10;'Kategorien + Listen'!I3:I5;
'Kategorien + Listen'!J3:J5)
```

Aufbauend auf dem Gesamtergebnis in Zelle D10 wird aus der Referenztabelle im Tabellenblatt *Kategorien + Listen* die zutreffende Bezeichnung ausgewählt und in Zelle D3 geschrieben (Abbildung 11.92).

	L	M	N
	Referenzindex		
	Nr.	**Punktzahl**	**Rate**
	1	0	sehr gering
	2	300	gering
	3	600	durchschnittlich
	4	800	hoch

Abbildung 11.92 Übernahme der Bezeichnung aus der Referenztabelle

Auch im Tabellenblatt *CLV – Übersicht* muss der aktuelle Referenzindex nach Auswahl des Kunden angezeigt werden. Dies wird durch die Funktion `=WENNFEHLER(SVERWEIS(E1;'CLV – Referenzindex'!$A$2:$D$100;3;FALSCH);"")` in Zelle D3 veranlasst. Die Fehlerunterdrückung ist hier notwendig, um die Anzeige eines Fehlerwerts zu verhindern, wenn für den Kunden noch keine Bewertung durchgeführt wurde.

Ansonsten sorgt hier ein SVERWEIS() auf Grundlage der ausgewählten Kundennummer für eine Auswahl der Referenzindexbeschreibung. Dies bedeutet auch, dass Ihre Referenzwerttabelle immer nach dem Datum der Bewertung absteigend sortiert sein muss, um eine korrekte Anzeige zu gewährleisten.

11.15.20 Der Bindungsindex in der Beispieldatei

Rechnerisch gewinnen Sie den Bindungsindex auf dem Weg, den Sie auch schon für den Referenzindex beschritten haben: Sie nutzen erneut eine einfache gewichtete Matrix (Tabellenblatt *Bindungsindex*) und nehmen eine Schätzung mit Hilfe einer von 1 bis 10 reichenden Skala vor (Abbildung 11.93).

	A	B	C	D
1	**Kunden-ID**	**Kunde**	**Bindungsindex**	**letzte Bewertung**
2	72139	Muster AG	gering	12.05.2013
3	72145	Beispiel & Co KG	hoch	01.03.2013
4	72325	Test GmbH	hoch	16.08.2013
5	51299	Übung AG	hoch	12.09.2013

Abbildung 11.93 Bestimmung des Bindungsindexes des Kunden

Auch die Verfahren der Dokumentation und Weiterverarbeitung der Resultate gleichen denen des Referenzindexes. Das aktuelle Ergebnis tragen Sie in das Tabellenblatt *CLV – Bindungsindex* ein und sortieren die Liste nach dem Datum der Bewertung. Der dokumentierte Wert wird im Tabellenblatt *CLV – Übersicht* schließlich in Zelle D2 mit der Funktion =WENNFEHLER(SVERWEIS(E1;'CLV – Bindungsindex'!$A$2:$D$100;3;FALSCH);"") abgerufen.

11.16   Kundenscoring

Auch beim nächsten Beispiel steht wieder der Kunde im Mittelpunkt der Betrachtung. Das Kundenscoring ist eine Gegenüberstellung der Bewertungen verschiedener Kunden. Bei dem Verfahren werden gewichtete Kriterien genutzt. In der Datei *11_Kundenscoring_00.xlsx* werden insgesamt acht Kriterien eingesetzt (Abbildung 11.94).

Neben dem Kriterienkatalog in Spalte B befindet sich in Spalte C die jeweilige Gewichtung der Kriterien. Die Zuordnung der Bewertung in den Spalten D bis K wird, wie bereits in anderen Beispielen, über eine Datenüberprüfung realisiert. Daraus wählen Sie einen zutreffenden Wert aus der Werteskala aus.

	A	B	C	D	E	F	G	H	I	J	K
1		**Kundenscoring**									
2				Kunde 1	Kunde 2	Kunde 3	Kunde 4	Kunde 5	Kunde 6	Kunde 7	Kunde 8
3	**Nr.**	**Kriterium**	**Gewichtung**					**Punkte**			
4	1	Bedarf des Kunden (Volumen)	20	2	4	3	3	3	5	1	3
5	2	Wachstumspotenzial	15	3	3	3	4	4	5	4	2
6	3	Preisdurchsetzbarkeit	10	3	5	5	5	4	2	2	2
7	4	Kundentreue	10	3	1	4	4	5	2	2	4
8	5	Bonität	15	2	2	4	4	4	5	2	2
9	6	Auftragskontinuität	8	3	4	3	5	4	3	3	3
10	7	Meinungsführerschaft	12	4	3	4	3	5	3	4	2
11	8	Strategische Bedeutung	10	5	5	3	3	3	5	2	3
12		**Summe**	**100**	**25**	**27**	**29**	**31**	**32**	**30**	**20**	**21**

Abbildung 11.94 Tabellarische Darstellung der Scoringresultate

Ergebnisdarstellung mit einer Heatmap

Die eigentliche Herausforderung des Scorings besteht in der übersichtlichen Darstellung der Resultate, denn wie gewohnt werden die Gewichtungspunkte mit den Bewertungspunkten multipliziert. Dadurch erhalten Sie eine Tabelle, in der alle Bewertungen numerisch dargestellt werden. Eine solche Zahlenwüste zeichnet sich gewöhnlich nicht gerade durch Übersichtlichkeit und einfache Lesbarkeit aus. Das ist beim Kundenscoring nicht anders.

Scoring (Einzelergebnissse) mit Heat map							
Kunde 1	**Kunde 2**	**Kunde 3**	**Kunde 4**	**Kunde 5**	**Kunde 6**	**Kunde 7**	**Kunde 8**
			Bewertung (gewichtet)				
40	80	60	60	60	100	20	60
45	45	45	60	60	75	60	30
30	50	50	50	40	20	20	20
30	10	40	40	50	20	20	40
30	30	60	60	60	75	30	30
24	32	24	40	32	24	24	24
48	36	48	36	60	36	48	24
50	50	30	30	30	50	20	30
297	333	357	376	392	400	242	258

Abbildung 11.95 Scoringresultate als Heatmap

Mit den neuen Möglichkeiten seit Excel 2007 kostet es Sie allerdings nur einige Minuten, aus der Zahlenwüste eine leichter verdauliche und verständliche grafische Auswertung zu machen. Mit der Option **Bedingte Formatierung** entwerfen Sie in kürzester Zeit eine *Heatmap*.

Die *Heatmap* in Abbildung 11.95 folgt der typischen Ampelformatierung. Positive Ergebniswerte – in diesem Fall die hohen Punktzahlen, die ein Kunde bei der Bewertung erreicht hat – werden mit grünem Zellhintergrund gekennzeichnet. Niedrige Bewertungen benötigen genauere Beachtung und werden rot formatiert. Ergebnisse im mittleren Bereich erhalten eine gelbe Formatierung.

Gehen Sie folgendermaßen vor, um die *Heatmap* zu erstellen:

- Berechnen Sie zunächst die Punktzahl für jedes Kriterium und jeden Kunden.

- Markieren Sie den Zellbereich M4 bis M11, also alle Bewertungen für Kunden 1.

- Rufen Sie die Funktion **Start ▸ Formatvorlagen ▸ Bedingte Formatierung ▸ Farbskalen ▸ Grün-Gelb-Rot-Farbskala** auf.

- Wählen Sie erneut **Bedingte Formatierung ▸ Regeln verwalten ▸ Regel bearbeiten**.

- Stellen Sie als Grenzwert für die Farbe Rot 25 % des Höchstwerts ein, für Gelb 75 % und für Grün 100 %.

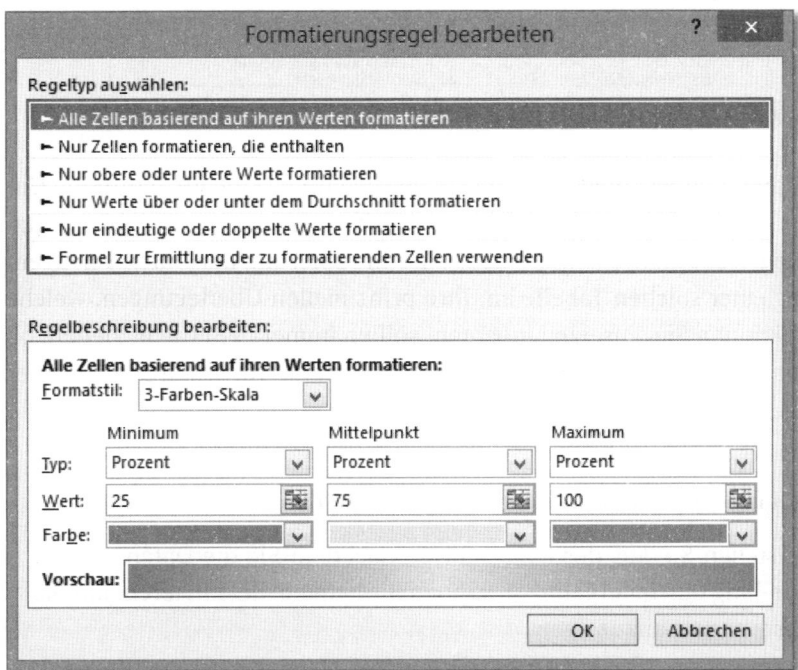

Abbildung 11.96 Einstellung der Farbübergänge der Heatmap

Nun müssen Sie die Farbeinstellungen auch auf die anderen Kunden in den angrenzenden Spalten übertragen. Markieren Sie gegebenenfalls nochmals den Zellbereich von M4 bis M11. Klicken Sie dann doppelt auf den Schalter **Format übertragen** im Menü **Start ▸ Zwischenablage**. Markieren Sie nun spaltenweise die Ergebnisbereiche der anderen Kunden, und kopieren Sie auf diesem Weg die Einstellungen der Option **Bedingte Formatierung** in die restlichen Bereiche der Tabelle.

11.17 Personalstrukturanalyse

Nach dieser schnell umgesetzten Lösung ist das nun folgende Beispiel wieder etwas umfangreicher. Die folgende Analyse der Personalstruktur eines Unternehmens basiert auf einer einfachen Personalliste. Im hier behandelten Fall ist einmal mehr unwesentlich, ob diese Liste in Excel selbst erfasst oder aber aus einem anderen System übernommen wurde. Die Daten befinden sich im Tabellenblatt *A. Personaldaten* der Arbeitsmappe *11_Personalstruktur_00.xlsx*.

	Pers. Nr.	Name	Vorname	m/w	Geb.datum	Wohnort	PLZ	Straße	Schwerb.	Eintritt	Beschäftigt als	Arbeitszeit (Std.)	Ang.	Lohn	Azubi
2	210-001	Thewes	Paul	m	28.10.1949	München	80218	Hauptstr. 34	j	15.05.1974	Verwaltungsfachkraft	167	1	0	0
3	210-002	Piel	Luis	m	09.06.1955	München	80637	Viehof 21	n	20.04.1984	Techniker	167	1	0	0
4	210-003	Lohmeyer	Herbert	m	22.10.1948	Augsburg	86167	Innstr. 92	n	21.11.1987	Packer	167	0	1	0
5	210-004	Umbert	Hanno	m	30.09.1953	München	80737	Passauer Str. 1	n	26.02.1978	Verwaltungsfachkraft	83	1	0	1
6	210-005	da Silva	Everaldo	m	09.04.1978	München	80527	Augsburger Str. 1	n	02.05.2006	Lagerist	167	1	0	0
7	210-006	Wolsch	Lydia	w	04.06.1983	München	80337	Grüner Weg 51	n	02.05.2005	Packerin	167	0	1	0
8	210-007	Ballert	Susanne	w	17.12.1954	München	80737	Grüner Weg 12	n	11.03.1973	Verwaltungsfachkraft	167	1	0	0
9	210-008	Saupel	Udo	m	18.01.1968	München	80637	Oberstr. 12	n	18.01.1998	Buchhalter	167	1	0	0

Abbildung 11.97 Aufbau der Personaldatenliste

Dort sind Stammdaten wie Personal-ID, Name, Geburtsdatum, Eintrittsdatum ins Unternehmen, aber auch Tätigkeit, Steuerklasse oder Tarifgruppe aufgelistet. Grundsätzlich bieten sich alle Excel-Funktionen, die über eine Gruppierung der Daten verfügen, für die Auswertung einer solchen Tabelle an. Ihre prinzipiellen Überlegungen, welche der möglichen Funktionen Sie einsetzen möchten, sollten immer in Betracht ziehen, ob Sie die Ausgabe der Ergebnisse an der Stelle der Originaltabelle wünschen oder an einer anderen Stelle, z. B. in einem anderen Tabellenblatt.

TIPP

Anzeige der Ergebnisse am Speicherort der Originaldaten

Teilergebnisse erstellen Sie aus der Originalliste, nachdem Sie die Daten sortiert haben. Die Darstellung der Teilergebnisse können Sie bequem deaktivieren, um die ursprüngliche Liste erneut anzuzeigen.

Mit dem AutoFilter generieren Sie einen Auszug der Daten am Speicherort Ihrer ursprünglichen Tabelle. Wenn Sie den AutoFilter mit der Funktion `TEILERGEBNIS()` kombinieren, sind Sie in der Lage, nicht nur die Details, sondern auch zusammengefasste Ergebnisse wie Summe oder Anzahl zu bilden.

Möchten Sie die Originalliste unverändert erhalten – wofür die daraus resultierenden Aussichten auf ein verbessertes Datenmanagement durchaus sprechen –, steht eine weitere Gruppe von Funktionen zu Ihrer Verfügung.

Anzeige der Ergebnisse in einem anderen Tabellenblatt

Mit einer Pivottabelle ist es möglich, die Daten nach vielfältigen Merkmalen zu gruppieren und das Ergebnis in einem anderen Tabellenblatt auszugeben. Der Vorteil dieser Tabellen liegt in der flexiblen Anpassung der Auswertungskriterien. Diese erleichtert die Durchführung von Ad-hoc-Analysen. Die Einschränkungen bei der Formatierung von Pivottabellen und der Weiterverarbeitung der Daten schlagen auf der Negativseite zu Buche.

Der erweiterte Filter erlaubt es, einen Auszug aus der Originalliste in ein anderes Tabellenblatt zu kopieren. Dabei verwenden Sie einen Kriterienbereich, in den Sie die Filterkriterien schreiben. Wie bei einer Datenbankabfrage – z. B. mit Microsoft Query – lassen sich die Kriterien mit einem Instrumentarium aus mathematischen und logischen Operatoren vielfältig kombinieren. Dieses Verfahren ist für Sie vor allem dann nützlich, wenn ein sehr umfangreicher Originaldatenbestand vor der Weiterverarbeitung reduziert werden soll.

Die beiden soeben beschriebenen Alternativen weisen eine Gemeinsamkeit auf. Sie erstellen auf der Grundlage einer Originalliste eine Detailliste – wahlweise an gleicher oder anderer Stelle. Doch wie sieht es aus, wenn Sie keine Detailliste, sondern ein zusammengefasstes Ergebnis in Form eines einzigen Werts benötigen? Auch hier stehen zwei Varianten zur Verfügung.

Zusammenfassung von Listenwerten zu einem Ergebniswert

Datenbankfunktionen finden Sie im Funktionsassistenten in der Kategorie **Datenbank**. Mit diesen Funktionen fassen Sie die Einzelwerte einer einfachen Liste zu einem Wert zusammen, z. B. zu einer Summe, einem Mittelwert oder der Anzahl. Die Grundlage der Kalkulation ist wie beim erweiterten Filter ein zuvor festgelegter Kriterienbereich. Durch dieses Prinzip sind zahlreiche Analyseschwerpunkte bei der Auswertung der Daten möglich. Das Ergebnis kann in jedem beliebigen Tabellenblatt der Arbeitsmappe ausgegeben werden. Allerdings müssen Sie – im Vergleich zu anderen Funktionen – stets einen Kriterienbereich anlegen, was nicht selten als störend bei der Darstellung der Ergebnisse empfunden wird.

Die bedingten Kalkulationen mit Funktionen wie SUMMEWENNS(), ZÄHLENWENNS() u. Ä. bilden eine weitere Grundlage, um Daten aus umfangreichen Listen zu verdichten. Auch bei ihrer Anwendung werden Kriterien eingesetzt. Der Unterschied zu den Datenbankfunktionen besteht allerdings darin, dass sich die Kriterien direkt auf den Wertebereich beziehen und nicht auf ein Datenbankfeld bzw. eine Spaltenüberschrift. Dadurch fällt das Anlegen eines Kriterienbereiches weg.

11.17.1 Auswertung der Altersstruktur

Bei der Auswertung der Personaldaten haben Sie also die Qual der Wahl. Um die Altersstruktur auszuwerten, wäre eine Pivottabelle (Abbildung 11.98) sicherlich das schnellste Mittel. Lassen Sie uns zunächst dieser Verlockung nachgeben. Die Pivottabelle im Tabellenblatt *A. Altersstruktur* erstellen Sie folgendermaßen:

- Ziehen Sie die Geburtsdaten in den Zeilenbereich.

- Klicken Sie mit der rechten Maustaste in die Datumswerte, und wählen Sie **Gruppieren**.

- Entfernen Sie die Gruppierung nach Monaten, und aktivieren Sie stattdessen die Gruppierung nach Jahren.

- Ziehen Sie das Feld *Pers.Nr.* in den Wertebereich.

Möchten Sie die Ergebnisse nun weiter verdichten, wäre dies nicht so ohne weiteres möglich, da sich das Gruppierungsmerkmal *Jahre* in Pivottabellen beispielsweise nicht zu Dekaden zusammenfassen lässt. Dies ist ein Argument, das eindeutig gegen dieses Werkzeug spricht.

	A	B
1	Geburtsjahr ▾	Mitarbeiterzahl
2	1945	1
3	1948	1
4	1949	3
5	1950	1
6	1951	4
7	1952	1
8	1953	2
9	1954	1
10	1955	4
11	1956	3
12	1957	3
13	1958	2

Abbildung 11.98 Altersstruktur auf Grundlage einer gruppierten Pivottabelle

Mit der Funktion HÄUFIGKEIT() hingegen ist es Ihnen möglich, die Ergebnisse nach Dekaden zu gruppieren. Sie müssen dazu Klassen bilden, wie es in Spalte D mit der Eingabe der Stichtage bereits geschehen ist.

Stichtag	Mitarbeiterzahl
31.12.1939	0
31.12.1949	5
31.12.1959	22
31.12.1969	11
31.12.1979	8
31.12.1989	4
31.12.1999	0
31.12.2009	0
Gesamt	50

Abbildung 11.99 Zusammenfassung zu Altersgruppen mit HÄUFIGKEIT()

Die Funktion im Zellbereich E2 bis E9 zur Berechnung der Altersstruktur nach Dekaden lautet:

```
{=HÄUFIGKEIT('A. Personaldaten'!E2:E51;D2:D9)}
```

Bedenken Sie, dass es sich um eine Matrixfunktion handelt, die Sie mit [Strg] + [⇧] + [↵] abschließen müssen.

11.17.2 Auswertung nach Alter und Geschlecht

Durch Hinzufügen eines weiteren Auswertungsmerkmals werden Sie feststellen, dass Sie abermals umdenken müssen. Eine Pivottabelle ist schnell um das Kriterium *Geschlecht* erweitert. Ziehen Sie das Feld in den Zeilenbeschriftungsbereich, oberhalb des Feldes *Jahr*. Schon zeigt Ihnen die Pivottabelle die Eintrittsjahre Ihrer Mitarbeiter nach Geschlechtern geteilt an. Die Gruppierung nach Dekaden funktioniert aber natürlich immer noch nicht bei diesem Werkzeug.

	w	m
vor 1940	0	0
1940 - 1949	1	-4
1950 - 1959	10	-12
1960 - 1969	4	-7
1970 - 1979	2	-6
1980 - 1989	3	-1
nach 1990	0	0
	0	0
	20	-30

Abbildung 11.100 Altersstruktur nach Geschlechtern mit ZÄHLENWENNS()

Da auch die Funktion `HÄUFIGKEIT()` keine Lösung für die Verwendung zweier Bedingungen bietet, müssen Sie hier eine bedingte Kalkulation mit `ZÄHLENWENNS()` benutzen. Wichtig ist beim Entwurf der Funktion wieder, die Bezüge so zu gestalten, dass Sie das Ergebnis ohne manuelle Nachbearbeitung in den anderen Zeilen verwenden, also kopieren können.

Für die erste Dekade gestalten Sie die Funktion in Zelle K2 folgendermaßen:

```
=ZÄHLENWENNS('A. Personaldaten'!$E$1:$E$51;"<"&$D2;
'A. Personaldaten'!$D$1:$D$51;K$1)
```

Sie beziehen das Kriterium *Eintritt in das Unternehmen vor dem 31.12.1939* aus einer Verkettung des Kleiner-als-Zeichens mit der Beschriftung in Zelle D2 (`"<"&$D2`). Das zweite Kriterium (`"w"`) holen Sie sich aus der Spaltenüberschrift der Tabelle. Wenn Sie dann noch die zu durchsuchenden Datenbereiche in der Personaltabelle absolut setzen, erhalten Sie eine kopierbare Funktion. Kopieren Sie die Funktion in die Nachbarzelle L1.

Die Ergebnisse für die weiteren Dekaden benötigen eine zusätzliche Bedingung. Hier sollen die Mitarbeiter zusammengefasst werden, die nach einem bestimmten Datum ins Unternehmen gekommen sind, beispielsweise nach dem 31.12.1939 (D2); aber sie müssen auch vor einem bestimmten Datum eingestellt worden sein, etwa vor dem 31.12.1949 (D3). Dies bedeutet, dass in Zelle K3 eine modifizierte Funktion eingesetzt werden muss:

```
=ZÄHLENWENNS('A. Personaldaten'!$E$1:$E$51;">"&$D2;'A. Personaldaten'
!$E$1:$E$51;"<"&$D3;'A. Personaldaten'!$D$1:$D$51;K$1)
```

Diese Funktion können Sie nun nach unten bis in Zelle K9 und dann nach rechts bis in Zelle L9 kopieren. Die Analyse der Altersstruktur ist damit fertiggestellt. Nun fehlt nur noch die Darstellung der Daten in einem Diagramm.

11.17.3 Altersstruktur im Diagramm darstellen

Für die Darstellung der Altersstruktur nach Geschlechtern eignet sich ein Tornadodiagramm besonders gut. In Excel erstellen Sie ein solches Diagramm als Abwandlung eines Balkendiagramms. Allerdings benötigen Sie für diese Darstellung eine Datenreihe mit positiven Werten und eine zweite mit negativen.

Im Tabellenblatt *B. Altersstruktur* erreichen Sie dies, indem Sie entweder neben den berechneten Ergebnissen in Spalte M die Resultate mit –1 multiplizieren oder indem Sie vor ZÄHLENWENNS() ein Minuszeichen setzen.

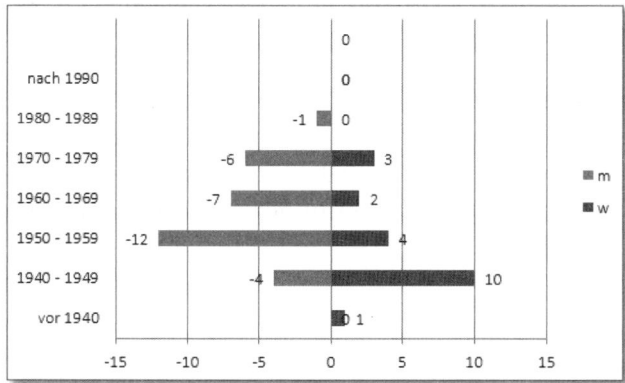

Abbildung 11.101 Altersstruktur dargestellt im Diagramm

Das Diagramm erstellen Sie anschließend mit diesen Arbeitsschritten:

- Wählen Sie **Einfügen ▸ Diagramme ▸ 2D-Balken ▸ Gruppierte Balken**.

- Rufen Sie **Diagrammtools ▸ Entwurf ▸ Daten ▸ Daten auswählen** auf.

- Klicken Sie auf **Hinzufügen**, und wählen Sie Zelle K1 als Beschriftung der Datenreihe und die Zellen von K2 bis K9 als Wertebereich aus.

- Wiederholen Sie die Schritte für die zweite Datenreihe in Spalte L.

- Fügen Sie den Zellbereich J2 bis J9 als Beschriftung der Rubrikenachse hinzu.

Um das normale Balkendiagramm in ein Tornadodiagramm zu verwandeln, gehen Sie wie folgt vor:

- Formatieren Sie die Rubrikenachse so, dass für die Haupt- und Teilstriche der Achse die Option **Keine** und für **Achsenbeschriftungen** die Option **Niedrig** aktiviert ist.

- Setzen Sie die Überlappung bei den **Reihenoptionen** auf **Reihenachsenüberlappung** (Excel 2010: **Überlappend (100 %)**).

- Aktivieren Sie für beide Datenreihen die Option **Datenbeschriftungen hinzufügen** (in Excel 2010: **Datenbeschriftungen anzeigen**).

- Wählen Sie für die Größenachse eine **Benutzerdefinierte Formatierung**, bei der sowohl die positiven als auch die negativen Werte ohne Minuszeichen angezeigt werden (#.###;#.###).

11

11.17.4 Auswertung der Betriebszugehörigkeit

Die Betriebszugehörigkeit der Mitarbeiter analysieren Sie, indem Sie die gleichen Werkzeuge wie bei der Auswertung der Altersstruktur benutzen. Ein Großteil der verwendeten Funktionen lässt sich vom Tabellenblatt *B. Altersstruktur* in das Tabellenblatt *B. Zugehörigkeit* als Formel kopieren (**Start ▸ Zwischenablage ▸ Einfügen ▸ Formeln**).

Auch das Diagramm, das die Altersstruktur zeigt, sollten Sie kopieren. Halten Sie die Taste Strg fest, und ziehen Sie dann das vorhandene Diagramm mit der Maustaste nach rechts. Nachdem Sie auf diesem Weg eine Kopie erstellt haben, passen Sie die Wertebereiche und den Bereich für die Rubrikenachsenbeschriftung über **Diagrammtools ▸ Entwurf ▸ Daten auswählen** entsprechend an.

11.18 Arbeitszeitanalyse

Die Datei *11_Arbeitszeitauswertung_Konsolidierung_00.xlsx* enthält drei Tabellenblätter, in denen sich Arbeitszeitdaten verschiedener Mitarbeiter befinden. Erinnern Sie sich? In Kapitel 3, »Import und Bereinigung von Daten«, gab es eine ähnliche Datei, deren Daten wir mit Hilfe der Konsolidierungsfunktion einer Pivottabelle ausgewertet haben. Die Konsolidierung schränkte zwar einige der typischen Pivotfunktionen ein, aber insgesamt konnten wir konstatieren, dass die Konsolidierung mittels Pivottabelle funktionierte.

Wie funktioniert die Konsolidierung von Daten nun, wenn wir nicht auf das Mittel der Pivottabellen zurückgreifen? Lassen Sie uns das einfach anhand der Arbeitszeitdaten testen.

Excel bezieht aus den Zeilenbeschriftungen und/oder Spaltenüberschriften die notwendige Information, welche Werte aus den unterschiedlichen Tabellenblättern konsolidiert werden sollen. Die Daten im Tabellenblatt *Mai* bieten somit eine Basis, um nach den Inhalten der Spalten A (*PersNr – Name*) oder B (*Pers. Nr.*) zu konsolidieren, da die Inhalte beider Spalten eindeutig sind (Abbildung 11.102).

	A	B	C	D	E	F	G
1	PersNr - Name	Pers. Nr.	Name	Vorname	Arbeitsstunden	Beschäftigt als	Arbeitszeit (Std.)
2	210-001 - Thewes, Paul	210-001	Thewes	Paul	169	Verwaltungsfachkraft	167
3	210-002 - Piel, Luis	210-002	Piel	Luis	167	Techniker	167
4	210-003 - Lohmeyer, Herbert	210-003	Lohmeyer	Herbert	167	Packer	167
5	210-004 - Umbert, Hanno	210-004	Umbert	Hanno	87	Verwaltungsfachkraft	83
6	210-005 - da Silva, Everaldo	210-005	da Silva	Everaldo	176	Lagerist	167
7	210-006 - Wolsch, Lydia	210-006	Wolsch	Lydia	183	Packerin	167
8	210-007 - Ballert, Susanne	210-007	Ballert	Susanne	172	Verwaltungsfachkraft	167
9	210-008 - Saupel, Udo	210-008	Saupel	Udo	176	Buchhalter	167

Abbildung 11.102 Ausgangsdaten der Konsolidierung

666

Da in den Tabellen sowohl die Soll- als auch die Ist-Arbeitszeit erfasst wurde, dient die Konsolidierung in diesem Beispiel der Durchführung eines Soll-Ist-Vergleichs des gesamten zweiten Quartals.

11.18.1 Festlegung der Konsolidierungsbereiche

Konsolidierungsdefinitionen sind immer auf das konkrete Tabellenblatt bezogen, in dem sie erstellt wurden. Fügen Sie also ein neues Tabellenblatt in die Arbeitsmappe ein. Starten Sie dann die Konsolidierung der Daten, indem Sie die Funktion **Daten ▸ Datentools ▸ Konsolidieren** aufrufen.

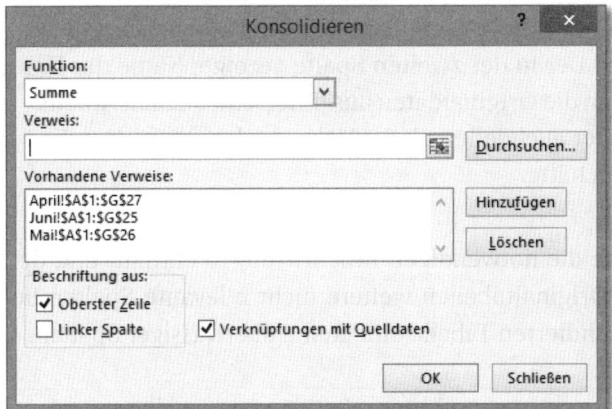

Abbildung 11.103 Definition der Konsolidierungsbereiche

Wenn Sie auf Basis der ersten Spalte konsolidieren möchten, lauten die Verweise für die drei Monatstabellen:

- `April!$A$!:$G$27`

- `Mai!$A$!:$G$26`

- `Juni!$A$!:$G$25`

> **Konsolidierungsoptionen**
>
> - **Beschriftung aus: Linker Spalte**
>   Ist diese Option aktiviert, so ist es möglich, Daten auch dann korrekt zusammenzuführen, wenn die Bezeichnungen in der ersten Spalte (z. B. Mitarbeiternamen) nicht in der gleichen Reihenfolge in allen Tabellen eingegeben wurden.

INFO

■ **Beschriftung aus: Oberster Zeile**
Verfügen die zu konsolidierenden Tabellen über unterschiedliche Spaltenüberschriften (z. B. die Namen von Abteilungen oder Monaten), so werden die Werte auf Grundlage dieser Begriffe konsolidiert. Aktivieren Sie die Option, obwohl alle Spalten identisch sind, bringt Sie Ihnen nur den minimalen Vorteil, dass Sie die Spaltenüberschriften der Tabellen nicht erneut per Tastatur in die konsolidierte Ergebnistabelle schreiben müssen.

■ **Verknüpfungen mit Quelldaten**
Die Option fügt Zellbezüge auf die Originaltabellen in die Ergebnistabelle ein. Ändern sich die Quelldaten, werden auf diesem Weg auch die konsolidierten Ergebnisse auf den neusten Stand gebracht. Excel fügt außerdem eine Gliederung in die Ergebnistabelle ein, mit der die Einzelheiten der Quelltabellen ein- bzw. ausgeblendet werden können. Der in der zweiten Spalte gezeigte Name der Ursprungsdatei ist hilfreich, wenn die Originaldaten aus unterschiedlichen Arbeitsmappen stammen. Er kann aber auch jederzeit gelöscht werden, ohne dass dies Einfluss auf die Berechnungen hätte.

Da zwischen der ersten Spalte, die die notwendigen Beschriftungen enthält, und den beiden Arbeitszeitspalten in den Originaltabellen weitere nicht relevante Spalten liegen, erhalten Sie auch in der konsolidierten Tabelle eine Reihe überflüssiger Spalten.

A	B	C	D	E	F	G	H	I
		Pers. Nr.	Name	Vorname	Arbeitsst	Beschäftigt a	Arbeitszeit (Std.)	
210-001 - Thewes, Paul					508		501	
210-002 - Piel, Luis					506		501	
210-003 - Lohmeyer, Herbert					492		501	
210-004 - Umbert, Hanno					255		249	
210-005 - da Silva, Everaldo					510		501	

Abbildung 11.104 Die konsolidierte Tabelle enthält nicht benötigte Spalten.

Zögern Sie nicht, diese Spalten einfach zu löschen. Die Zellbezüge der Arbeitszeitspalten, auf die es ankommt, bleiben dabei erhalten.

	A	B	C	D
1			Arbeitsstunden	Arbeitszeit (Std.)
5	210-001 - Thewes, Paul		508	501
9	210-002 - Piel, Luis		506	501
13	210-003 - Lohmeyer, Herbert		492	501
17	210-004 - Umbert, Hanno		255	249
21	210-005 - da Silva, Everaldo		510	501
25	210-006 - Wolsch, Lydia		517	501
29	210-007 - Ballert, Susanne		515	501

Abbildung 11.105 Konsolidierung nach dem Entfernen überflüssiger Spalten

11.18.2 Erstellen des Soll-Ist-Vergleichs

Für den Soll-Ist-Vergleich fügen Sie in den Spalten D und E die betreffenden Formeln ein und kopieren diese nach unten (Abbildung 11.106). In Zelle E5 ist es die Formel `=C5-D5` und in F5 die Formel `=1-D5/C5`.

	A	B	C	D	E	F
1	Mitarbeiter		Arbeitsstunden	Arbeitszeit (Std.)		
5	210-001 - Thewes, Paul		508	501	7	1,4%
9	210-002 - Piel, Luis		506	501	5	1,0%
13	210-003 - Lohmeyer, Herbert		492	501	-9	-1,8%
17	210-004 - Umbert, Hanno		255	249	6	2,4%
21	210-005 - da Silva, Everaldo		510	501	9	1,8%

Abbildung 11.106 Soll-Ist-Vergleich der Arbeitsstunden

Durch die Verknüpfung der Daten werden Veränderungen in den drei Monatsübersichten direkt an die konsolidierte Tabelle weitergegeben. Solange die Anzahl der Mitarbeiter in den drei Datentabellen unverändert bleibt, ist die Aktualisierung und Weiterberechnung in den Spalten D und E unproblematisch.

Schwierigkeiten können dann auftreten, wenn sich die Anzahl der Zeilen verändert, also neue Mitarbeiter aufgenommen oder vorhandene aus der Liste entfernt werden – was bei einer rückblickenden Auswertung eigentlich aber nicht zu erwarten ist.

Dennoch, wenn sich Veränderungen in der Datensatzanzahl ergeben, ist es bisweilen ratsam, die Konsolidierungstabelle neu zu erstellen. Entfernen Sie in einem solchen Fall die verknüpften Daten der Konsolidierung und die Gliederung der Tabelle. Da die Konsolidierungsdefinition mit dem Tabellenblatt verbunden ist, können Sie die Konsolidierung dann mühelos neu erstellen, ohne sämtliche Bereiche nochmals auswählen zu müssen.

11.19 Reisekostenabrechnung

Die hier vorgestellte Datei zur Reisekostenabrechnung – zu finden unter dem Dateinamen *11_Reisekosten_00.xlsx* – enthält ein einfaches Beispiel für ein Excel-Formular. Es enthält folgende Bestandteile:

- gesperrte Zellen und Eingabezellen
- hinterlegte Formeln, die Berechnungen mit den eingegebenen Werten durchführen
- eine auf ein DIN-A4-Blatt ausgelegte Formatierung sowie einen definierten Druckbereich

- einen Blattschutz mit Kennwort, der es verhindert, gesperrte Zellen auszuwählen und dort fehlerhafte oder überflüssige Eingaben vorzunehmen

- einen Arbeitsmappenschutz, mit dem die Struktur und die Fensterdarstellung der Datei gesperrt werden können

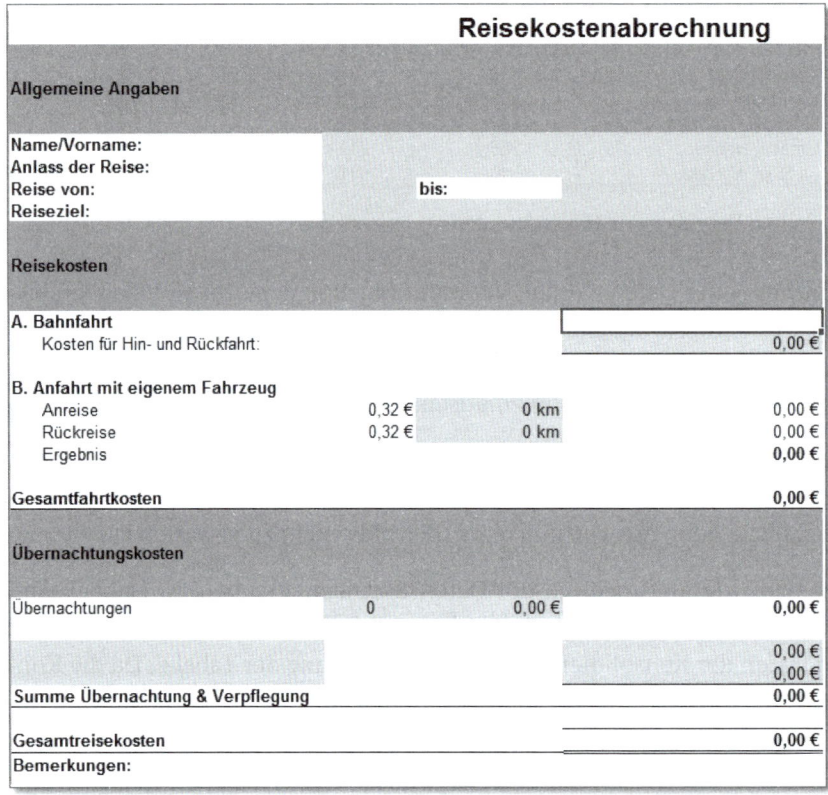

Abbildung 11.107 Formulare werden mit Zell-, Blatt- und Arbeitsmappenschutz für Änderungen gesperrt.

11.19.1 Sperren von Zellen und Schutz des Tabellenblattes

Sie schalten einzelne Zellen für die Eingabe von Daten frei, indem Sie sie zunächst ausschalten. Drücken Sie dann [Strg] + [1], um die Funktion **Zellen formatieren** zu aktivieren. Anschließend deaktivieren Sie die Option **Gesperrt** im Register **Schutz**.

Wenn Sie jetzt den Blattschutz über **Start ▸ Zellen ▸ Format ▸ Blatt schützen** aktivieren, ist die Eingabe von Daten nur noch in den nicht gesperrten Zellen möglich. Je nach Konfiguration können Sie auch verhindern, dass der Benutzer gesperrte Zellen auswählt.

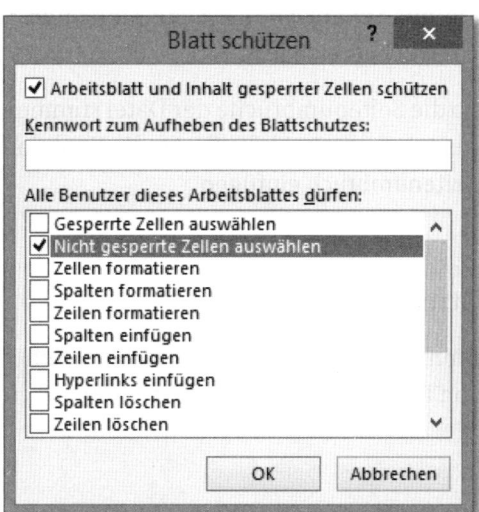

Abbildung 11.108 Der Blattschutz ist vielfältig konfigurierbar.

Beachten Sie, dass der Kennwortschutz lediglich eine Hürde sein soll, um das versehentliche Überschreiben zu verhindern, nicht aber zum Verstecken von sensiblen Daten taugt.

Nachdem Sie den Blattschutz aktiviert haben, können Sie sich mit der Maus oder mit ⇆ zwischen den Eingabezellen bewegen und Daten erfassen.

11.19.2 Druckbereich festlegen und überflüssige Spalten/Zeilen ausblenden

Wenn Sie ein Formular erstellen, mit dem Kolleginnen oder Kollegen arbeiten sollen, dann werden Sie versuchen, alle überflüssigen Informationen, die eventuell Fehler verursachen, zu entfernen. Die nicht benötigten Spalten rechts von Spalte D gehören dazu.

- Klicken Sie die Spaltenüberschrift E an, und drücken Sie dann Strg + →, um sämtliche Spalten bis zum Ende des Tabellenblattes zu markieren.

- Klicken Sie danach mit der rechten Maustaste auf die markierten Spaltenüberschriften, und wählen Sie **Ausblenden** aus dem Kontextmenü aus.

- Wiederholen Sie dies, um auch alle Zeilen von Zeile 26 an abwärts auszublenden.

Wenn Sie die überflüssigen Spalten und Zeilen nicht ausblenden möchten, sollten Sie zumindest einen Druckbereich definieren, um zu verhindern, dass überflüssige Informationen ausgedruckt werden.

- Markieren Sie das Formular, und legen Sie mit **Seitenlayout ▸ Seite einrichten ▸ Druckbereich ▸ Druckbereich festlegen** einen Druckbereich fest.

Prüfen Sie vor dem Speichern des Formulars, ob die Seitenumbrüche der Datei stimmen oder ob sämtliche Informationen auf eine Seite passen. Dabei hilft Ihnen die Funktion **Seitenlayout ▸ Seite einrichten ▸ Umbrüche ▸ Seitenumbruch einfügen**.

11.19.3 Dateifenster konfigurieren und schützen

Auch die Spaltenbezeichnungen und Zeilennummern gehören zu den Elementen eines Formulars, die der Benutzer beim Eintragen von Daten eigentlich nicht mehr benötigt. Blenden Sie auch diese Informationen aus:

- Klicken Sie auf **Ansicht**.

- Deaktivieren Sie in der Gruppe **Anzeigen** die Optionen **Überschriften** und gleich auch noch **Gitternetzlinien** und **Bearbeitungsleiste**.

Abbildung 11.109 Ansichtsoptionen der ausgewählten Arbeitsmappe

Um diese Einstellungen zu schützen, sollten Sie nun noch den Arbeitsmappenschutz aktivieren:

- Wechseln Sie in das Menü **Überprüfen**.

- Wählen Sie **Arbeitsmappe schützen** in der Gruppe **Änderungen** aus.

- Aktivieren Sie in der Dialogbox die Optionen **Struktur und Fenster**.

- Geben Sie ein Kennwort ein, und bestätigen Sie die Einstellungen mit **OK** (Abbildung 11.110).

Die Option **Struktur** verhindert, dass Benutzer Tabellenblätter in die Arbeitsmappe einfügen oder aus ihr entfernen bzw. Blätter ein- oder ausblenden. Wenn Sie die Option **Fenster** aktivieren, wird ausgeschlossen, dass Benutzer die von Ihnen deaktivierte Anzeige von Gitternetzlinien, Überschriften oder der Bearbeitungsleiste in dieser Datei wieder aktivieren. Zudem wird der Fensterausschnitt, der dem Benutzer nach Öffnen der Datei angeboten wird, festgelegt.

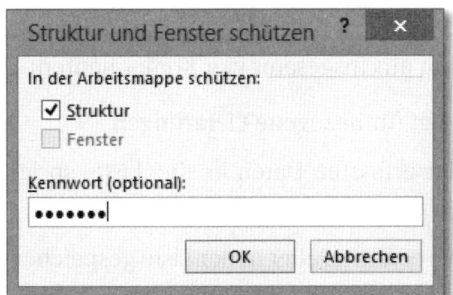

Abbildung 11.110 Aktivierung des Schutzes für Arbeitsmappenstruktur und Dateifenster

11.20   Lieferantenbewertung

Die Lieferantenbewertung ist ein wesentlicher Bestandteil für das Management der Beziehungen des Unternehmens mit seinen Lieferanten. Der Leitgedanke, dass Produkt- und Dienstleistungsqualität nur optimierbar sind, wenn auch fremdbezogene Produkte und Dienstleistungen höchste Anforderungen erfüllen, veranlasst eine eingehende Prüfung und Auswahl der Lieferanten von Vorleistungen. Darüber hinaus ist es im Sinne einer Standardisierung von Arbeitsprozessen, der Prozesstransparenz für alle Mitarbeiter und auch der Zeitersparnis sinnvoll, eindeutig festzulegen, welche Lieferanten das Vertrauen des Unternehmens genießen oder – aus anderer Perspektive betrachtet – eher nicht in Betracht gezogen werden sollen.

Regelmäßige Lieferantenbewertungen, die auch im Rahmen von Qualitätsmanagementsystemen gefordert und dokumentiert werden, verwenden folgende Arbeitsschritte:

- Festlegung von Bewertungskriterien für sämtliche Lieferanten
- Vereinbarung eines Bewertungssystems für die Kriterien (z. B. Punktesystem, Kennzahlen)
- Durchführung regelmäßiger Bewertungen der Lieferungen
- turnusmäßige Auswertung der Lieferantenbewertungen
- Managemententscheidung, welche Lieferanten welchen Status erhalten bzw. ob und welche Lieferanten gesperrt werden

Die Ergebnisse von z. B. jährlichen Bewertungen dienen zumeist als Grundlage für die Zieldiskussion bei anstehenden Gesprächen mit Lieferanten.

11.20.1 Aufbau der Beispielanwendung

Die Datei *11_Lieferantenbewertung_00.xlsx* besteht aus insgesamt vier Komponenten:

■ einem Formular zur Erfassung der Bewertungen für bezogene Lieferungen

■ einem VBA-Makro, durch das die im Formular erfassten Daten in eine Liste, sprich eine einfache Datenbank, geschrieben werden

■ eine Tabelle, die automatisch eine Zwischenberechnung aller in der Liste gespeicherten Daten durchführt

■ einer formatierten Zusammenfassung sämtlicher Auswertungsergebnisse

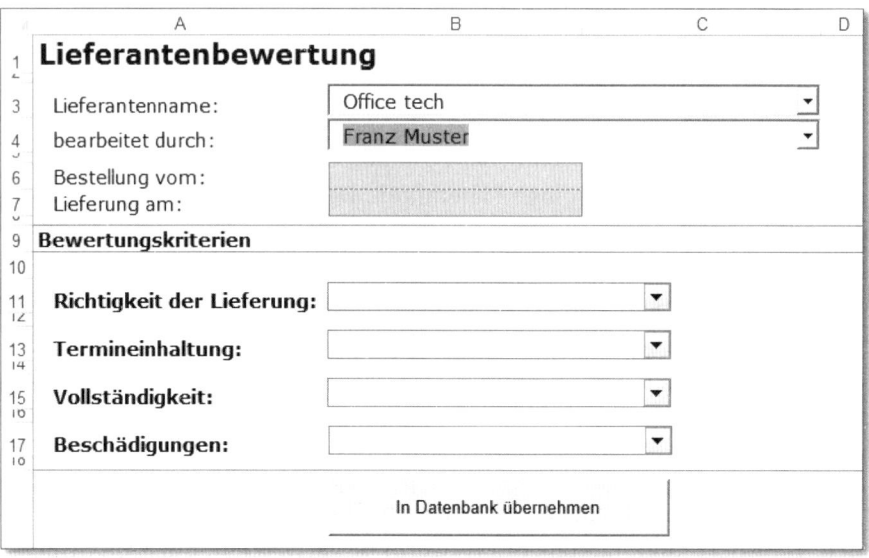

Abbildung 11.111 Die Lieferantenbewertung erfolgt über ein Eingabeformular.

Das Eingabeformular ist in Abbildung 11.111 dargestellt. Es enthält verschiedene Listen- und Eingabefelder sowie eine Schaltfläche zur Ausführung des Makros.

In Abbildung 11.112 sehen Sie das Ergebnis der automatisierten Auswertung sämtlicher Daten. Es enthält einige allgemeine Daten wie den Auswertungszeitraum und die Anzahl der ausgewerteten Lieferungen und Lieferanten. Hauptbestandteil der Auswertung ist allerdings die Darstellung der Bewertungsergebnisse anhand einer Notenskala in Form von fünf Balkendiagrammen. Jedes Balkendiagramm stellt in diesem für alle Eingaben gesperrten Tabellenblatt ein Bewertungskriterium dar.

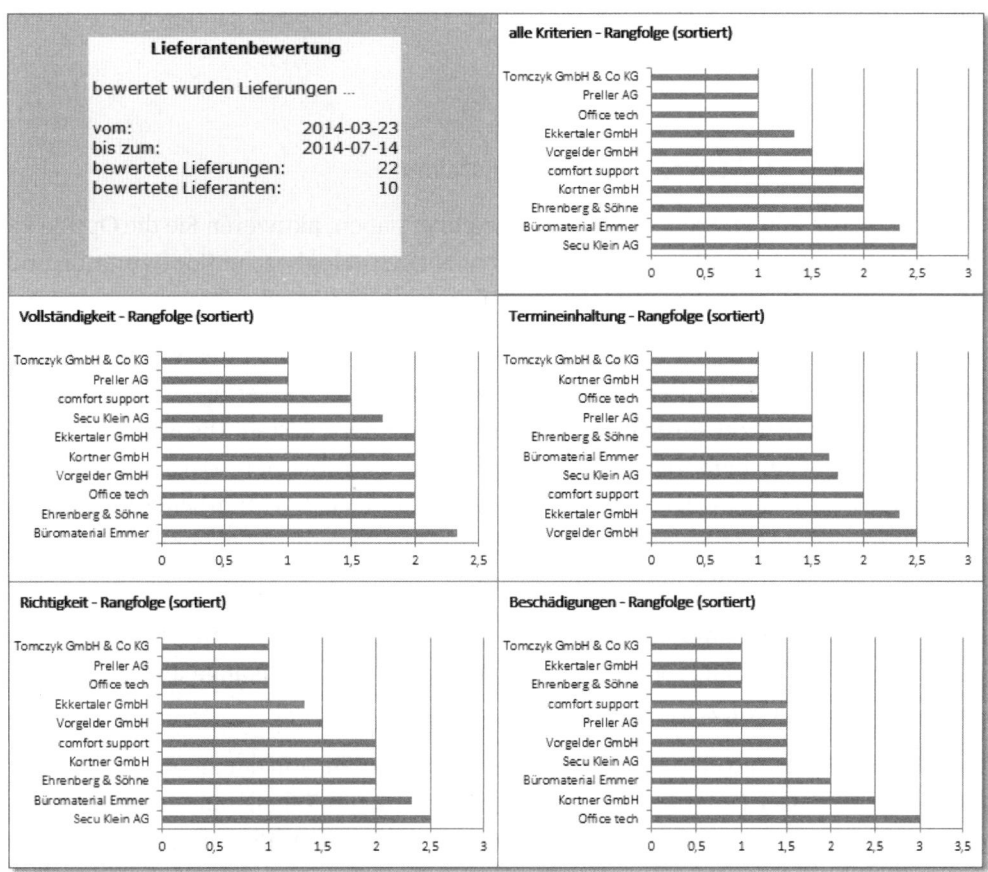

Abbildung 11.112 Automatische Ausgabe der Bewertungsergebnisse

11.20.2 Elemente des Eingabeformulars

Das Tabellenblatt *Dateneingabe* enthält ein einfaches Eingabeformular, das aus insgesamt vier Komponenten besteht:

- zwei ActiveX-Steuerelemente vom Typ Kombinationsfeld
- zwei Zellen des Tabellenblattes für die Eingabe von Datumswerten
- vier Formularsteuerelemente vom Typ Kombinationsfeld
- ein Formularsteuerelement vom Typ Schaltfläche

Um die ActiveX-Steuerelemente in das Tabellenblatt zu zeichnen, benötigen Sie das Menü **Entwicklertools**. Aktivieren Sie es gegebenenfalls zuerst in den Excel-**Optionen**.

Danach finden Sie die Steuerelemente unter **Entwicklertools ▸ Einfügen ▸ ActiveX-Steuerelemente**.

11.20.3 Erstellen der ActiveX-Kombinationsfelder

Nachdem Sie die beiden Steuerelemente gezeichnet haben, aktivieren Sie die Option **Eigenschaften** im Menü. Dadurch wird die gleichnamige Dialogbox zur Konfiguration und Formatierung der Steuerelemente auf dem Bildschirm angezeigt.

Mit Hilfe der beiden ActiveX-Steuerelemente werden im Formular der Name des Lieferanten und der des Mitarbeiters, der die Lieferung bewertet, eingetragen. Beide Steuerelemente verwenden zur Auswahl der Namen vordefinierte Listen. Die Namen der Lieferanten werden aus dem Tabellenblatt *Lieferanten* übernommen. Der für diese Liste verwendete Bereichsname lautet ebenfalls *lieferanten*. Auch den Mitarbeiternamen liegt eine Liste zugrunde. Sie bezieht sich auf einen Zellbereich im Tabellenblatt *Listen* und ist mit dem Bereichsnamen *mitarbeiter* versehen.

Um mit dem ActiveX-Kombinationsfeld auf die Bereichsnamen zuzugreifen, bewegen Sie den Cursor in der Dialogbox **Eigenschaften** in das Feld **ListFillRange** und tragen dort den Bereichsnamen ein, z. B. »lieferanten«.

Der ausgewählte Wert soll in eine Zelle geschrieben werden, von der aus er dann weiterverarbeitet wird. Der Lieferantenname soll in Zelle B2 des Tabellenblattes *Zusammenfassung* eingefügt werden. Diese Zelle besitzt ebenfalls einen Bereichsnamen (*feld1*). Tragen Sie diesen Bereichsnamen in das Feld **LinkedCell** der Dialogbox **Eigenschaften** ein. Die verknüpfte Zelle für das zweite Kombinationsfeld, mit dem Sie den Mitarbeiternamen auswählen, lautet *feld2*. Auch dieses befindet sich im Tabellenblatt *Zusammenfassung*.

11.20.4 Definition der Formular-Eingabefelder

In den Zellen B6 und B7 werden die Daten für Bestellung und Lieferung eingetragen. Es wäre selbstverständlich möglich gewesen, auch diese beiden Eingaben in ActiveX-Steuerelemente zu schreiben, doch in diesem Fall habe ich darauf verzichtet.

Stattdessen habe ich einen anderen Weg eingeschlagen: Beide Zellen habe ich ebenfalls mit einem Bereichsnamen versehen – *bestelldatum* für Zelle B6 und *lieferdatum* für Zelle B7. Um die hier eingetragenen Datumsangaben in das Tabellenblatt *Zusammenfassung* zu übernehmen, verweisen Sie in den Zellen B4 und B5 dieses Zieltabellenblattes auf die Bereichsnamen (`=bestelldatum` bzw. `=lieferdatum`). Wie bereits die Zellen zur Zwischenspeicherung der Lieferanten- und Mitarbeiternamen habe ich auch diese beiden Zellen mit Bereichsnamen gekennzeichnet, und zwar *feld3* und *feld4*.

11.20.5 Erstellen der Formularsteuerelemente

Zum Abschluss der Formularerstellung fehlen Ihnen noch vier Kombinationsfelder, mit deren Hilfe die Bewertung der Lieferungen erstellt wird. Allen vier Formularsteuerelementen sind ebenfalls Listen zur Auswahl der einzutragenden Werte zugewiesen. Auch diese Listen sind mit Bereichsnamen versehen; ihre Werte werden dem Tabellenblatt *Listen* (Abbildung 11.113) entnommen. Bewertet werden folgende Kriterien, aus denen sich auch die Bereichsnamen ableiten lassen:

Kriterium	Bereichsname
Es wird hier anhand der Bestellung verglichen und bewertet, ob die Lieferung vollständig ist. Mit Hilfe der Listenwerte legen Sie z. B. fest, ob wichtige Artikel fehlten oder wie hoch der Anteil nicht gelieferter Artikel war (Abbildung 11.113).	*vollständigkeit*
Mit diesem Feld erfassen Sie, ob die Lieferung termingerecht erfolgte oder ob und welcher Grad der Verspätung vorlag.	*termintreue*
Diese Bewertung bezieht sich auf die Unversehrtheit der Verpackungen und gelieferten Artikel.	*beschädigung*
Die Liste stellt Ihnen Optionen zur Verfügung, mit denen Sie kennzeichnen können, ob die korrekten Artikel geliefert wurden.	*richtigkeit*

Tabelle 11.15 Bewertungskriterien und Bereichsnamen im Formular

	A	B	C
1	**Mitarbeiter**		**Bewertungskriterium Vollständigkeit**
2	Petra Beispiel		Lieferung vollständig
3	Franz Muster		einige bestellte Artikel fehlten
4	Hannelore Test		wichtige bestellte Artikel fehlten
5	Ute Übung		bis zur Hälfte der bestellten Artikel fehlten
6	Hans Probe		mehr als die Hälfte der Artikel fehlten

Abbildung 11.113 Referenztabellen der Kombinationsfelder

Auch die mit den vier Formularsteuerelementen ausgewählten Inhalte werden in Zellen im Tabellenblatt *Zusammenfassung* geschrieben. Nachdem Sie ein Kombinationsfeld gezeichnet haben, wählen Sie entweder **Eigenschaften** im Menü **Entwicklertools ▸ Steuerelemente** aus, oder Sie klicken mit der rechten Maustaste auf das Kombinationsfeld und wählen die Option **Steuerelement formatieren** aus dem Kontextmenü.

	A	B
1	**Formulardaten**	
2	Lieferantenname:	Office tech
3	Bearbeiter:	Franz Muster
4	Bestellung vom:	1900-01-00
5	Lieferung am:	1900-01-00
6	Richtigkeit:	
7	Termintreue:	
8	Vollständigkeit:	
9	Beschädigungen:	
10		

Abbildung 11.114 Temporärer Speicherort der Formulareingaben

Im Register **Steuerung** nehmen Sie die entscheidenden Einstellungen vor. Im Eingabefeld **Eingabebereich** rufen Sie mit F3 die Namensliste auf und weisen jeweils einen der vier Bereichsnamen zu. In **Zellverknüpfung** verwenden Sie die Bereichsnamen des Tabellenblattes *Zusammenfassung* (*feld5* bis *feld8*). Auch diese Bereichsnamen erhalten Sie durch Verwendung von F3.

Nachdem Sie alle Kombinations- und Eingabefelder konfiguriert haben, sollten Sie überprüfen, ob die Eingabe der Daten funktioniert und ob die ausgewählten Inhalte auch tatsächlich in die Zellen des Tabellenblattes *Zusammenfassung* geschrieben wurden.

11.20.6 Struktur des Makros zum Erstellen der Excel-Liste

Die Zusammenfassung der Daten im gleichnamigen Tabellenblatt hilft Ihnen zwar dabei, die Formulareingaben noch einmal zu überprüfen, für eine turnusmäßige Auswertung der Daten sämtlicher Lieferanten ist diese Darstellungsform allerdings ungeeignet. Deshalb müssen Sie die Zusammenfassung nun in eine Form bringen, mit der eine automatische Auswertung der Daten möglich ist. Die beste Datenstruktur für eine flexible Auswahl der Auswertungswerkzeuge bietet – wie immer – eine einfache Excel-Liste, bestehend aus Spaltenüberschriften und einer ununterbrochenen zeilenweisen Darstellung der Daten.

Was muss nun konkret geschehen, um die Daten aus der Zusammenfassung in eine solche Liste zu schreiben, ohne dass Sie alle Zellinhalte manuell kopieren müssen? Ich nehme an, dass Sie weder Lust noch Zeit für eine solche manuelle Bearbeitung haben.

Ein VBA-Makro muss geschrieben werden! Ja, geschrieben, denn mit einer Makroaufzeichnung ist es in diesem speziellen Fall nicht getan. Warum nicht? Das erkennen Sie relativ leicht an den Arbeitsschritten, die automatisiert werden müssen:

- Zuerst muss eine leere Zelle im Tabellenblatt gefunden werden, um mit dem Einfügen der neuen Bewertungsdaten zu beginnen.

- Bei der ersten Benutzung der Lieferantenbewertung wird Excel diese leere Zelle auch gleich in der ersten Zeile unter der Überschrift finden, da die Auswertungstabelle zu diesem Zeitpunkt noch leer ist.

- Spätestens nach dem ersten Eintragen von Ergebnissen wird die Suche nach einer Leerzeile in der ersten Zeile jedoch nicht mehr erfolgreich sein und auf die nächste Zeile ausgedehnt werden müssen.

- Die Suche wird sich mit jeder neuen Bewertung von Lieferungen verändern, da die Leerzelle immer um eine Zeile weiter nach unten wandern wird.

- Um die Suche zu beschleunigen, sollte Excel zudem nur die erste und nicht alle Spalten der Tabelle durchsuchen.

Damit Sie diese Aufgabenstellung abarbeiten können, benötigen Sie zwei Elemente im Makro, die sich nicht per Makroaufzeichnung einbringen lassen:

- die Definition einer *Variablen* für den zu durchsuchenden Zellbereich in der ersten Spalte

- eine *Schleife*, um Excel anzuweisen, die Suche für eine bestimmte Anzahl von Zeilen fortzusetzen, bis eine Leerzelle gefunden wird

11.20.7 Aufrufen des VBA-Editors

Eine systematische Beschreibung der Struktur von *Visual Basic for Applications (VBA)* und des Editors zum Schreiben und Bearbeiten von Makros erhalten Sie in Kapitel 14, »Automatisierung von Routinemäßigkeiten mit Makros«. Dennoch sollten Sie sich bereits an dieser Stelle mit einigen Besonderheiten von VBA-Makros vertraut machen, um Ihre Kenntnisse der typischen Werkzeuge für die Erstellung einer Anwendung wie der Lieferantenbewertung abzurunden.

Um in den Makro-Editor zu gelangen, reicht es aus, ein ActiveX-Steuerelement vom Typ Befehlsschaltfläche in das Tabellenblatt *Dateneingabe* zu zeichnen und danach doppelt auf die Schaltfläche zu klicken. Im Editor wird auf der linken Seite im VBA-Projektfens-

11

ter die aktuell geöffnete Arbeitsmappe mit dem Dateinamen *11_Lieferantenbewertung_00.xlsx* aufgelistet.

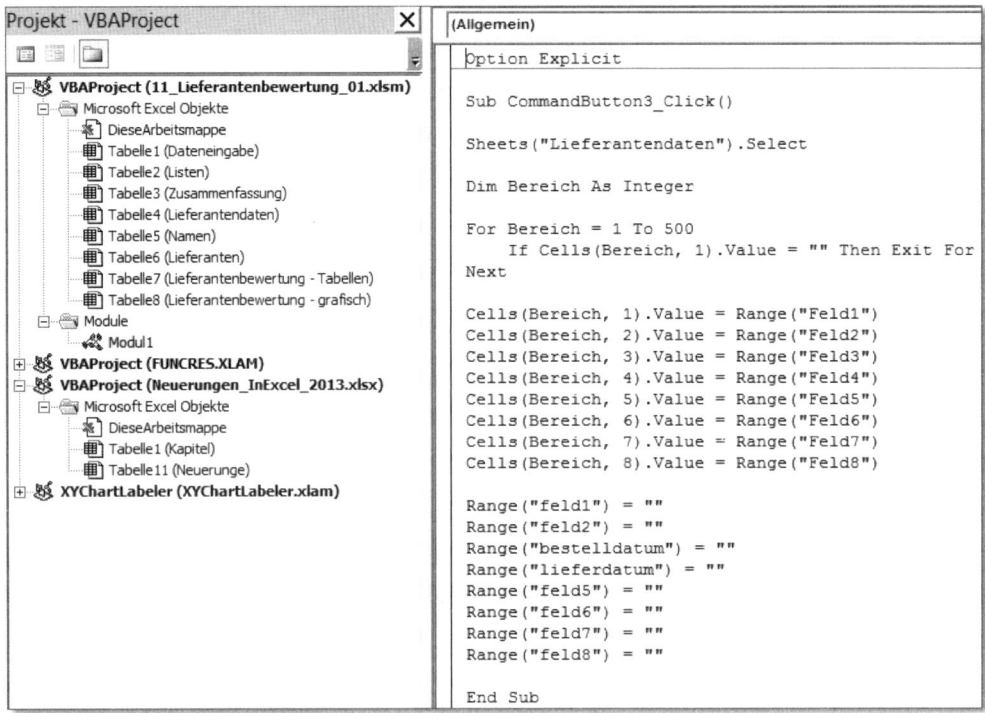

Abbildung 11.115 Anzeige des Makrocodes im Makro-Editor

Die Arbeitsmappe besitzt zwei untergeordnete Ebenen im Projektfenster: die **Microsoft Excel-Objekte** und die **Module**. Unterhalb der Ebene **Module** wird das Objekt mit der Bezeichnung **Modul1** angezeigt. Auf der rechten Seite des Editors befindet sich das zum Objekt **Modul1** gehörende Code-Fenster. Wenn Sie ein VBA-Makro »schreiben« oder ein bereits vorhandenes anpassen möchten, dann geschieht dies immer in einem Code-Fenster.

11.20.8 Inhalt des VBA-Makros zum Erstellen der Excel-Liste

Im Code-Fenster der Beispieldatei wird folgendes VBA-Makro verwendet:

```
Sub CommandButton1_Click()
Sheets("Lieferantendaten").Select
Dim Bereich As Integer
```

```
For Bereich = 1 To 500
    If Cells(Bereich, 1).Value = "" Then Exit For
Next
Cells(Bereich, 1).Value = Range("Feld1")
Cells(Bereich, 2).Value = Range("Feld2")
Cells(Bereich, 3).Value = Range("Feld3")
Cells(Bereich, 4).Value = Range("Feld4")
Cells(Bereich, 5).Value = Range("Feld5")
Cells(Bereich, 6).Value = Range("Feld6")
Cells(Bereich, 7).Value = Range("Feld7")
Cells(Bereich, 8).Value = Range("Feld8")
Range("feld1") = ""
Range("feld2") = ""
Range("bestelldatum") = ""
Range("lieferdatum") = ""
Range("feld5") = ""
Range("feld6") = ""
Range("feld7") = ""
Range("feld8") = ""
End Sub
```

Listing 11.1 VBA-Code zum Erstellen einer Excel-Liste

Begrenzt wird der eigentlich auszuführende Programmcode durch eine Anweisung Sub CommandButton1_Click(), die den Beginn des Makrotextes kennzeichnet, und eine weitere Programmzeile End Sub, mit der der Code beendet wird. CommandButton1_Click() steht hierbei für ein Makro, das durch den Klick auf die Schaltfläche mit der Nummer 1 gestartet wird.

Die erste Anweisung – Sheets("Lieferantendaten").Select – dient lediglich der Auswahl des Tabellenblattes *Lieferantendaten*, an dessen Tabelle die Daten aus dem Tabellenblatt *Zusammenfassung* angehängt werden sollen. Diese Anweisung hätte auch bei der Aufzeichnung eines Makros kaum ein anderes Aussehen erhalten. Anders sieht es jedoch mit dem Inhalt der zweiten Zeile aus.

11.20.9 Deklarieren einer Variablen

Dim Bereich As Integer dient der Definition oder – wie es fachlicher richtiger heißt – dem Deklarieren einer Variablen. Durch die Verwendung des Schlüsselwortes Dim wird eine

Variablenbezeichnung, in diesem Fall `Bereich`, festgelegt. Diese Variable ist im konkreten Beispiel ein Platzhalter für die Zeilennummer, in der nach einer leeren Zelle gesucht werden soll. Zwar wissen wir nicht, wie hoch die maximale Zeilennummer sein wird, bis zu der Excel die Suche nach einer leeren Zelle fortsetzen soll. Doch klar ist, dass die Zeilennummer immer ein ganzzahliger Wert sein wird. Deshalb wird der Datentyp der Variablen `Bereich` auch genauso definiert: `As Integer`.

11.20.10 Programmieren einer Schleife zur Suche der nächsten Leerzeile

Ein weiteres Element, das Sie nicht mit einer Makroaufzeichnung erstellen können, ist eine *Schleife*. Für die Erfassung der Bewertungsdaten ist eine Schleife jedoch unabdingbar. Warum?

Nachdem Excel in der ersten Zeile des zu durchsuchenden Bereiches keine Leerzelle gefunden hat, wird es die Suche in der nächsten Zeile fortsetzen müssen. Ist die Suche dort ebenfalls nicht erfolgreich, muss es in der dritten Zeile weitergehen. Dieses Suchverhalten muss so lange fortgesetzt werden, bis schließlich eine leere Zelle gefunden ist.

Die Schleife wird im VBA-Makro mit der Anweisung `For ... Next` angelegt. Dabei wird die Syntax

```
For zähler = start To ende
        anweisung Exit For
Next
```

verwendet.

Die beiden Zahlen, die für `start` und `ende` angegeben werden, legen fest, welches der kleinste bzw. größte Wert ist, den `zähler` annehmen darf. Konkret bedeutet dies, dass ein bestimmter Zeilenbereich in dieser Schleife festgelegt wird, der mit der ersten Zeile beginnt und mit Zeile 500 endet.

In diesem Zeilenbereich wird sukzessive eine `anweisung` ausgeführt. Eine solche Anweisung kann völlig unterschiedliche Aufgaben wahrnehmen. Sie könnten Excel z. B. anweisen, die Zellen im angegebenen Bereich mit blauer Hintergrundfarbe zu formatieren, die Zellinhalte zu löschen oder in die Zellen eine bestimmte Formel zu schreiben.

In jedem Fall wird nach Ausführen der Anweisung das Argument `Next` abgearbeitet. Der Zähler wird um einen Wert hochgezählt und die Schleife erneut durchlaufen. Dies wird so lange wiederholt, bis der Zähler den unter `ende` angegebenen Wert erreicht.

11.20.11 Überprüfung einer Bedingung

Im hier benutzten Makro besteht die `anweisung` in der Prüfung einer *Bedingung*. Diese Bedingung bildet den Mittelpunkt der Schleife, und sie wird mit Hilfe von `If ... Then ... Else` durchgeführt. Der Ausdruck stellt eine typische Wenn-dann-sonst-Anweisung dar. Sie prüft, ob eine ausgewählte Zelle einen vorgegebenen Wert enthält. Ist dies der Fall, soll Excel eine bestimmte Aktion ausführen.

Zellen sind durch ihre Zelladressen definiert. Im Tabellenblatt werden zumeist Adressen verwendet, bei denen die Spalte mit einem Buchstaben und die Zeilen mit einer Zahl angegeben werden (z. B. A1). In VBA hingegen wird sowohl die Spalten- als auch die Zeilenposition mit einer Zahl festgelegt. `Cells(1, 1)` entspricht somit der Adresse einer Zelle in der ersten Spalte und Zeile, also der Zelladresse A1. In der Schleife machen Sie sich diese Form der Adressierung nun zunutze, denn die Zeilennummer der zu prüfenden Zelle beziehen Sie aus dem veränderlichen Wert, der im `zähler` gespeichert ist. Damit ist sichergestellt, dass nacheinander alle Zellen innerhalb der ersten 500 Zeilen in Spalte A überprüft werden.

Stellt sich nur noch die Frage, worauf die Prüfung eigentlich abzielt. Die Antwort lautet, dass die Prüfung ermittelt, ob die ausgewählte Zelle leer ist (`.Value = ""`). Trifft diese Bedingung zu, wird durch `Then` eine vordefinierte Aktion ausgeführt. Diese Aktion sieht vor, nach dem Finden einer leeren Zelle die Ausführung der Schleife zu beenden (`Exit For`) und dann die Schritte auszuführen, die unmittelbar nach `Next` festgelegt wurden.

Der vollständige Code der Schleife sieht also folgendermaßen aus:

```
For Bereich = 1 To 500
    If Cells(Bereich, 1).Value = "" Then Exit For
Next
```

11.20.12 Anhängen der Daten an die Excel-Liste

Hat Excel eine leere Zelle in Spalte A des Tabellenblattes *Lieferantendaten* gefunden, kann es dort mit dem Einfügen der Daten aus der aktuellen Lieferantenbewertung beginnen. Die Lokalisierung der Zelle ist bekannt (`Cells(Bereich, 1)`), die Bestimmung eines Zellinhalts auch (`Value =`). Nun müssen wir noch den konkreten Inhalt bestimmen.

In Spalte A sollen die Lieferantennamen aufgelistet werden, die sich im Tabellenblatt *Zusammenfassung* befinden und die mit dem Bereichsnamen *Feld1* versehen wurde. Um diese Zelle auszuwählen, verwenden Sie das Objekt vom Typ `Range`, das eine Zelle oder einen Zellbereich mittels Zelladresse oder Bereichsnamen anspricht.

11

683

A	B	C	D	E	F	G	H
Lieferantendaten 2014							
Lieferantenname	Bearbeiter	Bestelldatum	Lieferdatum	Richtigkeit	Termineinhaltung	Vollständigkeit	Beschädigungen
Kortner GmbH	Hannelore Test	2014-04-13	2014-03-24	3	1	3	4
Büromaterial Emmer	Ute Übung	2014-03-23	2014-03-24	3	1	1	2
Office tech	Petra Beispiel	2014-03-21	2014-03-24	1	1	2	3
Secu Klein AG	Hannelore Test	2014-04-12	2014-04-13	3	2	1	1
Ehrenberg & Söhne	Petra Beispiel	2014-04-15	2014-04-15	3	2	1	1
Secu Klein AG	Franz Muster	2014-05-02	2014-05-03	2	1	1	3
Büromaterial Emmer	Franz Muster	2014-05-03	2014-05-03	2	1	4	3
Secu Klein AG	Ute Übung	2014-05-04	2014-05-06	1	3	2	1
Ekkertaler GmbH	Ute Übung	2014-05-06	2014-05-16	1	4	1	1
comfort support	Hannelore Test	2014-05-05	2014-05-09	3	2	2	1

Abbildung 11.116 Datenbank der durchgeführten Lieferantenbewertungen

Die Anweisung lautet `Cells(Bereich, 1).Value = Range("Feld1")` und wird für alle weiteren Felder der Zusammenfassung wiederholt.

```
Cells(Bereich, 1).Value = Range("Feld1")
Cells(Bereich, 2).Value = Range("Feld2")
Cells(Bereich, 3).Value = Range("Feld3")
Cells(Bereich, 4).Value = Range("Feld4")
Cells(Bereich, 5).Value = Range("Feld5")
Cells(Bereich, 6).Value = Range("Feld6")
Cells(Bereich, 7).Value = Range("Feld7")
Cells(Bereich, 8).Value = Range("Feld8")
```

11.20.13 Leeren der Zellen im Tabellenblatt »Zusammenfassung«

Um zu verhindern, dass irrtümlich Daten in die Excel-Liste geschrieben werden, ist es ratsam, den Zellbereich, in dem sich die Zusammenfassung befindet, unmittelbar nach dem Anhängen der Daten an die Excel-Liste wieder zu leeren.

Dies ist der letzte Schritt bei der Ausführung des VBA-Makros, und er lautet: `Range("feld1") = ""`. Auch hier wird eine Zelle über ihren Bereichsnamen angesprochen, diesmal, um den Zellwert zu leeren (= `""`). Die Anweisung muss für alle Zellen des Tabellenblattes *Zusammenfassung* wiederholt werden.

11.20.14 Lieferantenbewertung – Zwischenrechnung

Nachdem die per Formular erfassten Daten der Bewertung in die Liste im Tabellenblatt *Lieferantendaten* geschrieben wurden, steht der turnusmäßigen Auswertung nichts mehr im Weg. Die notwendige Zwischenrechnung führen Sie im Tabellenblatt *Lieferan-*

tenbewertung – Tabellen aus. Bei ihr geht es um die Bildung der Rangfolge der einzelnen Lieferanten im Hinblick auf die jeweiligen Bewertungskriterien.

	A	B	C	D	E	F	G
1	**Richtigkeit**				**Richtigkeit - Rangfolge (sortiert)**		
2	**Rang**	**Lieferant**	**Wertung**		**Rang**	**Lieferant**	**Wertung**
3	3,0003	Ehrenberg & Söhne	2		8,0012	Tomczyk GmbH & Co KG	1
4	8,0004	Office tech	1		8,0009	Preller AG	1
5	1,0005	Secu Klein AG	2,5		8,0004	Office tech	1
6	6,0006	Vorgelder GmbH	1,5		7,0011	Ekkertaler GmbH	1,333333
7	3,0007	Kortner GmbH	2		6,0006	Vorgelder GmbH	1,5
8	2,0008	Büromaterial Emmer	2,333333		3,001	comfort support	2
9	8,0009	Preller AG	1		3,0007	Kortner GmbH	2
10	3,001	comfort support	2		3,0003	Ehrenberg & Söhne	2
11	7,0011	Ekkertaler GmbH	1,333333		2,0008	Büromaterial Emmer	2,333333
12	8,0012	Tomczyk GmbH & Co KG	1		1,0005	Secu Klein AG	2,5

Abbildung 11.117 Zwischenergebnisse der automatischen Lieferantenbewertung

Der Lieferentenname wird in Zelle B3 mit einem einfachen Verweis auf die Lieferantenliste ausgewählt (=Lieferanten!C2). Durch Kopieren des Zellbezugs nach unten erhalten Sie die Liste der vorhandenen Daten – in der Beispieldatei ist die Anzahl der Lieferanten aus Gründen der Übersichtlichkeit auf maximal 10 begrenzt.

11.20.15 Durchschnittliche Bewertung der Lieferanten

Zunächst müssen Sie nun in Zelle C3 die durchschnittliche Bewertung des ausgewählten Lieferanten für das Kriterium *Richtigkeit der Lieferung* ermitteln. Dazu nutzen Sie MITTELWERTWENN(Bereich; Kriterien; Mittelwertbereich). Der Bereich, den Sie nach einem Lieferantennamen durchsuchen lassen, ist bei diesem und allen anderen Kriterien die Spalte A des Tabellenblattes *Lieferantendaten* (Lieferantendaten!$A$3:$A$500). Das Suchkriterium ist der nebenstehende Lieferantenname – hier 'Lieferantenbewertung – Tabellen'!B3. Der Mittelwertbereich variiert je nach zu berechnendem Bewertungskriterium. Für das Kriterium *Richtigkeit der Lieferung* befinden sich die Informationen in Spalte E.

Da die Berechnung des Mittelwerts immer zum Fehlerwert #DIV/0! führt, wenn für den ausgewählten Lieferanten noch keine Bewertung vorliegt, sollten Sie zur Fehlerunterdrückung noch WENNFEHLER() einsetzen. Als Ergebnis erhalten Sie die folgende Funktion:

```
=WENNFEHLER(MITTELWERTWENN(Lieferantendaten!$A$3:$A$500;'
Lieferantenbewertung – Tabellen'!B3;Lieferantendaten!$E$3:$E$500);0)
```

Die Funktion kopieren Sie nach unten und erhalten somit die durchschnittliche Bewertung für diesen Lieferanten.

11.20.16 Bildung der Rangfolge

Liegen die Durchschnittswerte erst einmal vor, dann bilden Sie die Rangfolge der Bewertungen. Dies ist in Zelle A3 mit der Funktion `RANG(Zahl; Bezug; Reihenfolge)` umsetzbar. Am sichersten gehen Sie mit `=RANG(C3;$C$3:$C$12)+ZEILE()/10000`.

Prinzipiell wäre es möglich, dass zwei Lieferanten den gleichen Durchschnittswert erreichen. Dadurch entstünden Probleme bei der späteren Sortierung der Bewertungen. Mit `+ZEILE()/10000` stellen Sie sicher, dass aus der aktuellen Zeilennummer eine Nachkommastelle generiert (`/10000`) und zum errechneten Rang addiert wird. Sie erreichen dadurch, dass sich auch bei Gleichheit der Berechnungsergebnisse alle Durchschnittsergebnisse minimal unterscheiden. Eine automatische Sortierung wird deshalb problemlos möglich sein.

11.20.17 Automatische Sortierung der Daten

Der Sortiervorgang wird in Form einer automatischen Berechnung durchgeführt. Dazu benötigen Sie die beiden Funktionen `KGRÖSSTE(Matrix; k)` und `SVERWEIS(Suchkriterium; Matrix; Spaltenindex; Bereich_Verweis)`. In Zelle E3 verwenden Sie `=KGRÖSSTE($A$3:$A$12;ZEILE()-2)`. Die Funktion ermittelt im Zellbereich A3 bis A12 einen Wert, dessen Rangfolge Sie mit dem Argument `k` bestimmen. Wenn Sie das Argument `k` mit dem Ausdruck `Zeile()-2` in der dritten Zeile der Tabelle bestimmen lassen, erhalten Sie folglich den ersten Rang aus den Bewertungsergebnissen. Diese Funktion kopieren Sie wie gewohnt nach unten und schaffen so die Voraussetzung für eine sortierte Ergebnisliste.

In den Zellen F3 und G3 reicht Ihnen nun die zweimalige Verwendung von `SVERWEIS()`, um auch die Lieferantennamen und die durchschnittlichen Bewertungen zuzuordnen. Die beiden Funktionen

`=SVERWEIS(E3;$A$3:$C$12;2;FALSCH)`

und

`=SVERWEIS(E3;$A$3:$C$12;3;FALSCH)`

befinden sich in diesen Zellen.

Dieses hier in den Spalten A bis C und E bis G anzutreffende Schema der Berechnung sämtlicher Durchschnitte und anschließenden Sortierung der Resultate lässt sich auf alle weiteren Bewertungskriterien übertragen. Danach ist es an der Zeit, die Ergebnistabellen in eine präsentable Form zu bringen.

11.20.18 Grafische Darstellung der Lieferantenbewertung

Im Tabellenblatt *Lieferantenbewertung – grafisch* sind zwei unterschiedliche Informationen ablesbar:

- Im oberen linken Tabellenabschnitt, der ein helles Rechteck enthält, finden Sie die allgemeinen Daten der Lieferantenbewertung wie Auswertungszeitraum und Anzahl der berücksichtigten Einzelbewertungen.

- Alle weiteren Resultate betreffen die Durchschnittswerte der bewerteten Kriterien. Diese Daten werden in Form von Balkendiagrammen dargestellt.

Das Start- bzw. Enddatum des Auswertungszeitraums lässt sich einfach mit den Funktionen =MIN(Lieferantendaten!$D$3:$D$500) bzw. =MAX(Lieferantendaten !$D$3:$D$500) bestimmen. Auch die Anzahl der bewerteten Lieferungen erhalten Sie mit einer einfachen Funktion:

```
=ANZAHL2(Lieferantendaten!$A$3:$A$500)
```

Ein wenig aufwendiger wird es, wenn Sie die Anzahl der unterschiedlichen Lieferanten in der Auswertung darstellen möchten. Hier bedarf es der verschachtelten Matrixfunktion:

```
{=SUMME(1/ZÄHLENWENN(lieferanten;lieferanten))}
```

Die Arbeitsweise dieser Funktionskombination lässt sich so beschreiben:

- Durch ZÄHLENWENN(lieferanten_bewertet;lieferanten_bewertet) wird jeder Lieferantenname im Tabellenblatt *Lieferantendaten* einmal als Suchkriterium verwendet, um das Vorkommen dieses Namens im gleichen Bereich zu zählen.

- Das Ergebnis des Zählvorgangs wird als Zähler eines Bruchs verwendet (1/). Wird ein Lieferentenname zweimal gefunden, ergibt das zweimal ein Halb. Drei Fundstellen führen zu dreimal einem Drittel.

- Für jeden Lieferantennamen, der in der Liste vorkommt, ist das Gesamtergebnis somit 1, wenn die Zwischenergebnisse mit der Funktion SUMME() zusammengezogen werden.

Das Gesamtresultat ist schließlich die Anzahl unterschiedlicher Lieferantennamen in der Liste.

Die restliche Darstellung in diesem Tabellenblatt erfolgt über fünf Balkendiagramme, die auf den automatischen Berechnungen und Sortierungen des Tabellenblattes *Liefe-rantenbewertung – Tabellen* beruhen. Es empfiehlt sich, hier ein Beispieldiagramm zu erstellen und dieses als Diagrammvorlage zu speichern. Diese Vorlage können Sie dann den restlichen vier Diagrammen zuweisen, um die Zeit für die Formatierung zu minimieren.

12 Unternehmenssteuerung und Kennzahlen

Die Unternehmenssteuerung stützt sich zusätzlich zu absoluten Zahlen auch auf Kennzahlen. Dieses Kapitel beschreibt die Ermittlung von Kennzahlen in Excel anhand zahlreicher Praxisbeispiele.

Kennzahlen stellen eine wichtige Orientierungs- und Entscheidungsgrundlage im Controlling dar, lassen sich mit ihrer Hilfe doch komplexe Zusammenhänge auf den Punkt bringen. Grundsätzlich werden Kennzahlen, die aus der Verdichtung – z. B. Addition oder Kumulation – von Werten gebildet werden, von solchen unterschieden, die aus Indexwerten oder durch Bildung von Relationen zwischen unterschiedlichen Werten abgeleitet werden.

Mit seinen zahlreichen Funktionen und Möglichkeiten bietet Excel eine entscheidende Grundlage, um Kennzahlen zu berechnen und immer wieder auf den aktuellen Stand zu bringen. Die Bedeutung von Excel in diesem Bereich liegt u. a. daran, dass ERP-Systeme, die zwar ebenfalls Kennzahlen generieren und ausgeben, lediglich mit einem erhöhten Aufwand angepasst werden können. Daher ist es mit ihnen kaum möglich, flexibel und situationsbezogen zu agieren.

Excel bietet diese Flexibilität hingegen pur! Es sind häufig allerdings nicht hochspezialisierte Funktionen aus dem Funktionsassistenten, die bei der Kennzahlenbildung eingesetzt werden, sondern einfache Berechnungen auf Basis der Grundrechenarten. Liegen folglich die Basisdaten aus einem anderen System erst einmal in Form einer Excel-Tabelle vor, ist es zumeist nur noch ein kleiner Schritt zur Bildung eines Kennzahlensystems.

Die Hauptleistung des Benutzers liegt demnach auch weniger darin, komplexe Funktionsketten anzuwenden, als vielmehr in den folgenden Aufgaben:

- den Aufbau von Tabellen und Formularen so gut zu durchdenken, dass ohne allzu großen Aufwand Aktualisierungen und gegebenenfalls Erweiterungen der Berechnung möglich sind

- alle arbeitsorganisatorischen Mittel in Excel zu nutzen, um die vorhandenen Daten gut zu strukturieren, die benötigten Zwischenrechnungen logisch aufzubauen und zu dokumentieren

- die Resultate auf der anderen Seite anschaulich darzustellen

Dies gilt auch für eine zweite Gruppe von Werkzeugen zur Unternehmenssteuerung. Neben den reinen Kennzahlensystemen sind es Werkzeuge, die im Rahmen der Prozess-, Kunden- und Mitarbeiterorientierung Einzug in die Unternehmen gehalten haben: komplexe Managementsysteme wie beispielsweise im Qualitätsmanagement, Methoden wie Balanced Scorecard oder auch Einzelmaßnahmen wie die Zielkostenrechnung. Excel leistet auch im Zusammenhang mit diesen Steuerungswerkzeugen einen wichtigen Beitrag bei der Umsetzung.

Wie so oft kommt es auch bei der Anwendung von Steuerungstools und Kennzahlen einmal mehr darauf an, ausreichend Zeit in die Entwicklung einer Lösung zu investieren, um bei ihrer zukünftigen Anwendung im weiteren Verlauf wieder wertvolle Zeit zu sparen. Eine Binsenwahrheit, gewiss!

Doch sie trifft auch auf so gut wie alle Beispiele zu, die ich in diesem Kapitel vorstellen werde. Und dies sind:

- der Aufbau eines Datenmodells zur Ermittlung von *Zielkosten* (*Target Costing*) mit Excel

- der Einsatz des Programms auf dem Gebiet der *wertorientierten Unternehmensführung* (z. B. bei der Berechnung von *Shareholder Value, Economic Value Added, Marktwertzuwachs*)

- die Kalkulation von Kennzahlen zur Ermittlung des Finanzstatus (*Cashflow, ROI*, diverse Bilanzkennzahlen und *GuV*)

- die Nutzung von Excel in anderen strategisch ausgerichteten Bereichen (Mitarbeiterbefragungen, *EFQM*-Cockpit)

12.1 Zielkostenmanagement (Target Costing)

Das erste Beispiel in diesem Kapitel beschäftigt sich mit der Methode der Zielkostenberechnung. Diese dient der Bestimmung des Angebotspreises und der Selbstkosten für ein Produkt oder eine Dienstleistung. Doch während sich traditionelle Verfahren der Kostenkalkulation wie etwa die im letzten Kapitel dargestellten Verfahren Divisions-, Zuschlags- und Äquivalenzziffernkalkulation hauptsächlich an den Kosten beispielsweise für Material und Herstellung orientieren, stellt die Zielkostenrechnung die Frage nach den benötigten Produkteigenschaften und in diesem Zusammenhang vor allem nach den vorhandenen Kundenpräferenzen.

Die Vorteile der Zielkostenberechnung gegenüber den traditionellen Verfahren sind in diesem Zusammenhang offensichtlich:

- Sie ist sehr stark an den Kundenbedürfnissen ausgerichtet, also kundenorientierter als die anderen Verfahren.

- Sie fasst Produkt oder Dienstleistung nicht als unveränderliche Leistungseinheit auf, sondern als flexibel aus seinen Komponenten immer wieder neu zu konfigurierendes Gut.

- Sie berechnet den Marktpreis infolge einer konkreten Kundennachfrage dementsprechend immer wieder neu.

Diese spezielle Betrachtungs- und Arbeitsweise erfordert natürlich auch neue, modifizierte Kalkulationsmuster. In der Arbeitsmappe *12_Zielkosten_00.xlsx* finden Sie ein Beispiel für das *Target Costing*, also die *Zielkostenberechnung*, in Excel.

12.1.1 Ausgangslage der Zielkostenberechnung

Um die Berechnungsgrundlage für die Ermittlung der Zielkosten zu schaffen, ist es notwendig, den Geschäftsprozess von der Kundenanfrage bis zur Fertigstellung des Produkts bzw. der Dienstleistung zu betrachten. Dabei lassen sich folgende Schritte identifizieren:

1. Eingang einer Kundenanfrage und Festlegung des Zielpreises für das Produkt oder die Dienstleistung, z. B. auf der Grundlage eines detaillierten Angebots

2. Bestimmung der Zielerlöse auf Basis der vom Zielpreis gewährten Skonti, Rabatte und der Umsatzsteuer

3. Ermittlung der zulässigen Zielkosten aus Zielerlösen, kalkulatorischem Gewinn und den einzelnen Kostenarten

4. Analyse der Kostenstruktur

5. Bildung eines Zielkostenindexes, der sich mit Hilfe der Kostenanteile und der Kundenwünsche erstellen lässt

6. Bestimmung der Potenziale zur Kostensenkung und ihre Realisierung

Die einzelnen Phasen der Zielkostenberechnung sind:

- Zielkostenfindung

- Zielkostenspaltung

- Zielkostenerrechnung

In der *Zielkostenfindungsphase* steht die Frage im Mittelpunkt, welcher Zielverkaufspreis auf dem Markt realisierbar ist. Aus dem Zielverkaufspreis können unter Abzug der Erlöse die Zielkosten bestimmt werden.

Rahmenbedingungen		Gehe zu
Anzahl der Fahrräder:	120	Kostenstruktur
Stückpreis (brutto):	450,00 €	Korrekturwerte
Montagedauer je Fahrrad (Minuten):	100	Einsparpotenzial
Stundensatz:	17,50 €	
Zielkostenbestimmung		
Zielpreis (laut Angebot)	54.000,00 €	
Skonti, Rabatte etc.	3%	1.620,00 €
Umsatzsteuer	19%	10.260,00 €
Erlös (netto)	**42.120,00 €**	
Gewinn (kalkulatorisch)	11,20%	4.717,44
Fixkosten (kalkulatorisch)	7,20%	3.032,64
Personalkosten (Ziel)		3.500,00
Materialkosten (Ziel)		**30.869,92**
Materialkosten (Stück)		**257,25**

Abbildung 12.1 Bestimmung von Zielpreis und Zielkosten

Die *Zielkostenspaltung* bildet den Mittelpunkt der Zielkostenrechnung. In dieser Phase werden die zuvor bestimmten Zielkosten auf die einzelnen Komponenten des Produkts heruntergebrochen. Außerdem werden Kostenanteilen und Kundenpräferenzen abgeglichen.

Kostenstruktur			
Anzahl der analysierten Artikel		2.300,00 €	
Komponente	**Kosten (2300 Räder)**	**Kosten pro Rad**	**in %**
Lenker und Sattel	114.477,00 €	49,77 €	18,64%
Rahmen	116.200,00 €	50,52 €	18,92%
Fahrradtaschen	27.600,00 €	12,00 €	4,49%
Räder und Pedale	88.055,00 €	38,28 €	14,33%
Werkzeug	30.475,00 €	13,25 €	4,96%
Schaltung und Bremsen	130.385,00 €	56,69 €	21,22%
Speziallackierung	101.155,00 €	43,98 €	16,47%
Sicherungssystem	5.960,00 €	2,59 €	0,97%
Summe	**614.307,00 €**	**267,09 €**	**100,00%**
Ziellücke pro Fahrrad:		**9,84 €**	

Korrektur der Kostenstruktur				
Komponente	**Kostenanteil**	**relative Bedeutung**	**Zielkostenindex**	**Rang**
Lenker und Sattel	18,6%	6,0%	0,32	4
Rahmen	18,9%	8,0%	0,42	5
Fahrradtaschen	4,5%	6,6%	1,47	8
Räder und Pedale	14,3%	15,0%	1,05	7
Werkzeug	5,0%	0,8%	0,15	3
Schaltung und Bremsen	21,2%	1,4%	0,06	1
Speziallackierung	16,5%	1,3%	0,08	2
Sicherungssystem	1,0%	0,5%	0,46	6
Summen	**100,00%**			

Kundenpräferenzen				
Komfort	60%	**Komfortkomponenten**	**Funktionsanteil**	**relative Bedeutung**
Sicherheit	15%	Lenker und Sattel	10%	6,00%
Design	25%	Fahrradtaschen	11%	6,60%
		Räder und Pedale	25%	15,00%
		Sicherheitskomponenten	**Funktionsanteil**	**relative Bedeutung**
		Werkzeug	5%	0,75%
		Schaltung und Bremsen	9%	1,35%
		Sicherungssystem	3%	0,45%
		Designkomponenten	**Funktionsanteil**	**relative Bedeutung**
		Rahmen	32%	8,00%
		Speziallackierung	5%	1,25%

Abbildung 12.2 Zielkostenspaltung und Kundenpräferenzen

In der letzten Phase, der *Zielkostenerreichung*, geht es um die Korrektur der Kostenstrukturen, um die ermittelten Zielkosten auch tatsächlich zu realisieren. Hierbei muss einerseits gegebenenfalls die Änderung der Produktionsprozesse umgesetzt, auf der anderen Seite allerdings die Erfüllung der Kundenerwartungen sichergestellt werden.

Einsparpotenzial				
Rang		Komponente	Potential pro Rad	Potential gesamt
	1	Schaltung und Bremsen	56,69 €	6.802,70 €
	2	Speziallackierung	43,98 €	5.277,65 €
	3	Werkzeug	13,25 €	1.590,00 €
Einsparpotential gesamt			113,92 €	13.670,35 €

Abbildung 12.3 Mögliche Einsparpotenziale am Ende der Zielkostenberechnung

12.1.2 Bestimmung der Zielkosten

Lassen Sie uns im Tabellenblatt *Zielkosten* beginnen. Darin werden Ihnen die Rahmenbedingungen der Kalkulation vorgestellt. Im Beispiel handelt es sich um die Herstellung von Fahrrädern. Für deren Produktion im Rahmen eines Kundenauftrags sind Ihnen die Stückzahl, der marktübliche Preis, die Montagedauer und der Stundensatz für die Montage bekannt.

In Zelle D8 berechnen Sie aus Stückzahl und Stückpreis den Zielpreis Ihres Angebots (=D2*D3). Die Erlöse ergeben sich in Zelle D11, indem Sie Skonti und Umsatzsteuer zum Abzug bringen (=D8-D9-D10). Ziehen Sie auch den kalkulatorischen Gewinn, die kalkulatorischen Fixkosten und die zu erwartenden Personalkosten ab, so verbleiben die maximal zulässigen Zielkosten für das Material in Zelle D15 (=D11-D12-D13-D14).

Rahmenbedingungen		
Anzahl der Fahrräder:		120
Stückpreis (brutto):		450,00 €
Montagedauer je Fahrrad (Minuten):		100
Stundensatz:		17,50 €
Zielkostenbestimmung		
Zielpreis (laut Angebot)		54.000,00 €
Skonti, Rabatte etc.	3%	1.620,00 €
Umsatzsteuer	19%	10.260,00 €
Erlös (netto)		**42.120,00 €**
Gewinn (kalkulatorisch)	11,20%	4.717,44
Fixkosten (kalkulatorisch)	7,20%	3.032,64
Personalkosten (Ziel)		3.500,00
Materialkosten (Ziel)		**30.869,92**
Materialkosten (Stück)		**257,25**

Abbildung 12.4 Berechnung der stückbezogenen Materialkosten

Die hinterlegten Formeln zur Berechnung des kalkulatorischen Gewinns, der kalkulatorischen Fixkosten und der Materialkosten sind in der Tabelle 12.1 wiedergegeben:

12

Wert	Formel
kalkulatorischer Gewinn in D12	=D11*C12, also Rabattsatz multipliziert mit dem Nettoerlös
kalkulatorische Fixkosten in D13	=D11*C13, also Umsatzsteuersatz multipliziert mit dem Nettoerlös
Personalkosten in D14	=D2*D4/60*D5, also Stückzahl multipliziert mit der Montagedauer in Stunden und multipliziert mit dem vereinbarten Stundensatz

Tabelle 12.1 Formeln zur Zielkostenberechnung

Da die Stückzahl laut Angebot bekannt ist, berechnen Sie schließlich in Zelle D16 die Materialzielkosten pro Stück. Im Beispiel liegen diese bei 257,25 €.

12.1.3 Analyse der Kostenstruktur und Identifizierung der Kostenlücke

In der zweiten Phase der Zielkostenberechnung benötigen Sie die Daten zur Kostenstruktur Ihres Unternehmens aus vorangegangenen Perioden oder von Vorgängeraufträgen, denn auf der Grundlage der Komponenten Ihres Produkts müssen Sie nun die stückbezogenen Kostenanteile berechnen. Für die Beispieldatei bedeutet dies: Im Tabellenblatt *Kostenstruktur* enthält Zelle D2 die Anzahl der Produkte, auf denen Ihre Kostenangaben beruhen. Im Anwendungsbeispiel wurden die Kosten für die Produktion von insgesamt 2.300 gleichartigen Produkten aus den Vorgängerperioden oder -aufträgen berücksichtigt.

Kostenstruktur				
Anzahl der analysierten Artikel		2.300,00 €		
Komponente	**Kosten (2300 Räder)**	**Kosten pro Rad**	**in %**	
Lenker und Sattel	114.477,00 €	49,77 €		18,64%
Rahmen	116.200,00 €	50,52 €		18,92%
Fahrradtaschen	27.600,00 €	12,00 €		4,49%
Räder und Pedale	88.055,00 €	38,28 €		14,33%
Werkzeug	30.475,00 €	13,25 €		4,96%
Schaltung und Bremsen	130.385,00 €	56,69 €		21,22%
Speziallackierung	101.155,00 €	43,98 €		16,47%
Sicherungssystem	5.960,00 €	2,59 €		0,97%
Summe	**614.307,00 €**	**267,09 €**		**100,00%**
Ziellücke pro Fahrrad:	9,84 €			

Abbildung 12.5 Analyse der Kostenstruktur

Die Zellen C4 bis C11 sind der Dateneingabe vorbehalten. Darin erfassen Sie die bekannten Kosten der einzelnen Komponenten, aus denen sich Ihr Produkt zusammensetzt. In den Spalten D und E kalkulieren Sie unter Verwendung dieser Werte die Kosten pro Artikel – absolut und prozentual. Ab Zelle D4 wird dazu die Formel `=C4/$D$2` verwendet; die prozentuale Darstellung erhalten Sie ab Zelle E21 mit der Formel `=D4/$D$2`.

12.1.4 Bestimmung der Ziellücke

Von besonderem Interesse sollten nun die Inhalte der beiden Zellen D12 und B13 sein. In der ersten Zelle werden die Gesamtkosten pro produziertem Rad auf Basis der bisherigen Kostenstruktur angegeben. Sie belaufen sich auf insgesamt 267,09 €. Zelle B13 zeigt die für die Zielkostenrechnung wesentliche Größe der Zielkostenlücke. Diese wird aus der Differenz der Materialzielkosten aus Zelle D16 des Tabellenblattes *Zielkosten* und den Gesamtkosten in Zelle D12 gebildet:

Zielkostenlücke = Materialzielkosten pro Stück – Stückkosten

Die Zielkostenlücke liegt im verwendeten Beispiel bei 9,84 € pro Rad.

12.1.5 Schema für die Anpassung der Kostenstruktur

Nach gängigen Vorstellungen – und auch bei der Anwendung eher traditioneller Kalkulationsverfahren wie Zuschlags- oder Divisionskalkulation – könnte das Fazit nun schlichtweg lauten, Ihre Materialkosten seien zu hoch und der Auftrag demnach nicht realisierbar. Bei Anwendung des Verfahrens der Zielkostenberechnung beginnt hingegen genau an dieser Stelle die eigentliche Kalkulation und Entscheidungsfindung.

Aus der vorangegangenen Kalkulation sind Ihnen die Kostenanteile für die Produktion eines Rades bekannt. Sie finden diese Werte in D4 bis D11. Um die Kosten zu reduzieren und den Auftrag dennoch durchzuführen, müssen Sie auf eine oder auch mehrere Komponenten des Rades verzichten oder diese durch weniger kostenintensive Komponenten ersetzen. Anders ausgedrückt: Ihr Kunde muss auf die Komponenten verzichten! Die alles entscheidende Frage der Zielkostenrechnung lautet nun: Auf welche Komponenten und/oder Qualitätsausprägungen ist Ihr Kunde bereit zu verzichten?

12.1.6 Ermittlung der Kundenpräferenzen

Da Sie dies nur schwer erraten können, kommt es in dieser Phase der Kostenermittlung darauf an, mit dem Kunden zu sprechen und seine konkreten Wünsche und Erwartungen genauestens in Erfahrung zu bringen.

Die auf diesem Weg ermittelten Kundenpräferenzen werden dann als Grundlage für die weitere Kostenkalkulation in Ihre Überlegungen einfließen. Im Tabellenblatt *Kostenstruktur* finden Sie im Zellbereich von C14 bis C16 die fiktiven Ergebnisse einer Kundenbefragung, aus denen sich eine Gewichtung der drei Produkteigenschaften Komfort, Sicherheit und Design ergibt.

Kundenpräferenzen				
Komfort	60%	Komfortkomponenten	Funktionsanteil	relative Bedeutung
Sicherheit	15%	Lenker und Sattel	10%	6,00%
Design	25%	Fahrradtaschen	11%	6,60%
		Räder und Pedale	25%	15,00%
		Sicherheitskomponenten	Funktionsanteil	relative Bedeutung
		Werkzeug	5%	0,75%
		Schaltung und Bremsen	9%	1,35%
		Sicherungssystem	3%	0,45%
		Designkomponenten	Funktionsanteil	relative Bedeutung
		Rahmen	32%	8,00%
		Speziallackierung	5%	1,25%

Abbildung 12.6 Feststellung der Kundenpräferenzen

In den Zellen E15 bis E24 ist hingegen prozentual der Anteil angegeben, der die jeweilige Komponente zur Erfüllung der Funktion des gesamten Produkts leistet. In Spalte F ergibt sich aus beiden Werten die *relative Bedeutung* der jeweiligen Komponente. Diese ergibt sich aus

*relative Bedeutung = Kundenpräferenz * Funktionsanteil*

oder =E5*C14 in Zelle F15.

12.1.7 Bildung des Zielkostenindexes

Nachdem neben der Kostenverteilung nun auch die relative Bedeutung der Komponenten vorliegt, können Sie den Zielkostenindex berechnen. Diesem liegt eine einfache Division zugrunde:

$$Zielkosten = \frac{relative\ Bedeutung}{Kostenanteil\ der\ Komponente}$$

In der Beispieldatei enthält der Zellbereich E3 bis E11 den berechneten Zielkostenindex (z. B. =D3/C3 in Zelle E3).

Der Idealwert des Zielkostenindexes liegt bei 1. Er spricht für ein ausgewogenes Verhältnis zwischen Kostenaufwand und Kundenerwartung. Indexresultate unterhalb von 1 drücken aus, dass die Kosten der Komponente relativ zur Kundenerwartung zu hoch sind. Liegt der Index über 1 kann dies als ein Wertsteigerungsbedarf bei dieser Komponente interpretiert werden.

12.1.8 Umsetzung der Kostenstrukturanpassung in Excel

Um die Zielkostenrechnung flexibel auch für andere Kundenanfragen zu verwenden, sollten Sie wieder darauf achten, dass möglichst viele Inhalte des Tabellenblattes nicht per Tastatureingabe oder mittels Kopieren eingefügt werden, sondern auf Formeln und Funktionen beruhen und somit automatisch aktualisiert werden, wenn sich die Basiswerte ändern. Abbildung 12.7 zeigt, dass alle Zellen des Tabellenbereiches, der die Korrektur der Kostenstruktur betrifft, berechnet werden.

Korrektur der Kostenstruktur				
Komponente	Kostenanteil	relative Bedeutung	Zielkostenindex	Rang
=Kostenstruktur!B4	=SVERWEIS(B3;Kostenstruktur!$B$3:$E$11;4;F	=SVERWEIS(B3;$D$14:$F$24;3;FALSCH)	=D3/C3	=RANG(E3;$E$3:$E$10;1)
=Kostenstruktur!B5	=SVERWEIS(B4;Kostenstruktur!$B$3:$E$11;4;F	=SVERWEIS(B4;$D$14:$F$24;3;FALSCH)	=D4/C4	=RANG(E4;$E$3:$E$10;1)
=Kostenstruktur!B6	=SVERWEIS(B5;Kostenstruktur!$B$3:$E$11;4;F	=SVERWEIS(B5;$D$14:$F$24;3;FALSCH)	=D5/C5	=RANG(E5;$E$3:$E$10;1)
=Kostenstruktur!B7	=SVERWEIS(B6;Kostenstruktur!$B$3:$E$11;4;F	=SVERWEIS(B6;$D$14:$F$24;3;FALSCH)	=D6/C6	=RANG(E6;$E$3:$E$10;1)
=Kostenstruktur!B8	=SVERWEIS(B7;Kostenstruktur!$B$3:$E$11;4;F	=SVERWEIS(B7;$D$14:$F$24;3;FALSCH)	=D7/C7	=RANG(E7;$E$3:$E$10;1)
=Kostenstruktur!B9	=SVERWEIS(B8;Kostenstruktur!$B$3:$E$11;4;F	=SVERWEIS(B8;$D$14:$F$24;3;FALSCH)	=D8/C8	=RANG(E8;$E$3:$E$10;1)
=Kostenstruktur!B10	=SVERWEIS(B9;Kostenstruktur!$B$3:$E$11;4;F	=SVERWEIS(B9;$D$14:$F$24;3;FALSCH)	=D9/C9	=RANG(E9;$E$3:$E$10;1)
=Kostenstruktur!B11	=SVERWEIS(B10;Kostenstruktur!$B$3:$E$11;4;	=SVERWEIS(B10;$D$14:$F$24;3;FALSCH)	=D10/C10	=RANG(E10;$E$3:$E$10;1)

Abbildung 12.7 Formelsicht auf den Tabellenbereich der Kostenstrukturkorrektur

Die Formeln und ihre Funktionsweise sind im Einzelnen:

Zellbereich	Funktion
Komponentenliste in B3 bis B10	Verweis durch einfachen Zellbezug auf die Komponentenliste im Tabellenblatt *Kostenstruktur* und den dortigen Zellbereich B4 bis B11 (z. B. =Kostenstruktur!B4)
Kostenanteile in C3 bis C10	Übernahme der Werte aus der Kostenstrukturliste in den Zellen E20 bis E28, z. B. durch die Funktion =SVERWEIS(B3;Kostenstruktur!$B$3:$E$11;4;FALSCH)
relative Bedeutung in D3 bis D10	Übernahme der Daten aus dem unteren Teil des Tabellenblattes mit Hilfe der Funktion =SVERWEIS(B3;$D$14:$F$24;3;FALSCH)
Zielindex in E3 bis E10	Division der relativen Bedeutung durch den Kostenanteil der Komponente (=D3/C3)
Rangfolge in F3 bis E10	Berechnung des Rangs des jeweiligen Indexwerts im Bereich aller Indexwerte mit der Funktion =RANG(E3;$E$3:$E$10;1)

Tabelle 12.2 Die verwendeten Formeln

12.1.9 Berechnung der Einsparpotenziale

Auch für den letzten Abschnitt der Zielkostenrechnung gilt es, möglichst auf bereits berechnete Ergebnisse zurückzugreifen. In der Beispielanwendung wird vorausgesetzt, dass die drei Komponenten, die die Rangliste des Zielindexes anführen, auf ihr Einsparpotenzial hin untersucht werden sollen (Abbildung 12.8).

Einsparpotenzial				
Rang		**Komponente**	**Potential pro Rad**	**Potential gesamt**
	1	Schaltung und Bremsen	56,69 €	6.802,70 €
	2	Speziallackierung	43,98 €	5.277,65 €
	3	Werkzeug	13,25 €	1.590,00 €
Einsparpotential gesamt			**113,92 €**	**13.670,35 €**

Abbildung 12.8 Betrachtung der Einsparpotenziale auf Basis der Rangfolge des Zielindexes

Die Aufgabe, die Komponenten und ihre Kostenanteile in eine Übersicht im Tabellenblatt *Einsparpotenzial* zu bringen, lässt sich hier nicht mit der Funktion SVERWEIS() umsetzen, da die Rangfolge in der Originaltabelle diesmal ganz rechts steht. SVERWEIS() sucht jedoch immer nur in der äußerst linken Spalte nach einer Übereinstimmung mit dem Suchkriterium.

Versuchen Sie es hingegen in Zelle C3 mit

```
=INDEX(Kostenkorrektur!$B$3:$B$10;VERGLEICH(B3;
Kostenkorrektur!$F$3:$F$10;0)),
```

dann erhalten Sie die Komponentenbezeichnungen aus Spalte B zu den Rangwerten, die sich am anderen Ende der Tabelle in Spalte F im Tabellenblatt *Kostenkorrektur* befinden.

Um die Potenziale pro Rad in Spalte D zuzuordnen, reicht dann wieder ein =SVER-WEIS(C3;Kostenstruktur!$B$3:$E$11;3;FALSCH). Das Gesamtpotenzial der Einsparungen für alle Räder basiert schließlich nur noch auf der einfachen Multiplikation der betreffenden Zellen. Zu guter Letzt ist es Ihre Aufgabe, auf Grundlage der berechneten Daten zu entscheiden, welche Komponenten durch preisgünstigere ersetzt oder komplett gestrichen werden müssen, um den Auftrag zu realisieren.

12.1.10 Tabellenaufbau und Navigation durch die Tabellenabschnitte

Noch einige Sätze zur Tabellenstruktur. Im Anwendungsbeispiel habe ich alle Schritte des Verfahrens auf verschiedene Tabellenblätter verteilt. Die Tabellen in diesen Blättern sind aus Gründen der Übersichtlichkeit möglichst klein gehalten. In der Realität werden die Komponentenlisten mit Sicherheit wesentlich länger sein. Dadurch entsteht schnell der Wunsch, ohne allzu großen Aufwand zwischen den Datenbereichen und verschiedenen Tabellenblättern hin und her zu wechseln. Durch definierte Bereichsnamen ließe sich diese Anforderung sicherlich schnell umsetzen.

In der hier verwendeten Beispieldatei habe ich die bereits in früheren Kapiteln beschriebenen Bereichsnamen allerdings um ein weiteres Werkzeug ergänzt: *Hyperlinks*, mit denen man – wie auf einer Internetseite – durch einen Mausklick einen anderen Bereich ansteuern kann.

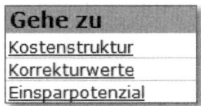

Abbildung 12.9 Hyperlinks erleichtern die Navigation.

In den Zellen F2 bis F4 des Tabellenblattes *Zielkosten* sind die Überschriften der verschiedenen Tabellenbereiche dieser Kalkulation (Abbildung 12.9) bereits eingerichtet. Sie können sie zu Hyperlinks machen:

- Markieren Sie die Zielzelle, zu der ein Hyperlink führen soll (z. B. Zelle B1 im Tabellenblatt *Kostenstruktur*).

- Definieren Sie über das **Namenfeld** links oben einen Bereichsnamen (z. B. »Kostenstruktur«).

- Definieren Sie einen Hyperlink, indem Sie die Bezeichnung in Zelle F2 des Tabellenblattes *Zielkosten* auswählen, die Funktion **Einfügen ▸ Hyperlink ▸ Aktuelles Dokument** aufrufen und den gerade vergebenen Bereichsnamen, z. B. *Kostenstruktur*, als Ziel des Links definieren.

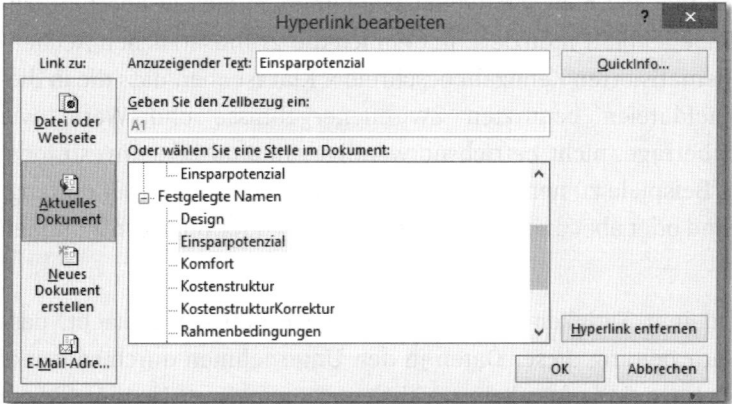

Abbildung 12.10 Verbinden eines Hyperlinks mit einem Bereichsnamen

Diesen Vorgang sollten Sie auch für das Erstellen eines Rücksprungs zum Menü und für die weiteren Tabellenabschnitte wiederholen. Dazu schreiben Sie einfach einen Hinweis wie »Zurück« in eine ausgewählte Zelle und richten einen Hyperlink ein, der zum Bereich *Tabellenanfang*, der Zelle A1 im Tabellenblatt *Zielkosten*, führt.

12.2 Cashflow

Der *Cashflow* ist eine Kennzahl, die besonders für mögliche Investoren eines Unternehmens, Aktieninhaber und auch potentielle Kreditgeber in seiner Aussagekraft interessant ist. Er gibt an, welche liquiden Mittel durch das Unternehmen in einer Betrachtungsperiode erwirtschaftet wurden, und ist somit ein Indikator für das Potenzial der *Innenfinanzierung* des Unternehmens. Positive Cashflows lassen erwarten, dass ein Unternehmen in der Lage ist, Kredite zu tilgen oder Dividenden zu zahlen. Gebildet wird diese *Liquiditätskennzahl* aus dem Saldo der regelmäßigen Einnahmen und betrieblichen Ausgaben.

12.2.1 Beispieldateien und Datenmodelle

Die Berechnung des Cashflows bildet an dieser Stelle den Auftakt zu einer ganzen Reihe von finanztechnischen Kalkulationen, die bis zum Shareholder Value und Marktwertzuwachs, also direkt bis zu Fragen der wertorientierten Unternehmensführung, reichen. All diesen Berechnungen und in der Folge auch den verwendeten Beispieldateien ist zu eigen, dass sie zur Durchführung der Kalkulationen ihrerseits auf die verdichteten Ergebnisse umfangreicher Unternehmensdaten aufbauen.

Aus Gründen der Anschaulichkeit habe ich die Beispieldateien in diesem Abschnitt zumeist auf ein einziges Tabellenblatt reduziert, in dem ich die grundsätzlichen Rechenwege zur Bildung der thematisierten Kennzahl beschreibe. Klar ist aber, dass die in diesen reduzierten Beispieldateien benutzten Zwischenergebnisse und Werte wie Jahresüberschüsse, Fehlbeträge, nicht betriebsnotwendiges Kapital oder Investitionssummen, um nur einige Beispiele zu nennen, wiederum das Ergebnis anderer umfangreicher Berechnungen sind oder aber anderen Quellen wie GuV oder Bilanz entnommen werden müssen.

Ich habe im Rahmen meiner Tätigkeit immer wieder die Erfahrung gemacht, dass Reporting und Weiterverarbeitung dieser Daten in den Unternehmen durch so starke Unterschiede gekennzeichnet sind, dass kein wirklicher gemeinsamer Nenner für die Darstellung der Daten in einer Beispieldatei gefunden werden kann.

Um aber zu solcherart reduzierten Rechenwegen zu gelangen, wie ich sie in diesem Abschnitt vorstelle, muss ich nochmals auf die wesentlichen Grundregeln der Bildung von Datenmodellen in Excel, die ich bereits in den vorangegangenen Kapiteln an Beispielen veranschaulicht habe, verweisen:

- Trennen Sie immer die Basisdaten eindeutig von allen Berechnungen, indem Sie diese Daten in separaten Tabellenblättern speichern.

- Nutzen Sie weitere Tabellenblätter, um auch notwendige Zwischenrechnungen klar voneinander zu trennen.

- Legen Sie ein »Master«-Tabellenblatt an, in dem Referenztabellen, wichtige Faktoren und Operanden wie Zinssätze etc. verwaltet werden.

- Verwenden Sie eine Systematik für die Namensgebung der Tabellenblätter.

- Noch wichtiger: Verwenden Sie systematisch Bereichsnamen für Zellen, die wichtige Faktoren oder Operanden enthalten (z. B. Zinssätze), und auch für Datenbereiche, die Sie in Zwischen- und Abschlussberechnungen verwenden.

- Dokumentieren Sie Ihre Bereichsnamen und Rechenwege, auch wenn es zunächst wie zusätzliche und vielleicht sogar überflüssige Arbeit erscheint.

Mit diesen Regeln im Hinterkopf sollten wir uns den weiteren Beispielrechnungen stellen.

12.2.2 Direkte Ermittlung des Cashflows

Der *Cashflow* betrachtet alle zahlungswirksamen Erträge und Aufwendungen einer Periode. Bei der *direkten Ermittlung* des Cashflows werden diese Erträge (Umsatzerlöse, Zinserträge etc.) addiert und sämtliche betriebsnotwendigen Aufwendungen – wie etwa Personal- und Materialkosten, Steuern, Kredittilgung – davon abgezogen.

Der Saldo aus den Zahlungsflüssen der laufenden Geschäftstätigkeit ergibt den *operativen Cashflow* (Abbildung 12.11), der Aufschluss über die *Eigenfinanzierungskraft* des Unternehmens gibt. An ihm ist schnell erkennbar, ob das Unternehmen über die erzielten Umsätze in der Lage ist, alle Ausgaben zu decken, die mit dem operativen Geschäft verbunden sind. In der Beispieldatei *12_Cash_flow_direkter_01.xlsx* wird diese Kennzahl in Zeile 10 angegeben. Sie wird als einfache Summe aus den darüberstehenden Einzelwerten gebildet.

A	B Januar	C Februar	D März	E April	F Mai	G Juni	H Juli	I August	J September	K Oktober	L November	M Dezember	N Gesamt
Cash flow - Direkte Ermittlung													
Bruttoumsatz	90.000 €	92.500 €	95.000 €	91.200 €	93.900 €	95.000 €	91.000 €	85.500 €	82.000 €	89.200 €	91.000 €	92.350 €	1.088.650 €
- Skonti und Rabatte	-1.800 €	-1.850 €	-1.900 €	-1.824 €	-1.878 €	-1.900 €	-1.820 €	-1.710 €	-1.640 €	-1.784 €	-1.820 €	-1.847 €	-21.773 €
- Ausgaben für Materialien	-42.000 €	-42.500 €	-44.000 €	-49.000 €	-42.000 €	-49.800 €	-43.000 €	-40.000 €	-38.000 €	-39.000 €	-45.000 €	-42.900 €	-517.200 €
- Ausgaben für Personal	-28.000 €	-28.000 €	-28.000 €	-28.000 €	-28.000 €	-28.000 €	-28.000 €	-28.000 €	-28.000 €	-32.000 €	-32.000 €	-32.000 €	-348.000 €
- Sonstige Ausgaben	-2.900 €	-2.900 €	-2.900 €	-2.900 €	-2.900 €	-4.100 €	-3.200 €	-2.900 €	-2.900 €	-2.900 €	-2.900 €	-2.900 €	-36.300 €
- Zinsen	-1.200 €	-1.840 €	-900 €	-980 €	-450 €	-340 €	-320 €	-900 €	-510 €	-600 €	-900 €	-1.200 €	-10.140 €
- Steuern	0 €	-15.000 €	0 €	0 €	-15.000 €	0 €	0 €	-15.000 €	0 €	-23.000 €	-15.000 €	0 €	-83.000 €
Cash flow (operativ)	14.100 €	410 €	17.300 €	8.496 €	3.672 €	10.860 €	14.660 €	-3.010 €	10.950 €	-10.084 €	-6.620 €	11.503 €	72.237 €
+ Verkauf von Vermögenswerten	0 €	0 €	0 €	0 €	8.000 €	0 €	0 €	0 €	0 €	0 €	0 €	0 €	8.000 €
+ Zinserlöse und Dividenden	0 €	0 €	12.000 €	0 €	0 €	0 €	0 €	0 €	0 €	0 €	0 €	0 €	12.000 €
- Auszahlungen aus Kauf von Vermögenswerten	0 €	0 €	0 €	0 €	0 €	0 €	-4.000 €	0 €	0 €	0 €	0 €	0 €	-4.000 €
- Auszahlungen aus Zinsen	-350 €	0 €	0 €	-500 €	-500 €	-230 €	0 €	0 €	0 €	0 €	-340 €	-120 €	-2.040 €
Cash flow (Investitionen)	-350 €	0 €	12.000 €	-500 €	7.500 €	-230 €	-4.000 €	0 €	0 €	0 €	-340 €	-120 €	13.960 €
- gezahlte Dividende	0 €	0 €	-15.000 €	0 €	0 €	0 €	0 €	0 €	0 €	0 €	0 €	0 €	-15.000 €
- Tilgung bestehender Bankverbindlichkeiten	-1.100 €	-1.100 €	-1.100 €	-1.100 €	-1.100 €	-1.100 €	-1.100 €	-1.100 €	-1.100 €	-1.100 €	-1.100 €	-1.100 €	-13.200 €
- Aufnahme neuer Bankverbindlichkeiten	0 €	0 €	0 €	0 €	0 €	0 €	0 €	0 €	10.000 €	0 €	0 €	0 €	10.000 €
- Tilgung neuer Bankverbindlichkeiten	0 €	0 €	0 €	0 €	0 €	0 €	0 €	0 €	0 €	-380 €	-380 €	-380 €	-1.140 €
Cash flow (Finanzierung)	-1.100 €	-1.100 €	-16.100 €	-1.100 €	-1.100 €	-1.100 €	-1.100 €	-1.100 €	8.900 €	-1.480 €	-1.480 €	-1.480 €	-19.340 €
Cash flow (gesamt)	12.650 €	-690 €	13.200 €	6.896 €	10.072 €	9.530 €	9.560 €	-4.110 €	19.850 €	-11.564 €	-8.440 €	9.903 €	66.857 €

Abbildung 12.11 Direkte Ermittlung des Cashflows

Werden Auszahlungen aus Investitionen und Zinsen sowie Einzahlungen aus dem Verkauf von Vermögensgegenständen sowie Zinserlöse ebenfalls in der Kalkulation berücksichtigt, so erhalten Sie den *Cashflow aus Investitionstätigkeit*. Diese Kennzahl in Zeile 15 gibt wiederum darüber Auskunft, ob und inwieweit das Unternehmen in der Lage ist, aus eigener Kraft Investitionen zu tätigen.

Und schließlich ist Zeile 20 der *Cashflow der Finanzierung* zu entnehmen. Bei ihm handelt es sich um das Ergebnis des Cashflows aus Investitionstätigkeit zuzüglich der Einzahlungen aus Eigenkapital- und Fremdkapitalzuführung und der Auszahlungen aus Kredittilgungen und Dividenden. Die Fähigkeit zur Tilgung von Krediten kann mit Hilfe dieser Kennzahl bestimmt werden.

Alle Kennzahlen in der Beispieldatei habe ich monatlich berechnet. Große Erklärungen zum Rechenweg oder zu den verwendeten Funktionen sind kaum notwendig. Es handelt sich schließlich um einfache Summen. In Spalte N habe ich abschließend die Gesamtsumme für das gesamte Jahr aus den Monatsergebnissen gebildet.

Bei der hier angewandten Methode der direkten Berechnung des Cashflows müssen Sie die Werte einer nach dem *Gesamtkostenverfahren* erstellten GuV entnehmen.

12.2.3 Indirekte Ermittlung des Cashflows

Bei der *indirekten Ermittlung* des Cashflows wird das in der Bilanz ausgewiesene Betriebsergebnis zur Berechnung verwendet. Es wird die Summe aller nicht zahlungswirksamen Aufwendungen addiert (Abschreibungen, Erhöhung von Rückstellungen etc.), und sämtliche nicht zahlungswirksamen Erträge (Zunahme von Lieferungen und Vorräten, Abnahme von Verbindlichkeiten usw.) werden abgezogen.

In der Arbeitsmappe *12_Cash_flow_indirekter_01.xlsx* wird diese Vorgehensweise veranschaulicht.

In der Praxis ist die indirekte Methode häufiger anzutreffen. Auch bei ihr können Sie sich in Excel einfacher Formeln und Funktionen zum Addieren und Subtrahieren der einzelnen Werte bedienen. Die Ermittlung des operativen Cashflows in Zelle B19 baut auf den Ergebnissen für den Gewinn (Zelle B5) und dem Jahresüberschuss bzw. Jahresfehlbetrag auf.

Der Cashflow aus Investitionstätigkeit und der aus Finanzierung – beide sind in den Zellen B25 und B30 angegeben – resultiert jeweils aus der Addition und Subtraktion der darüberstehenden Werte.

Die Kernaussagen der drei Kennzahlen entsprechen denen, die ich bereits im Abschnitt über die direkte Erwmittlungsmethode gemacht habe.

	A	B
1	**Cash flow - Indirekte Ermittlung**	
2	Bilanzgewinn/-verlust	54.200 €
3	- Gewinnvortrag des Vorjahres	-12.000 €
4	+ Verlustvortrag des Vorjahres	0 €
5	**= Gewinn**	**42.200 €**
6	+ zugewiesene Rückstellungen	0 €
7	- aufgelöste Rückstellungen	-12.000 €
8	**= Jahresüberschuss/Jahresfehlbetrag**	**30.200 €**
9	+ Abschreibungen	24.500 €
10	- Zuschreibungen	-21.000 €
11	+ Zuführung langfristiger Rückstellungen	0
12	- Auflösung langfristiger Rückstellungen	-5000
13	+ Abnahme von Vorräten	10.000 €
14	- Zunahme von Vorräten	0 €
15	+ Abnahme von Lieferforderungen	8.000 €
16	- Zunahme von Lieferforderungen	0 €
17	+ Zunahme von Lieferverbindlichkeiten	12.500 €
18	- Abnahme von Lieferverbindlichkeiten	0 €
19	**= Cash flow I (aus laufender Geschäftstätigkeit)**	**59.200 €**
20		
21	+ Einzahlungen aus Abgängen von Sachanlagen und immateriellen Vermögenswerten	19.000 €
22	- Investitionen in Sachanlagen und immaterielle Vermögenswerte	-2.500 €
23	+ Einzahlungen aus Abgängen von Finanzanlagen	9.400 €
24	- Investitionen in Finanzanlagen	-3.900 €
25	**Cash flow II (aus Investition)**	**22.000 €**
26		
27	+ Kapitalerhöhungen und Einlagen der Gesellschafter	45.000 €
28	- gezahlte Dividende	-25.000 €
29	- Zinszahlungen	-14.000 €
30	**= Cash flow III (aus Finanzierung)**	**6.000 €**

Abbildung 12.12 Indirekte Ermittlung des Cashflows

12.3   Free Cashflow

Der *Free Cashflow* wird gebildet aus dem operativen Cashflow abzüglich des Cashflows aus Investitionstätigkeit. Somit werden zwei Größen in die Kalkulation einbezogen, die aus den vorangegangenen Berechnungen bereits bekannt sind. In der Arbeitsmappe *10_Free_Cash_flow_01.xlsx* werden mit den bereits beschriebenen Summenbildungen in den Zellen B19 der operative Cashflow und in B25 der Cashflow aus Investitionstätigkeit kalkuliert. In Zelle B27 erhalten Sie schließlich aus der Differenz (=B19-B25) den Free Cashflow.

Nun wissen Sie, welche Finanzmittel das Unternehmen zur Verfügung hat, um Dividenden an seine Aktionäre zu zahlen oder Ausschüttungen an seine Gesellschafter zu veranlassen. Natürlich könnte der Free Cashflow auch anderweitig eingesetzt werden, z. B. zur Tilgung von Krediten. Und dies macht ihn zu einer wichtigen Kennzahl, um die Rückzahlungsfähigkeit des Unternehmens abzubilden.

Free Cash flow	
Bilanzgewinn/-verlust	54.200 €
- Gewinnvortrag des Vorjahres	-12.000 €
+ Verlustvortrag des Vorjahres	0 €
= Gewinn	**42.200 €**
+ zugewiesene Rückstellungen	0 €
- aufgelöste Rückstellungen	-12.000 €
= Jahresüberschuss/Jahresfehlbetrag	**30.200 €**
+ Abschreibungen	24.500 €
- Zuschreibungen	-21.000 €
+ Zuführung langfristiger Rückstellungen	0
- Auflösung langfristiger Rückstellungen	-5000
+ Abnahme von Vorräten	10.000 €
- Zunahme von Vorräten	0 €
+ Abnahme von Lieferforderungen	8.000 €
- Zunahme von Lieferforderungen	0 €
+ Zunahme von Lieferverbindlichkeiten	12.500 €
- Abnahme von Lieferverbindlichkeiten	0 €
= Cash flow I (aus laufender Geschäftstätigkeit)	**59.200 €**
+ Einzahlungen aus Abgängen von Sachanlagen und immateriellen Vermögenswerten	19.000 €
- Investitionen in Sachanlagen und immaterielle Vermögenswerte	-2.500 €
+ Einzahlungen aus Abgängen von Finanzanlagen	9.400 €
- Investitionen in Finanzanlagen	-3.900 €
Cash flow II (aus Investition)	**22.000 €**
= Free Cash flow	**37.200 €**

Abbildung 12.13 Berechnung des Free Cashflows

12.4   Discounted Cashflow

Der Free Cashflow ist folglich eine Kennzahl, mit der sich feststellen lässt, ob ein Unternehmen in der Lage ist, seinen Aktionären eine Rendite zu zahlen. Auch lässt sich an ihm in gewissem Maße die ungefähre Höhe der Rendite erkennen.

Für Außenstehende, seien es Aktionäre oder Kreditinstitute, hat die Kennzahl den Vorteil, dass sie im Gegensatz zum in der Bilanz ausgewiesenen Unternehmensergebnis weniger manipulierbar ist. Allerdings bezieht sie sich lediglich auf eine Periode, nämlich auf das abgelaufene Jahr. Ein Aktionär, aber auch ein Kreditinstitut, hätte jedoch sicherlich gerne eine verlässliche Auskunft über den zukünftigen Wert des Unternehmens, von dem er Aktien erwerben oder – im Falle der Bank – dem sie Geld leihen möchte.

Eine Möglichkeit, dieses Erkenntnisinteresse zu befriedigen, besteht darin, den Free Cashflow für die folgenden Perioden zu berechnen. Soll das Ergebnis als Kennzahl im genannten Sinne eingesetzt werden, so müssen Sie die zu erwartenden Zahlungsflüsse allerdings noch diskontieren. Arbeitsmappe *12_Discounted_Cash_flow_01.xlsx* veranschaulicht die Vorgehensweise und das Ergebnis der *Discounted Free Cashflows* (*DCF*).

Ausgangspunkt für die Kalkulation der Kennzahl ist das Geschäftsergebnis laut GuV oder *EBIT (Earnings Before Interest and Taxes)*. Von diesem Betrag werden die zu erwartenden Steuern abgezogen, um das Geschäftsergebnis nach Steuern oder *NOPAT (Net Operating Profit After Taxes)* auszuweisen. Dies ist in Zeile 9 der Beispieldatei bereits geschehen.

12

Discounted Cash flow (DCF)					
kalkulatorische Zinsen:	8,5%				
Investiertes Vermögen:	4.000 T€				
jährliche Abschreibung (linear):	800 T€				
			Jahre		
	1	2	3	4	5
NOPAT	100 T€	800 T€	800 T€	800 T€	800 T€
Abschreibungen	800 T€	800 T€	800 T€	800 T€	800 T€
Free Cash flow	900 T€	1.600 T€	1.600 T€	1.600 T€	1.600 T€
Barwert FCF	829 T€	1.359 T€	1.253 T€	1.155 T€	1.064 T€
DCF gesamt			**5.660 T€**		

Abbildung 12.14 Berechnung des Discounted Cashflows

Setzen Sie nun voraus, dass sich in Zeile 11 die entsprechenden Werte für den Free Cashflow ergeben und die Entwicklung des Unternehmenswerts für den Zeitraum von fünf Jahren betrachtet werden soll, dann müssen Sie die Ergebnisse auf Basis des kalkulatorischen Zinssatzes diskontieren. In Zelle B3 befindet sich der dafür zu verwendende kalkulatorische Zinssatz.

Mit der Formel `=B11*1/(1+$B$3)^B8` diskontieren Sie in Zelle B12 das Ergebnis des ersten Jahres. Die Formel kopieren Sie dann in die vier angrenzenden Zellen nach rechts. Anschließend erhalten Sie in Zelle B13 die Summe aller diskontierten Cashflows.

12.5 Gewichtete durchschnittliche Gesamtkapitalkosten nach Steuern

Aus der soeben durchgeführten Beispielrechnung resultiert jedoch eine weitere Frage: Welcher Kapitalkostensatz muss zum Ansatz gebracht werden, um den zukünftigen Unternehmenswert korrekt zu berechnen? Bei den im vorangegangenen Beispiel eingesetzten kalkulatorischen Zinsen muss es sich um die *gewichteten durchschnittlichen Gesamtkapitalkosten* nach Steuern, auch bezeichnet als *Weighted Average Cost of Capital* (*WACC*), handeln.

Gewichtete Gesamtkapitalkosten nach Steuern	
Weighted average cost of capital (WACC)	
Steuersatz	50,00%
Risikofaktor Gesamtkapitalmarkt	5,00%
Risikofaktor des Unternehmens (beta-Faktor)	1,4
Fremdkapitalanteil	43,00%
Eigenkapitalanteil	57,00%
Berechnung der Kapitalkosten	
Fremdkapitalzins vor Steuern	8,50%
Fremdkapitalkosten (Fremdkapitalzins * Steuersatz)	**4,25%**
risikofreie Geldanlage	6,00%
Risikoadjustierung (Risiko Gesamtmarkt * beta-Faktor)	7,00%
Eigenkapitalkosten	**13,00%**
Gewichtung nach Anteil am Gesamtkapital:	
Fremdkapitalkosten (gewichtet)	1,83%
Eigenkapitalkosten (gewichtet)	7,41%
Gesamtkapitalkosten	**9,24%**

Abbildung 12.15 Berechnung der gewichteten Gesamtkapitalkosten

In diesem Faktor drücken sich die folgenden Erkenntnisse aus:

- Aus den Free Cashflows müssen gleichermaßen sowohl Fremd- als auch Eigenkapitalansprüche befriedigt werden (Zinsen und Ausschüttungen).

- Die Zinssätze für die Fremdkapital- und Eigenkapitalbeschaffung weisen unterschiedliche Werte auf

- Der Anteil von Fremd- und Eigenkapital muss nicht notwendigerweise gleich groß sein.

- Faktoren wie der Unternehmenssteuersatz, das Gesamtkapitalmarktrisiko sowie der Risikofaktor des Unternehmens (*Beta-Faktor*) müssen berücksichtigt werden.

Um den gewichteten durchschnittlichen Kapitalkostensatz zu ermitteln, gehen Sie wie folgt vor:

- In Zelle B11 multiplizieren Sie den Fremdkapitalzinssatz vor Steuern mit dem Steuersatz des Unternehmens (=B10*B3), um den prozentualen Wert der Fremdkapitalkosten zu erhalten.

- Geben Sie in Zelle B12 den Kapitalmarktzins für eine langfristige Geldanlage ein.

- Führen Sie eine unternehmensbezogene *Risikoadjustierung* durch, indem Sie den Risikofaktor des Gesamtkapitalmarkts mit dem Beta-Faktor des Unternehmens in Zelle B13 (=B4*B5) multiplizieren.

- Durch Multiplikation (=B12+B13) der beiden zuvor eingegebenen oder berechneten Risikokomponenten erhalten Sie in Zelle B14 den prozentualen Wert der Eigenkapitalkosten.

- Danach multiplizieren Sie in Zelle B16 die Fremdkapitalkosten mit dem Fremdkapitalanteil (=B14*B6) und in B17 die Eigenkapitalkosten mit dem Eigenkapitalanteil (=B14*B7).

- Die Gesamtkapitalkosten erhalten Sie in Zelle B18 durch Addition der beiden Resultate.

12.6 Shareholder Value

Die diskontierten freien Cashflows (*DCF*) und die durchschnittlichen gewichteten Kapitalkosten (WACC) spielen die zentrale Rolle bei der Bestimmung des *Marktwerts des Eigenkapitals* eines Unternehmens. Dieser wird vereinfachend mit dem Unternehmenswert schlechthin gleichgesetzt. Viel bekannter und mehr beachtet ist diese Kennzahl allerdings unter der Bezeichnung *Shareholder Value* (*SHV*).

Sie drückt aus, wie viel das Unternehmen und damit letztlich die Anteile, die seine Aktionäre von ihm halten, tatsächlich wert sind. Grundlage der Bestimmung des Werts sind die diskontierten Einzahlungsüberschüsse, also die Free Cashflows des Unternehmens.

Die Berechnung des Shareholder Values folgt dem in Tabelle 12.3 dargestellten Schema.

Berechnung des Shareholder Values	
=	operative Free Cashflows für den Planungszeitraum
	Diskontierung der operativen FCF (mit WACC)
	Summe aller diskontierten Free Cashflows
=	Bildung des *Residualwerts* auf Basis von normalisiertem FCF, angenommener Wachstumsrate und WACC
	Diskontierung des Residualwerts
	Addition von diskontierten FCF und diskontiertem Residualwert
+	Addition des Marktwerts des nicht betriebsnotwendigen Kapitals
–	Subtraktion des Marktwerts des Fremdkapitals
=	*Shareholder Value (SHV)*

Tabelle 12.3 Shareholder-Value-Berechnung

Insgesamt sind es also vier Größen, die für die Berechnung des Shareholder Values herangezogen werden: die Free Cashflows, die WACC, der Marktwert des nicht betriebsnotwendigen Kapitals und der Marktwert des Fremdkapitals.

12.6.1 Free Cashflows und Residualwert

Ein Investor, der sein Geld in Aktien eines Unternehmens anlegen möchte, hat ein berechtigtes Interesse an einer langfristigen Aussage zum Wert des Unternehmens. Der Shareholder Value als der Marktwert des Eigenkapitals wird deshalb aus den Free Cashflows der gesamten zukünftigen Lebensdauer des Unternehmens gebildet.

In der Praxis der SHV-Kalkulation werden allerdings zwei Phasen der Betrachtung unterschieden:

- Für einen kürzeren Planungshorizont – etwa fünf bis zehn Jahre – liegen solide Planungsdaten, etwa zu Investitionen, Abschreibungen, Rückflüssen etc., vor. Hier verhält sich die Berechnung des Shareholder Values wie ein Verfahren der Investitionsrechnung, in dem die Zahlungsflüsse erfasst und diskontiert werden.

- Es ist allerdings davon auszugehen, dass das Unternehmen auch über diesen Planungshorizont hinaus Cashflows generiert. Um diese Annahme zu berücksichtigen, wird zunächst der normalisierte Free Cashflow gebildet und auf seiner Basis ein

Residualwert berechnet, der schließlich ebenfalls diskontiert wird. Der Residualwert hat den Charakter einer »ewigen Rente«, da angenommen wird, dass er quasi unendlich in gleicher Höhe oder mit konstanter Steigerungsrate anfällt.

Shareholder value (SHV)					
			Jahre		
	1	**2**	**3**	**4**	**5**
Umsatz	214,0	222,6	231,5	240,7	250,3
Aufwendungen	-81,0	-84,2	-87,6	-91,1	-94,8
Abschreibungen	-32,0	-33,3	-34,6	-36,0	-37,4
EBIT	**101,0**	**105,0**	**109,2**	**113,6**	**118,2**
Steuern (25%)	-25,3	-26,3	-27,3	-28,4	-29,5
NOPLAT	**75,8**	**78,8**	**81,9**	**85,2**	**88,6**
Abschreibungen	32,0	33,3	34,6	36,0	37,4
Investitionen	-39,0	-41,0	-44,0	-46,0	-50,0
FCF	**68,8**	**71,1**	**72,5**	**75,2**	**76,1**
Barwert FCF	**62,5**	**58,7**	**54,5**	**51,4**	**47,2**
Summe Barwert FCF					**274,3**
Berechnung des Residualwerts					**NOPLAT**
NOPLAT in Jahr 5:					88,6
WACC:					10%
Wachstumsrate (g_i):					2%
Residualwert					**1.129,9**
diskontierter Residualwert					**637,8**
Marktwert des nicht betriebsnotwendigen Vermögens (+)					**250,0**
Marktwert des Fremdkapitals (-)					**374,0**
Shareholder Value					**788,1**

Abbildung 12.16 Berechnung des Shareholder Values (SHV)

Um den Residualwert zu berechnen, wird die sogenannte *Fortführungswert-Formel* verwendet. Sie besitzt folgenden Aufbau:

$$Residualwert = \frac{FCF * (1 + g_i)}{(WACC - g_i)}$$

Der Faktor *gi* in dieser Formel entspricht der angenommenen Wachstumsrate des Unternehmens in den Jahren nach der Planungsphase.

Voraussetzungen und Risiken der Residualwertberechnung

Der Berechnung des Residualwerts kommt bei der Bildung des Shareholder Values eine zentrale Rolle zu. Anteile des Residualwerts am Unternehmenswert von etwa 50 % in der Planungsperiode sind ebenso wenig eine Seltenheit wie seine Steigerung auf 90 % und mehr für den Shareholder Value. Ungenauigkeiten bei der Bestimmung des in die Fortführungswert-Formel einzusetzenden FCF haben dem-

INFO

12

nach ebenso weitreichende Folgen wie fehlerhafte Annahmen bezüglich der Wachstumsrate.

Um mögliche Verzerrungen bei der Kalkulation zu minimieren, wird deshalb der normalisierte Free Cashflow (NFCF) verwendet. Ihn erhalten Sie durch Bereinigung der zurückliegenden Free Cashflows um sämtliche außergewöhnlichen geschäftlichen Einwirkungen auf die Zahlungsflüsse.

Darüber hinaus muss der *eingeschwungene langfristige Zustand* des Unternehmens bei der Kalkulation des Shareholder Values mittels Fortführungswert-Formel angenommen werden. Wäre dies nicht der Fall, würde z. B. ein abrupter Wechsel von starkem Wachstum in der Planungsphase zu geringerem Wachstum in der Phase danach nicht im Residualwert berücksichtigt. Das sich ändernde Verhältnis zwischen Investitionen und Abschreibungen wäre ebenso fehlerhaft wie der Shareholder Value selbst.

Um den bekannten Problemen bei Wachstumsveränderungen zwischen Planungsperiode und restlicher Lebensdauer des Unternehmens zu verringern, werden neben der Fortführungswert-Formel andere Methoden angewendet und diskutiert, z. B. die 2-Phasen-Wertfaktoren-Formel.

12.6.2 Barwerte der Free Cashflows berechnen

In der Beispieldatei *12_Shareholder_value_01.xlsx* werden im Zellbereich B4 bis F6 eine Reihe von Zahlungen angenommen, die sich über insgesamt fünf Jahre erstrecken. Dieser Zeitraum ist die im Modell angenommene Planungsperiode. In den Zellen B7 bis F7 resultiert aus den Zahlungsflüssen der *EBIT* (*Earnings before Interest and Taxes* = Jahresüberschuss vor Steuern und Zinsen).

Nach Abzug der gezahlten Steuern – bei einem vorausgesetzten Steuersatz von 25 % – liefert die Tabelle in den Zellen B9 bis F9 den *NOPLAT* (*Net Operating Profit less Adjusted Taxes* = Geschäftsergebnis abzüglich angepasster Steuern). Durch Berücksichtigung von Abschreibungen und Investitionen erhalten Sie schließlich in den Zellen B12 bis F12 die Free Cashflows, die in der nächsten Zeile mit dem gewichteten durchschnittlichen Kapitalkostensatz (WACC) diskontiert werden (z. B. `=B12*1/(1+Basis-werte!$B$2)^B3` in Zelle B13).

Zum Abschluss des ersten Rechenschritts bilden Sie die Summe der diskontierten Free Cashflows (DCF) in Zelle F14. Bis zu diesem Punkt unterscheiden sich die Kalkulationsverfahren nicht von denen der Investitionsrechnung. Allerdings berechnen Sie hier nicht den Barwert einer einzelnen Ressource, sondern den des gesamten Unternehmens.

Shareholder value (SHV)					
			Jahre		
	1	**2**	**3**	**4**	**5**
Umsatz	214,0	222,6	231,5	240,7	250,3
Aufwendungen	-81,0	-84,2	-87,6	-91,1	-94,8
Abschreibungen	-32,0	-33,3	-34,6	-36,0	-37,4
EBIT	**101,0**	**105,0**	**109,2**	**113,6**	**118,2**
Steuern (25%)	-25,3	-26,3	-27,3	-28,4	-29,5
NOPLAT	**75,8**	**78,8**	**81,9**	**85,2**	**88,6**
Abschreibungen	32,0	33,3	34,6	36,0	37,4
Investitionen	-39,0	-41,0	-44,0	-46,0	-50,0
FCF	**68,8**	**71,1**	**72,5**	**75,2**	**76,1**
Barwert FCF	**62,5**	**58,7**	**54,5**	**51,4**	**47,2**
Summe Barwert FCF					**274,3**

Abbildung 12.17 Barwertberechnung der Free Cashflows

12.6.3 Berechnung des Residualwerts

Im Tabellenbereich der Zellen A16 bis F21 berechnen Sie nun den Residualwert, also den Wert des Unternehmens, der über die fünf angenommenen Planungsjahre hinaus angesetzt werden kann. In der Beispieldatei werden zwei Annahmen vorausgesetzt, die ich bereits weiter oben erläutert habe:

- Das Unternehmen befindet sich im langfristigen eingeschwungenen Zustand.

- Beim Free Cashflow im Jahr 5 der Planungsperiode (Zelle F12) handelt es sich bereits um den normalisierten Free Cashflow (NFCF).

Berechnung des Residualwerts				NFCF
FCF in Jahr 5:				76,1
WACC:				10%
Wachstumsrate (g_i):				2%
Residualwert				**969,7**
diskontierter Residualwert				547,4

Abbildung 12.18 Berechnung des Residualwerts

Die Berechnung folgt dann anhand der hier beschriebenen Vorgehensweise:

- Sie können als Ausgangswert der Fortführungswert-Formel den Free Cashflow aus Zelle F12 direkt in Zelle F17 übernehmen (=F12).

- Den gewichteten durchschnittlichen Kapitalkostensatz (WACC) geben Sie in Zelle F18 ein. Die Berechnungsgrundlagen dieses Faktors habe ich bereits in diesem Kapitel beschrieben.

- In Zelle F19 geben Sie abschließend die erwartete Wachstumsrate für die Zeit nach der hier fünfjährigen Wachstumsphase ein.

12

- Um den Residualwert in Zelle F20 zu berechnen, verwenden Sie in dieser Zelle die Formel `=F17*(1+F19)/(F18-F19)`. Dies entspricht der Umsetzung der Fortführungswert-Formel mit Excel-Mitteln in diesem Tabellenblatt.

- In Zelle F21 diskontieren Sie den Residualwert auf das Jahr 6 des Berechnungszeitraums, wie Sie es bereits zuvor mit den Free Cashflows gemacht haben (`=F20*1/(1+Basiswerte!$B$2)^(F3+1)`).

12.6.4 Abschließende Bildung des Shareholder Values

Die letzten Rechenoperationen zur Bildung des Shareholder Values sind nun kein großes Geheimnis mehr. Wenn Ihnen der Marktwert des nicht betriebsnotwendigen Vermögens und der Marktwert des Fremdkapitals bekannt sind, geben Sie diese beiden Werte in die Zellen F23 und F25 ein.

Summe Barwert FCF	**274,3**
Berechnung des Residualwerts	**NFCF**
FCF in Jahr 5:	76,1
WACC:	10%
Wachstumsrate (g_i):	2%
Residualwert	**969,7**
diskontierter Residualwert	547,4
Marktwert des nicht betriebsnotwendigen Vermögens (+)	**250,0**
Marktwert des Fremdkapitals (-)	**374,0**
Shareholder Value	697,7

Abbildung 12.19 Berechnung des Shareholder Values

In Zelle F26 erhalten Sie nun durch Addition des Barwerts der Free Cashflows, des diskontierten Residualwerts und des Marktwerts des nicht betriebsnotwendigen Vermögens bei Subtraktion des Marktwerts des Fremdkapitals den Shareholder Value oder Marktwert des Eigenkapitals (`=F14+F21+F23-F25`).

12.7 Economic Value Added – EVA®

Der *Geschäftswertbeitrag* oder *Economic Value Added* (EVA®) betrachtet das Geschäftsergebnis einer Periode nach Abzug der Kapitalkosten. Durch ihn soll bestimmt werden, ob in der vergangenen Periode ein ökonomischer Wert im Unternehmen geschaffen wurde oder nicht und wie hoch dieser Wert ist. Dies prädestiniert den EVA® als Anreiz- und Bewertungssystem z. B. von Managementleistungen.

Der angesetzte Maßstab muss in einem solchen Verwendungszusammenhang natürlich eine möglichst hohe Objektivität besitzen und auch die Vergleichbarkeit von Unternehmen bzw. Unternehmensteilen erlauben. Das EVA®-Verfahren wurde von der Unternehmensberatung *Stern Stewart & Co.* etabliert. Sie hält auch heute noch die Markenrechte an dem Namenskürzel.

Die Formel zur Berechnung des Economic Value Added lautet:

$$EVA® = NOPAT_t - k * iV_{t-1}$$

Economic Value Added (EVA®)		
Berechnung von NOPAT		
Jahresüberschuss		1.700.000 €
+ Steuern		408.000 €
= Jahresüberschuss vor Steuern		**2.108.000 €**
+ Zinsaufwand		92.500 €
= Gewinn vor Zinsen und Steuern (EBIT)		**2.200.500 €**
+/- Anpassungen (inkl. Steueranpassungen)		-42.600 €
= Net Operating Profit Before Taxes (NOPBT)		**2.157.900 €**
- Steuern (pauschal)		400.000 €
= Geschäftsergebnis nach Steuern (NOPAT)		**1.757.900 €**
Berechnung des investierten Vermögens		
Umlaufvermögen		485.000 €
- kurzfristige Verbindlichkeiten		-38.400 €
= Working Capital		**446.600 €**
+ Anlagevermögen		1.480.000 €
= Nettovermögen		**1.926.600 €**
+/- Anpassungen (inkl. Steueranpassungen)		-162.000 €
= Investiertes Vermögen (NOP - Net Operating Assets)		**1.764.600 €**
Berechnung der Gesamtkapitalkosten (WACC)		
Kostensatz Eigenkapital		10,80%
Kostensatz Fremdkapital		4,00%
Eigenkapitalkostensatz gewichtet	80%	8,64%
Fremdkapitalkostensatz gewichtet	20%	0,80%
Gesamtkapitalkostensatz		**9,44%**
Economic Value Added (EVA®)		**1.591.322 €**

Abbildung 12.20 Ermittlung des Economic Value Added (EVA®)

Ausgangspunkt ist das Geschäftsergebnis nach Steuern, NOPAT, von dem die Kapitalkosten abgezogen werden. Die Kapitalkosten werden durch Multiplikation des Faktors k – dem gewichteten durchschnittlichen Kapitalkostensatzes (WACC) – mit dem investierten Kapital der Vorgängerperiode (iV_{t-1}), ermittelt.

12.7.1 Aufbau der Beispieldatei

Die Arbeitsmappe *12_Economic_Value_Added_01.xlsx* enthält eine Beispielrechnung für die EVA®-Methode. Darin werden die drei vorbereitenden Kalkulationen und die Berechnung der Kennzahl selbst dargestellt (Abbildung 12.20).

12.7.2 Berechnung NOPAT

Das berechnete Geschäftsergebnis nach Steuern (NOPAT) erhalten Sie in Zelle C12 durch die einfache Subtraktion der pauschalierten Steuern vom Geschäftsergebnis vor Steuern: =C10-C11. Auch sämtliche weiteren vorangegangenen Berechnungen (Jahresüberschuss vor Steuern und EBIT) nutzen einfache Additionen bzw. Subtraktionen.

12.7.3 Berechnung der Net Operating Assets

Das *Working Capital* erhalten Sie durch die Subtraktion der kurzfristigen Verbindlichkeiten vom gesamten Umlaufvermögen des Unternehmens. Addieren Sie in Zelle B19 noch den Wert des Anlagevermögens, so erhalten Sie das *Nettovermögen*. Es ist dann nur noch ein Schritt bis zur abschließenden Berechnung des investierten Vermögens. Um es zu erhalten, addieren bzw. subtrahieren Sie in Zelle C21 die weiteren vorgenommenen Anpassungen.

Berechnung des investierten Vermögens	
Umlaufvermögen	485.000 €
- kurzfristige Verbindlichkeiten	-38.400 €
= Working Capital	**446.600 €**
+ Anlagevermögen	1.480.000 €
= Nettovermögen	**1.926.600 €**
+/- Anpassungen (inkl. Steueranpassungen)	-162.000 €
= Investiertes Vermögen (NOP - Net Operating Assets)	**1.764.600 €**

Abbildung 12.21 Berechnung des investierten Vermögens (NOP)

12.7.4 Berechnung der Gesamtkapitalkosten und des EVA®

Die Berechnung der Gesamtkapitalkosten (WACC) habe ich bereits weiter oben beschrieben. Sie finden sie in der Beispieldatei im Zellbereich A23 bis C28. Die beiden Zellen C24 und C25 enthalten die Kostensätze für Fremd- und Eigenkapital. Zwei weitere Eingabezellen finden Sie in B26 und B27. Hier erfassen Sie die prozentuale Verteilung zwischen Fremd- und Eigenkapital. Nach der Eingabe der betreffenden Werte wird in Zelle C28 der *Gesamtkapitalkostensatz* ausgegeben.

Danach steht die abschließende Berechnung des EVA® an. Verwenden Sie zu diesem Zweck in Zelle C30 die einfache Formel =C12-(C28*C21). Sie bezieht sich auf die drei Einzelergebnisse NOPAT (in C12), NOP (in C21) und WACC (in C28).

12.7.5 Allgemeine Informationen zum EVA®

Der Economic Value Added ist eine Kennzahl, die sich auf eine Periode bezieht. Dem Management oder auch den Aktionären bietet sie dadurch die Möglichkeit, diese zurückliegende Periode mit einem anderen gleichartigen Zeitabschnitt zu vergleichen und festzustellen, ob und in welcher Höhe das Unternehmen einen ökonomischen Wert geschaffen hat.

Die Aussagekraft der Kennzahl in puncto Zukunftsorientierung wird aufgrund der vergangenheitsausgerichteten Perspektive angezweifelt. Zudem basiert der EVA® unmittelbar auf Bilanzergebnissen, dem NOPAT, und unterliegt damit auch der Möglichkeit der Manipulierbarkeit. Ein weiteres Einfallstor für die »kreative Steuerung« des EVA® sind die sogenannten *Conversions* (Umformungen).

Da die Grundlage der EVA®-Ermittlung, die Rechnungslegung, bedingt durch zahlreiche Spielräume die ursprünglich angestrebte Vergleichbarkeit von Unternehmen untergrub, wurden mit den Conversions Wege geschaffen, solche Unterschiede zu planieren. Diese Ausgleichsmöglichkeiten führen aber auch zwangsläufig zu weiteren Möglichkeiten der Manipulation.

12.8   Market Value Added – MVA

EVA® ist eine *Performancekennzahl*, die lediglich auf eine Periode bezogen ist. Für den Abschreibungszeitraum einer Investition oder ein klar abgrenzbares Projekt können Sie allerdings auch den EVA® von zukünftigen Perioden ermitteln. Für die Perioden t bis $t + n$ müssen die berechneten Ergebnisse dann aber mit dem Gesamtkapitalkostensatz des Unternehmens diskontiert werden. Addieren Sie alle diskontierten EVA® des Betrachtungszeitraums, so erhalten Sie den *Market Value Added* (*MVA*) oder den *Marktwertzuwachs*. Dieser wird als der *Marktwert des Kapitals* eines Unternehmens verstanden.

$$MVA = \sum_{t} \frac{EVA_t}{(1+k)^t}$$

12.8.1 Aufbau der Beispieldatei

In der Beispieldatei *12_Marktwertzuwachs_01.xlsx* gehen Sie von einem investierten Vermögen in Höhe von 4 Mio. € in Zelle B4 aus. Diese Investitionssumme wird in den folgenden fünf Jahren abgeschrieben. Der Zeitraum, für den Sie die Kapitalkosten in Zeile

11 berechnen (`=B10*-$B$3`), indem Sie das investierte Vermögen mit dem Gesamtkapitalkostensatz in Zelle B3 diskontieren, beträgt ebenfalls fünf Jahre.

Berechnen Sie nun in Zeile 12 den Economic Value Added als Summe von NOPAT und investiertem Vermögen (`=B9+B11`), und diskontieren Sie in Zeile 13 dieses Ergebnis (`=B12*1/(1+$B$3)^B8)`), dann erhalten Sie den Market Value Added auf einer Jahresbasis. Die Summe der Jahresergebnisse bilden Sie in der darunterliegen Zeile und erhalten in der Beispieldatei ein Ergebnis von 1,364 Mio. €.

Marktwertzuwachs (MVA) und Unternehmenswert (UW)

kalkulatorische Zinsen:	8,5%				
Investiertes Vermögen:	4.000 T€				
jährliche Abschreibung (linear):	800 T€				

	Jahre				
	1	2	3	4	5
NOPAT	100 T€	620 T€	690 T€	723 T€	798 T€
Investiertes Vermögen	4.000 T€	3.200 T€	2.400 T€	1.600 T€	800 T€
- Kapitalkosten (auf iV)	-340 T€	-272 T€	-204 T€	-136 T€	-68 T€
= EVA	-240 T€	348 T€	486 T€	587 T€	730 T€
Marktwertzuwachs	-221 T€	296 T€	380 T€	424 T€	485 T€
Marktwertzuwachs gesamt			1.364 T€		
Unternehmenswert			5.364 T€		

Abbildung 12.22 Berechnung des Market Value Added

12.8.2 Unternehmenswert berechnen

Aus den vorliegenden Werten lässt sich außerdem der *Unternehmenswert* berechnen. Im Beispiel erreichen Sie dies, indem Sie zum MVA das investierte Vermögen aus Zelle B4 addieren. Der Marktwert des Kapitals beläuft sich dann auf insgesamt 5,364 Mio. €.

			Jahre			
3	kalkulatorische Zinsen:	8,5%				
4	Investiertes Vermögen:	4.000 T€				
5	jährliche Abschreibung (linear):	800 T€				
6						
7				Jahre		
8		1	2	3	4	5
9	NOPAT	100 T€	620 T€	690 T€	723 T€	798 T€
10	Investiertes Vermögen	4.000 T€	3.200 T€	2.400 T€	1.600 T€	800 T€
11	- Kapitalkosten (auf iV)	-340 T€	-272 T€	-204 T€	-136 T€	-68 T€
12	= EVA	-240 T€	348 T€	486 T€	587 T€	730 T€
13	Marktwertzuwachs	-221 T€	296 T€	380 T€	424 T€	485 T€
14	**Marktwertzuwachs gesamt**			1.364 T€		
15	**Unternehmenswert**			=B4+B14		

Abbildung 12.23 Berechnung des Unternehmenswerts (Kapitalwert des Unternehmens)

12.9   Bilanzkennzahlen

Neben den bereits vorgestellten Kennzahlen bildet der Jahresabschluss selbstverständlich einen Fundus an Daten zur Bewertung der Leistungsfähigkeit eines Unternehmens.

Die Problematik liegt auch wieder in der Tatsache, dass lediglich die Resultate eines zurückliegenden Jahres betrachtet werden und zahlreiche Spielräume z. B. durch Abschreibungen, Rückstellungen usw. gegeben sind.

Ziel ist es deshalb bei der Kennzahlenbildung immer, die Zahlen der Bilanz zum einen in einen zeitlichen Zusammenhang zu stellen und zum anderen wiederum in Relation zu anderen Werten zu betrachten. So entstehen aus den absoluten Bilanzergebnissen eigene Kennzahlensysteme, die im folgenden Abschnitt vorgestellt werden.

12.9.1 Gliederungsschema der Bilanz nach HGB

Das Handelsgesetzbuch gibt im § 266 vor, wie eine Bilanz gegliedert sein muss. Grundsätzlich wird bei dieser Vorgabe zwischen großen, mittelgroßen und kleinen Kapitalgesellschaften unterschieden. Für große und mittelgroße Kapitalgesellschaften gilt die in Abbildung 12.24 dargestellte Mindestgliederung auf der Aktiv- und der Passivseite.

Kleine Kapitalgesellschaften haben die Möglichkeit, eine verkürzte Bilanz zu erstellen. Die dritte Gliederungsstufe, also die arabisch nummerierten Gliederungspunkte, sind bei Kapitalgesellschaften dieser Größe nicht verpflichtend. Die Größenklassen werden im § 267 des HGB definiert.

12

12.9.2 Internationalisierung der Rechnungslegung

In der Verordnung (EG) 1606/2002 der EU wurden im Juli 2002 Regularien für die Anwendung internationaler Rechnungslegungsstandards beschlossen und vorgeschrieben. Konkret heißt es in der Verordnung:

Um zu einer Verbesserung der Funktionsweise des Binnenmarkts beizutragen, müssen kapitalmarktorientierte Unternehmen dazu verpflichtet werden, bei der Aufstellung ihrer konsolidierten Abschlüsse ein einheitliches Regelwerk internationaler Rechnungslegungsstandards von hoher Qualität anzuwenden. Überdies ist es von großer Bedeutung, dass an den Finanzmärkten teilnehmende Unternehmen der Gemeinschaft Rechnungslegungsstandards anwenden, die international anerkannt sind und wirkliche Weltstandards darstellen. Dazu bedarf es einer zunehmenden Konvergenz der derzeitig international angewandten Rechnungslegungsstandards, mit dem Ziel, letztlich zu einem einheitlichen Regelwerk weltweiter Rechnungslegungsstandards zu gelangen.

Einerseits geht es bei diesem Vorstoß um die verbesserte Vergleichbarkeit von Jahresabschlüssen in einem globalisierten Markt, denn nationale Regelungen bei der Rechnungslegung machen es bislang nahezu unmöglich, die Abschlüsse von Unternehmen sinnvoll miteinander zu vergleichen.

Aktivseite	Passivseite
A. Anlagevermögen:	**A. Eigenkapital:**
I. Immaterielle Vermögensgegenstände:	I. Gezeichnetes Kapital:
1. Konzessionen, gewerbliche Schutzrechte und ähnliche Rechte und Werte sowie Lizenzen an solchen Rechten und Werten 2. Geschäfts- oder Firmenwert 3. geleistete Anzahlungen	II. Kapitalrücklage
II. Sachanlagen:	III. Gewinnrücklagen:
	1. gesetzliche Rücklage 2. Rücklage für eigene Anteile 3. satzungsmäßige Rücklagen
1. Grundstücke, grundstücksgleiche Rechte und Bauten einschließlich der Bauten auf fremden Grundstücken 2. technische Anlagen und Maschinen 3. andere Anlagen, Betriebs- und Geschäftsausstattung 4. geleistete Anzahlungen und Anlagen im Bau	4. andere Gewinnrücklagen
III. Finanzanlagen:	IV. Gewinnvortrag/Verlustvortrag
	V. Jahresüberschuß/Jahresfehlbetrag
1. Anteile an verbundenen Unternehmen 2. Ausleihungen an verbundene Unternehmen 3. Beteiligungen 4. Ausleihungen an Unternehmen, mit denen ein Beteiligungsverhältnis besteht 5. Wertpapiere des Anlagevermögens 6. sonstige Ausleihungen	**B. Rückstellungen:**
	1. Rückstellungen für Pensionen und ähnliche Verpflichtungen 2. Steuerrückstellungen
B. Umlaufvermögen:	3. sonstige Rückstellungen
I. Vorräte:	**C. Verbindlichkeiten:**
1. Roh-, Hilfs- und Betriebsstoffe 2. unfertige Erzeugnisse, unfertige Leistungen	1. Anleihen, davon konvertibel, 2. Verbindlichkeiten gegenüber Kreditinstituten 3. erhaltene Anzahlungen auf Bestellungen 4. Verbindlichkeiten aus Lieferungen und Leistungen
3. fertige Erzeugnisse und Waren 4. geleistete Anzahlungen	5. Verbindlichkeiten aus der Annahme gezogener Wechsel und der Ausstellung eigener Wechsel 6. Verbindlichkeiten gegenüber verbundenen Unternehmen 7. Verbindlichkeiten gegenüber Unternehmen, mit denen ein Beteiligungsverhältnis besteht
II. Forderungen und sonstige Vermögensgegenstände:	8. sonstige Verbindlichkeiten, davon aus Steuern, davon im Rahmen der sozialen Sicherheit.
1. Forderungen aus Lieferungen und Leistungen 2. Forderungen gegen verbundene Unternehmen 3. Forderungen gegen Unternehmen, mit denen ein Beteiligungsverhältnis besteht 4. sonstige Vermögensgegenstände	**D. Rechnungsabgrenzungsposten**
III. Wertpapiere:	
1. Anteile an verbundenen Unternehmen 2. eigene Anteile 3. sonstige Wertpapiere	
IV. Schecks, Kassenbestand, Bundesbank- und Postgiroguthaben.	
C. Rechnungsabgrenzungsposten	

Abbildung 12.24 Bilanzgliederung nach § 266 HGB

Andererseits zielen die Regelungen auf eine Optimierung des Informationsgehalts ab. Die einzelnen Positionen der Bilanz sollen realitätsnah erfasst werden. Letztlich soll allen Kapitalgebern ein realistisches Bild hinsichtlich der Liquidität, des Investitions Potenzials und der Profitabilität des Unternehmens gegeben werden. Damit ist die Internationalisierung der Rechnungslegungsstandards auch ein Resultat der Globalisierung der Kapitalmärkte.

12.9.3 Vorgaben zur Bilanzerstellung nach IAS/IFRS

Grundlage für die internationale Vergleichbarkeit von Abschlüssen sind die *International Financial Reporting Standards* (IFRS) sowie die *International Accounting Standards* (IAS). Beide Regelwerke werden vom *International Accounting Standards Board (IASB)*, einem international besetzten Expertengremium, herausgegeben.

Quelle	International GAAP Holding Limited	Anhang	31.12.2007 in T€	31.12.2006 in T€
IAS 1.8(b) IAS 1.46(b),(c)	**Konzern-Gewinn- und -Verlustrechnung zum 31. Dezember 2007** [Alternative 1]			
IAS 1.104				
IAS 1.46(d),(e)	**Fortgeführte Geschäftsbereiche**			
IAS 1.81(a)	Umsatzerlöse	5	140.918	151.840
IAS 1.88	Herstellungskosten der zur Erzielung der Umsatzerlöse erbrachten Leistungen		-87.899	-91.840
IAS 1.83	Bruttogewinn		53.019	60.000
IAS 1.83	Erträge aus Finanzinvestitionen	7	3.608	2.351
IAS 1.83	Sonstiges betriebliches Ergebnis	8	934	1.005
IAS 1.81(c)	Erträge aus assoziierten Unternehmen	20	1.186	1.589
IAS 1.88	Vertriebsaufwendungen		-5.087	-4.600
IAS 1.88	Marketingaufwendungen		-3.293	-2.247
IAS 1.88	Mietaufwendungen		-2.128	-2.201
IAS 1.88	Verwaltungsaufwendungen		-11.001	-15.124
IAS 1.81(b)	Finanzierungskosten	9	-5.034	-6.023
IAS 1.88	Sonstige Aufwendungen		-2.656	-2.612
IAS 1.83	Gewinn vor Steuern		29.548	32.138
IAS 1.81(d)	Ertragsteueraufwand	10	-11.306	-11.801
IAS 1.83	Gewinn nach Steuern aus fortgeführten Geschäftsbereichen		18.242	20.337
	Aufgegebene Geschäftsbereiche			
IAS 1.81(e)	Gewinn aus aufgegebenen Geschäftsbereichen	11	8.310	9.995
IAS 1.81(f)	**Jahresüberschuss**	13	26.552	30.332
	Davon entfallen auf:			
IAS 1.82(b)	Gesellschafter des Mutterunternehmens		22.552	27.569
IAS 1.82(a)	Minderheitsgesellschafter		4.000	2.763
			26.552	30.332
	Ergebnis je Aktie	14		
	Aus fortgeführten und aufgegebenen Geschäftsbereichen:			
IAS 33.66	Unverwässert (Cent je Aktie)		129,4	136,9
IAS 33.66	Verwässert (Cent je Aktie)		121,8	130,5
	Aus fortgeführten Geschäftsbereichen:			
IAS 33.66	Unverwässert (Cent je Aktie)		81,7	87,3
IAS 33.66	Verwässert (Cent je Aktie)		76,9	83,2
	Anmerkung: Das oben dargestellte Format gliedert die Aufwendungen nach ihrer Funktion (Umsatzkostenverfahren).			

Abbildung 12.25 Auszug aus einem konsolidierten Abschluss nach IAS/IFRS (Quelle: Deloitte, IAS PLUS.de, Musterkonzernabschluss 2007)

Unternehmen, die dem Recht eines EU-Landes unterliegen und deren Wertpapiere an einem der Wertpapiermärkte innerhalb der EU zugelassen sind, verpflichten sich, ihre konsolidierten Jahresabschlüsse, beginnend mit dem Jahr 2005, nach IFRS zu erstellen. In der Bundesrepublik Deutschland müssen auch Unternehmen, deren Aktien sich in der Zulassungsphase befinden, Abschlüsse nach ISA/IFRS erstellen.

Die Standards nach IAS/IFRS bilden ein umfangreiches Framework, das ich in seinen Details und Handlungsperspektiven an dieser Stelle nicht darstellen kann. Das Framework umfasst in seiner Druckversion gleich mehrere Tausend Seiten. Generell kann man aber feststellen, dass ein Abschluss nach IAS/IFRS weniger auf die Gliederungstiefe abzielt, als es bei den HGB-Vorgaben der Fall ist. An deren Stelle tritt stattdessen die Definition von zahlreichen Pflichtangaben, die in einen Jahresabschluss gehören. Das Fundament bilden zudem weitere wesentliche Grundannahmen des gesamten Frameworks, von denen ich an dieser Stelle nur zwei Beispiele erwähnte:

- Periodenabgrenzung: Zurechnung eines Geschäftsvorfalls zu der Periode auf Basis seiner tatsächlichen wirtschaftlichen Zugehörigkeit und nicht auf Basis der realisierten Zahlungen

- wirtschaftliche Betrachtungsweise: Bewertung von Aktivitäten nach ihrem realen wirtschaftlichen Gehalt und nicht nach formaljuristischen Kriterien

Um den großen Fundus an Kennzahlen, die sich aus der Bilanz ableiten lassen, zu bündeln, habe ich eine Datei erstellt. Diese soll auf den folgenden Seiten Grundlage der Betrachtungen sein.

12.9.4 Kennzahlennavigator

Die Beispieldatei *12_Kennzahlen_01.xlsx* enthält einen Kennzahlennavigator, in dem wichtige Kennzahlen unterschiedlichen Kategorien zugeordnet wurden. Das Dokument besitzt eine Startseite, von der aus Sie per Mausklick zu den jeweiligen Einzelinformationen gelangen (Abbildung 12.26).

Wenn Sie auf der Startseite eine Bilanzkennzahl wie *Liquidität I* auswählen, wechseln Sie folglich zum Tabellenblatt *Vermögen + Liquidität*. Dieses enthält im oberen Abschnitt einige typische Basisdaten der Bilanz, u. a. zu Anlage- und Umlaufvermögen sowie Eigen- und Fremdkapital (Abbildung 12.27).

Im unteren Abschnitt der Tabelle wird aus den oberen Basisdaten in einem Beispiel die ausgewählte Kennzahl gebildet. Die zugrundeliegende Formel finden Sie jeweils direkt unterhalb der Kennzahlbezeichnung (z. B. in Zelle A18 die Formel zur Berechnung der

Eigenkapitalquote). Die korrespondierende Excel-Formel können Sie wie gewohnt der Ergebniszelle oder der Editierzeile entnehmen. Im hier beschriebenen Beispiel lautet diese in Zelle B21 schlicht =B19/B20, wobei darauf zu achten ist, dass die Ergebniszelle eine Prozentformatierung enthalten muss.

Abbildung 12.26 Die Startseite des Kennzahlennavigators

	A	B
1	**Vermögen + Liquidität**	
2		
3	**I. Aktiva**	
4	Anlagevermögen:	1.203.000,00 €
5	Umlaufvermögen:	2.297.000,00 €
6	Forderungen:	620.000,00 €
7	flüssige Mittel:	415.000,00 €
8	Gesamtvermögen:	3.500.000,00 €
9	**II. Passiva**	
10	Eigenkapital:	810.000,00 €
11	Fremdkapital:	2.690.000,00 €
12	langfristige Verbindlichkeiten:	1.200.000,00 €
13	kurzfristige Verbindlichkeiten:	1.490.000,00 €
14	Gesamtkapital:	3.500.000,00 €
15		
16	**Kennzahlen (Berechnung)**	
17	**Anteil des Anlagevermögens**	zurück
18	= Anlagevermögen * 100 / Gesamtvermögen	
19	Anlagevermögen:	1.203.000,00 €
20	Gesamtvermögen:	3.500.000,00 €
21	Anteil des Anlagevermögens:	34,37%
22	**Anteil des Umlaufvermögens**	zurück
23	= Umlaufvermögen * 100 / Gesamtvermögen	
24	Umlaufvermögen:	2.297.000,00 €
25	Gesamtvermögen:	3.500.000,00 €
26	Anteil des Umlaufvermögens:	65,63%
27	**Debitorenlaufzeit**	zurück
28	= durchschnittliche Forderungen LuL / Umsatzerlöse * 360	
29	Forderungen LuL (Durchschnitt):	1.090.000,00 €
30	Umsatzerlöse:	10.300.000,00 €
31	Debitorenlaufzeit:	38,10
32	**Kreditorenlaufzeit**	zurück

Abbildung 12.27 Bilanzkennzahlen im Kennzahlennavigator (Auswahl)

Über den neben der Kennzahlenbezeichnung angezeigten Hyperlink *Zurück* gelangen Sie wieder auf die Startseite des Kennzahlennavigators.

12.9.5 Übersicht und Interpretation von Vermögens- und Liquiditätskennzahlen

Tabelle 12.4 fasst in komprimierter Form den Aufbau und die Interpretation der im ersten Abschnitt des Navigators verwendeten Kennzahlen zusammen:

Kennzahl	Anteil des Anlagevermögens (Anlageintensität)
Formel	*Anlagevermögen * 100 / Gesamtvermögen*
Interpretation	Ist ein großer Anteil des Gesamtvermögens im Anlagevermögen gebunden, wird dies als starke Einschränkung der Flexibilität des Unternehmens interpretiert. Aufgrund hoher Betriebs-, Wartungs- und anderer Strukturkosten, die unabhängig von der Auftragslage anfallen, ist das Unternehmen in seiner Anpassung an Marktveränderungen eingeschränkt. Beachten Sie: Vielfach wird auf die mögliche Verzerrung der Kennzahl, z. B. durch Leasing u. Ä., hingewiesen, da bei dieser Finanzierungsform die Ressourcen nicht dem Anlagevermögen zugerechnet werden.
Kennzahl	Anteil des Umlaufvermögens (Umlaufintensität)
Formel	*Umlaufvermögen * 100 / Gesamtvermögen*
Interpretation	Eine hohe Umlauf- oder Arbeitsintensität spricht für eine starke Flexibilität eines Unternehmens. Verfügbare Ressourcen werden optimal genutzt, sie sind nicht langfristig gebunden. Die Strukturkosten sind relativ niedrig und belasten die Stückkosten in geringem Maß.
Kennzahl	Debitorenlaufzeit
Formel	*durchschnittliche Forderungen LuL / Umsatzerlöse * 360*
Interpretation	Die Kennzahl lässt Aussagen über das Zahlungsverhalten der Debitoren zu. Sie stellt den Zeitraum dar, der zwischen Rechnungsstellung und Zahlung der Forderung durch den Kunden liegt. Grundsätzlich ist ein Zielwert, der unterhalb der Kreditorenlaufzeit liegt, als positives Ergebnis zu bewerten. Um die Kennzahl zu bilden, wird die durchschnittliche Höhe der Forderungen des Unternehmens in Beziehung zu den Umsatzerlösen des Jahres gesetzt. Aus dem Jahresvergleich lässt sich erkennen, ob das Zahlungsverhalten der Kunden

Tabelle 12.4 Vermögens- und Liquiditätskennzahlen

Veränderungen unterliegt. Die Interpretationen können von Änderungen bei der Gewährung von Rabatten oder Skonti über Maßnahmen im Mahnwesen und so weiter reichen.

Kennzahl	Kreditorenlaufzeit
Formel	*durchschnittliche Verbindlichkeiten aus LuL / Materialaufwand + RHB-Bestandsveränderung * 360*
Interpretation	Wie bei der Debitorenlaufzeit sind auch bei dieser Kennzahl die durchschnittlichen Forderungen der Ausgangspunkt. Allerdings werden Sie in Beziehung zum Materialaufwand und zu den Bestandsveränderungen aus Roh-, Hilfs- und Betriebsstoffen gesetzt. Das Ergebnis ist die durchschnittliche Anzahl der Tage zwischen dem Eingang einer Rechnung und ihrer Bezahlung. Es gilt als günstig, wenn die Kreditorenlaufzeit unterhalb der Debitorenlaufzeit liegt.

Kennzahl	Anlagendeckung I
Formel	*Eigenkapital * 100 / Anlagevermögen*
Interpretation	Diese Kennzahl gibt an, wie hoch der Anteil des Eigenkapitals am Anlagevermögen ist. Die goldene Bilanzregel formuliert als Forderung eine Übereinstimmung der Fristen zwischen Vermögen und Kapital. Langfristiges Vermögen sollte durch langfristiges Kapital und kurzfristiges Vermögen durch kurzfristiges Kapital finanziert werden. Eine hohe Deckung des Anlagevermögens wird angestrebt. Eine hundertprozentige Deckung wird allerdings selten erreicht, da zumeist Fremdkapital zur Finanzierung eingesetzt werden muss.

12

Kennzahl	Anlagendeckung II
Formel	*(Eigenkapital + langfristiges Fremdkapital) * 100 / Anlagevermögen*
Interpretation	Im Gegensatz zur Anlagendeckung I wird bei dieser Kennzahl das langfristige Fremdkapital dem Eigenkapital hinzugefügt. Liegt die Kennzahl über 100 %, ist das Anlagevermögen vollständig durch Eigenkapital und langfristiges Fremdkapital gedeckt. Je weiter die 100 %-Marke überschritten wird, desto stärker ist auch das Umlaufvermögen durch langfristiges Kapital gedeckt.

Kennzahl	Liquidität I (Barliquidität / Cash Ratio)
Formel	*flüssige Mittel * 100 / kurzfristiges Fremdkapital*

Tabelle 12.4 Vermögens- und Liquiditätskennzahlen (Forts.)

Interpretation	Hier wird das Verhältnis von flüssigen Mitteln zu kurzfristigem Fremdkapital abgebildet. Für kurzfristige Verbindlichkeiten wird eine Laufzeit von einem Jahr oder weniger angenommen. Grundsätzlich dient die Kennzahl zur Bewertung der Zahlungsfähigkeit eines Unternehmens. Bei einer Barliquidität von 100 % könnten alle kurzfristigen Verbindlichkeiten aus liquiden Mitteln befriedigt werden. Da keine zukünftigen Zahlungsflüsse berücksichtigt werden und somit die Liquiditätsentwicklung unklar bleibt und weil durch die Wahl des Stichtages die Ergebnisse maßgeblich beeinflusst werden können, ist die Aussagekraft der Kennzahl allerdings eingeschränkt.
Kennzahl	Liquidität II (Einzugsliquidität / Quick Ratio)
Formel	*(flüssige Mittel + kurzfristige Forderungen) * 100 / kurzfristiges Fremdkapital*
Interpretation	Den bereits bei der Barliquidität verwendeten liquiden Mitteln werden hier die kurzfristigen Forderungen hinzugefügt. Die Summe wird erneut in Relation zum kurzfristigen Fremdkapital gesetzt. Die Kennzahl zielt auf die Bewertung der Zahlungsfähigkeit des Unternehmens ab, ist aber ebenfalls stichtagbezogen. Ablesbar ist, ob und zu welchem Grad das Unternehmen in der Lage ist, aus liquiden Mitteln und kurzfristigen Forderungen die kurzfristigen Verbindlichkeiten zu decken. Der Zielwert der Kennzahl sollte über 100 % liegen.
Kennzahl	Liquidität III (Current Ratio)
Formel	*(flüssige Mittel + Forderungen + Vorräte) * 100 / kurzfristiges Fremdkapital*
Interpretation	Im Gegensatz zur Einzugsliquidität werden bei dieser Kennzahl neben liquiden Mitteln und kurzfristigen Forderungen auch die Vorräte berücksichtigt. Die Summe der drei Werte wird in Bezug zum kurzfristigen Fremdkapital betrachtet. Liegt der Wert unter 100 %, wäre ein Teil des Anlagevermögens zur Deckung der kurzfristigen Verbindlichkeiten notwendig, was einen Verstoß gegen die goldene Bilanzregel darstellte. Der Zielwert der Kennzahl sollte bei etwa 150 % liegen.
Kennzahl	Working Capital
Formel	*Umlaufvermögen – kurzfristige Verbindlichkeiten*

Tabelle 12.4 Vermögens- und Liquiditätskennzahlen (Forts.)

Interpretation	Die kurzfristigen Verbindlichkeiten werden vom Umlaufvermögen abgezogen, um festzustellen, ob und in welcher Höhe das Umlaufvermögen aus langfristigen Mitteln gedeckt ist. Dies ist dann der Fall, wenn die Kennzahl einen positiven Wert liefert. Dies deutet auf eine ungünstige Nutzung der langfristigen Finanzierungsmittel hin. Im Gegenteil ist ein negativer Ergebniswert so zu interpretieren, dass das Umlaufvermögen nicht ausreicht, um alle kurzfristigen Verbindlichkeiten zu decken. Dies bedeutet Einschränkungen in der Liquidität des Unternehmens. Auch diese Kennzahl liefert keine verlässlichen Aussagen zur zukünftigen Entwicklung, da keine zukünftigen Zahlungsflüsse in die Kalkulation einbezogen werden.
Kennzahl	Net Working Capital (Nettoumlaufvermögen)
Formel	*Umlaufvermögen – liquide Mittel – kurzfristiges Fremdkapital*
Interpretation	Die Formel liefert den Teil des Umlaufvermögens, der nicht zur Deckung kurzfristiger Verbindlichkeiten verwendet wird. Das Nettoumlaufvermögen steht zur Generierung von Umsätzen zur Verfügung, ohne dass es Finanzierungskosten verursacht. Es ist eine Kennzahl zur Beurteilung der Finanzkraft des Unternehmens. Der angestrebte Zielwert sollte in jedem Fall größer als null sein.
Kennzahl	Working Capital Ratio
Formel	*Umlaufvermögen * 100 / kurzfristige Verbindlichkeiten*
Interpretation	Die Kennzahl liefert den prozentualen Wert der kurzfristigen Verbindlichkeiten, die durch das Umlaufvermögen gedeckt werden. Ein Zielwert über 100 % gilt als positiv, da er auf die langfristige Finanzierung des Umlaufvermögens hindeutet. Vorübergehende Nachfrageschwankungen können vom Unternehmen folglich leichter überstanden werden.

Tabelle 12.4 Vermögens- und Liquiditätskennzahlen (Forts.)

12.10 GuV-Gliederung

Die Gliederung der *Gewinn- und Verlustrechnung* (GuV) wird im § 275 des HGB verbindlich vorgeschrieben. Die GuV kann nach dem *Gesamtkostenverfahren* (*GKV*) oder dem *Umsatzkostenverfahren* (*UKV*) erstellt werden. Auch nach den internationalen Standards *IAS (International Accounting Standards)* sind beide Verfahren möglich, allerdings wird dort das UKV bevorzugt. *US-GAAP (United States Generally Accepted Principles)* schreibt hingegen die Verwendung des UKV vor.

12.10.1 Gesamtkosten- und Umsatzkostenverfahren nach HGB

Das Gesamtkostenverfahren betrachtet die Umsatzerlöse einer Periode. Auch die in der gleichen Periode entstandenen Kosten werden zum Stichtag ermittelt. Dabei wird nicht weiter unterschieden, ob die entstandenen Kosten tatsächlich durch die Herstellung der verkauften Produkte oder rein buchungstechnisch entstanden sind.

Um zu einem aussagekräftigen Ergebnis zu gelangen, müssen deshalb die Bestandsveränderungen – als Minderungen (Aufwand) oder Erhöhungen (Ertrag) – dem Jahresergebnis hinzugefügt werden. Das GKV gruppiert die Kosten nach Kostenarten (Abbildung 12.28).

```
1. Umsatzerlöse
2. Erhöhung oder Verminderung des Bestands zu fertigen und
   unfertigen Erzeugnissen
3. andere aktivierte Eigenleistungen
4. sonstige betriebliche Erträge
5. Materialaufwand
   a) Aufwendungen für Roh-, Hilfs- und Betriebsstoffe und für
      bezogene Waren
   b) Aufwendungen für bezogene Leistungen
6. Personalaufwand:
   a) Löhne und Gehälter
   b) soziale Abgaben und Aufwendungen für Altersversorgung und
      für Unterstützung,
      davon für Altersversorgung
7. Abschreibungen:
   a) auf immaterielle Vermögensgegenstände des Anlagevermögens
      und Sachanlagen sowie auf aktivierte Aufwendungen für die
      Ingangsetzung und Erweiterung des Geschäftsbetriebs
   b) auf Vermögensgegenstände des Umlaufvermögens, soweit
      diese die in der Kapitalgesellschaft üblichen Abschreibungen
      überschreiten
8. sonstige betriebliche Aufwendungen
9. Erträge aus Beteiligungen,
      davon aus verbundenen Unternehmen
10. Erträge aus anderen Wertpapieren und Ausleihungen des
    Finanzanlagevermögens,
      davon aus verbundenen Unternehmen
11. sonstige Zinsen und ähnliche Erträge,
      davon aus verbundenen Unternehmen
12. Abschreibungen auf Finanzanlagen und auf Wertpapiere des
    Umlaufvermögens
13. Zinsen und ähnliche Aufwendungen,
      davon an verbundene Unternehmen
14. Ergebnis der gewöhnlichen Geschäftstätigkeit
15. außerordentliche Erträge
16. außerordentliche Aufwendungen
17. außerordentliches Ergebnis
18. Steuern vom Einkommen und vom Ertrag
19. sonstige Steuern
20. Jahresüberschuß/Jahresfehlbetrag.
```

Abbildung 12.28 GuV (Gesamtkostenverfahren) nach § 275 Abs. 2 und 3 HGB

Das Umsatzkostenverfahren basiert hingegen auf einer kostenstellenmäßigen Erfassung und Zuordnung der Kosten. Dadurch ist eine präzise Verbindung zwischen GuV-Daten und betrieblichen Funktionen wie Vertrieb, Produktion etc. möglich, genau wie eine produktbezogene Ermittlung des Betriebsergebnisses. Aus diesem zusätzlichen Informationsgehalt resultiert die Bevorzugung des UKV seitens der Standards IAS/IFRS und US-GAAP.

Das UKV unterscheidet sich vom GKV zudem durch die klare Abgrenzung von Erlösen und Kosten in Bezug auf die jeweilige Periode. Betrachtet werden zunächst die Umsatzerlöse einer Periode. Zu diesen Erlösen werden die entsprechenden Kosten ermittelt. Kosten, die den vorangegangenen Perioden (z. B. durch Beschaffung von Vorprodukten) oder folgenden Perioden (etwa Lieferkosten) zuzurechnen sind, werden im Gegensatz zum GKV nicht berücksichtigt. Für die Adressaten der GuV, z. B. auch die Anteilseigner des Unternehmens, liefert das UKV somit in mehrfacher Hinsicht einen präziseren Einblick in die Leistungsergebnisse.

1. Umsatzerlöse
2. Herstellungskosten der zur Erzielung der Umsatzerlöse erbrachten Leistungen
3. Bruttoergebnis vom Umsatz
4. Vertriebskosten
5. allgemeine Verwaltungskosten
6. sonstige betriebliche Erträge
7. sonstige betriebliche Aufwendungen
8. Erträge aus Beteiligungen,
    davon aus verbundenen Unternehmen
9. Erträge aus anderen Wertpapieren und Ausleihungen des Finanzanlagevermögens,
    davon aus verbundenen Unternehmen
10. sonstige Zinsen und ähnliche Erträge,
    davon aus verbundenen Unternehmen
11. Abschreibungen auf Finanzanlagen und auf Wertpapiere des Umlaufvermögens
12. Zinsen und ähnliche Aufwendungen,
    davon an verbundene Unternehmen
13. Ergebnis der gewöhnlichen Geschäftstätigkeit
14. außerordentliche Erträge
15. außerordentliche Aufwendungen
16. außerordentliches Ergebnis
17. Steuern vom Einkommen und vom Ertrag
18. sonstige Steuern
19. Jahresüberschuß / Jahresfehlbetrag.

Abbildung 12.29 GuV (Umsatzkostenverfahren) nach § 275 Abs. 2 und 3 HGB

Ähnlich wie schon bei der Bilanz sehen die Vorgaben nach IAS/IFRS auch bei der GuV nur wenige formale Gliederungskriterien vor. Eine besondere Bedeutung kommt hingegen auch hier den Anlagen der GuV zu. Aus ihnen müssen alle wesentlichen, nicht nur die regelmäßigen, Aufwendungen und Erträge klar ersichtlich sein.

EXEMPLUM AG

Konsolidierte Gewinn- und Verlustrechnung (*Consolidated Statement of Comprehensive Income*)

	Berichtsjahr	Vorjahr
Laufende Geschäftstätigkeit (*Continuing operations*):		
Verkauf von Gütern (*Sale of goods*)	199.355	156.690
Verkauf von Leistungen (*Sale or services*)	16.225	15.366
Mieterträge (*Rental income*)	1.569	2.155
	217.149	174.211
Umsatzkosten (*Cost of sale*)	162.558	129.336
Bruttogewinn (*Gross profit*)	54.591	44.875
Sonstige Erträge (*Other income*)	2.011	1.998
Vertriebsaufwendungen (*Selling and distribution cost*)	16.998	15.885
Verwaltungsaufwendungen (*Administrative expenses*)	21.020	12.668
Sonstige Aufwendungen (*Other expenses*)	1.149	2.155
Vorsteuergewinn aus laufender Geschäftstätigkeit (*Profit from continuing operations*)	17.435	16.165
Zinsaufwendungen (*Finance cost*)	1.718	1.612
Zinserträge (*Finance income*)	785	724
Erträge aus Beteiligungen (*Share of profit of associate*)	85	80
Gewinn vor Steuern (*Pre-tax profit*)	16.587	15.357
Ertragssteuern (*Income taxes*)	3.775	3.370
Jahresergebnis aus laufender Geschäftstätigkeit	12.812	11.987
(*Profit after taxes from continuing operations*)		
Aufgegebene Geschäftstätigkeit (*Discontinued operations*):		
Verlust aus Aufgabe von Geschäftsbereichen (*Loss from discontinued operations*)	30	222
Gesamtergebnis (Total profit)	**12.782**	**11.765**

Abbildung 12.30 IAS/IFRS-GuV-Beispiel (Quelle: Zingel, International Financial Reporting Standards, 2009)

12.10.2 Kennzahlen zu Rentabilität und Kapitalstruktur

Neben den bereits oben dargestellten Kennzahlen zur Analyse des Vermögens und der Liquidität dienen weitere Kennzahlen der Bewertung der Rentabilität sowie der Kapitalstruktur. Tabelle 12.5 stellt wichtige Kennzahlen vor und interpretiert sie kurz:

Kennzahl	Eigenkapitalrentabilität
Formel	*Gewinn * 100 / Eigenkapital*
Interpretation	Diese Kennzahl weist die Verzinsung des eingesetzten Eigenkapitals aus, indem sie den erwirtschafteten Gewinn in Relation zum Eigenkapital setzt. Auch bei dieser Kennzahl ist eine Betrachtung über mehrere Perioden notwendig, um zu einer fundierten Aussage zu gelangen.

Tabelle 12.5 Kennzahlen zur Rentabilität und Kapitalstruktur

	Da die Kennzahl von anderen Faktoren wie Verschuldungsgrad, Fremdkapitalzinsen und Gesamtkapitalrentabilität abhängt, sollten diese ebenfalls betrachtet werden. Der Zielwert der Kennzahl ist stark branchenabhängig. Angestrebt werden sollte allerdings immer ein Wert, der über dem Marktzins für langfristige Anlagen plus einem Risikozuschlag liegt.
Kennzahl	Gesamtkapitalrentabilität
Formel	*(Gewinn + Zinsaufwendungen) * 100 / Eigenkapital + Fremdkapital*
Interpretation	Dem Eigenkapital wird das im Unternehmen eingesetzte Fremdkapital hinzugefügt, um diese Kennzahl zu bilden. Dem Gewinn muss andererseits auch noch der Zinsaufwand für die Beschaffung von Fremdkapital hinzugefügt werden, da dieser Betrag das Geschäftsergebnis schmälert. Das Resultat der Berechnung ist eine Kennzahl, die Aufschluss über die Verzinsung des gesamten im Unternehmen wirksamen Kapitals gibt. Der Zielwert sollte deutlich über dem marktüblichen Zinssatz für langfristige Geldanlagen liegen.
Kennzahl	Umsatzrentabilität
Formel	*ordentliches Betriebsergebnis * 100 / Umsatz*
Interpretation	Die Kennzahl ist einfach aus Gewinn und Umsatz zu bilden. Sie zeigt, wie hoch der Gewinnanteil, also die Marge, des Unternehmens an einem fiktiven Umsatz von X Euro ist. Um eine verlässliche Aussage hinsichtlich der Produktivität des Unternehmens zu ermöglichen, muss vom ordentlichen Ergebnis ausgegangen werden. Dieses ergibt sich aus dem Gewinn abzüglich der Zinsaufwendungen, den außerordentlichen Erträgen und den Ertragssteuern.
Kennzahl	Eigenkapitalquote
Formel	*Eigenkapital * 100 / Gesamtkapital*
Interpretation	Hier wird das Eigenkapital in Relation zum Gesamtkapital des Unternehmens gesetzt. Ein größerer Eigenkapitalanteil kann als Unabhängigkeit des Unternehmens von Gläubigern interpretiert werden. Die Zuführung von Fremdkapital wird durch eine günstige Eigenkapitalquote erleichtert (erhöhte Kreditwürdigkeit). Eigenkapitalquoten zwischen 30 und 40 % gelten als angemessen, wobei allerdings Branchenunterschiede zu berücksichtigen sind.

Tabelle 12.5 Kennzahlen zur Rentabilität und Kapitalstruktur (Forts.)

12

Kennzahl	Fremdkapitalquote
Formel	*Fremdkapital * 100 / Gesamtkapital*
Interpretation	Als Umkehrung der Eigenkapitalquote wird mit dieser Kennzahl die Abhängigkeit des Unternehmens von Gläubigern dargestellt. Die Neuaufnahme von Fremdkapital wird bei einer hohen Quote erschwert, das Risiko der Kündigung von bestehenden Krediten steigt. Zielwerte dieser Kennzahl sollten unter 60 bis 70 % liegen. Auch hier sind Branchenspezifika zu beachten.

Kennzahl	Investitionsquote
Formel	*Investitionen * 100 / Anlagevermögen*
Interpretation	Die Kennzahl weist den Anteil der Investitionen am Anlagevermögen aus und wird gerne als Richtwert für das Unternehmenswachstum verwendet. Um die Aussagekraft der Kennzahl zu verbessern, muss sie allerdings über mehrere Perioden gebildet und müssen ihre Ergebnisse verglichen werden, um relative Veränderungen festzustellen. Unterschiedliche Finanzierungsformen (Kauf, Miete, Leasing etc.) können zu einer Ergebnisverzerrung führen. Aussagen über die Sinnhaftigkeit und Wirksamkeit der Investitionen sind zudem mit dieser Kennzahl nicht möglich.

Kennzahl	Verschuldungsgrad
Formel	*Fremdkapital * 100 / Eigenkapital*
Interpretation	Der Verschuldungsgrad weist aus, wie stark die Abhängigkeit des Unternehmens von Gläubigern ist. Ein Verschuldungsgrad von weniger als 200 % gilt als erstrebenswert. Ein hoher Fremdkapitalanteil kann allerdings dann sinnvoll sein, wenn die Gesamtkapitalrentabilität des Unternehmens über dem Fremdkapitalzinssatz liegt. Durch die Aufnahme von Fremdkapital würde sich in einem solchen Fall die Eigenkapitalrentabilität erhöhen (Leverage-Effekt).

Tabelle 12.5 Kennzahlen zur Rentabilität und Kapitalstruktur (Forts.)

12.11 Beispieldatei GuV – Bilanz – Kapitalfluss

Bei einigen der bereits beschriebenen Kennzahlen haben Sie sicherlich den Hinweis gelesen, dass sie Momentaufnahmen gleichkommen und erst an Aussagekraft gewinnen, wenn Sie zumindest über einen mehrjährigen Zeitraum beobachtet werden. Was liegt also näher, als wesentliche Daten aus Bilanz und GuV jahresweise zu erfassen und in einer Excel-Arbeitsmappe zusammenzuführen? Dies würde die Übersichtlichkeit verbessern, Entwicklungen veranschaulichen und die Aussagekraft erhöhen.

GuV	2010	2011	2012	2013	2014
Umsatzerlöse	(8.210,00)	8.423,00	8.900,00	9.210,00	9.320,00
Erhöhungen (+)/Verminderungen (-) Bestand (FE + UE)		40,00	90,00	40,00	70,00
andere aktivierte Eigenleistungen		0,00	0,00	0,00	0,00
Gesamtleistung		8.463,00	8.990,00	9.250,00	9.390,00
Materialaufwand		-4.219,00	-5.100,00	-4.890,00	-5.010,00
Rohertrag		4.244,00	3.890,00	4.360,00	4.380,00
Personalaufwand		-2.490,00	-2.602,00	-2.580,00	-2.930,00
Sonstige betriebliche Aufwendungen		-730,00	-810,00	-820,00	-892,00
Sonstige betriebliche Erträge		260,00	230,00	310,00	290,00
Operatives Ergebnis vor Abschreibungen (EBITDA)		1.284,00	708,00	1.270,00	848,00
Abschreibungen		-340,00	-420,00	-500,00	-430,00
Operatives Ergebnis (EBIT)		944,00	288,00	770,00	418,00
Zinsen u.ä. Aufwendungen		-120,00	-140,00	-140,00	-150,00
außerordentliche Aufwendungen / Erträge		230,00	0,00	-120,00	0,00
Gewinn vor Steuern		1.054,00	148,00	510,00	268,00
Bemessungsgrundlage der Gewerbesteuer		1.114,00	218,00	580,00	343,00
Gewerbesteuer	20,000%	-222,80	-43,60	-116,00	-68,60
Gewinn nach Gewerbesteuer		831,20	104,40	394,00	199,40
Körperschaftsteuer	26,375%	-219,23	-27,54	-103,92	-52,59
Jahresüberschuss/Jahresfehlbetrag		611,97	76,86	290,08	146,81

Abbildung 12.31 Kurzfassung der GuV

In der Arbeitsmappe *12_GuV_Bilanz_Cash_flow_01.xlsx* habe ich ein Beispiel einer solchen Zusammenführung der Jahresabschlüsse aus fünf Jahren umgesetzt.

12

12.11.1 Mehrjährige GuV-Analyse

Im Tabellenblatt *GuV* können Sie ein Eingabeschema für die Erfassung der GuV-Daten aus insgesamt fünf Jahren nutzen. Die gesamte Arbeitsmappe ist als Formular aufgebaut. Verwenden Sie also die hellbraunen Zellen für die Eingabe von Werten. In den weißen Zellen werden einzelne Berechnungen durchgeführt. Alle grünen Zellbereiche enthalten wichtige Zwischenergebnisse.

Im Tabellenblatt *GuV* wird als erstes der Zwischenergebnisse nach der Eingabe der Umsatzerlöse, anderer aktivierter Eigenleistungen und des Materialaufwands der *Rohertrag* berechnet (Zeile 7). Das operative Ergebnis vor Abschreibungen (*EBITDA*) erhalten Sie in Zeile 11, nachdem Sie in den dafür vorgesehenen Eingabefeldern die Personalkosten sowie die sonstigen betrieblichen Kosten und Aufwendungen eingetragen haben.

Den danach benötigten Wert der *Abschreibungen* übernehmen Sie automatisch aus dem Tabellenblatt *Bilanz* mit der Formel `=Bilanz!F6` in Zelle F12. Sie müssen hier also keine Eingaben per Tastatur vornehmen, um schließlich in Zeile 13 an das operative Ergebnis (EBIT) zu gelangen.

Dies sieht freilich bei der Ermittlung des Geschäftsergebnisses vor Steuern schon wieder anders aus. In den Zeilen 14 und 15 erwartet die Beispieldatei Eingabewerte für Zins- und andere Aufwendungen bzw. für außerordentliche Aufwendungen und Erträge. Liegt Ihnen das vorsteuerliche Ergebnis erst einmal vor, können Sie durch die Eingabe der Gewerbe- und Körperschaftssteuersätze in den Zellen E18 und E20 mühelos die jeweiligen Steuern berechnen und gelangen automatisch zur Darstellung des *Jahresüberschusses* bzw. *Fehlbetrags* in den Zellen F21 bis I21.

12.11.2 Erfassung und Berechnung der Bilanzdaten im 5-Jahres-Vergleich

Das Grundschema dieser Arbeitsmappe wird auch im Tabellenblatt *Bilanz* beibehalten. Hellbraun bedeutet Eingabefeld, die Farbe Weiß steht für Berechnung oder Übernahme aus anderen Tabellenblättern, und Grün kennzeichnet die Kalkulation wichtiger Zwischen- oder Endergebnisse.

Im oberen Teil des Tabellenblattes geht es um die Erfassung der Werte für die Aktiva der Bilanz. Mit Ausnahme der Buchwerte zum jeweiligen Jahresbeginn des Betrachtungszeitraums werden Sie hier auf keinerlei Berechnungen stoßen. Investitionen und Abschreibungen sowie sämtliche Positionen des Umlaufvermögens müssen per Tastatur eingegeben werden. Die Aktiva berechnet Excel in Zeile 13.

Bilanz			2010	2011	2012	2013	2014
Aktiva							
Immaterielle Vermögensgegenstände und Sachanlagen							
	Buchwert (Jahresbeginn)			2.670,00	2.680,00	2.980,00	3.000,00
		Investitionen (+)		350,00	720,00	520,00	320,00
		Abschreibungen (-)		-340,00	-420,00	-500,00	-430,00
	Buchwert (Jahresende)			2.680,00	2.980,00	3.000,00	2.890,00
Umlaufvermögen							
	Roh-, Hilfs- und Betriebsstoffe (RHB)		(0,00)	0,00	0,00	0,00	0,00
	Fertige und unfertige Erzeugnisse (FE/UE)		(580,00)	620,00	710,00	750,00	820,00
	Forderungen aus Lieferungen und Leistungen (LuL)		(330,00)	350,00	340,00	420,00	450,00
Summe Aktiva				3.650,00	4.030,00	4.170,00	4.160,00
Passiva							
Eigenkapital							
	Stand (Jahresbeginn)			2400,00	2307,00	2482,00	2654,00
		Jahresüberschuss		611,97	76,86	290,08	146,81
		Ausschüttungen		-704,97	98,14	-118,08	-43,81
	Stand (Jahresende)			2307,00	2482,00	2654,00	2757,00
Verbindlichkeiten							
	Bankverbindlichkeiten						
		Stand (Jahresbeginn)		1100,00	1258,00	1456,00	1422,00
		Aufnahme (+) / Tilgung (-)		158,00	198,00	-34,00	-100,00
		Stand (Jahresende)		1258,00	1456,00	1422,00	1322,00
	Verbindlichkeiten LuL		(80,00)	85,00	92,00	94,00	81,00
Summe Passiva				3.650,00	4.030,00	4.170,00	4.160,00

Abbildung 12.32 Bilanzdaten (mehrjährige Betrachtung)

Im unteren Teil der Tabelle ändert sich das Bild wieder, denn hier benötigen Sie lediglich in Zelle F16 die Eingabe des *Eigenkapitals* zum Jahresbeginn, um Excel zu veranlassen, sämtliche weiteren Positionen des Eigenkapitals zu berechnen. Die *Eigenkapitalentwicklung* der einzelnen Jahre entnehmen Sie schließlich den Zellen in Zeile 19.

Auf der Passiva-Seite fehlen Ihnen nunmehr die Verbindlichkeiten, um die Bilanzdaten zu vervollständigen. Beginnen Sie in Zelle F22 mit der Eingabe der *Bankverbindlichkeiten* zum Jahresbeginn. In den darunterliegenden Zeilen befinden sich weitere Eingabezellen, in denen die Aufnahme weiterer Fremdmittel bzw. deren Tilgung möglich ist. Die Stände der Verbindlichkeiten zum Jahresende sehen Sie in den Zellen F24 bis I24.

Wenn Sie in den Zellen unterhalb dieser Ergebnisse auch noch die Verbindlichkeiten aus Lieferungen und Leistungen eintragen, wird die Kalkulation in diesem Tabellenblatt mit dem Ergebnis für die Passiva in Zeile 26 abgeschlossen.

12.11.3 Berechnung des Cashflows aus GuV- und Bilanzdaten

Das folgende Tabellenblatt, *Cashflow*, verdient nun die Bezeichnung *Berechnung* wie kein anderes, denn für Sie gibt es in dieser Tabelle nichts mehr zu tun. Sämtliche eingegebenen und berechneten Werte aus GuV und Bilanz werden in diesem Tabellenblatt weiterverwendet und zu einer Zahlungsflussberechnung zusammengefügt.

Die Zwischenergebnisse in diesem Tabellenblatt sind:

- **Operativer Cashflow (vor Steuern)**
  Das Ergebnis befindet sich in den Zellen F4 bis I4 und berücksichtigt die Summe von EBIT und Abschreibungen.

- **Operativer Cashflow (nach Steuern)**
  Durch Anrechnung der Gewerbe- und Körperschaftssteuern gelangen Sie in Zeile 7 zum operativen Cashflow nach Steuern.

- **Operativer Cashflow (nach Änderung Netto-Umlaufvermögen)**
  In der Tabelle wird dann der operative Cashflow (nach Steuern) zum Ausgangspunkt für weitere Positionen des Umlaufvermögens. Hinzugefügt bzw. subtrahiert werden Roh-, Hilfs- und Betriebsstoffe, fertige Erzeugnisse sowie Forderungen aus Lieferungen und Leistungen. Das Ergebnis wird in den Zellen F13 bis I13 ausgegeben.

- **Free Cashflow**
  Über zwei Zwischenberechnungen führt die Tabelle anschließend zum Free Cashflow. In Zeile 16 wird zunächst das Investitionsvolumen dem vorherigen Ergebnis hinzugefügt. Dieser Wert wird aus der Bilanz übernommen. Das Ergebnis ist der or-

dentliche Cashflow. In einem zweiten Kalkulationsschritt müssen nun noch die außerordentlichen Ergebnisse berücksichtigt werden. Sie werden in Zeile 18 aus der GuV übernommen. In Zeile 19 werden schließlich die Free Cashflows ausgegeben.

- **Saldo Kreditfinanzierung und -definanzierung vor Steuerkorrektur**
  In den Zeilen 21 und 22 werden die Zinsaufwendungen aus der GuV und die Kreditaufnahmen bzw. Tilgungen aus der Bilanz übernommen. Sie geben in der darunterliegenden Zeile den Saldo der Kreditfinanzierung und -definanzierung aus, ohne die noch ausstehenden Steuerkorrekturen zu berücksichtigen.

- **Saldo Beteiligungsfinanzierung und Ausschüttung (Flow to Equity)**
  Den Flow to Equity berechnet die Beispielanwendung zu guter Letzt aus den Ergebnissen des Free Cashflows und den Finanzierungssalden in Zeile 23.

Cash flow		2011	2012	2013	2014
Operatives Ergebnis (EBIT)		944,00	288,00	770,00	418,00
	Abschreibungen (+)	340,00	420,00	500,00	430,00
=	**Operativer Cash flow (vor Steuern)**	**1284,00**	**708,00**	**1270,00**	**848,00**
	Gewerbesteuer (-)	-222,80	-43,60	-116,00	-68,60
	Körperschaftsteuer (-)	-219,23	-27,54	-103,92	-52,59
=	**Operativer Cash flow (nach Steuern)**	**841,97**	**636,86**	**1050,08**	**726,81**
Kapitalbindung im Netto-Umlaufvermögen					
	Ab-/Zunahme RHB (+/-)	0,00	0,00	0,00	0,00
	Ab-/Zunahme FE (+/-)	-40,00	-90,00	-40,00	-70,00
	Ab-/Zunahme Forderungen LuL (+/-)	-20,00	10,00	-80,00	-30,00
	Ab-/Zunahme Verbindlichkeiten LuL (+/-)	5,00	7,00	2,00	-13,00
=	**Operativer Cash Flow (nach Änderung Netto-Umlaufvermögens)**	**786,97**	**563,86**	**932,08**	**613,81**
Kapitalbindung durch Investition in Sachanlagevermögen					
=	Investitionen abzügl. Abgänge	-350,00	-720,00	-520,00	-320,00
=	**Ordentlicher Freier Cash Flow**	**436,97**	**-156,14**	**412,08**	**293,81**
Beiträge durch außerordentliches Ergebnis					
	Außerordentliches Ergebnis (+)	230,00	0,00	-120,00	0,00
=	**Free Cash flow**	**666,97**	**-156,14**	**292,08**	**293,81**
Kreditfinanzierung und -definanzierung					
	Zinsaufwendungen	-120,00	-140,00	-140,00	-150,00
	Aufnahme/Tilgung Bankkredite (+/-)	158,00	198,00	-34,00	-100,00
=	**Saldo Kreditfinanzierung und -definanzierung vor Steuerkorrektur**	**38,00**	**58,00**	**-174,00**	**-250,00**
Beteiligungsfinanzierung und Ausschüttung					
=	**Saldo Beteiligungsfinanzierung und Ausschüttung (Flow to Equity)**	**-704,97**	**98,14**	**-118,08**	**-43,81**

Abbildung 12.33 Kapitalflussrechnung auf Basis von GuV- und Bilanzdaten

12.12 Return on Investment und DuPont-Schema

Der Klassiker unter den Kennzahlensystemen ist das *DuPont-Schema*, das bereits vor mehr als 90 Jahren vom gleichnamigen Konzern entwickelt wurde. Es hebt auf die *Gesamtkapitalrendite* des Unternehmens ab, stellt also die Frage nach der Ertragsrate des gesamten im Unternehmen eingesetzten Kapitals. Das zentrale Ergebnis, auf das die

Eingabe sämtlicher Werte im DuPont-Schema zuläuft, ist der *Return on Investment (ROI)*. Dies erkennen Sie in der Beispieldatei *12_ROI_01.xlsx* auch auf den ersten Blick .

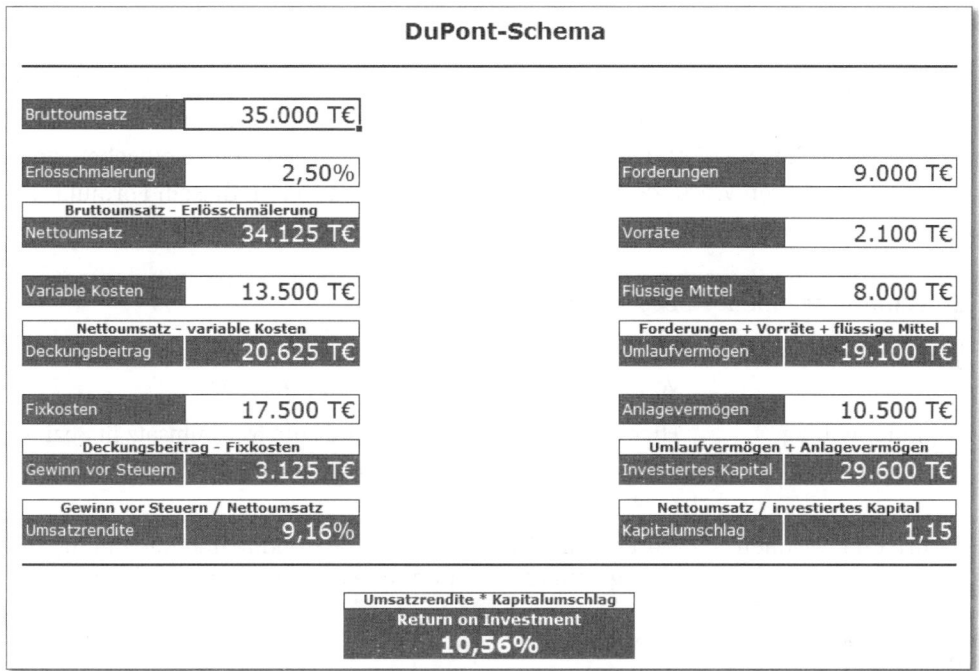

Abbildung 12.34 ROI-Berechnung mit Hilfe des DuPont-Schemas

Auch in dieser Datei sind sämtliche Formeln und Funktionen zur Berechnung der Zwischen- und des Gesamtergebnisses durch eine Sperrung der Zellen geschützt. Es verbleiben Ihnen die Zellen mit weißem Hintergrund zur Eingabe der Ihnen vorliegenden Werte.

12.12.1 Einzelschritte bei der ROI-Berechnung

Um den Nettoumsatz in Zelle C10 zu erhalten, geben Sie den prozentualen Satz der *Erlösschmälerungen* in Zelle C7 ein. Danach erhalten Sie das Ergebnis über die Formel =C5-(C5*C7). Es folgen einige weitere Subtraktionen. Zunächst ziehen Sie vom *Nettoumsatz* die variablen Kosten ab, die Sie in das Eingabefeld C12 eingeben. Sie erhalten auf diesem Weg den *Deckungsbeitrag I*.

Durch die Subtraktion der *Fixkosten*, die Sie in Zelle C17 eintragen, wird in Zelle C20 als Resultat der *Gewinn vor Steuern* ausgegeben. Der Quotient aus dem erzielten Gewinn vor Steuern und dem Nettoumsatz ist die *Umsatzrendite*. Damit sind die Berechnungen auf der linken Seite des Schemas abgeschlossen.

Erfassen Sie danach die *Forderungen*, *Vorräte* und *flüssigen Mittel* des Unternehmens. Aus diesen Werten wird in Zelle G15 das *Umlaufvermögen* durch eine einfache Addition gebildet. Wenn Sie in G17 nun auch noch den Wert des *Anlagevermögens* eingeben, dann werden alle weiteren Werte des DuPont-Schemas automatisch in diesem Formular berechnet. Die Berechnungen sind:

Berechnungselement	Beschreibung
investiertes Kapital	Dieser Wert wird in Zelle G20 durch die einfache Addition von Umlauf- und Anlagevermögen gebildet.
Kapitalumschlag	Hier wird das investierte Kapital zum Nettoumsatz in Beziehung gesetzt, das sich auf der linken Seite des Schemas in Zelle C10 befindet.
Return on Investment	Durch Multiplikation von Umsatzrendite und Kapitalumschlag ergibt sich der Return on Investment in Zelle D28.

Tabelle 12.6 Berechnungselemente des DuPont-Schemas

12.12.2 Interpretation der Ergebnisse des DuPont-Schemas

Die *Gesamtrentabilität* ergibt sich in diesem Schema aus dem Quotienten von *Umsatzrendite* und *Kapitalumschlag*. Auf der einen Seite sind es Erlösschmälerungen, Fix- und variable Kosten, über die die Umsatzrendite beeinflusst wird.

Der Kapitalumschlag wird indessen durch Nettoumsätze und investiertes Kapital gesteuert. Diese Treiber des investierten Kapitals können Sie im Schema leicht nach oben weiterverfolgen. Es sind das Anlagevermögen auf der einen und die Einzelpositionen des Umlaufvermögens – Forderungen, Vorräte und flüssige Mittel – auf der anderen Seite.

Der Vorteil dieses Schemas liegt darin, dass sich auf einfache Weise Treibergrößen identifizieren lassen. Es ist naheliegend, die übersichtliche Struktur der Beispieldatei zur Eingabe unterschiedlicher Werte in die Eingabezellen und damit zum Erstellen von Szenarien zu nutzen.

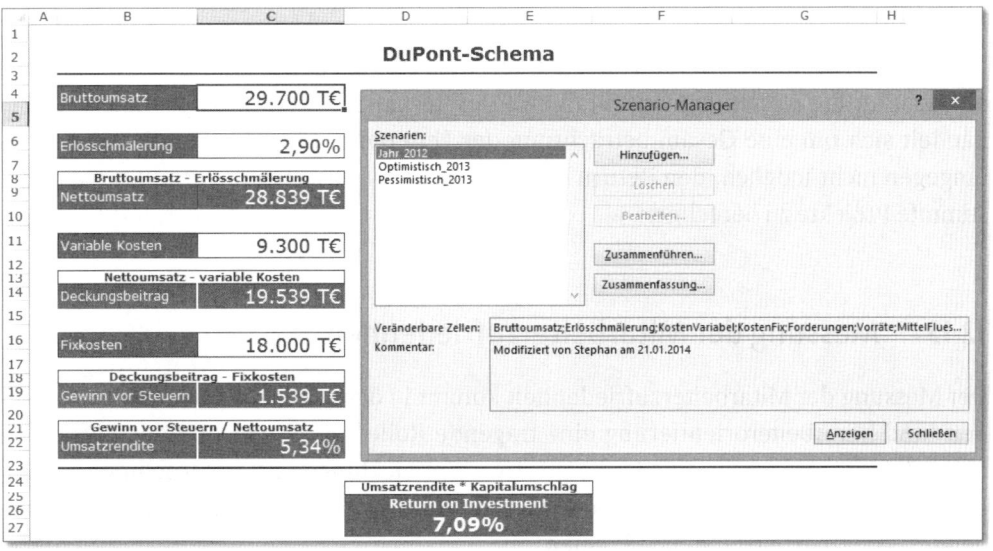

Abbildung 12.35 Verwendung von Szenarien im DuPont-Schema

In der Beispieldatei habe ich bereits über **Daten ▸ Datentools ▸ Was-wäre-wenn-Analyse ▸ Szenario-Manager** die Beispieldaten für drei Szenarien erfasst. Starten Sie die Funktion, um mit einem Doppelklick auf eines der Szenarien die Werte in das DuPont-Schema einzusetzen. Mit einem Klick auf **Hinzufügen** können Sie zudem eigene Szenarien erstellen oder über **Bearbeiten** die vorhandenen Szenariowerte ändern.

Szenariobericht					
		Aktuelle Werte:	Jahr_2012	Optimistisch_2013	Pessimistisch_2013
Veränderbare Zellen:					
	Bruttoumsatz	29.700 T€	29.700 T€	35.000 T€	28.500 T€
	Erlösschmälerung	2,90%	2,90%	2,50%	3,20%
	KostenVariabel	9.300 T€	9.300 T€	13.500 T€	9.000 T€
	KostenFix	18.000 T€	18.000 T€	17.500 T€	17.500 T€
	Forderungen	6.500 T€	6.500 T€	9.000 T€	9.000 T€
	Vorräte	3.200 T€	3.200 T€	2.100 T€	1.700 T€
	MittelFluessig	2.500 T€	2.500 T€	8.000 T€	3.900 T€
	Anlagevermoegen	9.500 T€	9.500 T€	10.500 T€	10.500 T€
Ergebniszellen:					
	RoI	7,09%	7,09%	10,56%	4,33%
	$E$28				

Hinweis: Die Aktuelle Wertespalte repräsentiert die Werte der veränderbaren Zellen zum Zeitpunkt, als der Szenariobericht erstellt wurde. Veränderbare Zellen für Szenarien sind in grau hervorgehoben.

Abbildung 12.36 Szenariobericht auf Basis des DuPont-Schemas

Abbildung 12.36 veranschaulicht noch einmal die Vorteile von Szenarien in Excel, denn Sie erhalten einen Überblick über sämtliche relevanten Daten der unterschiedlichen von Ihnen erstellten Kalkulationsvarianten auf einen Blick.

12.12.3 Fazit

Beachten Sie bei der Anwendung des DuPont-Schemas zur Bestimmung des ROI, dass es als Resultat die Gesamtkapitalrentabilität des gesamten Unternehmens liefert. Dabei handelt es sich um eine Gesamtbetrachtung des Unternehmens. Mit dem Schema ist es hingegen nicht möglich, den Return on Investment für ausgewählte Produkte oder bestimmte Projekte zu berechnen.

12.13   Messung der Mitarbeiterzufriedenheit

Der Messung der Mitarbeiterzufriedenheit kommt in dem Dreiklang aus Prozess-, Kunden- und Mitarbeiterorientierung eine tragende Rolle zu. Mit wachsender Zufriedenheit der Mitarbeiter geht eine Reihe positiver Entwicklungen im Unternehmen einher, die sowohl für produzierende als auch für Dienstleistungsunternehmen einen entscheidenden Marktvorteil darstellen können.

Unterschiedliche Faktoren tragen bekanntermaßen zur Erhöhung der Mitarbeiterzufriedenheit bei. Zu diesen Faktoren gehören u. a.:

- Einbeziehung der Mitarbeiter in betriebliche Entscheidungsprozesse
- transparente Arbeitsorganisationsstrukturen, Gewährleistung der Arbeitssicherheit und klar definierte Informationsflüsse
- Führungs- und Motivationsfähigkeit durch Vorgesetzte
- angemessene Entlohnung, freiwillige Sozialleistungen und darüber hinausreichende soziale Angebote seitens des Unternehmens
- Weiterbildungs- und Aufstiegsmöglichkeiten
- positives Betriebsklima, gute Arbeitsbedingungen und positives Unternehmensimage

Es liegt im Interesse des Unternehmens, in regelmäßigen Abständen die Einstellung bzw. Bewertung seiner eigenen Mitarbeiter im Hinblick auf diese und weitere Faktoren zu ermitteln. Dazu stehen unterschiedliche Methoden zur Verfügung, etwa die indirekte Betrachtung durch Auswertung von Daten z. B. zur Mitarbeiterfluktuation, zum Krankenstand oder zur Entwicklung von Arbeitsunfällen.

Oder aber das Unternehmen stellt die direkte Kommunikation mit seinen Beschäftigten in den Vordergrund. In diesem Fall kommen in erster Linie Methoden wie das betriebliche Vorschlagswesen oder die Mitarbeiterbefragung in Betracht, um an verwertbare Informationen zu gelangen. Die Umsetzung Letzterer mit Hilfe von Excel werde ich im folgenden Abschnitt beschreiben.

12.13.1 Ablauf von Befragungen zur Mitarbeiterzufriedenheit

Die Durchführung von Mitarbeiterbefragungen lassen sich mit einem einfachen Phasenmodell beschreiben:

- Zielfindungs- und Planungsphase: In dieser Phase werden die eigentlichen Ziele der Befragung festgelegt und alle Ressourcen des Projekts – Projektmitarbeiter, zeitlicher Rahmen, materielle Ressourcen – definiert und geplant.

- Entwurfsphase: Nachdem die grundsätzlichen Strukturen festgelegt wurden, werden in dieser Phase die Instrumente für die Befragung verfeinert. Dazu gehören die Präzisierung der Befragungsziele, die Festlegung des Befragungsmodus (Interview, Fragebogen, Voll-/Teilbefragung etc.), der Entwurf eines Fragebogens und die Gewichtung der einzelnen Themenbereiche der Befragung.

- Umsetzungsphase: Entsprechend der vorherigen Festlegungen wird nun die Befragung realisiert. Zu dieser Phase gehören in erster Linie die Verteilung der Fragebögen (Mail, Intranet, Mitarbeiterversammlung etc.) und die Organisation des Rücklaufs.

- Auswertungsphase: Auf der Grundlage der zuvor definierten Verfahren und Gewichtungen werden nun Fragebogenrückläufer ausgewertet. In dieser Phase sind unterschiedliche Fragestellungen zu berücksichtigen. Dazu gehören u. a. folgende Fragen: Welche statistischen Auswertungen sollen durchgeführt werden? Für welche Funktionen, Abteilungen und so weiter sollen in Ergänzung zur Gesamtauswertung eigene Auswertungen erstellt werden? Wem werden die Auswertungsergebnisse in welcher Form zur Verfügung gestellt?

- Ergebnispräsentation und Schlussfolgerungen: Die Ergebnisse der Befragung sollen nicht nur den Mitarbeitern in geeigneter Form zugeleitet werden. Ziel der Auswertung muss es auch immer sein, aus den Resultaten der Befragung die richtigen Schlussfolgerungen im Hinblick auf Verbesserungsmaßnamen im Unternehmen zu ziehen. Ist dies nicht der Fall, werden solche Befragungen von Mitarbeitern sehr schnell als ineffizient und reine Alibi-Veranstaltungen abgelehnt.

12.13.2 Aufbau eines Fragebogens

Der in der Datei *12_Mitarbeiterbefragung_01.xlsm* enthaltene Fragebogen setzt sich aus insgesamt sechs Themenbereichen zusammen. Diese sind:

- eigene Tätigkeiten und Arbeitsplatz
- Betriebsklima

- Führungsverhalten
- Weiterbildung und Karriere
- Bezahlungen und Sozialleistungen
- Informationsmanagement

Zu jedem Themenbereich sind diverse Fragen formuliert worden. Die Beantwortung der Fragen durch die Mitarbeiter soll in den Spalten B bis E erfolgen.

Der gesamte Entwurf ist von der Idee geprägt, die Befragung durch diese Excel-Arbeitsmappe mit einfachsten Mitteln zu realisieren. Zu diesem Zweck werden im Tabellenblatt *Fragebogen* jeweils vier Antwortalternativen – von »stimme voll zu« bis »stimme überhaupt nicht zu« – angeboten. Um den Aufwand zu minimieren, sollen in diesem Formular keine Auswahlmöglichkeiten über ein Listenfeld der Datenüberprüfung angeboten werden. Stattdessen sollen die Mitarbeiter einfach mit Hilfe der Eintragung des Buchstabens X die aus ihrer Sicht zutreffende Antwort geben.

	A	B	C	D	E
1	Mitarbeiterbefragung				
2	Liebe Mitarbeiter! Unsere turnusmäßige Mitarbeiterbefragung steht wieder an. Auch diesmal haben wir unseren Fragebogen an die aktuellen Belange angepasst. Wir wünschen uns erneut eine so große Teilnahme wie bei den vergangenen Befragungen. Zahlreiche Anregungen haben wir erhalten und umsetzen können. Auf diesem Wege möchten wir mit Ihnen weitergehen. Kreuzen Sie einfach durch Eingabe von X die aus Ihrer Sicht zutreffende Antwort an. Den ausgefüllten Fragebogen senden Sie bitte an info@invalid.net. Vielen Dank für Ihre Mitarbeit!				
3		stimme **voll** zu	stimme **teilweise** zu	stimme **eher nicht** zu	stimme **überhaupt nicht** zu
4	Themenbereich 1: Eigene Tätigkeit und Arbeitsplatz				
5	Meine Tätigkeit ist sehr abwechslungsreich.		X		
6	Ich habe Spaß bei der Ausführung meiner Arbeit.	X			
7	Mir stehen alle benötigten Arbeitsmittel zur Verfügung.	X			
8	In neue Aufgabenfelder werde ich angemessen eingearbeitet.		X		
9	Das Unternehmen bietet mir ein modernes Arbeitsumfeld.		X		
10					
11	Themenbereich 2: Betriebsklima				
12	Das generelle Klima im Unternehmen ist sehr positiv.		X		
13	Ich werde von Kolleginnen und Kollegen respektiert.		X		
14	Ich kann mich jederzeit mit Fachfragen an Kollegen wenden.	X			
15	Unsere Teamarbeit funktioniert sehr gut.	X			
16					
17					
18	Themenbereich 3: Führungsverhalten				
19	Unternehmensziele und -politik werden vom Management klar beschrieben.			X	
20	Das Management füllt seine Vorbildfunktion überzeugend aus.		X		
21	Konflikte werden stets sachlich diskutiert und gelöst.	X			
22	Mitarbeitergespräche zur Zielvereinbarung finden regelmäßig statt.			X	

Abbildung 12.37 Struktur des Mitarbeiterfragebogens

12.13.3 Vermeidung der Mehrfachbeantwortung einer Frage

Um dieses einfache Konzept umzusetzen, müssen Sie zwei Vorbedingungen sicherstellen:

- Nur der Buchstabe X darf bei der Eingabe in den betreffenden Zellbereich der Spalten B bis E erlaubt sein.

- Die Mehrfachbeantwortung einer Frage muss verhindert werden.

Diese Anforderungen können Sie mit einer Datenüberprüfung realisieren, die auf einer berechneten Funktion basiert. Bewegen Sie den Cursor in Zelle B5, und starten Sie die Funktion **Daten ▸ Datentools ▸ Datenüberprüfung**. Wählen Sie dann im Eingabefeld **Zulassen** die Option **Benutzerdefiniert**.

In dieses Feld schreiben Sie die folgende Funktion:

```
=UND(B5="X";ZÄHLENWENN($B5:$E5;B5)=1)
```

Mit der logischen Funktion `UND(Bedingung1; Bedingung2; ...)` können Sie bis zu 255 Bedingungen vorgeben. Nur wenn alle Bedingungen von Excel nach der Prüfung mit dem Wahrheitswert WAHR beantwortet werden, wird auch der gesamte Ausdruck mit WAHR bewertet.

Glücklicherweise, so möchte man sagen, haben wir es nicht mit 255, sondern lediglich mit zwei Bedingungen zu tun. Die erste Bedingung legt fest, dass in Zelle B5 ausschließlich der Buchstabe X verwendet werden darf. In der zweiten Bedingung schreiben Sie vor, dass der erlaubte Buchstabe X im Zellbereich B5 bis E5, also im Antwortbereich der ersten Frage, nur ein einziges Mal vorkommen darf. Dies erreichen Sie durch die Verwendung von `ZÄHLENWENN($B5:$E5;B5)=1`, einem Ausdruck, den Sie immer dann in der Datenüberprüfung verwenden sollten, wenn Sie die Eingabe von Duplikaten vermeiden möchten.

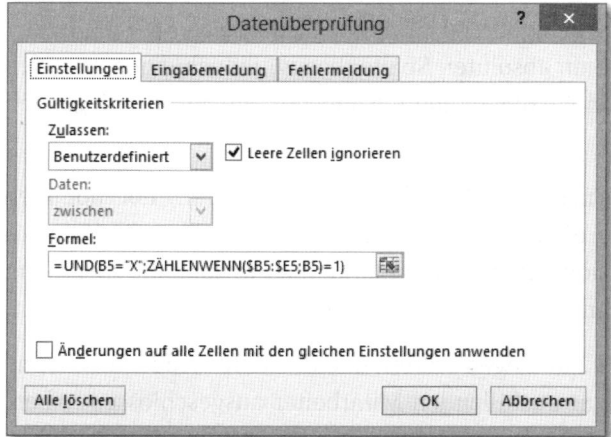

Abbildung 12.38 Datenüberprüfung zur Vermeidung der Mehrfachbeantwortung einer Frage

12.13.4 Definition einer Fehlermeldung

Versäumen Sie es nicht, den Benutzer Ihres Fragebogens mit den notwendigen Informationen zu versorgen, für den Fall, dass er nicht erlaubte Eintragungen im Antwortbereich vornimmt. Wechseln Sie zu diesem Zweck in das Register **Fehlermeldung**, und schreiben Sie in das Feld **Fehlermeldung** einen Text wie »Bitte nur X zum Markieren der Antwort eingeben. Es darf nur eine Antwort pro Frage angekreuzt werden.«

Da Sie den potentiellen Benutzer des Fragebogens bereits im Tabellenbereich oberhalb der Fragen darüber informiert haben, wie der Fragebogen ausgefüllt wird, können Sie auf eine Eingabemeldung im gleichnamigen Register verzichten. Diese würde lediglich störend wirken, da sie von Excel in jeder einzelnen Zelle des Antwortbereiches angezeigt würde.

12.13.5 Übertragung der Datenüberprüfung auf die weiteren Fragen

Die Verwendung von relativen und absoluten Zelladressen ist bei der Definition der Datenüberprüfung erneut von besonderer Bedeutung, denn nur mit der richtigen Mischung gelingt es Ihnen, die in Zelle B5 definierte Bedingung mit minimalem Aufwand in die übrigen Antwortzellen zu übertragen.

Zu beachten ist:

- Der Zellbezug auf Zelle B5, also auf die aktuelle Zelle, für die Sie den Buchstaben X als Eingabe erlauben, muss relativ sein; die Bedingung soll schließlich auch für alle anderen Eingabezellen gelten.

- Der auf eine mögliche Mehrfacheingabe zu prüfende Zellbereich $B5:$E5 in der Funktion ZÄHLENWENN() muss einen absoluten Spaltenbezug, jedoch einen relativen Zeilenbezug besitzen; damit können die Bedingung auch auf die darunterliegenden Zeilen übertragen.

Wenn Sie die Funktion in dieser Form in Zelle B5 in die Datenüberprüfung übernommen haben, kopieren Sie sie in die weiteren Zellen. Rufen Sie wie gewohnt über das Kontextmenü oder Strg + C die Funktion **Kopieren** auf. Markieren Sie dann die Zielzellen, und übertragen Sie den Zellinhalt mit ↵.

Nachdem Sie die Eingabe von nicht zulässigen Werten und die Mehrfachbeantwortung einer Frage durch den das Formular ausfüllenden Mitarbeiter ausgeschlossen haben, sollten Sie das Tabellenblatt für alle weiteren Veränderungen sperren. Dies erreichen Sie über **Start ▸ Zellen ▸ Format ▸ Blatt schützen**.

Mitarbeiter, die einen nicht erlaubten Wert in eine der Zellen des Antwortbereiches eintragen oder eine Frage mehrfach mit einem X ankreuzen, erhalten nun die in Abbildung 12.39 gezeigte Fehlermeldung.

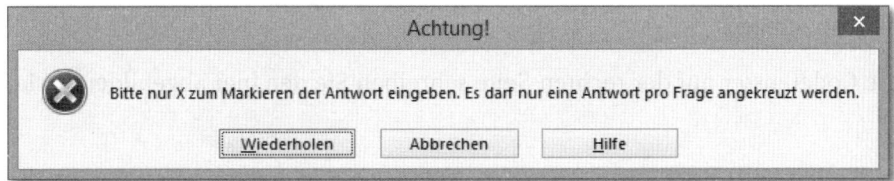

Abbildung 12.39 Fehlermeldung bei der mehrfachen Beantwortung einer Frage

12.13.6 Festlegung und Automatisierung des Auswertungsablaufs

Wenn Sie die Fragebögen möglichst effizient auswerten möchten, dann werden Sie wahrscheinlich einige VBA-Makros dazu benötigen. Insgesamt könnte Ihr Auswertungsschema folgende Formen annehmen:

- Bitten Sie die Benutzer, den ausgefüllten Fragebogen unter einem eindeutigen Namen zu speichern.

- Dann veranlassen Sie die Mitarbeiter, Ihnen die Fragebögen per E-Mail zu senden.

- Alle Fragebögen, die Sie erhalten, speichern Sie unter dem eindeutigen Namen in einem Ordner.

- Wenn die Befragung abgeschlossen ist, laden Sie die Ergebnisse aller Fragebögen, die Sie erhalten haben, in eine Excel-Arbeitsmappe und führen die Auswertung durch.

12.13.7 Speichern des ausgefüllten Fragebogens unter einem eindeutigen Dateinamen

Der erste Schritt besteht also darin, die Benutzer dazu zu bewegen, den ausgefüllten Fragebogen unter einem Dateinamen zu speichern, der sich eindeutig von den Namen sämtlicher anderer Antwortdateien unterscheidet. Da es im Sinne der Anonymisierung der Antworten nicht wünschenswert ist, den Namen des Mitarbeiters, ein Namenskürzel oder seine E-Mail-Adresse als Teil des Dateinamens zu verwenden, müssen Sie hier auf eine andere Lösung zurückgreifen.

Erstellen Sie ein VBA-Makro, das die geöffnete und vom Mitarbeiter ausgefüllte Antwortdatei unter einer Kombination von Tabellennamen, Datum und Uhrzeit speichert. Drücken Sie zu diesem Zweck die Tastenkombination Alt + F11. Mit ihr gelangen Sie in den VBA-Editor von Excel. Klicken Sie dann auf **Einfügen ▸ Modul**, um ein neues Makromodul anzulegen.

In das leere Codefenster auf der rechten Seite schreiben Sie den hier abgebildeten Makrotext:

```
Sub FragebogenSpeichern()

    ActiveWorkbook.SaveAs ActiveSheet.Name & "_" & Format(Now,
    "ddmmyyyy_hhmmss") & ".xls"

    MsgBox "Vielen Dank für Ihre Teilnahme an unserer
    Mitarbeiterbefragung!" & vbNewLine & "Bitte senden Sie die
    Datei per E-Mail an info@invalid.net."

End Sub
```

Dieses Makro besteht aus zwei Teilen: dem Speichern der Arbeitsmappe (`ActiveWorkbook.SaveAs`) unter dem Namen des aktuellen Tabellenblattes (`ActiveSheet.Name`), kombiniert mit der aktuellen Angabe des Datums (`Now`) im Format `"ddmmyyyy_hhmmss"`. Durch letztere Vorgabe werden das achtstellige Tagesdatum und die aktuelle Uhrzeit, bestehend aus Stunden-, Minuten- und Sekundenangabe, in den Dateinamen übernommen.

Im zweiten Teil des Makros geben Sie eine kurze Information in einer Dialogbox (`MsgBox`) auf dem Bildschirm aus, in der Sie sich beim Mitarbeiter für die Teilnahme an der Befragung bedanken und ihn daran erinnern, die ausgefüllte Antwortdatei an die von Ihnen ausgesuchte E-Mail-Adresse zu senden. Mit `& vbNewLine &` gelingt es Ihnen, die beiden Informationen in der Dialogbox mit einer Leerzeile voneinander zu trennen.

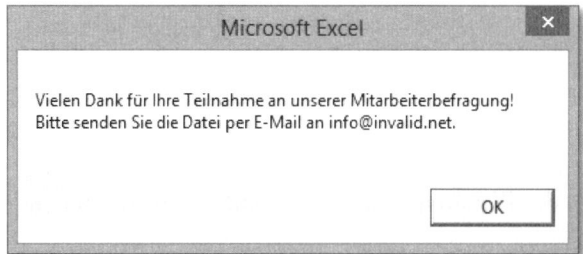

Abbildung 12.40 Dialogbox nach makrogesteuertem Speichern der Antwortdatei

12.13.8 Zuordnung einer Schaltfläche zum VBA-Makro

Unterhalb der Frageliste Ihres Fragebogens verfügen Sie über genügend Platz, um eine Schaltfläche zu zeichnen, mit der der Mitarbeiter das Makro zum Speichern des Fragebogens ausführen kann.

Wechseln Sie in das Menü **Entwicklertools**. Falls dieses nicht angezeigt wird, aktivieren Sie diesen Menübereich über **Datei ▸ Optionen ▸ Menüband anpassen ▸ Entwicklertools** (in Excel 2007 Office-Schaltfläche und Auswahl von **Excel-Optionen ▸ Häufig verwendet ▸ Entwicklerregisterkarte in der Multifunktionsleiste anzeigen**).

Aus dem Menü **Entwicklertools** heraus fügen Sie nun über **Steuerelemente ▸ Einfügen ▸ Formularsteuerelemente** eine **Schaltfläche** in das Tabellenblatt ein. Ordnen Sie der Schaltfläche abschließend das Makro `FragebogenSpeichern` zu. Sichern Sie die Arbeitsmappe über das Menü unter dem bereits bekannten Dateinamen. Testen Sie dann, ob der Speichervorgang über Schaltfläche und Makro funktioniert. Schauen Sie in dem Ordner nach, der die ursprüngliche Fragebogen-Arbeitsmappe enthält, ob dort eine Antwortdatei mit Datums- und Zeitangabe erstellt wurde.

12.13.9 Aufbau der Auswertungstabelle der Fragebogendatei

Wie bereits beschrieben, müssen die Antworten auf einzelne Fragen des Fragebogens nach einem zuvor festgelegten Punktesystem bewertet werden. Für die jeweiligen Fragen oder Kriterienbereiche sollten Sie zudem bereits deren Gewichtung bestimmt haben, um letztendlich die Gesamtpunktzahl für jeden Fragebogen, der Ihnen zugesendet wird, zu bestimmen.

A	B	C	D	E	F	G	H
	stimme voll zu	stimme teilweise zu	stimme eher nicht zu	stimme überhaupt nicht zu	Punkte	Gewichtung	Ergebnis
Themenbereich 1: Eigene Tätigkeit und Arbeitsplatz							
Meine Tätigkeit ist sehr abwechslungsreich.	0	3	0	0			3
Ich habe Spaß bei der Ausführung meiner Arbeit.	4	0	0	0			4
Mir stehen alle benötigten Arbeitsmittel zur Verfügung.	4	0	0	0			4
In neue Aufgabenfelder werde ich angemessen eingearbeitet.	0	3	0	0			3
Das Unternehmen bietet mir ein modernes Arbeitsumfeld.	0	3	0	0			3
					17	20	340

Abbildung 12.41 Auswertung der Antworten und Bildung der gewichteten Ergebnisse

Der erste Schritt der Auswertung besteht schlichtweg darin, dem angekreuzten Feld aus dem Tabellenblatt *Fragebogen* im Tabellenblatt *Punkte* den korrekten Zahlenwert zuzuordnen. Den vier Antwortmöglichkeiten weisen Sie zu diesem Zweck numerische Werte zu:

Antwort	Wert
»stimme voll zu«	4
»stimme teilweise zu«	3
»stimme eher nicht zu«	2
»stimme überhaupt nicht zu«	1

Tabelle 12.7 Codierung der Antworten der Befragung

Diese Werte werden in Zelle B4 des Tabellenblattes *Punkte* mit der Funktion =WENN(Fra-gebogen!B5="x";6-SPALTE();0) übernommen. Sofern der Antwortende in der korres-pondierenden Zelle des Tabellenblattes *Fragebogen* ein X eingegeben hat, trägt Excel den Wert 6-Spalte() ein. Da sich die Funktion in der zweiten Spalte befindet, ist es der Wert 4, der in Zelle B4 ausgegeben wird. Durch die Verwendung von Spalte() erhalten Sie wieder einmal die Möglichkeit, die gesamte Funktion in die angrenzenden Zellen zu kopieren, ohne nachträgliche Anpassungen vornehmen zu müssen.

In Spalte H bilden Sie die Summe aller Einzelwerte (=SUMME(B4:E4)). Prinzipiell wäre es natürlich auch möglich, für jede einzelne Frage eine Gewichtung zu definieren und diese mit dem Ergebniswert zu multiplizieren. Ich habe in dieser Beispieldatei darauf verzichtet. Stattdessen werden nur die Kriterienbereiche insgesamt gewichtet. In Zelle H9 werden die Gesamtpunkte des Kriterienbereiches mit der Gewichtung multipli-ziert, um das Gesamtergebnis dieses Fragekomplexes zu erhalten. Die Ergebnisse sämtlicher Kriterienbereiche werden schließlich in Zelle H44 mit der Formel =H9+H16+H23+H30+H37+H43 addiert.

12.13.10 Verbergen des Tabellenblattes zur Auswertung der Antworten

Es ist nun zu überlegen, in welcher Form Sie das Tabellenblatt *Punkte* schützen möch-ten. Zwei Möglichkeiten bieten sich an: Sie können das Blatt für versehentliche Einga-ben durch den Benutzer sperren, wie wir dies bereits mehrfach mit anderen Tabellen-blättern gemacht haben. In diesem Fall würden Sie einfach den bestehenden aktiven Zellschutz aller Zellen des Tabellenblattes erhalten und dann über **Start ▶ Zellen ▶ For-mat ▶ Blatt schützen** den Blattschutz aktivieren. Das Ergebnis wäre in diesem Fall, dass der Antwortende das Gesamtergebnis seiner Antworten anschauen, allerdings die For-meln und Funktionen nicht ändern kann.

Möchten Sie dem Benutzer diese Option nicht einräumen, blenden Sie das Tabellenblatt zusätzlich aus. Klicken Sie dafür mit der rechten Maustaste auf das Register *Punkte* und wählen dann aus dem Kontextmenü die Option **Ausblenden**.

Später können Sie das Tabellenblatt zu Auswertungszwecken wieder einblenden, indem Sie **Start ▸ Format ▸ Zellen ▸ Sicherheit ▸ Ausblenden & Einblenden ▸ Blatt einblenden** wählen. Bedenken Sie aber, dass auch jeder andere Benutzer dieser Arbeitsmappe diesen Weg gehen kann, um das ausgeblendete Tabellenblatt wieder sichtbar zu machen. Um dies zu verhindern, müssten Sie gegebenenfalls mit Hilfe der Funktion **Überprüfen ▸ Änderungen ▸ Arbeitsmappe schützen** die Struktur der gesamten Arbeitsmappe schützen, in dem Bewusstsein freilich, dass auch dieser Schutz ausgehebelt werden kann. Da sich jedoch keine sensiblen Daten in dem verborgenen Tabellenblatt befinden, sollte ein Schutz, den Sie mit diesen einfachen Mitteln umsetzen, ausreichend sein.

12.13.11 Automatisierte Auswertung der Fragebögen

Der größte Arbeitsaufwand bei der Auswertung der Befragung ist nun sicherlich in den Arbeitsschritten zu finden, mit denen Sie die einzelnen Antwortdateien öffnen und den Zellbereich, in dem sich die berechneten Bewertungsergebnisse befinden, in eine andere Arbeitsmappe kopieren müssen. Dabei müssen Sie zudem darauf achten, dass die Daten jeweils an die bereits erfassten Antworten angehängt werden. Mit der dann entstandenen einfachen Liste sollte es schließlich ein Leichtes sein, die statistischen Auswertungen der Befragung zu realisieren.

Die Arbeitsmappe *12_Mitarbeiterbefragung_Auswertung_01.xlsm* enthält bereits ein solches Makro zum Zusammenführen aller Einzelantworten.

12.13.12 Aufbau der Beispieldatei

Im Tabellenblatt *Befragung_Rohdaten* werden die Ergebnisse sämtlicher Antwortdateien, die Ihnen von Mitarbeitern zugeschickt werden, gesammelt. In Spalte A enthält dieses Tabellenblatt die gleichen Beschriftungen, wie sie auch im Fragebogen verwendet wurden. Ab Spalte B werden die Daten aus den Antwortdateien spaltenweise angefügt. In der ersten Zeile des Tabellenblattes befindet sich eine Schaltfläche, mit der Sie das Makro zum Datenimport starten (Abbildung 12.42).

12

	A	B	C	D
1	**Rohdaten**	Antwortdateien importieren		
2	Themenbereich 1: Eigene Tätigkeit und Arbeitsplatz			
3	Meine Tätigkeit ist sehr abwechslungsreich.	3	3	1
4	Ich habe Spaß bei der Ausführung meiner Arbeit.	2	2	2
5	Mir stehen alle benötigten Arbeitsmittel zur Verfügung.	4	4	3
6	In neue Aufgabenfelder werde ich angemessen eingearbeitet.	1	1	4
7	Das Unternehmen bietet mir ein modernes Arbeitsumfeld.	3	3	4
8	**Summe**	260	260	280
9	Themenbereich 2: Betriebsklima			
10	Das generelle Klima im Unternehmen ist sehr positiv.	1	4	4
11	Ich werde von Kolleginnen und Kollegen respektiert.	1	4	2
12	Ich kann mich jederzeit mit Fachfragen an Kollegen wenden.	4	4	2
13	Unsere Teamarbeit funktioniert sehr gut.	4	4	2
14				
15	**Summe**	150	240	150

Abbildung 12.42 Rohdaten der Befragung und Schaltfläche des Makros zum Datenimport

In einem weiteren Tabellenblatt mit der Bezeichnung *Auswertung* werden die importierten Rohdaten verdichtet. An dieser Stelle sind unterschiedliche statistische Verfahren möglich. Die in der Beispieldatei durchgeführten Berechnungen beschränken sich auf einfache Mittelwertberechnungen sowie Häufigkeitsverteilungen. Entscheidend bei diesen Kalkulationen ist die Verwendung von Bereichsnamen. Da die Datenmenge im Zuge des Rücklaufs der Antwortdateien sukzessive steigen wird, ist es empfehlenswert, dynamische Bereichsnamen zu verwenden.

	A	B	C	D	E	F	G
1	**Auswertung**	**Ist**	**Max**	**Ist in %**		**Klasse**	**Themenbereich 1**
2	Themenbereich 1: Eigene Tätigkeit und Arbeitsplatz	266,7	400	66,7%		100	0
3	Themenbereich 2: Betriebsklima	180,0	240	75,0%		200	0
4	Themenbereich 3: Führungsverhalten	190,0	240	79,2%		300	3
5	Themenbereich 4: Weiterbildung und Karriere	240,0	320	75,0%		400	0
6	Themenbereich 5: Bezahlung und Sozialleistungen	200,0	320	62,5%			
7	Themenbereich 6: Information	100,0	160	62,5%		**Klasse**	**Themenbereich 2**
8	**Gesamtergebnis**	**1.176,7**	**1680**	**70,0%**		60	0
9						120	0
10						180	2
11						240	1

Abbildung 12.43 Automatische Berechnung der Ergebnisse im Tabellenblatt »Auswertung«

Diese verwendeten Bereichsnamen sind wiederum im Tabellenblatt *Namen* dokumentiert. Das Tabellenblatt *Gewichtung* enthält eine Liste, in der alle wesentlichen Informationen zu den definierten sechs Kriterienbereichen erfasst wurden. Dies sind neben der Bezeichnung des Kriterienbereiches seine Gewichtung und die maximal zu erreichende Punktzahl in diesem Bereich.

12.13.13 Kurzbeschreibung des VBA-Makros zum Datenimport

In Kapitel 14, »Automatisierung von Routinetätigkeiten mit Makros«, finden Sie eine systematische Einführung in die Thematik der Aufzeichnung, Bearbeitung und Programmierung von Makros in Excel. Ich möchte dem nicht vorgreifen und deshalb lediglich in groben Zügen die Struktur und Funktion des Makros beschreiben, das Sie verwenden sollten, um die Antwortdaten zu importieren.

Lassen Sie uns zunächst überlegen, welches die konkreten Arbeitsschritte sind, die Ihnen dieses kleine Programm abnehmen soll:

- Es muss der Reihe nach alle Arbeitsmappen öffnen, die sich in dem Ordner Ihrer Festplatte befinden, den Sie zum Speichern der Antwortdateien bestimmt haben.

- Danach muss ermittelt werden, an welcher Stelle der zentralen Auswertungsdatei sich freie Zellen befinden, in die später neue Daten geschrieben werden können.

- Sobald diese Information vorliegt, soll aus der aktuell geöffneten Antwortdatei der Zellbereich kopiert werden, in dem sich die Antwortergebnisse befinden.

- Diese Daten müssen abschließend aus der Zwischenablage in den Zellbereich eingefügt werden, der im zweiten Schritt als nächste freie Spalte bestimmt worden ist.

- Zu guter Letzt soll die Antwortdatei geschlossen und der Kopiervorgang mit dem Öffnen der nächsten Antwortdatei fortgesetzt werden.

12.13.14 Quelltext des VBA-Makros zum Datenimport

Das VBA-Makro geht davon aus, dass alle Antwortdateien in einem Ordner *C:\testbed* gespeichert wurden, und besteht aus insgesamt fünf Abschnitten. Der Quelltext des Makros ist nachfolgend vollständig wiedergegeben. Die fünf wesentlichen Teile sind jeweils mit einem kurzen Kommentar überschrieben:

```
Sub AntwortenEinlesen()
'Teil 1: Definition der Umgebung
Dim FragebogenDatei As String
Dim Auswertung As Workbook
Dim Antworten As Workbook
Dim Spaltenzahl As Integer
Set Auswertung = ActiveWorkbook
Application.ScreenUpdating = False
```

```
'Teil 2: Öffnen der Antwortdateien
FragebogenDatei = Dir("C:\Testbed\" & "*.xlsm")
  Do While FragebogenDatei <> ""
   If ThisWorkbook.Name <> FragebogenDatei Then
     Workbooks.Open Filename:="C:\Testbed\" & FragebogenDatei
'Teil 3: Ermitteln der nächsten freien Spalte
     Set Antworten = Workbooks(FragebogenDatei)
     Auswertung.Activate
     Range("Startzelle").Select
     Spaltenzahl = ActiveSheet.Cells(3, Columns.Count).End _
     (xlToLeft).Column
'Teil 4: Kopieren und Einfügen der Antwortdaten
     Workbooks(FragebogenDatei).Worksheets("Punkte").Range("Ergebnisse"). _
      Copy
     Auswertung.Worksheets(1).Range(Cells(2, Spaltenzahl + 1), _
     Cells(43, Spaltenzahl + 1)).Select
     Selection.PasteSpecial Paste:=xlPasteValues
'Teil 5: Schließen der Antwortdatei/Wiederholen der Prozedur
     Workbooks(FragebogenDatei).Close False
   End If
   FragebogenDatei = Dir
  Loop
Application.ScreenUpdating = True
Worksheets("Auswertung").Select
End Sub
```

Listing 12.1 VBA-Makro zum Datenimport

12.13.15 Makro – Teil 1: Definition der Arbeitsumgebung

In diesem Teil legen Sie fest, welche Variablen in Ihrem Makro verwendet werden. Variablen deklarieren Sie mit dem Schlüsselwort `Dim`. Danach verwenden Sie eine aussagekräftige Bezeichnung für Ihre Variable und legen deren Datentyp fest.

Warum ist das notwendig? Die Antwort lässt sich am Ausdruck `Dim FragebogenDatei As String` erklären.

Sie möchten Excel dazu bringen, jene Dateien zu öffnen, in denen sich die Antworten der Mitarbeiter befinden, die an der Befragung teilgenommen haben und Ihnen die Ergebnisse per E-Mail geschickt haben. Die Struktur der Dateien ist identisch, allerdings besitzt jede Datei einen individuellen Dateinamen, unterschieden durch Datum und Uhrzeit.

Wenn Sie diese Tatsache bei der Deklaration der Variablen berücksichtigen, werden Sie wahrscheinlich einen Namen vergeben, der beschreibt, was jede der zu öffnenden Dateien tatsächlich ist: eine `FragebogenDatei`. Alle Dateien unterscheiden sich beim Vorgang des Öffnens durch ihren Dateinamen, also durch eine Kette von Zeichen. Deshalb weisen Sie der Variablen den Typ `As String` zu. Diese konkrete Zeichenkette einer jeden Datei kann später der Anweisung zum Öffnen der Dateien übermittelt werden.

Bei der zweiten Variable – `Dim Auswertung As Workbook` – verfolgen Sie am besten die gleiche Logik. Die Variable benötigen Sie, um auf die Arbeitsmappe zuzugreifen, in der die Auswertung erfolgt. Der Variablenname `Auswertung` ist in diesem Fall naheliegend. Da diese Datei bereits geöffnet sein muss, um das Makro zu starten, steht bei ihrer Deklaration nicht die Zeichenkette ihres Dateinamens im Vordergrund. Wichtig ist allerdings, dass es sich um ein Objekt vom Typ Arbeitsmappe handelt. Dadurch wird es später möglich sein, diese Arbeitsmappe zu aktivieren und darin ein Tabellenblatt sowie einen Zellbereich auszuwählen. Der Variablentyp ist konsequenterweise definiert als `As Workbook`.

Mit der Anweisung `Set Auswertung = ActiveWorkbook` legen Sie fest, dass die Variable `Auswertung` mit dem Objekt `Datei`, in der Sie momentan arbeiten und die Schaltfläche zum Starten den VBA-Makros angeklickt haben, gefüllt wird.

12

12.13.16 Makro – Teil 2: Öffnen der Antwortdateien durch eine Schleife

Im ersten Schritt dieses zweiten Makroteils verknüpfen Sie den Zugriff auf ein ausgewähltes Laufwerk sowie einen Ordner mit einem definierten Dateityp. Dabei ist Folgendes zu überlegen: Die Fragebogendateien, die Sie an Ihre Mitarbeiter geschickt haben, enthalten ein Makro zum Speichern der Arbeitsmappen. Dateien, die Makros enthalten, werden seit Excel 2007 unter dem Dateityp *.xlsm* gespeichert. Um die Ihnen per E-Mail zurückgesendeten Antwortdateien zu öffnen, müssen Sie demnach den variablen Dateinamen mit dem Ausdruck `& "*.xlsm"` verketten.

Laufwerk und Ordner, in denen nach den Antwortdateien gesucht werden soll, werden im Quellcode fest vorgegeben. Selbstverständlich könnten Sie auch diese Angaben zum Speicherort als Variablen definieren, um die Auswahl flexibler zu gestalten. In Kapitel 14, »Automatisierung von Routinetätigkeiten mit Makros«, beschreibe ich Beispiele, die eine Auswahl des Speicherorts durch den Benutzer erlauben.

Der eigentliche Vorgang des Öffnens der Antwortdateien soll natürlich nicht nur einmal, sondern so oft durchgeführt werden, bis alle Arbeitsmappen mit der Endung *.xlsm* abgearbeitet wurden. Diese Anforderung lässt sich durch eine Schleife mit `Do ... Loop` erfüllen. Alle Anweisungen, die zwischen diesen beiden Ausdrücken stehen, werden so lange durchgeführt, wie die zu prüfende Bedingung erfüllt wird. Die hier verwendete Bedingung ist das Vorhandensein eines Dateinamens im definierten Ordner (`While FragebogenDatei <> ""`).

Einer korrekten Ausführung steht allerdings die Tatsache im Weg, dass auch die Auswertungsdatei, aus der das Makro aufgerufen wird, eine Datei vom Typ *.xlsm* ist. Dies würde zu einer Nachfrage von Excel führen, ob diese Datei noch einmal geöffnet werden soll. Deshalb müssen Sie die Ausführung der Befehle in der Schleife von einer weiteren Bedingung abhängig machen. Die Bedingung lautet, dass die zu öffnende *.xlsm*-Datei nicht identisch sein darf mit der Datei, aus der das VBA-Makro gestartet wird (`If ThisWorkbook.Name <> FragebogenDatei Then`).

Damit gibt es zwei Bedingungsebenen. Auf der ersten Ebene wird geprüft, ob die Loop-Schleife überhaupt ausgeführt werden soll (Sind geeignete Dateien im Ordner?). Die zweite Ebene wendet sich dann anschließend der Prüfung zu, welche Anweisungen in der Schleife auszuführen sind (Ist die in Frage kommende Datei wirklich noch nicht geöffnet?).

12.13.17 Makro – Teil 3: Ermitteln der nächsten freien Spalte

Nachdem eine Antwortdatei geöffnet wurde, könnte der Kopiervorgang eigentlich starten. Doch es gibt noch eine weitere kleine Hürde zu überwinden. Die Befragungsergebnisse sollen spaltenweise in das Tabellenblatt *Befragung_Rohdaten* geschrieben werden, und zwar immer in die nächste leere Spalte.

Für Ihr Makro bedeutet dies, dass vor jedem Einfügevorgang gezählt werden muss, welche Spaltennummer die nächste freie Spalte in der Auswertungsdatei besitzt. Dieser Wert soll dann an die Variable `Spaltenzahl` übergeben werden: `Spaltenzahl = ActiveSheet.Cells(3, Columns.Count).End(xlToLeft).Column`. Excel ermittelt in diesem Beispiel die Anzahl der mit Daten gefüllten Spalten in der dritten Zeile des Tabellenblattes (`Cells(3, Columns.Count)`). Der Zählvorgang wird vom Zeilenende zum Zeilenanfang, also von rechts nach links, durchgeführt (`End(xlToLeft)`).

12.13.18 Makro – Teil 4: Kopieren und Einfügen der Antwortdaten

Nun sind tatsächlich alle Informationen gegeben, um mit dem Kopieren der Ergebnisdaten aus der einen Arbeitsmappe in die Zielarbeitsmappe zu beginnen. Dazu wird der Bereich *Ergebnisse* der jeweiligen Antwortdatei in die Zwischenablage kopiert. Mit anderen Worten, es wird auf einen Bereichsnamen zugegriffen.

Die Kopie der Daten wird nun in die erste leere Spalte des Tabellenblattes *Befragung_Rohdaten* eingefügt. Dieser Zellbereich wird zunächst aktiviert:

```
Auswertung.Worksheets(1).Range(Cells(2, Spaltenzahl + 1), _
Cells(43, Spaltenzahl + 1)).Select.
```

Anschließend werden nur die Werte, nicht aber Formeln oder Formatierungen in die Auswertungstabelle eingefügt (`Selection.PasteSpecial Paste:=xlPasteValues`).

12.13.19 Makro – Teil 5: Schließen der Antwortdatei/Wiederholen der Prozedur

Nach dem Einfügen der Daten aus der ersten Antwortdatei, die im definierten Ordner gefunden wurde, muss diese Datei ohne Rückfrage wieder geschlossen werden (`Workbooks(FragebogenDatei).Close False`). Die Schleife wird nun erneut ausgeführt, und alle Anweisungen werden in gleicher Weise abgearbeitet, bis keine weiteren *.xlsm*-Dateien mehr gefunden werden.

Sobald dies der Fall ist, wird das Tabellenblatt *Auswertung* der Analysearbeitsmappe aufgerufen, um das Ergebnis der automatischen Berechnung sämtlicher importierten Daten anzuzeigen.

12.13.20 Namensdefinition für die Auswertung der importierten Daten

Die Anzahl der von Ihnen zu importierenden Daten kann selbstverständlich stark variieren. Es kann auch sein, dass Sie nicht alle Dateien in einem Arbeitsgang importieren, sondern – je nach Rücklauf – mehrmals das VBA-Makro in Ihrer Auswertungsdatei ausführen.

Unter diesen Umständen sind Sie kaum in der Lage, die genaue Anzahl der Dateien vorherzusagen, deren Ergebnisse Sie berechnen möchten. Sie wissen auf der anderen Seite aber sehr genau, dass die Daten, die Sie analysieren möchten, im Tabellenblatt *Befragung_Rohdaten* gespeichert sind. Und dort belegen Sie einen Bereich zwischen den Zeilen 3 und 43. Selbst die Zeilen, in denen die Zwischenergebnisse der Kriterienbereiche stehen, sind Ihnen bekannt.

Diese Informationen stellen eine gute Grundlage für die Bildung dynamischer Bereiche dar. Mit Hilfe der dynamischen Bereiche sind Sie dann in der Lage, alle importierten Daten, unabhängig von der Anzahl importierter Antwortdateien, zu berechnen. Mit der Funktion BEREICH.VERSCHIEBEN() lassen sich solche anpassbaren Zellbereiche problemlos erstellen, wie Sie bereits in einigen anderen Fällen gesehen haben. In der Beispieldatei habe ich diese dynamischen Bereiche bereits erstellt:

Bereich	Zellbezug
Bereich1	=BEREICH.VERSCHIEBEN(Befragung_Rohdaten!$B$8;;;1; ANZAHL(Befragung_Rohdaten!$8:$8))
Bereich2	=BEREICH.VERSCHIEBEN(Befragung_Rohdaten!$B$15;;;1; ANZAHL(Befragung_Rohdaten!$15:$15))
Bereich3	=BEREICH.VERSCHIEBEN(Befragung_Rohdaten!$B$22;;;1; ANZAHL(Befragung_Rohdaten!$22:$22))
Bereich4	=BEREICH.VERSCHIEBEN(Befragung_Rohdaten!$B$29;;;1; ANZAHL(Befragung_Rohdaten!$29:$29))
Bereich5	=BEREICH.VERSCHIEBEN(Befragung_Rohdaten!$B$36;;;1; ANZAHL(Befragung_Rohdaten!$36:$36))
Bereich6	=BEREICH.VERSCHIEBEN(Befragung_Rohdaten!$B$42;;;1; ANZAHL(Befragung_Rohdaten!$42:$42))
Gesamt	=BEREICH.VERSCHIEBEN(Befragung_Rohdaten!$B$43;;;1; ANZAHL(Befragung_Rohdaten!$43:$43))

Tabelle 12.8 Dynamische Bereiche

12.13.21 Auswertung der Fragebögen

Im Tabellenblatt *Auswertung* werden die relativen und absoluten Punktzahlen für die einzelnen Kriterienbereiche nun automatisch berechnet. Darüber hinaus werden die Häufigkeiten der gegebenen Antworten ausgewertet.

Um die Punktzahl zu berechnen, ermitteln Sie zunächst in Spalte B die Durchschnittswerte, die in den verschiedenen Kriterienbereichen erreicht wurden (=MITTELWERT(Bereich1)). Bei der Kalkulation greifen Sie auf die zuvor erstellten dynamischen Bereiche zu, um sicherzustellen, dass auch nach dem Hinzufügen neuer Antwortdateien korrekt gerechnet wird.

Auswertung	Ist	Max	Ist in %
Themenbereich 1: Eigene Tätigkeit und Arbeitsplatz	266,7	400	66,7%
Themenbereich 2: Betriebsklima	180,0	240	75,0%
Themenbereich 3: Führungsverhalten	190,0	240	79,2%
Themenbereich 4: Weiterbildung und Karriere	240,0	320	75,0%
Themenbereich 5: Bezahlung und Sozialleistungen	200,0	320	62,5%
Themenbereich 6: Information	100,0	160	62,5%
Gesamtergebnis	**1.176,7**	**1680**	**70,0%**

Abbildung 12.44 Ermittlung der absoluten und prozentualen Punktzahl

Die möglichen Maximalwerte in den Kriterienbereichen erhalten Sie aus der Liste im Tabellenblatt *Gewichtung*. Sie können die dort hinterlegten Werte mit der Funktion =SVER-WEIS(A2;Gewichtung!$A$1:$C$7;3;FALSCH) in Spalte C und auf Basis der Bezeichnung der Kriterienbereiche übernehmen. Damit sind Sie nun in der Lage, in Spalte D des Tabellenblattes *Auswertung* auch die prozentualen Anteile auszugeben (=B2/C2).

Klasse	Themenbereich 1	
100	0	
200	0	
300	3	
400	0	

Klasse	Themenbereich 2	Themenbereich 3
60	0	0
120	0	0
180	2	2
240	1	1

Abbildung 12.45 Häufigkeitsverteilung der verschiedenen Antworten

Bei der Berechnung der relativen Häufigkeit (Abbildung 12.45) müssen Sie zunächst die Klassen bestimmen, in denen die Zählung der Häufigkeitsverteilung erfolgen soll. Hier ist zu bedenken, dass die Kriterienbereiche eine unterschiedliche Gewichtung besitzen und diese Gewichtung in der Punktzahl auch zum Ausdruck kommt. Außerdem werden im Kriterienbereich 1 fünf, in allen anderen Bereichen nur vier Fragen gestellt. Auch dies wirkt sich auf die maximale Punktzahl der Bereiche aus.

In den Zellen C2 bis C7 des Tabellenblattes *Auswertung* sind die maximalen Punktzahlen bereits dargestellt worden (Abbildung 12.44). Aus diesen Werten sollten Sie vier Klassen bilden, da es zu jeder Frage vier Antwortmöglichkeiten gab. Da die Funktion HÄUFIG-KEIT() eine Matrixfunktion ist,

- markieren Sie die vier Zellen neben den festgelegten Klassen im Zellbereich F2 bis F5,

- rufen dann die Option **Funktionsassistent** auf und wählen die Funktion HÄUFIGKEIT() aus,

- geben anschließend den Zellbereich C2 bis C7 als Bereich der Klassen und den Bereichsnamen *Bereich1* als Datenbereich aus, und

- schließen letztlich die Eingabe der Funktion mit `Strg` + `⇧` + `↵` ab.

Wiederholen Sie die Vorgehensweise für die anderen Kriterienbereiche. Da Sie vier unterschiedliche Maximalwerte in den Bereichen haben, müssen Sie auch die Häufigkeit viermal mit unterschiedlichen Klassen berechnen. Zu guter Letzt erkennen Sie an der Zugehörigkeit der Antworten zu einer der vier Klassen, wie viele Mitarbeiter jeweils mit den Optionen »stimme voll zu«, »stimme teilweise zu«, »stimme eher nicht zu« oder »stimme überhaupt nicht zu« geantwortet haben.

12.14 Selbstbewertung nach EFQM

Ich möchte dieses Kapitel über Kennzahlen und Unternehmenssteuerung mit einem Beispiel aus dem Qualitätsmanagement abschließen. Die *European Foundation for Quality Management* (EFQM) hat das gleichnamige Excellence-Modell etabliert. Das EFQM-Modell basiert auf der regelmäßigen Selbst- und Fremdbewertung des Unternehmens anhand eines klar definierten Kriterienkatalogs.

Im Rahmen der Selbstbewertung werden anhand des Kriterienkatalogs sowohl der Erfüllungsgrad für festgelegte Qualitätsanforderungen als auch der konkrete Handlungsbedarf zu deren Erreichung mit Hilfe einer Werteskala von 0 bis 100 gemessen. Die gleiche Aufgabe übernehmen externe EFQM-Assessoren, wenn eine Fremdbewertung des Unternehmens durchgeführt wird.

Fachgespräche des EFQM-Assessorenteams mit den Verantwortlichen des Unternehmens führen schließlich zur Festlegung von Qualitätszielen für die nächste Periode. Um diese Ziele zu erreichen, muss dann ein Maßnahmenplan entwickelt werden. Nach Ablauf der Periode wird das Qualitätsniveau erneut bewertet. Das EFQM-Modell folgt damit den vier Phasen des *Deming-Zyklus* aus Planung (*Plan*), Umsetzung (*Do*), Erfolgskontrolle (*Check*) und Gegensteuerung (*Act*).

Wie bei allen QM- und/oder Steuerungssystemen kommt auch bei der Anwendung des EFQM-Modells neben der Analyse der Tatbestände besonders der Kommunikation bereits erzielter Ergebnisse und vereinbarter Ziele eine wesentliche Rolle zu. Das Modell fordert seine Anwender explizit dazu auf, Kennzahlen zu bilden und mit diesen den Fortschritt im Rahmen dieses *Total Quality Managements* kontinuierlich zu messen.

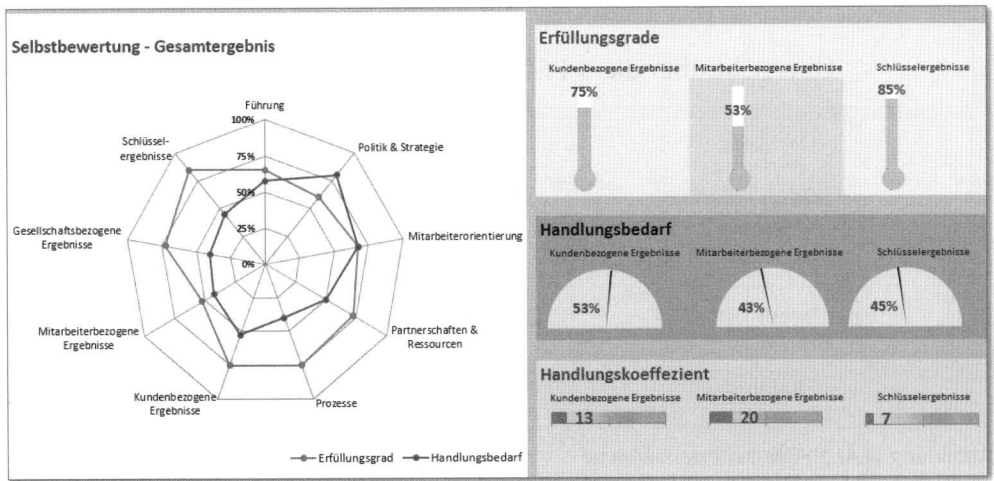

Abbildung 12.46 EFQM-Cockpit

Dieses Zusammenspiel zwischen der auf Befragung, aber auch auf Datenanalyse beruhenden Ist-Analyse, der Aufbereitung der Ergebnisse z. B. in Form eines *EFQM-Cockpits* und der Verteilung der Ergebnisse möglichst in einem Format, das für viele Mitarbeiter im Unternehmen zugänglich ist, kann den Excel-Anwender wieder auf den Plan rufen.

Die Arbeitsmappe *12_EFQM_Cockpit_01.xlsx* zeigt Ihnen modellhaft, wie Sie ein solches Cockpit in Excel realisieren können (Abbildung 12.46).

12.14.1 Übersicht über die neun Kriterien des EFQM-Modells

Im Tabellenblatt *Übersicht* sind die neun Kriterienbereiche des EFQM-Modells dargestellt. Diese sind in zwei Gruppen unterteilt. *Befähiger* versetzen das Unternehmen in die Lage, seine angestrebten Qualitätsziele zu erreichen. *Ergebnisse* bilden den unmittelbaren Nutzen, den die Organisation aus ihren Bemühungen um eine Steigerung der Qualität zieht, ab (Abbildung 12.47).

Alle Kriterien sind entsprechend den Vorgaben der EFQM gewichtet. Die Summe der Gewichtungspunkte auf Seiten der Befähiger und der Ergebnisse beträgt jeweils 50 %. Dies lässt die Schlussfolgerung zu, dass bei der Bemühung um die Optimierung der Qualität den Maßnahmen die gleiche Bedeutung zukommt wie den bereits erreichten Resultaten.

12

Abbildung 12.47 EFQM-Kriterienbereiche

12.14.2 Erstellen der Kriterienübersicht als Schaubild

Das im Tabellenblatt *Übersicht* enthaltene Schaubild können Sie leicht mit den in Excel verfügbaren AutoFormen erstellen:

- Wählen Sie **Einfügen ▸ Illustrationen ▸ Formen ▸ Rechtecke ▸ Abgerundetes Rechteck**.

- Zeichnen Sie mit der Maus ein Rechteck auf das Tabellenblatt.

- Legen Sie dann über **Zeichentools ▸ Format** die weiteren Formatierungseigenschaften wie Farbe, Linienart und Linienfarbe fest.

- Passen Sie im Bedarfsfall auch die Größe des Objekts an.

12.14.3 Kopieren und Anpassen der AutoForm-Vorlage

Die auf diesem Weg erstellte AutoForm sollten Sie als Vorlage für alle weiteren Rechtecke dieses Schaubilds nutzen. Gehen Sie dazu wie folgt vor:

- Halten Sie die Taste ⎡Strg⎤ gedrückt.

- Ziehen Sie mit der linken Maustaste an der AutoForm, um sie zu kopieren, oder halten Sie die Tasten ⎡Strg⎤ + ⎡⇧⎤ fest, und ziehen Sie mit der linken Maustaste an dem Rechteck, um das Kopieren und gleichzeitige Ausrichten des Objekts zu ermöglichen.

- Wiederholen Sie den Vorgang, bis Sie alle zwölf Rechtecke des Schaubilds erstellt haben.

Wenn Sie die einzelnen Rechtecke nicht gleich beim Kopieren auf dem Tabellenblatt ausgerichtet haben, dann müssen Sie dies nun nachholen. Dazu stehen verschiedene Möglichkeiten zur Verfügung:

- Bewegen Sie die Rechtecke mit der Tastenkombination $\boxed{\text{Strg}}$ + Pfeiltasten in kleinen Intervallen nach oben, unten, links oder rechts.

- Markieren Sie mehrere Rechtecke mit $\boxed{\text{Strg}}$ und linker Maustaste, und wenden Sie dann auf die markierten Objekte eine Ausrichtungsfunktion über **Zeichentools ▸ Anordnen ▸ Ausrichten** an.

12.14.4 Beschriftung der AutoFormen

Um die Texte in die AutoForm zu übernehmen, reicht es aus, ein Rechteck auszuwählen und dann einfach den gewünschten Text per Tastatur einzugeben. Allerdings stellt sich auch hier wieder die Frage, ob Sie eine Beschriftung, die Sie nicht nur in diesem Schaubild, sondern auch in der Frageliste, im Cockpit und eventuell in anderen Tabellen verwenden werden, wirklich mehrfach per Tastatur eingeben und zukünftig auch manuell überarbeiten müssen.

Die Antwort ist selbstverständlich ein klares Nein! Zeitsparender ist es, die mehrfach verwendbaren Beschriftungen in einem Tabellenblatt der Arbeitsmappe zu hinterlegen und darauf immer dann zu verweisen, wenn ihre Inhalte in unterschiedlichen Tabellenblättern benötigt werden.

Im Tabellenblatt *EFQM-Kriterien* habe ich eine solche Referenzliste bereits vorbereitet. Sie enthält neben den Beschriftungen die Zuordnung des Kriteriums zu einer Kategorie, die Gewichtung und die maximal erreichbare Punktzahl aufgrund der Fragenanzahl im Fragebogen der Selbst- bzw. Fremdbewertung (Abbildung 12.48).

	A	B	C	D	E
1	Nr.	EFQM-Kriterien	Kategorie	Gewichtung	Punkte
2	1	Führung	Befähiger	10%	100
3	2	Politik & Strategie	Befähiger	10%	100
4	3	Mitarbeiterorientierung	Befähiger	10%	100
5	4	Partnerschaften & Ressourcen	Befähiger	10%	100
6	5	Prozesse	Befähiger	10%	100
7	6	Kundenbezogene Ergebnisse	Ergebnisse	15%	150
8	7	Mitarbeiterbezogene Ergebnisse	Ergebnisse	10%	100
9	8	Gesellschaftsbezogene Ergebnisse	Ergebnisse	10%	100
10	9	Schlüssel-ergebnisse	Ergebnisse	15%	150

Abbildung 12.48 Referenzliste der EFQM-Kriterien

Das Verfahren zur Beschriftung von AutoFormen gleicht dem, das Sie bei der Verwendung dynamischer Beschriftungen in Diagrammen angewendet haben. Um die Beschriftung der EFQM-Kriterien in die AutoFormen des Schaubilds zu übernehmen, reicht es aus, eine AutoForm auszuwählen. Danach positionieren Sie den Cursor in der Editierzeile von Excel und zeigen auf die Zelle, deren Inhalt Sie als Beschriftung der AutoForm verwenden möchten. Die Zellen, die die Beschriftungen enthalten, befinden sich – wie bereits erwähnt – im Tabellenblatt *EFQM-Kriterien* (Abbildung 12.49). Verweisen Sie also auf diese Zellen, um das Schaubild zu beschriften.

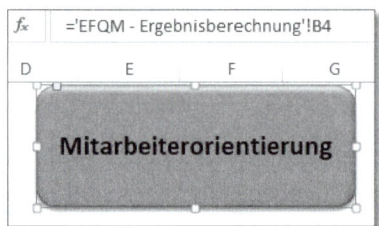

Abbildung 12.49 Dynamische Beschriftung von AutoFormen

12.14.5 Formular zur Bestimmung von Erfüllungsgrad und Handlungsbedarf

Aus den neun Kriterien der EFQM, die im vorangegangenen Abschnitt in einem Schaubild dargestellt wurden, lässt sich in der Folge ein umfangreicher Fragebogen ableiten. Dieser bildet die Grundlage für die Selbst- und Fremdbewertung des Unternehmens. Im Tabellenblatt *Fragebogen – Selbstbewertung* habe ich bereits für jedes Kriterium eine gewisse Anzahl an möglichen Fragen festgelegt (Abbildung 12.50). Diese Frageliste ist selbstverständlich nicht verbindlich. Sie muss firmenspezifisch entwickelt werden, um den Belangen des Unternehmens wirklich gerecht zu werden.

	A	B	C	E
1				
2	1	**1. Führung (Befähiger)**		
3		Führungskräfte fördern und entwickeln die für den Erfolg notwendigen Zukunftsvorstellungen, Werte und Systeme und setzen diese durch ihr Handeln und ihre Verhaltensweisen um. In Phasen der Veränderung geben Führungskräfte Orientierung durch Konstanz und klare Zielsetzungen. Die Führungskräfte begeistern die Mitarbeiter durch ihr Handeln und stellen sicher, dass ihnen diese folgen.	Erfüllungsgrad heute	Handlungsbedarf heute
4	F01	Der Zweck unserer Organisation und die Ziele unseres Handelns sind festgelegt.	Groß	Groß
5	F02	Unsere Vorgesetzten sind sich ihrer Rolle als Vorbilder bewusst und unternehmen alles, um die Wirkung ihres eigenen Verhaltens zu hinterfragen und zu verbessern.	Nicht erfüllt/Kein	Vollständig erfüllt/ Sehr groß
6	F03	Es wurden Führungs- und Verhaltensgrundsätze festgelegt und es ist klar erkennbar, dass die Vorgesetzten diese vorleben.	Nicht erfüllt/Kein	Durchschnittlich
7	F04	Es ist klar erkennbar, nach welchen Wichtigkeiten die Vorgesetzten handeln und entscheiden.	Groß	Durchschnittlich

Abbildung 12.50 Fragenkatalog zur Selbst- und Fremdbewertung (Auszug)

Der Fragenkatalog wirft aber durchaus eine Frage von allgemeiner Tragweite auf: Sollen die möglichen Antworten eine Auswahl numerischer Werte anbieten oder vorgegebene Texte? Es liegt auf der Hand, dass die Vorgabe numerischer Antworten wie 25 %,

75 % oder 100 % Excel-gerechter wären. Doch für den Mitarbeiter, der diesen Fragebogen vor sich hat, sind mit Sicherheit Antwortmöglichkeiten wie »Nicht erfüllt« oder »Durchschnittlich« leichter zu verstehen.

Die Lösung in der konkreten Situation besteht, wie schon bei der Befragung zur Kundenzufriedenheit, darin, dem Benutzer eine Datenüberprüfung mit vorgegebenen Textantworten zur Verfügung zu stellen. Diese Textantworten müssen dann in einen numerischen Wert umgewandelt werden, mit dem Excel weiterarbeiten kann. Die Datenüberprüfung sieht in diesem Formular insgesamt sechs Optionen vor, aus denen der Antwortende wählen soll.

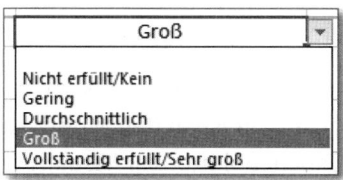

Abbildung 12.51 Antwortoptionen mit Textantworten

Die Textantworten werden in den Nachbarspalten D und F der Datenüberprüfung in numerische Werte umgewandelt. Dazu wird beispielsweise in Zelle D4 die folgende Funktion eingesetzt:

```
=SVERWEIS(C4;EGradeMatrix_Ber;2;FALSCH)
```

Es ist also der gute alte SVWERWEIS(), der aus einer Referenztabelle die korrespondierenden Werte für eine vom Benutzer ausgewählte Bezeichnung in das Tabellenblatt holt. Dazu greift die Funktion auf eine weitere Referenztabelle – diesmal im Tabellenblatt *Erfüllungsgrade* – zu. Die dort erstellte Liste wird über den Bereichsnamen *EGradeMatrix_dBer* angesprochen, und der Inhalt der zweiten Spalte, also der numerische Antwortwert, wird dort ebenfalls ausgewählt.

	A	B
1	**Bezeichnung**	**in Prozent**
2		#NV
3	Nicht erfüllt/Kein	0%
4	Gering	25%
5	Durchschnittlich	50%
6	Groß	75%
7	Vollständig erfüllt/Sehr groß	100%

Abbildung 12.52 Referenztabelle der Antwortoptionen

Für jeden Kriterienbereich muss schließlich noch ein Gesamtergebnis berechnet werden. Dies geschieht jeweils in der Zelle unmittelbar unter den Einzelbewertungen. Für den ersten Kriterienbereich befinden sich die Ergebnisse beispielsweise in den Zellen D14 und F14. Sie wurden über den einfachen Durchschnitt der numerischen Ergebnisse sämtlicher Einzelantworten gebildet (z. B. durch =MITTELWERT(D4:D13) in Zelle D14).

Da die numerische Umsetzung der Antworten für den Antwortenden nicht von Belang ist, spricht nichts dagegen, die beiden Spalten D und F auszublenden. In der Beispieldatei habe ich dies auch so gemacht.

12.14.6 Berechnung der Ergebnisse der Selbst- und Fremdbewertung

Wie Sie es schon bei unterschiedlichen Beispielanwendungen in diesem Buch kennengelernt haben, folgt auch die Umsetzung der EFQM-Bewertung in Excel den typischen Regeln einer Datenmodellierung. Es existieren nicht nur Tabellenblätter zur Visualisierung von Strukturen oder Resultaten (*Übersicht* und *EFQM-Cockpit*) und zur Erfassung von Daten (*Fragebogen – Selbstbewertung*) sowie deren Codierung (*EFQM-Kriterien*). Auch einige Zwischenberechnungen sind notwendig und damit in eigenen Tabellenblättern unterzubringen.

Im Tabellenblatt *EFQM – Ergebnisberechnung* werden die Ergebnisse jedes einzelnen Kriterienbereiches – Erfüllungsgrade und Handlungsbedarf – zusammengeführt.

	A	B	C	D	E
1	Nr.	Kriterium	Erfüllungsgrad	Handlungsbedarf	Handlungskoeffizient
2	1	Führung	65%	58%	20,125
3	2	Politik & Strategie	60%	80%	32,000
4	3	Mitarbeiterorientierung	68%	68%	21,938
5	4	Partnerschaften & Ressourcen	73%	50%	13,750
6	5	Prozesse	75%	40%	10,000
7	6	Kundenbezogene Ergebnisse	75%	53%	13,125
8	7	Mitarbeiterbezogene Ergebnisse	53%	43%	20,188
9	8	Gesellschaftsbezogene Ergebnisse	73%	40%	11,000
10	9	Schlüssel-ergebnisse	85%	45%	6,750

Abbildung 12.53 Berechnung des Handlungskoeffizienten

Dies könnten Sie über einfache Zellbezüge bewerkstelligen. In der Beispieldatei habe ich stattdessen allerdings Bereichsnamen verwendet. So wird in Zelle C2 der Bezug auf den Erfüllungsgrad für den Kriterienbereich 1 mit der Funktion =WENNFEHLER(K1EGrad_vZ;0) und in Zelle D2 auf den Handlungsbedarf mit =WENNFEHLER(K1HBedarf_vZ;0) hergestellt. Die Bereichsnamen folgen hier also der Logik,

- über die ersten beiden Zeichen den Kriterienbereich zu benennen,

- dann zu bezeichnen, ob es sich um den Verweis auf den Erfüllungsgrad oder den Handlungsbedarf handelt, und schließlich

- zu verdeutlichen, dass es sich um eine einzelne verknüpfte Zelle handelt, auf die verwiesen wird.

Auch die Verwendung einer spezifischen Logik bei der Definition von Bereichsnamen ist ein typisches Element für die Entwicklung eines Datenmodells.

Der Verweis auf die jetzt verfügbaren definierten Bereichsnamen muss in diesem Tabellenblatt mit Hilfe der Funktion WENNFEHLER() erfolgen, um mögliche Fehler bei der Weiterberechnung der Daten von vornherein auszuschalten. Diese könnten daraus resultieren, dass ein Befragter im Fragenkatalog eine Antwort ausgelassen hat. Auf Basis der in der Referenzliste hinterlegten Vorgaben führt dies zum Fehlerwert #NV. Mit diesem Fehlerwert könnte allerdings nicht weitergerechnet werden. WENNFEHLER() wandelt in einem solchen Fall die Fehlerwerte beispielsweise in den Wert 0 um, mit dem eine Weiterberechnung möglich ist.

Sie erinnern sich an die Überlegung, Beschriftungen über eine Referenztabelle in verschiedenen Bereichen der Arbeitsmappe zu verwenden, um den Aufwand für die Eingabe und vor allem die Pflege von Daten zu reduzieren? Gut, dann können Sie – nach der Verwendung der Beschriftungen im Schaubild – die Kriterienbezeichnungen nun bereits zum zweiten Mal einsetzen.

In Zelle B2 greifen Sie mit =INDEX(EFQMKriterienMatrix_Ber;A2;2) auf die Beschriftungen in der Referenztabelle zu. Alternativ könnten Sie an dieser Stelle auch die Funktion SVERWEIS() einsetzen.

12.14.7 Bestimmung des Handlungskoeffizienten

Möchten Sie den Fragebogen als Werkzeug einsetzen, das nicht den Status quo bezeichnet, sondern Ihnen auch bereits einen Fingerzeig auf mögliche Handlungsfelder liefert, müssen Sie die beiden Werte aus Erfüllungsgrad und Handlungsbedarf miteinander kombinieren.

Dazu berechnen Sie in Spalte E den *Handlungskoeffizienten*. Die Formel dazu ist denkbar einfach: =(1-C2)*D2*100. Die drei nun zur Verfügung stehenden Werte bilden eine Grundlage für die Darstellung im Cockpit.

12

12.14.8 Bestandteile und Aufbau des EFQM-Cockpits

Management-Cockpits dienen der Darstellung stark verdichteter Informationen. Sie sollen die Möglichkeit geben, komplexe Zusammenhänge oder Entwicklungen in wenigen Augenblicken zu erfassen. Dazu müssen sie

- umfangreiche Datenmengen auf wenige Werte, z. B. Kennzahlen, reduzieren,
- über die Darstellung des reinen Zahlenmaterials hinaus die wichtigsten Ergebnisse visualisieren,
- die dargestellten grafischen Darstellungen in eindeutiger, d. h. nicht missverständlicher Weise beschriften und
- überflüssige Informationen oder Elemente nach Möglichkeit weglassen.

Das Cockpit in der Beispieldatei benutzt zur Visualisierung der Ergebnisse vier unterschiedliche Diagrammtypen: Neben einem Netzdiagramm und drei Balkendiagrammen, die zum standardmäßigen Funktionsumfang von Excel gehören, kommen Thermometer- und Tachometerdiagramme zum Einsatz. Diese beiden Diagrammtypen werden im Tabellenkalkulationsprogramm zwar originär nicht angeboten. Sie können sie aber aus Säulen- und Kreisdiagrammen ableiten.

12.14.9 Vergleich von Erfüllungsgrad und Handlungsbedarf im Netzdiagramm

Die einzelnen Bestandteile des Cockpits lernen Sie mit Hilfe des Netzdiagramms kennen. Es gehört nicht nur zum Standardrepertoire des Diagrammmoduls in Excel. Im hier vorgestellten Beispiel hat es auch noch den Vorzug, auf einen Datenbereich zuzugreifen, der bereits in der Arbeitsmappe abschließend berechnet wurde.

Dabei handelt es sich um Teile der Ergebnistabelle im Tabellenblatt *EFQM-Ergebnisberechnung*, dessen Inhalt ich bereits erläutert habe (Abbildung 12.54). Das Diagramm verwendet die Werte der beiden Spalten C und D als Datenreihen sowie die Inhalte der Spalte B als Rubrikenachsenbeschriftung. Das Netzdiagramm ist bei der vorliegenden Datenbasis besonders gut geeignet,

- weil es sich um mehrere Datenreihen handelt,
- diese Datenreihen Werte auf einer Skala zwischen 0 und 100 % enthalten und
- es insgesamt neun Größenachsen geben muss, um alle Daten korrekt anzuordnen.

Alle diese Anforderungen erfüllt ein Netzdiagramm optimal. Sie finden es – wie gewohnt – unter **Einfügen ▸ Diagramme ▸ Kurs-, Oberflächen- oder Netzdiagramm einfü-**

gen ▸ **Netz**. Nachdem Sie die Datenreihen ausgewählt haben, können Sie übrigens – dies sei nicht vergessen – Ihre Beschriftung aus der Referenztabelle *EFQM-Kriterien* zum insgesamt dritten Mal einsetzen und das Diagramm mit weiteren Formatierungen aus dem Menübereich **Diagrammtools ▸ Format** in die gewünschte Form bringen.

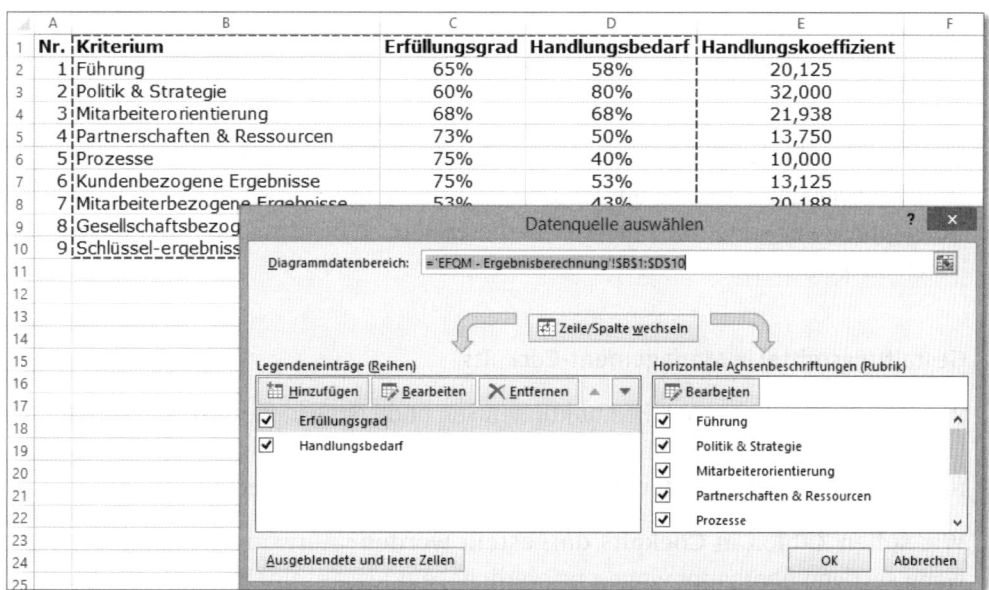

Abbildung 12.54 Datenbasis des Netzdiagramms sind die Ergebnisse für Erfüllungsgrad und Handlungsbedarf.

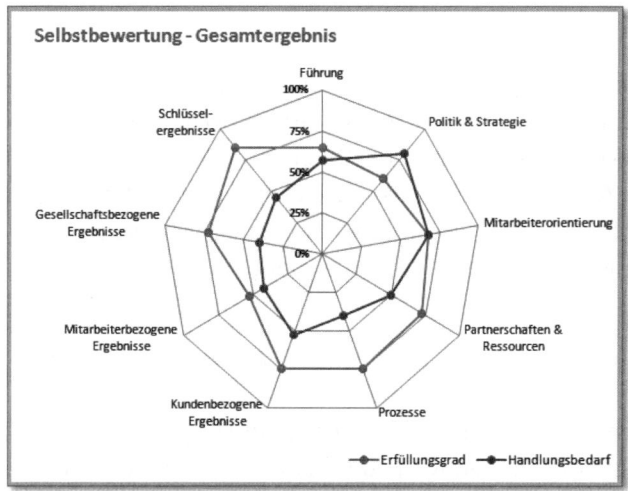

Abbildung 12.55 Darstellung von Erfüllungsgrad und Handlungsbedarf im Netzdiagramm

12.14.10 Interpretationen der Datendarstellung im Netzdiagramm

In dem fertiggestellten Diagramm stechen nun einige auffällige Bereiche besonders hervor:

- Achsen, bei denen der Wert für den Handlungsbedarf deutlich über dem des Erfüllungsgrades liegt. Dies ist beispielsweise bei der Datenreihe *Politik & Strategie* der Fall. Hier ist – wie der Handlungskoeffizient später bestätigen wird – eine besondere Notwendigkeit gegeben, zu handeln.

- Achsen, die das umgekehrte Verhältnis besitzen (hoher Erfüllungsgrad, niedriger Handlungsbedarf). Dies ist im Diagramm bei der Achse *Prozesse* der Fall. Die Darstellung gibt zu der Annahme Anlass, dass dieser Bereich nicht zu den Handlungsprioritäten zu rechnen ist.

INFO

Gestaltungsmittel in Management-Cockpits

Wenn Sie sich noch einmal die Funktionen von und Leitgedanken zu Management-Cockpits in Erinnerung rufen, dann lassen sich sehr schnell einige generelle Regeln für deren Gestaltung ableiten. Leitenden Charakter haben dabei folgende Fragen:

Wie sollen Zahlen in Cockpits dargestellt werden? Antwort: Zahlen müssen – wenn sie denn überhaupt eingesetzt werden – gut lesbar sein. Eine gewisse Größe ist demnach unabdingbar. Außerdem müssen Zahlen der Datenreihe im Diagramm zweifelsfrei zuzuordnen sein. Cockpits können jedoch auch ganz ohne Zahlen auskommen, wenn es um die Veranschaulichung von bestimmten Entwicklungen im Sinne von Trends geht. Ein typisches Beispiel solcher rein grafischen Informationen sind die Sparklines von Excel.

Welche Beschriftungen müssen unbedingt verwendet werden, auf welche kann man verzichten? Antwort: Bei der überwiegend grafischen Darstellung von Sachverhalten, z. B. durch die Verwendung mehrerer Diagramme, kommt den Beschriftungen eine wesentliche Aufgabe bei der Strukturierung der Informationen zu. In einem Cockpit wird Text folglich in erster Linie in Form von Überschriften benutzt, nicht um Detailinformationen etwa in der Art von Diagrammlegenden oder Kommentaren zu liefern.

Welche Diagrammelemente sind verzichtbar? Antwort: Weglassen sollten Sie sämtliche eher gestalterischen Elemente wie Umrahmungen und Unterstreichungen oder Elemente, die aufgrund der starken Verkleinerung der Diagramme kaum mehr erkennbar und schon gar nicht eindeutig zuzuordnen sind (z. B. Teilstriche auf Achsen, Gitternetzlinien). Insgesamt gilt es, nur die Elemente zu verwenden, die auch tatsächlich einen Informationsgehalt liefern. Schmückendes Beiwerk wie Schattierungen und dekorative Schriftschnitte sind da fehl am Platz.

Wie sollte man Farben einsetzen? Antwort: Bei der Verwendung von Farben müssen Sie deren Signalcharakter berücksichtigen. Als typisch kann hier die Ampelformatierung betrachtet werden. Mit den signalhaften Farben Rot, Gelb und Grün können Sie eine zusätzliche Information auf den ersten Blick vermitteln. Farbverläufe von Grün nach Rot oder umgekehrt können ebenfalls einen zusätzlichen Informationsgehalt transportieren.

12.14.11 Zwischenberechnungen für die Diagramme des Cockpits

Die weiteren Diagramme des EFQM-Cockpits können in der vorliegenden Form nicht aus bereits vorhandenem Datenmaterial erstellt werden. Um sie zu realisieren, benötigen wir einige Zwischenberechnungen. Diese befinden sich im Tabellenblatt *Diagrammdaten*.

	A	B	C
1	Thermometer	Ergebnis	Datenreihe 2
2	Kundenbezogene Ergebnisse	75%	100%
3	Mitarbeiterbezogene Ergebnisse	53%	100%
4	Schlüssel-ergebnisse	85%	100%
5			
6	Tachometer (Kreisdiagramm 1)	Intervalle	Werte
7		100	100
8		2. Halbkreis	100
9			
10	Tachometer (Kreisdiagramm 2)	Wert	HKoeffizient
11	Kundenbezogene Ergebnisse	53%	13,125
12	Nadel	2%	100
13	Rest des Halbkreises	46%	
14	2. Halbkreis	100%	
15			
16	Tachometer (Kreisdiagramm 2)	Wert	HKoeffizient
17	Mitarbeiterbezogene Ergebnisse	43%	20,1875
18	Nadel	2%	100
19	Rest des Halbkreises	56%	
20	2. Halbkreis	100%	
21			
22	Tachometer (Kreisdiagramm 2)	Wert	HKoeffizient
23	Schlüssel-ergebnisse	45%	6,75
24	Nadel	2%	100
25	Rest des Halbkreises	54%	
26	2. Halbkreis	100%	

Abbildung 12.56 Zwischenberechnungen für die Diagramme des Cockpits

Im Fall der Balkendiagramme ist es eine Kleinigkeit, die die Zwischenberechnung erzwingt. Aber es ist eine Kleinigkeit, an der die Arbeitsweise bei der Diagrammgestaltung und Informationspräsentation in Management-Cockpits sehr gut veranschaulicht werden kann.

Im Prinzip geht es in den drei Balkendiagrammen lediglich um die Darstellung jeweils eines einzelnen Werts. Es soll der Handlungskoeffizient für die Kriterienbereiche *Kundenbezogene Ergebnisse*, *Mitarbeiterbezogene Ergebnisse* und *Schlüsselergebnisse* dargestellt werden. Die Daten dazu liegen im Tabellenblatt *EFQM-Ergebnisberechnung* bereits vor. Und ein Balken wäre ausreichend, um den Wert zu visualisieren.

Die vierte Leitfrage für die Gestaltung von Management-Cockpits wie schon bei der Befragung zur Kundenzufriedenheit – *Wie sollte man Farben einsetzen?* – ändert diese Ausgangslage allerdings grundlegend. Um deutlicher zu machen, ob ein Koeffizient als unkritisch, kritisch oder sehr kritisch einzustufen ist, soll in den Diagrammen ein Farbverlauf verwendet werden. Vor dem Hintergrund dieses Farbverlaufs, der mit einem hellen Rot oder auch Weiß auf der linken Seite beginnt und in einem dunklen Rot auf der rechten Seite endet, soll dann der ermittelte Handlungskoeffizient – unter Angabe des Werts – angezeigt werden.

12.14.12 Hilfsdatenreihen erzeugen

Die für Excel-Diagramme ganz typische Vorgehensweise besteht nun im Erstellen einer Hilfsdatenreihe, oder genauer gesagt darin, einen zweiten versteckten Wert in das Diagramm einzubringen. Bestimmte Diagrammanforderungen oder Diagrammtypen wie das Tachometer- oder Thermometerdiagramm sind ohne solche verborgenen Hilfsdatenreihen schlichtweg undenkbar.

Im Tabellenblatt *Diagrammdaten* sind in Spalte C, jeweils unter der Überschrift *HKoeffizient*, zwei Zahlen angegeben. Die obere davon bezieht sich jeweils auf das Ergebnis der Zwischenberechnungen im Tabellenblatt *EFQM-Ergebnisberechnung* (=`'EFQM – Ergebnisberechnung'!E7`), die untere hat in allen drei Fällen den Wert 100. Sie ist nicht das Ergebnis einer Berechnung, sondern wurde per Tastatur eingegeben und bildet die Grundlage des zweiten Diagrammbalkens. Er wird die gesamte Werteskala mit einem Farbverlauf abdecken.

HKoeffizient
13,125
100

HKoeffizient
20,1875
100

HKoeffizient
6,75
100

Abbildung 12.57 Werte für Datenreihen und Hilfsdatenreihen der Balkendiagramme

12.14.13 Erstellen der Balkendiagramme

Um das Diagramm mit dem Farbverlauf im Hintergrund aufzubauen, führen Sie die folgenden Arbeitsschritte aus:

- Wählen Sie **Einfügen ▸ Diagramme ▸ Balken ▸ Gruppierte Balken**.

- Ordnen Sie dann über **Diagrammtools ▸ Entwurf ▸ Daten auswählen** die beiden
  Werte als jeweils eigene Datenreihe zu (z. B. aus den Zellen C11 und C12).

- Setzen Sie die **Größenachse** auf den Wert 100.

- Wählen Sie für die Hilfsdatenreihe die Option **Datenreihen formatieren ▸ Füllung ▸
  Farbverlauf** (Excel 2010: **Graduelle Füllung**).

- Klicken Sie auf den grünen Schalter neben dem Farbverlauf (**Farbverlaufsstopp hinzufügen**).

- Bewegen Sie die vier Regler für die **Farbverlaufstopps** an die Positionen 0 %, 25 %,
  50 % und 75 %.

- Bestimmen Sie für jeden Stopp die **Farbe**, **Helligkeit** und **Transparenz**, bis Sie den
  Farbverlauf erhalten, der am besten Ihren Vorstellungen entspricht.

- Wählen Sie für die zweite Datenreihe ebenfalls die Option **Datenreihen formatieren**,
  und aktivieren Sie im Menübereich **Datenreihenoptionen** für **Datenreihe zeichnen
  auf** die Option **Sekundärachse**.

- Setzen Sie auch die sekundäre Größenachse am oberen Ende des Diagrammberei-
  ches auf den Wert 100.

12

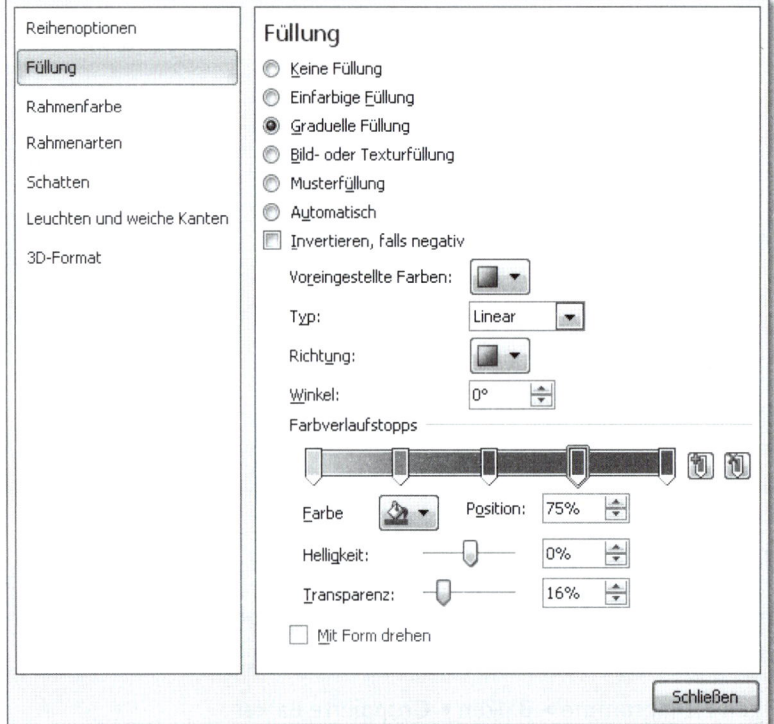

Abbildung 12.58 Erstellen eines Farbverlaufs für eine Datenreihe

Die Erstellung dieses Diagramms schließen Sie damit ab, dass Sie alle überflüssigen Elemente wie z. B. die Gitternetzlinien ausblenden und die Option **Datenbeschriftung hinzufügen** für die zweite Datenreihe aktivieren.

12.14.14 Verkürzung der Erstellung weiterer Diagramme

Da Sie noch mindestens zwei weitere Balkendiagramme benötigen, werden Sie nach einem probaten Mittel suchen, den Arbeitsaufwand für ihre Erstellung möglichst zu reduzieren. Zwei Varianten bieten sich hier an. In Variante 1 erstellen Sie aus dem bereits fertigen Diagramm eine Vorlage. Dazu bietet Ihnen Excel die Option **Als Vorlage speichern** im Kontextmenü von Excel 2013 oder in früheren Versionen das Menü **Diagrammtools ▶ Entwurf** an.

In den noch zu erstellenden Diagrammen gleicher Machart erstellen Sie dann ein Balkendiagramm und weisen ihm anschließend die Formatierung aus der Vorlage zu (**Diagrammtyp ändern ▶ Vorlagen**).

Wenn Sie sich für Variante 2 entscheiden, dann drücken Sie die Taste $\boxed{\text{Strg}}$ und erstellen eine Kopie des ersten Diagramms, indem Sie es durch Ziehen mit der linken Maustaste am Rahmen des Diagramms kopieren. Dieser Kopie müssen Sie dann im nächsten Arbeitsschritt lediglich neue Zellbezüge als Datenbasis zuweisen (**Daten auswählen**).

12.14.15 Thermometerdiagramme

Auch das Thermometerdiagramm folgt dem Schema, zusätzlich zu den Originaldaten eine Hilfsdatenreihe zu verwenden. Die berechneten Daten für die kundenbezogenen, mitarbeiterbezogenen und die Schlüsselergebnisse befinden sich im Zellbereich B2 bis B4 des Tabellenblattes *Diagrammdaten*. Es handelt sich um die Erfüllungsgrade. In den Zellen daneben wurde dreimal der Wert 100 % eingetragen.

	A	B	C
1	Thermometer	Ergebnis	Datenreihe 2
2	Kundenbezogene Ergebnisse	75%	100%
3	Mitarbeiterbezogene Ergebnisse	53%	100%
4	Schlüssel-ergebnisse	85%	100%

Abbildung 12.59 Datenbasis für das Thermometerdiagramm

Somit stehen für alle drei Diagramme zwei Datenreihen zur Verfügung. Diese bilden die Grundlage für ein Säulendiagramm. In insgesamt vier Arbeitsschritten wandeln Sie dieses Standarddiagramm in ein *Thermometerdiagramm* um – einen Diagrammtypen, den es in Excel eigentlich nicht gibt (Abbildung 12.60).

Was ist genau zu tun?

- Erstellen Sie zunächst ein Säulendiagramm, bei dem der Wert in Zelle B2 die erste und der Wert aus C2 die zweite Datenreihe darstellt. Dies ergibt ein Diagramm, wie Sie es unter ❶ in Abbildung 12.60 sehen.

- Legen Sie die zweite Datenreihe – Ihre Hilfsdatenreihe, die den Wert 100 % enthält – auf die Sekundärachse mit **Datenreihen formatieren ▸ Reihenoptionen ▸ Datenreihe zeichnen auf**. Passen Sie beide Größenachsen so an, dass der Maximalwert 1 (also 100 %) ist.

- Geben Sie dann in Zelle C2 den Wert 0 ein. Die zweite Säule im Diagramm verschwindet nun. Die Größenskala am rechten Rand des Diagramms bleibt aber erhalten ❷.

- Löschen Sie die Legende aus dem Diagramm. Setzen Sie die Hauptintervalle der Größenachsen auf einen Wert, der Ihnen angemessen erscheint, z. B. 0,25 ❸.

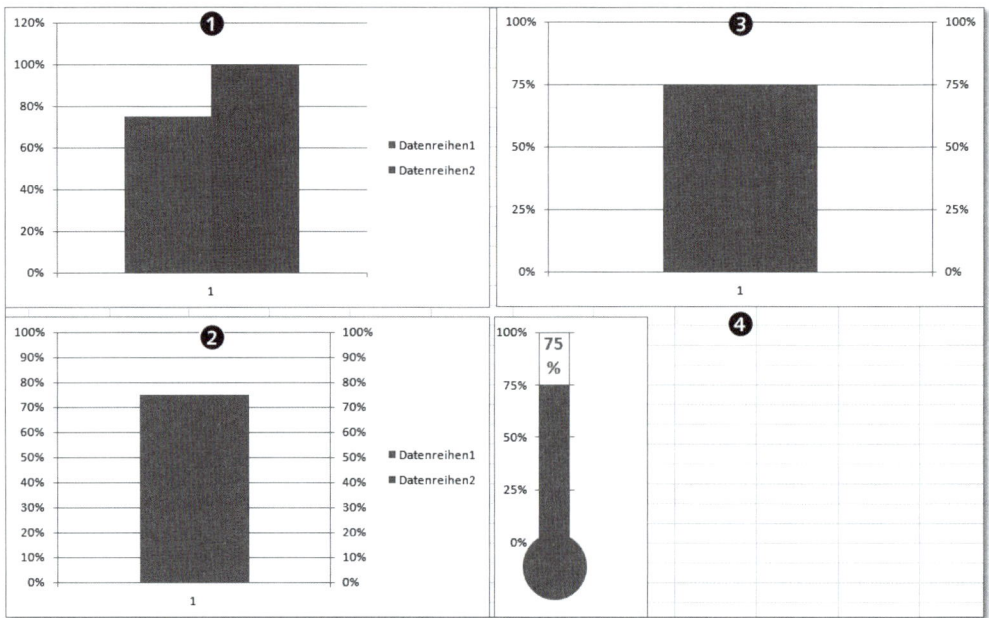

Abbildung 12.60 Umwandlung des Säulendiagramms in ein Thermometerdiagramm

- Bestimmen Sie die Abstandsbreite der Datenreihen (erneut unter **Datenreihen for-matieren ▸ Reihenoptionen**) mit 0 % (**Kein Abstand**). Fügen Sie **Datenbeschriftungen** hinzu, und formatieren Sie den dann angezeigten Wert nach Ihren Vorstellungen. Verkleinern Sie den Diagrammbereich. Blenden Sie gegebenenfalls die Wertean-zeige der Größenachse auf der rechten Seite aus ❹.

- Zeichnen Sie abschließend mit Hilfe der Funktion **Einfügen ▸ Illustrationen ▸ Formen ▸ Ellipse** einen Kreis. Drücken Sie beim Zeichnen die Taste ⇧, damit das Objekt ein gleichmäßiger Kreis und keine Ellipse wird. Gruppieren Sie zum Abschluss Dia-gramm und AutoForm.

Um die weiteren Thermometerdiagramme zu erstellen, verfahren Sie am besten so wie bereits bei den im EFQM-Cockpit erstellten Balkendiagrammen. Erstellen Sie entweder eine Diagrammvorlage, oder kopieren Sie das erste Thermometerdiagramm im Tabel-lenblatt. Weisen Sie den Kopien dann die geänderten Zellbezüge zu.

12.14.16 Aufbau der Tachometerdiagramme

Das Tachometerdiagramm basiert auf einem Kreisdiagramm, das wiederum in Excel zum Standardrepertoire gehört. Da ein Kreisdiagramm aber immer einen vollen Kreis abbildet, das Tachodiagramm jedoch einen Halbkreis zeigt, müssen wir erneut einen Hilfsdatenpunkt einsetzen, den wir später ausblenden. Dessen Wert muss exakt der Summe aller Werte der sichtbaren Kreishälfte entsprechen. Da im EFQM-Cockpit Werte aus einem Bereich von 0 bis 100 visualisiert werden, verwenden wir für den Hilfsdatenpunkt folglich auch den Wert 100.

Die Minimalanforderung an den sichtbaren Bereich des Tachometerblattes lautet, dass ein Kreisausschnitt die Tachonadel darstellen muss. Aber sowohl links als auch rechts davon müssen weitere Kreisausschnitte liegen, die den Hintergrund der Tachonadel bilden. Dies führt zu dem in Abbildung 12.61 gezeigten Erscheinungsbild des Diagramms.

Der Wert, der im Diagramm dargestellt werden soll, ist im Beispiel das berechnete Ergebnis von 53 %. Die Tachonadel selbst nimmt den Wert 1 % ein. Durch diesen Wert ist ihre Stärke bestimmt. Der Wert 100 % entspricht der unteren Hälfte des Kreises; diesen Halbkreis blenden wir jedoch später aus.

Um den Wert für den rechten Halbkreis des Tachometerblattes zu erhalten, rechnen Sie *100 – linker Kreisausschnitt – Tachonadel*. Ändert sich der berechnete Wert für den linken Kreisausschnitt, wird dieser kleiner, und der rechte Kreisausschnitt wird größer. Die Tachonadel bewegt sich so scheinbar von rechts nach links oder in die entgegengesetzte Richtung.

12.14.17 Erweiterung des Tachometerdiagramms

Prinzipiell könnten Sie es bei diesem Grundaufbau des Diagramms belassen und für sämtliche Kreissegmente die Füll- und Rahmenfarben deaktivieren. Dann bliebe nur noch die Tachonadel sichtbar und zeigte den berechneten Wert aus Ihrer Tabelle an. In der Praxis werden aber häufig weitere Gestaltungsmittel eingesetzt, um ein Tachometerdiagramm zu erstellen.

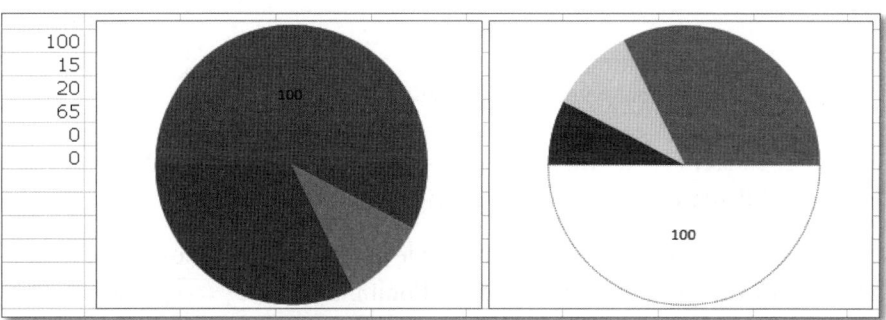

Abbildung 12.61 Hintergrund des Tachoblattes mit Ampelformatierung

Diese Formatierungen betreffen vor allem die Farbgestaltung des sichtbaren Halbkreises. Nicht selten besteht beispielsweise der Wunsch, kritische Bereiche auf dem Tachoblatt mit der Farbe Rot, neutrale Bereiche in Gelb und optimale Wertebereiche in Grün zu unterlegen (Abbildung 12.62). Um eine solche Ampelformatierung zu erzeugen, könnten Sie einfach eine AutoForm mit diesen Farben in den Hintergrund legen.

Möchten Sie flexibler sein, weil sich die Grenzwerte zukünftig ändern werden oder für unterschiedliche Messungen auch verschiedene Grenzwerte existieren, dann werden Sie stattdessen den Hintergrund des Tachoblattes aus einem veränderbaren Kreisdiagramm erstellen. Auch dieses Diagramm enthält wieder einen Wert für den unsichtbaren unteren Halbkreis. Der Wert dieses Halbkreises entspricht der Summe aller Werte des sichtbaren oberen Diagrammausschnitts. Soll das Tachoblatt eine Ampelformatierung besitzen, verwenden Sie drei weitere Werte für die drei Farbbereiche des oberen Abschnitts. In Abbildung 12.62 sind dies die Werte 15, 20 und 65.

12.14.18 Zusammenfügen der beiden Tachometerdiagramme

Die beiden Tachometerdiagramme können Sie streng genommen nicht zusammenfügen. Sie können sie lediglich übereinanderlegen und die Fläche des im Vordergrund liegenden Diagramms transparent formatieren.

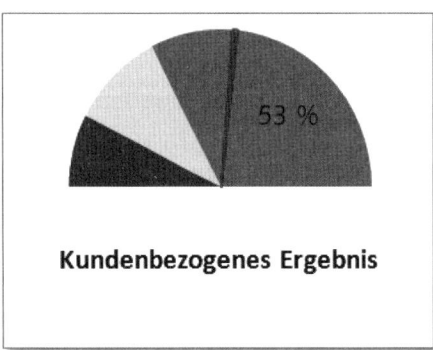

Abbildung 12.62 Tachometerdiagramm mit Ampelformatierung

Für den Betrachter entsteht so der Eindruck eines einzigen Diagramms mit beweglicher Tachonadel und farblicher Darstellung der wichtigsten Wertebereiche.

Der Effekt wirkt selbstverständlich nur, wenn Sie die beiden Diagramme präzise übereinander anordnen. Dazu nutzen Sie am besten die Kombination aus Strg + Pfeiltasten. Beim Verschieben von Diagrammen per Tastatur gibt es seit Excel 2007 allerdings eine

Neuerung: Wenn Sie den Rahmen des Diagramms anklicken und dieses dann per Tastatur verschieben möchten, funktioniert das nicht so recht. Anstatt das Gesamtobjekt zu bewegen, wandert die Markierung einfach zum nächsten Teilobjekt des Diagramms, z. B. zum Diagrammtitel. Diesen unerwünschten Effekt verhindern Sie so:

- Halten Sie die Taste $\boxed{\text{Strg}}$ fest.

- Klicken Sie mit der Maus auf das Diagramm, das Sie per Tastatur verschieben möchten.

- Wenn das Diagramm durch vier kleine Kreise an den Ecken markiert ist, verschieben Sie es mit $\boxed{\text{Strg}}$ + Pfeiltasten in die gewünschte Richtung.

12.14.19 Schritt-für-Schritt-Umsetzung der Tachometerdiagramme

Nachdem wir uns die Logik und Bauweise von Tachometerdiagrammen veranschaulicht haben, können wir uns nun Schritt für Schritt an die Umsetzung machen. Im Tabellenblatt *Diagrammdaten* befinden sich im Zellbereich B11 bis B14 vier Werte, aus denen wir das Diagramm erstellen können.

Das Ergebnis für *Kundenbezogene Ergebnisse* bildet den berechneten Teil der Datenbasis. Es wird übernommen mit dem Verweis ='EFQM – Ergebnisberechnung'!D7. In der Zelle darunter wird der Wert für die Stärke der Tachonadel per Tastatur und eigenen Gestaltungsvorstellungen eingegeben. In Zelle B13 sollte dann mit der Formel =1-B11-B12 die Größe des Kreissegments rechts von der Tachonadel berechnet werden.

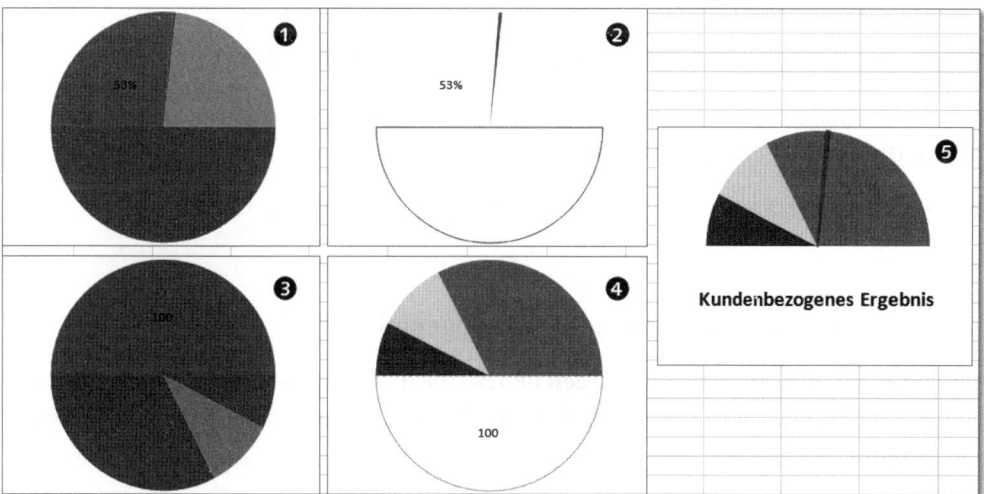

Abbildung 12.63 Einzelschritte der Diagrammerstellung

Erstellen Sie dann wie gewohnt das Kreisdiagramm:

- Einfügen ▶ Diagramme ▶ Kreis

- Daten auswählen ▶ Hinzufügen

- Wertebereich B11 bis B14 als **Reihenwerte** zuweisen

Nun müssen Sie das Diagramm drehen und formatieren:

- Datenreihen formatieren ▶ Reihenoptionen ▶ **Winkel des ersten Segments** ▶ 270 Grad

- zwei einfache Mausklicks auf das untere (Halb-)Kreissegment, aufrufen von **Datenpunkt formatieren**

- Deaktivieren der **Füllfarbe** und der **Rahmenfarbe**

- Wiederholen des Vorgangs für die oberen Kreissegmente; dem Tachonadel-Segment eine Füll- und Rahmenfarbe nach eigenen Vorstellungen geben

Nachdem Sie die Tachonadel angelegt haben, fehlt Ihnen noch die Hintergrundgestaltung. Im vorliegenden Beispiel ist diese recht einfach gehalten. Die beiden Hälften sollen lediglich verschiedene Farben enthalten, die der Farbskala des Cockpits entsprechen. Die beiden Werte dazu finden Sie in den Zellen C7 und C8.

Die Vorgehensweise für das zweite Diagramm ist analog zu der Vorgehensweise im ersten Diagramm. Einziger Unterschied: Sie müssen das erste Kreissegment um 90 Grad drehen. Wenn Sie die beiden Diagramme erstellt haben, entfernen Sie die Legenden und eventuell weitere angezeigte und nicht benötigte Elemente wie Titel. Dann schieben Sie beide Diagramme übereinander. Klicken Sie zum Abschluss mit der rechten Maustaste auf das obenliegende Diagramm, das die Tachonadel enthält.

Wählen Sie aus dem Kontextmenü die Option **Diagrammbereich formatieren**, und setzen Sie die Option **Füllung** auf **Keine Füllung**.

Die weiteren Diagramme erstellen Sie mit dem gleichen Verfahren.

12.14.20 Schützen der Cockpit- und Fragebogeninhalte

Aktivieren Sie zum Abschluss der Arbeit den Blattschutz, um zu verhindern, dass die Diagramme im Tabellenblatt *EFQM-Cockpit* versehentlich geändert werden (**Start** ▶ **Format** ▶ **Blatt schützen**).

Auch das Tabellenblatt *Fragebogen – Selbstbewertung* bedarf noch einer Nachbearbeitung. Blenden Sie zunächst die beiden Spalten D und F, die die Berechnungen der Bewertungen enthalten, aus. Aktivieren Sie danach auch für dieses Tabellenblatt den Blattschutz.

Das Tabellenblatt, in dem sich der Fragebogen befindet, sollten Sie nun noch als separate Datei speichern. Diese werden Sie dann an die Mitarbeiterinnen und Mitarbeiter versenden oder das Dokument im Intranet zur Verfügung stellen.

Bei den ausgefüllten Fragebögen, die Sie zurückerhalten, gehen Sie am besten so vor, wie im Abschnitt über Mitarbeiterbefragungen beschrieben. Speichern Sie die Dateien in einem Ordner unter eindeutigen Dateinamen. Modifizieren Sie das bereits vorhandene Makro in der Form, dass damit die Ergebnisse der EFQM-Selbstbewertung in die Arbeitsmappe *12_EFQM_Cockpit_01.xlsx* übernommen werden können.

12.14.21 Weitere Kennzahlen im EFQM-Cockpit

Um einen Ausblick auf weitere Möglichkeiten des EFQM-Cockpits im Besonderen und von Management-Cockpits im Allgemeinen zu erhalten, lohnt noch einmal ein Blick zurück an den Anfang dieses Abschnitts. Dort habe ich die neun Kriterienbereiche des EFQM-Modells kurz vorgestellt. Diese enthalten vor allem auf der Ergebnisseite zahlreiche Anknüpfungspunkte für die Verwendung weiterer Kennzahlen.

Solche Kennzahlen könnten beispielsweise im Kriterienbereich *Mitarbeiterbezogene Ergebnisse* die Mitarbeiterfluktuation, der Krankenstand oder die Personalintensität sein. Bei den *Gesellschaftsbezogenen Ergebnissen* kämen beispielsweise Kennzahlen zum Energieverbrauch in Frage. Bei den *Schlüsselergebnissen* bietet sich selbstverständlich eine ganze Palette von Rentabilitäts- oder Liquiditätskennzahlen an.

Die Darstellung von Ergebnissen geht also unter Umständen weit über die Zusammenfassung von Fragebogenauswertungen hinaus. In Kapitel 13, »Reporting mit Diagrammen und Tabellen«, werde ich diese Idee weiterverfolgen und am Beispiel eines umfangreichen Management-Cockpits praktisch darstellen.

13   Reporting mit Diagrammen und Tabellen

Kalkulationsergebnisse sind nur die halbe Miete. Die andere Hälfte bildet die aussagekräftige Präsentation der Daten. In diesem Kapitel lernen Sie die entscheidenden Tricks dafür kennen. Excel bietet eine riesige Auswahl an Diagrammen, von denen jedoch keineswegs alle im Controlling zwingend notwendig sind. Im Folgenden erfahren Sie, welche Diagramme Sie nutzen und welche Gestaltungsregeln Sie berücksichtigen sollten.

13.1   Grundlagen

Es ist wirklich paradox. Excel hat seit jeher ein viel zu großes Angebot an Diagrammen, das in der täglichen Praxis jedoch häufig völlig unzureichend ist. Zwei Gründe sind dafür verantwortlich, dass beide Teile des vorangegangenen Satzes zutreffen.

13.1.1 Zu viel und doch zu wenig?

Auf der einen Seite protzt das Programm überflüssigerweise mit zahlreichen Varianten gängiger Diagrammtypen. Da gibt es beispielsweise, um das wohl absurdeste Beispiel zu nennen, ein dreidimensionales Liniendiagramm! Linie? 3D? Schließt sich das nicht prinzipiell aus? Die Antwort überlasse ich Ihnen.

Eventuell ist es Ihnen auf der anderen Seite auch schon aufgefallen, dass bestimmte Diagrammtypen in Excel aber fehlen, die bei der Visualisierung betriebswirtschaftlicher Daten eigentlich gang und gäbe sind. Wasserfalldiagramme, Gantt-Diagramme und Co.? Fehlanzeige! Ganz abgesehen von den heutzutage stark nachgefragten *bullet graphs*, den Tachometer- und Thermometerdiagrammen. Die Defizite bei den Diagrammtypen überraschen in besonderem Maße, da gerade das Diagrammmodul von Excel in einer der letzten Versionen grundlegend überarbeitet wurde. Doch diese Überarbeitung bezog sich sehr stark auf die Benutzeroberfläche sowie die Modernisierung der Optik der Diagramme, nicht aber auf die Auswahl der Diagrammtypen.

Nun gibt es in Excel also – wenig tröstlich – noch mehr 3D-Effekte und Schattierungen, ergänzt durch frei wählbare Oberflächenstrukturen von **Plastik** bis **Drahtmodell**. Dem Ganzen können Sie schließlich noch über eine Auswahl aus mehreren Millionen Farben den letzten schillernden Schliff verpassen. »Ich kann mich gar nicht entscheiden! Ist alles so schön bunt hier!«, hieß es in einer früheren Popmusikdekade einmal etwas verächtlich. Doch der Oldie gelangt auch in Excel 2013 wieder zu unverhoffter Aktualität.

Das Problem mag oberflächlich betrachtet in die Gefahr münden, dass Sie sich schlichtweg in den schier unüberschaubaren Möglichkeiten des Programms verirren und unnötig Zeit bei der Erstellung von Diagrammen verschenken. Viel substanzieller ist jedoch das Risiko, dass Sie sich am Ende für einen Diagrammuntertypen wie **Gestapelte horizontale Pyramide (100 %)** entscheiden, um Ihre Daten zu visualisieren … und niemand versteht, was Sie eigentlich mit Ihren ausgewählten Daten sagen möchten. Schlimmer noch: Sie werden missverstanden, und Ihre ganze Argumentation geht nach hinten los.

13.1.2   Mut zur Lücke! Aber was kann man weglassen?

Aufgrund solcher potentiellen gestalterischen Fehlgriffe mag es vielleicht gar nicht überraschend erscheinen, wenn ich Ihnen zu Beginn dieses Kapitels einen Überblick darüber geben möchte, worum es auf den folgenden Seiten nicht geht:

- 3D-Effekte und Schattierungen: Solche Objekteigenschaften transportieren keinen Informationsgehalt für den Rezipienten von Diagrammen und sind deshalb schmückendes, aber völlig nutzloses Beiwerk.

- Oberflächenstrukturen, Abschrägungen und Beleuchtungseffekte: Das **Säulendiagramm** als **Drahtmodell** im **Art Deco**-Stil mit einem Beleuchtungseffekt **Sonnenuntergang** ist keine scherzhafte Erfindung. In Excel gibt es das tatsächlich. Mein Rat: Lassen Sie die Finger von diesen und von anderen Effekten, denn auch sie tragen nicht zum besseren Verständnis Ihrer Daten bei.

- Unterdiagrammtypen: **Gestapelte Zylinder**, **Gruppierte horizontale Pyramiden** oder **Gestapelte 3D-Flächen** – das klingt nicht nur seltsam. Glauben Sie mir, diese Diagrammvarianten sehen auch äußerst befremdlich aus und rauben dem Betrachter wichtige Kapazitäten bei der Interpretation der Gesamtfigur, das Ihr Diagramm automatisch bildet. Diese Kapazitäten können Sie stattdessen auf die Interpretation der Daten lenken, wenn Sie auch um solche Diagrammexoten einen weiten Bogen machen.

13.1.3   Was Sie stattdessen wissen und nutzen sollten

Was bleibt denn dann noch übrig, wenn man diese ganzen tollen Effekte einfach ignoriert? Zunächst mal eine Menge Zeit für Sie, in der Sie sich mit wichtigeren Dingen beschäftigen können, weil Sie mit einer überschaubaren Anzahl von Diagrammtypen und ohne allzu viel Schnickschnack zu ausdrucksstarken Diagrammen kommen!

Doch dass dies nicht alles ist, sehen Sie unschwer an der Liste der Themen, um die es in diesem Kapitel außerdem geht:

■ die Auswahl des richtigen Diagrammtyps für die Ihnen vorliegenden Daten

■ die Beachtung von Formatierungsregeln und die Erstellung von individuellen Diagrammvorlagen

■ die Entwicklung von speziellen Diagrammtypen, die es in Excel eigentlich gar nicht gibt

■ die Gestaltung von Management-Cockpits mit Hilfe u. a. von Sparklines

■ die Übernahme von Diagrammen und Tabellen in die Office-Programme PowerPoint und Word

13.2 Das Standarddiagramm in Excel

Excel verfügt unter all den verschiedenen Diagrammtypen über ein Standarddiagramm. Wenn Sie in der Beispieldatei *13_Wertevergleich_Balkendiagramm_Säulendiagramm_01.xlsx* den Zellbereich A2 bis G3 markieren und F11 drücken, wird dieses automatisch verwendet.

Vergleich von Werten						
	Januar	Februar	März	April	Mai	Juni
Nord	3.487	2.339	2.726	2.390	2.970	3.328
Süd	1.881	2.219	1.715	2.276	1.616	2.376
Ost	2.771	2.371	2.639	2.675	2.509	2.446
West	3.323	3.008	3.397	3.463	3.255	3.313
Südwest	2.003	2.207	2.140	3.390	2.623	2.676

Abbildung 13.1 Daten in Form einer einfachen Liste als Basis für ein Diagramm

Das Standarddiagramm ist das Säulendiagramm. Da bei der Auswahl der Zellen im Tabellenblatt sowohl die Spaltenüberschriften als auch die Zeilenbeschriftung markiert wurden, werden diese Informationen auch gleich mit in das Diagramm übernommen. Die Spaltenüberschriften werden als *Rubrikenachsenbeschriftung* verwendet, die Zeilenbeschriftung als *Diagrammtitel* und *Legende* (Abbildung 13.2).

Des Weiteren wird durch die Höhe der Werte im Datenbereich eine automatische Skalierung auf der Größenachse von Excel vorgegeben. Und auch die farbliche Gestaltung der

Säulen Ihrer Datenreihe folgt den Standardvorgaben. Die Farbvorgaben werden durch die im Seitenlayout ausgewählten *Designfarben* bestimmt.

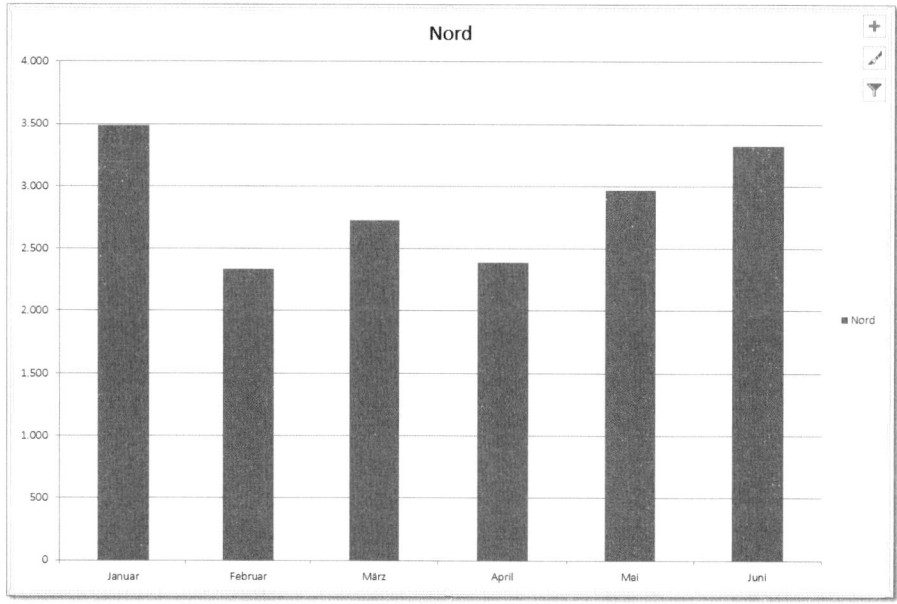

Abbildung 13.2 Standarddiagramm in Excel

Sichtbar ist zudem, dass je nach Achsenskalierung auch die *Gitternetzlinien* auf der sogenannten *Zeichnungsfläche* gebildet werden. Letztere dehnt sich als Rechteck fast über den gesamten *Diagrammbereich* aus. Der Diagrammbereich belegt auf der anderen Seite, nachdem Sie [F11] betätigt haben, den gesamten Fensterbereich eines eigenen Diagrammblattes.

Selbstverständlich lässt sich diese Grundanordnung der Diagrammelemente nachträglich verändern oder durch weitere Elemente wie beispielsweise Beschriftungen ergänzen. Doch dazu später mehr.

13.2.1 Diagrammerstellung über das Menüband

Neu in Excel 2010 und 2013 ist nicht nur das Menüband als eigentliche Benutzerschnittstelle des Programms, auch die Logik bei der Erstellung von Diagrammen hat sich in den neuen Programmversionen grundlegend verändert. Dies erproben Sie am besten, indem Sie ein Diagramm erstellen, ohne vorher den Datenbereich im Tabellenblatt bestimmt zu haben.

Abbildung 13.3 Leeres Diagrammobjekt nach Diagrammmenüaufruf

Nachdem Sie **Einfügen ▸ Diagramme ▸ Säulendiagramm einfügen ▸ 2D-Säulen ▸ Gruppierte Säulen** aktiviert haben, wird ein völlig leeres Diagrammobjekt auf das aktive Tabellenblatt gelegt. Solange dieses Objekt ausgewählt ist, wird im Menüband das Kontextmenü **Diagrammtools** angezeigt. Über dieses Kontextmenü können Sie sämtliche Funktionen zur Definition und Gestaltung des Diagramms abrufen. Einen Diagramm-Assistenten, wie Sie ihn noch aus den früheren Versionen kennen, gibt es nicht mehr.

In Excel 2013 ist ein neues Element zur Bedienung hinzugekommen: Wenn ein Diagramm ausgewählt ist, werden an seiner rechten oberen Seite drei Schaltflächen angezeigt. Diese sind bezeichnet mit **Diagrammelemente**, **Diagrammvorlagen** und **Diagrammfilter**.

Abbildung 13.4 Neues Menüelement
für Diagramme in Excel 2013

Von der Bedienungslogik sind die neuen Menüs nicht gut gelungen, denn es gibt jetzt viele Funktionen doppelt in den Diagrammtools und dem neuen »Seitenmenü«. Die einfache Logik, dass man sich in den alten Menüs von links nach rechts und damit von den umfassenden zu den spezielleren Änderungen bewegen konnte, ist völlig verlorengegangen. Man wird sich umgewöhnen müssen.

Die drei neuen Schaltflächen bieten insgesamt folgende Funktionen an:

Schaltfläche	Funktion
Diagrammelemente	Hinzufügen von Elementen wie Diagrammtitel, Datenbeschriftungen etc. Der Menüpunkt erscheint auch im Menü **Entwurf**. Rufen Sie **Weitere Optionen** aus der angezeigten Liste auf, erscheint rechts neben dem Diagramm das zugehörige Menü. Die Funktion entspricht dem rechten Mausklick in ein Diagrammelement, der ebenfalls das jeweilige Kontextmenü aufruft. Diese Schaltfläche ersetzt das Menü **Diagrammtools ▶ Layout**, das es in Excel 2013 nicht mehr gibt.
Diagrammvorlagen	Anzeige der Diagrammvorlagen. Es werden die Vorlagen angeboten, die auch im Menü **Entwurf** zur Verfügung gestellt werden. Ein zweites Register bietet eine Farbauswahl an. Auch diese wird im Menü **Entwurf** gezeigt.
Diagrammfilter	Zeigt eine Liste der Datenreihen und Datenpunkte an und erlaubt es, einzelne Datenreihen oder -punkte ein- oder auszublenden. Um dies zu erreichen, mussten Sie bislang den Menüpunkt **Daten auswählen** aktivieren.

Im Menü **Entwurf**, das zwar erhalten blieb, aber stark modifiziert wurde, befinden sich jetzt die Gestaltungsfunktionen auf der linken Seite. Diagrammtyp und Datenauswahl, von denen man annehmen sollte, dass sie noch vor der Gestaltung benötigt werden, sind hingegen nach rechts gerückt. Mit einer Ausnahme: **Diagrammelement hinzufügen** ist gleich der erste Schalter auf der linken Seite.

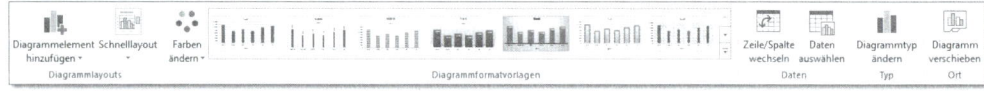

Abbildung 13.5 Das nicht unbedingt logisch aufgebaute neue Menü **Entwurf**

Doch damit nicht genug: Die meisten Detailmenüs, die auf der rechten Seite erscheinen, wenn Sie eine Formatierungsfunktion aufrufen, bieten zwei kaum als Register zu erkennende Untermenüs an. Wenn Sie mit Excel 2013 erste Diagramme erstellen, werden Sie sicher immer wieder Optionen vermissen und dann beim zweiten Hinsehen feststellen, dass Sie im falschen Untermenü sind.

Um das Menü-Wirrwarr auf die Spitze zu treiben, werden die Untermenüs noch einmal – diesmal mit Symbolen – in verschiedene Gruppen unterteilt. Ein Farbeimer deutet an, dass es über ihn zur Farbgestaltung geht. Ein Rechteck mit vier Pfeilen signalisiert, dass

hierüber die Größe eines Elements veränderbar ist. Haben Sie sich für eine Gruppe entschieden, befinden sich darunter wieder Sektionen wie **Rahmen und Füllung**. Diese sind
nicht als Symbol, sondern wieder als Text gekennzeichnet. Sie merken sehr schnell, dass
das zentrale Motiv für diese Gestaltung war, Platz zu sparen, Wahrscheinlich bedingt
durch die Anforderung, das Diagrammmodul auf auch Rechnern mit kleinerem Bildschirm (Tablets etc.) bedienbar zu machen. Doch diese Benutzerführung ist meines Erachtens der erste Kandidat für eine Optimierung in der kommenden Excel-Version.

Abbildung 13.6 Eines der zahlreichen Formatierungsmenüs in Excel 2013

HINWEIS

Diagrammvorlagen in Excel 2013

Eine weitere Änderung im Diagrammmodul von Excel 2013 betrifft das Speichern
von Diagrammvorlagen. Diese wichtige Funktion ist aus allen Menüs verbannt worden. Klicken Sie jedoch mit der rechten Maustaste in ein Diagramm, sehen Sie die
Option **Als Vorlage speichern**, die Sie zur gewohnten Dialogbox führt.

13.2.2 Bestimmen der Datenreihen und Beschriftungen

Doch kehren wir zurück zu unserem leeren Diagrammobjekt, dem wir nun sicherlich die
Zellbereiche zuordnen müssen, die als Datenreihen im Diagramm erscheinen sollen.
Dazu klicken Sie auf den Schalter **Daten auswählen** im Menü **Diagrammtools ▶ Entwurf ▶
Daten**.

Anschließend erscheint eine Dialogbox, die Ihnen, nachdem Sie auf **Hinzufügen** geklickt
haben, die Möglichkeit bietet, die gewünschten Zellbereiche im Tabellenblatt zu markieren. Wenn Sie auf der rechten Seite der Dialogbox unter der Überschrift **Horizontale
Achsenbeschriftungen (Rubrik)** auf **Bearbeiten** klicken und dann auch noch die Spaltenüberschriften der Tabelle markieren, erhalten Sie das gleiche Diagramm, das auch über
F11 erstellt wurde. Dieses Diagramm ist lediglich eine Nummer kleiner, und sein Speicherort ist *Objekt in Daten* statt *Neues Blatt: Standarddiagramm*.

Von der Optik her wirkt dieses erste Diagramm insgesamt »leichter« als seine Vorgänger. Es gibt keine Teilstriche auf den Achsen mehr, die Gitternetzlinien sind nicht mehr tiefschwarz, sie treten mit einem hellen Grau in den Hintergrund. Auch alle anderen Beschriftungen sind grau, was die Datenreihen und -punkte in den Vordergrund treten lässt. Dies ist eine Kernforderung der Experten für die Gestaltung quantitativer Daten. Die Umsetzung ist gut gelungen.

13.2.3 Zwei Vorgehensweisen – ein Ziel: Änderung von Elementeigenschaften

Halten wir also fest: Beim Erstellen des Diagramms gibt es zwei Alternativen mit (F11 und **Einfügen ▸ Diagramme**). Bei der Bearbeitung von Diagrammelementen und somit bei der gesamten Formatierung des Diagramms hängt es ebenfalls von Ihren persönlichen Vorlieben ab, welchen von zwei Wegen Sie einschlagen. Die beiden Optionen sind:

- Klicken Sie mit der rechten Maustaste auf ein beliebiges Element des Diagramms – etwa auf eine Achse, auf Gitternetzlinien oder eine Datenreihe –, bietet Ihnen Excel im Kontextmenü die Option zur Formatierung des gewählten Elements an (etwa **Achse formatieren** oder **Datenreihen formatieren**). Sie gelangen in Excel 2010 durch die Auswahl dieser Option in eine Dialogbox, in der Sie sämtliche Eigenschaften des gewählten Elements verändern können. In Excel 2013 führt Sie das Programm zu den Menüs am rechten Rand des Excel-Fensters.

  Wichtig: Seit Excel 2010 wurde die Möglichkeit der Bearbeitung noch einmal modifiziert. Die Dialogboxen zur Bearbeitung können Sie nun direkt mit einem Doppelklick auf das jeweilige Element starten.

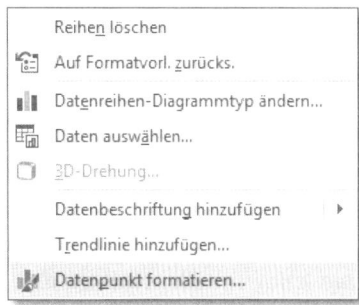

Abbildung 13.7 Aufruf der Formatierung eines Elements über das Kontextmenü

- Die gleichen Bearbeitungsfunktionen erhalten Sie aber auch, wenn Sie im Untermenü **Format** in der Gruppe **Aktuelle Auswahl**, die sich ganz links befindet, ein Element aus der Liste auswählen und anschließend auf den Schalter **Auswahl formatieren** klicken.

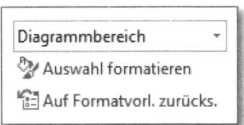

Abbildung 13.8 Aufruf der Formatierungsoptionen über das Menüband

Beide Bearbeitungsvarianten haben in bestimmten Situationen ihre Vorteile. Während der rechte Mausklick bzw. der Doppelklick in vielen Fällen schneller zum (Formatierungs-)Ziel führt und häufig das Suchen von Optionen im Menü minimiert, ist die Auswahl über das Menü vor allem dann nützlich, wenn Sie ein winziges oder unsichtbares Diagrammelement verändern möchten und es Ihnen partout nicht gelingen will, das Element mit der Maustaste zu aktivieren.

13.3 Wichtige Gestaltungsregeln

Nachdem wir bislang das technische »Wie« der Gestaltung von Diagrammen betrachtet haben, ist es nun an der Zeit, den Blickwinkel zu ändern. Die neue Perspektive wird sich mit den Fragen nach dem »Womit« beschäftigen. Mit welchen Mitteln gelingt es Ihnen, die Aufmerksamkeit der Betrachter auf die wesentlichen Bestandteile Ihres Diagramms zu lenken, um genau die Informationen zu transportieren, die Ihnen wichtig sind?

Dabei ist es sehr hilfreich, auf eine Sammlung von Wahrnehmungsregeln zurückzugreifen. Bereits in der ersten Hälfte des 20. Jahrhundert erkundete die *Berliner Schule der Gestaltpsychologie* unter Zuhilfenahme von zahlreichen Experimenten die Gesetzmäßigkeiten der menschlichen Wahrnehmung. In der Beispieldatei *13_Wahrnehmungsgesetze_01.xlsx* sind einige der Gesetze im Rahmen von Diagrammen veranschaulicht. Bis zum heutigen Tag gelten u. a. die folgenden sieben Wahrnehmungsgesetze als unstrittig:

- **Gesetz der Prägnanz:** Eine Gestalt wird vor allem dann wahrgenommen, wenn sie sich in einem Merkmal von allen anderen unterscheidet, d. h. prägnant oder wahrnehmungsaktiv ist. Wahrnehmung ist ein aktiver Prozess, komplexe Strukturen werden auf einfache Strukturen reduziert. Dieses elementare Gesetz muss dazu führen, die Anzahl der Gestaltungsmerkmale in einer Darstellung zu reduzieren und für die wichtigsten Bestandteile eines Diagramms eindeutige Unterscheidungsmerkmale wie Farben, Formen oder Beschriftungen zu wählen.

13

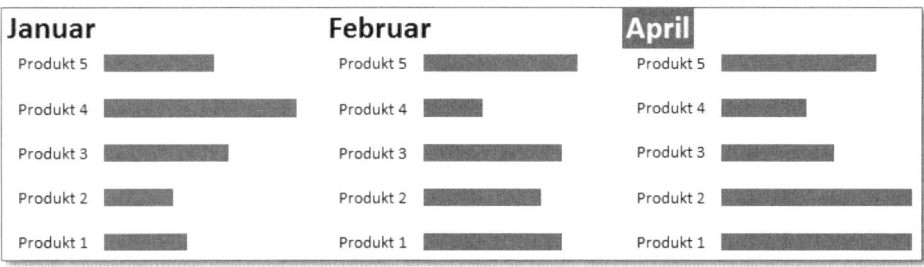

Abbildung 13.9 Prägnant ist die Unterscheidung eines Objekts durch ein Merkmal: Das Diagramm für April fällt allein durch die unterschiedliche Überschrift auf.

- **Gesetz der Nähe:** Elemente, die nah beieinander angesiedelt sind, werden als zusammengehörig wahrgenommen. Dies bedeutet, dass Sie unbedingt auf Abstände und Ausrichtungen von Elementen in Diagrammen und Präsentationen achten müssen. Verwenden Sie drei Diagramme in einem Schaubild, könnte bereits der unwesentlich größere Abstand zwischen Diagramm 2 und 3 suggerieren, dass in ihm Daten dargestellt werden, die nichts mit Diagramm 1 und 2 zu tun haben.

Abbildung 13.10 Schon durch die Abstände wird klar, dass hier die Ergebnisse zweier Quartale dargestellt werden.

- **Gesetz der Ähnlichkeit:** Auch die Ähnlichkeit von Elementen führt im Wahrnehmungsprozess dazu, dass solche Elemente als zusammengehörig betrachtet werden. Umgekehrt hat dieses Gesetz zur Folge, dass Sie für nicht zusammengehörige Elemente unbedingt Unterscheidungsmerkmale verwenden müssen. Als solche Merkmale können Farben, Formen, aber auch Hintergründe dienen.

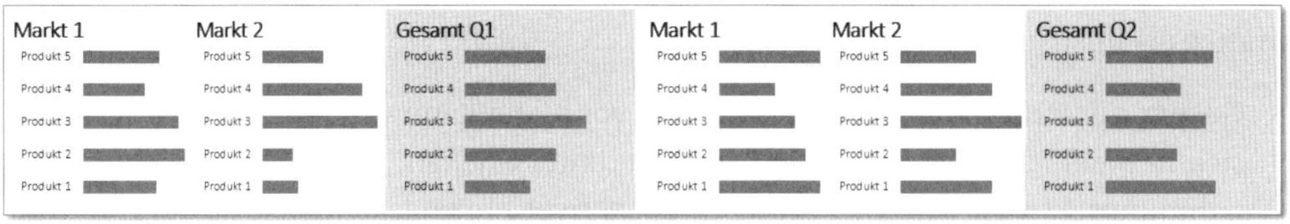

Abbildung 13.11 Die Zusammengehörigkeit der Einzel- und die Abgrenzung der Quartalsergebnisse erfolgt über eine ähnliche Farbgebung.

- **Gesetz der Kontinuität:** Die Wahrnehmung unterliegt einem gewissen Fortsetzungszwang. Wahrnehmungsreize werden als zusammengehörig empfunden, wenn sie als Fortsetzung vorangehender Reize empfunden werden. Handelt es sich hingegen bei den dargestellten Objekten um keine sachliche Fortsetzung, müssen Sie dies – unter Umständen mit einer Beschriftung – besonders kenntlich machen.

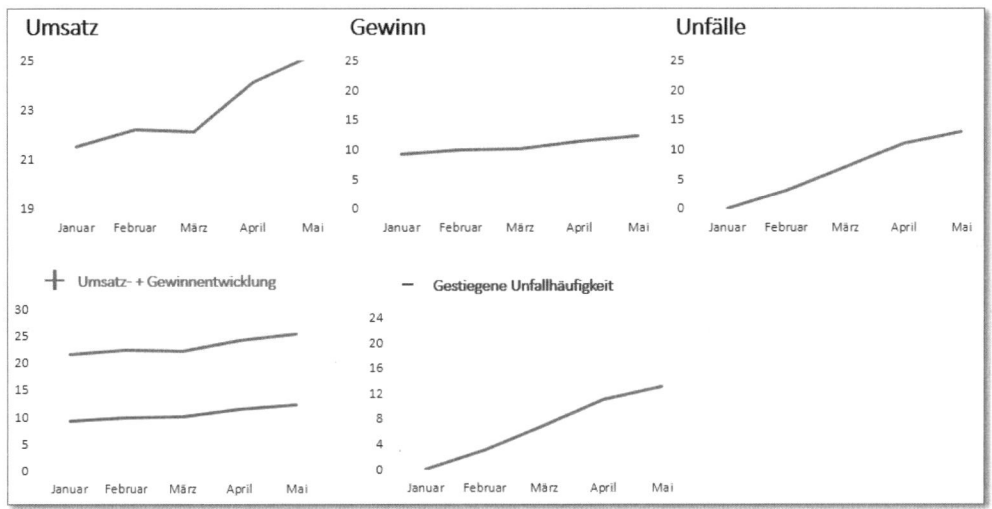

Abbildung 13.12 Dass der dritte Trend nicht positiv ist, kommt in der unteren Darstellung besser zum Ausdruck.

- **Gesetz der Geschlossenheit:** Geschlossene Linien wie Umrahmungen werden als Einheit wahrgenommen. Auf Verbindungen von Linien, die z. B. an einer Stelle offen sind, trifft dies weniger zu. Dieses Gesetz sollten Sie eher bei PowerPoint-Präsentationen berücksichtigen als in Excel-Diagrammen, bei denen eher selten mit gezeichneten Linien operiert wird. Für PowerPoint gilt aber: Geschlossene Linien suggerieren Flächen, und Flächen werden intuitiv als aussagekräftige Formen verstanden. Das kann erwünscht, aber auch unerwünscht sein und muss deshalb bedacht werden.

- **Gesetz der fortgesetzt durchgehenden Linie:** Dieses Gesetz besagt, dass bei sich kreuzenden Linien die Wahrnehmung prinzipiell einen harmonischen Verlauf der Linienführung bevorzugt als einen abrupten Richtungswechsel oder Knick. Bei der Verwendung von Liniendiagrammen sollte diese Gesetzmäßigkeit besondere Beachtung finden. Der tatsächliche Verlauf sich kreuzender Linien muss besonders betont oder gekennzeichnet werden. Dies erreichen Sie durch Eigenschaften wie Linienstärke, -art oder -farbe oder indem Sie Datenreihen in verschiedenen Diagrammen darstellen.

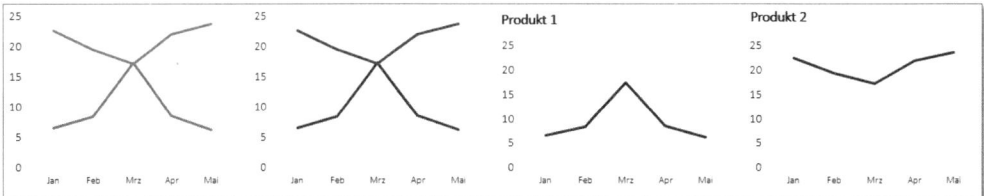

Abbildung 13.13 Starke Farbkontraste betonen den Linienverlauf besser; separate Diagramme lassen keine Missverständnisse aufkommen.

- **Gesetz der gemeinsamen Region:** Sind Objekte auf einem gemeinsamen Hintergrund abgebildet, werden sie ebenfalls als zusammengehörig verstanden. Diese Wahrnehmungsregel ist besonders wichtig, weil sie einen relativ einfachen Lösungsansatz zur Vermeidung von Darstellungsfehlern bietet. Die Zusammengehörigkeit von Informationen können Sie ganz einfach dadurch betonen, dass Sie diese auf dem gleichen farblichen Hintergrund anordnen. Zu trennende Informationen positionieren Sie basierend auf dem gleichen Grundmechanismus auf farblich unterschiedlichen Hintergrundflächen.

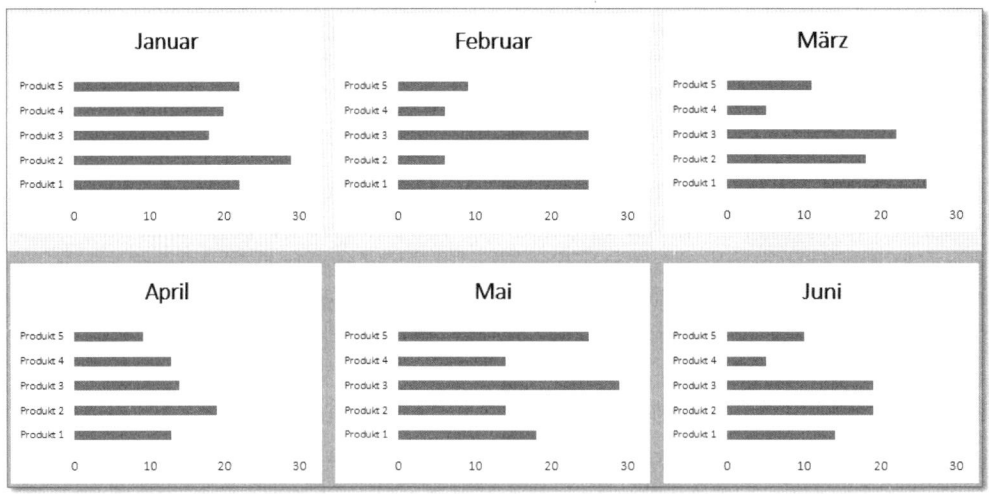

Abbildung 13.14 Die Quartalszugehörigkeit wird allein durch die gemeinsame Hintergrundfarbe deutlich.

Das Fazit, das sich aus den hier kurz skizzierten Grundregeln der Wahrnehmung von Objekten ziehen lässt, lautet schlicht: Weniger ist mehr! Lassen Sie schmückendes Beiwerk weg, da es die Botschaft, die durch eine grafische Darstellung Ihrer Daten zum Betrachter transportiert werden soll, verwässert oder sogar unbeabsichtigt verfälscht.

Wählen Sie gestalterische Mittel bewusst und nur dann aus, wenn Sie eine konkrete Funktion erfüllen.

13.4 Umgang mit Farben

Was für die allgemeine Gestaltung von Diagrammen gilt, lässt sich in abgewandelter Form auch für die Verwendung von Farben sagen. Deren Einsatz sollte sich der Funktionalität unterordnen und beschränkt sich im Wesentlichen auf zwei wichtige Aufgaben:

- Farben sollen durch die Verwendung von Kontrasten Unterschiede, Widersprüche etc. betonen.
- Durch Farbharmonien sollen sie die Zusammengehörigkeit von Elementen oder Übereinstimmungen hervorheben.

Diese beiden Aufgaben sollten möglichst erfüllt werden, ohne dass Sie als unangenehm empfundene Farbkombinationen einsetzen.

Einen Leitfaden für die Verwendung von Farbkontrasten und -harmonien gibt neben den gängigen Farbdreiecken und Vierecken, die zur Bestimmung z. B. der Komplementärfarben nützlich sind, das Farbviereck von Johannes Itten. Ab 1919 als künstlerischer Leiter am Bauhaus in Weimar tätig, führte Itten dort u. a. die Theorie der sieben Farbkontraste zur Reife. Neben der Verwendung von typischen Komplementärfarben verweist die Theorie auf weitere Möglichkeiten, Farben zu kontrastieren.

Wichtig und in Excel-Diagrammen gut anwendbar sind folgende Kontrastvarianten:

- **Warm-Kalt-Kontrast:** Ittens Farbkreis unterscheidet kalte Farbtöne (linke Seite in Abbildung 13.12 und *13_Farbharmonien_Farbkontraste_01.xlsx*) und warme Farbtöne. Farben, die sich auf einer Seite befinden, harmonieren miteinander. Dadurch sind Sie in der Lage, eine Reihe als harmonisch wahrgenommener Farben für Ihre Diagramme auszuwählen, mit denen sich dennoch hinreichend Kontraste setzen lassen.

- **Hell-Dunkel-Kontrast:** Die Urform dieses Kontrastes ist das Aufeinandertreffen der Farben Schwarz und Weiß. Doch auch jenseits davon lassen sich Farben, die zu dem sehr hellen Spektrum gehören (Gelb, Grau, Hellgrün), mit solchen kombinieren, die eher dem dunklen Spektrum zuzuordnen sind (Dunkelgrau, Dunkelblau, Violett). Das Resultat solcher Kontraste ist eine sehr plastische Darstellung der Abbildungen. Aufgrund der Blauverschiebung werden helle Farben stärker als Abbildungsvordergrund und dunkle Farbtöne als Hintergrund verstanden.

13

■ **Qualitätskontrast:** Bei dieser Form des Kontrastes werden gesättigte und nicht gesättigte Farben eingesetzt. Eine gesättigte Farbe können Sie z. B. durch Beimischen von Weiß oder Schwarz in eine nicht gesättigte oder trübe Farbe verwandeln. Diesen Kontrast können Sie durch Aufhellen einer Farbe auch in Excel einfach umsetzen. Wählen Sie dazu eine Farbe, beispielsweise Grün, und rufen Sie die Funktion **Weitere Farben ▶ Benutzerdefiniert** auf. Mit dem Schieberegler rechts neben den Farben hellen Sie die ausgewählte Grundfarbe auf oder dunkeln sie ab. Als Ergebnis erhalten Sie wiederum eine Farbzusammenstellung, die einerseits als harmonisch wahrgenommen wird, durch die Aufhellung aber auch die Möglichkeit zur Kontrastbildung bietet.

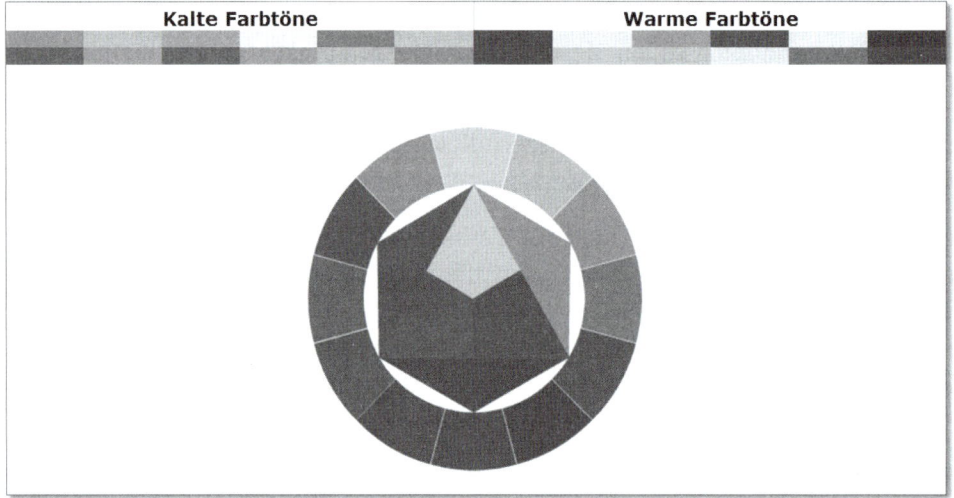

Abbildung 13.15 Aus dem Farbmodell von Johannes Itten lassen sich jede Menge Farbkontraste und -harmonien ableiten. In Farbe zu sehen z. B. hier: *www.wikipedia.de/wiki/Farbtypenlehre*

13.5 Auswahl des richtigen Diagrammtyps

Das theoretische Gebäude der Diagrammgestaltung muss nun natürlich in eine praktische Umsetzung münden. Dabei stellt sich naturgemäß die Frage, welcher Diagrammtyp zu welchem Datenbestand bzw. zu welcher Präsentationsabsicht passt. In den meisten Fällen werden sechs typische Intentionen bei der Datenpräsentation genannt:

■ Vergleich von Werten und Darstellung von Rangfolgen

■ Darstellung der Entwicklung von Werten in Zeitreihen

■ Darstellung der Werteanteile an einem Gesamtergebnis

- Darstellung von Abweichungen
- Darstellung der Korrelation von Werten
- Darstellung der Verteilung von Werten

13.5.1 Vergleich von Werten und Darstellung von Rangfolgen – Balkendiagramm und Säulendiagramm

Die Diagrammtypen, die sich am besten zum Vergleich von Werten eignen, sind das Balken- und das Säulendiagramm. Die Balken oder Säulen werden in gleicher Breite auf eine Rubrikenachse gezeichnet, besitzen also gleich viel Gewicht. Sie unterscheiden sich eindeutig durch ihre Länge oder Höhe, die mit dem Wert korrespondiert, den der Datenpunkt darstellt.

Der Abstand auf dieser Achse ist gleichmäßig. Er entspricht aber nicht zwangsläufig einem gleichmäßigen zeitlichen Intervall. Trotzdem können Sie das Säulendiagramm auch zum Vergleich von Daten heranziehen, die eine zeitliche Dimension besitzen.

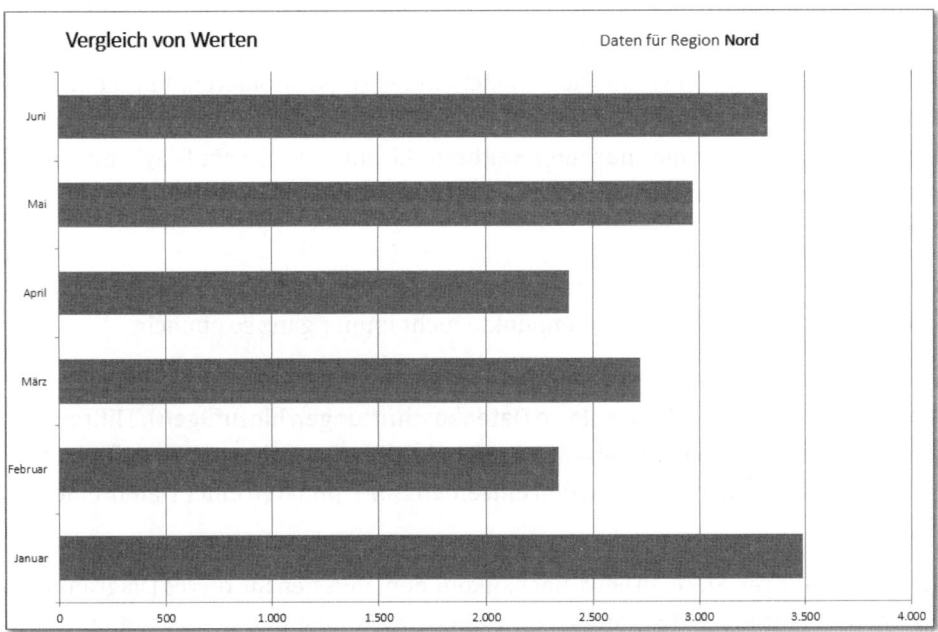

Abbildung 13.16 Modifiziertes Balkendiagramm

Das im oberen Teil dieses Kapitels mit F11 erstellte Säulendiagramm ist in Abbildung 13.13 leicht abgewandelt als Balkendiagramm dargestellt. Im Blatt *Modifizierung* der

Arbeitsmappe *13_Wertevergleich_Balkendiagramm_Säulendiagramm_01.xlsx* finden Sie dieses Beispiel. Gegenüber dem Säulendiagramm habe ich hier lediglich die Legende gelöscht und den Diagrammtitel geändert. Diese Änderung nehmen Sie vor, indem Sie den existierenden Titel anklicken und den gewünschten Text per Tastatur eingeben. Den erläuternden Text schreiben Sie über **Einfügen ▶ Text ▶ Textfeld** in das Diagramm.

Wie alle Diagrammtypen besitzt auch dieser einige spezifische Einstellungen. Dies sind die Abstände zwischen den einzelnen Säulen und die Stärke der Überlappung der Säulen, wenn mehr als eine Datenreihe im Diagramm angezeigt wird. Beide Einstellungen erreichen Sie mit einem Klick der rechten Maustaste auf eine Säule und der Auswahl **Datenreihen formatieren ▶ Datenreihenoptionen**.

13.5.2 Vergleich mehrerer Datenreihen und des Gesamtergebnisses – Stapelsäulen

Einer der einflussreichsten Spezialisten im Bereich der Visualisierung von Daten und Gestaltung von Dashboards ist Stephen Few. Seine kategorische Forderung lautet, Diagramme nicht mit Datenreihen zu überfrachten. Stattdessen empfiehlt Few, mehrere Einzeldiagramme zu erstellen und sie nebeneinander zu positionieren, um die Lesbarkeit und die Vergleichsmöglichkeit zu verbessern. Unter diesem Gesichtspunkt ist ein Stapelbalkendiagramm immer nur die zweitbeste Lösung. In diesem Diagrammuntertyp zeigt die Länge jedes einzelnen Balkens das Gesamtergebnis sämtlicher Einzelwerte einer Datenreihe an.

Der Vergleich der einzelnen Werte innerhalb einer Reihe ist jedoch wegen der Verschiebung der unterschiedlich breiten Datenpunkte nicht immer ganz so einfach.

Um dieses Manko zu beseitigen, können Sie die Reihenwerte in den Balken anzeigen lassen (rechter Mausklick und Auswahl von **Datenbeschriftungen hinzufügen**). Hilfreich ist es bisweilen auch, über **Diagrammtools ▶ Entwurf ▶ Diagrammelement hinzufügen ▶ Linien** die **Verbindungslinien** zwischen den einzelnen Datenpunkten einer Datenreihe einzublenden.

Um den Empfehlungen Stephen Fews nachzukommen, müssten Sie dieses Diagramm allerdings in mehrere Einzeldiagramme zerlegen. Dies könnte dann so aussehen wie in Abbildung 13.18.

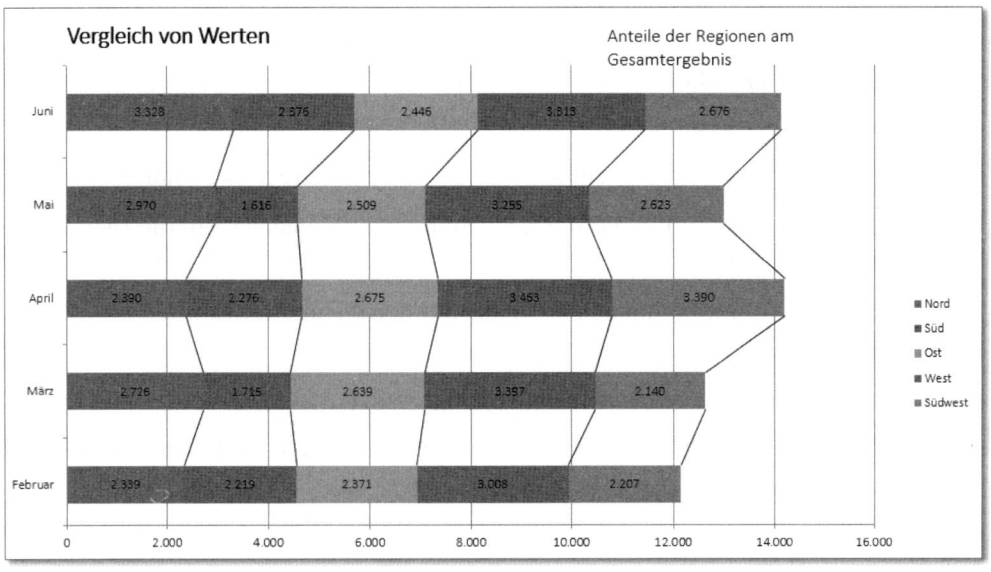

Abbildung 13.17 Stapelbalken mit Verbindungslinien

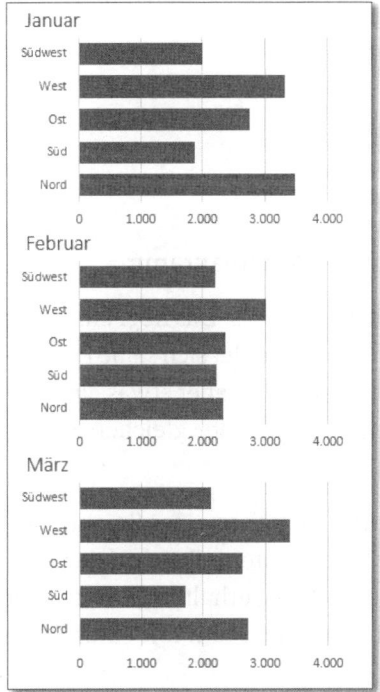

Abbildung 13.18 Mehrere Balkendiagramme sind einfacher
zu lesen als ein Stapelbalkendiagramm.

Wenn Sie berücksichtigen, dass Diagramme heute oft nur überflogen werden, ist die zweite Lösung mit Sicherheit die klarere und verständlichere Herangehensweise. Das Argument, es wäre ein höherer Zeitaufwand, gleich mehrere Diagramme aus einem Datenbestand zu erstellen, muss nicht zutreffen. Meine Empfehlung dazu:

- Erstellen Sie zunächst ein Balkendiagramm, und gestalten Sie es komplett durch.

- Kopieren Sie das Diagramm dann mit einem rechten Mausklick auf die Diagrammfläche und **Kopieren**.

- Fügen Sie das Diagramm danach ebenfalls mit der rechten Maustaste in das Tabellenblatt ein.

- Klicken Sie in die Datenreihen des neuen Diagramms.

- Die nun markierten Zellbereiche im Tabellenblatt ziehen Sie mit der Maus zum nächsten Zellbereich (z. B. von **Januar** zu **Februar**).

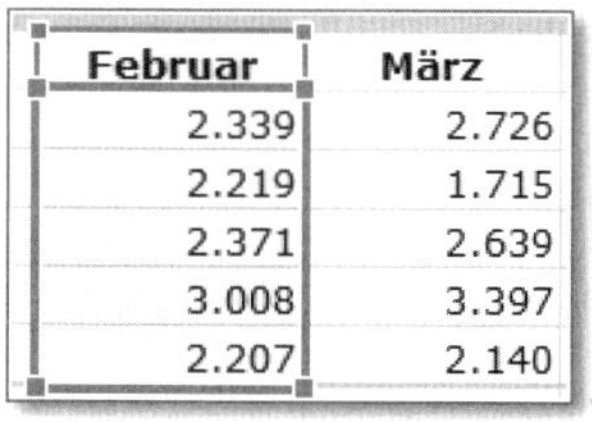

Februar	März
2.339	2.726
2.219	1.715
2.371	2.639
3.008	3.397
2.207	2.140

Abbildung 13.19 Nach dem Kopieren weisen Sie dem neuen Diagramm mit der Maus einen neuen Wertebereich zu.

13.5.3 Wertevergleich bei mehr als einer Größenachse – Netzdiagramm

Auch das Netzdiagramm gibt immer wieder zu Stirnrunzeln Anlass. Das liegt einerseits daran, dass es eher selten eingesetzt wird. Andererseits unterscheidet sich seine Darstellungsweise von allen anderen Diagrammen. Das Netzdiagramm hat aber etwas, was keines der anderen Diagramme besitzt: mehrere Größenachsen mit der gleichen Skalierung. Dafür fehlt ihm auch etwas: eine Rubrikenachse.

Diese Besonderheit beschert dem Diagramm nicht nur das Aussehen eines Spinnennetzes, sondern Ihnen auch die Möglichkeit, die Werte mehrerer Datenreihen auf den Achsen abzutragen. Verbinden Sie die Ergebniswerte auf den Achsen, erhalten Sie entweder eine geschlossene Linienstruktur oder – wenn Sie den Zwischenraum mit einer Farbe füllen – eine Fläche.

Netzdiagramme eignen sich besonders, wenn es darum geht, Erfüllungsgrade darzustellen, denen eine Bewertungsskala zugrunde liegt. Dazu müssen die Rubriken allerdings gleich skaliert sein. Der höchste Wert der Größenachse stellt in einem solchen Fall die vollständige Erfüllung der Anforderungen dar. Je näher die Linien an den Maximalwert heranreichen, desto besser erfüllen die Ergebnisse die definierten Anforderungen.

Werden zwei Datenreihen im Netzdiagramm dargestellt, z. B. die Bewertungen der Angebote zweier Lieferanten, eine Selbst- und eine Fremdbewertung oder zwei Produktbewertungen, so können die Stärken und Schwächen zumeist auf einen Blick identifiziert und verglichen werden (Abbildung 13.20).

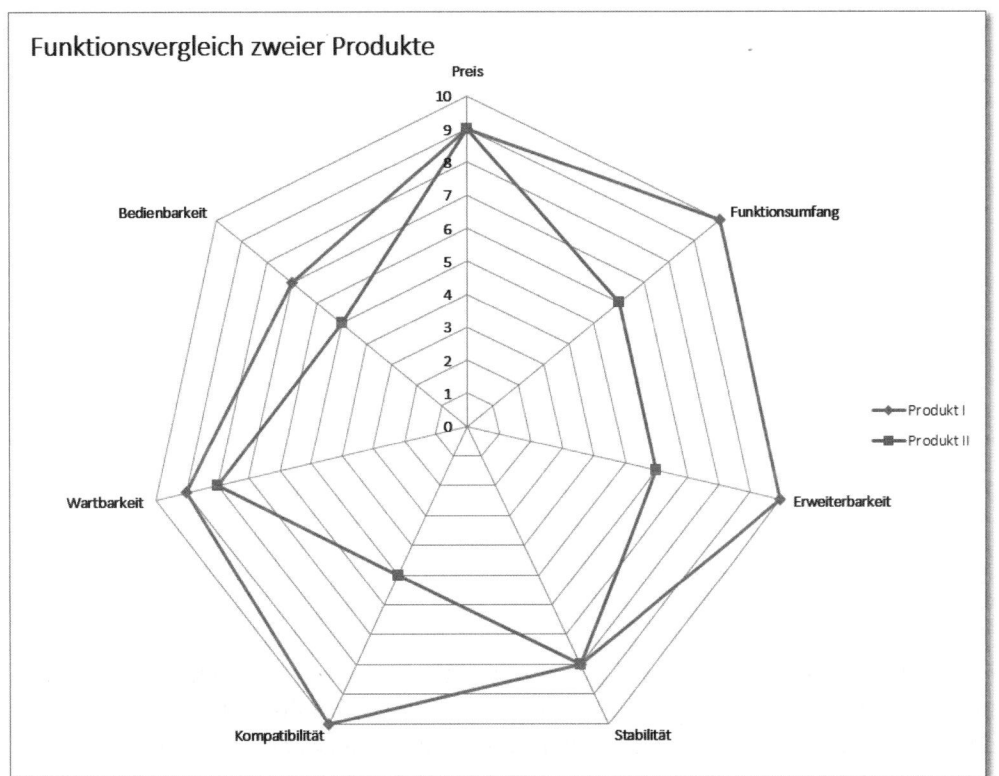

Abbildung 13.20 Wertevergleich von zwei Datenreihen anhand mehrerer Kriterien

Aber auch hier gilt: Hegen Sie nur die geringsten Zweifel, dass die Zielgruppe Ihrer Auswertung von der Darstellung eher verwirrt zurückbleibt, so sollten Sie stattdessen mehrere Balkendiagramme einsetzen.

13.5.4 Entwicklung von Werten in Zeitreihen – Liniendiagramm

Linien sind dadurch definiert, dass sie keine Masse im eigentlichen Sinn besitzen, sie haben keine flächenmäßige Ausdehnung. Sie sind mehr oder weniger dünn und verfügen über einen Anfangs- und einen Endpunkt. Bei einem Liniendiagramm, wie ich es in *13_Werteentwicklung_Liniendiagramm_01.xlsx* zeige, bildet die *horizontale Kategorienachse* eine zeitliche Dimension ab. Es wird erwartet, dass auf ihr regelmäßige Intervalle wie Wochen, Monate oder Jahre angegeben werden, an denen die Werte gemessen wurden, die im Diagramm angezeigt werden.

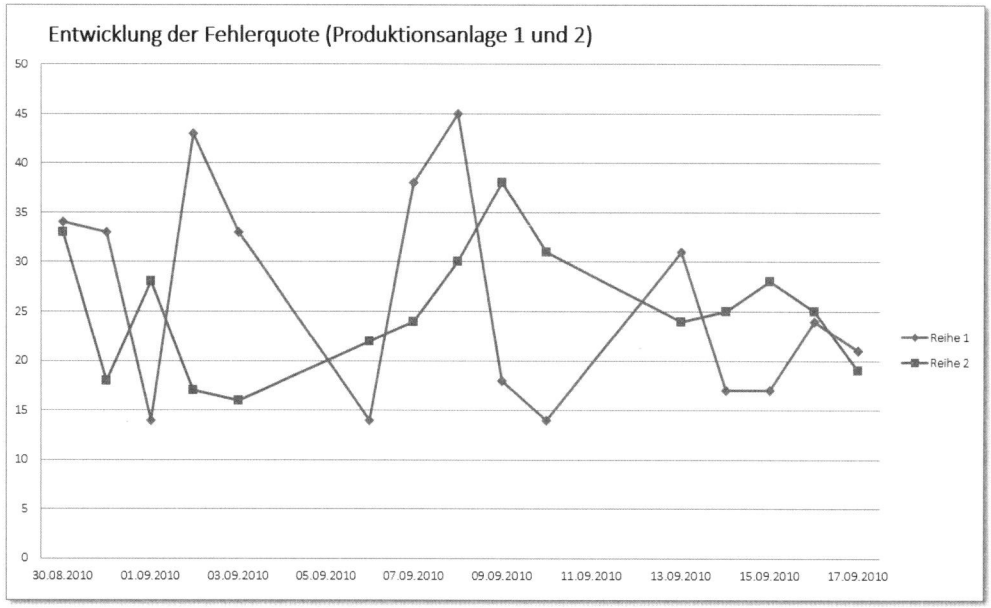

Abbildung 13.21 Liniendiagramm

Ein Liniendiagramm ist deshalb dafür prädestiniert, die Entwicklung von einer oder mehreren Datenreihen über einen zeitlichen Verlauf zu visualisieren. Excel passt standardmäßig die Kategorienachse an den in der Tabelle verwendeten Datentyp an. Besteht die Kategorienliste im Tabellenblatt aus Datumswerten, so wird die Achse unweigerlich als Datumsreihe formatiert.

Auf eine Besonderheit des Liniendiagramms stoßen Sie, wenn es um den Umgang mit im Tabellenblatt fehlenden Werten oder ausgeblendeten Zellen geht: Die Standardeinstellung sieht vor, dass solche Datenpunkte im Diagramm nicht gezeichnet werden. Allerdings können Sie diese Vorgabe unter **Entwurf ▸ Daten auswählen ▸ Ausgeblendete und leere Zelleneinstellungen** ändern.

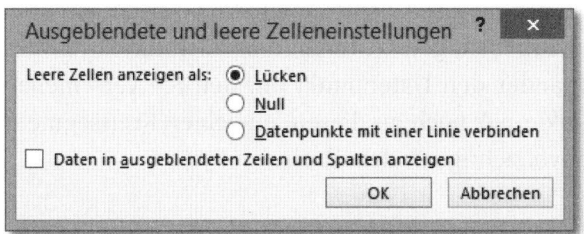

Abbildung 13.22 Anzeigeoptionen für leere und ausgeblendete Zellen

13.5.5 Darstellung der Anteile an einem Gesamtergebnis – Balken- oder Säulendiagramm

Die erste Reaktion auf die Frage, welcher Diagrammtyp am besten Anteile an einem Gesamtergebnis darstellt, fällt meist anders aus. Kreis-, Torten- oder Kuchendiagramme behaupten dieses Terrain bereits seit Langem. Da jedoch immer mehr Daten auf immer weniger Platz präsentiert werden müssen, treten die Nachteile dieses Diagrammtyps auch immer stärker zutage. Sie nehmen in Dashboards relativ viel Platz in Anspruch, und wenn Sie sie notwendigerweise verkleinern, sind geringere Unterschiede der Kreissegmente nicht mehr gut unterscheidbar.

Werfen wir zunächst aber dennoch einen Blick auf die traditionelle Lösung. Beim Kreisdiagramm handelt es sich um einen gleichmäßigen Kreis, der an Vollständigkeit, an 100 % gemahnt. Diese Gesamtheit setzt sich aus den Kreissegmenten unterschiedlicher Größe zusammen. Die Größe eines jeden Kreissegments entspricht dem Anteil, den der Wert des Datenpunktes am Gesamtergebnis hat. Ein Diagramm dieses Typs ist in der Arbeitsmappe *13_Werteanteil_Kreisdiagramm_01.xlsx* abgebildet.

Ein Vorteil des Kreisdiagramms ist, dass es die absoluten Werte Ihrer Datenpunkte automatisch in prozentuale Anteile umrechnet. Dazu müssen Sie lediglich die Option **Datenbeschriftungen anzeigen** aus dem Kontextmenü aufrufen und anschließend über **Datenbeschriftungen formatieren** die Option **Prozentsatz** aktivieren.

Welche spezifischen Einstellungen sind für diesen Diagrammtyp vorhanden? In den **Reihenoptionen** bestimmen Sie den **Winkel des ersten Kreissegments**. Da ein Kreisdiagramm wie eine Uhr gelesen wird, sollten Sie Ihr wichtigstes Kreissegment »auf 12 Uhr« stellen. Darüber hinaus können Sie bei Kreisdiagrammen die **Kreisexplosion** definieren. Der Begriff beschreibt die Anordnung der Kreissegmente zueinander, die entweder fest zusammengefügt oder aber voneinander losgelöst sein können.

13

Möchten Sie nicht alle Segmente voneinander lösen, sondern nur ein Segment aus dem Kreis ziehen, um es besonders hervorzuheben, gelingt Ihnen dies auch direkt mit der Maus. Klicken Sie zweimal hintereinander den Datenpunkt an, den Sie verschieben möchten. Sobald die Markierungspunkte nur noch an diesem einzelnen Kreissegment sichtbar sind, ziehen Sie das Segment vorsichtig aus dem Kreis.

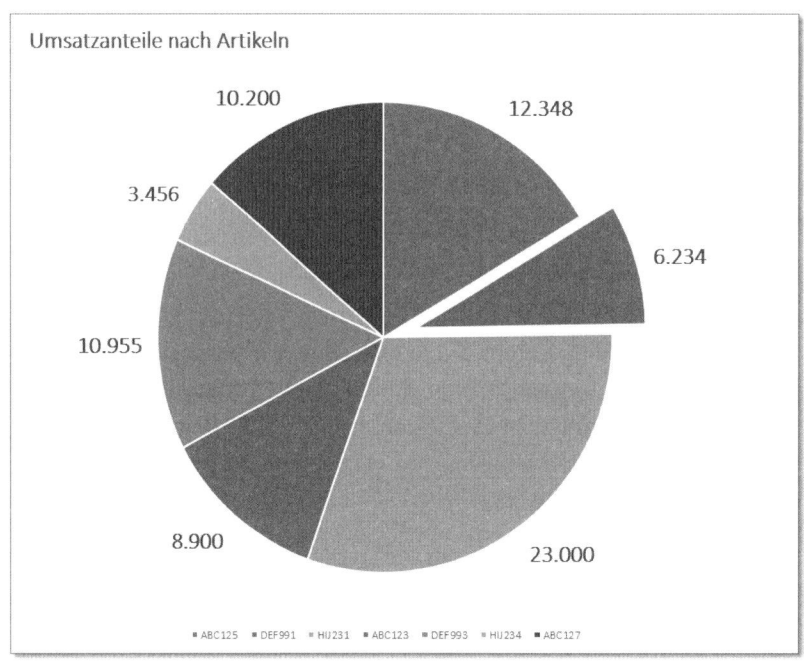

Abbildung 13.23 Kreisdiagramm mit Prozentanzeige

Auch bei der Visualisierung von Werteanteilen ist die Alternative ein Balkendiagramm. Dessen Vorteil ist die bessere Vergleichbarkeit der Balkenlänge, auch bei geringen Unterschieden der einzelnen Werte. Ein zusätzliches Hilfsmittel kann darin bestehen, Gitternetzlinien einzublenden. Und wenn Sie die Datenreihe im Tabellenblatt sortieren, wird die auf- oder absteigende Sortierung mit ins Diagramm übernommen. Dabei leistet sich Excel allerdings eine Besonderheit: Ist die Tabelle aufsteigend sortiert, erscheinen die Daten im Diagramm in absteigender Reihenfolge, und umgekehrt. Im Zweifelsfalle beheben Sie dieses Manko, indem Sie über **Achse formatieren ▸ Achsenoptionen** die Option **Kategorien in umgekehrter Reihenfolge** aktivieren. Alles in allem ist das Balkendiagramm in Sachen Übersichtlichkeit bei der Darstellung von Anteilen nicht zu übertreffen.

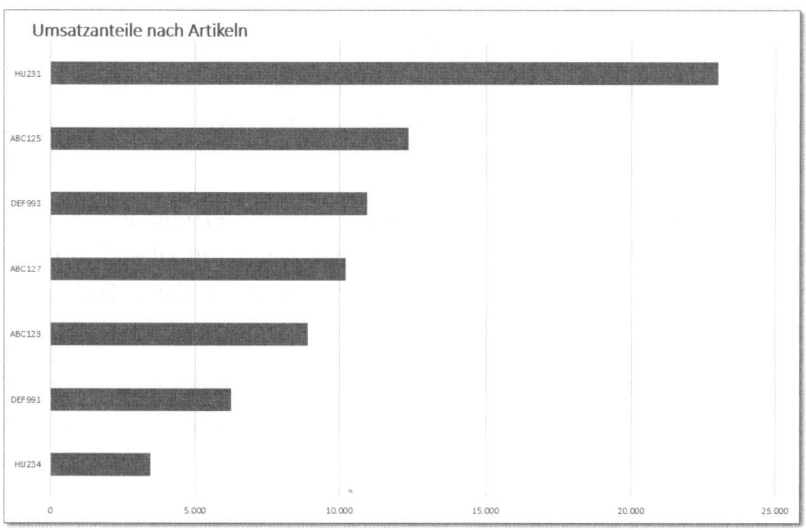

Abbildung 13.24 Darstellung der Anteile in einem sortierten Balkendiagramm

13.5.6   Darstellung von Abweichungen – Säulendiagramm oder Liniendiagramm

Was lässt sich in dem Diagramm aus der Beispieldatei der Arbeitsmappe *13_Werte-abweichung_Säulendiagramm_01.xlsx* ohne Zögern ablesen? Richtig! Die Abweichung der Werte von einem Vergleichswert. In der Beispieldatei ist dies der Wert 0.

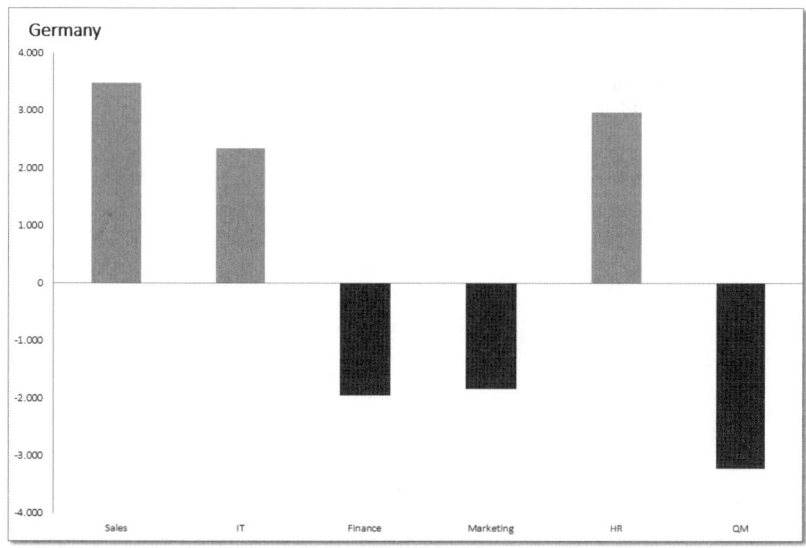

Abbildung 13.25 Darstellung der Abweichung mit einem Säulendiagramm

Auch hier sollten Sie sich zunächst mit der allgemeinen Erscheinung auseinandersetzen. Die Höhe der Säulen korrespondiert mit den Werten der dahinterliegenden Tabelle. Alle Säulen besitzen die gleiche Breite und identische Abstände. Entscheidend ist es, eine Referenzlinie zu verwenden, auf die sich die Abweichung bezieht. Im Beispiel ist dies die Rubrikenachse, die bei null schneidet.

Soll die positive Abweichung farblich deutlich von der negativen unterschieden werden, lässt sich dies über eine Formatierungsfunktion umsetzen. Über **Datenreihen formatieren ▸ Füllung** gelangen Sie zu der Option **Invertieren, falls negativ**. Dass Säulendiagramm betont dabei die Unterschiede der einzelnen Werte.

Ziel der Darstellung kann aber auch eine Veränderung der Werte über einen Zeitraum sein. In diesem Fall eignet sich ein Liniendiagramm am besten, um den Wertevergleich zu veranschaulichen. Das Liniendiagramm betont nicht die Einzelwerte, sondern das generelle Muster der Veränderung über den gewählten Zeitraum.

13.5.7 Darstellung der Korrelation zwischen Werten – Punktdiagramm

Dieses Standarddiagramm besitzt als einziges zwei Größen- und keine Rubrikenachse. Ein Beispiel für die Verwendung ist in der Arbeitsmappe *13_Wertekorrelation_Punkt_ und_Blasendiagramm_01.xlsx* enthalten.

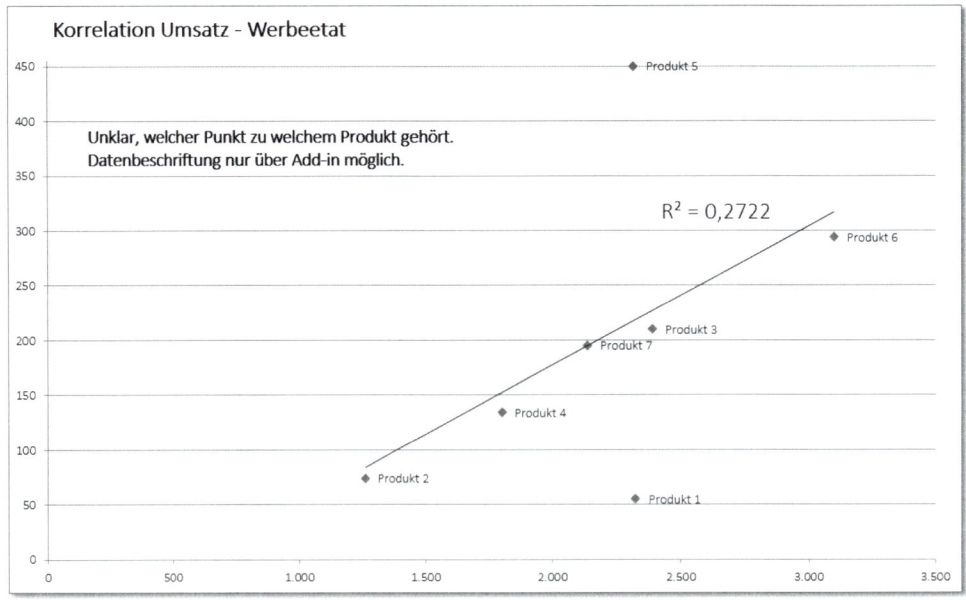

Abbildung 13.26 Darstellung der Korrelation zweier Werte im Punktdiagramm

Anders als beim Liniendiagramm stellt dieser Diagrammtyp keine zeitliche Abfolge dar. Da keine Beziehung zu den Vorgänger- oder Nachfolgewerten veranschaulicht werden soll, existieren auch keine verbindenden Linien. Jeder Punkt wird im gleichen Koordinatensystem, das von den Werten der X- und Y-Achse begrenzt wird, genau lokalisiert.

Die beiden Werte, die im Beispieldiagramm zur Visualisierung der Korrelation herangezogen werden, sind der Umsatz (X-Achse) und die Höhe des Werbeetats (Y-Achse) in den Spalten B und C des Tabellenblattes *Daten*.

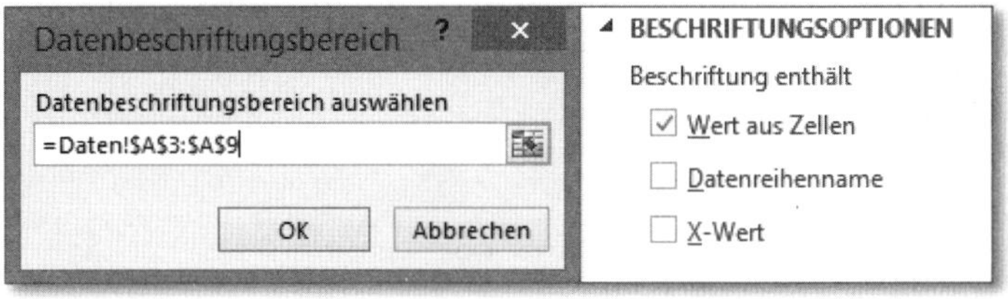

Abbildung 13.27 Neu in Excel 2013: Die Beschriftung der Punkte können Sie nun aus einem Zellbereich übernehmen.

Da eine Rubrikenachse im Punkt- oder XY-Diagramm fehlt, liegt der Wunsch nahe, die Datenpunkte direkt im Diagramm zu beschriften. Hier gibt es eine neue Funktion in Excel 2013, die enorm zeitsparend wirkt: Nachdem Sie über die Option **Datenbeschriftungen hinzufügen** die Punkte zunächst mit den Y-Werten beschriftet haben, können Sie diese Beschriftung formatieren. Unter **Beschriftungsoptionen** gibt es über das Feld **Wert aus Zellen** nun endlich die Möglichkeit, eine Beschriftung zuzuweisen. In den früheren Excel-Versionen konnte nur ein Add-in weiterhelfen: der *XY Chart Labeler*. Laden Sie das Tool aus dem Internet, sofern Sie nicht mit Excel 2013 arbeiten, – es ist kostenfrei – und installieren Sie es auf Ihrem Computer. Nach der Installation wird der *XY Chart Labeler* unter **Add-ins ▶ Menübefehle ▶ XY Chart Labels** angezeigt.

Mit Hilfe des Tools gelingt es Ihnen, die Zellen A3 bis A9 des Tabellenblattes *Daten* als Beschriftungen zu markieren. Excel übernimmt nach einem Klick auf **OK** diese Bezeichnungen in das Diagramm. Dies ist natürlich viel effizienter als die Alternative, alle Punkte einzeln per Tastatur zu beschriften und dann zu hoffen, dass sich die Produktbezeichnungen hoffentlich niemals ändern werden.

13.5.8 Trendlinie und Bestimmtheitsmaß im Punktdiagramm

Eventuell lag der Mangel an Anzeigeoptionen bei der Beschriftung der Datenpunkte in Vorgängerversionen auch einfach daran, dass Microsoft die Funktion des Punktdiagramms anders interpretiert. Nicht die Betrachtung des einzelnen Datenpunktes stünde dabei im Vordergrund, sondern die Analyse der gesamten Stichprobe.

Die Fragen, die das Punktdiagramm bei dieser generalisierenden Betrachtungsweise beantworten müsste, lauteten:

- Welchem Trend folgen die Daten der Stichprobe?
- Inwieweit lassen sich die X-Werte durch die Y-Werte erklären?

Aus der Anzeige der einzelnen Punkte lassen sich nur sehr ungenaue Antworten ableiten. Abhilfe schaffen das Einfügen einer linearen Trendlinie in das Diagramm und die Anzeige des Bestimmtheitsmaßes.

Bestimmtheitsmaß

Mit dem Bestimmtheitsmaß oder *Quadrat des Korrelationskoeffizienten* wird bestimmt, zu welchem Anteil die Varianz der abhängigen Variablen (z. B. Umsatz) durch den Einfluss der unabhängigen Variablen (z. B. Werbeetat) erklärbar ist.

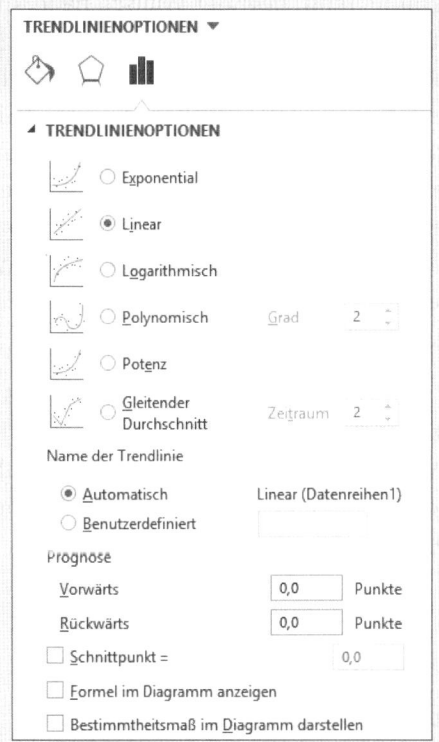

Abbildung 13.28 Einfügen von Trendlinie und Bestimmtheitsmaß

Die beiden zusätzlichen Informationen fügen Sie über die Option **Trendlinie hinzufügen** in das fertige Diagramm ein. Sie erhalten diese Option wie gewohnt im Kontextmenü, wenn Sie mit der rechten Maustaste auf einen Datenpunkt klicken. In der danach angezeigten Dialogbox ist die Option **Linear** bereits aktiviert. Setzen Sie auch noch das Häkchen vor **Bestimmtheitsmaß im Diagramm** darstellen.

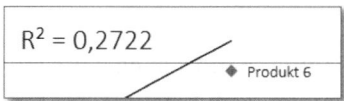

Abbildung 13.29 Anzeige des Bestimmtheitsmaßes im Diagramm

Die lineare Trendlinie hat Excel nach der *Methode der kleinsten Quadrate* erstellt. Ein Teil der Werte im Diagramm befindet sich unterhalb, der andere oberhalb der Linie. Interessant ist nun vor allem der Abstand der Punkte zur Trendlinie. Die Linie stellt die höchstmögliche Korrelation der beiden Werte für Umsatz und Werbeetat dar. Gäbe es eine hundertprozentige Entsprechung beider Werte, lägen alle Punkte genau auf der Geraden.

In der Realität beeinflussen allerdings noch mehr Faktoren das Kaufverhalten Ihrer Kunden und damit die Umsätze der Produkte. Je weiter ein Punkt von der Trendlinie entfernt ist, desto schwächer ist die Korrelation zwischen Werbemitteln und erzielten Umsätzen. Bei Produkt 1 und Produkt 5 ist der Zusammenhang äußerst schwach. Dies könnte beispielsweise darin begründet liegen, dass Produkt 1 ein echter Selbstläufer ist und aufgrund seiner Bekanntheit und Beliebtheit auch hohe Umsätze erzielt, ohne dass Sie viel in die Werbung investieren müssen. In Produkt 5 haben Sie hingegen überdurchschnittlich viel in Werbemittel gesteckt, ohne dass es auch zu überdurchschnittlichen Umsätzen geführt hätte. Vielleicht ist der stärkere Einflussfaktor hier, dass es sich um ein neues, beim potentiellen Käufer noch teilweise unbekanntes Produkt handelt.

Wir können auf Basis der reinen Zahlen im Diagramm keine verlässliche Aussage treffen. Klar ist aber, dass die beiden Ausreißer verantwortlich sind für das eher bescheidene Bestimmtheitsmaß von nur 0,2722.

Für die Beispieldaten hieße das, dass die resultierenden Umsätze lediglich zu weniger als einem Drittel auf die Anpassung des Werbeetats zurückgeführt werden könnten. Andere Einflüsse lägen hingegen bei mehr als 70 %. Die Regel »Wenn wir mehr Geld in Werbung investieren, steigen auch unsere Umsätze!« trifft also nur sehr eingeschränkt zu.

Verantwortlich dafür sind die beiden Werte für die Produkte 1 und 5 sowie die relativ kurze Datenreihe. Wenn bei nur sieben Datenpunkten zwei »aus der Reihe tanzen«, hat dies selbstverständlich gravierende Folgen für die Korrelation der Daten.

13

13.5.9 Aufnahme einer dritten Koordinate – Blasendiagramm

Das Blasendiagramm ist eine Unterform des Punktdiagramms. Neben den beiden auf den X- und Y-Achsen abgetragenen Werten können Sie allerdings eine weitere Koordinate darstellen. Dazu werden die Punkte in Flächen umgewandelt. Der dritte Koordinatenwert wird im Diagramm folglich durch die Größe der Fläche des Datenpunktes veranschaulicht, und damit wird aus dem Punkt- ein Blasendiagramm.

Wie bereits bei der Transformation vom Kreis- zum Ringdiagramm führt auch diese Modifikation zu einem Verlust an Lesbarkeit. Dies hat in erster Linie damit zu tun, dass sich die Blasen aufgrund ihrer häufig anzutreffenden Nähe fast immer teilweise überlagern. Eine spezifische Einstellung für diesen Diagrammtyp wirkt diesem Manko entgegen.

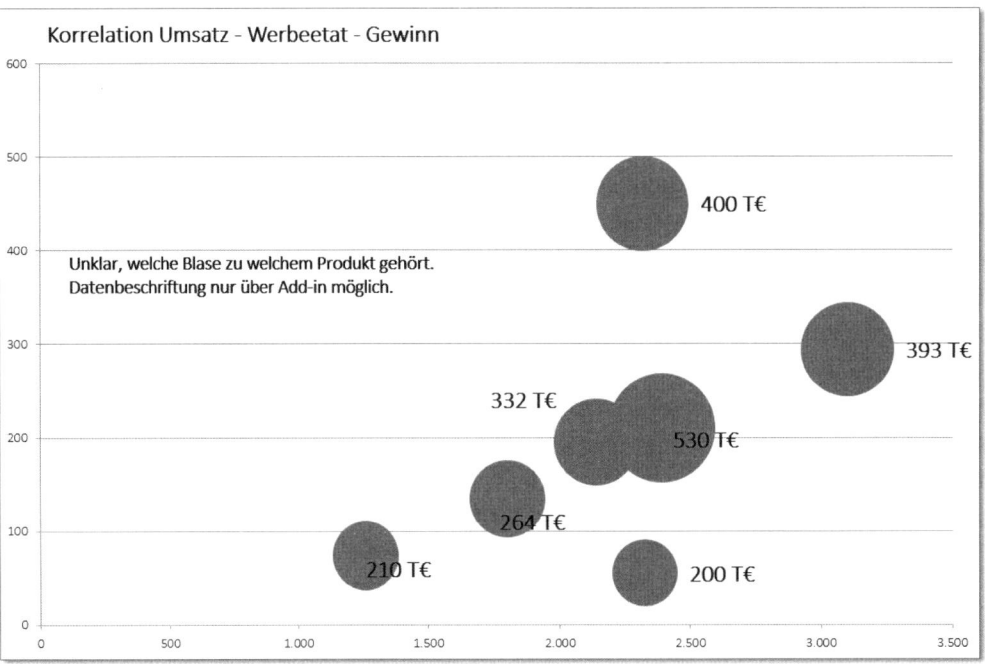

Abbildung 13.30 Die Blasengröße gibt den dritten Wert im Blasendiagramm wieder.

Klicken Sie mit der rechten Maustaste auf eine der Blasen, und wählen Sie die Option **Datenreihen formatieren**. In den **Reihenoptionen** können Sie nun die Blasen verkleinern. Geben Sie dazu beispielsweise in das Feld **Blasengröße anpassen an** den Wert 75 ein. Dies verbessert die Sichtbarkeit der einzelnen Blasen.

Wie bereits gezeigt, eignet sich dieser Diagrammtyp besonders zur Darstellung von *Portfolioanalysen.*

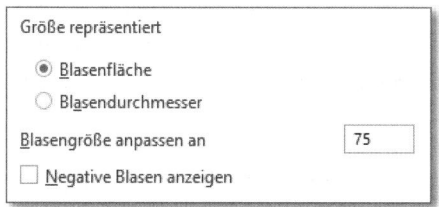

Abbildung 13.31 Die relative Verkleinerung der Blasengröße
verbessert die Lesbarkeit des Diagramms.

13.5.10 Darstellung von Datenverteilungen

Die Verteilung von Daten in einem Diagramm zu zeigen, ist sicherlich keine selten anzutreffende Aufgabe. Dennoch gibt es in Excel dafür kein Standarddiagramm. Da die Modifikationen allerdings nicht zu umfangreich sind, möchte ich auch diesen schon zu den
benutzerdefinierten Diagrammen gehörenden Typ an dieser Stelle kurz vorstellen.

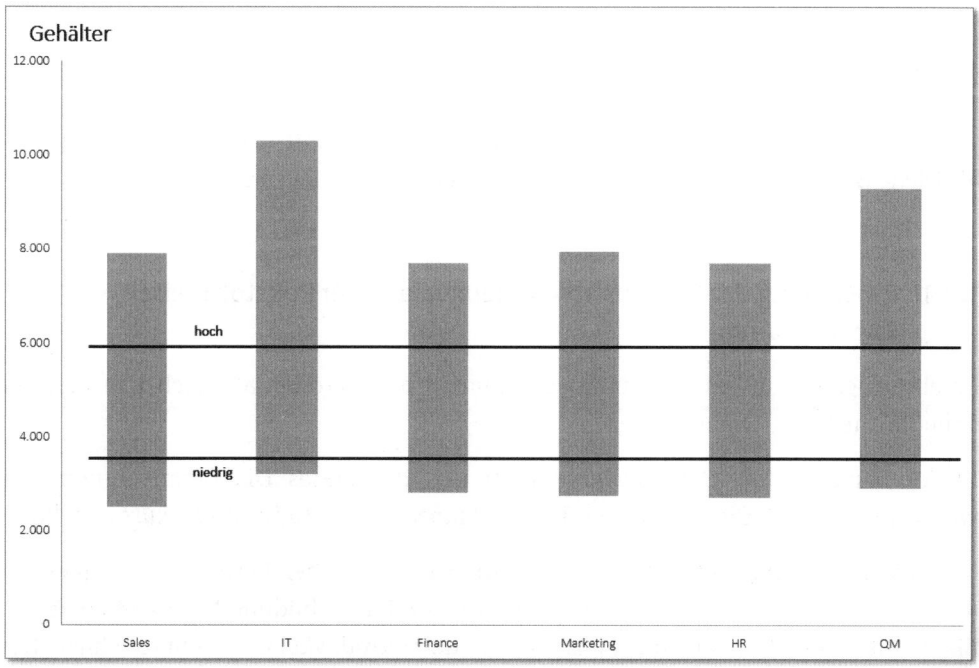

Abbildung 13.32 Gehaltsverteilung mit Hilfe von modifizierten Stapelsäulen

Die Grundlage des Diagramms ist ein Stapelsäulendiagramm, das Sie über **Einfügen ▸**
Diagramme ▸ Säulendiagramm einfügen ▸ 2D-Säulen ▸ Stapelsäulen erstellen. Nehmen

Sie dazu den Wertebereich B2 bis B4 der Datei *13_Verteilung_Säulendiagramm_00.xlsx*, dann erhalten Sie zwei gestapelte Werte in einer Säule. Da Sie der untere Wert nur insofern interessiert, als er den Start des Verteilungsbereichs darstellt, blenden Sie ihn aus dem Diagramm einfach aus.

Dazu rufen Sie die Funktion **Datenreihen formatieren ▸ Füllung und Linie ▸ Datenreihenoptionen ▸ Keine Füllung** auf. Da zur Darstellung einer Verteilung häufig noch Bezugsgrößen benötigt werden, wäre es schön, horizontale Vergleichslinien in das Diagramm einzubinden. Diese ließen sich über weitere Hilfsdatenreihen auch erzeugen. Ich begnüge mich in diesem Beispiel mit gezeichneten Linien aus dem Menü **Einfügen ▸ Illustrationen ▸ Formen ▸ Linie**. Auch die Beschriftung – im Beispiel »hoch« und »niedrig« – können Sie über **Einfügen ▸ Text ▸ Textfeld** ergänzen.

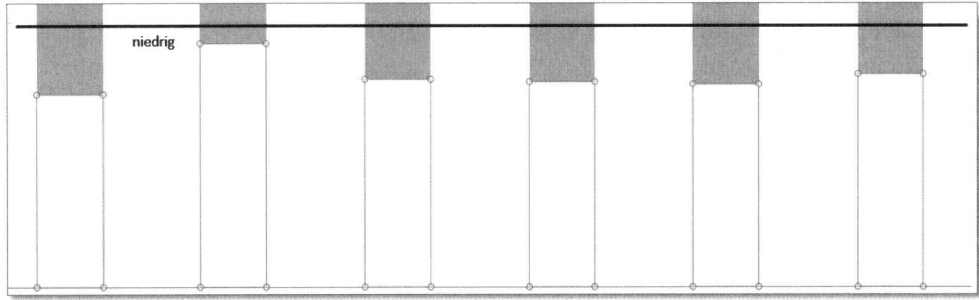

Abbildung 13.33 Das Geheimnis des Verteilungsdiagramms ist eine Datenreihe ohne Füllfarbe.

13.5.11   Darstellung des Verlaufs von Aktienkursen oder Rohstoffpreisen – Kursdiagramm

Excel verfügt über insgesamt vier Kursdiagramme, die allerdings alle nach dem gleichen Grundmuster funktionieren.

In der Beispieldatei *13_Kursdiagramm_01.xlsx*, der dieses Diagramm entnommen wurde, habe ich ein Diagramm vom Typ *Eröffnungs-Höchst-Tiefst-Schlusskurs* erstellt.

Dieses Wortmonstrum beschreibt genau, was Sie nach seiner Anwendung auch erhalten. Im Diagramm werden zwei Spannweiten angezeigt (Abbildung 13.34). Mit einer Linie werden der Minimal- und Maximalwert des *Intradaykurses* gekennzeichnet. Ein Rechteck bildet hingegen die Werte des Eröffnungs- bzw. Schlusskurses ab.

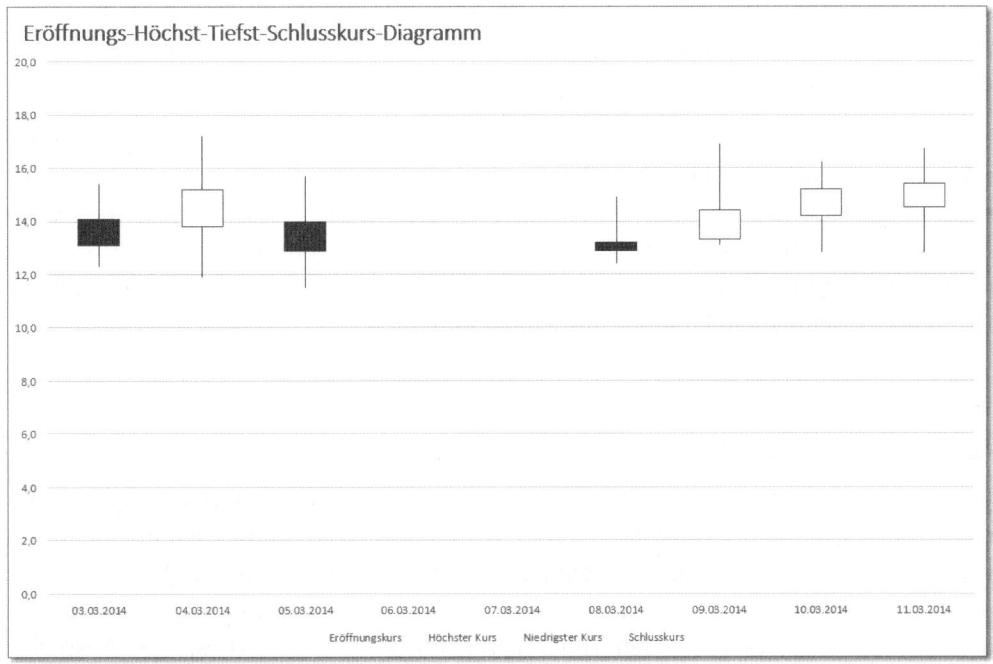

Abbildung 13.34 Kursdiagramme zeigen die Spannweiten von Tageskursen an.

Negative Abweichungen – sprich ein Schlusskurs, der unter dem Eröffnungskurs liegt – werden dabei mit einem schwarzen Rechteck gekennzeichnet. War die Abweichung hingegen positiv, erhält das Rechteck eine weiße Hintergrundfarbe.

Datum	Eröffnungskurs	Höchster Kurs	Niedrigster Kurs	Schlusskurs
03.03.2014	14,1	15,4	12,3	13,1
04.03.2014	13,8	17,2	11,9	15,2
05.03.2014	14,0	15,7	11,5	12,9
08.03.2014	13,2	14,9	12,4	12,9
09.03.2014	13,3	16,9	13,1	14,4
10.03.2014	14,2	16,2	12,8	15,2
11.03.2014	14,5	16,7	12,8	15,4

Abbildung 13.35 Datenbasis des Kursdiagramms

Entscheidend für das Erstellen der Kursdiagramme ist einmal mehr die korrekte Anordnung der Daten im Tabellenblatt. Diese ist allerdings denkbar einfach: In der ersten Spalte geben Sie die Datumswerte ein. Die Spalten rechts davon müssen dann in der vorgeschriebenen Reihenfolge den Eröffnungskurs, den höchsten Tageskurs, den niedrigsten Tageskurs und den Schlusskurs enthalten.

Um das Diagramm zu erstellen, markieren Sie die Daten inklusive der Spaltenüberschriften und rufen **Einfügen ▸ Diagramme ▸ Kurs-, Oberflächen- oder Netzdiagramm einfügen ▸ Eröffnungs-Höchst-Tiefst-Schlusskurs** auf.

Neben diesem Kursdiagramm existieren drei weitere Diagramme dieser Art. Sie unterscheiden sich vom hier erläuterten Diagramm dadurch, dass die Eröffnungskurse unberücksichtigt bleiben bzw. dass das Handelsvolumen in die Darstellungen einbezogen werden kann. In beiden Fällen müssen Sie den der korrekten Aufbau der Basistabelle mit Datumsangaben in der äußersten linken Spalte und die Angabe sämtlicher weiterer Daten in der richtigen Reihenfolge unbedingt einhalten.

13.5.12 Verbunddiagramme

Im Menü wird Ihnen eventuell auch bereits ein neuer Diagrammtyp aufgefallen sein, das *Verbunddiagramm*. Häufig besteht der Wusch, zwei Diagrammtypen in einem Diagramm zu zeigen. Dies ist vor allem dann interessant, wenn eine Datenreihe sogenannte *Ausreißer* aufweist, also Werte, die deutlich unter oder über den sonstigen Werten liegen. Das übliche Verfahren in den früheren Versionen von Excel war es, diese Ausreißer auf die Sekundärachse zu legen und Ihnen dann einen abweichenden Diagrammtyp zuzuweisen. Verbreitet ist etwa die Kombination aus Säulen- und Liniendiagramm.

Verbunddiagramm					
	Januar	Februar	März	April	Mai	Juni
Nord	3.487	2.339	2.726	2.390	2.970	3.328
Süd	1.881	2.219	1.715	2.276	1.616	2.376
Ost	3.350	2.371	2.639	2.430	2.870	3.100
West	3.323	3.008	3.397	3.463	3.255	3.313
Südwest	24.300	24.390	24.900	25.200	25.100	25.800

Abbildung 13.36 Die Daten mit den Ausreißerwerten lassen sich am besten in einem Verbunddiagramm darstellen.

Anhand der Datei *13_Verbunddiagramm_Säule_Linie_01.xlsx* können Sie die Funktionsweise des neuen Diagrammtyps testen. Markieren Sie den Wertebereich A6 bis G7. Sie gelangen über die Funktion **Einfügen ▸ Diagramme ▸ Verbunddiagramm** zum Verbunddiagramm. Wählen Sie am besten gleich die Option **Gruppierte Säulen/Linien auf der Sekundärachse**.

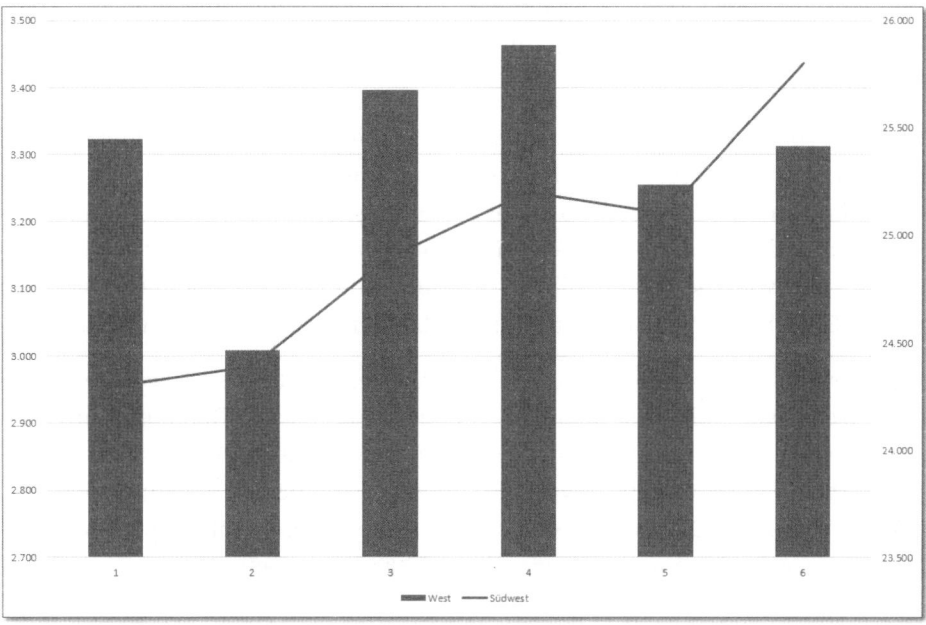

Abbildung 13.37 Das fertige Verbunddiagramm

13.6 Allgemeine Formatierungsregeln

Bereits zu Beginn dieses Kapitels habe ich ausführlich über die Gestaltung von Diagrammen aus Sicht der Wahrnehmung gesprochen. Dies führte u. a. zum Ausschluss von einer Reihe an Formatierungsoptionen wie Schattierungen, 3D-Effekte oder der Gestaltung von Oberflächenstrukturen. An dieser Stelle werfen wir nun einen Blick auf die Formatierung von Elementen eines Diagramms unter technischen Gesichtspunkten.

Excel verfügt seit der Version 2007 über die stattliche Anzahl von 16 Millionen Farben. Prinzipiell könnten Sie durchaus aus dieser riesigen Palette Ihre Auswahl treffen, wenn Sie Datenreihen, Gitternetzlinien, Beschriftungen oder andere Elemente gestalten möchten.

13.6.1 Verwendung und Funktionsweise der Designfarben

In der Praxis verwenden alle Diagrammelemente jedoch standardmäßig die Einstellung **Automatisch** bei der Zuordnung von Farben. Diese Einstellung sorgt dafür, dass die Datenreihen im Diagramm – seien es nun Balken, Linien oder Kreissegmente – der Reihe nach mit den Farben gestaltet werden, die Sie als Designfarben für die Arbeitsmappe ausgewählt haben.

Die Designfarben wählen Sie über **Seitenlayout ▸ Designs ▸ Farben** aus. Ändern Sie die Designfarben beispielsweise, nachdem Sie ein Diagramm erstellt haben, von der Standardpalette in **Blau** oder **Blaugrün**, so ändern sich umgehend alle Farbzuordnungen in Ihren Tabellen und Diagrammen, sofern sie die Farbeinstellung **Automatisch** verwenden. Manuell zugewiesene Farben, die Sie beispielsweise über die Optionen **Einfarbige Füllung** oder **Einfarbige Linien** ausgesucht haben, bleiben hingegen unverändert.

Die Designfarben verfügen über sechs Akzente. Diese Akzente bestimmen die Farben der ersten sechs Datenreihen in allen Diagrammen. Enthält das Diagramm mehr als sechs Datenreihen, beginnt Excel bei der siebenten Datenreihe mit Variationen der ersten sechs Farben. Für Datenreihe 7 wird also erneut die Farbe von Akzent 1, beispielsweise Blau, ausgewählt. Dieses Blau wird dann in einer leichten Aufhellung für Datenreihe 7 verwendet. Bei Datenreihe 13 wird dieses Verfahren wiederholt.

13.6.2 Erstellen eigener Designfarben

Der Grund dafür, die Voreinstellung **Automatisch** bei Excel-Diagrammen abzuschalten, ist häufig, dass im Unternehmen spezifische Grundfarben für die Darstellung von bestimmten Produkten eingesetzt werden oder dass im Rahmen des Corporate Designs eine konkrete Vorgabe von Farben existiert, die bei Veröffentlichungen oder Präsentationen zu verwenden sind.

Grundsätzlich sollten Sie jedoch versuchen, auch firmenspezifische Farbpaletten nicht über eine zeitaufwendige Formatierung von einzelnen Elementen (**Einfarbige Füllung** oder **Einfarbige Linie**) umzusetzen. Erstellen Sie stattdessen ein eigenes *Farbdesign* mit den in Ihrem Unternehmen eingesetzten Farben.

Ein solches Design legen Sie folgendermaßen an:

- Klicken Sie **Seitenlayout ▸ Designs ▸ Farben ▸ Farben anpassen** an.
- Geben Sie dem Design unter **Name** einen aussagekräftigen Namen.
- Ordnen Sie aus der Farbpalette oder über **Weitere Farben ▸ Benutzerdefiniert ▸ Farbmodell** durch die Eingabe der RGB- oder HSL-Werte die genauen Farbwerte Ihrer Designfarben zu.

13.7 Elemente und Gestaltungsregeln für Dashboards

Stephen Few, den ich bereits am Anfang dieses Kapitels erwähnt habe, hat die besonderen Merkmale von Dashboards folgendermaßen beschrieben:

- Es handelt sich um eine grafische Darstellung von Zahlenmaterial,
- die aufgabenbezogen
- und hochverdichtet auf einem Computerbildschirm ist,
- einem schnellen Überblick dient
- und spezielle grafische Darstellungsmittel nutzt.

Charakteristisch für Dashboards sind demnach der Mangel an Platz und die Strategie, alle Elemente, die missverständlich, verwirrend oder überflüssig sind, zu vermeiden. Edward Tufte, der Pionier der Visualisierung quantitativer Daten, prägte bereits in den 70er Jahren den Begriff des *chart junks*. Darunter verstand er sämtliche dekorativen Elemente einer grafischen Darstellung, die keine Information transportieren. Zwei weitere Begriffe, *data ink* und *non-data ink*, verband er mit der Forderung, dass der Anteil der in einem Diagramm eingesetzten Druckertinte, also die Linien und Flächen, die der Visualisierung der Zahlen dienen, möglichst hoch sein müsste. *Non-data ink* sollte hingegen verschwindend gering sein.

Eine Kostprobe bei der Umsetzung seiner Forderung lieferte Tufte später. Er entwickelte die Sparklines, die seit Version 2010 auch in Excel zu finden sind. Doch es gehören noch weitere spezielle grafische Elemente zu den Standardbausteinen eines Dashboards. Insgesamt sind es:

- Sparklines
- Symbole wie Ampeldarstellungen und Warnsignale
- *Bullet graphs*
- äußerst reduziert gestaltete Balken- bzw. Säulendiagramme
- Text

Unternehmen	Letzte 12 Monate	Tendenz	Passagiere in 1.000	Veränderung Vorjahr		aktueller Marktanteil
AU Airways		seit März fallend	124,4			14,5%
Fly & Smile		Höchstwert Dezember	268,1			31,2%
Air Lisboa		stark im Herbst	166,1			19,3%
Jet2Day		schwankend	165,7			19,3%
European		seit Februar fallend	135,9			15,8%

Abbildung 13.38 Ausschnitt aus einem Dashboard

Neben den Sparklines sind auch Symbole, die einen Status kennzeichnen, in Excel bereits seit der Version 2007 zu finden. Es sind jene Symbolsätze, die im Menü der **Bedingten Formatierung** verfügbar sind. Vielfach werden sie benutzt, um in langen Datenreihen per Ampelformatierung besonders auffällige Werte hervorzuheben. Diese Symbole eignen sich aber auch hervorragend, um in einem Dashboard einzelne Werte zu kennzeichnen. Unter Umständen kann der Wert sogar völlig ausgeblendet werden, so dass lediglich das Signal zurückbleibt.

Zielwert Anteil 20 %	Region	Δ Vorjahr	kritsche Kundenzahl
◑ 14%	Ost	-1,3%	⊗
○ 4%	Nordost	4,5%	⊗
● 23%	Süd	-4,2%	
◑ 12%	Südwest	1,7%	
● 24%	West	2,8%	
◔ 6%	Nord	6,3%	⊗
◕ 16%	Nordwest	5,7%	

Abbildung 13.39 Mini-Dashboard auf Basis von bedingten Formatierungen

Ein weiteres Element in Dashboards, die von Stephen Few entwickelten *bullet graphs*, gibt es in Excel noch nicht. Doch es gibt dennoch zwei Wege, diese in Excel zu erstellen. Der erste besteht – wie sollte es anders sein – aus einem typischen Excel-Workaround. Sie können ein Balkendiagramm so modifizieren, dass es einem *bullet graph* sehr nahe kommt.

Abbildung 13.40 Bullet graph auf Basis eines Balkendiagramms

Der Sinn des neuartigen Diagramms liegt darin, einen Ist-Wert (schwarzer Balken) mit einem Zielwert (schwarze oder rote Linie) zu vergleichen. Die Zielerreichung kann so auf minimalem Raum veranschaulicht werden. Farbliche Abstufungen im Hintergrund stehen für Bewertungsstufen wie schlecht, gut oder optimal.

Sollte Ihnen die Zeit fehlen, aus einem Balkendiagramm dieses nützliche Dashboardtool zu erstellen, so gibt es noch eine gute Nachricht: Die zweite Methode der Erstellung von *bullet graphs* liefert das Add-in *Sparklines for Excel*, das Fabrice Rimlinger programmiert hat und als freies Tool im Internet zum Download anbietet: *http://sparklines-excel.blogspot.de*. Es umfasst zahlreiche Minidiagramme und ist kompatibel mit allen Versionen seit Excel 2003.

Noch eine Anmerkung zum Schluss: *Bullet graphs* ersetzen auch die sehr beliebten Tachometer-Diagramme, die letztlich ebenfalls einen erreichten Wert zumeist vor einer

814

Ampelformatierung darstellen. Tachometer-Diagramme sind unter Dashboard-Spezialisten weniger beliebt, da sie im Vergleich zu anderen Darstellungsformen zu viel Platz beanspruchen.

Bliebe noch das Dashboard-Element Text. Generell wurden grafische Tools wie Sparklines erfunden, um typische Zahlenwüsten bei der Präsentation von Ergebnissen zu vermeiden. Dennoch ist Text immer dann angeraten, wenn es um die Kenntnisnahme eines konkreten Werts geht. Die Angabe 34,352 Mio. € neben einer Sparkline, die selbst ja nur das Muster eines Umsatzverlaufs anzeigt, wäre ein solcher Fall. Ansonsten sind Texte selbstverständlich als Überschrift geeignet.

13.8   Kombinationen aus Tabellen und Diagramm erstellen

Die Option, in einem Diagramm zusätzlich eine Datentabelle anzuzeigen, sollten Sie eigentlich nur dann in Betracht ziehen, wenn es sich um eine kleine, gut überschaubare Tabelle handelt. Umfangreiche Tabellen sind im Diagramm aufgrund der Zeichengröße nämlich schlecht lesbar, und letztlich ziehen sie, zumindest in Präsentationen, die Aufmerksamkeit des Betrachters von der grafischen Darstellung weg.

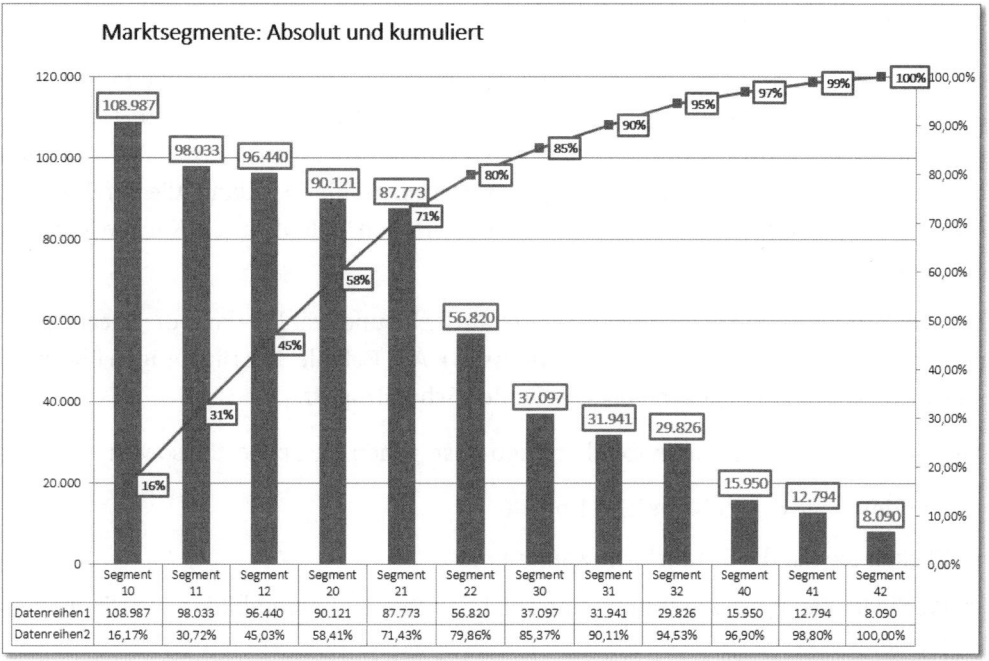

Abbildung 13.41 Diagramm mit Datentabelle

In der Arbeitsmappe *13_Wertevergleich_Datentabelle_01.xlsx* habe ich eine Datentabelle im Diagramm verwendet. Das Einfügen ist sehr einfach: Nachdem Sie das Diagramm wie gewohnt erstellt haben, wählen Sie **Diagrammtools ▸ Entwurf ▸ Diagrammlayouts ▸ Diagrammelement hinzufügen ▸ Datentabelle** und dann eine der beiden Optionen.

Die Datentabelle wird dann unterhalb des Diagramms angezeigt. Da die Tabelle quasi eine Erweiterung der horizontalen Achse ist, können Sie sie von dort auch nicht verschieben. Wenn Sie auf die Tabelle doppelklicken, können Sie die Einstellungen für den Rahmen der Datentabelle ändern. Weitere spezifische Konfigurationsmöglichkeiten existieren nicht.

Datentabelle mit Kamera erstellen

Die Datentabelle, die Sie über das Menü **Diagrammtools** einfügen, ist nicht nur hinsichtlich der Gestaltung und Positionierung stark eingeschränkt. Sie bezieht sich auch immer auf die Datenbasis, aus der das Diagramm erstellt wurde. Möchten Sie hingegen eine Vergleichstabelle aus anderen Vergleichswerten in das Diagramm einbringen, ist dies mit dieser Funktion unmöglich.

Mit der **Kamera** gelingt es Ihnen jedoch problemlos, andere Datenbestände in Tabellenform in das Diagramm zu bringen.

Auch dieses Beispiel ist in der Arbeitsmappe enthalten, die wir bereits beim Einfügen der Datentabelle verwendet haben. Um die Tabelle der Marktsegmente zu »fotografieren«, müssen Sie die Kamera zunächst in den Menübereich holen. In Excel 2013 machen Sie das über **Start ▸ Optionen ▸ Menüband anpassen**. Wählen Sie dann **Alle Befehle**, und suchen Sie den Befehl **Kamera**. Übernehmen Sie den Befehl durch Klicken auf den Schalter **Hinzufügen** in ein Menü Ihrer Wahl.

In Excel 2007 klicken Sie auf die Office-Schaltfläche und wählen dann die **Excel-Optionen**. Hier finden Sie die **Kamera** unter **Anpassen ▸ Alle Befehle**. Mit **Hinzufügen** übernehmen Sie den Befehl in die **Symbolleiste für den Schnellzugriff**.

Nachdem die Funktion nun in Excel verfügbar ist, gehen Sie am besten so vor:

- Markieren Sie den Zellbereich E1 bis G6.
- Klicken Sie auf die Schaltfläche **Kamera**.
- Wechseln Sie in das Diagramm, und zeichnen Sie das Kamerabild in die Diagrammfläche.

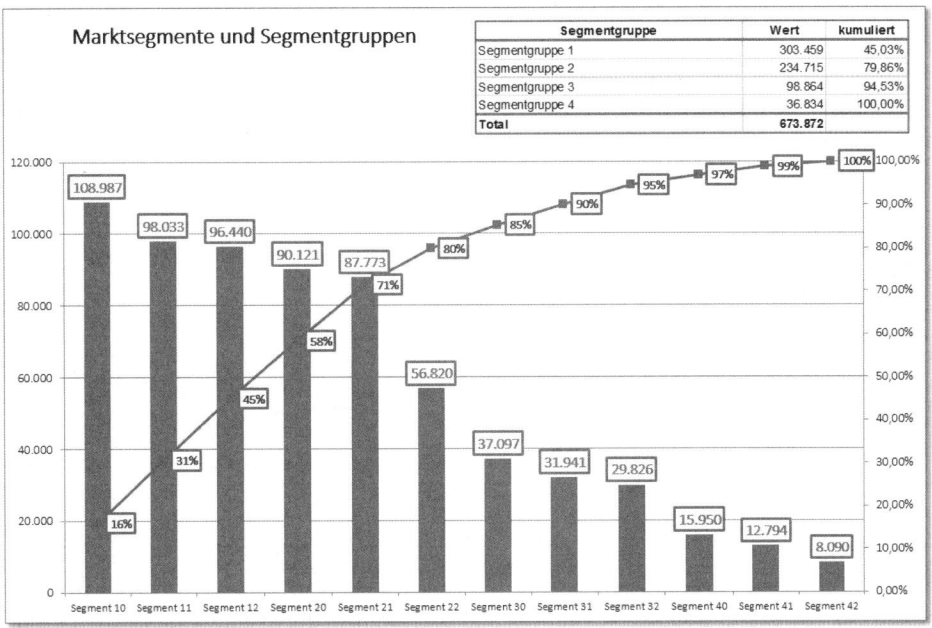

Segmentgruppe	Wert	kumuliert
Segmentgruppe 1	303.459	45,03%
Segmentgruppe 2	234.715	79,86%
Segmentgruppe 3	98.864	94,53%
Segmentgruppe 4	36.834	100,00%
Total	673.872	

Abbildung 13.42 Die Vergleichstabelle wurde mit der Kamera erstellt.

Nun können Sie das Bild im Diagramm an beliebiger Stelle positionieren oder in der Größe verändern. Es ist dynamisch mit der Datenquelle verbunden. Wenn Sie die Daten in der ursprünglichen Tabelle ändern, werden diese Änderungen direkt in das Kamerabild übernommen.

13.9 Dynamische Diagramme

Die dynamische Anpassung, die bei der Verwendung der Kamera zu beobachten ist, trifft selbstverständlich auch auf die Diagramme selbst zu. Werden Werte in der Datenbasis des Diagramms verändert, wirkt sich dies unmittelbar auf die grafischen Ergebnisse aus. Anders ist es, wenn Sie an eine bestehende Datenreihe neue Werte anfügen. Genau wie bei Berechnungen in Tabellen erkennt Excel dann nicht, dass die Datenbasis des Diagramms erweitert werden muss.

In Kapitel 5, »Dynamische Reports erstellen«, habe ich bereits beschrieben, wie Sie einen Zellbereich in eine dynamisch erweiterbare Tabelle umwandeln. Dazu positionieren Sie den Cursor im Zellbereich und drücken die Tastenkombination $\boxed{\text{Strg}}$ + $\boxed{\text{T}}$. Nachdem der Wertebereich in eine Tabelle konvertiert wurde, können Sie jederzeit zusätzliche Werte in die Zeile unterhalb der Tabelle oder auch in die Spalte rechts des Tabellenbereiches schreiben. Solche Ergänzungen erkennt Excel in Formeln und Funktionen und passt sämtliche Berechnungen an den neuen Datenbestand an.

Auch ein Diagramm, das Sie auf Basis der Datentabelle erstellen, weist diese dynamischen Eigenschaften auf. Ein Beispiel für diese Funktionsweise finden Sie in der Arbeitsmappe *13_spezielle_Diagramme_dynamisch_01.xlsx*.

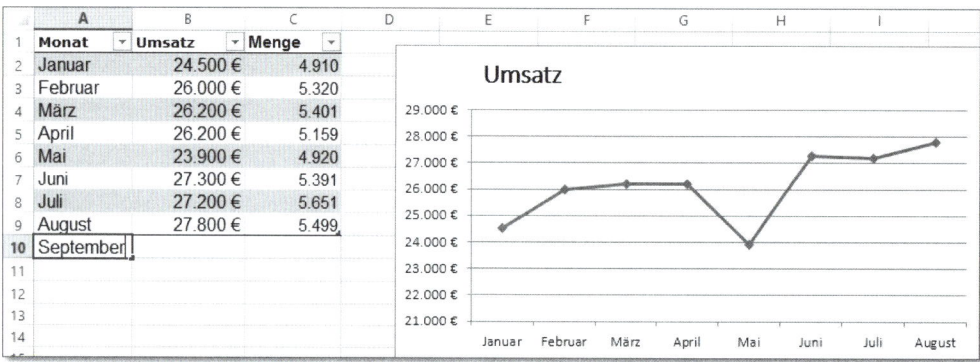

Abbildung 13.43 Erweiterung von Berechnungen und Diagrammen durch eine dynamische Tabelle

Dynamische Tabellen und Bereichsnamen

Wenn Sie den **Namens-Manager** im Menü **Formeln** öffnen, werden Sie feststellen, dass dort der Bereichsname *Tabelle1* angelegt wurde. Den Zellbezug dieses Bereichsnamens können Sie – im Gegensatz zu den Namen, die Sie manuell erstellt haben – nicht verändern. Aber Excel passt den Bezug selbständig an, wenn Sie Daten an den Datenbereich anhängen.

Der Bereichsname hat eine weitere Besonderheit: Er wird in Eingabefeldern von Funktionen nicht angezeigt, wenn Sie ⌊F3⌋ drücken. Möchten Sie einen dynamischen Bereich, den Sie mit ⌊Strg⌋ + ⌊T⌋ erstellt haben, in einem Diagramm oder beispielsweise als Grundlage für eine Pivottabelle verwenden, müssen Sie den Namen folglich immer per Tastatur eingeben.

Verwendung von individuellen Bereichsnamen in Diagrammen

Die Tastenkombination ⌊Strg⌋ + ⌊T⌋ ist allerdings nicht die einzige Möglichkeit zur Bildung dynamischer Bereiche in Arbeitsmappen. Mit der Funktion BEREICH.VERSCHIEBEN() lässt sich diese Aufgabe auch bewerkstelligen. Häufig ist diese Funktion flexibler einzusetzen, auch wenn sie in der Erstellung etwas aufwendiger ist.

Ein typisches Beispiel für die Verwendung dieser Funktion bei der Erstellung von dynamischen Diagrammen gebe ich im Tabellenblatt *Daten II*. Das Beispiel haben wir in abgewandelter Form bereits in Kapitel 6, »Wichtige Kalkulationsfunktionen für Controller«, eingesetzt. Darin geht es nicht um die Erweiterung des Datenbereiches, sondern um die Auswahl der Datenreihe, die im Diagramm angezeigt werden soll. In der Tabelle befinden sich Produktdaten, wobei in Spalte A die Produktbezeichnungen stehen und in den Spalten C bis F die Umsatzdaten.

Ziel der Anwendung ist es, über ein Auswahlfeld in Zelle I3 zu bestimmen, welche Produktdaten im Diagramm angezeigt werden (Abbildung 13.44). Darüber hinaus soll in Zelle J3 die Summe der Einzelumsätze für dieses Produkt berechnet werden. Beide Aufgaben sind nicht mit einer per Tastenkombination generierten Datentabelle und dem daraus resultierenden Bereichsnamen realisierbar.

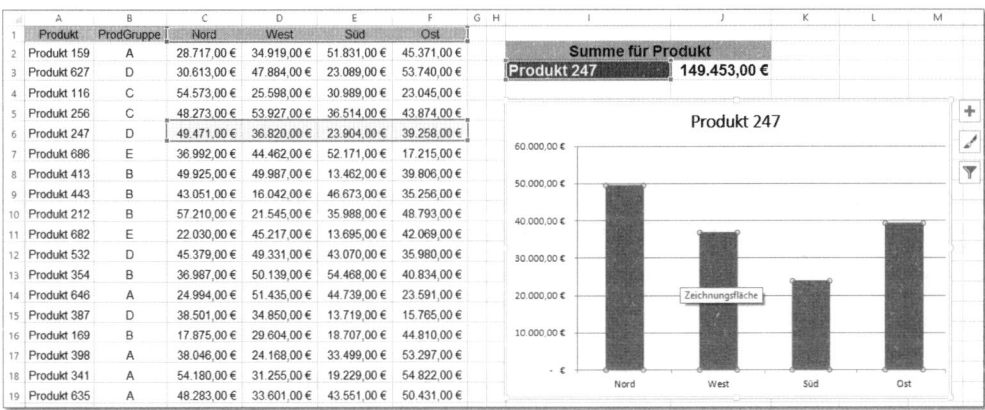

Abbildung 13.44 Dynamisches Diagramm mit BEREICH.VERSCHIEBEN()

Berechnung des dynamischen Bereiches für die Summenbildung

Die Funktion `BEREICH.VERSCHIEBEN()` erwartet als erstes Argument die Adresse der Startzelle des dynamischen Datenbereiches. Als viertes und fünftes Argument müssen Sie die Höhe und die Breite des Bereiches benennen. Wenn wir davon ausgehen, dass im Beispiel immer die Ergebnisse aller Regionen für genau ein Produkt im Diagramm gezeigt werden sollen, dann ergibt sich für die Höhe der Wert 1 (eine Zeile) und für die Breite der Wert 4 (vier Spalten).

Variabel muss hingegen die Adresse der Zelle sein, in der der Bereich beginnt. Er wird aus dem vom Benutzer in Zelle I3 ausgewählten Produktnamen abgeleitet. Die Zeile, in der sich das gewählte Produkt befindet, können Sie mit `VERGLEICH('Daten II'!$I$3;`

`'Daten II'!$A$1:$A$21;0)` ermitteln. Dabei wird der Datenbereich, der die Produktbezeichnungen enthält, durchsucht. Als Ergebnis liefert die Funktion den Zellbezug (A21) der Fundstelle.

Der zweite Teil der Zelladresse besteht aus der Spaltenbezeichnung C, da sich dort der erste Umsatzwert befindet. Die Verknüpfung der fest vorgegebenen Spaltenbezeichnung mit der berechneten Zeilenzahl erreichen Sie mit der Funktion `INDIREKT()`. Der Aufbau muss im vorliegenden Beispiel folgendermaßen aussehen:

```
INDIREKT("$C$"&VERGLEICH($I$3;$A$1:$A$21;0))
```

Die Angabe der Spalte und der beiden Dollarzeichen muss unbedingt in Anführungsstrichen stehen. Dann wird dieser Text mit Hilfe des Verknüpfungszeichens & mit der Zeilennummer verbunden.

In Zelle J3 entsteht so eine Funktionsverbindung zur Berechnung der Umsatzsumme des ausgewählten Produkts:

```
=SUMME(BEREICH.VERSCHIEBEN(INDIREKT("$C$"&VERGLEICH($I$3;$A$1:$A$21;
0));;;;4))
```

Wenn Sie in Zelle I3 eine Datenüberprüfung erstellen, die auf den Zellbereich A2 bis A21 zugreift, können Sie auswählen, für welches Produkt das Gesamtergebnis in J3 angezeigt wird.

Berechnung des dynamischen Bereiches für das Diagramm

Für Diagramme gelten in Excel allerdings nicht die gleichen Bedingungen wie für Tabellen. Wir haben bereits an anderer Stelle festgestellt, dass beispielsweise keine Formeln und Funktionen bei der Erstellung von dynamischen Diagrammtiteln zulässig sind. Auch bei der Bestimmung dynamischer Datenbereiche sind manche Funktionen nicht zulässig. Die Verwendung von `INDIREKT()` funktioniert zum Beispiel nicht. Die Eingabe von anderen Funktionen ist nur möglich, wenn Sie sie über Bereichsnamen in das Diagramm einbinden. Dies führt dazu, dass Sie die Funktionsverknüpfung zur dynamischen Berechnung der Gesamtumsätze nicht modifikationslos in Ihr Diagramm übernehmen können.

Zunächst müssen Sie die Startzelle auf andere Weise bestimmen. Dabei hilft Ihnen die Funktion `INDEX()`, die wir schon mehrfach beim Generieren von veränderlichen Bereichen eingesetzt haben. Die Funktion versetzt Excel in die Lage, in einem vorgegebenen Bereich eine spezifische Zelle über die Angaben der Spalte und der Zeile zu lokalisieren. Sowohl Spalte als auch Zeile werden durch die Angabe numerischer Werte identifiziert

Der vorgegebene Bereich, den Sie durchsuchen lassen sollten, ist die gesamte Datentabelle von A1 bis F21. Die auszuwählende Zeile resultiert aus `VERGLEICH('Daten II'!$I$3;'Daten II'!$A$1:$A$21;0)`. Dadurch erhalten Sie die Zeilennummer des gesuchten Produkts. Bei der Bestimmung der Spalte brauchen Sie weniger Aufhebens zu machen. Denn es wird immer in Spalte C, die den Wert 3 hat, begonnen.

Für die Höhe und Breite des dynamischen Bereiches bleiben die im vorangegangenen Beispiel bereits verwendeten Werte 1 und 4 unverändert, so dass sich diese Funktion zur Bestimmung des dynamischen Bereiches hier wie folgt dargestellt:

```
=BEREICH.VERSCHIEBEN(INDEX('Daten II'!$A$1:$F$21;
VERGLEICH('Daten II'!$I$3;'Daten II'!$A$1:$A$21;0);3) ;;;1;4)
```

Es ist sinnvoll, sich die vollständige Funktionsverkettung in eine Zelle des Tabellenblattes zu schreiben. Erschrecken Sie nicht, wenn Ihnen Excel nach der Eingabe den Fehlerwert #WERT! anzeigt. Dies bedeutet nicht, dass Ihre Funktion einen Fehler enthält. Es deutet aber an, dass der gesamte Ausdruck noch weiterverarbeitet werden muss. Dies machen Sie, indem Sie ihn als Zellbezug für einen Bereichsnamen verwenden.

- Kopieren Sie die gesamte Funktion in die Zwischenablage.

- Starten Sie dann mit **Formeln ▶ Definierte Namen ▶ Namens-Manager** die Erstellung eines Bereichsnamens.

- Geben Sie eine Bezeichnung für den Bereichsnamen ein.

- Wählen Sie das Eingabefeld **Bezieht sich auf:** aus, und fügen Sie mit ⌊Strg⌋ + ⌊V⌋ die zuvor kopierte Funktion ein.

- Schließen Sie die Eingabe mit **OK** ab.

Einfügen des Bereichsnamens in das Diagramm

Erstellen Sie zunächst ein Säulendiagramm aus einer Zeile der Datentabelle (z. B. C2 bis F2 für Produkt 159). Weisen Sie dem Diagramm als Achsenbeschriftung die Monatsbezeichnungen aus Zeile 1 zu. Diagramme werden in Excel mit einer Funktion erstellt. Dies können Sie einfach beobachten, wenn Sie auf die Säulen des Diagramms klicken. In der Editierzeile von Excel sehen Sie dann folgende Funktion:

```
=DATENREIHE(;'Daten II'!$C$1:$F$1;'Daten II'!$C$2:$F$2; 1)
```

Das erste Argument – im Beispiel ist es allerdings leer – kennzeichnet den Diagrammtitel. Danach folgen die Achsenbeschriftung und die Auswahl der Datenreihe, die im Diagramm dargestellt werden soll. Wenn Ihr Diagramm dynamisch aktualisierbar sein soll, müssen Sie diesen dritten Teil der Funktion nun durch den zuvor erstellten dynamischen Bereichsnamen ersetzen.

- Markieren Sie den Funktionstext `$C$2:$F$2`, und geben Sie genau an dieser Stelle den von Ihnen festgelegten Namen ein.

- Bewegen Sie den Cursor an den Anfang der Funktion vor das erste Semikolon, und zeigen Sie mit der Maus auf Zelle I3, in der sich die Produktauswahl befindet, um den ausgewählten Namen als Diagrammtitel zu verwenden.

Die Funktion sollte danach wie folgt aussehen:

```
=DATENREIHE('Daten II'!$I$3;'Daten II'!$C$1:$F$1;
'13_spezielle_Diagramme_dynamisch_01.xlsx'!Produktauswahl; 1)
```

Nachdem Sie die Veränderungen vorgenommen haben, können Sie durch die Auswahl eines anderen Produkts in Zelle I3 überprüfen, ob sich die Anzeige der Produktdaten im Diagramm auch tatsächlich so ändert, wie Sie sich das wünschen.

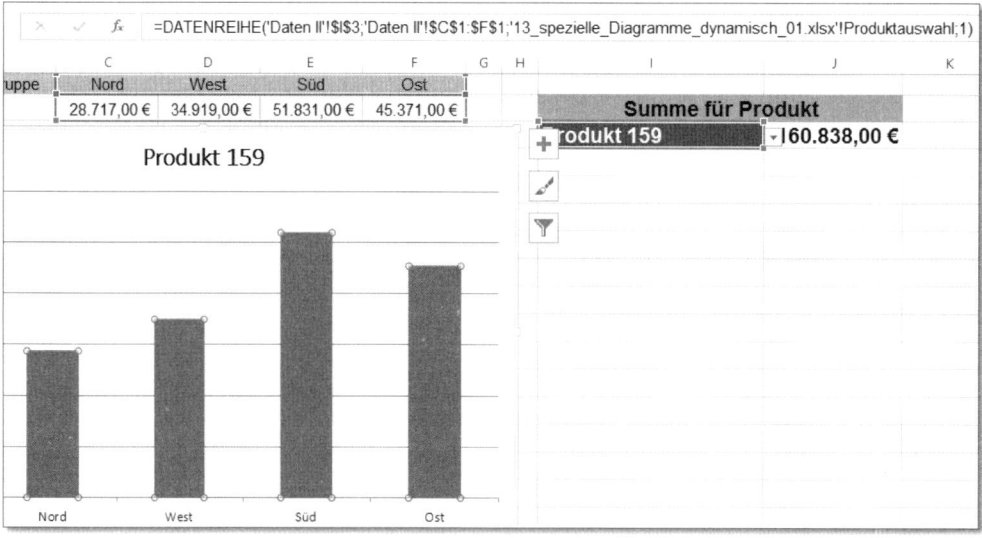

Abbildung 13.45 Anzeige der Funktion DATENREIHE() beim Anklicken der Säulen des Diagramms

13.10   Spezielle Diagrammtypen

Es ist immer wieder frappierend, welche Diagrammtypen Excel nicht anbieten kann. Und manchmal ist es noch überraschender, auf welchen Wegen so mancher Tüftler es dann doch schafft, Darstellungen, die eigentlich »unmöglich« sind, in Excel zu realisieren. Jeder muss für sich abwägen, ob sich der manchmal nicht unerhebliche Aufwand wirklich lohnt. Trotzdem werde ich auf den folgenden Seiten einige der verschlungenen Wege zur Realisierung bestimmter Diagrammtypen beschreiben.

13.10.1 Tachometerdiagramm mit Ampeldarstellung und Werteskala

Wie bereits weiter oben erwähnt dienen Tachodiagramme und bullet graphs einer ähnlichen Zielsetzung: der Visualisierung von Einzelwerten. Beide benutzen häufig zusätzlich eine Farbskala zur Kennzeichnung von Bewertungen (z. B. *nicht OK – OK – Optimal*). Eine gute Faustregel ist: Je geringer der zur Verfügung stehende Platz und je größer die Informationsdichte ist, desto eher sollten *bullet graphs* zum Einsatz kommen. Steht genügend Platz zur Verfügung und soll die Darstellung des Zahlenmaterials ein »optisches Highlight« enthalten, können Sie auch schon einmal ein Tachometerdiagramm verwenden. Sie haben bereits in Kapitel 12, »Unternehmenssteuerung und Kennzahlen«, beim Aufbau eines EFQM-Cockpits gesehen, dass Sie ein solches Diagramm aus einem Kreisdiagramm erstellen können, indem Sie bestimmte Elemente ausblenden und in einer bestimmten Art und Weise formatieren. Möchten Sie die Beschriftung dieses Diagrammtyps optimieren, bietet sich die Kombination des Kreisdiagramms mit einem Ringdiagramm an.

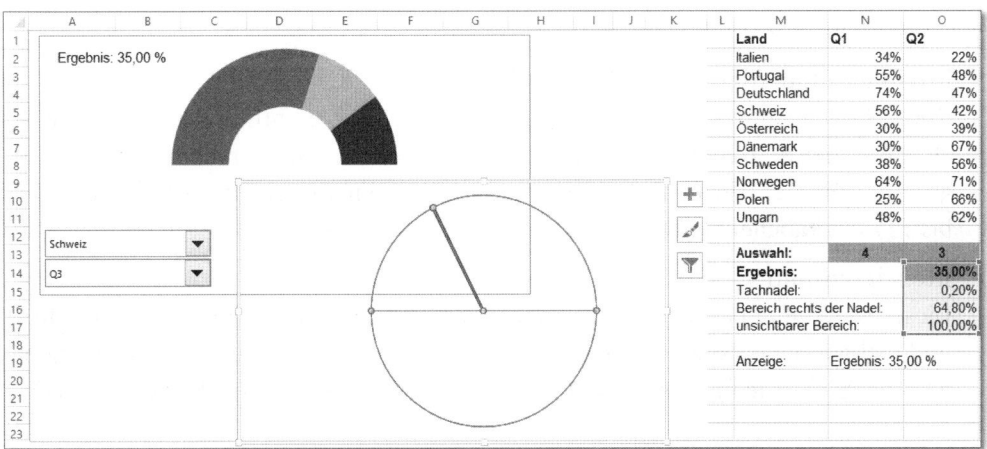

Abbildung 13.46 Tachometerdiagramm als Kombination aus Kreis- und Ringdiagramm

Das Kreisdiagramm stellt in dieser Kombination die Tachonadel zur Verfügung, während die Ampelformatierung von einem Ringdiagramm beigesteuert wird. Das Ergebnis sieht schließlich so aus, wie in Abbildung 13.47 dargestellt.

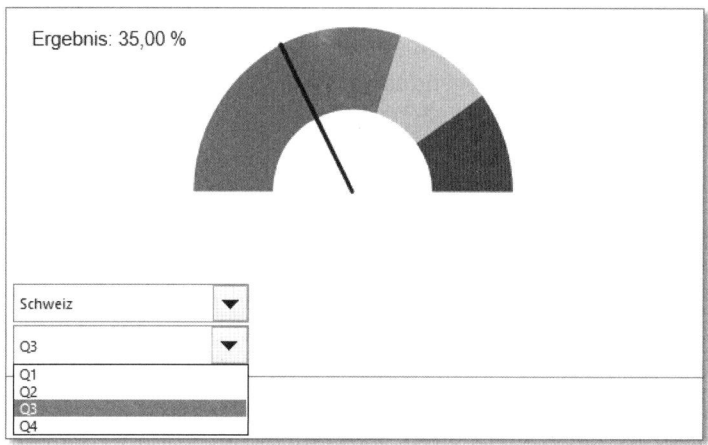

Abbildung 13.47 Nach dem Zusammenfügen der Diagramme

Erstellen der Datenbereiche für die Diagramme

Die Beispieldatei *13_Tachometer_01.xlsx* zeigt die Bestandteile eines Tachometerdiagramms. Um ein solches Diagramm anzulegen, müssen Sie zunächst eine Tabelle erstellen, in der Sie die Wertevorgaben für die drei Diagramme erfassen, aus denen sich das Tachometerdiagramm zusammensetzt.

Dabei werden Sie verwenden:

- **Ringdiagramm für die Ampelformatierung**
  Dieses Diagramm stellt den Hintergrund dar. Die Ampel enthält drei farbige Bereiche. Ein vierter Datenbereich ist der ausgeblendete untere halbe Ring des Diagramms. Die vier Werte, die das Diagramm definieren, finden Sie im Zellbereich T14 bis T17 des Tabellenblattes *Tacho*.

- **Kreisdiagramm**
  Dieses Diagramm enthält vier Kreissegmente: die Tachonadel, je ein Segment links und rechts von der Nadel sowie einen ausgeblendeten Halbkreis unter der Tachonadel. Die vier Werte für das Kreisdiagramm befinden sich in den Zellen O14 bis O17.

Ergebnis:	67,00%		grün	60
Tachnadel:	0,20%		gelb	20
Bereich rechts der Nadel:	32,80%		rot	20
unsichtbarer Bereich:	100,00%		unsichtbar	100

Abbildung 13.48 Wertevorgabe für die Erstellung der Einzeldiagramme

Erstellen des ersten Ringdiagramms (Ampelformatierung)

Nachdem Sie die Wertebereiche erstellt haben, legen Sie das Ringdiagramm an, das als Hintergrund mit Ampelformatierung dienen soll.

- Markieren Sie die Daten im Zellbereich T14 bis T17.

- Rufen Sie die Funktion **Einfügen ▸ Diagramme ▸ Kreis- oder Ringdiagramm einfügen ▸ Ring** auf.

- Drehen Sie das Ringdiagramm um 270 Grad, damit der auszublendende Halbkreis nach unten verschoben wird (**Datenreihenoptionen ▸ Winkel des ersten Segments**).

- Ändern Sie in den **Reihenoptionen** die **Innenringgröße** auf 50 %.

- Weisen Sie nun den oberen drei Segmenten von links nach rechts die Farben Rot, Gelb und Grün zu (**Datenreihen formatieren ▸ Füllung und Linie ▸ Füllung ▸ Einfarbige Füllung**).

- Entfernen Sie beim unteren Segment sowohl die Füllung als auch den Rahmen (**Datenreihen formatieren ▸ Füllung und Linie ▸ Rahmen ▸ Rahmenfarbe**).

Erstellen des Kreisdiagramms (Tachonadel)

Da die Anzeige im Tachometer über zwei Kombinationsfelder gesteuert werden soll, ist der Wert für die Tachonadel Ergebnis einer Berechnung:

```
=INDEX($N$2:$Q$11;LandAusgewählt_vZ;QuartalAusgewählt_vZ)
```

Die beiden Kombinationsfelder schreiben jeweils einen Wert in die benannten Zellen *LandAusgewählt* und *QuartalAusgewählt*. Beide Werte dienen wiederum der Funktion `INDEX()`, um in der Matrix N2 bis Q11 einen Wert anzusteuern, der dann mit dem Tacho visualisiert wird.

Der eigentlich darzustellende Wert befindet sich in Zelle O14, alle anderen Werte dienen erneut der Erstellung der Kreissegmente.

Die Breite der Tachonadel – im Beispiel 0,2 % – geben Sie ebenso fest vor wie die Größe des unteren Kreissegments (100 %), das Sie später ausblenden werden. Das Segment rechts von der Tachonadel wird auf Basis einer Berechnung bestimmt, wie ich es in Kapitel 12, »Unternehmenssteuerung und Kennzahlen«, bereits kurz beschrieben habe. Bei dieser Berechnung werden vom oberen Halbkreis (100 %) die Werte des linken Kreissegments und der Tachonadel abgezogen (`=1-O14-O15`).

13

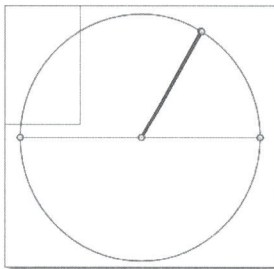

Abbildung 13.49 Nahezu alle Elemente bis auf
die Tachonadel werden ausgeblendet.

Beginnen Sie damit, dass Sie mit Strg und linker Maustaste eine Kopie des ersten
Ringdiagramms erstellen. Damit stellen Sie sicher, dass auch dieses Diagramm die gleiche Größe besitzt und sich später problemlos mit dem Ringdiagramm kombinieren
lässt. Wandeln Sie das Diagramm danach in ein Kreisdiagramm um:

- Wählen Sie das Diagramm aus.

- Klicken Sie auf **Diagrammtools ▸ Entwurf ▸ Typ ▸ Diagrammtyp ändern ▸ Kreis**.

Nun weisen Sie dem Kreisdiagramm den Zellbereich von O14 bis O17 als Datenbasis zu.
Danach müssen Sie lediglich die Farbfüllung für die beiden Kreissegmente links und
rechts von der Tachonadel entfernen.

Gestalten Sie die Tachonadel neu:

- Klicken Sie das dünne Kreissegment an.

- Wählen Sie **Datenpunkt formatieren** aus dem Kontextmenü.

- Wählen Sie unter **Füllung und Linie ▸ Datenreihenoptionen ▸ Füllung** eine **Einfarbige
  Füllung**, und weisen Sie dann eine dunkle Farbe zu, damit die Nadel besser sichtbar ist.

- Erhöhen Sie gegebenenfalls unter **Rahmenart** und der Option **Breite** die Punktezahl
  für den Rahmen dieses Kreissegments, um die Anzeige der Nadel weiter zu verbessern.

- Deaktivieren Sie auch hier die **Füllfarbe** für den **Diagrammbereich**, damit das untere
  Ringdiagramm sichtbar ist, wenn Sie später beide Diagramme übereinanderlegen.

Zwar lässt sich der Ergebniswert später an der Position der Nadel und der hinterlegten
Werteskala recht genau ablesen, dennoch sollten Sie auch für das Kreisdiagramm die
Werteanzeige aktivieren. Klicken Sie also die Tachonadel mit der rechten Maustaste an,
und wählen Sie dann die Option **Datenbeschriftung hinzufügen**. Ziehen Sie den Wert an
eine geeignete Position, und deaktivieren Sie die Option **Führungslinien anzeigen**.

Zusammenfügen der beiden Diagramme

Die fertigen Diagramme müssen Sie nun übereinanderlegen, um den gewünschten optischen Effekt zu erzielen. Prinzipiell müssen Sie die Objekte dazu lediglich mit der Maus an die richtige Stelle ziehen.

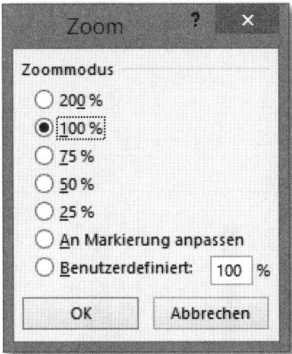

Abbildung 13.50 Anpassung des Zoomfaktors

Die Feinjustierung der Diagrammobjekte können Sie mit den Pfeiltasten vornehmen:

- Erhöhen Sie gegebenenfalls den Zoomfaktor für das Tabellenblatt über **Ansicht ▸ Zoom ▸ Zoom**. Geben Sie unter **Benutzerdefiniert** einen individuellen Faktor ein, z. B. »300 %«.

- Klicken Sie auf das Ringdiagramm.

- Klicken Sie mit gedrückter Taste $\boxed{\texttt{Strg}}$ ein zweites Mal auf den Rahmen dieses Diagramms.

- Sobald die Markierungspunkte an den Diagrammecken angezeigt werden, verschieben Sie das Diagramm mit $\boxed{\texttt{Strg}}$ und den vier Pfeiltasten an die gewünschte Position.

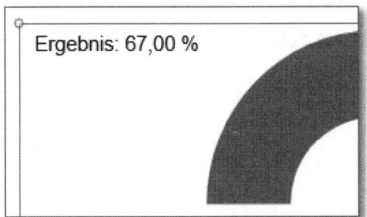

Abbildung 13.51 Durch die Erhöhung des Zoomfaktors und mit den Pfeiltasten lässt sich die Diagrammposition gut justieren.

13

13.10.2 Thermometerdiagramm

Auch die Vorgehensweise zum Erstellen eines Thermometerdiagramms habe ich bereits in Kapitel 12, »Unternehmenssteuerung und Kennzahlen«, beschrieben. Deshalb sei an dieser Stelle das Verfahren nur in aller Kürze skizziert.

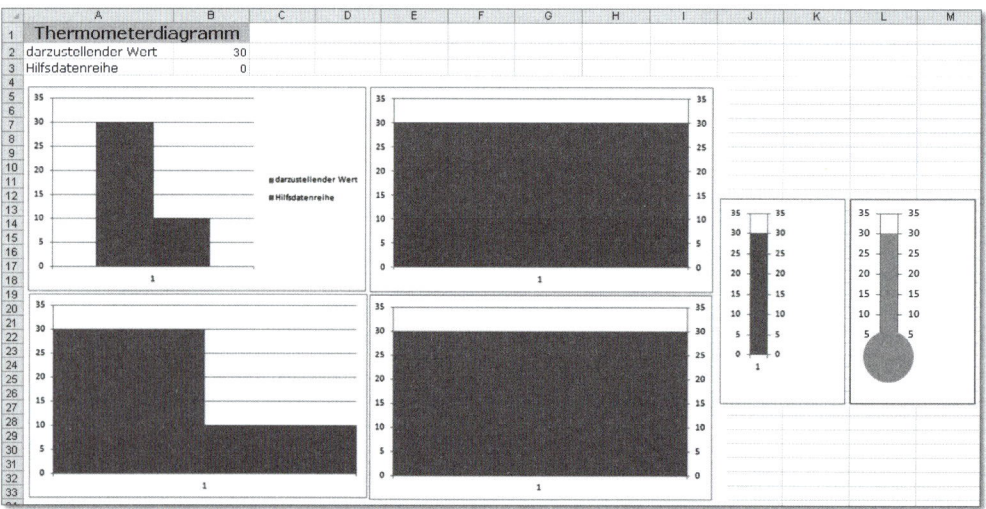

Abbildung 13.52 Arbeitsschritte zum Erstellen eines Thermometerdiagramms

Das hier gezeigte Beispiel ist in der Datei *13_spezielle_Diagramme_Thermometer_01.xlsx* abgebildet. Im Tabellenblatt *Thermometerdiagramm* befinden sich in den Zellen B2 und B3 die Daten für dieses Diagramm.

Führen Sie folgende Arbeitsschritte aus:

- Erstellen Sie ein **Säulendiagramm** aus den Werten der Zellen B2 und B3.

- Löschen Sie die Legende.

- Setzen Sie den Wert für die **Abstandsbreite** auf 0.

- Legen Sie den Wert der Hilfsdatenreihe auf die **Sekundärachse**.

- Stimmen Sie die Skalierungen der primären und sekundären Größenachsen aufeinander ab.

- Setzen Sie den Wert der Hilfsdatenreihe in Zelle B3 auf 0.

- Ziehen Sie die **Zeichnungsfläche** des Diagramms mit Hilfe der Maus schmaler.

- Zeichnen Sie einen Kreis, und positionieren Sie ihn am unteren Ende der Säule.

- Gruppieren Sie den Kreis und das Säulendiagramm.

13.10.3 Wasserfalldiagramm

Das Wasserfalldiagramm ist eine Abwandlung des Stapelsäulendiagramms. Es zeigt – von links nach rechts gelesen – einen Startwert, gefolgt von einer Reihe an Ein- bzw. Auszahlungen, um schließlich zur Anzeige des erreichten Endwerts zu gelangen. Damit eignet es sich besonders, um z. B. Kosten- und Erlöseffekte zu visualisieren.

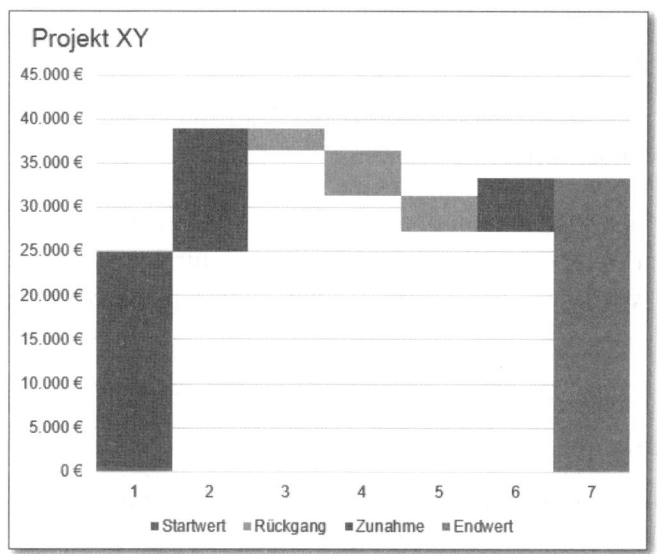

Abbildung 13.53 Wasserfalldiagramm als Abwandlung eines Säulendiagramms

Anordnung der Datenreihen

Entscheidend für das Gelingen des Wasserfalldiagramms ist die richtige Anordnung der Datenreihen. Im Diagramm sind sichtbar:

- Start- und Endwert

- Einzahlungen und Auszahlungen

Neben diesen im Diagramm sichtbaren Datenreihen müssen Sie jedoch im Tabellenblatt eine weitere Datenreihe anlegen. Da eine Ein- oder Auszahlung stets an das zuvor erreichte Niveau anknüpft, dient diese Datenreihe lediglich dazu, aus den vorangegangenen Werten das aktuelle Niveau zu berechnen.

In der Arbeitsmappe *13_spezielle_Diagramme_Wasserfall_01.xlsx* findet die Berechnung dieser Hilfsdatenreihe in Zelle C5 statt: =C4+E4-D5. Auf das Niveau des Startwerts (C4) wird zunächst der letzte Zuwachs (+E4) übertragen. Anschließend wird der Wert für den

829

aktuellen Rückgang abgezogen (-D5). Die einmal definierte Formel wird daraufhin nach unten kopiert.

	A	B	C	D	E	F
1		**Wasserfalldiagramm**				
2		Startwert	Ausblenden	Rückgang	Zunahme	Endwert
3	**Startwert**	25.000 €				
4	Phase 1		25.000 €		14.000 €	
5	Phase 2		36.500 €	2.500 €		
6	Phase 3		31.300 €	5.200 €		
7	Phase 4		27.300 €	4.000 €		
8	Phase 5		27.300 €		6.000 €	
9	**Endwert**					33.300 €

Abbildung 13.54 Datentabelle mit Hilfsdatenreihe (»Ausblenden«)

Die beiden Spalten *Rückgang* und *Zunahme* in der Beispieldatei sind reine Eingabespalten, in denen die jeweiligen Werte erfasst werden. Dies gilt auch für den *Startwert*. Der *Endwert* in Zelle F9 ist wiederum das Resultat einer einfachen Berechnung (=C8+E8+B8-E9).

Definition des Wasserfalldiagramms

Um das Diagramm aus den vorgegebenen Werten zu erstellen, markieren Sie den Zellbereich von B2 bis F9. Anschließend wählen Sie **Einfügen ▸ Diagramme ▸ Säulendiagramm einfügen ▸ 2D-Säulen ▸ Gestapelte Säulen**. Die weiteren Anpassungen bei diesem Diagrammtyp sehen folgendermaßen aus:

■ Deaktivieren Sie für die Hilfsdatenreihe (*Ausblenden*) sowohl die **Füllfarbe** als auch die **Rahmenfarbe**.

■ Klicken Sie die Legende an und dann in der Legende nochmals die Datenreihe **Ausblenden**, und entfernen Sie diese Datenreihe mit ⌈Entf⌋.

■ Verringern Sie die Abstandsbreite der Säulen im Menü **Datenreihen formatieren** auf 0.

13.10.4   Tornadodiagramm

Das Tornadodiagramm ist eine Abwandlung des Balkendiagramms. Es wird häufig bei der Darstellung der Ergebnisse von Sensitivitäts- oder demografischen Marktanalysen eingesetzt. Das in Abbildung 13.55 gezeigte Anwendungsbeispiel bezieht sich auf die Arbeitsmappe *13_spezielle_Diagramme_Tornado_01.xlsx*. In dem Diagramm werden Einkommensklassen ausgewertet. Die Ergebnisse beziehen sich auf zwei Märkte. Dadurch ist es notwendig, zwei separate Balken zu verwenden, deren Werte nicht notwendigerweise addiert werden sollen.

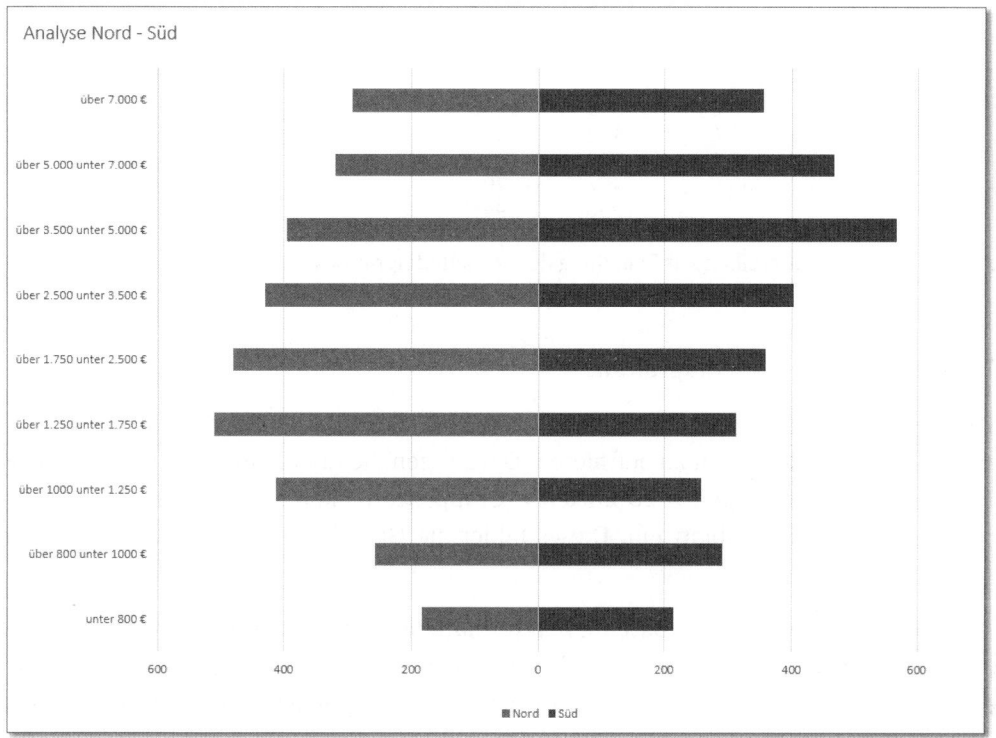

Abbildung 13.55 Tornadodiagramm

Die eigentliche Problematik besteht zunächst darin, dass die Säulen zwar links und rechts einer zentrierten Größenachse gezeichnet werden sollen, die dargestellten Werte auf beiden Seiten allerdings positiv sein müssen. Die Lösung besteht darin, eine der beiden verwendeten Datenreihen mit einem negativen Vorzeichen zu versehen und dieses Minuszeichen im Diagramm durch die Anpassung der Zeichenformatierung der horizontalen Achse zu verbergen.

In der Beispieldatei enthält der Zellbereich A2 bis C11 sämtliche Werte und Beschriftungsinformationen. Die Daten für die Region *Nord* in Spalte C enthalten die notwendigen Minuszeichen. Im Beispiel ist das Vorzeichen manuell erfasst worden. Bei umfangreicheren Datenreihen empfiehlt es sich selbstverständlich, die negativen Werte durch eine Multiplikation der Originalwerte mit −1 zu erzeugen.

13

	A	B	C
1	**Tornadodiagramm**		
2	**Einkommensgruppe**	**Süd**	**Nord**
3	unter 800 €	214	-184
4	über 800 unter 1000 €	290	-257
5	über 1000 unter 1.250 €	256	-413
6	über 1.250 unter 1.750 €	311	-509
7	über 1.750 unter 2.500 €	358	-480
8	über 2.500 unter 3.500 €	402	-430
9	über 3.500 unter 5.000 €	567	-395
10	über 5.000 unter 7.000 €	467	-320
11	über 7.000 €	356	-294

Abbildung 13.56 Datenreihen zur Erstellung des Tornadodiagramms

Definition des Tornadodiagramms

Durch das Markieren des Zellbereiches von A2 bis C11 schaffen Sie die Voraussetzung, um das Tornadodiagramm zu definieren. Dazu fügen Sie über **Einfügen** ▸ **Diagramme** ▸ **Balkendiagramm einfügen** ▸ **2D-Balken** ▸ **Gruppierte Balken** zunächst ein Balkendiagramm in das Tabellenblatt ein. Dieses bildet die Grundlage für die anschließenden Überarbeitungen:

- Starten Sie die Funktion **Datenreihen formatieren**, und setzen Sie den Wert für die **Reihenachsenüberlappung** der Balken im Menübereich **Reihenoptionen** auf 100 %. Die Balken sind danach auf den beiden Seiten der Größenachse genau gegenüber angeordnet.

- Öffnen Sie die Dialogbox zur Formatierung der Größenachse (**Achse formatieren**). Ändern Sie die Anordnung der Achsenbeschriftung innerhalb von **Achsenoptionen** ▸ **Beschriftungen** von **Achsennah** auf **Niedrig**. Dadurch werden die Einkommensklassen als Beschriftung an den linken Rand des Diagramms bewegt.

- Im gleichen Menübereich setzen Sie die Option **Hauptstrichtyp** gegebenenfalls auf **Keine**.

- Öffnen Sie abschließend die Dialogbox **Achse formatieren**, dieses Mal allerdings für die horizontale Größenachse. Im Menübereich **Achsenoptionen** ▸ **Achsenoptionen** ▸ **Zahl** aktivieren Sie die Kategorie **Benutzerdefiniert**. Geben Sie unter **Formatcode** die Vorgabe »0;0« ein, und klicken Sie dann auf **Hinzufügen**. Die Einstellung bewirkt, dass sowohl positive als auch negative Werte ohne Vorzeichen angezeigt werden. Das Minuszeichen der zweiten Datenreihe im Tabellenblatt bleibt auf diese Weise im Diagramm unsichtbar.

- Setzen Sie abschließend den **Minimalwert** auf –800 und den **Maximalwert** auf 800.

Nachdem Sie das Tornadodiagramm fertiggestellt haben, ist es durchaus ratsam, eine Diagrammvorlage zu erstellen. Dazu klicken Sie mit der rechten Maustaste auf das Diagramm und wählen aus dem Kontextmenü **Diagrammtools ▸ Entwurf ▸ Als Vorlage speichern**.

13.10.5 Gantt-Diagramm

Auch das Gantt-Diagramm beruht auf der Abwandlung eines Balkendiagramms. Es verwendet allerdings frei schwebende Balken, während die Balken im Standarddiagramm an der Y-Achse fest verankert sind.

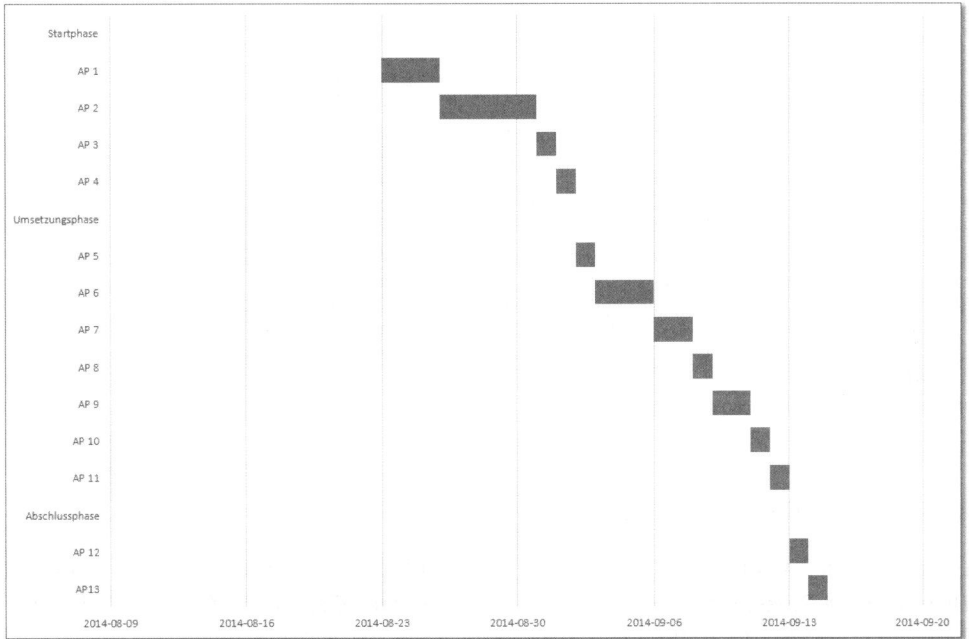

Abbildung 13.57 Gantt-Diagramme veranschaulichen Dauer und Abfolge von Arbeitspaketen in einem Projekt.

Gantt-Diagramme werden häufig eingesetzt, um die Abfolge und die Dauer von Arbeitspaketen in Projekten zu veranschaulichen. Der Effekt der frei schwebenden Balken wird dadurch erzeugt, dass die Datumswerte für den Start der einzelnen Arbeitspakete als Datenreihe in das Diagramm übernommen werden. Auf diese unterschiedlich langen Balken wird dann die Dauer der Vorgänge »gestapelt«. Danach wird die Datumsdatenreihe ausgeblendet, und der Effekt der frei schwebenden, aber aneinander anknüpfenden Vorgangsbalken entsteht.

Anordnung der Datenreihen im Tabellenblatt

Der Aufbau der Tabelle besteht neben der Beschriftung in Spalte A aus zwei Eingabebereichen und einer berechneten Spalte. In Spalte B erfassen Sie das Startdatum für jeden einzelnen Vorgang, in Spalte C tragen Sie die jeweilige Dauer des Arbeitspakets ein. Die Berechnung in Spalte D wird mit der Formel `=B4+C4` durchgeführt. Der Endtermin dient lediglich der Übersichtlichkeit in der Tabelle. Er wird für die Erstellung des Diagramms nicht zwingend benötigt.

	A	B	C	D
1	**Gantt-Diagramm**			
2	**Bezeichnung**	**Anfang**	**Dauer**	**Ende**
3	**Startphase**			
4	AP 1	2014-08-23	3,00	2014-08-26
5	AP 2	2014-08-26	5,00	2014-08-31
6	AP 3	2014-08-31	1,00	2014-09-01
7	AP 4	2014-09-01	1,00	2014-09-02
8	**Umsetzungsphase**			
9	AP 5	2014-09-02	1,00	2014-09-03
10	AP 6	2014-09-03	3,00	2014-09-06
11	AP 7	2014-09-06	2,00	2014-09-08
12	AP 8	2014-09-08	1,00	2014-09-09
13	AP 9	2014-09-09	2,00	2014-09-11
14	AP 10	2014-09-11	1,00	2014-09-12
15	AP 11	2014-09-12	1,00	2014-09-13
16	**Abschlussphase**			
17	AP 12	2014-09-13	1,00	2014-09-14
18	AP13	2014-09-14	1,00	2014-09-15

Abbildung 13.58 Basisdaten des Gantt-Diagramms

Erstellen des Gantt-Diagramms

Beginnen Sie damit, dass Sie den Datenbereich B2 bis B18 markieren und dann **Einfügen ▸ Diagramme ▸ Balkendiagramm einfügen ▸ 2D-Balken ▸ Gestapelte Balken** wählen. Sie erhalten dadurch ein Stapelbalkendiagramm mit nur einer einzigen Datenreihe.

Rufen Sie danach die Funktion **Diagrammtools ▸ Entwurf ▸ Daten ▸ Daten auswählen** auf. Klicken Sie auf **Hinzufügen**, und weisen Sie im Eingabefeld **Reihenwerte** den Datenbereich C4 bis C18, also die Dauer der Arbeitspakete, zu. Die Werte dieser Datenreihe werden nun im Diagramm rechts auf die Datumswerte »gestapelt«.

Ergänzen Sie den Bereich von A4 bis A18 als Beschriftung der Rubrikenachse.

Drehen Sie die Anordnung der Datenreihen, indem Sie unter **Achse formatieren ▸ Achsenoptionen** die Option **Kategorien in umgekehrter Reihenfolge** aktivieren und unter **Horizontale Achse schneidet** die Option **Bei größter Rubrik** einschalten.

Nun können Sie die Dialogbox **Datenreihen formatieren** für die erste der beiden Datenreihen aufrufen. Die **Füllung** setzen Sie für diese Datenreihe auf **Keine Füllung**. Und auch die **Rahmenfarbe** setzen Sie auf **Keine Linie**.

Abschließend wenden Sie sich den Intervallen auf der horizontalen Achse zu. Aktivieren Sie die Funktion **Achse formatieren**, und wählen Sie ein der Projektdauer angemessenes **Hauptintervall**. Dazu aktivieren Sie das Optionsfeld **Fest**. In der Beispieldatei verwende ich den Intervallwert 7.

13.11 Spezielle Formatierungen im Diagramm

Das Diagrammmodul in Excel wurde bereits in den Versionen 2007 und 2010 vollständig überarbeitet. Neben der Entwicklung einer völlig neuen Benutzeroberfläche und Bedienungslogik wurde ein besonderer Wert auf zahlreiche neue Formatierungsmöglichkeiten gelegt. Das Spektrum reicht hier von der Auswahl aus mehreren Millionen Farben für Füllungen und Umrahmungen über zahlreiche 3D-Effekte bis zu Oberflächenstrukturen.

Man mag zu diesen Errungenschaften stehen, wie man will. Klar ist, dass es einige in der Praxis häufig gewünschte Formatierungsfunktionen standardmäßig in Excel immer noch nicht gibt. Dazu gehören bedingte Formatierungen von Datenreihen und auch die werteabhängige Kennzeichnung von Datenpunkten. Um solche dynamischen Formatierungen in Diagramme einzubinden, bedarf es einmal mehr einiger spezieller Kniffe, die ich in den beiden folgenden Beispielen beschreiben werde.

13.11.1 Werteabhängige Formatierung: Kennzeichnung von Maximal- und Minimalwert

Sie kennen diese Situation: Eine oder mehrere Datenreihen enthalten Werte, die in einem verhältnismäßig schmalen Datenbereich liegen. Das Auf und Ab des Verlaufs ist zwar erkennbar, doch welches ist der Höchst- und welches Tiefstwert in der Datenreihe? Um den Betrachtern Ihres Diagramms den Überblick zu erleichtern, beschließen Sie, die beiden Werte zu kennzeichnen.

Kein Problem! Einen Pfeil oder ein anderes Symbol haben Sie zur Kennzeichnung schnell hinzugefügt. Doch was, wenn sich Ihre Datenbasis ändert? Sie werden die Minimal- und Maximalwerte erneut kennzeichnen müssen. Möchten Sie diese zukünftige Mehrarbeit verhindern oder enthält Ihr Diagramm Steuerelemente, mit denen Sie den Diagramminhalt flexibel bestimmen können, müssen Sie einmal mehr Scheindatenreihen einsetzen, um Höchst- und Tiefstwerte zu markieren. Diese zusätzlichen Datenreihen werden so eingesetzt, dass sie die Reihe der Originaldaten überlagern.

Kombiniert mit einem von Ihnen zu bestimmenden Symbol werden dann die Tiefst- und Höchstwerte im Diagramm dynamisch gekennzeichnet.

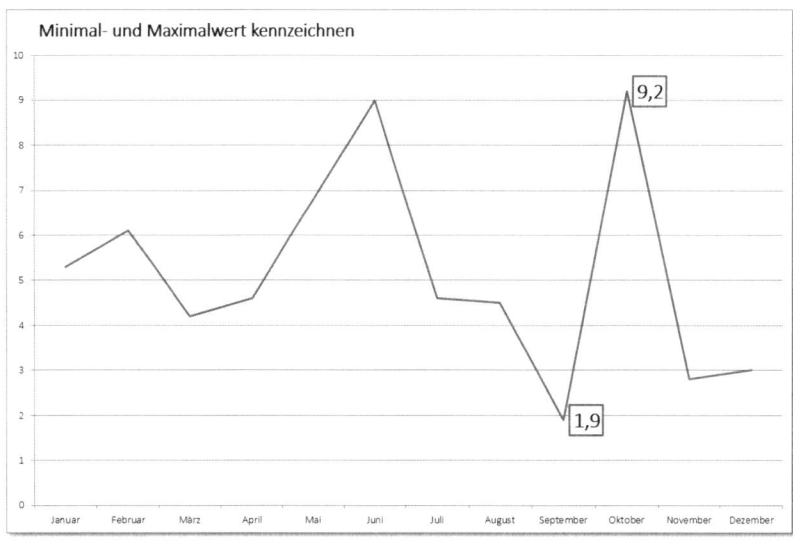

Abbildung 13.59 Automatische Kennzeichnung des Minimal- und Maximalwerts

Aufbau der Datentabelle

In der Arbeitsmappe *13_spezielle_Formatierung_Min_Max_01.xlsx* besteht die Datenbasis ursprünglich nur aus einer Datenreihe in Spalte B des Tabellenblattes *Daten*. Der erste Schritt zur Erstellung einer dynamischen Kennzeichnung des Minimal- und Maximalwerts besteht darin, diese beiden Werte in zwei zusätzlichen Datenreihen zu isolieren. Dies ist mit den Funktionen MIN() und MAX() sehr einfach.

Die Funktion =WENN(B3=MAX($B$3:$B$14);B3;#NV) setzen Sie in Zelle C3 ein. Damit erreichen Sie, dass ein Wert nur dann angezeigt wird, wenn er der Höchstwert im Datenbereich B3 bis B14 ist. Sollte dies hingegen nicht zutreffen, wird stattdessen ein #NV ausgegeben. Der Fehlerwert #NV muss an dieser Stelle statt 0 oder einer Leerstelle verwendet werden, da diese Werte in Liniendiagrammen gezeichnet werden, während Zellen, die #NV enthalten, beim Zeichnen des Diagramms ignoriert werden. Sie erreichen auf diese Weise also, dass aus der gesamten Datenreihe lediglich ein Datenpunkt erhalten bleibt und somit die im Liniendiagramm gezeichnete Linie nur einen einzigen Punkt enthält.

Mit der zweiten Hilfsdatenreihe in Spalte D gehen Sie analog vor. Hier setzen Sie die abgewandelte Funktion `=WENN(B3=MIN($B$3:$B$14);B3;#NV)` ein. Das Resultat der Zwischenrechnungen sind zwei Datenreihen, in denen die Anzeige der #NV-Werte lediglich von jeweils einem Tiefst- und Höchstwert unterbrochen wird. Ist dies auch tatsächlich die perfekte Grundlage für eine dynamische Kennzeichnung? Sie sollten durch die Eingabe eines geänderten Minimal- und/oder Maximalwerts testen, ob sich die Werteanzeige in den Spalten C und D auch wirklich automatisch ändert. Wenn dem so ist, können Sie zum nächsten Arbeitsschritt übergehen.

	A	B	C	D
1	**Minimal-/Maximalwert kennzeichnen**			
2	**Kunde**	**Werte**	**Min**	**Max**
3	Januar	5,3	#NV	#NV
4	Februar	6,1	#NV	#NV
5	März	4,2	#NV	#NV
6	April	4,6	#NV	#NV
7	Mai	6,8	#NV	#NV
8	Juni	9	#NV	#NV
9	Juli	4,6	#NV	#NV
10	August	4,5	#NV	#NV
11	September	1,9	#NV	1,9
12	Oktober	9,2	9,2	#NV
13	November	2,8	#NV	#NV
14	Dezember	3	#NV	#NV

Abbildung 13.60 Für die Kennzeichnung werden zwei Hilfsdatenreihen gebildet.

Festlegung eines Symbols für die Kennzeichnung der Datenpunkte

Für die Gestaltung der Markierung des Minimal- und Maximalwerts existieren diverse Alternativen, beispielsweise:

- Anzeige einer Datenpunktmarkierung, z. B. eines Punktes oder Quadrates, in den Hilfsdatenreihen, während Sie bei der Hauptdatenreihe auf alle Markierungen verzichten

- Anzeige einer Datenbeschriftung für beide Hilfsdatenreihen und Verzicht auf solche Beschriftungen in der Hauptdatenreihe

- Auswahl zweier grafischer Symbole, die als AutoForm gezeichnet und anschließend den Hilfsdatenreihen hinzugefügt werden

Für welche Alternative Sie sich entscheiden, ist letztlich wohl Geschmacksache. Die Verwendung einer AutoForm stellt allerdings einen geringfügig höheren Arbeitsaufwand dar als die beiden ersten Verfahren zur Kennzeichnung.

Praktische Umsetzung der Kennzeichnungsalternativen

Die Umsetzung aller Formen der Kennzeichnung beginnt zunächst damit, ein Liniendiagramm aus den drei Datenreihen im Tabellenblatt *Daten* zu erstellen. Markieren Sie dazu den Zellbereich von A2 bis D14, und führen Sie die Funktion **Einfügen ▸ Diagramme ▸ Liniendiagramm einfügen ▸ 2D-Linie ▸ Gestapelte Linie** aus. Sie erhalten ein Liniendiagramm ohne Datenpunkte. Von den drei Datenreihen sind allerdings die beiden Hilfsdatenreihen, die jeweils nur einen Datenpunkt aufweisen, nicht sichtbar.

Verwendung einer Datenpunktmarkierung zur Kennzeichnung

Wenn Sie die Tiefst- und Höchstwerte lediglich durch eine Markierung des Datenpunktes erreichen möchten, gehen Sie folgendermaßen vor:

- Markieren Sie das Liniendiagramm.
- Wählen Sie **Diagrammtools ▸ Format ▸ Aktuelle Auswahl ▸ Reihen »Min« ▸ Auswahl formatieren** aus.
- Wechseln Sie in das Register **Füllung und Linie ▸ Markierung ▸ Markierungsoptionen**, und schalten Sie dort die Option **Integriert** ein.
- Wählen Sie unter **Typ** eine Grundform für die Markierung aus, und stellen Sie ihre **Größe** nach Ihren Vorstellungen ein.
- Legen Sie die Farbe für **Füllung** und **Rahmen** fest.

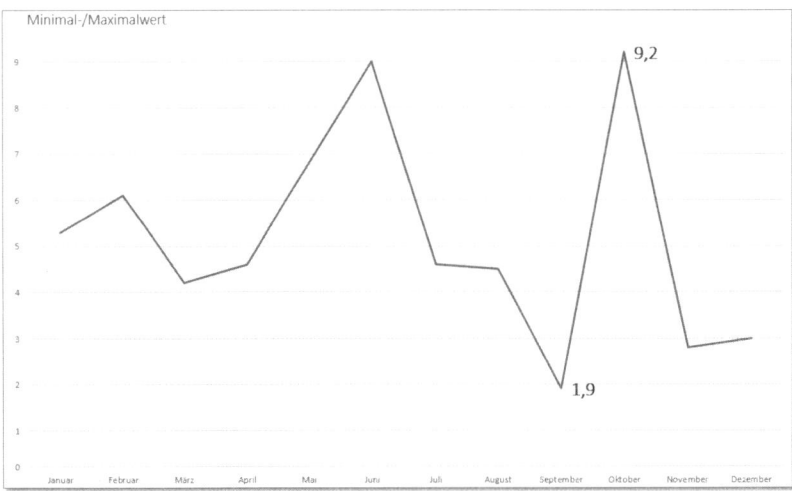

Abbildung 13.61 Dynamische Datenpunktmarkierung – hier mit Werteanzeige

Wiederholen Sie die einzelnen Schritte, um auch für die Datenreihe *Max* eine Datenpunktmarkierung zu aktivieren. Ändern Sie, nachdem Sie beide dynamische Markierungen definiert haben, nochmals Ihre Datenbasis, um zu überprüfen, ob die Aktualisierung im Diagramm auch funktioniert.

Verwendung der Datenbeschriftung als Markierung

Eine zusätzliche Information können Sie dem Betrachter im Zuge der dynamischen Kennzeichnung des Höchst- und Tiefstwerts liefern, wenn Sie statt der Datenpunktmarkierung – oder auch ergänzend dazu – die Anzeige der Datenbeschriftung aktivieren. Wählen Sie dazu die Datenreihe **Min** aus, und klicken Sie dann mit der rechten Maustaste auf den markierten Datenpunkt. Aus dem Kontextmenü führen Sie die Option **Datenbeschriftungen hinzufügen** aus. Damit erhalten Sie die einfache Anzeige des Werts, der dem Datenpunkt im Diagramm entspricht. Wiederholen Sie die einzelnen Arbeitsschritte auch für die Datenreihe *Max*.

Die Formatierung der Datenbeschriftung können Sie u. a. in dieser Weise verbessern:

- Markieren Sie die **Datenbeschriftung**.
- Wählen Sie **Diagrammtools ▸ Format ▸ Formenarten**, und ordnen Sie eine Vorlage für die Umrahmung des Werts zu.
- Ändern Sie über **Start ▸ Schriftart** die Schriftgröße der Beschriftung, und schalten Sie den Fettdruck ein, oder führen Sie die Änderungen mit Hilfe der Mini-Symbolleiste im Kontextmenü aus.

Verwendung von AutoFormen als Markierung

Im Gegensatz zu den beiden zuvor beschriebenen Verfahren erfordert die Markierung mit Hilfe einer AutoForm einen gewissen Grad an Vorbereitung. Die AutoForm muss gezeichnet und formatiert werden; erst danach können Sie sie in das Diagramm kopieren.

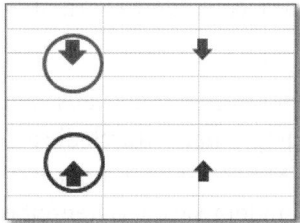

Abbildung 13.62 Gezeichnete AutoFormen als Mittel zur Datenkennzeichnung

Im Tabellenblatt *Daten* befinden sich bereits zwei gezeichnete AutoFormen, die Sie für die Kennzeichnung des Minimal- und Maximalwerts einsetzen können. Die beiden Formen wurden über **Einfügen ▸ Illustrationen ▸ Formen ▸ Blockpfeile** gezeichnet.

Verwenden Sie eine AutoForm zur Kennzeichnung, so überlagert sie Teile der Datenreihe. Um dies zu verhindern, schaffen Sie zwischen dem Datenpunkt und der Auto-Form einen Abstand. Dies gelingt Ihnen, indem Sie eine zweite AutoForm als Separator benutzen, etwa eine Linie oder einen Kreis.

Nachdem Sie den Separator gezeichnet haben, blenden Sie seine Füllfarbe und seinen Rahmen aus. Anschließend gruppieren Sie den Separator und das eigentliche Kennzeichnungsobjekt. Dann fügen Sie gruppierte Form der Datenreihe zu:

- Markieren Sie die gruppierte AutoForm.
- Kopieren Sie die AutoForm mit ⌜Strg⌟ + ⌜C⌟ in die Zwischenablage.
- Markieren Sie dann die Datenreihe im Diagramm.
- Fügen Sie die AutoForm mit ⌜Strg⌟ + ⌜V⌟ in das Diagramm ein.

Wiederholen Sie den Vorgang für die zweite Datenreihe, und prüfen Sie anschließend durch Änderung der Werte in der Originaldatenreihe, ob die Darstellung im Diagramm aktualisiert wird.

13.11.2 Bedingte Formatierung von Datenpunkten

Die bedingte Formatierung eines Datenpunktes, wie ich sie auf den vorangegangenen Seiten beschrieben habe, empfiehlt sich bei der Verwendung von Liniendiagrammen. Handelt es sich jedoch um Säulen- oder Balkendiagramme, wünscht man sich bei der Kennzeichnung zumeist nicht nur eine auffällige Beschriftung, sondern gleich die farblich eindeutige Hervorhebung der betreffenden Säulen oder Balken (Abbildung 13.63).

Ist die Zielrichtung auch eine geringfügig andere, so bleibt die Herangehensweise an die Problematik der bedingten Formatierung im Diagramm doch identisch. Sie müssen auch in diesem Fall zusätzliche Datenreihen schaffen, um die werteabhängige Formatierung der Datenpunkte zu realisieren.

Ein Unterschied besteht schließlich in der Übertragung der Informationen aus den Hilfsdatenreihen in das Diagramm. Geschieht dies bei Liniendiagrammen durch die automatische Überlagerung mehrerer Datenreihen, so müssen Sie bei Säulen- oder Balkendiagrammen diese Überlagerung ausdrücklich definieren, indem Sie die Datenreihe der Sekundärachse des Diagramms zuordnen.

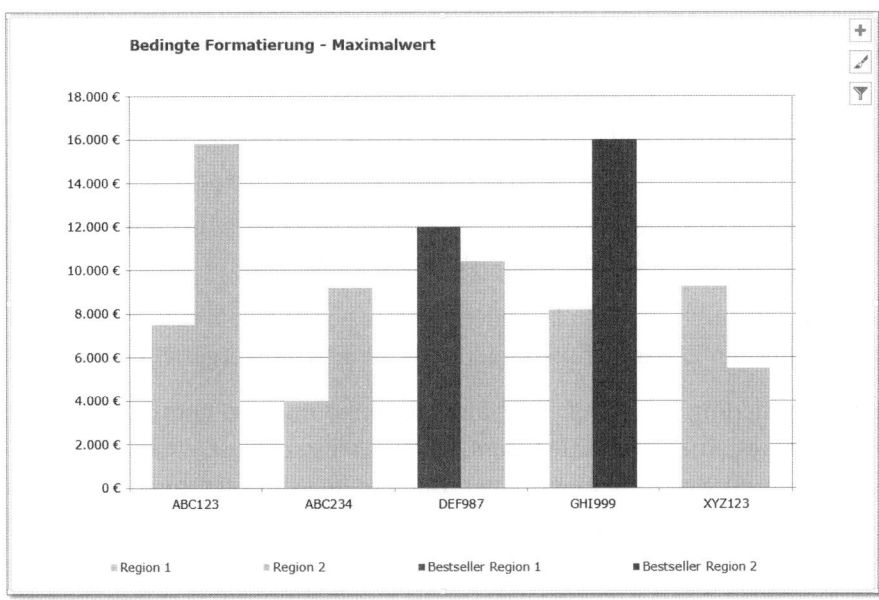

Abbildung 13.63 Bedingte Formatierung im Säulendiagramm

Aufbau der Datentabelle

Die Datei *13_spezielle_Formatierung_bedingte_01.xlsx* zeigt eine einfache Datentabelle, in der sich die beiden Original-Datenreihen in den Spalten B und C befinden. Diese beiden Spalten deuten indirekt auch an, worum es bei der Diagrammkonfiguration gehen wird: Sie verfügen über eine bedingte Formatierung, bei der die höchsten Werte der Datenreihen jeweils mit Fettdruck und der Schriftfarbe Rot hervorgehoben werden.

	A	B	C	D	E
1	**Bedingte Formatierung - Maximalwert**				
2	**Artikel**	**Region 1**	**Region 2**	**Bestseller Region 1**	**Bestseller Region 2**
3	ABC123	7.500 €	15.800 €	0 €	0 €
4	ABC234	4.000 €	9.200 €	0 €	0 €
5	DEF987	**12.000 €**	10.400 €	12.000 €	0 €
6	GHI999	8.200 €	**16.000 €**	0 €	16.000 €
7	XYZ123	9.250 €	5.500 €	0 €	0 €

Abbildung 13.64 Basisdatentabelle mit bedingter Formatierung

Im Tabellenbereich erhalten Sie eine solche flexible Gestaltung der Werte, indem Sie

- den Zellbereich B3 bis B7 markieren,

- die Funktion **Start ▸ Bedingte Formatierung ▸ Neue Regel** starten,

- dann unter **Regeltyp auswählen** die Option **Nur obere oder untere Werte formatieren** aktivieren und

- schließlich für die Option **Regelbeschreibung bearbeiten** den Wert 1 eingeben bzw. über den Schalter **Formatieren** die gewünschte Zeichengestaltung für den höchsten Wert definieren und

- anschließend die Schritte wiederholen, um auch die Formatierung des Maximalwerts im Zellbereich C3 bis C7 in gleicher Weise zu realisieren.

Prüfen Sie schließlich durch die Eingabe neuer Werte in gewohnter Weise, ob die dynamische Formatierung der Zellen so funktioniert, wie Sie sich das vorgestellt haben.

Die **Bedingte Formatierung** von Tabellenabschnitten funktioniert so gut und bietet seit Excel 2007 so viele Gestaltungsvarianten, dass es doppelt ärgerlich ist, dass es keine vergleichbare Funktion für die Formatierung von Datenreihen in Diagrammen gibt. Um auch im Diagramm eine bedingte Formatierung anzuwenden, müssen Sie zunächst in den Spalten D und E der Beispieldatei zusätzliche Datenreihen erzeugen.

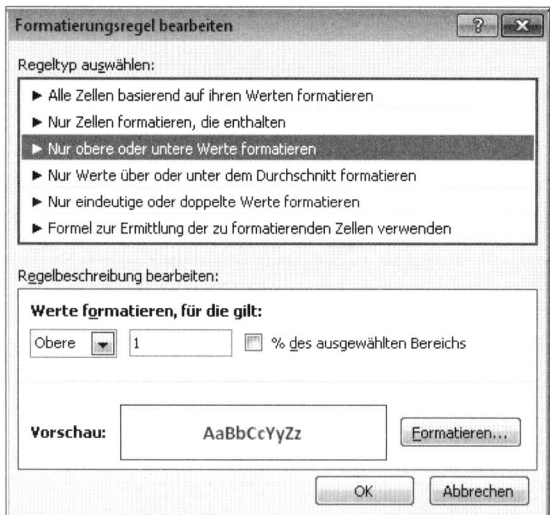

Abbildung 13.65 Bedingte Formatierung des Maximalwerts in einer Tabelle

In Zelle D3 setzen Sie zu diesem Zweck die Funktion =WENN(B3=KGRÖSSTE($B$3:$B$7;1); B3;) ein. Sie unterscheidet sich in zwei Punkten von der Funktion, die wir bei der Bildung von Hilfsdatenreihen für die dynamische Kennzeichnung von Maximal- und Minimalwerten in Liniendiagrammen eingesetzt haben: Zum einen wird in ihr der höchste Wert der Datenreihe nicht mit der Funktion MAX(), sondern mit KGRÖSSTE() ermittelt.

Zum anderen wird für den Fall, dass die geprüfte Zelle nicht den Höchstwert enthält, kein #NV generiert, sondern lediglich eine Leerzelle ausgegeben.

Beide Abwandlungen sind in der Praxis unterschiedlich zu bewerten. Die Funktion KGRÖSSTE() ermöglicht es, nicht nur den höchsten Wert zu kennzeichnen. Mit dem Argument k könnten Sie auch den zweit- oder drittgrößten Wert etc. auslesen und in die bedingte Formatierung einbeziehen. Durch den Einsatz dieser Funktion deutet sich an, dass bedingte Formatierungen nicht auf einen Datenpunkt beschränkt werden müssen. Typische Top-3- oder Top-5-Darstellungen sind ebenso umsetzbar.

Der Verzicht auf #NV und die Verwendung einer Leerzelle in der Datenreihe, die im Diagramm verwendet wird, ist diagrammspezifisch, während das #NV bei Liniendiagrammen obligatorisch ist. Nullwerte oder Leerzellen werden bei Säulen- oder Balkendiagrammen nicht gezeichnet. Aus diesem Grund spricht nichts dagegen, diese Werte als alternatives Argument in der WENN()-Anweisung zu verwenden. #NV ist bei diesen Diagrammtypen schlichtweg nicht notwendig.

Wie Sie aus Abbildung 13.75 ersehen, führt die Anwendung der Funktion dazu, dass in den beiden Datenreihen jeweils nur der Höchstwert angezeigt wird.

Erstellung des Säulendiagramms

Mit den vier Datenreihen erstellen Sie nun das gewünschte Säulendiagramm. Dazu markieren Sie den Datenbereich A2 bis E7 und drücken F11. Dies führt zwischenzeitlich zu dem in Abbildung 13.66 gezeigten Ergebnis.

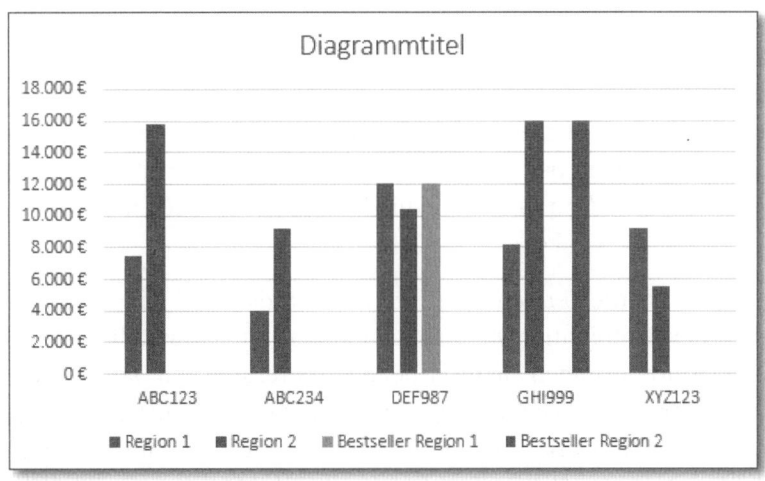

Abbildung 13.66 Säulendiagramm mit Original- und Hilfsdatenreihen

Im Diagramm werden alle vier Datenreihen nebeneinander angezeigt. Sie werden alle auf der Primärachse auf der linken Seite gezeichnet. Diese Einstellung müssen Sie nun noch ändern.

Definition der bedingten Formatierung

Legen Sie die beiden Hilfsdatenreihen also auf die Sekundärachse. Dafür reicht ein Rechtsklick auf den einzig sichtbaren Datenpunkt. Über die Option **Datenreihen formatieren** gelangen Sie einmal mehr zu den **Datenreihenoptionen**. Dort aktivieren Sie die Option **Sekundärachse** im Bereich **Datenreihe zeichnen auf**.

Nachdem Sie diese Änderung für beide Hilfsdatenreihen durchgeführt haben, ist die bedingte Formatierung der Datenpunkte, die die Höchstwerte darstellen, prinzipiell schon abgeschlossen, denn beide Datenpunkte unterscheiden sich hinsichtlich der Farben eindeutig von den Hauptdatenreihen. Um den Zusammenhang zwischen der Hauptdatenreihe und ihrem Höchstwert jedoch noch prägnanter darzustellen, sollten Sie noch einige Veränderungen an der Formatierung vornehmen:

- Markieren Sie nacheinander die beiden Hauptdatenreihen, und hellen Sie die Farbe der Säulen etwas auf, in dem Sie ein helleres Rot und Blau auswählen.

- Markieren Sie anschließend der Reihe nach die beiden Hilfsdatenreihen, und weisen Sie den beiden Höchstwerten jeweils ein kräftiges Rot bzw. Blau zu.

13.12   Diagramme in Tabellenblättern

Der Vorteil von Diagrammen liegt in der Verdichtung und Visualisierung von umfangreichen Datenmengen. Wie die Nutzung unterschiedlicher Diagrammtypen auf den vorangegangenen Seiten gezeigt hat, werden auf diesem Weg Entwicklungen, Verteilungen oder Relationen einfacher erkennbar, als wenn kaum überschaubare Zahlenwüsten vorliegen würden. Trotzdem erfordern unterschiedliche Situationen auch individuelle Lösungen.

Wie die aktuelle Diskussion um die Verwendung von Dashboards – also jener Management-Cockpits, die aus einer Kombination von Zahlen und grafischen Darstellungen resultieren – zeigt, sind die Anforderungen an die visuelle Aufbereitung von Daten Veränderungen oder Moden unterworfen. Gerade im Controlling wird es häufig als unzureichend empfunden, einen Kurvenverlauf zu betrachten, ohne die konkreten Daten genau zu kennen. Da der Darstellung vollständiger Datenreihen im Diagramm allerdings enge Grenzen gesetzt sind, liegt es nahe, nach weiteren Möglichkeiten einer Kombination aus Tabellen und Diagrammen zu suchen.

Excel bietet Ihnen in dieser Hinsicht drei Optionen an:

- Mit bedingten Formatierungen – speziell durch die Verwendung von *Heatmaps* – erweitern Sie Datentabellen auf einfache Weise um eine grafische Aufbereitung der Daten.
- Mit Text- oder grafischen Zeichen und Textfunktionen wie `WIEDERHOLEN()` und `VERKETTEN()` ist es möglich, im Tabellenblatt dynamische Grafiken anzulegen.
- Mit den seit Excel 2010 verfügbaren Sparklines lassen sich auch längere Datenreihen in hochverdichteten Minidiagrammen zusammenfassen.

Lassen Sie uns auf den folgenden Seiten einen Blick darauf werfen, wie Sie diese Möglichkeiten nutzen können und wozu sie konkret in der Lage sind.

13.12.1 Erstellen einer Heatmap

Eine auffällige Erweiterung wurde Excel bereits mit der Version 2007 bei den bedingten Formatierungen zuteil: Die Funktion wurde an exponierter Stelle, nämlich im Menü **Start**, positioniert. Doch das war nicht die einzige Auffälligkeit. Excel verfügt nun über eine große Anzahl von Regeln, die Sie auf ausgewählte Bereiche im Tabellenblatt anwenden können. Darüber hinaus können Sie auf eine unbekannte Fülle von farblichen Kennzeichnungen und Symbolzeichensätzen zugreifen.

Zur besseren Verwaltung von bedingten Formatierungen haben die Entwickler dem Programm ein eigenes Tool zur Verwaltung von Regeln spendiert. In der Verwaltung ist erkennbar, auf welchen Zellbereich im Tabellenblatt sich eine Regel bezieht. Und die alte Beschränkung auf maximal drei bedingte Formatierungen pro Zellbereich lässt Excel 2013 auch weit hinter sich.

Seit Excel 2010 ist es nun sogar möglich, sich bei der Definition von Bedingungen mit Hilfe von Formeln und Funktionen auf Zellen außerhalb des aktuellen Tabellenblattes zu beziehen.

▲	A	B	C	D	E	F	G	H	I	J	K
1		Produkt 1	Produkt 2	Produkt 3	Produkt 4			Produkt 1	Produkt 2	Produkt 3	Produkt 4
2	**Nord**	12	14	16	15		**Nord**	12	14	16	15
3	**Süd**	10	10	9	12		**Süd**	10	10	13	17
4	**West**	5	6	6	8		**West**	5	6	6	8
5	**Ost**	2	8	12	10		**Ost**	2	8	9	10

Abbildung 13.67 Gleiche Daten – unterschiedliche Darstellung

Dies alles lädt geradezu dazu ein, Tabellenwerte und Zellhintergründe auch farblich oder mit Symbolen besonders zu gestalten. In der Arbeitsmappe *13_spezielle_ Tabellendiagramme_HeatMap_01.xlsx* werden zwei von den Daten her gleichartige Tabellen mit Hilfe der Option **Bedingte Formatierung** in eine *Heatmap* verwandelt.

Drei Vorgehensweisen, an denen Sie auch das Prinzip der Option **Bedingte Formatierung** erkennen, müssen unterschieden werden:

- die Verwendung von vorgegebenen Regeln und fertiger Markierungsoptionen wie Farbskalen

- das Erstellen eigener Regeln auf der Basis von Formeln und Funktionen

- die Unterscheidung zwischen dem zu formatierenden Bereich und dem Anwendungsbereich der Regel

Eine Regel für einen zusammenhängenden Zellbereich

Die Tabelle im Zellbereich A1 bis E5 habe ich nach diesem Grundsatz formatiert. Ich habe zu diesem Zweck alle Werte markiert und dann die Funktion **Start ▸ Formatvorlagen ▸ Bedingte Formatierung** aufgerufen. Anschließend habe ich über die Option **Farbskalen** eine **Grün-Gelb-Rot-Farbskala** ausgewählt. Excel weist dadurch dem niedrigsten Wert die Farbe Rot und dem höchsten Wert die Farbe Grün zu. Die Farbe Gelb wird auf Basis eines zu bestimmenden Quantils definiert; der Standardwert hierfür ist 50.

Da der gesamte Zellbereich mit der bedingten Formatierung gestaltet wurde und der gleiche Zellbereich die Werte enthält, auf deren Grundlage Excel die Formatierung erstellt, ist der Wert 2 mit rotem Hintergrund formatiert. Der Wert 12 in Zelle B2 ist durch ein helles Grün, der Wert 8 in Zelle E4 durch ein helles Orange gekennzeichnet.

Eine Regel für unterschiedliche Zellbereiche

Anders verhält es sich bei dem zweiten Beispiel im Zellbereich G1 bis K5. Für jede Zeile der Tabelle habe ich eine eigene Regel definiert. Begonnen habe ich dazu im Bereich H2 bis K2 und auch hier die **Grün-Gelb-Rot-Farbskala** verwendet, diese jedoch anschließend auf den Zellbereich H3 bis K3 übertragen.

Dazu benutzen Sie die Funktion **Format übertragen** im Menü **Start ▸ Zwischenablage**. Nachdem Sie das bedingte Format zunächst auf die Daten in der dritten und schließlich auch in die der vierten und fünften Zeile übertragen haben, besitzt die Tabelle insgesamt vier voneinander getrennt verwaltete bedingte Formatierungen. Dies erkennen Sie auch sehr gut, wenn Sie den gesamten Zellbereich nochmals markieren und dann **Start ▸ Formatvorlagen ▸ Bedingte Formatierung ▸ Regeln verwalten** aufrufen.

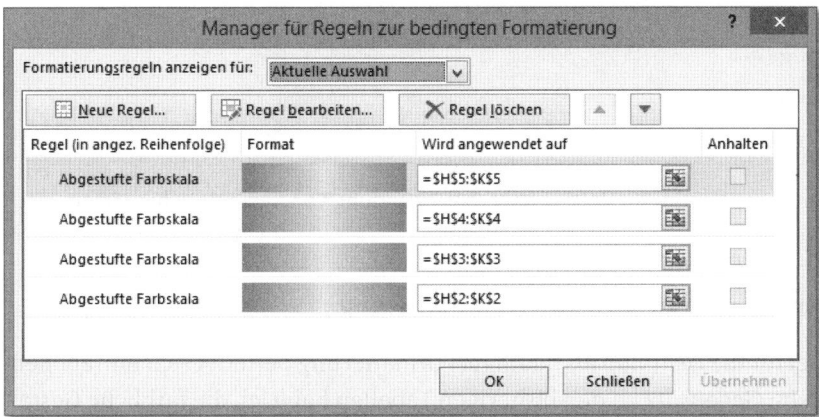

Abbildung 13.68 Regelverwaltung für bedingte Formatierungen

Das Ergebnis der Formatierungen stellt sich folglich auch ganz anders als im ersten Beispiel dar. Der Wert 2 in Zelle H5 ist zwar immer noch mit rotem Hintergrund unterlegt, doch der Wert 12 in Zelle H2 ist tiefrot. In K2 ist der Wert 8 hingegen mit einem knackigen Grün unterlegt.

13

TIPP

Ampelformatierung mit einem Symbolzeichensatz

Wenn Sie die gleiche Idee – eine Ampelformatierung – mit einem Symbolzeichensatz umsetzen möchten, z. B. mit den grünen, gelben und roten Punkten, verhält sich Excel bei der Regeldefinition hingegen anders. Statt der Höchst- und Tiefstwerte sowie eines Quantils wird eine Regel angewendet, die mit Prozentwerten arbeitet (Abbildung 13.69). Das Symbol für den obersten Datenbereich, der grüne Punkt, wird auf alle Werte der Tabelle angewendet, die 67 % des Höchstwerts des gesamten Wertebereiches ausmachen. Gelb wird als Formatierung für Werte gesetzt, die zwischen 33 % und 67 % liegen. Werte unterhalb der 33 % versieht Excel mit einem roten Punkt.

Die prozentuale Definition der Regeln können Sie allerdings jederzeit auf absolute Werte umstellen. Damit können Sie genau festlegen, ab welchem Wert ein Farbwechsel bei der bedingten Formatierung erfolgen soll.

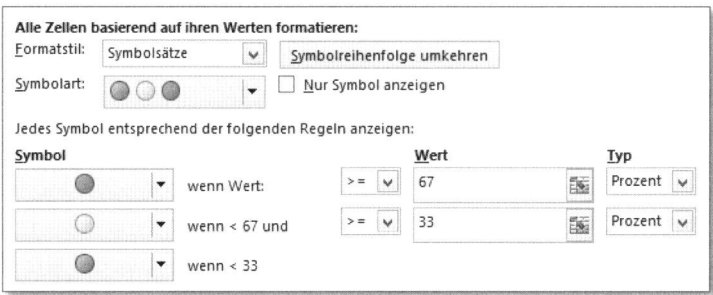

Abbildung 13.69 Prozentuale Regeldefinition bei der Verwendung von Symbolzeichensätzen

Verwendung von Formeln zur bedingten Formatierung

Das dritte Beispiel für die *Heatmap* als bedingte Formatierung befindet sich im Tabellenblatt *Heatmap II*. Im Gegensatz zu den bisherigen Tabellen habe ich die farbliche Gestaltung auf der Basis von drei Formeln bzw. Funktionen erstellt. Um dies zu erreichen, rufen Sie die Funktion **Start ▸ Formatvorlagen ▸ Bedingte Formatierung** auf, wählen dann aber die Option **Neue Regel** und schließlich **Formel zur Ermittlung der zu formatierenden Zellen erstellen**.

	A	B	C	D	E	F	G	H	I	J
1		Produkt 1	Produkt 2	Produkt 3	Produkt 4				grüner Bereich:	roter Bereich:
2	Nord	4	5	16	15			Nord	15	5
3	Süd	10	10	12	9			Süd	9	7
4	West	5	3	6	10			West	9	4
5	Ost	2	8	12	10			Ost	9	4

Abbildung 13.70 Bedingte Formatierung auf Basis von Formeln und Funktionen

Für den Zellbereich B2 bis E2 wird für die rote Hintergrundformatierung die Formel =B2<=$J2 verwendet. In Zelle $J2 habe ich zuvor den Wert 5 als Obergrenze für die rote Formatierung in der Region *Nord* eingegeben. Ebenfalls in B2 bis E2 erreichen Sie über die Formel =B2>=$I2 die grüne Hintergrundgestaltung. Schließlich bestimmen Sie auch die mittlere Farbe, das Gelb, in diesem Bereich mit der logischen Funktion UND():

=UND(B2<$I2;B2>$J2)

Beachten Sie besonders die Verwendung von absoluten und relativen Bezügen in diesen Berechnungen. Sie stellen die wesentliche Grundlage dar, um die bedingten Formate anschließend auch in die Zeilen drei, vier und fünf zu kopieren, nachdem Sie sie in der zweiten Zeile definiert haben. Der Kopiervorgang lässt sich ohne Schwierigkeiten mit **Format übertragen** durchführen, wenn Sie die richtige Bezugsart gewählt haben.

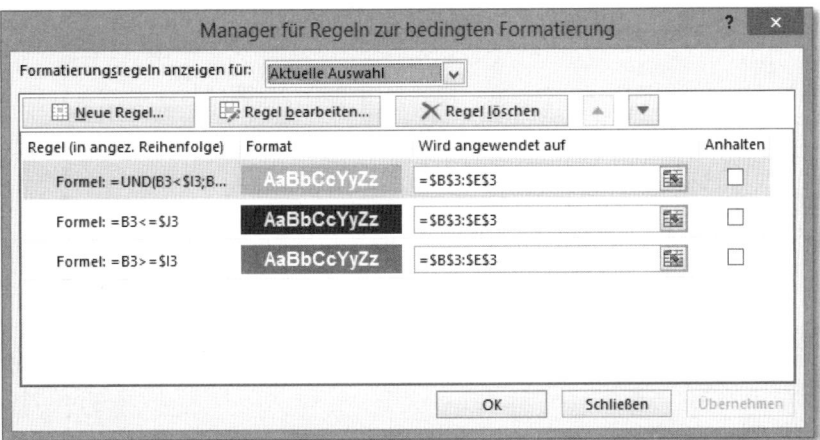

Abbildung 13.71 Regelverwaltung für bedingte Formatierung

Ein weiterer wichtiger Ratschlag: Schreiben Sie die Grenzwerte, die Sie bei der bedingten Formatierung einsetzen möchten, in Zellen des Tabellenblattes, und verweisen Sie mit Ihren Formeln und Funktionen auf diese Zellen. Fixe Werte innerhalb der Regeln bedingter Formatierungen sind unübersichtlich, umständlich zu editieren und letztlich auch fehlerträchtig.

13.12.2 Textfunktionen und grafische Tabellendarstellung

In den Fällen, in denen Ihnen die Präsentation des reinen Zahlenmaterials wichtiger erscheint als seine Verwendung in einem Diagramm, werden Sie sich die Frage stellen, wie Sie Tabellen dynamisch mit Werten füllen und bestimmte Tabellenteile – z. B. Überschriften – dynamisch gestalten können. In der Datei *13_spezielle_Tabellendiagramme_Wiederholen_01.xlsx* gebe ich Ihnen eine Antwort auf diese Fragen.

Im Zellbereich A1 bis F5 enthält die Tabelle einige Originaldaten. Aus diesem Datenbestand kann mittels einer Auswahl in H2 ein Auszug erstellt werden. In diesem Fall handelt es sich um die Anzeige einer Zeile der Tabelle in den Zellen B11 bis E11. In der zehnten Zeile wird je nach Auswahl durch den Benutzer dynamische eine Überschrift erstellt. In der in ihrer Höhe stark vergrößerten Zeile 12 werden die ausgewählten Werte mit Hilfe eines Textsymbols grafisch dargestellt. Welche Arbeitsschritte und Funktionen müssen Sie bei einer solchen Darstellung anwenden? Im folgenden Abschnitt werden wir uns dies genauer ansehen.

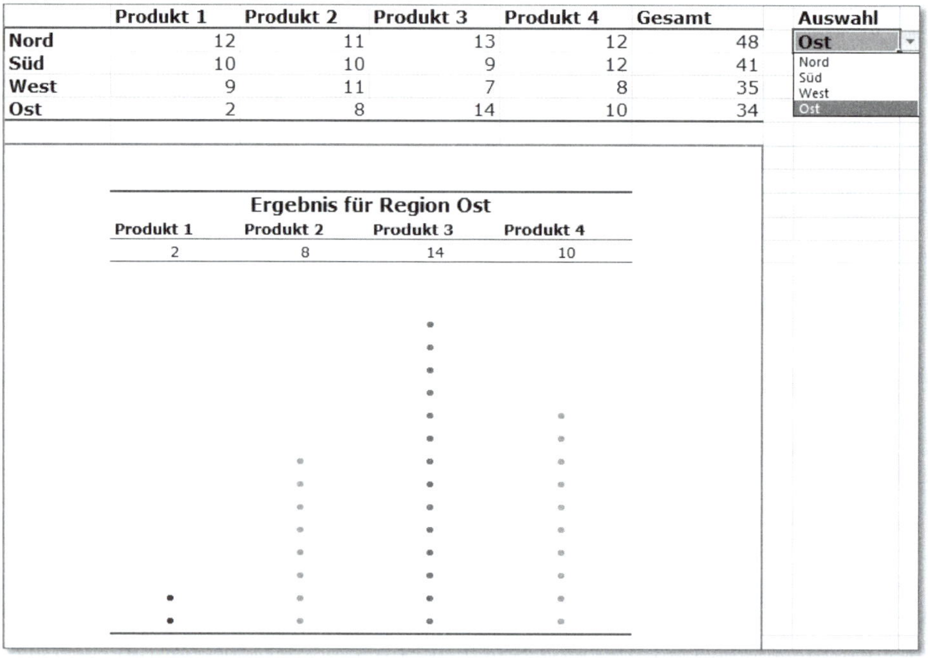

	Produkt 1	Produkt 2	Produkt 3	Produkt 4	Gesamt		Auswahl	
Nord	12	11	13	12	48		Ost	▾
Süd	10	10	9	12	41		Nord	
West	9	11	7	8	35		Süd	
Ost	2	8	14	10	34		West	
							Ost	

Ergebnis für Region Ost

Produkt 1	Produkt 2	Produkt 3	Produkt 4
2	8	14	10

Abbildung 13.72 Sieht aus wie ein Diagramm. Ist aber eigentlich eine Tabelle!

Datenauswahl in der Tabelle

Die Auswahl von Elementen aus einer Liste und die dadurch gesteuerte Auswahl von Tabelleninhalten habe ich bereits in unterschiedlichen Zusammenhängen beschrieben. Mit der Datenüberprüfung – im Menü **Daten ▸ Datentools** zu finden – stellt Excel eine bequem zu handhabende und schnell umzusetzende Funktion zur Verfügung, mit der Sie aus großen Datenmengen gezielt Auszüge bilden.

Ein im Zusammenhang mit der Datenüberprüfung häufig eingesetztes Werkzeug ist die Funktion INDEX(). Zwar liefert die Auswahl einer Textbezeichnung über eine Datenüberprüfung, wie sie in Zelle H2 der Beispieldatei erfolgt, einen Text. Die anzusteuernde Zelle wird innerhalb der definierten Matrix bei der Verwendung von INDEX() auch mit zwei numerischen Werten für die Bestimmung der Spalte und Zeile bestimmt. Aber die unterschiedlichen Welten lassen sich – wie wir bereits gesehen haben – mit der Funktion VERGLEICH() mühelos verbinden.

In Zelle B11 funktioniert das Zusammenspiel durch die Verwendung von =INDEX($A$1:$F$5;VERGLEICH($H$2;$A$1:$A$5;0);2) optimal, und Sie können diese Funktion bedenkenlos in die Zellen C11 bis E11 kopieren. Die Kombination aus Datenüberprüfung, VERGLEICH() und INDEX(), so viel steht fest, stellt eine wesentliche Grundlage bei der Generierung dynamischer Tabellen dar.

Dynamische Beschriftung des Tabellenauszugs

Wenn Tabelleninhalte dynamisch generiert werden, dann stellt sich, ähnlich wie bei der Nutzung dynamischer Diagramme, die Frage nach der besonderen Herausforderung der ebenfalls dynamischen Beschriftung dieser Tabellen. Prinzipiell können Sie dieser Aufgabe mit zwei Lösungsansätzen begegnen: Entweder benutzen Sie die Textfunktion VERKETTEN(), um Zellinhalte und per Tastatur eingegebene Textelemente in einer Überschriftenzeile miteinander zu kombinieren, oder Sie setzen einfach das Verknüpfungszeichen & ein, um Text und Zellinhalte zu verknüpfen.

In Zelle B9 der Beispieldatei ist es die zweite Variante, mit der wir das Ziel – Erstellen einer dynamischen Überschrift – erreichen: ="Ergebnis für Region " &H2. Die Alternative hätte folgendermaßen aussehen können:

```
=VERKETTEN("Ergebnis für Region ";H2)
```

Darstellung von Werten mit Hilfe von Textfunktionen

Nach der Pflicht – dynamischer Tabellenauszug mit angepasster Beschriftung – haben Sie vielleicht noch Appetit auf die Kür, nämlich die grafische Darstellung der ausgewählten Werte im Tabellenblatt. In diesem Fall ist es neben VERKETTEN() eine weitere Textfunktion, die Ihnen einen Lösungsansatz liefert: WIEDERHOLEN(). Mit dieser Funktion wiederholen Sie ein beliebiges Textzeichen um eine definierte Anzahl.

Nehmen Sie beispielsweise in Zelle B12 des Tabellenblattes *Textdiagramm* den Ausdruck =WIEDERHOLEN(ZEICHEN(7);B11), und schon erhalten Sie eine Abfolge von Punkten, die durch ZEICHEN(7) gebildet werden. Die Anzahl der Wiederholungen wird durch den Inhalt von Zelle B11 bestimmt. Da diese Zelle durch die Auswahl per Datenüberprüfung gebildet wird, ist die Punktezahl des Textdiagramms ebenfalls veränderlich. Mit Hilfe der Auswahl **Zellen formatieren ▶ Ausrichtung ▶ Ausrichtung ▶ Text** sollten Sie die horizontale Anordnung der Punkte allerdings in eine vertikale ändern. Danach kopieren Sie die Funktion in die angrenzenden Zellen, um auch die anderen Datenpunkte grafisch darzustellen.

Mit einer bedingten Formatierung machen Sie den Textgrafikbereich übersichtlicher. In der Beispieldatei gelten für die Zellen B12 bis E12 die Vorgaben =B$11>=12 (grün) und

=B$11<=5 (rot). Die gelben Datenreihen erhalten Sie, indem Sie den Zellen einfach diese Schriftfarbe zuweisen. Trifft keine der Bedingungen aus der bedingten Formatierung zu, dann wählt Excel automatisch diese dritte Farbe.

Nutzen von Tabellendiagrammen

Diagramme, die mit Hilfe der Textfunktion WIEDERHOLEN() erstellt werden, sind immer dann nützlich, wenn Sie eine grafische Darstellung benötigen, jedoch kein ausreichender Platz für ein Diagramm mit allen seinen Elementen wie Diagrammbereich und Achsen zur Verfügung steht. Diese raumsparende Form der Darstellung von einzelnen Datenreihen realisieren Sie ab Excel 2010 mit Sparklines.

Doch in Excel 2007 bilden die »Diagramme aus Textzeichen« eine unersetzbare Alternative zu den Sparklines.

13.12.3 Nutzung von Sparklines

Sind Sie gerade zu Excel 2010 oder 2013 gewechselt, wird Sie die Funktionsweise dieser neuartigen Sparklines bestimmt interessieren. In der Datei *13_spezielle_Tabellendiagramme_Sparklines_01.xlsx* sind unterschiedliche Formen und Konfigurationen dieser neuen Kleindiagramme zusammengefasst. Im Tabellenblatt *Sparklines I* werden in drei unterschiedlichen Tabellen die drei verschiedenen Sparkline-Typen wiedergegeben.

	Januar	Februar	März	April	Mai	Juni	Juli	August	September	Oktober
Nord	25	22	28	36	31	38	46	50	33	25
Süd	30	43	32	44	24	45	38	26	40	50
West	39	26	34	24	22	46	31	42	33	45
Ost	34	34	49	41	32	43	29	22	46	24

	Produkt 1	Produkt 2	Produkt 3	Produkt 4	Produkt 5	Produkt 6	Produkt 7	Produkt 8	Produkt 9	Produkt 10
Nord	44	34	20	26	36	37	30	48	39	22
Süd	24	50	24	26	42	49	36	24	34	23
West	31	49	38	43	29	44	30	36	20	39
Ost	23	33	47	30	27	30	38	30	49	34

	Produkt 1	Produkt 2	Produkt 3	Produkt 4	Produkt 5	Produkt 6	Produkt 7	Produkt 8	Produkt 9	Produkt 10
Nord	-3	19	-8	-9	-10	20	14	-4	14	-7
Süd	20	-9	-8	-10	-7	18	0	3	9	-6
West	-10	20	4	15	7	14	-6	5	-1	13
Ost	19	13	13	5	11	-9	13	-5	8	17

Abbildung 13.73 Excel verwendet drei Sparkline Typen.

Die drei Typen von Sparklines in Excel sind:

Typ	Inhalt
Linie	Erstellt ein Liniendiagramm der ausgewählten Daten in einer Zelle. Neben der Linien- oder besser Sparkline-Farbe können Sie über **Sparklinetools ▸ Entwurf ▸ Anzeigen** einzelne Datenpunktmarkierungen z. B. für den Höchst- und Tiefpunkt bestimmen.
Spalte	Erzeugt ein Säulendiagramm auf Basis der ausgewählten Werte. Auch bei diesem Sparkline-Typ können Sie farbliche Formatvorlagen nutzen und den Höchst- und Tiefpunkt kennzeichnen. Über die **Optionen für den Mindestwert der vertikalen ▸ Achse** können Sie den Schnittpunkt von Y- und X-Achse bestimmen. Die Option befindet sich unter **Gruppieren ▸ Achse**.
	Sie können zudem in der Menügruppe **Formatvorlage** festlegen, ob die Sparkline eine allgemeine oder eine **Datumsachse** verwenden soll. Bei der Verwendung von Datumsachsen werden Wochenendtage als Lücke in die Sparkline gezeichnet.
Gewinn/Verlust	Positive Werte werden in einem Säulendiagramm über einer horizontalen Achse und negative Werte unter dieser Achse gezeichnet. Die horizontale Achse selbst kann ein- oder ausgeblendet werden (**Gruppieren ▸ Achse ▸ Achse anzeigen**). Auch bei diesem Sparkline-Typ sind die Markierung von Höchst- und Tiefpunkten und die Definition von Datumsachsen möglich.

Tabelle 13.1 Typen von Sparklines

Erstellen einer einzelnen Sparkline

Sparklines werden immer in einer Zelle ausgegeben. Möchten Sie die Anzeige der Kleinstdiagramme etwas vergrößern, müssen Sie entweder die Zelle durch Veränderung der Höhe und Breite anpassen oder aber durch Verbinden von mehreren Zellen – mit **Zellen formatieren ▸ Ausrichtung ▸ Textsteuerung ▸ Zellen verbinden** – eine größere Zellen schaffen. Da die Anpassung von Höhe und Breite zwangsläufig Auswirkungen auf die gesamte Zeile bzw. Spalte hat, ist das Verbinden von Zellen häufig die sinnvollere Wahl, da es keinerlei Veränderungen für den Rest der Tabelle nach sich zieht.

Nachdem Sie die Voraussetzungen hinsichtlich der Zellgröße geschaffen haben, beginnen Sie, die ersten Sparklines zu erstellen. Positionieren Sie den Cursor in Zelle B2, und starten Sie die Funktion **Einfügen ▸ Sparklines ▸ Typ ▸ Linie**. In der sich öffnenden Dia-

13

logbox markieren Sie nun C2 bis L2 als **Datenbereich**. Nach einem Klick auf **OK** wird die Sparkline in die ausgewählte Zelle geschrieben.

Abbildung 13.74 Festlegung des Datenbereiches für Sparklines

Kopieren von Sparklines

Sie werden wahrscheinlich schnell die Idee entwickeln, auch in den Zellen B3 bis B5 die Werte aus den jeweiligen Zeilen als Sparkline zu visualisieren. Zwei Techniken werden Ihnen zum Kopieren sicherlich einfallen:

- das Kopieren der bereits erstellten Sparkline mit Hilfe der Funktion Kopieren ([Strg] + [C]) und das Einfügen im Zielbereich ([Strg] + [V])
- das Ziehen am Ausfüllkästchen der fertigen Sparkline in Zelle B2

Normalerweise führen die beiden Bedienungsalternativen zu keinen nennenswerten Unterschieden im Zielbereich. Bei Sparklines ist das anders. Wählen Sie den Weg des Kopieren und Einfügens in den Zielbereich, erhalten Sie zwei Sparkline-Bereiche: den einen in Zelle B2 und den anderen in den Zellen B3 bis B5. Beide Bereiche lassen sich separat formatieren. Dies merken Sie dann, wenn Sie beispielsweise der ersten Sparkline eine andere Farbe über **Sparklinetools ▶ Entwurf ▶ Formatvorlage** zuweisen oder Markierungspunkte setzen (im gleichen Menü über **Datenpunktfarbe ▶ Höchstpunkt**). Die Änderungen in der ersten Sparkline in B2 werden ausgeführt, während die drei nachträglich kopierten Sparklines unverändert bleiben.

Durch Ziehen der bereits erstellten Sparkline in die darunterliegenden Zellen erzielen Sie den gegenteiligen Effekt – alle Sparklines werden als eine zusammengehörige Einheit interpretiert. Änderungen in einer Sparkline wirken sich standardmäßig auf alle Sparklines in diesem Bereich aus.

Die Gruppierung von Sparklines können Sie auch nachträglich ein- oder ausschalten. Markieren Sie dazu Zweck die betreffenden Sparklines, und wählen Sie im Menü **Sparklinetools ▶ Gruppieren** die Option **Gruppieren** oder aber **Gruppierung aufheben** aus.

Erstellen mehrerer Sparklines in einem Arbeitsgang

Da es sich bei den Sparklines um ein Visualisierungstool handelt, bei dem immer nur die Werte einer Datenreihe dargestellt werden, liegt es nahe, Sparklines in der Praxis auch gleich in einem Arbeitsgang für mehrere Reihen oder Spalten zu generieren. Auch dies ist problemlos möglich.

Markieren Sie z. B. die Zellen B8 bis B11, und starten Sie **Einfügen ▸ Sparklines**, dieses Mal, um den Datenbereich C8 bis L11 zuzuordnen. Sie werden feststellen, dass Excel nun den **Positionsbereich**, in dem die Sparklines ausgegeben werden, mit absoluten Zellbezügen definiert, für den **Datenbereich** jedoch relative Bezüge einsetzt. Dadurch ist sichergestellt, dass jede der vier Sparklines sich auf die Zeile bezieht, in der sie auch ausgegeben wird.

Gestaltungsoptionen für Sparklines

Wenn Sie den letzten Datenblock in den Zeilen 14 bis 17 als Ausgangspunkt nehmen, ist es bei der Menge an positiven und negativen Werten kein Fehler, den dritten und letzten Sparkline-Typ **Gewinn/Verlust** einzusetzen. Spätestens bei diesem Beispiel wird auch der Ruf nach weiteren Gestaltungsmöglichkeiten lauter. Positive Säulen sollten eine Farbe, negative Säulen eine andere Farbe besitzen. Die Farben möchten Sie wahrscheinlich aber selbst wählen, z. B. die Farbe Rot für negative und ein Grün für positive Werte.

Formatierungen dieser Art steuern Sie bei allen Sparkline-Typen über den Menüpunkt **Sparklinetools ▸ Entwurf ▸ Formatvorlage**. Je nach Typ stehen über die Farbauswahl für die Darstellung der Datenreihen und -punkte aber noch weitere Gestaltungsoptionen als nur Farben zur Verfügung:

Sparkline-Typ	Gestaltungsoptionen
Linie	Hiermit können Sie z. B. Start- und Endpunkt, Höchst- und Tiefpunkt, negative Punkte und alle Datenpunkte der Sparkline markieren, ein- oder ausblenden und farblich gestalten.
Spalte	Grundsätzlich können Sie hier die gleichen Optionen wie bei dem Typ **Linie** wählen, mit Ausnahme der Markierung von allen Datenpunkten.
Gewinn/Verlust	Hiermit haben Sie die gleichen Gestaltungsmöglichkeiten wie bei **Spalte**.

Tabelle 13.2 Weitere Gestaltungsoptionen

Verwendung von Achsen in Sparklines

Über die farbliche Gestaltung der Datenreihen hinaus bietet die Anzeige der horizontalen Achse eine weitere Verbesserungsmöglichkeit bezüglich der Lesbarkeit einer Sparkline. Achsen sind bei den Typen **Linie** und **Spalte** immer dann sinnvoll, wenn neben positiven Werten auch negative Werte vorliegen. Da das Vorhandensein von negativen Werten bei der Verwendung von **Gewinn/Verlust** anzunehmen ist, sollten Sie diesen Sparkline-Typ auch immer in Verbindung mit einer Achse einsetzen.

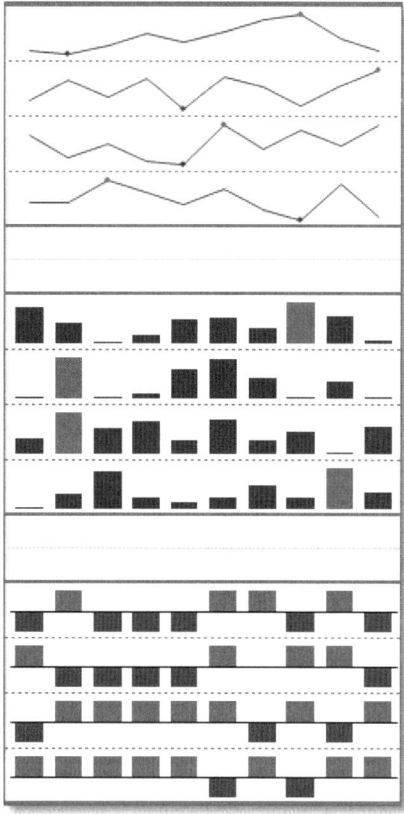

Abbildung 13.75 Achsen sorgen für einen besseren Überblick, wenn Datenreihen auch negative Werte enthalten.

Wählen Sie die betreffende Sparkline oder die Sparkline-Gruppe aus, und aktivieren Sie die horizontale Achse mit der Funktion **Sparklinetools ▸ Entwurf ▸ Gruppieren ▸ Achse ▸ Achse anzeigen**.

Umgang mit ausgeblendeten und leeren Zeilen

Ähnlich wie z. B. bei Liniendiagrammen können Sie bei Sparklines entscheiden, wie Excel mit den Werten in ausgeblendeten Spalten oder Zeilen und leeren Zellen verfahren soll. Die Standardeinstellung sieht vor, dass ausgeblendete und leere Zellen in der Sparkline nicht angezeigt werden. Excel lässt eine Lücke bei den betreffenden Datenpunkten.

Ändern Sie dieses Verhalten im Bedarfsfall über **Sparklinetools ▸ Entwurf ▸ Sparkline ▸ Daten bearbeiten ▸ Ausgeblendete und leere Zellen**. In der Dialogbox besteht dann die Möglichkeit, für leere Zellen statt der Lücke den Wert Null in die Sparkline zu zeichnen. Beim Sparkline-Typ **Linie** können Sie darüber hinaus festlegen, dass die Lücken mit einer Linie verbunden werden.

Wenn Sie die Option **Daten in ausgeblendeten Zeilen und Spalten anzeigen** aktivieren, werden auch solche Werte in der Sparkline dargestellt, die sich in ausgeblendeten Tabellenbereichen befinden.

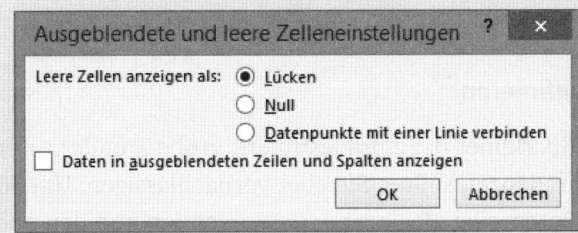

Abbildung 13.76 Steuerung der Anzeige von leeren und ausgeblendeten Zellen

Verwendung von Datumsachsen

Da es beim Erstellen einer Sparkline keine Auswahl von Daten zum Zeichnen einer Rubrikenachse gibt, kann in dieser Funktion auch nicht automatisch erkannt werden, ob die zu visualisierenden Daten eine allgemeine oder eine Zeitachse besitzen. Um in einer Datumsreihe die Tage des Wochenendes, an denen eventuell keine Daten gemessen wurden, sichtbar zu machen, müssen Sie den Achsentyp gegebenenfalls nachträglich in den Typ **Datum** ändern.

Im Tabellenblatt *Sparklines II* sind die gleichen Daten wie im vorherigen Tabellenblatt zu sehen. Allerdings wird für alle Datenreihen eine Rubrikenachse mit Datumswerten verwendet. Die Datumswerte für die Wochenenden fehlen in diesen Reihen. Starten Sie die Funktion **Sparklinetools ▸ Entwurf ▸ Gruppieren ▸ Achse**, um sämtliche Optionen zur

Konfiguration der Achsen einzusehen. Im Menübereich **Horizontale Achsenoptionen** legen Sie dann fest, dass es sich um eine Datumsachse handelt.

Anschließend werden Sie aufgefordert, die Zellen zu markieren, in denen sich die Datumswerte für die horizontale Achse befinden. Wie Sie in Abbildung 13.77 erkennen, werden die Samstage und Sonntage umgehend als Lücken in die Sparkline gezeichnet. Die Option wirkt sich allerdings nur auf die Darstellung der Sparkline-Typen **Linie** und **Gewinn/Verlust** aus.

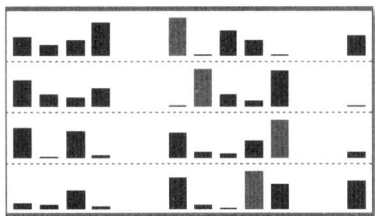

Abbildung 13.77 Samstag und Sonntag werden in dieser Sparkline als Lücke angezeigt.

Mindestwerte für eine Sparkline definieren

Aufgrund der geringen Größe sind Sparklines dazu prädestiniert, grobe Trends zu veranschaulichen. Feinheiten und Redundanzen sollten Sie eher vernachlässigen. Um Sockelwerte, die für alle Werte einer Datenreihe gleich sind, auszublenden und den oberen oder unteren Datenbereich, in denen Unterschiede deutlich werden, klarer hervortreten zu lassen, können Sie deshalb Mindestwerte und Höchstwerte für die vertikale Achse einer jeden Sparkline definieren.

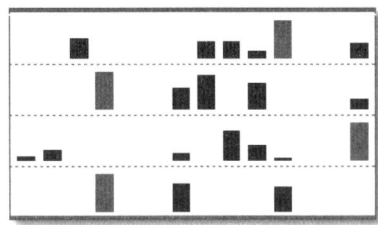

Abbildung 13.78 Nach der Festlegung eines Mindestwerts in der oberen Sparkline wird die Informationsmenge reduziert und übersichtlicher.

Im Tabellenblatt *Sparkline III* habe ich diese Funktion angewendet. Für die Sparklines habe ich jeweils einen Mindestwert von 35 vorgegeben. Sämtliche Werte, die unterhalb dieser Vorgabe liegen, werden automatisch ausgeblendet. Dadurch wird die Sparkline noch einmal übersichtlicher. Um Mindest- und/oder Höchstwerte festzulegen, rufen Sie nach Auswahl der Sparkline das Menü **Sparklinetools ▸ Entwurf ▸ Gruppieren ▸ Achse** auf. Hier wählen Sie unter **Optionen für den Mindestwert/Höchstwert der vertikalen Achse** die Option **Benutzerdefinierter Wert**.

13.13 Dashboards erstellen

Über die allgemeine Definition, die grundsätzlichen Gestaltungsregeln und die verwendeten grafischen Tools von Dashboards habe ich bereits weiter oben geschrieben. In diesem Abschnitt möchte ich einige praktische Umsetzungsbeispiele vorstellen. Das erste dieser Beispiele zeigt eine Lösung, die vollständig auf bedingten Formatierungen beruht. Die Datenbasis besteht aus einer einfachen Tabelle.

	A	B	C	D
1	**Region**	**Anteil in Region**	**Kunden**	**Abweichung Vorjahr**
2	Ost	14%	124	-1,30%
3	Nordost	4%	50	4,50%
4	Süd	23%	167	-4,20%
5	Südwest	12%	145	1,70%
6	West	24%	180	2,80%
7	Nord	6%	65	6,30%
8	Nordwest	16%	128	5,70%
9				
10				
11	Kritischer Wert Kundenanzahl:			125

Abbildung 13.79 Ausgangsdaten des Dashboards

Um diese Zahlenwüste in der Arbeitsmappe *13_Dashboards_BedingteFormatierung_00.xlsx* übersichtlicher zu gestalten, gehen Sie folgendermaßen vor:

Fügen Sie in Zelle H2 einen Bezug auf B2 ein (=B2), und kopieren Sie ihn nach unten.

- Markieren Sie sodann den Zellebereich H2 bis H8, und rufen Sie die Funktion **Bedingte Formatierung** auf.
- Wählen Sie **Symbolsätze ▸5 Viertel**.
- Öffnen Sie die **Bedingte Formatierung** erneut, und wählen Sie nun **Regel verwalten ▸ Regel bearbeiten**.
- Ändern Sie den **Typ** von **Prozent** in **Zahl**, und geben Sie unter **Wert** »0,2« ein.

- Wiederholen Sie diese Anpassung für die weiteren Symbole mit den Werten »0,15«, »0,1« und »0,05«.

- Speichern Sie die Eingabe.

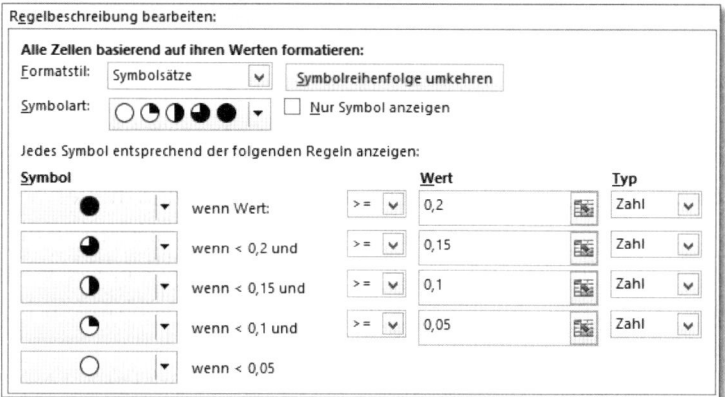

Abbildung 13.80 Angepasste Regelbeschreibung des Symbolsatzes

Nachdem Sie in Zelle I2 einen Bezug auf A2 gesetzt und nach unten kopiert haben, bewegen Sie den Cursor in Zelle K2. Hier setzen Sie einen Bezug auf die Abweichungswerte in Spalte D.

Um eine Abweichung zu visualisieren, ist ein Säulen- oder Balkendiagramm am besten geeignet. Balkendiagramme sind ebenfalls ein Bestandteil der bedingten Formatierung, und so sollte es kein Problem sein, auch diese Daten grafisch im Dashboard zu zeigen:

- Markieren Sie den Zellbereich K2 bis K8, in dem sich nun eine Kopie der Daten aus Spalte D befindet.

- Wählen Sie aus der bedingten Formatierung **Datenbalken**.

- Öffnen Sie die **Bedingte Formatierung** ein weiteres Mal, und wählen Sie wieder **Regel verwalten ▸ Regel bearbeiten**.

- Deaktivieren Sie die Option **Nur Balken anzeigen**, wenn sie aktiviert sein sollte.

- Wählen Sie Grau als Farbe für den Balken und keinen Rahmen.

- Unter **Negativer Wert und Achse** wählen Sie Rot als Farbe für negative Werte.

Zum Abschluss benötigen Sie noch die Warnsignale für die kritische Kundenzahl. Die Werte dazu holen Sie sich erneut über einen Verweis von M2 auf C2 und kopieren die Formel nach unten.

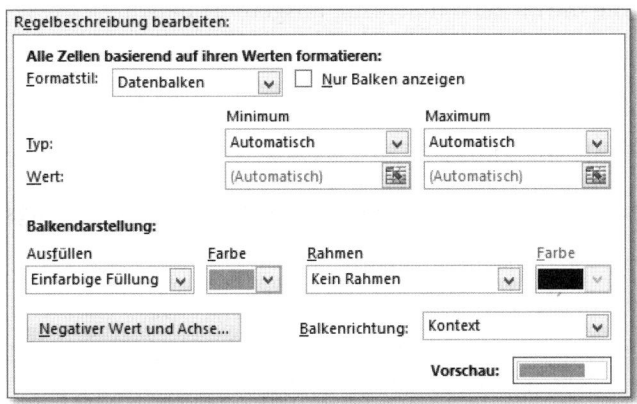

Abbildung 13.81 Anpassung der Datenbalken des Dashboards

Nun gehen Sie so vor:

- Markieren Sie den Zellbereich von M2 bis M8, und rufen Sie die Bedingte Formatierung auf.

- Wählen Sie nun **Symbolsätze ▸ Indikatoren ▸ 3 Symbole (mit Kreis)**.

- Auch diesmal müssen Sie erneut eine Nachbearbeitung über **Regel verwalten** durchführen.

- Das Warnsymbol soll nur angezeigt werden, wenn die kritische Kundenzahl von 125 unterschritten wird. Somit wählen Sie für die ersten beiden Indikatoren **Kein Zellensymbol** aus. Dennoch müssen Sie Werte definieren. Geben Sie dazu die Werte *250* bzw. *größer gleich 125* an.

- Aktivierten Sie die Option **Nur Symbol anzeigen**.

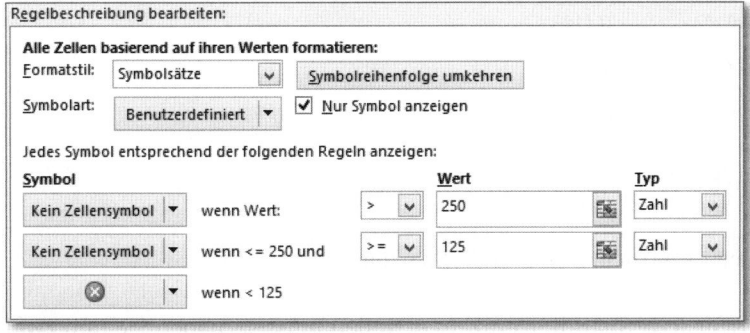

Abbildung 13.82 Anpassung der Indikatoren

Das Dashboard sollte, nachdem Sie die einzelnen Schritte ausgeführt haben, so aussehen wie in Abbildung 13.39.

Ein zweites Dashboard-Beispiel mit Sparklines

Das zweite Beispiel verwendet weitgehend ähnliche Arbeitsschritte, ergänzt allerdings
durch Sparklines.

Unternehmen	Letzte 12 Monate	Tendenz	Passagiere in 1.000	Veränderung Vorjahr	aktueller Marktanteil
AU Airways		seit März fallend	124,4		14,5%
Fly & Smile		Höchstwert Dezember	268,1		31,2%
Air Lisboa		stark im Herbst	166,1		19,3%
Jet2Day		schwankend	165,7		19,3%
European		seit Februar fallend	135,9		15,8%

Abbildung 13.83 Dashboard mit dynamischen Sparklines

Wie Sie Sparklines erstellen, haben Sie auf den vorangehenden Seiten gesehen. Allerdings stellt in diesem Anwendungsbeispiel die Anordnung der Basisdaten eine Hürde
dar. Die einzelnen Monate befinden sich in einer Spalte untereinander. Dies lässt es zunächst nicht zu, die Sparklines nach unten zu kopieren, nachdem Sie die erste erstellt
haben.

	AU Airways	Fly & Smile
Umsatz in Mio. €		
Januar	15.290	20.583
Februar	23.299	18.258
März	**27.745**	15.109
April	16.056	21.440
Mai	12.162	21.018
Juni	23.137	21.857
Juli	14.933	24.281
August	20.289	27.416
September	16.517	21.503
Oktober	24.003	28.850
November	17.372	20.706
Dezember	25.597	**29.458**
Passagiere in 1.000		
12 Monate	124,4	268,1
Anteil %	14,5%	31,2%
Abweichung	1,80%	-0,70%

Abbildung 13.84 Auszug aus dem Datenbereich für die Sparklines

Um zu vermeiden, dass Sie jede Sparkline einzeln erstellen müssen, haben Sie nun zwei
Möglichkeiten: Entweder Sie ändern die Datenstruktur der Basisdaten, was bei monat-

licher Aktualisierung sehr zeitraubend ist, oder Sie erstellen einen dynamischen Datenbereich als Zellbezug für die Sparklines.

Da mir die zweite Variante auf lange Sicht effizienter erscheint, möchte ich Ihnen zu ihr
raten. Erstellen Sie einen dynamischen Bereich mit Hilfe von BEREICH.VERSCHIEBEN():

- Der Startpunkt des dynamischen Bereichs muss Zelle I12 sein.

- Von dort aus soll immer um eine Zeile verschoben der Bereich mit dem Monat Januar
  beginnen (1).

- Aus welcher Spalte, also von welcher Firma, die Daten übernommen werden sollen,
  hängt von der Zeile ab, in der sich die Sparkline befindet. Diese Flexibilität erhalten
  Sie mit ZEILE()-1. In der zweiten Zeile werden die Daten der ersten Firma angesteuert, in der dritten Zeile sind es die der zweiten Firma und so weiter.

- Die Anzahl der Zeilen, die in der Sparkline dargestellt werden müssen, beträgt immer 12, da es sich um 12 Monate handelt.

- Auch die Breite des Bereichs steht mit 1 fest, da es sich immer nur um eine Umsatzspalte handelt.

Sie werden also folgende Funktion benötigen:

```
=BEREICH.VERSCHIEBEN(Sheet1!$I$12;1;ZEILE()-1;12;1)
```

Geben Sie die Funktion in den **Namens-Manager**, den Sie mit Strg + F3 aufrufen,
ein, und nennen Sie den Bereich »unternehmen«.

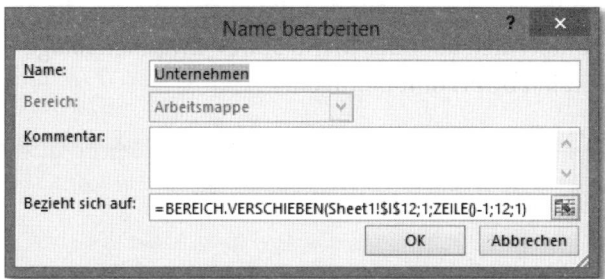

Abbildung 13.85 Definition des dynamischen Bereichsnamens

Nun können Sie sich an die Erstellung der ersten Sparkline machen. Sie soll in Zelle B2
entstehen. Fügen Sie sie dort wie gewohnt über **Einfügen ▸ Sparklines ▸ Linie** ein. Drücken Sie in der Dialogbox F3, und wählen Sie dann den angezeigten dynamischen Bereichsnamen **unternehmen** aus. Nachdem Sie die Eingabe bestätigt haben, kopieren Sie
die Sparkline nach unten in die Zellen B3 bis B6.

13.14 Übernahme in PowerPoint

Tabellen und Diagramme, die mit Excel erstellt wurden, bilden nicht selten wichtige Bestandteile von PowerPoint-Präsentationen. Die Übernahme von Excel-Ergebnissen in PowerPoint ist an sich nicht sonderlich kompliziert. Allerdings geben einige Einstellungen in PowerPoint bisweilen Anlass zur Verwirrung. Auf den folgenden Seiten möchte ich einige grundsätzliche Verfahren, Konfigurationsmöglichkeiten und mögliche Fehlerquellen bei der Datenübernahme beschreiben.

Die Themen in diesem Abschnitt sind:

- Kopieren und dynamisches Verknüpfen von Tabellen und Diagrammen in PowerPoint
- Einfügen von Tabellen und Diagrammen als Objekte
- Abstimmen der Designfarben zwischen Excel und PowerPoint.

13.14.1 Erstellen von Tabellen und Diagrammen in PowerPoint

In der Regel werden Sie eine bereits vorhandene Tabelle oder ein Diagramm aus Excel in PowerPoint einfügen möchten. In diesem Fall bedienen Sie sich ganz einfach der beiden Funktionen **Kopieren** und **Einfügen**. Wenn Sie Ihre Tabelle oder Ihr Diagramm in Excel markiert haben, reicht es, $\boxed{\text{Strg}}$ + $\boxed{\text{C}}$ zu drücken, um das Objekt in die Zwischenablage zu kopieren. Nachdem Sie zu PowerPoint gewechselt sind, fügen Sie den Inhalt der Zwischenablage am schnellsten mit $\boxed{\text{Strg}}$ + $\boxed{\text{V}}$ auf der aktuellen Folie ein, die am besten keine Platzhalter enthalten sollte. Auch über das Menü **Start ▸ Zwischenablage ▸ Einfügen** können Sie das Excel-Objekt in PowerPoint einfügen.

Abbildung 13.86 Einfügen einer Tabelle über das Menü in PowerPoint

Zwischen der Quellanwendung Excel und der Zielanwendung PowerPoint besteht nach dem Einfügen keine Verbindung. Ändern Sie also die Daten in Excel, hat dies keinerlei Auswirkungen auf die Daten in PowerPoint.

13.14.2 Verwenden einer Tabelle oder eines Diagramms als Verknüpfung

Fügen Sie die zuvor in die Zwischenablage kopierten Tabellen oder Diagramme statt-dessen über die Funktion **Start ▸ Zwischenablage ▸ Inhalte einfügen** in PowerPoint ein, so bieten sich Ihnen andere Möglichkeiten. In der gleichnamigen Dialogbox wird dann auch eine Option angezeigt, die Excel-Elemente als Verknüpfung einzufügen (Abbildung 13.87).

Zwar ist das Erscheinungsbild von Tabellen und Diagrammen nach dem Einfügen der Verknüpfung nicht anders als bei statisch eingefügten Elementen, allerdings besteht nach der Auswahl dieser Option eine dauerhafte Verbindung zwischen Quell- und Ziel-anwendung. Ein Doppelklick auf Ihre Tabelle oder Ihr Diagramm in PowerPoint führt unmittelbar zum Öffnen der zugehörigen Arbeitsmappe in Excel. Änderungen in der Quellanwendung Excel werden automatisch an die PowerPoint-Datei weitergegeben – sofern die Verknüpfungseigenschaften eine automatische Aktualisierung vorsehen; doch dazu später mehr.

13

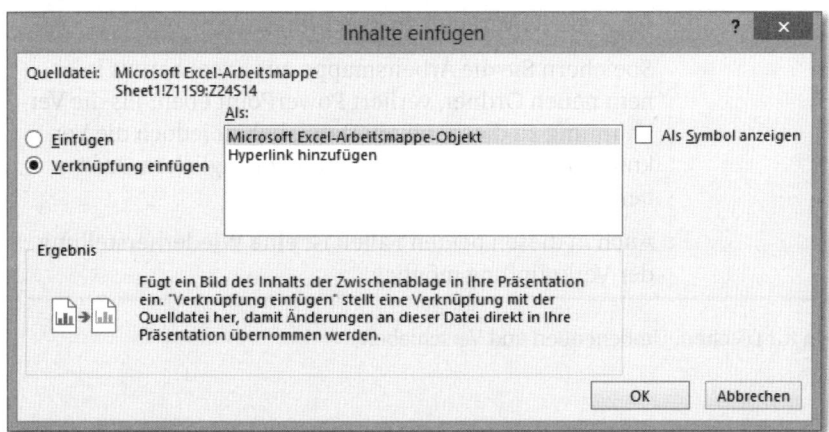

Abbildung 13.87 Einfügen einer Verknüpfung

Wenn Sie die Präsentation per E-Mail versenden, kann der Empfänger sie öffnen, ge-langt aber mit einem Doppelklick auf eine mit Excel verknüpfte Tabelle oder ein ver-knüpftes Diagramm nicht zu Ihrer Originaldatei, da diese nicht mit versendet und auch nicht im Hintergrund der PowerPoint-Datei gespeichert wurde.

Für die auf die Datei bezogenen Aktionen Löschen, Umbenennen und Verschieben der Quelldatei gelten die folgenden Regeln:

Dateiaktion	Auswirkung auf die Verknüpfung
Löschen	Löschen Sie die Arbeitsmappe, mit der Ihre PowerPoint-Datei verknüpft ist, z. B. über den Windows-Explorer, geht die Verknüpfung naturgemäß verloren.
Umbenennen	Wird die Arbeitsmappe im Windows-Explorer umbenannt, kann PowerPoint beim Öffnen der Präsentation die Verknüpfung nicht mehr herstellen. Sie können die Verknüpfung aber über **Datei ▸ Informationen ▸ Verknüpfungen mit Dateien bearbeiten ▸ Quelle ändern** erneuern. Die Option befindet sich rechts unten im Bildschirm **Informationen**.
	Wird die Arbeitsmappe in Excel unter einem neuen Dateinamen gespeichert, wird also mit Excel eine neue Version erstellt, bleibt die Verknüpfung in PowerPoint zur vorherigen Version der Excel-Datei bestehen. Auch in diesem Fall können Sie die Datenquelle nachträglich in PowerPoint anpassen.
Verschieben	Wenn Sie die Excel-Arbeitsmappe im Windows-Explorer in einen anderen Ordner verschieben, geht die Verknüpfung von PowerPoint zu Excel verloren.
	Speichern Sie die Arbeitsmappe aus Excel heraus in einem neuen Ordner, verliert PowerPoint ebenfalls die Verknüpfung zu dieser neuen Datei, behält jedoch die Verknüpfung zur alten Version im ursprünglichen Ordner bei.
	Auch in diesen beiden Fällen ist eine Wiederherstellung der Verknüpfung möglich.

Tabelle 13.3 Regeln für Löschen, Umbenennen und Verschieben

Bearbeitung von Verknüpfungen in PowerPoint

Die Eigenschaften einer Verknüpfung zeigt Ihnen die Funktion **Verknüpfungen mit Dateien bearbeiten** im Dateimenü unter **Informationen** an. An dieser Stelle können Sie beispielsweise Verknüpfungen lösen oder von der automatischen auf die manuelle Aktualisierung umstellen.

Die einzelnen Optionen in dieser Dialogbox:

Option	Funktionsweise
Automatisch	Diese Option führt dazu, dass Änderungen in Excel direkt an PowerPoint weitergegeben werden. Beim Öffnen der Power-Point-Datei werden die verknüpften Inhalte nach einer Rück-frage des Programms aktualisiert.
Manuell	Es erfolgt keine Rückfrage und keine Aktualisierung beim Öff-nen der PowerPoint-Datei. Änderungen in Excel werden erst dann in PowerPoint übernommen, wenn über die Option **Ver-knüpfungen mit Dateien bearbeiten** eine manuelle Aktualisie-rung veranlasst wird.
Jetzt aktualisieren	Diese Option veranlasst die manuelle Aktualisierung in Power-Point, wenn die automatische Aktualisierung deaktiviert wurde.
Verknüpfung aufheben	Durch diese Option wird die dynamische Verknüpfung zwischen Excel und PowerPoint endgültig aufgehoben. Tabellen und Dia-gramme bleiben jedoch als Bild in der Präsentation erhalten.
Quelle ändern	Sie können diese Option einsetzen, um nach dem Verschieben oder Umbenennen der Quelldatei die Verknüpfung zur Arbeits-mappe wiederherzustellen.
Quelle öffnen	Mit dieser Option bewirken Sie ein Öffnen der Quelldatei. Sie ist mit einem Doppelklick auf das verknüpfte Element in der Folie vergleichbar.

Tabelle 13.4 Optionen in der Dialogbox **Links**

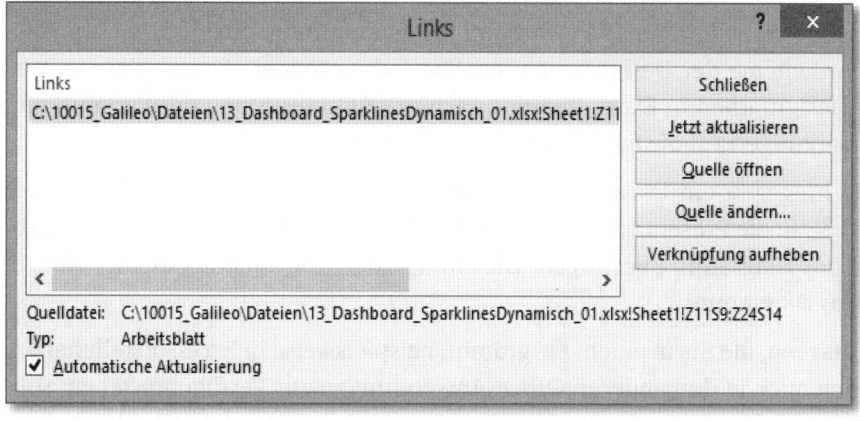

Abbildung 13.88 Dialogbox **Links**

13.14.3 Einbetten eines Excel-Objekts in PowerPoint

Von allen Alternativen hat das Einbetten eines Objekts die weitreichendsten Konsequenzen für die Verknüpfung von Excel und PowerPoint:

- Änderungen an den Quelldaten können sowohl in Excel als auch in PowerPoint erfolgen, da ein Doppelklick in PowerPoint auf eine Tabelle oder ein Diagramm das mit der PowerPoint-Datei verbundene Excel-Dateiobjekt in PowerPoint öffnet.

- E-Mail-Empfänger Ihrer PowerPoint-Präsentation erhalten automatisch, aber unsichtbar und vielleicht auch ungewollt das Excel-Dateiobjekt zugeschickt; sie können ebenfalls mit einem Doppelklick die Excel-Datei öffnen und deren kompletten Inhalt sehen, ändern und in einer Datei speichern.

Ein Objekt fügen Sie in PowerPoint über den Menüpunkt **Einfügen ▸ Text ▸ Objekt** und die Option **Aus Datei erstellen** ein. Anschließend klicken Sie auf den Schalter **Durchsuchen**, um die Excel-Datei auszuwählen, die Sie als Objekt einfügen möchten.

13.14.4 Verwendung von Designfarben in PowerPoint

Seit der Einführung von Office 2007 setzt Microsoft sogenannte Designfarben ein, um die Dokumente in den unterschiedlichen Office-Anwendungen farblich zu gestalten. Ich habe bereits in Abschnitt 13.6.1 (Seite 811) beschrieben, wie Sie die vorhandenen Designfarben anwenden und eigene erstellen. Wie ist nun die Funktions- und Wirkungsweise der Designfarben, wenn Sie Tabellen oder Diagramme von Excel in PowerPoint statisch oder dynamisch einfügen?

Hier ist die Antwort:

- Wenn Sie z. B. ein Diagramm in PowerPoint als Verknüpfung einfügen, wird in PowerPoint das Schema der Designfarben aus Excel angewendet. Ändern Sie die Auswahl der Designfarben in Excel, hat dies nach der Aktualisierung der Verknüpfung auch Auswirkungen auf die Farbdarstellung in PowerPoint.

- Fügen Sie hingegen ein Diagramm statisch, also mit **Bearbeiten ▸ Einfügen** oder $\boxed{\text{Strg}}$ + $\boxed{\text{C}}$, in die Präsentation ein, wird das aktuell in PowerPoint aktivierte Farbprofil auf das Diagramm übertragen. Dies führt unter Umständen zu einer Neugestaltung des Diagramms.

- Da Designfarben, die Sie in einem Programm, beispielsweise in Excel, erstellt haben, automatisch auch in den anderen Office-Anwendungen zur Verfügung stehen, sollten Sie darauf achten, dass Sie im Fall eines Datenaustauschs zwischen den beiden Programmen auch identische Designfarben verwenden.

Schritt 1: Elemente und Eigenschaften des Folienmasters

PowerPoint verwendet eine spezifische Hierarchie bei der Gestaltung von Präsentationen. Die mittlere Ebene bildet der Folienmaster. Seinen Entwurf initiieren Sie über **Ansicht ▸ Präsentationsansichten ▸ Folienmaster**. Ein Folienmaster wird durch die folgenden Elemente und Eigenschaften definiert, die die unterste Hierarchieebene bilden:

- Folienlayouts wie **Nur Titel**, **Vergleich** und **Bild mit Überschrift**
- Positionierung der Platzhalter
- **Hintergrundformate** (z. B. Farbverläufe oder Hintergrundbilder)
- Designeigenschaften wie beispielsweise **Farbdesigns**, **Schriftarten** und **Effekte**
- auf Masterfolien positionierte AutoFormen oder weitere Objekte wie z. B. Logos

Seit dem Erscheinen von Office 2007 können Sie in PowerPoint mehrere Folienmaster in einer PowerPoint-Datei nutzen. Dies ist vor allem dann praktisch, wenn Sie beispielsweise für unterschiedliche Folientypen verschiedenartige Layouts verwenden möchten (z. B. Textfolien in CI-Farben, Diagrammfolien hingegen mit weißem Hintergrund). Den Zugriff auf die verschiedenen Layouts haben Sie in PowerPoint am schnellsten mit einem Mausklick in einen leeren Folienbereich und über die Auswahl der Option **Layout** aus dem Kontextmenü.

13

Schritt 2: Entscheidungshilfen für die farbliche Gestaltung von Präsentationen

Den Folienmaster definieren Sie hinreichend, indem Sie eine begründete Farbauswahl treffen. Dies kann auf den ersten Blick einfach sein, wenn Sie in Ihrem Unternehmen über ein CI-Handbuch verfügen. Ein Blick in diese Dokumentation wird Ihnen sicherlich eine Reihe von Farben an die Hand geben, die auch in Präsentationen verwendbar sind.

Werden zu den genannten Farben auch noch die betreffenden RGB-Werte angegeben, sind Sie nur noch einen Schritt von einer nach allen CI-Regeln des Unternehmens gestalteten PowerPoint-Präsentation entfernt, denn mit der Funktion **Folienmaster ▸ Design bearbeiten ▸ Farben ▸ Farben anpassen** gelangen Sie in den Programmbereich, der Ihnen alle Möglichkeiten der Farbanpassung bietet.

Öffnen Sie die Farbpalette einer Designfarbe, und klicken Sie auf **Weitere Farben ▸ Benutzerdefiniert**, so können Sie die Werte für die Farben Rot, Grün und Blau definieren. Einer Bestimmung der Farbskala nach präzisen CI-Vorgaben steht nichts mehr im Weg. Alternativ ist die Bestimmung der verwendbaren Farben nach dem HSL-Schema in PowerPoint möglich.

Wie schon weiter oben beschrieben, reichen die definierten CI-Vorgaben mit hoher Wahrscheinlichkeit nicht aus, um den Erfordernissen einer effizienten Informationsdarstellung zu genügen. Um die Aufmerksamkeit gezielt auf die wichtigsten Tatbestände zu lenken, müssen wahrnehmungsaktive Gestaltungsmerkmale her. In Bezug auf die Farben heißt dies, dass Sie Farben gezielt einsetzen müssen, um Kontraste zu betonen und Harmonien hervorzuheben.

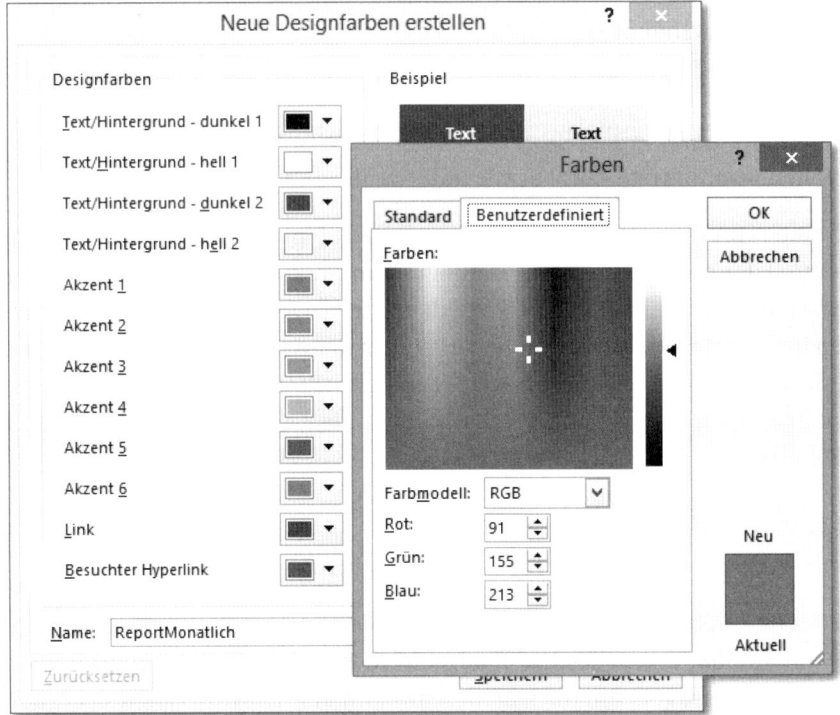

Abbildung 13.89 Definition der Farbskala einer Präsentation

Eine große Hilfe bei der Bestimmung von Farbharmonien und -kontrasten liefern Farbräder, -dreiecke und -vierecke. Auf der Internetseite *http://colorbrewer2.org* finden Sie ein interaktives Farbrad. Um mit diesem Hilfsmittel die Farben Ihrer Präsentation zu bestimmen, gehen Sie folgendermaßen vor:

- Bestimmen Sie zunächst die Grundfarbe Ihrer Präsentation (beispielsweise auf der Grundlage einer Produktfarbe oder Anmutung).

- Wählen Sie diese Farbe im Farbrad aus.

- Rufen Sie die Komplementärfarben sowie das Farbdreieck und -viereck des Farbrades auf.

- Notieren Sie die RGB- oder HSL-Werte der angezeigten Farben.

- Erstellen Sie auf Basis dieser Farbwerte ein **Farbdesign**.

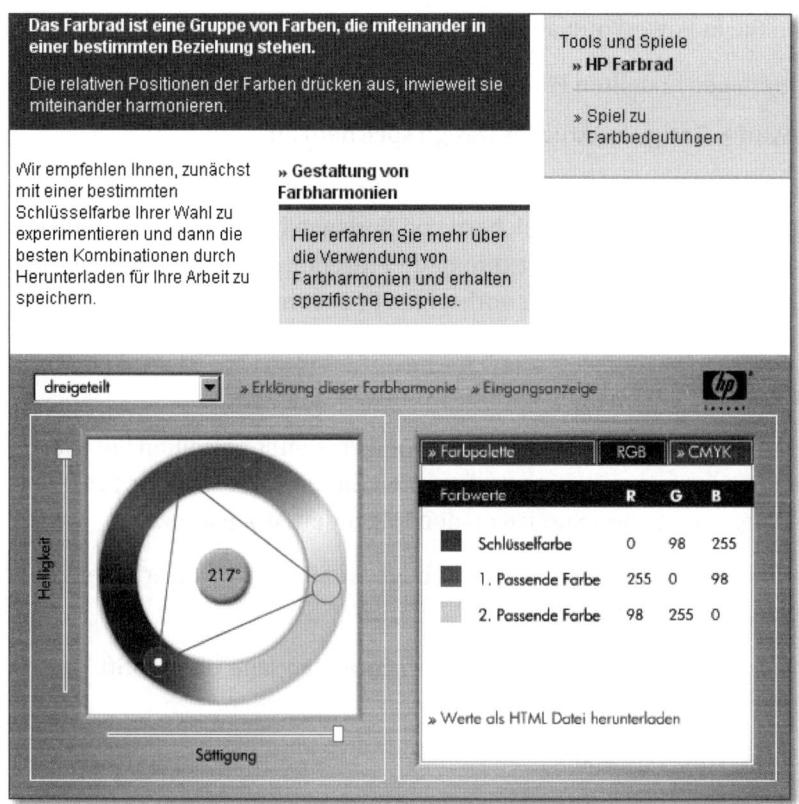

Abbildung 13.90 Bestimmung von Farben mit dem Farbrad

Schritt 3: Speichern eines Präsentationsdesigns

Die diversen Vorgaben, die Sie im Folienmaster getroffen haben, sind immer gebunden an die momentan geöffnete Datei. Damit ein einmal entworfener Folienmaster auch in einer anderen Präsentation verwendet werden kann, speichern viele Anwender die leere Präsentation, in der der gewünschte Master zum Zuge kommt. Dies funktioniert sogar – meistens zumindest! Das Verfahren besitzt allerdings auch gewisse Nachteile:

- Die Dateivorlage kann versehentlich überschrieben oder gelöscht werden.

- Sollen mehrere Vorlagetypen verwendet werden, zieht das auch die Pflege und Verwaltung mehrerer PowerPoint-Dateien nach sich.

Die eigentliche Logik von PowerPoint sieht hingegen vor, mit Hilfe der Option **Folienmaster** aus einzelnen hinzugefügten Standardfolien wie beispielsweise der Titel- und/ oder Übersichtsfolie sowie der formatierten Fußzeile ein **Design** zu erstellen.

Ein Design erstellen Sie in PowerPoint auf folgendem Weg:

- Die Datei mit Ihrem neu erstellten Folienmaster ist geöffnet.

- Wählen Sie **Entwurf ▶ Design ▶ Aktuelles Design speichern** aus.

Im Resultat erhalten Sie sämtliche Vorlagen für Ihre Präsentationen automatisch beim Starten von PowerPoint. Das separate Speichern von Vorlagen fällt somit weg – und das Suchen nach einer geeigneten Vorlage für Ihre neue Präsentation, verbunden mit dem Löschen nicht mehr benötigter Inhalte der vorherigen Präsentation, ebenfalls.

INFO

Von der Gliederung über das Design zur Präsentation

Mit der Optimierung bei der Erarbeitung einer neuen Präsentation sollten Sie allerdings noch einen Schritt früher beginnen: Erstellen Sie die Grobstruktur für Ihre Präsentation in Word, und halten Sie sich an den folgenden Arbeitsprozess:

- Schreiben Sie die Folienüberschriften und einige wenige Stichwörter – keinesfalls ganze Sätze – in Ihr Word-Dokument.

- Formatieren Sie die Folienüberschriften mit der **Formatvorlage Überschrift 1** und die Stichwörter darunter mit **Überschrift 2**.

- Speichern Sie die Word-Datei ab.

- Importieren Sie die Gliederung aus Word in PowerPoint, indem Sie die Funktion **Öffnen** ausführen und den Dateityp **Alle Gliederungen** wählen.

- Weisen Sie der reinen Textpräsentation das passende **Design** zu.

- Fügen Sie dann der Textpräsentation aussagekräftige Bilder und Diagramme hinzu.

13.15 Übernahme in Word

Möchten Sie Tabellen oder Diagramme aus Excel in einen Bericht einfügen, den Sie mit Word erstellen, stehen Ihnen die gleichen Möglichkeiten wie in PowerPoint zur Verfügung:

- Fügen Sie ein Element aus Excel über **Bearbeiten ▶ Einfügen** oder $\boxed{\text{Strg}}$ + $\boxed{\text{V}}$ ein, so besteht keine Verbindung zwischen Excel und Word.

- Durch die Auswahl von **Bearbeiten ▶ Inhalte einfügen** wird hingegen eine dynamische Verknüpfung zwischen Quell- und Zielanwendung via *DDE* (*Dynamic Data Exchange*) erstellt, deren Eigenschaften Sie im Dateimenü mit **Vorbereiten ▶ Verknüpfungen mit Dateien bearbeiten** editieren können.

- Mit **Einfügen ▶ Text ▶ Objekt ▶ Aus Datei erstellen** betten Sie ein Excel-Objekt mittels *OLE* (*Object Linking and Embedding*) ein mit der Konsequenz, dass die gesamte Excel-Arbeitsmappe mit einem Doppelklick auf Ihre Tabelle oder Ihr Diagramm in Excel verfügbar ist.

13

14   Automatisierung mit Makros – VBA für Controller

Bei stets wiederkehrenden Aufgaben wie dem Datenimport, der Bereinigung von Daten und dem Erstellen von Reports lässt sparen Sie mit Makroroutinen eine Menge Zeit. In diesem Kapitel erfahren Sie, wie Sie eigene Makros erstellen.

Drei wichtige Grundlagen sind es, die Ihnen helfen, Zeit zu sparen sowie aussagekräftige und kalkulatorisch korrekte Reports zu erstellen:

- eine systematische Arbeitsweise, bei der Sie unter Verwendung von Hilfsmitteln wie Bereichsnamen und konsequenter Nutzung der Arbeitsmappenstruktur in Excel für sich wiederholende Aufgaben und wiederverwendbare Datenmodelle entwickeln

- dynamische Datentabellen und eine Reihe von Kalkulationsfunktionen, die eine Grundlage für die dynamische Anpassung von Bereichen und Berechnungen bilden

- Programmroutinen und Makros, mit denen Sie immer wiederkehrende Tätigkeiten wie z. B. das Importieren, Filtern oder Bereinigen von Daten automatisieren können

Makros, besonders, wenn Sie den Zusatz VBA tragen, wird häufig der Charakter eines Allheilmittels beigemessen, wenn es um die Automatisierung von Aufgaben geht. Dabei gibt es zahlreiche zeitraubende Handgriffe in Excel, die gänzlich ohne Makroaufzeichnung oder -programmierung vereinfacht und beschleunigt werden können.

Vergleicht man das Werkzeug Makroprogrammierung mit den beiden genannten, dann hat es objektiv betrachtet sogar zunächst einmal einige Nachteile:

- Den Excel-Makros liegt die Programmiersprache *VBA (Visual Basic for Applications)* zugrunde; um wirkungsvolle Routinen zu schreiben, benötigen Sie folglich fundierte Kenntnisse dieser Programmiersprache.

- Der Controller ist in den meisten Fällen kein Programmierer – zumindest ist mir im Laufe der Jahre niemand begegnet, der auf dem Feld der Programmierung auch nur annähernd so fundierte Kenntnisse besaß wie in seinem eigenen Arbeitsgebiet, dem Controlling.

- Bedingt durch die hohe zeitliche Belastung des Controllers ist auch kaum auszumachen, woher die Zeit für das Erlernen einer Programmiersprache, das Schreiben, Testen und Pflegen von eigenen Anwendungen oder die Überarbeitung von »VBA-

14

Hinterlassenschaften« anderer Mitarbeiter – meist noch viel aufwendiger als Neuprogrammierungen – überhaupt kommen soll.

Wenn diese Gedanken auch nicht sonderlich einladend klingen, so sollen sie dennoch kein Plädoyer dafür sein, das Thema Makros vollständig ad acta zu legen. Mir geht es vielmehr darum, den Rahmen zurechtzurücken, vor dem dieses Kapitel gelesen und die Auseinandersetzung von Fachkräften mit dem verheißungsvollen »M-Wort« überhaupt stattfinden sollte. Denn es gibt drei Gründe, die es äußerst lohnenswert erscheinen lassen, sich mit VBA-Makros auseinanderzusetzen:

- Schon mit recht einfachen Routinen lassen sich bisweilen erstaunliche Effekte in Sachen Zeitersparnis und Entlastung von Routinetätigkeiten erzielen.

- In Büchern, Fachzeitschriften und natürlich im Internet finden Sie bei gezielter Suche einen reichen Fundus funktionierender Makrolösungen, die häufig nach einigen Anpassungen auch für Ihre eigenen Arbeitsaufgaben einsetzbar sind.

- Um überhaupt abzuschätzen, welche Tätigkeiten mit der Unterstützung von Makros automatisierbar sind und wie hoch der Aufwand für eine Entwicklung ist, sollten Sie die Grundstrukturen dieses Tools kennen.

Das folgende Kapitel möchte Sie demnach unter diesen drei Gesichtspunkten mit Makros vertraut machen. Dazu werde ich Ihnen diese Themen vorstellen:

- Aufzeichnen, Analysieren und Überarbeiten von einfachen Makros

- Orientierung und Arbeiten im VB-Editor von Excel

- Kennlernen des Objektmodells und Nutzung des Modells zum Adressieren von Objekten und Verändern ihrer Eigenschaften

- Arbeiten mit Variablen

- Programmierung von Schleifen

- Erstellen einfacher Dialoge

- Erstellen von benutzerdefinierten Funktionen

14.1   Wie alles anfängt: die Aufzeichnung eines Makros

Die Arbeitsmappe *14_Makro_Aufzeichnung_01.xlsx* enthält eine einfache Liste, die wir bereits an anderer Stelle als Beispiel für den Import und die Bereinigung von Daten bearbeitet haben. Die Liste liefert ein schönes Beispiel für Rohdaten, die aus einem anderen System übernommen sein könnten und die nun in geeigneter Weise verarbeitet werden müssen. Lassen Sie uns der Einfachheit halber annehmen, dass die Liste sehr umfangreich ist und es deshalb geraten erscheint, die Daten zu filtern.

Wie Sie in Abbildung 14.1 erkennen, befindet sich neben den eigentlichen Basisdaten bereits ein Kriterien- und ein Ergebnisbereich.

	A	B	C	D	E	F	G	H	I	J	K	L	M	N	O
1	LaufendeNr	ID	ListeNr	ReferenzNr	KundenNr	Land	Datum 1	Betrag	Datum 2	Entscheidung	Ziel	Währung		Land	Währung
2	1	724591	3	9219693	217770	A	25.08.2008	8231	28.08.2008	10	60	EUR		DE	EUR
3	2	724591	3	9225320	227383	DE	31.10.2008	2599	06.11.2008	15	90	EUR		SUI	

Abbildung 14.1 Liste mit Kriterien- und Ergebnisbereich

Die Benutzung des erweiterten Filters ist, wie Sie bereits mehrfach beobachtet haben, sehr nützlich, um aus großen Datenmengen gezielt Teildatenbestände zu erstellen, die dann anderweitig verarbeitet werden. Sie ist aber auch relativ aufwendig in der Bedienung. Die Idee, den Filtervorgang als Makro aufzuzeichnen, um die Funktion zukünftig schneller starten zu können, ist demnach naheliegend. Um die Makroaufzeichnung überhaupt zu ermöglichen, aktivieren Sie die **Entwicklertools** über **Datei ▸ Optionen ▸ Menüband anpassen** auf der rechten Seite der Dialogbox. In Excel 2007 finden Sie die Funktion über die Office-Schaltfläche unter **▸ Excel-Optionen ▸ Häufig verwendet ▸ Entwicklerregisterkarte in der Multifunktionsleiste anzeigen**.

Dann realisieren Sie Ihr Vorhaben, indem Sie in der Statuszeile links auf die Schaltfläche zur Aufzeichnung von Makros klicken.

Abbildung 14.2 Schaltfläche zur Makroaufzeichnung in der Statuszeile

In die anschließend angezeigte Dialogbox tragen Sie einen Namen für das aufzuzeichnende Makro ein. Achten Sie darauf, dass im Listenfeld **Makro speichern in:** die Option **Diese Arbeitsmappe** ausgewählt ist. Geben Sie eine kurze **Beschreibung** in der Art von »Filtert nach Land und Währung« ein (Abbildung 14.3).

Sobald Sie diese Angaben gemacht haben, klicken Sie auf **OK**. Nun beginnt die eigentliche Aufzeichnung des Makros. Führen Sie Schritt für Schritt den Filtervorgang aus:

- Klicken Sie in eine beliebige Zelle der Basisdatenliste.
- Drücken Sie die Tastenkombination $\boxed{\text{Strg}}$ + $\boxed{\Uparrow}$ + $\boxed{+}$, um den aktiven Tabellenbereich zu markieren.
- Starten Sie die Funktion **Daten ▸ Sortieren und Filtern ▸ Erweitert**.

14

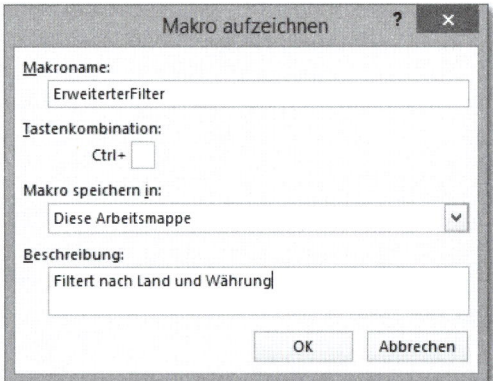

Abbildung 14.3 Dialogbox **Makro aufzeichnen**

- Aktivieren Sie die Option **An eine andere Stelle kopieren**.

- Übernehmen Sie den im Eingabefeld **Listenbereich** vorgeschlagenen Zellbereich A1 bis L70 unverändert.

- Markieren Sie die Zellbereiche N1 bis O2 als **Kriterienbereich** und Q1 bis W1 im Eingabefeld als **Kopieren nach**.

- Klicken Sie dann auf **OK**, um den Filtervorgang zu starten.

Abbildung 14.4 Status der Dialogbox **Spezialfilter** beim Klicken auf **OK**

Beenden Sie die Makroaufzeichnung mit einem Klick auf die Stopp-Schaltfläche in der Statuszeile links unten.

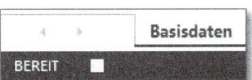

Abbildung 14.5 Schaltfläche zum Beenden der Makroaufzeichnung

878

14.1.1 Testen des aufgezeichneten Makros

Sicherlich wird Sie interessieren, ob die Aufzeichnung des Makros funktioniert hat und ob Sie es nun für weitere Filtervorgänge nutzen können. Um dies zu testen, schreiben Sie einfach neue Filterkriterien, ein anderes Land oder eine andere Währung in den Zellbereich N2 bis O2. Danach starten Sie das soeben aufgezeichnete Makro:

- Drücken Sie die Tastenkombination ⌷Alt⌷ + ⌷F8⌷.

- Achten Sie darauf, dass im Listenfeld **Makros in:** die Option **Diese Arbeitsmappe** ausgewählt ist.

- Doppelklicken Sie auf das angezeigte Makro mit der Bezeichnung **ErweiterterFilter**.

Wenn alles bei der Aufzeichnung des Makros korrekt verlaufen ist, sollte nun das Ergebnis des Filtervorgangs für die von Ihnen festgelegten Kriterien im Ergebnisbereich angezeigt werden.

Abbildung 14.6 Starten des Makros

14.1.2 Ein Blick hinter die Kulissen: Ihr Makro im Makro-Editor

Um sich einen ersten Überblick zu verschaffen, was bei der Makroaufzeichnung eigentlich geschehen ist, sollten Sie als Nächstes in den Makro-Editor wechseln. Dazu betätigen Sie die Tastenkombination [Alt] + [F11]. Es öffnet sich ein neues Fenster, der *Visual Basic Editor*. Dort werden zunächst zwei Fensterausschnitte angezeigt. Auf der linken Seite sehen Sie den *Projekt-Explorer*, auf der rechten Seite das *Code-Fenster*.

Der Projekt-Explorer enthält die zurzeit geöffneten Excel-Objekte; eines dieser Objekte ist auch die von Ihnen geöffnete Arbeitsmappe *14_Makro_Aufzeichnung_01.xlsm*. Dieses Arbeitsmappenobjekt besteht aus weiteren Unterobjekten, die mit *Microsoft Excel Objekte* und *Module* bezeichnet sind. Wenn Sie auf das Pluszeichen vor dem Objekt *Module* klicken, wird ein weiteres Untermodul, diesmal mit der Bezeichnung *Modul1*, angezeigt. Klicken Sie wiederum auf dieses Objekt doppelt, so sind Sie am Ziel.

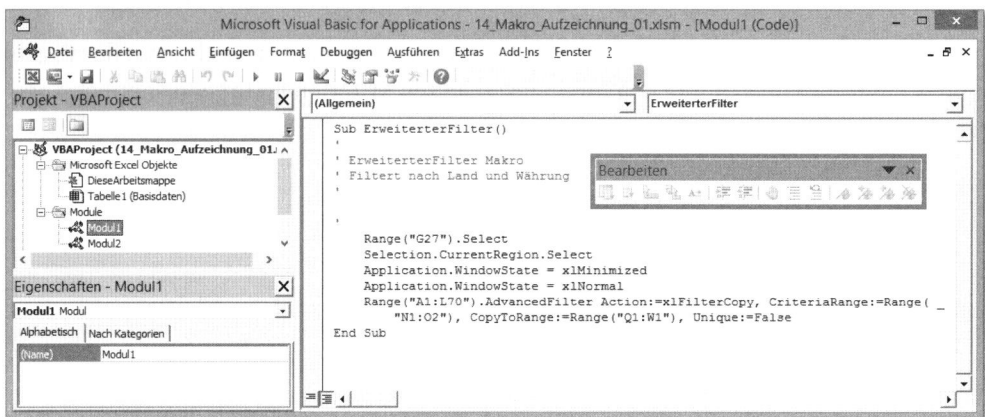

Abbildung 14.7 Makro-Editor mit Code-Fenster und aufgezeichnetem Makro

14.1.3 Struktur des aufgezeichneten Makros

Auf der rechten Seite wird im Code-Fenster der Programmtext Ihres aufgezeichneten Makros angezeigt:

```
Sub ErweiterterFilter()
' ErweiterterFilter-Makro
' Filtert nach Land und Währung
    Range("A1").Select
    Selection.CurrentRegion.Select
    Range("A1:L70").AdvancedFilter Action:=xlFilterCopy, _
    CriteriaRange:=Range( _"N1:O2"), _
    CopyToRange:=Range("Q1:W1"), Unique:=False
End Sub
```

Wie alle Makros weist auch dieses eine ganz bestimmte Grundstruktur auf:

- Das Makro beginnt mit dem Schlüsselwort `Sub`, gefolgt von dem Makronamen, den Sie zuvor festgelegt haben. Der Name wird mit einer öffnenden und einer schließenden Klammer abgeschlossen (in diesem Fall `Sub ErweiterterFilter()`).

- Das Schlüsselwort `End Sub` beendet das Makro bzw. den Quelltext.

- Die grün formatierten und mit Hochkommata versehenen Zeilen sind *Kommentare*; sie enthalten z. B. die Beschreibung, die Sie vor der Aufzeichnung in die Dialogbox **Makro aufzeichnen** eingegeben haben. Immer wenn Sie vor eine Zeile ein solches Hochkomma setzen, wird die Zeile nicht als Makroanweisung interpretiert, sondern als Kommentar.

- Alle restlichen, schwarz formatierten Textzeilen stellen den eigentlichen *Quelltext* – also die Anweisungen – dar, die beim Aufruf des Makros ausgeführt werden sollen.

14.1.4 Quelltext des aufgezeichneten Makros – Objekt, Methode, Eigenschaft

Erinnern Sie sich an die Abfolge der Schritte, die Sie ausgeführt haben, um den Filtervorgang zu starten? Würde man diese im Zeitraffer darstellen, dann käme dabei diese Abfolge heraus: Klick in die Basisdatenliste – aktiven Bereich markieren – Filterfunktion starten – Dialogbox ausfüllen – Eingabe bestätigen.

Einige dieser Arbeitsschritte erkennen Sie im Quelltext wieder:

14

Quelltext	Aktivität in der Arbeitsmappe
`Range("A1").Select`	Klick in die Basisdatenliste
`Selection.CurrentRegion.Select`	Markierung des aktiven Bereiches

`Range("A1:L70").AdvancedFilter Action:=`
`xlFilterCopy,`
`CriteriaRange:=Range("N1:O2"),`
`CopyToRange:=Range("Q1:W1"),`
`Unique:=False`
	Filtervorgang mit den gewählten Einstellungen ausführen

Tabelle 14.1 Arbeitsschritte im Quellcode

An den drei Abschnitten erkennen Sie bereits eine wichtige Eigenschaft von VBA: Es werden keine einzelnen Arbeitsschritte – etwa im Stil von *Mausklick in Zelle A1* → `Strg` → `⇧` + `+` → **Daten** → **Sortieren und Filtern** → **Erweiterter Filter** etc. – aufgezeichnet. Statt der von anderen Programmiersprachen bekannten Prozeduren benennt VBA als *objektorientierte Programmiersprache* immer ein *Objekt* und weist ihm dann eine *Methode* und/oder bestimmte *Eigenschaften* zu. Die Aufforderung »Filtere schnell mal diese Basisdaten!« lautet in VBA »Basisdaten, filtern, schnell«. Objekt, Methode, Eigenschaft.

Was bedeutet das für unser Makro?

- Bezogen auf den vorliegenden Quelltext haben wir es mit einem Objekt vom Typ `Range`, dem Listenbereich, zu tun.

- Auf dieses Objekt wird die Methode `AdvancedFilter`, die Arbeitsblattfunktion des erweiterten Filters, angewendet.

- Dabei kommen verschiedene Eigenschaften zum Tragen, z. B. das Kopieren an eine andere Stelle (`Action:=xlFilterCopy`) oder die Nichtberücksichtigung von Duplikaten (`Unique:=False`).

14.1.5 Weitere Informationen und Hilfen im Makro-Editor nutzen

Wie bei jeder neuen Sprache, die man erlernt, ist auch der Erfolg beim Erlernen von VBA davon abhängig, dass man regelmäßig übt und gute Informationsquellen nutzt. Mit diesen Informationsquellen sind hier aber keine Kurse oder Bücher gemeint. Einige wichtige Quellen bietet Ihnen der VB-Editor nämlich frei Haus.

Bei der Betrachtung eines aufgezeichneten Makros im VB-Editor stellt sich sehr häufig die Frage, welches Objekt Sie eigentlich vor sich haben und welche Methoden oder Eigenschaften im Quelltext aufgezeichnet wurden. Antworten auf diese Fragen erhalten Sie, indem Sie

- den Cursor in eine der betreffenden Stellen im Quelltext bewegen und dann

- die Funktionstaste F1 drücken.

Die in Abbildung 14.8 gezeigte Information erhalten Sie, wenn Sie den Cursor in den Codeabschnitt `CurrentRegion` stellen und F1 betätigen. Die Hilfe erklärt Ihnen nicht nur die Bestandteile der `CurrentRegion`-Eigenschaft, sondern liefert im unteren Abschnitt des Fensters auch ein Anwendungsbeispiel. Die kontextbezogene Hilfe ist häufig sehr informativ. Deshalb sollten Sie gerade am Anfang der Auseinandersetzung mit VBA so viel Gebrauch von ihr machen wie möglich.

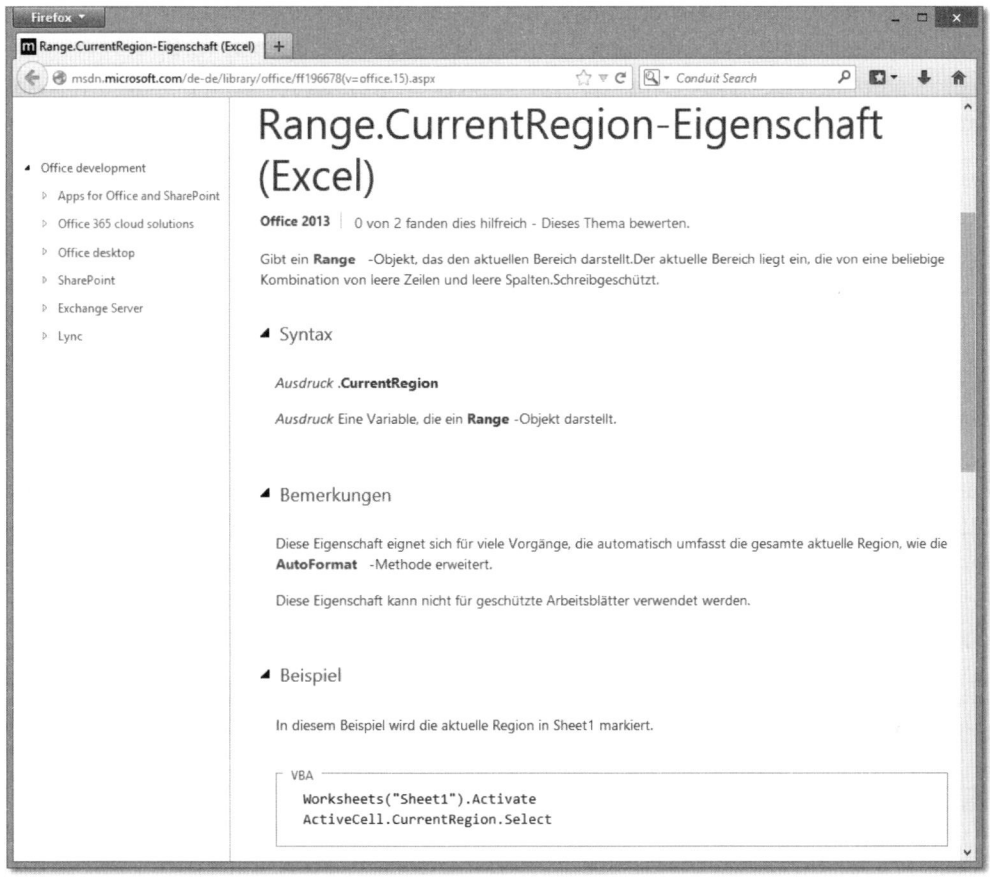

Abbildung 14.8 Anzeige der kontextabhängigen Hilfe im Code-Fenster

Doch die Hilfe ist nicht die einzige Informationsquelle. Wenn Sie eine kurz gefasste Information zu einem Abschnitt des Quelltextes benötigen, helfen Ihnen wahrscheinlich die *QuickInfos* weiter, die Sie mit der Tastenkombination Strg + I aktivieren. Mit Ihnen gelingt es recht gut, die Syntax von Anweisungen zu verstehen.

```
Range("A1:L70").AdvancedFilter Action:=xlFilterCopy, CriteriaRange:=Range( _
    "N1:O2"), Co AdvancedFilter(Action As XlFilterAction, [CriteriaRange], [CopyToRange], [Unique])
```

Abbildung 14.9 QuickInfos zeigen Informationen zu Syntax

Eine weitere hilfreiche Tastenkombination ist Strg + J. Sie führt zur Anzeige von Eigenschaften und Methoden in Form einer alphabetisch sortierten Liste. Wenn Sie

Quelltext direkt über die Tastatur eingeben, erscheint diese sortierte Liste immer dann, wenn Sie den Punkt nach der Bezeichnung des Objekts eingeben (z. B. `Selection.`). Diese Unterstützung ist u. a. sinnvoll, um einfache Schreibfehler beim Erstellen von Anweisungen im Editor zu verhindern.

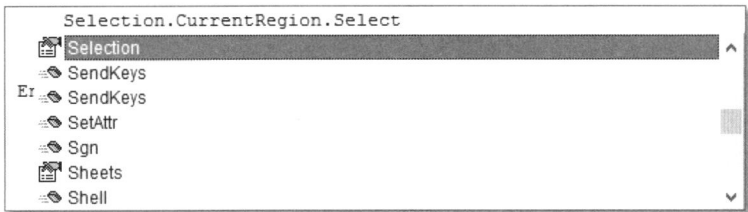

Abbildung 14.10 Anzeige von Methoden und Eigenschaften

Die letztgenannte Informationsquelle an dieser Stelle ist das *Direktfenster*. Es zeigt Ihnen Informationen zu den Werten von Variablen, aber auch zu den Inhalten von ausgewählten Zellen etc. an. Mit Strg + G aktivieren Sie es. Um Informationen zu Objekten oder Variablen zu erhalten, geben Sie `Print` und danach das Objekt oder die Variable ein, zu denen Sie Informationen abrufen möchten.

Mit `Print Range("A1").Value` wird Ihnen beispielsweise der Inhalt (`Value`) der Zelle A1 angezeigt (Abbildung 14.11). Doch später mehr zu dieser Möglichkeit.

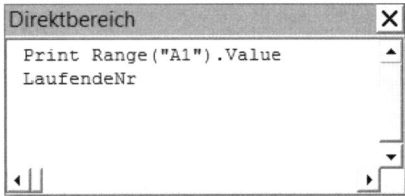

Abbildung 14.11 Abfrage eines Zellinhalts im Direktfenster

14.1.6 Makro im Editor überarbeiten

Wenn Sie das vorhandene Makro zum Filtern von großen Datenmengen nutzen möchten, dann werden Sie sicherlich auch schnell den Wunsch haben, nicht mit einer Zeile im Kriterienbereich zu arbeiten, sondern mit zwei oder mehr Zeilen. Denn erst dann sind Sie in der Lage, Ihre Filterbedingungen auch mit einem logischen ODER zu verknüpfen. Was muss geändert werden, wenn Sie diese zusätzliche Möglichkeit im Makro schaffen möchten?

```
Sub ErweiterterFilter_UND()
'
' ErweiterterFilter Makro
' Filtert die Basisdaten nach Land und Währung

    Range("A1").Select
    Selection.CurrentRegion.Select
    Range("A1:L70").AdvancedFilter Action:=xlFilterCopy, CriteriaRange:=Range( _
        "N1:O2"), CopyToRange:=Range("Q1:W1"), Unique:=False
End Sub
Sub ErweiterterFilter_ODER()
'
' ErweiterterFilter Makro
' Filtert die Basisdaten nach Land und Währung

    Range("A1").Select
    Selection.CurrentRegion.Select
    Range("A1:L70").AdvancedFilter Action:=xlFilterCopy, CriteriaRange:=Range( _
        "N1:O3"), CopyToRange:=Range("Q1:W1"), Unique:=False
End Sub
```

Abbildung 14.12 Duplizieren eines Makros im VB-Editor

Wechseln Sie mit Alt + F11 zurück in das Tabellenblatt der Excel-Arbeitsmappe. Dort wird aktuell der Zellbereich N1 bis O2 für die Erfassung von Kriterien benutzt. Möchten Sie zukünftig die Währung und beispielsweise zwei Länder als Filterkriterien verwenden, dann müssen Sie den Bereich auf die Zellen N1 bis O3 ausweiten. Nehmen Sie diese Änderung im Makro-Editor vor, indem Sie aus dem ersten ein zweites Makro erstellen:

- Wechseln Sie mit Alt + F11 in den VB-Editor.

- Drücken Sie im Code-Fenster Strg + A, um den gesamten Quelltext zu markieren.

- Kopieren Sie den markierten Text mit Strg + C in die Zwischenablage.

- Bewegen Sie den Cursor hinter den bestehenden Quelltext.

- Fügen Sie den kopierten Text mit Strg + V aus der Zwischenablage an der Cursorposition ein.

Sie müssen nun zwei Änderungen am kopierten Makro vornehmen:

- Ändern Sie den Namen des zweiten Makros, z. B. in `Sub ErweiterterFilter_ODER()`, da Makronamen immer eindeutig sein müssen.

- Passen Sie den Zellbereich in `CriteriaRange:=Range("N1:O2")` auf `("N1:O3")` an, um den Kriterienbereich um eine Zeile zu erweitern.

14.1.7 Testen des überarbeiteten Makros

Klar, dass Sie auch diese kleine Veränderung testen sollten. Mit einem Sprung zurück in die Arbeitsmappe – Alt + F11 – können Sie nun geänderte Bedingungen in den neu definierten Kriterienbereich schreiben. Versuchen Sie es mit »DE« und »SUI« in den Zellen N2 und N3 sowie der Währung »EUR« in Zelle O2. Drücken Sie Alt + F8, und doppelklicken Sie auf das neu erstellte Makro mit dem Namen *ErweiterterFilter_ ODER()*.

Excel führt nun den erweiterten Filter mit zwei Bedingungen aus und zeigt die gefundenen Datensätze für Deutschland, die Schweiz und Euro im Ergebnisbereich des Tabellenblattes an.

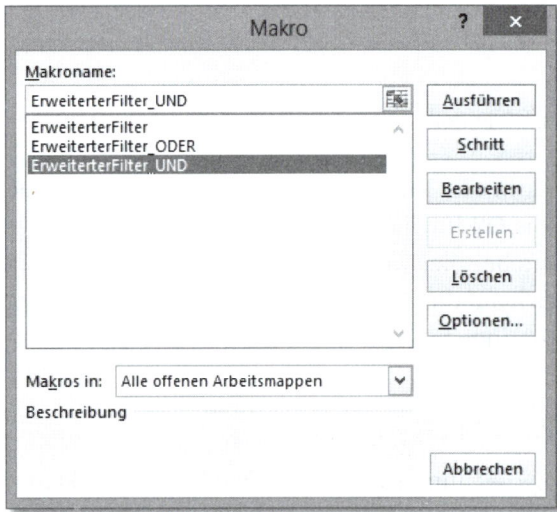

Abbildung 14.13 Anzeige und Auswahl des im Editor erstellten Makros

14.2 Makros über Schaltflächen aufrufen

Wenn Ihre beiden Makros funktionieren, sollten Sie sich gleich der nächsten Vereinfachung zuwenden. Bislang haben Sie die Makros über eine Tastenkombination aufgerufen und sie anschließend aus einer Liste ausgewählt. Wie wäre es, wenn die beiden Filtervorgänge mit einem einzigen Mausklick ausführbar wären?

Wie die bereits zuvor eingesetzten Steuerelemente erstellen Sie auch Schaltflächen über das Menü **Entwicklertools ▸ Steuerelemente ▸ Einfügen ▸ Formularsteuerelemente** (Abbildung 14.14).

886

Abbildung 14.14 Auswahl des Steuerelements **Schaltfläche**

Zeichnen Sie eine Schaltfläche in einen leeren Bereich Ihres Tabellenblattes, in dem auch nach dem Filtervorgang keine Daten zu erwarten sind. Die beiden Spalten N und O bieten sich beispielsweise dafür an. Sobald Sie die linke Maustaste beim Zeichnen loslassen, öffnet sich die Dialogbox **Makro zuweisen**. Wählen Sie mit einem Doppelklick das Makro aus, das Sie mit der Schaltfläche starten möchten. Nachdem Sie auf **OK** geklickt haben, wiederholen Sie den Vorgang für die zweite Schaltfläche und das zweite Makro.

Passen Sie die Beschriftung der beiden Schaltflächen an. Mit einem Rechtsklick auf eine der Schaltflächen gelangen Sie zur Option **Text bearbeiten**. Geben Sie »Filter UND« als Beschriftung für die erste und »Filter ODER« für die zweite Schaltfläche ein.

Die Größe sollten Sie gegebenenfalls auch über das Kontextmenü und die Option **Steuerelement formatieren ▸ Größe anpassen** ändern.

Sie positionieren die Schaltflächen präzise, indem Sie sie mit der rechten Maustaste anklicken und sie mit $\boxed{\texttt{Strg}}$ + Pfeiltasten an die gewünschte Stelle bewegen.

Abbildung 14.15 Zuweisen eines Makros zu einer Schaltfläche

14

Testen Sie dann die Funktionsweise der Schaltflächen, indem Sie Ihre Daten nach unterschiedlichen Kriterien filtern.

Abbildung 14.16 Schaltflächen zum Starten der Makros auf dem Tabellenblatt

14.2.1   Alternativen zum Aufruf von Makros über Schaltflächen

Der Aufruf von Makros ist in Excel auf folgenden Wegen möglich:

- über die Tastenkombination ⌜Alt⌟ + ⌜F8⌟
- über **Ansicht ▸ Makros ▸ Makros**
- über ein Steuerelement vom Typ Schaltfläche
- über eine Tastenkombination aus ⌜Strg⌟ und einem Buchstaben, sofern eine solche bei der Aufzeichnung zugewiesen wurde
- über die Symbolleiste für den Schnellzugriff
- über ein Symbol in einer individuell erstellten Gruppe des Menübandes

TIPP

Makros speichern in der persönlichen Makroarbeitsmappe

Die beiden letzten Optionen sind nur dann sinnvoll, wenn Sie ein Makro erstellt haben, das nicht an eine bestimmte Arbeitsmappe gebunden, sondern in mehreren oder gar sämtlichen Arbeitsmappen eingesetzt werden soll. Solche Makros, deren allgemeine Verfügbarkeit Sie sicherstellen möchten, speichern Sie unter **Persönliche Makroarbeitsmappe**. Die Auswahl dafür treffen Sie in der Dialogbox **Makro aufzeichnen**, in der Sie auch den Makronamen bestimmen.

Im Makro-Editor finden Sie die **Persönliche Makroarbeitsmappe** unter der Bezeichnung *PERSONAL.XLSB*. Die Bearbeitung von Makros in dieser Arbeitsmappe unterscheidet sich nicht von denen in anderen Arbeitsmappen. Auch können Sie Makros zwischen den einzelnen Arbeitsmappen kopieren und verschieben.

14.2.2 Zugriff über die Symbolleiste für den Schnellzugriff

Um ein Makro über die Schnellzugriffsymbolleiste zugänglich zu machen, gehen Sie wie folgt vor:

- Klicken Sie auf das Listensymbol rechts neben der **Schnellzugriffsymbolleiste**, und wählen Sie die Option **Weitere Befehle** aus.

- Im Listenfeld **Befehle auswählen** klicken Sie auf **Makros**.

- Wählen Sie in der Liste Ihr Makro aus (z. B. *ErweiterterFilter_ODER*), und fügen Sie es mit einem Mausklick auf den Schalter **Hinzufügen** in die Symbolleiste ein.

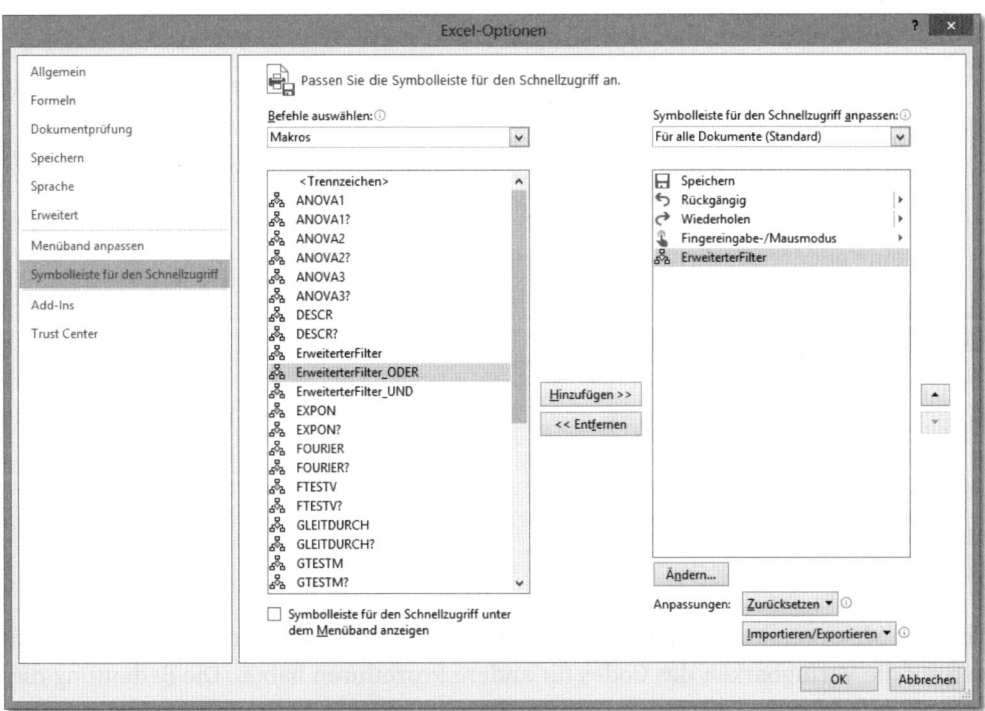

Abbildung 14.17 Zuordnen eines Makros zur Schnellzugriffsymbolleiste

Versäumen Sie es nicht, über die Schaltfläche **Ändern** dem Makro ein passendes Symbol und einen aussagekräftigen Namen zuzuweisen (Abbildung 14.17).

Abbildung 14.18 Anzeige des Symbols zum Aufrufen des Makros in der Schnellzugriffsymbolleiste

14.2.3 Zugriff über eine Funktionsgruppe im Menüband

Seit Excel 2010 ist es auch möglich, das Menüband selbst anzupassen. Dies ist besonders dann sinnvoll, wenn Sie mehrere Makros oder Funktionen, die aufgabenbezogen zusammengehören, an einer Stelle des Menübandes konzentrieren möchten. Gehen Sie für diese Anpassung so vor:

- Rufen Sie **Start ▸ Optionen ▸ Menüband anpassen** auf.

- Wählen Sie die **Hauptregisterkarte** auf der rechten Seite aus, in der Sie das Makro ablegen möchten, oder erstellen Sie eine **Neue Registerkarte**.

- Wählen Sie die **Gruppe** aus, in der das Makro angezeigt werden soll, oder klicken Sie auf **Neue Gruppe**, um eine neue Gruppe in der Registerkarte anzulegen.

- Öffnen Sie auf der linken Seite der Dialogbox im Listenfeld **Befehle auswählen** die Option **Makros**.

- Fügen Sie das betreffende Makro mit **Hinzufügen** in die Gruppe ein.

- Mit dem Schalter **Umbenennen** erhalten Sie die Gelegenheit, ein geeignetes Symbol und eine andere Beschriftung zuzuweisen.

Abbildung 14.19 Anzeige der Makros in einer benutzerdefinierten Gruppe des Menübandes

Vor dem Makronamen werden bisweilen weitere Optionen verwendet, die Auswirkungen auf die Verfügbarkeit des Codes für andere Prozeduren haben. Die Bedeutung dieser Optionen ist:

Option	Bedeutung
Public	Das Makro ist für alle anderen Makros in sämtlichen Modulen verfügbar.
Private	Das Makro kann nur von anderen Makros im gleichen Modul aufgerufen werden.

Tabelle 14.2 Die Optionen »Public« und »Private«

14.3 Quellcode im Editor bereinigen

Beim Aufzeichnen von Makros ist der erzeugte VBA-Code alles andere als einfach oder effizient. Davon können Sie sich selbst überzeugen, wenn Sie ein einfaches Makro zur Formatierung aufzeichnen. Wenn Sie mehrere Veränderungen für ein und denselben Zellbereich vornehmen, könnte der Quelltext am Ende etwa so aussehen:

```
Sub ÜberschriftFormatieren()
' ÜberschriftFormatieren Makro
    Range("A1:B1").Select
    Selection.Font.Italic = True
    Selection.Font.Bold = True
    Selection.Font.Size = 14
    Selection.Font.Name = "Verdana"
End Sub
```

Für jede einzelne Formatierung wird hier der Ausdruck `Selection.Font` eingesetzt. Die Folge: VBA muss diese vier Ausdrücke auch einzeln ausführen. Im vorliegenden Beispiel scheint dies kein allzu großes Problem zu sein. Doch stellen Sie sich vor, der Ausdruck wäre Teil einer Schleife, die 4.000-mal wiederholt wird – dann würden diese 4.000 Ausdrücke unnötig auf die Geschwindigkeit Ihrer Anwendung drücken.

14.3.1 Zusammenfassung mit »With ... End With«

Mit einem `With ... End With` vermeiden Sie die Wiederholung überflüssiger Ausdrücke wie `Selection.Font`. Alle Anweisungen, die zwischen `With` und `End With` stehen und mit einem Punkt beginnen, werden dem Objekt nach `With` zugeordnet. Das Makro hat dann folgenden Aufbau:

```
Sub ÜberschriftFormatierenEditiert()
' ÜberschriftFormatieren Makro (verkürzte Fassung)
    Range("A1:B1").Select
    With Selection.Font
        .Italic = True
        .Bold = True
        .Size = 14
        .Name = "Verdana"
    End With
End Sub
```

14

In der Arbeitsmappe *14_VBA_QuelltextVerkürzen_01.xlsx* finden Sie dieses Beispiel-makro.

14.3.2 Entfernen von Standardwerten

Weitere überflüssige Anweisungen entstehen beim Aufzeichnen von Makros dadurch, dass VBA auch die Standardwerte der Objekte, die Sie bearbeiten, in den Quelltext mit aufnimmt, obwohl Sie diese Werte gar nicht verändert haben. Das Resultat sind häufig ellenlange Quelltexte, in denen sich nur einige wenige Zeilen befinden, die wirklich Än-derungen an den ausgewählten Objekten vornehmen. In der Beispieldatei finden Sie auch für diese Arbeitsweise ein Beispiel.

Das Makro hat aufgezeichnet, wie die beiden Zellen A1 und B1 mit einer geänderten Hintergrundfarbe und mit Fettdruck formatiert wurden. Anschließend wurde für den Zellbereich A1 bis B9 die Schriftart *Verdana* ausgewählt und ein einfacher Außen- und Innenrahmen erstellt. Da der Quelltext über fast zwei Seiten gehen würde, möchte ich das Ergebnis der Aufzeichnung nur auszugsweise wiedergeben:

```
Sub ZellenFormatieren()
    Range("A1:B1").Select
    With Selection.Interior
        .Pattern = xlSolid
        .PatternColorIndex = xlAutomatic
        .ThemeColor = xlThemeColorLight2
        .TintAndShade = 0.599993896298105
        .PatternTintAndShade = 0
    End With
    Selection.Font.Bold = True
    Range("A1:B9").Select
    Range("B9").Activate
    With Selection.Font
        .Name = "Verdana"
        .Size = 11
        .Strikethrough = False
        .Superscript = False
        .Subscript = False
```

```
        .OutlineFont = False
        .Shadow = False
        .Underline = xlUnderlineStyleNone
        .ColorIndex = xlAutomatic
        .TintAndShade = 0
        .ThemeFont = xlThemeFontNone
    End With
    Selection.Borders(xlDiagonalDown).LineStyle = xlNone
    Selection.Borders(xlDiagonalUp).LineStyle = xlNone
    With Selection.Borders(xlEdgeLeft)
        .LineStyle = xlContinuous
        .ColorIndex = 0
        .TintAndShade = 0
        .Weight = xlThin
    End With
    With Selection.Borders(xlEdgeTop)
        .LineStyle = xlContinuous
        .ColorIndex = 0
        .TintAndShade = 0
        .Weight = xlThin
    End With
....
End Sub
```

Listing 14.1 Langer Quelltext nach Änderung

Eine Verkürzung des Quelltextes erreichen Sie, indem Sie die Standardwerte aus den Anweisungen entfernen. Dies können Sie beispielsweise gleich mit dem Ausdruck `.Pattern = xlSolid` beginnen, wenn Sie eine deckende Füllfarbe verwenden möchten. Sollten Sie sich anfangs nicht sicher sein, welche Anweisungen benötigt werden und welche nicht, dann prüfen Sie, wie Excel auf die Deaktivierung der Anweisungen reagiert, indem Sie die betreffende Zeile auskommentieren. Mit einem Hochkomma (`'`) am Anfang der Zeile wandeln Sie die Anweisung in einen Kommentar um. Danach testen Sie das Makro. Wenn es auch ohne die deaktivierte Zeile funktioniert, können Sie sie löschen.

Noch leichter geht das Kommentieren, wenn Sie über das Menü **Ansicht • Symbolleisten** die Symbolleiste **Bearbeiten** aktivieren. Sie stellt Ihnen einen Schalter **Block auskommentieren** zur Verfügung, mit dem Sie eine oder auch mehrere Zeilen des Quelltextes auskommentieren. Mit dem Schalter rechts davon heben Sie den Status wieder auf und verwandeln den Kommentar wieder in einen Quelltext.

14

Abbildung 14.20 Auskommentieren über die Symbolleiste **Bearbeiten**

Doch zurück zum Quelltext des Makros *ZellenFormatieren()*. Den größten Teil nehmen die Anweisungen zur Bestimmung der Linienart, -farbe und -stärke ein, die auf die vier äußeren und die beiden inneren Rahmenlinien angewendet werden müssen. Allein diese Anweisungen produzieren 24 Zeilen in VBA – zuzüglich der zwölf `With`- und `End With`-Zeilen. Ersetzen Sie diese überflüssige Textmenge einfach durch die folgende Zeile:

```
Range("A1:B9").Borders.LineStyle = 1
```

Der Quelltext des Makros sieht in der überarbeiteten Fassung so aus:

```
Sub ZellenFormatierenEditiert()
    Range("A1:B1").Select
    With Selection.Interior
        .PatternColorIndex = xlAutomatic
        .ThemeColor = xlThemeColorLight2
        .TintAndShade = 0.599993896298105
    End With
    Selection.Font.Bold = True
    Range("A1:B9").Select
    With Selection.Font
        .Name = "Verdana"
        .Size = 11
    End With
    Range("A1:B9").Borders.LineStyle = 1
End Sub
```

Listing 14.2 Überarbeiteter Quelltext

14.3.3 Kopieren und Verschieben auf direktem Weg

Standardoperationen wie das Kopieren oder Verschieben von Zellinhalten kommen in VBA-Makros oft vor, wenn es um die Bearbeitung oder Aufbereitung von Basisdaten geht. Auch hier lohnt es sich deshalb, nach möglichen Verbesserungen Ausschau zu halten.

Wenn Sie ein Makro aufzeichnen, das den Zellbereich A1 bis B9 in die Zwischenablage kopiert und im Anschluss daran in den Zellbereich E1 bis F9 wieder einfügt, dann entsteht folgender Quelltext im VB-Editor:

```
Sub ZellenKopieren()
    Range("A1:B9").Select
    Selection.Copy
    Range("E1").Select
    ActiveSheet.Paste
End Sub
```

Auch hier werden wieder unnötigerweise zwei `Select`-Anweisungen verwendet und weitere Zeilen für den Kopier- und Einfügevorgang produziert. Verkürzen Sie auch solche Mehrzeiler zu einer einzigen Zeile. Das Makro könnte dann folgendermaßen aufgebaut sein:

```
Sub ZellenKopierenEditiert()
    Range("A1:B9").Copy Destination:=Range("E1:F9")
End Sub
```

Mit `Destination:=Range("E1:E9")` sparen Sie sich die komplette `Paste`-Anweisung, und ohne diese können Sie wiederum auf `Selection` verzichten. Der VB-Editor stößt Sie geradezu auf diese Verbesserungsmöglichkeit. Denn wenn Sie `.Copy` eingegeben haben, wird die zugehörige QuickInfo umgehend angezeigt.

Abbildung 14.21 QuickInfo für das Kopieren von Bereichen

14.4 Bereiche adressieren

Da VBA eine objektorientierte Programmiersprache ist, sollten Sie sich gut mit den wichtigsten Objekten auskennen, die in einer Excel-Arbeitsmappe vorkommen. Eine einfache Übersicht verschaffen Sie sich durch den **Objektkatalog** im VB-Editor. Drücken Sie einfach F2, und er erscheint auf dem Bildschirm.

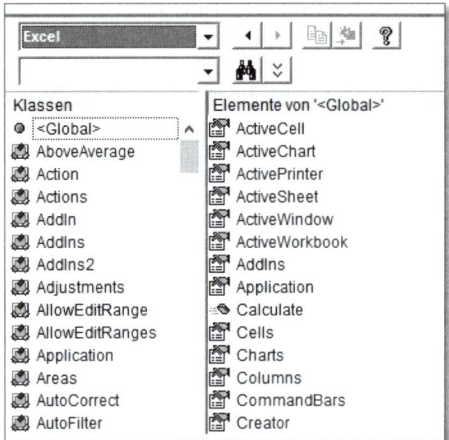

Abbildung 14.22 Objektkatalog, im VB-Editor aufrufbar mit F2

Zu Beginn mag Ihnen dieses umfangreiche Nachschlagewerk wie ein Buch mit sieben Siegeln vorkommen, doch es wird Ihnen im Laufe der Zeit eine große Hilfe sein. Zum jetzigen Zeitpunkt können Sie mit diesem Katalog eine einfache, aber wichtige Erkenntnis gewinnen: Die Objekte in VBA stehen in einem hierarchischen Verhältnis zueinander.

Klicken Sie auf der linken Seite des Katalogs doppelt auf die Klasse `Application`, dann erscheinen auf der rechten Seite die Elemente von `Application`. Ein Element davon ist `Workbooks`. Würden Sie `Workbooks` wiederum auf der linken Seite auswählen, sähen Sie rechts die Elemente dazu. Das Ganze geht auf die gleiche Weise so weiter.

Die Anordnung wichtiger Objekte für die Adressierung von Zellen in VBA folgt der Hierarchie `Application` – `Workbooks` – `Worksheets` – `Range` – `Cells`. Auf oberster Ebene steht also die Anwendung Excel, dann folgt die ausgewählte Arbeitsmappe, darin ein spezifisches Tabellenblatt und in diesem wiederum ein Zellbereich, der wiederum Zellen enthält.

Da die Auswahl von Zellen eine wesentliche Grundlage für zahlreiche nachfolgende Operationen darstellt, sollten wir uns einige Verfahren ansehen, mit denen Sie Zellen ansteuern können. Die folgenden Quelltextbeispiele sind in der Datei *14_VBA_BereicheMarkieren_01.xlsx* zusammengefasst.

14.4.1 Markieren von Zellen über »Range« und »Cells«

Die einfachste, weil am stärksten an die Arbeit im Tabellenblatt erinnernde Art, einen Zellbereich in VBA zu markieren, ist die Nutzung des `Range`-Objekts. Es wird durch einen

Zellbereich gekennzeichnet. In der Beispieldatei wäre die Auswahl der Zellen A1 bis G24 geeignet, die gesamte Tabelle im Tabellenblatt *Aktiver Bereich* zu markieren. Welche Methode möchten Sie auf diesen Bereich anwenden? Nachdem Sie den Punkt hinter der schließenden Klammer eingegeben haben, bietet Ihnen der Editor eine ganze Liste von Möglichkeiten an. Wählen Sie .Select, denn damit wird ein Objekt ausgewählt.

Das Makro, ein einfacher Einzeiler, markiert Ihre Tabelle in der Beispieldatei und sieht so aus:

```
Sub ZellbereichMarkieren()
' Markieren eines Zellbereiches im aktiven Tabellenblatt mit Range
Range("A1:G24").Select
End Sub
```

In VBA existiert eine zweite Methode der Adressierung von Zellbereichen. Dazu setzen Sie nicht das Range-, sondern das Cells-Objekt ein. Es erinnert an die *Z1S1-Methode* im Tabellenblatt, bei der Zelladressen aus der Angabe der Zeilen- und Spaltennummer gebildet werden. Das Makro zum Markieren der Zelle E5 im aktiven Tabellenblatt hat dann folgendes Aussehen:

```
Sub ZelleMarkierenCells()
' Markieren der Zelle in der 1. Zeile und 5. Spalte mit Cells, ebenfalls
' im aktiven Tabellenblatt
Cells(1, 5).Select
End Sub
```

Wozu benötigt VBA zwei unterschiedliche Formen der Adressierung von Zellbereichen, werden Sie sich vielleicht fragen. Zwei Antworten sind hier möglich: Mit Range markieren Sie Zellbereiche, mit Cells bestimmen Sie eine Zelle in einem Tabellenblatt. Und: Die rein numerische Adressierung durch Cells, also der Verzicht auf die Angabe von Spaltenbuchstaben, ist besonders bei der Programmierung von Schleifen sehr nützlich. Sie erlaubt es Ihnen, z. B. eine Anweisung zuerst in der ersten, dann in der zweiten und dritten Spalte auszuführen, ohne sich dabei um die Spaltenbuchstaben kümmern zu müssen.

14.4.2 Auswählen von Zellen in anderen Tabellenblättern

Bislang befanden sich alle Zellen, die ausgewählt wurden, in einem Tabellenblatt. Daher war die ausschließliche Angabe von Range ("A1:G24") zum Markieren auch ausreichend. Soll hingegen eine Zelle oder ein Bereich in einem anderen Tabellenblatt angesteuert werden, muss die Anweisung erweitert werden, und zwar um die Angabe des Tabellenblattobjekts, in dem sich die Zellen befinden.

Den Zellbereich A1 bis G5 im Tabellenblatt *Tabelle2* wählen Sie folglich mit

```
Worksheets("Tabelle2").Select
Range("A1:G5").Select
```

aus. Eine einzelne Zelle könnten Sie mit

```
Worksheets("Tabelle2").Select
Cells(1 ,1).Select
```

ansteuern.

14.4.3 Den aktiven Bereich markieren

Bereits bei einigen Berechnungen im Tabellenblatt hatten wir festgestellt, dass die statische Vorgabe von Zellbereichen nicht immer ideal ist, da durch die kontinuierliche Aktualisierung von Basisdaten solche Bereiche ebenfalls ständigen Veränderungen unterworfen sind. Deshalb müssen Sie nach Methoden und Wegen suchen, mit denen Sie mehr Dynamik in die Zelladressierung bekommen.

Dabei stoßen wir auf einen alten Bekannten: den aktiven Bereich. Im Tabellenblatt wird dieser Bereich immer dann aktiviert, wenn Sie mit dem Cursor in einer Liste stehen und die Tastenkombination [Strg] + [⇧] + [+] betätigen. Dem entspricht haargenau die Anweisung `ActiveCell.CurrentRegion.Select` in VBA. Sie markiert den aktiven Bereich (`CurrentRegion`) um die aktive Zelle (`ActiveCell`).

```
Sub AktivenBereichMarkieren()
    Worksheets("Aktiver Bereich").Activate
    Range("C5").Activate
    ActiveCell.CurrentRegion.Select
End Sub
```

14.4.4 »ActiveCell« und »Offset« zum Markieren nutzen

Aus diesem Quelltextschnipsel lässt sich auch sogleich eine weitere Variante der Zellmarkierung ableiten. Es ist eine Kombination aus `ActiveCell` und `Offset`, also der aktiv ausgewählten Zelle und der Verschiebung der Markierung um eine bestimmte Anzahl von Zeilen und/oder Spalten. Mit dem unten dargestellten Makro markieren Sie einen Zellbereich, der ausgehend von der aktuell ausgewählten Zelle um zwei Zeilen und sechs Spalten ausgedehnt wird:

```
Sub ZelleMarkierenOffsetActiveCell()
    ActiveCell.Offset(2, 6).Select
End Sub
```

Stünde der Cursor beim Starten des Makros in Zelle A1, würde der Bereich von A1 bis G3 markiert. Von C6 aus gestartet, würden Sie mit diesem Makro den Zellbereiches von C6 bis I8 markieren. Wenn man sich vorstellt, dass die beiden numerischen Parameter für die Angabe des Zeilen- und Spaltenversatzes auch durch Variablen ersetzt werden können, dann steht Ihnen mit Offset ein mächtiges Werkzeug zur Auswahl von Zellbereichen in VBA zur Verfügung.

14.4.5 Verwendung von Bereichsnamen

Auch ganz ohne VBA ist es möglich, dynamische Bereiche zu erstellen, die beispielsweise bei der Auswahl sich kontinuierlich ändernder Datenmengen nützlich sind. Egal, ob es sich um die Datenbasis einer Pivottabelle oder eines Diagramms handelt, dynamische Bereichsnamen – erstellt mit der Funktion BEREICH.VERSCHIEBEN() und dem **Namens-Manager** oder über eine dynamische Datentabelle ([Strg] + [T]) – bilden die Grundlage solcher Dynamisierungen, wie Sie bereits mehrfach gesehen haben. Ohne in VBA lange nach einer Entsprechung zu suchen, können Sie einfach auf die Kombination dieser beiden Möglichkeiten im Tabellenblatt und in der Programmiersprache setzen.

Denn selbstverständlich sind auch die vorhandenen Bereichsnamen Ihrer Arbeitsmappe bei der Adressierung von Zellbereichen in VBA erlaubt. Existiert dort der Bereichsname *DatenMai*, so können Sie ihn mit Range("DatenMai").Select ansprechen. Handelt es sich bei DatenMai um einen dynamischen Bereichsnamen, der mit BEREICH.VERSCHIEBEN() erstellt wurde, so ist auch der Zugriff mit VBA auf einen veränderlichen Zellbereich gesichert.

```
Sub ZellbereichMarkierenBereichsnamen()
    Worksheets(1).Activate
    Range("DatenMai").Select
End Sub
```

Eine Datentabelle, die, wie Sie bereits gesehen haben, immer einen Bereichsnamen wie etwa *Tabelle1* von Excel erhält, sprechen Sie folgendermaßen an:

14

Wenn die Datentabelle inklusive der Überschriften markiert werden soll:

```
Range "Tabelle1[#All]").Select
```

Wenn nur die Daten unterhalb der Überschriften ausgewählt werden sollen:

```
Range("Tabelle1").Select
```

14.5   Arbeiten mit Variablen

Gehen wir noch einen Schritt weiter bei unserer Anforderung, dass unsere Makros auch nach der Aktualisierung von Daten korrekt funktionieren sollen. Wenn Aktualisierung bedeutet, dass an eine bestehende Tabelle Daten angehängt werden – manuell, durch Kopieren oder Importieren – und dass diese in der Größe veränderlichen Tabellen dann markiert, kopiert, berechnet werden sollen, dann kommt dem Suchen nach der letzten beschriebenen Zeile oder Spalte eines Tabellenblattes natürlich eine besondere Bedeutung zu.

```
Sub LetzteZeileSumme()
    Selection.End(xlDown).Select
    Range("A25").Select
    ActiveCell.FormulaR1C1 = "Summe"
End Sub
```

Mit dem oben gezeigten Makro ist dies genau einmal, nämlich im Moment der Aufzeichnung, gelungen. Vielleicht haben Sie selbst bereits einmal ein ähnliches Makro aufgezeichnet und dann später, nachdem Ihre Tabelle erweitert wurde, festgestellt, dass ohne weitere Rückfragen Zellinhalte überschrieben wurden. Die Summe wurde wieder in Zeile 25 geschrieben, obwohl die Tabelle mittlerweile 50 Zeilen enthielt.

14.5.1 Deklaration von Variablen

Die Verwendung von Variablen steigert die Flexibilität Ihrer Makros erheblich. Je komplexer die Anwendungen werden, desto eher unterlaufen Ihnen aber auch kleinere Tippfehler im Quelltext. Um auf fehlerhafte Schreibweisen oder fehlende Deklarationen von Variablen hingewiesen zu werden, sollten Sie zunächst Folgendes machen: Schreiben Sie in die erste Zeile des VBA-Moduls – noch oberhalb des ersten Makronamens – den Ausdruck Option Explicit. So stellen Sie sicher, dass Variablennamen vor der Ausführung des Quelltextes geprüft und etwaige Unvollständigkeiten angezeigt werden.

Dann können Sie damit beginnen, den Quelltext zu schreiben. Die Nummer der Zeile oder Spalte, in der sich freier Platz für neue Daten befindet, ist also veränderlich, und deshalb muss auch die Zelladresse selbst, an der etwas eingefügt, berechnet oder angehängt werden soll, veränderlich sein. Dies erreichen Sie nur durch die Verwendung einer *Variablen*.

Solche Variablen können nicht aufgezeichnet werden. An der Nutzung des VB-Editors führt in einem solchen Fall einfach kein Weg vorbei.

```
Sub LetzteZeileFinden()
    Dim lngLetzteZeile As Long
    lngLetzteZeile = Cells(Rows.Count, 1).End(xlUp).Row
    Range("A" & lngLetzteZeile + 1).Select
    ActiveCell.Value = "Summe"
End Sub
```

Wie im Makro *Sub LetzteZeileFinden()* abzulesen ist, wird eine Variable mit dem Namen `lngLetzteZeile` benutzt, um auf die veränderliche erste leere Zelle der Spalte A zuzugreifen. Das Schlüsselwort für die Deklaration einer Variablen lautet `Dim`. Die Deklaration erfolgt immer am Anfang des Quelltextes, und sie muss ergänzt werden durch die Definition des *Datentyps*. Wichtige Datentypen in VBA sind:

Datentyp	Beschreibung
Boolean	logischer Wert (True/False)
Byte	Wert im Bereich von 0 bis +255
Double	Fließkommawert im Bereich von +/−4,9E-324 bis 1,8E308
Integer	Ganzzahl im Wertebereich von −32.768 bis +32.768
Long	Ganzzahl im Wertebereich von −2 Mrd. bis +2 Mrd.
Objekttyp	Objekte wie Range und Workbook
Single	Fließkommawert im Bereich von +/−1,4E−45 bis 3,4E38
String	Zeichenkette
Variant	universeller Wert

Tabelle 14.3 Wichtige Datentypen in VBA

Da Variablen Speicherplatz reservieren, empfiehlt es sich, einen dem Objekt oder Inhalt angepassten Datentyp bei der Deklaration auszuwählen. Für die Suche in den etwas

14

mehr als 16.000 Spalten einer Excel-Tabelle reicht eine Variable vom Typ `Integer`; sie belegt 16 Bit. Bei mehr als einer Million Zeilen, über die eine Arbeitsmappe mittlerweile verfügt, ist es hingegen ratsam, bei der Suche nach einer Leerzeile den Datentyp `Long` zu benutzen, um auch bei großen Tabellen korrekte Ergebnisse zu erhalten. Variablen dieses Datentyps belegen allerdings schon die doppelte Speichermenge, nämlich 32 Bit. Insgesamt tritt allerdings bei den Speichermengen, die heute bei Computern zur Verfügung stehen, der Speicherbedarf von Variablen zunehmend in den Hintergrund.

Wenn Quelltexte umfangreicher und Variablen häufiger werden, wird es auch vordringlicher, unterschiedliche Ebenen zu nutzen, um die Bausteine, aus denen sich ein Makro zusammensetzt, eindeutig zu kennzeichnen. Dazu gehört auch, dass Sie bereits am Namen der Variablen erkennen sollten, welchem Datentyp sie entspricht. Als Kennzeichnung dieser Art können Sie Kürzel für die Variablenart wie `lng`, `str` oder `int` benutzen. Sie sind nicht verpflichtend, aber äußerst hilfreich.

14.5.2 Verwendung einer Variablen zur Suche nach der ersten leeren Zeile

Doch zurück zum Herzstück diese Makros. Es wird von den beiden Zeilen

```
lngLetzteZeile = Cells(Rows.Count, 1).End(xlUp).Row
Range("A" & lngLetzteZeile + 1).Select
```

gebildet.

Im ersten Teil füllen Sie die Variable `lngLetzteZeile` mit einem Wert. Den Wert erhalten Sie dadurch, dass Sie die Zeilen in der ersten Spalte Ihres Tabellenblattes zählen (`Rows.Count, 1`). Die Ermittlung der letzten beschriebenen Zeile erfolgt dabei vom Ende der Tabelle bis zu deren Anfang (`End(xlUp)`), um sicherzustellen, dass versehentlich entstandene Leerzellen im aktiven Bereich nicht zu einem fehlerhaften Resultat führen.

Sobald bekannt ist, in welcher Zeile der Spalte A sich die letzte beschriebene Zelle befindet, kann diese Information für andere Aktionen genutzt werden. In der Beispieldatei wird die Variable `lngLetzteZeile` mit dem Wert 24 gefüllt. Dieser Wert muss nun mit dem Spaltenbuchstaben verkettet werden, um aus beiden Teilen eine Zelladresse zu bilden. Diese Verkettung erreichen Sie mit `Range("A" & lngLetzteZeile + 1)`. Mit +1 stellen Sie sicher, dass nicht die letzte beschriebene, sondern die erste leere Zelle des Tabellenblattes in Spalte A markiert wird. An der nun erreichten Zellposition kann eine beliebige Aktion ausgeführt werden. Im Beispiel wird der Text *Summe* in die Zeile geschrieben (`ActiveCell.Value = "Summe"`).

14.5.3 Eine weitere Variable zum Suchen nach der ersten leeren Spalte

Wie ich bereits kurz beschrieben habe, unterscheiden sich die beiden Variablen, die bei der Suche nach leeren Zellen in Zeilen und Spalten eingesetzt werden, hinsichtlich des Datentyps. Während die Zeilensuche eine Variable vom Typ `Long` benötigt, kann aufgrund der geringeren Spaltenzahl beim Durchsuchen der Spalten eine Variable vom Typ `Integer` benutzt werden.

Ein weiterer Unterschied ergibt sich aus der Tatsache, dass nicht der Spaltenbuchstabe ermittelt wird, sondern ein numerischer Wert, die Spaltennummer. Bei Verwendung des `Cells`-Objekts werden sowohl die Zeilen als auch die Spalten numerisch angegeben. Probieren Sie es aus:

```
Sub LetzteSpalteFinden()
    Dim intLetzteSpalte As Integer
    intLetzteSpalte = Cells(1, Columns.Count).End(xlToLeft).Column
    Cells(1, intLetzteSpalte + 1).Select
    ActiveCell.Value = "Summe"
End Sub
```

Der Ausdruck zum Markieren lautet `Cells(1, intLetzteSpalte + 1).Select`. Auch hier erhalten Sie den Wert der letzten beschriebenen Zelle in der ersten Zeile Ihres Tabellenblattes, indem Sie mit dem Zählen von rechts nach links beginnen (`End(xlToLeft)`).

14.5.4 Verwenden der »SpecialCells«-Methode

Zellen können Sie auf Basis ganz anderer Inhalte auswählen als nur anhand des Inhalts *leer*. Dies ist immer dann sehr praktisch, wenn Sie beispielsweise Bereiche auf der Grundlage von gleichartigen Formatierungen, von Formeln oder – umgekehrt – Konstanten bestimmen möchten, um dann weitere Aktionen mit den gefundenen Zelladressen durchzuführen.

Der Aufbau der Methode ist einfach: `[Ausdruck].SpecialCells(Typ, Wert)`. `[Ausdruck]` muss ein `Range`-Objekt sein. Im Beispielcode ist das der gesamte Bereich der Spalten A bis G (`Range("A:G")`). Den geeigneten Zelltyp wählen Sie aus, indem Sie sich des Katalogs für *XlCellType-Konstanten* bedienen. Dieser enthält folgende Zelltypen:

14

XlCellType-Konstante	Auswahl von ...
xlCellTypeAllFormatConditions	... Zellen mit beliebigem Format
xlCellTypeAllValidation	... Zellen mit einem beliebigen Gültigkeits-kriterium
xlCellTypeBlanks	... leeren Zellen
xlCellTypeComments	... Zellen, die Kommentare enthalten
xlCellTypeConstants	... Zellen, die feste Werte, aber keine Texte bzw. Formeln und Funktionen enthalten
xlCellTypeFormulas	... Zellen, in denen Formeln und Funktionen verwendet werden
xlCellTypeLastCell	... der letzten Zelle im Tabellenblatt (umfasst auch leere Zellen, deren Format zuvor einmal geändert wurde)
xlCellTypeSameFormatConditions	... Zellen mit gleichartigem Format
xlCellTypeSameValidation	... Zellen mit gleichem Gültigkeitskriterium
xlCellTypeVisible	... sichtbaren Zellen

Tabelle 14.4 »XlCellType«-Konstanten

In der Beispieldatei sollen alle Zellen, in denen keine Formeln oder Funktionen stehen, in einen anderen Bereich der Tabelle kopiert werden. Das Markieren der gewünschten Zellen gelingt Ihnen in diesem Zusammenhang mit xlCellTypeConstants. Der Wert 1 steht in diesem Fall für die Konstante xlNumbers.

Die Angabe eines Werts bei der Anwendung der SpecialCells-Methode ist optional. Folgende Werte sind verfügbar:

»XlSpecialCellsValue«-Konstante	Wert
xlErrors	16
xlLogical	4
xlNumbers	1
xlTextValues	2

Tabelle 14.5 Werte der »SpecialCells«-Methode

Der Code, mit dem Sie die Zellen des Tabellenblattes, die Konstanten enthalten, markieren, lautet also schließlich:

```
Sub ZellbereichMarkierenSpecialCells()
    Range("A:G").SpecialCells(xlCellTypeConstants, 1).Copy Range("J2")
End Sub
```

14.6 Umgang mit Programmfehlern

Vielleicht sind Sie bis zum jetzigen Zeitpunkt bei der Arbeit im VB-Editor von Fehlern und Fehlermeldungen verschont geblieben, und alle Makros haben auf Anhieb funktioniert. In der Praxis ist ein solch reibungsloses Entwickeln von Programmen allerdings kaum zu erwarten. Zu viele Einflussfaktoren führen immer wieder zu kleineren oder größeren Problemen. Fehlermeldungen über Laufzeitfehler (Abbildung 14.23) gehören ebenso zum Alltag in VBA wie die Faszination, dass manche aufwendige Arbeitsschritte mit dem Mausklick auf eine Makroschaltfläche quasi pulverisiert werden.

Abbildung 14.23 Meldung eines Laufzeitfehlers

14.6.1 Debugging-Modus

Sollte Ihnen die Fehlermeldung aus Abbildung 14.23 also in naher Zukunft einmal begegnen, dann scheuen Sie sich nicht, auf den Schalter **Debuggen** zu klicken. Excel bricht dann die Ausführung des Makros ab und wechselt in den Makro-Editor. Mehr noch: Im Editor springt Excel auch sogleich in die Zelle, in der der Laufzeitfehler verursacht wurde. Die kritische Programmzeile wird gelb markiert.

```
lngLetzteZeile = Cells(Rows.Count, 1).End(xlUp).Row
Range("A" & lngLetzteZeile + 1).Selcet
ActiveCell.Value = "Summe"
```

Abbildung 14.24 Anzeige fehlerhaften Quelltextes im Debugging-Modus des VB-Editors

Der Debugging-Modus gibt Ihnen Gelegenheit, in aller Ruhe nach möglichen Fehlern zu suchen. Im Beispiel werden Sie sehr schnell den Buchstabendreher bei der `Select`-Methode bemerken und ihn per Tastatur korrigieren. Mit einem Klick auf den Schalter **Zurücksetzen** der Symbolleiste **Voreinstellung** brechen Sie das Makro gar vollständig ab, um eventuell umfangreichere Korrekturen vorzunehmen.

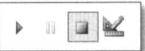

Abbildung 14.25 Zurücksetzen der Makrosausführung

Haben Sie die benötigten Änderungen am Quelltext vorgenommen, können Sie die Ausführung des Makros im Editor mit einem Klick auf **Sub/UserForm ausführen** oder durch Drücken von F5 erneut starten.

Drei weitere Funktionen werden Ihnen bei der Analyse von Fehlern helfen, wenn Ihre VBA-Makros umfangreicher und komplexer werden:

- Haltepunkte
- die Einzelschritt-Ausführung des Makros
- das Direktfenster

14.6.2 Nutzung von Haltepunkten

Haltepunkte setzen Sie mit einem einfachen Mausklick auf den Rahmen des Code-Fensters. Die braunrote Markierung kennzeichnet einen Endpunkt für die Ausführung des Quelltextes. Wenn Sie das Makro neu starten, wird es bis zum nächsten **Haltepunkt** ausgeführt.

```
lngLetzteZeile = Cells(Rows.Count, 1).End(xlUp).Row
Range("A" & lngLetzteZeile + 1).Select
ActiveCell.Value = "Summe"
```

Abbildung 14.26 Setzen von Haltepunkten

Wenn Sie wie in Abbildung 14.26 zwei Haltepunkte setzen, wird lediglich der Quelltext zwischen den Haltepunkten ausgeführt. Dies ist bei längeren Makros von Nutzen, da Sie nicht den gesamten Quelltext bei der Fehleranalyse und -korrektur durchlaufen müssen.

Die Haltepunkte entfernen Sie nach erfolgter Überarbeitung, indem Sie auf den Halte-punkt am linken Rand des Code-Fensters klicken oder indem Sie [F9] drücken, wenn der Cursor in der Zeile des Haltepunktes steht.

14.6.3 Testen des Makros im Einzelschritt-Modus

Um den Einzelschritt-Modus optimal zu nutzen, sollten Sie die Fenster der Excel-Ar-beitsmappe und des VB-Editors neben- oder untereinander anordnen.

Dann positionieren Sie den Cursor am Anfang des Makros, das Sie testen möchten. Durch Drücken von [F8] wird der Quelltext schrittweise ausgeführt. Im Fenster der Ar-beitsmappe können Sie sukzessive verfolgen, wie die einzelnen Anweisungen ausge-führt werden. Dies gibt Ihnen die Gelegenheit, genauer zu verfolgen, an welcher Stelle Ihr Makro »aussteigt«. Klicken Sie auf **Zurücksetzen**, um den Einzelschritt-Modus wie-der zu beenden.

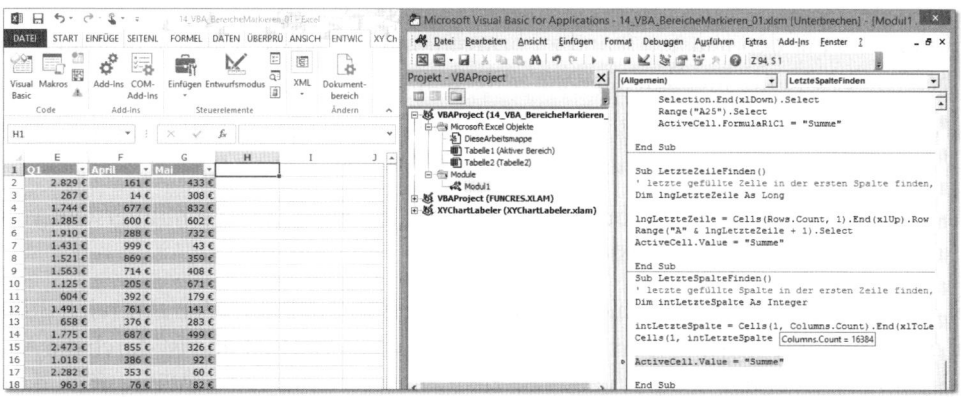

Abbildung 14.27 Im Einzelschritt-Modus können Sie den Ablauf des Makros genau mitverfolgen.

14.6.4 Nutzung des Direktfensters

Das Direktfenster ist ein Editor im Editor. In das Fenster, das mit [Strg] + [G] unterhalb des Code-Fensters angezeigt wird, kopieren Sie die Zeilen des Quelltextes, die Sie testen möchten. An den Anfang der zu testenden Zeile schreiben Sie entweder den Befehl `print`, oder Sie geben ein Fragezeichen ein.

In diesem Fenster wird immer nur die eine Zeile ausgeführt, und zwar die, die Sie mit [↵] abgeschlossen haben. Wie Sie in Abbildung 14.28 sehen, können Sie in ihm bei-spielsweise

- die Werte von Zellen abfragen (`Range("G24").Value`),
- die aktuellen Eigenschaften von Zellen ausgeben (`Range("F1").Interior.ColorIndex`) oder andere nützliche Überprüfungen vornehmen.

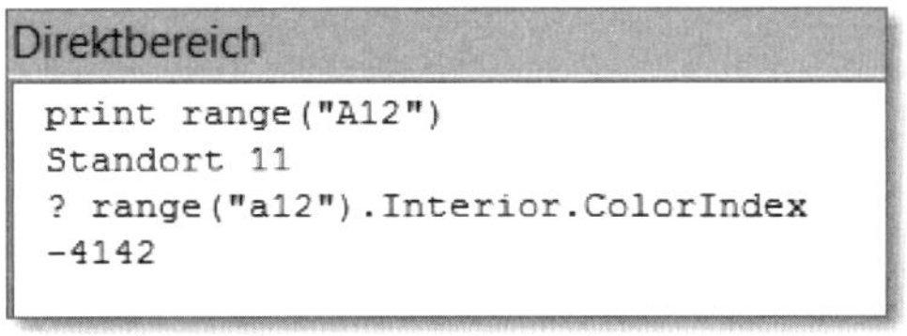

```
Direktbereich
 print range("A12")
 Standort 11
 ? range("a12").Interior.ColorIndex
 -4142
```

Abbildung 14.28 Ausführen von Anweisungen im Direktfenster

14.7   Kopieren, Verschieben und Filtern von Daten

Damit Sie auch große Datenmengen auswerten und aufbereiten können, kommen einige Basisfunktionen von Excel mit schöner Regelmäßigkeit zum Einsatz:

- Um Daten auf den neusten Stand zu bringen, müssen häufig importierte Listen an bereits bestehende Tabellen angehängt werden.
- Umgekehrt müssen vollständige Datenbestände vielfach so reduziert werden, dass weitere Berechnungen und Reports überhaupt möglich sind.
- Aus einem monatlichen Report möchte man häufig nicht die Gesamtübersicht verwenden, sondern Einzelübersichten erstellen und präsentieren.

Das Filtern, Kopieren und Verschieben von Daten gehört folglich zu den zentralen Stützen beim kontinuierlichen Reporting. Es kostet aber auch viel Zeit und ist durch die Anzahl der Markiervorgänge, die es nach sich zieht, entsprechend fehleranfällig. Klar, dass diese Funktionen ganz oben auf der Liste stehen, wenn es darum geht, Arbeitsschritte durch Makros zu automatisieren.

14.7.1 Aufzeichnung eines Kopiervorgangs

Welcher Quelltext entsteht eigentlich, wenn wir einen einfachen Kopiervorgang als Makro aufzeichnen? Die sicherste Antwort erhalten wir, wenn wir es mit einigen Daten in einer beliebigen Arbeitsmappe ausprobieren.

```
Sub Kopieren()
    Range("B1:B4").Select
    Selection.Copy
    Sheets("Tabelle2").Select
    Range("C1").Select
    Selection.PasteSpecial Paste:=xlPasteValues, Operation:=xlNone,
        SkipBlanks:=False, Transpose:=False
End Sub
```

Das obige Makro hat aufgezeichnet,

- wie der Zellbereich B1 bis B4 markiert,

- dieser ausgewählte Bereich kopiert,

- anschließend das Tabellenblatt *Tabelle2* ausgewählt,

- dort der Cursor in Zelle C1 positioniert

- und dann an der ausgewählten Stelle die Methode `PasteSpecial` ausgeführt, also der Inhalt der Zwischenablage eingefügt

wurde.

Parameter	Beschreibung
Paste	Dieser Parameter entspricht ebenso wie die folgenden den Optionen der Funktion **Bearbeiten ▸ Inhalte einfügen** in der Arbeitsmappe. Sie können entscheiden, ob Sie alle Informationen der betreffenden Zelle (`XlPasteAll`), lediglich die Werte (`XlPasteValues`) oder beispielsweise die Formeln (`XlPasteFormulas`) an der Zielstelle einfügen möchten.
Operation	Mit diesem Parameter verbinden Sie die aus der Zwischenablage einzufügenden Werte und die Werte der Zielzellen mit einer Rechenoperation. `XlPasteSpecialOperationAdd` führt z. B. zur Addition der Werte, `XlPasteSpecialOperationSubtract` führt zur Subtraktion. Bei Verwendung von `XlPasteSpecialOperationNone` erfolgt keine Berechnung.
SkipBlanks	Leere Zellen im kopierten Quellbereich werden beim Einfügen übersprungen, wenn dieser Parameter auf `True` gesetzt ist.
Transpose	Der in die Zwischenablage kopierte Zellbereich wird an der Zielstelle transponiert eingefügt. Auch hier muss der Wert `True` gesetzt sein, um die Daten zu transponieren.

Tabelle 14.6 Parameter der »Range.PasteSpecial«-Methode

14

14.7.2 Daten per Makro an bestehende Datenbestände anhängen

Das soeben aufgezeichnete Makro weist einen ähnlichen Mangel auf wie eines, das wir bereits weiter oben erprobt haben und bei dem die erste leere Zelle in einer Spalte gefunden werden sollte: Es besitzt keine Flexibilität. Lägen zukünftig neue Daten in der ersten Tabelle vor, so würde das bestehende Makro einen Zellbereich von der gleichen Größe wie bei der Aufzeichnung an die gleiche Zielstelle kopieren und somit die Daten des letzten Kopiervorgangs ohne Rückfrage überschreiben.

Die Problemzonen unseres Makros sind folglich die Markierung des Quelldatenbereiches und die Auswahl der Zelle, an der das Einfügen der Daten aus der Zwischenablage beginnen soll. Diese beiden Abschnitte müssen flexibilisiert werden. Wie das funktioniert, haben Sie bereits gesehen: Sie benötigen Variablen.

Die Anweisung, mit der Sie die Nummer der letzten beschriebenen Zelle in Spalte A ermittelt haben, lautete:

```
Cells(Rows.Count, 1).End(xlUp).Row
```

Mit ein paar Modifikationen wird uns diese Anweisung helfen, den Kopiervorgang flexibler zu gestalten.

14.7.3 Deklaration der Variablen

Die Beispieldatei *14_VBA_BereichKopieren_01.xlsxm* enthält zwei kleine Tabellen, von denen Sie eine im Tabellenblatt *Quelle* der Einfachheit halber als einen neuen, eventuell importierten Datenbestand verstehen sollten. Dieser Datenbestand muss in Spalte C des Tabellenblattes *Ziel* kopiert werden, in dem sich bereits die Ergebnisse des Vormonats befinden.

Zu diesem Zweck deklarieren wir zunächst eine Variable für die Bestimmung der Tabellengröße der Quelldaten:

```
Dim lngLetzteZeile As Long
```

Um die immer wieder recht langen Bezeichnungen der Tabellenblätter – z. B. *Worksheets("Tabelle1")* – zu verkürzen, sollten Sie auch gleich noch für jedes Tabellenblatt, das während des Kopiervorgangs einbezogen wird, einen Variablennamen festlegen. Die Deklarationen könnten etwa lauten:

```
Dim wksTB1 As Worksheet
```
und
```
Dim wksTB2 As Worksheet
```

14.7.4 Mit den Variablen auf Objekte verweisen

Da die beiden letzten Variablen sich beim ersten Kopiervorgang auf zwei ganz genau definierte Tabellen beziehen werden und der Vorteil ihrer Nutzung momentan lediglich in der Verkürzung des Namens besteht, spricht nichts dagegen, jede der beiden Variablen einem `Worksheet`-Objekt zuzuweisen:

```
Set wksTB1 = ThisWorkbook.Worksheets("Quelle")
```

und

```
Set wksTB2 = ThisWorkbook.Worksheets("Ziel")
```

Mit anderen Worten: `Dim` stellt lediglich fest, dass es beim Ablauf einmal ein Objekt vom Typ `Worksheet` geben könnte; `Set` macht hingegen klar, dass es dieses Objekt auch tatsächlich in der Arbeitsmappe gibt und von nun an mit der Variablen auf dieses `Worksheet`-Objekt verwiesen wird.

14.7.5 Variablen mit einem berechneten Wert füllen

Der letzte vorbereitende Schritt zur Durchführung des flexiblen Kopiervorgangs ist die Bestimmung des Werts der Variablen `lngLetzteZeile`. Da die Zeilenzahl der Quelltabelle ermittelt werden soll und diese nach Verwendung der `Set`-Anweisung mit `wksTB1` gleichgesetzt werden kann, berechnen Sie den Wert für die letzte Zeile mit:

```
lngLetzteZeile = wksTB1.Cells(Rows.Count, 1).End(xlUp).Row
```

Nun steht nur noch der letzte Schritt, das Ausführen des Kopiervorgangs, aus.

14.7.6 Verkürzung der Anweisung zum Kopieren

Unsere erste Aufzeichnung des Kopierens in einer Arbeitsmappe hatte bereits folgenden Quelltext produziert:

```
Range("B1:B4").Select
Selection.Copy
Sheets("Ziel").Select
Range("C1").Select
Selection.PasteSpecial Paste:=xlPasteValues, Operation:=xlNone, _
SkipBlanks:=False, Transpose:=False.
```

14

Wie so oft erweist sich der Makrorekorder auch in diesem Fall als äußerst verschwenderisch, denn er zeichnet fünf Anweisungen auf, von denen allein drei mit `Select` der Auswahl von Zellbereichen gewidmet sind. Das `PasteSpecial` enthält außerdem vier Parameter (`Paste`, `Operation`, `SkipBlanks` und `Transpose`), die in unserem Beispiel völlig nutzlos sind.

Dabei lässt sich die Kopieranweisung auch in einer Zeile zusammenfassen:

```
Worksheets("Tabelle1").Range("B1:B4").Copy Destination:= _
  Worksheets("Tabelle1").Range("C1:C4")
```

In dieser Anweisung wird das `Worksheet`-Objekt und in ihm ein Zellbereich angesprochen und mit der Methode `Copy` bearbeitet. Ein Parameter dieser Methode ist `Destination`, also der Zellbereich, in den der Inhalt der Zwischenablage eingefügt werden soll. Die `Copy`-Methode reduziert die Anweisung zum Kopieren also auf eine einzige Zeile. Deshalb sollten wir sie in unserem Beispiel auch einsetzen.

14.7.7   Verwendung des Variablenwerts als Zellbezug des Kopiervorgangs

Nun bleibt nur noch die Anpassung des gesamten Vorgangs an einen Quelldatenbereich von variabler Größe. Der Wert der berechneten Variablen muss statt der festen Zellbezüge in die `Copy`-Anweisung eingebunden werden.

Dies sieht unter Einbeziehung der Variablen der beiden Tabellenblätter folgendermaßen aus:

```
wksTB1.Range("B1:B" & lngLetzteZeile).Copy Destination:= _
  wksTB2.Range("C1:C" & lngLetzteZeile)
```

Mit der Verkettung des Spaltenbuchstabens B und der ermittelten Zeilenanzahl bestimmen Sie sowohl den zu kopierenden Bereich in der Quell- als auch den Einfügebereich in der Zieltabelle.

Das gesamte Makro hat damit den hier dargestellten Aufbau:

```
Sub BereichKopieren()
  Dim wksTB1 As Worksheet
  Dim wksTB2 As Worksheet
  Dim lngLetzteZeile As Long
  Set wksTB1 = ThisWorkbook.Worksheets("Quelle")
  Set wksTB2 = ThisWorkbook.Worksheets("Ziel")
```

```
lngLetzteZeile = TB1.Cells(Rows.Count, 1).End(xlUp).Row
wksTB1.Range("B1:B" & lngLetzteZeile).Copy Destination:= _
   wksTB2.Range("C1:C" & lngLetzteZeile)
End Sub
```

14.7.8 Verwendung von dynamischen Bereichen statt Variablen

Die Bestimmung der Größe eines Zellbereiches hat uns bereits in verschiedenen Kapiteln dieses Buchs immer wieder beschäftigt. Wenn Sie sich die Möglichkeiten der Kombination von BEREICH.VERSCHIEBEN() und Bereichsnamen noch einmal genauer ansehen, werden Sie feststellen, dass wir die eben behandelte Problematik auch mit einem dynamischen Bereichsnamen hätten bearbeiten können.

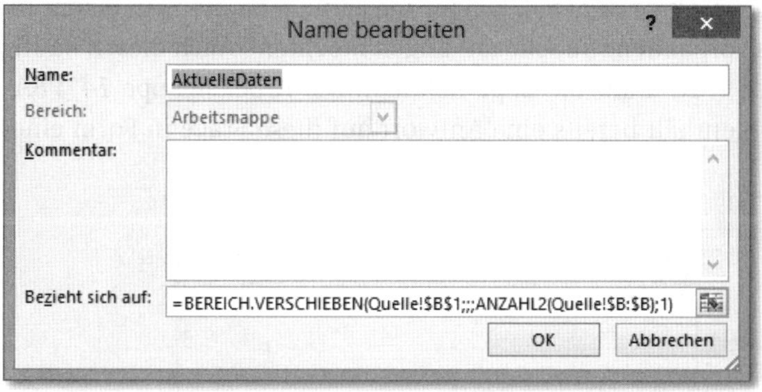

Abbildung 14.29 Erstellen eines dynamischen Bereichsnamens

Über **Formeln ▶ Definierte Bereiche ▶ Namens-Manager ▶ Neu** wurde in der Arbeitsmappe *14_VBA_BereichKopieren_Bereichsnamen_01.xlsm* ein Name mit dem folgenden Bezug erstellt:

```
=BEREICH.VERSCHIEBEN(Quelle!$B$1;;;ANZAHL2(Quelle!$B:$B);1)
```

Der Bereichsname lautet *AktuelleDaten*. Da er sich durch das Importieren von Daten automatisch vergrößert und verkleinert, könnten Sie auf die Deklaration und Verwendung einer Variablen verzichten, vorausgesetzt, es gelänge Ihnen, den dynamischen Bereichsnamen in Ihrem Quelltext zu verwenden. Dass Namen zur Adressierung von Zellbereichen in VBA zulässig sind, haben Sie bereits weiter oben gesehen. Sie werden wie andere Zellbezüge auch im Range-Objekt verwendet, z. B. in dieser Form:

```
wksTB1.Range("AktuelleDaten")
```

Der Quelltext zum Kopieren von Daten unter Verwendung eines dynamischen Bereichs-namens sieht im Resultat so aus:

```
Sub BereichKopierenBereichsname()
  Dim wksTB1 As Worksheet
  Dim wksTB2 As Worksheet
  Set wksTB1 = ThisWorkbook.Worksheets("Quelle")
  Set wksTB2 = ThisWorkbook.Worksheets("Ziel")
  wksTB1.Range("AktuelleDaten").Copy Destination:=wksTB2.Range("C1")
End Sub
```

14.7.9 Daten an eine Tabelle anhängen

Was muss im Quelltext eines Makros stehen, wenn Sie die aktuellen Daten aus einem Ta-bellenblatt an eine bereits vorhandene Tabelle anhängen möchten? Auch diesen häufig anzutreffenden Fall sollten wird unter die Lupe nehmen. Die Arbeitsmappe *14_VBA_BereichAnhängen_01.xlsxm* enthält bereits eine Antwort auf diese Frage in Form eines Makros.

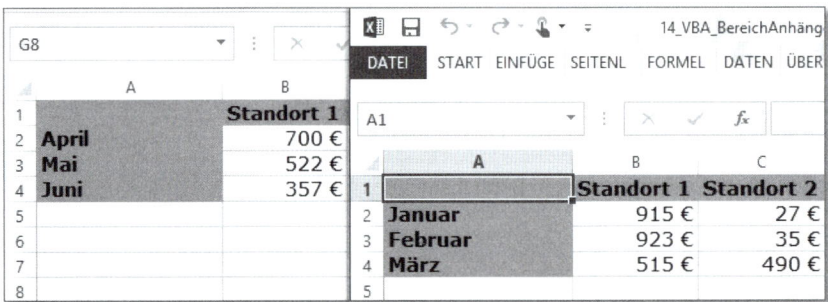

Abbildung 14.30 Die Tabelle der aktuellen Daten soll per Makro an die bereits vorhandenen Daten angehängt werden.

Wesentliche Bausteine sind Ihnen aus den bisherigen Makros bereits bekannt:

- die Deklaration einer Variablen für die aktuelle Zeilenanzahl in der Quelltabelle
- weitere Variablendeklarationen für die Tabellenblätter, in denen sich die Quell- und die Zieltabelle befinden
- die Zuweisung der `Worksheet`-Objekte – also der Namen der Tabellenblätter – zu den Variablen mit der Anweisung `Set`
- die Berechnung des Werts der Variablen für die Zeilenanzahl mit `Rows.Count`

14.7.10 Ermittlung der Größe von Quell- und Zieldatenbereich

Dieses Grundgerüst muss lediglich um einen Bestandteil erweitert werden, nämlich die Ermittlung der letzten Zeile der Tabelle im Tabellenblatt *Ziel*, denn unterhalb der letzten beschriebenen Zeile sollen nun die variablen neuen Daten eingefügt werden.

Konkret bedeutet dies, dass eine zweite Variable mit `Dim lngZeilenzahlZiel As Long` deklariert werden muss. Zur besseren Unterscheidung sollten Sie die Bezeichnung der ersten Variablen für die Zeilenanzahl in der Quelltabelle in `lngZeilenzahlZiel` ändern. Die Ermittlung der Zeilenanzahl in der Zieltabelle erfolgt dann nach dem bekannten Muster:

```
lngZeilenzahlZiel = wksTB2.Cells(Rows.Count, 1).End(xlUp).Row
```

14.7.11 Ausschneiden der aktuellen Daten – Anhängen an die vorhandenen Daten

Auch das eigentliche Anhängen neuer Daten müssen wir gegenüber dem bereits bekannten Kopiervorgang geringfügig anpassen:

- Die aktuellen Daten sollen nicht kopiert, sondern ausgeschnitten werden, um den ursprünglichen Datenbereich gleich wieder für den nächsten Importvorgang freizubekommen.

- Die Anweisung zum Einfügen der Daten (`Destination`) muss flexibel bestimmt werden, da die Zieltabelle im Laufe der Monate oder Quartale an Umfang zunehmen wird.

Die erste Anpassung erreichen Sie durch eine minimale Änderung des Quelltextes im Vergleich zum Kopieren-Makro. Aus der Anweisung `wksTB1.Range("A2:K" & lngZeilenzahlQuelle).Copy` machen Sie einfach ein `wksTB1.Range("A2:K" & lngZeilenzahlQuelle).Cut`. Schon wird aus dem Kopieren ein Ausschneiden.

Die Veränderungen bei der Definition des Zielbereiches erscheinen auf den ersten Blick etwas umfassender:

```
Destination:=wksTB2.Range("A" & lngZeilenzahlZiel + 1 & ":K" & _
  lngZeilenzahlZiel + lngZeilenzahlQuelle)
```

Im `Range`-Objekt wird die Startzelle für den Einfügebereich aus dem Spaltenbuchstaben A und der Zeilenanzahl der Zieltabelle plus einer zusätzlichen Zeile gebildet, um in die erste freie Zeile der Zieltabelle zu gelangen (`"A" & lngZeilenzahlZiel + 1`). Der Einfüge-

915

bereich endet in Spalte K. Die letzte Zeile in dieser Spalte resultiert aus der Zeilenanzahl in der Zieltabelle zuzüglich einer Zeile und der Zeilenanzahl der Quelltabelle:

```
& ":K" & lngZeilenzahlZiel + 1 + lngZeilenzahlQuelle)
```

Die gesamte Anweisung ist somit länger als die bei dem Makro zum Kopieren angewendete Anweisung, allerdings benutzt Sie die gleiche Logik wie das erste Makro.

	A	Standort 1	Standort 2	Standort 3	Standort 4
1		Standort 1	Standort 2	Standort 3	Standort 4
2	Januar	915 €	27 €	815 €	879 €
3	Februar	923 €	35 €	430 €	354 €
4	März	515 €	490 €	230 €	523 €
5	April	700 €	656 €	843 €	433 €
6	Mai	522 €	307 €	645 €	627 €
7	Juni	357 €	444 €	586 €	502 €

Abbildung 14.31 Ergebnistabelle nach dem Anhängen der neuen Daten

Das Makro zum Anhängen von Daten flexiblen Umfangs an eine bereits bestehende andere Tabelle, die ebenfalls von der Größe her variabel sein kann, enthält die folgenden Anweisungen:

```
Sub BereichAnhängen()
    Dim wksTB1 As Worksheet
    Dim wksTB2 As Worksheet
    Dim lngZeilenzahlQuelle As Long
    Dim lngZeilenzahlZiel As Long
    Set wksTB1 = ThisWorkbook.Worksheets("Quelle")
    Set wksTB2 = ThisWorkbook.Worksheets("Ziel")
    lngZeilenzahlQuelle = wksTB1.Cells(Rows.Count, 1).End(xlUp).Row
    lngZeilenzahlZiel = wksTB2.Cells(Rows.Count, 1).End(xlUp).Row
    wksTB1.Range("A2:K" & lngZeilenzahlQuelle).Cut Destination:= _
        wksTB2.Range("A" & lngZeilenzahlZiel + 1 & ":K" & _
        lngZeilenzahlZiel + 1 + lngZeilenzahlQuelle)
End Sub
```

14.7.12 Anwendung des erweiterten Filters in einem Makro

Der erweiterte Filter ist in Excel ein leistungsfähiges Werkzeug, um aus Rohdaten Teildatenbestände zu filtern, mit denen Sie anschließend zahlreiche weitere Rechenoperationen ausführen können. Leider ist der Filter auch ein wenig umständlich in der Handhabung. Doch eben dieser Konflikt aus immensem Nutzen, der aus der fast unbegrenzten Kombinierbarkeit von Filterkriterien und der bisweilen nervtötenden Auswahl von Zellbereichen erwächst, hatte uns bereits zu Beginn dieses Kapitels veranlasst, den erweiterten Filtervorgang mit einem Makro zu automatisieren.

▲	A	B	C	D	E	F	G	H	I
1	Lfd.Nr.	Bezeichnung	Text	Werte 1	Werte 2		Bezeichnung	Text	Werte 1
2	1	ABC	AAA	1.822 €	1.062 €		ABC	AAA	394 €
3	2	ABD	BBB	1.391 €	411 €		XYZ	BBB	776 €
4	3	CDE	BBB	1.907 €	1.920 €		XYZ	AAA	1.138 €
5	4	ABC	AAA	394 €	1.881 €				
6	5	CDF	BBB	1.182 €	1.809 €				
7	6	XYZ	BBB	1.138 €	1.523 €				
8	7	ABC	CCC	286 €	655 €				
9	8	XYZ	AAA	776 €	774 €				
10	9	CDE	BBB	177 €	1.470 €				
11	10	CDF	CCC	372 €	1.701 €				

Abbildung 14.32 Daten werden aus der Liste in den Ergebnisbereich gefiltert.

Freilich war unser Vorgehen zu diesem Zeitpunkt recht brachial. Wir haben einfach feste Zellbezüge benutzt, um Listen-, Kriterien- und Ergebnisbereiche zu bestimmen – in der Hoffnung, dass sich das Ausgangsmaterial unseres Filtervorgangs nicht wesentlich verändert. Jetzt, etwa 35 Seiten später, sollten wir versuchen, mehr Dynamik in die Nutzung und Automatisierung dieses wichtigen Werkzeugs zu bringen. Dazu steht uns die Datei *14_VBA_FilterErweitert_01.xlsxm* zur Verfügung.

Der Listenbereich des Filtervorgangs ist in den Spalten A bis E des Tabellenblattes *Tabelle1* angeordnet. Die Ergebnisse sollen gleich neben der Ursprungsliste ausgegeben werden. Um die Daten zu filtern, wird der Kriterienbereich im Tabellenblatt *Tabelle2* benutzt.

▲	A	B	C	D	E
1	Kriterien	Bezeichnung	Text	Werte 1	Werte 2
2	1	ABC			>1200
3	2	XYZ			

Abbildung 14.33 Zweizeiliger Kriterienbereich in »Tabelle2«

14.7.13 Deklaration der Variablen für das erweiterte Filtern

Die drei Bereiche des erweiterten Filtervorgangs werden jeweils als Variable in diesem Beispielmakro deklariert:

```
Dim rngListenbereich As Range
Dim rngErgebnisbereich As Range
Dim rngKriterienbereich As Range
```

Dafür sprechen unterschiedliche Gründe:

- Die Veränderbarkeit des Listenbereiches steht eigentlich außer Frage. Es ist zu erwarten, dass sich die Basisdaten im Laufe der Zeit ändern. Deshalb ist eine variable Bereichsangabe in diesem Zusammenhang unbedingt erforderlich.

- Der Ergebnisbereich sollte vor jedem Filtervorgang neu erstellt werden, da sich Spaltenüberschriften des Listenbereiches verändern können. Da Listen-, Kriterien- und Ergebnisbereich allerdings auf absolut identischen Überschriften aufbauen müssen, ist eine automatische Neuerstellung der Überschriften aus dem Listenbereich zu empfehlen.

- Auch der Kriterienbereich wäre unbrauchbar, wenn seine Spaltenüberschriften nicht hundertprozentig mit denen des Listen- und Ergebnisbereiches identisch wären. Zudem sind auch hier Änderungen bezüglich der Größe des Bereiches denkbar, da die Verwendung von logischen ODER-Verknüpfungen nur möglich ist, wenn die entsprechenden Kriterien in eine neue Zeile des Kriterienbereiches geschrieben werden.

Den Abschluss der Variablendeklaration bilden die beiden folgenden Variablen:

```
Dim lngLetzteZeile As Long
Dim intNächsteSpalte As Integer
```

Sie dienen zur Bestimmung der Zeilen- und Spaltenanzahl der Basisdaten im Listenbereich.

14.7.14 Bestimmung der Tabellengröße des Listenbereiches

Mit den beiden letzten Variablen beginnt auch der Filtervorgang. Ihre Werte werden mit den bereits bekannten Anweisungen ermittelt:

```
lngLetzteZeile = Cells(Rows.Count, 1).End(xlUp).Row
intNächsteSpalte = Cells(1, Columns.Count).End (xlToLeft).Column + 2
```

Gezählt werden die Inhalte der ersten Spalte bzw. der ersten Zeile. Sie müssen also beim Laden der Basisdaten darauf achten, dass diese Tabellenbereiche gefüllt sind. Die Verwendung von .Column + 2 ist der Tatsache geschuldet, dass zwischen dem Listenbereich und dem Ergebnisbereich ein Abstand von einer Spalte hergestellt werden soll.

14.7.15 Erstellen des Kriterienbereiches und Zuweisen des Bereiches zu einer Variablen

Der folgende Abschnitt des Quelltextes ist für die Erstellung der Überschriften im Kriterienbereich verantwortlich:

```
Range("B1").Copy Destination:=Worksheets("Tabelle2").Cells(1, 2)
Range("C1").Copy Destination:=Worksheets("Tabelle2").Cells(1, 3)
Range("D1").Copy Destination:=Worksheets("Tabelle2").Cells(1, 4)
Range("E1").Copy Destination:=Worksheets("Tabelle2").Cells(1, 5)

Set rngKriterienbereich = Range("Kriterien")
```

Es handelt sich um einen einfachen Kopiervorgang der Zellen B1 bis E1 im Tabellenblatt *Tabelle1*. Jede Zelle wird einzeln in das Tabellenblatt *Tabelle2* übertragen. Anschließend wird der `Set`-Befehl benutzt, um der Variablen `rngKriterienbereich` den dynamischen Bereich *Kriterien* zuzuweisen.

14.7.16 Flexible Erweiterung des Kriterienbereiches

Um die vielfältigen Kombinationsmöglichkeiten im Kriterienbereich ausschöpfen zu können, sollte dieser ebenfalls dynamisch erweiterbar sein. In der Beispieldatei wird der Variablen mit `Set` der Bereichsname *Kriterien* zugewiesen. Die Größe des Bereiches wird in diesem Beispiel nicht mit einer Variablen im Quelltext, sondern folgendermaßen ermittelt:

```
=BEREICH.VERSCHIEBEN(Tabelle2!$B$1;;;ANZAHL2(Tabelle2!$B:$B);
ANZAHL2(Tabelle2!$1:$1))
```

Damit die korrekte Berechnung der Größe des Bereiches gewährleistet ist, werden die Zeilen, die in den Filtervorgang einbezogen werden sollen, in der Spalte fortlaufend nummeriert.

	A	B
1	**Kriterien**	**Bezeichnung**
2	1	ABC
3	2	XYZ

Abbildung 14.34 Nummerierung der Bedingungen im Kriterienbereich

14.7.17 Erstellen des weiteren Bereiches und Variablenzuweisungen

Nicht viel anders als bei der Erstellung des Kriterienbereiches verfahren Sie, um den Ergebnisbereich zu generieren. Er besteht lediglich aus den Überschriften der Spalten, deren Ergebnis Sie ausgeben möchten. Auch diese hier benötigten Spaltenüberschriften sollten Sie über die tatsächlich im Listenbereich verwendeten Überschriften erstellen, um Probleme, die bereits bei einfachen Buchstabendrehern oder irrtümlich verwendeten Leerzeichen entstehen könnten, zu vermeiden.

Die Anweisungen zum Kopieren der Titel lauten:

```
Range("B1").Copy Destination:=Cells(1, intNächsteSpalte)
Range("C1").Copy Destination:=Cells(1, intNächsteSpalte + 1)
Range("D1").Copy Destination:=Cells(1, intNächsteSpalte + 2)
```

Sobald die Überschriftenbereiche zwischen Listen- und Ergebnisbereich abgeglichen wurden, weisen Sie den Variablen `rngErgebnisbereich` und `rngListenbereich` die konkreten Zellbereiche im Tabellenblatt zu. In beiden Fällen verwenden Sie die `Resize`-Methode, bei der ausgehend von einer ausgewählten Zellposition ein Zellbereich durch variable Größenänderungen bestimmt wird.

Der Ergebnisbereich beginnt in der ersten Zeile in der Spalte, die mit `intNächsteSpalte` berechnet wurde. Diese Variable setzt sich aus der Spaltenanzahl des Listenbereiches plus zwei Spalten zusammen. In der Beispieldatei wäre das die Spalte G. Der Ergebnisbereich soll insgesamt drei Spalten enthalten (`intNächsteSpalte + 2`):

```
Set rngErgebnisbereich = Cells(1, intNächsteSpalte).Resize(1, _
   intNächsteSpalte + 2)
```

Die Ausdehnungen des Listenbereiches werden auf vergleichbare Art und Weise bestimmt:

```
Set rngListenbereich = Range("A1").Resize (lngLetzteZeile, _
   intNächsteSpalte - 1)
```

14.7.18 Durchführung des erweiterten Filtervorgangs

Nach all den Vorbereitungen ist es nun an der Zeit, den eigentlichen Filtervorgang zu starten. Den Quelltext, den Sie dazu benötigen, haben Sie bereits am Anfang dieses Kapitels kennengelernt. Wir müssen ihn in einem Punkt anpassen. Während wir in unserem ersten Makro feste Zellbezüge für die Adressierung der Bereiche genutzt haben, kommen nun unsere variablen Bezüge zum Zug.

Die Anweisung sieht dann so aus:

```
rngListenbereich.AdvancedFilter Action:=xlFilterCopy, CriteriaRange:= _
    rngKriterienbereich, CopyToRange:=rngErgebnisbereich, Unique:=False
```

14.7.19 Testen des Makros

Wie Ihnen wahrscheinlich bereits aufgefallen ist, werden bei der Bestimmung der meisten Bereiche im Quelltext keine Angaben zum Tabellenblatt gemacht, auf das sich die Zellbereiche beziehen. Fehlerhafte Zugriffe können Sie vermeiden, indem Sie sicherstellen, dass das Makro nur aus dem Tabellenblatt *Tabelle1* gestartet wird. Dies erreichen Sie, indem Sie in diesem Tabellenblatt eine Schaltfläche zeichnen und ihr das Makro *FilterErweitert* zuordnen. Andernfalls sollten Sie die `Range`-Angaben durch das `Worksheet`-Objekt unmissverständlicher benennen.

Stellen Sie außerdem sicher, dass vor dem erneuten Filtern mit dieser Routine der alte Ergebnisbereich gelöscht wird. Ansonsten wird Excel einen weiteren Ergebnisbereich rechts neben dem vorhandenen erstellen.

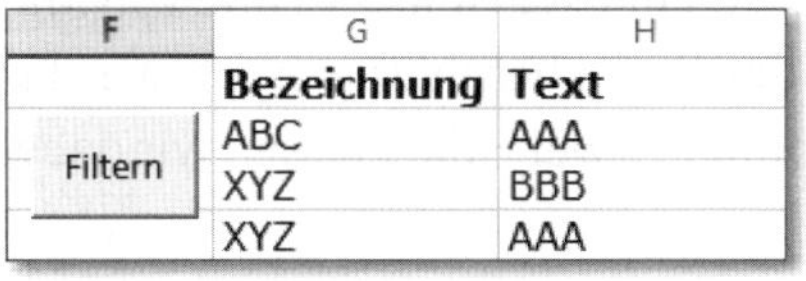

F	G	H
	Bezeichnung	**Text**
Filtern	ABC	AAA
	XYZ	BBB
	XYZ	AAA

Abbildung 14.35 Der Makrostart über eine Schaltfläche verhindert Probleme bei der Zuordnung der Bereiche.

14.7.20 Fazit zum Thema Kopieren, Verschieben und Filtern

Zwei wichtige Werkzeuge haben den vorangehenden Abschnitt geprägt: der Einsatz von Variablen in VBA-Makros und die Bestimmung der aktuellen Tabellengröße mit Hilfe der Funktion `Cells(Rows.Count, 1).End(xlUp).Row`. Mit der Kombination der beiden Werkzeuge gelingt es Ihnen, die Größe nahezu jeder Tabelle in Ihren Arbeitsmappen präzise zu bestimmen.

Dies eröffnet wiederum alle Möglichkeiten, große importierte Tabellen in kleinere, nach vielfältigen Kriterien filterbare Datenbestände zu teilen. Was Ihnen in der Quellanwendung unter Umständen nicht gelingt, weil die Funktionalität dazu fehlt, nämlich die Präzisierung einer Abfrage auf den Gesamtdatenbestand, das lässt sich mit diesen beiden VBA-Funktionen mühelos realisieren.

14

Die `AdvancedFilter`-Methode enthält vier Parameter – Listen-, Kriterien- und Ergebnisbereich plus die Angabe, ob Duplikate gefiltert werden sollen oder nicht. Das ist eine überschaubare Komplexität, wenn man vergleicht, was man mit diesem Mittel konkret erreichen kann. Die Anwendung wird nicht von ungefähr manchmal mit dem Zusatz *Datawarehouse light* bezeichnet.

Die `Copy`-Anweisung stellt in VBA ebenfalls ein einfaches Mittel dar, Daten mit einer einzeiligen Anweisung entweder in ein neues Tabellenblatt zu kopieren oder diese auch an bereits bestehende Datenbestände anzuhängen. Damit deckt auch diese Funktion typische Erfordernisse ab, die sich aus der regelmäßigen Aktualisierung von Bewegungsdaten ergeben.

Alles in allem bilden diese vier Tools – Variablen, `Rows.Count`, `AdvancedFilter`- und `Copy`-Methode – den Schlüssel zu zahlreichen Auswertungsformen für große Datenbestände. Die Auseinandersetzung mit ihnen lohnt sich also in ganz besonderem Maße.

14.8 Zugriff auf Dateien über VBA-Makros

Nachdem es uns gelungen ist, Daten aus einfachen Listen in Excel mit der Hilfe von Makros weiterzuverarbeiten, können wir uns nun mit der Frage beschäftigen, ob wir das Einlesen der Daten selbst auch noch vereinfachen können. Zwei Fälle müssen wir dabei unterscheiden:

- das Öffnen einer Datei in einem neuen Excel-Fenster
- das Einfügen von Daten in die bereits geöffnete Arbeitsmappe

Ersteres könnte dann notwendig sein, wenn Sie aus Excel auf das Dateisystem zugreifen möchten, um eine Datei zu öffnen, deren Daten wiederum in der geöffneten Arbeitsmappe verwendet werden sollen. Die Weiterverarbeitung wäre folglich nur ein Zwischenschritt in einem VBA-Makro, das unter Umständen noch wesentlich komplexere Aufgaben erfüllt.

Die zweite Variante kommt hauptsächlich dann zum Einsatz, wenn Sie auf Textdateien, häufig Dateien im CSV-Format (*CSV: Comma-Separated Values*), zugreifen, um diese in die geöffnete Arbeitsmappe einzufügen. Dieses Verfahren könnte als der Ausgangspunkt für die Aktualisierung der Datenmodelle verstanden werden, die uns bereits mehrfach in diesem Buch begegnet sind.

Die Überlegung hierbei war,

- über eine systematische Strukturierung Ihrer Arbeitsmappe,

- mit Hilfe der systematischen Anwendung von Bereichsnamen und dynamischen Bereichen,

- unter Zuhilfenahme von Steuerelementen

- und selbstverständlich Formeln, Funktionen und Diagrammen

alle Berechnungs- und Gestaltungsfunktionen so weit im Voraus zu planen, dass Sie am Ende nur noch die aktuellen Basisdaten importieren müssen, um Ihren Report auf aktuellstem Stand präsentieren zu können.

Wir haben jetzt also den Kreis geschlossen und stehen an dem Punkt, an dem wir die Basisdaten – aus einem Fremdsystem exportiert – in das Datenmodell hochladen.

14.8.1 Auswählen einer Datei über den Datei-Öffnen-Dialog

In der Arbeitsmappe *14_VBA_Dateizugriff_01.xlsm* befinden sich drei Schaltflächen. Jeder ist ein Makro zugeordnet. Jedes Makro steht für eine andere Form des Zugriffs auf das Dateisystem aus Excel heraus.

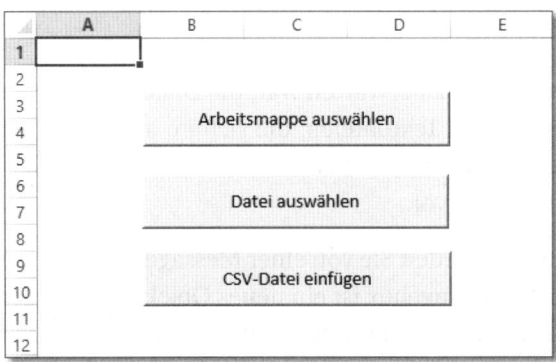

Abbildung 14.36 Drei Makros – drei unterschiedliche Wege, auf externe Dateien zuzugreifen

Das erste Makro soll Sie dabei unterstützen, eine Excel-Arbeitsmappe aus dem Dateisystem von Windows auszuwählen und zu öffnen. Um eine Datei zu öffnen, benötigen Sie normalerweise die Dialogbox **Öffnen**, zu der Sie über **Datei ▸ Öffnen** oder über die Office-Schaltfläche ▸ **Öffnen** in Excel 2007 gelangen. In VBA ist das Pendant zu dieser Funktion die Methode `Application.GetOpenFilename`.

Wenn Sie im VB-Editor mit F1 die Hilfe aufrufen, nachdem Sie diesen Ausdruck zuvor markiert haben, dann erhalten Sie eine Reihe wichtiger Informationen zu dieser Methode:

- Der Rückgabewert – also ein Wert, der beim Klicken auf **OK** im **Öffnen**-Dialog erzeugt wird – besitzt den Typ `Variant`.

- Es stehen insgesamt fünf Parameter für diese Methode zur Verfügung, die aber alle optional sind.

- Es gibt sogar – wie häufig in der VBA-Hilfe – ein Beispielskript für die Anwendung der Methode.

Das Beispielskript sollten Sie markieren und in ein Modul der momentan geöffneten Arbeitsmappe kopieren. Wenn Sie es mit einem Makronamen, z. B. `DateiÖffnenTest()`, versehen und den Code y.

```
fileToOpen = Application _
    .GetOpenFilename("Text Files (*.txt), *.txt")
If fileToOpen <> False Then
    MsgBox "Open " & fileToOpen
End If
```

14.8.2 Öffnen einer Datei aus Excel heraus

Wenn Sie das Makro starten, dann wird, wie es zu erwarten war, die Dialogbox **Öffnen** angezeigt. In der Dateiliste sehen Sie sämtliche Textdateien, die sich im ausgewählten Ordner befinden. Auch dies ist wenig überraschend, denn die für `GetOpenFilename` verwendeten Parameter sahen als Dateifilter `*.txt` vor.

Wählen Sie eine Textdatei im Ordner aus, so werden Sie von einer Messagebox (`MsgBox`) informiert, welche Datei selektiert wurde. Messagebox ist ein neues Objekt bei unserer Auseinandersetzung mit VBA. Wir werden etwas später, wenn es um die Gestaltung von Dialogen geht, darauf zurückkommen. Doch zurück zum Öffnen der Datei. Nach einem Klick auf **OK** sollte der Vorgang des Öffnens der Datei fortgesetzt werden.

Doch es geschieht nichts! Woran das liegt, erschließt sich beim erneuten Blick auf den Quelltext. Der endet mit dem Anzeigen der Messagebox; ein Befehl zum Öffnen der ausgewählten Datei fehlt hingegen. Und der Hilfetext weist sogar darauf hin, dass zwar der **Öffnen**-Dialog aufgerufen, aber keine Datei mit dieser Methode geöffnet wird.

Die Methode zum Öffnen einer Datei lautet `Workbooks.Open`.

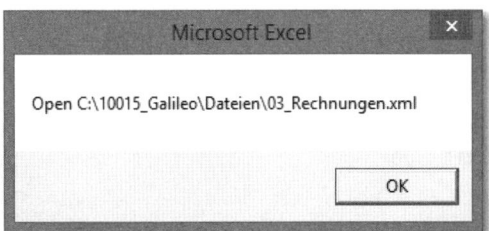

Abbildung 14.37 Anzeige der gewählten Datei in einer Messagebox

Auch diese Methode verfügt über eine Reihe von Parametern, doch nur einer ist für uns an dieser Stelle von Bedeutung: `filename`. Mit ihm geben Sie an, welche Datei geöffnet werden soll. Da die Informationsbox den Wert der Variable `fileToOpen` anzeigt und dies dem Dateinamen der ausgewählten Datei entspricht, sollten Sie `Workbooks.Open fileTo-Open` in das VBA-Makro eingeben und die Eingabe testen. Sie werden erleben, dass die gewünschte Datei nun auch geöffnet wird.

Methode	Beschreibung
`Application.GetOpenFilename`	Diese Methode zeigt den **Öffnen**-Dialog in Excel an und darin die Dateien mit dem im Parameter `File-Filter` zuvor eingestellten Dateitypen (z. B. *.xlsx*, *.csv*, *.txt*).
`Workbooks.Open`	Mit dieser Methode wird der eigentliche Vorgang des Öffnens einer Datei durchgeführt. Den Datei-name geben Sie mit dem Parameter `filename` an.

Tabelle 14.7 Methoden zum Öffnen einer Datei aus einer Arbeitsmappe heraus

14.8.3 Anpassung des Codevorschlags aus der VBA-Hilfe

Nachdem wir das Grundgerüst für ein Makro zum Öffnen von Dateien in Excel gebildet haben, sollten wir die Vorlage auf jeden Fall nach unseren eigenen Vorstellungen anpassen. Dazu gehört natürlich zunächst die Deklaration einer Variablen. Da der Rückgabewert von `Application.GetOpenFilename` vom Typ `Variant` ist, besteht kein Zweifel darüber, von welchem Typ unsere Variable sein sollte: `Dim varArbeitsmappe As Variant`.

Diese Variable kann anschließend sowohl mit dem **Öffnen**-Dialog als auch mit der Messagebox und schließlich mit der Methode zum Öffnen der Datei verbunden werden: `Workbooks.Open varArbeitsmappe`.

14

```
Sub ArbeitsmappeÖffnen()
   Dim varArbeitsmappe As Variant
    varArbeitsmappe = Application.GetOpenFilename("Excel-
    Arbeitsmappe (*.xls), *.xls")
        If varArbeitsmappe = False Then Exit Sub
        Workbooks.Open varArbeitsmappe
End Sub
```

14.8.4 Die »If«-Anweisung beim Öffnen der Datei

Durch die Übernahme des Quelltextvorschlags sind wir neben dem Objekt Messagebox zu einem weiteren Fundstück gekommen: Nach der Anweisung zum Anzeigen der Dialogbox Öffnen enthält der Code den Befehl If varArbeitsmappe = False Then Exit Sub. Es ist relativ eindeutig, dass hiermit das Verlassen der Routine (Exit Sub) gemeint ist, wenn die Variable für die ausgewählte Datei den Wert False produziert.

Doch unter welchen Bedingungen ist ein False überhaupt möglich? Die Antwort ist simpel: Sollte kein Wert zum Füllen der Variablen varArbeitsmappe vom Öffnen-Dialog zurückgegeben werden, weil Sie einfach auf Abbrechen klicken, dann wäre der Rückgabewert False, und die gesamte Prozedur würde in einer Fehlermeldung enden.

Testen Sie dies am besten, indem Sie die Zeile If varArbeitsmappe = False Then Exit Sub auskommentieren, dann erneut das Makro starten und den Öffnen-Dialog mit einem Mausklick auf Abbrechen ohne Auswahl einer Datei beenden. Die Fehlermeldung aus Abbildung 14.38 wird auf dem Bildschirm erscheinen.

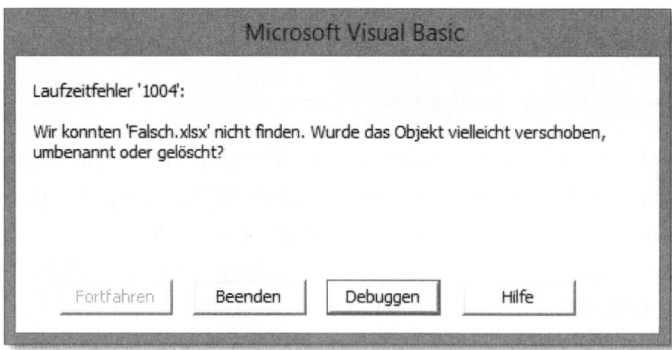

Abbildung 14.38 Möglicher Laufzeitfehler beim Verzicht auf »If…Then Exit Sub«

14.8.5   Öffnen von beliebigen Dateitypen aus einer Arbeitsmappe heraus

Möchten Sie das soeben erfolgreich angewendete Prinzip des Öffnens einer Arbeitsmappe auf andere Dateitypen übertragen, so müssen Sie eigentlich nur einen Parameter von `Application.GetOpenFilename` anpassen: Ändern Sie den `FileFilter` von `*.xlsx` in `*.*`. Dennoch enthält der Quelltext zum Öffnen von Dateien eines beliebigen Dateityps einige weitere Änderungen.

```
Sub DateiÖffnen()
    Dim varDatei As Variant
    varDatei = Application.GetOpenFilename("Datei (*.*), *.*")
        If varDatei <> False Then
            MsgBox "Open " & varDatei
        Workbooks.Open varDatei, Local:=True
        End If
End Sub
```

Statt der Anweisung `If ... Then Exit Sub` wird in diesem Beispiel `If ... Then ... End If` eingesetzt. Die Verhältnisse werden hier quasi umgekehrt – denn nur wenn der Wert der Variablen `varDatei` nicht `False` ergibt, soll eine Messagebox mit dem Dateinamen angezeigt und die Datei geöffnet werden. Wäre der Rückgabewert tatsächlich `False`, würde nichts passieren, da keine andere Anweisung in Form von `Else` definiert wurde.

Prüfung von Bedingungen mit »If ... Then ... Else ... End If«

Die `If`-Anweisung stellt eine einfache Form dar, in einem Programmablauf eine Bedingung zu prüfen. Die Prüfung führt entweder zu dem Wahrheitswert WAHR oder zu dem Wert FALSCH – in VBA `True` oder `False`. Prüfen können Sie beispielsweise den Inhalt einer Zelle (`If Range("A12").Value = "Summe" Then`) oder auch den Wert einer Variablen (`If varDatei <> False Then`).

Nachdem das Resultat der Prüfung vorliegt, werden die Anweisungen ausgeführt, die auf `Then` folgen. Die `If`-Anweisung kann nach diesen Befehlszeilen mit `End If` beendet werden.

Alternativ ist es möglich, eine Anweisung zu definieren für den Fall, dass die Bedingung nicht erfüllt wird, der Antwortwert also `False` ist. Diese Sonst-Anweisung wird mit `Else` eingeleitet.

Ein weiteres Werkzeug zur Flusssteuerung in Prozeduren ist die `Case Select`-Anweisung. Beide Anweisungen werde ich im weiteren Verlauf dieses Kapitels noch ausführlich vorstellen.

INFO

14

14.8.6 Angabe der Lokalisierungswerte

Die Routine, die wir nun erstellt haben, besitzt eine gewisse Offenheit in Bezug auf die zu öffnenden Dateitypen. Zwar werden Sie wohl kaum auf die Idee kommen, über dieses Makro ein JPEG zu öffnen. Doch die Auswahl zwischen XLSX-, CSV- oder TXT-Dateien und einigen anderen Dateitypen besteht für Sie schon. Wenn Sie bereits mit Text- und CSV-Dateien gearbeitet haben, werden Sie eventuell auch schon die Erfahrung gemacht haben, dass die unterschiedlichen Lokalisierungen einer Datei Probleme bereiten können.

Während die US-amerikanischen Standards in CSV-Dateien mit dem Komma die Spalten voneinander trennen, ist es in Europa das Semikolon, das als Separator eingesetzt wird. Die typischen Unterschiede bei der Behandlung von Dezimal- und Tausendertrennzeichen sind ebenfalls bekannt. Auch sie sind ein Resultat der Lokalisierungseinstellungen in Windows.

Excel-Arbeitsmappen und VBA sprechen in der Regel unterschiedliche Sprachen, da Excel die Sprach- und Regionaleinstellungen der Windows-Systemsteuerung spricht, VBA hingegen standardmäßig die US-amerikanischen Einstellungen verwendet. Mit `Local:=True` erzwingen Sie die Nutzung der Regionaleinstellungen der Systemsteuerung. Sollten Sie beim Import von CSV-Dateien Probleme aufgrund der Vertauschung von Semikolon und Komma haben, müssen Sie diesen Parameter unbedingt setzen.

14.8.7 Einfügen einer CSV-Datei in eine geöffnete Arbeitsmappe

Die bislang ausgewählten Dateien wurden jeweils in einer neuen Arbeitsmappe geöffnet, in der sie dann manuell oder auch mit einem Makro weiter bearbeitet werden konnten. Der dritte und letzte Teil dieses Abschnitts zum Thema Zugriff auf Dateien beschäftigt sich mit einer anderen häufig aufgeworfenen Frage: Wie schafft man es, eine CSV-Datei in das Tabellenblatt einer bereits geöffneten Arbeitsmappe einzufügen?

Um das VBA-Makro zum Einfügen zu testen, müssen Sie sicherstellen, dass Sie eine CSV-Datei in einem Ordner gespeichert haben. Im Zweifelsfall benutzen Sie für dieses Beispiel die Datei *03_Transaction_Data_00.csv*. Nachdem Sie das Makro durch einen Mausklick auf den Schalter **CSV-Datei einfügen** gestartet haben, öffnet sich die bekannte Dialogbox, aus der Sie die einzufügende Datei auswählen. Die gewählten Daten werden dann in das bereits in der Arbeitsmappe vorhandene Tabellenblatt *CSV* beginnend mit Zelle A1 eingefügt.

⊿	A	B	C	D	E	F	G	H
1	I-Code	Project	Location	B-Code	B-Name	Account	Dat	PO
2	11225	LIVE	F	ABCDE001.234	Online Medi	Internationa	12.10.2013	185125
3	11225	LIVE	F	ABCDE001.234	Online Medi	Internationa	12.10.2013	185107
4	11225	LIVE	F	ABCDE001.234	Online Medi	Internationa	12.10.2013	185267
5	11225	LIVE	F	ABCDE001.234	Online Medi	Internationa	18.10.2013	185208
6	11225	LIVE	F	ABCDE001.234	Online Medi	Internationa	18.10.2013	185332
7	11225	LIVE	F	ABCDE001.234	Online Medi	Internationa	18.10.2013	185130
8	11225	OPAX	D	CDEFGHC003.:	Event Spons	Events	12.10.2013	185244

Abbildung 14.39 Auszug aus der per Makro eingefügten CSV-Datei

14.8.8   Quelltext des Makros zum Einfügen von CSV-Dateien

Der Quelltext des Makros enthält wieder einige bekannte, aber auch andere neue Bestandteile. Die bekannten Elemente sind:

- Deklarationen der Variablen für die CSV-Datei und das Tabellenblatt, in das die CSV-Daten eingefügt werden sollen

- Erstellen einer Objektvariablen mit dem Befehl `Set`

- Flusskontrolle mit `If ... End If`

- Verwendung von `Application.GetOpenFilename` zum Aufrufen der Dialogbox **Öffnen** in Excel, diesmal mit dem `FileFilter *.csv`

- Öffnen der ausgewählten Datei mit `Workbooks.Open varCSVDatei, Local:=True`

```
Sub CSVDateiEinfügen()
  Dim varCSVDatei As Variant
  Dim wsTB As Worksheet
  Set wsTB = ActiveWorkbook.Sheets("CSV")
  varCSVDatei = Application.GetOpenFilename("Textdateien,*.csv")
    If varCSVDatei <> False Then
      Application.ScreenUpdating = False
      Workbooks.Open varCSVDatei, Local:=True
      ActiveSheet.UsedRange.Copy wsTB.Cells(1)
      ActiveWorkbook.Close
      Application.ScreenUpdating = True
    End If
  wsTB.Select
End Sub
```

Listing 14.3 Quelltext zum Einfügen von CSV-Dateien

14

Neue Bestandteile des Quelltextes sind:

- Die beiden Anweisungen `Application.ScreenUpdating = False` und `Application.ScreenUpdating = True`; der Wahrheitswert `False` bewirkt, dass die Bildschirmaktualisierung vorübergehend ausgeschaltet wird.

- Die Kopieranweisung `ActiveSheet.UsedRange.Copy wsTB.Cells(1)`; hierdurch erreichen Sie, dass der benutzte Zellbereich des in der geöffneten CSV-Datei vorhandenen Tabellenblattes in die Zwischenablage kopiert und in der Arbeitsmappe, aus der Sie das Makro gestartet haben, in das Tabellenblatt *CSV* in Zelle A1 eingefügt wird (`wsTB.Cells(1)`).

- Der Befehl `ActiveWorkbook.Close`; er schließt die geöffnete CSV-Datei wieder.

Da erst am Ende der Arbeitsschritte die Bildschirmaktualisierung mit `Application.ScreenUpdating = True` wieder eingeschaltet wird, sehen Sie zwar das Resultat des Prozesses auf dem Bildschirm, nicht aber dessen einzelne Schritte.

INFO

Eigenschaften von Objektvariablen

Sowohl in diesem als auch bereits in einigen vorangegangenen Beispielen haben wir den Befehl `Set` eingesetzt, um ein Objekt einer Variablen zuzuordnen. Wie Sie gesehen haben, ist VBA eine objektorientierte Programmiersprache. Objekte bilden die Basis von VBA. Und es gibt eine Fülle unterschiedlicher Objekte z. B. in einer Arbeitsmappe. Manche Objekttypen haben wir bereits kennengelernt: `Application`, `Workbook`, `Worksheet`, `Range`, `Cell`, um nur einige zu nennen.

Allen Objekten – egal, ob wir in einer Excel-Arbeitsmappe oder in VBA mit ihnen zu tun haben – besitzen eine Gemeinsamkeit: Sie verfügen über Eigenschaften. Während eine normale Variable wie beispielsweise der Zeilenindex in `lngZeilenzahlQuelle = wksTB1.Cells (Rows.Count, 1).End(xlUp).Row` nur einen Wert speichert, kann in der Objektvariable `Arbeitsmappe` eine Menge unterschiedlicher Eigenschaften dieses Objekts gespeichert sein.

Objektvariablen vererben ihre Eigenschaften an andere von ihnen abhängige Objekte weiter (z. B. `Range` an `Cell`). Dies ist ein Grund für den großen Nutzen von Objektvariablen. Der zweite große Vorteil dieses Variablentyps liegt in der Vereinfachung des Quelltextes begründet. `Set wksTB1 = ThisWorkbook.Worksheets("Quelle")` ermöglicht es Ihnen zum Beispiel, die lange Bezeichnung des Tabellenblattes *Quelle* auf den kurzen Ausdruck `wksTB1` zu verkürzen.

14.9   Fallbeispiel: CSV-Import und Datenaktualisierung für einen Forecast

Erinnern Sie sich an den Forecast, der Gegenstand eines Datenmodells in Kapitel 5, »Dynamische Reports erstellen«, war? Mit dieser Datei möchte ich an dieser Stelle ein Fallbeispiel für das Zusammenwirken von VBA-Makros, klarem Arbeitsmappenkonzept, dynamischen Bereichen und Steuerelementen geben. Denn *14_VBA_Fallbeispiel_Datenimport_01.xlsm* enthält alle typischen Bestandteile.

Zur Erinnerung:

- Der Report wurde über verschiedene Schaltflächen im Tabellenblatt *Forecast* gesteuert. Dort standen ein Gesamt- sowie ein Produkt-Soll-Ist-Vergleich zur Verfügung und eine in Bezug auf den zeitlichen Horizont flexibel einstellbare Prognose.

- Die Werte für diesen Bericht entstammen dem Tabellenblatt *Forecast-Auswahl*.

- Um dieses Tabellenblatt mit den aktuellen Informationen zu füttern, wurden insgesamt fünf Tabellenblätter benötigt: *B_Ist*, *B_Soll*, *B_Ist_kumuliert*, *B_Soll_kumuliert* und *B_Prognose*.

- Diese fünf Tabellenblätter waren in ihrem Aufbau völlig identisch; sie bedienten sich einer bedingten Kalkulation mit SUMMEWENNS(), und alle Zellbezüge verwiesen auf dynamische Bereiche.

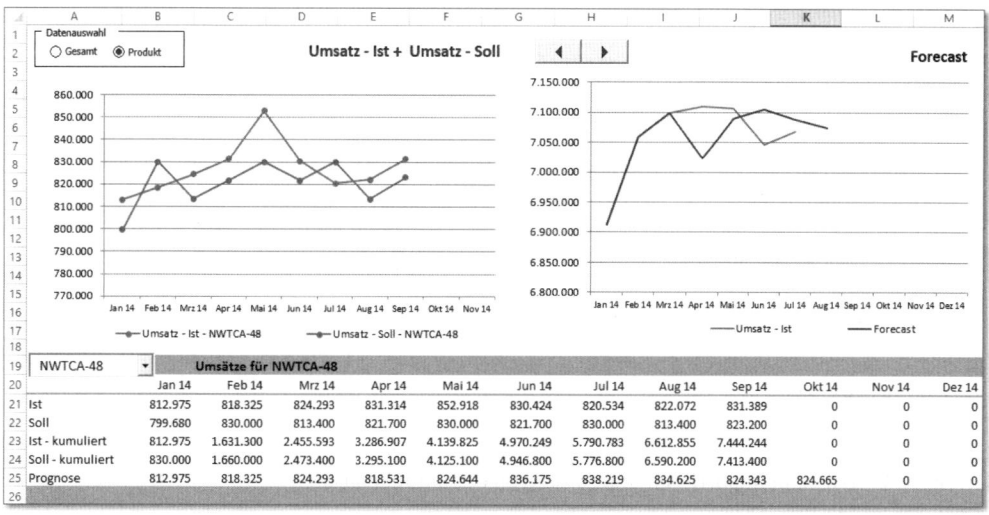

Abbildung 14.40 Dynamischer Soll-Ist-Vergleich und Forecast

14.9.1 Importieren und Anhängen der aktuellen Daten

Aus diesem Aufbau resultiert die Konsequenz, dass ein Anhängen der neusten Daten aus einem Fremdsystem zur sofortigen Neuberechnung aller Formeln und Funktionen führt und der Report im Tabellenblatt *Forecast* ohne weitere Umstände und mit Hilfe der vorhandenen Steuerelemente benutzergesteuert betrachtet werden kann. Die aktuellen Daten soll nun nicht manuell, sondern über ein VBA-Makro angehängt werden. Ein Mausklick, und der aktuelle Report ist fertig!

Um dies zu erreichen, benötigen Sie ein VBA-Makro, wie ich es zuletzt beschrieben habe und das Sie in einigen wenigen Anweisungen anpassen:

```
Sub DatenAnhängen()
  Dim varCSVDatei As Variant
  Dim wksTB1 As Worksheet
  Dim wksTB2 As Worksheet
  Dim lngZeilenzahlQuelle As Long
  Dim lngZeilenzahlZiel As Long
    Set wksTB1 = ActiveWorkbook.Sheets("A_Datenimport")
    Set wksTB2 = ActiveWorkbook.Sheets("A_Basisdaten")
    varCSVDatei = Application.GetOpenFilename("Textdateien,*.csv")
      If varCSVDatei <> False Then
        Application.ScreenUpdating = False
        Workbooks.Open varCSVDatei, Local:=True
        ActiveSheet.UsedRange.Copy wksTB1.Cells(1)
        ActiveWorkbook.Close
    lngZeilenzahlQuelle = wksTB1.Cells(Rows.Count, 1).End(xlUp).Row
    lngZeilenzahlZiel = wksTB2.Cells(Rows.Count, 1).End(xlUp).Row
    wksTB1.Range("A1:F" & lngZeilenzahlQuelle).Cut _
    Destination:=wksTB2.Range("A" & lngZeilenzahlZiel + 1 & _
    ":F" & lngZeilenzahlZiel + 1 + lngZeilenzahlQuelle)
        Application.ScreenUpdating = True
    End If
    wksTB2.Select
End Sub
```

Listing 14.4 Code zum Importieren und Anhängen der aktuellen Daten

Zur Ausführung des Imports benötigen Sie ein Tabellenblatt, in das die CSV-Daten geladen werden. In der Beispieldatei ist dies das Tabellenblatt *A. Datenimport*. Die importierten Daten sollen dann bereits an die Daten der Vormonate im Tabellenblatt *A. Basisdaten* angehängt werden. Beide Tabellenblätter werden mit `Set` den zuvor deklarierten Variablen `wksTB1` und `wksTB2` zugewiesen.

Wenn das Makro gestartet wird, öffnet sich der Dialog zur Dateiauswahl. Wählen Sie dort die Datei *14_VBA_Upload_01.csv* aus, in der sich die Daten des vierten Quartals befinden.

Die importierten Daten werden alsdann mit der Anweisung `ActiveSheet .UsedRange.Copy wksTB1.Cells(1)` in das Tabellenblatt *A. Datenimport* kopiert.

Erst wenn beide Tabellenblätter für Import und Basisdaten in der Arbeitsmappe verfügbar sind, wird die Zeilenanzahl beider Tabellen mit `lngZeilenzahlQuelle = wksTB1.Cells (Rows.Count, 1).End(xlUp).Row` und `lngZeilenzahlZiel = wksTB2.Cells(Rows.Count, 1).End(xlUp).Row` ermittelt.

Der Kopiervorgang ist dann nur noch Formsache:

```
wksTB1.Range("A1:F" & lngZeilenzahlQuelle).Cut _
  Destination:=wksTB2.Range("A" & lngZeilenzahlZiel + 1 & ":F" & _
  lngZeilenzahlZiel + 1 + lngZeilenzahlQuelle)
```

14.9.2 Betrachten des aktuellen Reports

Nach dem Starten des Makros und der Dateiauswahl ist Ihr Anteil am Datenimport bereits erledigt. Je nach Datenmenge wird es ein wenig schneller oder langsamer gehen, bis alle aktuellen Daten an die bereits vorhandenen Ergebnisse der drei Vorgängerquartale angehängt worden sind. In jedem Fall enthält das Tabellenblatt *A. Basisdaten* ohne weiteren Aufwand alle Jahresergebnisse.

158	**NWTB-34**	30.09.2014	242.768	230.300	2.068.945	2.069.000
159	**NWTCM-40**	30.09.2014	337.790	326.000	2.990.071	2.895.335
160	**NWTSO-41**	30.09.2014	148.479	147.000	1.313.215	1.338.000
161	**NWTB-43**	30.09.2014	789.132	763.881	7.009.244	6.929.488
162	**NWTCA-48**	30.09.2014	229.780	222.750	1.973.865	1.991.430
163	**NWTDFN-51**	30.09.2014	831.389	823.200	7.444.244	7.413.400
164	NWTB-1	31.10.2014	304270	312696	3243356	3259096
165	NWTCO-3	31.10.2014	165465	153935	1668048	1581385
166	NWTCO-4	31.10.2014	320857	340000	3382730	3409450
167	NWTO-5	31.10.2014	324476	323448	3377128	3274092
168	NWTJP-6	31.10.2014	391665	407954	4338451	4406754

Abbildung 14.41 Aktualisierter Datenbestand nach makrogesteuertem Datenimport (Auszug)

Wechseln Sie in das Tabellenblatt *Forecast*, und überzeugen Sie sich davon, dass nun alle Daten bis zum Jahresende in dem dynamischen Report zur Verfügung stehen.

14.10 Flusskontrolle mit »If … Then … Else«

Die Aufgabe der Flusssteuerung innerhalb von VBA-Makros ist es, nach der Prüfung von definierten Bedingungen alternative Anweisungen auszuführen. Solche Verzweigungen bei der Berechnung können Sie in einer Excel-Arbeitsmappe mit Funktionen wie `WENN()` oder `WAHL()` realisieren, und zwar nach dem Muster: Wenn in Zelle B2 Umsatzsteuersatz 1 angegeben ist, dann multipliziere den Inhalt von A2 mit 19 %; andernfalls multipliziere ihn mit 7 %. Alternative Formatierungen sind in einer Arbeitsmappe ebenfalls möglich. Dazu wird eine **Bedingte Formatierung** eingesetzt.

Doch diese beiden Arbeitsblattfunktionen können durch eine Makroaufzeichnung nicht flexibel genutzt werden. Mit `If … Then` und `If … Then … Else` lässt sich diese Lücke jedoch in VBA schließen. In der Arbeitsmappe *14_Flusskontrolle_IF_THEN_ELSE_01.xlsm* habe ich für beide Anweisungen typische Beispiele erstellt.

14.10.1 Fettdruck und Farbe für Summenzeilen mit »If … Then … End If«

Im Tabellenblatt *Summen markieren* sehen Sie eine unformatierte Tabelle. Stellen Sie sich vor, dass Sie eine solche Liste regelmäßig als Download aus einem anderen System erhalten. Dann wird es Sie sicherlich sehr bald stören, dass es in einer derartigen Zahlenwüste nicht besonders einfach ist, die wesentlichen Informationen zu lokalisieren.

Auf der anderen Seite enthalten solche Downloads jedoch meistens Beschriftungen, die eine automatisierte Formatierung der wesentlichen Daten erlauben würden. In unserer Beispieltabelle sind die Zeilen, die die Zwischensummen und das Gesamtergebnis enthalten, jeweils mit dem Begriff *Summe* gekennzeichnet. Diesen Begriff sollten Sie mit einer `If … Then`-Anweisung zum Ausgangspunkt einer Formatierung machen.

Der Quelltext des Makros, mit dem die Summenzeilen fett und farbig formiert werden, sieht folgendermaßen aus:

```
Sub SummeFett()
Dim rngCell As Range
    For Each rngCell In Range("A1").CurrentRegion.Resize(, 1)
        If Left(Cell.Value, 5) = "Summe" Then
            rngCell.Resize(1, 6).Font.Bold = True
```

```
            rngCell.Resize(1, 6).Font.ColorIndex = 2
            rngCell.Resize(1, 6).Interior.ColorIndex = 23
        End If
    Next rngCell
End Sub
```

Listing 14.5 Code zur Formatierung der Summenzeilen

	A	B	C	D	E	F
1	**Region**	**VG**	**Monat**	**netto**	**UST**	**brutto**
2	Nord	238	Mai	14.445,00 €	2.744,55 €	17.189,55 €
3	Nord	234	Mai	10.270,00 €	1.951,30 €	12.221,30 €
4	Nord	236	Mai	11.130,00 €	2.114,70 €	13.244,70 €
5	Nord	238	Mai	3.196,00 €	607,24 €	3.803,24 €
6	Nord	236	Mai	9.348,00 €	1.776,12 €	11.124,12 €
7	Nord	235	Mai	8.687,00 €	1.650,53 €	10.337,53 €
8	Nord	235	Mai	15.771,00 €	2.996,49 €	18.767,49 €
9	Summe Nord			72.847,00 €	13.840,93 €	86.687,93 €
10	Ost	522	Mai	12.106,00 €	2.300,14 €	14.406,14 €
11	Ost	510	Mai	4.895,00 €	930,05 €	5.825,05 €
12	Ost	521	Mai	19.316,00 €	3.670,04 €	22.986,04 €
13	Ost	513	Mai	13.823,00 €	2.626,37 €	16.449,37 €
14	Ost	519	Mai	2.938,00 €	558,22 €	3.496,22 €
15	Ost	513	Mai	9.159,00 €	1.740,21 €	10.899,21 €
16	Ost	520	Mai	7.996,00 €	1.519,24 €	9.515,24 €
17	Summe Ost			70.233,00 €	13.344,27 €	83.577,27 €
18	Süd	923	Mai	12.998,00 €	2.469,62 €	15.467,62 €
19	Süd	917	Mai	18.847,00 €	3.580,93 €	22.427,93 €
20	Süd	923	Mai	4.356,00 €	827,64 €	5.183,64 €
21	Süd	919	Mai	4.908,00 €	932,52 €	5.840,52 €
22	Süd	912	Mai	8.692,00 €	1.651,48 €	10.343,48 €
23	Süd	916	Mai	12.513,00 €	2.377,47 €	14.890,47 €
24	Süd	922	Mai	9.831,00 €	1.867,89 €	11.698,89 €
25	Summe Süd			72.145,00 €	13.707,55 €	85.852,55 €
26	Summe (gesamt)			215.225,00 €	40.892,75 €	256.117,75 €

Abbildung 14.42 Unformatierte Downloaddatei

Das Kernstück des Makros reicht vom If bis zum End If. Die Bedingung, die in der ersten Zeile dieser Anweisung geprüft wird, lautet Left(rngCell.Value, 5) = "Summe". Es handelt sich hier um die Entsprechung der Excel-Funktion LINKS().

- Geprüft werden die ersten fünf Zeichen der Objektvariablen Cell.

- Wenn die ersten fünf Zeichen von links der Zeichenkette Summe entsprechen, werden in den ersten sechs Spalten dieser Zeile die folgenden drei Formatierungen – Font.Bold = True, Font.ColorIndex = 2 und Interior.ColorIndex = 23 – ausgeführt.

- Enthalten die Zellen eine andere Zeichenkombination, passiert nichts, da keine Else-Anweisung definiert wurde.

Nach Ausführung des Makros ist die Datenliste deutlich übersichtlicher. Statt mühevoller Formatierungen ist dazu nur noch ein Mausklick erforderlich.

	A	B	C	D	E	F
1	**Region**	**VG**	**Monat**	**netto**	**UST**	**brutto**
2	Nord	238	Mai	14.445,00 €	2.744,55 €	17.189,55 €
3	Nord	234	Mai	10.270,00 €	1.951,30 €	12.221,30 €
4	Nord	236	Mai	11.130,00 €	2.114,70 €	13.244,70 €
5	Nord	238	Mai	3.196,00 €	607,24 €	3.803,24 €
6	Nord	236	Mai	9.348,00 €	1.776,12 €	11.124,12 €
7	Nord	235	Mai	8.687,00 €	1.650,53 €	10.337,53 €
8	Nord	235	Mai	15.771,00 €	2.996,49 €	18.767,49 €
9	**Summe Nord**			**72.847,00 €**	**13.840,93 €**	**86.687,93 €**
10	Ost	522	Mai	12.106,00 €	2.300,14 €	14.406,14 €
11	Ost	510	Mai	4.895,00 €	930,05 €	5.825,05 €
12	Ost	521	Mai	19.316,00 €	3.670,04 €	22.986,04 €
13	Ost	513	Mai	13.823,00 €	2.626,37 €	16.449,37 €
14	Ost	519	Mai	2.938,00 €	558,22 €	3.496,22 €
15	Ost	513	Mai	9.159,00 €	1.740,21 €	10.899,21 €
16	Ost	520	Mai	7.996,00 €	1.519,24 €	9.515,24 €
17	**Summe Ost**			**70.233,00 €**	**13.344,27 €**	**83.577,27 €**
18	Süd	923	Mai	12.998,00 €	2.469,62 €	15.467,62 €
19	Süd	917	Mai	18.847,00 €	3.580,93 €	22.427,93 €
20	Süd	923	Mai	4.356,00 €	827,64 €	5.183,64 €
21	Süd	919	Mai	4.908,00 €	932,52 €	5.840,52 €
22	Süd	912	Mai	8.692,00 €	1.651,48 €	10.343,48 €
23	Süd	916	Mai	12.513,00 €	2.377,47 €	14.890,47 €
24	Süd	922	Mai	9.831,00 €	1.867,89 €	11.698,89 €
25	**Summe Süd**			**72.145,00 €**	**13.707,55 €**	**85.852,55 €**
26	**Summe (gesamt)**			**215.225,00 €**	**40.892,75 €**	**256.117,75 €**

Abbildung 14.43 Darstellung der Downloaddatei nach Ausführung des VBA-Makros mit »If ... Then«-Anweisung

14.10.2 Adressierung der Zellbereiche in diesem Makro

Der Quelltext dieses Makros verdient aus zwei weiteren Gründen Aufmerksamkeit: Einerseits enthält er eine erste Schleife, die mit For Each ... Next realisiert wird. Schleifen sind in VBA so elementar, dass ihnen der gesamte nächste Abschnitt dieses Kapitels gewidmet ist. Deshalb möchte ich an dieser Stelle nicht weiter auf dieses Werkzeug eingehen.

Die Festlegung sowohl der zu durchsuchenden als auch der zu formatierenden Zellen greift auf eine spezielle Form der Adressierung zurück, die ich bereits am Beginn dieses Kapitels vorgestellt habe.

Zunächst wird der Cursor in Zelle A1 positioniert und die CurrentRegion, der aktive Bereich, angesteuert.

Doch dieser Bereich – im Beispiel eigentlich aus sechs Spalten und 26 Zeilen bestehend – wird mit der Resize-Eigenschaft auf die erste Spalte reduziert (Resize(,1)), indem die Zeilenzahl weggelassen und die Spaltenzahl mit 1 angegeben wird. So bleibt die korrekte Zeilenzahl des aktiven Bereiches erhalten. Es muss in diesem Bereich jedoch lediglich eine Spalte durchsucht werden.

Analog zur Verkleinerung des Zellbereiches wird der zu formatierende Bereich mit `Resize` dann wieder erweitert (`rngCell.Resize(1, 6).Font.Bold = True`). Nachdem der Bereich wieder auf sechs Spalten ausgedehnt wurde, erfolgt die Zeichenformatierung.

14.10.3   »Else«-Anweisung im »If ... Then«

Die Formatierung selbst wird in diesem Beispiel nur dann ausgeführt, wenn die Bedingung – der Begriff »Summe« in Spalte A – erfüllt ist, da keine alternative Anweisung definiert wurde. Sollten Sie sich dazu entschließen, die restlichen Zellen, auf die die erste Bedingung nicht zutrifft, ebenfalls auf eine bestimmte Art und Weise zu gestalten, müssten Sie in den `If ... Then ... End If`-Block noch ein `Else` einfügen.

Dies ist im zweiten Makro dieser Arbeitsmappe, das sich auf die Liste im Tabellenblatt *Summe + Details markieren* bezieht, geschehen:

- Die Zeilen, in denen nur das Wort »Summe« vorkommt, werden fett und mit der Hintergrundfarbe Blau formatiert.

- In allen anderen Zeilen wird eine graue Hintergrundfarbe verwendet; Auslöser dafür ist die `Else`-Anweisung.

- Der gesamte Block wird mit `End If` beendet.

```
Sub SummeDetailsFarben()
Dim lngLetzteZeile As Long
ThisWorkbook.Worksheets("Summe + Details markieren").Select
    lngLetzteZeile = Cells(Rows.Count, 1).End(xlUp).Row
    For i = 2 To lngLetzteZeile
        If Cells(i, 1).Value = "Summe" Then
            Cells(i, 1).Resize(1, 6).Interior.ColorIndex = 23
            Cells(i, 1).Resize(1, 6).Font.Bold = True
        Else
            Cells(i, 1).Resize(1, 6).Interior.ColorIndex = 15
        End If
    Next i
End Sub
```

Im Vergleich zum vorherigen Makro wird an dieser Stelle keine Objektvariable genutzt. Stattdessen zählt `Cells(Rows.Count, 1).End(xlUp).Row` die Anzahl der Zeilen in der Tabelle. Darauf aufbauend wird – wie im vorherigen Beispiel – eine Schleife ausgeführt. Diesmal handelt es sich um eine Schleife vom Typ `For ... Next`, die ich ebenfalls noch beschreiben werde. Wie oft die Schleife ausgeführt werden soll, ergibt sich aus der mit der Variablen `lngLetzteZeile` bestimmten Zeilenanzahl.

14.10.4   »Select Case« als Lösung für Mehrfachbedingungen

Bemüht man den Vergleich zwischen der Excel-Funktion `WENN()` und dem VBA-Ausdruck `If ... Then`, dann stößt man in beiden Fällen auf ein ähnliches Problem: Wenn Sie eine umfangreichere Liste an Bedingungen haben, dann wird das Verschachteln der Bedingungen schnell unhandlich oder zumindest unübersichtlich.

Einen Ausweg weist in VBA eine `Select Case`-Anweisung. Sie beginnt mit `Select Case` und gibt an, welches Element geprüft werden soll. Danach wird jede Handlungsalternative mit dem Schlüsselwort `Case` eingeleitet. Mit `End Select` wird der gesamte Ausdruck abgeschlossen. Wie schon bei `If ... Then ... End If` können Sie auch bei `Select Case` optional eine `Case Else`-Anweisung definieren. Diese wird ausgeführt, wenn keine der unter `Case` angegebenen Bedingungen auf die geprüften Elemente zutrifft.

14.10.5   »Select Case« am Beispiel einer bedingten Formatierung

Solange es in Excel 2003 noch eine Begrenzung auf maximal drei Bedingungen bei bedingten Formatierungen gab, stellte ein VBA-Makro wie das in der Datei *14_VBA_Flusskontrolle_SELECT_CASE_01.xlsm* die einzige Möglichkeit dar, dieses bestehende Limit zu brechen. Seit Excel 2007 sind die Möglichkeiten bei bedingten Formaten sprunghaft gestiegen. Dennoch verliert das Beispiel nicht an Wert, da mit ihm Formatierungsaufgaben direkt in einem makrogesteuerten Importvorgang integriert werden können.

Wenn Sie sich den Programmcode genau ansehen, dann stellen Sie fest, dass sein Kern in den folgenden Zeilen liegt:

```
Select Case Cells(i, 1).Value
Case "Süd"
Cells(i, 1).Resize(1, 2).Font.ColorIndex = 5
```

- Es wird der Wert einer jeden Zelle in der ersten Spalte überprüft (`Cells(i, 1).Value`).

- Danach folgt die Auflistung der einzelnen Bedingungen, beginnend mit dem Fall, dass in der Zelle der Begriff *Süd* steht (`Case "Süd"`).

- Die Zeile danach gibt an, was im Fall eines `True` getan werden soll. In unserem Fall erfolgt eine Formatierung vorgenommen; es könnte aber ebenso gut eine Berechnung durchgeführt oder andere Bearbeitungsfunktionen wie Kopieren, Verschieben und so weiter initiiert werden – Select Case ist selbstverständlich nicht auf bedingte Formatierungen limitiert.

```
Sub RegionKennzeichnen()
Dim lngLetzteZeile

Dim i as Integer
    Worksheets("Textmarkierung").Select
    lngLetzteZeile = Cells(Rows.Count, 1).End(xlUp).Row
    For i = 2 To lngLetzteZeile
        Select Case Cells(i, 1).Value
            Case "Süd"
                Cells(i, 1).Resize(1, 2).Font.ColorIndex = 5
            Case "Nord"
                Cells(i, 1).Resize(1, 2).Font.ColorIndex = 3
            Case "Ost"
                Cells(i, 1).Resize(1, 2).Font.ColorIndex = 43
        End Select
    Next i
End Sub
```

Listing 14.6 Beispiel für Select Case

14.10.6   Verwendung von »Case Else«

Auch das zweite Makrobeispiel in dieser Datei veranschaulicht die Möglichkeiten von Select Case anhand einer bedingten Formatierung. Allerdings verwendet dieser Quelltext auch noch die Case Else-Anweisung.

```
Sub BedingteFormatierung()
Dim rngAuswahl As Range
  For Each rngAuswahl In Selection.Cells
    Select Case rngAuswahl.Value
      Case Is >= 350: rngAuswahl.Font.ColorIndex = 10
      Case Is = 0: rngAuswahl.Font.ColorIndex = 16
      Case Is <= -350: rngAuswahl.Font.ColorIndex = 3
      Case Else
        With rngAuswahl.Font
          .ColorIndex = 32
```

14

```
            .Italic = True
        End With
    End Select
  Next rngAuswahl
End Sub
```

Listing 14.7 Beispiel für Case Else

Im Gegensatz zum ersten Makro wird der zu untersuchende Zellbereich durch eine zuvor vorgenommene Zellauswahl des Benutzers festgelegt (`In Selection.Cells`). Markieren Sie also die Zellen, in denen sich die Zahlen befinden, die Sie formatieren möchten. Jede ausgewählte Zelle wird nach dem Starten des Makros auf ihren Zellinhalt hin überprüft. Drei Bedingungen sind im Makro definiert:

- Ist der Zellwert gleich 350 oder höher, wird die Schriftfarbe Grün verwendet.

- Entspricht der Wert genau 0, führt dies zu einer grauen Schriftfarbe.

- Eine Zahl, die kleiner oder gleich –350 ist, wird mit der Farbe Rot formatiert.

So wie die Bedingungen definiert sind, bleibt der Datenbereich, der zwischen 349 und –349 liegt und ungleich Null ist, bei der Formatierung unberücksichtigt. Dies ändert sich jedoch durch die Anweisung

```
Case Else
With rngAuswahl.Font
  .ColorIndex = 32
  .Italic = True
```

Allen Werten dieses Wertebereiches wird nun die Schriftfarbe Blau zugewiesen.

14.11   Programmierung von Schleifen in VBA

Um in das nächste Thema einzusteigen, lohnt sich zunächst einmal ein kurzer Blick zurück. Die beiden letzten Makros enthielten bereits Schleifen. Im ersten kam eine `For...Next`-Schleife zum Einsatz, das zweite erledigte seine vorgezeichneten Aufgaben mit einer `For Each ...Next`-Schleife. Beide Arten, eine Anweisung mehrfach ausführen zu lassen, sind elementar in VBA. Neben diesen Schleifentypen werde ich im folgenden Abschnitt auch `Do ... While` und `Do Until ... Loop` beschreiben.

Doch lassen Sie uns zuerst den Schleifentyp genauer betrachten, den wir bereits in den vorherigen Makros verwendet haben. Beginnen wir also mit `For ... Next`.

14.11.1 Erstellen einer »For ... Next«-Schleife

Diese Schleife ist ideal, wenn die Wiederholung der einzelnen Schritte einer Prozedur durch einen numerischen Zähler gesteuert wird. In der Arbeitsmappe *14_VBA_Schleifen_FOR_NEXT_EXIT_01.xlsm* soll ein Zellbereich in Spalte A analysiert werden. Gefunden werden muss die erste Leerzeile. In diese Leerzeile soll dann der nächste Standort, der in eine Dialogbox eingetragen wird, geschrieben werden.

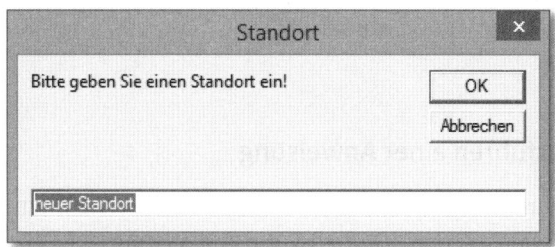

Abbildung 14.44 Eingabe eines neuen Werts – die leere Zelle wird mit »For ... Next« ermittelt.

Das Verfahren dafür ist relativ einfach: Die erste Zelle wird auf einen möglichen Inhalt hin geprüft. Enthält sie einen Inhalt – ist sie also nicht leer –, wird die Suche in der zweiten Zelle wiederholt. Ist auch diese nicht leer, beginnt die Prüfung der dritten Zelle. Der Prüfvorgang wird so lange wiederholt, bis die Bedingung »Zelle ist leer« endlich erfüllt wird und der Inhalt der Dialogbox in die Tabelle geschrieben werden kann. Die Schleife basiert auf drei Anweisungen For ... Next ... Exit For.

Jeder Fehlversuch führt dazu, dass der Zähler um den Wert 1 hochgezählt wird. Dies bedeutet, dass Sie entweder eine feste Anzahl von Wiederholungen festlegen können oder aber mit Rows.Count die letzte Zeile der Tabelle ermitteln können und die Schleife damit anweisen, die Suche so lange zu wiederholen, bis eine leere Zelle gefunden wird.

14.11.2 Definition des Zählers

Im Makro dieser Beispieldatei habe ich die letztere Variante umgesetzt. Der Wert der Variablen lngLetzteZeile wird wie gewohnt mit .Cells(Rows.Count, 1).End(xlUp).Row ermittelt. Der Zähler i der For ... Next-Schleife übernimmt diesen variablen Wert: For i = 2 To lngLetzteZeile.

Damit ist definiert, dass die Schleife mit der Suche in Zeile 2 beginnt, da in Zeile 1 die Spaltenüberschrift steht, und bis zur letzten Zeile fortgesetzt wird.

INFO

Intervalle und Zählrichtung im Zähler der Schleife

Der Wert des Zählers der Schleife wird standardmäßig nach der Ausführung der `For`-Anweisung um einen Wert erhöht. Allerdings können Sie das Intervall mit `Step` auch mühelos ändern.

`For i = 2 To lngLetzteZeile Step 5` würde die Anweisung nur in jeder fünften Zeile durchführen. Auch die Umkehrung der Zählung ist möglich. Dazu würden Sie die Anweisung `For i = lngLetzteZeile To 2 Step -1` verwenden.

14.11.3   Verlassen der Schleife und Ausführen einer Anweisung

Um die Eingabe des in der Dialogbox erfassten Standorts in die Tabelle zu übernehmen, muss die Ausführung der Schleife beendet werden. Dafür ist die Anweisung `Exit For` verantwortlich. Sobald die `If`-Anweisung zum Prüfen der Zellinhalte (`If Cells(i, 1).Value = "" Then`) den Wert `True` liefert, wird `Exit For` aktiviert und die Ausführung von `Next i`, dem erneuten Suchen, unterbunden. Stattdessen wird die auf `Next i` folgende Anweisung `Cells(i, 1).Value = strEingabe` ausgeführt.

Noch deutlicher würde die Funktionsweise, wenn der Zähler der Schleife einen festen Vorgabewert besäße. Stellen Sie sich vor, die Suche nach einer Leerzeile sollte auf die ersten 500 Zeilen des Tabellenblattes beschränkt werden. Die erste leere Zelle würde aber bereits in Zeile 25 gefunden. `Exit For` würde dem Programm dann die unnötige Suche in weiteren 475 Zellen ersparen – und Ihnen die überflüssige Wartezeit.

Der Quelltext des Makros hat insgesamt folgenden Inhalt:

```
Sub LeereZeileFinden01()
Dim strEingabe As String
Dim lngLetzteZeile As Long
Sheets("Liste").Activate
lngLetzteZeile = Sheets("Liste").Cells(Rows.Count, 1).End(xlUp).Row
  strEingabe = InputBox("Bitte geben Sie einen Standort ein!", _
   "Standort", "neuer Standort")
   For i = 2 To lngLetzteZeile
       If Cells(i, 1).Value = "" Then Exit For
   Next i
       Cells(i, 1).Value = strEingabe
End Sub
```

Listing 14.8 Beispiel für eine Schleife

14.11.4 Verwendung anderer Variablenbezeichnungen im Zähler

Die Bezeichnung i für den Zähler der Schleife ist weitverbreitet. Zwingend vorgeschrieben ist sie indessen nicht. Das zweite Makro in dieser Arbeitsmappe verfügt über den gleichen Aufbau, aber angepasste Variablenbezeichnungen. Der Zähler wurde mit lng-Bereich benannt.

Daraus ergibt sich For lngBereich = 2 To lngLetzteZeile bei der Definition der Schleife und If Cells(lngBereich, 1).Value = "" Then Exit For als zu prüfende Bedingung.

14.11.5 Exkurs: Leere Zeilen ohne Schleifen finden und löschen

Die Suche nach Leerzeilen hat in der täglichen Praxis eine zusätzliche Bedeutung: Daten, die aus Fremdsystemen übernommen werden, enthalten nicht selten Leerzeilen, die vor der Weiterverarbeitung entfernt werden müssen. Dies ist mit einem VBA-Makro auch ohne Schleifen möglich.

	A	B	C	D	E
1	I-Code	Project	Location	B-Code	B-Name
2	11225	LIVE	F	ABCDE001.23456.0001	Online Media
3	11225	LIVE	F	ABCDE001.23456.0001	Online Media
4	11225	LIVE	F	ABCDE001.23456.0001	Online Media
33	11225	OPAX	D	KLMNOP003.34567.0002	Event Sponsoring
34	11225	OPAX	D	KLMNOP003.34567.0002	Event Sponsoring
35	11225	OPAX	D	KLMNOP003.34567.0002	Event Sponsoring
36	Subtotal October				
37					
38	*****				
39	11225	OPAX	F	CDEFGHC011.99999.0033	Mobile
40	11225	OPAX	F	CDEFGHC011.99999.0033	Mobile

Abbildung 14.45 Basisdatentabelle mit überflüssigen Leerzeichen

Das Makro habe ich bereits in Kapitel 3, »Import und Bereinigung von Daten«, vorgestellt. Deshalb sei es an dieser Stelle nur in aller Kürze und aus Gründen der Vollständigkeit erwähnt.

Ausgangspunkt sind auch hier das Zählen der vorhandenen Zeilen und die Zuordnung des Resultats zu einer Variablen (lngLetzteZeile). Das Löschen der Zellen bedient sich der SpecialCells-Methode. Entsprechen die Zellen in Spalte A der XlCellType-Konstanten xlCellTypeBlanks, wird die Methode EntireRow.Delete ausgeführt und die vollständige Zeile gelöscht.

```
Sub LeerzeilenLoeschen()
Dim lngLetzteZeile As Long
    lngLetzteZeile = Cells(Rows.Count, 1).End(xlUp).Row
    Range("A1:A" & lngLetzteZeile).SpecialCells(xlCellTypeBlanks). _
    EntireRow.Delete
End Sub
```

14.11.6 Praxisbeispiel: Kostenstellendaten auf verschiedene Tabellenblätter verteilen

For ... Next-Schleifen besitzen in der VBA-Makroprogrammierung einen solch hohen Stellenwert, dass Sie sich eingehender mit dem Thema befassen sollten. *14_VBA_Schleifen_FOR_NEXT_EXIT_01.xlsm* enthält ein Fallbeispiel für die Anwendung einer solchen Schleife.

	A	B	C
1	**Kostenstelle**	**Kosten**	**Abteilung**
2	853	88,00 €	VW
3	362	95,00 €	FI
4	726	86,00 €	FI
5	120	87,00 €	IT
6	954	32,00 €	VW
7	853	29,00 €	MA
8	362	22,00 €	MA
9	726	92,00 €	GL
10	120	22,00 €	FI

Abbildung 14.46 Kostenstellendaten der Ausgangstabelle

Im Tabellenblatt *Datenbank* stehen die Werte für die einzelnen Kostenstellen. Diese sollen nach Kostenstelle getrennt und dann jeweils in ein neues Tabellenblatt eingefügt werden. Mit dem erweiterten Filter ließe sich diese Aufgabenstellung bequem lösen. Allerdings müsste der in der Bedienung recht aufwendige Filter in der Beispieldatei gleich siebenmal ausgeführt werden, da sich im Listenbereich sieben Kostenstellen befinden. Klar, dass die Nutzung eines VBA-Makros mit einer For...Next-Schleife diesen Arbeitsaufwand deutlich reduzieren würde.

14.11.7 Voraussetzungen in dieser Beispieldatei

In der Beispieldatei habe ich die folgenden Vorbereitungen getroffen:

- Im Tabellenblatt *Kostenstellen* existiert bereits eine Liste der Kostenstellen ohne Duplikate; eine solche Liste können Sie mit der Funktion **Daten ▸ Duplikate entfernen**, nachdem Sie alle Kostenstellen in das Tabellenblatt kopiert haben.

- Die drei Bereiche, die für den erweiterten Filter benötigt werden, habe ich in der Arbeitsmappe mit Bereichsnamen bezeichnet.

Die Bereichsnamen im Tabellenblatt sind:

Bereichsname	Zellbereich
DBgesamt	Dies ist der Listenbereich. Er wird mit `=BEREICH.VERSCHIEBEN(Datenbank!$A$1;;;ANZAHL2(Datenbank!$A:$A);3)` dynamisch bestimmt, so dass auch bei Datenergänzungen die Verwendung aller Zeilen sichergestellt ist.
KSTErgebnisbereich	Markiert die Überschriftenzeile des Ergebnisbereiches, unter den die gefilterten Daten geschrieben werden (`=KSTErgebnis!$A$1:$C$1`).
KSTErgebnis	Das sind die Daten einer Kostenstelle, die entsprechend den Filterbedingungen gefunden wurden. Da das Ergebnis variieren kann, wird auch diese Bereich mit `=BEREICH.VERSCHIEBEN(KSTErgebnis!$A$1;;;ANZAHL2(KSTErgebnis!$A:$A);3)` berechnet.

Tabelle 14.8 Bereichsnamen im Tabellenblatt

14

14.11.8 Deklaration der Variablen

Am Beginn des Quelltextes werden insgesamt vier Variablen deklariert. Die ersten drei – `wksTB1`, `wksTB2` und `wksTB3` – beziehen sich auf die drei Tabellenblätter der Arbeitsmappe. Die Variablen dienen dazu, die Adressierung beispielsweise innerhalb der Parameter des Filtervorgangs zu verkürzen. Die vierte Variable (`lngAnzahlKST`) speichert die Anzahl vorhandener eindeutiger Kostenstellen.

14.11.9 Zuweisung der Objekte zu den Variablen

Mit der `Set`-Anweisung werden anschließend den ersten drei Variablen die Tabellenblattobjekte zugewiesen. Dadurch ist das Tabellenblatt *Datenbank* nicht mehr ausschließlich über die lange Bezeichnung `Worksheets("Datenbank")`, sondern auch unter der Kurzform `wlsTB1` adressierbar. Mit den anderen Tabellenblättern wird analog verfahren.

14.11.10 Festlegung des Zählerwerts und Beginn der Schleife

Die Anzahl der auszuführenden Wiederholung wird mit dem bereits mehrfach benutzten Befehl `lngAnzahlKST = wksTB2.Cells(Rows.Count, 1).End(xlUp). Row – 1` bestimmt. Da die Liste der eindeutigen Kostenstellen im gleichnamigen Tabellenblatt eine Überschrift besitzt, muss der berechnete Wert um `-1` reduziert werden. In der Beispieldatei nimmt die Variable also den Wert 7 an.

Dieses Resultat wird an den Zähler der `For`-Schleife übergeben. Die Anweisung lautet: `For i = 1 To lngAnzahlKST`. Beginnend mit dem Wert 1 wird die gesamte folgende Prozedur bis zum Ausdruck `Next i` also siebenmal ausgeführt.

14.11.11 Bestimmung der einzelnen Kostenstellen als Filterkriterium

Die erste Ausführung des erweiterten Filters wird nun die erste Kostenstelle aus dem Zellbereich A2 des Tabellenblattes *Kostenstellen* als Filterkriterium nutzen. Dazu kopiert sie diese Kostenstellenbezeichnung in Zelle D2 des Tabellenblattes, also unter die Überschrift *Kostenstelle* und damit in den Kriterienbereich des erweiterten Filters.

	A	B	C	D
1	Kostenstellenliste			Kostenstelle
2	853			162
3	362			
4	726			
5	120			
6	954			
7	342			
8	162			

Abbildung 14.47 Liste eindeutiger Kostenstellen und Kriterienbereich des Filtervorgangs im ersten Durchlauf der Schleife

- Erreicht wird dies durch den Code `ActiveSheet.Cells(1 + i, 1).Copy Destination:=Range("D2")`. Er kopiert aus dem aktiven Tabellenblatt die Zelle der zweiten Spalte (1 + i, also 1 plus erster Durchlauf = 2) und der ersten Spalte (A2) in Zelle D2.

- Danach wird die `AdvancedFilter`-Methode benutzt, um die Daten für die ausgewählte erste Kostenstellenbezeichnung aus der Liste in den Ergebnisbereich zu kopieren:
```
wksTB1.Range("DBGesamt").AdvancedFilter Action:=xlFilterCopy,
CriteriaRange:=wksTB2.Range("D1:D2"),
Copy ToRange:=wksTB3 .Range("KSTErgebnisbereich"), Unique:=False
```

- Das Ergebnis des ersten Durchlaufs der Schleife wird abschließend in ein neues Tabellenblatt eingefügt. Dazu sind drei Schritte erforderlich. Erstens: Mit dem Ausdruck `wksTB3.Range("KSTErgebnis").Copy` wird das Filterergebnis in die Zwischenablage kopiert. Zweitens: Ein neues Tabellenblatt wird mit `Sheets.Add After:=Sheets(Sheets.Count)` in die Arbeitsmappe eingefügt. Drittens: Das kopierte Filterergebnis wird mit `ActiveSheet.Range ("A1").Insert` in das neu erstellte Tabellenblatt eingefügt.

- Damit enden die Anweisungen der Schleife. Der Zähler wird um den Wert 1 erhöht. Als Filterkriterium kann nun der Inhalt der Zelle `Cells(1 + i, 1)` oder A3 herangezogen werden.

Hinzufügen von Tabellenblättern mit der »Sheets.Add«-Methode

Tabellenblätter können in VBA nicht nur über ihren Namen oder die Objektvariablenbezeichnung angesprochen werden, wie es in den bisherigen Beispielen jeweils erfolgte. Neben der Adressierung `Worksheets("Tabelle1")` oder `wksTB1` ist auch die Angabe `Worksheets(1)` zulässig. Bei dieser Art der Bezeichnung in VBA werden die Tabellenblätter intern einfach durchnummeriert. Diese Methode können Sie sich beim Einfügen von neuen Tabellenblättern in eine Arbeitsmappe zunutze machen.

Die Methode `Sheets.Add` verwendet u. a. den Parameter `After`, mit dem Sie bestimmen, hinter welchem Tabellenblatt ein weiteres eingefügt werden soll. Die Position für das Einfügen lässt sich leicht bestimmen, da es Ihnen möglich ist, die bereits vorhandenen Tabellenblätter mit `Sheets.Count` zu zählen. Der zu verwendende Ausdruck `Sheets.Add After:=Sheets(Sheets.Count)` stellt dann sicher, dass ein zusätzliches Tabellenblatt hinter den bereits vorhandenen eingefügt wird.

TIPP

Der vollständige Quelltext zum Erstellen von separaten Tabellenblättern pro Kostenstelle hat folgenden Aufbau:

```
Sub KSTDatenFiltern()
Dim wksTB1 As Worksheet
Dim wksTB2 As Worksheet
Dim wksTB3 As Worksheet
Dim lngAnzahlKST As Long
Set wksTB1 = ThisWorkbook.Worksheets("Datenbank")
Set wksTB2 = ThisWorkbook.Worksheets("Kostenstellen")
Set wksTB3 = ThisWorkbook.Worksheets("KSTErgebnis")
lngAnzahlKST = wksTB2.Cells(Rows.Count, 1).End(xlUp).Row - 1
```

14

```
    For i = 1 To lngAnzahlKST
        wksTB2.Select
        ActiveSheet.Cells(1 + i, 1).Copy Destination:=Range("D2")
        wksTB1.Range("DBGesamt").AdvancedFilter Action:=xlFilterCopy, _
         CriteriaRange:=wksTB2.Range("D1:D2"), CopyToRange:=wksTB3.Range( _
        "KSTErgebnisbereich"), Unique:=False
        wksTB3.Range("KSTErgebnis").Copy
        Sheets.Add After:=Sheets(Sheets.Count)
            ActiveSheet.Range("A1").Insert
        Next i
End Sub
```

Listing 14.9 Quelltext zum Erstellen von separaten Tabellenblättern

14.11.12 Schleifen mit Objektvariablen und »For Each ... In ... Next«

Objekte, dies wurde bereits festgestellt, besitzen eine Menge unterschiedlicher Eigenschaften. Stellen Sie sich das Objekt *Diagramm* vor. Es entspricht einem Diagrammtyp, hat einen Speicherort und eine Größe. Doch das Objekt *Diagramm* besteht auch aus einer oder unter Umständen mehreren Datenreihen. Diese Datenreihen besitzen wiederum verschiedene Datenpunkte.

Während eine normale Variable – wie der Zähler in den letzten Makros, das wir benutzt haben – in der Regel nur einen einzigen Wert speichert, tragen die Objektvariablen den umfangreichen Eigenschaften von Objekten Rechnung und speichern sämtliche Eigenschaften des zugeordneten Objekts. Dies ist für den Benutzer äußerst praktisch, weil er damit in Schleifen sämtliche Objekte des gleichen Typs, beispielsweise einer Arbeitsmappe, ansprechen kann. Möchten Sie z. B. allen Diagrammen einer Arbeitsmappe eine bestimmte Überschrift geben, ist die Schleife mit einer Objektvariablen in der Lage, sämtliche Objekte dieses Typs auszuwählen und zu ändern. Sie suchen einen Zellinhalt in einem bestimmten Bereich, Sie möchten alle geöffneten Arbeitsmappen speichern? Mit Objektvariablen ist dies kein Problem.

14.11.13 Schrift- und Hintergrundfarben mit »For Each ... In ... Next« zählen

For Each ...In ... Next-Schleifen funktionieren im Zusammenspiel mit Objektvariablen optimal. Die Schleife wird begonnen mit For Each und der Benennung eines Elements, das mit In auf eine Gruppe beschränkt wird. In der Beispieldatei *14_VBA_Schleifen_FOR_EACH_IF_01.xlsm* lautet die konkrete Anweisung:

```
For Each rngZelle In Range("B1:C100")
```

ABC	100	210
DEF	50	200
HIJ	10	39
MNO	100	90
PTG	200	190
IWT	100	210

Abbildung 14.48 Ermittlung von Zelleigenschaften mit »For Each ... Next« am Beispiel einer Zählung von Schriftfarben

In einem definierten Zellbereich von B1 bis C100 werden alle Elemente vom Typ rngZelle einer Überprüfung unterzogen. Der Zellbereich B1 bis B100 bildet in diesem Beispiel eine übergeordnete Gruppe, jede einzelne Zelle (rngZelle) stellt ein untergeordnetes Element dar. Dieses Element ist im Beispielquelltext zuvor als Objektvariable deklariert worden.

Um die Zellen zu zählen, in denen die Hintergrundfarbe Rot verwendet wird, muss nun eine Bedingung her. Sie lautet If rngZelle.Interior.ColorIndex = 3 Then. Die Bedingung entspricht den Regeln, die Sie bereits in Abschnitt 14.10, »Flusskontrolle mit ›If ... Then ... Else‹«, kennengelernt haben, und verwendet ebenfalls die Objektvariable rngZelle.

Wird die Bedingung erfüllt, soll der Wert der für die Zählung verantwortlichen Variablen intAnzahl um 1 erhöht werden (intAnzahl = intAnzahl + 1). Dieser Wert wird beim Starten des Makros automatisch auf 0 zurückgesetzt (intAnzahl = 0), um beim mehrmaligen Ausführen des Programms immer das korrekte Ergebnis zu erhalten.

Sobald alle Zellen der Gruppe B1 bis C100 geprüft wurden, wird das Ergebnis der Zählung in Zelle G5 ausgegeben (Cells(5, 7).Value = intAnzahl).

Die Beispieldatei enthält zwei Makros, eines zum Zählen der Schriftfarbe Rot und ein weiteres, das die Hintergrundfarbe Rot zählt. Da sich beide Quelltexte kaum voneinander unterscheiden, wird an dieser Stelle nur der Code des ersten Makros wiedergegeben:

```
Sub ZaehleHintergrundfarbeRot()
Dim intAnzahl As Integer
Dim rngZelle As Range
    intAnzahl = 0
```

```
    For Each rngZelle In Range("B1:C100")
        If rngZelle.Interior.ColorIndex = 3 Then
            intAnzahl = intAnzahl + 1
        End If
    Next rngZelle
    Cells(5, 7).Value = intAnzahl
End Sub
```

Listing 14.10 Code zum Zählen der Schriftfarbe Rot

14.11.14 Erzeugen einer Uploaddatei für Fremdsysteme mit »Do Until ... Loop«

Downloads von Daten aus Fremdsystemen gehören zum Alltag im Controlling. Doch auch das Hochladen von Daten kann erforderlich sein. Programme wie SAP schreiben die zulässigen Zahlenformate unabänderlich vor. Häufig ist die Anordnung der Werte in der Uploadtabelle eine völlig andere als die im Tabellenblatt, das zur Erfassung oder Bearbeitung der Werte diente.

Dies hat zur Folge, dass der Benutzer nun manuell die vom Zielprogramm vorgeschriebene Datenanordnung erstellen müsste. Eine langwierige Folge von Kopier- und Formatierungsschritten wäre die Konsequenz.

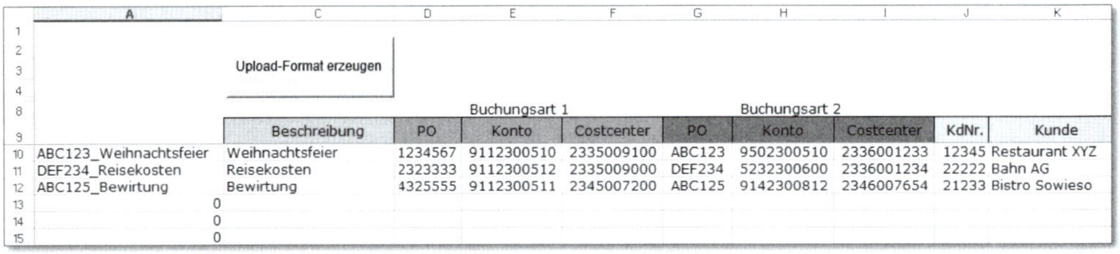

	A	C	D	E	F	G	H	I	J	K
1										
2										
3		Upload-Format erzeugen								
4										
8				Buchungsart 1			Buchungsart 2			
9		Beschreibung	PO	Konto	Costcenter	PO	Konto	Costcenter	KdNr.	Kunde
10	ABC123_Weihnachtsfeier	Weihnachtsfeier	1234567	9112300510	2335009100	ABC123	9502300510	2336001233	12345	Restaurant XYZ
11	DEF234_Reisekosten	Reisekosten	2323333	9112300512	2335009000	DEF234	5232300600	2336001234	22222	Bahn AG
12	ABC125_Bewirtung	Bewirtung	4325555	9112300511	2345007200	ABC125	9142300812	2346007654	21233	Bistro Sowieso
13	0									
14	0									
15	0									

Abbildung 14.49 Aufbau einer strukturierten Buchungstabelle in Excel ...

Diese Ausgangslage ist nahezu ideal für die Anwendung einer Schleife vom Typ `Do Until ... Loop`. An der Datei *14_VBA_Schleifen_DO_UNTIL_01.xlsm* wird dies deutlich. `Do Until ... Loop`-Schleifen sind in der Lage, eine Reihe von einzelnen Befehlen so lange zu wiederholen, bis eine vorgegebene Bedingung nicht mehr erfüllt und die Schleife dadurch beendet wird.

Wie ist die Ausgangslage in unserer Beispieldatei? Die Buchungen dieses Beispiels werden im Tabellenblatt *Eingabe* bearbeitet. Dort kann der gesamte Funktionsumfang von Excel genutzt werden. Automatische Berechnungen, geeignete Zahlenformate und eine Anordnung der Daten, die gut lesbar ist, stehen in diesem Tabellenblatt im Mittelpunkt.

	A	B	C	D	E	F	G	H	I
1									
2	1	40	9502300510	2336001233			1256	ABC123_Weihnachtsfeier	Weihnachtsfeier
3	1	50	322700921		DE00010001		1256	ABC123_Weihnachtsfeier	
4	1	40	5232300600	2336001234			423	DEF234_Reisekosten	Reisekosten
5	1	50	322900321		DE00010001		423	DEF234_Reisekosten	
6	1	40	9142300812	2346007654			237	ABC125_Bewirtung	Bewirtung
7	1	50	360100222		DE00010001		237	ABC125_Bewirtung	

Abbildung 14.50 ... und das Rohdatenformat der Uploaddatei nach einer »Do Until ... Loop«-Schleife

14.11.15 Beschreibung der Kopieranweisungen im »Do Until«-Block

Für das Hochladen der Daten in das Fremdsystem müssen wir abschließend allerdings aus jeder Buchung zwei Buchungszeilen erzeugen, das Zahlenformat der Eurobeträge entfernen und die spaltenweise Anordnung der Daten ändern. Diese Änderungen entsprechen im Quellcode einer Reihe von Einzelanweisungen zwischen Do Until und Loop, die aufgrund ihrer Fülle hier nur auszugsweise dargestellt werden:

```
wsUPLD.Cells(zu + 1, 1) = "1"
wsUPLD.Cells(zu + 1, 2) = "50"
wsUPLD.Cells(zu + 1, 3) = wsEING.Cells(ze, 15)
wsUPLD.Cells(zu + 1, 4) = " "
wsUPLD.Cells(zu + 1, 5) = "DE00010001"
wsUPLD.Cells(zu + 1, 7) = wsEING.Cells(ze, 16)
wsUPLD.Cells(zu + 1, 8) = wsEING.Cells(ze, 1)
wsUPLD.Cells(zu + 1, 9) = wsEING.Cells(ze, 2)
```

Lassen Sie mich zwei Zeilen herauspicken, um die Funktionsweise des Codes zu erläutern:

- Die Anweisung wsUPLD.Cells(zu + 1, 1) = "1" schreibt den Wert 1 in die Zelle A3 des Tabellenblattes *UploadDatei*. Das Tabellenblatt wurde zuvor der Objektvariablen ws-UPLD zugeordnet. Die Variable zu bezieht sich auf die Zeilennummer im Tabellenblatt *UploadDatei*. Die Variable beginnt laut Definition mit der zweiten Zeile (zu = 2), da die erste Zeile der Uploadtabelle leer bleiben muss.

- Mit wsUPLD.Cells(zu +1, 3) = wsEING.Cells(ze, 15) wird in die Zelle C3 des Tabellenblattes *Update* (Cells(zu, 3) der Wert aus Zelle H10 der Eingabetabelle übernommen. Das entspricht der Kontoangabe. Auch die Variable ze wurde zu Beginn des Makros als Zeilennummer, diesmal im Tabellenblatt *Eingabe*, deklariert. Da auch in diesem Tabellenblatt neun Leerzeilen vorkommen, ist der Startwert dieser Variablen auf 10 gesetzt (ze = 10). Die Zuordnung der Objektvariablen wsUPLD gewährleistet den Zugriff auf das benötigte Tabellenblatt.

- Nach der Erzeugung der beiden Buchungszeilen muss die Variable zu um den Wert 2 hochgezählt werden. Um die nächste Buchungszeile aus Tabellenblatt *Eingabe* zu übertragen, springt der Zähler der Variablen ze um den Wert 1 höher.

14.11.16 Definition der Bedingung für die Ausführung von »Do Until ... Loop«

Do-Schleifen würden zwangsläufig zu Endlosschleifen mutieren, gäbe es keine einschränkenden Bedingungen bei ihrer Definition. Diese Einschränkungen in VBA bekannt zu machen, ist Aufgabe des Until. In der Beispieldatei wird die Bedingung festgelegt, die Schleife so lange zu wiederholen, bis in Spalte H keine Daten mehr gefunden werden (Do Until Cells(ze, 8) = ""). Spalte H der Eingabetabelle enthält die Kontonummern.

Liegt keine Kontonummer vor, so ist es sinnlos, die Daten der betreffenden Zeile für das Hochladen vorzubereiten. Die Do Until ... Loop-Schleife wird in dem Fall, dass in einer Zelle der Spalte H keinen Daten gefunden werden, sofort abgebrochen. Ihre Aufgabe hat sie bis dahin allerdings hervorragend erledigt: Ihnen als Benutzer hat sie die aufwendige manuelle Bearbeitung der Daten erspart.

```
Sub FormatUploadErzeugen()
    Dim ze As Integer
    Dim zu As Integer
    Dim wsUPLD As Worksheet
    Dim wsEING As Worksheet
    ze = 10
    zu = 2
    Set wsUPLD = ThisWorkbook.Worksheets("UploadDatei")
    Set wsEING = ThisWorkbook.Worksheets("Eingabe")
    wsUPLD.Range("A2:H100").ClearContents
    Application.ScreenUpdating = False
    wsEING.Select
    Do Until Cells(ze, 8) = ""
    wsUPLD.Cells(zu, 1) = "1"
    wsUPLD.Cells(zu, 2) = "40"
    wsUPLD.Cells(zu, 3) = wsEING.Cells(ze, 8)
    wsUPLD.Cells(zu, 4) = wsEING.Cells(ze, 9)
    wsUPLD.Cells(zu, 5) = " "
```

```
        wsUPLD.Cells(zu, 7) = wsEING.Cells(ze, 16)
        wsUPLD.Cells(zu, 8) = wsEING.Cells(ze, 1)
        wsUPLD.Cells(zu, 9) = wsEING.Cells(ze, 3)
        wsUPLD.Cells(zu + 1, 1) = "1"
        wsUPLD.Cells(zu + 1, 2) = "50"
        wsUPLD.Cells(zu + 1, 3) = wsEING.Cells(ze, 15)
        wsUPLD.Cells(zu + 1, 4) = " "
        wsUPLD.Cells(zu + 1, 5) = "DE00010001"
        wsUPLD.Cells(zu + 1, 7) = wsEING.Cells(ze, 16)
        wsUPLD.Cells(zu + 1, 8) = wsEING.Cells(ze, 1)
        wsUPLD.Cells(zu + 1, 9) = wsEING.Cells(ze, 2)
        zu = zu + 2
        ze = ze + 1
        Loop
        Application.ScreenUpdating = True
        wsUPLD.Select
End Sub
```

Listing 14.11 Beispiel für eine »Do Until … Loop«-Schleife

14.11.17 Schleifen mit »Do While … Loop«

Die Erzeugung der Uploadtabelle hätten Sie auch mit einer Schleife vom Typ Do While ... Loop erzeugen können. Ihre Bedingung hätte dann aber lauten müssen Do While Cells(ze, 8) <> "". Bei einer Do Until-Schleife wird die Bedingung positiv formuliert: »Führe die Anweisung aus, **bis** die geprüfte Zelle **leer** ist«. Do While setzt eine negative Formulierung der Bedingung voraus: »Wiederhole die Schleife, **solange** die geprüfte Zelle **nicht leer** ist.«

Auf die weitere Formulierung der auszuführenden Anweisungen hat dieser Unterschied allerdings keinen Einfluss.

Erzwingen einer einmaligen Ausführung der »Do«-Schleife

Eine Schleife wird, wie Sie am vorangegangenen Beispiel erkennen konnten, überhaupt nicht ausgeführt, wenn die erste Prüfung der definierten Bedingung den Wert False ergibt. In bestimmten Fällen könnte es allerdings wünschenswert sein, dass die Schleife zumindest einmal ausgeführt wird, unabhängig vom Ergebnis der Prüfung.

INFO

14

In diesem Fall stellen Sie `Until` – und damit die Bedingung – an das Ende der auszuführenden Befehle. Diese werden somit einmal bedingungslos ausgeführt, erhalten dann eine definierte Bedingung und die Anweisung `Loop`. Im zweiten Durchlauf der Schleife wird dann die Bedingung angewendet.

14.12 Formeln und Funktionen in VBA-Makros

Excel verfügt über zwei Methoden, Zellen in einer Arbeitsmappe anzusteuern. Eine von ihnen, die *Z1S1-Methode*, ist nahezu unbekannt. Vielleicht hat Ihnen schon einmal ein Kollege oder eine Kollegin einen Streich gespielt und diese Methode in den **Optionen** aktiviert. Eine vertraute Formel wie `=B2*C2` in Zelle D2 mutierte unverhofft zu `=ZS(-2)*ZS(-1)`, und statt der gewohnten Spaltenbuchstaben prangte urplötzlich eine fortlaufende Nummerierung über der Tabelle.

	1	2	3	4	5
1	**ID**	**Menge**	**Preis/Einheit**	**Gesamtpreis**	**UST**
2	ABC	64	319,00 €	=ZS(-1)*ZS(-2)	

Abbildung 14.51 Darstellung einer Formel nach der Z1S1-Methode

Die Rückkehr zur *A1-Methode* nach einem solchen Ausflug in eine fremde Welt führt meistens zu einer gewissen Erleichterung und zu der Gewissheit, dass man Z1S1 – das Kürzel für Zeile 1, Spalte 1 – in Excel eigentlich nicht unbedingt kennen muss.

Nun, dieser Schluss erweist sich als vorschnell, wenn man sich auf das Gebiet der Makros begibt. Denn der Makrorekorder zeichnet die Eingabe von Formeln und Funktionen standardmäßig mit der Z1S1-Methode auf. Da auf dem Hoheitsgebiet von VBA jedoch nur Englisch gesprochen wird, schreibt die Programmiersprache alle Bezüge nach dem *R1C1-Prinzip*. Row *1, Column 1*. Alles klar!?!

Ein weiteres Argument für die Z1S1-Schreibweise ist die Tatsache, dass bestimmte Funktionen, u. a. die **Bedingte Formatierung** in VBA, diese Adressierungsmethode zwingend erfordern.

14.12.1 Grundzüge der Z1S1-Adressierung im Tabellenblatt

Es kann also nicht schaden, wenn Sie sich mit der R1C1-Adressierung von VBA auskennen. Aufgezeichnete Makros mit Formeln und Funktionen sind plötzlich leichter zu entschlüsseln und zu editieren. Die **Bedingte Formatierung** in einem Quelltext ist wieder im Bereich des Handhabbaren, und vielleicht entdecken Sie sogar, dass die Methode rein technisch betrachtet einige Vorteile gegenüber der etablierten A1-Adressierung hat.

Lassen Sie uns der Einfachheit halber vom eben gewählten Beispiel ausgehen. Ein Wert aus Zelle B2 soll in Zelle D2 mit einem Wert aus C2 multipliziert werden:

Formel	Ausgeführte Berechnung
`=ZS(-2)*ZS(-1)`	Wird die Formel in D2 eingegeben, bedeutet dies, dass ein Wert in der gleichen Zeile (`Z`), aber zwei Spalten links von D2 (`S(-2)`) mit einem Wert in der gleichen Zeile (`Z`), aber eine Spalte links von D2 (`(S-1)`), multipliziert werden soll. Diese Formel entspricht also `=B2*C2`.
`=ZS(-2)*Z(-1)S(-1)`	Der erste Teil der Formel bezieht sich erneut auf B2, der zweite Teil allerdings auf C1. `Z(-1)` spricht eine Zelle an, die sich eine Zeile über der aktuellen Zeile befindet.
`=ZS(+2)*ZS(-1)`	Der zweite Teil der Formel bezieht sich jetzt wieder von D2 aus betrachtet auf die Zelle C2; die erste Zelle in diesem Ausdruck ist nun allerdings F2. Verantwortlich dafür ist die Auswahl einer Adresse in der gleichen Zeile (`Z`), aber um zwei Spalten nach rechts versetzt (`S(+2)`).
`=ZS(-1)*Z1S9`	Der Wert aus C2 wird durch diese Schreibweise mit einem Wert in Zelle `$I$9` multipliziert. Werden Zeilen- und/oder Spaltennummer als feste Zahlen angegeben, entspricht dies absoluten Bezügen.

Schlussfolgerung aus diesen Beispielen: Positive Zahlen verschieben einen Bezug von der aktuellen Cursorposition aus nach unten bzw. rechts. Negative Zahlen verlagern den Bezug nach oben oder links. Wird kein Wert in Klammern angegeben, so bezieht sich die Adresse auf eine Zelle in der gleichen Zeile oder Spalte. Feste Zahlen definieren absolute Bezüge.

14.12.2 Übertragen der Z1S1-Methode auf den Quelltext des Makros

Die Berechnung `=B2*C2` in Zelle D2, deren geänderte Darstellung Sie in der Arbeitsmappe durch Umschalten auf die Z1S1-Methode mühelos ausprobieren können, muss in VBA nur geringfügig modifiziert werden: Aus Z1S1 muss R1C1 werden. Und die runden Klammern der Zellbezüge im Tabellenblatt werden in VBA zu eckigen Klammern. Die in D2 eingegebene Formel lautet im Quelltext folglich `"= RC[-2]* RC[-1]"`.

Woran Sie auch schon erkennen, dass Formeln und Funktionen als Text in die betreffende Zelle geschrieben werden. Ihre Formulierung muss in Anführungsstriche gesetzt werden.

14.12.3   Definition von Formeln im Quelltext eines Makros

In der Beispieldatei *14_VBA_Formeln_01.xlsm* sehen Sie eine kurze Tabelle, die einige Verkaufszahlen enthält (Abbildung 14.51). Im Rahmen der Makroausführung sollen in den Spalten D, E und F verschiedene Berechnungen durchgeführt werden:

Spalte	Formel
D	=B2*C2, Multiplikation der Menge mit dem Einzelpreis
E	=D2*$I$1, Multiplikation des Gesamtpreises mit dem Umsatzsteuersatz als absolutem Zellbezug
F	=D2+E2, Addition des Gesamtpreises mit dem Umsatzsteuerwert

Die Berechnung des Gesamtergebnisses in Spalte F soll ebenfalls Bestandteil des Makros sein. Da Sie nicht im Voraus wissen können, wie viele Zeilen Ihre Tabelle haben wird, muss die Positionierung der Summenfunktion über eine Variable erfolgen.

Der Quelltext für die Berechnung der Daten im Tabellenblatt *A1* nach der *A1-Methode* sieht folgendermaßen aus:

```
Sub A1_Methode()
    Dim lngLetzteZeile As Long
    lngLetzteZeile = Cells(Rows.Count, 2).End(xlUp).Row
    Range("D2").Formula = "=B2*C2"
    Range("E2").Formula = "=D2*$I$1"
    Range("F2").Formula = "=D2+E2"
    Range("D2:F2").Copy Destination:=Range("D3:F" & lngLetzteZeile)
    Cells(lngLetzteZeile + 1, 1).Value = "Gesamtergebnis"
    Cells(lngLetzteZeile + 1, 6).Formula = "=SUM(F2:G" & _
    lngLetzteZeile & ")"
End Sub
```

Listing 14.12 Quelltext für die Berechnung der Daten im Tabellenblatt A1

Die Verwendung der A1-Methode für die Formeln und die Summenfunktion bedeutet:

- Sie werden mit `Range("D2").Formula = "=B2*C2"` in Zelle D2 die Formel `=B2*C2`, also die Multiplikation der Menge mit dem Einzelpreis, erhalten.

- Der absolute Zellbezug auf den Umsatzsteuersatz in Zelle I1 wird mit dem Ausdruck `Range("E2").Formula = "=D2*$I$1"` hergestellt.

- die Berechnung der Gesamtsumme erfolgt über `Cells(lngLetzteZeile + 1, 6).Formula = "=SUM(F2:G" & lngLetzteZeile & ")"`.

Letztere Anweisung bedarf am ehesten einiger erklärender Worte.

- Zunächst wird die Zellposition der Gesamtsumme mit dem Wert der bereits bekannten Variablen `lngLetzteZeile` ermittelt. Sie wird eine Zeile unterhalb der letzten beschriebenen Zelle von Spalte A und um sechs Spalten von dort versetzt, also in Spalte F, berechnet.

- Funktionen werden in VBA mit ihren englischen Funktionsbezeichnungen angegeben. Deshalb wird in die Zelle nicht `SUMME`, sondern `SUM` eingegeben.

- Da Formeln und Funktionen in Anführungsstrichen erfasst werden müssen, werden drei Bestandteile miteinander verkettet: `"=SUM(F2:G"`, der bereits bekannte Teil der Funktion, `& lngLetzteZeile`, die Variable zur Bestimmung der letzten Zeile des Zellbereiches, und `&")"`, der Teil, der nach der Zelladresse den Abschluss der Funktion bildet.

14.12.4 Kopieren von Formeln und Funktionen in VBA

Für das Kopieren von Formeln und Funktionen bedient sich VBA der `Copy`-Methode mit dem Parameter `Destination`. Wir haben diese Methode bereits in einigen vorangegangenen Makrobeispielen eingesetzt. Der Code zum Kopieren der Formeln aus den Zellen D2 bis F2 lautet:

```
Range("D2:F2").Copy Destination:=Range("D3:F" & lngLetzteZeile)
```

Führen Sie das Makro aus, und schauen Sie sich das Resultat in der Formelansicht von Excel an, dann werden Sie feststellen, dass alle Formeln so in das Tabellenblatt geschrieben wurden, als hätten Sie sie in Zeile 2 eingegeben und mit einem Doppelklick auf das Ausfüllkästchen nach unten kopiert.

14.12.5 Definition der Formeln und Funktionen nach der R1C1-Methode

Die Unterschiede, die sich aus der Anwendung der R1C1-Methode in diesem Makro ergeben, beziehen sich naturgemäß auf den Mittelteil des Quelltextes:

```
Range("D2:D" & lngLetzteZeile).FormulaR1C1 = "=RC[-1]*RC[-2]"
Range("E2:E" & lngLetzteZeile).FormulaR1C1 = "=RC[-1]*R1C9"
Range("F2:F" & lngLetzteZeile).FormulaR1C1 = "=RC[-1]+RC[-3]"
```

Statt der zuvor angewendeten Methode `.Formula` wird nun `.FormulaR1C1` eingesetzt. Dies hat zur Folge, dass die Zelladressen bezogen auf beispielsweise die Zelle D2 in der R1C1-Schreibweise erfasst werden müssen.

Die entscheidende Neuerung ist jedoch, dass die Formel nicht allein in D2, sondern gleich in den gesamten Zellbereich `"D2:D" & lngLetzteZeile` eingegeben wird. Darin besteht nun der eigentliche Vorteil der R1C1-Schreibweise. Eine Formel, die in Zeile 2 `"=RC[-1]*RC[-2]"` lautet, wird auch in Zeile 20 oder Zeile 2.000 so lauten. In der A1-Schreibweise müssen für gleichartige Formeln einer Spalte oder Zeile hingegen die Bezüge angepasst werden. Aus `=B2*C2` muss so `=B20*C20` und `=B2000*C2000` werden.

Anpassungen dieser Art sind bei der R1C1-Schreibweise ebenso wenig notwendig wie ein zusätzlicher Kopierbefehl in VBA.

14.13 Gestaltung von Dialogen in VBA

Formulare sind ein probates Mittel, die Eingabe in vordefinierte Zellen des Tabellenblattes zu erzwingen und damit die Möglichkeit von Fehleingaben zu reduzieren. In einer Reihe von Beispieldateien haben wir bereits die Datenüberprüfung als ein Mittel der Einschränkung von Eingaben in bestimmte Zellen angewendet. In VBA reichen die Möglichkeiten der Dialogsteuerung viel weiter: von der einfachen Meldung, die auf dem Bildschirm angezeigt wird, bis zu umfangreichen Eingabeformularen, deren Schaltflächen unterschiedliche Makros und damit Unterprogramme starten können.

Ein Dialog benötigt natürlich immer zwei Partner. Das ist bei VBA nicht anders. Die Eingabe Ihrer Daten erfolgt in eine `Inputbox`. Ausgegeben werden diese Eingaben dann wahlweise in einer Messagebox oder in einer Zelle einer Ihrer Tabellen. *14_VBA_Dialoge_Inputbox_01.xlsm* bietet eine Basis für verschiedene Formen der einfachen Dialogsteuerung.

14.13.1 Inputbox und Messagebox

Die Datei enthält drei Schaltflächen, die jeweils mit einem einfachen VBA-Makro verknüpft sind. Die oberste der Schaltflächen startet ein VBA-Makro mit dem Namen *Mel-
dungAnzeigen*.

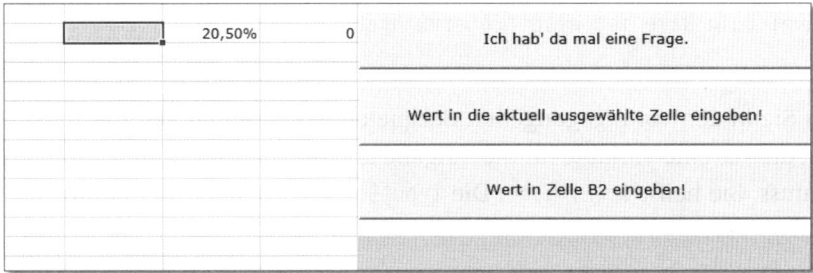

Abbildung 14.52 Dialogsteuerung über Schaltflächen auf dem Tabellenblatt

Wie die Beschriftung der Schaltfläche schon ahnen lässt, werden Sie mit einer Frage
konfrontiert. Eine *Inputbox* wird auf dem Bildschirm angezeigt. Sie enthält einen Titel in
der obersten Zeile, eine Frage, ein Eingabefeld für Ihre Antwort und die beiden Schaltflächen zum Abbrechen bzw. zur Bestätigung Ihrer Antwort.

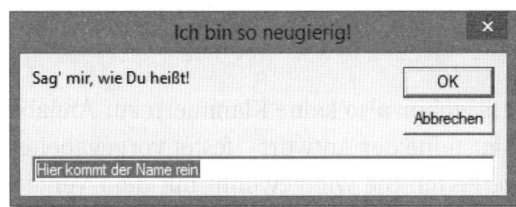

Abbildung 14.53 Inputbox

Wenn Sie die Frage beantwortet haben und auf **OK** klicken, wird der nächste Befehl im
Quelltext des Makros ausgeführt. Dieser sieht vor, eine Messagebox anzuzeigen, die Ihre
Antwort enthält.

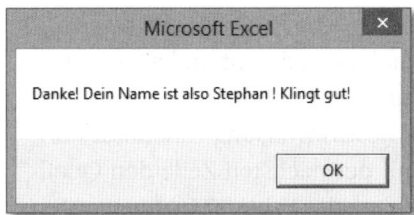

Abbildung 14.54 Messagebox

Der Quellcode des Makros enthält folgende Anweisungen:

```
Sub MeldungAnzeigen()
Dim strEingabe As String
    strEingabe = InputBox("Sag mir, wie Du heißt!", "Ich bin so
    neugierig!", "Hier kommt der Name rein")
    MsgBox "Danke! Dein Name ist also " & strEingabe & "! Klingt gut!"
End Sub
```

Nach allem, was Sie in den vorangegangenen Beispielen gesehen und getestet haben, war zu erwarten, dass es eine Variable für die Eingabe und die Ausgabe des abgefragten Namens geben muss. Sie heißt `strEingabe`. Die `InputBox` verfügt über drei Parameter: `prompt`, `title` und `default`.

Mit `prompt` formulieren Sie die Frage, die in der Inputbox angezeigt werden soll. Der Parameter `title` bezeichnet die Überschrift der Inputbox, und `default` ist der Standardwert, der angezeigt wird, wenn der Benutzer den Dialog startet. Alle diese Parameter stehen in Anführungsstrichen und müssen mit Kommata getrennt werden.

Ihre in das Eingabefeld geschriebene Antwort wird laut Makroanweisung an die Variable übergeben. Damit kann sie im nächsten Arbeitsschritt wieder in der Messagebox angezeigt werden. Der Befehl dazu lautet:

```
MsgBox "Danke! Dein Name ist also " & strEingabe & " ! Klingt gut!"
```

Im Gegensatz zur Inputbox sind bei der Messagebox also keine Klammern zur Angabe der Parameter erforderlich. Die einzelnen Bausteine der Antwort – fester vorgegebener Antworttext und variabler Antworttext – verketten Sie wie gewohnt mit dem Verkettungszeichen `&`.

Fehler bei der Ausführung abfangen

Bei der Ausführung des zweiten Makros in dieser Arbeitsmappe tritt ein Fehler auf, wenn Sie auf den Schalter **Abbrechen** klicken. Die angezeigte Fehlermeldung weist Sie auf die Ursache hin: *Typen unverträglich*.

Fehler dieser Art können und sollten in Benutzerdialogen erkannt und abgefangen werden. Die einfachste Form der Fehlerbehandlung ist die Zeile `On Error Resume Next`, die am Beginn des Makros eingegeben wird. Diese Anweisung veranlasst VBA, die fehlerhafte Zeile einfach zu ignorieren und mit der nächsten Zeile den Quellcode fortzusetzen. Fehlerbehandlung durch Ignorieren des Fehlers? In den meisten Fällen wird dies nicht ausreichend sein. Stellen Sie sich vor, der Fehler wird durch einen falschen Datentyp beim Schreiben in das Eingabefeld verursacht. Dieser fehlerhafte Datentyp oder überhaupt kein Wert würden in das Tabellenblatt gelangen und dort zum Teil einer Berechnung werden. Der Fehler wäre dann nur verschoben, jedoch nicht behoben.

Da Routinen zur Fehlerbehandlung natürlich sehr stark von der jeweiligen Situation abhängen, in der sie auftreten, kann man an dieser Stelle nur recht allgemeine Vorschläge zur Fehlerbehandlung machen.

Optimal ist mit Sicherheit das Einfügen eines *Error Handlers* in den Quelltext. An den Anfang der VBA-Routine setzen Sie die Zeile `On Error GoTo Fehlerbehandlung`. An das Ende des Makros, jedoch vor `Sub End`, fügen Sie dann die Anweisungen ein, die zur Behandlung des Fehlers angemessen sind. Im folgenden Beispiel wird der Benutzer aufgefordert, seine Eingabe noch einmal zu überprüfen:

```
Fehlerbehandlung:
MsgBox "Es ist ein Fehler bei der Eingabe aufgetreten! Bitte überprüfen Sie
die Eingabe noch einmal."
```

14.13.2 Ausgabe von Werten in der aktiven Zelle

Gehen wir davon aus, dass Sie in den meisten Fällen Dialoge dazu nutzen möchten, Werte in bestimmte Zellen zu schreiben, um damit bestimmte Berechnungen auszulösen, dann stellt sich natürlich sogleich die Frage, wie man Zellen in einem solchen Dialog adressiert.

Die Antwort liefert der Programmcode des Makros, das der zweiten Schaltfläche in der Beispieldatei zugeordnet ist. Es heißt *WerteEingeben*, enthält eine Variable vom Typ `Integer`, eine Inputbox, in die Sie einen ganzzahligen Wert (`Integer`) eingeben können, und eine Anweisung, die eingegebene Zahl in die aktive Zelle des Tabellenblattes zu schreiben. Die Anweisung dazu ist einfach `ActiveCell.Value = intWerteingabe`. Die aktive Zelle der Arbeitsmappe ist die Zelle, in der Sie den Cursor positioniert oder die Sie in VBA mit der Methode `.Activate` ausgewählt haben.

```
Sub WerteEingeben()
Dim intWerteingabe As Integer
  intWerteingabe = InputBox("Geben Sie bitte einen ganzzahligen
  Wert ein!", "Eingabe eines Wertes", "2000")
  ActiveCell.Value = intWerteingabe
End Sub
```

14.13.3 Ausgabe von Werten in einer vordefinierten Zelle

Es ist nur ein kleiner Schritt von der Ausgabe eines Werts in der aktiven Zelle zur Ausgabe in einer ausgewählten Zelle. Klicken Sie auf die dritte Schaltfläche, so erscheint die bekannte Dialogbox und möchte, dass Sie nun eine beliebige Zahl eingeben. Das Ergebnis Ihrer Eingabe wird in Zelle B2 angezeigt, wenn Sie auf **OK** klicken. Als Benutzer haben Sie somit keinerlei Einfluss auf die Auswahl der Eingabezelle, der Programmcode gibt diese unmissverständlich vor. Im Quelltext ist der Grund dafür schnell ausgemacht: `Range("B2").Select` und `ActiveCell = sngWerteingabe`. Die Anweisung `Range("B2").Value = sngWerteingabe` würde zu einem identischen Resultat führen.

Zu beachten ist in diesem Zusammenhang, dass Sie beim Ausführen des dritten Makros auch einen Wert mit Nachkommastellen in die Dialogbox eingeben können und dieser Wert korrekt in Zelle B2 übernommen wird. Im Gegensatz zum vorherigen Makro wird in diesem eine Variable vom Typ `Single` benutzt, die auch Fließkommawerte erlaubt.

14.13.4 Entwurf und Nutzung von Formularen

Formulare bieten im Rahmen von VBA-Makros noch wesentlich größere Spielräume bei der Gestaltung von Dialogen als die beiden Objekte Messagebox und `Inputbox`. Das kann in der Arbeitsmappe *14_VBA_Dialoge_Formular_01.xlsm* bestenfalls angedeutet werden.

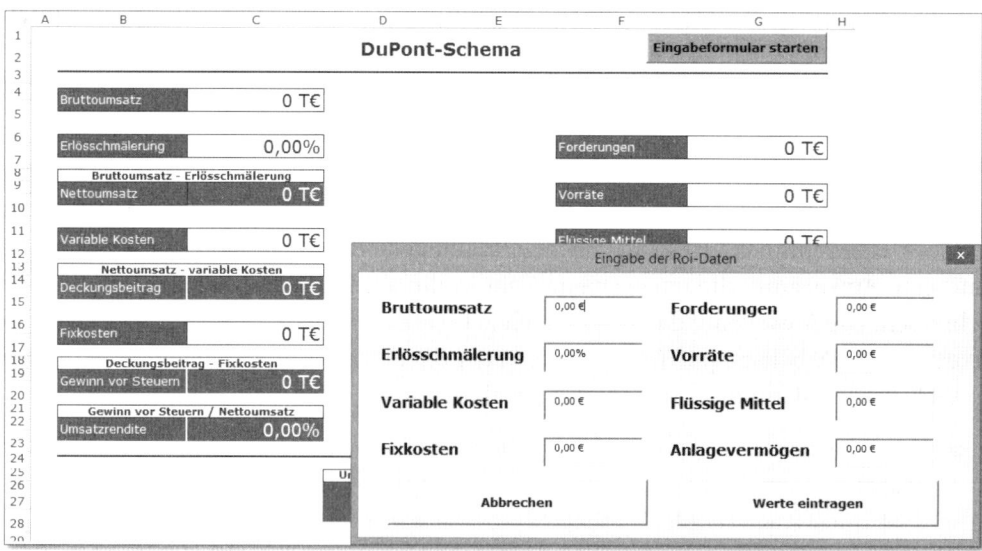

Abbildung 14.55 Eingabe der Werte in ein »UserForm«

Bei dieser Datei handelt es sich um das *DuPont-Schema* zur Berechnung des *Return on Investment*, das wir bereits in Kapitel 12, »Unternehmenssteuerung und Kennzahlen« verwendet haben. Der Anwendungszusammenhang ist hier allerdings anders: Die Daten des Bruttoumsatzes, der Erlösschmälerung etc. werden in diesem Beispiel nicht in das Tabellenblatt selbst geschrieben, sondern mit einem Formular erfasst. Dieses Formular wird mit einem Mausklick auf die ActiveX-Schaltfläche **Eingabeformular starten** aufgerufen.

14.13.5 Bausteine für eine formulargesteuerte Dateneingabe

Die Nutzung von Formularen gestaltet sich, wie bereits angedeutet, wesentlich flexibler und variantenreicher als das Arbeiten mit Input- und Messagebox. Doch ist der Aufwand zum Erstellen einer formularbasierten Bearbeitung von Daten auch größer. Um diese zu realisieren, sind folgende Bestandteile notwendig:

- ein Formular vom Typ `UserForm`, das im VB-Editor angelegt wird

- Eingabefelder (`TextBox`) – oder auch andere Formularfelder wie Kombinations- oder Optionsfelder – im Formular, in denen vorhandene Daten aus dem Tabellenblatt angezeigt werden und neue Daten erfasst werden können

- Beschriftungen (`Label`) für die Eingabefelder

- Schaltflächen (`CommandButton`), mit denen bestimmte Aktionen aus dem Formular gestartet werden

- VBA-Makros, die beim Klicken auf die Schaltflächen ausgeführt werden

Im Normalfall werden Sie damit beginnen, ein Formular für die Datenanzeige bzw. -eingabe zu erstellen. Und genau das werden wir nun auch tun.

14.13.6 Erstellen eines Formulars im VB-Editor

Wechseln Sie aus der geöffneten Datei mit [Alt] + [F11] in den VB-Editor, und wählen Sie dort im Menü **Einfügen ▸ UserForm** aus, um ein neues Formular zu erstellen. Solange das Formular, das sich an der Stelle des Code-Fensters befindet, ausgewählt ist, sehen Sie rechts unten im VB-Editor das Eigenschaftsfenster mit den Eigenschaften des Formulars. Sollte das Eigenschaftsfenster nicht sichtbar sein, so aktivieren Sie es über den Menüpunkt **Ansicht ▸ Eigenschaftsfenster** oder mit [F4].

Über die Eigenschaften `Height` und `Width` legen Sie die Höhe und die Breite des Formulars fest. `Caption` bezeichnet seinen Titel und `Name` die Bezeichnung, unter der das ge-

14

samte Formular in VBA angesprochen werden kann. Geben Sie als Namen »Eingabeformular« ein. Darüber hinaus stehen Ihnen zahlreiche Optionen beispielsweise zur farblichen Gestaltung des Formulars zur Verfügung.

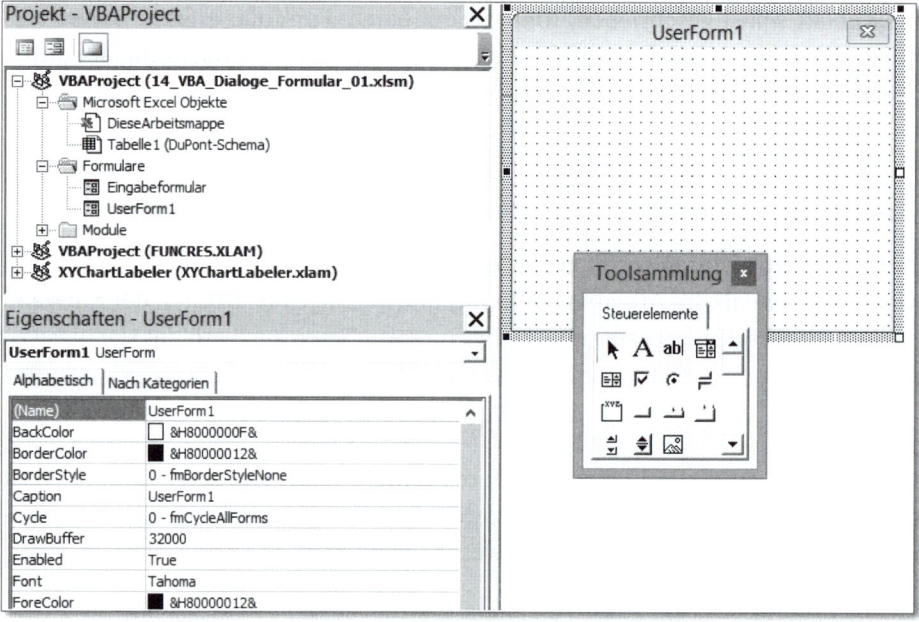

Abbildung 14.56 »UserForm«, Eigenschaftsfenster und Werkzeugsammlung

Mit der Werkzeugsammlung bietet Ihnen der VB-Editor eine ähnliche Sammlung an Tools für die Bedienung des Formulars, wie wir sie bereits aus dem Menü **Entwicklertools ▸ Steuerelemente** der Excel-Arbeitsmappe kennen. Zeichnen Sie mit Hilfe dieser Werkzeuge die benötigten Beschriftungen, Eingabefelder und Schaltflächen auf das Formular. Auch hier gilt wieder: Wenn Sie ein Objekt wie eine Schaltfläche anklicken, zeigt Ihnen das Eigenschaftsfenster auf der rechten Seite alle Objekteigenschaften an.

Auch bei diesen Objekten werden es hauptsächlich die Eigenschaften Höhe, Breite und Beschriftung sein, die Sie beim ersten Entwurf des Formulars beschäftigen werden.

Um das Erstellen der Objekte zu vereinfachen, sollten Sie je ein `Label`, eine `TextBox` und einen `CommandButton` erstellen und nach Ihren Vorstellungen gestalten. Anschließend kopieren Sie diese Objekte, indem Sie mit `Strg` und linker Maustaste am Rahmen der Objekte ziehen. Auf diesem Weg die acht Eingabefelder und Beschriftungen sowie zwei Schaltflächen anzulegen, kostet Sie nur wenige Minuten. Sie werden feststellen, dass die Eingabefelder beim Kopieren fortlaufend nummeriert werden (`TextBox1`, `TextBox2` und so weiter).

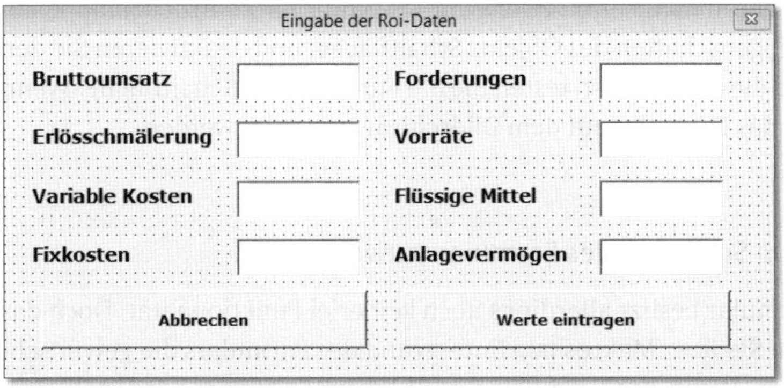

Abbildung 14.57 Formular mit Eingabefeldern, Beschriftungen und Schaltflächen

Damit alle Objekte auf dem Formular ausgerichtet werden, sollten Sie die Funktion **Format ▸ Ausrichten** und die beiden Funktionen **Format ▸ Horizontaler Abstand** bzw. **Vertikaler Abstand** verwenden, nachdem Sie die auszurichtenden Objekte zuvor markiert haben.

14.13.7 Starten des Formulars mit einer Schaltfläche und einem Makro

Um das Formular aus der Tabelle heraus aufzurufen, benötigen Sie eine Schaltfläche im Tabellenblatt *DuPont-Schema*. Wechseln Sie also zurück in die Arbeitsmappe. Sie finden im Menü **Entwicklertools ▸ Steuerelemente ▸ Einfügen** die **ActiveX-Steuerelemente**. Fügen Sie eine **Befehlsschaltfläche** in das Tabellenblatt ein.

Auch dieses Objekt besitzt Eigenschaften, die ebenfalls angezeigt werden, sobald Sie den Schalter **Eigenschaften** im Menü aktivieren. Mit der Eigenschaft `Caption` legen Sie den Text fest, der auf der Schaltfläche angezeigt wird. Im Gegensatz zu Formularsteuerelementen bieten Ihnen ActiveX-Steuerelemente zusätzliche Gestaltungsoptionen. Sie können also Schriftarten, Hintergrundfarben etc. besser an das Erscheinungsbild der Tabelle anpassen.

Wichtiger ist jedoch, dass ein Doppelklick auf die Schaltfläche den VB-Editor öffnet und damit die Voraussetzung schafft, zwischen die beiden Zeilen `Private Sub CommandButton1_Click()` und `End Sub` den Befehl zu schreiben, der bei einem Anklicken des Schalters durch den Benutzer ausgeführt werden soll. Da Sie das `UserForm` »Eingabeformular« genannt haben, schreiben Sie folgenden Befehl zwischen Makrostart und -ende:

```
Eingabeformular.Show
```

Dieses Makro hat die Aufgabe, das Formular in Excel zu öffnen.

Kehren Sie nach dem Schreiben der Anweisung im VB-Editor in die Arbeitsmappe zurück, schließen Sie die Eigenschaften des Objekts **Schaltfläche**, und deaktivieren Sie den Entwurfsmodus. Sobald dies erledigt ist, testen Sie die Funktion der Schaltfläche. Wenn Sie sie anklicken, sollte das Formular auf dem Bildschirm angezeigt werden.

14.13.8 Anweisung zum Schließen des Formulars zuweisen

Das nun angezeigte Formular besitzt allerdings noch keinerlei Funktionalität. Doch das lässt sich ändern, indem Sie über Makros im Hintergrund des Formulars die gewünschten Funktionen initiieren. Wenn das Formular im VB-Editor angezeigt wird, gelangen Sie auf zwei Arten in den so wichtigen Hintergrund des Formulars:

- Durch Drücken von [F7] wechseln Sie in das Code-Fenster des angezeigten Formulars.

- Durch einen Doppelklick auf eine Schaltfläche des Formulars erzielen Sie denselben Effekt.

Letztere Methode ist besonders geeignet, wenn Sie einer Schaltfläche eine bestimmte Funktion zuweisen möchten. Dieses Verfahren sollten Sie mit der Schaltfläche **Abbrechen** erproben:

- Doppelklicken Sie auf die Schaltfläche **Abbrechen**.

- Zwischen die beiden Zeilen `Private Sub CommandButton1_Click()` und `End Sub` schreiben Sie nun die Anweisung `Unload Eingabeformular`.

Damit verfügt das Formular nun über die erste Funktion, nämlich das Abbrechen der Eingabe und das Ausblenden des Eingabeformulars. Testen Sie auch diese Funktion, indem Sie entweder im VB-Editor [F5] drücken oder im Tabellenblatt auf die zuvor erstellte Schaltfläche klicken und – nachdem das Formular geöffnet wurde – **Abbrechen** auswählen.

14.13.9 Schreiben der Formularfeldinhalte in das Tabellenblatt

Wenn sich das Formular starten und auch wieder beenden lässt, sollten Sie sich um die Eingabe der Daten in das Formular und die anschließende Übernahme der Daten in die Tabelle kümmern. Bereits jetzt haben Sie die Möglichkeit, Daten in die Eingabefelder zu schreiben. Doch wie gelingt es, die Zahlen in das Tabellenblatt zu übernehmen?

Da diese Funktion später mit einem Klick auf die Schaltfläche **Werte eintragen** erfolgen soll, klicken Sie im VB-Editor doppelt auf diesen `CommandButton`. Unterhalb der nun angezeigten Zeile `Private Sub CommandButton2_Click()` müssen Sie jetzt einen längeren Quelltext erfassen:

```
Private Sub CommandButton2_Click()
    Sheets("DuPont-Schema").Select
        Range("Bruttoumsatz").Value = TextBox1.Value
        Range("Erlösschmälerung").Value = TextBox2.Value
        Range("KostenVariabel").Value = TextBox3.Value
        Range("KostenFix").Value = TextBox4.Value
        Range("Forderungen").Value = TextBox5.Value
        Range("Vorräte").Value = TextBox6.Value
        Range("MittelFluessig").Value = TextBox7.Value
        Range("Anlagevermoegen").Value = TextBox8.Value
Unload Eingabeformular
End Sub
```

Mit dem an dieser Stelle verwendeten Makro wird zunächst das Tabellenblatt *DuPont-Schema* aktiviert. Danach wiederholen sich die Anweisungen im Grundsatz sehr stark. Einer Zelle im Tabellenblatt wird ein konkreter Wert aus einem Eingabefeld zugewiesen. Da alle Eingabezellen im Tabellenblatt mit Bereichsnamen benannt wurden, können Sie diese Bereichsnamen auch für die Adressierung im Quelltext nutzen. Die Übernahmen des Eingabewerts für das Bruttovermögen aus dem Formular in das Tabellenblatt lautet demnach:

```
Range("Bruttoumsatz").Value = TextBox1.Value
```

Der Wert (`Value`) aus `TextBox1`, dem ersten Eingabefeld, wird also zum Wert der Zelle *Bruttoumsatz* in der Tabelle. Für alle weiteren Zellen erfolgt die Datenübernahme nach dem gleichen Muster.

14.13.10 Übernahme der vorhandenen Werte aus der Tabelle in das Formular

Abschließend müssen Sie dem Formular nur noch eine letzte Funktion hinzufügen. Die bereits in den benannten Zellen der Tabelle vorhandenen Werte sollen beim Starten des Formulars in den Eingabefeldern angezeigt werden, damit Sie sich einen Überblick verschaffen und die Werte im Bedarfsfall ändern können.

Für diese Aktion gibt es keine Schaltfläche, die der Benutzer betätigen wird; sie soll automatisch ausgeführt werden, wenn er das Formular aufruft. Deshalb benötigen Sie hier eine andere Form vom VBA-Makro mit der Bezeichnung `Private Sub UserForm_Activate()`.

14

Da keine andere Funktion vorgesehen ist, als die Zellinhalte reihum in das Formular einzulesen, wiederholen sich auch in diesem Makro die Anweisungen recht stark. Um das erste Eingabefeld mit dem Wert der benannten Zelle *Bruttoumsatz* aus der Tabelle zu füllen, verwenden Sie:

```
TextBox1.Value = Format(Range("Bruttoumsatz"), "Currency")
```

Der Wert (`Value`) in `TextBox1` wird mit dem Inhalt von `Range("Bruttoumsatz")` gefüllt. Eine Euro-Formatierung in der Eingabezelle des Formulars erhalten Sie, indem Sie den Zellbezug in den Befehl `Format(Ausdruck, "Currency")` fassen. *Ausdruck* ersetzen Sie durch die verschiedenen Zellbezüge der einzelnen Eingabefelder. Lediglich das Feld *Erlösschmälerung* verwendet eine Prozentangabe und muss demnach beim Laden der Daten in das Formular auch etwas anders formatiert werden:

```
TextBox2.Value = Format(Range("Erlösschmälerung"), "Percent")
```

Der vollständige Quelltext zum Laden der Tabellendaten in das Formular hat folgenden Aufbau:

```
Private Sub UserForm_Activate()
TextBox1.Value = Format(Range("Bruttoumsatz"), "Currency")
TextBox2.Value = Format(Range("Erlösschmälerung"), "Percent")
TextBox3.Value = Format(Range("KostenVariabel"), "Currency")
TextBox4.Value = Format(Range("KostenFix"), "Currency")
TextBox5.Value = Format(Range("Forderungen"), "Currency")
TextBox6.Value = Format(Range("Vorräte"), "Currency")
TextBox7.Value = Format(Range("MittelFlüssig"), "Currency")
TextBox8.Value = Format(Range("Anlagevermögen"), "Currency")
End Sub
```

14.13.11 Schließen des Formulars durch den Benutzer verhindern

Sobald ein Formular auf dem Bildschirm angezeigt wird, beginnt der Benutzer damit, Daten zu erfassen. Seine Eingaben kann er bestätigen oder aber den gesamten Erfassungsprozess abbrechen. Prinzipiell könnte er auch das Formular einfach schließen, indem er in der rechten oberen Ecke des Formulars auf **X** (Schließen) klickt. Damit würde er in das Tabellenblatt wechseln und könnte dort Änderungen vornehmen. Dies ist in manchen Fällen jedoch nicht wünschenswert.

Um das Verlassen des Dialogs durch einen Mausklick auf **Schließen** zu verhindern, können Sie im Quelltext des Formulars folgenden Code hinterlegen:

```
Private Sub UserForm_QueryClose(Cancel As Integer, CloseMode As Integer)
    If CloseMode = 0 Then
    Cancel = 1
     MsgBox "Bitte geben Sie die Daten in das Formular ein und bestätigen
    Sie die Eingabe oder brechen Sie die Eingabe ab!", _
    vbOKOnly + vbInformation, "Unzulässige Auswahl!"
    End If
End Sub
```

14.14   Benutzerdefinierte Funktionen

Zunächst erscheint es ein wenig anachronistisch, in einem Programm, das über Hunderte von Kalkulationsfunktionen verfügt, die selbst der erfahrene Benutzer selten oder nie einsetzt, weitere benutzerdefinierte Funktionen ergänzen zu wollen. Denkt man hingegen an die kleineren Lücken im Funktionengeflecht von Excel oder auch an die spezialisierten Aufgabenstellungen, denen wir mehrfach begegnet sind, dann erscheinen **Benutzerdefinierte Funktionen** eher als ein interessantes Mittel, Arbeitsschritte zu vereinfachen.

14.14.1 Definition einer benutzerdefinierten Funktion

Lassen Sie uns zunächst an einer ganz einfachen und allgemeinen Berechnung das grundsätzliche Vorgehen beim Erstellen einer Option **Benutzerdefinierte Funktion** betrachten. Dazu soll eine Funktion zur Kalkulation der Umsatzsteuer auf Basis eines Nettowerts dienen.

In der Arbeitsmappe *14_UDF_Umsatzsteuer_KW_nach_ISO_01.xlsm* habe ich diese benutzerdefinierte Funktion bereits erstellt. Um das Vorgehen nachzuvollziehen, gehen Sie wie folgt vor: Nachdem Sie in den VB-Editor gewechselt sind, rufen Sie dort die Funktion **Einfügen ▸ Prozedur** auf. In der nun angezeigten Dialogbox werden Sie aufgefordert, einen Namen für die zu erstellende Funktion zu vergeben, z. B. »UST«. Unter **Typ** sollten Sie die Option **Function** anklicken.

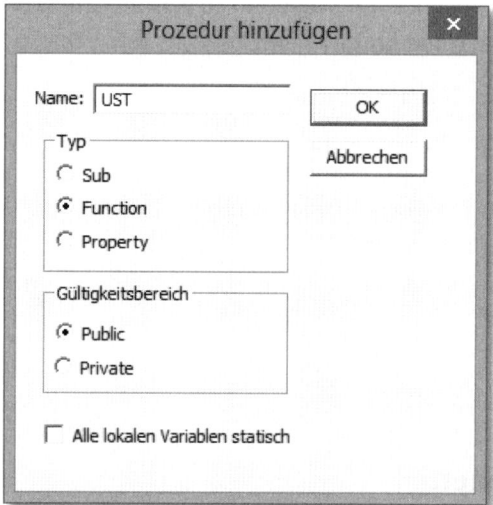

Abbildung 14.58 Dialogbox zum Hinzufügen einer Prozedur

Mit **OK** bestätigen Sie die Eingabe. Dadurch werden die folgenden Zeilen im Modul automatisch erstellt:

`Public Function UST()` und `End Function`

Das Schlüsselwort zum Erstellen von Funktionen lautet also nicht `Sub`, sondern `Function`. Doch wie bei den bisherigen Makros können Sie die Leerzeile zwischen Funktionsanfang und -ende nutzen, um dort Ihre Anweisungen für die Berechnung einzugeben. Bei der Berechnung der Umsatzsteuer mit dem normalen Umsatzsteuersatz wird der Nettowert mit 19 % oder 0,19 multipliziert. Die Kalkulationsanweisung lautet für diese Funktion schlicht:

`UST = Wert * 0.19`

Damit ist die Definition Ihrer ersten Option **Benutzerdefinierte Funktion** auch bereits abgeschlossen. Der Funktion `UST()` wird die Multiplikation eines Werts mit 0,19 zugeschrieben. `Wert` ist eine Zelladresse, die Sie in der Dialogbox der Funktion, wie Sie es von anderen Funktionen schon gewohnt sind, auswählen können.

14.14.2 Aufrufen einer benutzerdefinierten Funktion

Ob die Funktion in der Arbeitsmappe verfügbar ist und so arbeitet, wie Sie es sich wünschen, überprüfen Sie, indem Sie den VB-Editor verlassen. Geben Sie in das Tabellenblatt der Arbeitsmappe, sofern nicht bereits vorhanden, einige Zahlen ein. Danach starten Sie den Funktionsassistenten und wählen dort die Kategorie **Benutzerdefiniert** aus. Bewegen Sie sich in der Funktionsliste an das Ende, dort wird Ihre Funktion UST() angezeigt.

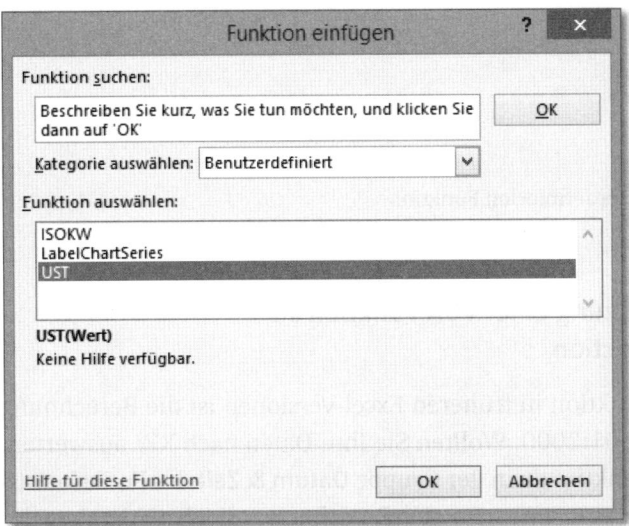

Abbildung 14.59 Anzeige der erstellten Funktion im Funktionsassistenten

Wählen Sie die Funktion wie gewohnt mit einem Doppelklick aus. Excel zeigt Ihnen nun die Dialogbox zur Auswahl der Funktionsargumente an.

Da es nur ein Argument gibt, zeigen Sie mit der Maus auf eine Zelle, die einen Nettowert enthält. Bestätigen Sie die Auswahl mit **OK**, um die Berechnung durchzuführen.

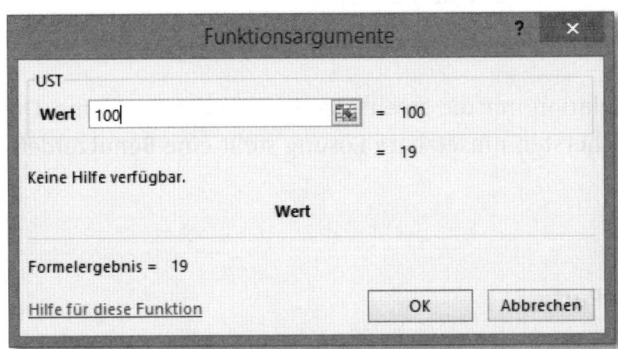

Abbildung 14.60 Anzeige der Dialogbox »Funktionsargumente«

In der Ergebniszelle sehen Sie nun das berechnete Ergebnis. Wenn Sie die Zelle editieren, wird die Funktion wie jede andere Funktion auch mit ihrem Namen und den benutzten Argumenten angezeigt. Kopieren Sie die Funktion mit einem Doppelklick nach unten, um auch alle weiteren Werte zu berechnen.

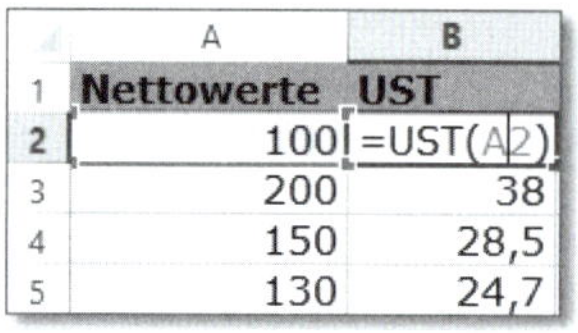

	A	B
1	Nettowerte	UST
2	100	=UST(A2)
3	200	38
4	150	28,5
5	130	24,7

Abbildung 14.61 Editieren der benutzerdefinierten Funktion

14.14.3 KW nach ISO 8601: Nutzung einer VBA-Funktion als benutzerdefinierte Funktion

Ein Beispiel für eine *fehlende* Funktion in früheren Excel-Versionen ist die Berechnung der Kalenderwoche nach ISO 8601:2000. Wollten Sie Ihre Daten nach KW auswerten, so lieferte die über die Analysefunktionen in der Gruppe **Datum & Zeit** des Funktionsassistenten angebotene Funktion KALENDERWOCHE() eine Berechnung, die den Vorgaben der ISO 8601 erst ab Excel 2010 entspricht.

Diese Norm besagt, dass eine Kalenderwoche mit Montag beginnt und die Woche, von der mindestens vier Tage in das neue Jahr fallen, auch als erste Kalenderwoche des Jahres gewertet wird. Begönne das neue Jahr mit einem Freitag, zählten die verbleibenden drei Wochentage zur 53. KW des Vorjahres. Diese Tatsache hatte uns zu einer verschachtelten Funktion für Excel-2007-Anwender geführt, mit der auch die korrekte Berechnung der Kalenderwoche nach ISO 8601:2000 möglich ist:

```
=KÜRZEN((C16-DATUM(JAHR(C16+3-REST(C16-2;7));1;REST(C16-2;7)-9))/7)
```

Dennoch ist diese Form der Kalkulation nur die zweitbeste Lösung des Problems. Die beste, weil am schnellsten und sichersten umsetzbare Lösung stellt eine **Benutzerdefinierte Funktion** dar.

14.14.4 Die VBA-Funktion »DatePart«

Erstellen Sie eine neue **Benutzerdefinierte Funktion** im VB-Editor mit der Bezeichnung Function ISOKW(Tag). Der Kern der VBA-Kalkulation ist die Funktion DatePart. Sie verwendet die folgenden Argumente:

Argument	Erklärung
interval	Gibt vor, in welcher Darstellungsweise das berechnete Zeitintervall angezeigt werden soll.
date	das Datum, das Sie umrechnen möchten
firstdayofweek	der Wochentag, mit dem die Zählung der Woche beginnen soll
firstweekofyear	legt fest, welche Regeln für die Bestimmung der ersten Woche des Jahres gelten sollen

Tabelle 14.9 Argumente der Funktion »DatePart«

Um eine Berechnung der KW nach ISO zu ermöglichen, benötigen Sie nun die geeigneten Einstellungen und Konstanten für diese vier Argumente. Im Zweifelsfall markieren Sie die VBA-Funktion und starten mit F1 die Hilfe. Die wichtigsten auf unsere Fragen bezogenen Antworten werden dann sein:

- Mit der Einstellung "ww" wird das Ergebnis der DatePart-Berechnung als zweistellige Wochenzahl ausgegeben.

- Das Argument date stellt das Datum dar, das Sie später in der Dialogbox als Funktionsargument angeben; für dieses Argument werden Sie also keine weiteren Einstellungen benötigen.

- Die Konstante, mit der Sie der Option **Benutzerdefinierte Funktion** mitteilen, dass der Montag als firstdayofweek verwendet werden soll, lautet vbMonday.

- Mit der Konstante vbFirstFourDays für das Argument firstweekofyear legen Sie schließlich fest, dass die erste Woche des Jahres mindestens vier Wochentage besitzen muss.

Das Resultat der Eingabe sämtlicher Argumente, Einstellungen und Konstanten ist:

```
Function ISOKW(Tag)
    ISOKW = DatePart("ww", Tag, vbMonday, vbFirstFourDays)
End Function
```

14.14.5 Berechnung der KW nach ISO 8601

Damit Sie sich auch hier wieder von der Funktionsfähigkeit des Resultats Ihrer Arbeit überzeugen können, wechseln Sie in den Funktionsassistenten, nachdem Sie einige Datumswerte in das Tabellenblatt eingegeben haben.

Wählen Sie die Funktion ISOKW() aus der Liste aus, und geben Sie als Argument das Datum ein, für das Sie die Kalenderwoche nach ISO berechnen möchten, oder zeigen Sie auf die Zelle, in der dieses Datum steht. Nachdem Sie den Tag ausgewählt haben, bestätigen Sie die Eingabe und kopieren die Funktion nach unten. Das Ergebnis sollte eine Liste der KW-Nummern sein.

	A	B	C
1	**Datum**	**KW nach DIN**	**Berechnung mit KALENDERWOCHE()**
2	03.03.2014	9	9
3	03.04.2014	13	13
4	03.05.2014	18	18
5	03.06.2014	22	22
6	03.07.2014	26	26
7	03.08.2014	31	31
8	03.09.2014	35	35
9	03.10.2014	39	39
10	03.11.2014	44	44
11	03.12.2014	48	48

Abbildung 14.62 Berechnung der Kalenderwoche nach ISO 8601 mit einer benutzerdefinierten Funktion und zum Vergleich mit KALENDERWOCHE()

14.14.6 Benutzerdefinierte Funktionen mit mehreren Argumenten

Die beiden ersten Funktionen besaßen lediglich ein veränderbares Argument, doch in der Regel werden Sie auch mehrere Variablen in Ihren benutzerbedingten Funktionen einsetzen wollen. Um sich einen Überblick über die Vorgehensweise in einem solchen Fall zu verschaffen, sollten Sie die Datei *14_UDF_Farben_Zählen_und_Summieren_01.xlsm* öffnen.

Im Tabellenblatt *Anzahl + Summe* sind einige Werte aufgelistet, die mit verschiedenen Hintergrundfarben gekennzeichnet sind. Stellen Sie sich vor, diese Werte wären Teil einer umfangreicheren Liste, in der Sie bestimmte Werte, die Ihnen wichtig oder auffällig erschienen, farblich gekennzeichnet haben. Nun möchten Sie diese gekennzeichneten Werte summieren.

Dazu benötigen Sie zwei Argumente:

- den Bereich, in dem sich die Werte befinden
- den Farbcode der Zellen, die Sie addieren möchten

Wie schon bei den beiden bereits behandelten Funktionen geben Sie die Argumente in Klammern nach dem Namen der Funktion an. Wenn Sie mehrere Argumente verwenden werden, müssen Sie sie mit Komma trennen. Darüber hinaus können Sie den Datentyp der Variablen festlegen. Die Funktion `SummeFarbe()` zur Addition der farblich gekennzeichneten Zellen wird somit mit der folgenden Zeile eingeleitet:

```
Function SummeFarbe(Bereich As Range, Farbe As Integer)
```

Die eigentliche Berechnung der Summe folgt wiederum einem Muster, das Sie bereits kennengelernt und benutzt haben. Eine `For Each ... Next`-Schleife wird eingesetzt, um in einem vom Benutzer zu markierenden Bereich sämtliche Zellen zu überprüfen. Wird in den Zellen ein bestimmter Farbcode verwendet, so wird eine einfache Berechnung durchgeführt:

```
SummeFarbe = SummeFarbe + Zelle
```

Dem eventuell bereits vorhandenen Ergebnis von `SummeFarbe` wird der Wert der gefundenen eingefärbten Zelle hinzugefügt. Nachdem der gesamte Bereich durchlaufen wurde, erhalten Sie die Gesamtsumme aller Zellen, die eine Hintergrundfarbe enthalten.

Der gesamte Quelltext dieser Funktion stellt sich folgendermaßen dar:

```
Function SummeFarbe(Bereich As Range, Farbe As Integer)
    Application.Volatile
        For Each Zelle In Bereich
            If Zelle.Interior.ColorIndex = Farbe Then
            SummeFarbe = SummeFarbe + Zelle
            End If
        Next
End Function
```

Die Anweisung `Application.Volatile` steuert die Art und Weise, mit der eine Neuberechnung der Funktion ausgelöst wird. Ist diese Anweisung auf `True` gesetzt, so wird mit jeder Änderung im Tabellenblatt eine Neuberechnung der **Benutzerdefinierten Funktion** veranlasst. Der Wahrheitswert `False` hingegen initiiert eine Neuberechnung nur, wenn sich Werte der Variablen, in diesem Beispiel also Zahlen oder Formatierungen im Zellbereich D1 bis D20, geändert haben. Die Standardeinstellung für `Application.Volatile` entspricht `True`.

14.14.7 Das Argument zur Bestimmung des Farbcodes

Da als zweites Argument in der Dialogbox **Funktionsargumente** die Farbe als numerischer Wert eingetragen werden muss, müssen Sie natürlich wissen, welche Farbcodes überhaupt in Excel vorhanden sind. Einige Farbcodes haben wir bereits in früheren VBA-Makros benutzt. Der Farbcode *3* entsprach beispielsweise der Farbe Rot, und *5* codiert Blau. Wenn Sie einen der beiden Codes als zweites Argument in der Funktion `Summe-Farbe()` verwenden, werden Sie die gewünschte Summe für diese Farbe erhalten.

Einen besseren Überblick über die Codierung der Farben verschaffen Sie sich, indem Sie das Makro `FarbcodesAuflisten()` starten. Es zeigt Ihnen in der ersten Spalte des Tabellenblattes den Wert des Farbcodes und in der zweiten Spalte die zugehörige Farbe an:

```
Sub FarbcodesAuflisten()
    Dim i As Long
        For i = 1 To 56
            Cells(i, 1) = i
            Cells(i, 2).Interior.ColorIndex = i
        Next i
End Sub
```

14.14.8 Zellen mit farblicher Gestaltung zählen

Selbstverständlich ist es auch möglich, die Anzahl der Zellen, die eine farbliche Gestaltung besitzen, zu ermitteln. Dafür können Sie das folgende VBA-Makro einsetzen:

```
Function Farbenanzahl(Bereich As Range)
  Application.Volatile
    For Each Zelle In Bereich
      If Not Zelle.Interior.ColorIndex = xlNone Then Farbenanzahl = _
        Farbenanzahl + 1
    Next Zelle
End Function
```

Der Unterschied zur Addition der farbigen Zellen lässt sich an der Zeile `If Not Zelle.Interior.ColorIndex = xlNone Then Farbenanzahl = Farbenanzahl + 1` festmachen. Die Prüfung der Zellen bezieht sich darauf, festzustellen, ob *keine* Hintergrundfarbe verwendet wird (`xlNone`). Für die Zellen, auf die diese Bedingung nicht zutrifft, wird die Berechnung `Farbenanzahl = Farbenanzahl + 1` durchgeführt. Ist der gesamte markierte Zellbereich durchlaufen, erhalten Sie auf diese Weise die Gesamtzahl der Zellen, die eine Hintergrundfarbe haben.

14.14.9 Gewichtete durchschnittliche Kapitalkosten als benutzerdefinierte Funktion

Zum Abschluss können und sollten wir die Kenntnisse zum Entwerfen und nutzen von benutzerdefinierten Funktionen näher in den Gesamtzusammenhang des Controllings rücken; denn mit solchen Funktionen lassen sich zahlreiche Kennzahlen bequem und sicher berechnen. Ich möchte Ihnen das am Beispiel der Datei *14_UDF_WACC_01.xlsm* zeigen.

Gewichtete durchschnittliche Kapitalkosten oder *Weighted Average Cost of Capital (WACC)* erhalten Sie, indem Sie

- den Kapitalkostensatz für Eigenkapital mit dem Anteil des Eigenkapitals multiplizieren,

- den Kapitalkostensatz für Fremdkapital mit dem Anteil des Fremdkapitals multiplizieren und

- beide Zwischenergebnisse addieren.

Es dürfte kein Zweifel bestehen, dass sich diese Berechnung auch als **Benutzerdefinierte Funktion** durchführen lässt. Dazu verwenden Sie den hier dargestellten Quelltext:

```
Public Function WACC(KostensatzEigenkapital As Single, AnteilEigenkapital As S
ingle, KostensatzFremdkapital As Single, AnteilFremdkapital As Single)

WACC = KostensatzEigenkapital * AnteilEigenkapital + KostensatzFremdkapital *
AnteilFremdkapital

End Function
```

Die vier Variablen werden als Variable vom Typ `Single` deklariert. Die Formel zur Berechnung des WACC ist äußerst simpel, da Sie lediglich die beiden Multiplikationen auf Basis der Variablennamen eingeben und die beiden Teile der Kalkulation addieren müssen.

Wenn Sie die **Benutzerdefinierte Funktion** dann starten und die Zellen, in denen sich die Werte der vier Variablen befinden, zuordnen, erhalten Sie die gewichteten durchschnittlichen Kapitalkosten (Abbildung 14.63).

Die Vorteile gegenüber der manuellen Berechnung liegen auf der Hand: Sie müssen keine Formel mit unterschiedlichen Operatoren mehr eingeben. Und wo keine manuelle Formeleingabe erfolgt, kann auch nicht versehentlich ein fehlerhafter Rechenweg eingegeben werden. Weniger Aufwand, mehr Gewissheit – eigentlich sollte die Arbeit mit Excel immer so funktionieren!

	A	B	C	D	E
1	**Berechnung der Gesamtkapitalkosten (WACC)**				
2	Kostensatz Eigenkapital		10,80%		
3	Kostensatz Fremdkapital		4,00%		
4	Eigenkapitalkostensatz gewichtet		80%		
5	Fremdkapitalkostensatz gewichtet		20%		
6	**Gesamtkapitalkostensatz**		=WACC(C2;C4;C3;C5)		

Abbildung 14.63 WACC als benutzerdefinierte Funktion

Die Beispiele aus dem Buch zum Herunterladen

Alle Beispieldateien, die im Buch erwähnt werden, können Sie auf der Webseite *http://www.vierfarben.de/3497/* herunterladen. Scrollen Sie auf der Webseite ganz nach unten bis zum Punkt **Materialien zum Buch**. Dort finden Sie ein Zip-Archiv, das sämtliche Beispieldateien beinhaltet.

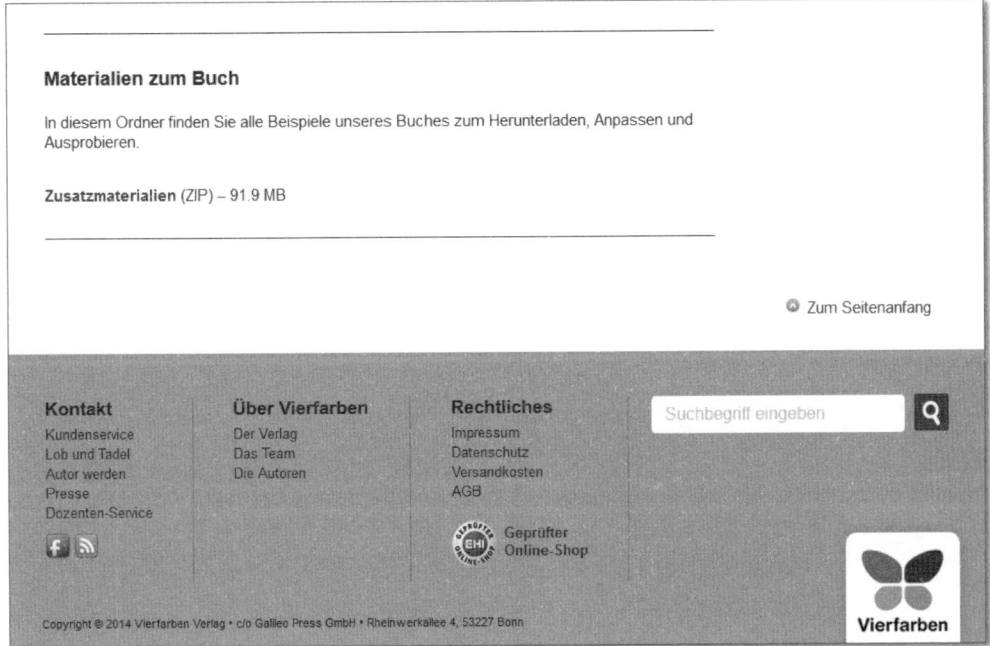

Abbildung 15.64 Ein Klick auf »Zusatzmaterialien« auf der Webseite zum Buch startet den Download der Beispieldateien.

Stichwortverzeichnis

- Umfassendes Excel-Wissen

- Praxisnahe Beispiele mit Profitipps

- Anleitung und zugleich Nachschlagewerk

Helmut Vonhoegen

Excel 2013
Das Handbuch zur Software

Alle Funktionen von Excel 2013 werden Ihnen anhand praxisnaher Beispiele sowohl für den beruflichen als auch für den privaten Einsatz erklärt. Sie erfahren, wie Sie Daten effektiv eingeben, Formeln zur Berechnung einsetzen, Analysen erstellen, Tabellen gestalten oder Ihre Ergebnisse präsentieren und mit anderen teilen. Dieses Buch bietet Ihnen eine Einführung, eine Anleitung und ist Ihr zuverlässiges Nachschlagewerk.

1.145 Seiten, broschiert, mit DVD, 24,90 Euro
ISBN 978-3-8421-0073-2
erschienen März 2013
www.vierfarben.de/3286

- Vollständige Referenz aller Formeln und Funktionen

- Schnell die richtige Lösung finden

- Verständliche Anleitungen und praxisnahe Beispiele

Helmut Vonhoegen

Excel 2013 – Formeln und Funktionen

Alle Formeln und Funktionen auf einen Blick! In diesem umfassenden Handbuch finden Sie die Formeln und Funktionen von Excel 2013 übersichtlich zusammengefasst und anschaulich erklärt. Welche Aufgabe Sie auch mit Excel lösen wollen, hier lesen Sie nicht nur, welche Funktion sich dazu am besten eignet, Sie sehen auch schnell, wie Sie die Funktion richtig einsetzen. Immer mit Anwendungsbeispielen und immer bebildert. Nur mit diesem Buch bekommen Sie Excel in den Griff!

983 Seiten, broschiert, 19,90 Euro
ISBN 978-3-8421-0114-2
erschienen Oktober 2013
www.vierfarben.de/3503

■ Grundlagen, Praxistipps und
Profiwissen

■ Formeln, Funktionen,
Diagramme, VBA u.v.m.

■ Mit Beispielen und Lernvideos
auf DVD

Helmut Vonhoegen

Excel 2013
Der umfassende Ratgeber

Was immer Sie mit Excel 2013 tun wollen, in diesem Ratgeber erhalten
Sie kompetent Auskunft. Helmut Vonhoegen zeigt Ihnen alles, was Sie
wissen müssen: von einfachen Formeln und Diagrammen über komplexe
Berechnungen und Datenanalysen bis hin zur Makroprogrammierung mit
VBA. Ob Sie Excel auf dem PC oder Tablet nutzen, hier finden Sie immer
die richtige Antwort auf Ihre Fragen.
Vollständig, anschaulich und verständlich.

918 Seiten, gebunden, in Farbe, mit DVD, 39,90 Euro
ISBN 978-3-8421-0075-6
erschienen Mai 2013
www.vierfarben.de/3288

1.042 Seiten, gebunden, 39,90 Euro
ISBN 978-3-8421-0081-7
erschienen Februar 2014
www.vierfarben.de/3326

Peter Monadjemi

Windows 8.1 Pro
Der umfassende Ratgeber

Umfassender geht es nicht. Dieser
Ratgeber beantwortet wirklich alle
Fragen zu Windows 8.1 Pro. Hier
erfahren Anwender und Administra-
toren, wie sie den vollen Funktionsumfang des Systems nutzen. Für alle
Geräte, Tablets und PCs.

909 Seiten, gebunden, mit CD, 29,90 Euro
ISBN 978-3-8421-0120-3
erschienen Dezember 2013
www.vierfarben.de/3535

Christine Peyton

Word 2013
Der umfassende Ratgeber

Christine Peyton zeigt Ihnen alles, was
wichtig ist: vom Einstieg in Word 2013
über die Gestaltung perfekter Texte bis
hin zur Automatisierung mit VBA. Ideal
zum Lernen und Nachschlagen. Sowohl
für Einsteiger als auch fortgeschrittene
Nutzer geeignet.